Topologie und Funktionalanalysis

Grundlagen der Abstrakten Analysis mit Anwendungen

von

Prof. Dr. Jürgen Heine

2., verbesserte Auflage

Oldenbourg Verlag München

Prof. Dr. Jürgen Heine lehrte am Institut für Angewandte Mathematik an der Universität Hannover.

Bibliografische Information der Deutschen Nationalbibliothek

Die Deutsche Nationalbibliothek verzeichnet diese Publikation in der Deutschen Nationalbibliografie; detaillierte bibliografische Daten sind im Internet über http://dnb.d-nb.de abrufbar.

Rosenheimer Straße 145, D-81671 München
Telefon: (089) 45051-0
www.oldenbourg-verlag.de

Lektorat: Kathrin Mönch
Herstellung: Constanze Müller
Satz und Layout: Adrian Pigors
Einbandgestaltung: hauser lacour
Gesamtherstellung: Grafik + Druck, München

Dieses Papier ist alterungsbeständig nach DIN/ISO 9706.

ISBN 978-3-486-70530-0

Inhaltsverzeichnis

Vorwort

> *Historiquement, les notions de limite et de continuité sont apparues très tôt dans la mathématique, notamment en Géometrie, et leur rôle n'a fait que grandir avec le développement de l'Analyse et ses applications aux sciences expérimentales. C'est qu'en effet ces notions sont intimement liées à celles de détermination expérimentale et d'approximation.*
>
> *N. Bourbaki, 1951*

Nicht zuviel und nicht zuwenig
soll dieses Buch in einheitlicher Terminologie über Grundlagen der allgemeinen Topologie und Funktionalanalysis sowie einige ihrer Anwendungen zur Verfügung stellen.

Die Topologie ($\tau o \pi o \varsigma$, griech.: Ort, Stelle, Raum) hat als eigenständige Disziplin in der heutigen axiomatischen Form ihren Ursprung im wesentlichen in F. Hausdorffs 1914 erschienenen Werk zur Mengenlehre (vgl. [15]) und ist nach Auffassung der französischen Wissenschaftlergruppe N. Bourbaki eine von vier Säulen der Mathematik: Logik, Mengenlehre, algebraische Strukturen, topologische Strukturen. Ansätze zur Vereinheitlichung von Konvergenz- und Stetigkeitstheorie sind jedoch schon in der zweiten Hälfte des 19. Jahrhunderts im Zusammenhang mit dem in dieser Zeit allgemein verbreiteten Bestreben zur Axiomatisierung, z. B. der Mengenlehre durch G. Cantor, F. Hausdorff, bzw. der Geometrie durch F. Klein, E. Schmidt und D. Hilbert, festzustellen. So schreibt E. Heine in der Einleitung eines 1872 veröffentlichten Aufsatzes über reelle Zahlen, Folgen und Funktionen:

> *Nicht ohne Bedenken veröffentliche ich diese Arbeit, deren erster, wesentlichster Theil „Über Zahlen" bereits seit längerer Zeit vollendet ist. Abgesehen von der erheblichen Schwierigkeit, einen solchen Stoff darzustellen, trug ich Bedenken, eine Arbeit zu veröffentlichen, welche vorzugsweise die nur durch mündliche Mittheilung überkommenen Gedanken Anderer, besonders des Herrn Weierstrass enthält, so dass mir wenig mehr als die Durchführung angehört, bei der es darauf ankam, keine irgendwie erhebliche Lücke zu lassen.*
>
> *(E. Heine. Die Elemente der Functionenlehre. Journal für die Mathematik von C. W. Borchardt, LXXIV:172–188, Berlin, 1872)*

Angaben zur historischen Entwicklung der Topologie findet man in [6] und [13].

Der Teil der Mathematik, der heute als Funktionalanalysis bezeichnet wird, entwickelte sich in vielfältiger Art nahezu parallel und in enger Verflechtung zur Topologie ab Beginn des 20. Jahrhunderts aus der „klassischen Analysis". Die Feststellung gemeinsamer allgemeiner Grundlagen für die Analyse von Zahlenfolgen, Funktionen, Folgen von Funktionen usw. in der Form von Vektorräumen mit Konvergenzbegriffen durch F. Riesz, D. Hilbert und andere war eine die Funktionalanalysis generierende Ursache. Reellwertige, in Vektorräumen V definierte Funktionen, wie beispielsweise die Integrale von B. Riemann bzw. später von H. Lebesgue, nennt man (reelle) Funktionale, Konvergenzbegriffe auf V ermöglichen deren Behandlung im Hinblick auf analytische Eigenschaften (Stetigkeit usw.) formal analog zu der der reellen Funktionen. Gegenstand der Funktionalanalysis ist darüber hinaus die Untersuchung von Funktionen zwischen Vektorräumen, sog. Operatoren.

Viele Einzelheiten zur Entwicklung dieses Teils der Mathematik, der aus heutiger Sicht für die Zwecke der Analysis und ihrer vielfältigen Anwendungen nicht mehr entbehrlich ist, sind in [36] aufgeführt. Eine umfassende Darstellung der Geschichte der Funktionalanalysis bietet J. Dieudonné in seinem Werk *History of Functional Analysis* (North Holland, Amsterdam, New York, 1981).

Der Versuch der Zuordnung mathematischer Erkenntnisse, insbesondere aus der Zeit vor 1900, zu ihren Entdeckern ist oftmals problematisch, weil Ergebnisse nicht notwendig in schriftlicher Form veröffentlicht, sondern auch mündlich z. B. in Vorlesungen oder bei Diskussionen bekannt gegeben wurden:

Die Tatsache, daß eine auf dem Intervall $[a, b]$ stetige reellwertige Funktion gleichmäßig stetig ist (E. Heine, a. a. O., § 3, 6. Lehrsatz; vgl. auch Korollar 4.1-2.1 in Abschnitt 4.1) wurde nicht von E. Heine entdeckt, wie er selbst schreibt, sondern von K. Weierstraß.

Aus diesem Grunde sind im vorliegenden Text im wesentlichen nur diejenigen Eigenschaften und Aussagen mit Namen von Wissenschaftlern versehen, bei denen die Urheberschaft überwiegend anerkannt ist.

Das Buch bietet eine Einführung in Grundlagen der abstrakten Analysis, die auch für andere Zweige der Mathematik und ihre Anwendungen wesentliche Bestandteile sind. Als bekannt werden neben der naiven Mengenlehre (vgl. Anhang 1) lediglich elementare Kenntnisse der linearen Algebra (vgl. Anhang 2) und der reellen Analysis (vgl. z. B. [32]) vorausgesetzt. Zum Zweck seines leichteren Verständnisses ist deshalb der Inhalt ungewöhnlich detailliert dargestellt, gut Informierte werden an vielen Stellen kürzere Begründungen und Bezeichnungen vorziehen. Zahlreiche Beispiele und Anwendungen sollen die Theorie ergänzen und vertiefen bzw. ihre Nützlichkeit demonstrieren. Jeder Abschnitt schließt mit Aufgaben unterschiedlicher Schwierigkeitsgrade, auf die in der Form A 12 bzw. 4.2, A 3, wenn sie nicht zum gleichen Abschnitt gehören, verwiesen wird. Lösungsvorschläge findet man im Anschluß an Kapitel 6. Die jeweiligen Themen sind überwiegend auf Forschungsergebnisse zurückzuführen, die bis etwa 1950 erzielt werden konnten, und heute als allgemein bekannt anzusehen. Angaben zu Aufsätzen in Fachzeitschriften erfolgen daher nur bei Zitaten bzw. neueren Ergebnissen.

Kapitel 1 enthält eine Zusammenstellung der bedeutenden Grundbegriffe Metrik, Norm, Skalarprodukt, Konvergenz (auch von Filtern und Netzen) und Topologie.

In Kapitel 2 werden topologische Räume in voller Allgemeinheit behandelt. Auf Hüllen- und Dichtigkeitseigenschaften (Weierstraßscher Approximationssatz u. a.) folgen Untersuchungen über Topologie(-Sub)-Basen und den für die Analysis über $\mathbb{R}$ unverzichtbaren Zusammenhangsbegriff. Stetigkeit von Funktionen wird allgemein definiert und vielfältig charakterisiert, auch in Beziehung zur Konvexität in Vektorräumen. Produkt- und Quotientenräume stellen wesentliche Konstruktionsmöglichkeiten für (neue) topologische Räume aus bereits vorhandenen dar. Die wichtigsten Trennungseigenschaften und spezielle Metrisationssätze folgen in Abschnitt 2.5.

Vollständige (pseudo-)metrische Räume sind Gegenstand von Kapitel 3. Neben der – die klassische (Funktional-)Analysis revolutionierenden – Baire-Eigenschaft werden der Raum der nichtleeren abgeschlossenen Teilmengen mit Hausdorff-Metrik und die topologische Vollständigkeit untersucht, darüber hinaus werden Vervollständigungen konstruiert. Dem Banachschen Fixpunktsatz ist wegen seiner Bedeutung, insbesondere für die Angewandte und Numerische Mathematik, ein eigener Abschnitt gewidmet. Die Ergebnisse zur Summation in Banach-Räumen ermöglichen schließlich eine umfassende Analyse der Hilbert-Räume, die zu ihrer Charakterisierung als sog. L^2-Räume führt.

Kompaktheitseigenschaften und ihre Auswirkungen auf topologische, pseudometrische bzw. halbnormierte Räume werden in Kapitel 4 untersucht, dessen Abschluß bilden lokalkompakte Räume und diverse Kompaktifizierungsarten sowie die von M. H. Stone vorgenommene Erweiterung des Weierstraßschen Approximationssatzes für kompakte Intervalle auf lokalkompakte Hausdorff-Räume.

Die Anfänge der abstrakten Lebesgueschen Integrationstheorie sind in Kapitel 5 auf herkömmliche Weise dargestellt, sie ermöglichen die Angabe der von F. Riesz um 1910 ausführlich erforschten L^q-Räume, die im Rahmen der Funktionalanalysis für $q \geq 1$ wichtige Beispiele für Banach-Räume darstellen.

Das abschließende Kapitel 6 enthält neben fünf, als solche gekennzeichneten, Grundsätzen der linearen Funktionalanalysis den Rieszschen Darstellungssatz für Hilbert-Räume, den Banach-Hahnschen Fortsetzungssatz und Angaben über stetige Dualräume. Der Banach-Hahn-Mazur-Satz über die Trennbarkeit gewisser konvexer Mengen durch abgeschlossene Hyperebenen ermöglicht den Existenznachweis von Extrempunkten nichtleerer kompakter konvexer Mengen in lokalkonvexen hausdorffschen reellen Vektorräumen und ist damit von großer Bedeutung für die konvexe Optimierung. Abschnitt 6.4 gibt einen Einblick in einige weitere elementare Sachverhalte zur Dualität: Satz vom abgeschlossenen Bild, Schauders Kennzeichnung der Kompaktheit linearer Operatoren, Kern-Bild-Satz für Hilbert-Räume. Schließlich werden die orthogonalen Projektionen auf Hilbert-Räumen als selbstadjungierte, idempotente, stetige, lineare Operatoren identifiziert.

Die Numerierung der Sätze erfolgt in der Form 6.2-1, wobei 6.2 der Abschnitt bzw. 1 die Nummer des Satzes in diesem Abschnitt ist. Die zugehörigen Korollare sind dann beispielsweise 6.2-1.1, 6.2-1.2 und 6.2-1.3. Beispiele werden gesondert gezählt, so bezeichnet (4.3,5) das fünfte Beispiel in Abschnitt 4.3.

Das Zeichen □ steht für „Ende des Beweises" bzw. „kein Beweis", ↯ für „Widerspruch", die Abkürzung o. B. d. A. für „ohne Beschränkung der Allgemeinheit" und Äq für die Äquivalenz der darauf folgenden Aussagen. Kurzbegründungen erfolgen in den Klammern ⟦... ⟧.

Im Teil [1] bis [41] des Literaturverzeichnisses sind für die Ergänzung, Erweiterung und Vertiefung der Studien zahlreiche Lehrbücher zu den Bereichen Reelle Analysis, Allgemeine Topologie, Maß- und Integrationstheorie sowie Funktionalanalysis aufgeführt, Teil [42] bis [61] enthält einige Quellenangaben, u. a. zu im Text lediglich zitierten Resultaten.

Herr cand. math. Adrian Pigors hat mit großer Sorgfalt den Text und die Graphiken in die Druckfassung umgesetzt und mich mit zahlreichen Anregungen und Hinweisen unterstützt. Herr stud. math. Hasko Schillat ist beim Korrekturlesen behilflich gewesen. Beiden sei an dieser Stelle sehr herzlich für ihre wertvolle Mitarbeit gedankt.

Dem Oldenbourg Wissenschaftsverlag gilt mein Dank für die Bereitschaft zur Aufnahme des Textes in das Lehrbuchangebot zur Mathematik und die gute Zusammenarbeit.

Hannover J. Heine

1 Grundbegriffe

1.1 Metrik, Norm, Skalarprodukt

Grundlegend für die klassische (reelle bzw. komplexe) Analysis ist der Konvergenzbegriff für Folgen $(x_n)_n \in K^{\mathbb{N}}$, wobei K einer der Körper $\mathbb{Q}$, $\mathbb{R}$ oder $\mathbb{C}$ ist:

$$(x_n)_n \textit{ konvergent} \text{ in } K \quad :\text{gdw} \quad \exists\, l \in K\ \forall\, \varepsilon > 0\ \exists\, n_\varepsilon \in \mathbb{N}\ \forall\, n \in \mathbb{N}\colon\ n \geq n_\varepsilon \Rightarrow |x_n - l| < \varepsilon$$

l heißt dann *Grenzwert (Limes) in* K der Folge $(x_n)_n$, formal $(x_n)_n \to l$, $(x_n)_n$ konvergiert gegen l.

Mit Hilfe der Konvergenz lassen sich u. a. die Eigenschaften Stetigkeit, Differenzierbarkeit, Integrierbarkeit von Funktionen formulieren, z. B. für K, $L \in \{\mathbb{Q}, \mathbb{R}, \mathbb{C}\}$, $f : K \longrightarrow L$:

$$f \textit{ stetig} \quad :\text{gdw} \quad \forall\, (x_n)_n \in K^{\mathbb{N}}\ \forall\, l \in K\colon\ (x_n)_n \to l \Rightarrow (f(x_n))_n \to f(l)$$

Konvergenz einer Folge $(x_n)_n$ gegen l bedeutet, daß jede „Abstandsschranke ε um l“ *schließlich*, d. h. ab einem n_ε unterschritten wird. Elementares Hilfsmittel zur Beschreibung von Konvergenz ist hier die Abstandsmessung von Zahlen l, $k \in K$ durch

$$d_{|\,|}(l,k) := |l - k|.$$

Die Abstandsfunktion $d_{|\,|}$ bestimmt, welche Folgen gegen welche Zahlen konvergieren, welche Funktionen stetig sind usw. Diese einfache Feststellung ermöglicht die Ausdehnung des Konvergenzbegriffs auf Folgen $(x_n)_n$ in beliebigen (nichtleeren) Mengen X bzgl. einer Abstandsfunktion $d : X \times X \longrightarrow \mathbb{R}^+$:

$$(x_n)_n\ d\textit{-konvergent} \text{ in } X \quad :\text{gdw} \quad \exists\, l \in X\ \forall\, \varepsilon > 0\ \exists\, n_\varepsilon \in \mathbb{N}\ \forall\, n \in \mathbb{N}\colon\ n \geq n_\varepsilon \Rightarrow d(x_n, l) < \varepsilon$$

l heißt dann *Grenzwert (Limes)* in X der Folge $(x_n)_n$, formal $(x_n)_n \to_d l$.

Abstandsmessungen können je nach Bedarf auf verschiedene Arten erfolgen:

Beispiele (1.1,1)

(a) Für $K \in \{\mathbb{Q}, \mathbb{R}, \mathbb{C}\}$ ist

$$d_{|\ |} : \begin{cases} K \times K \longrightarrow \mathbb{R}^+ \\ (x,y) \longmapsto |x-y| \end{cases}$$

der *Betragsabstand* auf K.

(b) Für nichtleere Mengen X ist

$$d_{\text{dis}} : \begin{cases} X \times X \longrightarrow \mathbb{R}^+ \\ (x,y) \longmapsto \begin{cases} 0 & \text{für } x = y \\ 1 & \text{sonst} \end{cases} \end{cases}$$

der *diskrete Abstand* auf X: Beliebig dicht benachbarte, voneinander verschiedene Elemente existieren nicht.

Für Folgen $(x_n)_n \in X^{\mathbb{N}}$ gilt:

$$\begin{aligned} (x_n)_n\ d_{\text{dis}}\text{-konvergent in } X \quad &\Longleftrightarrow \quad \exists\, n_0 \in \mathbb{N}\ \forall\, n \in \mathbb{N}:\ x_{n_0+n} = x_{n_0} \\ &\Longleftrightarrow \quad \exists\, n_0 \in \mathbb{N}:\ (x_n)_n \to_{d_{\text{dis}}} x_{n_0} \end{aligned}$$

So ist beispielsweise $\left(\frac{1}{n+1}\right)_n$ in $\mathbb{Q}$ *nicht* d_{dis}-konvergent!

(c) Für ganze Zahlen m, n bezeichne $\operatorname{ggT}(m,n)$ deren größten gemeinsamen Teiler. Ist $p \geq 2$ eine Primzahl, so sei für x, $y \in \mathbb{Q}$, $x \neq y$, die ganze Zahl $k_p(x,y)$ definiert durch

$$x - y = p^{k_p(x,y)} \frac{a}{b},$$

wobei a, $b \in \mathbb{Z}$, $\operatorname{ggT}(a,p) = \operatorname{ggT}(b,p) = 1$ gilt.

$$d_{(p)} : \begin{cases} \mathbb{Q} \times \mathbb{Q} \longrightarrow \mathbb{R}^+ \\ (x,y) \longmapsto \begin{cases} 0 & \text{für } x = y \\ p^{-k_p(x,y)} & \text{sonst} \end{cases} \end{cases}$$

heißt *p-adischer Abstand* auf $\mathbb{Q}$. Voneinander verschiedene rationale Zahlen sind umso enger $d_{(p)}$-benachbart, je größer der Exponent von p in der Primfaktorzerlegung ihrer Differenz ist.

Die Folge $(p^n)_n$ ist $d_{(p)}$-konvergent (gegen 0).

(d) In Verallgemeinerung von (a) sei für $n \in \mathbb{N}\backslash\{0\}$, $q \in \mathbb{R}$, $q \geq 1$

$$d_q : \begin{cases} K^n \times K^n \longrightarrow \mathbb{R}^+ \\ (x,y) \longmapsto \left(\sum_{j=1}^n |x_j - y_j|^q\right)^{1/q} \end{cases}$$

der *q-Abstand auf* K^n (d_2 ist der *euklidische Abstand* auf K^n). Für $n = 1$ ist natürlich $d_q = d_{|\ |}$.

$$d_\infty : \begin{cases} K^n \times K^n \longrightarrow \mathbb{R}^+ \\ (x,y) \longmapsto \max\limits_{1 \leq j \leq n} |x_j - y_j| \end{cases}$$

ist der *Maximum-Abstand auf* K^n.

(e) In Analogie zu (d) erhält man für $q, a, b \in \mathbb{R},\ q \geq 1,\ a < b$ und

$$C([a,b]) := \{\, f : [a,b] \longrightarrow \mathbb{C} \mid f \text{ stetig bzgl. } d_{|\,|} \,\}$$

durch

$$d_q : \begin{cases} C([a,b]) \times C([a,b]) \longrightarrow \mathbb{R}^+ \\ (f,g) \longmapsto \left(\int_a^b |f-g|^q\right)^{1/q} \end{cases}$$

den *q-Abstand auf* $C([a,b])$.

Für jede nichtleere Menge X,

$$B(X) := \left\{ f : X \longrightarrow \mathbb{C} \;\middle|\; \sup_{x\in X} |f(x)| < \infty \right\},$$

ist

$$d_\infty : \begin{cases} B(X) \times B(X) \longrightarrow \mathbb{R}^+ \\ (f,g) \longmapsto \sup_{x\in X} |f(x) - g(x)| \end{cases}$$

der *Supremum-Abstand auf* $B(X)$ (s. auch A 1 (b)).

Abstandsfunktion auf einer nichtleeren Menge X ist hiernach zunächst jede nichtnegative reellwertige Funktion d auf $X \times X$. Bedingt durch die Anschauung bei der euklidischen Abstandsmessung und zur wirkungsvollen Beschreibung von mathematischen Sachverhalten sind zusätzliche „natürliche“ Anforderungen an d zu stellen; diese führen zum Begriff der (Pseudo-)Metrik:

Definitionen

X sei eine nichtleere Menge, $d : X \times X \longrightarrow \mathbb{R}^+$ (Abstandsfunktion).

d Metrik auf X :gdw d erfüllt

(M-1) $\forall\, x, y \in X$: $x \neq y \Rightarrow d(x,y) \neq 0$ (Definitheit)

(M-2) $\forall\, x \in X$: $d(x,x) = 0$

(M-3) $\forall\, x, y \in X$: $d(x,y) = d(y,x)$ (Symmetrie)

(M-4) $\forall\, x, y, z \in X$: $d(x,z) \leq d(x,y) + d(y,z)$ (Dreiecksungleichung)

d Pseudometrik auf X :gdw d erfüllt (M-2), (M-3), (M-4)

d Ultra(pseudo)metrik auf X :gdw d (Pseudo-)Metrik auf X und d erfüllt

(M-4)′ $\forall\, x, y, z \in X$: $d(x,z) \leq \max\{d(x,y), d(y,z)\}$

(X,d) *(ultra)(pseudo)metrischer Raum* :gdw d (Ultra)(pseudo)Metrik auf X

Ist X ein K-Vektorraum, so heißt

d translationsinvariant :gdw $\forall\, x, y, z \in X$: $d(x+z, y+z) = d(x,y)$.

Man bestätigt leicht, daß die in (1.1,1) (a), (b), (c) angegebenen Abstandsfunktionen Metriken sind, d_{dis} auf X und $d_{(p)}$ auf $\mathbb{Q}$ sind sogar Ultrametriken (s. A 1 (a)).

Die Abstandsfunktionen d_q, $1 \leq q \leq \infty$, aus (1.1,1) (d), (e) sind ebenfalls Metriken, der Nachweis der Dreiecksungleichung ist für $1 < q < \infty$ jedoch aufwendig (vgl. Satz 1.1-3 bzw. Aufgabe A 2). Diese auf einem Vektorraum definierten Metriken stammen – ebenso wie die in (1.1,1) (a) – von einer Norm ab:

Definitionen

Es sei $K \in \{\mathbb{R}, \mathbb{C}\}$, V ein K-Vektorraum und $N : V \longrightarrow \mathbb{R}^+$.

N Norm auf V :gdw N erfüllt

(N-1) $\forall\, x \in V$: $x \neq 0 \Rightarrow N(x) \neq 0$ (Definitheit)

(N-2) $\forall\, k \in K\ \forall\, x \in V$: $N(kx) = |k|\, N(x)$ (Absolute Homogenität)

(N-3) $\forall\, x, y \in V$: $N(x+y) \leq N(x) + N(y)$ (Subadditivität)

N Halbnorm auf V :gdw N erfüllt (N-2), (N-3)

(V, N) (halb)normierter K-Vektorraum :gdw N (Halb-)Norm auf V

Für Halbnormen N wird gewöhnlich das Symbol $\|\ \|$, für Halbnormwerte $N(x)$ dann die Bezeichnung $\|x\|$ verwendet.

Jeder (halb)normierte $\mathbb{C}$-Vektorraum ist auf natürliche Art auch (halb)normierter $\mathbb{R}$-Vektorraum, die Umkehrung gilt allerdings nicht einmal für $\mathbb{C}$-Vektorräume (A 10). (Halb)normierte $\mathbb{R}$-Vektorräume $(V, \|\ \|)$ können jedoch (halb)normerhaltend kanonisch in einen (halb)normierten $\mathbb{C}$-Vektorraum eingebettet werden:

Das direkte Produkt $V_{\mathbb{C}} := V \times V$ ist mit der koordinatenweisen Addition und der Skalarmultiplikation

$$(\alpha + i\beta)(x, y) := (\alpha x - \beta y, \alpha y + \beta x) \quad \text{für } \alpha, \beta \in \mathbb{R},\ x, y \in V$$

ein $\mathbb{C}$-Vektorraum und

$$N : \begin{cases} V_{\mathbb{C}} \longrightarrow \mathbb{R}^+ \\ (x, y) \longmapsto \frac{1}{\sqrt{2}}(\|x\| + \|y\|) \end{cases}$$

eine reelle,

$$\|\ \|_{\mathbb{C}} : \begin{cases} V_{\mathbb{C}} \longrightarrow \mathbb{R}^+ \\ (x, y) \longmapsto \sup_{r \in \mathbb{R}} N(e^{ir}(x, y)) \end{cases}$$

eine komplexe (Halb-)Norm auf $V_{\mathbb{C}}$ ⟦A 14 und 1.1-6 (b) für N, da die Skalarmultiplikation mit reellen Zahlen gerade die koordinatenweise ist; Aufgabe A 12 für $\|\ \|_{\mathbb{C}}$⟧. Die injektive Abbildung

$$\mu : \begin{cases} V \longrightarrow V_{\mathbb{C}} \\ x \longmapsto (x, 0) \end{cases}$$

ist $\mathbb{R}$-linear, und für jedes $x \in V$ gilt

$$\begin{aligned}\|\mu(x)\|_{\mathbb{C}} &= \|(x,0)\|_{\mathbb{C}} = \sup_{r\in\mathbb{R}} N(e^{ir}(x,0)) = \sup_{r\in\mathbb{R}} N\big(((\cos r)x, (\sin r)x)\big)\\ &= \sup_{r\in\mathbb{R}} \frac{1}{\sqrt{2}}\,(|\cos r|\,\|x\| + |\sin r|\,\|x\|) = \frac{1}{\sqrt{2}}\,\|x\| \sup_{r\in\mathbb{R}}(|\cos r| + |\sin r|)\\ &= \|x\| \qquad [\![\, \sup_{r\in\mathbb{R}}(|\cos r| + |\sin r|) = \sqrt{2}\,]\!].\end{aligned}$$

Die erwähnte Abstammung einer (Pseudo-)Metrik von einer (Halb-)Norm regelt

Satz 1.1-1

Für den (halb)normierten K-Vektorraum $(V, \|\ \|)$ ist

$$d_{\|\ \|} : \begin{cases} V \times V \longrightarrow \mathbb{R}^+ \\ (x,y) \longmapsto \|x-y\| \end{cases}$$

eine translationsinvariante (Pseudo-)Metrik auf V, die sog. durch $\|\ \|$ induzierte (Pseudo-)Metrik.

$d_{\|\ \|}$ ist genau dann eine Metrik, wenn $\|\ \|$ eine Norm ist.

Beweis

Für alle x, y, $z \in V$ gilt

$$\begin{aligned} d_{\|\ \|}(x,x) &= \|x-x\| = \|0\| = \|0\cdot x\| = 0\cdot\|x\| = 0,\\ d_{\|\ \|}(x,y) &= \|x-y\| = \|(-1)(y-x)\| = |-1|\,\|y-x\| = d_{\|\ \|}(y,x),\\ d_{\|\ \|}(x,z) &= \|x-z\| = \|(x-y)+(y-z)\| \le \|x-y\| + \|y-z\|\\ &= d_{\|\ \|}(x,y) + d_{\|\ \|}(y,z)\end{aligned}$$

und $d_{\|\ \|}(x+z, y+z) = \|x+z-(y+z)\| = \|x-y\| = d_{\|\ \|}(x,y)$.

Ist $\|\ \|$ sogar eine Norm, so erhält man für $x \neq y$, d. h. $x - y \neq 0$, auch $0 \neq \|x-y\| = d_{\|\ \|}(x,y)$. Umgekehrt gilt für $x \neq 0$ auch $\|x\| = \|x-0\| = d_{\|\ \|}(x,0) \neq 0$, sofern $d_{\|\ \|}$ eine Metrik ist. □

Es sei erwähnt, daß nicht jede translationsinvariante Metrik auf einem K-Vektorraum V von einer Norm induziert wird, wie das Beispiel $(\mathbb{R}, d_{\text{dis}})$ zeigt (vgl. A 17).

Korollar 1.1-1.1

Für jede Pseudometrik d auf dem K-Vektorraum V gilt:

Äq (i) *Es gibt eine Halbnorm $\|\ \|$ auf V, die d induziert.*

(ii) *d ist translationsinvariant, und $d(kx, ky) = |k|\,d(x,y)$ für alle x, $y \in V$, $k \in K$.*

Beweis

(i) $\Rightarrow$ (ii) ist gem. 1.1-1 und $d_{\|\ \|}(kx, ky) = \|kx - ky\| = |k|\,\|x - y\| = |k|\, d_{\|\ \|}(x, y)$ richtig. Umgekehrt ist die Funktion

$$\|\ \| : \begin{cases} V \longrightarrow \mathbb{R}^+ \\ x \longmapsto d(x, 0) \end{cases}$$

eine Halbnorm auf V, die d induziert:

$$\begin{aligned} \|kx\| &= d(kx, 0) = |k|\, d(x, 0) = |k|\, \|x\|, \\ \|x + y\| &= d(x + y, 0) = d(x, -y) && [\![\,\text{Translationsinvarianz}\,]\!] \\ &\leq d(x, 0) + d(0, -y) && [\![\,\text{Dreiecksungleichung}\,]\!] \\ &= \|x\| + |-1|\, d(y, 0) && [\![\,\text{Symmetrie und (ii)}\,]\!] \\ &= \|x\| + \|y\|, \\ d_{\|\ \|}(x, y) &= \|x - y\| = d(x - y, 0) = d(x, y) && [\![\,\text{Translationsinvarianz}\,]\!]. \end{aligned}$$

□

Beispiele (1.1,2)

(a) $d_{|\ |}$ auf dem K-Vektorraum K wird gem. Definition durch den Absolutbetrag (Norm) $|\ |$ auf K induziert (vgl. (1.1,1) (a)).

(b) d_1 bzw. d_∞ auf dem K-Vektorraum K^n wird durch die Norm

$$\|\ \|_1 : \begin{cases} K^n \longrightarrow \mathbb{R}^+ \\ x \longmapsto \sum_{j=1}^n |x_j| \end{cases} \quad \text{bzw.} \quad \|\ \|_\infty : \begin{cases} K^n \longrightarrow \mathbb{R}^+ \\ x \longmapsto \max\limits_{1 \leq j \leq n} |x_j| \end{cases}$$

induziert (vgl. (1.1,1) (d)).

(c) d_1 auf dem $\mathbb{C}$-Vektorraum $C([a, b])$ wird durch die Norm

$$\|\ \|_1 : \begin{cases} C([a, b]) \longrightarrow \mathbb{R}^+ \\ f \longmapsto \int_a^b |f| \end{cases}$$

induziert (vgl. (1.1,1) (e)). Die Definitheit von $\|\ \|_1$ folgt aus der Stetigkeit von f und der Definition des (Riemann-)Integrals:

$$\begin{aligned} f \neq 0 \quad &\Longrightarrow \quad |f| \neq 0 \quad \Longrightarrow \quad \exists\, x \in [a, b]\colon\ |f(x)| \neq 0 \\ &\Longrightarrow \quad \exists\, \alpha, \beta \in [a, b]\colon\ \alpha < \beta \text{ und } \forall\, x \in [\alpha, \beta]\colon\ |f(x)| \neq 0 \\ &\Longrightarrow \quad \int_a^b |f| \geq \int_\alpha^\beta |f| \geq (\beta - \alpha) \min_{x \in [\alpha, \beta]} |f(x)| > 0. \end{aligned}$$

(d) d_∞ auf dem $\mathbb{C}$-Vektorraum $B(X)$ (vgl. (1.1,1) (e)) wird durch die Norm

$$\|\ \|_\infty : \begin{cases} B(X) \longrightarrow \mathbb{R}^+ \\ f \longmapsto \sup_{x \in X} |f(x)| \end{cases}$$

induziert (s. auch A 1 (b) (ii)).

Die q-Abstände d_q auf K^n bzw. $C([a,b])$ (vgl. (1.1,1) (d), (e)) werden für $1 < q < \infty$ ebenfalls von Normen induziert, nämlich von den *q-Normen*

$$\|\ \|_q : \begin{cases} K^n \longrightarrow \mathbb{R}^+ \\ x \longmapsto \left(\sum_{j=1}^n |x_j|^q\right)^{1/q} \end{cases} \quad \text{bzw.} \quad \|\ \|_q : \begin{cases} C([a,b]) \longrightarrow \mathbb{R}^+ \\ f \longmapsto \left(\int_a^b |f|^q\right)^{1/q} \end{cases}$$

(sind also gem. Satz 1.1-1 translationsinvariante Metriken). Die Eigenschaften (N-1), (N-2) sind leicht erkennbar (vgl. auch (1.1,2) (c)), der Nachweis der Dreiecksungleichung (N-3) erfordert – wie bereits erwähnt – einigen Aufwand. Hierzu wird zunächst die bekannte Ungleichung zwischen geometrischem und arithmetischem Mittel von zwei nichtnegativen reellen Zahlen a, b

$$\sqrt{ab} \leq \frac{a+b}{2}$$

verallgemeinert (s. auch (5.4,3) (a) für einen weiteren Beweis):

Satz 1.1-2

Für alle $q, q' \in \mathbb{R},\ q > 1,\ (1/q) + (1/q') = 1$ (q ist konjugiert *zu q') gilt:*

$$\forall\, a, b \in \mathbb{R}^+ :\ a^{1/q} b^{1/q'} \leq \frac{a}{q} + \frac{b}{q'},$$

wobei Gleichheit genau für $a = b$ eintritt.

Beweis

Die Funktion

$$h : \begin{cases} \mathbb{R}^+ \longrightarrow \mathbb{R} \\ x \longmapsto \frac{x^q}{q} - x + \frac{1}{q'} \end{cases} \quad \text{hat die Ableitung} \quad h' : \begin{cases} \mathbb{R}^+ \longrightarrow \mathbb{R} \\ x \longmapsto x^{q-1} - 1. \end{cases}$$

Wegen

$$h'(x) \begin{cases} = 0 & \text{für } x = 1 \\ > 0 & \text{für } x > 1 \\ < 0 & \text{für } x < 1 \end{cases}$$

folgert man $\min_{x \in \mathbb{R}^+} h(x) = h(1) = 0$. Für $b \neq 0$ erhält man daher

$$0 \leq h\Big(\Big(\frac{a}{b}\Big)^{1/q}\Big) = \frac{1}{q}\frac{a}{b} - \Big(\frac{a}{b}\Big)^{1/q} + \frac{1}{q'}$$

und somit auch ⟦ Multiplikation mit b ⟧

$$0 \leq \frac{a}{q} + \frac{b}{q'} - a^{1/q} b^{-(1/q)+1} = \frac{a}{q} + \frac{b}{q'} - a^{1/q} b^{1/q'}$$

Für $b = 0$ ist die Ungleichung trivialerweise richtig.

Mit $a = b$ ergibt sich $a^{1/q}b^{1/q'} = a^{(1/q)+(1/q')} = a$ und auch $(a/q) + (b/q') = a((1/q) + (1/q')) = a$, also Gleichheit. Umgekehrt folgt für $b = 0$ aus der Gleichung $a^{1/q}b^{1/q'} = (a/q) + (b/q')$ sofort $a/p = 0$, also $a = 0$, und für $b \neq 0$

$$h\Big(\Big(\frac{a}{b}\Big)^{1/q}\Big) = \frac{1}{q}\frac{a}{b} - \Big(\frac{a}{b}\Big)^{1/q} + \frac{1}{q'} = \frac{1}{b}\Big(\frac{a}{q} + \frac{b}{q'} - \frac{a^{1/q}}{b^{(1/q)-1}}\Big)$$
$$= \frac{1}{b}\Big(\frac{a}{q} + \frac{b}{q'} - a^{1/q}b^{1/q'}\Big) = 0,$$

gem. obiger Überlegungen somit $(a/b)^{1/q} = 1$, d. h. $a = b$. □

Korollar 1.1-2.1 (Hölder-Ungleichung, 1889)

Für alle $q,\ q' \in \mathbb{R},\ q > 1,\ (1/q) + (1/q') = 1$ gilt:

$$\forall\, x, y \in \mathbb{C}^n:\ \sum_{j=1}^{n}|x_j y_j| \leq \Big(\sum_{j=1}^{n}|x_j|^q\Big)^{1/q}\Big(\sum_{j=1}^{n}|y_j|^{q'}\Big)^{1/q'}$$

(Für $q = q' = 2$ ist dieses die Cauchy-Schwarz-Ungleichung.*)*

Beweis

Zur Abkürzung setze man $X := \big(\sum_{j=1}^{n}|x_j|^q\big)^{1/q}$, $Y := \big(\sum_{j=1}^{n}|y_j|^{q'}\big)^{1/q'}$ und für $X \neq 0$ (bzw. $Y \neq 0$), $j = 1, \ldots, n$ auch $X_j := |x_j|^q/X^q$ (bzw. $Y_j := |y_j|^{q'}/Y^{q'}$). Ist nun $X = 0$ (oder $Y = 0$), so folgt $x_j = 0$ (oder $y_j = 0$) für jedes $j = 1, \ldots, n$, die Ungleichung ist hierfür also richtig. Für $X \neq 0 \neq Y$ erhält man mit Hilfe von 1.1-2 für jedes $j = 1, \ldots, n$

$$\frac{|x_j|}{X}\frac{|y_j|}{Y} \leq \frac{X_j}{q} + \frac{Y_j}{q'},$$

woraus durch Summation

$$\frac{1}{XY}\sum_{j=1}^{n}|x_j|\,|y_j| \leq \frac{1}{q}\sum_{j=1}^{n}X_j + \frac{1}{q'}\sum_{j=1}^{n}Y_j = \frac{1}{q} + \frac{1}{q'} = 1,$$

also die Hölder-Ungleichung folgt. □

Die Dreiecksungleichung für die q-Norm auf K^n erhält man nun verhältnismäßig leicht:

Satz 1.1-3 (Minkowski-Ungleichung für Summen, 1896)

Für alle $q \in \mathbb{R},\ q \geq 1$ gilt:

$$\forall\, x, y \in \mathbb{C}^n:\ \|x + y\|_q \leq \|x\|_q + \|y\|_q.$$

Beweis

Für $x = y = 0$ oder $q = 1$ ist die Ungleichung richtig ⟦ Dreiecksungleichung für den Absolutbetrag auf $\mathbb{C}$ verwenden ⟧. Es sei daher $q > 1$ und $x \neq 0$ oder $y \neq 0$. Man folgert:

$$\begin{aligned}
\|x+y\|_q^q &= \sum_{j=1}^n |x_j + y_j|^q \leq \underbrace{\sum_{j=1}^n (|x_j| + |y_j|)^q}_{(*)} \qquad \text{⟦ Monotonie der Potenz ⟧}\\
&= \sum_{j=1}^n |x_j|(|x_j| + |y_j|)^{q-1} + \sum_{j=1}^n |y_j|(|x_j| + |y_j|)^{q-1}\\
&\leq \left(\sum_{j=1}^n |x_j|^q\right)^{1/q} \left(\sum_{j=1}^n ((|x_j| + |y_j|)^{q-1})^{q'}\right)^{1/q'}\\
&\quad + \left(\sum_{j=1}^n |y_j|^q\right)^{1/q} \left(\sum_{j=1}^n ((|x_j| + |y_j|)^{q-1})^{q'}\right)^{1/q'}\\
&\quad \text{⟦ gem. 1.1-2.1 mit } (1/q) + (1/q') = 1 \text{ ⟧}\\
&= \|x\|_q \left(\sum_{j=1}^n (|x_j| + |y_j|)^q\right)^{1/q'} + \|y\|_q \left(\sum_{j=1}^n (|x_j| + |y_j|)^q\right)^{1/q'}\\
&\quad \text{⟦ } (q-1)q' = q \text{ ⟧}\\
&= \underbrace{(\|x\|_q + \|y\|_q) \left(\sum_{j=1}^n (|x_j| + |y_j|)^q\right)^{1/q'}}_{(**)}
\end{aligned}$$

und somit

$$\begin{aligned}
\|x+y\|_q &\leq \left(\sum_{j=1}^n (|x_j| + |y_j|)^q\right)^{1/q} = \left(\sum_{j=1}^n (|x_j| + |y_j|)^q\right)^{1-(1/q')}\\
&\leq \|x\|_q + \|y\|_q
\end{aligned}$$

⟦ Division der Ungleichungsteile $(*)$ und $(**)$ durch $\left(\sum_{j=1}^n (|x_j| + |y_j|)^q\right)^{1/q'}$ ⟧. □

Korollar 1.1-3.1 (Minkowski-Ungleichung für Reihen, F. Riesz, 1910)

Für alle $q \in \mathbb{R}$, $q \geq 1$, für alle $x, y \in \mathbb{C}^{\mathbb{N}}$ mit $\sum_{j=0}^\infty |x_j|^q < \infty$, $\sum_{j=0}^\infty |y_j|^q < \infty$ gilt:

$$\sum_{j=0}^\infty |x_j + y_j|^q < \infty \text{ und } \left(\sum_{j=0}^\infty |x_j + y_j|^q\right)^{1/q} \leq \left(\sum_{j=0}^\infty |x_j|^q\right)^{1/q} + \left(\sum_{j=0}^\infty |y_j|^q\right)^{1/q}.$$

Beweis

Gemäß 1.1-3 gilt für jede natürliche Zahl m

$$\Big(\sum_{j=0}^{m}|x_j+y_j|^q\Big)^{1/q} \le \Big(\sum_{j=0}^{m}|x_j|^q\Big)^{1/q} + \Big(\sum_{j=0}^{m}|y_j|^q\Big)^{1/q}$$
$$\le \Big(\sum_{j=0}^{\infty}|x_j|^q\Big)^{1/q} + \Big(\sum_{j=0}^{\infty}|y_j|^q\Big)^{1/q}$$

⟦Monotonie der Potenz⟧, die Reihe $\sum_{j=0}^{\infty}|x_j+y_j|^q$ ist somit beschränkt, also konvergent, und die Ungleichung gilt. □

Für die q-Normen auf K^n ($K \in \{\mathbb{R},\mathbb{C}\}$) gelten die folgenden, im Hinblick auf numerische Zwecke bedeutsamen Abschätzungen:

Satz 1.1-4

Für alle $p, q \in \mathbb{R}^+$, $1 \le p \le q$, $n \in \mathbb{N}\backslash\{0\}$ gilt

(a) $\max\Big\{ \dfrac{\|x\|_q}{\|x\|_p} \;\Big|\; x \in \mathbb{C}^n\backslash\{0\} \Big\} = 1,$

speziell $\|x\|_\infty \le \|x\|_q \le \|x\|_p$ *für jedes* $x \in \mathbb{C}^n$,

(b) $\max\Big\{ \dfrac{\|x\|_p}{\|x\|_q} \;\Big|\; x \in \mathbb{C}^n\backslash\{0\} \Big\} = n^{(q-p)/(pq)},$

speziell $\|x\|_p \le n^{(q-p)/(pq)}\|x\|_q$ *für jedes* $x \in \mathbb{C}^n$,

(c) $\|x\|_p \le n^{1/p}\|x\|_\infty$ *für jedes* $x \in \mathbb{C}^n$.

Beweis

Zu (a) Wegen $p \le q$ ist $a^p \ge a^q$ für jede reelle Zahl $0 \le a \le 1$, woraus

$$\sum_{j=1}^{n} a_j^q \le \sum_{j=1}^{n} a_j^p$$

für jedes $(a_j)_j \in [0,1]^n$ folgt. Diese Ungleichung liefert für $x \in \mathbb{C}^n\backslash\{0\}$ mit $a_j := |x_j|/\|x\|_p$ zunächst

$$\Big\|\frac{1}{\|x\|_p}\,x\Big\|_q^q = \sum_{j=1}^{n}\Big(\frac{|x_j|}{\|x\|_p}\Big)^q \le \sum_{j=1}^{n}\Big(\frac{|x_j|}{\|x\|_p}\Big)^p = \frac{\|x\|_p^p}{\|x\|_p^p} = 1,$$

weil $|x_j| = (|x_j|^p)^{1/p} \le \big(\sum_{j=1}^{n}|x_j|^p\big)^{1/p} = \|x\|_p$ für alle $j = 1, \ldots, n$ gilt. Speziell ist somit auch $\|x\|_\infty = \max\limits_{1\le j\le n}|x_j| \le \|x\|_q \le \|x\|_p$. Schließlich erhält man mit

$\|(\delta_{1,j})_{j=1,\ldots,n}\|_p = 1$ die behauptete Gleichung.

Zu (b) Für $p = q$ ist die Gleichung offenbar richtig. Es sei deshalb $q > p$, $p' := q/p > 1$, $q' := q/(q-p)$, also $(1/p') + (1/q') = 1$. Mit der Hölder-Ungleichung 1.1-2.1 folgt

$$\sum_{j=1}^{n}|z_j y_j| \leq \left(\sum_{j=1}^{n}|z_j|^{p'}\right)^{1/p'} \left(\sum_{j=1}^{n}|y_j|^{q'}\right)^{1/q'}$$
$$= \left(\sum_{j=1}^{n}|z_j|^{q/p}\right)^{p/q} \left(\sum_{j=1}^{n}|y_j|^{q/(q-p)}\right)^{(q-p)/q}$$

für alle $z, y \in \mathbb{C}^n$, insbesondere also für $y_j := 1,\ z_j := |x_j|^p\ (j = 1, \ldots, n)$

$$\|x\|_p^p = \sum_{j=1}^{n}|x_j|^p \leq \left(\sum_{j=1}^{n}|x_j|^q\right)^{p/q} \left(\sum_{j=1}^{n} 1\right)^{(q-p)/q} = n^{(q-p)/q}\|x\|_q^p$$

und daher $\|x\|_p \leq n^{(q-p)/(pq)}\|x\|_q$.
Das Gleichheitszeichen gilt für $x_j = 1\ (j = 1, \ldots, n)$.

Zu (c) $$\|x\|_p^p = \sum_{j=1}^{n}|x_j|^p \leq \sum_{j=1}^{n}\Big(\max_{1\leq k\leq n}|x_k|\Big)^p = n\|x\|_\infty^p. \qquad \square$$

Die Minkowski-Ungleichung für Reihen 1.1-3.1 ermöglicht die Fortsetzung der q-Norm als Norm auf gewisse Folgenräume:

Beispiele (1.1,3)

Gemäß 1.1-3.1 ist

$$\ell^q := \left\{ x \in \mathbb{C}^{\mathbb{N}} \;\middle|\; \sum_{j=0}^{\infty}|x_j|^q < \infty \right\}$$

ein Untervektorraum des $\mathbb{C}$-Vektorraums $\mathbb{C}^{\mathbb{N}}$ aller Folgen komplexer Zahlen (mit den punktweisen algebraischen Operationen) und

$$\|\ \|_q : \begin{cases} \ell^q \longrightarrow \mathbb{R}^+ \\ x \longmapsto \left(\sum_{j=0}^{\infty}|x_j|^q\right)^{1/q} \end{cases}$$

eine Norm auf ℓ^q (die *q-Norm*), sofern $q \in \mathbb{R},\ q \geq 1$. Entsprechend ist

$$\ell^q_{\mathbb{R}} := \ell^q \cap \mathbb{R}^{\mathbb{N}}$$

mit $\|\ \|_q$ ein normierter $\mathbb{R}$-Vektorraum. Ergänzend definiert man (für $q = \infty$)

$$\ell^\infty := B(\mathbb{N}), \qquad \ell^\infty_{\mathbb{R}} := B_{\mathbb{R}}(\mathbb{N}) := B(\mathbb{N}) \cap \mathbb{R}^{\mathbb{N}}.$$

Es ist somit (vgl. (1.1,2) (d)) $(\ell^\infty, \|\ \|_\infty)$ normierter $\mathbb{C}$-Vektorraum und $(\ell^\infty_{\mathbb{R}}, \|\ \|_\infty)$ normierter $\mathbb{R}$-Vektorraum.

Die q-Normen sind wieder – wie in 1.1-4 (a) – vergleichbar, genauer:

Satz 1.1-5

Für alle $p \in \mathbb{R},\ p \geq 1$, gilt:

$$\ell^p \subsetneqq \bigcap\{\, \ell^r \mid r \in \mathbb{R}, r > p \,\} \cap \ell^\infty$$

und $\|x\|_\infty \leq \|x\|_q \leq \|x\|_p$ für jedes $x \in \ell^p$ und jedes $q \geq p$.

Beweis

Für jedes $x \in \ell^p$, $q \geq p$ und $j \in \mathbb{N}$ ist $|x_j| = (|x_j|^p)^{1/p} \leq \left(\sum_{k=0}^\infty |x_k|^p\right)^{1/p} = \|x\|_p$ und somit $x \in \ell^\infty$, $\|x\|_\infty = \sup_{j\in\mathbb{N}}|x_j| \leq \|x\|_p$. Da $x = (x_j)_j$ eine Nullfolge (in $\mathbb{C}$) ist, gibt es ein $j_0 \in \mathbb{N}$, so daß $|x_j| < 1$, also für $q \geq p$ auch $|x_j|^q \leq |x_j|^p$ für alle $j \geq j_0$ gilt. Die unendliche Reihe $\sum_{j=0}^\infty |x_j|^q$ hat daher die obere Schranke $\sum_{j=0}^{j_0-1} |x_j|^q + \sum_{j=j_0}^\infty |x_j|^p$, woraus $x \in \ell^q$ folgt. Mit Hilfe von 1.1-4 (a) erhält man für jedes $n \in \mathbb{N}$

$$\left(\sum_{j=0}^n |x_j|^q\right)^{1/q} \leq \left(\sum_{j=0}^n |x_j|^p\right)^{1/p} \leq \left(\sum_{j=0}^\infty |x_j|^p\right)^{1/p} = \|x\|_p,$$

also auch $\|x\|_q \leq \|x\|_p$.

Schließlich sei $r > p$ und $y_j := (j+1)^{-1/p}$ für jedes $j \in \mathbb{N}$. Die Folge $y = (y_j)_j$ gehört zu ℓ^r $[\![\sum_{j=0}^\infty \left(\frac{1}{j+1}\right)^{r/p} < \infty$ wegen $r/p > 1]\!]$, jedoch nicht zu ℓ^p $[\![$ Die Reihe $\sum_{j=0}^\infty \frac{1}{j+1}$ ist divergent! $]\!]$. □

Der Beweis zu 1.1-5 zeigt, daß eine analoge Aussage auch für die reellen Folgenräume $(\ell^p_{\mathbb{R}}, \|\ \|_p)$ gültig ist.

In Vektorräumen sind die bei der Abstandsmessung verwendeten Halbnormen häufig aus einfacheren Halbnormen zusammengesetzt. Das folgende Beispiel eines Funktionenraums verdeutlicht diesen Sachverhalt.

Beispiel (1.1,4)

Für $a, b \in \mathbb{R},\ a < b,\ m \in \mathbb{N}$ und jedes $j \in \{0, \ldots, m\}$ sei

$$C^m_{\mathbb{R}}([a,b]) := \{\, f : [a,b] \longrightarrow \mathbb{R} \mid f\ m\text{-fach stetig differenzierbar} \,\}$$

und

$$N_{(j)} : \begin{cases} C^m_{\mathbb{R}}([a,b]) \longrightarrow \mathbb{R}^+ \\ f \longmapsto \left\|f^{(j)}\right\|_\infty . \end{cases}$$

$\left(C^m_{\mathbb{R}}([a,b]), N_{(j)}\right)$ ist für jedes $j \in \{0, \ldots, m\}$ ein halbnormierter $\mathbb{R}$-Vektorraum (für $j \geq 1$ ist $N_{(j)}$ keine Norm), Funktionen $f, g \in C^m_{\mathbb{R}}([a,b])$ sind eng benachbart, wenn ihre Ableitungen der Ordnung j über $[a, b]$ nicht zu sehr voneinander abweichen:

$$d_{N_{(j)}}(f, g) < \varepsilon \iff N_{(j)}(f - g) = \left\|(f - g)^{(j)}\right\|_\infty = \sup_{x \in [a,b]} \left|f^{(j)}(x) - g^{(j)}(x)\right| < \varepsilon.$$

Benötigt man, daß die Abweichung für *alle* Ableitungen bis zur Ordnung $k \leq m$ nicht zu groß sein soll, so könnte man als Halbnorm beispielsweise

$$N_k : \begin{cases} C^m_{\mathbb{R}}([a, b]) \longrightarrow \mathbb{R}^+ \\ f \longmapsto \sum_{j=0}^k N_{(j)}(f) \end{cases}$$

oder auch

$$N_{k,\max} : \begin{cases} C^m_{\mathbb{R}}([a, b]) \longrightarrow \mathbb{R}^+ \\ f \longmapsto \max\limits_{0 \leq j \leq k} N_{(j)}(f) \end{cases}$$

bei der Abstandsmessung verwenden. (N_k und $N_{k,\max}$ sind sogar Normen!)

Allgemein ergeben sich u. a. die folgenden wichtigen Möglichkeiten zur Konstruktion von Halbnormen aus bereits vorhandenen:

Satz 1.1-6

V und W seien K-Vektorräume, $K \in \{\mathbb{R}, \mathbb{C}\}$, $m \in \mathbb{N}$, $r_j \in \mathbb{R}^+$, N und N_j Halbnormen auf V für jedes $j \in \{0, \ldots, m\}$. Es gilt:

(a) *Für jede K-lineare Funktion $\varphi : W \longrightarrow V$ ist $N \circ \varphi$ eine Halbnorm auf W.*

(b) $N_{m,\max} : \begin{cases} V \longrightarrow \mathbb{R}^+ \\ x \longmapsto \max\limits_{0 \leq j \leq m} N_j(x) \end{cases}$ *und* $\sum\limits_{j=0}^{m} r_j N_j$ *sind Halbnormen auf V.*

(c) $\operatorname{Ker} N := \{\, x \in V \mid N(x) = 0 \,\}$ *ist ein K-Untervektorraum von V und*

$$\widetilde{N} : \begin{cases} V/_{\operatorname{Ker} N} \longrightarrow \mathbb{R}^+ \\ x + \operatorname{Ker} N \longmapsto N(x) \end{cases}$$

eine Norm auf $V/_{\operatorname{Ker} N}$ (die zur Halbnorm N assoziierte Norm).

(d) *Ist W ein K-Untervektorraum von V, so definiert*

$$N_W : \begin{cases} V/_W \longrightarrow \mathbb{R}^+ \\ x + W \longmapsto \inf\{\, N(x + w) \mid w \in W \,\} \end{cases}$$

eine Halbnorm auf $V/_W$ (die Quotientenhalbnorm *zu N bzgl. W), und es gilt:*

(i) *N_W Norm auf $V/_W$, $N{\restriction}W$ Norm auf W $\implies$ N Norm.*

(ii) *$N_{\operatorname{Ker} N} = \widetilde{N}$, die zur Halbnorm N assoziierte Norm.*

$(V/_{\operatorname{Ker} N}, N_{\operatorname{Ker} N})$ *heißt* zu (V, N) assoziierter normierter Raum.

(e) *Für jede Halbnorm M auf W ergibt $\|(x, y)\|_{M,N} := \max\{M(x), N(y)\}$ eine Halbnorm $\|\ \|_{M,N} : W \times V \longrightarrow \mathbb{R}^+$ auf dem direkten Produkt $W \times V$.*

Beweis

In jedem der Teile (a)–(e) ist die absolute Homogenität (N-2) der zu betrachtenden Funktion unmittelbar zu erkennen. In (c) ist $\operatorname{Ker} N$ wegen

$$N(kx) = |k|\, N(x) = 0, \qquad N(x+y) \leq N(x) + N(y) = 0$$

für alle $x,\ y \in \operatorname{Ker} N,\ \ k \in K$ ein K-Untervektorraum von V. $\widetilde{N}$ ist wohldefiniert, d. h. die Funktionswerte sind unabhängig vom Repräsentanten $y \in x + \operatorname{Ker} N$, weil $0 = N(y-x) \geq |N(y) - N(x)|$ (s. A 11), also $N(y) = N(x)$ für diese $x,\ y$ gilt. $\widetilde{N}$ ist definit, denn $x + \operatorname{Ker} N \neq \operatorname{Ker} N$ bedeutet $x \notin \operatorname{Ker} N$.

Es bleibt somit jeweils die Subadditivität (N-3) zu überprüfen:

$$N \circ \varphi(x+y) = N(\varphi(x+y)) = N(\varphi(x) + \varphi(y)) \leq N \circ \varphi(x) + N \circ \varphi(y),$$

$$\begin{aligned} N_{m,\max}(x+y) &= \max_{0 \leq j \leq m} N_j(x+y) \leq \max_{0 \leq j \leq m} (N_j(x) + N_j(y)) \\ &= \max_{0 \leq j \leq m} N_j(x) + \max_{0 \leq j \leq m} N_j(y) = N_{m,\max}(x) + N_{m,\max}(y), \end{aligned}$$

$$\begin{aligned} \Big(\sum_{j=0}^{m} r_j N_j\Big)(x+y) &= \sum_{j=0}^{m} r_j N_j(x+y) \leq \sum_{j=0}^{m} r_j (N_j(x) + N_j(y)) \\ &= \sum_{j=0}^{m} r_j N_j(x) + \sum_{j=0}^{m} r_j N_j(y) \\ &= \Big(\sum_{j=0}^{m} r_j N_j\Big)(x) + \Big(\sum_{j=0}^{m} r_j N_j\Big)(y), \end{aligned}$$

$$\begin{aligned} \widetilde{N}(x + \operatorname{Ker} N + y + \operatorname{Ker} N) &= \widetilde{N}(x + y + \operatorname{Ker} N) \\ &= N(x+y) \leq N(x) + N(y) \\ &= \widetilde{N}(x + \operatorname{Ker} N) + \widetilde{N}(y + \operatorname{Ker} N), \end{aligned}$$

$$\begin{aligned} N_W(x + W + y + W) &= N_W(x + y + W) = \inf\{\, N(x+y+w) \mid w \in W \,\} \\ &= \inf\{\, N(x+y+v+w) \mid v, w \in W \,\} \\ &\leq \inf\{\, N(x+v) + N(y+w) \mid v, w \in W \,\} \\ &\leq \inf\{\, N(x+v) \mid v \in W \,\} + \inf\{\, N(y+w) \mid w \in W \,\} \\ &= N_W(x+W) + N_W(y+W), \end{aligned}$$

$$\begin{aligned} \|(x,y) + (z,t)\|_{M,N} &= \|(x+z, y+t)\|_{M,N} = \max\{M(x+z), N(y+t)\} \\ &\leq \max\{M(x) + M(z), N(y) + N(t)\} \\ &\leq \max\{M(x), N(y)\} + \max\{M(z), N(t)\} \\ &= \|(x,y)\|_{M,N} + \|(z,t)\|_{M,N}. \end{aligned}$$

Schließlich gilt in (d) noch:

(i) Ist $v \in V$, $N(v) = 0$, so folgt $N_W(v + W) = \inf\{ N(v + w) \mid w \in W \} \leq N(v) = 0$, also $N_W(v + W) = 0$, d. h. $v + W = W$. Da auch $N{\restriction}W$ eine Norm ist, erhält man $v = 0$ aus $(N{\restriction}W)(v) = N(v) = 0$.

(ii) Für alle $v \in V$, $x \in \operatorname{Ker} N$ ist $N(v) = N(v) - N(x) \leq N(v - x)$, also gilt $N(v) \leq \inf\{ N(v + x) \mid x \in \operatorname{Ker} N \} \leq N(v)$, woraus $\widetilde{N}(v + \operatorname{Ker} N) = N(v) = N_{\operatorname{Ker} N}(v + \operatorname{Ker} N)$ folgt. □

Die Normen $\| \ \|_2$ auf den Vektorräumen $\mathbb{R}^n$, $\mathbb{C}^n$, $\ell^2_{\mathbb{R}}$, ℓ^2 (vgl. (1.1,3)), $C_{\mathbb{R}}([a, b])$, $C([a, b])$ (s. auch A 18) stammen von einem Skalarprodukt ab:

Definitionen

Es sei $K \in \{\mathbb{R}, \mathbb{C}\}$, V ein K-Vektorraum und $S : V \times V \longrightarrow K$.

S Skalarprodukt auf V :gdw S erfüllt

(S-1) $\forall\, x \in V\colon\ x \neq 0 \Rightarrow S((x, x)) > 0$ (Definitheit)

(S-2) $\forall\, x, y \in V\colon\ S((x, y)) = \overline{S((y, x))}$ (konjugierte Symmetrie)

(S-3) $\forall\, x, y, z \in V\colon\ S((x + y), z) = S((x, z)) + S((y, z))$ (Additivität)

(S-4) $\forall\, x, y \in V\ \forall\, k \in K\colon\ S((kx, y)) = kS((x, y))$ (Homogenität)

S Halbskalarprodukt auf V :gdw S erfüllt (S-2), (S-3), (S-4) und

(S-1)′ $\forall\, x \in V\colon\ S((x, x)) \geq 0$

(V, S) *Prähilbertraum* (über K) :gdw S Skalarprodukt auf V

Für Halbskalarprodukte S wird gewöhnlich das Symbol $\langle\ \rangle$, für $S((x, y))$ dann die Bezeichnung $\langle x, y\rangle$ verwendet.

Beispiele (1.1,5)

(a) Durch $\langle x, y\rangle := \sum_{j=0}^{n} x_j\overline{y_j}$ ist ein Skalarprodukt auf $\mathbb{C}^n$ definiert (und auch auf $\mathbb{R}^n$, die Konjugation bei y kann dann natürlich unterbleiben).

(b) Für alle x, $y \in \ell^2$ ist die unendliche Reihe $\sum_{j=0}^{\infty} x_j\overline{y_j}$ absolut konvergent:

$$\sum_{j=0}^{m} |x_j\overline{y_j}| \leq \left(\sum_{j=0}^{m} |x_j|^2\right)^{1/2} \left(\sum_{j=0}^{m} |y_j|^2\right)^{1/2} \qquad [\![\, 1.1\text{-}2.1 \,]\!]$$

$$\leq \left(\sum_{j=0}^{\infty} |x_j|^2\right)^{1/2} \left(\sum_{j=0}^{\infty} |y_j|^2\right)^{1/2} < \infty \qquad [\![\, \text{Monotonie der Wurzel} \,]\!].$$

Mit bekannten Regeln für das Rechnen mit unendlichen Reihen bestätigt man, daß durch

$$\langle x, y\rangle := \sum_{j=0}^{\infty} x_j\overline{y_j}$$

ein Skalarprodukt auf ℓ^2 (und auch auf $\ell^2_{\mathbb{R}}$) definiert ist.

(c) Es seien $a, b \in \mathbb{R},\ a < b$ und $f, g \in C([a,b])$. Durch

$$\langle f, g\rangle := \int_a^b f\overline{g} = \int_a^b \mathrm{Re}(f\overline{g}) + i\int_a^b \mathrm{Im}(f\overline{g})$$

ist ein Skalarprodukt auf $C([a,b])$ (und auch auf $C_{\mathbb{R}}([a,b])$) definiert.

Der folgende Satz liefert abgeleitete Rechenregeln für (Halb-)Skalarprodukte.

Satz 1.1-7

Es sei $\langle\ \rangle$ ein Halbskalarprodukt auf dem K-Vektorraum V, $K \in \{\mathbb{R}, \mathbb{C}\}$, $x, y, z \in V$ und $k \in K$. Es gilt:

(a) $\langle x, y+z\rangle = \langle x, y\rangle + \langle x, z\rangle, \quad \langle x, ky\rangle = \overline{k}\langle x, y\rangle, \quad \langle x, 0\rangle = \langle 0, x\rangle = 0$

(b) Ist $\langle\ \rangle$ ein Skalarprodukt und $\langle x, t\rangle = \langle y, t\rangle$ für alle $t \in V$, so folgt $x = y$.

Beweis

Zu (a) Man errechnet

$$\langle x, y+z\rangle = \overline{\langle y+z, x\rangle} = \overline{\langle y, x\rangle + \langle z, x\rangle} = \overline{\langle y, x\rangle} + \overline{\langle z, x\rangle} = \langle x, y\rangle + \langle x, z\rangle,$$

$$\langle x, ky\rangle = \overline{\langle ky, x\rangle} = \overline{k\langle y, x\rangle} = \overline{k}\,\overline{\langle y, x\rangle} = \overline{k}\langle x, y\rangle,$$

$$\langle 0, x\rangle = \langle 0\cdot x, x\rangle = 0\cdot\langle x, x\rangle = 0, \quad \text{also auch } \langle x, 0\rangle = 0.$$

Zu (b) Nach Voraussetzung gilt $\langle x, x-y\rangle = \langle y, x-y\rangle$ $[\![\, t := x-y\,]\!]$, woraus mit (a) $\langle x-y, x-y\rangle = 0$, also $x - y = 0$ folgt. □

Als Verallgemeinerung der Hölder-Ungleichung für $q = q' = 2$ über $\mathbb{C}^n$ erhält man

Satz 1.1-8 (Cauchy-Schwarz-Ungleichung, 1890)

Es sei $\langle\ \rangle$ ein Halbskalarprodukt auf dem K-Vektorraum V, $K \in \{\mathbb{R}, \mathbb{C}\}$, $x, y \in V$. Es gilt:

$$|\langle x, y\rangle| \le \langle x, x\rangle^{1/2}\langle y, y\rangle^{1/2}.$$

Beweis

Für $\langle x, y\rangle = 0$ gilt die Ungleichung gem. (S-1)′ trivialerweise. Es sei $\langle x, y\rangle \neq 0$, also gem. 1.1-7 (a) $x \neq 0$ und $y \neq 0$. Sind x, y K-linear abhängig, etwa $x = ky$ für ein $k \in K\backslash\{0\}$, so folgt

$$|\langle x, y\rangle| = |k|\,\langle y, y\rangle = \langle ky, ky\rangle^{1/2}\langle y, y\rangle^{1/2} \qquad [\![\, |k| = (k\overline{k})^{1/2}\,]\!]$$
$$= \langle x, x\rangle^{1/2}\langle y, y\rangle^{1/2}.$$

Schließlich seien x, y K-linear unabhängig. Für jedes $k \in K$ gilt dann $x + ky \neq 0$ und

$$0 \leq \langle x + ky, x + ky \rangle = \langle x, x \rangle + \overline{k}\langle x, y \rangle + k\overline{\langle x, y \rangle} + k\overline{k}\langle y, y \rangle, \qquad (*)$$

speziell für $k := -(\langle x, x \rangle + 1)/(2\langle y, x \rangle)$

$$0 \leq \langle x, x \rangle - \frac{\langle x, x \rangle + 1}{2\overline{\langle y, x \rangle}}\langle x, y \rangle - \frac{\langle x, x \rangle + 1}{2\langle y, x \rangle}\overline{\langle x, y \rangle} + |k|^2\langle y, y \rangle,$$

also $\langle y, y \rangle \geq |k|^{-2} > 0$ und weiter *speziell* für $k := -\langle x, y \rangle / \langle y, y \rangle$

$$\begin{aligned} 0 &\leq \langle x, x \rangle - \frac{\overline{\langle x, y \rangle}}{\langle y, y \rangle}\langle x, y \rangle - \frac{\langle x, y \rangle}{\langle y, y \rangle}\overline{\langle x, y \rangle} + \frac{\langle x, y \rangle\overline{\langle x, y \rangle}}{\langle y, y \rangle^2}\langle y, y \rangle \\ &= \langle x, x \rangle - \frac{\langle x, y \rangle\,\overline{\langle x, y \rangle}}{\langle y, y \rangle}, \end{aligned}$$

also $|\langle x, y \rangle|^2 \leq \langle x, x \rangle \langle y, y \rangle$. □

In $(*)$ gilt für Skalarprodukte $\langle\ \rangle$ die strikte Ungleichung, der Beweis von 1.1-8 zeigt daher auch

Korollar 1.1-8.1

Im Prähilbertraum $(V, \langle\ \rangle)$ gilt für alle x, $y \in V$:

$$|\langle x, y \rangle| = \langle x, x \rangle^{1/2}\langle y, y \rangle^{1/2} \quad \Longleftrightarrow \quad x,\ y \text{ sind } K\text{-linear abhängig.}$$

□

Die erwähnte Abstammung einer (Halb-)Norm von einem (Halb-)Skalarprodukt regelt

Korollar 1.1-8.2

$$\|\ \|_{\langle\ \rangle} : \begin{cases} V \longrightarrow \mathbb{R}^+ \\ x \longmapsto \langle x, x \rangle^{1/2} \end{cases}$$

ist eine Halbnorm auf dem K-Vektorraum V, die sog. durch das Halbskalarprodukt $\langle\ \rangle$ induzierte Halbnorm. *Weiter gilt:*

$$\|\ \|_{\langle\ \rangle} \text{ Norm} \quad \Longleftrightarrow \quad \langle\ \rangle \text{ Skalarprodukt.}$$

Beweis

$\|\ \|_{\langle\ \rangle}$ ist gem. (S-1)$'$ wohldefiniert und erfüllt für alle $x, y \in V$, $k \in K$

(N-2): $\|kx\|_{\langle\ \rangle} = \langle kx, kx \rangle^{1/2} = (k\overline{k}\langle x, x \rangle)^{1/2} = |k|\,\langle x, x \rangle^{1/2} = |k|\,\|x\|_{\langle\ \rangle}$,

(N-3): $\|x+y\|_{\langle\,\rangle}^2 = \langle x+y, x+y\rangle = \|x\|_{\langle\,\rangle}^2 + \|y\|_{\langle\,\rangle}^2 + \langle x,y\rangle + \langle y,x\rangle$, wobei

$$\langle x,y\rangle + \langle y,x\rangle = \langle x,y\rangle + \overline{\langle x,y\rangle} = 2\ \mathrm{Re}\langle x,y\rangle \leq 2|\langle x,y\rangle| \leq 2\|x\|_{\langle\,\rangle}\|y\|_{\langle\,\rangle}$$

⟦ 1.1-8 ⟧ gilt. Es folgt somit $\|x+y\|_{\langle\,\rangle}^2 \leq \left(\|x\|_{\langle\,\rangle} + \|y\|_{\langle\,\rangle}\right)^2$.

Für $x \neq 0$ erhält man schließlich auch

$$\|x\|_{\langle\,\rangle} = 0 \quad \Longleftrightarrow \quad \langle x,x\rangle = 0,$$

also ist $\|\ \|_{\langle\,\rangle}$ genau dann eine Norm, wenn $\langle\ \rangle$ definit ist. □

Schreibweise für die durch $\|\ \|_{\langle\,\rangle}$ induzierte Pseudometrik:

$$d_{\langle\,\rangle} := d_{\|\ \|_{\langle\,\rangle}}.$$

Die in (1.1,5) angegebenen Skalarprodukte $\langle\ \rangle$ induzieren gerade die Norm $\|\ \|_2$ auf den betreffenden Vektorräumen.

Korollar 1.1-8.3 (Parallelogrammgleichung)

Es sei $\langle\ \rangle$ ein Halbskalarprodukt auf dem K-Vektorraum V, $K \in \{\mathbb{R}, \mathbb{C}\}$.

Für alle x, $y \in V$ gilt:

$$\|x-y\|_{\langle\,\rangle}^2 + \|x+y\|_{\langle\,\rangle}^2 = 2\|x\|_{\langle\,\rangle}^2 + 2\|y\|_{\langle\,\rangle}^2.$$

Beweis

$$\begin{aligned}
&\|x-y\|_{\langle\,\rangle}^2 + \|x+y\|_{\langle\,\rangle}^2 \\
&\qquad = \langle x-y, x-y\rangle + \langle x+y, x+y\rangle \\
&\qquad = \langle x,x\rangle - \langle y,x\rangle - \langle x,y\rangle + \langle y,y\rangle + \langle x,x\rangle + \langle x,y\rangle + \langle y,x\rangle + \langle y,y\rangle \\
&\qquad = 2\langle x,x\rangle + 2\langle y,y\rangle
\end{aligned}$$
□

Die Parallelogrammgleichung hat die geometrische Bedeutung, daß in dem von x, y aufgespannten Parallelogramm die Summe der Flächeninhalte der Quadrate über den vier Seiten genau die Summe der Flächeninhalte der Quadrate über den beiden Diagonalen ergibt. Auf Grund dieser Eigenschaft kann häufig leicht festgestellt werden, daß eine Halbnorm nicht von einem Halbskalarprodukt induziert wird.

Beispiel (1.1,6)

Es gibt kein Skalarprodukt auf $C_{\mathbb{R}}([a,b])$, das die Norm $\|\ \|_\infty$ induziert:

Für

$$f = 1, \qquad g : \begin{cases} [a,b] \longrightarrow \mathbb{R} \\ x \longmapsto \frac{1}{b-a}(x-a) \end{cases}$$

erhält man nämlich $\|f\|_\infty = 1,\ \|g\|_\infty = 1,\ \|f+g\|_\infty = 2,\ \|f-g\|_\infty = 1$, also

$$\|f+g\|_\infty^2 + \|f-g\|_\infty^2 = 5 \neq 4 = 2\|f\|_\infty^2 + 2\|g\|_\infty^2.$$

Es sei bereits hier vermerkt, daß jede die Parallelogrammgleichung erfüllende Halbnorm durch ein Halbskalarprodukt induziert werden kann (vgl. Satz 1.2-3). Dieses ist zunächst als Vermutung naheliegend, weil jedes (Halb-)Skalarprodukt $\langle\ \rangle$ aus der induzierten (Halb-)Norm $\|\ \|_{\langle\ \rangle}$ zurückgewonnen werden kann:

Satz 1.1-9 (Polarisationsgleichung)

Es sei $\langle\ \rangle$ ein Halbskalarprodukt auf dem K-Vektorraum V, $K \in \{\mathbb{R}, \mathbb{C}\}$.

Für alle $x,\ y \in V$ gilt:

$$\langle x, y\rangle = \begin{cases} \frac{1}{4}\left(\|x+y\|_{\langle\ \rangle}^2 - \|x-y\|_{\langle\ \rangle}^2\right) & \textit{für } K = \mathbb{R} \\ \frac{1}{4}\sum_{j=0}^{3} i^j \|x + i^j y\|_{\langle\ \rangle}^2 & \textit{für } K = \mathbb{C}. \end{cases}$$

Beweis

Aus

$$\|x+y\|_{\langle\ \rangle}^2 = \langle x+y, x+y\rangle = \langle x,x\rangle + \langle x,y\rangle + \langle y,x\rangle + \langle y,y\rangle,$$

$$\|x-y\|_{\langle\ \rangle}^2 = \langle x-y, x-y\rangle = \langle x,x\rangle - \langle x,y\rangle - \langle y,x\rangle + \langle y,y\rangle$$

folgt durch Subtraktion

$$\|x+y\|_{\langle\ \rangle}^2 - \|x-y\|_{\langle\ \rangle}^2 = 2\langle x,y\rangle + 2\langle y,x\rangle, \qquad (*)$$

für $K = \mathbb{R}$ also bereits die behauptete Darstellung von $\langle x,y\rangle$.

Für $K = \mathbb{C}$ gilt gem. $(*)$ auch

$$\|x+iy\|_{\langle\ \rangle}^2 - \|x-iy\|_{\langle\ \rangle}^2 = 2\langle x,iy\rangle + 2\langle iy,x\rangle,$$

und Multiplikation dieser Gleichung mit i und anschließende Addition zu $(*)$ liefert

$$\sum_{j=0}^{3} i^j \|x + i^j y\|_{\langle\ \rangle}^2 = 2\langle x,y\rangle + 2\langle y,x\rangle + 2i\langle x,iy\rangle + 2i\langle iy,x\rangle = 4\langle x,y\rangle$$

$[\![\, i\langle iy,x\rangle = -\langle y,x\rangle$ und $i\langle x,iy\rangle = \langle x, \bar{i}iy\rangle = \langle x,y\rangle \,]\!]$. □

Neben der Cauchy-Schwarz-Ungleichung 1.1-8 ist auch die folgende Peetre-Ungleichung für numerische und theoretische Abschätzungen von großer Bedeutung.

Satz 1.1-10 (Peetre-Ungleichung, 1959)

Es sei $\langle\ \rangle$ ein Halbskalarprodukt auf dem K-Vektorraum V und $t \in \mathbb{R}$.

Für alle $x, y \in V$ gilt:

$$\frac{\left(1+\|x\|_{\langle\,\rangle}^2\right)^t}{\left(1+\|y\|_{\langle\,\rangle}^2\right)^t} \leq 2^{|t|}\left(1+\|x-y\|_{\langle\,\rangle}^2\right)^{|t|}.$$

Beweis

Für $t = 0$ ist die Ungleichung offensichtlich richtig, es sei daher $t \neq 0$. Zunächst gilt für alle $x, z \in V$

$$\begin{aligned} 1+\|x-z\|_{\langle\,\rangle}^2 &= 1+\langle x-z, x-z\rangle = 1+\|x\|_{\langle\,\rangle}^2-\langle x,z\rangle-\langle z,x\rangle+\|z\|_{\langle\,\rangle}^2 \\ &\leq 1+2\|x\|_{\langle\,\rangle}^2+2\|z\|_{\langle\,\rangle}^2 \\ &\quad [\![\, \|x\|_{\langle\,\rangle}^2+\langle x,z\rangle+\langle z,x\rangle+\|z\|_{\langle\,\rangle}^2=\langle x+z,x+z\rangle \geq 0 \,]\!] \\ &\leq 2+2\|x\|_{\langle\,\rangle}^2+2\|z\|_{\langle\,\rangle}^2+2\|x\|_{\langle\,\rangle}^2\|z\|_{\langle\,\rangle}^2 \\ &= 2\left(1+\|x\|_{\langle\,\rangle}^2\right)\left(1+\|z\|_{\langle\,\rangle}^2\right). \end{aligned}$$

Mit $y := x - z$ ergibt sich hieraus

$$1+\|y\|_{\langle\,\rangle}^2 \leq 2\left(1+\|x\|_{\langle\,\rangle}^2\right)\left(1+\|x-y\|_{\langle\,\rangle}^2\right) \quad \text{für alle } x, y \in V. \qquad (*)$$

Für $t < 0$, also $-t > 0$, folgt durch Potenzieren

$$\left(1+\|y\|_{\langle\,\rangle}^2\right)^{-t} \leq 2^{-t}\left(1+\|x\|_{\langle\,\rangle}^2\right)^{-t}\left(1+\|x-y\|_{\langle\,\rangle}^2\right)^{-t}$$

und somit

$$\frac{\left(1+\|x\|_{\langle\,\rangle}^2\right)^t}{\left(1+\|y\|_{\langle\,\rangle}^2\right)^t} \leq 2^{-t}\left(1+\|x-y\|_{\langle\,\rangle}^2\right)^{-t}$$

wie behauptet. Wegen

$$\left(1+\|x\|_{\langle\,\rangle}^2\right) \leq 2\left(1+\|y\|_{\langle\,\rangle}^2\right)\left(1+\|y-x\|_{\langle\,\rangle}^2\right) \qquad [\![\,\text{gem. } (*)\,]\!]$$

erhält man für $t > 0$ ebenso

$$\left(1+\|x\|_{\langle\,\rangle}^2\right)^t \leq 2^t\left(1+\|y\|_{\langle\,\rangle}^2\right)^t\left(1+\|y-x\|_{\langle\,\rangle}^2\right)^t,$$

also ebenfalls

$$\frac{\left(1+\|x\|_{\langle\,\rangle}^2\right)^t}{\left(1+\|y\|_{\langle\,\rangle}^2\right)^t} \leq 2^t\left(1+\|y-x\|_{\langle\,\rangle}^2\right)^t.$$

□

Das abschließende Diagramm vermittelt einen Überblick über die bisher definierten

Klassen von Räumen, ggf. mit den kanonischen Übergängen.

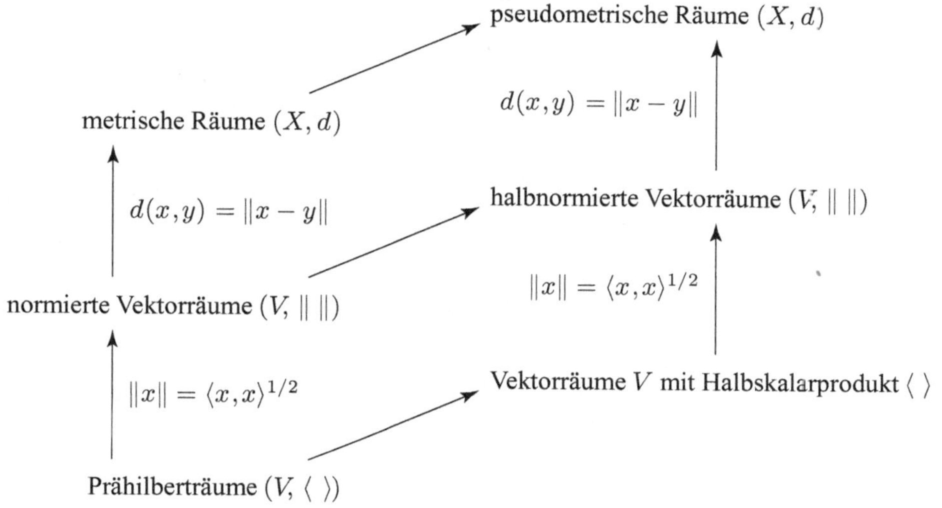

Aufgaben zu 1.1

1. (a) Man verifiziere, daß die in (1.1,1) (a), (b), (c) angegebenen Abstandsfunktionen Metriken sind! d_{dis} auf einer Menge $X \neq \emptyset$ und $d_{(p)}$ auf $\mathbb{Q}$ sind Ultrametriken.

(b) X sei eine nichtleere Menge, (Y, d) ein (pseudo)metrischer Raum,

$$B(X,Y) := \{\, f : X \longrightarrow Y \mid \sup\{\, d(f(x), f(x')) \mid x, x' \in X \,\} < \infty \,\}$$

die Menge aller beschränkten Funktionen von X in Y (s. auch A 23) und

$$d_\infty : \begin{cases} B(X,Y) \times B(X,Y) \longrightarrow \mathbb{R}^+ \\ (f, g) \longmapsto \sup\{\, d(f(x), g(x)) \mid x \in X \,\}. \end{cases}$$

Man zeige:

(i) $(B(X,Y), d_\infty)$ ist ein (pseudo)metrischer Raum.

(ii) Ist $(Y, \|\ \|)$ ein (halb)normierter K-Vektorraum, $d = d_{\|\ \|}$, so wird d_∞ durch die (Halb-)Norm

$$\|\ \|_\infty : \begin{cases} B(X,Y) \longrightarrow \mathbb{R}^+ \\ f \longmapsto \sup\{\, d_{\|\ \|}(f(x), f(x')) \mid x, x' \in X \,\} \end{cases}$$

auf dem K-Vektorraum $B(X,Y)$ (pktw. algebraische Operationen) induziert.

(c) Für jedes $\varepsilon \in \mathbb{R}$, $\varepsilon > 0$, ist $d_\varepsilon : \mathbb{N} \times \mathbb{N} \longrightarrow \mathbb{R}^+$, definiert durch

$$d_\varepsilon((n,m)) := \begin{cases} \left(1 + \frac{1}{n+m+1}\right)\varepsilon & \text{für } n \neq m \\ 0 & \text{für } n = m, \end{cases}$$

eine Metrik auf $\mathbb{N}$.

2. Es seien $a, b, q \in \mathbb{R},\ q \geq 1,\ a < b$ und $f, g \in C([a,b])$. Man beweise:

(a) Für $q > 1,\ q' \in \mathbb{R},\ (1/q) + (1/q') = 1$ gilt

$$\int_a^b |fg| \leq \left(\int_a^b |f|^q\right)^{1/q} \left(\int_a^b |g|^{q'}\right)^{1/q'} \qquad (\textit{Hölder-Ungleichung}).$$

(Hinweis: Man verwende 1.1-2!)

(b) $$\left(\int_a^b |f+g|^q\right)^{1/q} \leq \left(\int_a^b |f|^q\right)^{1/q} + \left(\int_a^b |g|^q\right)^{1/q} \qquad (\textit{Minkowski-Ungleichung}).$$

3. Es seien $a, b, q, r \in \mathbb{R},\ 1 \leq q \leq r,\ a < b$ und $f \in C([a,b])$. Man beweise:

$$\|f\|_q \leq \min\left\{(b-a)^{(r-q)/(rq)}\|f\|_r, (b-a)^{1/q}\|f\|_\infty\right\}!$$

Man beachte auch das allgemeinere Ergebnis in 5.4-8.
(Hinweis: Anwendung der Hölder-Ungleichung (A 2 (a)) mit $r/q,\ r/(r-q)$ für $r \neq q$.)

4. Auf der Menge $X := \{0,1\}^n$ $(n \in \mathbb{N}, n \geq 1)$ sei ein Abstand d durch

$$d(x,y) := \left|\{\, j \in \mathbb{N} \mid 1 \leq j \leq n,\ x_j \neq y_j \,\}\right|$$

erklärt (sog. *Hamming-Abstand*). Ist d eine Metrik? Für welche $n \geq 1$ ist d Ultrametrik?

5. Im pseudometrischen Raum (X, d) sei die Äquivalenzrelation R definiert durch

$$(x,y) \in R \quad \text{:gdw} \quad d(x,y) = 0.$$

Man zeige, daß

$$d_R : \begin{cases} X/_R \times X/_R \longrightarrow \mathbb{R}^+ \\ (x/_R, y/_R) \longmapsto d(x,y) \end{cases}$$

eine Metrik auf $X/_R$ ist!

6. In pseudometrischen Räumen (X, d) gilt die *Vierecksungleichung*:

$$|d(x,y) - d(z,t)| \leq d(x,z) + d(y,t) \quad \text{für alle } x, y, z, t \in X.$$

(Beweis!)

7. Es sei $X \neq \emptyset$ eine Menge, d_j für jedes $j \in \mathbb{N}$ eine Pseudometrik auf X und

$$d : \begin{cases} X \times X \longrightarrow \mathbb{R}^+ \\ (x,y) \longmapsto \sum_{j=0}^{\infty} \frac{1}{2^j} \frac{d_j(x,y)}{1+d_j(x,y)}. \end{cases}$$

Man beweise:

(a) d ist eine Pseudometrik auf X (sog. *Fréchetpseudometrik* der Folge $(d_j)_{j\in\mathbb{N}}$).
(Hinweis: Die Funktion

$$\alpha : \begin{cases} \mathbb{R}^+ \longrightarrow [0,1[\\ r \longmapsto \frac{r}{1+r} \end{cases}$$

ist streng monoton wachsend.)

(b) d ist eine Metrik auf X (sog. *Fréchetmetrik* der Folge $(d_j)_{j\in\mathbb{N}}$), sofern für je zwei $x, y \in X,\ x \neq y$, ein $j \in \mathbb{N}$ existiert mit $d_j(x,y) \neq 0$.

8. Es sei (X, d) ein (pseudo)metrischer Raum,

$$d_{\min} : \begin{cases} X \times X \longrightarrow \mathbb{R}^+ \\ (x, y) \longmapsto \min\{1, d(x, y)\}. \end{cases}$$

Man zeige, daß $d_{\min}$ eine (Pseudo-)Metrik auf X ist!

9. In ultrapseudometrischen Räumen (X, d) gilt für alle x, y, $z \in X$:

$$d(x, y) \neq d(y, z) \quad \Longrightarrow \quad d(x, z) = \max\{d(x, y), d(y, z)\}.$$

10. Mit

$$\|\ \|_{\mathrm{Re}} : \begin{cases} \mathbb{C}^n \longrightarrow \mathbb{R}^+ \\ x \longmapsto \max\limits_{1 \le j \le n} |\mathrm{Re}\ x_j| \end{cases}$$

ist $\mathbb{C}^n$ $(n \ge 1)$ ein halbnormierter $\mathbb{R}$-Vektorraum, jedoch nicht halbnormierter $\mathbb{C}$-Vektorraum.

11. In jedem halbnormierten Vektorraum $(V, \|\ \|)$ gilt:

$$\|x - y\| \ge \big|\|x\| - \|y\|\big| \quad \text{für alle } x, y \in V.$$

12. Es sei V ein $\mathbb{C}$-Vektorraum, $\|\ \|$ eine Halbnorm auf dem $\mathbb{R}$-Vektorraum V. Man zeige, daß durch

$$\|\ \|_{\mathbb{C}} : \begin{cases} V \longrightarrow \mathbb{R}^+ \\ x \longmapsto \sup_{r \in \mathbb{R}} \|e^{ir} x\| \end{cases}$$

eine Halbnorm auf dem $\mathbb{C}$-Vektorraum V erklärt ist. Mit $\|\ \|$ ist auch $\|\ \|_{\mathbb{C}}$ eine Norm (s. auch 2.4, A 42 und 3.1, A 25).

13. Für $q \in \mathbb{R},\ q \ge 1$ und $\lambda \in \mathbb{N}^n$ beweise man:

(a) Für alle $x \in \mathbb{C}^n,\ r \in \mathbb{R},\ r \ge 1$:

$$\prod_{j=1}^{n} |x_j|^{\lambda_j} \le \min\big\{(1 + \|x\|_q)^{\|\lambda\|_1}, (1 + \|x\|_q^r)^{(1/r)\|\lambda\|_1}\big\}.$$

(b) Für alle $\nu \in \mathbb{N}^{n+1},\ \|\nu\|_1 = \sum_{j=1}^{n+1} \nu_j = \|\lambda\|_1$ gibt es ein $C_\nu \in \mathbb{R}^+$, so daß für alle $x \in \mathbb{C}^n$ gilt:

$$(1 + \|x\|_q)^{\|\lambda\|_1} \le \sum_{\substack{\nu \in \mathbb{N}^{n+1} \\ \|\nu\|_1 = \|\lambda\|_1}} C_\nu \prod_{j=1}^{n} |x_j|^{\nu_j} \qquad \text{und}$$

$$(1 + \|x\|_q^q)^{\|\lambda\|_1} = \sum_{\substack{\nu \in \mathbb{N}^{n+1} \\ \|\nu\|_1 = \|\lambda\|_1}} C_\nu \prod_{j=1}^{n} |x_j|^{q\,\nu_j}.$$

(Hinweis: 1.1-4 (a), Polynomialsatz.)

14. $(V, \| \ \|_V)$ und $(W, \| \ \|_W)$ seien normierte K-Vektorräume, $K \in \{\mathbb{R}, \mathbb{C}\}$. Man zeige, daß die durch

$$N((x,y)) := \|x\|_V + \|y\|_W \quad \text{bzw.} \quad M((x,y)) := \sqrt{\|x\|_V^2 + \|y\|_W^2}$$

definierten Funktionen Normen auf dem direkten Produkt $V \times W$ sind! Mit

$$L((x,y)) := \max\{\|x\|_V, \|y\|_W\}$$

(L ist gem. 1.1-6 (e) ebenfalls eine Norm auf $V \times W$) gilt $L \leq M \leq N$ und $N \leq \sqrt{2}\, L$.

15. Man beweise

$$\bigcup \{\, \ell^q \mid q \in \mathbb{R}^+, q \geq 1 \,\} \subsetneqq \{\, x \in \mathbb{C}^{\mathbb{N}} \mid x \text{ Nullfolge} \,\}!$$

(Hinweis: $x = \left((j+2)^{-(\ln(j+2))^{-1/2}}\right)_{j \in \mathbb{N}}$.)

16. Welche der Normeigenschaften (N-1), (N-2), (N-3) erfüllt die Funktion

$$N : \begin{cases} V \longrightarrow \mathbb{R}^+ \\ f \longmapsto \left(\int_0^1 |f|^{1/2}\right)^2 \end{cases}$$

auf dem $\mathbb{R}$-Vektorraum $V := \{\, f \in C_{\mathbb{R}}([0,1]) \mid f(0) = 0 \,\}$, welche nicht?

17. Für jedes $j \in \mathbb{N}$ sei

$$N_j : \begin{cases} C(\mathbb{R}) \longrightarrow \mathbb{R}^+ \\ f \longmapsto \left\| f\restriction [-(j+1), j+1] \right\|_\infty \end{cases}$$

und d_j die durch die Halbnorm N_j induzierte Pseudometrik auf $C(\mathbb{R})$, d. h. $d_j(f,g) = N_j(f-g)$ für alle $f, g \in C(\mathbb{R})$. Man zeige, daß die translationsinvariante Fréchetmetrik (vgl. A 7 (b)) der Folge $(d_j)_{j \in \mathbb{N}}$ nicht durch eine Norm induziert wird!

18. Man bestätige, daß die in Beispiel (1.1,5) (b), (c) angegebenen Funktionen $\langle\ \rangle$ Skalarprodukte sind!

19. Für $a, b \in \mathbb{R}$, $m \in \mathbb{N}$ sei

$$\langle\ \rangle_m : \begin{cases} C_{\mathbb{R}}^m([a,b]) \times C_{\mathbb{R}}^m([a,b]) \longrightarrow \mathbb{R} \\ (f,g) \longmapsto \sum_{j=0}^m \int_a^b f^{(j)} g^{(j)}. \end{cases}$$

Man rechne nach, daß $\left(C_{\mathbb{R}}^m([a,b]), \langle\ \rangle_m\right)$ ein Prähilbertraum ist!

20. Es sei $n \in \mathbb{N}$, $n \geq 2$. Gibt es ein Skalarprodukt auf $\mathbb{C}^n$, das die Norm $\| \ \|_\infty$ induziert?

21. Man gebe einen $\mathbb{R}$-Vektorraum V mit einem Halbskalarprodukt an, das kein Skalarprodukt ist!

22. Man zeige, daß

$$\| \ \|_{\max} : \begin{cases} \mathbb{R}[x] \longrightarrow \mathbb{R}^+ \\ p(x) \longmapsto \max\limits_{0 \leq j \leq n_p} |p_j| \end{cases}$$

eine Norm auf dem $\mathbb{R}$-Vektorraum $\mathbb{R}[x]$ aller Polynome über $\mathbb{R}$ ist! Kann $\| \ \|_{\max}$ durch ein Skalarprodukt induziert werden?

23. Für jede Teilmenge $S \subseteq X$ eines pseudometrischen Raums (X, d) heißt

$$\delta(S) := \sup\{\, d(s, s') \mid s, s' \in S \,\} \in \mathbb{R}^+ \cup \{-\infty, \infty\}$$

(auch $\delta_d(S)$ bezeichnet) *Durchmesser* von S, Teilmengen S mit $\delta(S) < \infty$ heißen *d-beschränkt.*

Man zeige: Die Vereinigung endlich vieler d-beschränkter Teilmengen von X ist d-beschränkt.

24. $(V, \langle\ \rangle)$ sei ein Prähilbertraum über $\mathbb{C}$. Für alle x, y, $z \in V$ beweise man die *Apollonios-Gleichung*

$$\tfrac{1}{2}\|x-y\|^2_{\langle\ \rangle} + 2\|z - \tfrac{1}{2}(x+y)\|^2_{\langle\ \rangle} = \|z-x\|^2_{\langle\ \rangle} + \|z-y\|^2_{\langle\ \rangle}.$$

25. $(V, \langle\ \rangle)$ sei ein Prähilbertraum über $\mathbb{C}$, $T : V \longrightarrow V$ $\mathbb{C}$-linear und $\langle T(v), v\rangle = 0$ für jedes $v \in V$.

Man zeige: $T = 0$.

1.2 Konvergenz, Topologie

Zu Beginn von Abschnitt 1.1 wurde darauf hingewiesen, daß die angegebene Formulierung der Eigenschaft „Konvergenz einer Folge" lediglich einen Abstandsbegriff erfordert:

Definitionen

(X, d) sei ein pseudometrischer Raum, $(x_j)_j \in X^{\mathbb{N}}$.

$(x_j)_j$ *konvergent* in (X, d) :gdw

$$\exists\, a \in X\ \forall\, \varepsilon > 0\ \exists\, j_\varepsilon \in \mathbb{N}\ \forall\, j \geq j_\varepsilon\colon\ d(x_j, a) < \varepsilon.$$

a heißt dann (ein) *Limes der Folge* $(x_j)_j$, $(x_j)_j$ *konvergent gegen* a (in (X, d)), in formaler Schreibweise:

$$d\text{-}\lim_j x_j := \lim_j x_j \underset{d}{:=} a, \quad (x_j)_j \to_d a \quad \text{o.ä.}, \quad \text{sonst } (x_j)_j \not\to_d a.$$

Satz 1.2-1

$(x_j)_j$, $(y_j)_j \in X^{\mathbb{N}}$ seien Folgen im pseudometrischen Raum (X, d), a, $b \in X$. Es gilt:

(a) $(x_j)_j \to_d a \iff (d(x_j, a))_j \to_{d_{|\,|}} 0$

(b) $(x_j)_j \to_d a,\ (y_j)_j \to_d b \implies (d(x_j, y_j))_j \to_{d_{|\,|}} d(a, b)$

(c) Ist d eine Metrik, $(x_j)_j \to_d a$ und $(x_j)_j \to_d b$, so folgt $a = b$.

(Eindeutigkeit der Limiten *in metrischen Räumen)*

Beweis

(a) gilt definitionsgemäß, (b), (c) ergeben sich wie folgt:

Gem. Vierecksungleichung 1.1, A 6 erhält man für jedes $j \in \mathbb{N}$

$$|d(x_j, y_j) - d(a, b)| \leq d(x_j, a) + d(y_j, b),$$

also $|d(x_j, y_j) - d(a, b)| < \varepsilon$ für alle $j \geq j_\varepsilon$, sofern $d(x_j, a) < \varepsilon/2$ und $d(y_j, b) < \varepsilon/2$ für jedes $j \geq j_\varepsilon$ erfüllt ist.

$0 \leq d(a, b) \leq d(a, x_j) + d(x_j, b) < \varepsilon$ für alle $j \geq j_\varepsilon$ liefert $d(a, b) = 0$, also $a = b$. □

Für durch Halbnormen oder gar durch Halbskalarprodukte auf K-Vektorräumen induzierte Pseudometriken kann man u. a. eine gewisse Verträglichkeit mit der Addition und Skalarmultiplikation des Vektorraums nachrechnen:

Satz 1.2-2

Es sei $\| \ \|$ eine Halbnorm, $\langle \ \rangle$ ein Halbskalarprodukt auf dem K-Vektorraum V, $K \in \{\mathbb{R}, \mathbb{C}\}$. Für alle $(x_j)_j$, $(y_j)_j \in V^{\mathbb{N}}$, $a, b \in V$, $k \in K$, $(k_j)_j \in K^{\mathbb{N}}$ gilt:

(a) $(x_j)_j \to_{d_{\| \|}} a \implies (\|x_j\|)_j \to_{d_{| |}} \|a\|$

(b) $(x_j)_j \to_{d_{\| \|}} a,\ (y_j)_j \to_{d_{\| \|}} b \implies (x_j + y_j)_j \to_{d_{\| \|}} a + b$

(c) $(x_j)_j \to_{d_{\| \|}} a,\ (k_j)_j \to_{d_{| |}} k \implies (k_j x_j)_j \to_{d_{\| \|}} ka$

(d) $(x_j)_j \to_{d_{\langle \rangle}} a,\ (y_j)_j \to_{d_{\langle \rangle}} b \implies (\langle x_j, y_j \rangle)_j \to_{d_{| |}} \langle a, b \rangle$

Beweis

Zu (a) $d_{| |}(\|x_j\|, \|a\|) = \big|\|x_j\| - \|a\|\big| \leq \|x_j - a\| = d_{\| \|}(x_j, a)$ ⟦ 1.1, A 11 ⟧. Nach 1.2-1 (a) folgt die Behauptung.

Zu (b)

$$\begin{aligned} d_{\| \|}(x_j + y_j, a + b) &= \|x_j + y_j - a - b\| \leq \|x_j - a\| + \|y_j - b\| \\ &= d_{\| \|}(x_j, a) + d_{\| \|}(y_j, b) \end{aligned}$$

Nach 1.2-1 (a) folgt die Behauptung.

Zu (c) Sei $0 < \varepsilon < 1$ und $\delta := (\varepsilon/2)(|k| + \|a\| + 1)^{-1}$. Man wähle ein $j_\varepsilon \in \mathbb{N}$, so daß $\|x_j - a\| < \delta$ und $|k_j - k| < \delta$ für jedes $j \geq j_\varepsilon$ gilt. Es folgt dann für alle $j \geq j_\varepsilon$

$$\begin{aligned} \|k_j x_j - ka\| &= \|(k_j - k)x_j + k(x_j - a)\| \leq |k_j - k|\,\|x_j\| + |k|\,\|x_j - a\| \\ &\leq \delta(\|x_j - a\| + \|a\|) + |k|\,\delta \leq \delta(1 + \|a\| + |k|) = \varepsilon/2 < \varepsilon. \end{aligned}$$

Zu (d)

$$\begin{aligned} d_{|\,|}(\langle x_j, y_j\rangle, \langle a, b\rangle) &= |\langle x_j, y_j\rangle - \langle a, b\rangle| = |\langle x_j - a, y_j\rangle + \langle a, y_j - b\rangle| \\ &\le |\langle x_j - a, y_j\rangle| + |\langle a, y_j - b\rangle| \\ &\le \|x_j - a\|_{\langle\,\rangle}\|y_j\|_{\langle\,\rangle} + \|a\|_{\langle\,\rangle}\|y_j - b\|_{\langle\,\rangle} \qquad [\![1.1\text{-}8]\!] \\ &= d_{\langle\,\rangle}(x_j, a)\|y_j\|_{\langle\,\rangle} + \|a\|_{\langle\,\rangle} d_{\langle\,\rangle}(y_j, b) \end{aligned}$$

Wegen $(\|y_j\|_{\langle\,\rangle})_j \to_{d_{|\,|}} \|b\|_{\langle\,\rangle}$, $(d_{\langle\,\rangle}(x_j, a))_j \to_{d_{|\,|}} 0$ und $(d_{\langle\,\rangle}(y_j, b))_j \to_{d_{|\,|}} 0$ [[gem. (a) bzw. 1.2-1 (a)]] ergibt sich mit (c) und (b) $\big(d_{|\,|}(\langle x_j, y_j\rangle, \langle a, b\rangle)\big)_j \to_{d_{|\,|}} 0$, also die Behauptung [[1.2-1 (a)]]. □

Mit Hilfe von 1.2-2 kann nun – wie bereits vor 1.1-9 angedeutet (Seite 19) – bewiesen werden, daß jede die Parallelogrammgleichung erfüllende Halbnorm durch ein Halbskalarprodukt induziert wird. Die Polarisationsgleichung 1.1-9 liefert die Idee für das Auffinden eines derartigen Halbskalarprodukts.

Satz 1.2-3 (Jordan, von Neumann, 1935)

Es sei $(V, \|\;\|)$ ein halbnormierter K-Vektorraum, $K \in \{\mathbb{R}, \mathbb{C}\}$, die Halbnorm $\|\;\|$ genüge der Parallelogrammgleichung

$$\|x - y\|^2 + \|x + y\|^2 = 2\|x\|^2 + 2\|y\|^2 \quad \textit{für alle } x,\, y \in V$$

und $\langle\,\rangle : V \times V \longrightarrow K$ werde definiert durch

$$\langle x, y\rangle := \begin{cases} \frac{1}{4}\left(\|x + y\|^2 - \|x - y\|^2\right) & \textit{für } K = \mathbb{R} \\ \frac{1}{4}\sum_{j=0}^{3} i^j \|x + i^j y\|^2 & \textit{für } K = \mathbb{C}. \end{cases}$$

Dann ist $\langle\,\rangle$ ein Halbskalarprodukt auf V, und es gilt $\|\;\|_{\langle\,\rangle} = \|\;\|$.

Beweis

Zuerst sei $K = \mathbb{R}$. Für alle x, y, $z \in V$ errechnet man $\langle 0, y\rangle = \langle y, 0\rangle = 0$ und $\langle -x, y\rangle = \langle x, -y\rangle = -\langle x, y\rangle$ direkt aus der Definition von $\langle\,\rangle$. Weiter gilt

$$\langle x, x\rangle = \tfrac{1}{4}\left(\|x + x\|^2 - \|x - x\|^2\right) = \|x\|^2 \ge 0,$$

$$\langle x, y\rangle = \tfrac{1}{4}\left(\|x + y\|^2 - \|x - y\|^2\right) = \tfrac{1}{4}\left(\|y + x\|^2 - \|y - x\|^2\right) = \langle y, x\rangle,$$

also sind (S-1)′ und (S-2) erfüllt. Aus der Parallelogrammgleichung folgen die Gleichungen

$$2\|x + y\|^2 + 2\|z + y\|^2 = \|x + z + 2y\|^2 + \|x - z\|^2,$$

$$2\|x - y\|^2 + 2\|z - y\|^2 = \|x + z - 2y\|^2 + \|x - z\|^2$$

und aus diesen durch Subtraktion

$$2\|x+y\|^2 + 2\|z+y\|^2 - 2\|x-y\|^2 - 2\|z-y\|^2 \\ = \|x+z+2y\|^2 - \|x+z-2y\|^2,$$

also

$$8\langle x, y\rangle + 8\langle z, y\rangle = 4\langle x+z, 2y\rangle .$$

Mit $z = 0,\ \ x = u + v,\ \ u, v \in V$ erhält man durch zweimalige Verwendung dieser Gleichung

$$\langle u+v, y\rangle = \tfrac{1}{2}\langle u+v, 2y\rangle = \langle u, y\rangle + \langle v, y\rangle .$$

Somit gilt auch (S-3). Zur Verifikation von (S-4) beachte man, daß gem. (S-3) $\langle nx, y\rangle = n\langle x, y\rangle$ und daher auch $\langle x, y\rangle = \big\langle (n+1)\frac{1}{n+1}\, x, y\big\rangle = (n+1)\big\langle \frac{1}{n+1}\, x, y\big\rangle$, d. h. $\frac{1}{n+1}\langle x, y\rangle = \big\langle \frac{1}{n+1}\, x, y\big\rangle$ für alle natürlichen Zahlen n gilt. Wiederum mit (S-3) folgt hieraus

$$q\langle x, y\rangle = \langle qx, y\rangle \quad \text{für jedes } q \in \mathbb{Q}.$$

Für beliebiges $k \in \mathbb{R}$ wähle man eine gegen k konvergente Folge $(q_j)_j \in \mathbb{Q}^{\mathbb{N}}$ rationaler Zahlen, d. h. $(q_j)_j \to_{d_{|\,|}} k$. Gemäß 1.2-2 ergibt sich dann

$$\left(\tfrac{1}{4}(\|q_j x + y\|^2 - \|q_j x - y\|^2)\right)_j \to_{d_{|\,|}} \tfrac{1}{4}\left(\|kx+y\|^2 - \|kx-y\|^2\right),$$

also $(\langle q_j x, y\rangle)_j \to_{d_{|\,|}} \langle kx, y\rangle$.

Da $\langle q_j x, y\rangle = q_j\langle x, y\rangle$ ist, und die Folge $(q_j\langle x, y\rangle)_j$ im metrischen Raum $(\mathbb{R}, d_{|\,|})$ gegen $k\langle x, y\rangle$ konvergiert, folgt mit Hilfe von 1.2-1 (c) $k\langle x, y\rangle = \langle kx, y\rangle$.

Im Fall $K = \mathbb{C}$ notiere man, daß gem. der obigen Untersuchung durch

$$\langle x, y\rangle_R := \tfrac{1}{4}\left(\|x+y\|^2 - \|x-y\|^2\right)$$

ein Halbskalarprodukt auf dem $\mathbb{R}$-Vektorraum V definiert ist. Darüber hinaus gilt auch

$$\begin{aligned} \langle x, y\rangle &= \frac{1}{4}\sum_{j=0}^{3} i^j \|x + i^j y\|^2 \\ &= \tfrac{1}{4}\left(\|x+y\|^2 - \|x-y\|^2\right) + \tfrac{1}{4}\left(i\|x+iy\|^2 - i\|x-iy\|^2\right) \\ &= \langle x, y\rangle_R + i\langle x, iy\rangle_R \end{aligned} \tag{1}$$

und weiter

$$\begin{aligned} \langle x, ix\rangle_R &= \tfrac{1}{4}\left(\|x+ix\|^2 - \|x-ix\|^2\right) = 0 \\ &\quad [\![\, \|x+ix\| = \|(-i)(x+ix)\| = \|x-ix\| \,]\!], \end{aligned} \tag{2}$$

$$\begin{aligned} \langle ix, iy\rangle_R &= \tfrac{1}{4}\left(\|ix+iy\|^2 - \|ix-iy\|^2\right) = \tfrac{1}{4}\left(\|x+y\|^2 - \|x-y\|^2\right) \\ &= \langle x, y\rangle_R, \end{aligned} \tag{3}$$

$$\begin{aligned}\langle ix,y\rangle &= \langle ix,y\rangle_R + i\langle ix,iy\rangle_R \underset{(3)}{=} \langle ix,y\rangle_R + i\langle x,y\rangle_R \\ &= i\big(\langle x,y\rangle_R - i\langle ix,y\rangle_R\big) \underset{(3)}{=} i\big(\langle x,y\rangle_R - i\langle -x,iy\rangle_R\big) \\ &= i\big(\langle x,y\rangle_R + i\langle x,iy\rangle_R\big) = i\langle x,y\rangle.\end{aligned} \tag{4}$$

Hieraus folgen die Eigenschaften (S-1)′, (S-2), (S-3) und (S-4):

$$\langle x,x\rangle \underset{(1)}{=} \langle x,x\rangle_R + i\langle x,ix\rangle_R \underset{(2)}{=} \langle x,x\rangle_R \geq 0,$$

$$\begin{aligned}\langle x,y\rangle &\underset{(1)}{=} \langle x,y\rangle_R + i\langle x,iy\rangle_R \underset{(3)}{=} \langle x,y\rangle_R + i\langle ix,-y\rangle_R \\ &= \langle y,x\rangle_R - i\langle y,ix\rangle_R = \overline{\langle y,x\rangle_R + i\langle y,ix\rangle_R} \\ &\underset{(1)}{=} \overline{\langle y,x\rangle},\end{aligned}$$

$$\begin{aligned}\langle x+y,z\rangle &\underset{(1)}{=} \langle x+y,z\rangle_R + i\langle x+y,iz\rangle_R \\ &= \langle x,z\rangle_R + \langle y,z\rangle_R + i\langle x,iz\rangle_R + i\langle y,iz\rangle_R \\ &\underset{(1)}{=} \langle x,z\rangle + \langle y,z\rangle\end{aligned}$$

und für $k = a + ib,\ a, b \in \mathbb{R}$ auch

$$\begin{aligned}\langle kx,y\rangle &= \langle ax+ibx,y\rangle = \langle ax,y\rangle + \langle ibx,y\rangle \\ &\underset{(4)}{=} \langle ax,y\rangle + i\langle bx,y\rangle = a\langle x,y\rangle + ib\langle x,y\rangle \\ &\qquad [\![\text{gem. (1), da } \langle\ \rangle_R \text{ reelles Halbskalarprodukt}]\!] \\ &= k\langle x,y\rangle.\end{aligned}$$

□

Vor der topologischen Interpretation der Konvergenz seien einige Beispiele für Folgenkonvergenz in konkreten Räumen betrachtet:

Beispiele (1.2,1)

(a) Jede der Metriken d_q auf $\mathbb{C}^n$, $1 \leq q \leq \infty$, erzeugt denselben Konvergenzbegriff, die sog. *koordinatenweise* $d_{|\,|}$*-Konvergenz*:
Für alle $(x_j)_j \in (\mathbb{C}^n)^{\mathbb{N}}$, $a \in \mathbb{C}^n$ gilt

$$\begin{aligned}(x_j)_j \to_{d_q} a \quad &\Longleftrightarrow \quad (d_q(x_j,a))_j \to_{d_{|\,|}} 0 \qquad [\![\text{gem. 1.2-1 (a)}]\!] \\ &\Longleftrightarrow \quad \begin{cases} \left(\left(\sum_{k=1}^n |x_{j,k} - a_k|^q\right)^{1/q}\right)_j \to_{d_{|\,|}} 0 & \text{für } q \in \mathbb{R} \\ \left(\max\limits_{1\leq k\leq n} |x_{j,k} - a_k|\right)_j \to_{d_{|\,|}} 0 & \text{für } q = \infty \end{cases} \\ &\Longleftrightarrow \quad \forall\, k = 1,\dots,n\colon\ (|x_{j,k} - a_k|)_j \to_{d_{|\,|}} 0 \\ &\Longleftrightarrow \quad \forall\, k = 1,\dots,n\colon\ (x_{j,k})_j \to_{d_{|\,|}} a_k\end{aligned}$$

Man beachte in diesem Zusammenhang auch 1.2-5!

Ein zu (a) analoges Ergebnis erhält man weder für die Folgenräume (ℓ^p, d_p) noch für $(C([a,b]), d_p)$:

(b) Es seien $p \in \mathbb{R},\ q \in \mathbb{R} \cup \{\infty\}, q > p \geq 1, (x_j)_j \in (\ell^p)^{\mathbb{N}}, (y_j)_j \in (\ell^\infty)^{\mathbb{N}}, \xi \in \ell^p$ und $\eta \in \ell^\infty$. Offensichtlich gilt

(i) $(y_j)_j \to_{d_\infty} \eta \quad \Longrightarrow \quad \forall\, k \in \mathbb{N} : (y_{j,k})_j \to_{d_{|\ |}} \eta_k$
(koordinatenweise $d_{|\ |}$-Konvergenz).

Mit Hilfe der Normabschätzungen in 1.1-5 folgt

(ii) $(x_j)_j \to_{d_p} \xi \quad \Longrightarrow \quad (x_j)_j \to_{d_q} \xi$:
(man beachte in diesem Zusammenhang auch 1.2-6).

Die Umkehrungen in (i) und (ii) gelten nicht (vgl. A 3).

(c) Es seien $a, b, p, r \in \mathbb{R},\ a < b,\ r > p \geq 1,\ (f_j)_j \in C([a,b])^{\mathbb{N}}$ und $g \in C([a,b])$. Offensichtlich gilt

(i) $(f_j)_j \to_{d_\infty} g \quad \Longrightarrow \quad \forall\, x \in [a,b]\colon\ (f_j(x))_j \to_{d_{|\ |}} g(x)$
(punktweise $d_{|\ |}$-Konvergenz)

Mit Hilfe der Normabschätzungen in 1.1, A3 (vgl. auch 1.2-6) folgt

(ii) $(f_j)_j \to_{d_r} g \quad \Longrightarrow \quad (f_j)_j \to_{d_p} g$ und $(f_j)_j \to_{d_\infty} g \quad \Longrightarrow \quad (f_j)_j \to_{d_p} g.$

Die Umkehrungen in (i) und (ii) gelten nicht:
Für alle $j \in \mathbb{N}, x \in [a,b]$ definiere man (Abb. 1.2-1)

$$h_j(x) := \begin{cases} 0 & \text{für } a + \frac{b-a}{j+1} \leq x \leq b \\ -\frac{2(j+1)}{b-a}\, x + \frac{2(ja+b)}{b-a} & \text{für } a + \frac{b-a}{2(j+1)} \leq x \leq a + \frac{b-a}{j+1} \\ \frac{2(j+1)}{b-a}\, x - \frac{2(j+1)a}{b-a} & \text{für } a \leq x \leq a + \frac{b-a}{2(j+1)} \end{cases}$$

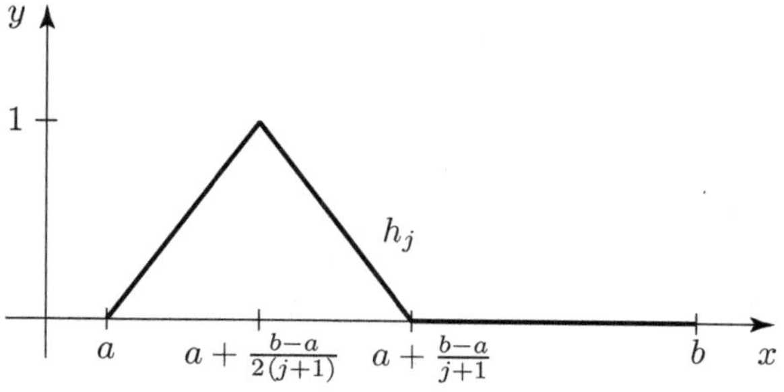

Abbildung 1.2-1

und (Abb. 1.2-2)

$$f_j(x) := \begin{cases} \left(-\frac{(j+2)^2}{b-a}\,x + \frac{(j+2)((j+1)a+b)}{b-a}\right)^{1/r} & \text{für } a \le x \le a + \frac{b-a}{j+2} \\ 0 & \text{sonst} \end{cases}$$

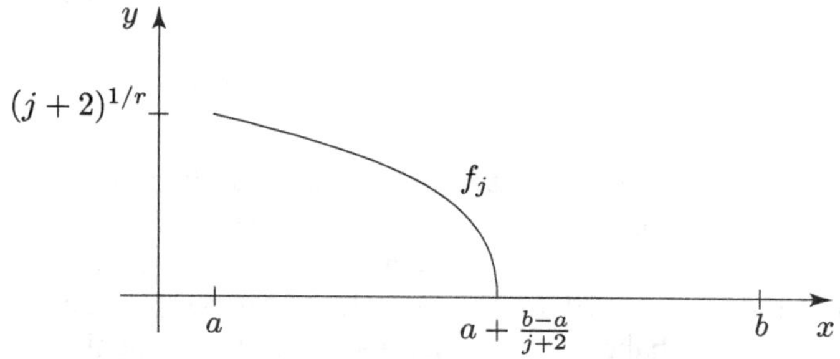

Abbildung 1.2-2

Die Folge $(h_j)_j \in C([a,b])^{\mathbb{N}}$ ist punktweise $d_{|\,|}$-konvergent gegen 0, aber nicht d_∞-konvergent gegen 0 $[\![\, d_\infty(h_j,0) = h_j\big(a + \frac{b-a}{2(j+1)}\big) = 1 \,]\!]$, $(f_j)_j \in C([a,b])^{\mathbb{N}}$ ist nicht punktweise $d_{|\,|}$-, also nicht d_∞-konvergent gegen 0. Wegen $\|f_j\|_r^r = \frac{b-a}{2}$ $[\![$ Dreiecksfläche $]\!]$ und $\|f_j\|_p^p = \frac{b-a}{(1+p/r)(j+2)^{1-p/r}}$ $[\![$ elementare Integration $]\!]$ ist $(f_j)_j$ nicht d_r-, jedoch d_p-konvergent gegen 0.

Zwischen d_p-Konvergenz und punktweiser $d_{|\,|}$-Konvergenz besteht keine Abhängigkeit (s. o. bzw. A 4)

Für die betrachteten Konvergenzen erhält man die folgende Übersicht ($p, r \in \mathbb{R}$, $q \in \mathbb{R} \cup \{\infty\}$, $q > p \geq 1$, $r > p$):

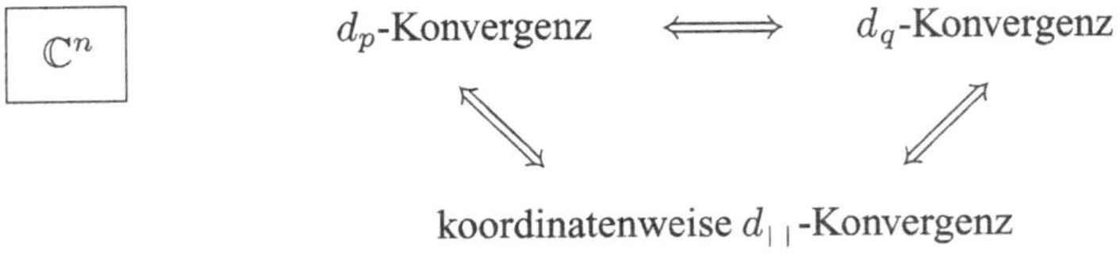

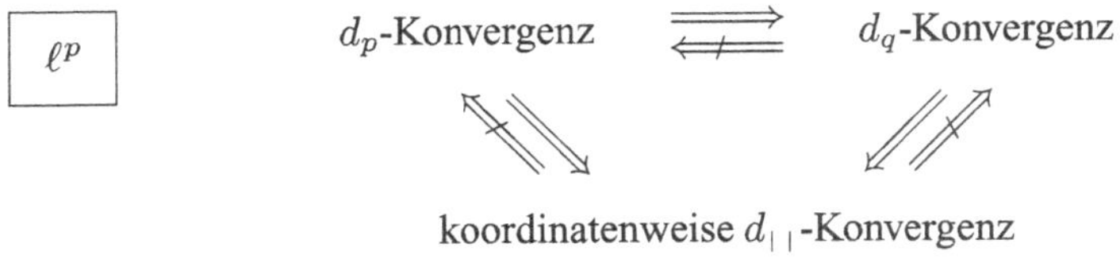

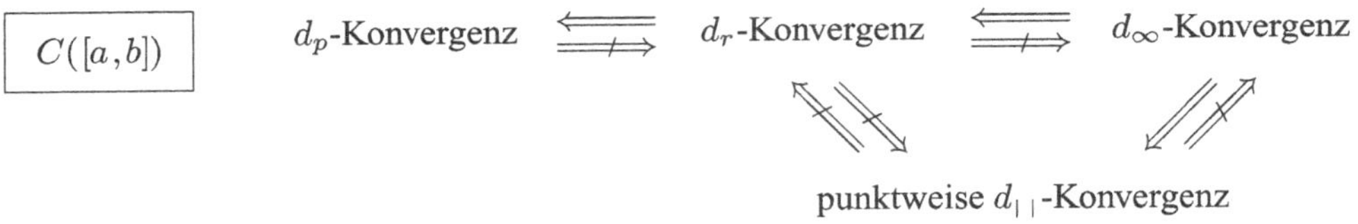

Die topologische Interpretation der Konvergenz begründet sich durch die Tatsache, daß eine Folge $(x_j)_j$ in einem pseudometrischen Raum (X, d) genau dann d-konvergent gegen ein Element a von X ist, wenn sie für jede Schranke $\varepsilon > 0$ schließlich, d. h. ab einem Folgenelement x_{j_ε}, nur noch aus Elementen besteht, die zu a ε-benachbart sind, also einen Abstand (bzgl. d) zu a haben, der kleiner als ε ist. Die ε-Nachbarschaften der Punkte a in X entscheiden somit, welche Folgen gegen welche Punkte konvergent sind. Diese Feststellung ermöglicht die Ausdehnung des Konvergenzbegriffs auf grössere Klassen als die der pseudometrischen Räume; benötigt wird lediglich umfassende Kenntnis über die Nachbarschaften (Umgebungen) der Punkte. Zunächst werden daher grundlegende typische topologische Eigenschaften der pseudometrischen Räume herausgestellt.

Definitionen

Es sei (X, d) ein pseudometrischer Raum, $a \in X$, $\varepsilon \in \mathbb{R}$, $\varepsilon > 0$, $U, O, A \subseteq X$.

$$K_\varepsilon^d(a) := \{\, x \in X \mid d(a,x) < \varepsilon \,\} \quad \text{bzw.} \quad \widetilde{K}_\varepsilon^d(a) := \{\, x \in X \mid d(a,x) \leq \varepsilon \,\}$$

ist die *offene bzw. abgeschlossene* ε*-Kugel um* a mit dem *Radius* ε und dem *Mittelpunkt* a.

U (d-)Umgebung von a	:gdw	$\exists\, \varepsilon > 0\colon\ K^d_\varepsilon(a) \subseteq U.$
O (d-)offen	:gdw	$\forall\, x \in O\ \exists\, \varepsilon > 0\colon\ K^d_\varepsilon(x) \subseteq O.$
A (d-)abgeschlossen	:gdw	$X \backslash A$ (d-)offen.

Die Mengen

$$\tau_d := \{\, O \subseteq X \mid O\ (d\text{-})\text{offen} \,\} \quad \text{und}$$

$$\alpha_{\tau_d} := \{\, A \subseteq X \mid A\ (d\text{-})\text{abgeschlossen} \,\}$$

erfüllen die folgenden, für die Topologie charakteristischen Eigenschaften:

Satz 1.2-4

In jedem pseudometrischen Raum (X, d) *gilt für* $\tau := \tau_d$*:*

(O-1)	$\emptyset, X \in \tau$		*(A-1)*	$\emptyset, X \in \alpha_\tau$
(O-2)	$\forall\, O, P \in \tau\colon\ O \cap P \in \tau$	*und*	*(A-2)*	$\forall\, A, B \in \alpha_\tau\colon\ A \cup B \in \alpha_\tau$
(O-3)	$\forall\, \mathcal{O} \subseteq \tau\colon\ \bigcup \mathcal{O} \in \tau$		*(A-3)*	$\forall\, \mathcal{A} \subseteq \alpha_\tau\colon\ \bigcap \mathcal{A} \in \alpha_\tau.$

Beweis

(A-1), (A-2) und (A-3) folgen mit Hilfe der de Morganschen Regeln unmittelbar aus (O-1), (O-2) bzw. (O-3). Für X ist (O-1) offensichtlich richtig. $\emptyset \in \tau$ gilt, weil kein Element von $\emptyset$ angegeben werden kann (Es gibt kein Element in $\emptyset$!), das keine offene ε-Kugel in $\emptyset$ besitzt. Für $\mathcal{O} \subseteq \tau$, $x \in \bigcup \mathcal{O}$ existiert ein $O \in \mathcal{O}$, das x enthält. Wegen $O \in \tau$ gibt es eine offene ε-Kugel um x in $O \subseteq \bigcup \mathcal{O}$. Daher gehört $\bigcup \mathcal{O}$ zu τ. Schließlich seien O, $P \in \tau$, $x \in O \cap P$, etwa $K^d_\varepsilon(x) \subseteq O$, $K^d_\delta(x) \subseteq P$. Mit $\gamma := \min\{\varepsilon, \delta\}$ folgt $K^d_\gamma(x) \subseteq K^d_\varepsilon(x) \cap K^d_\delta(x) \subseteq O \cap P$. □

Definitionen

Es sei X eine Menge und $\tau \subseteq \mathcal{P}X$.

τ *Topologie* auf X :gdw τ erfüllt (O-1), (O-2), (O-3) (aus 1.2-4)

(X, τ) *topologischer Raum* :gdw τ Topologie auf X

Die Elemente von τ heißen dann *offene Mengen* in (X, τ), ihre Komplemente *abgeschlossene Mengen* in (X, τ).

$$\alpha_\tau := \{\, A \subseteq X \mid X \backslash A \in \tau \,\}$$

ist die Menge aller in (X, τ) abgeschlossenen Mengen.

Beispiele (1.2,2)

(a) In pseudometrischen Räumen (X, d) ist τ_d gem. 1.2-4 *die durch d induzierte Topologie.*

(i) $\forall\, \varepsilon > 0\ \forall\, a \in X\colon\ K_\varepsilon^d(a) \in \tau_d,\ \widetilde{K}_\varepsilon^d(a) \in \alpha_{\tau_d}$

Sei $y \in K_\varepsilon^d(a)$, also $d(a,y) < \varepsilon$, und $0 < \delta < \varepsilon - d(a,y)$. Für jedes $x \in K_\delta^d(y)$ erhält man $d(a,x) \leq d(a,y) + d(y,x) < \varepsilon - \delta + \delta = \varepsilon$, folglich $K_\delta^d(y) \subseteq K_\varepsilon^d(a)$.

Sei $y \in X \backslash \widetilde{K}_\varepsilon^d(a)$, also $d(a,y) > \varepsilon$, und $\delta := d(a,y) - \varepsilon$. Für jedes $x \in K_\delta^d(y)$ gilt dann $d(a,x) > \varepsilon$ (für $d(a,x) \leq \varepsilon$ würde $d(a,y) \leq d(a,x) + d(x,y) < \varepsilon + \delta = d(a,y)$ folgen ↯), also $K_\delta^d(y) \subseteq X \backslash \widetilde{K}_\varepsilon^d(a)$ und somit $\widetilde{K}_\varepsilon^d(a) \in \alpha_{\tau_d}$.

(ii) Es gilt auch

$$\begin{aligned}\forall\, O \in \tau_d\colon\ O &= \bigcup \{\, K_\varepsilon^d(x) \mid \varepsilon > 0,\ x \in X,\ K_\varepsilon^d(x) \subseteq O \,\} \\ &= \bigcup \{\, \widetilde{K}_\varepsilon^d(x) \mid \varepsilon > 0,\ x \in X,\ \widetilde{K}_\varepsilon^d(x) \subseteq O \,\}.\end{aligned}$$

(b) Nicht jede Topologie wird durch eine Pseudometrik im Sinne von (a) induziert:

Sei $X := \{0,1\}$, $\tau := \{\emptyset, \{1\}, \{0,1\}\}$. (X, τ) ist ein topologischer Raum (sog. *Sierpinski-Raum*). Gäbe es eine Pseudometrik d auf X mit $\tau_d = \tau$, so müßte ein $\varepsilon > 0$ existieren, so daß $K_\varepsilon^d(1) \subseteq \{1\}$ gilt ⟦ $\{1\}$ wäre (d-)offene Menge ⟧. Es wäre damit $d(0,1) \geq \varepsilon$, d. h. $1 \notin K_\varepsilon^d(0)$. Andererseits ist aber $\emptyset \neq K_\varepsilon^d(0) \in \tau_d$, also $K_\varepsilon^d(0) = \{0,1\}$. ↯

(c) Auf jeder Menge X gibt es die folgenden Topologien:

$$\tau_{\text{in}} := \{\emptyset, X\} \quad \text{(die \textit{indiskrete Topologie} auf } X)$$

(Für $X \neq \emptyset$ wird τ_{in} durch die Pseudometrik

$$d_{\text{in}} : \begin{cases} X \times X \longrightarrow \mathbb{R}^+ \\ (x,y) \longmapsto 0 \end{cases}$$

induziert.) und

$$\tau_{\text{dis}} := \mathcal{P}X \quad \text{(die \textit{diskrete Topologie} auf } X)$$

(Für $X \neq \emptyset$ wird τ_{dis} durch die Metrik d_{dis} induziert.)

Offenbar gilt für jede Topologie τ auf X: $\tau_{\text{in}} \subseteq \tau \subseteq \tau_{\text{dis}}$.

$$\tau_{\text{c}} := \{\, O \subseteq X \mid X \backslash O \text{ endlich} \,\} \cup \{\emptyset\}$$

ist die *Topologie der koendlichen Mengen* auf X; hierfür gilt (s. A 10)

Äq (i) $\tau_{\text{c}} = \tau_{\text{dis}}$

(ii) X endlich

(iii) τ_{c} wird durch eine Pseudometrik induziert

(d) Voneinander verschiedene Pseudometriken können dieselbe Topologie induzieren, die Behandlung eines pseudometrischen Raums als topologischer Raum nutzt somit i. a. nicht alle Möglichkeiten des Raums:

Für alle $p, q \in \mathbb{R},\ 1 \leq p \leq q$, gilt $\tau_{d_p} = \tau_{d_q} = \tau_{d_\infty}$ auf $\mathbb{C}^n$:

Für jedes $x \in \mathbb{C}^n,\ \varepsilon > 0$ ist $K_\varepsilon^{d_p}(x) \subseteq K_\varepsilon^{d_q}(x) \subseteq K_\varepsilon^{d_\infty}(x)$ gem. 1.1-4 (a). Hieraus folgt nach Definition sofort $\tau_{d_p} \supseteq \tau_{d_q} \supseteq \tau_{d_\infty}$. Sei schließlich $O \in \tau_{d_p},\ x \in O$, etwa $\varepsilon > 0$ mit $K_\varepsilon^{d_p}(x) \subseteq O$. Aus 1.1-4 (c) erhält man $K_{(n^{-1/p})\varepsilon}^{d_\infty}(x) \subseteq K_\varepsilon^{d_p}(x)$ und somit – wiederum nach Definition – $O \in \tau_{d_\infty}$.

(1.2,2) ist der Anlaß für die

Definitionen

Es seien (X, τ), (V, σ) topologische Räume, V ein K-Vektorraum, $K \in \{\mathbb{R}, \mathbb{C}\}$, d und d' Pseudometriken auf X, N und N' Halbnormen auf V.

τ *(pseudo)metrisierbar*	:gdw	$\exists D:$ D (Pseudo-)Metrik auf X, $\tau = \tau_D$
σ *(halb)normierbar*	:gdw	$\exists \|\ \|:$ $\|\ \|$ (Halb-)Norm auf V, $\tau = \tau_{d_{\|\ \|}}$

d *topologisch äquivalent* zu d'	:gdw	$\tau_d = \tau_{d'}$
N *topologisch äquivalent* zu N'	:gdw	d_N topologisch äquivalent zu $d_{N'}$

Im folgenden werden die Kurzschreibweisen

$$\tau_S := \tau_{d_{\|\ \|_S}}, \qquad \tau_N := \tau_{d_N}$$

für die von Halbskalarprodukten S (bzw. Halbnormen N) induzierten Topologien verwendet.

Mit wohlbekannten einfachen Hilfsmitteln der reellen Analysis kann über (1.2,1) (a) und (1.2,2) (d) hinaus festgestellt werden, daß je zwei Normen auf $\mathbb{C}^n$ topologisch äquivalent sind; genauer gilt:

Satz 1.2-5

Es sei V ein K-Vektorraum der K-Dimension $\dim_K V = n \geq 1,\ K \in \{\mathbb{R}, \mathbb{C}\}$, $\{b_1, \ldots, b_n\}$ *eine K-Basis von V und*

$$\|\ \|_2 : \begin{cases} V \longrightarrow \mathbb{R}^+ \\ \sum_{j=1}^n r_j b_j \longmapsto \left(\sum_{j=1}^n |r_j|^2\right)^{1/2} \end{cases}$$

die 2-Norm auf V. Dann ist jede Norm $\|\ \|$ auf V topologisch äquivalent zu $\|\ \|_2$.

Beweis

$\tau_{\| \|} \subseteq \tau_{\| \|_2}$: Wegen

$$\left\|\sum_{j=1}^n r_j b_j\right\| \le \sum_{j=1}^n |r_j|\,\|b_j\| \le \left(\sum_{j=1}^n |r_j|^2\right)^{1/2} \left(\sum_{j=1}^n \|b_j\|^2\right)^{1/2} \qquad [\![\,1.1\text{-}2.1\,]\!]$$
$$= \left(\sum_{j=1}^n \|b_j\|^2\right)^{1/2} \left\|\sum_{j=1}^n r_j b_j\right\|_2$$

erhält man mit $c := \left(\sum_{j=1}^n \|b_j\|^2\right)^{1/2}$ für jedes $x \in V,\ \varepsilon > 0$

$$K_{\varepsilon/c}^{d_{\| \|_2}}(x) \subseteq K_{\varepsilon}^{d_{\| \|}}(x)$$

und hieraus gem. Definition der offenen Mengen $\tau_{\| \|} \subseteq \tau_{\| \|_2}$.

$\tau_{\| \|} \supseteq \tau_{\| \|_2}$: Die Funktion

$$f : \begin{cases} K^n \longrightarrow \mathbb{R} \\ (r_1, \ldots, r_n) \longmapsto \left\|\sum_{j=1}^n r_j b_j\right\| \end{cases}$$

ist stetig:

Sei $(r_1, \ldots, r_n) \in K^n,\ \varepsilon > 0$ und $\delta := \varepsilon/c$, wobei wieder $c := \left(\sum_{j=1}^n \|b_j\|^2\right)^{1/2}$ ist. Für alle $(s_1, \ldots, s_n) \in K^n$ mit $\|(s_1, \ldots, s_n) - (r_1, \ldots, r_n)\|_2 < \delta$ gilt dann:

$$|f(s_1, \ldots, s_n) - f(r_1, \ldots, r_n)| = \left|\left\|\sum_{j=1}^n s_j b_j\right\| - \left\|\sum_{j=1}^n r_j b_j\right\|\right|$$
$$\le \left\|\sum_{j=1}^n (s_j - r_j)\, b_j\right\| \qquad [\![\,\text{vgl. 1.1, A 11}\,]\!]$$
$$\le c \left\|\sum_{j=1}^n (s_j - r_j)\, b_j\right\|_2 \qquad [\![\,\text{s. o.}\,]\!]$$
$$= c \left(\sum_{j=1}^n |s_j - r_j|^2\right)^{1/2} \qquad [\![\,\text{per def.}\,]\!]$$
$$< c\delta = \varepsilon.$$

Die $(n-1)$-Sphäre

$$S^{n-1} := \left\{ r \in K^n \;\middle|\; \sum_{j=1}^n |r_j|^2 = 1 \right\}$$

ist in $(K^n, \| \|_2)$ beschränkt und abgeschlossen (also kompakt nach dem *Satz von*

Heine-Borel-Lebesgue, s. [32, Satz 2.41]), es gibt daher ein $r \in S^{n-1}$, für das

$$f(r) = \inf\{\, f(s) \mid s \in S^{n-1} \,\}$$

erfüllt ist (s. auch 4.1-6 (a) und 4.1, A 8); wegen $r \neq 0$ ist $f(r) = \left\|\sum_{j=1}^{n} r_j b_j\right\| \neq 0$. Für jedes $y = \sum_{j=1}^{n} s_j b_j \in V,\ \|y\|_2 = 1$, folgt daher

$$\|y\| = \left\|\sum_{j=1}^{n} s_j b_j\right\| = f(s) \geq f(r) > 0$$

und somit $\left\|\frac{1}{\|x\|_2} x\right\| \geq f(r)$ für jedes $x \in V\backslash\{0\}$. Man erhält schließlich auch $\|x\|_2 \leq \frac{1}{f(r)}\|x\|$, also $K^{d_{\|\ \|}}_{\varepsilon f(r)}(x) \subseteq K^{d_{\|\ \|_2}}_{\varepsilon}(x)$ für jedes $x \in V$, woraus sich $\tau_{\|\ \|} \supseteq \tau_{\|\ \|_2}$ ergibt. □

Im allgemeinen läßt sich die topologische Äquivalenz zweier Halbnormen mit Hilfe des folgenden Satzes arithmetisch charakterisieren (vgl. 1.2-6.1):

Satz 1.2-6

Es seien N, M Halbnormen auf dem K-Vektorraum V, $K \in \{\mathbb{R}, \mathbb{C}\}$. Dann gilt:

Äq *(i)* $\tau_M \supseteq \tau_N$

(ii) $\exists\, C \in \mathbb{R}^{>}\ \forall\, x \in V\colon\ N(x) \leq C M(x)$

(iii) $\forall\, (x_j)_j \in V^{\mathbb{N}}\colon\ (x_j)_j \to_{d_M} 0 \Rightarrow (x_j)_j \to_{d_N} 0$

Beweis

(i) ⇒ (ii) Nach Voraussetzung (i) ist $K_1^{d_N}(0) \in \tau_N \subseteq \tau_M$ ⟦(1.2,2) (a) (i)⟧, es gibt somit ein $\varepsilon > 0$ mit $K_\varepsilon^{d_M}(0) \subseteq K_1^{d_N}(0)$. Für jedes $x \in V$, $M(x) < \varepsilon$, ist daher $N(x) < 1$. Es folgt für jedes $x \in V$ mit $M(x) \neq 0$

$$N\Big(\frac{\varepsilon}{2M(x)}\,x\Big) < 1 \qquad [\![\, M\Big(\frac{\varepsilon}{2M(x)}\,x\Big) = \varepsilon/2 < \varepsilon \,]\!],$$

d. h. $N(x) < (2/\varepsilon)M(x)$. Für $M(x) = 0$ ist $x \in K_\delta^{d_M}(0)$ für jedes $\delta > 0$, also auch $x \in K_\delta^{d_N}(0)$, d. h. $N(x) = d_N(x, 0) < \delta$ für alle $\delta > 0$ ⟦ $K_\delta^{d_N}(0) \in \tau_N \subseteq \tau_M$, also existiert ein $\delta' > 0$ mit $K_{\delta'}^{d_M}(0) \subseteq K_\delta^{d_N}(0)$. ⟧, woraus $N(x) = 0$ folgt. Als Schranke kann daher $C := 2/\varepsilon$ verwendet werden.

(ii) ⇒ (iii) Für $(x_j)_j \to_{d_M} 0$, also $(M(x_j))_j \to_{d_{|\ |}} 0$ gilt auch $(CM(x_j))_j \to_{d_{|\ |}} 0$. Wegen $0 \leq N(x_j) \leq CM(x_j)$ für alle $j \in \mathbb{N}$ folgt $(N(x_j))_j \to_{d_{|\ |}} 0$, d. h. $(x_j)_j \to_{d_N} 0$ ⟦ 1.2-1 (a) ⟧.

(iii) ⇒ (i) Es werde $\tau_M \not\supseteq \tau_N$, etwa $O \in \tau_N\backslash\tau_M$ angenommen. Dann gibt es ein $x \in O$, $\varepsilon > 0$ mit $K_\varepsilon^{d_N}(x) \subseteq O$ und $K_\varepsilon^{d_N}(x) \notin \tau_M$ ⟦ andernfalls wäre $O \in \tau_M$ ⟧,

woraus die Existenz eines $y \in K_\varepsilon^{d_N}(x)$ mit der Eigenschaft

$$\forall\, \delta > 0\colon\ K_\delta^{d_M}(y) \nsubseteq K_\varepsilon^{d_N}(x)$$

folgt. Man kann somit für jedes $j \in \mathbb{N}$ ein $x_j \in K_{1/(j+1)}^{d_M}(y) \backslash K_\varepsilon^{d_N}(x)$ auswählen, und die Folge $(x_j)_j$ ist d_M-konvergent gegen y. Es gilt daher $(x_j - y)_j \rightarrow_{d_M} 0$ ⟦ 1.2-2 (b) ⟧. Nach Voraussetzung (iii) folgt $(x_j - y)_j \rightarrow_{d_N} 0$. Man wähle ein $j_1 \in \mathbb{N}$ mit $\frac{1}{j_1+1} + d_N(x, y) < \varepsilon$ und weiter ein $j_0 \in \mathbb{N}$ mit

$$\forall\, j \in \mathbb{N}\colon\ j \geq j_0 \Rightarrow d_N(x_j, y) < \frac{1}{j_1 + 1}.$$

Hieraus ergibt sich nun für jedes $j \geq j_0$

$$\varepsilon \leq d_N(x_j, x) \leq d_N(x_j, y) + d_N(y, x) < \frac{1}{j_1 + 1} + d_N(y, x) < \varepsilon.\ ↯$$

□

Korollar 1.2-6.1

Für je zwei Halbnormen N, M auf dem K-Vektorraum V, $K \in \{\mathbb{R}, \mathbb{C}\}$ gilt:

Äq *(i)* *M topologisch äquivalent zu N*

(ii) $\exists\, C, D \in \mathbb{R}^{>}\ \forall\, x \in V\colon\ CM(x) \leq N(x) \leq DM(x)$ □

Die für die Konvergenz (von Folgen) ausschlaggebenden Nachbarschaften (Umgebungen) der Punkte legt man in topologischen Räumen – den allgemeinsten der hier behandelten Räume – in Analogie zu denen in pseudometrischen Räumen wie folgt fest:

Definitionen

Es sei (X, τ) ein topologischer Raum, $x \in X$ und $U \subseteq X$.

U Umgebung von x (bzgl. τ) :gdw $\exists\, O \in \tau\colon\ x \in O \subseteq U$.

Die Menge

$$\mathcal{U}_\tau(x) := \{\, U \subseteq X \mid U \text{ Umgebung von } x \text{ bzgl. } \tau \,\}$$

heißt *Umgebungssystem von x* bzgl. τ.

Die Funktion

$$\mathcal{U}_\tau : \begin{cases} X \longrightarrow \mathcal{PP}X \backslash \{\emptyset\} \\ x \longmapsto \mathcal{U}_\tau(x) \end{cases}$$

besitzt die folgenden Eigenschaften:

Satz 1.2-7

In jedem topologischen Raum (X,τ) *gilt für* $\mathcal{U} := \mathcal{U}_\tau$*:*

(U-1) $\forall\, x \in X\ \forall\, U \subseteq X\colon\ U \in \mathcal{U}(x) \Rightarrow x \in U$

(U-2) $\forall\, x \in X\ \forall\, U,V \subseteq X\colon\ U,V \in \mathcal{U}(x) \Rightarrow U \cap V \in \mathcal{U}(x)$

(U-3) $\forall\, x \in X\ \forall\, U,V \subseteq X\colon\ U \in \mathcal{U}(x),\ V \supseteq U \Rightarrow V \in \mathcal{U}(x)$

(U-4) $\forall\, x \in X\ \forall\, U \in \mathcal{U}(x)\ \exists\, V \in \mathcal{U}(x)\colon\ V \subseteq U,\ \forall\, y \in V\colon\ V \in \mathcal{U}(y)$

Beweis

(U-1): Wegen $U \in \mathcal{U}(x)$ existiert ein $O \in \tau$ mit $x \in O \subseteq U$.

(U-2): Für $O,\ P \in \tau$ mit $x \in O \subseteq U,\ \ x \in P \subseteq V$ folgt $O \cap P \in \tau$ und $x \in O \cap P \subseteq U \cap V$.

(U-3): Es sei $O \in \tau$ mit $x \in O \subseteq U$, also $x \in O \subseteq V$.

(U-4): Sei $O \in \tau,\ x \in O \subseteq U$. Es gilt $V := O \in \mathcal{U}(x)$, und für jedes $y \in V$ ist $V \in \mathcal{U}(y)$ wegen $y \in V \subseteq V,\ V \in \tau$. □

(U-4) ist das sog. Hausdorff-Umgebungsaxiom: Jede Umgebung eines Punktes enthält eine Umgebung dieses Punktes, die Umgebung eines jeden ihrer Elemente ist.

(U-2) und (U-3) sind Filtereigenschaften:

Definitionen

Es sei X eine Menge, $\mathcal{F} \subseteq \mathcal{P}X$ und $\mathcal{U} : X \longrightarrow \mathcal{P}\mathcal{P}X\backslash\{\emptyset\}$.

$\mathcal{F}$ *Filter* auf X :gdw $\mathcal{F}$ erfüllt

(F-1) $\mathcal{F} \neq \emptyset$ und $\emptyset \notin \mathcal{F}$

(F-2) $\forall\, F,G \in \mathcal{F}\ \exists\, H \in \mathcal{F}\colon\ H \subseteq F \cap G$

(F-3) $\forall\, F \in \mathcal{F}\ \forall\, T \subseteq X\colon\ F \subseteq T \Rightarrow T \in \mathcal{F}$.

$\mathcal{F}$ *Filterbasis* auf X :gdw $\mathcal{F}$ erfüllt (F-1) und (F-2).

Für jede Filterbasis $\mathcal{F}$ auf X ist

$$\overline{\mathcal{F}} := \{T \subseteq X \mid \exists\, F \in \mathcal{F}\colon\ F \subseteq T\}$$

ein Filter auf X, der sog. *von* $\mathcal{F}$ *erzeugte Filter*.

$\mathcal{U}$ *Umgebungsfunktion* auf X :gdw $\mathcal{U}$ erfüllt (U-1) bis (U-4)

$(X,\mathcal{U})$ heißt dann *Umgebungsraum*.

Jeder topologische Raum (X, τ) ist gem. 1.2-7 auf natürliche Art auch ein Umgebungsraum $(X, \mathcal{U}_\tau)$. Umgekehrt kann auch jedem Umgebungsraum $(X, \mathcal{U})$ sinnvoll ein topologischer Raum $(X, \tau_\mathcal{U})$ durch

$$\tau_\mathcal{U} := \{\, O \subseteq X \mid \forall\, x \in O \;\exists\, U \in \mathcal{U}(x)\colon\; U \subseteq O \,\}$$

so zugeordnet werden, daß sein zugehöriger Umgebungsraum gerade der vorgegebene ist. Darüber hinaus ergibt der zu einem topologischen Raum gehörende Umgebungsraum dann als topologischen Raum den ursprünglichen (vgl. A 11).

Beispiele (1.2,3)

(a) In jedem topologischen Raum (X, τ) ist $\mathcal{U}_\tau(x)$ für jedes $x \in X$ ein Filter auf X $[\![$ 1.2-7 $]\!]$, der sog. *Umgebungsfilter von x* bzgl. τ, $\{\, O \in \tau \mid x \in O \,\}$ ist eine $\mathcal{U}_\tau(x)$ erzeugende Filterbasis, eine sog. *Umgebungsbasis von x* bzgl. τ.

(b) In jedem pseudometrischen Raum (X, d) sind für $x \in X$ die Mengen $\{\, K_\varepsilon^d(x) \mid \varepsilon > 0 \,\}$ und $\{\, \widetilde{K}_\varepsilon^d(x) \mid \varepsilon > 0 \,\}$ Umgebungsbasen von x bzgl. τ_d. $[\![\, K_{\varepsilon/2}^d(x) \subseteq \widetilde{K}_{\varepsilon/2}^d(x) \subseteq K_\varepsilon^d(x) \,]\!]$. Jeder Punkt x besitzt somit auch eine Umgebungsbasis aus abgeschlossenen Mengen. Darüber hinaus hat jeder Punkt x eine abzählbare Umgebungsbasis, z. B. $\{\, K_{1/(j+1)}^d(x) \mid j \in \mathbb{N} \,\}$.

In beliebigen topologischen Räumen ist keine dieser beiden Eigenschaften erfüllt:

Im Sierpinski-Raum (X, τ) (vgl. (1.2,2) (b)) hat der Punkt 1 keine Umgebungsbasis aus abgeschlossenen Mengen $[\![\, \{1\} \in \mathcal{U}_\tau(1) \cap \tau$ gem. Definition von τ, jedoch $\{1\} \notin \alpha_\tau$ wegen $\{0,1\}\backslash\{1\} = \{0\} \notin \tau \,]\!]$.

In $(\mathbb{R}, \tau_c)$, τ_c die Topologie der koendlichen Mengen (vgl. (1.2,2) (c)) auf $\mathbb{R}$, hat kein Punkt x eine abzählbare Umgebungsbasis: Wäre $\mathcal{B} := \{\, B_j \mid j \in \mathbb{N} \,\}$ eine (abzählbare) Umgebungsbasis von x bzgl. τ_c, so würde $\bigcap \mathcal{B} = \{x\}$ gelten $[\![\, y \in \bigcap \mathcal{B}\backslash\{x\} \Longrightarrow \mathbb{R}\backslash\{y\} \in \tau_c \cap \mathcal{U}_{\tau_c}(x) \Longrightarrow \exists\, j \in \mathbb{N}\colon\; B_j \subseteq \mathbb{R}\backslash\{y\} \;\lightning \,]\!]$, also folgte: $\mathbb{R}\backslash\{x\} = \mathbb{R}\backslash \bigcap \mathcal{B} = \bigcup\{\, \mathbb{R}\backslash B_j \mid j \in \mathbb{N} \,\}$ ist eine abzählbare Menge, weil alle $\mathbb{R}\backslash B_j$ endlich sind. $\lightning$

Hiermit erhält man erneut (vgl. (1.2,2) (b), (c)): $(\mathbb{R}, \tau_c)$ und der Sierpinski-Raum sind nicht pseudometrisierbar.

(c) Es sei X eine nichtleere Menge, $(x_j)_j \in X^\mathbb{N}$, $n \in \mathbb{N}$ und $B_n := \{\, x_j \mid j \geq n \,\}$.

$\{\, B_n \mid n \in \mathbb{N} \,\}$ ist eine Filterbasis auf X, der von ihr erzeugte Filter heißt *Endenfilter* der Folge $(x_j)_j$.

Definition

Es sei (X, τ) ein toplogischer Raum.

(X, τ) *A_1-Raum* :gdw

$$\forall\, x \in X \;\exists\, \mathcal{B} \subseteq \mathcal{U}_\tau(x)\colon\; \mathcal{B} \text{ abzählbare Filterbasis und } \overline{\mathcal{B}} = \mathcal{U}_\tau(x)$$

Man sagt in diesem Fall auch: (X, τ) genügt dem *ersten Abzählbarkeitsaxiom*.

In A_1-Räumen (X, τ) besitzt jeder Punkt x eine Umgebungsbasis $\{ V_j \mid j \in \mathbb{N} \}$ mit der Eigenschaft:

$$\forall\, j \in \mathbb{N}\colon\ V_{j+1} \subseteq V_j.$$

⟦Ist $\{ U_j \mid j \in \mathbb{N} \}$ eine Umgebungsbasis von x, so setze man $V_0 := U_0$ und $V_{j+1} := V_j \cap U_{j+1}$ für jedes $j \in \mathbb{N}$.⟧

Gem. (1.2,3) (b) ist jeder pseudometrisierbare topologische Raum ein A_1-Raum, die Umkehrung gilt jedoch nicht!

Die Frage nach der Angabe von zur (Pseudo-)Metrisierbarkeit äquivalenten topologischen Bedingungen an (X, τ) ist das *(Pseudo-)Metrisationsproblem* (s. auch 2.5-15).

Die Konvergenz von Folgen läßt sich nun in toplogischen Räumen natürlich erklären:

Definition

Es sei (X, τ) ein toplogischer Raum, $(x_j)_j \in X^{\mathbb{N}}$.

$(x_j)_j$ *konvergent* in (X, τ) :gdw

$$\exists\, a \in X\ \forall\, U \in \mathcal{U}_\tau(a)\ \exists\, j_U \in \mathbb{N}\ \forall\, j \geq j_U\colon\ x_j \in U$$

a heißt dann (ein) *Limes der Folge* $(x_j)_j$, $(x_j)_j$ *konvergent gegen* a (in (X, τ)), in formaler Schreibweise

$$\tau\text{-}\lim_j x_j := \lim_j x_j \underset{\tau}{:=} a, \quad (x_j)_j \rightarrow_\tau a \quad \text{o. ä.,} \quad \text{sonst } (x_j)_j \nrightarrow_\tau a.$$

In pseudometrisierbaren Räumen ist dieser Konvergenzbegriff gerade der vorher behandelte, d. h.

$$(x_j)_j \rightarrow_{\tau_d} a \quad \Longleftrightarrow \quad (x_j)_j \rightarrow_d a.$$

Beispiel (1.2,4)

Es sei $X \neq \emptyset$ eine Menge, τ_c die Topologie der koendlichen Mengen auf X, $(x_j)_j \in X^{\mathbb{N}}$ und $a \in X$. Es gilt:

$$(x_j)_j \rightarrow_{\tau_c} a \quad \Longleftrightarrow \quad \forall\, x \in X \backslash \{a\}\colon\ \{ j \in \mathbb{N} \mid x_j = x \} \text{ endlich.}$$

„$\Rightarrow$“ Sei $x \neq a$, also $X\backslash\{x\} \in \mathcal{U}_{\tau_c}(a) \cap \tau_c$. Man wähle ein $j_0 \in \mathbb{N}$ so, daß $x_j \in X\backslash\{x\}$ für jedes $j \geq j_0$ ist. $\{ j \in \mathbb{N} \mid x_j = x \} \subseteq \{0, \dots, j_0 - 1\}$ ist endlich.

„$\Leftarrow$“ Sei o. B. d. A. $B \in \mathcal{U}_{\tau_c}(a) \cap \tau_c$, etwa $B = X\backslash\{y_1, \dots, y_m\}$ mit $y_1, \dots, y_m \in X$. Für jedes $k \in \{1, \dots, m\}$ ist $N_k := \{ j \in \mathbb{N} \mid x_j = y_k \}$ eine endliche Menge, etwa $\bigcup_{k=1}^m N_k \subseteq \{0, \dots, j_0\}$ für ein $j_0 \in \mathbb{N}$. Man erhält somit $x_j \notin \{y_1, \dots, y_m\}$ für jedes $j \geq j_0 + 1$, also $(x_j)_j \rightarrow_{\tau_c} a$.

Der Konvergenzbegriff für Folgen in topologischen Räumen läßt sich leicht auf Filter(basen) und Netze erweitern:

Definitionen

Es sei (X, τ) ein topologischer Raum, $\mathcal{B}$ eine Filterbasis auf X, $(A, \geq)$ eine gerichtete Menge und $M : A \longrightarrow X$ ein Netz in X (vgl. Anhang, 1-29).

$\mathcal{B}$ *konvergent* in (X, τ) :gdw $\exists\, a \in X\ \forall\, U \in \mathcal{U}_\tau(a)\ \exists\, B \in \mathcal{B}\colon\ B \subseteq U$

M *konvergent* in (X, τ) :gdw

$$\exists\, a \in X\ \forall\, U \in \mathcal{U}_\tau(a)\ \exists\, \alpha_U \in A\ \forall\, \alpha \in A\colon\ \alpha \geq \alpha_U \Rightarrow M(\alpha) \in U$$

a heißt dann (ein) *Limes der Filterbasis* $\mathcal{B}$ bzw. *des Netzes* M, $\mathcal{B}$ bzw. M *konvergent gegen* a (in (X, τ)), in formaler Schreibweise

$$\tau\text{-}\lim \mathcal{B} := \lim \mathcal{B} \underset{\tau}{:=} a, \quad \mathcal{B} \to_\tau a \quad \text{bzw.}$$

$$\tau\text{-}\lim_{\alpha \in A} M(\alpha) := \lim_{\alpha \in A} M(\alpha) \underset{\tau}{:=} a, \quad (M(\alpha))_{\alpha \in A} \to_\tau a \quad \text{o. ä.}$$

Veranlaßt wurde die Einführung der Netz-Konvergenz (Moore und Smith, 1922) durch das

Beispiel (1.2,5)

Für $a, b \in \mathbb{R}$, $a < b$ sei $\mathcal{Z}_{a,b}$ die Menge aller endlichen Zerlegungen Z von $[a, b]$, wobei

Z *endliche Zerlegung* von $[a, b]$:gdw $\exists\, n_Z \in \mathbb{N}\backslash\{0\}\colon$

$$Z \in [a, b]^{n_Z+1},\ z_0 = a,\ z_{n_Z} = b \quad \text{und} \quad \forall\, j \in \{1, \ldots, n_Z\}\colon\ z_{j-1} < z_j.$$

$\mathcal{Z}_{a,b}$ werde gerichtet durch die Festsetzung

$$Z \geq Z' \quad \text{:gdw} \quad \forall\, j \in \{1, \ldots, n_Z\}\ \exists\, k \in \{1, \ldots, n_{Z'}\}\colon\ [z_{j-1}, z_j] \subseteq [z'_{k-1}, z'_k]$$

(d. h. Z ist *feiner* als Z').

Für jede beschränkte Funktion $f : [a, b] \longrightarrow \mathbb{R}$ ist

$$R_U(f) : \begin{cases} \mathcal{Z}_{a,b} \longrightarrow \mathbb{R} \\ Z \longmapsto \sum_{j=1}^{n_Z} (z_j - z_{j-1}) \inf\{\, f(x) \mid x \in [z_{j-1}, z_j]\,\} \end{cases}$$

die *Darbouxsche Untersumme* von f und entsprechend

$$R_O(f) : \begin{cases} \mathcal{Z}_{a,b} \longrightarrow \mathbb{R} \\ Z \longmapsto \sum_{j=1}^{n_Z} (z_j - z_{j-1}) \sup\{\, f(x) \mid x \in [z_{j-1}, z_j]\,\} \end{cases}$$

die *Darbouxsche Obersumme* von f.

$R_U(f)$ und $R_O(f)$ sind Netze in $\mathbb{R}$ $[\![\, f$ ist beschränkt. $]\!]$ und das Riemann-Integral von f existiert definitionsgemäß genau dann, wenn $R_U(f)$, $R_O(f)$ in $(\mathbb{R}, \tau_{|\,|})$ gegen denselben Limes, der dann Riemann-Integral $\int_a^b f(x)\,\mathrm{d}x$ von f genannt wird, konvergieren:

f *Riemann-integrierbar* :gdw $\exists\, r \in \mathbb{R}\colon\ R_U(f) \to_{\tau_{|\,|}} r$ und $R_O(f) \to_{\tau_{|\,|}} r$.

In Analogie zur Konvergenz von unendlichen Reihen wird Netzkonvergenz auch zur Formulierung von „Summierbarkeit“ in mit einer Topologie versehenen Vektorräumen verwendet. Definitionsbereich der Netze ist dabei die gerichtete Menge $(\mathcal{P}_e I, \supseteq)$ für nichtleere Mengen I:

Definition

Es sei V ein K-Vektorraum, $K \in \{\mathbb{R}, \mathbb{C}\}$, τ eine Topologie auf V, $I \neq \emptyset$ eine Menge, $(x_i)_i \in V^I$ und $x_E := \sum_{i \in E} x_i$ für jedes $E \in \mathcal{P}_e I$ ($x_\emptyset := 0$).

$(x_i)_i$ *summierbar* (in (V, τ)) :gdw $\exists\, a \in V\colon\ (x_E)_{E \in \mathcal{P}_e I} \to_\tau a$

a heißt dann *Summe* von $(x_i)_i$, in formaler Schreibweise

$$\sum_{i \in I} x_i \underset{\tau}{:=} \lim_{E \in \mathcal{P}_e I} x_E \underset{\tau}{:=} a.$$

Hiernach gilt $\sum_{i \in I} x_i =_\tau a$ genau dann, wenn

$$\forall\, U \in \mathcal{U}_\tau(a)\ \exists\, E_0 \in \mathcal{P}_e I\ \forall\, E \in \mathcal{P}_e I\colon\ E \supseteq E_0 \Rightarrow \sum_{i \in E} x_i \in U$$

erfüllt ist.

Von großer Bedeutung sind Summierbarkeitsfragen insbesondere in normierten Vektorräumen (vgl. Abschnitt 3.5).

Beispiele (1.2,6)

Es sei $(V, \|\ \|)$ ein halbnormierter K-Vektorraum, $K \in \{\mathbb{R}, \mathbb{C}\}$, $I \neq \emptyset$ eine unendliche Menge, $(x_i)_i \in V^I$ und $a \in V$.

(a) $\mathcal{F} := \{ T \subseteq I \mid I \backslash T \in \mathcal{P}_e I \}$ ist ein Filter auf I (der *Filter der koendlichen Teilmengen von I*) und somit $x_\mathcal{F} := \overline{\{ \{ x_i \mid i \in T \} \mid T \in \mathcal{F} \}}$ ein Filter auf V (der *Endenfilter von $(x_i)_i$*).

(b) Ist $(x_i)_i$ summierbar in $(V, \tau_{\|\ \|})$, etwa $\sum_{i \in I} x_i =_{\tau_{\|\ \|}} a$, so gilt:

$$x_\mathcal{F} \to_{\tau_{\|\ \|}} 0$$

(Man erinnere sich in diesem Zusammenhang an die Situation bei unendlichen Reihen: Für jede konvergente Reihe $\sum_{i=0}^\infty x_i$ in $(\mathbb{R}, \tau_{|\ |})$ gilt $(x_i)_i \to_{\tau_{|\ |}} 0$.):

Es sei $\varepsilon > 0$. Man wähle ein $E_0 \in \mathcal{P}_e I$ mit

$$\forall\, E \in \mathcal{P}_e I\colon\ E \supseteq E_0 \Rightarrow \left\| \sum_{i \in E} x_i - a \right\| < \frac{\varepsilon}{2}.$$

Für jedes $j \in I \backslash E_0$ erhält man speziell

$$\left\| \sum_{i \in E_0 \cup \{j\}} x_i - a \right\| < \frac{\varepsilon}{2},$$

woraus

$$\|x_j\| = \left\| \sum_{i \in E_0 \cup \{j\}} x_i - \sum_{i \in E_0} x_i \right\| \leq \left\| \sum_{i \in E_0 \cup \{j\}} x_i - a \right\| + \left\| a - \sum_{i \in E_0} x_i \right\| < \varepsilon,$$

also $\{ x_j \mid j \in I \backslash E_0 \} \subseteq K_\varepsilon^{d_{\| \|}}(0)$ folgt.

Speziell für $I := \mathbb{N}$ ergibt sich: Jede summierbare Folge $(x_i)_{i \in \mathbb{N}}$ ist eine Nullfolge. Die Umkehrung ist nicht richtig, wie das bekannte Beispiel $\left(\frac{1}{i+1}\right)_{i \in \mathbb{N}}$ in $(\mathbb{R}, \tau_{| \, |})$ beweist.

Abschließend sei angeführt, daß summierbare $(x_i)_i \in V^I$ in normierten Vektorräumen höchstens abzählbar viele von Null verschiedene Werte annehmen:

Satz 1.2-8

Es sei $(V, \| \; \|)$ ein normierter K-Vektorraum, $K \in \{\mathbb{R}, \mathbb{C}\}$, $I \neq \emptyset$ eine Menge und $(x_i)_i \in V^I$ summierbar (in $(V, \tau_{\| \, \|})$). Dann ist $\{ i \in I \mid x_i \neq 0 \}$ abzählbar.

Beweis

Für jede natürliche Zahl j wähle man $E_j \in \mathcal{P}_e I$ so, daß

$$\forall\, E \in \mathcal{P}_e I\colon\; E \supseteq E_j \Rightarrow \left\| \sum_{i \in I} x_i - \sum_{i \in E} x_i \right\| < \frac{1}{2(j+1)}$$

gilt. Die Menge $E_\infty := \bigcup_{j \in \mathbb{N}} E_j$ ist als Vereinigung abzählbar vieler endlicher Mengen abzählbar, und für jedes $l \in I \backslash E_\infty$, $j \in \mathbb{N}$ erhält man

$$\begin{aligned} \|x_l\| &= \left\| \sum_{i \in E_j \cup \{l\}} x_i - \sum_{i \in E_j} x_i \right\| \\ &\leq \left\| \sum_{i \in E_j \cup \{l\}} x_i - \sum_{i \in I} x_i \right\| + \left\| \sum_{i \in I} x_i - \sum_{i \in E_j} x_i \right\| < \frac{1}{j+1}, \end{aligned}$$

woraus $\|x_l\| = 0$, also $x_l = 0$ folgt. □

Aufgaben zu 1.2

1. (a) Im metrischen Raum (X, d_{dis}) charakterisiere man die d_{dis}-konvergenten Folgen!
   (b) Für jedes $\varepsilon > 0$ induziert die Metrik d_ε (s. 1.1, A 1 (c)) die diskrete Topologie auf $\mathbb{N}$.

(c) Für jedes $j \in \mathbb{N}$ sei $\mathbb{N}_j := \{ i \in \mathbb{N} \mid 0 \leq i \leq j \}$ und

$$d_j : \begin{cases} \mathbb{N} \times \mathbb{N} \longrightarrow \mathbb{R}^+ \\ (n, m) \longmapsto \begin{cases} 0 & \text{für } n, m \in \mathbb{N} \setminus \mathbb{N}_j \text{ oder } n = m \\ 1 & \text{sonst.} \end{cases} \end{cases}$$

d_j ist eine Pseudometrik auf $\mathbb{N}$. Man bestimme $\{ k \in \mathbb{N} \mid (i)_{i \in \mathbb{N}} \to_{d_j} k \}$!

2. Mit Hilfe von $f \in C_{\mathbb{R}}([0,1])$, $f \neq 0$, $f(0) = f(1) = 0$ sei $f_j(x) := f(x^j)$ für $x \in [0,1]$, $j \in \mathbb{N}$ erklärt. Man zeige: $(f_j)_j$ ist punktweise $d_{|\,|}$-konvergent, aber nicht d_∞-konvergent in $C_{\mathbb{R}}([a,b])$.

3. Es seien $p \in \mathbb{R}$, $q \in \mathbb{R} \cup \{\infty\}$, $q > p \geq 1$, $(x_j)_j \in (\ell^p)^{\mathbb{N}}$, $(y_j)_j \in (\ell^\infty)^{\mathbb{N}}$, $a \in \ell^p$ und $b \in \ell^\infty$. Man widerlege jeweils

(a) $\forall\, k \in \mathbb{N}\colon\ (y_{j,k})_j \to_{d_{|\,|}} b_k \quad \Longrightarrow \quad (y_j)_j \to_{d_\infty} b$

(b) $(x_j)_j \to_{d_q} a \quad \Longrightarrow \quad (x_j) \to_{d_p} a$

4. Man konstruiere eine Folge $(f_j)_j \in C([a,b])^{\mathbb{N}}$, die punktweise $d_{|\,|}$-konvergent gegen 0, jedoch nicht d_q-konvergent gegen 0 ist ($a, b, q \in \mathbb{R}$, $a < b$, $q \geq 1$)!

5. Für die Folge $(x_j)_j$ im metrischen Raum (X, d) beweise man: Sind $(x_{2j})_j$, $(x_{2j+1})_j$ und $(x_{3j})_j$ d-konvergent, so ist auch $(x_j)_j$ d-konvergent, und es gilt

$$d\text{-}\lim_j x_j = d\text{-}\lim_j x_{2j+1} = d\text{-}\lim_j x_{3j} = d\text{-}\lim_j x_{2j}.$$

Folgt die d-Konvergenz von $(x_j)_j$ auch aus der d-Konvergenz von nur zwei ihrer drei angegebenen Teilfolgen?

6. Es sei X eine nichtleere Menge, für jedes $j \in \mathbb{N}$ d_j eine Pseudometrik auf X, $d_j \leq d_{j+1}$ (punktweise) und

$$d : \begin{cases} X \times X \longrightarrow \mathbb{R}^+ \\ (x, y) \longmapsto \sum_{j=0}^{\infty} \frac{1}{2^j} \frac{d_j(x,y)}{1 + d_j(x,y)} \end{cases}$$

die Fréchetpseudometrik gem. 1.1, A 7. Man beweise:

(a) $\forall\, j \in \mathbb{N}\ \forall\, x, y \in X\colon\ d(x,y) \leq 2 \frac{d_j(x,y)}{1+d_j(x,y)} + \frac{1}{2^j},\ \frac{d_j(x,y)}{1+d_j(x,y)} \leq 2^{j-1} d(x,y)$

(b) $\forall\, x \in X\ \forall\, (x_j)_j \in X^{\mathbb{N}}\colon\ (x_j)_j \to_d x \Leftrightarrow \forall\, k \in \mathbb{N}\colon\ (x_j)_j \to_{d_k} x.$

7. Für jedes $n \in \mathbb{N}$ sei $\mathbb{R}_n[x] := \{ p(x) \in \mathbb{R}[x] \mid \operatorname{grad} p(x) \leq n \}$ der $\mathbb{R}$-Vektorraum aller Polynome über $\mathbb{R}$, deren Grad höchstens n ist. Man definiere für die paarweise voneinander verschiedenen reellen Zahlen $r_0, r_1, \ldots, r_n$

$$N : \begin{cases} \mathbb{R}_n[x] \longrightarrow \mathbb{R}^+ \\ p(x) \longmapsto \sum_{j=0}^{n} |p(r_j)| \end{cases}$$

und beweise, daß N eine Norm auf dem $\mathbb{R}$-Vektorraum $\mathbb{R}_n[x]$ ist! Was bedeutet die d_N-Konvergenz von Folgen in Abhängigkeit von $r_0, \ldots, r_n$?

8. In ultrapseudometrischen Räumen (X, d) gilt für alle $x, y \in X$, $\varepsilon > 0$:

(a) $y \in K_\varepsilon^d(x) \Longrightarrow K_\varepsilon^d(x) = K_\varepsilon^d(y)$ und $y \in \widetilde{K}_\varepsilon^d(x) \Longrightarrow \widetilde{K}_\varepsilon^d(x) = \widetilde{K}_\varepsilon^d(y)$
(Jeder Punkt der ε-Kugel ist Mittelpunkt!)

(b) $K_\varepsilon^d(x) \cap K_\varepsilon^d(y) \neq \emptyset \Longrightarrow K_\varepsilon^d(x) = K_\varepsilon^d(y)$ und
$\widetilde{K}_\varepsilon^d(x) \cap \widetilde{K}_\varepsilon^d(y) \neq \emptyset \Longrightarrow \widetilde{K}_\varepsilon^d(x) = \widetilde{K}_\varepsilon^d(y)$
(Je zwei ε-Kugeln sind entweder gleich oder disjunkt!)

(c) $K_\varepsilon^d(x) \in \tau_d \cap \alpha_{\tau_d}$ und $\widetilde{K}_\varepsilon^d(x) \in \tau_d \cap \alpha_{\tau_d}$

9. Es seien τ, σ Topologien auf der Menge X. Man zeige:

(a) $\tau \subseteq \sigma \iff \forall\, x \in X\colon\ \mathcal{U}_\tau(x) \subseteq \mathcal{U}_\sigma(x)$
(Hieraus folgt: $\tau = \sigma \iff \forall\, x \in X\colon\ \mathcal{U}_\tau(x) = \mathcal{U}_\sigma(x)$.)

(b) $\tau \cap \sigma$ ist eine Topologie auf X.

Ist auch $\tau \cup \sigma$ Topologie auf X?

10. τ_{c} sei die Topologie der koendlichen Mengen auf $X \neq \emptyset$ (vgl. (1.2,2) (c)). Man zeige:

Äq (i) $\tau_{\mathrm{c}} = \tau_{\mathrm{dis}}$

(ii) X endlich

(iii) τ_{c} ist pseudometrisierbar

11. Es sei σ eine Topologie und $\mathcal{V}$ eine Umgebungsfunktion auf der Menge X. Man rechne nach:

(a) $\tau_{\mathcal{V}} := \{\, O \subseteq X \mid \forall\, x \in O\ \exists\, U \in \mathcal{V}(x)\colon\ U \subseteq O \,\}$ ist eine Topologie auf X.

(b) $\mathcal{V} = \mathcal{U}_{\tau_{\mathcal{V}}}$

(c) $\sigma = \tau_{\mathcal{U}_\sigma}$

(d) Die Funktion $\sigma \mapsto \mathcal{U}_\sigma$ ist eine Bijektion (von der Menge aller Topologien auf X auf die Menge aller Umgebungsfunktionen auf X) mit der Inversen $\mathcal{V} \mapsto \tau_{\mathcal{V}}$.

12. Es seien $a, b \in \mathbb{R},\ a < b,\ \emptyset \neq T \subseteq [a,b]$ und

$$C([a,b];T) := \{\, f \in C([a,b]) \mid f{\restriction}T = 0 \,\}.$$

Man zeige: $C([a,b];T) \in \alpha_{\tau_{d_\infty}}$ im Raum $C([a,b])$.
Ist $C([a,b];T)$ auch d_1-abgeschlossen?

13. (a) Die Mengen

$$c := \{\, (x_j)_j \in \mathbb{C}^{\mathbb{N}} \mid (x_j)_j\ d_{|\,|}\text{-konvergent} \,\} \quad \text{und}$$
$$c_0 := \{\, (x_j)_j \in \mathbb{C}^{\mathbb{N}} \mid (x_j)_j \to_{d_{|\,|}} 0 \,\}$$

bilden abgeschlossene $\mathbb{C}$-Untervektorräume von $(\ell^\infty, \tau_{d_\infty})$.

(b) Es seien $p,\ q \in \mathbb{R} \cup \{\infty\},\ 1 \leq p < q$. ℓ^p ist nicht (d_q-)abgeschlossen in ℓ^q (vgl. 1.1-5), insbesondere gilt $\tau_{\|\,\|_q} \subsetneqq \tau_{\|\,\|_p}$ auf ℓ^P (vgl. 1.2-6).

14. Es sei $n \in \mathbb{N}$ und X eine n-elementige Menge.

(a) Man gebe eine obere Schranke für die Anzahl der Topologien auf X an! *

(b) Für $n \in \{0, 1, 2, 3\}$ bestimme man sämtliche Topologien auf X.

* Die exakte Anzahl der Topologien auf endlichen Mengen ist nicht bekannt.

15. Auf der Menge $\mathbb{N} \times \mathbb{N}$ sei

$$\tau := \{ T \subseteq \mathbb{N} \times \mathbb{N} \mid (0,0) \notin T \} \\ \cup \Big\{ T \subseteq \mathbb{N} \times \mathbb{N} \;\Big|\; \{ i \in \mathbb{N} \mid \{ j \in \mathbb{N} \mid (i,j) \notin T \} \text{ unendlich} \} \text{ endlich} \Big\}.$$

Eine Teilmenge T von $\mathbb{N} \times \mathbb{N}$ gehört demnach genau dann zu τ, wenn sie $(0,0)$ nicht enthält oder aus fast allen (d. h. aus allen mit höchstens endlich vielen Ausnahmen) Spalten $\{i\} \times \mathbb{N}$ fast alle Elemente beinhaltet. Man zeige:

(a) τ ist eine Topologie auf $\mathbb{N} \times \mathbb{N}$ (die sog. *Arens-Topologie*).

(b) Keine Folge in $\mathbb{N} \times \mathbb{N} \backslash \{(0,0)\}$ ist in $(\mathbb{N} \times \mathbb{N}, \tau)$ gegen $(0,0)$ konvergent.

(c) $(\mathbb{N} \times \mathbb{N}, \tau)$ ist nicht A_1-Raum (und somit nicht pseudometrisierbar).

16. Es sei (X, τ) ein topologischer Raum, $\mathcal{F}$ ein Filter auf X, $(A, \geq)$ eine gerichtete Menge und $M : A \longrightarrow X$ ein Netz in X. Für jedes $F \in \mathcal{F}$ wähle man ein $N_F \in F$ und für jedes $a \in A$ sei $E_a := \{ b \in A \mid b \geq a \}$. Man zeige:

(a) $N_{\mathcal{F}} : \mathcal{F} \longrightarrow X$, $N_{\mathcal{F}}(F) := N_F$, ist ein Netz auf der gerichteten Menge $(\mathcal{F}, \subseteq)$.

(b) $\mathfrak{E}_M := \big\{ \{ M_b \mid b \in E_a \} \bigm| a \in A \big\}$ ist eine Filterbasis auf X.
($\overline{\mathfrak{E}_M}$ heißt *Endenfilter* von M.)

(c) Für alle $x \in X$ gilt:

(i) $\mathcal{F} \to_\tau x \iff \forall\, N_{\mathcal{F}} \in \prod_{F \in \mathcal{F}} F\colon\ N_{\mathcal{F}} \to_\tau x$,

(ii) $M \to_\tau x \iff \mathfrak{E}_M \to_\tau x$.

17. Es sei (V, N) ein halbnormierter K-Vektorraum, $K \in \{\mathbb{R}, \mathbb{C}\}$, $k \in K \backslash \{0\}$, $A, B \subseteq V$, $A + B := \{ a + b \mid a \in A,\ b \in B \}$, $kA := \{ ka \mid a \in A \}$. Man beweise:

(a) $A \in \tau_N \implies A + B \in \tau_N,\ kA \in \tau_N$

(b) $A \in \alpha_{\tau_N}$, B endlich $\implies kA \in \alpha_{\tau_N},\ A + B \in \alpha_{\tau_N}$
Gilt auch „$A, B \in \alpha_{\tau_N} \implies A + B \in \alpha_{\tau_N}$"?

(c) Ist W ein K-Untervektorraum von V und N_W die Quotientenhalbnorm auf $V/_W$ zu N bzgl. W (vgl. 1.1-6 (d)), so gilt:

$$W \in \alpha_{\tau_N} \implies N_W \text{ Norm.}$$

18. In jedem pseudometrischen Raum (X, d) bezeichne

$$\operatorname{dist}(x, S) := \inf\{ d(x, s) \mid s \in S \} \quad \text{für } x \in X,\ S \in \mathcal{P}X \backslash \{\emptyset\}$$

die *Distanz von x zu S* (auch *Abstand* $d_S(x)$ von x zu S). Es sei

$$N : \begin{cases} \ell^\infty \longrightarrow \mathbb{R}^+ \\ x \longmapsto \max\{ \|x\|_\infty, 2 \operatorname{dist}(x, c_0) \} \end{cases}$$

(s. A 13 (a)). Man zeige, daß N eine zu $\| \ \|_\infty$ topologisch äquivalente Norm auf ℓ^∞ ist!

19. (X, d) sei ein pseudometrischer Raum, $S \in \mathcal{P}X \backslash \{\emptyset\}$. Für alle $x, x' \in X$ gilt

$$|\operatorname{dist}(x, S) - \operatorname{dist}(x', S)| \leq d(x', x).$$

2 Topologische Räume

Kapitel 1 hat gezeigt, daß die Formulierung der Konvergenz von Folgen (Netzen und Filtern) in Anlehnung an die in der klassischen reellen Analysis in beliebigen topologischen Räumen möglich ist und daher zu einer Analysis in allgemeineren Strukturen als der der reellen Zahlen mit Absolutbetrag führt. Unter diesem Gesichtspunkt haben die spezielleren pseudometrischen oder gar halbnormierten Räume Gemeinsamkeiten, die nicht für diese Räume jeweils getrennt erforscht werden müssen, sondern in dem sehr viel allgemeineren Konzept topologischer Räume formuliert und bewiesen werden können. Kapitel 2 behandelt daher wichtige grundlegende Eigenschaften von Punkten, Mengen und Funktionen sowie von Topologien.

2.1 Spezielle Punkte und Mengen, Hüllenoperatoren

Die folgenden Eigenschaften von Punkten in topologischen Räumen sind von ähnlicher Bedeutung wie die entsprechenden in $(\mathbb{R}, \tau_{|\,|})$:

Definitionen

(X, τ) sei ein topologischer Raum, $x \in X$ und $S \subseteq X$.

x *innerer Punkt* von S	:gdw	$\exists\, U \in \mathcal{U}_\tau(x):\; U \subseteq S$
x *äußerer Punkt* von S	:gdw	x innerer Punkt von $X \backslash S$
x *Berührpunkt* von S	:gdw	$\forall\, U \in \mathcal{U}_\tau(x):\; U \cap S \neq \emptyset$
x *Häufungspunkt* von S	:gdw	$\forall\, U \in \mathcal{U}_\tau(x):\; (U \backslash \{x\}) \cap S \neq \emptyset$
x *Randpunkt* von S	:gdw	$\forall\, U \in \mathcal{U}_\tau(x):\; U \cap S \neq \emptyset,\; U \cap (X \backslash S) \neq \emptyset$
x *isolierter Punkt* von S	:gdw	$x \in S,\; \exists\, U \in \mathcal{U}_\tau(x):\; U \backslash \{x\} \subseteq X \backslash S$

Zwischen den Punktarten gibt es einige leicht ersichtliche Zusammenhänge, beispielsweise (vgl. A 2)

$$x \text{ isolierter Punkt von } S \iff x \in S,\; x \text{ nicht Häufungspunkt von } S,$$

$$x \text{ äußerer Punkt von } S \iff x \notin S,\; x \text{ nicht Häufungspunkt von } S.$$

Die Bedeutung der einzelnen Punktarten wird sich nach und nach herausstellen. Hier sei beispielsweise an die aus der reellen Analysis wohlbekannte Tatsache erinnert, daß jede im $(\mathbb{R}^n, \tau_{d_2})$ unendliche beschränkte Menge einen Häufungspunkt besitzt (Satz von Bolzano-Weierstraß, s. 4.1-1). Man veranschauliche sich die obigen Begriffe am

Beispiel (2.1,1)

In $(\mathbb{R}, \tau_{|\,|})$ sei $S := [1,2] \cup \{\, \frac{1}{j+1} \mid j \in \mathbb{N} \,\}$. Für $x \in \mathbb{R}$ gilt dann:

$$\begin{aligned} x \text{ innerer Punkt von } S &\iff x \in \,]1,2[\\ x \text{ äußerer Punkt von } S &\iff x \in \mathbb{R}\backslash(S \cup \{0\}) \\ x \text{ Berührpunkt von } S &\iff x \in S \cup \{0\} \\ x \text{ Häufungspunkt von } S &\iff x \in [1,2] \cup \{0\} \\ x \text{ Randpunkt von } S &\iff x \in \{0,1,2\} \cup \{\, \tfrac{1}{j+1} \mid j \in \mathbb{N} \,\} \\ x \text{ isolierter Punkt von } S &\iff x \in \{\, \tfrac{1}{j+1} \mid j \in \mathbb{N}\backslash\{0\} \,\} \end{aligned}$$

Definitionen

(X, τ) sei ein topologischer Raum, $S \subseteq X$. Dann heißt

$\overline{S}^{\tau} := \{\, x \in X \mid x \text{ Berührpunkt von } S \,\}$ *(abgeschlossene) Hülle* von S,

$S'^{\tau} := \{\, x \in X \mid x \text{ Häufungspunkt von } S \,\}$ *Ableitung* von S,

$S^{\circ\tau} := \{\, x \in X \mid x \text{ innerer Punkt von } S \,\}$ *(offener) Kern* (oder *Inneres*) von S,

$\partial_\tau S := \{\, x \in X \mid x \text{ Randpunkt von } S \,\}$ *Rand* von S

in (X, τ).

Zwischen den Mengenarten gibt es natürlich auch wieder leicht einzusehende Beziehungen, beispielsweise gilt $\overline{S}^{\tau} = S \cup S'^{\tau}$, denn $S \cup S'^{\tau} \subseteq \overline{S}^{\tau}$ ist gem. Definition richtig, und für jedes $x \in \overline{S}^{\tau} \backslash S'^{\tau}$ gibt es ein $U \in \mathcal{U}_\tau(x)$ mit $(U\backslash\{x\}) \cap S = \emptyset$ (und $U \cap S \neq \emptyset$), also gehört x zu S.

Beispiele (2.1,2)

(a) In $(\mathbb{R}^2, \tau_{d_2})$ sei $S := \{\, (x, \sin\frac{1}{x}) \mid x \in \,]0, \frac{1}{\pi}] \,\}$. Es ist dann $S^{\circ\tau_{d_2}} = \emptyset$ und

$$\overline{S}^{\tau_{d_2}} = S'^{\tau_{d_2}} = \partial_{\tau_{d_2}} S = S \cup \{\, (0,y) \mid -1 \leq y \leq 1 \,\}$$

(vgl. Abb. 2.1-1).

(b) In $(\mathbb{R}, \tau_{|\,|})$ gilt für jede unendliche Teilmenge $B \subseteq \mathbb{R}$:

$$B \text{ beschränkt in } (\mathbb{R}, \tau_{|\,|}) \implies B'^{\tau_{|\,|}} \neq \emptyset \qquad \text{(Weierstraß)}$$

⟦ Vgl. [32] ⟧

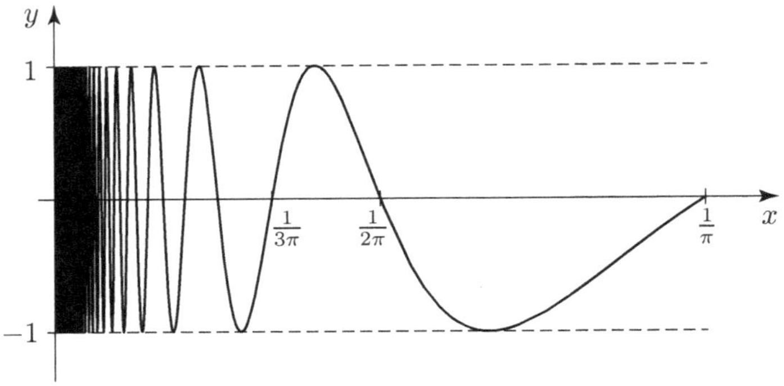

Abbildung 2.1-1

Hüllen- und Kernbildung sind zueinander duale Operationen, Hüllen sind abgeschlossene und demgemäß Kerne offene Mengen:

Satz 2.1-1

Es sei (X,τ) ein topologischer Raum und $S \subseteq X$.

(a) $X \backslash S^{\circ\tau} = \overline{X \backslash S}^{\tau}$ *und* $X \backslash \overline{S}^{\tau} = (X \backslash S)^{\circ\tau}$ *(Dualität)*

(b) $\overline{S}^{\tau} = \bigcap \{ A \in \alpha_\tau \mid S \subseteq A \} \in \alpha_\tau$.

Beweis

Zu (a) Sei $x \in X$. Es gilt

$$x \in X \backslash S^{\circ\tau} \iff \forall\, U \in \mathcal{U}_\tau(x) \colon \ U \cap (X \backslash S) \neq \emptyset \iff x \in \overline{X \backslash S}^{\tau}$$

und

$$x \in X \backslash \overline{S}^{\tau} \iff \exists\, U \in \mathcal{U}_\tau(x) \colon \ U \subseteq X \backslash S \iff x \in (X \backslash S)^{\circ\tau}$$

Zu (b) Für $x \in \overline{S}^{\tau}$, $A \in \alpha_\tau$ mit $S \subseteq A$ und $x \notin A$ würde $x \in X \backslash A \in \tau$, also $\emptyset \neq (X \backslash A) \cap S \subseteq (X \backslash S) \cap S$ folgen. Umgekehrt erhält man für jedes $x \in \bigcap \{ A \in \alpha_\tau \mid S \subseteq A \}$ und $O \in \tau$ mit $x \in O$ auch $O \cap S \neq \emptyset$ $[\![$andernfalls wäre $S \subseteq X \backslash O \in \alpha_\tau$ und somit $x \in X \backslash O]\!]$. □

Korollar 2.1-1.1

(X,τ) sei ein topologischer Raum, S, $T \subseteq X$.

(a) $S^{\circ\tau} = \bigcup \{ O \in \tau \mid O \subseteq S \} \in \tau$

(b) $S \in \tau \iff S = S^{\circ\tau}, \qquad T \in \alpha_\tau \iff \overline{T}^{\tau} = T \iff T'^{\tau} \subseteq T$

(c) $S \subseteq T \quad \Longrightarrow \quad \overline{S}^{\tau} \subseteq \overline{T}^{\tau}$ *und* $S^{\circ\tau} \subseteq T^{\circ\tau}$ *(Monotonie),*

$\overline{\overline{S}^{\tau}}^{\tau} = \overline{S}^{\tau}$ *und* $(S^{\circ\tau})^{\circ\tau} = S^{\circ\tau}$ *(Idempotenz),*

$\overline{S \cup T}^{\tau} = \overline{S}^{\tau} \cup \overline{T}^{\tau}$ *(Vereinigungstreue),*

$(S \cap T)^{\circ\tau} = S^{\circ\tau} \cap T^{\circ\tau}$ *(Durchschnittstreue)*

Beweis

Zu (a)

$$\begin{aligned} S^{\circ\tau} &= X\backslash\overline{(X\backslash S)}^{\tau} && [\![\,2.1\text{-}1\ (a)\,]\!] \\ &= X\backslash\bigcap\{\,A \in \alpha_\tau \mid X\backslash S \subseteq A\,\} && [\![\,2.1\text{-}1\ (b)\,]\!] \\ &= \bigcup\{\,X\backslash A \mid A \in \alpha_\tau,\ X\backslash S \subseteq A\,\} && [\![\,\text{de Morgansche Regel}\,]\!] \\ &= \bigcup\{\,X\backslash A \mid X\backslash A \in \tau,\ X\backslash A \subseteq S\,\} \\ &= \bigcup\{\,O \in \tau \mid O \subseteq S\,\} \end{aligned}$$

Zu (b) $S \in \tau \Longleftrightarrow S = S^{\circ\tau}$ ist gem. (a) offensichtlich richtig. Weiter gilt $T'^{\tau} \cup T = \overline{T}^{\tau} = T$ genau dann, wenn $T'^{\tau} \subseteq T$.

Zu (c) Monotonie und Idempotenz folgen direkt aus 2.1-1 (b) bzw. 2.1-1.1 (a). Darüber hinaus ist somit $\overline{S}^{\tau} \cup \overline{T}^{\tau} \subseteq \overline{S \cup T}^{\tau}$ und wegen $S \cup T \subseteq \overline{S}^{\tau} \cup \overline{T}^{\tau} \in \alpha_\tau$ $[\![\,2.1\text{-}1\ (b)\,]\!]$ auch $\overline{S \cup T}^{\tau} \subseteq \overline{S}^{\tau} \cup \overline{T}^{\tau}$. Die Durchschnittstreue folgt nun auf Grund der Dualität 2.1-1 (a):

$$\begin{aligned} X\backslash(S^{\circ\tau} \cap T^{\circ\tau}) &= (X\backslash S^{\circ\tau}) \cup (X\backslash T^{\circ\tau}) = \overline{X\backslash S}^{\tau} \cup \overline{X\backslash T}^{\tau} \\ &= \overline{(X\backslash S) \cup (X\backslash T)}^{\tau} = \overline{X\backslash(S \cap T)}^{\tau} \\ &= X\backslash(S \cap T)^{\circ\tau}. \end{aligned}$$

□

Gem. 2.1-1 (b) ist der Rand $\partial_\tau S = \overline{S}^{\tau} \cap \overline{X\backslash S}^{\tau}$ einer jeden Teilmenge eines topologischen Raumes (X, τ) abgeschlossen, die Ableitung S'^{τ} ist es i. a. jedoch nicht:

Beispiel (2.1,3)

Im indiskreten Raum $(\{0, 1\}, \tau_{\text{in}})$ gilt

$$\{1\}'^{\tau_{\text{in}}} = \{0\} \notin \alpha_{\tau_{\text{in}}}.$$

Unter der zusätzlichen Voraussetzung „$\forall\ x \in X\colon\ \{x\} \in \alpha_\tau$“ an den topologischen Raum (X, τ) ist die Ableitung einer jeden Teilmenge S auch abgeschlossen:

Sei $x \in (S'^{\tau})'^{\tau}$ und $U \in \mathcal{U}_\tau(x) \cap \tau$. Da x Häufungspunkt von S'^{τ} ist, gibt es ein $y \in S'^{\tau} \cap (U\backslash\{x\})$. Wegen $U\backslash\{x\} = U \cap (X\backslash\{x\}) \in \tau$ ist $U\backslash\{x\}$ (offene) Umgebung von $y \in S'^{\tau}$, also $\big((U\backslash\{x\})\backslash\{y\}\big) \cap S \neq \emptyset$ und somit erst recht $(U\backslash\{x\}) \cap S \neq \emptyset$.

Man beachte, daß obige zusätzliche Voraussetzung nicht nur in jedem metrisierbaren topologischen Raum erfüllt ist ⟦ Ist d eine Metrik auf X, $x, y \in X$, $x \neq y$, so folgt wegen $d(x,y) > 0$ sofort $K^d_{d(x,y)/2}(y) \subseteq X \backslash \{x\}$. $X \backslash \{x\}$ ist somit (d-)offen. ⟧, sondern beispielsweise auch in dem nicht pseudometrisierbaren Raum $(\mathbb{R}, \tau_c)$ ⟦ vgl. (1.2,3) (b) ⟧. Mit ihrer Hilfe erkennt man, daß für jede einelementige Teilmenge $\{x\}$ wegen $\{x\}'^{\tau} \subseteq \{x\}$ sofort $\{x\}'^{\tau} \in \{\emptyset, \{x\}\} \subseteq \alpha_\tau$ folgt. Man vgl. hierzu A 5.

Definition

(X, τ) sei ein topologischer Raum, $S \subseteq X$.

$$S \textit{ perfekt } (\text{in } (X,\tau)) \quad :\text{gdw} \quad S'^{\tau} = S$$

Perfekte Mengen sind nach 2.1-1.1 (b) notwendigerweise abgeschlossen, die Umkehrung gilt natürlich nicht.

Beispiel (2.1,4)

In $(\mathbb{R}, \tau_{|\,|})$ ist jedes Intervall $[a, b]$, $a < b$, perfekt, einelementige Mengen sind nicht perfekt ⟦ $\{x\}'^{\tau_{|\,|}} = \emptyset$ ⟧.

In $(\mathbb{N}, \tau_c)$ ist die Menge $\mathbb{P}$ aller Primzahlen nicht abgeschlossen, also nicht perfekt; es gilt hier $\mathbb{P}'^{\tau_c} = \mathbb{N}$ ⟦ $\mathbb{P}$ ist unendlich ⟧.

Die perfekten Mengen lassen sich unter den abgeschlossenen leicht charakterisieren:

Satz 2.1-2

Es sei (X, τ) ein topologischer Raum, $S \subseteq X$.

Äq   *(i)*   *S perfekt*

      (ii)   *$S \in \alpha_\tau$ und S hat keinen isolierten Punkt*

Beweis

(i) ⇒ (ii) Sei $x \in S$. Wegen $S'^{\tau} = S$ gilt $(U \backslash \{x\}) \cap S \neq \emptyset$ für jedes $U \in \mathcal{U}_\tau(x)$, x ist somit nicht isolierter Punkt von S.

(ii) ⇒ (i) Nach Voraussetzung (ii) und 2.1-1.1 (b) ist $S'^{\tau} \subseteq S$. Umgekehrt ist kein $x \in S$ isolierter Punkt von S, für jede Umgebung U von x also $U \backslash \{x\} \nsubseteq X \backslash S$, d. h. $(U \backslash \{x\}) \cap S \neq \emptyset$. □

Die Beschreibung der Hülle bzw. Ableitung einer Menge mit Hilfe der Konvergenz ermöglicht der

Satz 2.1-3

Es sei (X, τ) *ein topologischer Raum,* $S \subseteq X$ *und* $x \in X$.

(a) *Äq* *(i)* $x \in S'^{\tau}$

(ii) $\exists M$: *M Netz in* $S \backslash \{x\}$, $M \to_\tau x$

(iii) $\exists \mathcal{F}$: $\mathcal{F}$ *Filter auf* $S \backslash \{x\}$, $\mathcal{F} \to_\tau x$

(b) *Äq* *(i)* $x \in \overline{S}^{\tau}$

(ii) $\exists M$: *M Netz in S*, $M \to_\tau x$

(iii) $\exists \mathcal{F}$: $\mathcal{F}$ *Filter auf S*, $\mathcal{F} \to_\tau x$

Beweis

Zu (a) *(i)* $\Rightarrow$ *(ii)* Sei $x \in S'^{\tau}$ und $M_U \in (U \backslash \{x\}) \cap S$ für jedes $U \in \mathcal{U}_\tau(x)$. Dann ist

$$M : \begin{cases} \mathcal{U}_\tau(x) \longrightarrow S \backslash \{x\} \\ U \longmapsto M_U \end{cases}$$

ein Netz in $S \backslash \{x\}$ (auf der gerichteten Menge $(\mathcal{U}_\tau(x), \subseteq)$ definiert) mit $M \to_\tau x$.

(ii) $\Rightarrow$ *(iii)* Sei $M : A \longrightarrow S \backslash \{x\}$ ein Netz mit $M \to_\tau x$. Der zugehörige Endenfilter

$$\mathcal{F}_M := \overline{\{\, \{\, M_a \mid a \geq b \,\} \mid b \in A \,\}}$$

auf $S \backslash \{x\}$ konvergiert gegen x.

(iii) $\Rightarrow$ *(i)* Sei $\mathcal{F}$ ein Filter auf $S \backslash \{x\}$ mit $\mathcal{F} \to_\tau x$, U eine Umgebung von x. Es gibt dann ein $F \in \mathcal{F}$ mit $F \subseteq U$. Wegen $\emptyset \neq F \subseteq S \backslash \{x\}$ folgt $(U \backslash \{x\}) \cap S \neq \emptyset$, x ist somit Häufungspunkt von S.

Zu (b) *(i)* $\Rightarrow$ *(ii)* Für $x \in S$ ist

$$\begin{cases} \mathbb{N} \longrightarrow S \\ j \longmapsto x \end{cases}$$

ein gegen x konvergentes Netz (Folge), für $x \in S'^{\tau}$ existiert gem. (a) sogar ein Netz in $S \backslash \{x\}$, das gegen x konvergiert.

(ii) $\Rightarrow$ *(iii)* Wie im Beweis zu (a), (ii) $\Rightarrow$ (iii) erfüllt der Endenfilter eines jeden gegen x konvergenten Netzes (iii).

(iii) $\Rightarrow$ *(i)* Konvergiert der Filter $\mathcal{F}$ auf S gegen x, so enthält jede Umgebung U von x ein Element von $\mathcal{F}$, also mindestens ein Element aus S, x ist Berührpunkt von S. □

Ist der topologische Raum (X, τ) ein A_1-Raum, so gilt 2.1-3 auch für Folgen an Stelle von Netzen, da jeder Punkt des Raumes eine abzählbare Umgebungsbasis $\{\, U_j \mid j \in \mathbb{N} \,\}$ mit $U_{j+1} \subseteq U_j$ für jedes $j \in \mathbb{N}$ besitzt. I. a. reichen Folgen jedoch für die Hüllen- bzw. Ableitungsbeschreibung gemäß 2.1-3 nicht aus (vgl. A 1). In metrisierbaren topologischen Räumen kann 2.1-3 (a) dagegen noch verschärft werden:

Äq (i) $x \in S'^{\tau}$

(ii) $\exists\, (x_j)_j \in (S\backslash\{x\})^{\mathbb{N}}\colon\ (x_j)_j \to_\tau x$ und $\forall\, j,k \in \mathbb{N}\colon\ j \neq k \Rightarrow x_j \neq x_k$

⟦ Für $x \in S'^{\tau}$, $\varepsilon_0 > 0$ wähle man $x_0 \in S \cap (K^d_{\varepsilon_0}(x)\backslash\{x\})$ und weiter – wenn $\varepsilon_j > 0$ und $x_j \in S$ bereits bestimmt wurden – induktiv für $\varepsilon_{j+1} := \min\{\varepsilon_j/2, d(x,x_j)\}$ ein $x_{j+1} \in S \cap (K^d_{\varepsilon_{j+1}}(x)\backslash\{x\})$. ⟧

Korollar 2.1-3.1

Es sei (X,τ) ein topologischer Raum, $S \subseteq X$.

Äq *(i)* $S \in \alpha_\tau$

(ii) $\forall\, M\colon$ *M Netz in S* $\Rightarrow (\forall\, x \in X\colon\ M \to_\tau x \Rightarrow x \in S)$

(iii) $\forall\, \mathcal{F}\colon$ *$\mathcal{F}$ Filter auf S* $\Rightarrow (\forall\, x \in X\colon\ \mathcal{F} \to_\tau x \Rightarrow x \in S)$

Beweis

(i) ⇒ (ii) Sei M ein Netz in S, $x \in X$ und $M \to_\tau x$. Gem. 2.1-3 (b) ist dann $x \in \overline{S}^\tau$ ($= S$ gem. (i)).

(ii) ⇒ (iii) Sei $\mathcal{F}$ ein Filter auf S, $x \in X$ und $\mathcal{F} \to_\tau x$. Für jede Filtermenge $F \in \mathcal{F}$ wähle man ein $M_F \in F$ aus. Dann ist

$$M : \begin{cases} \mathcal{F} \longrightarrow X \\ F \longmapsto M_F \end{cases}$$

ein gegen x konvergentes Netz ($(\mathcal{F}, \subseteq)$ ist gerichtete Menge!), gem. (ii) somit $x \in S$.

(iii) ⇒ (i) Für jedes $x \in \overline{S}^\tau$ existiert gem. 2.1-3 (b) ein gegen x konvergenter Filter auf S. Nach Voraussetzung (iii) folgt $x \in S$, also $\overline{S}^\tau = S$. □

Für topologische Räume mit erstem Abzählbarkeitsaxiom gilt 2.1-3.1 auch mit Folgen anstelle von Netzen.

Korollar 2.1-3.2

Für alle Topologien τ, σ auf der Menge X gilt:

Äq *(i)* $\tau \subseteq \sigma$

(ii) $\forall\, M\ \forall\, x \in X\colon$ *M Netz in X*, $M \to_\sigma x \Rightarrow M \to_\tau x.$

Beweis

(i) ⇒ (ii) ist nach Definition der Netzkonvergenz richtig.

(ii) ⇒ (i) Sei $S \in \tau$, also $X\backslash S \in \alpha_\tau$, M ein Netz in $X\backslash S$, $x \in X$ mit $M \to_\sigma x$. Nach Voraussetzung (ii) gilt dann auch $M \to_\tau x$, also $x \in X\backslash S$ ⟦ 2.1-3.1 ⟧. Es folgt – wiederum mit 2.1-3.1 – $X\backslash S \in \alpha_\sigma$, d. h. $S \in \sigma$. □

Für Topologien τ, σ, die A_1-Räume ergeben, genügen zur Vergleichbarkeit $\tau \subseteq \sigma$ wieder Folgen (A 11).

Topologien auf einer Menge X lassen sich vollständig durch Umgebungsfunktionen auf X beschreiben (vgl. 1.2, A 11 (d)), beide Begriffe sind in diesem Sinne gleichwertig. Satz 2.1-3 (b) läßt vermuten, daß Topologien auch durch geeignet abstrakt definierte Konvergenz von Netzen charakterisiert werden können. Dieser Vorgang sei kurz angedeutet.

Man legt fest, welche Netze (mit beliebigen gerichteten Mengen als Definitionsbereich) gegen welche Elemente der Menge X konvergieren sollen. Damit ein derartiger Konvergenzbegriff $\mathcal{C}$ derjenige zu einer Topologie auf X, d. h. topologisch sein kann, muß er natürlich dessen sämtliche Eigenschaften besitzen, beispielsweise muß die Festlegung ergeben, daß jedes konstante Netz sich als ein gegen diese Konstante $\mathcal{C}$-konvergentes Netz erweist. Die grundlegenden Forderungen (Axiome) der Netzkonvergenz $\mathcal{C}$ findet man z. B. in [21, Seite 74]. Die Konstruktion der zugehörigen Topologie (in der also genau dieselben Netze gegen dieselben Punkte konvergieren wie bzgl. $\mathcal{C}$) erfolgt mit Hilfe der Hüllenbildung gem. 2.1-3 (b):

Für alle $x \in X,\ S \subseteq X$:

$$x \in \overline{S} \quad \text{:gdw} \quad \exists\, M\colon\ M \text{ Netz in } S,\ M\ \ \mathcal{C}\text{-konvergent gegen } x.$$

Hierdurch erhält man dann einen Hüllenoperator auf X ([21, Seite 74]):

Definition

Es sei X eine Menge und $h : \mathcal{P}X \longrightarrow \mathcal{P}X$.

h (Kuratowskischer) *Hüllenoperator* auf X :gdw h erfüllt

(H-1) $\forall\, S \subseteq X\colon\quad S \subseteq h(S)$

(H-2) $\forall\, S \subseteq X\colon\quad h(h(S)) \subseteq h(S)$

(H-3) $\forall\, S, T \subseteq X\colon\ h(S \cup T) = h(S) \cup h(T)$

(H-4) $h(\emptyset) = \emptyset$

Mit Hilfe von 2.1-1 (b) und 2.1-1.1 (c) erkennt man sofort, daß in topologischen Räumen (X, τ) durch

$$h_\tau : \begin{cases} \mathcal{P}X \longrightarrow \mathcal{P}X \\ S \longmapsto \overline{S}^{\tau} \end{cases}$$

ein (Kuratowskischer) Hüllenoperator auf X erklärt ist.

Die an die Netzkonvergenz $\mathcal{C}$ gestellten Forderungen (Axiome) ergeben, daß

$$h_{\mathcal{C}} : \begin{cases} \mathcal{P}X \longrightarrow \mathcal{P}X \\ S \longmapsto \overline{S} \end{cases}$$

ein (Kuratowskischer) Hüllenoperator auf X ist. Die Äquivalenz der Begriffe „Topologie τ" und „Konvergenz $\mathcal{C}$" ergibt sich dann mit der Gleichwertigkeit von „Topologie τ" und „(Kuratowskischer) Hüllenoperator h", letztere wird unter Verwendung der folgenden Bezeichnungen ausführlich beschrieben:

$$\mathfrak{H}_X := \{\, h \mid h \text{ (Kuratowskischer) Hüllenoperator auf } X \,\},$$

$$\mathfrak{T}_X := \{\, \tau \mid \tau \text{ Topologie auf } X \,\},$$

$$\mathfrak{h} : \begin{cases} \mathfrak{T}_X \longrightarrow \mathcal{P}X^{\mathcal{P}X} \\ \tau \longmapsto h_\tau \end{cases} \quad \text{und}$$

$$\mathfrak{t} : \begin{cases} \mathfrak{H}_X \longrightarrow \mathcal{P}\mathcal{P}X \\ h \longmapsto \{\, O \subseteq X \mid h(X\backslash O) = X\backslash O \,\}. \end{cases}$$

Satz 2.1-4

$\mathfrak{h} : \mathfrak{T}_X \longrightarrow \mathfrak{H}_X$ *und* $\mathfrak{t} : \mathfrak{H}_X \longrightarrow \mathfrak{T}_X$ *sind zueinander inverse Bijektionen.*

Beweis

Zunächst wird gezeigt, daß $\mathfrak{t}(h)$ für jeden (Kuratowskischen) Hüllenoperator h eine Topologie auf X ist. Dazu sind für $\mathfrak{t}(h)$ die Eigenschaften (O-1), (O-2) und (O-3) zu überprüfen:

(O-1): $X \in \mathfrak{t}(h)$, weil $h(X\backslash X) = h(\emptyset) = \emptyset = X\backslash X$ gem. (H-4) gilt. $\emptyset \in \mathfrak{t}(h)$ folgt unmittelbar aus (H-1).

(O-2): Es seien $O, P \in \mathfrak{t}(h)$, also $h(X\backslash O) = X\backslash O$ und $h(X\backslash P) = X\backslash P$. Wegen (H-3) erhält man

$$\begin{aligned} h(X\backslash(O \cap P)) &= h((X\backslash O) \cup (X\backslash P)) = h(X\backslash O) \cup h(X\backslash P) \\ &= (X\backslash O) \cup (X\backslash P) = X\backslash(O \cap P). \end{aligned}$$

(O-3): Es sei $\mathcal{O} \subseteq \mathfrak{t}(h)$, also $h(X\backslash O) = X\backslash O$ für jedes $O \in \mathcal{O}$. Die Inklusion $X\backslash \bigcup \mathcal{O} \subseteq h(X\backslash \bigcup \mathcal{O})$ ergibt sich aus (H-1). Für jedes $O \in \mathcal{O}$ gilt umgekehrt $\bigcap_{P\in\mathcal{O}}(X\backslash P) \subseteq X\backslash O$, also

$$h\Big(\bigcap_{P\in\mathcal{O}} (X\backslash P)\Big) \subseteq h(X\backslash O)$$

$[\![\, h$ ist monoton gem. (H-3) $]\!]$, woraus auch nach Voraussetzung folgt

$$\begin{aligned} h\Big(X\backslash \bigcup_{P\in\mathcal{O}} P\Big) &= h\Big(\bigcap_{P\in\mathcal{O}} (X\backslash P)\Big) \subseteq \bigcap_{O\in\mathcal{O}} h(X\backslash O) = \bigcap_{O\in\mathcal{O}} (X\backslash O) \\ &= X\backslash \bigcup \mathcal{O}. \end{aligned}$$

Schließlich sei τ eine Topologie und h ein (Kuratowskischer) Hüllenoperator auf X. Wegen

$$\mathfrak{t} \circ \mathfrak{h}(\tau) = \mathfrak{t}(h_\tau) = \{\, O \subseteq X \mid \overline{X \backslash O}^{\tau} = X \backslash O \,\} = \tau \qquad [\![2.1\text{-}1.1\text{ (b)}]\!]$$

ist $\mathfrak{t} \circ \mathfrak{h}$ die Identität auf $\mathfrak{T}_X$.

Vor dem Beweis von $\mathfrak{h} \circ \mathfrak{t}(h) = h$ sei vermerkt, daß

$$\mathfrak{h} \circ \mathfrak{t}(h) = \mathfrak{h}\big(\{\, O \subseteq X \mid X \backslash O = h(X \backslash O) \,\}\big),$$

also für jedes $A \subseteq X$

$$A \in \alpha_{\mathfrak{t}(h)} \iff h(A) = A$$

gilt. Nach (H-2) in Verbindung mit (H-1) ist $h(A) = h(h(A))$ und somit $h(A) \in \alpha_{\mathfrak{t}(h)}$, also

$$(\mathfrak{h} \circ \mathfrak{t}(h))(A) = \overline{A}^{\mathfrak{t}(h)} \subseteq h(A).$$

Andererseits gilt $\overline{A}^{\mathfrak{t}(h)} = \bigcap \{\, B \in \alpha_{\mathfrak{t}(h)} \mid A \subseteq B \,\}$ $[\![2.1\text{-}1\text{ (b)}]\!]$, und für jedes $B \in \alpha_{\mathfrak{t}(h)}$, $A \subseteq B$, auch $h(A) \subseteq h(B) = B$, somit

$$h(A) \subseteq \overline{A}^{\mathfrak{t}(h)} = (\mathfrak{h} \circ \mathfrak{t}(h))(A)$$

für alle $A \subseteq X$. $\mathfrak{h} \circ \mathfrak{t}$ ist daher die Identität auf $\mathfrak{H}_X$. □

Abschließend sei erwähnt, daß Topologien infolge der in 2.1-1 (a) aufgeführten Dualität von Hülle und Kern auch durch Kernoperatoren gekennzeichnet werden können (vgl. A 13). Welche der äquivalenten Beschreibungen jeweils verwendet werden, hängt häufig von den konkret zu bearbeitenden Problemen ab. Folgenkonvergenz genügt i. a. jedoch nicht zur Beschreibung von Topologien τ, wenn Aussagen wie

$$x \in S'^{\tau} \iff \exists\, (x_j)_j \in (X \backslash \{x\})^{\mathbb{N}} \colon\ (x_j)_j \to_\tau x \qquad \text{(vgl. 2.1-3 (a))}$$

gelten sollen (vgl. A 1 und 1.2, A 15 (b)).

Aufgaben zu 2.1

1. $\mathbb{N} \times \mathbb{N}$ sei mit der Arens-Topologie τ versehen (vgl. 1.2, A 15). Man zeige, daß $(0,0)$ Häufungspunkt der Menge $\mathbb{N} \times \mathbb{N} \backslash \{(0,0)\}$ ist!

2. Es sei (X, τ) ein topologischer Raum, $x \in X$, $S, T \subseteq X$ und

$$S^{\text{ä}\tau} := \{\, y \in X \mid y \text{ äußerer Punkt von } S \,\}.$$

Man beweise:

(a) x isolierter Punkt von $S \iff x \in S,\ x$ nicht Häufungspunkt von S

(b) $x \in S^{\text{ä}\tau} \iff x \notin S,\ x$ nicht Häufungspunkt von S

(c) $X = S^{\circ\tau} \cup S^{\ddot{a}\tau} \cup \partial_\tau S$, und $S^{\circ\tau}$, $S^{\ddot{a}\tau}$, $\partial_\tau S$ sind paarweise disjunkt zueinander.

(d) $\partial_\tau S^{\circ\tau} \subseteq \partial_\tau S$ (Gilt auch „=“?)

(e) $S^{\circ\tau} \cup T^{\circ\tau} \subseteq (S \cup T)^{\circ\tau}$ (Gilt auch „=“?)

(f) $\overline{S}^{\tau} = S^{\circ\tau} \cup \partial_\tau S$

(g) $\partial_\tau \partial_\tau S \subseteq \partial_\tau S$ (Gilt hier „=“? Vgl. auch A 4!)

(h) $\partial_\tau S = \overline{S}^{\tau} \setminus S^{\circ\tau}$

(i) $\partial_\tau S \subseteq S \iff S \in \alpha_\tau$
$\partial_\tau S \cap S = \emptyset \iff S \in \tau$
$\partial_\tau S = \emptyset \iff S \in \tau \cap \alpha_\tau$.

3. Man zeige, daß $\tau := \{\emptyset, \mathbb{R}\} \cup \{\,]-\infty, r[\;\mid\; r \in \mathbb{R}\}$ eine Topologie auf $\mathbb{R}$ ist und bestimme $\{0\}'^{\tau}$! Ist $\{0\}'^{\tau} \in \alpha_\tau$?

4. Es sei (X, τ) ein topologischer Raum, $S \subseteq X$. Man beweise:

$$S \in \tau \cup \alpha_\tau \implies \partial_\tau \partial_\tau S = \partial_\tau S.$$

5. In jedem topologischen Raum (X, τ) gilt

Äq (i) $\forall\, S \subseteq X\colon\; S'^{\tau} \in \alpha_\tau$

(ii) $\forall\, x \in X\colon\; \{x\}'^{\tau} \in \alpha_\tau$.

6. Für jede Teilmenge S eines topologischen Raumes (X, τ) gilt

Äq (i) $S \in \tau$

(ii) $\forall M\, \forall\, x \in S\colon\; M : A \longrightarrow X$ Netz, $M \to_\tau x$
$\Rightarrow (\exists\, a \in A\, \forall\, b \in A\colon\; b \geq a \Rightarrow M(b) \in S)$

7. Es sei (X, d) ein pseudometrischer Raum, S, A, $O \subseteq X$ und $x \in X$. Man zeige:

(a) Für $S \neq \emptyset$ gilt:

$$x \in \overline{S}^{\tau_d} \iff \operatorname{dist}(x, S) = 0$$

(b) Sind $A \in \alpha_{\tau_d}$, $O \in \tau_d$, so folgt:

$$\exists\, (O_j)_j \in \tau_d^{\mathbb{N}}\; \exists\, (A_j)_j \in \alpha_{\tau_d}^{\mathbb{N}}\colon\; A = \bigcap_{j \in \mathbb{N}} O_j,\; O = \bigcup_{j \in \mathbb{N}} A_j$$

(c) S d-beschränkt $\implies$ $\overline{S}^{\tau_d}$ d-beschränkt

8. (V, q) sei ein halbnormierter K-Vektorraum, $K \in \{\mathbb{R}, \mathbb{C}\}$, W ein K-Untervektorraum von V. Man beweise:

(a) $\overline{W}^{\tau_q}$ ist K-Untervektorraum von V

(b) $W^{\circ\tau_q} \neq \emptyset \implies W \in \tau_q \implies W \in \alpha_{\tau_q}$

(c) Ist W maximaler K-Untervektorraum von V, so gilt entweder $W \in \alpha_{\tau_q}$ oder $\overline{W}^{\tau_q} = V$.

9. Für die Topologien τ, σ auf der Menge X zeige man:

Äq (i) $\tau \subseteq \sigma$

(ii) $\forall\, S \subseteq X:\ S^{\circ\tau} \subseteq S^{\circ\sigma}$

(iii) $\forall\, S \subseteq X:\ \overline{S}^{\sigma} \subseteq \overline{S}^{\tau}$

10. Für jede Teilmenge S eines A_1-Raums (X, τ) gilt

Äq (i) $S \in \tau$

(ii) $\forall\, (x_j)_j \in X^{\mathbb{N}}\ \forall\, x \in S:\ (x_j)_j \to_\tau x \Rightarrow \exists\, j_0 \in \mathbb{N}\ \forall\, j \geq j_o:\ x_j \in S.$

11. Es seien (X, τ), (X, σ) A_1-Räume. Man beweise

Äq (i) $\tau \subseteq \sigma$

(ii) $\forall\, (x_j)_j \in X^{\mathbb{N}}\ \forall\, x \in X:\ (x_j)_j \to_\sigma x \Rightarrow (x_j)_j \to_\tau x.$

12. Im topologischen Raum (X, τ) definiere man für Teilmengen S von X induktiv zwei Folgen $\alpha_S, \beta_S \in (\mathcal{P}X)^{\mathbb{N}}$ durch

$$\alpha_S(0) := S =: \beta_S(0),$$

$$\alpha_S(j+1) := \begin{cases} \overline{\alpha_S(j)}^{\tau} & \text{für } j \text{ gerade} \\ X \setminus \alpha_S(j) & \text{für } j \text{ ungerade,} \end{cases}$$

$$\beta_S(j+1) := \begin{cases} X \setminus \beta_S(j) & \text{für } j \text{ gerade} \\ \overline{\beta_S(j)}^{\tau} & \text{für } j \text{ ungerade.} \end{cases}$$

Man zeige:

(a) $\alpha_S(3) = \alpha_S(7)$

(b) $K_S := \{\, \alpha_S(j) \mid j \in \mathbb{N} \,\} \cup \{\, \beta_S(j) \mid j \in \mathbb{N} \,\}$ hat höchstens 14 Elemente (Hüllen-Komplement-Problem von Kuratowski).

(c) In $(\mathbb{R}, \tau_{|\,|})$ gibt es eine Teilmenge S, für die K_S genau 14 Elemente besitzt.

13. Es sei X eine Menge und $k : \mathcal{P}X \longrightarrow \mathcal{P}X$.

k *Kernoperator* auf X :gdw k erfüllt

(K-1) $\forall\, S \subseteq X:\quad k(S) \subseteq S$

(K-2) $\forall\, S \subseteq X:\quad k(k(S)) \supseteq k(S)$

(K-3) $\forall\, S, T \subseteq X:\ k(S \cap T) = k(S) \cap k(T)$

(K-4) $k(X) = X$

Weiter sei $\mathfrak{K}_X := \{\, k \mid k \text{ Kernoperator auf } X \,\}$,

$$k_\tau : \begin{cases} \mathcal{P}X \longrightarrow \mathcal{P}X \\ S \longmapsto S^{\circ\tau} \end{cases}$$

für jede Topologie τ auf X, sowie

$$\mathfrak{k} : \begin{cases} \mathfrak{T}_X \longrightarrow \mathcal{P}X^{\mathcal{P}X} \\ \tau \longmapsto k_\tau, \end{cases} \qquad t : \begin{cases} \mathfrak{K}_X \longrightarrow \mathcal{P}\mathcal{P}X \\ k \longmapsto \{\, O \subseteq X \mid k(O) = O \,\} \end{cases}$$

und

$$C : \begin{cases} \mathcal{P}X \longrightarrow \mathcal{P}X \\ S \longmapsto X \backslash S. \end{cases}$$

Man beweise:

(a) Die Abbildungen

$$\begin{cases} \mathfrak{K}_X \longrightarrow \mathfrak{H}_X \\ k \longmapsto C \circ k \circ C \end{cases} \quad \text{und} \quad \begin{cases} \mathfrak{H}_X \longrightarrow \mathfrak{K}_X \\ h \longmapsto C \circ h \circ C \end{cases}$$

sind (wohldefinierte) zueinander inverse Bijektionen.

(b) $\forall\, k \in \mathfrak{K}_X\ \forall\, h \in \mathfrak{H}_X:\ t(k) = \mathfrak{t}(C \circ k \circ C),\ \mathfrak{t}(h) = t(C \circ h \circ C)$

(c) $\forall\, \tau \in \mathfrak{T}_X:\ \mathfrak{k}(\tau) = C \circ h_\tau \circ C,\ \mathfrak{h}(\tau) = C \circ k_\tau \circ C$

(d) $\mathfrak{k} : \mathfrak{T}_X \longrightarrow \mathfrak{K}_X,\ t : \mathfrak{K}_X \longrightarrow \mathfrak{T}_X$ sind zueinander inverse Bijektionen.

(Charakterisierung von Topologien durch Kernoperatoren)

2.2 Dichtigkeit, Separabilität, Approximation

Bei der praktischen Behandlung von mathematischen Problemen ist man darauf angewiesen, deren Lösungen (sofern welche existieren) durch bekannte handhabbare Objekte möglichst genau anzunähern. Zur Erläuterung sei als einfaches Beispiel hierfür die Darstellung der Sinusfunktion über $[0, 1]$ auf einem Digitalrechner genannt:

Da nur endlich viele Dezimalstellen berücksichtigt werden können, muß die Berechnung der Sinuswerte $\sin x$ näherungsweise, z. B. durch Auswertung von Anfangsstücken p der Taylorreihe des Sinus an Stellen $\widetilde{x}$ erfolgen, die dicht bei x liegen und im Rechner dargestellt werden können. Dabei wird also i. a. sowohl das Argument x in $[0, 1]$ als auch die Sinusfunktion durch „gut bekannte Objekte" – $\widetilde{x} \in [0, 1] \cap \mathbb{Q}$ und Polynome $p(x)$ – ersetzt und $\sin x$ approximativ als $p(\widetilde{x})$ errechnet. Die Genauigkeit der Approximation läßt sich dabei zumindest theoretisch durch den Einsatz leistungsfähigerer Rechner beliebig steigern, sofern man $\widetilde{x}$ bzw. p „beliebig dicht" bei x bzw. sin finden kann. Die Stetigkeit von p und sin sorgt dann nämlich dafür, daß $p(\widetilde{x})$ „hinreichend dicht" bei $\sin x$ liegen wird (Stetigkeit von Funktionen zwischen topologischen Räumen: vgl. Abschnitt 2.4!).

Zur Präzisierung des Dichtigkeitsbegriffs die

Definitionen

Es sei (X, τ) ein topologischer Raum, $D \subseteq X$.

D dicht in (X, τ) :gdw $\overline{D}^\tau = X$

D nirgendsdicht in (X, τ) :gdw $\left(\overline{D}^\tau\right)^{\circ\tau} = \emptyset$

In (X, τ) dichte Teilmengen D enthalten aus jeder Umgebung eines jeden Punktes mindestens ein Element, $\overline{D}^{\tau}$ besteht ausschließlich aus inneren Punkten, wohingegen bei nirgendsdichten Mengen D überhaupt kein innerer Punkt in $\overline{D}^{\tau}$ vorhanden ist. Achtung: „Nirgendsdicht" ist nicht gleichbedeutend zu „nicht dicht"!

Beispiele (2.2,1)

In $(\mathbb{R}^n, \tau_{d_p})$, $1 \leq p \leq \infty$, ist $\mathbb{Q}^n$ dicht ⟦ vgl. 1.2-5 ⟧, $[0,1]^n$ ist nicht dicht und auch nicht nirgendsdicht ⟦ $\big(\overline{[0,1]^n}^{\tau_{d_p}}\big)^{\circ\tau_{d_p}} =]0,1[^n \neq \emptyset$ ⟧.

In topologischen Räumen (X, τ), $X \neq \emptyset$, sind nirgendsdichte Teilmengen nicht dicht.

Satz 2.2-1

Es sei (X, τ) ein topologischer Raum, $S \subseteq X$.

(a) Äq (i) S dicht in (X, τ)

(ii) $\forall\, O \in \tau \backslash \{\emptyset\}\colon\ O \cap S \neq \emptyset$

(b) Äq (i) S nirgendsdicht in (X, τ)

(ii) $\forall\, O \in \tau \backslash \{\emptyset\}\ \exists\, P \in \tau \backslash \{\emptyset\}\colon\ P \subseteq O,\ P \cap \overline{S}^{\tau} = \emptyset$

Beweis

Zu (a)

$$\begin{aligned} \overline{S}^{\tau} = X \quad &\Longleftrightarrow \quad \forall\, x \in X\ \forall\, U \in \mathcal{U}_\tau(x)\colon\ U \cap S \neq \emptyset \\ &\Longleftrightarrow \quad \forall\, x \in X\ \forall\, O \in \tau\colon\ x \in O \Rightarrow O \cap S \neq \emptyset \\ &\Longleftrightarrow \quad \forall\, O \in \tau \backslash \{\emptyset\}\colon\ O \cap S \neq \emptyset \end{aligned}$$

Zu (b) *(i) ⇒ (ii)* Für jedes $O \in \tau \backslash \{\emptyset\}$ ist $O \not\subseteq \overline{S}^{\tau}$, also $P := O \cap (X \backslash \overline{S}^{\tau}) \neq \emptyset$ eine offene, zu $\overline{S}^{\tau}$ disjunkte Teilmenge von O.

(ii) ⇒ (i) Ist S nicht nirgendsdicht in (X, τ), also $O := (\overline{S}^{\tau})^{\circ\tau} \neq \emptyset$, so gilt $\emptyset \neq P = P \cap \overline{S}^{\tau}$ für jedes $P \in \tau \backslash \{\emptyset\}$, $P \subseteq O$. □

Nirgendsdichte Teilmengen S haben ein in (X, τ) dichtes Komplement ⟦ Für jedes $x \in X$, $U \in \mathcal{U}_\tau(x)$ ist $U \not\subseteq \overline{S}^{\tau}$ und somit auch $U \not\subseteq S$, also $U \cap (X \backslash S) \neq \emptyset$ ⟧, die Umkehrung ist i. a. jedoch nicht richtig: In $(\mathbb{R}, \tau_{|\,|})$ ist $\overline{\mathbb{Q}}^{\tau_{|\,|}} = \mathbb{R} = \overline{\mathbb{R} \backslash \mathbb{Q}}^{\tau_{|\,|}}$.

Dagegen gilt

Korollar 2.2-1.1

Es sei (X, τ) ein topologischer Raum, $S \in \alpha_\tau$.

Äq (i) S nirgendsdicht in (X, τ)

(ii) $X \backslash S$ dicht in (X, τ)

Beweis

(i) $\Rightarrow$ *(ii)* ist klar ⟦ s. o. ⟧.

(ii) $\Rightarrow$ *(i)* Aus $\overline{X\backslash S}^{\tau} = X$ folgt gem. 2.2-1 (a):

$$\forall\, O \in \tau\backslash\{\emptyset\}\colon\; O \cap (X\backslash S) \neq \emptyset.$$

Mit $P := O \cap (X\backslash S) \in \tau\backslash\{\emptyset\}$ gilt $P \subseteq O,\;\; P \cap \overline{S}^{\tau} = P \cap S = \emptyset$, also ist S gem. 2.2-1 (b) nirgendsdicht in (X, τ). □

Beispiel (2.2,2)

Für jedes beschränkte Intervall I reeller Zahlen bezeichne $\ell(I) := \sup I - \inf I$ dessen Länge. Im Intervall $[0,1]$ definiere man

$$\mathcal{F}_0 := \{[0,1]\}, \quad \mathcal{F}_1 := \left\{\left[0,\tfrac{1}{3}\right], \left[\tfrac{2}{3},1\right]\right\},$$
$$\mathcal{F}_2 := \left\{\left[0,\tfrac{1}{9}\right], \left[\tfrac{2}{9},\tfrac{3}{9}\right], \left[\tfrac{6}{9},\tfrac{7}{9}\right], \left[\tfrac{8}{9},1\right]\right\},$$

allgemein für $n \in \mathbb{N}$

$$\mathcal{F}_{n+1} := \left\{\, \left[\min I, \min I + \tfrac{1}{3}\ell(I)\right] \;\middle|\; I \in \mathcal{F}_n \,\right\} \cup \left\{\, \left[\min I + \tfrac{2}{3}\ell(I), \max I\right] \;\middle|\; I \in \mathcal{F}_n \,\right\}.$$

Auf jeder Stufe $n+1$ ist $\mathcal{F}_{n+1}$ die Menge aller abgeschlossenen Intervalle

$$\mathcal{I}_l(I) := \left[\min I, \min I + \tfrac{1}{3}\ell(I)\right], \qquad \mathcal{I}_r(I) := \left[\min I + \tfrac{2}{3}\ell(I), \max I\right]$$

der Länge $1/3^{n+1}$, die aus den Intervallen I der vorangegangenen Stufe $\mathcal{F}_n$ entstehen, wenn man deren zentrales offenes Teilintervall der Länge $1/3^{n+1}$ herausnimmt (auswischt).

Man setze $C_j := \bigcup \mathcal{F}_j$ für jedes $j \in \mathbb{N}$. $(C_j)_j$ ist dann eine absteigende Folge abgeschlossener Mengen in $(\mathbb{R}, \tau_{|\,|})$.

$$C := \bigcap_{j \in \mathbb{N}} C_j \in \alpha_{\tau_{|\,|}}$$

heißt *Cantorsches Diskontinuum* (auch Cantorsche Wischmenge). Es gilt:

(a) C ist nirgendsdicht in $(\mathbb{R}, \tau_{|\,|})$.

Es sei $O \in \tau_{|\,|}\backslash\{\emptyset\}$. Für $O \subseteq \mathbb{R}\backslash C$ gilt $O \cap (\mathbb{R}\backslash C) = O \neq \emptyset$. Ist $O \cap C \neq \emptyset$, so existiert ein offenes Intervall $\mathcal{I}$ positiver Länge in O und darin ein $I \in \mathcal{F}_n$ für ein hinreichend großes $n \in \mathbb{N}$. Es folgt somit $O \cap (\mathbb{R}\backslash C) \supseteq I\backslash(\mathcal{I}_l(I) \cup \mathcal{I}_r(I)) \neq \emptyset$. Gem. 2.2-1 (a) ist $\mathbb{R}\backslash C$ dicht in $(\mathbb{R}, \tau_{|\,|})$, und wegen der Abgeschlossenheit von C liefert 2.2-1.1 die Behauptung.

(b) C ist die Menge aller reellen Zahlen aus $[0,1]$, in deren triadischer Darstellung die Ziffer 1 nicht benötigt wird:

$$C = \left\{ \sum_{j=1}^{\infty} x_j 3^{-j} \;\middle|\; (x_j)_j \in \{0,2\}^{\mathbb{N}\backslash\{0\}} \right\}.$$

Insbesondere ist C nicht abzählbar.

„⊆" Sei $c \in C$, also $c \in C_n$ für jedes $n \in \mathbb{N}$, etwa $I_n(c)$ dasjenige Intervall aus $\mathcal{F}_n$ mit $c \in I_n(c)$. Nach Konstruktion der Folge $(\mathcal{F}_j)_j$ erhält man somit $I_{n+1}(c) \in \{\mathcal{I}_l(I_n(c)), \mathcal{I}_r(I_n(c))\}$ für jedes $n \in \mathbb{N}$. Man setze

$$x_j := \begin{cases} 0, & \text{falls } I_j(c) = \mathcal{I}_l(I_{j-1}(c)) \\ 2, & \text{falls } I_j(c) = \mathcal{I}_r(I_{j-1}(c)) \end{cases}$$

für alle $j \in \mathbb{N}\backslash\{0\}$. Vollständige Induktion ergibt für jedes $n \in \mathbb{N}$

$$\sum_{j=1}^{n} x_j 3^{-j} = \min I_n(c) :$$

Für $n = 0$ hat die Summe definitionsgemäß den Wert $0 = \min I_0(c)$. Ist $x_{n+1} = 0$, also $I_{n+1}(c) = \mathcal{I}_l(I_n(c))$, so gilt

$$\sum_{j=1}^{n+1} x_j 3^{-j} = \sum_{j=1}^{n} x_j 3^{-j} = \min I_n(c) = \min I_{n+1}(c).$$

Für $x_{n+1} = 2$, also $I_{n+1}(c) = \mathcal{I}_r(I_n(c))$, ergibt sich ebenfalls

$$\sum_{j=1}^{n+1} x_j 3^{-j} = \sum_{j=1}^{n} x_j 3^{-j} + 2 \cdot 3^{-(n+1)} = \min I_n(c) + \tfrac{2}{3}\ell(I_n(c)) = \min I_{n+1}(c).$$

Es folgt für jedes $n \in \mathbb{N}$

$$\left| \sum_{j=1}^{n} x_j 3^{-j} - c \right| = |\min I_n(c) - c| \leq \ell(I_n(c)) = 3^{-n} \qquad [\![c \in I_n(c)]\!],$$

die Reihe $\sum_{j=1}^{\infty} x_j 3^{-j}$ ist daher konvergent gegen c.

„⊇" Sei $c = \sum_{j=1}^{\infty} x_j 3^{-j}$, wobei $(x_j)_j \in \{0,2\}^{\mathbb{N}\backslash\{0\}}$ ist, $s_n := \sum_{j=1}^{n} x_j 3^{-j}$ und $I_n := [s_n, s_n + 3^{-n}]$, also $I_n \in \mathcal{F}_n$ für jedes $n \in \mathbb{N}$:

Für $n = 0$ ist nämlich $I_0 = [0,1] \in \mathcal{F}_0$. Ist $x_{n+1} = 0$, so gilt

$$I_{n+1} = \left[s_{n+1}, s_{n+1} + 3^{-(n+1)}\right] = \left[s_n, s_n + \tfrac{1}{3} \cdot 3^{-n}\right] = \mathcal{I}_l(I_n) \in \mathcal{F}_{n+1}$$

wegen $I_n \in \mathcal{F}_n$. Für $x_{n+1} = 2$ ergibt sich (wieder wegen $I_n \in \mathcal{F}_n$)

$$\begin{aligned} I_{n+1} &= \left[s_n + 2 \cdot 3^{-(n+1)}, s_n + 2 \cdot 3^{-(n+1)} + 3^{-(n+1)}\right] \\ &= \left[s_n + \tfrac{2}{3} \cdot 3^{-n}, s_n + 3^{-n}\right] = \mathcal{I}_r(I_n) \in \mathcal{F}_{n+1}. \end{aligned}$$

Es folgt für jedes $n \in \mathbb{N}$

$$c - s_n = \sum_{j=n+1}^{\infty} x_j 3^{-j} \leq \frac{2}{3^{n+1}} \sum_{j=0}^{\infty} 3^{-j} = 3^{-n},$$

also $c \in I_n \subseteq C_n$ und somit $c \in \bigcap_{n \in \mathbb{N}} C_n = C$.

(c) C ist perfekt in $(\mathbb{R}, \tau_{|\,|})$.

Da C abgeschlossen, also $C'^{\tau_{|\,|}} \subseteq C$ ist, muß nur $C \subseteq C'^{\tau_{|\,|}}$ überprüft werden: Sei $x = \sum_{j=1}^{\infty} x_j 3^{-j} \in C$, $(x_j)_j \in \{0,2\}^{\mathbb{N}\backslash\{0\}}$ und $\varepsilon > 0$. Man wähle ein $n \in \mathbb{N}\backslash\{0\}$ mit $2 \cdot 3^{-n} < \varepsilon$ und setze

$$y_j := \begin{cases} x_j & \text{für } j \neq n \\ 2 - x_n & \text{für } j = n. \end{cases}$$

Gem. (b) gehört $y := \sum_{j=1}^{\infty} y_j 3^{-j}$ zu C, und es gilt die Abschätzung

$$|y - x| = |y_n 3^{-n} - x_n 3^{-n}| = 2 \cdot 3^{-n} < \varepsilon,$$

also $y \in C \cap (K_{\varepsilon}^{d_{|\,|}}(x)\backslash\{x\})$. x ist daher Häufungspunkt von C.

Man beachte außerdem, daß die Gesamtlänge der bei der Konstruktion von C aus $[0,1]$ „ausgewischten" Intervalle gerade

$$\sum_{j=1}^{\infty} \frac{2^{j-1}}{3^j} = 1$$

ist, der Länge nach wurde also das ganze Intervall „ausgewischt". Die Endpunkte der in jeder Stufe übriggebliebenen Intervalle gehören offensichtlich zu C, es sind aber insgesamt nur abzählbar viele! C enthält wegen (b) noch erheblich mehr Elemente (vgl. A 1).

Das Cantorsche Diskontinuum ist nach Konstruktion der Rand der Vereinigung aller „ausgewischten" Intervalle, also Rand einer offenen Menge. Dieses gilt allgemeiner für beliebige nirgendsdichte abgeschlossene Mengen:

Satz 2.2-2

Es sei (X, τ) ein topologischer Raum, $N \subseteq X$.

Äq *(i)* $N \in \alpha_\tau$, *N nirgendsdicht in* (X, τ)

(ii) $\exists\, O \in \tau\colon\ N = \partial_\tau O$

(iii) $\exists\, A \in \alpha_\tau\colon\ N = \partial_\tau A$

Beweis

(i) ⇒ (ii) Die Menge $O := X\backslash N$ ist offen mit $\partial_\tau O = \overline{O}^\tau \cap \overline{X\backslash O}^\tau = \overline{X\backslash N}^\tau \cap \overline{N}^\tau$, wobei gem. 2.2-1.1 $\overline{X\backslash N}^\tau = X$ gilt. Es folgt $\partial_\tau O = \overline{N}^\tau = N$.

(ii) ⇒ (iii) $N = \partial_\tau O = \partial_\tau(X\backslash O)$ und $X\backslash O \in \alpha_\tau$.

(iii) ⇒ (i) $N = \partial_\tau A \in \alpha_\tau$ und

$$(\partial_\tau A)^{\circ\tau} = \left(A \cap \overline{X\backslash A}^\tau\right)^{\circ\tau} = A^{\circ\tau} \cap \left(\overline{X\backslash A}^\tau\right)^{\circ\tau} = A^{\circ\tau} \cap (X\backslash A^{\circ\tau})^{\circ\tau} = \emptyset$$

⟦ 2.1-1.1 (c), 2.1-1 (a) ⟧ □

Die Anwendung der in 2.2-2 aufgeführten Charakterisierung abgeschlossener, nirgendsdichter Mengen auf ebene algebraische Kurven $A \subseteq \mathbb{R}^2$ liefert, daß jede dieser Kurven Randmenge einer offenen (und auch abgeschlossenen) Teilmenge des $\mathbb{R}^2$ ist (Korollar 2.2-3.1). Dabei sei $A \subseteq \mathbb{R}^2$ *(ebene) algebraische Kurve* genannt, wenn A Nullstellenmenge eines Polynoms

$$f(x,y) = \sum_{j=0}^{n} q_j(y)x^j \in \mathbb{R}[x,y]\backslash\{0\}$$

($q_j(y) \in \mathbb{R}[y]$ für $j = 0, \ldots, n$) in zwei Veränderlichen x, y über $\mathbb{R}$ ist. Einfache Beispiele der Anschauung sind die durch die Polynome

$$f_K(x,y) = x^2 + y^2 - 1 \quad \text{(Einheitskreislinie)},$$

$$f_P(x,y) = x^2 - y \quad \text{(Parabel)},$$

$$f_H(x,y) = xy - 1 \quad \text{(Hyperbel)} \quad \text{bzw.}$$

$$f_A(x,y) = xy \quad \text{(Koordinatenachsenkreuz)}$$

beschriebenen Kurven (vgl. Abb. 2.2-1).

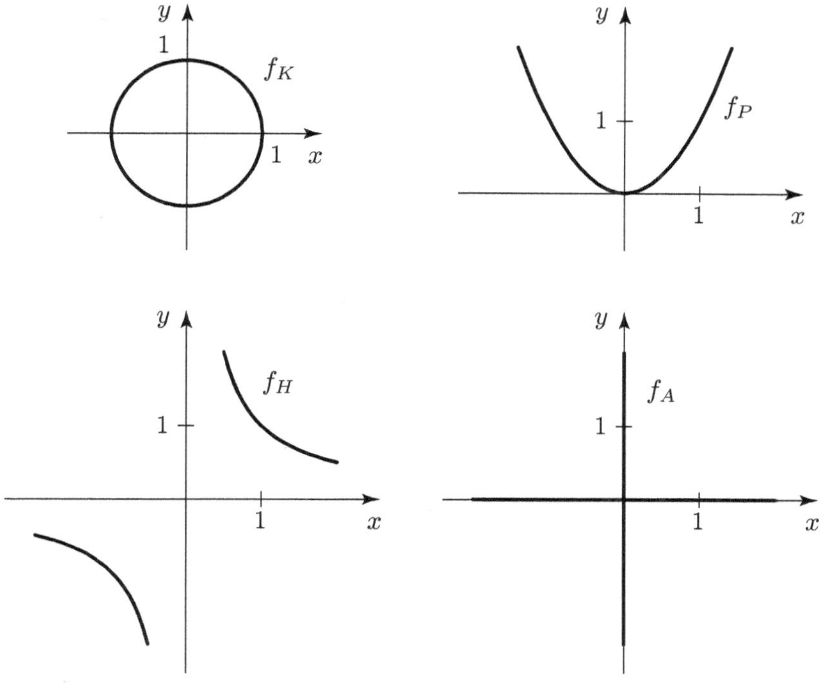

Abbildung 2.2-1

Algebraische Kurven A sind als Nullstellenmengen von Polynomen (diese sind bekanntlich stetig) abgeschlossen in $(\mathbb{R}^2, \tau_{d_2})$. Weiter ist für jedes $f(x,y) \in \mathbb{R}[x,y]\backslash\{0\}$

$$\{\, s \in \mathbb{R} \mid \forall\, r \in \mathbb{R}\colon\; f(r,s) = 0 \,\}$$

eine endliche Menge: Für jedes $s \in \mathbb{R}$ mit der Eigenschaft

$$\forall\, r \in \mathbb{R}\colon\; 0 = f(r,s) = \sum_{j=0}^{n} q_j(s) r^j$$

muß notwendig $q_j(s) = 0$ für jedes $j \in \{0, \ldots, n\}$ gelten. Da nun wenigstens eines der Koeffizientenpolynome $q_j(y)$ nicht das Nullpolynom ist, also nur endlich viele Nullstellen hat, existieren nur endlich viele derartige s.

Satz 2.2-3

Jede (ebene) algebraische Kurve A ist nirgendsdicht in $(\mathbb{R}^2, \tau_{d_2})$.

Beweis

Sei A die Nullstellenmenge von $f(x,y) = \sum_{j=0}^{n} q_j(y) x^j \in \mathbb{R}[x,y]\backslash\{0\}$ und $\{y_1, \ldots, y_k\} = \{\, s \in \mathbb{R} \mid \forall\, r \in \mathbb{R}\colon\; f(r,s) = 0 \,\}$.

Annahme: $\left(\overline{A}^{\tau_{d_2}}\right)^{\circ\tau_{d_2}} \neq \emptyset$.

Man wähle ein $(x_0, y_0) \in \mathbb{R}^2$, $\varepsilon_0 > 0$ mit $K^{d_2}_{\varepsilon_0}(x_0, y_0) \subseteq \overline{A}^{\tau_{d_2}} = A$ und dazu ein $y_0' \in \mathbb{R}\backslash\{y_1, \ldots, y_k\}$ mit $y_0 < y_0' < y_0 + \varepsilon_0$, $\varepsilon_1 > 0$ mit $K^{d_2}_{\varepsilon_1}(x_0, y_0') \subseteq K^{d_2}_{\varepsilon_0}(x_0, y_0)$ (vgl. Abb. 2.2-2).

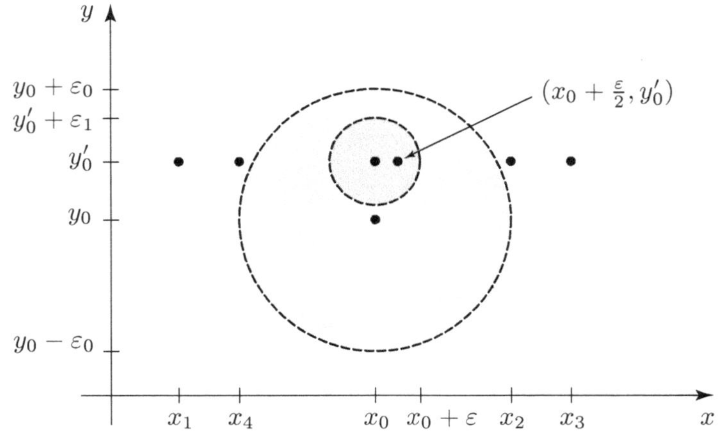

Abbildung 2.2-2

Dann ist $f(x, y_0') \in \mathbb{R}[x]$ nicht das Nullpolynom, hat somit nur endlich viele

Nullstellen $x_1, \ldots, x_l$ $(l \geq 1)$. Für $\delta := \min\{\, |x_j - x_0| \mid 1 \leq j \leq l,\ x_j \neq x_0 \,\}$ ($\delta = \infty$ ist möglich!) und $\varepsilon := \min\{\delta, \varepsilon_1\}$ erhält man einerseits

$$\left(x_0 + \tfrac{\varepsilon}{2}, y_0'\right) \in K_{\varepsilon_1}^{d_2}(x_0, y_0') \subseteq K_{\varepsilon_0}^{d_2}(x_0, y_0) \subseteq A$$

und auch

$$f\left(x_0 + \tfrac{\varepsilon}{2}, y_0'\right) \neq 0$$

$[\![\, x_0 + (\varepsilon/2) \notin \{x_1, \ldots, x_l\} \,]\!]$. ↯ □

Korollar 2.2-3.1

Jede (ebene) algebraische Kurve ist Rand einer offenen (bzw. abgeschlossenen) Teilmenge in $(\mathbb{R}^2, \tau_{d_2})$. □

Eine auch in anderen mathematischen Zusammenhängen auftretende Frage ist die nach der Approximierbarkeit beliebiger reeller Zahlen x durch solche der Form $z_1 + rz_2$, wobei $z_1, z_2 \in \mathbb{Z}$ frei wählbar sind und r eine vorgegebene reelle Zahl ist. In der Terminologie der Topologie ist somit das Problem zu lösen, für welche $r \in \mathbb{R}$ die Menge $\mathbb{Z} + r\mathbb{Z}$ dicht in $(\mathbb{R}, \tau_{|\,|})$ ist. Dieses soll im folgenden geklärt werden (2.2-4.3).

Zunächst erhält man für Untergruppen G der additiven Gruppe $(\mathbb{R}, +)$ der reellen Zahlen, daß auch die topologische Hülle $\overline{G}^{\tau_{|\,|}}$ eine Untergruppe von $(\mathbb{R}, +)$ ist $[\![$ vgl. die entsprechende Aussage für Untervektorräume in 2.1, A 8 (a) $]\!]$.

Satz 2.2-4

G sei eine Untergruppe von $(\mathbb{R}, +)$. *Es gilt:*

(a) $\{\, O \cap G \mid O \in \tau_{|\,|} \,\} \neq \mathcal{P}G \implies G$ *dicht in* $(\mathbb{R}, \tau_{|\,|})$

(b) $G \in \alpha_{\tau_{|\,|}} \implies G = \mathbb{R}$ *oder* $\exists\, r \geq 0\colon\ G = r\mathbb{Z}$

Beweis

Zu (a) Sei $x \in \mathbb{R}$ und $\varepsilon > 0$. Nach Voraussetzung gibt es ein $g_\varepsilon \in (G\backslash\{0\}) \cap\,]-\varepsilon, \varepsilon[$ $[\![$ Andernfalls erhielte man $]g - \varepsilon, g + \varepsilon[\, \cap\, G = \{g\}$ für jedes $g \in G$ und damit $T = \bigcup_{g \in T}\left(]g - \varepsilon, g + \varepsilon[\cap G\right)$ für alle $T \subseteq G$ im Gegensatz zur Prämisse. $]\!]$, o. B. d. A. sei $0 < g_\varepsilon < \varepsilon$. Es folgt

$$\mathbb{R} = \bigcup\{\, [ng_\varepsilon, (n+1)g_\varepsilon] \mid n \in \mathbb{Z} \,\},$$

etwa $x \in [ng_\varepsilon, (n+1)g_\varepsilon]$, und somit $ng_\varepsilon \in\,]x - \varepsilon, x + \varepsilon[$. Wegen $ng_\varepsilon \in G$ erhält man

$$G \cap K_\varepsilon^{d_{|\,|}}(x) = G \cap\,]x - \varepsilon, x + \varepsilon[\, \neq \emptyset.$$

Zu (b) Für $G \in \{\{0\}, \mathbb{R}\}$ ist nichts zu beweisen, deshalb sei $\{0\} \subsetneqq G \subsetneqq \mathbb{R}$. Mit (a) folgt wegen $G \in \alpha_{\tau_{|\,|}}$

$$\{O \cap G \mid O \in \tau_{|\,|}\} = \mathcal{P}G. \qquad (*)$$

Man wähle ein $g \in G\backslash\{0\}$, o. B. d. A. $g > 0$. Die Menge $G \cap [0, g]$ ist beschränkt (und abgeschlossen) in $\mathbb{R}$, hätte somit einen Häufungspunkt x (in $G \cap [0, g]$), wenn sie unendlich wäre (Weierstraß). Man wähle $\varepsilon > 0$ gem. $(*)$, so daß $K_\varepsilon^{d_{|\,|}}(x) \cap G = \{x\}$ gilt. Hierfür ist dann

$$\left(K_\varepsilon^{d_{|\,|}}(x)\backslash\{x\}\right) \cap (G \cap [0, g]) = \emptyset,$$

x also nicht Häufungspunkt von $G \cap [0, g]$.

Daher ist $G \cap [0, g]$ eine endliche Menge; G besitzt ein kleinstes positives Element r. Natürlich gilt $r\mathbb{Z} \subseteq G$. Umgekehrt sei $y \in G$ und m die größte ganze Zahl, die höchstens so groß wie y/r ist, i. Z. $m = [y/r]$, also $0 \leq y - mr < r$ $[\![\, y - mr \geq r \Longrightarrow y/r \geq m + 1 \,]\!]$. Es folgt wegen $y - mr \in G$ sofort $y = mr \in r\mathbb{Z}$. □

Korollar 2.2-4.1

G sei eine Untergruppe von $(\mathbb{R}, +)$, $G \neq \mathbb{R}$.

Äq *(i)* $\{O \cap G \mid O \in \tau_{|\,|}\} = \mathcal{P}G$

(ii) $G \in \alpha_{\tau_{|\,|}}$

Beweis

(i) ⇒ (ii) Nach Voraussetzung (i) gibt es ein $a > 0$ mit $\{0\} = [-a, a] \cap G$. Sei $x \in \overline{G}^{\tau_{|\,|}}$, etwa gemäß den Ausführungen im Anschluß an 2.1-3 (b) $(x_i)_i \in G^{\mathbb{N}}$ mit $(x_i)_i \rightarrow_{\tau_{|\,|}} x$. Aus 1.2-2 (c) folgt $(-x_i)_i \rightarrow_{\tau_{|\,|}} -x$, also $-x \in \overline{G}^{\tau_{|\,|}}$. Man wähle ein $y \in \,]-x - \frac{a}{2}, -x + \frac{a}{2}[\, \cap\, G$ und ein $i_0 \in \mathbb{N}$, so daß $x_i \in \,]x - \frac{a}{2}, x + \frac{a}{2}[$ für jedes $i \geq i_0$ gilt. Hiermit ergibt sich $y + x_i \in G \cap [-a, a] = \{0\}$ für alle $i \geq i_0$ und auch $(y + x_i)_i \rightarrow_{\tau_{|\,|}} y + x$ $[\![\, 1.2\text{-}2\text{ (b)} \,]\!]$, also $x = -y \in G$.

(ii) ⇒ (i) Wegen $\overline{G}^{\tau_{|\,|}} = G \neq \mathbb{R}$ gilt nach 2.2-4 (a) $\{O \cap G \mid O \in \tau_{|\,|}\} = \mathcal{P}G$. □

Über 2.2-4.1 hinaus gilt für von zwei reellen Zahlen erzeugte Untergruppen

Korollar 2.2-4.2

Es seien a, b $\in \mathbb{R}$, $G := a\mathbb{Z} + b\mathbb{Z}$.

Äq *(i)* $\{O \cap G \mid O \in \tau_{|\,|}\} = \mathcal{P}G$

(ii) $G \in \alpha_{\tau_{|\,|}}$

(iii) $\exists\, (q_1, q_2) \in \mathbb{Q}^2\backslash\{(0,0)\}\colon\; q_1 a + q_2 b = 0$

(d. h. a, b sind $\mathbb{Q}$*-linear abhängig)*

Beweis

$a\mathbb{Z} + b\mathbb{Z}$ ist abzählbar, also nicht ganz $\mathbb{R}$. Gem. 2.2-4.1 ist (i) daher äquivalent zu (ii).

(ii) ⇒ (iii) Für $G = \{0\}$ muß $a = b = 0$ sein, (iii) ist hierfür richtig. Sei also $G \neq \{0\}$, d. h. $a \neq 0$ oder $b \neq 0$, und gem. 2.2-4 (b) $r > 0$ mit $G = r\mathbb{Z}$, etwa $a = rz_1$ und $b = rz_2$, wobei $z_1, z_2 \in \mathbb{Z}$ sind. Es folgt $z_2 a - z_1 b = 0$ und $(z_1, z_2) \in \mathbb{Q}\backslash\{(0,0)\}$.

(iii) ⇒ (i) Sei o. B. d. A. $q_1 \neq 0$, also $a = -(q_2/q_1)b$ und somit

$$G = (q_2/q_1)b\mathbb{Z} + b\mathbb{Z} = b((q_2/q_1)\mathbb{Z} + \mathbb{Z}).$$

Mit $q_2/q_1 = m/n,\ m, n \in \mathbb{Z}$, folgt

$$(q_2/q_1)\mathbb{Z} + \mathbb{Z} = (m/n)\mathbb{Z} + \mathbb{Z} \subseteq (1/n)\mathbb{Z} + \mathbb{Z} \subseteq (1/n)\mathbb{Z},$$

also $G \subseteq (b/n)\mathbb{Z}$. Die Behauptung erhält man nun direkt aus

$$\{ O \cap (b/n)\mathbb{Z} \mid O \in \tau_{|\,|} \} = \mathcal{P}((b/n)\mathbb{Z}) :$$

Für $b = 0$ ist die Gleichung sofort erkennbar richtig, für (o. B. d. A.) $b/n > 0$ und $x \in (b/n)\mathbb{Z}$ ist

$$K^{d_{|\,|}}_{b/(2n)}(x) \cap (b/n)\mathbb{Z} = \{x\}.$$

Somit existiert für jedes $x \in (b/n)\mathbb{Z}$ ein $O_x \in \tau_{|\,|}$ mit $O_x \cap (b/n)\mathbb{Z} = \{x\}$, woraus

$$S = \bigcup_{x \in S} \{x\} = \bigcup_{x \in S} (O_x \cap (b/n)\mathbb{Z}) = \left(\bigcup_{x \in S} O_x \right) \cap (b/n)\mathbb{Z}$$

für jede Teilmenge S von $(b/n)\mathbb{Z}$ folgt. □

Korollar 2.2-4.3

Für jede reelle Zahl r gilt:

Äq (i) $\mathbb{Z} + r\mathbb{Z}$ dicht in $(\mathbb{R}, \tau_{|\,|})$

(ii) r irrational

Beweis

(i) ⇒ (ii) Für jedes $r \in \mathbb{Q}$ sind r, 1 voneinander $\mathbb{Q}$-linear abhängig $[\![\, r \cdot 1 - 1 \cdot r = 0,\ (r, 1) \neq (0,0) \,]\!]$. Nach 2.2-4.2 ist $\mathbb{Z} + r\mathbb{Z} \in \alpha_\tau$ (und natürlich auch $\mathbb{Z} + r\mathbb{Z} \neq \mathbb{R}$).

(ii) ⇒ (i) Für jedes $r \in \mathbb{R}\backslash\mathbb{Q}$ sind r, 1 voneinander $\mathbb{Q}$-linear unabhängig $[\![$ für $q_1 \neq 0$ ist $r \in \mathbb{Q}$ wegen $q_1 r + q_2 = 0 \,]\!]$, gem. 2.2-4.2 gilt somit $\{ O \cap (\mathbb{Z} + r\mathbb{Z}) \mid O \in \tau_{|\,|} \} \neq \mathcal{P}(\mathbb{Z} + r\mathbb{Z})$. Aus 2.2-4 (a) erhält man $\overline{\mathbb{Z} + r\mathbb{Z}}^{\tau_{|\,|}} = \mathbb{R}$. □

Für die zu Beginn von Abschnitt 2.2 angeführte („beliebig genaue“) Approximierbarkeit durch handhabbare bekannte Objekte zeigt das folgende Beispiel zwei für das praktische Rechnen wichtige Möglichkeiten im Raum $(B_{\mathbb{R}}([a, b]), \tau_{d_\infty})$.

Beispiele (2.2,3)

Es seien $a, b \in \mathbb{R},\ a < b$.

(a) $f : [a,b] \longrightarrow \mathbb{R}$ *Treppenfunktion* :gdw

$$\exists\,(x_0,\dots,x_n):\ (x_0,\dots,x_n) \text{ endliche Zerlegung von } [a,b],$$
$$\forall\, j \in \{0,\dots,n-1\}:\ f\restriction[x_j,x_{j+1}[\text{ konstant}$$

(vgl. (1.2,5)). Sei

$$\mathit{Trep}_{\mathbb{R}}([a,b]) := \{\, f : [a,b] \longrightarrow \mathbb{R} \mid f \text{ Treppenfunktion} \,\}.$$

Es gilt *(Gleichmäßige Approximierbarkeit stetiger Funktionen durch Treppenfunktionen)*

$$\forall\, f \in C_{\mathbb{R}}([a,b])\ \forall\, \varepsilon > 0\ \exists\, \varphi \in \mathit{Trep}_{\mathbb{R}}([a,b]):\ d_\infty(f,\varphi) < \varepsilon:$$

Da f als auf $[a,b]$ stetige Funktion auch gleichmäßig stetig ist (vgl. [32, Satz 4.19] oder auch (2.4,5) (d), 4.1-2.1), kann man ein $\delta > 0$ finden mit

$$\forall\, x,y \in [a,b]:\ |x-y| < \delta \Rightarrow |f(x)-f(y)| < \varepsilon.$$

Weiter wähle man eine endliche Zerlegung $(x_0,\dots,x_n)$ von $[a,b]$, $\xi_j \in\ ]x_j,x_{j+1}[$ für jedes $j \in \{0,\dots,n-1\}$, $\max\limits_{0\le j\le n-1}(x_{j+1}-x_j) < \delta$, und setze

$$\varphi(x) := f(\xi_j) \quad \text{für } x \in [x_j,x_{j+1}[,\ 0 \le j \le n-1,$$
$$\varphi(x_n) := f(b).$$

Dann ist $\varphi \in \mathit{Trep}_{\mathbb{R}}([a,b])$, und für jedes $x \in [a,b]$ gilt

$$|\varphi(x)-f(x)| = \left\{\begin{matrix} |f(\xi_j)-f(x)| & \text{für } x \in [x_j,x_{j+1}[,\ 0 \le j \le n-1 \\ 0 & \text{für } x = x_n \end{matrix}\right\} < \varepsilon,$$

da $|\xi_j - x| < \delta$ für jedes $j \in \{0,\dots,n-1\}$.

(b) $f \in C_{\mathbb{R}}([a,b])$ *Polygon (linearer Spline)* :gdw

$$\exists\,(x_0,\dots,x_n),(a_1,\dots,a_n),(b_1,\dots,b_n) \in \mathbb{R}^n:$$
$$(x_0,\dots,x_n) \text{ endliche Zerlegung von } [a,b],$$
$$\forall\, j \in \{0,\dots,n-1\}\ \forall\, x \in [x_j,x_{j+1}]:\ f(x) = a_{j+1}x + b_{j+1}.$$

Sei

$$S_1([a,b]) := \{\, f \in C_{\mathbb{R}}([a,b]) \mid f \text{ linearer Spline} \,\}.$$

Es gilt *(Gleichmäßige Approximierbarkeit stetiger Funktionen durch lineare Splines)*

$$\overline{S_1([a,b])}^{\tau_{d_\infty}} = C_{\mathbb{R}}([a,b]):$$

Sei $f \in C_{\mathbb{R}}([a,b])$ und $\varepsilon > 0$. Wegen der gleichmäßigen Stetigkeit von f gibt es ein $\delta > 0$ mit

$$\forall\, x,y \in [a,b]:\ |x-y| < \delta \Rightarrow |f(x)-f(y)| < \varepsilon.$$

Man wähle eine endliche Zerlegung $(x_0, \dots, x_n)$ von $[a, b]$ mit $\max\limits_{0 \le j \le n-1} (x_{j+1} - x_j) < \delta$ und hierzu den linearen Spline φ mit den „Ecken" $(x_j, f(x_j))$, d. h. für $x \in [x_j, x_{j+1}]$, $j = 0, \dots, n-1$

$$\begin{aligned}\varphi(x) &= \frac{f(x_{j+1}) - f(x_j)}{x_{j+1} - x_j}\, x - \frac{f(x_{j+1})x_j - x_{j+1} f(x_j)}{x_{j+1} - x_j} \\ &= f(x_j) + \frac{x - x_j}{x_{j+1} - x_j} \big(f(x_{j+1}) - f(x_j)\big).\end{aligned}$$

Es folgt für alle $x \in [x_j, x_{j+1}]$, $j \in \{0, \dots, n-1\}$

$$f(x) - \varphi(x) = (f(x) - f(x_j))\Big(1 - \frac{x - x_j}{x_{j+1} - x_j}\Big) + (f(x) - f(x_{j+1}))\frac{x - x_j}{x_{j+1} - x_j},$$

also

$$|f(x) - \varphi(x)| < \Big(1 - \frac{x - x_j}{x_{j+1} - x_j}\Big)\varepsilon + \frac{x - x_j}{x_{j+1} - x_j}\, \varepsilon = \varepsilon.$$

Definition

(X, τ) sei ein topologischer Raum.

(X, τ) *separabel* :gdw $\exists\, D \subseteq X\colon$ D abzählbar und dicht in (X, τ)

Beispiele (2.2,4)

(a) $(\mathbb{R}^n, \tau_{d_p})$ ist für $1 \le p \le \infty$ separabel, da $\overline{\mathbb{Q}^n}^{\tau_{d_2}} = \mathbb{R}^n$ ist, und alle Normen auf $\mathbb{R}^n$ äquivalent sind ⟦ 1.2-5 ⟧.

(b) Diskrete Räume (X, τ_{dis}) sind genau dann separabel, wenn X eine abzählbare Menge ist.

(c) $(\ell^p_{\mathbb{R}}, \tau_{d_p})$ (und analog (ℓ^p, τ_{d_p})) ist für jedes $p \in \mathbb{R}$, $p \ge 1$, separabel:
Es sei

$$D := \{\, (x_j)_j \in \ell^p_{\mathbb{R}} \mid \forall\, j \in \mathbb{N}\colon\ x_j \in \mathbb{Q},\ \exists\, j_0 \in \mathbb{N}\ \forall\, j \ge j_0\colon\ x_j = 0 \,\}$$

die Menge der Folgen rationaler Zahlen, die schließlich Null sind. D ist abzählbar ⟦ $D = \bigcup \big\{ \{ (x_j)_j \in \mathbb{Q}^{\mathbb{N}} \mid \forall\, j \ge n\colon\ x_j = 0 \} \bigm| n \in \mathbb{N} \big\}$, wobei die Menge $\{ (x_j)_j \in \mathbb{Q}^{\mathbb{N}} \mid \forall\, j \ge n\colon\ x_j = 0 \}$ für jedes $n \in \mathbb{N}$ abzählbar ist. ⟧ und dicht in $(\ell^p_{\mathbb{R}}, \tau_{d_p})$:
Sei $(x_j)_j \in \ell^p_{\mathbb{R}}$, $\varepsilon > 0$ und $r \in \mathbb{N}$ mit $\sum_{j=r+1}^{\infty} |x_j|^p < (1/2)\varepsilon^p$. Für jedes $j \in \{0, \dots, r\}$ wähle man ein $q_j \in \mathbb{Q}$ mit $|x_j - q_j| < \varepsilon\big(\frac{1}{2(r+1)}\big)^{1/p}$ und setze $q_j = 0$ für die übrigen $j \ge r + 1$. Dann gilt $(q_j)_j \in D$ und

$$d_p((x_j)_j, (q_j)_j)^p = \sum_{j=0}^{\infty} |x_j - q_j|^p = \sum_{j=0}^{r} |x_j - q_j|^p + \sum_{j=r+1}^{\infty} |x_j|^p < \varepsilon^p \tfrac{1}{2} + \tfrac{1}{2}\varepsilon^p = \varepsilon^p,$$

also $(q_j)_j \in D \cap K^{d_p}_{\varepsilon}((x_j)_j)$.

(d) Einfaches Beispiel für einen (sogar normierbaren) nicht separablen Raum ist $(\ell_{\mathbb{R}}^{\infty}, \tau_{d_\infty})$:

Die Teilmenge $S := \{0,1\}^{\mathbb{N}}$ von $\ell_{\mathbb{R}}^{\infty}$ ist überabzählbar (Anhang 1-36 (b)), und für je zwei voneinander verschiedene $(x_j)_j, (y_j)_j \in S$ ist der Abstand

$$d_\infty((x_j)_j, (y_j)_j) = \sup_{j\in\mathbb{N}} |x_j - y_j| = 1,$$

also gilt

$$K_{1/2}^{d_\infty}((x_j)_j) \cap K_{1/2}^{d_\infty}((y_j)_j) = \emptyset.$$

Jede in $(\ell_{\mathbb{R}}^{\infty}, \tau_{d_\infty})$ dichte Teilmenge muß aus jeder der Umgebungen $K_{1/2}^{d_\infty}((x_j)_j)$, $(x_j)_j \in S$, mindestens ein Element enthalten, kann daher nicht abzählbar sein.

Zum Abschluß dieses Abschnitts werden Funktionen $f \in C_{\mathbb{R}}([a,b])$ im Hinblick auf ihre gleichmäßige Approximierbarkeit durch Polynome untersucht. Ergebnis ist dann der klassische Weierstraßsche Approximationssatz 2.2-5. Zunächst zwei Beispiele zu dieser gleichmäßigen Approximation:

Beispiele (2.2,5)

(a) Der Absolutbetrag ist über dem Intervall $[-1,1]$ gleichmäßig durch Polynome approximierbar:

Die zur Realisierung führende Idee ist, ausgehend von $p_0(x) = 0$ durch Erhöhung des Polynomgrades zu einer besseren Näherung für $|x|$, $x \in [-1,1]$, zu gelangen. Dazu setze man

$$p_{n+1}(x) := p_n(x) + \tfrac{1}{2}(x^2 - p_n(x)^2)$$

für jedes $n \in \mathbb{N}$, z. B. $p_1(x) = (1/2)x^2$ usw. (Abb. 2.2-3).

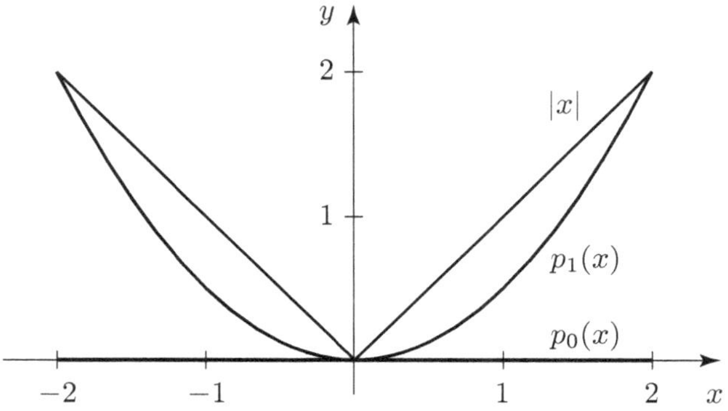

Abbildung 2.2-3

Die Polynome $p_n(x)$ liegen über $[-1,1]$ zwischen 0 und $|x|$, d. h.

$$0 \le p_n(x) \le |x| \qquad (*)$$

für jedes $x \in [-1,1]$, $n \in \mathbb{N}$:

Für $n = 0$ ist das klar. Wegen $0 \leq p_n(x)^2 \leq |x|^2 = x^2$, also $x^2 - p_n(x)^2 \geq 0$ erhält man (induktiv) $p_{n+1}(x) \geq 0$ und auch

$$\begin{aligned}|x| - p_{n+1}(x) &= |x| - p_n(x) - \tfrac{1}{2}\big(|x|^2 - p_n(x)^2\big) \\ &= \big(|x| - p_n(x)\big)\big(1 - \tfrac{1}{2}\left(|x| + p_n(x)\right)\big) \geq 0,\end{aligned}$$

da $|x| - p_n(x) \geq 0$ und $|x| + p_n(x) \leq 2$ nach Induktionsvoraussetzung gilt.

Außerdem ist

$$|x| - p_n(x) \leq |x|\Big(1 - \frac{|x|}{2}\Big)^n \qquad (**)$$

für $x \in [-1,1],\ n \in \mathbb{N}$:

Vollständige Induktion (über n) liefert (s. o.)

$$|x| - p_{n+1}(x) = \big(|x| - p_n(x)\big)\big(1 - \tfrac{1}{2}\left(|x| + p_n(x)\right)\big),$$

wobei gem. $(*)$ und Induktionsvoraussetzung $0 \leq |x| - p_n(x) \leq |x|\big(1 - \frac{|x|}{2}\big)^n$ und $1 - \frac{1}{2}(|x| + p_n(x)) \leq 1 - \frac{1}{2}|x|$ gilt. Es folgt daher

$$|x| - p_{n+1}(x) \leq |x|\Big(1 - \frac{|x|}{2}\Big)^n\Big(1 - \frac{|x|}{2}\Big) = |x|\Big(1 - \frac{|x|}{2}\Big)^{n+1}.$$

Die Behauptung ergibt sich nun unmittelbar mit $(**)$: Zu $0 < \varepsilon < 1$ wähle man ein $n_0 \in \mathbb{N}$ mit $\big(1 - \frac{\varepsilon}{2}\big)^{n_0} < \varepsilon$. Für $|x| < \varepsilon$ gilt $0 \leq |x| - p_n(x) \leq |x| < \varepsilon$ für jedes $n \in \mathbb{N}$, und für $\varepsilon \leq |x| \leq 1$ ist

$$0 \leq |x| - p_n(x) \leq |x|\Big(1 - \frac{|x|}{2}\Big)^n \leq |x|\Big(1 - \frac{\varepsilon}{2}\Big)^n \leq \Big(1 - \frac{\varepsilon}{2}\Big)^n < \varepsilon$$

für alle $n \in \mathbb{N},\ n \geq n_0$, also

$$d_\infty(p_n, |\ |) = \sup_{x \in [-1,1]} \big|p_n(x) - |x|\big| \leq \varepsilon$$

für jedes $n \geq n_0$.

Dieses Ergebnis kann leicht auf beliebige Intervalle $[-r, r],\ r \in \mathbb{R}^>$, übertragen werden. Ist nämlich $\big|p(x) - |x|\big| < \varepsilon/r$ auf $[-1,1]$, so auch $\big|p(x/r) - |x/r|\big| < \varepsilon/r$ auf $[-r, r]$, also $\big|rp(x/r) - |x|\big| < \varepsilon$ für alle $x \in [-r, r]$. Mit $p(x)$ gehört natürlich auch $rp(x/r)$ zum Polynomring $\mathbb{R}[x]$.

(b) Es seien $m, a, b \in \mathbb{R},\ a < b,\ \xi \in\ ]a, b[$ und $f : [a, b] \longrightarrow \mathbb{R}$ (Abb. 2.2-4) definiert durch

$$f(x) := \begin{cases} 0 & \text{für } a \leq x \leq \xi \\ m(x - \xi) & \text{für } \xi \leq x \leq b. \end{cases}$$

f ist über $[a, b]$ gleichmäßig approximierbar durch Polynome $p(x)$:

Sei $\varepsilon > 0$. Man wähle ein $r \in \mathbb{R}^>$ mit $\xi - r \leq a < b \leq \xi + r$ (Abb. 2.2-4) und setze für $m = 0$ (natürlich) $p(x) = 0$. Wegen $f(x) = \frac{1}{2}m(x - \xi) + \frac{1}{2}m|x - \xi|$ verwende man für $m \neq 0$ gem. (a) ein $q(x) \in \mathbb{R}[x]$ mit

$$\big||x - \xi| - q(x - \xi)\big| < \frac{2\varepsilon}{|m|}$$

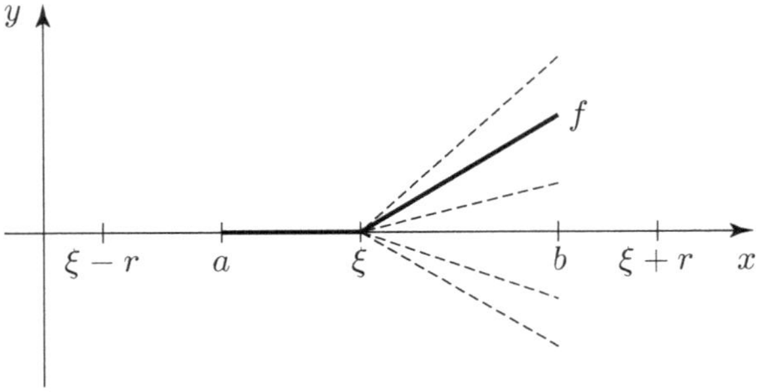

Abbildung 2.2-4

für jedes $x \in [\xi - r, \xi + r]$ $[\![x - \xi \in [-r, r]$ für diese $x]\!]$. Es folgt

$$\left| f(x) - \left(\frac{m}{2}(x - \xi) + \frac{m}{2} q(x - \xi) \right) \right| = \frac{|m|}{2} \big| |x - \xi| - q(x - \xi) \big| < \varepsilon$$

für jedes $x \in [a, b]$, wobei $\frac{m}{2}(x - \xi) + \frac{m}{2} q(x - \xi) \in \mathbb{R}[x]$ ist.

Satz 2.2-5 (Weierstraßscher Approximationssatz, reell, 1885)

Für alle $a, b \in \mathbb{R}$, $a < b$, liegt die Menge der reellen Polynome dicht in $(C_{\mathbb{R}}([a, b]), \tau_{d_\infty})$, d. h.

$$\overline{\mathbb{R}[x] \restriction [a, b]}^{\tau_{d_\infty}} = C_{\mathbb{R}}([a, b]).$$

Beweis

Es sei $f \in C_{\mathbb{R}}([a, b])$ und $\varepsilon > 0$. Gem. (2.2,3) (b) gibt es eine endliche Zerlegung $(x_0, \ldots, x_n)$ von $[a, b]$, so daß der lineare Spline $\varphi \in S_1([a, b])$ mit den „Ecken" $(x_j, f(x_j))$, $j = 0, \ldots, n$

$$|f(x) - \varphi(x)| < \frac{\varepsilon}{2}$$

für alle $x \in [a, b]$ erfüllt. Auf den Teilintervallen $[x_j, x_{j+1}]$, $j = 0, \ldots, n - 1$, ist φ dargestellt durch $\varphi(x) = m_j x + c_j$ mit

$$m_j := \frac{f(x_{j+1}) - f(x_j)}{x_{j+1} - x_j} \quad \text{und} \quad c_j := -\frac{f(x_{j+1}) x_j - x_{j+1} f(x_j)}{x_{j+1} - x_j}$$

(vgl. (2.2,3) (b)). Man zerlege nun den linearen Spline φ additiv, d. h. $\varphi = \sum_{j=1}^{n} \varphi_j$, wobei die Summanden φ_j die Form der Funktionen aus (2.2,5) (b) haben:

$$\varphi_1(x) := \frac{f(x_1) - f(x_0)}{x_1 - x_0} x - \frac{f(x_1) x_0 - x_1 f(x_0)}{x_1 - x_0},$$

$$\varphi_2(x) := \begin{cases} 0 & \text{für } a \le x \le x_1 \\ m_2 x + c_2 - \varphi_1(x) & \text{für } x_1 \le x \le b, \end{cases}$$

allgemein für $j = 0, \ldots, n-1$

$$\varphi_{j+1}(x) := \begin{cases} 0 & \text{für } a \leq x \leq x_j \\ m_j x + c_j - \sum_{k=1}^{j} \varphi_k(x) & \text{für } x_j \leq x \leq b. \end{cases}$$

Beispiel (2.2,5) (b) sichert die Existenz von Polynomen $p_j(x) \in \mathbb{R}[x]$ mit

$$|\varphi_j(x) - p_j(x)| < \frac{\varepsilon}{2n}$$

für alle $x \in [a,b]$, $j = 2, \ldots, n$. Hiermit ist $p(x) := \varphi_1(x) + \sum_{j=2}^{n} p_j(x) \in \mathbb{R}[x]$ und für jedes $x \in [a,b]$

$$|f(x) - p(x)| \leq |f(x) - \varphi(x)| + |\varphi(x) - p(x)| < \frac{\varepsilon}{2} + \left| \sum_{j=2}^{n} \varphi_j(x) - \sum_{j=2}^{n} p_j(x) \right|$$

$$\leq \frac{\varepsilon}{2} + \sum_{j=2}^{n} |\varphi_j(x) - p_j(x)| < \varepsilon,$$

woraus $d_\infty(f, p\restriction[a,b]) \leq \varepsilon$ folgt. □

2.2-5 gilt auch für $C([a,b])$mit $\mathbb{C}[x]\restriction[a,b]$ anstelle von $\mathbb{R}[x]\restriction[a,b]$ (A 3). Verallgemeinerungen des Weierstraßschen Approximationssatzes werden in Abschnitt 4.3 behandelt. $(C_\mathbb{R}([a,b]), \tau_{d_\infty})$ ist ein weiteres Beispiel für einen separablen Raum (s. auch 4.3-13):

Beispiel (2.2,6)

$(C_\mathbb{R}([a,b]), \tau_{d_\infty})$ ist separabel:

Die Menge

$$\mathbb{Q}[x] = \bigcup_{n \in \mathbb{N}} \mathbb{Q}_n[x] \quad \text{mit} \quad \mathbb{Q}_n[x] := \{\, p(x) \in \mathbb{Q}[x] \mid \operatorname{grad} p(x) \leq n \,\}$$

ist abzählbar ⟦ als Vereinigung der abzählbar vielen abzählbaren Mengen $\mathbb{Q}_n[x]$ ⟧ und dicht in $(C_\mathbb{R}([a,b]), \tau_{d_\infty})$:

Sei $f \in C_\mathbb{R}([a,b])$, $\varepsilon > 0$, $p(x) = \sum_{j=0}^{n_p} p_j x^j \in \mathbb{R}[x]$ mit $\sup_{x \in [a,b]} |f(x) - p(x)| < \varepsilon/2$ gem. 2.2-5. Man setze $c := \max\{|a|, |b|\}$ und wähle für jedes $j = 0, \ldots, n_p$ ein $q_j \in \mathbb{Q}$ mit

$$|q_j - p_j| < \frac{\varepsilon}{2(n_p + 1)c^j}.$$

Dann ist $q(x) = \sum_{j=0}^{n_p} q_j x^j \in \mathbb{Q}[x]$ und für jedes $x \in [a,b]$

$$|p(x) - q(x)| = \left| \sum_{j=0}^{n_p} (p_j - q_j) x^j \right| \leq \sum_{j=0}^{n_p} |p_j - q_j| \, |x|^j \leq \sum_{j=0}^{n_p} \frac{\varepsilon}{2(n_p+1)c^j} c^j = \frac{\varepsilon}{2},$$

also

$$d_\infty(f, q\restriction[a,b]) \leq d_\infty(f, p\restriction[a,b]) + d_\infty(p\restriction[a,b], q\restriction[a,b]) \leq \varepsilon.$$

Der Weierstraßsche Approximationssatz bietet vielfältige Anwendungsmöglichkeiten, eine findet man in A 6. Oftmals ist die gleichmäßige Approximierbarkeit stetiger Funktionen durch Polynome in einer bestimmten Funktion nützlich (s. 2.4-4.3), z. B. mit Hilfe trigonometrischer Polynome (s. (2.4,5) (e), (3.6,5)).

Aufgaben zu 2.2

1. Es sei $C \subseteq [0,1]$ das Cantorsche Diskontinuum. Man begünde, daß $1/4$ zu C gehört!

2. (X, τ) sei ein topologischer Raum, $S \in \alpha_\tau \cup \tau$, $O \in \tau$ und $D \subseteq X$. Man zeige:

(a) $X \backslash \partial_\tau S$ dicht in (X, τ)

(b) D dicht in $(X, \tau) \quad \Longrightarrow \quad O \subseteq \overline{D \cap O}^\tau$

Ist auch $D^{\circ\tau} \cup D^{ä\tau}$ dicht in (X, τ)? (Vgl. 2.1, A 2)

3. *(Weierstraßscher Approximationssatz, komplex)*

Man beweise für $a, b \in \mathbb{R}$, $a < b$:

$$\overline{\mathbb{C}[x]\restriction[a,b]}^{\tau_{d_\infty}} = C([a,b]).$$

4. Es sei $a, b \in \mathbb{R}$, $a < b$. Man zeige:

(a) $(C([a,b]), \tau_{d_\infty})$ ist separabel (s. auch 4.3-13),

(b) $(B_\mathbb{R}([a,b]), \tau_{d_\infty})$ ist nicht separabel.

5. Für $a, b \in \mathbb{R}$, $a < b$ sei

$$C_\mathbb{R}([a,b]; \{a,b\}) := \{\, f \in C_\mathbb{R}([a,b]) \mid f(a) = f(b) = 0 \,\}$$

(vgl. 1.2, A 12) mit der Supremummetrik d_∞ versehen. Man zeige: $\{\, p(x) \in \mathbb{R}[x] \mid p(a) = p(b) = 0 \,\}\restriction[a,b]$ ist dicht in $\big(C_\mathbb{R}([a,b]; \{a,b\}), \tau_{d_\infty}\big)$.

6. Für $a, b \in \mathbb{R}$, $a < b$, $f \in C_\mathbb{R}([a,b])$ beweise man

Äq (i) $f = 0$

(ii) $\forall\, j \in \mathbb{N}\colon \int_a^b t^j f(t)\,\mathrm{d}t = 0$ *(Moment j-ter Ordnung bzgl.* 0)

7. (X, τ_c) ist separabel. (τ_c ist die Topologie der koendlichen Teilmengen der Menge X.)

8. Es seien $a, b, q \in \mathbb{R}$, $a < b$, $1 \leq q$. Man zeige:

(a) Für die Topologien τ_{d_∞}, τ_{d_q} auf $C([a,b])$ gilt: $\tau_{d_q} \subsetneqq \tau_{d_\infty}$.

(b) $(C([a,b]), \tau_{d_q})$ ist separabel.

9. Man zeige, daß der Folgenraum $(\mathbb{C}^\mathbb{N}, \tau_d)$ bzgl. der Fréchetmetrik $d : \mathbb{C}^\mathbb{N} \times \mathbb{C}^\mathbb{N} \longrightarrow \mathbb{R}^+$, $d((x_j)_j, (y_j)_j) := \sum_{j=0}^\infty \frac{1}{2^j} \frac{|x_j - y_j|}{1 + |x_j - y_j|}$ (vgl. 1.1, A 7), separabel ist.

10. $(C_{\mathbb{R}}(\mathbb{R}) \cap B_{\mathbb{R}}(\mathbb{R}), \tau_{d_\infty})$ ist nicht separabel (s. auch 4.3-13).

11. Es sei (X, d) ein pseudometrischer Raum. Ist (X, τ_d) separabel, so hat jede offene Überdeckung von X eine abzählbare Teilüberdeckung, d. h.

$$\forall\, \mathcal{O} \subseteq \tau_d\colon\ \bigcup \mathcal{O} = X \Rightarrow \exists\, \mathcal{O}' \subseteq \mathcal{O}\colon\ \mathcal{O}' \text{ abzählbar},\ \bigcup \mathcal{O}' = X$$

(sog. *Lindelöf-Eigenschaft*, vgl. Abschnitt 2.3).

12. Für $a, b \in \mathbb{R},\ a < b$ sei

$$P_{\mathbb{R}}([a,b]) := \{\, f : [a,b] \longrightarrow \mathbb{R} \mid f \text{ ist Limes einer auf } [a,b] \text{ gleichmäßig konvergenten Reihe von Polynomen} \,\}.$$

Man zeige: $C_{\mathbb{R}}([a,b]) = P_{\mathbb{R}}([a,b])$.

13. Es sei $f \in C_{\mathbb{R}}(\mathbb{R})$. Man beweise: Es gibt eine Folge $(p_j(x))_j \in \mathbb{R}[x]^{\mathbb{N}}$ mit den Eigenschaften

(a) $(p_j)_j$ ist punktweise $d_{|\,|}$-konvergent gegen f (vgl. (1.2,1) (c) (ii)) und

(b) $\forall\, a \in \mathbb{R}^{>}\colon\ (p_j{\restriction}[-a,a])_j \to_{d_\infty} f{\restriction}[-a,a]$.

14. Es sei (X, τ) ein topologischer Raum und $A \in \alpha_\tau$. Man zeige: $A \backslash A^{\circ\tau}$ ist nirgendsdicht in (X, τ).

15. Es sei (X, τ) ein topologischer Raum, $S, T \subseteq X$. Man zeige:

$$S \subseteq T,\ T \text{ nirgendsdicht in } (X,\tau) \quad \Longrightarrow \quad S \text{ nirgendsdicht in } (X,\tau).$$

2.3 Basen, Subbasen, Unterräume, Zusammenhang

In pseudometrischen Räumen (X, d) kann jede offene Menge O als Vereinigung von offenen ε-Kugeln, also als Vereinigung von speziellen offenen Mengen dargestellt werden: Für jedes $x \in O$ gibt es definitionsgemäß ein $\varepsilon_x > 0$, so daß $K^d_{\varepsilon_x}(x) \subseteq O$ gilt. Es ist somit $O = \bigcup_{x \in O} K^d_{\varepsilon_x}(x)$.

In diesem Sinne haben die offenen ε-Kugeln die Bedeutung einer Basis für die Topologie τ_d: Jede Umgebung eines jeden Punktes enthält eine offene Menge der Basis, zu der dieser Punkt gehört.

Definitionen

Es sei (X, τ) ein topologischer Raum und $\beta \subseteq \tau$.

β Basis von τ	:gdw	$\forall\, x \in X\ \forall\, U \in \mathcal{U}_\tau(x)\ \exists\, B \in \beta\colon\ x \in B \subseteq U$
β Subbasis von τ	:gdw	$\{\bigcap \beta^* \mid \beta^* \in \mathcal{P}_e\beta\}$ Basis von τ.

Man erkennt leicht, daß im pseudometrischen Raum (X, d) die Mengen

$$\{\, K^d_\varepsilon(x) \mid \varepsilon > 0,\ x \in X \,\}, \qquad \{\, K^d_r(x) \mid r > 0,\ r \in \mathbb{Q},\ x \in X \,\}$$

und auch

$$\{ K^d_{1/(n+1)}(x) \mid n \in \mathbb{N},\ x \in X \}$$

Basen von τ_d sind. Die o. a. Eigenschaft, daß jede offene Menge Vereinigung von Basismengen ist, charakterisiert die Basen unter den Teilmengen der Topologie:

Satz 2.3-1

Es sei (X, τ) ein topologischer Raum, $\beta \subseteq \tau$.

Äq (i) β Basis von τ

(ii) $\forall\, O \in \tau\, \exists\, \beta_O \subseteq \beta\colon\ O = \bigcup \beta_O$.

Beweis

(i) ⇒ (ii) Für jedes $O \in \tau$, $x \in O$ ist $O \in \mathcal{U}_\tau(x)$, also existiert ein $B_x \in \beta$ mit $x \in B_x \subseteq O$. Mit $\beta_O := \{ B \in \beta \mid B \subseteq O \}$ folgt daher $O = \bigcup \beta_O$.

(ii) ⇒ (i) Sei $x \in X$, $U \in \mathcal{U}_\tau(x)$ und $O \in \tau$ mit $x \in O \subseteq U$. Gem. (ii) ist $O = \bigcup \beta_O$ für eine Teilmenge β_O von β, es gibt also ein $B \in \beta_O$, so daß $x \in B \subseteq \bigcup \beta_O = O \subseteq U$ gilt. □

2.3-1 wird häufig zur Konstruktion von Topologien aus geeigneten Teilmengen β von $\mathcal{P}X$ verwendet: Man erweitere β dadurch, daß man alle Vereinigungen von Elementen aus β zu β hinzufügt.

Daß jedoch nicht jede nichtleere, gegen Vereinigungen abgeschlossene Teilmenge β von $\mathcal{P}X$, selbst wenn sie X enthält, eine Topologie ist, zeigt schon das einfache

Beispiel (2.3,1)

Sei $X = \{0,1,2\}$. $\beta := \{\emptyset, \{0,1\}, \{1,2\}, X\}$ ist nicht Basis einer Topologie auf X, weil sonst gem. 2.3-1 $\{1\} = \{0,1\} \cap \{1,2\}$ als Vereinigung von Elementen von β erhältlich wäre.

Ein wichtiges Kriterium für β, Basis einer Topologie zu sein, liefert

Satz 2.3-2

Es sei $\emptyset \neq \beta \subseteq \mathcal{P}X$, $\bigcup \beta = X$.

Äq (i) $\exists\, \tau\colon\ \tau$ Topologie auf X, β Basis von τ

(ii) $\forall\, P, Q \in \beta\ \forall\, x \in P \cap Q\ \exists\, R \in \beta\colon\ x \in R \subseteq P \cap Q$

Beweis

(i) ⇒ (ii) Ist β Basis von τ, $P, Q \in \beta$, $x \in P \cap Q$, so existiert wegen $P \cap Q \in \tau \cap \mathcal{U}_\tau(x)$ eine Basismenge R mit $x \in R \subseteq P \cap Q$.

(ii) ⇒ (i) $\tau := \{ \bigcup \beta^* \mid \beta^* \subseteq \beta \}$ ist eine Topologie auf X und β eine Basis von τ:

(O-1): $\emptyset = \bigcup \emptyset \in \tau$ wegen $\emptyset \subseteq \beta$, $X = \bigcup \beta \in \tau$ nach Voraussetzung.

(O-2): Es seien $P, Q \in \tau$, etwa $\beta_P, \beta_Q \subseteq \beta$ mit $P = \bigcup \beta_P$ und $Q = \bigcup \beta_Q$. Dann gilt

$$P \cap Q = \bigcup_{B \in \beta_P} \bigcup_{C \in \beta_Q} (B \cap C),$$

und mit (ii) erhält man für alle $B \in \beta_P$, $C \in \beta_Q$ ein $\beta_{B,C} \subseteq \beta$ mit $B \cap C = \bigcup \beta_{B,C}$. Es folgt

$$P \cap Q = \bigcup_{B \in \beta_P} \bigcup_{C \in \beta_Q} \bigcup \beta_{B,C},$$

also $P \cap Q \in \tau$.

(O-3): Sei $\mathcal{O} \subseteq \tau$, etwa $O = \bigcup \beta_O$ mit $\beta_O \subseteq \beta$ für jedes $O \in \mathcal{O}$. Hiermit ergibt sich

$$\bigcup \mathcal{O} = \bigcup_{O \in \mathcal{O}} \bigcup \beta_O = \bigcup \bigcup \{ \beta_O \mid O \in \mathcal{O} \}$$

mit $\bigcup \{ \beta_O \mid O \in \mathcal{O} \} \subseteq \beta$, also $\bigcup \mathcal{O} \in \tau$. □

Beispiel (2.3,2)

Die Menge

$$\beta := \{ \,]a, b] \mid a, b \in \mathbb{R},\ a < b \} \subseteq \mathcal{P}\mathbb{R}$$

ist Basis für eine Topologie τ_S, die *Sorgenfrey-Topologie*, auf $\mathbb{R}$ ($(\mathbb{R}, \tau_S)$ heißt *Sorgenfrey-Gerade*):

Für alle $a, b, c, d,\ a < b,\ c < d$ und $x \in \,]a, b] \cap \,]c, d]$ gilt $x \in \,]\max\{a, c\}, \min\{b, d\}]$, 2.3-2 (ii) wird also durch β erfüllt.

$(\mathbb{R}, \tau_S)$ ist separabel $[\![\, \overline{\mathbb{Q}}^{\tau_S} = \mathbb{R} \,]\!]$, jedoch nicht pseudometrisierbar:

Sei d eine Pseudometrik auf $\mathbb{R}$, $\tau_d = \tau_S$. Dann gilt

$$\forall\, x \in \mathbb{R}\ \exists\, \varepsilon > 0\ \exists\, \delta > 0\colon\ ]x - \delta, x] \subseteq K^d_\varepsilon(x) \subseteq \,]-\infty, x]$$

$[\![$ vgl. 1.2, A 9 $]\!]$. Mit

$$A_{n,m} := \{ x \in \mathbb{R} \mid \,]x - (1/m), x] \subseteq K^d_{1/n}(x) \subseteq \,]-\infty, x] \}$$

(für alle $m, n \in \mathbb{N}\backslash\{0\}$) erhält man daher $\mathbb{R} = \bigcup_{n,m \geq 1} A_{n,m}$.

Es gibt somit $n_0, m_0 \in \mathbb{N}\backslash\{0\}$, für die $A_{n_0,m_0} \cap [0, 1]$ eine überabzählbare Menge ist $[\![$ andernfalls wäre $[0, 1]$ abzählbar $]\!]$, $\{ \,]x - (1/m_0), x] \mid x \in A_{n_0,m_0} \cap [0, 1] \}$ kann mithin nicht aus paarweise disjunkten Mengen bestehen $[\![$ höchstens $m_0 + 1$ viele paarweise disjunkte $]x - (1/m_0), x]$, $x \in [0, 1]$, überdecken bereits $[0, 1]$ $]\!]$. Es seien $x, y \in A_{n_0,m_0} \cap [0, 1]$ gewählt mit $x < y$ und $]x - (1/m_0), x] \cap \,]y - (1/m_0), y] \neq \emptyset$. Dann gilt

$$y \notin \,]-\infty, x] \supseteq K^d_{1/n_0}(x)$$

und auch

$$x \in \,]y - (1/m_0), y] \subseteq K^d_{1/n_0}(y),$$

woraus $1/n_0 \leq d(x,y) < 1/n_0$ folgt. ↯

An dieser Stelle sei vermerkt, daß *jede* Teilmenge $\beta \subseteq \mathcal{P}X$, die X überdeckt, d. h. $\bigcup \beta = X$ erfüllt, Subbasis für eine Topologie τ_β auf X ist, die Menge $\beta^* := \{ \bigcap \beta' \mid \beta' \in \mathcal{P}_e \beta \}$ ist sogar abgeschlossen gegen die Bildung von Durchschnitten endlich vieler Elemente. In τ_β erhält man gerade die $\subseteq$-kleinste Topologie τ auf X, die β umfaßt ⟦ τ Topologie auf X, $\tau \supseteq \beta \Longrightarrow \tau \supseteq \beta^* \Longrightarrow \tau \supseteq \tau_\beta$ gem. 2.3-1 ⟧.

A_1-Räume sind definitionsgemäß diejenigen topologischen Räume, die in jedem Punkt, also *lokal* eine abzählbare (Umgebungs-)Basis besitzen. Entsprechend legt man *global* fest:

Definition

Es sei (X, τ) ein topologischer Raum.

(X, τ) *A_2-Raum* :gdw $\exists\, \beta \subseteq \tau$: β abzählbar und β Basis von τ

Man sagt in diesem Fall auch: (X, τ) genügt dem *zweiten Abzählbarkeitsaxiom.*

Separabilität, A_1- bzw. A_2-Eigenschaft beeinflussen sich nur teilweise gegenseitig:

Beispiele (2.3,3)

(X, τ) sei ein topologischer Raum.

(a) (X, τ) A_2-Raum $\Longrightarrow$ (X, τ) A_1-Raum

⟦ Für jede Basis β von τ und jedes $x \in X$ ist $\beta_x := \{ O \in \beta \mid x \in O \}$ eine Umgebungsbasis von x. ⟧

Die Sorgenfrey-Gerade $(\mathbb{R}, \tau_S)$ ist ein A_1-Raum, denn $\{ \,]r, x] \mid r \in \mathbb{Q},\ r < x \}$ ist abzählbare Umgebungsbasis von x. Der topologische Raum $(\mathbb{R}, \tau_S)$ ist separabel ⟦ (2.3,2) ⟧, erfüllt jedoch nicht das zweite Abzählbarkeitsaxiom:

Es sei β eine Basis von τ_S. Für jedes $r \in \mathbb{R}$ wähle man $B_r \in \beta$ mit $r \in B_r \subseteq \,]r-1, r]$. Wegen $\sup B_r = r$ ist die Funktion

$$\begin{cases} \mathbb{R} \longrightarrow \beta \\ r \longmapsto B_r \end{cases}$$

injektiv, β somit überabzählbar.

(b) (X, τ) A_2-Raum $\Longrightarrow$ (X, τ) separabel:

Sei β eine abzählbare Basis von τ. Für jedes $B \in \beta \backslash \{\emptyset\}$ wähle man ein $x_B \in B$ aus. Dann ist $D := \{ x_B \mid B \in \beta \backslash \{\emptyset\} \}$ eine abzählbare dichte Teilmenge in (X, τ): Für $x \in X$, $U \in \mathcal{U}_\tau(x)$ sei $B \in \beta$ mit $x \in B \subseteq U$. Es folgt $x_B \in B \cap D \subseteq U \cap D$, also $x \in \overline{D}^\tau$.

Separable Räume sind i. a. nicht A_2-Räume ⟦ (a) ⟧, sogar nicht einmal A_1-Räume: $(\mathbb{R}, \tau_c)$ ist separabel ⟦ 2.2, A 7 ⟧, jedoch kein A_1-Raum ⟦ (1.2,3) (b) ⟧.

(c) A_1-Räume sind i. a. nicht separabel ⟦ $(\mathbb{R}, \tau_{\text{dis}})$ ⟧.

Die folgende Übersicht faßt die Ergebnisse zusammen:

$$\begin{array}{ccc}
(X,\tau)\ \mathrm{A}_1\text{-Raum} & \begin{array}{c}\not\Longrightarrow \\ \not\Longleftarrow\end{array} & (X,\tau)\ \text{separabel} \\
\not\searrow\!\!\!\!\nwarrow & & \nearrow\!\!\!\!\not\swarrow \\
 & (X,\tau)\ \mathrm{A}_2\text{-Raum} &
\end{array}$$

Eine weitere wichtige globale Abzählbarkeitsbedingung für Topologien ist die in 2.2, A 11 für separable pseudometrisierbare topologische Räume festgestellte Überdeckungseigenschaft.

Definition

Es sei (X, τ) ein topologischer Raum.

(X, τ) *Lindelöf-Raum* :gdw

$$\forall\, \mathcal{O} \subseteq \tau\colon\ \bigcup \mathcal{O} = X \Rightarrow \exists\, \mathcal{O}' \subseteq \mathcal{O}\colon\ \mathcal{O}' \text{ abzählbar und } \bigcup \mathcal{O}' = X.$$

(Jede offene Überdeckung von X hat eine abzählbare Teilüberdeckung; Lindelöf, 1903, für $(\mathbb{R}^n, \tau_{\|\ \|})$.)

Satz 2.3-3 (Lindelöf)

Jeder A_2-Raum (X, τ) ist Lindelöf-Raum.

Beweis

Es sei $\beta \subseteq \tau$ eine abzählbare Basis von τ, $\mathcal{O} \subseteq \tau$ mit $\bigcup \mathcal{O} = X$ und für jedes $O \in \mathcal{O}$

$$\beta_O := \{\, B \in \beta \mid B \subseteq O \,\},$$

also $O = \bigcup \beta_O$. Dann ist $\beta' := \bigcup \{\, \beta_O \mid O \in \mathcal{O} \,\} \subseteq \beta$ abzählbar und

$$\bigcup \beta' = \bigcup_{O \in \mathcal{O}} \bigcup \beta_O = \bigcup \mathcal{O} = X.$$

Für jedes $B \in \beta'$ wähle man $O_B \in \mathcal{O}$ mit $B \subseteq O_B$ aus. $\mathcal{O}' := \{\, O_B \mid B \in \beta' \,\} \subseteq \mathcal{O}$ ist abzählbar und $\bigcup \mathcal{O}' \supseteq \bigcup \beta' = X$. □

Weitere Verbindungen zwischen der Lindelöf-Eigenschaft und den einzelnen, vorher behandelten Abzählbarkeitsbedingungen bestehen nicht:

Beispiele (2.3,4)

(X, τ) sei ein topologischer Raum.

(a) (X, τ) Lindelöf-Raum $\not\Longrightarrow$ (X, τ) A_2-Raum:

Es sei X eine überabzählbare Menge, $x^* \notin X$ ⟦ z. B. $x^* := X$ ⟧. Man definiere eine Umgebungsfunktion $\mathcal{U} : X \cup \{x^*\} \longrightarrow \mathcal{PP}(X \cup \{x^*\})$ durch

$$\mathcal{U}(x) := \begin{cases} \{\, S \subseteq X \cup \{x^*\} \mid x \in S \,\} & \text{für } x \neq x^* \\ \{\, S \cup \{x^*\} \mid S \subseteq X,\ X \backslash S \in \mathcal{P}_e X \,\} & \text{für } x = x^*. \end{cases}$$

Es ist leicht zu bestätigen, daß $\mathcal{U}$ Umgebungsfunktion für eine Topologie $\tau_{\mathcal{U}}$ auf $X \cup \{x^*\}$ ist [vgl. Abschnitt 1.2 und 1.2, A 11 (a)]. $(X \cup \{x^*\}, \tau_{\mathcal{U}})$ ist ein Lindelöf-Raum ⟦ $\mathcal{O} \subseteq \tau_{\mathcal{U}}$, $\bigcup \mathcal{O} = X \Longrightarrow \exists\ O \in \mathcal{O}\colon\ x^* \in O \Longrightarrow \exists\ S \subseteq X\colon\ X \backslash S \in \mathcal{P}_e X$ und $S \cup \{x^*\} \subseteq O \Longrightarrow X \backslash O \in \mathcal{P}_e X$. Daher wird X von O und sogar *endlich* vielen weiteren Mengen aus $\mathcal{O}$ überdeckt. ⟧ Da X überabzählbar und $\{x\} \in \tau_{\mathcal{U}}$ für jedes $x \in X$ ist, erhält man: $(X \cup \{x^*\}, \tau_{\mathcal{U}})$ ist nicht separabel, also gem. (2.3,3) (b) auch nicht A_2-Raum.

Dieses Beispiel zeigt sogar

(b) (X, τ) Lindelöf-Raum $\not\Longrightarrow$ (X, τ) separabel

Umgekehrt gilt auch

(c) (X, τ) separabel $\not\Longrightarrow$ (X, τ) Lindelöf-Raum:

Auf $\mathbb{R}^2$ definiere man eine Umgebungsfunktion $\mathcal{U}$ wie folgt: Für jedes $(a, b) \in \mathbb{R}^2$ sei $\mathcal{U}((a, b))$ der von den Mengen $\{(a, b)\} \cup S$ erzeugte Filter, wobei S eine offene ε-Kugel bzgl. d_2 um (a, b) bezeichnet, aus der höchstens Punkte von höchstens endlich vielen Geraden durch (a, b) herausgenommen wurden (Abb. 2.3-1).

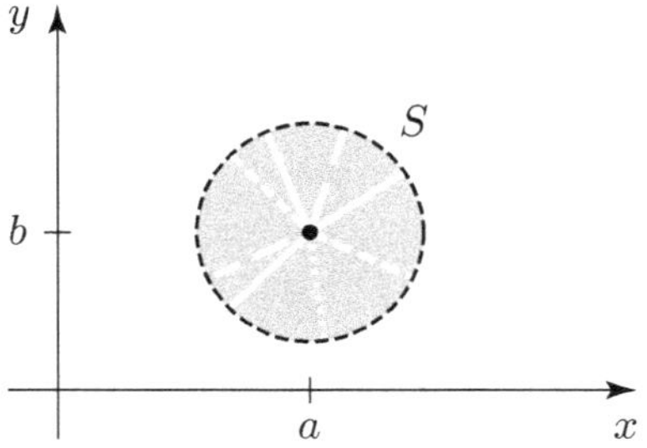

Abbildung 2.3-1

$\mathcal{U}$ ist Umgebungsfunktion für eine Topologie $\sigma := \tau_{\mathcal{U}}$ auf $\mathbb{R}^2$. $(\mathbb{R}^2, \sigma)$ heißt *geschlitzte Ebene* und ist wegen $\overline{\mathbb{Q}^2}^{\sigma} = \mathbb{R}^2$ zwar separabel, jedoch kein A_1-Raum. Gem. 1.2, A 9 gilt $\sigma \supseteq \tau_{d_2}$, also gehört $\widetilde{K}_1^{d_2}((0,0))$ zu α_σ. Die offene Überdeckung

$$\{\mathbb{R}^2 \backslash \widetilde{K}_1^{d_2}((0,0))\} \\ \cup \left\{ \left(K_2^{d_2}((0,0)) \backslash \{\, (x,0) \mid 0 < x \leq 1 \,\}\right) \cup \{(\xi, 0)\} \;\middle|\; 0 < \xi \leq 1 \right\} \subseteq \sigma$$

hat keine abzählbare Teilüberdeckung ⟦ $]0, 1]$ ist überabzählbar! ⟧.

(d) (X, τ) A_1-Raum $\quad\not\Rightarrow\quad$ (X, τ) Lindelöf-Raum:

$(\mathbb{R}, \tau_{\text{dis}})$ ist A_1-Raum, jedoch nicht Lindelöf-Raum.

(e) (X, τ) Lindelöf-Raum $\quad\not\Rightarrow\quad$ (X, τ) A_1-Raum:

Der in (a) angegebene Lindelöf-Raum $(X \cup \{x^*\}, \tau_{\mathcal{U}})$ ist kein A_1-Raum, da x^* keine abzählbare Umgebungsbasis besitzt ⟦ Die Menge der koendlichen Teilmengen einer überabzählbaren Menge X ist überabzählbar! ⟧.

Die Übersicht in (2.3,3) kann wie folgt erweitert werden:

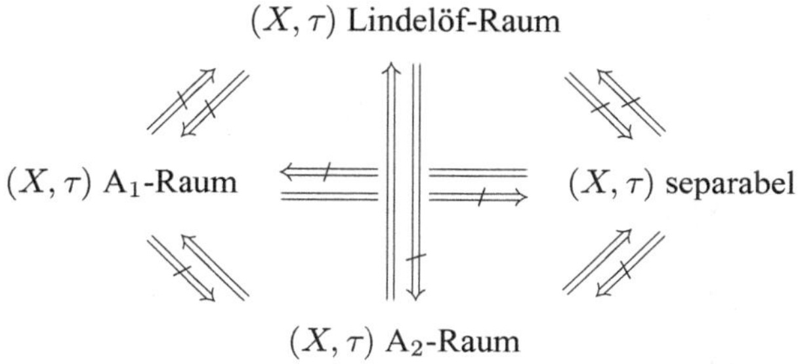

In pseudometrisierbaren topologischen Räumen bedeuten die drei globalen Abzählbarkeitseigenschaften dagegen dasselbe:

Satz 2.3-4

Es sei (X, d) ein pseudometrischer Raum.

Äq *(i)* (X, τ_d) *Lindelöf-Raum*

(ii) (X, τ_d) *A_2-Raum*

(iii) (X, τ_d) *separabel.*

Beweis

(i) ⇒ (ii) Für jedes $n \in \mathbb{N}$ ist $\mathcal{O}_n := \{ K^d_{1/(n+1)}(x) \mid x \in X \}$ eine offene Überdeckung von X, besitzt also eine abzählbare Teilüberdeckung $\mathcal{O}'_n$. Die Menge $\beta := \bigcup_{n \in \mathbb{N}} \mathcal{O}'_n$ ist abzählbar ⟦ da Vereinigung abzählbar vieler abzählbarer Mengen ⟧ und auch Basis von τ_d:

Für jedes $x \in X$, $O \in \tau_d$ mit $x \in O$ existiert ein $n \in \mathbb{N}$ mit $K^d_{1/(n+1)}(x) \subseteq O$. Da $\mathcal{O}'_{2(n+1)}$ eine Überdeckung von X ist, liegt x in einer Kugel $K^d_{\frac{1}{2(n+1)}}(y)$, und wegen $K^d_{\frac{1}{2(n+1)}}(y) \subseteq K^d_{1/(n+1)}(x)$ folgt die Behauptung.

(ii) ⇒ (iii) ⟦ (2.3,3) (b) ⟧

(iii) ⇒ (i) ⟦ 2.2, A 11 ⟧ □

Im Raum $(\mathbb{R}, \tau_{|\,|})$ bilden die offenen Intervalle $K_\varepsilon^{d_{|\,|}}(x) =]x-\varepsilon, x+\varepsilon[$ mit rationalem Radius ε und rationalem Mittelpunkt x eine abzählbare Basis der Topologie, jede offene Menge ist daher Vereinigung abzählbar vieler offener Intervalle $[\![$ 2.3-1 $]\!]$. Darüber hinaus gilt sogar

Satz 2.3-5

Zu jeder offenen Menge O in $(\mathbb{R}, \tau_{|\,|})$ gibt es genau eine abzählbare Menge $\mathcal{J}$ paarweise disjunkter, offener, nichtleerer Intervalle, so daß $O = \bigcup \mathcal{J}$ gilt.

(Für $O \neq \emptyset$ heißen die Elemente von $\mathcal{J}$ Zusammenhangskomponenten *von O; s. die allgemeinen Ausführungen hierzu im Anschluß an 2.3-7.)*

Beweis

Für $O = \emptyset$ ist $\mathcal{J} = \emptyset$ wählbar. Sei also $O \neq \emptyset$ und

$$I_x := \bigcup \{\, I \mid x \in I \subseteq O,\ I \text{ offenes Intervall} \,\}$$

für jedes $x \in O$. Die Menge I_x enthält x und ist als Vereinigung offener Mengen offen, sogar ein Intervall:

Für alle $a, b \in I_x$, etwa $a \in I,\ b \in I'$ für offene Intervalle I, I' mit $x \in I \cap I'$, $I \cup I' \subseteq O$, und alle $z \in]a, b[$ (o. B. d. A. $a < b$) gilt

$$z \in \begin{cases} I & \text{für } z \leq x \\ I' & \text{für } z > x, \end{cases}$$

also $z \in I_x$.

I_x ist somit das $\subseteq$-größte offene Intervall in O, das x enthält. Es folgt

$$O = \bigcup_{x \in O} I_x, \qquad \forall\, x, y \in O\colon\ I_x = I_y \text{ oder } I_x \cap I_y = \emptyset$$

$[\![$ Für $I_x \cap I_y \neq \emptyset$ ist $I_x \cup I_y$ ein offenes Intervall in O, das x und y enthält, also gilt $I_x = I_x \cup I_y = I_y$ $]\!]$, und $\mathcal{J} := \{\, I_x \mid x \in O \,\}$ ist abzählbar $[\![$ Für jedes $x \in O$ wähle man $r_{I_x} \in I_x \cap \mathbb{Q}$. Ist $I_x \neq I_y$, also $I_x \cap I_y = \emptyset$, so folgt $r_{I_x} \neq r_{I_y}$, die Funktion

$$\begin{cases} \mathcal{J} \longrightarrow \mathbb{Q} \\ I_x \longmapsto r_{I_x} \end{cases}$$

ist daher injektiv $]\!]$.

Zum Nachweis der Eindeutigkeit sei angenommen, daß $\mathcal{J}'$ eine abzählbare Menge paarweise disjunkter, offener, nichtleerer Intervalle ist, für die $O = \bigcup \mathcal{J}'$ und $\mathcal{J}' \neq \mathcal{J}$ gilt. Es existiert dann ein $x \in O$ und ein $J' \in \mathcal{J}'$ mit $J' \neq I_x$ und $x \in J'$. Da I_x das $\subseteq$-größte x enthaltende offene Intervall in O ist, muß $J' \subsetneqq I_x$ gelten. Damit liegt jedoch einer der Endpunkte des Intervalls J' in O, also in einem von J' verschiedenen Element J'' von $\mathcal{J}'$, woraus $J' \cap J'' \neq \emptyset$ folgt. $\lightning$ □

Vor der Präzisierung des Begriffs „Zusammenhang“ für topologische Räume werden zunächst deren Unterstrukturen (Unterräume) erklärt und einige grundlegende Eigenschaften festgestellt.

Definition

Es sei (X, τ) ein topologischer Raum und $S \subseteq X$.

$\tau|S := \{O \cap S \mid O \in \tau\}$ heißt *Spurtopologie* (von τ auf S) und $(S, \tau|S)$ *Unterraum* von (X, τ).

Wie man leicht einsieht, ist $\tau|S$ eine Topologie auf S.

Satz 2.3-6

Es sei (X, τ) ein topologischer Raum und $A \subseteq S \subseteq X$.

(a) *Äq* *(i)* $A \in \alpha_{\tau|S}$

(ii) $\exists\, B \in \alpha_\tau\colon\ A = B \cap S$

(b) $A'^{\tau|S} = A'^{\tau} \cap S$

(c) $\overline{A}^{\tau|S} = \overline{A}^{\tau} \cap S$

(d) (X, τ) *A_1- (bzw. A_2-)Raum* $\Longrightarrow$ *$(S, \tau|S)$ A_1- (bzw. A_2-)Raum*

(e) *Ist (X, τ) pseudometrisierbar durch d, so kann $(S, \tau|S)$ für $S \neq \emptyset$ durch $d\restriction S \times S$ pseudometrisiert werden.*

Beweis

Zu (a)

$$\begin{aligned} A \in \alpha_{\tau|S} &\iff S\backslash A \in \tau|S \iff \exists\, O \in \tau\colon\ S\backslash A = O \cap S \\ &\iff \exists\, O \in \tau\colon\ A = (X\backslash O) \cap S \\ &\iff \exists\, B \in \alpha_\tau\colon\ A = B \cap S \end{aligned}$$

Zu (b) Für alle $x \in S$ gilt:

$$\begin{aligned} x \in A'^{\tau|S} &\iff \forall\, O \in \tau\colon\ x \in O \Rightarrow ((O \cap S)\backslash\{x\}) \cap A \neq \emptyset \\ &\iff \forall\, O \in \tau\colon\ x \in O \Rightarrow (O\backslash\{x\}) \cap A \neq \emptyset \qquad [\![\text{da } A \subseteq S]\!] \\ &\iff x \in A'^{\tau} \end{aligned}$$

Zu (c) $\overline{A}^{\tau|S} = A \cup A'^{\tau|S} = A \cup (A'^{\tau} \cap S) = (A \cup A'^{\tau}) \cap (A \cup S) = \overline{A}^{\tau} \cap S$

Zu (d) Man schneide die Umgebungsbasismengen von $x \in S$ (bzw. Basismengen) in (X, τ) mit S!

Zu (e) $d{\upharpoonright}S \times S$ ist eine Pseudometrik auf S, und für jedes $x \in S$, $\varepsilon > 0$ gilt

$$K_\varepsilon^{d\upharpoonright S\times S}(x) = \{\, y \in S \mid d(x,y) < \varepsilon \,\} = S \cap K_\varepsilon^d(x)$$ □

Eigenschaften, die von einem topologischen Raum auf jeden seiner Unterräume übertragbar sind, nennt man *erblich*. Separabilität ist ebensowenig erblich wie die Lindelöf-Eigenschaft:

Beispiele (2.3,5)

(a) Der in (2.3,4) (a) angegebene Lindelöf-Raum $(X \cup \{x^*\}, \tau_{\mathcal{U}})$ besitzt den überabzählbaren diskreten Unterraum $(X, \tau_{\mathcal{U}}|X) = (X, \tau_{\text{dis}})$, dieser ist nicht Lindelöf-Raum.

(b) Selbst abgeschlossene Unterräume separabler Räume sind nicht notwendig separabel:

Man definiere in der in $\mathbb{R}^2$ gelegenen oberen Halbebene $M := \{\, (x,y) \in \mathbb{R}^2 \mid y \geq 0 \,\}$ die Umgebungsfunktion $\mathcal{U} : M \longrightarrow \mathcal{PP}M$ (Abb. 2.3-2) durch

$$\mathcal{U}((x,y)) := \begin{cases} \{\, S \subseteq M \mid \exists\, \varepsilon:\ 0 < \varepsilon < y,\ K_\varepsilon^{d_2}(x,y) \subseteq S \,\} & \text{für } y > 0 \\ \{\, S \subseteq M \mid \exists\, z \in \mathbb{R}^>:\ K_z^{d_2}(x,z) \cup \{(x,0)\} \subseteq S \,\} & \text{für } y = 0. \end{cases}$$

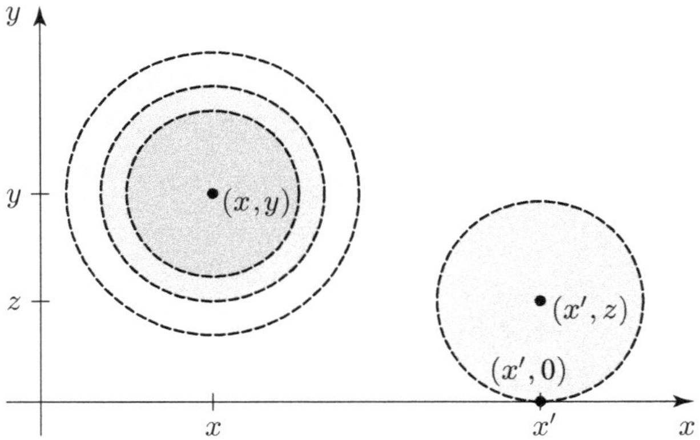

Abbildung 2.3-2

Es ist leicht zu überprüfen, daß $\mathcal{U}$ Umgebungsfunktion für eine Topologie $\mu := \tau_{\mathcal{U}}$ auf M ist ⟦ vgl. Abschnitt 1.2 und 1.2, A 11 (a) ⟧.

(M, μ) heißt *Moore-Ebene*.

(M, μ) ist separabel ⟦ $\overline{M \cap (\mathbb{Q} \times \mathbb{Q})}^{\mu} = M$ ⟧ und auch ein A_1-Raum ⟦ Die entsprechenden Kugeln mit rationalem Radius bilden jeweils eine Umgebungsbasis. ⟧. Die Teilmenge $S := \{\, (x,0) \mid x \in \mathbb{R} \,\} \subseteq M$ ist überabzählbar, $S \in \alpha_\mu$ ⟦ $M \backslash S \in \mu$ ⟧ und $\mu|S$ die diskrete Topologie auf S, $(S, \mu|S)$ somit nicht separabel. Hiermit erhält man auch noch, daß (M, μ) kein A_2-Raum ist $[\![$ sonst wäre $(S, \mu|S)$ gem. 2.3-6 (d) A_2-Raum und nach (2.3,3) (b) doch separabel. $]\!]$.

Im Gegensatz zur Separabilität überträgt sich die Lindelöf-Eigenschaft auf abgeschlossene Unterräume:

Satz 2.3-7

Es sei (X, τ) ein Lindelöf-Raum und $S \in \alpha_\tau$.

$(S, \tau|S)$ ist ein Lindelöf-Raum.

Beweis

Sei $\mathcal{O} \subseteq \tau|S$ eine Überdeckung von S. Für jedes $O \in \tau$ wähle man ein $O' \in \tau$ mit $O' \cap S = O$. Dann ist $\{X \backslash S\} \cup \{ O' \mid O \in \mathcal{O} \} \subseteq \tau$ eine Überdeckung von X und besitzt daher eine abzählbare Teilüberdeckung $\mathcal{P}$. Die Menge $\{ P \cap S \mid P \in \mathcal{P} \} \backslash \{\emptyset\}$ ist eine abzählbare Teilüberdeckung von $\mathcal{O}$. □

Eine für die Analysis bedeutende Eigenschaft topologischer Räume ist die des Zusammenhangs.

Definitionen

Es sei (X, τ) ein topologischer Raum, $O, P \in \tau \backslash \{\emptyset\}$.

(O, P) *offene Zerlegung* von (X, τ) :gdw $O \cap P = \emptyset$ und $O \cup P = X$

(X, τ) *zusammenhängend* :gdw

$$\forall\, (O, P) \in (\tau \backslash \{\emptyset\}) \times (\tau \backslash \{\emptyset\}):\ O \cup P = X \Rightarrow O \cap P \neq \emptyset$$

Die Elemente O, P einer offenen Zerlegung von (X, τ) sind zugleich offen und abgeschlossen. Ein topologischer Raum (X, τ) ist dann und nur dann zusammenhängend, wenn er keine offene Zerlegung zuläßt (sonst nennt man ihn *unzusammenhängend*).

Beispiele (2.3,6)

(a) (X, τ_{in}) ist zusammenhängend; (X, τ_{dis}) unzusammenhängend, sofern X mindestens zwei Elemente hat.

(b) Für jede Irrationalzahl $r \in \mathbb{R} \backslash \mathbb{Q}$ ist $(]-\infty, r[\, \cap \mathbb{Q},]r, \infty[\, \cap \mathbb{Q})$ eine offene Zerlegung von $(\mathbb{Q}, \tau_{|\,|}|\mathbb{Q})$, dieser Raum ist also unzusammenhängend.

(c) (X, τ_c) zusammenhängend $\iff$ X unendlich oder höchstens einelementig:

Ist X endlich mit mindestens zwei Elementen, so gilt $\tau_c = \tau_{\text{dis}}$, (X, τ_c) ist also unzusammenhängend. Für $X = \emptyset$ oder $X = \{x\}$ ist τ_{in} die einzige Topologie auf X, (X, τ_c) also zusammenhängend. Sei also X eine unendliche Menge, $O, P \in \tau_c \backslash \{\emptyset\}$ mit

$O \cup P = X$. Dann sind $X \backslash O$, $X \backslash P$ und somit auch $X \backslash (O \cap P) = (X \backslash O) \cup (X \backslash P)$ endliche Mengen. Es folgt $O \cap P \neq \emptyset$.

Die zusammenhängenden Unterräume von $(\mathbb{R}, \tau_{|\,|})$ sind gerade die Intervalle, insbesondere ist $(\mathbb{R}, \tau_{|\,|})$ selbst zusammenhängend.

Satz 2.3-8

Es sei $S \subseteq \mathbb{R}$.

Äq *(i)* $(S, \tau_{|\,|}|S)$ *zusammenhängend*

(ii) S *Intervall in* $\mathbb{R}$

Beweis

(i) $\Rightarrow$ *(ii)* Ist S kein Intervall, so gibt es $a, b \in S,\ x \in \mathbb{R}$ mit $a < x < b$ und $x \notin S$. $\big(]-\infty, x[\, \cap S,]x, \infty[\, \cap S\big)$ ist dann eine offene Zerlegung von $(S, \tau_{|\,|}|S)$.

(ii) $\Rightarrow$ *(i)* Es sei $(O, P) \in (\tau_{|\,|}|S \backslash \{\emptyset\}) \times (\tau_{|\,|}|S \backslash \{\emptyset\})$ eine offene Zerlegung von $(S, \tau_{|\,|}|S)$. Wegen $O, P \in \alpha_{\tau_{|\,|}|S}$ gibt es $A, B \in \alpha_{\tau_{|\,|}}$ mit $O = A \cap S$ und $P = B \cap S$ $[\![$ 2.3-6 (a) $]\!]$. Es folgt

$$A \cap B \cap S = O \cap P = \emptyset, \quad (A \cup B) \cap S = O \cup P = S,$$

$$A \cap S = O \neq \emptyset, \quad B \cap S = P \neq \emptyset,$$

etwa $a \in A \cap S,\ b \in B \cap S,\ a < b$ (o. B. d. A.). Man setze (Abb. 2.3-3)

$$s := \sup\{\, x \in S \mid x \in A,\ a \leq x \leq b\,\},$$

$$i := \inf\{\, x \in S \mid x \in B,\ s \leq x \leq b\,\}$$

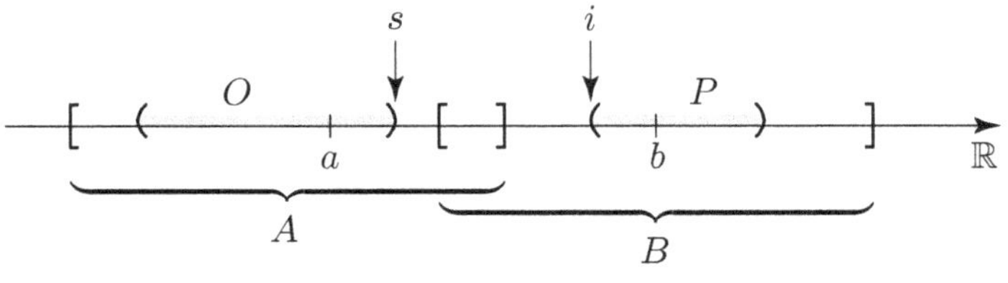

Abbildung 2.3-3

und erhält $s \in A,\ i \in B$ $[\![\, A, B \in \alpha_{\tau_{|\,|}}]\!]$ und $s \neq b$ $[\![\, b \in B \cap S,\ A \cap B \cap S = \emptyset\,]\!]$. Für $i = s$ ist $s \in A \cap B$, also $s \notin S$, S somit kein Intervall. Auch für $s < i$ ist S wegen $]s, i[\, \cap S = \emptyset$ kein Intervall. □

Ein wichtiges Instrument zur Gewinnung $\subseteq$-großer zusammenhängender Unterräume ist der folgende

Satz 2.3-9

Es sei (X, τ) *ein topologischer Raum,* $\mathcal{A} \subseteq \mathcal{P}X$, $(A, \tau|A)$ *zusammenhängend und* $A \cap B \neq \emptyset$ *für alle* $A, B \in \mathcal{A}$.

$(\bigcup \mathcal{A}, \tau| \bigcup \mathcal{A})$ *ist zusammenhängend.*

Beweis

Für alle $O, P \in (\tau|\bigcup\mathcal{A})\backslash\{\emptyset\}$ mit $O \cup P = \bigcup\mathcal{A}$ wähle man $A_O, A_P \in \mathcal{A}$ so, daß $O \cap A_O \neq \emptyset \neq P \cap A_P$ gilt. Dann folgt $A_O \subseteq O$ und $A_P \subseteq P$ ⟦wegen $A_O = (A_O \cap O) \cup (A_O \cap P)$ wäre sonst $(A_O \cap O, A_O \cap P)$ eine offene Zerlegung von $(A_O, \tau|A_O)$; entsprechend für P⟧, also $\emptyset \neq A_O \cap A_P \subseteq O \cap P$. □

Korollar 2.3-9.1

Es sei (X, τ) *ein topologischer Raum,* $\mathcal{A} \subseteq \mathcal{P}X$, $\emptyset \neq B \subseteq X$, $(B, \tau|B)$ *und* $(A, \tau|A)$ *zusammenhängend für alle* $A \in \mathcal{A}$. *Ist* $A \cap B \neq \emptyset$ *für jedes* $A \in \mathcal{A}$, *so ist* $\left(B \cup \bigcup\mathcal{A}, \tau|(B \cup \bigcup\mathcal{A})\right)$ *zusammenhängend.*

Beweis

Gem. 2.3-9 ist zunächst $(B \cup A, \tau|(B \cup A))$ für jedes $A \in \mathcal{A}$ und somit auch $\left(\bigcup\{B \cup A \mid A \in \mathcal{A}\}, \tau|\bigcup\{B \cup A \mid A \in \mathcal{A}\}\right)$ zusammenhängend. □

Definition

Es sei (X, τ) ein topologischer Raum, $\emptyset \neq C \subseteq X$.

C *Zusammenhangskomponente* in (X, τ) :gdw $(C, \tau|C)$ zusammenhängend,
$\forall\, S \subseteq X\colon\ C \subseteq S, (S, \tau|S)$ zusammenhängend $\Rightarrow C = S$.

Zusammenhangskomponenten C ergeben $\subseteq$-maximale zusammenhängende Unterräume von (X, τ), für $x \in C$ nennt man C *Zusammenhangskomponente von* x in (X, τ). Gem. 2.3-9.1 liefert die Zusammenhangskomponente C_x von x in (X, τ) den $\subseteq$-größten, x enthaltenden, zusammenhängenden Unterraum von (X, τ), C_x ist daher eindeutig bestimmt.

Satz 2.3-10

In jedem topologischen Raum (X, τ) *gilt:*

(a) $\forall\, x \in X\colon\ C_x \subseteq \bigcap\{O \in \tau \cap \alpha_\tau \mid x \in O\}$

(b) $\forall\, x \in X\colon\ C_x \in \alpha_\tau$

(c) $\forall\, x, y \in X\colon\ C_x \neq C_y \Rightarrow C_x \cap C_y = \emptyset$

Beweis

Zu (a) Sei $x \in O \in \tau \cap \alpha_\tau$. Wenn C_x keine Teilmenge von O wäre, so erhielte man in $(C_x \cap O, C_x \cap (X \backslash O))$ eine offene Zerlegung von $(C_x, \tau|C_x)$.

Zu (b) Mit $(A, \tau|A)$ ist $\left(\overline{A}^\tau, \tau|\overline{A}^\tau\right)$ zusammenhängend in (X, τ) (s. auch 2.4-4.1): Ist $\left(O \cap \overline{A}^\tau, P \cap \overline{A}^\tau\right)$ mit O, $P \in \tau$ eine offene Zerlegung von $\left(\overline{A}^\tau, \tau|\overline{A}^\tau\right)$, so folgt $A = A \cap \overline{A}^\tau = (O \cap A) \cup (P \cap A)$, $O \cap A \neq \emptyset \neq P \cap A$ (da $O \cap \overline{A}^\tau \neq \emptyset \neq P \cap \overline{A}^\tau$) und $(O \cap A) \cap (P \cap A) = \emptyset$. Also ist $(A, \tau|A)$ unzusammenhängend.

Zu (c) Für $C_x \cap C_y \neq \emptyset$ ist $(C_x \cup C_y, \tau|C_x \cup C_y)$ gem. 2.3-9 zusammenhängend, $x, y \in C_x \cup C_y$. Es folgt $C_x \cup C_y \subseteq C_x \cap C_y$, also $C_x = C_y$. □

In 2.3-10 (a) gilt i. a. nicht Gleichheit:

Beispiel (2.3,7)

In $\mathbb{R}^2$ sei

$$X := \left\{ \left(x, \tfrac{1}{j+1}\right) \mid x \in [0,1],\ j \in \mathbb{N} \right\} \cup \left\{ (x, 0) \mid x \in [0,1] \backslash \{\tfrac{1}{2}\} \right\}$$

(vgl. Abb. 2.3-4), $\tau := \tau_{d_2}|X$ und $x_0 := (\frac{1}{4}, 0)$.

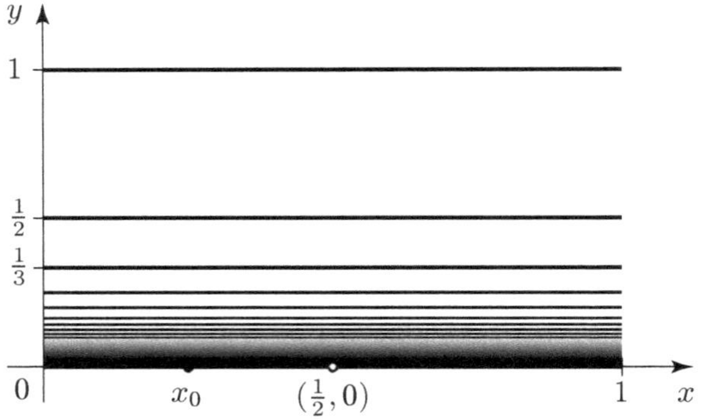

Abbildung 2.3-4

Offensichtlich ist $C_{x_0} = \{ (x,0) \mid 0 \leq x < \frac{1}{2} \}$. Für jedes $O \in \tau \cap \alpha_\tau$ mit $x_0 \in O$ erhält man $\{ (x,0) \mid \frac{1}{2} < x \leq 1 \} \subseteq O$, denn die Mengen $\{ (x,0) \mid 0 \leq x < \frac{1}{2} \}$, $\{ (x,0) \mid \frac{1}{2} < x \leq 1 \}$ und $\left\{ \left(x, \frac{1}{j+1}\right) \mid 0 \leq x \leq 1 \right\}$ $(j \in \mathbb{N})$ ergeben zusammenhängende Unterräume von (X, τ). Es folgt

$$C_{x_0} \neq \bigcap \{ O \in \tau \cap \alpha_\tau \mid x_0 \in O \}.$$

Die Bedeutung des Zusammenhangs für die Analysis besteht u. a. darin, daß man in zusammenhängenden Räumen in jeder offenen Überdeckung des Raums entlang einer einfachen offenen Kette von einem Punkt zum anderen gelangen kann (s. 2.3-11).

Definition

Es sei X eine Menge, $a, b \in X$, $n \in \mathbb{N}\backslash\{0\}$ und $(E_1, \dots, E_n) \in (\mathcal{P}X)^n$.

$(E_1, \dots, E_n)$ *einfache Kette (von a nach b)* in X :gdw

$\forall\, i, j \in \{1, \dots, n\}$: $E_i \cap E_j \neq \emptyset \Leftrightarrow |i - j| \leq 1$ (und $a \in E_1$, $b \in E_n$)

Alle E_i sind also nichtleer, und nur (über den Index) benachbarte Mengen haben gemeinsame Elemente.

Satz 2.3-11

Es sei (X, τ) ein topologischer Raum.

Äq (i) (X, τ) zusammenhängend

(ii) $\forall\, \mathcal{O} \subseteq \tau$: $\bigcup \mathcal{O} = X \Rightarrow \forall\, a, b \in X\ \exists\, n \in \mathbb{N}\backslash\{0\}$
$\exists\, (O_1, \dots, O_n) \in \mathcal{O}^n$: $(O_1, \dots, O_n)$ *einfache Kette von a nach b*

Beweis

(i) ⇒ (ii) Man setze

$$V := \{\, x \in X \mid \exists\, n \in \mathbb{N}\backslash\{0\}\ \exists\, (O_1, \dots, O_n) \in \mathcal{O}^n : (O_1, \dots, O_n) \text{ einfache Kette von } a \text{ nach } x \,\}.$$

Wegen $X = \bigcup \mathcal{O}$ gehört a zu V, also ist $V \neq \emptyset$. Weiter gilt für jedes $x \in V$, etwa $(O_1, \dots, O_n)$ einfache Kette von a nach x, auch $O_n \subseteq V$ ⟦Für jedes $y \in O_n$ ist $(O_1, \dots, O_n)$ ebenfalls einfache Kette von a nach y.⟧, also $V \in \tau$. Schließlich sei $x \in \overline{V}^{\tau}$, $O \in \mathcal{O}$ mit $x \in O$ und $y \in O \cap V$, $(O_1, \dots, O_n) \in \mathcal{O}^n$ einfache Kette von a nach y. Mit

$$m := \min\{\, i \in \{1, \dots, n\} \mid O \cap O_i \neq \emptyset \,\}$$

ist $(O_1, \dots, O_m, O) \in \mathcal{O}^{m+1}$ einfache Kette von a nach x, also $x \in V$. Wegen des Zusammenhangs von (X, τ) folgt $V = X$ ⟦A 4⟧.

(ii) ⇒ (i) Wenn (X, τ) unzusammenhängend ist, existiert eine offene Zerlegung (O, P) von (X, τ), $\{O, P\}$ ist also eine offene Überdeckung von X, und für alle $a \in O$, $b \in P$ gibt es keine einfache Kette in $\{O, P\}$ von a nach b. □

Korollar 2.3-11.1

In jedem offenen, zusammenhängenden Unterraum $(O, \tau_{d_2}|O)$ von $(\mathbb{R}^n, \tau_{d_2})$ lassen sich je zwei Punkte a, b durch einen in O gelegenen Polygonzug verbinden.

Beweis

Für jedes $x \in O$ wähle man ein $\varepsilon_x > 0$ mit $K^{d_2}_{\varepsilon_x}(x) \subseteq O$. In der offenen Überdeckung $\{\, K^{d_2}_{\varepsilon_x}(x) \mid x \in O \,\}$ von O gibt es gem. 2.3-11 eine einfache Kette

$\left(K^{d_2}_{\varepsilon_{x_1}}(x_1), \ldots, K^{d_2}_{\varepsilon_{x_r}}(x_r)\right)$ von a nach b (Abb. 2.3-5). Für $i \in \{1, \ldots, r-1\}$ sei $y_i \in K^{d_2}_{\varepsilon_{x_i}}(x_i) \cap K^{d_2}_{\varepsilon_{x_{i+1}}}(x_{i+1})$. Der Polygonzug von a nach b über die Punkte y_i liegt ganz in O. □

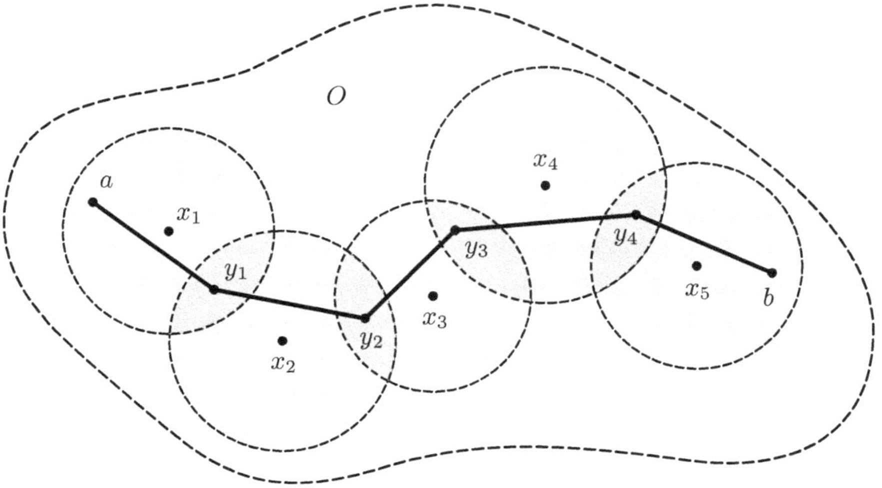

Abbildung 2.3-5

Die Eigenschaft „Zusammenhang" kann durch den Begriff „Wegzusammenhang" noch verschärft werden, vgl. hierzu 2.4, A 17.

Eine weitere für die Analysis wichtige Eigenschaft, die Kompaktheit topologischer Räume, wird in Kapitel 4 behandelt.

Aufgaben zu 2.3

1. Auf der Menge $\mathbb{R}$ der reellen Zahlen sei τ_S die Sorgenfrey-Topologie und τ_c die Topologie der koendlichen Mengen. Man untersuche, für welche $\sigma, \tau \in \{\tau_{|\,|}, \tau_S, \tau_c\}$ die strikte Ungleichung $\tau \subsetneqq \sigma$ gilt!

2. Für

$$\beta := \left\{ \,]a,b[\; \middle|\; a,b \in \mathbb{R},\ a<b \right\} \cup \{ \{z\} \mid z \in \mathbb{Z} \}$$

beweise man:

(a) β ist Basis einer Topologie τ_β auf $\mathbb{R}$, und $(\mathbb{R}, \tau_\beta)$ ist ein A_2-Raum (also separabel und Lindelöf-Raum).

(b) Für alle $z \in \mathbb{Z}$ ist $]z, z+1[\, \in \tau_\beta \cap \alpha_{\tau_\beta}$ eine perfekte Menge in $(\mathbb{R}, \tau_\beta)$.

(c) Für alle $r, s \in \mathbb{R}$ mit $r \leq s$, $s \notin \mathbb{Z}$ ist $]r, s[$ keine perfekte Menge in $(\mathbb{R}, \tau_\beta)$.

3. (X, τ) sei ein pseudometrisierbarer separabler topologischer Raum und $S \subseteq X$. Man beweise: $(S, \tau|S)$ ist separabel.

4. (X, τ) sei ein topologischer Raum. Man beweise:

Äq (i) (X, τ) zusammenhängend

(ii) $\forall\, S \in \tau \cap \alpha_\tau\colon\; S \in \{\emptyset, X\}$

(iii) $\forall\, x, y \in X \;\exists\, S \subseteq X\colon\; x, y \in S$ und $(S, \tau|S)$ zusammenhängend

5. Es sei (X, τ) ein topologischer Raum, $O, P \in \tau,\; O \subseteq P,\; P \cap \partial_\tau O = \emptyset$ und

$$\mathcal{Z}_P := \{\, C \mid C \text{ Zusammenhangskomponente in } (P, \tau|P) \,\}.$$

Man zeige:

$$\exists\, \mathcal{S} \subseteq \mathcal{Z}_P\colon\; O = \bigcup \mathcal{S}.$$

6. (X, τ) sei ein topologischer Raum, $T \subseteq S \subseteq X$. Es gilt:

$$\left(\overline{T}^{\tau|S}\right)^{\circ_{\tau|S}} = \emptyset \quad\Longrightarrow\quad \left(\overline{T}^{\tau}\right)^{\circ_\tau} = \emptyset$$

(d. h. ist T nirgendsdicht in $(S, \tau|S)$, so auch in (X, τ)).

7. Die Sorgenfrey-Gerade $(\mathbb{R}, \tau_S)$ (vgl. (2.3,2)) ist ein Lindelöf-Raum.

(Hinweis: Man beachte, daß $(\mathbb{R}, \tau_{|\,|})$ ein A_2-Raum ist, und berücksichtige, daß für jedes $\mathcal{O} \subseteq \tau_S$ mit $\bigcup \mathcal{O} = \mathbb{R}$ die Menge $\mathbb{R} \setminus \bigcup_{O \in \mathcal{O}} O^{\circ_{\tau_{|\,|}}}$ gem. 2.3-5 abzählbar ist!)

8. (X, τ) sei ein topologischer Raum, $S, T \subseteq X,\; S \subseteq T$. Es gilt:

$$\overline{S}^{\tau|T} = T \quad\Longrightarrow\quad \overline{S}^{\tau|\overline{T}^\tau} = \overline{T}^\tau.$$

2.4 Stetigkeit, Produkt- und Quotientenräume, Konvexität

Die Stetigkeit von reellwertigen reellen Funktionen wurde in den vorangegangenen Abschnitten als aus der reellen Analysis bekannt bereits mehrfach verwendet. Die ε-δ-Definition der Stetigkeit von $f : [a, b] \longrightarrow \mathbb{R}$ im Punkt $x_0 \in [a, b]$:

f stetig in x_0 :gdw

$$\forall\, \varepsilon > 0 \;\exists\, \delta > 0 \;\forall\, x \in [a, b]\colon\; |x - x_0| < \delta \Rightarrow |f(x) - f(x_0)| < \varepsilon$$

läßt sich analog für Funktionen zwischen topologischen Räumen mit Hilfe von Umgebungen formulieren:

Definitionen

Es seien (X, τ), (Y, σ) topologische Räume, $f : X \longrightarrow Y$ und $x \in X$.

f stetig in x (bzgl. (τ, σ)) :gdw $\forall\, U \in \mathcal{U}_\sigma(f(x)) \;\exists\, V \in \mathcal{U}_\tau(x)\colon\; f[V] \subseteq U$

f *stetig* (bzgl. (τ, σ)) (auch (τ, σ)-*stetig*) :gdw
$\forall\, x \in X\colon\; f$ stetig in x (bzgl. (τ, σ))

Sei

$$C(X, Y) := \{\, f : X \longrightarrow Y \mid f \text{ stetig (bzgl. } (\tau, \sigma))\,\},$$

speziell in der bisherigen Notation $C(X, \mathbb{C}) = C(X),\; C_{\mathbb{R}}(X) = C(X, \mathbb{R})$.

Beispiele (2.4,1)

(X, τ), (Y, σ) seien topologische Räume, $f : X \longrightarrow Y$.

(a) f konstant $\Longrightarrow$ f stetig

(b) $\sigma = \tau_{\text{in}}$ oder $\tau = \tau_{\text{dis}}$ $\Longrightarrow$ f stetig

(c) Für $X = Y$ gilt

Äq (i) id_X stetig (bzgl. (τ, σ))

(ii) $\sigma \subseteq \tau$,

denn

$$\begin{aligned} \sigma \subseteq \tau &\iff \forall\, x \in X\colon\; \mathcal{U}_\sigma(x) \subseteq \mathcal{U}_\tau(x) \quad [\![\text{gem. 1.2, A 9 (a)}]\!] \\ &\iff \forall\, x \in X\; \forall\, U \in \mathcal{U}_\sigma(x)\; \exists\, V \in \mathcal{U}_\tau(x)\colon\; V \subseteq U \end{aligned}$$

(d) (X, d) sei ein pseudometrischer Raum, $\emptyset \neq A \subseteq X$. Die *Abstandsfunktion* zu A

$$d_A : \begin{cases} X \longrightarrow \mathbb{R} \\ x \longmapsto \inf\{\, d(x, a) \mid a \in A \,\} \end{cases}$$

ist stetig (bzgl. $(\tau_d, \tau_{|\,|})$):

Die Stetigkeit von d_A folgt unmittelbar aus

$$\forall\, x, y \in X\colon\; |d_A(x) - d_A(y)| \leq d(x, y) \tag{$*$}$$

(vgl. 1.2, A 19: $d_A(x) = \operatorname{dist}(x, A)$ ist der Abstand von x zu A in (X, d)).

Stetigkeit von Funktionen zwischen topologischen Räumen läßt sich wegen der äquivalenten Beschreibung der Umgebungsräume durch Begriffe wie Hüllen- bzw. Kernoperator, offene bzw. abgeschlossene Mengen, Filter- oder Netzkonvergenz auf vielfältige Art charakterisieren. In der Praxis werden dann die jeweils am geeignetsten erscheinenden verwendet.

Satz 2.4-1

(X,τ), (Y,σ) seien topologische Räume, $\mathcal{S}$ eine Subbasis von σ und $f: X \longrightarrow Y$.

Äq (i) f *stetig*

(ii) $\forall\, x \in X\ \forall\, U \in \mathcal{U}_\sigma(f(x))\colon\ f^{-1}[U] \in \mathcal{U}_\tau(x)$

(iii) $\forall\, S \in \mathcal{S}\colon\ f^{-1}[S] \in \tau$

(iv) $\forall\, O \in \sigma\colon\ f^{-1}[O] \in \tau$

(v) $\forall\, A \in \alpha_\sigma\colon\ f^{-1}[A] \in \alpha_\tau$

(vi) $\forall\, B \subseteq X\colon\ f\left[\overline{B}^\tau\right] \subseteq \overline{f[B]}^\sigma$

(vii) $\forall\, A \subseteq Y\colon\ \overline{f^{-1}[A]}^\tau \subseteq f^{-1}\left[\overline{A}^\sigma\right]$

(viii) $\forall\, A \subseteq Y\colon\ f^{-1}[A^{\circ\sigma}] \subseteq (f^{-1}[A])^{\circ\tau}$

(ix) $\forall\, x \in X\ \forall\, \mathcal{F}$: $\mathcal{F}$ *Filter auf* X, $\mathcal{F} \rightarrow_\tau x \Rightarrow \overline{f[[\mathcal{F}]]} \rightarrow_\sigma f(x)$

(x) $\forall\, x \in X\ \forall\, M$: M *Netz in* X, $M \rightarrow_\tau x \Rightarrow f \circ M \rightarrow_\sigma f(x)$

Beweis

(i) ⇒ (ii) Zu jedem $U \in \mathcal{U}_\sigma(f(x))$ existiert gem. (i) ein $V \in \mathcal{U}_\tau(x)$ mit $f[V] \subseteq U$, d. h. $V \subseteq f^{-1}[U]$. Daher gilt $f^{-1}[U] \in \mathcal{U}_\tau(x)$.

(ii) ⇒ (iii) Sei $S \in \mathcal{S}$ und $x \in f^{-1}[S]$, d. h. $f(x) \in S$. Nach (ii) ist wegen $S \in \mathcal{U}_\sigma(f(x))$ die Urbildmenge $f^{-1}[S] \in \mathcal{U}_\tau(x)$ und somit $f^{-1}[S] \in \tau$.

(iii) ⇒ (iv) f^{-1} ist durchschnitts- und vereinigungstreu (Anhang 1-26 (b)).

(iv) ⇒ (v) Sei $A \in \alpha_\sigma$, d. h. $Y \backslash A \in \sigma$. Gem. (iv) folgt

$$X\backslash f^{-1}[A] = f^{-1}[Y]\backslash f^{-1}[A] = f^{-1}[Y\backslash A] \in \tau, \quad \text{d. h. } f^{-1}[A] \in \alpha_\tau.$$

(v) ⇒ (vi) Mit (v) folgt $f^{-1}\left[\overline{f[B]}^\sigma\right] \in \alpha_\tau$, wegen $B \subseteq f^{-1}\left[\overline{f[B]}^\sigma\right]$ also auch $\overline{B}^\tau \subseteq f^{-1}\left[\overline{f[B]}^\sigma\right]$. Man erhält daher

$$f\left[\overline{B}^\tau\right] \subseteq f\left[f^{-1}\left[\overline{f[B]}^\sigma\right]\right] \subseteq \overline{f[B]}^\sigma.$$

(vi) ⇒ (vii) Für alle $A \subseteq Y$ gilt nach (vi)

$$f\left[\overline{f^{-1}[A]}^\tau\right] \subseteq \overline{f[f^{-1}[A]]}^\sigma \subseteq \overline{A}^\sigma, \quad \text{also } \overline{f^{-1}[A]}^\tau \subseteq f^{-1}\left[\overline{A}^\sigma\right].$$

(vii) ⇒ (viii) Für alle $A \subseteq Y$ gilt nach (vii) und mit 2.1-1 (a)

$$X\backslash f^{-1}[A^{\circ\sigma}] = f^{-1}[Y\backslash A^{\circ\sigma}] = f^{-1}\left[\overline{Y\backslash A}^\sigma\right] \supseteq \overline{f^{-1}[Y\backslash A]}^\tau = X\backslash(f^{-1}[A])^{\circ\tau}.$$

(viii) ⇒ (ix) Sei $x \in X$, $\mathcal{F}$ ein gegen x konvergenter Filter auf X und (o. B. d. A.) $U \in \mathcal{U}_\sigma(f(x)) \cap \sigma$. Nach (viii) ist $x \in f^{-1}[U] = (f^{-1}[U])^{\circ\tau}$, also $f^{-1}[U] \in \tau \cap \mathcal{U}_\tau(x)$ ⟦2.1-1.1 (b)⟧. Man wähle ein $F \in \mathcal{F}$ mit $F \subseteq f^{-1}[U]$ und erhält $f[F] \subseteq U$.

(ix) ⇒ (x) Sei $x \in X$, $M : D \longrightarrow X$ ein Netz in X, $M \to_\tau x$. Der Endenfilter zu M,

$$\mathfrak{E}_M := \overline{\{\{M_a \mid a \geq b\} \mid b \in D\}},$$

konvergiert gegen x, und nach (ix) konvergiert der Bildfilter

$$\overline{f[[\mathfrak{E}_M]]} = \overline{\{f[\{M_a \mid a \geq b\}] \mid b \in D\}} = \overline{\{\{f \circ M(a) \mid a \geq b\} \mid b \in D\}}$$

gegen $f(x)$. Für alle $U \in \mathcal{U}_\sigma(f(x))$ ist $\{f \circ M(a) \mid a \geq b_U\} \subseteq U$ für ein $b_U \in D$, d. h. es gilt $f \circ M \to_\sigma f(x)$.

(x) ⇒ (i) Ist f nicht stetig, etwa nicht stetig in $x \in X$, so existiert eine Umgebung $U \in \mathcal{U}_\sigma(f(x))$, so daß $f[V] \not\subseteq U$, d. h. $V \not\subseteq f^{-1}[U]$ für jedes $V \in \mathcal{U}_\tau(x)$ gilt. Man wähle ein $M_V \in V \setminus f^{-1}[U]$ für jedes $V \in \mathcal{U}_\tau(x)$. Dann ist

$$M : \begin{cases} \mathcal{U}_\tau(x) \longrightarrow X \\ V \longmapsto M_V \end{cases}$$

ein Netz in X ($(\mathcal{U}_\tau(x), \subseteq)$ ist gerichtete Menge!), das (natürlich) gegen x konvergiert. Dagegen konvergiert das Bildnetz $f \circ M$ nicht gegen $f(x)$ ⟦für alle $V \in \mathcal{U}_\tau(x)$ ist $f(M_V) \notin U$⟧. □

Korollar 2.4-1.1

(X, τ), (Y, σ), (Z, ϱ) seien topologische Räume, $f : X \longrightarrow Y$ und $g : Y \longrightarrow Z$ stetig (bzgl. (τ, σ) bzw. (σ, ϱ)). Dann ist $g \circ f$ stetig (bzgl. (τ, ϱ)).

Beweis

Für jedes $O \in \varrho$ gilt $(g \circ f)^{-1}[O] = f^{-1}\big[g^{-1}[O]\big] \in \tau$ gem. 2.4-1 (iv). □

Korollar 2.4-1.2

Sind (X, τ), (Y, σ) topologische Räume, $S \subseteq X$ und $f : X \longrightarrow Y$ stetig, so ist $f \restriction S$ stetig.

Beweis

Für jedes $O \in \sigma$ gilt $(f \restriction S)^{-1}[O] = S \cap f^{-1}[O] \in \tau | S$. □

Ist der Definitionsbereich der Funktion f ein A_1-Raum, so genügen gewöhnliche Folgen an Stelle von Netzen bzw. Filtern zur Charakterisierung der Stetigkeit, insbesondere läßt sich die zu Beginn des Abschnitts 1.1 mit Hilfe von Folgenkonvergenz gegebene Stetigkeitsdefinition für Funktionen $f : K \longrightarrow L,\ K, L \in \{\mathbb{Q}, \mathbb{R}, \mathbb{C}\}$, hier einordnen.

Korollar 2.4-1.3

(X,τ), (Y,σ) seien topologische Räume, $f : X \longrightarrow Y$ und (X,τ) A_1-Raum.

Äq *(i)* f *stetig*

(ii) $\forall\, x \in X\ \forall\, (x_j)_j \in X^{\mathbb{N}}:\ (x_j)_j \to_\tau x \Rightarrow (f(x_j))_j \to_\sigma f(x)$

Beweis

(i) ⇒ (ii) gilt gem. 2.4-1, da Folgen auch Netze sind.

(ii) ⇒ (i) Es sei $B \subseteq X$ und $x \in \overline{B}^\tau$. Es gibt somit eine Folge $(x_j)_j \in B^{\mathbb{N}}$, die gegen x konvergiert ⟦vgl. die Bemerkung im Anschluß an 2.1-3, Seite 53⟧, gem. (ii) folgt daher $(f(x_j))_j \to_\sigma f(x)$. Wegen $(f(x_j))_j \in (f[B])^{\mathbb{N}}$ erhält man $f(x) \in \overline{f[B]}^\sigma$; nach 2.4-1 ist f stetig. □

Ist der Bildraum einer Funktion f sogar ein pseudometrisierbarer Raum, so kann die Stetigkeit von f mit Hilfe der Oszillation gekennzeichnet werden:

Definition

(X,τ) sei ein topologischer, (Y,d) ein pseudometrischer Raum, $S \subseteq X,\ f : S \longrightarrow Y$ und $x \in \overline{S}^\tau$.

$$\omega_S(f,x) := \inf\{\, \delta(f[U \cap S]) \mid U \in \mathcal{U}_\tau(x)\,\} \in \mathbb{R} \cup \{\infty\}$$

heißt *Oszillation von f bei x* (auf S), $\omega(f,x) := \omega_X(f,x)$.

($\delta(f[U \cap S])$ ist der Durchmesser von $f[U \cap S]$ in (Y,d); vgl. 1.1, A 23.)

Korollar 2.4-1.4

(X,τ) sei ein topologischer, (Y,d) ein pseudometrischer Raum, $x \in X$ und $f : X \longrightarrow Y$.

Äq *(i)* f *(τ, τ_d)-stetig in x*

(ii) $\omega(f,x) = 0$

Beweis

(i) ⇒ (ii) Sei $\varepsilon > 0$. Gem. 2.4-1 ist $f^{-1}\big[K_\varepsilon^d(f(x))\big] \in \mathcal{U}_\tau(x)$, und es gilt $\delta\big(f\big[f^{-1}[K_\varepsilon^d(f(x))]\big]\big) \le \delta\big(K_\varepsilon^d(f(x))\big) \le 2\varepsilon$, woraus $\omega(f,x) = 0$ folgt.

(ii) ⇒ (i) Zu $\varepsilon > 0$ wähle man gem. (ii) ein $U \in \mathcal{U}_\tau(x)$ mit $\delta(f[U]) < \varepsilon$. Hierfür gilt $f[U] \subseteq K_\varepsilon^d(f(x))$ ⟦$x' \in U \Longrightarrow d(f(x'), f(x)) < \delta(f[U]) < \varepsilon$⟧, f ist stetig in x. □

Stetige Funktionen zwischen topologischen Räumen sind gem. 2.4-1 genau diejenigen Funktionen, deren Urbilder sämtlicher Subbasismengen offen sind. Für reellwertige Funktionen f auf dem topologischen Raum (X, τ) bedeutet dieses in Hinblick auf die kanonische Subbasis der Topologie $\tau_{|\ |}$ auf $\mathbb{R}$:

$$\forall\, r \in \mathbb{R}\colon\ f^{-1}\big[\,]r, \infty[\,\big],\ f^{-1}\big[\,]-\infty, r[\,\big] \in \tau.$$

Die für Approximations-, insbesondere Integrationszwecke so wichtigen charakteristischen Funktionen χ_S zu Teilmengen S topologischer Räume (X, τ) sind i. a. nicht stetig ⟦ A 3 (a) ⟧, die Theorie der stetigen Funktionen ist daher für sie zu eng. Ist $S \in \tau$, so gilt jedoch immerhin noch

$$\forall\, r \in \mathbb{R}\colon\ \chi_S^{-1}\big[\,]r, \infty[\,\big] \in \tau,$$

denn

$$\chi_S^{-1}\big[\,]r, \infty[\,\big] = \begin{cases} \emptyset & \text{für } r \geq 1 \\ S & \text{für } 0 \leq r < 1 \\ X & \text{für } r < 0 \end{cases}$$

ist offen. Diese Feststellung gibt Anlaß zu folgenden

Definitionen

Es sei (X, τ) ein topologischer Raum, $x \in X$ und $f : X \longrightarrow \mathbb{R}$.

f *unterhalbstetig* in x	:gdw	$\forall\, \varepsilon > 0\ \exists\, U \in \mathcal{U}_\tau(x)\colon\ f[U] \subseteq\ ]f(x) - \varepsilon, \infty[$
f *oberhalbstetig* in x	:gdw	$-f$ unterhalbstetig in x
f *unterhalbstetig*	:gdw	$\forall\, x \in X\colon$ f unterhalbstetig in x
f *oberhalbstetig*	:gdw	$\forall\, x \in X\colon$ f oberhalbstetig in x

Beispiel (2.4,2)

(X, τ) sei ein topologischer Raum, $S \subseteq X$ mit der charakteristischen Funktion χ_S. Es gilt:

$$S \in \tau \quad \Longleftrightarrow \quad \chi_S \text{ unterhalbstetig}$$

und

$$S \in \alpha_\tau \quad \Longleftrightarrow \quad \chi_S \text{ oberhalbstetig.}$$

„$\Rightarrow$“ Sei $x \in X$ und $\varepsilon > 0$. Für $x \in S$ ist $S \in \mathcal{U}_\tau(x)$ mit $\chi_S[S] = \{1\} \subseteq\ ]\chi_S(x) - \varepsilon, \infty[\ =\ ]1 - \varepsilon, \infty[$, und für $x \in X\backslash S$ erhält man $X \in \mathcal{U}_\tau(x)$ und $\chi_S[X] \subseteq \{0, 1\} \subseteq\ ]\chi_S(x) - \varepsilon, \infty[\ =\ ]-\varepsilon, \infty[$.

„$\Leftarrow$“ Sei $x \in S$. Man wähle $U \in \mathcal{U}_\tau(x)$ mit $\chi_S[U] \subseteq\ ]1 - \frac{1}{2}, \infty[$, also $\chi_S[U] = \{1\}$. Es folgt $U \subseteq S$, also $S \in \tau$.

Damit ist die erste Äquivalenz begründet; die zweite folgt hieraus so:

Wegen $-\chi_S = \chi_{X\setminus S} - 1$ gilt

$$\begin{aligned} S \in \alpha_\tau \quad &\Longleftrightarrow \quad X\setminus S \in \tau \quad \Longleftrightarrow \quad \chi_{X\setminus S} \text{ unterhalbstetig} \\ &\Longleftrightarrow \quad -\chi_{X\setminus S} \text{ oberhalbstetig} \quad \Longleftrightarrow \quad \chi_S - 1 \text{ oberhalbstetig} \\ &\Longleftrightarrow \quad \chi_S \text{ oberhalbstetig} \end{aligned}$$

Satz 2.4-2

Es sei (X,τ) ein topologischer Raum, $f : X \longrightarrow \mathbb{R}$.

Äq (i) f unterhalbstetig

(ii) $\forall\, r \in \mathbb{R}\colon\ f^{-1}\big[\,]r,\infty[\,\big] \in \tau$

(iii) $\forall\, r \in \mathbb{R}\colon\ f^{-1}\big[\,]-\infty,r]\big] \in \alpha_\tau$

Beweis

(i) ⇒ (ii) Für jedes $r \in \mathbb{R}$, $x \in X$ mit $f(x) > r$ gibt es gem. (i) ein $U \in \mathcal{U}_\tau(x)$ mit $f[U] \subseteq\,]f(x) - (f(x) - r), \infty[\, = \,]r,\infty[$, also gilt $f(u) > r$ für jedes $u \in U$, d. h. $U \subseteq f^{-1}\big[\,]r,\infty[\,\big]$.

(ii) ⇒ (iii) $f^{-1}\big[\,]-\infty,r]\big] = X\setminus f^{-1}\big[\,]r,\infty[\,\big] \in \alpha_\tau$

(iii) ⇒ (i) Sei $x \in X$, $\varepsilon > 0$. Gem. (iii) ist $x \in f^{-1}\big[\,]f(x)-\varepsilon,\infty[\,\big] = X\setminus f^{-1}\big[\,]-\infty, f(x)-\varepsilon]\big] \in \tau$, und es gilt $f\big[f^{-1}\big[\,]f(x)-\varepsilon,\infty[\,\big]\big] \subseteq\,]f(x)-\varepsilon,\infty[$. □

Satz 2.4-2 zeigt, daß genau die zugleich unter- und oberhalbstetigen Funktionen $f : X \longrightarrow \mathbb{R}$ stetig sind (s. auch 2.4-13.1). Eine weitere Charakterisierung der Unterhalbstetigkeit erfolgt in 2.4-13.

Separabilität und Lindelöf-Eigenschaft lassen sich durch stetige Funktionen auf die Bildräume übertragen (s. 2.4-4.2, 4.1-6 (a) für weitere übertragbare Eigenschaften):

Satz 2.4-3

(X,τ) und (Y,σ) seien topologische Räume, $f \in C(X,Y)$ surjektiv.

(a) (X,τ) separabel $\Longrightarrow$ (Y,σ) separabel

(b) (X,τ) Lindelöf-Raum $\Longrightarrow$ (Y,σ) Lindelöf-Raum

Beweis

Zu (a) Ist D eine abzählbare, in (X,τ) dichte Teilmenge, so ist auch $f[D]$ abzählbar, und es folgt nach 2.4-1

$$Y = f[X] = f\left[\overline{D}^{\tau}\right] \subseteq \overline{f[D]}^{\sigma} \subseteq Y.$$

Zu (b) Sei $\mathcal{O} \subseteq \sigma$ eine Überdeckung von Y. Dann ist $\{ f^{-1}[O] \mid O \in \mathcal{O} \} \subseteq \tau$ eine Überdeckung von X, es existiert somit eine abzählbare Teilmenge $\mathcal{O}^* \subseteq \mathcal{O}$, so daß

$$\bigcup \{ f^{-1}[O] \mid O \in \mathcal{O}^* \} = X$$

gilt. Hieraus folgt $Y = f[X] = \bigcup \mathcal{O}^*$ ⟦ $f[f^{-1}[O]] = O$ ⟧. □

Allgemeiner als in 2.4-3 (a) ist die (oftmals nützliche) Aussage:

(X, τ), (Y, σ) seien topologische Räume, $f \in C(X, Y)$, $\overline{D}^{\tau} = X$ und $\overline{f[X]}^{\sigma} = Y$. Dann gilt $\overline{f[D]}^{\sigma} = Y$. ⟦ $Y = \overline{f[X]}^{\sigma} = \overline{f\left[\overline{D}^{\tau}\right]}^{\sigma} \subseteq \overline{f[D]}^{\sigma} \subseteq Y$ (gem. 2.4-1). ⟧

Stetige Bilder von A_1- bzw. A_2-Räumen sind i. a. nicht wieder A_1- bzw. A_2-Räume ⟦ vgl. (2.4,13) ⟧.

Mit Hilfe stetiger Funktionen kann ein einfaches, sehr nützliches Kriterium über den Zusammenhang topologischer Räume aufgestellt werden:

Satz 2.4-4

(X, τ) sei ein topologischer Raum, $\{0, 1\}$ trage die diskrete Topologie.

Äq (i) (X, τ) zusammenhängend

(ii) $\forall f \in C(X, \{0, 1\})\colon\ f[X] \neq \{0, 1\}$

Beweis

(i) ⇒ (ii) Für $f \in C(X, \{0, 1\})$ mit $f[X] = \{0, 1\}$ ist $\{f^{-1}[\{0\}], f^{-1}[\{1\}]\}$ eine offene Zerlegung von (X, τ).

(ii) ⇒ (i) Ist (O, P) eine offene Zerlegung von (X, τ), so erhält man in χ_P eine stetige surjektive Funktion ⟦ (2.4,2) ⟧. □

Die beiden folgenden Korollare zeigen Anwendungsmöglichkeiten von 2.4-4.

Korollar 2.4-4.1

Es sei (X, τ) ein topologischer Raum, S, $T \subseteq X$ und $S \subseteq T \subseteq \overline{S}^{\tau}$. Mit $(S, \tau|S)$ ist auch $(T, \tau|T)$ zusammenhängend.

Beweis

Sei $f \in C(T, \{0, 1\})$. Gem. 2.4-1.2 ist $f{\restriction}S$ stetig und nach Voraussetzung und 2.4-4 nicht surjektiv, etwa (o. B. d. A.) $f[S] \subseteq \{0\}$. Gäbe es ein Element $t \in T$ mit $f(t) = 1$, so wäre $t \in f^{-1}[\{1\}] \in \tau|T \cap \mathcal{U}_{\tau|T}(t)$. Da t ein Berührpunkt von S ist, müßte $f^{-1}[\{1\}] \cap S \neq \emptyset$ sein. Somit gilt auch $f[T] \subseteq \{0\}$. □

Insbesondere ist für jeden zusammenhängenden Unterraum auch dessen topologische Hülle wieder zusammenhängend (Eine direkte Begründung hierfür enthält der Beweis zu 2.3-10 (b)).

Korollar 2.4-4.2

(X, τ) und (Y, σ) seien topologische Räume, $f \in C(X, Y)$ surjektiv. Mit (X, τ) ist auch (Y, σ) zusammenhängend.

Beweis

Ist (Y, σ) unzusammenhängend, so sei $g \in C(Y, \{0, 1\})$ gem. 2.4-3 eine Surjektion. Nach 2.4-1.1 ist $g \circ f$ stetig (und surjektiv), (X, τ) also unzusammenhängend. □

2.4-4.2 ist auch unter dem Namen *Zwischenwertsatz* bekannt:

Beispiele (2.4,3)

(a) (X, τ) sei ein topologischer Raum. Ist (X, τ) zusammenhängend, so gilt die *Zwischenwerteigenschaft*:

$$\forall\, f \in C_{\mathbb{R}}(X)\ \forall\, a, b \in f[X]\ \forall\, c \in \mathbb{R}\colon\ a \leq c \leq b \Rightarrow \exists\, x \in X\colon\ f(x) = c.$$

⟦ Nach 2.4-4.2 ist $(f[X], \tau_{|\,|}|f[X])$ zusammenhängend, also $f[X]$ gem. 2.3-8 ein Intervall. ⟧ Die Umkehrung ist ebenfalls richtig ⟦ A 6 ⟧.

(b) Eine Anwendung der Zwischenwerteigenschaft: Es seien $a, b \in \mathbb{R}$, $a < b$, $g \in C_{\mathbb{R}}([a, b])$ streng monoton wachsend (bzw. fallend). Dann ist $g^{-1} \in C_{\mathbb{R}}\big([g(a), g(b)]\big)$ streng monoton wachsend (bzw. $g^{-1} \in C_{\mathbb{R}}\big([g(b), g(a)]\big)$ streng monoton fallend):

Sei o. B. d. A. g streng monoton wachsend ⟦ Sonst betrachte man $-g$. ⟧. Es gilt $g\big[[a, b]\big] \subseteq [g(a), g(b)]$ wegen der Monotonie von g und darüber hinaus $g\big[[a, b]\big] = [g(a), g(b)]$ nach (a) und 2.3-8, weil $([a, b], \tau_{|\,|}|[a, b])$ zusammenhängend ⟦ 2.3-8 ⟧ und $g(a)$, $g(b) \in [g(a), g(b)]$ ist. Für alle $\xi, \eta \in [g(a), g(b)]$, etwa $x, y \in [a, b]$, $g(x) = \xi$, $g(y) = \eta$, folgt aus $\xi < \eta$ auch $g^{-1}(\xi) = x < y = g^{-1}(\eta)$ ⟦ $x \geq y \Longrightarrow \xi = g(x) \geq g(y) = \eta$ ⟧, g^{-1} ist daher streng monoton wachsend. Die Stetigkeit von g^{-1} erhält man nach 2.4-1, weil

$$\begin{aligned}
(g^{-1})^{-1}\big[\,]\alpha, \beta[\,\big] &= g\big[\,]\alpha, \beta[\,\big] =]g(\alpha), g(\beta)[,\\
(g^{-1})^{-1}\big[[a, \beta[\,\big] &= [g(a), g(\beta)[\quad \text{und}\\
(g^{-1})^{-1}\big[\,]\alpha, b]\big] &=]g(\alpha), g(b)]
\end{aligned}$$

für alle $\alpha, \beta \in [a, b]$, $\alpha < \beta$, zu $\tau_{|\,|}|[g(a), g(b)]$ gehören.

(c) Das folgende Beispiel demonstriert, daß beim Umgang mit dem Begriff „Zusammenhang" Vorsicht geboten ist:

$(\mathbb{R}^2\backslash\mathbb{Q}^2, \tau_{d_2}|\mathbb{R}^2\backslash\mathbb{Q}^2)$ ist zusammenhängend, obwohl die Menge $\mathbb{Q}^2$ der „Löcher“ in $(\mathbb{R}^2, \tau_{d_2})$ dicht liegt. Allgemeiner gilt: Für jede abzählbare Teilmenge S von $\mathbb{R}^n$ $(n \geq 2)$ ist $(\mathbb{R}^n\backslash S, \tau_{d_2}|\mathbb{R}^n\backslash S)$ zusammenhängend.

Es sei nämlich $x_0 \in \mathbb{R}^n\backslash S$ ⟦ $\mathbb{R}^n$ ist überabzählbar! ⟧ und $g_{x_0} \subseteq \mathbb{R}^n\backslash S$ eine Gerade durch x_0 ⟦ Nur abzählbar viele Geraden durch x_0 treffen einen Punkt aus S, es gibt jedoch überabzählbar viele Geraden durch x_0! ⟧. Für jedes $x \in \mathbb{R}^n\backslash S$ existiert dann eine Gerade g_x durch x mit $g_x \subseteq \mathbb{R}^n\backslash S$ und $g_x \cap g_{x_0} \neq \emptyset$ ⟦ Nur abzählbar viele Geraden durch x treffen einen Punkt aus S, es gibt jedoch überabzählbar viele Geraden durch x, die g_{x_0} schneiden! ⟧. Hiermit folgt

$$\mathbb{R}^n\backslash S = \bigcup_{x\in\mathbb{R}^n\backslash S} g_x,$$

und da jede Gerade als stetiges Bild des zusammenhängenden Raums $(\mathbb{R}, \tau_{|\,|})$ ⟦ 2.3-8 ⟧ zusammenhängend ist ⟦ 2.4-4.2 ⟧, erhält man mit 2.3-9.1 die Behauptung.

Anmerkung: Der erste Teil dieses Beispiels kann noch verallgemeinert werden; vgl. A 37.

Korollar 2.4-4.3 (Weierstraßscher Approximationssatz, reell)

Es sei $g \in C_{\mathbb{R}}([a, b])$ streng monoton (wachsend bzw. fallend), $a, b \in \mathbb{R}$, $a < b$, $\mathbb{R}[g]$ die Menge aller reellen Polynome in g. Dann gilt

$$C_{\mathbb{R}}([a, b]) = \overline{\mathbb{R}[g]\upharpoonright[a, b]}^{\tau_{d_\infty}}.$$

Beweis

O. B. d. A. sei g streng monoton wachsend ⟦ Sonst betrachte man $-g$; $\mathbb{R}[-g] = \mathbb{R}[g]$ ⟧. Nach (2.4,3) (b) ist $g^{-1} \in C_{\mathbb{R}}([g(a), g(b)])$. Sei $f \in C_{\mathbb{R}}([a, b])$ und $\varepsilon > 0$. Da $f \circ g^{-1}$ stetig ist ⟦ 2.4-1.1 ⟧, existiert gem. 2.2-5 ein $p(x) \in \mathbb{R}[x]$ mit

$$\begin{aligned} \varepsilon > d_\infty\big(f \circ g^{-1}, p\upharpoonright[g(a), g(b)]\big) &= \sup_{\xi\in[g(a),g(b)]} |f(g^{-1}(\xi)) - p(\xi)| \\ &= \sup_{t\in[a,b]} |f(t) - p(g(t))| = d_\infty(f, p \circ g). \end{aligned}$$

Wegen $p(g) \in \mathbb{R}[g]$ folgt die Behauptung. □

Die Funktion

$$\cos_{2\pi} : \begin{cases} [0, \frac{1}{2}] \longrightarrow [-1, 1] \\ x \longmapsto \cos(2\pi x) \end{cases} \in C_{\mathbb{R}}([0, \tfrac{1}{2}])$$

ist streng monoton fallend, nach 2.4-4.3 gilt daher

$$C_{\mathbb{R}}([0, \tfrac{1}{2}]) = \overline{\mathbb{R}[\cos_{2\pi}]\upharpoonright[0, \tfrac{1}{2}]}^{\tau_{d_\infty}}.$$

Jedes $f \in C_{\mathbb{R}}([0, \frac{1}{2}])$ kann also durch ein Polynom der Form $\sum_{j=0}^{n} c_j(\cos_{2\pi})^j$ auf $[0, \frac{1}{2}]$ gleichmäßig approximiert werden. Aus den für alle $k \in \mathbb{N}$, $t \in \mathbb{R}$ gültigen

Gleichungen (mit $i = \sqrt{-1}$)

$$\cos kt + i \sin kt = (e^{it})^k = (\cos t + i \sin t)^k = \sum_{j=0}^{k} \binom{k}{j} i^j \cos^{k-j} t \sin^j t$$

erhält man durch Vergleich der Realteile für $k \in \{2m, 2m+1\}$

$$\cos kt = \sum_{r=0}^{m} (-1)^r \binom{k}{2r} \cos^{k-2r} t \sin^{2r} t = \sum_{r=0}^{m} \sum_{j=0}^{r} (-1)^{r+j} \binom{k}{2r} \binom{r}{j} \cos^{k-2(r-j)} t$$

und hieraus mit Hilfe vollständiger Induktion über k auch $\cos^k t = \sum_{j=0}^{k} a_{j,k} \cos jt$ mit reellen Koeffizienten $a_{j,k}$. Die o. a. Approximation von f erfolgt daher durch $\sum_{j=0}^{n} d_j \cos_{2\pi j}$ mit gewissen $d_j \in \mathbb{R}$.

Funktionen der Art $\sum_{j=0}^{n} (a_j \cos_{2\pi j} + b_j \sin_{2\pi j})$, $n \in \mathbb{N}$, $a_j, b_j \in \mathbb{R}$, heißen (reelle) *trigonometrische Polynome auf* $[0, 1]$, sie bilden wegen

$$\begin{aligned} \cos_{2\pi j} \cos_{2\pi k} &= \tfrac{1}{2}(\cos_{2\pi(j-k)} + \cos_{2\pi(j+k)}), \\ \cos_{2\pi j} \sin_{2\pi k} &= \tfrac{1}{2}(\sin_{2\pi(k-j)} + \sin_{2\pi(k+j)}) \quad \text{und} \\ \sin_{2\pi j} \sin_{2\pi k} &= \tfrac{1}{2}(\cos_{2\pi(k-j)} - \cos_{2\pi(k+j)}) \end{aligned}$$

eine $\mathbb{R}$-Unteralgebra $TP_{\mathbb{R}}([0,1])$ von $C_{\mathbb{R}}([0,1])$ (vgl. auch A 5; zur Definition der $\mathbb{R}$-Algebra s. Abschnitt 4.3, Seite 323). Wegen der 1-Periodizität der trigonometrischen Polynome p auf $[0, 1]$ werden keine unterschiedlichen Bezeichnungen für p und $p \restriction [0, 1]$ verwendet.

Die obige Approximationsaussage in $(C_{\mathbb{R}}([0, \frac{1}{2}]), d_\infty)$ mit trigonometrischen Polynomen auf $[0, 1]$ ist sinngemäß auch in der Menge der 1-periodischen stetigen Funktionen $\{ f \in C_{\mathbb{R}}([0, 1]) \mid f(0) = f(1) \}$ noch gültig (vgl. (2.4,5) (e)).

Als nächstes werden weitere Eigenschaften von Funktionen zwischen topologischen Räumen angegeben und untersucht.

Definitionen

(X, τ) und (Y, σ) seien topologische Räume, $f : X \longrightarrow Y$.

f *offen* :gdw $\forall\, O \in \tau$: $f[O] \in \sigma$

f *abgeschlossen* :gdw $\forall\, A \in \alpha_\tau$: $f[A] \in \alpha_\sigma$

f (τ, σ)-*Homöomorphismus* :gdw f bijektiv, f stetig, f^{-1} stetig

(X, τ) *homöomorph* zu (Y, σ) :gdw

$\exists\, g : X \longrightarrow Y$: g (τ, σ)-Homöomorphismus

f heißt dann auch *topologischer Isomorphismus* bzw. (X, τ) *topologisch isomorph* zu (Y, σ).

Für zueinander homöomorphe Räume (X, τ), (Y, σ) wird die Schreibweise

$$(X, \tau) \underset{\text{top.}}{\cong} (Y, \sigma),$$

wenn ein bestimmter Homöomorphismus g angegeben werden soll auch

$$(X, \tau) \underset{\text{top. } g}{\cong} (Y, \sigma)$$

verwendet. Derartige Räume können aus topologischer Sicht nicht unterschieden werden, da durch die Umbenennung der Elemente von X entlang g auch die Topologie τ entsprechend übertragen wird; (Y, σ) ist lediglich eine andere Darstellung von (X, τ).

Beispiele (2.4,4)

(a) Für alle p, $q \in \mathbb{R} \cup \{\infty\}$, $1 \leq p, q \leq \infty$ ist $\mathrm{id}_{\mathbb{R}^n} : \mathbb{R}^n \longrightarrow \mathbb{R}^n$ ein (τ_{d_p}, τ_{d_q})-Homöomorphismus ⟦ (1.2,2) (d) ⟧.

(b) Es sei für $n \geq 1$

$$S^n := \left\{ (x_1, \ldots, x_{n+1}) \in \mathbb{R}^{n+1} \;\middle|\; \sum_{j=1}^{n+1} x_j^2 = 1 \right\}$$

die (reelle) *n-Sphäre* (vgl. Beweis zu 1.2-5) mit *Nordpol* $N := (\delta_{j,n+1})_{j=1,\ldots,n+1}$ (und dem *Südpol* $S := -N$), σ sei die Spurtopologie von τ_{d_2} (im $\mathbb{R}^{n+1}$) auf $S^n \backslash \{N\}$. Es gilt (Abb. 2.4-1):

$$(S^n \backslash \{N\}, \sigma) \underset{\text{top.}}{\cong} (\mathbb{R}^n, \tau_{d_2}).$$

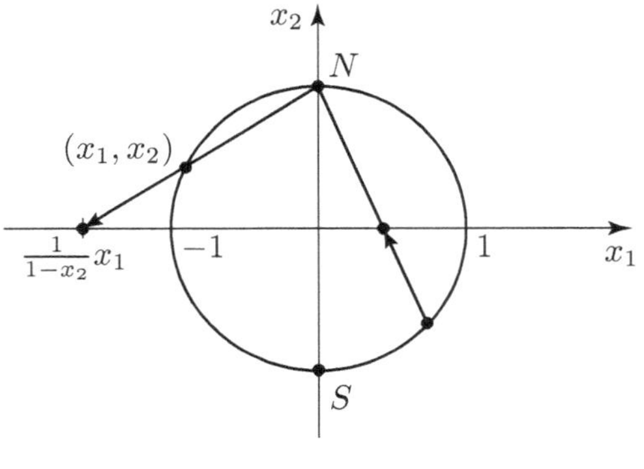

Abbildung 2.4-1

Die stereographische Projektion (mit Zentrum im Nordpol)

$$h : \begin{cases} S^n \backslash \{N\} \longrightarrow \mathbb{R}^n \\ (x_1, \ldots, x_{n+1}) \longmapsto \frac{1}{1-x_{n+1}} (x_1, \ldots, x_n) \end{cases}$$

ist ein (σ, τ_{d_2})-Homöomorphismus (A 11) (Man veranschauliche sich diesen Sachverhalt für $n = 2$ anhand von Abb. 2.4-1!). Dabei werden Punkte auf der oberen Halbsphäre ($x_{n+1} \geq 0$) auf Punkte außerhalb, die der unteren ($x_{n+1} \leq 1$) auf solche innerhalb der $(n-1)$-Sphäre abgebildet.

(c) Für alle $a, b \in \mathbb{R}$, $a < b$, gilt (s. z. B. Abb. 2.4-2)

$$\big(]a,b[,\tau_{|\,|}]a,b[\big) \underset{\text{top.}}{\cong} (\mathbb{R},\tau_{|\,|}) \underset{\text{top.}}{\cong} \big(]-\infty,a[,\tau_{|\,|}]-\infty,a[\big) \underset{\text{top.}}{\cong} \big(]a,\infty[,\tau_{|\,|}\,]a,\infty[\big).$$

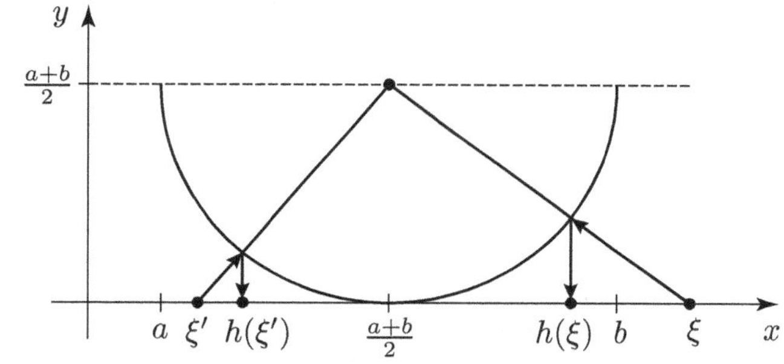

Abbildung 2.4-2

Sind die topologischen Räume (X, τ), (Y, σ) mit zusätzlicher Information, wie z. B. mit die Topologien induzierenden Pseudometriken, Halbnormen oder sogar Halbskalarprodukten versehen, so muß man bei ihrer Identifizierung gegebenenfalls berücksichtigen, daß entsprechende Eigenschaften wie Abstände, Halbnorm- bzw. Halbskalarproduktwerte erhalten bleiben. Beispielsweise sind die topologischen Räume $(\mathbb{R}^n, \tau_{d_p})$, $(\mathbb{R}^n, \tau_{d_q})$ für alle $1 \leq p, q \leq \infty$ einander gleich ⟦ (2.4,4) (a) ⟧, die Identität $\mathrm{id}_{\mathbb{R}^n}$ erhält aber für $p \neq q$ nicht die Abstände.

Definitionen

(X, d) und (Y, e) seien pseudometrische Räume, $f : X \longrightarrow Y$.

f (d, e)-*Isometrie* :gdw f bijektiv, $\forall\, x, x' \in X:\ d(x, x') = e(f(x), f(x'))$

(X, d) *isometrisch* zu (Y, e) :gdw $\exists\, g : X \longrightarrow Y:\ g\ (d, e)$-Isometrie

Für zueinander isometrische Räume (X, d), (Y, e) wird die Schreibweise

$$(X, d) \underset{\text{isom.}}{\cong} (Y, e),$$

wenn eine bestimmte Isometrie g angegeben werden soll auch

$$(X, d) \underset{\text{isom. } g}{\cong} (Y, e)$$

verwendet.

Jede (d, e)-Isometrie ist natürlich ein (τ_d, τ_e)-Homöomorphismus, die Umkehrung gilt nicht $[\![$ (2.4,4) (a) $]\!]$.

Satz 2.4-5

V, W seien K-Vektorräume, $K \in \{\mathbb{R}, \mathbb{C}\}$, $\langle\;\rangle$ (bzw. $[\;]$) ein Halbskalarprodukt auf V (bzw. W) und $\varphi : V \longrightarrow W$ ein K-linearer Monomorphismus.

Äq *(i)* $\forall\, v, v' \in V\colon\ \langle v, v'\rangle = [\varphi(v), \varphi(v')]$
(φ *ist* halbskalarprodukterhaltend, *auch* unitär *für* $K = \mathbb{C}$, orthogonal *für* $K = \mathbb{R}$)

(ii) $\forall\, v \in V\colon\ \|v\|_{\langle\,\rangle} = \|\varphi(v)\|_{[\,]}$
(φ *ist* halbnormerhaltend)

(iii) φ *ist* $\big(d_{\langle\,\rangle}, d_{[\,]}\restriction(\varphi[V] \times \varphi[V])\big)$*-Isometrie*

Beweis

(i) $\Rightarrow$ *(ii)* $\Rightarrow$ *(iii)* sind definitionsgemäß richtig.

(iii) $\Rightarrow$ *(i)* Mit Hilfe der Polarisationsgleichung 1.1-9 ergibt sich

$$
\begin{aligned}
\langle v, v'\rangle &= \frac{1}{4}\begin{cases} \|v + v'\|^2_{\langle\,\rangle} - \|v - v'\|^2_{\langle\,\rangle} & \text{für } K = \mathbb{R} \\ \sum_{j=0}^{3} i^j \|v + i^j v'\|^2_{\langle\,\rangle} & \text{für } K = \mathbb{C} \end{cases} \\
&= \frac{1}{4}\begin{cases} d_{\langle\,\rangle}(v + v', 0)^2 - d_{\langle\,\rangle}(v - v', 0)^2 & \text{für } K = \mathbb{R} \\ \sum_{j=0}^{3} i^j d_{\langle\,\rangle}(v + i^j v', 0)^2 & \text{für } K = \mathbb{C} \end{cases} \\
&= \frac{1}{4}\begin{cases} d_{[\,]}(\varphi(v + v'), 0)^2 - d_{[\,]}(\varphi(v - v'), 0)^2 & \text{für } K = \mathbb{R} \\ \sum_{j=0}^{3} i^j d_{[\,]}(\varphi(v + i^j v'), 0)^2 & \text{für } K = \mathbb{C} \end{cases} \\
&= \frac{1}{4}\begin{cases} \|\varphi(v) + \varphi(v')\|^2_{[\,]} - \|\varphi(v) - \varphi(v')\|^2_{[\,]} & \text{für } K = \mathbb{R} \\ \sum_{j=0}^{3} i^j \|\varphi(v) + i^j \varphi(v')\|^2_{[\,]} & \text{für } K = \mathbb{C} \end{cases} \\
&= [\varphi(v), \varphi(v')]
\end{aligned}
$$

□

Der Beweis zu 2.4-5 zeigt auch, daß K-lineare Isomorphismen zwischen halbnormierten K-Vektorräumen dann und nur dann halbnormerhaltend sind, wenn sie sich als Isometrien bzgl. der durch die Halbnormen induzierten Pseudometriken erweisen.

In pseudometrischen Räumen sind Umgebungsbasen für alle Punkte gleichmäßig, z. B. als Mengen von ε-Kugeln wählbar. Der Stetigkeitsbegriff kann daher verschärft werden:

Definition

(X, d), (Y, e) seien pseudometrische Räume, $f : X \longrightarrow Y$.

f gleichmäßig stetig (bzgl. (d, e)) :gdw

$$\forall\, \varepsilon > 0\ \exists\, \delta > 0\ \forall\, x, x' \in X\colon\ d(x, x') < \delta \Rightarrow e(f(x), f(x')) < \varepsilon$$

Beispiele (2.4,5)

(a) Isometrien zwischen pseudometrischen Räumen sind gleichmäßig stetig, gleichmäßig stetige Funktionen sind stetig.

Stetige Funktionen sind nicht notwendig gleichmäßig stetig:

$$\begin{cases} \mathbb{R} \longrightarrow \mathbb{R} \\ x \longmapsto x^2 \end{cases}$$

ist stetig (bzgl. $(\tau_{|\,|}, \tau_{|\,|})$), nicht gleichmäßig stetig (bzgl. $(d_{|\,|}, d_{|\,|})$).

(b) (X, d) sei ein pseudometrischer Raum, $\emptyset \neq A \subseteq X$. Die Abstandsfunktion d_A zu A (vgl. (2.4,1) (d)) ist gleichmäßig stetig (bzgl. $(d, d_{|\,|})$) $[\![\, |d_A(x) - d_A(y)| \leq d(x, y)$ für alle x, $y \in X$; 1.2, A 19 $]\!]$.

(c) (X, d), (Y, e), (Z, f) seien pseudometrische Räume, $\varphi : X \longrightarrow Y$, $\psi : Y \longrightarrow Z$ gleichmäßig stetig. Dann ist $\psi \circ \varphi$ gleichmäßig stetig:

Sei $\varepsilon > 0$. Wähle $\delta_1 > 0$ mit

$$\forall\, y, y' \in Y\colon\ e(y, y') < \delta_1 \Rightarrow f(\psi(y), \psi(y')) < \varepsilon$$

und $\delta_2 > 0$ mit

$$\forall\, x, x' \in X\colon\ d(x, x') < \delta_2 \Rightarrow e(\varphi(x), \varphi(x')) < \delta_1.$$

Für alle x, $x' \in X$ mit $d(x, x') < \delta_2$ gilt dann

$$f(\psi \circ \varphi(x), \psi \circ \varphi(x')) < \varepsilon$$

wegen $e(\varphi(x), \varphi(x')) < \delta_1$.

(d) $B \in \alpha_{\tau_{|\,|}}$ sei beschränkt in $(\mathbb{R}, d_{|\,|})$, (X, d) pseudometrischer Raum und $f : B \longrightarrow X$ stetig (bzgl. $(\tau_{|\,|}|B, \tau_d)$). f ist gleichmäßig stetig (bzgl. $(d_{|\,|}\lceil B \times B, d)$) (s. auch 4.1-2.1):

Andernfalls gibt es ein $\varepsilon > 0$ mit

$$\forall\, j \in \mathbb{N}\ \exists\, b_j, b'_j \in B\colon\ |b_j - b'_j| < \frac{1}{j+1} \text{ und } d(f(b_j), f(b'_j)) > \varepsilon$$

O. B. d. A. sei $\{\, b_j \mid j \in \mathbb{N} \,\}$ unendlich $[\![$ Wären $\{\, b_j \mid j \in \mathbb{N} \,\}$ und $\{\, b'_j \mid j \in \mathbb{N} \,\}$ endlich, $m := \min\{\, |b_j - b'_j| \mid j \in \mathbb{N} \,\}$, $k \in \mathbb{N}$ mit $1/(k+1) < m$, so müßte $m \leq |b_k - b'_k| < 1/(k+1)$ sein. $\lightning$ $]\!]$ und $b \in B$ ein Häufungspunkt von $\{\, b_j \mid j \in \mathbb{N} \,\}$ $[\![$ Weierstraß, (2.1,2) (b) $]\!]$. Wegen der Stetigkeit von f existiert dann ein $\delta > 0$ mit $f[K_\delta^{d_{|\,|}}(b) \cap B] \subseteq K^d_{\varepsilon/4}(f(b))$ und zu $j \in \mathbb{N}$, $1/(j+1) < \delta$ ein b_{j_0} mit

$$|b_{j_0} - b| < \tfrac{1}{2(j+1)} \quad \text{und} \quad j_0 > 2(j+1).$$

Es folgt

$$|b'_{j_0} - b| \le |b'_{j_0} - b_{j_0}| + |b_{j_0} - b| < \frac{1}{j_0+1} + \frac{1}{2(j+1)} < \frac{1}{j+1} < \delta,$$

also

$$\varepsilon < d(f(b'_{j_0}), f(b_{j_0})) \le d(f(b'_{j_0}), f(b)) + d(f(b), f(b_{j_0})) < \frac{\varepsilon}{2}. \lightning$$

(e) Mit Hilfe von (d) kann nun die gleichmäßige Approximierbarkeit stetiger Funktionen f auf $[0,1]$, $f(0) = f(1)$, d. h. periodischer Funktionen $f_{\mathbb{R}} \in C_{\mathbb{R}}(\mathbb{R})$ der Periode 1, durch trigonometrische Polynome realisiert werden (*Weierstraßscher Approximationssatz für trigonometrische Polynome*):

$$\{ f \in C_{\mathbb{R}}([0,1]) \mid f(0) = f(1) \} = \overline{TP_{\mathbb{R}}([0,1])}^{\tau_{d_\infty}}$$

Zur Begründung dieser Gleichung sei zunächst festgestellt, daß die Approximation wegen $f(x) = p(x) + \nu(x)$ mit $p(x) := \frac{1}{2}(f(x) + f(1-x))$, $\nu(x) := \frac{1}{2}(f(x) - f(1-x))$, $x \in [0,1]$, und

$$\begin{aligned} p\big(y + \tfrac{1}{2}\big) &= \tfrac{1}{2}\big(f\big(y+\tfrac{1}{2}\big) + f\big(\tfrac{1}{2} - y\big)\big) = p\big(\tfrac{1}{2} - y\big), \\ \nu\big(y + \tfrac{1}{2}\big) &= \tfrac{1}{2}\big(f\big(y+\tfrac{1}{2}\big) - f\big(\tfrac{1}{2} - y\big)\big) = -\nu\big(\tfrac{1}{2} - y\big), \\ \nu(0) &= 0 = \nu\big(\tfrac{1}{2}\big) \end{aligned}$$

für alle $y \in [0, \frac{1}{2}]$ nur für stetige Funktionen p, ν mit den angegebenen Eigenschaften durchgeführt werden muß. Da auch $\cos_{2\pi}\big(y + \frac{1}{2}\big) = \cos_{2\pi}\big(\frac{1}{2} - y\big)$ für alle $y \in [0, \frac{1}{2}]$ gilt, wirkt die Approximation der Funktion p auf $[0, \frac{1}{2}]$ gem. 2.4-4.3 bereits auf ganz $[0,1]$.

Sei also $\nu \in C_{\mathbb{R}}([0,1])$, $\nu(0) = \nu(\frac{1}{2}) = 0$ und $\nu\big(y + \frac{1}{2}\big) = -\nu\big(\frac{1}{2} - y\big)$ für alle $y \in [0, \frac{1}{2}]$. Wegen der gleichmäßigen Stetigkeit von ν ⟦(d)⟧ gibt es zu jedem $\varepsilon > 0$ ein $\delta_\varepsilon \in \,]0, \frac{1}{4}[$ mit

$$\forall\, x, x' \in [0,1]\colon\ |x - x'| \le \delta_\varepsilon \Rightarrow |\nu(x) - \nu(x')| < \frac{\varepsilon}{2}.$$

Man ändere ν durch die folgenden Festsetzungen ab:

$$\forall\, y \in [0, \tfrac{1}{2}]\colon\ \widetilde{\nu}\big(y + \tfrac{1}{2}\big) = -\widetilde{\nu}\big(\tfrac{1}{2} - y\big),$$

$$\widetilde{\nu}(y) = \begin{cases} 0 & \text{für } y \in [0, \delta_\varepsilon] \cup \big[\frac{1}{2} - \delta_\varepsilon, \frac{1}{2}\big] \\ \nu\big(\frac{y - \delta_\varepsilon}{1 - 4\delta_\varepsilon}\big) & \text{für } y \in \big[\delta_\varepsilon, \frac{1}{2} - \delta_\varepsilon\big]. \end{cases}$$

Dann ist $\widetilde{\nu} \in C_{\mathbb{R}}([0,1])$, und es gilt

$$\forall\, x \in [0,1]\colon\ |\widetilde{\nu}(x) - \nu(x)| < \frac{\varepsilon}{2}.$$

⟦Für $x \in [0, \delta_\varepsilon] \cup \big[\frac{1}{2} - \delta_\varepsilon, \frac{1}{2}\big]$ ist $\widetilde{\nu}(x) = 0 = \nu(0) = \nu(\frac{1}{2})$, also $|\widetilde{\nu}(x) - \nu(x)| = |0 - \nu(x)| < \varepsilon/2$. Für $x \in \big[\delta_\varepsilon, \frac{1}{2} - \delta_\varepsilon\big]$ erhält man wegen $\big|x - \frac{x - \delta_\varepsilon}{1 - 4\delta_\varepsilon}\big| \le \delta_\varepsilon$ ebenfalls $|\nu(x) - \widetilde{\nu}(x)| = \big|\nu(x) - \nu\big(\frac{x - \delta_\varepsilon}{1 - 4\delta_\varepsilon}\big)\big| < \varepsilon/2$.⟧ Die durch

$$\widetilde{\widetilde{\nu}}(x) := \begin{cases} \frac{\widetilde{\nu}(x)}{\sin 2\pi x} & \text{für } x \in \big[\delta_\varepsilon, \frac{1}{2} - \delta_\varepsilon\big] \cup \big[\frac{1}{2} + \delta_\varepsilon, 1 - \delta_\varepsilon\big] \\ 0 & \text{sonst} \end{cases}$$

auf $[0,1]$ definierte Funktion $\widetilde{\widetilde{\nu}}$ ist stetig und erfüllt $\widetilde{\widetilde{\nu}}(\frac{1}{2}+y) = \widetilde{\widetilde{\nu}}(\frac{1}{2}-y)$ für jedes $y \in [0, \frac{1}{2}]$, es gibt daher ein trigonometrisches Polynom $p(\cos_{2\pi}) \in \mathbb{R}[\cos_{2\pi}]$ mit

$$d_\infty(\widetilde{\widetilde{\nu}}, p) = \sup_{x\in[0,1]} \left|\widetilde{\widetilde{\nu}}(x) - p(\cos 2\pi x)\right| < \frac{\varepsilon}{2},$$

also

$$\forall\, x \in [0,1]\colon\ \left|\widetilde{\widetilde{\nu}}(x) - p(\cos 2\pi x)\right| < \frac{\varepsilon}{2},$$

woraus

$$\forall\, x \in [0,1]\colon\ \left|\sin(2\pi x)\widetilde{\widetilde{\nu}}(x) - \sin(2\pi x)p(\cos 2\pi x)\right| \le |\sin(2\pi x)|\frac{\varepsilon}{2} \le \frac{\varepsilon}{2},$$

d. h.

$$d_\infty(\widetilde{\nu}, \sin_{2\pi} \cdot p(\cos_{2\pi})) \le \frac{\varepsilon}{2}$$

folgt. Insgesamt erhält man

$$d_\infty(\nu, \sin_{2\pi} \cdot p(\cos_{2\pi})) \le d_\infty(\nu, \widetilde{\nu}) + d_\infty(\widetilde{\nu}, \sin_{2\pi} \cdot p(\cos_{2\pi})) \le \varepsilon,$$

wobei mit $p(\cos_{2\pi})$ auch $\sin_{2\pi} \cdot p(\cos_{2\pi})$ zu $TP_{\mathbb{R}}([0,1])$ gehört.

Die gleichmäßige Stetigkeit der Abstandsfunktion d_A ⟦(2.4,5) (b)⟧ ist dadurch begründet, daß die Bilder je zweier Elemente mindestens so dicht beieinander liegen wie die Urbilder, d_A sich also *kontraktiv* verhält.

Derartige Funktionen sind gleichmäßig stetig und gehören zur Klasse der Lipschitz-stetigen Funktionen:

Definitionen

(X,d), (Y,e) seien pseudometrische Räume, $f: X \longrightarrow Y$.

f Lipschitz-stetig (L-stetig) (bzgl. (d,e)) :gdw

$$\exists\, L > 0\ \forall\, x, x' \in X\colon\ e(f(x), f(x')) \le L d(x,x')$$

L heißt dann eine *Lipschitzkonstante* für f (bzgl. (d,e)).

f strenge Kontraktion (bzgl. (d,e)) :gdw

$$\exists\, L \in [0,1[\colon\ L \text{ Lipschitz-Konstante für } f$$

L heißt dann (eine) *Kontraktionszahl* für f (bzgl. (d,e)).

f Kontraktion (bzgl. (d,e)) :gdw

$$\forall\, x, x' \in X\colon\ x \ne x' \Rightarrow e(f(x), f(x')) < d(x,x')$$

Beispiele (2.4,6)

(a) L-stetige Funktionen sind gleichmäßig stetig. Gleichmäßig stetige Funktionen zwischen pseudometrischen Räumen sind nicht notwendig L-stetig:

$$g : \begin{cases} [0,1] \longrightarrow [0,1] \\ x \longmapsto \begin{cases} x\cos\frac{\pi}{2x} & \text{für } x \neq 0 \\ 0 & \text{für } x = 0 \end{cases} \end{cases}$$

ist gleichmäßig stetig, jedoch nicht L-stetig:

Für L-stetige Funktionen $f : [a,b] \longrightarrow \mathbb{R}$ mit Lipschitz-Konstante L gilt:

$$\begin{aligned} V(f) &:= \sup\left\{ \sum_{j=0}^{n} |f(x_{j+1}) - f(x_j)| \;\middle|\; n \in \mathbb{N}\backslash\{0\},\ (x_0,\ldots,x_{n+1}) \in \mathcal{Z}_{a,b} \right\} \\ &\leq \sup\left\{ \sum_{j=0}^{n} L|x_{j+1} - x_j| \;\middle|\; n \in \mathbb{N}\backslash\{0\},\ (x_0,\ldots,x_{n+1}) \in \mathcal{Z}_{a,b} \right\} \\ &= L(b-a) \end{aligned}$$

($V(f)$ heißt *Variation von* f).

Für obige Funktion g und die endliche Zerlegung $\left(0, \frac{1}{2n}, \frac{1}{2n-1}, \ldots, \frac{1}{2}, 1\right)$ von $[0,1]$ ist

$$\sum_{j=0}^{2n-1} |g(x_{j+1}) - g(x_j)| = \sum_{j=0}^{n-1} \frac{1}{j+1},$$

woraus $V(g) = \infty$ folgt.

(b) Es sei $f : \mathbb{R} \longrightarrow \mathbb{R}$ differenzierbar, $a, b \in \mathbb{R},\ a < b$ und $f' \restriction [a,b]$ beschränkt. Dann ist $f \restriction [a,b]$ L-stetig:

Nach dem Mittelwertsatz der Differentialrechnung gibt es für alle $x, y \in [a,b]$ ein $z \in [a,b]$ mit $|f(x) - f(y)| = |f'(z)|\,|y - x|$. Es gilt daher

$$|f(x) - f(y)| \leq \Big(\sup_{z \in [a,b]} |f'(z)| \Big) |y - x|,$$

$L := \sup_{z \in [a,b]} |f'(z)|$ ist eine Lipschitz-Konstante für f.

Speziell für $f = \cos,\ a = 0,\ b = 1$ erhält man eine strenge Kontraktion:

$$\sup_{z \in [0,1]} |\cos'(z)| = \sin 1 < 1.$$

(c) Die Funktion

$$f : \begin{cases} \mathbb{R}^+ \longrightarrow \mathbb{R}^+ \\ x \longmapsto x + \frac{1}{x+1} \end{cases}$$

ist eine Kontraktion, jedoch keine strenge Kontraktion:

Nach dem Mittelwertsatz der Differentialrechnung gibt es für alle $x, y \in \mathbb{R}^+$ ein $z \in \mathbb{R}^+$ mit

$$|f(x) - f(y)| = |f'(z)|\,|x - y| = \Big(1 - \frac{1}{(1+z)^2}\Big)|x - y|.$$

Wegen $\big(1 - \frac{1}{(1+z)^2}\big) < 1$ erhält man $|f(x) - f(y)| < |x - y|$ für $x \neq y$, f ist daher eine Kontraktion.

Sei L eine Lipschitz-Konstante für f. Dann gilt für alle $n \in \mathbb{N}$

$$L|0 - n| \geq |f(0) - f(n)| = \Big|1 - \Big(n + \frac{1}{n+1}\Big)\Big| = n - 1 + \frac{1}{n+1},$$

also für alle $n \geq 1$

$$L \geq 1 - \frac{1}{n} + \frac{1}{(n+1)n},$$

woraus $L \geq 1$ folgt; f ist keine strenge Kontraktion.

Die bereits in einigen Funktionenräumen verwendete punktweise Konvergenz (vgl. (1.2,1) (c) u. a.) kann direkt für Netze von Funktionen allgemein formuliert werden:

Definitionen

$X, Y \neq \emptyset$ seien Mengen, σ eine Topologie und d eine Pseudometrik auf Y, $(G, \geq)$ eine gerichtete Menge und $f : G \longrightarrow Y^X$ ein Netz in Y^X, $\varphi \in Y^X$.

f punktweise σ-konvergent gegen φ :gdw

$$\forall\, x \in X: \ (f_\gamma(x))_{\gamma \in G} \rightarrow_\sigma \varphi(x)$$

f punktweise σ-konvergent :gdw

$$\exists\, \varphi \in Y^X: \ f \text{ punktweise } \sigma\text{-konvergent gegen } \varphi$$

Schreibweisen:

$$f \xrightarrow[\sigma\text{-pktw.}]{} \varphi, \quad \lim_{\gamma \in G} f_\gamma \underset{\sigma\text{-pktw.}}{=} \varphi \quad \text{o. ä.}$$

f d-gleichmäßig konvergent gegen φ :gdw

$$\forall\, \varepsilon > 0\ \exists\, \gamma_\varepsilon \in G\ \forall\, \gamma \geq \gamma_\varepsilon\ \forall\, x \in X: \ d(f_\gamma(x), \varphi(x)) < \varepsilon$$

f d-gleichmäßig konvergent :gdw

$$\exists\, \varphi \in Y^X: \ f \ d\text{-gleichmäßig konvergent gegen } \varphi$$

Schreibweisen:

$$f \xrightarrow[d\text{-glm.}]{} \varphi, \quad \lim_{\gamma \in G} f_\gamma \underset{d\text{-glm.}}{=} \varphi \quad \text{o. ä.}$$

Beispiele (2.4,7)

(a) X sei eine nichtleere Menge, (Y, d) ein pseudometrischer Raum und $(B(X, Y), d_\infty)$ der pseudometrische Raum der beschränkten Funktionen von X in Y (1.1, A 1 (b) (i)). Für jedes Netz $f : G \longrightarrow B(X, Y)$, $\varphi \in B(X, Y)$ gilt

$$f \to_{d_\infty} \varphi \quad \Longleftrightarrow \quad f \xrightarrow[d\text{-glm.}]{} \varphi,$$

denn

$$\begin{aligned} f \to_{d_\infty} \varphi \quad &\Longleftrightarrow \quad \forall\, \varepsilon > 0\; \exists\, \gamma_\varepsilon \in G\; \forall\, \gamma \geq \gamma_\varepsilon\colon\; d_\infty(f_\gamma, \varphi) \leq \varepsilon \\ &\Longleftrightarrow \quad \forall\, \varepsilon > 0\; \exists\, \gamma_\varepsilon \in G\; \forall\, \gamma \geq \gamma_\varepsilon\; \forall\, x \in X\colon\; d(f_\gamma(x), \varphi(x)) \leq \varepsilon \\ &\Longleftrightarrow \quad f \xrightarrow[d\text{-glm.}]{} \varphi. \end{aligned}$$

(b) Allgemein gilt:

$$f \xrightarrow[d\text{-glm.}]{} \varphi \quad \Longrightarrow \quad f \xrightarrow[\tau_d\text{-pktw.}]{} \varphi.$$

Die Umkehrung ist nicht richtig, wie (1.2,1) (c) zeigt (vgl. auch A 23 (a) und 3.1, A 29).

Satz 2.4-6

Es sei (X, τ) ein topologischer Raum, (Y, d) pseudometrischer Raum, $\varphi : X \longrightarrow Y$ und $f : G \longrightarrow C(X, Y)$ ein Netz. Es gilt:

$$f \xrightarrow[d\text{-glm.}]{} \varphi \quad \Longrightarrow \quad \varphi \in C(X, Y).$$

Beweis

Es sei $x_0 \in X$ und $\varepsilon > 0$. Man wähle ein $\gamma_\varepsilon \in G$ mit

$$\forall\, \gamma \geq \gamma_\varepsilon\; \forall\, x \in X\colon\; d(f_\gamma(x), \varphi(x)) < \varepsilon/3,$$

und weiter ein $U \in \mathcal{U}_\tau(x_0)$ mit $f_{\gamma_\varepsilon}[U] \subseteq K^d_{\varepsilon/3}(f_{\gamma_\varepsilon}(x_0))$. Für jedes $x \in U$ gilt dann

$$\begin{aligned} d(\varphi(x_0), \varphi(x)) &\leq d(\varphi(x_0), f_{\gamma_\varepsilon}(x_0)) + d(f_{\gamma_\varepsilon}(x_0), f_{\gamma_\varepsilon}(x)) + d(f_{\gamma_\varepsilon}(x), \varphi(x)) \\ &< \frac{\varepsilon}{3} + \frac{\varepsilon}{3} + \frac{\varepsilon}{3} = \varepsilon, \end{aligned}$$

also $\varphi[U] \subseteq K^d_\varepsilon(\varphi(x_0))$. □

Die punktweise σ-Konvergenz von Netzen in Y^X kann zur koordinatenweisen Konvergenz von Netzen in direkten Produkten $\prod_{i \in I} X_i$ von topologischen Räumen (X_i, τ_i) kanonisch verallgemeinert werden:

Definition

$((X_i, \tau_i) \mid i \in I) \neq \emptyset$ sei eine Familie nichtleerer topologischer Räume (X_i, τ_i),

$$\prod_{i\in I} X_i = \left\{ f : I \longrightarrow \bigcup_{i\in I} X_i \,\middle|\, \forall\, i \in I\colon\; f(i) \in X_i \right\}$$

das direkte Produkt der Familie $(X_i \mid i \in I)$, $\varphi \in \prod_{i\in I} X_i$ und $f : G \longrightarrow \prod_{i\in I} X_i$ ein Netz.

f koordinatenweise konvergent gegen φ :gdw $\forall\, i \in I\colon\; (f_\gamma(i))_{\gamma\in G} \to_{\tau_i} \varphi(i)$

f koordinatenweise konvergent :gdw

$$\exists\, \varphi \in \prod_{i\in I} X_i\colon\; f \text{ koordinatenweise konvergent gegen } \varphi$$

Schreibweisen:

$$f \xrightarrow[\text{koordw.}]{} \varphi, \quad \lim_{\gamma\in G} f_\gamma \underset{\text{koordw.}}{=} \varphi \quad \text{o. ä.}$$

Die Frage, ob die koordinatenweise Konvergenz in $\prod_{i\in I} X_i$ topologisch ist (d. h. von einer Topologie auf $\prod_{i\in I} X_i$ abstammt), kann positiv beantwortet werden (2.4-8) und führt zum Begriff Produkttopologie:

Definition

$((X_i, \tau_i) \mid i \in I) \neq \emptyset$ sei eine Familie nichtleerer topologischer Räume, für jedes $j \in I$ sei

$$\pi_j : \begin{cases} \prod_{i\in I} X_i \longrightarrow X_j \\ \varphi \longmapsto \varphi(j) \end{cases}$$

die (kanonische) j-te Projektion. Die Topologie $\bigtimes_{i\in I} \tau_i$ auf $\prod_{i\in I} X_i$ mit der Subbasis

$$\{ \pi_j^{-1}[O_j] \mid j \in I, O_j \in \tau_j \}$$

heißt *Produkttopologie* auf $\prod_{i\in I} X_i$, $(\prod_{i\in I} X_i, \bigtimes_{i\in I} \tau_i)$ *Produktraum* (auch *topologisches direktes Produkt*) der Familie $((X_i, \tau_i) \mid i \in I)$. Für endliche Mengen $I = \{i_1, \ldots, i_n\}$ schreibt man auch $\tau_{i_1} \times \tau_{i_2} \times \ldots \times \tau_{i_n}$.

Eine Basis von $\bigtimes_{i\in I} \tau_i$ ist definitionsgemäß (vgl. Abschnitt 2.3, Seite 77)

$$\left\{ \bigcap_{i\in I^*} \pi_i^{-1}[O_i] \,\middle|\, I^* \in \mathcal{P}_{\mathrm{e}} I,\ \forall\, i \in I^*\colon\; O_i \in \tau_i \right\}$$

$$= \left\{ \prod_{i\in I} O_i \,\middle|\, \forall\, i \in I\colon\; O_i \in \tau_i,\ \{ i \in I \mid O_i \neq X_i \} \in \mathcal{P}_{\mathrm{e}} I \right\},$$

ihre Elemente heißen *basisoffen*.

Satz 2.4-7

Es sei $((X_i, \tau_i) \mid i \in I) \neq \emptyset$ *eine Familie nichtleerer topologischer Räume,* (Y, σ) *ein topologischer Raum und* $f : Y \longrightarrow \prod_{i\in I} X_i$.

(a) $\bigtimes_{i\in I} \tau_i$ *ist die* $\subseteq$*-kleinste Topologie* τ *auf* $\prod_{i\in I} X_i$, *so daß alle* π_j *stetig (bzgl.* (τ, τ_j)*) sind.*

(b) *Für jedes* $j \in I$ *ist* π_j *offen (bzgl.* $(\bigtimes_{i\in I} \tau_i, \tau_j)$*).*

(c) f *stetig (bzgl.* $(\sigma, \bigtimes_{i\in I} \tau_i)$*)* $\iff$ $\forall\, j \in I$: $\pi_j \circ f$ *stetig (bzgl.* (σ, τ_j)*)*

($\pi_j \circ f$ *heißt* j-te Koordinatenfunktion *zu* f.)

Beweis

Zu (a) Definitionsgemäß sind alle π_j stetig (bzgl. $(\bigtimes_{i\in I} \tau_i, \tau_j)$). Sei also π_j stetig (bzgl. (τ, τ_j)) für jedes $j \in I$. Dann gehört $\pi_j^{-1}[O_j]$ zu τ für jedes $j \in I$, $O_j \in \tau_j$. Somit ist $\bigtimes_{i\in I} \tau_i \subseteq \tau$.

Zu (b) Es sei $O \in \bigtimes_{i\in I} \tau_i$, $j \in I$ und $x_j \in \pi_j[O]$, etwa $x \in O$ mit $x_j = \pi_j(x)$. Man wähle eine Basismenge wie folgt:

$$x \in \bigcap_{k=1}^{r} \pi_{i_k}^{-1}[O_{i_k}] \subseteq O \quad (O_{i_k} \in \tau_{i_k} \text{ für } k \in \{1, \ldots, r\}).$$

Es folgt für jedes $j \in I$

$$x_j = \pi_j(x) \in \left\{ \begin{matrix} O_{i_k} & \text{für } j = i_k, k \in \{1, \ldots, r\} \\ X_j & \text{sonst} \end{matrix} \right\} \subseteq \pi_j[O]$$

⟦ da die π_j surjektiv sind ⟧.

Zu (c) Sind alle $\pi_j \circ f$ stetig, so erhält man für jedes $j \in I$, $O_j \in \tau_j$

$$f^{-1}\big[\pi_j^{-1}[O_j]\big] = (\pi_j \circ f)^{-1}[O_j] \in \sigma.$$

Da $\{\pi_j^{-1}[O_j] \mid j \in I,\ O_j \in \tau_j\}$ (definitionsgemäß) eine Subbasis für die Produkttopologie ist, folgt die Stetigkeit von f gem. 2.4-1. Die Umkehrung ergibt sich mit 2.4-1.1. □

Beispiele (2.4,8)

(a) Es sei $n \in \mathbb{N}\backslash\{0\}$, $1 \leq p \leq \infty$. Dann gilt

$$(\mathbb{R}^n, \tau_{d_p}) = \left(\mathbb{R}^n, \bigtimes_{i=1}^{n} \tau_{|\,|}\right):$$

Gem. 1.2-5 ist $\tau_{d_p} = \tau_{d_\infty}$. Für jedes $x \in \mathbb{R}^n$, $\varepsilon > 0$ erhält man

$$K_\varepsilon^{d_\infty}(x) = \Big\{ y \in \mathbb{R}^n \;\Big|\; \sup_{1\le i\le n} |y_i - x_i| < \varepsilon \Big\} = \prod_{i=1}^n]x_i - \varepsilon, x_i + \varepsilon[,$$

also $\mathcal{U}_{\tau_{d_\infty}}(x) = \mathcal{U}_{\bigtimes_{i=1}^n \tau_{|\,|}}(x)$, da die $K_\varepsilon^{d_\infty}(x)$ eine Umgebungsbasis von x bzgl. τ_{d_∞} und die $\prod_{i=1}^n]x_i - \varepsilon, x_i + \varepsilon[$ eine bzgl. $\bigtimes_{i=1}^n \tau_{|\,|}$ bilden. Nach 1.2, A 9 (a) folgt $\tau_{d_p} = \bigtimes_{i=1}^n \tau_{|\,|}$.

(b) (X_1, d_1), (X_2, d_2) seien (pseudo)metrische Räume.

$$d_{\text{sum}} : \begin{cases} (X_1 \times X_2) \times (X_1 \times X_2) \longrightarrow \mathbb{R}^+ \\ ((x_1, x_2), (x_1', x_2')) \longmapsto d_1(x_1, x_1') + d_2(x_2, x_2'), \end{cases}$$

$$d_{\max} : \begin{cases} (X_1 \times X_2) \times (X_1 \times X_2) \longrightarrow \mathbb{R}^+ \\ ((x_1, x_2), (x_1', x_2')) \longmapsto \max\{d_1(x_1, x_1'), d_2(x_2, x_2')\} \end{cases}$$

sind offensichtlich (Pseudo-)Metriken auf $X_1 \times X_2$, und es gilt $\tau_{d_{\text{sum}}} = \tau_{d_1} \times \tau_{d_2} = \tau_{d_{\max}}$: Wegen $d_{\max} \le d_{\text{sum}} \le 2d_{\max}$ ist $\tau_{d_{\text{sum}}} = \tau_{d_{\max}}$, und weiter erhält man für alle $(x_1, x_2) \in X_1 \times X_2$, $\varepsilon > 0$

$$\begin{aligned} K_\varepsilon^{d_{\max}}((x_1, x_2)) &= \{ (x_1', x_2') \in X_1 \times X_2 \mid \max\{d_1(x_1', x_1), d_2(x_2', x_2)\} < \varepsilon \} \\ &= \{ (x_1', x_2') \in X_1 \times X_2 \mid d_1(x_1', x_1) < \varepsilon,\ d_2(x_2', x_2) < \varepsilon \} \\ &= \bigcap_{i=1}^2 \{ (x_1', x_2') \in X_1 \times X_2 \mid d_i(x_i', x_i) < \varepsilon \} \\ &= \pi_1^{-1}\big[K_\varepsilon^{d_1}(x_1)\big] \cap \pi_2^{-1}\big[K_\varepsilon^{d_2}(x_2)\big]. \end{aligned}$$

$\{ K_\varepsilon^{d_{\max}}((x_1, x_2)) \mid (x_1, x_2) \in X_1 \times X_2,\ \varepsilon > 0 \}$ ist eine Basis von $\tau_{d_{\max}}$,

$$\Big\{ \pi_1^{-1}\big[K_\varepsilon^{d_1}(x_1)\big] \cap \pi_2^{-1}\big[K_\varepsilon^{d_2}(x_2)\big] \;\Big|\; x_1 \in X_1,\ x_2 \in X_2,\ \varepsilon > 0 \Big\}$$

eine von $\tau_{d_1} \times \tau_{d_2}$. (S. auch A 19.)

(c) $((X_i, \tau_i) \mid 1 \le i \le n + m)$ sei eine Familie nichtleerer topologischer Räume, $m, n \in \mathbb{N}\backslash\{0\}$. Dann gilt

$$\left(\prod_{i=1}^n X_i \times \prod_{j=n+1}^{n+m} X_j, \bigtimes_{i=1}^n \tau_i \times \bigtimes_{j=n+1}^{n+m} \tau_j\right) \underset{\text{top.}}{\cong} \left(\prod_{k=1}^{n+m} X_k, \bigtimes_{k=1}^{n+m} \tau_k\right)$$

(insbesondere $\big(\mathbb{R}^n \times \mathbb{R}^m, \bigtimes_{i=1}^n \tau_{|\,|} \times \bigtimes_{j=n+1}^{n+m} \tau_{|\,|}\big) \underset{\text{top.}}{\cong} \big(\mathbb{R}^{n+m}, \bigtimes_{k=1}^{n+m} \tau_{|\,|}\big)$):

Die Funktion

$$a : \begin{cases} \displaystyle\prod_{i=1}^n X_i \times \prod_{j=n+1}^{n+m} X_j \longrightarrow \prod_{k=1}^{n+m} X_k \\ ((x_1, \ldots, x_n), (x_{n+1}, \ldots, x_{n+m})) \longmapsto (x_1, \ldots, x_{n+m}) \end{cases}$$

ist bijektiv. Die Projektionen

$$p_1 : \begin{cases} \prod_{i=1}^{n} X_i \times \prod_{j=n+1}^{n+m} X_j \longrightarrow \prod_{i=1}^{n} X_i \\ ((x_1,\ldots,x_n),(x_{n+1},\ldots,x_{n+m})) \longmapsto (x_1,\ldots,x_n), \end{cases}$$

$$p_2 : \begin{cases} \prod_{i=1}^{n} X_i \times \prod_{j=n+1}^{n+m} X_j \longrightarrow \prod_{j=n+1}^{n+m} X_j \\ ((x_1,\ldots,x_n),(x_{n+1},\ldots,x_{n+m})) \longmapsto (x_{n+1},\ldots,x_{n+m}), \end{cases}$$

$$\pi_j^{(s,r)} : \begin{cases} \prod_{i=s}^{r} X_i \longrightarrow X_j \\ (x_s,\ldots,x_r) \longmapsto x_j \end{cases} \quad \text{für } j = s,\ldots,r \ \ (s,r \in \mathbb{N}\backslash\{0\},\ s \le r)$$

sind stetig ⟦ nach Definition der Produkttopologie ⟧. Die Stetigkeit von a folgt nun leicht mit 2.4-7 (c): Für alle $j \in \{1,\ldots,n+m\}$ ist

$$\pi_j^{(1,n+m)} \circ a = \begin{cases} \pi_j^{(1,n)} \circ p_1 & \text{für } j \in \{1,\ldots,n\} \\ \pi_j^{(n+1,n+m)} \circ p_2 & \text{für } j \in \{n+1,\ldots,n+m\} \end{cases}$$

stetig. Da auch die Projektionen

$$q_1 : \begin{cases} \prod_{k=1}^{n+m} X_k \longrightarrow \prod_{i=1}^{n} X_i \\ (x_1,\ldots,x_{n+m}) \longmapsto (x_1,\ldots,x_n) \end{cases} \quad \text{und}$$

$$q_2 : \begin{cases} \prod_{k=1}^{n+m} X_k \longrightarrow \prod_{j=n+1}^{n+m} X_j \\ (x_1,\ldots,x_{n+m}) \longmapsto (x_{n+1},\ldots,x_{n+m}) \end{cases}$$

stetig sind ⟦ $\pi_j^{(1,n)} \circ q_1 = \pi_j^{(1,n+m)}$, $\pi_j^{(n+1,n+m)} \circ q_2 = \pi_j^{(1,n+m)}$ sind stetig; 2.4-7 (c) ⟧, folgt wiederum nach 2.4-7 (c) wegen $p_1 \circ a^{-1} = q_1$ und $p_2 \circ a^{-1} = q_2$ die Stetigkeit von a^{-1}.

Mit den gleichen Mitteln kann man sogar beweisen (s. A 21 (b)):

$(\,(X_i,\tau_i) \mid i \in I\,) \neq \emptyset$ sei eine Familie nichtleerer topologischer Räume, $\{\, I_j \mid j \in J \,\}$ eine Partition von I und $\sigma : I \longrightarrow I$ Bijektion (Permutation von I).

(i) $\left(\prod_{i\in I} X_i, \bigtimes_{i\in I} \tau_i\right) \underset{\text{top.}}{\cong} \left(\prod_{j\in J}(\prod_{i\in I_j} X_i), \bigtimes_{j\in J}(\bigtimes_{i\in I_j} \tau_i)\right)$
(Assoziativität)

(ii) $\left(\prod_{i\in I} X_i, \bigtimes_{i\in I} \tau_i\right) \underset{\text{top.}}{\cong} \left(\prod_{i\in I} X_{\sigma(i)}, \bigtimes_{i\in I} \tau_{\sigma(i)}\right)$
(Kommutativität)

(d) Die kanonischen Projektionen $\pi_j : \prod_{i\in I} X_i \longrightarrow X_j$ sind i. a. nicht abgeschlossen (bzgl. $(\bigtimes_{i\in I} \tau_i, \tau_j)$):

$A := \{ (x,y) \in \mathbb{R}^2 \mid xy = 1 \}$ ist in $(\mathbb{R}^2, \tau_{|\,|} \times \tau_{|\,|})$ abgeschlossen:

$$((x_i, y_i))_{i\in\mathbb{N}} \in A^{\mathbb{N}},\ ((x_i, y_i))_{i\in\mathbb{N}} \to_{\tau_{|\,|}\times\tau_{|\,|}} (a,b),\ (a,b) \in \mathbb{R}^2$$

$$\Longrightarrow \quad (x_i)_i \to_{\tau_{|\,|}} a,\ (y_i)_i \to_{\tau_{|\,|}} b \quad [\![\text{gem. 2.4-7 (a)}]\!]$$

$$\Longrightarrow \quad (x_i y_i)_i \to_{\tau_{|\,|}} ab \quad [\![\text{Die Multiplikation in } \mathbb{R} \text{ ist stetig.}]\!]$$

Wegen $(x_i y_i)_i = (1)_i$ gilt $ab = 1$, also $(a,b) \in A$.

Die kanonische Projektion (Abb. 2.4-3)

$$\pi_1 : \begin{cases} \mathbb{R} \times \mathbb{R} \longrightarrow \mathbb{R} \\ (x,y) \longmapsto x \end{cases}$$

ergibt wegen $\pi_1[A] = \mathbb{R}\backslash\{0\}$ eine nicht abgeschlossene Bildmenge.

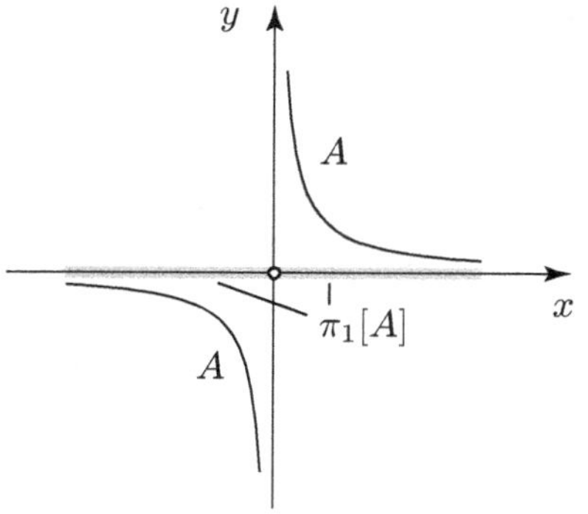

Abbildung 2.4-3

(e) Für jedes $i \in I$ sei $S_i \subseteq X_i$. Dann gilt

$$\overline{\prod_{i\in I} S_i}^{\times_{i\in I}\tau_i} = \prod_{i\in I} \overline{S_i}^{\tau_i} :$$

Einerseits ist wegen

$$\prod_{i\in I} \overline{S_i}^{\tau_i} = \prod_{i\in I} X_i \backslash \Big(\bigcup_{j\in I} \pi_j^{-1}[X_j \backslash \overline{S_j}^{\tau_j}] \Big) \in \alpha_{\times_{i\in I}\tau_i}$$

die Menge $\overline{\prod_{i\in I} S_i}^{\times_{i\in I}\tau_i}$ in $\prod_{i\in I} \overline{S_i}^{\tau_i}$ enthalten. Andererseits existiert auch zu jedem $x \in \prod_{i\in I} \overline{S_i}^{\tau_i}$ und jeder basisoffenen Umgebung $\bigcap_{k=1}^{r} \pi_{i_k}^{-1}[O_{i_k}]$ von x wegen $\pi_{i_k}(x) \in \overline{S_{i_k}}^{\tau_{i_k}} \cap O_{i_k}$ ein $s_{i_k} \in O_{i_k} \cap S_{i_k}$ für $k \in \{1, \ldots, r\}$, jedes Element $y \in \prod_{i\in I} S_i$ mit $\pi_{i_k}(y) = s_{i_k},\ k \in \{1, \ldots, r\}$, liegt also in $\bigcap_{k=1}^{r} \pi_{i_k}^{-1}[O_{i_k}]$.

Satz 2.4-8

$((X_i, \tau_i) \mid i \in I) \neq \emptyset$ sei eine Familie nichtleerer topologischer Räume, $f : G \longrightarrow \prod_{i\in I} X_i$ ein Netz und $\mathcal{F}$ ein Filter auf $\prod_{i\in I} X_i$, $\varphi \in \prod_{i\in I} X_i$. Dann gilt:

(a) *Äq* *(i)* $\mathcal{F} \to_{\times_{i\in I}\tau_i} \varphi$

(ii) $\forall\, j \in I\colon\ \pi_j[[\mathcal{F}]] \to_{\tau_j} \pi_j(\varphi)$

(b) *Äq* *(i)* $f \to_{\times_{i\in I}\tau_i} \varphi$

(ii) $\forall\, j \in I\colon\ \pi_j \circ f \to_{\tau_j} \pi_j(\varphi)$.

Beweis

(i) ⇒ *(ii)* gilt in (a) und (b) gem. 2.4-7 (a), 2.4-1.

(ii) ⇒ *(i)* Sei $\varphi \in \bigcap_{k=1}^{r} \pi_{j_k}^{-1}[O_{j_k}]$ eine (o. B. d. A.) basisoffene Umgebung von φ bzgl. $\times_{i\in I}\tau_i$. Für jedes $k \in \{1,\dots,r\}$ gibt es ein $F_k \in \mathcal{F}$ bzw. ein $\gamma_k \in G$ mit $\pi_{j_k}[F_k] \subseteq O_{j_k}$ bzw. $f_\gamma(j_k) \in O_{j_k}$ für alle $\gamma \geq \gamma_k$. Mit $F := \bigcap_{k=1}^{r} F_k \in \mathcal{F}$ bzw. $\gamma_0 \in G,\ \gamma_0 \geq \gamma_1,\dots,\gamma_r$ erhält man $F \subseteq \bigcap_{k=1}^{r} \pi_{j_k}^{-1}[O_{j_k}]$ bzw. $f_\gamma \in \bigcap_{k=1}^{r} \pi_{j_k}^{-1}[O_{j_k}]$ für jedes $\gamma \geq \gamma_0$. □

Die folgende Aussage über die Dichtigkeit spezieller Mengen in Produkträumen erweist sich manchmal als hilfreich (vgl. z. B. den Beweis zu 2.4-10):

Satz 2.4-9

$(\,(X_i,\tau_i) \mid i \in I\,) \neq \emptyset$ sei eine Familie nichtleerer topologischer Räume, φ ein Element von $\prod_{i\in I} X_i$. Die Menge

$$X' := \left\{ x \in \prod_{i\in I} X_i \;\middle|\; \{\, i \in I \mid x_i \neq \varphi_i \,\}\ \textit{endlich} \right\}$$

ist dicht in $\left(\prod_{i\in I} X_i, \times_{i\in I}\tau_i\right)$.

Beweis

Sei $O := \bigcap_{k=1}^{r} \pi_{j_k}^{-1}[O_{j_k}] \neq \emptyset$ eine basisoffene Menge. Man definiere $x \in \prod_{i\in I} X_i$ durch $x_i := \varphi_i$ für jedes $i \notin \{j_1,\dots,j_k\}$, $x_{j_k} \in O_{j_k}$ für $k \in \{1,\dots,r\}$. Dann ist $x \in O \cap X'$. Gem. 2.2-1 (a) ist X' dicht in $\left(\prod_{i\in I} X_i, \times_{i\in I}\tau_i\right)$. □

Eigenschaften, die sich auf das topologische direkte Produkt übertragen, sofern sie jedem Koordinatenraum zukommen, nennt man *multiplikativ*. Zu ihnen gehört der Zusammenhang:

Satz 2.4-10

$(\,(X_i,\tau_i) \mid i \in I\,) \neq \emptyset$ sei eine Familie nichtleerer topologischer Räume.

Äq *(i)* $\left(\prod_{i\in I} X_i, \times_{i\in I}\tau_i\right)$ *zusammenhängend*

(ii) $\forall\, i \in I\colon\ (X_i,\tau_i)$ *zusammenhängend*

Beweis

(i) ⇒ (ii) Die kanonischen Projektionen π_i sind stetig und surjektiv. Gem. 2.4-4.2 ist (X_i, τ_i) zusammenhängend.

(ii) ⇒ (i) Es sei $\varphi \in \prod_{i\in I} X_i$ gewählt, $f \in C\big(\prod_{i\in I} X_i, \{0,1\}\big)$ und

$$X' := \Big\{ x \in \prod_{i\in I} X_i \;\Big|\; \{\, i \in I \mid x_i \neq \varphi_i \,\} \text{ endlich} \Big\}.$$

Nach 2.4-4 ist nachzuweisen, daß f konstant ist. Hierzu setze man für jedes $j \in I$ als kanonische Einbettung

$$\eta_j^\varphi : \begin{cases} X_j \longrightarrow \prod_{i\in I} X_i \\ \xi \longmapsto \left(i \mapsto \begin{cases} \xi & \text{für } i = j \\ \varphi_i & \text{sonst} \end{cases} \right). \end{cases}$$

Für alle $j,\, k \in I$ ist dann

$$\pi_k \circ \eta_j^\varphi = \begin{cases} \mathrm{id}_{X_k} & \text{für } j = k \\ \varphi_k & \text{für } j \neq k \end{cases}$$

eine stetige Funktion von X_j in X_k, nach 2.4-7 (c) ist daher η_j^φ und somit auch $f \circ \eta_j^\varphi$ ⟦2.4-1.1⟧ für jedes $j \in I$ stetig. Da (X_j, τ_j) zusammenhängend ist, muß $f \circ \eta_j^\varphi$ konstant sein, nämlich

$$\forall\, \xi \in X_j : \; f \circ \eta_j^\varphi(\xi) = f \circ \eta_j^\varphi(\varphi_j) \tag{$*$}$$

gelten ⟦2.4-4⟧.

Für jedes $x \in X'$, etwa $\{i_1, \ldots, i_{r_x}\} := \{\, i \in I \mid x_i \neq \varphi_i \,\}$ paarweise verschieden, sei (induktiv definiert) für jedes $i \in I$

$$\varphi^1(i) := \begin{cases} x_i & \text{für } i \neq i_1 \\ \varphi_i & \text{für } i = i_1 \end{cases}, \;\ldots,\; \varphi^{r_x}(i) := \begin{cases} \varphi^{r_x-1}(i) & \text{für } i \neq i_{r_x} \\ \varphi_i & \text{für } i = i_{r_x}. \end{cases}$$

Es gilt dann (vollständige Induktion)

$$\begin{aligned} f(x) &= f\big(\eta_{i_1}^{\varphi^1}(x_{i_1})\big) = f\big(\eta_{i_1}^{\varphi^1}(\varphi_{i_1})\big) && [\![\, x = \eta_{i_1}^{\varphi^1}(x_{i_1});\ (*) \text{ für } \varphi^1 \,]\!] \\ &= f(\varphi^1) = f\big(\eta_{i_2}^{\varphi^1}(x_{i_2})\big) && [\![\, \varphi^1 = \eta_{i_2}^{\varphi^1}(x_{i_2}) \,]\!] \\ &= f\big(\eta_{i_2}^{\varphi^1}(\varphi_{i_2})\big) && [\![\, (*) \text{ für } \varphi^1 \,]\!] \\ &= f(\varphi^2) && [\![\, \varphi^2 = \eta_{i_2}^{\varphi^1}(\varphi_{i_2}) \,]\!] \\ &\;\;\vdots \\ &= f(\varphi^{r_x}) = f(\varphi) \end{aligned}$$

für alle $x \in X'$. Schließlich folgt mit 2.4-9 und 2.4-1

$$f\left[\prod_{i\in I} X_i\right] = f\left[\overline{X'}^{\bigtimes_{i\in I}\tau_i}\right] \subseteq \overline{f[X']}^{\tau_{\text{dis}}} = \overline{\{f(\varphi)\}}^{\tau_{\text{dis}}} = \{f(\varphi)\},$$

f ist somit konstant. □

Beispiel (2.4,9)

Sei $I \neq \emptyset$ eine Menge, $\emptyset \neq J \subseteq \mathbb{R}$ ein Intervall. $\left(J^I, \bigtimes_{i\in I}(\tau_{|\,|}|J)\right)$ ist zusammenhängend.

Satz 2.4-11

$((X_i, \tau_i) \mid i \in I) \neq \emptyset$ sei eine Familie nichtleerer topologischer Räume, $\emptyset \neq S_i \subseteq X_i$ für jedes $i \in I$. Es gilt:

$$\bigtimes_{i\in I}(\tau_i|S_i) = \left(\bigtimes_{i\in I}\tau_i\right)\Big|\prod_{i\in I} S_i,$$

d. h. die Produkttopologie der Spurtopologien ist die Spurtopologie der Produkttopologie.

Beweis

„$\subseteq$" Sei $O \in \bigtimes_{i\in I}(\tau_i|S_i)$ o. B. d. A. basisoffen, d. h. $O = \prod_{i\in I}(O_i \cap S_i)$, wobei $O_i \in \tau_i$ für alle $i \in I$ und o. B. d. A. $\{\, i \in I \mid O_i \neq X_i \,\}$ endlich ist. Wegen $\prod_{i\in I} O_i \in \bigtimes_{i\in I}\tau_i$ und $\left(\prod_{i\in I} O_i\right) \cap \prod_{i\in I} S_i = \prod_{i\in I}(O_i \cap S_i) = O$ gehört O zu $\left(\bigtimes_{i\in I}\tau_i\right)\big|\prod_{i\in I} S_i$.

„$\supseteq$" Sei $O \in \bigtimes_{i\in I}\tau_i$ o. B. d. A. basisoffen, d. h. $O = \prod_{i\in I} O_i$, wobei $O_i \in \tau_i$ für alle $i \in I$ und $\{\, i \in I \mid O_i \neq X_i \,\}$ endlich ist. Es folgt

$$\left(\prod_{i\in I} O_i\right) \cap \prod_{i\in I} S_i = \prod_{i\in I}(O_i \cap S_i) \in \bigtimes_{i\in I}(\tau_i|S_i).$$

□

Korollar 2.4-11.1

$((X_i, \tau_i) \mid i \in I) \neq \emptyset$ sei eine Familie nichtleerer topologischer Räume, $x \in \prod_{i\in I} X_i$ und C_x die Zusammenhangskomponente von x in $\left(\prod_{i\in I} X_i, \bigtimes_{i\in I}\tau_i\right)$. Es gilt:

$$C_x = \prod_{i\in I} C_{x_i}.$$

Beweis

Gem. 2.4-11 und 2.4-10 ist

$$\left(\prod_{i\in I} C_{x_i}, \left(\bigtimes_{i\in I} \tau_i\right)\Big|\prod_{i\in I} C_{x_i}\right) = \left(\prod_{i\in I} C_{x_i}, \bigtimes_{i\in I}(\tau_i|C_{x_i})\right)$$

zusammenhängend, wegen $x \in \prod_{i\in I} C_{x_i}$ gilt daher $C_x \supseteq \prod_{i\in I} C_{x_i}$. Umgekehrt folgt mit 2.4-4.2 der Zusammenhang von $(\pi_i[C_x], \tau_i|\pi_i[C_x])$, wegen $x_i = \pi_i(x) \in \pi_i[C_x]$ also $\pi_i[C_x] \subseteq C_{x_i}$ für jedes $i \in I$. Man erhält

$$x \in C_x \subseteq \prod_{i\in I} \pi_i[C_x] \subseteq \prod_{i\in I} C_{x_i}.$$

□

Lokale bzw. globale Abzählbarkeitseigenschaften der Topologie sind i. a. nicht multiplikativ, vielmehr gilt:

Satz 2.4-12

$((X_i, \tau_i) \mid i \in I) \neq \emptyset$ sei eine Familie nichtleerer topologischer Räume.

Äq (i) $(\prod_{i\in I} X_i, \bigtimes_{i\in I} \tau_i)$ *A_1- (bzw. A_2-)Raum*

(ii) $\forall\, i \in I$: (X_i, τ_i) *A_1- (bzw. A_2-)Raum* und $\{ i \in I \mid \tau_i \neq \tau_{\text{in}} \}$ *abzählbar*

Beweis

(i) ⇒ (ii) Die kanonischen Projektionen π_i sind stetig, offen und surjektiv ⟦2.4-7 (a), (b)⟧, also ist jedes (X_i, τ_i) A_1- (bzw. A_2-)Raum ⟦A 9⟧. Zum Nachweis, daß die Menge $J := \{ i \in I \mid \tau_i \neq \tau_{\text{in}} \}$ abzählbar ist, genügt die A_1-Eigenschaft ⟦A_2-Räume sind A_1-Räume!⟧ von $(\prod_{i\in I} X_i, \bigtimes_{i\in I} \tau_i)$. Für jedes $j \in J$ wähle man ein $O_j \in \tau_j \backslash \{\emptyset, X_j\}$ und ein $x_j \in O_j$, für $j \in I \backslash J$ sei x_j irgendein Element von X_j. Das Element $x = (x_i)_{i\in I}$ besitzt gem. (i) eine abzählbare Umgebungsbasis $\mathcal{B}_x$, und für jedes $B \in \mathcal{B}_x$ sei $\prod_{i\in I} O_{B,i}$ eine basisoffene Menge mit

$$x \in \prod_{i\in I} O_{B,i} \subseteq B$$

($I_B := \{ i \in I \mid O_{B,i} \neq X_i \}$ ist endlich). Dann ist $\bigcup_{B\in\mathcal{B}_x} I_B$ abzählbar.

Annahme: J ist überabzählbar.
Es gibt ein $j \in J \backslash \bigcup_{B\in\mathcal{B}_x} I_B$, und $\pi_j^{-1}[O_j] \in \mathcal{U}_{\bigtimes_{i\in I}\tau_i}(x) \cap \bigtimes_{i\in I} \tau_i$ ⟦$x_j \in O_j$⟧.
Man wähle ein $B \in \mathcal{B}_x$ mit $B \subseteq \pi_j^{-1}[O_j]$ und weiter ein $y_j \in X_j \backslash O_j$ und definiere $y \in \prod_{i\in I} X_i$ durch

$$y(i) := \begin{cases} y_j & \text{für } i = j \\ x_i & \text{für } i \neq j. \end{cases}$$

Dann ist $y \in (\prod_{i\in I} O_{B,i})\backslash\pi_j^{-1}[O_j]$ 〚 $O_{B,j} = X_j$ wegen $j \notin I_B$ 〛, andererseits gilt jedoch $\prod_{i\in I} O_{B,i} \subseteq B \subseteq \pi_j^{-1}[O_j]$. ↯

(ii) ⇒ (i) Sei $J := \{\, i \in I \mid \tau_i \neq \tau_{\text{in}} \,\}$ abzählbar.

A$_2$: Für jedes $i \in I$ sei $\mathcal{B}_i \subseteq \tau_i$ eine abzählbare Basis von τ_i. Dann ist auch

$$\beta := \left\{ \bigcap_{i\in E} \pi_i^{-1}[B_i] \;\middle|\; E \in \mathcal{P}_{\text{e}}J,\ \forall\, i \in E\colon\ B_i \in \mathcal{B}_i \right\}$$

abzählbar 〚 $\mathcal{P}_{\text{e}}J$ und die $\mathcal{B}_i$ sind abzählbar 〛 und eine Basis von $\bigtimes_{i\in I} \tau_i$:

Sei $x \in \prod_{i\in I} X_i$, $U \in \mathcal{U}_{\bigtimes_{i\in I}\tau_i}(x)$, etwa $x \in \bigcap_{i\in E} \pi_i^{-1}[B_i] \subseteq U$, wobei $E \in \mathcal{P}_{\text{e}}I$ und $B_i \in \mathcal{B}_i$ für jedes $i \in E$ ist. Mit $F := E \cap J$ folgt

$$x \in \bigcap_{i\in F} \pi_i^{-1}[B_i] = \bigcap_{i\in E} \pi_i^{-1}[B_i] \subseteq U.$$

A$_1$: Für jedes $i \in I$, $x_i \in X_i$ sei $\mathcal{B}_{x_i}$ eine abzählbare Umgebungsbasis von x_i. Die Menge

$$\mathcal{B} := \left\{ \bigcap_{i\in E} \pi_i^{-1}[B_i] \;\middle|\; E \in \mathcal{P}_{\text{e}}J,\ \forall\, i \in E\colon\ B_i \in \mathcal{B}_{x_i} \right\}$$

ist abzählbar 〚 $\mathcal{P}_{\text{e}}J$ und die $\mathcal{B}_{x_i}$ sind abzählbar 〛 und eine Umgebungsbasis von $x = (x_i)_{i\in I}$:

$\mathcal{B} \subseteq \mathcal{U}_{\bigtimes_{i\in I}\tau_i}(x)$ und für jedes $U \in \mathcal{U}_{\bigtimes_{i\in I}\tau_i}(x)$ gibt es ein $E \in \mathcal{P}_{\text{e}}I$ und für jedes $i \in E$ ein $B_i \in \mathcal{B}_{x_i}$, so daß

$$\bigcap_{i\in E} \pi_i^{-1}[B_i] \subseteq U$$

gilt. Mit $F := E \cap J$ folgt wieder

$$x \in \bigcap_{i\in F} \pi_i^{-1}[B_i] = \bigcap_{i\in E} \pi_i^{-1}[B_i] \subseteq U.$$

□

Mit 2.4-12 erhält man beispielsweise, daß die Produkträume

$$\Big(\mathbb{R}^I, \bigtimes_{i\in I} \tau_{|\,|}\Big) \quad \text{und} \quad \Big([a,b]^I, \bigtimes_{i\in I} (\tau_{|\,|}|[a,b])\Big) \quad (\text{für } a < b)$$

für überabzählbare Mengen I keine A$_1$-Räume und infolgedessen nicht pseudometrisierbar sind (s. auch A 20). Separabilität (vgl. 2.5-7) und Lindelöf-Eigenschaft (vgl. 2.5, A 6) sind ebenfalls nicht multiplikativ.

Eine weitere Charakterisierung der Unterhalbstetigkeit von Funktionen (vgl. 2.4-2) ergibt sich mit Hilfe ihrer Epigraphen.

Definition

Es sei (X, τ) ein topologischer Raum, $f : X \longrightarrow \mathbb{R}$.

$$\mathrm{Ep}(f) := \{ (x, r) \in X \times \mathbb{R} \mid r \geq f(x) \}$$

heißt *Epigraph* von f (Abb. 2.4-4).

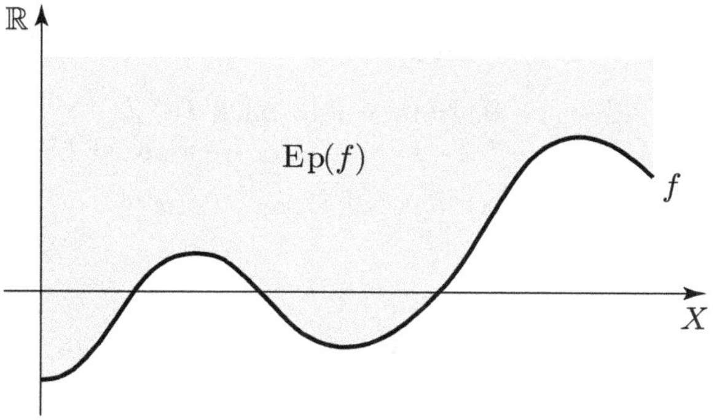

Abbildung 2.4-4

Hiermit erhält man als Ergänzung zu Satz 2.4-2 den

Satz 2.4-13

(X, τ) sei ein topologischer Raum, $f : X \longrightarrow \mathbb{R}$.

Äq *(i)* *f unterhalbstetig*

(ii) $\mathrm{Ep}(f) \in \alpha_{\tau \times \tau_{|\,|}}$

Beweis

(i) ⇒ (ii) Sei $(x, r) \in (X \times \mathbb{R}) \setminus \mathrm{Ep}(f)$, also $f(x) > r$. Man wähle $\varepsilon > 0$ mit $r + \varepsilon < f(x)$ und dazu wegen der Unterhalbstetigkeit von f ein $U \in \mathcal{U}_\tau(x)$ mit $f[U] \subseteq]r + \varepsilon, \infty[$. Dann ist $U \times K_\varepsilon^{d_{|\,|}}(r) \in \mathcal{U}_{\tau \times \tau_{|\,|}}((x, r))$, und es gilt $U \times K_\varepsilon^{d_{|\,|}}(r) \subseteq (X \times \mathbb{R}) \setminus \mathrm{Ep}(f)$ $[\![u \in U,\ s \in K_\varepsilon^{d_{|\,|}}(r) \Longrightarrow f(u) > r + \varepsilon > s]\!]$.

(ii) ⇒ (i) Sei $r \in \mathbb{R}$ und $x_0 \in f^{-1}\big[\,]r, \infty[\,\big]$, also $f(x_0) > r$. Gem. (ii) folgt $(x_0, r) \in (X \times \mathbb{R}) \setminus \mathrm{Ep}(f) \in \tau \times \tau_{|\,|}$, es gibt somit ein $\varepsilon > 0$ und ein $U \in \mathcal{U}_\tau(x_0)$ mit

$$U \times K_\varepsilon^{d_{|\,|}}(r) \subseteq (X \times \mathbb{R}) \setminus \mathrm{Ep}(f).$$

Es folgt $U \subseteq f^{-1}\big[\,]r, \infty[\,\big]$ und gem. 2.4-2 die Unterhalbstetigkeit von f. □

Eine Kennzeichnung der Unterhalbstetigkeit für Funktionen auf pseudometrischen Räumen findet man in A 30 (d).

Korollar 2.4-13.1

(X, τ) sei ein topologischer Raum, $f : X \longrightarrow \mathbb{R}$.

Äq *(i)* *f stetig (bzgl. $(\tau, \tau_{|\,|})$)*

(ii) *f unter- und oberhalbstetig*

Beweis

(i) ⇒ (ii) gem. 2.4-2, da mit f auch $-f$ stetig ist.

(ii) ⇒ (i) Es sei $x \in X$ und $\varepsilon > 0$. Man wähle nach (ii) $U, V \in \mathcal{U}_\tau(x)$ mit $f[U] \subseteq \,]f(x) - \varepsilon, \infty[$ und $(-f)[V] \subseteq \,]-f(x) - \varepsilon, \infty[$. Dann ist $U \cap V \in \mathcal{U}_\tau(x)$ und $f[U \cap V] \subseteq \,]-\infty, f(x) + \varepsilon[\, \cap \,]f(x) - \varepsilon, \infty[\, = K_\varepsilon^{d_{|\,|}}(f(x))$. □

Satz 2.4-14

(X, τ) sei ein topologischer Raum, $x_0 \in X$, $f, g : X \longrightarrow \mathbb{R}$, $a, b \in \mathbb{R}^+$ und $\emptyset \neq \mathcal{F} \subseteq \mathbb{R}^X$ mit $\sup \mathcal{F}(x) = \sup_{f \in \mathcal{F}} f(x) < \infty$ für alle $x \in X$.

(a) *f, g unterhalbstetig in x_0* $\Longrightarrow$ *$af + bg$ unterhalbstetig in x_0*

(b) *($\forall\, f \in \mathcal{F}$: f unterhalbstetig in x_0)* $\Longrightarrow$ *$\sup \mathcal{F}$ unterhalbstetig in x_0*

Beweis

Zu (a) Sei $\varepsilon > 0$. Für $a = b = 0$ ist $af + bg$ die Nullfunktion und somit stetig. Sei also $a + b > 0$. Nach Voraussetzung gibt es $U, V \in \mathcal{U}_\tau(x_0)$ mit $f[U] \subseteq \,]f(x_0) - \frac{\varepsilon}{a+b}, \infty[$ und $g[V] \subseteq \,]g(x_0) - \frac{\varepsilon}{a+b}, \infty[$. Es folgt $U \cap V \in \mathcal{U}_\tau(x_0)$ und

$$\begin{aligned}(af + bg)[U \cap V] &\subseteq \,]af(x_0) - \tfrac{a\varepsilon}{a+b}, \infty[\, + \,]bg(x_0) - \tfrac{b\varepsilon}{a+b}, \infty[\\ &\subseteq \,](af + bg)(x_0) - \varepsilon, \infty[.\end{aligned}$$

Zu (b) Sei $\varepsilon > 0$. Man wähle ein $\varphi \in \mathcal{F}$ mit $\sup \mathcal{F}(x_0) - \frac{\varepsilon}{2} \leq \varphi(x_0)$ und ein $U \in \mathcal{U}_\tau(x_0)$ mit $\varphi[U] \subseteq \,]\varphi(x_0) - \frac{\varepsilon}{2}, \infty[$. Dann gilt

$$(\sup \mathcal{F})[U] \subseteq \,]\sup \mathcal{F}(x_0) - \varepsilon, \infty[\, :$$

Für alle $u \in U$ ist $\sup \mathcal{F}(u) \geq \varphi(u) > \varphi(x_0) - \frac{\varepsilon}{2} \geq \sup \mathcal{F}(x_0) - \frac{\varepsilon}{2} - \frac{\varepsilon}{2}$. □

Beispiel (2.4,10)

Die Funktion

$$[\,] : \begin{cases} \mathbb{R} \longrightarrow \mathbb{R} \\ x \longmapsto \max\{\, z \in \mathbb{Z} \mid z \leq x \,\} \end{cases}$$

ist oberhalbstetig:

$$[\,]^{-1}\,[\,]{-\infty}, r[\,] = \{\, x \in \mathbb{R} \mid [x] < r \,\} = \left\{ \begin{matrix}]{-\infty}, r[& \text{für } r \in \mathbb{Z} \\ ]{-\infty}, [r]+1[& \text{für } r \notin \mathbb{Z} \end{matrix} \right\} \in \tau_{|\,|}$$

für jedes $r \in \mathbb{R}$. Nach 2.4-2 folgt die Oberhalbstetigkeit von $[\,]$.

Für in x_0 unterhalbstetige Funktionen f, g ist $f \wedge g$ und, wenn f, g zusätzlich nichtnegativ sind, auch $f \cdot g$ unterhalbstetig in x_0 (vgl. A 28 (c), (d)).

Produkttopologien (Produkträume) sind spezielle Initialtopologien (Initialräume): Ist $(\,(X_i, \tau_i) \mid i \in I\,) \neq \emptyset$ eine Familie topologischer Räume, $\emptyset \neq X$ eine Menge und $(\, f_i \mid i \in I\,)$ eine Familie von Funktionen $f_i : X \longrightarrow X_i \quad (i \in I)$, so heißt die Topologie τ auf X mit der Subbasis

$$\{\, f_i^{-1}[O_i] \mid i \in I,\ O_i \in \tau_i \,\}$$

Initialtopologie ((X, τ) *Initialraum*) der Familie $((X_i, \tau_i), f_i)_{i \in I}$. Sie ist die $\subseteq$-kleinste Topologie τ' auf X, bzgl. der alle f_i stetig (bzgl. (τ', τ_i)) sind. (Für $X = \prod_{i \in I} X_i$, $f_i = \pi_i$ ist die Initialtopologie gerade die Produkttopologie.)

Die hierzu duale Situation entsteht, wenn die Funktionen f_i von X_i nach X abbilden. Dann ist

$$\{\, O \subseteq X \mid \forall\, i \in I\colon\ f_i^{-1}[O] \in \tau_i \,\}$$

eine Topologie σ auf X, die *Finaltopologie* auf X ((X, σ) *Finalraum*) der Familie $((X_i, \tau_i), f_i)_{i \in I}$. Sie ist die $\subseteq$-größte Topologie σ' auf X, bzgl. der alle f_i stetig (bzgl. (τ_i, σ')) sind. Einen wichtigen Spezialfall hiervon beschreibt die

Definition

(Y, τ) sei ein topologischer Raum, $R \subseteq Y \times Y$ eine Äquivalenzrelation über Y mit der Partition $Y/_R$ und der kanonischen Projektion $\pi_R : Y \longrightarrow Y/_R$. Die Finaltopologie

$$\tau/_R = \{\, O \subseteq Y/_R \mid \pi_R^{-1}[O] \in \tau \,\}$$

der (einelementigen) Familie $((Y, \tau), \pi_R)$ heißt *Quotiententopologie* von τ nach R, $(Y/_R, \tau/_R)$ *Quotientenraum* von (Y, τ) nach R (Abb. 2.4-5).

Beispiele (2.4,11)

(a) In $\mathbb{R}$ sei die Äquivalenzrelation R definiert durch

$$(x, y) \in R \quad :\text{gdw} \quad x - y \in \mathbb{Z}.$$

Mit $[x] := \max\{\, z \in \mathbb{Z} \mid z \leq x \,\}$ (größte ganze Zahl kleiner oder gleich x) gilt

$$\{x - [x]\} = \pi_R(x) \cap [0, 1[$$

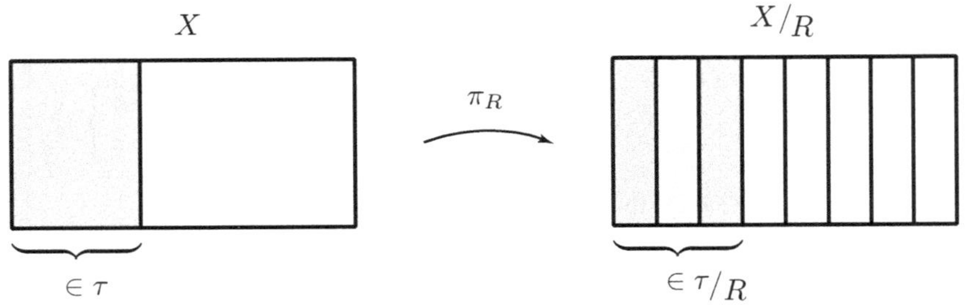

Abbildung 2.4-5

für alle $x \in \mathbb{R}$, die Funktion (Abb. 2.4-6)

$$f : \begin{cases} [0,1[\longrightarrow \mathbb{R}/_R \\ \xi \longmapsto \xi/_R \; (= \xi + \mathbb{Z}) \end{cases}$$

ist daher bijektiv, und $\mathbb{R}/_R$ kann vermöge f durch $[0,1[$ repräsentiert werden. Die Quotiententopologie $\tau_{|\,|}/_R$ wird mit Hilfe von f auf $[0,1[$ übertragen:

$$O \in \sigma_f \quad :\text{gdw} \quad f[O] \in \tau_{|\,|}/_R.$$

$\left(\mathbb{R}/_R, \tau_{|\,|}/_R\right)$ ist homöomorph (vermöge f) zu $([0,1[, \sigma_f)$.

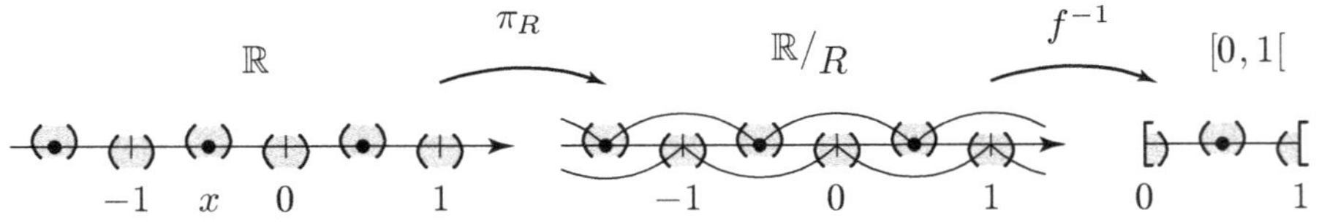

Abbildung 2.4-6

Man beachte $\sigma_f \neq \tau_{|\,|}|[0,1[$. (Es gilt sogar $([0,1[, \sigma_f) \underset{\text{top.}}{\not\cong} \left([0,1[, \tau_{|\,|}|[0,1]\right)$, da $([0,1[, \sigma_f)$ kompakt ist; vgl. Kapitel 4.)

Eine weitere Darstellung von $\left(\mathbb{R}/_R, \tau_{|\,|}/_R\right)$ ist $(S^1, \tau_{d_2}|S^1)$ (s. Abb. 2.4-7), da

$$h : \begin{cases} [0,1[\longrightarrow S^1 \\ \xi \longmapsto (\cos 2\pi\xi, \sin 2\pi\xi) \end{cases}$$

ein Homöomorphismus (bzgl. $(\sigma_f, \tau_{d_2}|S^1)$ ist. ⟦ Zum Beweis der Stetigkeit von h verwende man 2.4-15 (a). ⟧

(b) In $\mathbb{R} \times [0,1]$ sei die Äquivalenzrelation S definiert durch

$$((x,y),(z,t)) \in S \quad :\text{gdw} \quad y = t \text{ und } x - z \in \mathbb{Z}.$$

Gem. (a) kann $\mathbb{R} \times [0,1]/_S$ durch $[0,1[\times [0,1]$ vermöge

$$g : \begin{cases} [0,1[\times [0,1] \longrightarrow \mathbb{R} \times [0,1]/_S \\ (\xi,t) \longmapsto (\xi,t)/_S \end{cases}$$

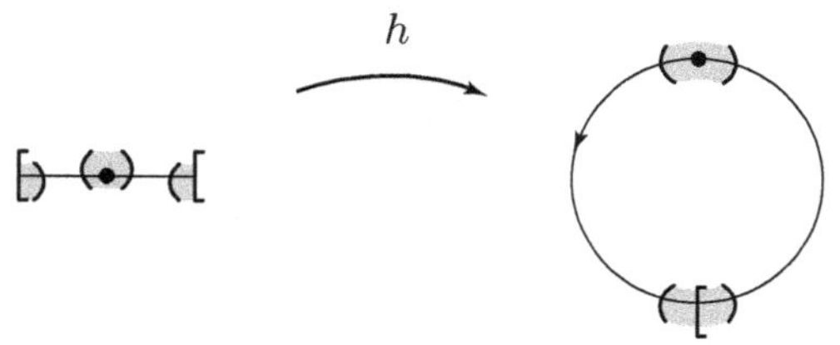

Abbildung 2.4-7

repräsentiert werden (Abb. 2.4-8), die Topologie $\tau_{|\,|} \times (\tau_{|\,|}|[0,1])/_S$ wird mit Hilfe von g auf $[0,1[\times[0,1]$ übertragen:

$$O \in \sigma_g \quad :\text{gdw} \quad g[O] \in \tau_{|\,|} \times (\tau_{|\,|}|[0,1])/_S.$$

$\left(\mathbb{R}\times[0,1]/_S, \tau_{|\,|}\times(\tau_{|\,|}|[0,1])/_S\right)$ ist homöomorph (vermöge g) zu $([0,1[\times[0,1], \sigma_g)$.

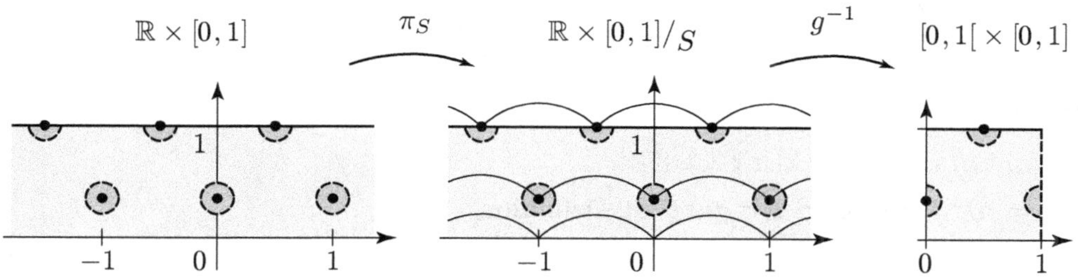

Abbildung 2.4-8

Wie in (a) ist auch hier $\sigma_g \neq \tau_{d_2}|([0,1[\times[0,1])$. Es gilt sogar

$$([0,1[\times[0,1],\sigma_g) \underset{\text{top.}}{\not\cong} \left([0,1[\times[0,1],\tau_{d_2}|([0,1[\times[0,1])\right),$$

da $([0,1[\times[0,1],\sigma_g)$ kompakt ist; vgl. Kapitel 4.

Der Zylinder $\left(S^1\times[0,1],\tau_{d_2}|(S^1\times[0,1])\right)$ (s. Abb. 2.4-9) ist eine weitere Darstellung von $\left(\mathbb{R}\times[0,1[/_S,\tau_{|\,|}\times(\tau_{|\,|}|[0,1[)/_S\right)$, da

$$\eta : \begin{cases} [0,1[\times[0,1] \longrightarrow S^1\times[0,1] \\ (\xi,t) \longmapsto ((\cos 2\pi\xi, \sin 2\pi\xi), t) \end{cases}$$

ein Homöomorphismus (bzgl. $(\sigma_g, \tau_{d_2}|(S^1\times[0,1]))$) ist. ⟦Zum Beweis der Stetigkeit von η verwende man wieder 2.4-15 (a).⟧

Satz 2.4-15

(X,τ) und (Y,σ) seien topologische Räume, R eine Äquivalenzrelation über X und $f : X/_R \longrightarrow Y$.

(a) Äq (i) f stetig (bzgl. $(\tau/_R,\sigma)$)

(ii) $f\circ\pi_R$ stetig (bzgl. (τ,σ))

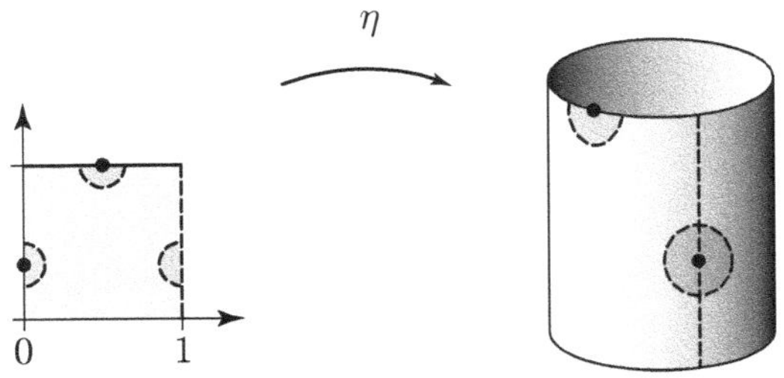

Abbildung 2.4-9

(b) Äq *(i)* π_R *offen (bzw. abgeschlossen) (bzgl.* $(\tau, \tau/_R)$*)*

(ii) $\forall\, O \in \tau\colon\ \pi_R^{-1}\big[\pi_R[O]\big] \in \tau$
(bzw. $\forall\, A \in \alpha_\tau\colon\ \pi_R^{-1}\big[\pi_R[A]\big] \in \alpha_\tau$*)*

(iii) $\forall\, A \in \alpha_\tau\colon\ \bigcup\{\, D \in X/_R \mid D \subseteq A \,\} \in \alpha_\tau$
(bzw. $\forall\, O \in \tau\colon\ \bigcup\{\, D \in X/_R \mid D \subseteq O \,\} \in \tau$*)*

Beweis

Zu (a) *(i)* $\Rightarrow$ *(ii)* ist klar ⟦ 2.4-1.1 ⟧.

(ii) $\Rightarrow$ *(i)* Für jedes $S \in \sigma$ gilt gem. Definition

$$f^{-1}[S] \in \tau/_R \quad\Longleftrightarrow\quad (f \circ \pi_R)^{-1}[S] = \pi_R^{-1}\big[f^{-1}[S]\big] \in \tau.$$

Zu (b) Wegen

$$\pi_R^{-1}\big[\pi_R[S]\big] \in \tau \quad\Longleftrightarrow\quad \pi_R[S] \in \tau/_R$$

und $\pi_R^{-1}\big[X/_R \backslash \pi_R[S]\big] = X \backslash \pi_R^{-1}\big[\pi_R[S]\big]$ für jedes $S \subseteq X$ ist (i) $\Leftrightarrow$ (ii).

(ii) $\Leftrightarrow$ (iii) erhält man aus

$$\forall\, S \subseteq X\colon\ \bigcup\{\, D \in X/_R \mid D \subseteq S \,\} = X \backslash \pi_R^{-1}\big[\pi_R[X \backslash S]\big].$$

„$\subseteq$" Für $x \in \pi_R(x) = D \subseteq S$ und $y \in X \backslash S$ gilt $\pi_R(x) \cap \pi_R(y) = \emptyset$ und somit $\pi_R(x) \notin \pi_R[X \backslash S]$, also $x \notin \pi_R^{-1}\big[\pi_R[X \backslash S]\big]$.

„$\supseteq$" Sei $x \in X \backslash \pi_R^{-1}\big[\pi_R[X \backslash S]\big]$, d. h. $\pi_R(x) \notin \pi_R[X \backslash S]$, also $\pi_R(x) \cap \pi_R(y) = \emptyset$ für jedes $y \in X \backslash S$, d. h.

$$\pi_R(x) \subseteq \bigcap_{y \in X \backslash S} (X \backslash \pi_R(y)) = X \backslash \bigcup_{y \in X \backslash S} \pi_R(y).$$

Wegen

$$X \backslash \bigcup_{y \in X \backslash S} \pi_R(y) \subseteq X \backslash (X \backslash S) = S$$

folgt $x \in \pi_R(x) \subseteq S$. □

Nach 2.4-15 (b) ist beispielsweise für die Abgeschlossenheit der kanonischen Projektion π_R notwendig und hinreichend, daß die Vereinigung aller in einer offenen Teilmenge von X liegenden Äquivalenzklassen jeweils wieder eine offene Menge ist. Vereinigungen von Äquivalenzklassen heißen *R-saturiert*.

Definition

Es sei (X, τ) ein topologischer Raum, R eine Äquivalenzrelation über X.

$X/_R$ *τ-halbstetig* :gdw $\forall\, x \in X\ \forall\, O \in \tau$:
$$\pi_R(x) \subseteq O \Rightarrow \exists\, Q \in \tau\colon\ \pi_R(x) \subseteq Q \subseteq O \text{ und } Q\ R\text{-saturiert}$$

Die Eigenschaft (iii) in 2.4-15 (b) kann dann äquivalent umformuliert werden:

Korollar 2.4-15.1

Es sei (X, τ) ein topologischer Raum, R Äquivalenzrelation über X.

Äq *(i)* π_R *abgeschlossen*

(ii) $X/_R$ *τ-halbstetig*

Beweis

(i) $\Rightarrow$ (ii) Sei $O \in \tau$, $x \in X$ mit $\pi_R(x) \subseteq O$. Nach 2.4-15 (b) folgt
$$\pi_R(x) \subseteq \bigcup \{\, D \subseteq X/_R \mid D \subseteq O \,\} \subseteq O,$$
wobei die Vereinigung eine offene R-saturierte Menge ist.

(ii) $\Rightarrow$ (i) Sei $O \in \tau$, $D \in X/_R$ mit $D \subseteq O$. Gem. (ii) gibt es eine R-saturierte Menge $Q_D \in \tau$ mit $D \subseteq Q_D \subseteq O$, folglich gilt
$$\bigcup \{\, D \in X/_R \mid D \subseteq O \,\} = \bigcup \{\, Q_D \mid D \in X/_R,\ D \subseteq O \,\} \in \tau.$$
Nach 2.4-15 (b) ist π_R abgeschlossen. □

Beispiele (2.4,12)

(a) Es sei R die zur Partition $\mathbb{R}/_R = \{\mathbb{R}\backslash\mathbb{Q}, \mathbb{Q}^+, \mathbb{Q}^<\}$ gehörende Äquivalenzrelation über $\mathbb{R}$. Die Quotiententopologie $\tau_{|\,|}/_R$ ist indiskret, denn
$$\begin{aligned} O \in \tau_{|\,|}/_R\backslash\{\emptyset\} &\implies \pi_R^{-1}[O] \in \tau_{|\,|}\backslash\{\emptyset\} \implies \pi_R^{-1}[O] \cap (\mathbb{R}\backslash\mathbb{Q}) \neq \emptyset \\ &\implies \mathbb{R}\backslash\mathbb{Q} \in O \implies \mathbb{R}\backslash\mathbb{Q} \subseteq \pi_R^{-1}[O] \\ &\implies \mathbb{R} = \pi_R^{-1}[O] \implies \mathbb{R}/_R = \pi_R[\mathbb{R}] \subseteq O. \end{aligned}$$

π_R ist weder offen $[\![\, \pi_R[\,]-1, 0[\,] = \{\mathbb{R}\backslash\mathbb{Q}, \mathbb{Q}^<\} \,]\!]$ noch abgeschlossen $[\![\, \pi_R[[0,1]] = \{\mathbb{R}\backslash\mathbb{Q}, \mathbb{Q}^+\} \,]\!]$.

(b) Es sei R die zur Partition $\mathbb{R}/_R = \{\mathbb{R}\backslash\mathbb{Q}, \mathbb{Q}\}$ gehörende Äquivalenzrelation über $\mathbb{R}$. Die Quotiententopologie $\tau_{|\,|}/_R$ ist indiskret $\llbracket\, O \in \tau_{|\,|}/_R\backslash\{\emptyset\} \Longrightarrow \pi_R^{-1}[O] \cap \mathbb{Q} \neq \emptyset \neq \pi_R^{-1}[O] \cap (\mathbb{R}\backslash\mathbb{Q}) \Longrightarrow \mathbb{R} = \pi_R^{-1}[O] \Longrightarrow \mathbb{R}/_R = O \,\rrbracket$.

π_R ist offen $\llbracket\, O \in \tau_{|\,|}\backslash\{\emptyset\} \Longrightarrow O \cap \mathbb{Q} \neq \emptyset \neq O \cap (\mathbb{R}\backslash\mathbb{Q}) \Longrightarrow \pi_R[O] = \{\mathbb{Q}, \mathbb{R}\backslash\mathbb{Q}\} = \mathbb{R}/_R \,\rrbracket$, jedoch *nicht* abgeschlossen $\llbracket\, \pi_R[\{1\}] = \{\mathbb{Q}\} \notin \alpha_{\tau_{|\,|}/_R} \,\rrbracket$.

(c) Es bezeichne R die zur Partition $\mathbb{R}/_R = \{\mathbb{R}\backslash\mathbb{Q}^+, \mathbb{Q}^+\}$ gehörende Äquivalenzrelation über $\mathbb{R}$. Die Quotiententopologie $\tau_{|\,|}/_R$ ist indiskret $\llbracket\, \pi_R^{-1}[\{\mathbb{Q}^+\}] = \mathbb{Q}^+ \notin \tau_{|\,|}$ und $\pi_R^{-1}[\{\mathbb{R}\backslash\mathbb{Q}^+\}] = \mathbb{R}\backslash\mathbb{Q}^+ \notin \tau_{|\,|} \,\rrbracket$.

π_R ist weder offen $\llbracket\, \pi_R\big[\,]-2,-1[\,\big] = \{\mathbb{R}\backslash\mathbb{Q}^+\} \notin \tau_{|\,|}/_R \,\rrbracket$, noch abgeschlossen $\llbracket\, \pi_R\big[[-2,-1]\big] = \{\mathbb{R}\backslash\mathbb{Q}^+\} \notin \alpha_{\tau_{|\,|}/_R} \,\rrbracket$.

Neben den durch Partitionen angegebenen sind auch die als Faserungen $\operatorname{Fas} f$ von Funktionen $f : X \longrightarrow Y$ beschriebenen Äquivalenzrelationen von praktischer Bedeutung:

$$\forall\, x, x' \in X\colon\ (x, x') \in \operatorname{Fas} f \quad \text{:gdw} \quad f(x) = f(x').$$

Hierfür gilt der

Satz 2.4-16 (Homöomorphiesatz)

(X, τ), (Y, σ) seien topologische Räume, $f : X \longrightarrow Y$ surjektiv, stetig und offen (bzw. abgeschlossen).

$$h_f : \begin{cases} Y \longrightarrow X/_{\operatorname{Fas} f} \\ y \longmapsto f^{-1}[\{y\}] \end{cases}$$

ist ein $\big(\sigma, \tau/_{\operatorname{Fas} f}\big)$-Homöomorphismus.

Also: *Stetige offene (bzw. abgeschlossene) Bilder topologischer Räume sind homöomorph zum Quotientenraum des Urbildraums nach* $\operatorname{Fas} f$.

Beweis

h_f ist bijektiv $\llbracket\, y \neq y' \Longrightarrow f^{-1}[\{y\}] \cap f^{-1}[\{y'\}] = \emptyset$, also ist h_f injektiv. $x \in X \Longrightarrow x/_{\operatorname{Fas} f} = \{\, x' \in X \mid f(x') = f(x) \,\} = f^{-1}\big[\{f(x)\}\big]$, also ist h_f surjektiv. $\rrbracket$ und h_f^{-1} stetig $\llbracket\, h_f^{-1} \circ \pi_{\operatorname{Fas} f} = f;$ 2.4-15 (a) $\rrbracket$.

Da σ die Finaltopologie auf Y der Familie $\big((X, \tau), f\big)$ ist $\llbracket\, f$ offen (bzw. abgeschlossen), stetig und surjektiv! $\rrbracket$ und $h_f \circ f = \pi_{\operatorname{Fas} f}$ gilt, folgt auch die Stetigkeit von h_f.

□

Eigenschaften topologischer Räume, die auf jeden ihrer Quotientenräume übertragen werden, heißen *divisibel*. Von den bisher behandelten Eigenschaften sind divisibel:

Zusammenhang $\llbracket$ 2.4-4.2 $\rrbracket$, Lindelöf-Raum $\llbracket$ 2.4-3 (b) $\rrbracket$, Separabilität $\llbracket$ 2.4-3 (a) $\rrbracket$, Wegzusammenhang $\llbracket$ A 17 (c) $\rrbracket$.

Die Abzählbarkeitseigenschaften „A_1- bzw. A_2-Raum“ übertragen sich zwar auf Quotientenräume, sofern die kanonische Projektion offen ist ⟦ A 9 ⟧, sind jedoch nicht divisibel:

Beispiel (2.4,13)

In $\mathbb{R}^2$ sei die Äquivalenzrelation R definiert durch

$$((x,y),(z,t)) \in R \quad \text{:gdw} \quad (x,y) = (z,t) \text{ oder } y = t = 0.$$

Der Quotientenraum $\left(\mathbb{R}^2/_R, \tau_{d_2}/_R\right)$ ist nicht A_1-Raum (also kein A_2-Raum gem. (2.3,3) (a)): *Annahme:* $\widetilde{\mathcal{B}} := \{ B_i \mid i \in \mathbb{N} \}$ ist eine abzählbare Umgebungsbasis von $\mathcal{U}_{\tau_{d_2}/_R}\big(\pi_R((0,0))\big)$. Wegen $\pi_R((0,0)) = \mathbb{R} \times \{0\}$ ist $\mathcal{B} := \{ \pi_R^{-1}[B_i] \mid i \in \mathbb{N} \}$ eine Umgebungsbasis von $\mathbb{R} \times \{0\}$ (bzgl. τ_{d_2}), d. h. für jedes $O \in \tau_{d_2}$, $\mathbb{R} \times \{0\} \subseteq O$ gibt es ein $i \in \mathbb{N}$ mit $\pi_R^{-1}[B_i] \subseteq O$. ⟦ Wegen $O = \pi_R^{-1}\big[\pi_R[O]\big]$ ist $\pi_R[O] \in \tau_{d_2}/_R$ und $\pi_R((0,0)) \in \pi_R[O]$. Es gibt somit ein $i \in \mathbb{N}$ mit $\pi_R((0,0)) \in B_i \subseteq \pi_R[O]$, woraus $\mathbb{R} \times \{0\} = \pi_R^{-1}\big[\{\pi_R((0,0))\}\big] \subseteq \pi_R^{-1}[B_i] \subseteq \pi_R^{-1}\big[\pi_R[O]\big] = O$ folgt. ⟧ Für jedes $i \in \mathbb{N}$ wähle man nun ein $\varepsilon_i \in \left]0,1\right[$ mit $K_{\varepsilon_i}^{d_2}((i,0)) \subseteq \pi_R^{-1}[B_i]$, $\varepsilon_i > \varepsilon_{i+1}$ für alle $i \in \mathbb{N}$, und setze

$$U := \left(\left]-\infty, 0\right[\times \mathbb{R}\right) \cup \bigcup \left\{ \left[i, i+1\right[\times \left]-\varepsilon_i/2, \varepsilon_i/2\right[\;\middle|\; i \in \mathbb{N} \right\}$$

(Abb. 2.4-10). Dann ist $U \in \tau_{d_2}$, $\mathbb{R} \times \{0\} \subseteq U$, jedoch $\pi_R^{-1}[B_i] \nsubseteq U$ für alle $i \in \mathbb{N}$ ⟦ wegen $K_{\varepsilon_i}^{d_2}((i,0)) \nsubseteq U$ ⟧. ↯

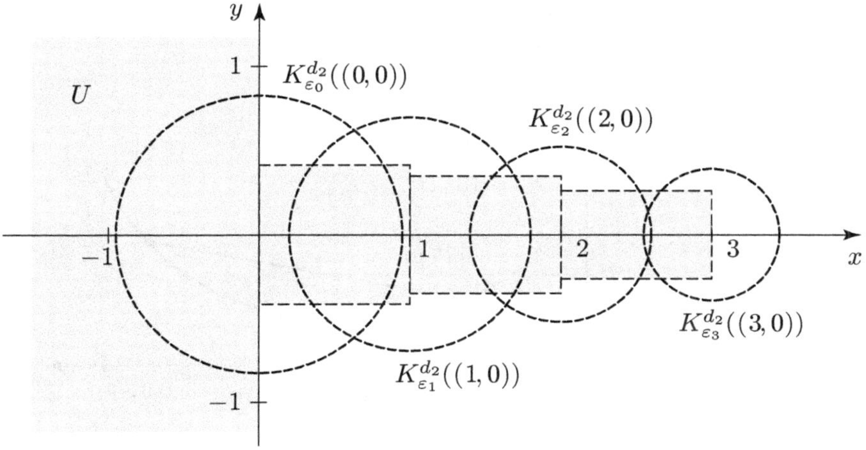

Abbildung 2.4-10

Man beachte, daß hier die kanonische Projektion π_R sogar abgeschlossen ist. ⟦ $\mathbb{R}^2/_R$ ist τ_{d_2}-halbstetig, wie man leicht erkennt. ⟧ Natürlich ist π_R nicht offen, denn

$$\pi_R\big[K_1^{d_2}((0,0))\big] = \{\mathbb{R} \times \{0\}\} \cup \big\{ \{(x,y)\} \;\big|\; x^2 + y^2 < 1,\; y \neq 0 \big\} \notin \tau_{d_2}/_R$$

$$⟦\; \pi_R^{-1}\Big[\pi_R\big[K_1^{d_2}((0,0))\big]\Big] = (\mathbb{R} \times \{0\}) \cup K_1^{d_2}((0,0)) \notin \tau_{d_2} \;⟧.$$

In speziellen Situationen können häufig auch besondere Stetigkeitsfeststellungen für Funktionen getroffen werden. So haben beispielsweise zusätzliche algebraische Eigenschaften der topologischen Räume und der Funktionen zwischen ihnen unter Umständen Einfluß auf deren Stetigkeitsverhalten (vgl. hierzu A 13–A 15).

Zum Abschluß dieses vom Begriff Stetigkeit geprägten Abschnitts wird eine Anwendung des geometrischen Konzepts „Konvexität in $\mathbb{R}$-Vektorräumen" behandelt (2.4-20, 2.4-20.1, 2.4-20.2).

Definitionen

V sei ein $\mathbb{R}$-Vektorraum, $C \subseteq V$ und $f : C \longrightarrow \mathbb{R}$.

C konvex :gdw $\forall\, x, y \in C\ \forall\, r \in [0,1]\colon\ rx + (1-r)y \in C$

(d. h. mit je zwei Punkten aus C sind auch alle Punkte der sie verbindenden Strecke aus C).

Sei C konvex.

f konvex :gdw

$$\forall\, x, y \in C\ \forall\, r \in\,]0,1[\colon\ f(rx + (1-r)y) \leq rf(x) + (1-r)f(y)$$

f konkav :gdw $-f$ konvex

f affin :gdw f konvex und konkav

Abb. 2.4-11 zeigt eine konvexe Funktion f.

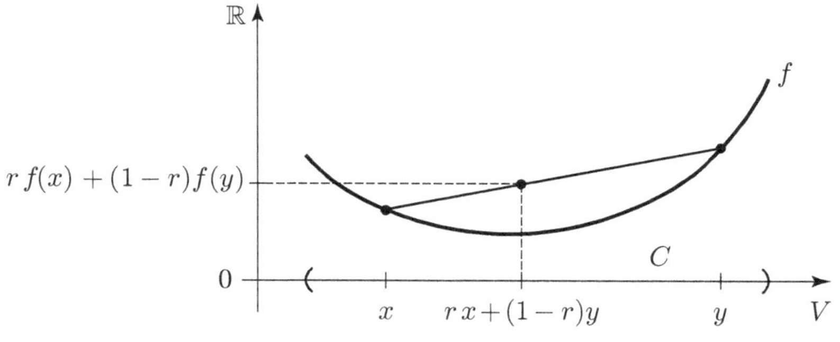

Abbildung 2.4-11

Beispiele (2.4,14)

V sei ein $\mathbb{R}$-Vektorraum.

(a) Für jede Halbnorm N auf V sind die ε-Kugeln $K_\varepsilon^{d_N}(v)$, $\widetilde{K}_\varepsilon^{d_N}(v)$ $(\varepsilon > 0,\ v \in V)$ konvex:

Sind $w, z \in K_\varepsilon^{d_N}(v),\ r \in [0,1]$, so folgt

$$\begin{aligned} N(rw + (1-r)z - v) &= N\big(rw + (1-r)z - (rv + (1-r)v)\big) \\ &\leq rN(w-v) + (1-r)N(z-v) \\ &< r\varepsilon + (1-r)\varepsilon = \varepsilon. \end{aligned}$$

(Für $\widetilde{K}_\varepsilon^{d_N}(v)$ analog!)

(b) $\forall\, v \in V\colon\ \{v\}$ konvex $[\![\, rv + (1-r)v = v \in \{v\} \,]\!]$

(c) $C, D \subseteq V$ konvex, $a \in \mathbb{R} \implies C + D,\ aC$ konvex:

Seien $c_1, c_2 \in C$ und $d_1, d_2 \in D,\ r \in [0,1]$. Dann gilt

$$r(c_1 + d_1) + (1-r)(c_2 + d_2) = rc_1 + (1-r)c_2 + rd_1 + (1-r)d_2 \in C + D$$

und

$$r(ac_1) + (1-r)(ac_2) = a(rc_1 + (1-r)c_2) \in aC.$$

(d) $(\mathcal{C} \subseteq \mathcal{P}V,\ \forall\, C \in \mathcal{C}\colon\ C \text{ konvex}) \implies \bigcap \mathcal{C}$ konvex:

Für $\mathcal{C} = \emptyset$ ist $\bigcap \mathcal{C} = V$ konvex. Sei $C \in \mathcal{C}$ und $v, w \in \bigcap \mathcal{C}$ ($\bigcap \mathcal{C} = \emptyset$ ist konvex!), also $v, w \in C$. Für jedes $r \in [0,1]$ ist dann $rv + (1-r)w \in C$ und somit $rv + (1-r)w \in \bigcap \mathcal{C}$.

(e) Sei $C \subseteq V$ konvex, $f : C \longrightarrow \mathbb{R}$.

$$f \text{ affin} \iff \forall\, x, y \in C\ \forall\, r \in\,]0,1[\colon\ f(rx + (1-r)y) = rf(x) + (1-r)f(y)$$

(f) Sei W ein $\mathbb{R}$-Vektorraum, $\varphi : V \longrightarrow W$ linear, $C \subseteq V$ konvex und $D \subseteq W$ konvex. Dann sind $\varphi[C]$ und $\varphi^{-1}[D]$ konvex:

Für alle $x, y \in C,\ r \in [0,1],\ z, t \in \varphi^{-1}[D]$ gilt

$$r\varphi(x) + (1-r)\varphi(y) = \varphi(rx + (1-r)y) \in \varphi[C]$$

und wegen $\varphi(z), \varphi(t) \in D$ auch

$$\varphi(rz + (1-r)t) = r\varphi(z) + (1-r)\varphi(t) \in D,$$

also $rz + (1-r)t \in \varphi^{-1}[D]$.

(g) $(\, V_i \mid i \in I\,) \neq \emptyset$ sei eine Familie von $\mathbb{R}$-Vektorräumen, $\emptyset \neq C_i \subseteq V_i$ konvex für jedes $i \in I$.

$$\prod_{i \in I} C_i \text{ konvex (im direkten Produkt } \prod_{i \in I} V_i) \iff \forall\, i \in I\colon\ C_i \text{ konvex}$$

„$\Rightarrow$“ Die kanonischen Projektionen π_i sind linear; (f).

„$\Leftarrow$“ Es wird koordinatenweise addiert und skalarmultipliziert.

Satz 2.4-17

V sei ein $\mathbb{R}$-Vektorraum, $C \subseteq V$.

Äq (i) C konvex

(ii) $\forall\, n \in \mathbb{N}\backslash\{0\}\ \forall\, (r_1, \ldots, r_n) \in (\mathbb{R}^+)^n\ \forall\, (x_1, \ldots, x_n) \in C^n$:

$$\sum_{i=1}^{n} r_i = 1 \Rightarrow \sum_{i=1}^{n} r_i x_i \in C$$

(Konvexe Mengen enthalten jede Konvexkombination $\sum_{i=1}^{n} r_i x_i$ *ihrer Elemente $x_1, \ldots, x_n$.)*

Beweis

(ii) $\Rightarrow$ (i) Man verwende $n = 2$.

(i) $\Rightarrow$ (ii) durch vollständige Induktion über n:

Für $n \in \{1, 2\}$ ist (ii) nach Voraussetzung bzw. (i) richtig. Sei $(r_1, \ldots, r_{n+1}) \in (\mathbb{R}^+)^{n+1}$, $\sum_{i=1}^{n+1} r_i = 1$, o. B. d. A. $r_{n+1} \neq 1$. Es ist $\frac{1}{\sum_{j=1}^{n} r_j}(r_1, \ldots, r_n) \in (\mathbb{R}^+)^n$ mit $\sum_{i=1}^{n} \frac{1}{\sum_{j=1}^{n} r_j} r_i = 1$, gem. Induktionsvoraussetzung also $\sum_{i=1}^{n} \frac{1}{\sum_{j=1}^{n} r_j} r_i x_i \in C$ für alle $(x_1, \ldots, x_n) \in C^n$, woraus

$$\sum_{k=1}^{n+1} r_k x_k = \left(\sum_{j=1}^{n} r_j\right)\left(\sum_{i=1}^{n} \frac{1}{\sum_{j=1}^{n} r_j} r_i x_i\right) + r_{n+1} x_{n+1} \in C$$

für alle $(x_1, \ldots, x_{n+1}) \in C^{n+1}$ nach (i) folgt. □

Eine weitere charakteristische Beschreibung der Konvexität von Mengen ist in A 32 aufgeführt.

In halbnormierten $\mathbb{R}$-Vektorräumen sind der offene Kern und die abgeschlossene Hülle konvexer Teilmengen ebenfalls konvex, genauer gilt:

Satz 2.4-18

(V, N) sei ein halbnormierter $\mathbb{R}$-Vektorraum, $C \subseteq V$ konvex. Es gilt:

(a) $\forall\, x \in C^{\circ\tau_N}\ \forall\, y \in \overline{C}^{\tau_N}$: $\{ v \in V \mid \exists\, r \in]0, 1] : v = rx + (1 - r)y \} \subseteq C^{\circ\tau_N}$

(b) $C^{\circ\tau_N}$, $\overline{C}^{\tau_N}$ sind konvex.

Beweis

Zu (a) Es sei $x \in C^{\circ\tau_N}$, $y \in \overline{C}^{\tau_N}$, $r \in]0, 1]$ und $v := rx + (1 - r)y$. Für $r = 1$ ist $v = x \in C^{\circ\tau_N}$, sei also $0 < r < 1$. Dann ist $0 = r(x - v) + (1 - r)(y - v)$, wobei gem. A 18 (a) $x - v \in -v + C^{\circ\tau_N} = (-v + C)^{\circ\tau_N}$, $y - v \in -v + \overline{C}^{\tau_N} = \overline{(-v + C)}^{\tau_N}$ gilt. Wegen $y - v = \frac{r}{r-1}(x - v) \in \frac{r}{r-1}(-v + C)^{\circ\tau_N} \in \tau$ 〚A 18 (a)〛 gibt es ein

$z \in (-v+C) \cap \frac{r}{r-1}(-v+C)^{\circ\tau_N}$, etwa $z = \frac{r}{r-1}t$ mit $t \in (-v+C)^{\circ\tau_N} \subseteq -v+C$ (konvex gem. (2.4,14) (b), (c)), und es folgt

$$0 = rt + (1-r)\frac{r}{r-1}t \in -v+C.$$

Hieraus ergibt sich sofort

$$0 \in \left\{ ra + (1-r)\frac{r}{r-1}t \;\middle|\; a \in (-v+C)^{\circ\tau_N} \right\} \in \tau$$

⟦A 18 (a)⟧ und $\{ ra + (1-r)\frac{r}{r-1}t \mid a \in (-v+C)^{\circ\tau_N} \} \subseteq -v+C$ ⟦$-v+C$ ist konvex⟧, also

$$0 \in (-v+C)^{\circ\tau_N} = -v + C^{\circ\tau_N}$$

⟦A 18 (a)⟧ und somit $v \in C^{\circ\tau_N}$.

Zu (b) Die Konvexität von $C^{\circ\tau_N}$ folgt direkt aus (a), die von $\overline{C}^{\tau_N}$ wegen

$$\begin{aligned} r\overline{C}^{\tau_N} + (1-r)\overline{C}^{\tau_N} &\subseteq \overline{rC + (1-r)C}^{\tau_N} && \text{⟦A 18 (a), 2.4-1, (2.4,8) (e)⟧} \\ &\subseteq \overline{C}^{\tau_N} && \text{⟦}C\text{ konvex⟧}. \end{aligned}$$

□

Man beachte, daß zum Beweis von 2.4-18 (a), (b) nur die Stetigkeit der Addition (bzgl. $(\tau_N \times \tau_N, \tau_N)$) und der Skalarmultiplikation (bzgl. $(\tau_{|\,|} \times \tau_N, \tau_N)$) in V verwendet wurde. Der Satz gilt daher auch in jedem $\mathbb{R}$-Vektorraum V mit einer Topologie τ, bzgl. der die Addition und Skalarmultiplikation stetige Funktionen sind. (V, τ) nennt man unter diesen Gegebenheiten einen *topologischen* $\mathbb{R}$*-Vektorraum* (bzw. *topologischen* $\mathbb{C}$*-Vektorraum*, wenn V ein $\mathbb{C}$-Vektorraum ist).

Die Konvexität von Funktionen läßt sich in Anlehnung an 2.4-17 wie folgt charakterisieren:

Satz 2.4-19

V sei ein $\mathbb{R}$-Vektorraum, $C \subseteq V$ konvex und $f : C \longrightarrow \mathbb{R}$.

Äq *(i)* *f konvex*

(ii) $\forall n \in \mathbb{N}\backslash\{0\}\ \forall\, (r_1, \ldots, r_n) \in (\mathbb{R}^+)^n\ \forall\, (x_1, \ldots, x_n) \in C^n$:

$$\sum_{i=1}^{n} r_i = 1 \Rightarrow f\Big(\sum_{i=1}^{n} r_i x_i\Big) \leq \sum_{i=1}^{n} r_i f(x_i)$$

(iii) $\mathrm{Ep}(f)$ *konvex (im* $\mathbb{R}$*-Vektorraum* $V \times \mathbb{R}$*).*

In diesem Fall ist $\{ x \in C \mid f(x) \leq r \}$ *für jedes* $r \in \mathbb{R}$ *konvex.*

Beweis

(i) ⇒ (ii) durch vollständige Induktion über n:

Für jedes $n \in \{1,2\}$ ist (ii) nach (i) richtig. Sei $(r_1,\ldots,r_{n+1}) \in (\mathbb{R}^+)^{n+1}$, $\sum_{i=1}^{n+1} r_i = 1,\ r_{n+1} \neq 1$ (o. B. d. A.). Wegen

$$\sum_{i=1}^{n+1} r_i x_i = \Big(\sum_{j=1}^{n} r_j\Big)\Big(\sum_{i=1}^{n} \frac{r_i}{\sum_{j=1}^{n} r_j} x_i\Big) + r_{n+1}x_{n+1}$$

und $\sum_{i=1}^{n} \frac{r_i}{\sum_{j=1}^{n} r_j} x_i \in C$ für alle $(x_1,\ldots,x_{n+1}) \in C^{n+1}$ folgt

$$\begin{aligned} f\Big(\sum_{i=1}^{n+1} r_i x_i\Big) &\leq \Big(\sum_{j=1}^{n} r_j\Big) f\Big(\sum_{i=1}^{n} \frac{r_i}{\sum_{j=1}^{n} r_j} x_i\Big) + r_{n+1} f(x_{n+1}) \qquad [\![\text{gem. (i)}]\!] \\ &\leq \Big(\sum_{j=1}^{n} r_j\Big)\Big(\sum_{i=1}^{n} \frac{r_i}{\sum_{j=1}^{n} r_j} f(x_i)\Big) + r_{n+1} f(x_{n+1}) \\ &\qquad [\![\text{Induktionsvoraussetzung}]\!] \\ &= \sum_{i=1}^{n+1} r_i f(x_i). \end{aligned}$$

(ii) ⇒ (iii) Es seien $(v_1,r_1),(v_2,r_2) \in \mathrm{Ep}(f)$ und $\varrho \in [0,1]$. Wegen

$$\begin{aligned} f(\varrho v_1 + (1-\varrho)v_2) &\leq \varrho f(v_1) + (1-\varrho) f(v_2) \qquad [\![\text{gem. (ii)}]\!] \\ &\leq \varrho r_1 + (1-\varrho) r_2 \end{aligned}$$

gilt

$$\varrho(v_1,r_1) + (1-\varrho)(v_2,r_2) = \big(\varrho v_1 + (1-\varrho)v_2, \varrho r_1 + (1-\varrho)r_2\big) \in \mathrm{Ep}(f).$$

(iii) ⇒ (i) Für alle $x,\, y \in C$ gilt $(x, f(x)), (y, f(y)) \in \mathrm{Ep}(f)$ und somit gem. (iii) auch $r(x,f(x)) + (1-r)(y,f(y)) \in \mathrm{Ep}(f)$ für jedes $r \in [0,1]$, also $f(rx+(1-r)y) \leq rf(x) + (1-r)f(y)$.

Zum Zusatz: Die kanonische Projektion

$$\pi_V : \begin{cases} V \times \mathbb{R} \longrightarrow V \\ (x,r) \longmapsto x \end{cases}$$

ist $\mathbb{R}$-linear, und es gilt $\pi_V[\mathrm{Ep}(f) \cap C \times \{r\}] = \{\, x \in C \mid f(x) \leq r \,\}$. □

Die Stetigkeit konvexer Funktionen auf konvexen offenen Teilmengen normierter $\mathbb{R}$-Vektorräume beschreibt der

Satz 2.4-20

$(V, \|\ \|)$ sei ein normierter $\mathbb{R}$-Vektorraum, $C \in \tau_{\|\ \|}$ konvex, $f : C \longrightarrow \mathbb{R}$ konvex und $c_0 \in C$. Dann gilt

Äq (i) f *stetig in* c_0

(ii) $\exists\, \varepsilon > 0\colon\ \widetilde{K}_\varepsilon^{d_{\|\ \|}}(c_0) \subseteq C$ *und* $f \restriction \widetilde{K}_\varepsilon^{d_{\|\ \|}}(c_0)$ *nach oben beschränkt.*

Beweis

(i) ⇒ (ii) gilt auch ohne die Voraussetzung „f konvex“:

Man wähle ein $\varepsilon > 0$ mit $\widetilde{K}_\varepsilon^{d_{\|\ \|}}(c_0) \subseteq C$ ⟦ $C \in \tau_{\|\ \|}$ ⟧ und

$$f\big[\widetilde{K}_\varepsilon^{d_{\|\ \|}}(c_0) \cap C\big] \subseteq K_1^{d_{|\ |}}(f(c_0)) \subseteq\ ]-\infty, f(c_0)+1[$$

⟦ f stetig in c_0 ⟧.

(ii) ⇒ (i) Gem. (ii) sei $\varepsilon > 0$ mit $\widetilde{K}_\varepsilon^{d_{\|\ \|}}(c_0) \subseteq C$ und

$$\forall\, y \in \widetilde{K}_\varepsilon^{d_{\|\ \|}}(c_0)\colon\ f(y) \le S. \tag{1}$$

Für $c \in C\backslash\{c_0\}$ setze man $\Theta := \frac{\|c-c_0\|}{\varepsilon+\|c-c_0\|}$ und $y := \frac{1}{\Theta}(c_0 - (1-\Theta)c)$ (es ist $0 < \Theta < 1$). Dann gilt

$$y - c_0 = \frac{1-\Theta}{\Theta}(c_0 - c) = \frac{\varepsilon}{\|c-c_0\|}(c_0 - c),$$

also $\|y - c_0\| = \varepsilon$. Wegen $y \in \widetilde{K}_\varepsilon^{d_{\|\ \|}}(c_0)$ ist $f(y) \le S$. Da $c_0 = \Theta y + (1-\Theta)c$ und f konvex ist, folgt

$$f(c_0) \le \Theta f(y) + (1-\Theta)f(c) \le \Theta S + (1-\Theta)f(c)$$

und hieraus

$$(1-\Theta)f(c_0) \le \Theta(S - f(c_0)) + (1-\Theta)f(c).$$

Division dieser Ungleichung durch $(1-\Theta)$ ergibt (für $c = c_0$ trivial!)

$$\begin{aligned}\forall\, c \in C\colon\ f(c_0) &\le f(c) + \frac{\Theta}{1-\Theta}(S - f(c_0)) \\ &= f(c) + \frac{S - f(c_0)}{\varepsilon}\|c - c_0\|.\end{aligned} \tag{2}$$

Schließlich setze man $\eta := \frac{\|c-c_0\|}{\varepsilon}$ (also $0 < \eta \le 1$) für jedes $c \in \widetilde{K}_\varepsilon^{d_{\|\ \|}}(c_0)\backslash\{c_0\}$ und $z := \frac{1}{\eta}(c - (1-\eta)c_0)$. Dann ist $z - c_0 = \frac{1}{\eta}(c - c_0)$, also $\|z - c_0\| = \varepsilon$, $z \in \widetilde{K}_\varepsilon^{d_{\|\ \|}}(c_0) \subseteq C$, woraus gem. (1) wieder $f(z) \le S$ folgt.

Da $c = \eta z + (1-\eta)c_0$ und f konvex ist, erhält man (für $c = c_0$ trivial!)

$$\begin{aligned} \forall\, c \in \widetilde{K}_\varepsilon^{d_{\| \, \|}}(c_0)\colon\ f(c) &\le \eta f(z) + (1-\eta) f(c_0) \\ &\le \eta(S - f(c_0)) + f(c_0) \\ &= f(c_0) + \frac{S - f(c_0)}{\varepsilon}\|c - c_0\|. \end{aligned} \tag{3}$$

(3) in Verbindung mit (2) ergibt

$$\forall\, c \in \widetilde{K}_\varepsilon^{d_{\| \, \|}}(c_0)\colon\ |f(c) - f(c_0)| \le \frac{S - f(c_0)}{\varepsilon}\|c - c_0\|.$$

f ist daher stetig bei c_0. □

Korollar 2.4-20.1

$(V, \| \ \|)$ sei ein normierter $\mathbb{R}$-Vektorraum, $C \in \tau_{\| \ \|}$ konvex, $c_0 \in C$, $f : C \longrightarrow \mathbb{R}$ konvex und stetig in c_0. Dann ist f stetig (bzgl. $(\tau_{\| \ \|}|C, \tau_{| \ |})$).

Beweis

Nach 2.4-20 wähle man ein $\varepsilon > 0$, $S \ge 0$ mit $\widetilde{K}_\varepsilon^{d_{\| \, \|}}(c_0) \subseteq C$ und $f(y) \le S$ für jedes $y \in \widetilde{K}_\varepsilon^{d_{\| \, \|}}(c_0)$. Sei $c_1 \in C \setminus \{c_0\}$, $\varepsilon_1 > 0$ mit $\widetilde{K}_{\varepsilon_1}^{d_{\| \, \|}}(c_1) \subseteq C$ $[\![C \in \tau_{\| \ \|}]\!]$,

$$\delta := \min\left\{\varepsilon_1, \frac{\varepsilon_1 \varepsilon}{\varepsilon_1 + \|c_1 - c_0\|}\right\}, \qquad \alpha := \frac{\varepsilon_1}{\varepsilon_1 + \|c_1 - c_0\|} \in \left]0, 1\right[$$

und $c_2 := c_0 + \frac{1}{1-\alpha}(c_1 - c_0)$. Wegen $c_2 - c_1 = \frac{\alpha}{1-\alpha}(c_1 - c_0)$ ist $\|c_2 - c_1\| = \frac{\alpha}{1-\alpha}\|c_1 - c_0\| = \varepsilon_1$, also $c_2 \in \widetilde{K}_{\varepsilon_1}^{d_{\| \, \|}}(c_1) \subseteq C$.

Für jedes $y \in \widetilde{K}_\delta^{d_{\| \, \|}}(c_1)$ gehört $z := \alpha^{-1}(y + \alpha c_0 - c_1)$ zu $\widetilde{K}_\varepsilon^{d_{\| \, \|}}(c_0)$ $[\![z - c_0 = \alpha^{-1}(y - c_1) \Longrightarrow \|z - c_0\| = \alpha^{-1}\|y - c_1\| \le \alpha^{-1}\delta \le \frac{\varepsilon_1 + \|c_1 - c_0\|}{\varepsilon_1} \frac{\varepsilon_1 \varepsilon}{\varepsilon_1 + \|c_1 - c_0\|} = \varepsilon]\!]$, nach Voraussetzung gilt daher $f(z) \le S$, und es folgt

$$\begin{aligned} f(y) &= f(\alpha z - \alpha c_0 + c_1) \\ &= f(\alpha z + (1-\alpha)c_2) && [\![(1-\alpha)c_2 = (1-\alpha)c_0 + c_1 - c_0 = c_1 - \alpha c_0]\!] \\ &\le \alpha f(z) + (1-\alpha) f(c_2) && [\![f \text{ konvex}]\!] \\ &\le \alpha S + (1-\alpha) f(c_2). \end{aligned}$$

$T := \alpha S + (1-\alpha) f(c_2)$ ist somit eine obere Schranke für f auf $\widetilde{K}_\delta^{d_{\| \, \|}}(c_1)$, f gem. 2.4-20 also stetig in c_1. □

Im normierten $\mathbb{R}$-Vektorraum $(\mathbb{R}^n, \| \ \|_q)$, $1 \le q \le \infty$, ist *jede* auf einer konvexen, offenen, nichtleeren Teilmenge definierte konvexe Funktion stetig:

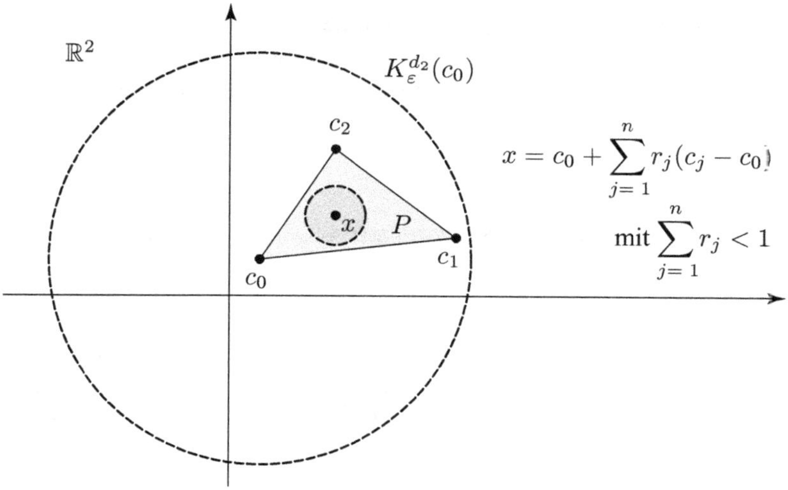

Abbildung 2.4-12

Korollar 2.4-20.2

Es sei $\emptyset \neq C \subseteq \mathbb{R}^n$ *konvex und offen,* $f : C \longrightarrow \mathbb{R}$. *Es gilt:*

$$f \text{ konvex} \quad \Longrightarrow \quad f \text{ stetig (bzgl. } (\tau_{d_2}|C, \tau_{d_2}))$$

Beweis

Sei $c_0 \in C$, $\varepsilon > 0$ mit $\widetilde{K}_\varepsilon^{d_2}(c_0) \subseteq C$. Man wähle $c_1, \ldots, c_n \in \widetilde{K}_\varepsilon^{d_2}(c_0)$ so, daß $\{\, c_j - c_0 \mid j \in \{1, \ldots, n\} \,\}$ $\mathbb{R}$-linear unabhängig ist. $\widetilde{K}_\varepsilon^{d_2}(c_0)$ ist konvex ⟦ (2.4.14) (a) ⟧, also gilt

$$P := \left\{ \sum_{j=0}^{n} r_j c_j \;\middle|\; (r_0, \ldots, r_n) \in (\mathbb{R}^+)^{n+1},\ \sum_{j=0}^{n} r_j = 1 \right\} \subseteq \widetilde{K}_\varepsilon^{d_2}(c_0)$$

⟦ 2.4-17 ⟧, $P \neq \emptyset$, und $f{\restriction}P$ ist nach oben beschränkt, denn ⟦ 2.4-19 ⟧

$$f\Big(\sum_{j=0}^{n} r_j c_j\Big) \leq \sum_{j=0}^{n} r_j f(c_j) \leq \sum_{j=0}^{n} |f(c_j)|.$$

Die Stetigkeit von f ergibt sich nun nach 2.4-20 und 2.4-20.1 aus $P^{\circ\tau_{d_2}} \neq \emptyset$:
Da die Menge $\{\, c_j - c_0 \mid j \in \{1, \ldots, n\} \,\}$ $\mathbb{R}$-linear unabhängig ist und $\sum_{j=0}^{n} r_j c_j = c_0 + \sum_{j=1}^{n} r_j(c_j - c_0)$ für alle $(r_0, \ldots, r_n) \in (\mathbb{R}^+)^{n+1}$ mit $\sum_{j=0}^{n} r_j = 1$ gilt, liegt

$$\left\{ c_0 + \sum_{j=1}^{n} r_j(c_j - c_0) \;\middle|\; (r_1, \ldots, r_n) \in (\mathbb{R}^>)^n,\ \sum_{j=1}^{n} r_j < 1 \right\}$$

im konvexen Polytop P, vgl. Abb. 2.4-12 für $n = 2$. □

Wie die Stetigkeit einer linearen Funktion in einem Punkt x_0 (vgl. A 14) hat auch die Unterhalbstetigkeit in x_0 selbst bei nur noch als konvex vorausgesetzten Funktionen f Auswirkungen auf das Verhalten von f in den anderen Punkten ihres Definitionsbereichs:

Satz 2.4-21

(V, N) sei ein halbnormierter $\mathbb{R}$-Vektorraum, $\emptyset \neq C \subseteq V$ konvex, $f : C \longrightarrow \mathbb{R}$ konvex und $c_0 \in C$.

Äq (i) *f unterhalbstetig in c_0*

(ii) $\forall\, \varepsilon > 0\ \exists\, \delta > 0\colon\ f\big[C \cap \widetilde{K}_\delta^{d_N}(c_0)\big] \subseteq\,]f(c_0) - \varepsilon, \infty[$ *und*

$$\forall\, c \in C \cap \big(V \backslash \widetilde{K}_\delta^{d_N}(c_0)\big)\colon\ f(c) > f(c_0) - \frac{\varepsilon}{\delta} N(c - c_0)$$

Beweis

(ii) ⇒ (i) ist offensichtlich richtig.

(i) ⇒ (ii) Zu $\varepsilon > 0$ wähle man gem. (i) ein $\delta > 0$ mit $f\big[\widetilde{K}_\delta^{d_N}(c_0) \cap C\big] \subseteq\,]f(c_0) - \varepsilon, \infty[$, d. h.

$$\forall\, c \in \widetilde{K}_\delta^{d_N}(c_0) \cap C\colon\ f(c) > f(c_0) - \varepsilon.$$

Für jedes $c \in C \backslash \widetilde{K}_\delta^{d_N}(c_0)$ gilt $N(c - c_0) > \delta$, also $\alpha := \frac{\delta}{N(c-c_0)} < 1$. Mit $a := \alpha c + (1 - \alpha) c_0 \in C$ $[\![C$ konvex $]\!]$ ist $N(a - c_0) = N(\alpha(c - c_0)) = \delta$ und daher $f(a) > f(c_0) - \varepsilon$. Es folgt

$$\alpha f(c) + (1 - \alpha) f(c_0) \geq f(a) > f(c_0) - \varepsilon$$

$[\![f$ konvex $]\!]$ und hieraus

$$f(c) > \frac{1}{\alpha}(\alpha f(c_0) - \varepsilon) = f(c_0) - \frac{\varepsilon}{\alpha} = f(c_0) - \frac{\varepsilon}{\delta} N(c - c_0).$$ □

Aufgaben zu 2.4

1. Es seien (X, τ), (Y, σ) topologische Räume und $f : X \longrightarrow Y,\ x \in X$.
   (a) Für $\tau_f := \{\, f^{-1}[O] \mid O \in \sigma \,\}$ zeige man:
      (i) τ_f ist eine Topologie auf X
      (ii) f ist stetig (bzgl. (τ, σ) $\iff$ $\tau_f \subseteq \tau$
   (b) Äq (i) f stetig in x
      (ii) $\forall\, U \in \mathcal{U}_\sigma(f(x))\colon\ f^{-1}[U] \in \mathcal{U}_\tau(x)$
      (iii) $\forall\, \mathcal{F}\colon\ \mathcal{F}$ Filter auf X, $\mathcal{F} \to_\tau x \Rightarrow \overline{f[[\mathcal{F}]]} \to_\sigma f(x)$
      (iv) $\forall\, M\colon\ M$ Netz in X, $M \to_\tau x \Rightarrow f \circ M \to_\sigma f(x)$

(c) (Z, ϱ) sei ein topologischer Raum, $g : Y \longrightarrow Z$.
f stetig in x, g stetig in $f(x)$ $\implies$ $g \circ f$ stetig in x

2. Mit punktweiser Addition und Skalarmultiplikation ist $C(X)$ ein $\mathbb{C}$-Vektorraum für jeden topologischen Raum (X, τ) (s. auch A 5).

3. Es sei (X, τ) ein topologischer Raum und $\chi_S : X \longrightarrow \{0, 1\}$ die charakteristische Funktion auf X zu S (Anhang 1-18). Man zeige:

(a) $\chi_S \in C(X, \{0, 1\}) \iff S \in \alpha_\tau \cap \tau$

(b) (X, τ) zusammenhängend $\iff \forall\, S \in \mathcal{P}X \backslash \{\emptyset, X\}$: χ_S nicht stetig (bzgl. $(\tau, \tau_{\text{dis}})$)

4. (a) Jede stetige Funktion $f : [0, 1] \longrightarrow [0, 1]$ besitzt einen Fixpunkt, d. h.

$$\operatorname{Fix} f = \{\, x \in [0, 1] \mid f(x) = x \,\} \neq \emptyset.$$

(b) (X, d) sei ein metrischer Raum, $f : X \longrightarrow X$ eine Kontraktion. f hat höchstens einen Fixpunkt.

5. Es sei (X, τ) ein topologischer Raum, $f, g \in \mathbb{R}^X$,

$$f \cdot g : \begin{cases} X \longrightarrow \mathbb{R} \\ x \longmapsto f(x)g(x) \end{cases}$$ das punktweise Produkt,

$$\frac{f}{g} : \begin{cases} \{\, x \in X \mid g(x) \neq 0 \,\} \longrightarrow \mathbb{R} \\ x \longmapsto \frac{f(x)}{g(x)} \end{cases}$$ der punktweise Quotient,

$$f \vee g : \begin{cases} X \longrightarrow \mathbb{R} \\ x \longmapsto \max\{f(x), g(x)\} \end{cases}$$ das punktweise Maximum,

$$f \wedge g : \begin{cases} X \longrightarrow \mathbb{R} \\ x \longmapsto \min\{f(x), g(x)\} \end{cases}$$ das punktweise Minimum von f und g,

$$|f| : \begin{cases} X \longrightarrow \mathbb{R} \\ x \longmapsto |f(x)| \end{cases}$$ der punktweise Betrag von f,

$y \in X$ mit f, g stetig in y. Man zeige:

$f \cdot g$, $f \vee g$, $f \wedge g$, $|f|$ und für $g(y) \neq 0$ auch f/g sind stetig in y. Für $f \cdot g$, f/g und $|f|$ gilt die analoge Aussage auch für $f, g \in \mathbb{C}^X$.

6. Jeder topologische Raum mit Zwischenwerteigenschaft (vgl. (2.4,3) (a)) ist zusammenhängend.

7. Für jeden metrischen Raum (X, d) mit mindestens zwei Elementen gilt:

$$(X, \tau_d) \text{ zusammenhängend} \implies X \text{ überabzählbar.}$$

8. Es sei (X, τ) ein zusammenhängender topologischer Raum, für jedes $f \in C_{\mathbb{R}}(X)$, $x \in X$ mit $f(x) = 0$ gebe es ein $U \in \mathcal{U}_\tau(x)$ mit $f{\restriction}U = 0$. Man zeige:

$$f = 0 \text{ oder } 0 \notin f[X].$$

9. (X,τ), (Y,σ) seien topologische Räume, $f \in C(X,Y)$ surjektiv und offen. Man beweise: Mit (X,τ) ist auch (Y,σ) A_1- (bzw. A_2-)Raum.

10. (X,τ), (Y,σ) seien topologische Räume, $f : X \longrightarrow Y$ bijektiv. Man zeige:

(a) Äq (i) f offen
(ii) f^{-1} stetig
(iii) f abgeschlossen

(b) Äq (i) f Homöomorphismus
(ii) f stetig und offen
(iii) f stetig und abgeschlossen

11. Man rechne nach, daß die Funktion

$$h : \begin{cases} S^n \backslash \{N\} \longrightarrow \mathbb{R}^n \\ (x_1, \ldots, x_{n+1}) \longmapsto \frac{1}{1-x_{n+1}}(x_1, \ldots, x_n) \end{cases}$$

ein Homöomorphismus von der im Nordpol N gelochten n-Sphäre mit der Spurtopologie des $(\mathbb{R}^{n+1}, \tau_{d_2})$ auf $(\mathbb{R}^n, \tau_{d_2})$ ist (vgl. (2.4,4) (b))!

12. Es sei (X,d) ein (pseudo)metrischer Raum.

(a) $d_{\min}$ sei die (Pseudo-)Metrik auf X zu d aus 1.1, A 8. Man zeige:

id_X ist ein $(\tau_d, \tau_{d_{\min}})$-Homöomorphismus. (Jeder (pseudo)metrische Raum (X,d) ist vermöge id_X homöomorph zu einem (pseudo)metrischen Raum $(X, d_{\min})$ mit endlichem *Durchmesser* $\delta(X) := \sup\{\, d_{\min}(x,y) \mid x,y \in X \,\} \leq 1$.)

(b) Es sei $P \in \tau_d \backslash \{\emptyset, X\}$,

$$a_P : \begin{cases} P \longrightarrow \mathbb{R}^+ \\ x \longmapsto \frac{1}{d_{X \backslash P}(x)} \end{cases} \quad \text{und} \quad D_P : \begin{cases} P \times P \longrightarrow \mathbb{R}^+ \\ (x,y) \longmapsto d(x,y) + |a_P(x) - a_P(y)|. \end{cases}$$

Man bestätige, daß D_P eine (Pseudo-)Metrik auf P mit $\tau_{D_P} = \tau_d|P$ ist!

(Hinweis: a_P ist $(\tau_d|P, \tau_{|\,|})$-stetig.)

13. Für den halbnormierten K-Vektorraum (V,N), $K \in \{\mathbb{R}, \mathbb{C}\}$, zeige man: N ist stetig (bzgl. $(\tau_N, \tau_{|\,|})$) und sogar L-stetig bzgl. $(d_N, d_{|\,|})$ mit Lipschitzkonstante 1.

14. (V,N), (W,M) seien normierte K-Vektorräume und $f : V \longrightarrow W$ K-linear.

Äq (i) f gleichmäßig stetig (bzgl. (d_N, d_M))
(ii) f stetig (bzgl. (τ_N, τ_M))
(iii) f stetig in 0 (bzgl. (τ_N, τ_M))
(iv) f L-stetig (bzgl. (d_N, d_M))

15. $(V, \|\,\|)$ sei ein normierter K-Vektorraum, $K \in \{\mathbb{R}, \mathbb{C}\}$ und $f : V \longrightarrow K$ K-linear.

Äq (i) f stetig (bzgl. $(\tau_{\|\,\|}, \tau_{|\,|})$)
(ii) $\mathrm{Ker}\, f \in \alpha_{\tau_{\|\,\|}}$

(*Erster Grundsatz der linearen Funktionalanalysis*; s. auch 6.1-3, Seite 445)

16. Es sei $I := [1,2] \subseteq \mathbb{R}$,

$$K := \{\,(x,y) \in \mathbb{R}^2 \mid x^2 + y^2 = 4\,\} \quad \text{und} \quad S := \{\,(x,y) \in \mathbb{R}^2 \mid 1 \leq x^2 - y^2 \leq 9\,\}.$$

Man zeige:

$$(K \times I, \tau_{d_2}|K \times I) \underset{\text{top.}}{\cong} (S, \tau_{d_2}|S).$$

(Dabei ist τ_{d_2} die durch d_2 induzierte Topologie auf $\mathbb{R}^3$ bzw. $\mathbb{R}^2$.)

17. *Wegzusammenhang*

Es sei (X,τ) ein topologischer Raum.

$f : [0,1] \longrightarrow X$ *Weg* in X :gdw f stetig (bzgl. $(\tau_{|\,|}|[0,1], \tau)$)

(f heißt dann *Weg mit Anfangspunkt* $f(0)$ *und Endpunkt* $f(1)$.)

(X,τ) *wegzusammenhängend* :gdw

$$\forall\, x,y \in X\colon\; x \neq y \Rightarrow \exists\, f : f \text{ Weg in } X,\; f(0) = x,\; f(1) = y$$

(Je zwei voneinander verschiedene Punkte in X können durch einen Weg in X miteinander verbunden werden!)

Man beweise:

(a) Es seien $a, b, c \in X$, f ein Weg von a nach b, g ein Weg von b nach c. Dann ist $h : [0,1] \longrightarrow X$, definiert durch

$$h(x) := \begin{cases} f(2x) & \text{für } 0 \leq x \leq 1/2 \\ g(2x-1) & \text{für } 1/2 \leq x \leq 1, \end{cases}$$

ein Weg von a nach c.

(b) (X,τ) wegzusammenhängend $\Longrightarrow$ (X,τ) zusammenhängend, die Umkehrung gilt nicht.

(Hinweis: Man betrachte $X := \{\,(x,y) \in \mathbb{R}^2 \;\big|\; 0 < x \leq \frac{1}{\pi},\; y = \sin\frac{1}{x}\,\}$.)

(c) (Y,σ) sei ein topologischer Raum, $f : X \longrightarrow Y$ surjektiv und stetig.

(X,τ) wegzusammenhängend $\Longrightarrow$ (Y,σ) wegzusammenhängend

(d) Es sei $\mathcal{A} \subseteq \mathcal{P}X$, $(A, \tau|A)$ wegzusammenhängend und $A \cap B \neq \emptyset$ für alle $A, B \in \mathcal{A}$.

$(\bigcup \mathcal{A}, \tau|\bigcup \mathcal{A})$ ist wegzusammenhängend.

(e) $(\,(X_i,\tau_i) \mid i \in I\,) \neq \emptyset$ sei eine Familie nichtleerer topologischer Räume.

Äq (i) $(\prod_{i\in I} X_i, \bigtimes_{i\in I} \tau_i)$ wegzusammenhängend

(ii) $\forall\, i \in I\colon\; (X_i,\tau_i)$ wegzusammenhängend

(f) Für jede nichtleere Menge I sind $(\mathbb{R}^I, \bigtimes_{i\in I} \tau_{|\,|})$ und $([0,1]^I, \bigtimes_{i\in I} \tau_{|\,|}|[0,1])$ wegzusammenhängend.

In Analogie zur Zusammenhangskomponente definiert man für $\emptyset \neq C \subseteq X$:

C *Wegzusammenhangskomponente* in (X, τ) :gdw

$$(C, \tau|C) \text{wegzusammenhängend und}$$

$$\forall\, S \subseteq X\colon\ C \subseteq S,\ (S, \tau|S) \text{ wegzusammenhängend } \Rightarrow C = S$$

(d. h. $(C, \tau|C)$ ist $\subseteq$-maximaler wegzusammenhängender Unterraum von (X, τ)).

Für $x \in C$ nennt man C *Wegzusammenhangskomponente von* x in (X, τ). Gem. (d) liefert die Wegzusammenhangskomponente C_x^{weg} von x in (X, τ) den $\subseteq$-größten, x enthaltenden, wegzusammenhängenden Unterraum von (X, τ), C_x^{weg} ist daher eindeutig bestimmt.

(g) $(\,(X_i, \tau_i) \mid i \in I\,) \neq \emptyset$ sei eine Familie nichtleerer topologischer Räume. Für jedes $x \in X$ gilt

$$C_x^{\text{weg}} = \prod_{i \in I} C_{x_i}^{\text{weg}}.$$

(h) Es sei $\emptyset \neq O \subseteq \mathbb{R}^n$, $O \in \tau_{d_2}$. In $(O, \tau_{d_2}|O)$ ist $C_x^{\text{weg}} = C_x$ für jedes $x \in O$.

(Hinweis: $C_x \in \tau_{d_2}$.)

(i) C_x^{weg} ist i. a. nicht abgeschlossen.

18. V sei ein K-Vektorraum, $K \in \{\mathbb{R}, \mathbb{C}\}$.

(a) N sei eine Halbnorm auf V.

In V sind die Addition (bzgl. $(\tau_N \times \tau_N, \tau_N)$) und die Skalarmultiplikation (bzgl. $(\tau_{|\,|} \times \tau_N, \tau_N)$) stetig, (V, τ_N) ist ein topologischer K-Vektorraum.

(b) (V, τ) sei ein topologischer K-Vektorraum, M ein K-Untervektorraum von V. Es gilt: $\overline{M}^{\tau}$ ist ein K-Untervektorraum von V. (Maximale K-Untervektorräume von V sind daher entweder abgeschlossen oder dicht in (V, τ)!).

$(V/_M, \tau/_{R_M})$ ist ein topologischer K-Vektorraum (wobei $(v, w) \in R_M$:gdw $v - w \in M$).

(c) S sei ein Halbskalarprodukt auf V.

S ist $(\tau_{\|\,\|_S} \times \tau_{\|\,\|_S}, \tau_{|\,|})$-stetig.

19. $(V, \|\,\|_V)$ und $(W, \|\,\|_W)$ seien normierte K-Vektorräume, $K \in \{\mathbb{R}, \mathbb{C}\}$. Für die durch

$$L((x, y)) := \max\{\|x\|_V, \|y\|_W\},$$

$$M((x, y)) := \sqrt{\|x\|_V^2 + \|y\|_W^2},$$

$$N((x, y)) := \|x\|_V + \|y\|_W$$

auf $V \times W$ erklärten Normen zeige man

$$\tau_L = \tau_M = \tau_N = \tau_{\|\,\|_V} \times \tau_{\|\,\|_W}.$$

20. $(\,(X_i, d_i) \mid i \in \mathbb{N}\,)$ sei eine Folge (pseudo)metrischer Räume, $d_{i,\min}$ die gem. 1.1, A 8 durch $d_{i,\min}(x,y) := \min\{1, d_i(x,y)\}$ definierte (Pseudo-)Metrik auf X_i und

$$d : \begin{cases} \prod_{i\in\mathbb{N}} X_i \times \prod_{i\in\mathbb{N}} X_i \longrightarrow \mathbb{R}^+ \\ (x,y) \longmapsto \sum_{i=0}^{\infty} \frac{1}{2^i} d_{i,\min}(x_i,y_i). \end{cases}$$

Man zeige, daß d eine (Pseudo-)Metrik auf $\prod_{i\in\mathbb{N}} X_i$ ist, die die Produkttopologie $\bigtimes_{i\in\mathbb{N}} \tau_{d_i}$ induziert.

21. $((X_i,\tau_i) \mid i \in I) \neq \emptyset$ sei eine Familie nichtleerer topologischer Räume.

(a) Für jedes $i \in I$ habe X_i mindestens zwei Elemente. Man beweise:

Äq (i) $\bigtimes_{i\in I} \tau_i$ diskret
(ii) I endlich und $\forall\, i \in I$: τ_i diskret.

(b) $\{I_j \mid j \in J\}$ sei eine Partition von I, $\sigma : I \longrightarrow I$ eine Permutation. Man zeige:

$$\Big(\prod_{i\in I} X_i, \bigtimes_{i\in I} \tau_i\Big) \underset{\text{top.}}{\cong} \Big(\prod_{j\in J}\Big(\prod_{i\in I_j} X_i\Big), \bigtimes_{j\in J}\Big(\bigtimes_{i\in I_j} \tau_i\Big)\Big)$$
$$\underset{\text{top.}}{\cong} \Big(\prod_{i\in I} X_{\sigma(i)}, \bigtimes_{i\in I} \tau_{\sigma(i)}\Big).$$

22. Die Moore-Ebene (M,μ) ist zusammenhängend.

23. Es sei $f \in C_{\mathbb{R}}([0,1])$, $f(0) = 0 = f(1)$, $f \neq 0$ und

$$f_j : \begin{cases} [0,1] \longrightarrow \mathbb{R} \\ x \longmapsto f(x^j) \end{cases}$$

für jedes $j \in \mathbb{N}$. Man bestätige:

(a) $(f_j)_j \xrightarrow[\tau_{|\,|}\text{-pktw.}]{} 0$ und $(f_j)_j \underset{d_{|\,|}\text{-glm.}}{\not\longrightarrow} 0$

(b) $\forall\, r \in\,]0,1[$: $(f_j{\restriction}[0,r])_j \xrightarrow[d_{|\,|}\text{-glm.}]{} 0$

24. In $\mathbb{R}^2$ sei die Äquivalenzrelation R definiert durch

$$((x,y),(z,t)) \in R \quad :\text{gdw} \quad x - z \in \mathbb{Z},\ y - t \in \mathbb{Z}.$$

Wie in (2.4,11) (a) gebe man Darstellungen des Quotientenraums $\big(\mathbb{R}^2/_R, \tau_{d_2}/_R\big)$ mit Hilfe von $[0,1[\, \times\, [0,1[$ bzw. $S^1 \times S^1$!

25. In $[0,1] \times [0,1]$ sei die Äquivalenzrelation R definiert durch

$$((x,y),(z,t)) \in R \quad :\text{gdw} \quad \begin{cases} z = 1,\ t = 1 - y & \text{für } x = 0 \\ z = 0,\ t = 1 - y & \text{für } x = 1 \\ (x,y) = (z,t) & \text{für } x \in\,]0,1[. \end{cases}$$

Man beschreibe eine Darstellung von $\big([0,1] \times [0,1]/_R, (\tau_{d_2}|[0,1] \times [0,1])/_R\big)$ im $(\mathbb{R}^3, \tau_{d_2})$ (*Möbiusband*)!

26. Im pseudometrischen Raum (X,d) sei die Äquivalenzrelation R definiert durch

$$(x,y)\in R \quad :\text{gdw} \quad d(x,y)=0$$

und d_R die Metrik auf $X/_R$ aus 1.1, A 5. Es gilt:

$$\tau_d/_R = \tau_{d_R}.$$

($(X/_R, d_R)$ heißt *zu* (X,d) *assoziierter metrischer Raum.*)

27. Es sei (V,N) ein halbnormierter K-Vektorraum, $K\in\{\mathbb{R},\mathbb{C}\}$, W ein K-Untervektorraum von V und N_W die Quotientenhalbnorm auf $V/_W$ zu N bzgl. W (vgl. 1.1-6 (d)). Man beweise:

(a) $\tau_{N_W} = \tau_N/_{R_W}$, wobei R_W die durch

$$(x,y)\in R_W \quad :\text{gdw} \quad x-y\in W$$

auf V definierte Kongruenzrelation ist.

(b) N_W Norm $\iff$ $W\in\alpha_{\tau_N}$

28. (X,τ) sei ein topologischer Raum, $x\in X$, $f,g: X\longrightarrow\mathbb{R}$,

$$\sigma := \{\emptyset,\mathbb{R}\}\cup\{\,]r,\infty[\;\big|\; r\in\mathbb{R}\,\}$$

(ist eine Topologie auf $\mathbb{R}$). Man beweise:

(a) f unterhalbstetig in x $\iff$ f stetig in x (bzgl. (τ,σ))

(b) $\exists\, U\in\mathcal{U}_\tau(x)\ \forall\, y\in U\colon\ f(y)\geq f(x)$ $\implies$ f unterhalbstetig in x
(x ist relative Minimumstelle von f.) Gilt auch die Umkehrung?

(c) f,g unterhalbstetig in x $\implies$ $f\wedge g$ unterhalbstetig in x

(d) f,g unterhalbstetig in x, $f\geq 0$, $g\geq 0$ $\implies$ $f\cdot g$ unterhalbstetig in x

29. Es sei $J\subseteq\mathbb{R}$ ein nichtleeres Intervall, $(f_j)_j\in\left(\mathbb{R}^{+J}\right)^{\mathbb{N}}$ mit $\sum_{j=0}^\infty f_j(x)$ konvergent, etwa $f(x):=\sum_{j=0}^\infty f_j(x)$ für jedes $x\in J$. Man zeige:

($\forall\, j\in\mathbb{N}\colon\ f_j$ unterhalbstetig) $\implies$ f unterhalbstetig.

Gilt auch: ($\forall\, j\in\mathbb{N}\colon\ f_j$ oberhalbstetig) $\implies$ f oberhalbstetig?

30. (X,d) sei ein pseudometrischer Raum, $\overline{\mathbb{R}}:=\mathbb{R}\cup\{-\infty,\infty\}$ die Menge der um $-\infty,\infty$ erweiterten reellen Zahlen, $f,g: X\longrightarrow\overline{\mathbb{R}}$ und $x\in X$. Man definiere (mit Werten in $\overline{\mathbb{R}}$):

$$\liminf_{y\to x} f(y) := \sup_{\varepsilon>0}\Big(\inf_{y\in K_\varepsilon^d(x)} f(y)\Big) \qquad \textit{(Limes inferior von } f \textit{ in } x\textit{)},$$

$$\limsup_{y\to x} f(y) := \inf_{\varepsilon>0}\Big(\sup_{y\in K_\varepsilon^d(x)} f(y)\Big) \qquad \textit{(Limes superior von } f \textit{ in } x\textit{)}.$$

Man zeige:

(a) $\inf_X f\leq \liminf_{y\to x} f(y)\leq f(x)\leq\limsup_{y\to x} f(y)\leq\sup_X f$

(b) $f\leq g \implies \limsup\limits_{y\to x} f(y)\leq\limsup\limits_{y\to x} g(y)$ und $\liminf\limits_{y\to x} f(y)\leq\liminf\limits_{y\to x} g(y)$

(c) Ist $f+g$ punktweise definiert (d. h. Summationen der Form $\infty+(-\infty)$, $-\infty+\infty$ kommen an keiner Stelle $y \in X$ vor), so gilt:

$$\limsup_{y\to x}(f+g)(y) \le \limsup_{y\to x} f(y) + \limsup_{y\to x} g(y) \quad \text{und}$$
$$\liminf_{y\to x}(f+g)(y) \ge \liminf_{y\to x} f(y) + \liminf_{y\to x} g(y).$$

(d) Für jedes $f: X \longrightarrow \mathbb{R}$ gilt:

Äq (i) f unterhalbstetig in x

(ii) $f(x) \le \liminf_{y\to x} f(y)$

31. (V,τ) sei ein topologischer $\mathbb{R}$-Vektorraum, $C \subseteq V$ konvex. Man beweise:

$(C, \tau|C)$ zusammenhängend.
(Insbesondere ist (V,τ) zusammenhängend.)

Ist $(C,\tau|C)$ sogar wegzusammenhängend? (Vgl. A 17.)

32. V sei ein $\mathbb{R}$-Vektorraum, $C \subseteq V$.

Äq (i) C konvex

(ii) $\forall\, r,s \in \mathbb{R}^+$: $rC + sC = (r+s)C$

33. (V,N) sei ein halbnormierter $\mathbb{R}$-Vektorraum, $C \subseteq V$ konvex mit $C^{\circ\tau_N} \neq \emptyset$. Man zeige:

(a) $\overline{C^{\circ\tau_N}}^{\tau_N} = \overline{C}^{\tau_N}$
(Gilt die Gleichung auch für $C^{\circ\tau_N} = \emptyset$ bzw. in topologischen K-Vektorräumen (V,τ)?)

(b) $\left(\overline{C}^{\tau_N}\right)^{\circ\tau_N} = C^{\circ\tau_N}$

Anmerkung: Die Gleichung in (b) gilt für $C^{\circ\tau_N} = \emptyset$ i. a. nicht, vgl. die Ausführungen im Anschluß an 6.1-3.1 und Beispiel (6.1,2)!

34. V sei ein $\mathbb{R}$-Vektorraum, $n \in \mathbb{N}\backslash\{0\}$, $T, C_1, \ldots, C_n \subseteq V$, $C_1, \ldots, C_n$ nichtleer und konvex und

$$\overline{T}^{\text{konv}} := \bigcap\{\, C \subseteq V \mid T \subseteq C,\ C \text{ konvex} \,\}$$

die *konvexe Hülle* von T. Man beweise:

(a) $\overline{T}^{\text{konv}}$ ist konvex.

(b) $\overline{T}^{\text{konv}} = \{\, \sum_{j=1}^m r_j x_j \mid m \in \mathbb{N}\backslash\{0\},\ (r_1,\ldots,r_m) \in (\mathbb{R}^>)^m,$
$\sum_{j=1}^m r_j = 1,\ (x_1,\ldots,x_m) \in T^m \,\}$

(c) $\overline{\bigcup_{j=1}^n C_j}^{\text{konv}} = \{\, \sum_{j=1}^n r_j x_j \mid (r_1,\ldots,r_n) \in (\mathbb{R}^+)^n,$
$\sum_{j=1}^n r_j = 1,\ (x_1,\ldots,x_n) \in \prod_{j=1}^n C_j \,\}$

35. Für alle $n \in \mathbb{N}\backslash\{0\}$, $T \subseteq \mathbb{R}^n$ ist die konvexe Hülle $\overline{T}^{\text{konv}}$ die Menge

$$\left\{ \sum_{j=1}^{n+1} r_j x_j \;\middle|\; (x_1,\ldots,x_{n+1}) \in T^{n+1},\ (r_1,\ldots,r_{n+1}) \in (\mathbb{R}^+)^{n+1},\ \sum_{j=1}^{n+1} r_j = 1 \right\}.$$

36. V sei ein $\mathbb{R}$-Vektorraum, $C \subseteq V$ konvex, $\varphi : V \longrightarrow \mathbb{R}$, $f, g : C \longrightarrow \mathbb{R}$, $a, b \in \mathbb{R}^+$.

(a) φ $\mathbb{R}$-linear $\Longrightarrow$ φ^2 konvex

(b) f und g konvex $\Longrightarrow$ $af + bg$ und $f \vee g$ konvex

37. (X, τ), (Y, σ) seien zusammenhängende topologische Räume, $S \subsetneqq X$, $T \subsetneqq Y$. Dann ist $\big((X \times Y)\backslash(S \times T), \tau \times \sigma|((X \times Y)\backslash(S \times T))\big)$ zusammenhängend.

38. (X, τ), (Y, σ), (Z, ϱ) seien topologische Räume, $f : X \times Y \longrightarrow Z$ surjektiv und in *jeder Variablen partiell stetig* (d. h. für alle $x \in X$, $y \in Y$ sind die partiellen Funktionen

$$f_{x\,\cdot} : \begin{cases} Y \longrightarrow Z \\ \eta \longmapsto f(x, \eta) \end{cases} \quad \text{und} \quad f_{\cdot\, y} : \begin{cases} X \longrightarrow Z \\ \xi \longmapsto f(\xi, y) \end{cases}$$

stetig). Sind (X, τ) und (Y, σ) zusammenhängend, so auch (Z, ϱ).

39. (X, τ) mit $X \neq \emptyset$ sei ein topologischer, (Y, d) ein pseudometrischer Raum und $C_{\mathrm{b}}(X, Y) := C(X, Y) \cap B(X, Y)$. Man beweise:

$C_{\mathrm{b}}(X, Y)$ ist abgeschlossen in $(B(X, Y), \tau_{d_\infty})$.

40. (X, τ) sei ein topologischer Raum, $(S_j)_{j \in \mathbb{N}} \in (\mathcal{P}X)^{\mathbb{N}}$, $S = \bigcap_{j \in \mathbb{N}} S_j$ und

$$\Delta_S := \left\{ f \in \prod_{j \in \mathbb{N}} S_j \;\middle|\; \forall\, j, k \in \mathbb{N}\colon\; f(j) = f(k) \right\}.$$

Es gilt:

$$(S, \tau|S) \underset{\text{top.}}{\cong} \left(\Delta_S, \left(\bigtimes_{j \in \mathbb{N}} \tau|S_j\right)\middle|\Delta_S\right).$$

41. (X, τ) sei ein topologischer Raum, $\overline{D}^{\tau} = X$, $f, g \in C_{\mathbb{R}}(X)$. Es gilt:

$$f{\restriction}D \geq g{\restriction}D \quad \Longrightarrow \quad f \geq g.$$

42. Es sei V ein $\mathbb{C}$-Vektorraum, $(V, \|\ \|)$ normierter $\mathbb{R}$-Vektorraum,

$$\mathrm{Im} : \begin{cases} V \longrightarrow V \\ x \longmapsto ix \end{cases}$$

$(\tau_{\|\ \|}, \tau_{\|\ \|})$-stetig und

$$\|\ \|_{\mathbb{C}} : \begin{cases} V \longrightarrow \mathbb{R}^+ \\ x \longmapsto \sup_{r \in \mathbb{R}} \|e^{ir} x\| \end{cases}$$

die Norm aus 1.1, A 12. Man zeige:

Die Normen $\|\ \|$, $\|\ \|_{\mathbb{C}}$ auf dem $\mathbb{R}$-Vektorraum V sind topologisch äquivalent (s. auch 3.1, A 25).

43. Die durch

$$F(f) := \begin{cases} [0,1] \longrightarrow \mathbb{R} \\ x \longmapsto \int_0^x f(t)\,\mathrm{d}t \end{cases}$$

definierte Funktion $F : C_{\mathbb{R}}([0,1]) \longrightarrow C_{\mathbb{R}}([0,1])$ ist (d_∞, d_∞)-gleichmäßig stetig, jedoch keine Kontraktion.

44. Man gebe eine Kontraktion $f : [0,1] \longrightarrow [0,1]$ an, die keine strenge Kontraktion ist!

45. Für den Prähilbertraum $(C_{\mathbb{R}}([0,1]), \langle\ \rangle)$ (s. (1.1,5) (c)) beweise man

$$C_{\mathbb{R}}([0,1]) = \overline{TP_{\mathbb{R}}([0,1])}^{\tau_{\langle\ \rangle}}.$$

(Hinweis: (2.4,5) (e).)

2.5 Trennungseigenschaften, Zerlegung der Eins, Metrisationen

Metrische Räume unterscheiden sich von pseudometrischen durch eine topologische Eigenschaft:

Von je zwei voneinander verschiedenen Punkten hat einer eine Umgebung, die den anderen nicht enthält $[\![\, x \neq y \Longrightarrow d(x,y) > 0$ und $y \notin K^d_{d(x,y)/2}(x) \,]\!]$, es gibt sogar zueinander disjunkte Umgebungen $[\![\, K^d_{d(x,y)/2}(x) \cap K^d_{d(x,y)/2}(y) = \emptyset$ für alle $x \neq y \,]\!]$.

Trennungseigenschaften dieser und ähnlicher Art bieten weitere Möglichkeiten zur Klassifizierung topologischer Räume und lassen eine detaillierte Analysis in ihnen zu. In diesem Abschnitt werden grundlegende Trennungseigenschaften toplogischer Räume behandelt. Zur Einführung der Begriffe werden zunächst in dieser Hinsicht wichtige Eigenschaften pseudometrischer Räume angegeben:

Beispiel (2.5,1)

(X,d) sei ein pseudometrischer Raum, $A, B \in \alpha_{\tau_d}$, $a, b \in \mathbb{R}$ und $a < b$. Es gilt:

$$A \cap B = \emptyset \quad \Longrightarrow \quad \exists\, f_{a,b} \in C(X,[a,b])\colon\ f_{a,b}[A] \subseteq \{a\},\ f_{a,b}[B] \subseteq \{b\} \qquad (*)$$

(d. h. je zwei disjunkte abgeschlossene Mengen lassen sich mit einer auf X stetigen Funktion in $[a,b]$ durch a und b trennen):

Man wähle $f_{a,b} = a$ für $A = \emptyset = B$, $f_{a,b} = b$ für $A = \emptyset \neq B$, $f_{a,b} = a$ für $A \neq \emptyset = B$ und setze (vgl. (2.4,1) (d))

$$f_{0,1} : \begin{cases} X \longrightarrow [0,1] \\ x \longmapsto \frac{d_A(x)}{d_A(x)+d_B(x)} \end{cases}$$

für $A \neq \emptyset \neq B$, wobei d_A, d_B die Abstandsfunktion zu A bzw. B bezeichnet. $f_{0,1}$ ist wohldefiniert, da $d_A(x) + d_B(x) > 0$ für jedes $x \in X$ gilt (vgl. 2.1, A 7 (a)), und auch stetig (bzgl. $(\tau_d, \tau_{|\ |}|[0,1])$) mit $f_{0,1}[A] = \{0\}$, $f_{0,1}[B] = \{1\}$. $f_{a,b} := (b-a)f_{0,1}+a \in C(X,[a,b])$ erfüllt dann obige Bedingungen.

Entsprechend zeigt man für alle $y \in X$ (A 1):

$$y \notin B \quad \Longrightarrow \quad \exists\, g_{a,b} \in C(X,[a,b])\colon\ g_{a,b}(y) = a,\ g_{a,b}[B] \subseteq \{b\} \qquad (**)$$

(d. h. Punkt und abgeschlossene Mengen, die den Punkt nicht enthalten, lassen sich mit einer auf X stetigen Funktion in $[a,b]$ durch a und b trennen).

In beiden Fällen ist die Trennbarkeit durch a, b wegen der affinen Transformationsmöglichkeit äquivalent zur Trennbarkeit durch 0 und 1.

Mit $(*)$ und $(**)$ ergeben sich wichtige Trennungseigenschaften (ihre Numerierung ist historisch bedingt):

(T-4) $\forall\, A, B \in \alpha_{\tau_d}\colon\ A \cap B = \emptyset \Rightarrow \exists\, O, P \in \tau_d\colon\ A \subseteq O,\ B \subseteq P,\ O \cap P = \emptyset$
$[\![\, O := f_{a,b}^{-1}[[a, \frac{a+b}{2}[\,],\ P := f_{a,b}^{-1}[\,]\frac{a+b}{2}, b]]\,]\!]$

(T-3a) $\forall\, y \in X\ \forall\, B \in \alpha_{\tau_d}\colon\ y \notin B \Rightarrow \exists\, f \in C(X, [0,1])\colon\ f(y) = 0,\ f[B] \subseteq \{1\}$

(T-3) $\forall\, y \in X\ \forall\, B \in \alpha_{\tau_d}\colon\ y \notin B \Rightarrow \exists\, O, P \in \tau_d\colon\ y \in O,\ B \subseteq P,\ O \cap P = \emptyset$

Ist d sogar eine Metrik, also $\{x\} \in \alpha_{\tau_d}$ für jedes $x \in X$, so erhält man aus (T-3) speziell

(T-2) $\forall\, y \in X\ \forall\, x \in X\colon\ x \neq y \Rightarrow \exists\, O, P \in \tau_d\colon\ y \in O,\ x \in P,\ O \cap P = \emptyset,$

die eingangs des Abschnitts erwähnte Trennungseigenschaft.

Definitionen

(X, τ) sei ein topologischer Raum.

(X, τ) *T_2-Raum (Hausdorff-Raum, hausdorffsch)* :gdw (X, τ) erfüllt

(T-2) $\forall\, x, y \in X\colon\ x \neq y \Rightarrow \exists\, U \in \mathcal{U}_\tau(x)\ \exists\, V \in \mathcal{U}_\tau(y)\colon\ U \cap V = \emptyset$

(X, τ) *T_3-Raum (Viëtoris-Raum)* :gdw (X, τ) erfüllt

(T-3) $\forall\, x \in X\ \forall\, A \in \alpha_\tau\colon\ x \notin A$
$\Rightarrow \exists\, U \in \mathcal{U}_\tau(x)\ \exists\, O \in \tau\colon\ A \subseteq O,\ U \cap O = \emptyset$

(X, τ) *T_4-Raum (Tietze-Raum)* :gdw (X, τ) erfüllt

(T-4) $\forall\, A, B \in \alpha_\tau\colon\ A \cap B = \emptyset$
$\Rightarrow \exists\, O, P \in \tau\colon\ A \subseteq O,\ B \subseteq P,\ O \cap P = \emptyset$

(X, τ) *T_{3a}-Raum (Tychonoff-Raum)* :gdw (X, τ) erfüllt

(T-3a) $\forall\, x \in X\ \forall\, A \in \alpha_\tau\colon\ x \notin A$
$\Rightarrow \exists\, f \in C(X, [0,1])\colon\ f(x) = 0,\ f[A] \subseteq \{1\}$

In dieser Terminologie ist (X, τ_d) T_3-, T_{3a}- und T_4-Raum für jeden pseudometrischen Raum (X, d) $[\![\,(2.5,1)\,]\!]$ und darüber hinaus genau dann hausdorffsch, wenn d eine Metrik ist. T_{3a}-Räume (X, τ) sind T_3-Räume $[\![\, x \in f^{-1}[[0, \frac{1}{2}[\,],\ A \subseteq f^{-1}[\,]\frac{1}{2}, 1]]\,]\!]$, die Umkehrung gilt nicht (vgl. (2.5,4)).

Die Eigenschaften (T-2), (T-3), (T-4) sind paarweise voneinander unabhängig:

Beispiele (2.5,2)

(a) (T-2) $\not\Rightarrow$ (T-3), (T-2) $\not\Rightarrow$ (T-4):

Auf $\mathbb{R}$ ist $\mathcal{U} : \mathbb{R} \longrightarrow \mathcal{PPR}$, definiert durch

$$\mathcal{U}(x) := \begin{cases} \mathcal{U}_{\tau_{|\,|}}(x) & \text{für } x \neq 0 \\ \left\{ U \backslash \{ \frac{1}{n+1} \mid n \in \mathbb{N} \} \;\middle|\; U \in \mathcal{U}_{\tau_{|\,|}}(0) \right\} & \text{für } x = 0, \end{cases}$$

eine Umgebungsfunktion, die induzierte Topologie $\tau_{\mathcal{U}}$ ist wegen $\tau_{\mathcal{U}} \supseteq \tau_{|\,|}$ hausdorffsch. Die Mengen $\{0\}$, $\{ \frac{1}{n+1} \mid n \in \mathbb{N} \} \in \alpha_{\tau_{\mathcal{U}}}$ lassen sich offensichtlich nicht durch Umgebungen trennen.

(b) (T-3) $\not\Longrightarrow$ (T-2), (T-4) $\not\Longrightarrow$ (T-2):

$(\{0,1\}, \tau_{\text{in}})$ ist T_3- und T_4-Raum (trivialerweise), jedoch sind 0, 1 nicht durch Umgebungen trennbar.

(c) (T-3) $\not\Longrightarrow$ (T-4):

Die Ebene (M, μ) (s. (2.3,5) (b)) ist T_3-, aber nicht T_4-Raum, da die Mengen (s. A 2) $\{ (x,0) \mid x \in \mathbb{Q} \}$, $\{ (x,0) \mid x \in \mathbb{R} \backslash \mathbb{Q} \} \in \alpha_\mu$ nicht durch offene Mengen trennbar sind.

(d) (T-4) $\not\Longrightarrow$ (T-3):

Der Sierpinski-Raum (vgl. (1.2,2) (b)) ist T_4-Raum (trivialerweise), 1 und die abgeschlossene Menge $\{0\}$ sind nicht durch offene Mengen trennbar.

Auch (T-2), (T-3a), (T-4) sind paarweise voneinander unabhängig:

Beispiele (2.5,3)

(a) (T-4) $\not\Longrightarrow$ (T-3a),

andernfalls würde auch (T-4) $\Longrightarrow$ (T-3) gelten. $\lightning$

(b) (T-3a) $\not\Longrightarrow$ (T-4):

Die Moore-Ebene (M, μ) ist T_{3a}- und nicht T_4-Raum $[\![$ A 2 $]\!]$.

(c) (T-3a) $\not\Longrightarrow$ (T-2):

$(\{0,1\}, \tau_{\text{in}})$ ist T_{3a}-, aber nicht T_2-Raum.

(d) (T-2) $\not\Longrightarrow$ (T-3a):

Die geschlitzte Ebene $(\mathbb{R}^2, \sigma)$ (vgl. (2.3,4) (c)) ist wegen $\sigma \supseteq \tau_{d_2}$ ein T_2-Raum. Wäre $(\mathbb{R}^2, \sigma)$ T_{3a}-, also T_3-Raum, so müßten $(0,0)$ und $\{ (x,0) \mid x \neq 0,\ x \in \mathbb{R} \} \in \alpha_\sigma$ durch offene Mengen trennbar sein. $\lightning$

Der folgende Satz liefert ein sich häufig als nützlich erweisendes Kriterium zur Feststellung, daß ein gegebener topologischer Raum nicht T_4-Raum ist (vgl. A 2).

Satz 2.5-1

(X, τ) sei ein topologischer Raum mit einer dichten Teilmenge D und einer abgeschlossenen A, für die $\tau|A$ diskret ist und eine injektive Funktion $\varphi : \mathcal{P}D \longrightarrow A$ existiert. Dann ist (X, τ) nicht T_4-Raum.

Beweis

Annahme: (X,τ) T_4-Raum.
Wegen $\mathcal{P}A \subseteq \alpha_\tau$ $[\![B \subseteq A \Longrightarrow B \in \alpha_{\tau_{\text{dis}}} = \alpha_{\tau|A} \subseteq \alpha_\tau$, da $A \in \alpha_\tau]\!]$ gibt es nach obiger Annahme für jedes $B \subseteq A$ disjunkte Mengen O_B, $P_B \in \tau$ mit $B \subseteq O_B$, $A \backslash B \subseteq P_B$. Die Funktion

$$\psi: \begin{cases} \mathcal{P}A \longrightarrow \mathcal{P}D \\ B \longmapsto O_B \cap D \end{cases}$$

ist injektiv $[\![$Für alle B, $B' \subseteq A$, $B\backslash B' \neq \emptyset$, gilt $O_B \cap P_{B'} \supseteq B \cap (A\backslash B') = B\backslash B' \neq \emptyset$, also auch $O_B \cap P_{B'} \cap D \neq \emptyset$ gem. 2.2-1 (a). Wegen $O_{B'} \cap D \subseteq X\backslash P_{B'}$ folgt $O_B \cap D \neq O_{B'} \cap D.]\!]$ und somit auch $\varphi \circ \psi$.

Sei

$$B := \{\, x \in \varphi \circ \psi[\mathcal{P}A] \mid x \notin (\varphi \circ \psi)^{-1}(x) \,\} \subseteq A.$$

Für $\varphi\circ\psi(B) \in B$ würde auch $\varphi\circ\psi(B) \notin (\varphi\circ\psi)^{-1}(\varphi\circ\psi(B)) = B$ gelten, was aber nicht möglich ist. Daher erhält man $\varphi \circ \psi(B) \notin B = (\varphi \circ \psi)^{-1}(\varphi \circ \psi(B))$, woraus wiederum $\varphi \circ \psi(B) \in B$ folgt. ↯ □

T_3- (bzw. T_4-)Räume lassen sich mit Hilfe von speziellen Umgebungsbasen ihrer Punkte (bzw. abgeschlossenen Mengen) charakterisieren. Für Teilmengen T eines topologischen Raums (X,τ) definiert man in Analogie zu den Umgebungsfiltern (Umgebungsbasen) von Punkten

$$\mathcal{U}_\tau(T) := \{\, U \subseteq X \mid \exists\, O \in \tau\colon\; T \subseteq O \subseteq U \,\}$$

als *Umgebungsfilter* von T in (X,τ).

Satz 2.5-2

(X,τ) sei ein topologischer Raum.

Äq (i) (X,τ) *T_4- (bzw. T_3-)Raum*

(ii) $\forall\, A \in \alpha_\tau\colon\; \mathcal{U}_\tau(A) \cap \alpha_\tau$ *Basis von* $\mathcal{U}_\tau(A)$

(bzw. $\forall\, x \in X\colon\; \mathcal{U}_\tau(x) \cap \alpha_\tau$ *Basis von* $\mathcal{U}_\tau(x)$*)*

Beweis (für (T-3) analog**)**

(i) ⇒ (ii) Sei $A \in \alpha_\tau$, $U \in \mathcal{U}_\tau(A) \cap \tau$, also $X\backslash U \in \alpha_\tau$ und $A \cap (X\backslash U) = \emptyset$. Gem. (i) gibt es offene Mengen O, $P \in \tau$ mit $A \subseteq O$, $(X\backslash U) \subseteq P$, $O \cap P = \emptyset$, woraus $A \subseteq O \subseteq X\backslash P \subseteq U$ und $X\backslash P \in \alpha_\tau$ folgt.

(ii) ⇒ (i) Es seien A, $B \in \alpha_\tau$, $A \cap B = \emptyset$. Dann ist $X\backslash A \in \mathcal{U}_\tau(B) \cap \tau$, und gem. (ii) gibt es ein $V \in \mathcal{U}_\tau(B) \cap \alpha_\tau$ mit $V \subseteq X\backslash A$. Es folgt $X\backslash V \in \tau$, $A \subseteq X\backslash V$, $V^{\circ\tau} \cap (X\backslash V) = \emptyset$ und $B \subseteq V^{\circ\tau}$. □

T_3-Räume, die nicht die Trennungseigenschaft (T-3a) besitzen, sind nicht leicht zu finden (vgl. [46], [47], [57]). Eine verhältnismäßig einfache Konstruktion gab Mysior 1981 an (vgl. [56]):

Beispiel (2.5,4)

In der Menge $X := (\mathbb{R} \times \mathbb{R}^+) \cup \{P^*\}$, $P^* \notin \mathbb{R} \times \mathbb{R}^+$ bezeichne $I_\xi := \{ (\xi, \eta) \mid 0 \leq \eta < 2 \}$, $J_\xi := \{ (\xi + \eta, \eta) \mid 0 \leq \eta < 2 \}$ für jedes $\xi \in \mathbb{R}$ und $U_n := \{ (\xi, \eta) \mid \xi > n + 1 \} \cup \{P^*\}$ für jedes $n \in \mathbb{N}$ (vgl. Abb. 2.5-1).

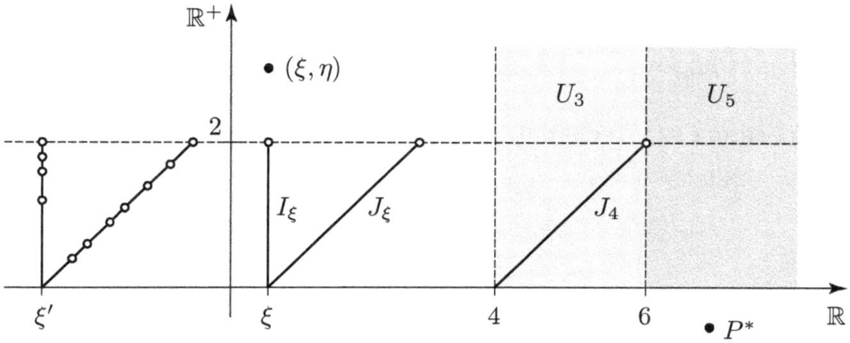

Abbildung 2.5-1

Man definiere nun $\mathcal{B} : X \longrightarrow \mathcal{PP}X$ durch

$$\mathcal{B}((\xi, \eta)) := \begin{cases} \{\{(\xi, \eta)\}\} & \text{für } \eta > 0 \\ \{ \{(\xi, 0)\} \cup S \mid S \subseteq I_\xi \cup J_\xi,\ (I_\xi \backslash J_\xi) \backslash S \text{ endlich} \} & \text{für } \eta = 0 \end{cases}$$

und $\mathcal{B}(P^*) := \{ U_n \mid n \in \mathbb{N} \}$. Die Menge $\mathcal{B}(x)$ ist für jedes $x \in X$ eine Filterbasis, erzeugt also einen Filter $\mathcal{U}(x)$, und die Funktion $\mathcal{U}$ ist offensichtlich eine Umgebungsfunktion (vgl. 1.2) auf X. In der durch $\mathcal{U}$ induzierten Topologie $\tau_\mathcal{U}$ ist $\mathcal{B}(x) \subseteq \tau_\mathcal{U}$ für jedes $x \in X$, $\mathcal{B}(x) \subseteq \alpha_{\tau_\mathcal{U}}$ für jedes $x \in X \backslash \{P^*\}$, $\{P^*\} \in \alpha_{\tau_\mathcal{U}}$ und $\overline{U_{n+2}}^{\tau_\mathcal{U}} \subseteq U_n$ für alle $n \in \mathbb{N}$ (vgl. Abb. 2.5-1). Nach 2.5-2 ist $(X, \tau_\mathcal{U})$ ein T_3-Raum, die *Mysior-Ebene*. Die (T-3a)-Eigenschaft wird von $(X, \tau_\mathcal{U})$ jedoch nicht erfüllt, denn für $A := \{ (\xi, 0) \mid \xi \leq 1 \} \in \alpha_{\tau_\mathcal{U}}$ gilt $f(P^*) = 0$ für alle $f \in C(X, \mathbb{R})$ mit $f[A] = \{0\}$:

Gezeigt wird durch vollständige Induktion

$$\forall\, n \in \mathbb{N}:\ f^{-1}[\{0\}] \cap \{ (\xi, 0) \mid n \leq \xi \leq n + 1 \} \text{ ist unendlich,} \qquad (*)$$

jede Umgebung U_n von P^* enthält dann nämlich unendlich viele Elemente aus $f^{-1}[\{0\}]$, woraus $P^* \in \overline{f^{-1}[\{0\}]}^{\tau_\mathcal{U}} = f^{-1}[\{0\}]$ folgt.

Für $n = 0$ liegt $\{ (\xi, 0) \mid 0 \leq \xi \leq 1 \}$ in $f^{-1}[\{0\}]$. Es sei daher C eine abzählbar unendliche Teilmenge von $f^{-1}[\{0\}] \cap \{ (\xi, 0) \mid n \leq \xi \leq n + 1 \}$, $(c, 0) \in C$ und $O_k := f^{-1}[\,]-\frac{1}{k+1}, \frac{1}{k+1}[\,] \in \tau_\mathcal{U}$ für jedes $k \in \mathbb{N}$. Dann ist

$$(c, 0) \notin J_c \backslash f^{-1}[\{0\}] = J_c \backslash \bigcap_{k \in \mathbb{N}} f^{-1}[O_k] = \bigcup_{k \in \mathbb{N}} (J_c \backslash f^{-1}[O_k])$$

und $A_k := J_c \backslash f^{-1}[O_k] \in \alpha_{\tau_{\mathcal{U}}|J_c}$, $(c,0) \in J_c \backslash A_k \in \tau_{\mathcal{U}}|J_c$ und somit A_k endlich für jedes $k \in \mathbb{N}$. Als Vereinigung abzählbar vieler abzählbarer Mengen $J_c \backslash f^{-1}[\{0\}] = \bigcup_{k \in \mathbb{N}} A_k$ ist $J_C := \bigcup\{ J_c \backslash f^{-1}[\{0\}] \mid (c,0) \in C \}$ ebenfalls abzählbar, die Menge

$$\{ (\xi,0) \mid n+1 \leq \xi \leq n+2 \} \backslash \{ (\xi,0) \mid \exists\, \eta \in \mathbb{R}^+ \colon\ (\xi,\eta) \in J_C \}$$

daher unendlich. Wegen $I_\xi \cap J_c \cap f^{-1}[\{0\}] \neq \emptyset$ für alle $(\xi,\eta) \in J_C$, $(c,0) \in C$ erhält man $(\xi,0) \in f^{-1}[\{0\}]$ für jedes $(\xi,\eta) \in J_C$ $[\![\, f^{-1}[\{0\}] \in \alpha_{\tau_{\mathcal{U}}} \,]\!]$, also ist auch die Menge $f^{-1}[\{0\}] \cap \{ (\xi,0) \mid n+1 \leq \xi \leq n+2 \}$ unendlich.

T_3-Räume sind zwar i. a. keine T_4-Räume, wie das Beispiel der Moore-Ebene $[\![\,$(2.5,2) (c)$\,]\!]$ zeigt, unter geeigneten zusätzlichen topologischen Bedingungen wird (T-4) jedoch erzwungen:

Satz 2.5-3 (Lemma von Tychonoff, 1930)

(X,τ) sei ein Lindelöf-Raum. Es gilt:

$$(X,\tau)\ T_3\text{-Raum} \quad \Longrightarrow \quad (X,\tau)\ T_4\text{-Raum}$$

Beweis

Es seien $A,\ B \in \alpha_\tau \backslash \{\emptyset\}$, $A \cap B = \emptyset$ und $U_a \in \mathcal{U}_\tau(a) \cap \tau$, $V_b \in \mathcal{U}_\tau(b) \cap \tau$ mit $\overline{U_a}^\tau \cap B = \emptyset = \overline{V_b}^\tau \cap A$ $[\![\,$2.5-2$\,]\!]$ für jedes $a \in A$, $b \in B$ ausgewählt. Da (X,τ) ein Lindelöf-Raum ist, haben die offenen Überdeckungen $\{ U_a \mid a \in A \}$ bzw. $\{ V_b \mid b \in B \}$ von A bzw. B gem. 2.3-7 abzählbare Teilüberdeckungen $\{ U_{a_i} \mid i \in \mathbb{N} \}$ bzw. $\{ V_{b_i} \mid i \in \mathbb{N} \}$. Man definiere (induktiv)

$$U'_0 := U_{a_0}, \qquad V'_0 := V_{b_0} \backslash \overline{U'_0}^\tau,$$

$$U'_1 := U_{a_1} \backslash \overline{V'_0}^\tau, \qquad V'_1 := V_{b_1} \backslash \overline{(U'_0 \cup U'_1)}^\tau$$

und, wenn U'_n, $V'_n \in \tau$ konstruiert sind,

$$U'_{n+1} := U_{a_{n+1}} \backslash \overline{\bigcup_{j=0}^{n} V'_j}^\tau \quad \text{und} \quad V'_{n+1} := V_{b_{n+1}} \backslash \overline{\bigcup_{j=0}^{n+1} U'_j}^\tau .$$

Für $U' := \bigcup_{n \in \mathbb{N}} U'_n$, $V' := \bigcup_{n \in \mathbb{N}} V'_n \in \tau$ gilt dann $A \subseteq U'$, $B \subseteq V'$ $[\![\,$Aus U_{a_j} bzw. V_{b_j} wird kein Element aus A bzw. B herausgenommen!$\,]\!]$ und $U' \cap V' = \emptyset$ $[\![\, U'_n \cap V'_m \neq \emptyset \Longrightarrow m \geq n \Longrightarrow V'_m = V_{b_m} \backslash \bigcup_{j=0}^{m} U'_j \ \lightning \,]\!]$. □

(T-4) ist nicht erblich (s. auch (4.4,3)):

Beispiel (2.5,5)

Es sei (X,τ) ein topologischer Raum, der nicht T_4-Raum ist (vgl. (2.5,2) (a) (c)), ∞ ein Element, das nicht zu X gehört (z. B. $\infty := X$), $X^* := X \cup \{\infty\}$ und $\tau^* := \tau \cup \{X^*\}$. Man bestätigt leicht, daß (X^*, τ^*) ein topologischer Raum und $\tau^*|X = \tau$ ist. Sei $A \in \alpha_{\tau^*}\backslash\{\emptyset\}$, also $X^*\backslash A \in \tau^*$ und $X^*\backslash A \neq X^*$. Es folgt $X^*\backslash A \in \tau$ und somit $\infty \in A$.

(X^*, τ^*) ist daher ein T_4-Raum. ⟦ Für $A, B \in \alpha_{\tau^*}$ mit $A = \emptyset$ oder $B = \emptyset$ ist die Trennung von A, B mit $X^*, \emptyset \in \tau^*$ möglich! ⟧

Dagegen sind (T-2), (T-3), (T-3a) erblich:

Satz 2.5-4

(X, τ) sei ein topologischer Raum, $S \subseteq X$ und $i \in \{2, 3, 3a\}$. Es gilt:

$$(X, \tau)\ T_i\text{-Raum} \quad \Longrightarrow \quad (S, \tau|S)\ T_i\text{-Raum}$$

Beweis

(T-2): Für $x, y \in S,\ x \neq y$, wähle man $U \in \mathcal{U}_\tau(x),\ V \in \mathcal{U}_\tau(y)$ mit $U \cap V = \emptyset$. Dann ist $U \cap S \in \mathcal{U}_{\tau|S}(x),\ V \cap S \in \mathcal{U}_{\tau|S}(y)$ und $(U \cap S) \cap (V \cap S) = \emptyset$.

(T-3): Für $x \in S,\ U \in \mathcal{U}_\tau(x)$ wähle man gem. 2.5-2 ein $A \in \mathcal{U}_\tau(x) \cap \alpha_\tau$ mit $A \subseteq U$. Dann ist $A \cap S \in \alpha_{\tau|S} \cap \mathcal{U}_{\tau|S}(x),\ A \cap S \subseteq U \cap S$. Nach 2.5-2 folgt die Behauptung.

(T-3a): Für $A \in \alpha_\tau,\ x \in S\backslash A$ sei $f \in C(X, [0,1])$ mit $f(x) = 0,\ f[A] \subseteq \{1\}$ gewählt. Dann ist $f{\restriction}S \in C(S, [0,1])$ ⟦ 2.4-1.2 ⟧, $(f{\restriction}S)(x) = f(x) = 0$ und $(f{\restriction}S)[S \cap A] \subseteq f[A] \subseteq \{1\}$. □

(T-4) ist nicht multiplikativ (vgl. A 5). Dagegen sind (T-2), (T-3), (T-3a) multiplikativ:

Satz 2.5-5

$(\,(X_i, \tau_i) \mid i \in I\,) \neq \emptyset$ sei eine Familie nichtleerer topologischer Räume, $k \in \{2, 3\}$.

Äq *(i)* $\left(\prod_{i \in I} X_i, \bigtimes_{i \in I} \tau_i\right)$ *T_k-Raum*

(ii) $\forall\, i \in I\colon\ (X_i, \tau_i)$ *T_k-Raum*

Beweis

Für jedes $j \in I,\ a \in \prod_{i \in I} X_i$ sei

$$X_{a,j} := \left\{ x \in \prod_{i \in I} X_i \,\middle|\, \forall\, i \in I\backslash\{j\}\colon\ x_i = a_i \right\}$$

und

$$\eta_{a,j} : \begin{cases} X_j \longrightarrow X_{a,j} \\ x \longmapsto \left(i \mapsto \begin{cases} x & \text{für } i = j \\ a_i & \text{sonst} \end{cases} \right) \end{cases}.$$

Dann ist $\eta_{a,j}$ ein Homöomorphismus (bzgl. $(\tau_j, (\bigtimes_{i\in I}\tau_i)|X_{a,j}))$ (s. A 11 (a)).

(i) ⇒ (ii) Mit $(\prod_{i\in I} X_i, \bigtimes_{i\in I}\tau_i)$ ist gem. 2.5-4 auch $(X_{a,j}, (\bigtimes_{i\in I}\tau_i)|X_{a,j})$ und somit (X_j, τ_j) ein T_k-Raum für $k \in \{2, 3, 3a\}$ und jedes $j \in I$.

(ii) ⇒ (i)

(T-2): Für $x, y \in \prod_{i\in I} X_i$, $x \neq y$, etwa $j \in I$ mit $x_j \neq y_j$, gibt es $U \in \tau_j \cap \mathcal{U}_{\tau_j}(x_j)$, $V \in \tau_j \cap \mathcal{U}_{\tau_j}(y_j)$ mit $U \cap V = \emptyset$. Es folgt

$$x \in \pi_j^{-1}[U] \in \bigtimes_{i\in I}\tau_i, \qquad y \in \pi_j^{-1}[V] \in \bigtimes_{i\in I}\tau_i$$

und $\pi_j^{-1}[U] \cap \pi_j^{-1}[V] = \emptyset$.

(T-3): Für $x \in \prod_{i\in I} X_i$, $x \in \bigcap_{k=1}^{r} \pi_{j_k}^{-1}[U_{j_k}] \in \bigtimes_{i\in I}\tau_i$ mit $U_{j_k} \in \tau_{j_k}$ wähle man gem. 2.5-2 $A_{j_k} \in \alpha_{\tau_{j_k}} \cap \mathcal{U}_{\tau_{j_k}}(x_{j_k})$, $A_{j_k} \subseteq U_{j_k}$ für alle $k \in \{1, \ldots, r\}$. Man erhält

$$x \in \bigcap_{k=1}^{r} \pi_{j_k}^{-1}[A_{j_k}] \subseteq \bigcap_{k=1}^{r} \pi_{j_k}^{-1}[U_{j_k}]$$

und

$$\bigcap_{k=1}^{r} \pi_{j_k}^{-1}[A_{j_k}] \in \alpha_{\bigtimes_{i\in I}\tau_i} \cap \mathcal{U}_{\bigtimes_{i\in I}\tau_i}(x).$$

Nach 2.5-2 folgt die Behauptung. □

Die Multiplikativität von (T-3a) läßt sich bequem mit Hilfe der Umformulierung auf Subbasismengen beweisen:

Satz 2.5-6

(X, τ) sei ein topologischer Raum, $\mathcal{S}$ eine Subbasis von τ.

Äq *(i)* (X, τ) *T_{3a}-Raum*

(ii) $\forall\, x \in X\ \forall\, U \in \mathcal{U}_\tau(x) \cap \mathcal{S}\ \exists\, f \in C(X, [0,1])\colon\ f(x) = 0,\ f[X \setminus U] \subseteq \{1\}$

Beweis

(i) ⇒ (ii) ist klar.

(ii) ⇒ (i) Sei $A \in \alpha_\tau$, $x \in X\setminus A$. Man wähle $S_1, \ldots, S_r \in \mathcal{S}$ mit $x \in \bigcap_{j=1}^{r} S_j \subseteq X\setminus A$ und gem. (ii) für jedes $j \in \{1, \ldots, r\}$ ein $f_j \in C(X, [0,1])$ mit $f_j(x) = 0$, $f_j[X\setminus S_j] \subseteq \{1\}$. Es folgt $f := \bigvee_{j=1}^{r} f_j := \sup_{1\le j\le r} f_j \in C(X, [0,1])$ ⟦2.4, A 5⟧, $f(x) = 0$ und

$$f[A] \subseteq f\left[X\setminus \bigcap_{j=1}^{r} S_j\right] = \bigcup_{j=1}^{r} f[X\setminus S_j] \subseteq \{1\}.$$

□

Korollar 2.5-6.1

$(\,(X_i, \tau_i) \mid i \in I\,) \neq \emptyset$ sei eine Familie nichtleerer topologischer Räume.

Äq *(i)* $\left(\prod_{i\in I} X_i, \bigtimes_{i\in I} \tau_i\right)$ *T_{3a}-Raum*

(ii) $\forall\, i \in I\colon\ (X_i, \tau_i)$ *T_{3a}-Raum*

Beweis

(i) $\Rightarrow$ (ii) s. Beweis zu 2.5-5.

(ii) $\Rightarrow$ (i) Sei $x \in \prod_{i\in I} X_i$, $j \in I$, $U_j \in \mathcal{U}_{\tau_j}(x_j) \cap \tau_j$, also $\pi_j^{-1}[U_j]$ eine kanonische Subbasisumgebung von x. Man wähle $f_j \in C(X_j, [0,1])$ mit $f_j(x_j) = 0$, $f_j[X_j \backslash U_j] \subseteq \{1\}$. Dann ist $f_j \circ \pi_j \in C\left(\prod_{i\in I} X_i, [0,1]\right)$, $f_j \circ \pi_j(x) = f_j(x_j) = 0$ und $f_j \circ \pi_j\left[\prod_{i\in I} X_i \backslash \pi_j^{-1}[U_j]\right] \subseteq f_j[X_j \backslash U_j] \subseteq \{1\}$, aus 2.5-6 folgt die Behauptung. □

In 2.4 wurde bereits erwähnt, daß Separabilität keine multiplikative Eigenschaft ist.

Satz 2.5-7 (Marczewski, 1947)

$(\,(X_i, \tau_i) \mid i \in I\,) \neq \emptyset$ sei eine Familie von T_2-Räumen, jede der Mengen X_i habe mindestens zwei Elemente.

Äq *(i)* $\left(\prod_{i\in I} X_i, \bigtimes_{i\in I} \tau_i\right)$ *separabel*

(ii) $\forall\, i \in I\colon\ (X_i, \tau_i)$ *separabel und* $\exists\, \varphi\colon\ \varphi : I \longrightarrow \mathcal{P}\mathbb{N},\ \varphi$ *injektiv*

Beweis (Comfort, 1969)

(i) $\Rightarrow$ (ii) Gem. 2.4-3 (a) ist (X_i, τ_i) für jedes $i \in I$ separabel. Sei $D \subseteq \prod_{i\in I} X_i$ eine dichte abzählbare Teilmenge, $O_i, P_i \in \tau\backslash\{\emptyset\}$ mit $O_i \cap P_i = \emptyset$ und $D_i := D \cap \pi_i^{-1}[O_i]$ für jedes $i \in I$. Die Funktion $\psi : I \longrightarrow \mathcal{P}D$, $\psi(i) := D_i$, ist injektiv: Für alle $i, j \in I$, $i \neq j$, würde aus $D_i = D_j$ auch

$$\emptyset \neq D \cap (\pi_i^{-1}[O_i] \cap \pi_j^{-1}[P_j]) = D \cap \pi_j^{-1}[O_j] \cap \pi_j^{-1}[P_j] = \emptyset$$

folgen. ↯

Wegen der Abzählbarkeit von D gibt es eine Injektion $\alpha : \mathcal{P}D \longrightarrow \mathcal{P}\mathbb{N}$, und $\varphi := \alpha \circ \psi$ ist injektiv.

(ii) $\Rightarrow$ (i) Sei o. B. d. A. $I \subseteq [0,1]$ und $D_i = \{\, d_i^{(k)} \mid k \in \mathbb{N}\,\} \subseteq X_i$ dicht in (X_i, τ_i) für jedes $i \in \mathbb{N}$. Weiter definiere man für jedes $k \in \mathbb{N}$ die Menge

$$\mathcal{J}_k := \{\, (I_0, \ldots, I_k) \mid \forall\, i \in \{0, \ldots, k\}\colon\ I_k \subseteq [0,1] \text{ Intervall}, \\ \inf I_k, \sup I_k \in \mathbb{Q} \text{ und } \forall\, i, j \in \{0, \ldots, k\}\colon\ I_i \cap I_j = \emptyset\,\}$$

und für alle $(m_0, \ldots, m_k) \in \mathbb{N}^{k+1}$, $(I_0, \ldots, I_k) \in \mathcal{J}_k$, $i \in I$ die Funktionswerte

$$P((I_0, \ldots, I_k), (m_0, \ldots, m_k))(i) := \begin{cases} d_i^{(m_j)}, & \text{falls } i \in I_j \text{ für ein } j \in \{0, \ldots, k\} \\ d_i^{(0)} & \text{sonst.} \end{cases}$$

Die Menge

$$D := \{ P((I_0, \ldots, I_k), (m_0, \ldots, m_k)) \mid k \in \mathbb{N},\ (m_0, \ldots, m_k) \in \mathbb{N}^{k+1},\ (I_0, \ldots, I_k) \in \mathcal{J}_k \}$$

ist abzählbar ⟦ Anhang 1-36 (a) ⟧ und dicht in $\left(\prod_{i \in I} X_i, \mathbb{X}_{i \in I} \tau_i\right)$:

Sei $O := \bigcap_{j=0}^{k} \pi_{i_j}^{-1}[O_{i_j}] \neq \emptyset$ basisoffen mit $O_{i_j} \in \tau_{i_j} \backslash \{\emptyset\}$, $i_j \neq i_r$ für alle $j, r \in \{0, \ldots, k\}$, $j \neq r$. Für jedes $j \in \{0, \ldots, k\}$ wähle man ein $d_{i_j}^{(m_j)} \in D_{i_j} \cap O_{i_j}$ und hierzu ein $(I_0, \ldots, I_k) \in \mathcal{J}_k$ mit $i_j \in I_j$, $j = 1, \ldots, k$. Dann ist $P((I_0, \ldots, I_k), (m_0, \ldots, m_k)) \in O$, denn $P((I_0, \ldots, I_k), (m_0, \ldots, m_k))(i_j) = d_{i_j}^{(m_j)}$ für jedes $j \in \{0, \ldots, k\}$. □

Beispiel (2.5,6)

Keine der Eigenschaften (T-k), $k \in \{2, 3, 3a, 4\}$ ist divisibel:

Mit $X := [0, 1]$, $\tau := \tau_{|\,|}|[0, 1]$ ist (X, τ) T_k-Raum für jedes $k \in \{2, 3, 3a, 4\}$ ⟦ (X, τ) ist metrisierbar; (2.5,1) ⟧. Die Äquivalenzrelation R auf $[0, 1]$ sei definiert durch

$$(x, y) \in R \quad \text{:gdw} \quad x = y \text{ oder } x, y \in \mathbb{Q}.$$

Für jedes $k \in \{2, 3, 3a, 4\}$ ist dann $\left(X/_R, \tau/_R\right)$ kein T_k-Raum: Es seien $x \in [0, 1] \cap \mathbb{Q}$, $y \in [0, 1] \backslash \mathbb{Q}$. Es ist $\{\pi_R(y)\} \in \alpha_{\tau/_R}$ ⟦ $\pi_R^{-1}[\{\pi_R(y)\}] = \{y\} \in \alpha_{\tau_{|\,|}|[0,1]}$ ⟧, aber jede Umgebung von $\{\pi_R(y)\}$ enthält $\pi_R(x)$. $\left(X/_R, \tau/_R\right)$ ist daher für $k \in \{2, 3, 4\}$ kein T_k-Raum und, weil T_{3a}-Räume auch T_3-Räume sind, somit kein T_{3a}-Raum.

Die Bedeutung der (T-2)-Eigenschaft für die Topologie und Analysis liegt darin, daß Limiten (von Netzen bzw. Filtern) eindeutig bestimmt sind.

Satz 2.5-8

(X, τ) sei ein topologischer Raum.

Äq (i) (X, τ) *T_2-Raum*

(ii) $\forall\, M\ \forall\, x, y \in X$: *$M$ Netz in X*, $M \to_\tau x$, $M \to_\tau y \Rightarrow x = y$

Beweis

(i) ⇒ (ii) Es sei $M : D \longrightarrow X$ ein Netz in X ($(D, \geq)$ gerichtete Menge), $x, y \in X$, $x \neq y$ und $M \to_\tau x$, $M \to_\tau y$. Nach (i) existieren $U \in \mathcal{U}_\tau(x)$, $V \in \mathcal{U}_\tau(y)$ mit

$U \cap V = \emptyset$. Wegen der Konvergenz von M gegen x und y existiert ein $\delta \in D$ mit $M(\delta) \in U \cap V$ ↯.

(ii) ⇒ (i) Es seien $x, y \in X$, $x \neq y$ und $U \cap V \neq \emptyset$ für alle $U \in \mathcal{U}_\tau(x)$, $V \in \mathcal{U}_\tau(y)$ etwa $M_{U,V} \in U \cap V$. Dann ist

$$M : \begin{cases} \mathcal{U}_\tau(x) \times \mathcal{U}_\tau(y) \longrightarrow X \\ (U, V) \longmapsto M_{U,V} \end{cases}$$

ein Netz in X $[\![\mathcal{U}_\tau(x) \times \mathcal{U}_\tau(y)$ gerichtet durch: $(U, V) \geq (U', V')$:gdw $U \subseteq U'$ und $V \subseteq V'\,]\!]$, das gegen x und y τ-konvergent ist. □

Satz 2.5-9

(X, τ), (Y, σ) seien topologische Räume, (Y, σ) T_2-Raum. Es gilt:

$$f \in C(X, Y) \quad \Longrightarrow \quad f \in \alpha_{\tau \times \sigma}$$

Beweis

Sei $(x, y) \in (X \times Y)\backslash f$, d. h. $y \neq f(x)$. Nach Voraussetzung gibt es O, $P \in \sigma$ mit $f(x) \in O$, $y \in P$ und $O \cap P = \emptyset$. Wegen der Stetigkeit von f erhält man $f[U] \subseteq O$ für ein $U \in \mathcal{U}_\tau(x) \cap \tau$, und es folgt

$$(x, y) \in U \times P \subseteq (X \times Y)\backslash f.$$

□

In der Situation von 2.5-9 sagt man, *f hat einen abgeschlossenen Graphen*. Aussagen über Funktionen f zwischen topologischen Räumen der Art, daß aus der Eigenschaft „f hat einen abgeschlossenen Graphen“ die Stetigkeit von f folgt, nennt man einen *Satz vom abgeschlossenen Graphen* (vgl. hierzu speziell 6.2-1.3 (a)).

Korollar 2.5-9.1

(X, τ), (Y, σ) seien topologische Räume, (Y, σ) T_2-Raum, $D \subseteq X$ mit $\overline{D}^\tau = X$, $f, g \in C(X, Y)$. Es gilt:

(a) $\{\, x \in X \mid f(x) = g(x) \,\} \in \alpha_\tau$

(b) $f{\restriction}D = g{\restriction}D \quad \Longrightarrow \quad f = g.$

Beweis

Zu (a) $\Delta_Y = \{\, (y, y) \mid y \in Y \,\} \in \alpha_{\sigma \times \sigma}$ nach 2.5-9, da id_Y stetig ist. Gem. 2.4-7 (c) folgt die Stetigkeit (bzgl. $(\tau, \sigma \times \sigma)$) der Funktion

$$h : \begin{cases} X \longrightarrow Y \times Y \\ x \longmapsto (f(x), g(x)), \end{cases}$$

also ist $\{\, x \in X \mid f(x) = g(x) \,\} = h^{-1}[\Delta_Y] \in \alpha_\tau$.

Zu (b) Nach Voraussetzung ist $D \subseteq \{ x \in X \mid f(x) = g(x) \}$, also $X = \overline{D}^{\tau} = \{ x \in X \mid f(x) = g(x) \}$ gem. (a). □

Eine zu (T-3a) analoge Trennbarkeitsforderung (T-4a) für zueinander disjunkte abgeschlossene Mengen ergibt gegenüber (T-4) – im Gegensatz zur Situation bei (T-3a), (T-3) – keine zusätzliche Information. Es gilt nämlich:

Satz 2.5-10 (Lemma von Urysohn, 1924)

(X, τ) sei ein topologischer Raum.

Äq *(i)* (X, τ) *T_4-Raum*

(ii) $\forall\, A, B \in \alpha_\tau \colon\ A \cap B = \emptyset$
$$\Rightarrow \exists\, f \in C(X, [0,1]) \colon\ f[A] \subseteq \{0\},\ f[B] \subseteq \{1\}$$

Beweis

(ii) ⇒ (i) Es ist $f^{-1}\big[[0, \frac{1}{2}[\,\big] \cap f^{-1}\big[\,]\frac{1}{2}, 1]\big] = \emptyset$, $A \subseteq f^{-1}\big[[0, \frac{1}{2}[\,\big] \in \tau$ und $B \subseteq f^{-1}\big[\,]\frac{1}{2}, 1]\big] \in \tau$.

(i) ⇒ (ii) Die Konstruktion einer geeigneten stetigen Funktion f erfolgt durch iterierte Anwendung (vollständige Induktion) von 2.5-2:

$n = 0$: Sei $U_{\frac{0}{2^0}} := A$, $U_{\frac{1}{2^0}} := X \backslash B \in \mathcal{U}_\tau(A) \cap \tau$.
$n = 1$: Gem. 2.5-2 existiert ein $U_{\frac{1}{2^1}} \in \mathcal{U}_\tau(A) \cap \tau$ mit

$$A = U_{\frac{0}{2^1}} \subseteq U_{\frac{1}{2}} \subseteq \overline{U_{\frac{1}{2}}}^{\tau} \subseteq U_{\frac{1\cdot 2}{2^1}} = X \backslash B.$$

$n = 2$: Gem. 2.5-2 existieren $U_{\frac{1}{2^2}}, U_{\frac{3}{2^2}} \in \tau$ mit

$$A = U_{\frac{0}{2^2}} \subseteq U_{\frac{1}{2^2}} \subseteq \overline{U_{\frac{1}{2^2}}}^{\tau} \subseteq U_{\frac{2}{2^2}} \subseteq \overline{U_{\frac{2}{2^2}}}^{\tau} \subseteq U_{\frac{3}{2^2}} \subseteq \overline{U_{\frac{3}{2^2}}}^{\tau} \subseteq U_{\frac{1\cdot 2^2}{2^2}} = X \backslash B.$$

Sind für $n \geq 1$ die Mengen $U_{\frac{2k+1}{2^n}}, U_{\frac{2k+2}{2^n}} \in \tau$ mit

$$\overline{U_{\frac{2k}{2^n}}}^{\tau} \subseteq U_{\frac{2k+1}{2^n}} \subseteq \overline{U_{\frac{2k+1}{2^n}}}^{\tau} \subseteq U_{\frac{2k+2}{2^n}}$$

für alle $k \in \{0, 1, \ldots, 2^{n-1} - 1\}$ bereits gewählt, so sichert 2.5-2 die Existenz von offenen Mengen $U_{\frac{2m+1}{2^{n+1}}} \in \tau$ für alle $m \in \{0, 1, \ldots, 2^n - 1\}$ mit

$$\overline{U_{\frac{4k}{2^{n+1}}}}^{\tau} \subseteq U_{\frac{4k+1}{2^{n+1}}} \subseteq \overline{U_{\frac{4k+1}{2^{n+1}}}}^{\tau} \subseteq U_{\frac{4k+2}{2^{n+1}}} \subseteq \overline{U_{\frac{4k+2}{2^{n+1}}}}^{\tau} \subseteq U_{\frac{4k+3}{2^{n+1}}} \subseteq \overline{U_{\frac{4k+3}{2^{n+1}}}}^{\tau} \subseteq U_{\frac{4k+4}{2^{n+1}}}$$

für jedes $k \in \{0, 1, \ldots, 2^{n-1} - 1\}$.

Die für die Indizierung verwendeten rationalen Zahlen sind die dyadisch rationalen

Zahlen aus $[0,1]$: Für $n \geq 1$ sei

$$\mathbb{Q}_n^{(2)} := \Big\{ r \in \mathbb{Q} \;\Big|\; \exists\, m \in \mathbb{N}\colon\ 2m+1 < 2^n,\ r = \frac{2m+1}{2^n} \Big\}.$$

$\mathbb{Q}^{(2)} := \bigcup_{n\geq 1} \mathbb{Q}_n^{(2)}$ ist die *Menge der dyadisch rationalen Zahlen* in $]0,1[$.
Mit Hilfe obiger Konstruktion definiere man $f : X \longrightarrow [0,1]$ durch

$$f(x) := \begin{cases} 0 & \text{für } x \in \bigcap_{t\in\mathbb{Q}^{(2)}} U_t \\ \sup\{\, t \in \mathbb{Q}^{(2)} \mid x \notin U_t \,\} & \text{sonst.} \end{cases}$$

Es gilt dann $f[A] \subseteq \{0\}$, $f[B] \subseteq \{\sup \mathbb{Q}^{(2)}\} = \{1\}$. Die Stetigkeit von f wird mit 2.4-1 (iii) nachgewiesen:
$\{\, [0,a[\mid a \in \mathbb{R},\ 0 < a < 1 \,\} \cup \{\,]a,1] \mid a \in \mathbb{R},\ 0 < a < 1 \,\}$ ist eine Subbasis der Topologie $\tau_{|\,|}|[0,1]$, und für jedes $a \in\,]0,1[$ erhält man wegen

$$f(x) < a \iff \exists\, t \in \mathbb{Q}^{(2)}\colon\ t < a,\ x \in U_t \qquad \text{bzw.}$$

$$f(x) > a \iff \exists\, t \in \mathbb{Q}^{(2)}\colon\ t > a,\ x \notin \overline{U_t}^{\tau}$$

$[\![\,\forall\, s,t \in \mathbb{Q}^{(2)}\colon\ s \leq t \Rightarrow U_s \subseteq U_t;\ \mathbb{Q}^{(2)}$ ist dicht in $([0,1], \tau_{d_2}|[0,1]).\,]\!]$ sowohl

$$f^{-1}\big[[0,a[\big] = \{\, x \in X \mid f(x) < a \,\} = \bigcup_{\substack{t\in\mathbb{Q}^{(2)}\\ t<a}} U_t \in \tau$$

als auch

$$f^{-1}\big[\,]a,1]\big] = \{\, x \in X \mid f(x) > a \,\} = \bigcup_{\substack{t\in\mathbb{Q}^{(2)}\\ t>a}} \big(X \backslash \overline{U_t}^{\tau}\big) \in \tau.$$

□

Korollar 2.5-10.1

(X,τ) sei ein topologischer Raum.

Äq (i) (X,τ) T_4-Raum

(ii) $\forall\, a,b \in \mathbb{R}\ \forall\, A,B \in \alpha_\tau\colon\ a < b,\ A \cap B = \emptyset$
$\Rightarrow \exists\, f \in C(X,[a,b])\colon\ f[A] \subseteq \{a\},\ f[B] \subseteq \{b\}$

Beweis nach 2.5-10 mit Hilfe der affinen Transformation

$$\begin{cases} \mathbb{R} \longrightarrow \mathbb{R} \\ x \longmapsto (b-a)x + a. \end{cases}$$

□

Jeder T_4-Raum, in dem alle einelementigen Teilmengen abgeschlossen sind, ist nach dem Urysohnschen Lemma T_{3a}-Raum. Topologische Räume (X,τ), in denen die einelementigen Mengen abgeschlossen sind, heißen *T_1-Räume* wegen (s. A 8)

$$(X,\tau)\ \mathrm{T}_1\text{-Raum} \quad \Longleftrightarrow \quad (X,\tau) \text{ erfüllt}$$

$$\text{(T-1)} \quad \forall\, x, y \in X:\ x \neq y \Rightarrow \exists\, U \in \mathcal{U}_\tau(x)\ \exists\, V \in \mathcal{U}_\tau(y):\ x \notin V,\ y \notin U.$$

Topologische Räume, die

$$\text{(T-1) und} \left\{\begin{array}{l}\text{(T-4),}\\ \text{(T-3a) bzw.}\\ \text{(T-3)}\end{array}\right\} \text{ erfüllen, heißen } \left\{\begin{array}{l}\textit{normal,}\\ \textit{vollständig regulär} \text{ bzw.}\\ \textit{regulär}\end{array}\right\}^{*}$$

und sind hausdorffsch.

Eine weitere wichtige charakteristische Eigenschaft der T_4-Räume ist die Fortsetzungseigenschaft für auf abgeschlossenen Teilmengen definierte stetige reellwertige Funktionen:

Satz 2.5-11 (Tietze-Urysohnscher Fortsetzungssatz, 1915/1925)

(X,τ) sei ein topologischer Raum.

Äq *(i)* (X,τ) *T_4-Raum*

(ii) $\forall\, A \in \alpha_\tau \backslash \{\emptyset\}\ \forall\, f \in C(A,\mathbb{R})\ \exists\, F \in C(X,\mathbb{R}):$

$$F{\restriction}A = f,\ \sup_X |F| = \sup_A |f|$$

Beweis

(ii) ⇒ (i) Für alle $A, B \in \alpha_\tau \backslash \{\emptyset\},\ A \cap B = \emptyset$ ist die durch

$$f(x) := \begin{cases} 0 & \text{für } x \in A \\ 1 & \text{für } x \in B \end{cases}$$

definierte Funktion $f: A \cup B \longrightarrow \mathbb{R}$ stetig ⟦2.4-1: Urbilder abgeschlossener Mengen sind abgeschlossen!⟧, besitzt somit gem. (ii) eine stetige Fortsetzung $F \in C(X,\mathbb{R})$. Die Mengen $F^{-1}\big[\,]-\infty, \frac{1}{2}[\,\big] \in \tau,\ F^{-1}\big[\,]\frac{1}{2}, \infty[\,\big] \in \tau$ sind disjunkt und enthalten A bzw. B.

(i) ⇒ (ii) Es sei $A \in \alpha_\tau \backslash \{\emptyset\},\ f \in C(A,\mathbb{R})$. Die Konstruktion einer stetigen Fortsetzung F von f auf X mit $\sup_X |F| = \sup_A |f|$ erfolgt in drei Schritten.

$$\boxed{\forall\, f \in C(A,[-1,1]):\ \sup_A |f| = 1 \Rightarrow \exists\, F \in C(X,[-1,1]):\ F{\restriction}A = f} \qquad (1)$$

(Es gilt dann natürlich auch $\sup_X |F| = \sup_A |f| = 1$!) F wird als Limes einer auf X $d_{|\,|}$-gleichmäßig konvergenten Reihe stetiger Funktionen (vgl. 2.4-6) gewonnen, die Konstruktion der Reihenglieder erfolgt induktiv:

---

* Die Bezeichnungen sind in der Literatur nicht einheitlich, es ist also Vorsicht beim Umgang mit Trennungseigenschaften geboten!

$n = 0$: Es sei $f_0 := f$,

$$A_0 := \{ x \in A \mid f_0(x) \le -\tfrac{1}{3} \}, \quad B_0 := \{ x \in A \mid f_0(x) \ge \tfrac{1}{3} \},$$

also $A_0, B_0 \in \alpha_{\mathcal{T}|A} \subseteq \alpha_{\mathcal{T}}$, $A_0 \cap B_0 = \emptyset$. Nach 2.5-10.1 existiert eine Funktion $g_0 \in C(X, [-\frac{1}{3}, \frac{1}{3}])$, $g_0[A_0] \subseteq \{-\frac{1}{3}\}$, $g_0[B_0] \subseteq \{\frac{1}{3}\}$.
$n = 1$: Man setze

$$f_1 : \begin{cases} A \longrightarrow [-1,1] \\ x \longmapsto (f_0 - g_0)(x). \end{cases}$$

Es gilt dann $\sup_A|f_1| \le 2/3$ ⟦Für alle $x \in A_0$ ist $f_0(x) \le -1/3$, $g_0(x) = -1/3$, für $x \in B_0$ ist $f_0(x) \ge 1/3$, $g_0(x) = 1/3$ und für $x \in A\setminus(A_0 \cup B_0)$ gilt $-1/3 \le f_0(x), g_0(x) \le 1/3$, insgesamt somit $|f_0(x) - g_0(x)| \le 2/3$ für jedes $x \in A$.⟧, und mit

$$A_1 := \{ x \in A \mid f_1(x) \le -\tfrac{1}{3}\tfrac{2}{3} \}, \quad B_1 := \{ x \in A \mid f_1(x) \ge \tfrac{1}{3}\tfrac{2}{3} \}$$

auch $A_1, B_1 \in \alpha_{\mathcal{T}|A} \subseteq \alpha_{\mathcal{T}}$, $A_1 \cap B_1 = \emptyset$. Wiederum nach 2.5-10.1 existiert ein $g_1 \in C\big(X, [-\frac{1}{3}\frac{2}{3}, \frac{1}{3}\frac{2}{3}]\big)$, $g_1[A_1] \subseteq \{-\frac{1}{3}\frac{2}{3}\}$, $g_1[B_1] \subseteq \{\frac{1}{3}\frac{2}{3}\}$.
$n = 2$: Man setze

$$f_2 : \begin{cases} A \longrightarrow [-1,1] \\ x \longmapsto (f_1 - g_1)(x) = (f_0 - (g_0 + g_1))(x). \end{cases}$$

Es gilt dann (wie für $n = 1$) $\sup_A|f_2| \le (2/3)^2$.
n: Sind für $n \ge 2$ die $g_i \in C\big(X, [-\frac{1}{3}(\frac{2}{3})^i, \frac{1}{3}(\frac{2}{3})^i]\big)$, $i \in \{0, \ldots, n-1\}$, und

$$f_n : \begin{cases} A \longrightarrow [-1,1] \\ x \longmapsto \big(f_0 - \sum_{i=0}^{n-1} g_i\big)(x) \end{cases}$$

mit $\sup_A|f_n| \le (2/3)^n$ festgelegt, so setze man

$$A_n := \{ x \in A \mid f_n(x) \le -\tfrac{1}{3}(\tfrac{2}{3})^n \}, \quad B_n := \{ x \in A \mid f_n(x) \ge \tfrac{1}{3}(\tfrac{2}{3})^n \}$$

und erhält wegen $A_n, B_n \in \alpha_{\mathcal{T}|A} \subseteq \alpha_{\mathcal{T}}$, $A_n \cap B_n = \emptyset$ nach 2.5-10.1 die Existenz einer Funktion $g_n \in C\big(X, [-\frac{1}{3}(\frac{2}{3})^n, \frac{1}{3}(\frac{2}{3})^n]\big)$, $g_n[A_n] \subseteq \{-\frac{1}{3}(\frac{2}{3})^n\}$, $g_n[B_n] \subseteq \{\frac{1}{3}(\frac{2}{3})^n\}$.
$n + 1$: Man setze

$$f_{n+1} : \begin{cases} A \longrightarrow [-1,1] \\ x \longmapsto (f_n - g_n)(x) = \big(f_0 - \sum_{i=0}^{n} g_i\big)(x). \end{cases}$$

Es gilt dann $\sup_A|f_{n+1}| \le (2/3)^{n+1}$. Da nach Konstruktion $|g_n| \le \frac{1}{3}(\frac{2}{3})^n$ für jedes $n \in \mathbb{N}$ gilt, ist die Reihe $\sum_{n=0}^{\infty} g_n$ auf X $d_{|\,|}$-gleichmäßig konvergent mit

$$\left|\lim_{m\to\infty} \sum_{n=0}^{m} g_n\right| = \lim_{m\to\infty}\left|\sum_{n=0}^{m} g_n\right| \le \sum_{n=0}^{\infty}|g_n| \le \sum_{n=0}^{\infty} \tfrac{1}{3}(\tfrac{2}{3})^n = 1.$$

Aus 2.4-6 folgt

$$F : \begin{cases} X \longrightarrow [-1,1] \\ x \longmapsto \sum_{n=0}^{\infty} g_n(x) \end{cases} \in C(X,[-1,1]),$$

und nach Konstruktion ist für jedes $x \in A,\ m \in \mathbb{N}\backslash\{0\}$

$$\left| f(x) - \sum_{n=0}^{m-1} g_n(x) \right| = |f_m(x)| \leq \left(\frac{2}{3}\right)^m,$$

also $F(x) = f(x)$.

Der nächste Schritt ist die stetige Fortsetzung von beliebigen reellwertigen, auf A definierten stetigen Funktionen:

$$\boxed{\forall\, f \in C(A,\mathbb{R})\ \exists\, F \in C(X,\mathbb{R}):\ F{\restriction}A = f} \tag{2}$$

Es sei $f \neq 0$ ⟦Für $f = 0$ ist $F = 0$ wählbar.⟧ und $h : \mathbb{R} \longrightarrow]-1,1[$ ein $(\tau_{|\,|}, \tau_{|\,|}|]-1,1[)$-Homöomorphismus mit $h(0) = 0$ ⟦(2.4,4) (c)⟧. Für die Funktion

$$\widetilde{f} := \frac{1}{\sup_A|h \circ f|}(h \circ f) \in C\big(A,]-1,1[\big) \subseteq C(A,[-1,1])$$

ist $\sup_A|\widetilde{f}| = 1$, nach (1) existiert daher ein $\widetilde{F} \in C(X,[-1,1])$ mit $\widetilde{F}{\restriction}A = \widetilde{f}$ (und $\sup_X|\widetilde{F}| = 1$). Da $B := \{\, x \in X \mid |\widetilde{F}(x)| = 1 \,\} \in \alpha_\mathcal{T},\ B \cap A = \emptyset$ ist, gibt es ⟦Lemma von Urysohn 2.5-10⟧ ein $\Phi \in C(X,[0,1])$ mit $\Phi[A] = \{1\},\ \Phi[B] \subseteq \{0\}$. Mit

$$\widetilde{\widetilde{F}} : \begin{cases} X \longrightarrow]-1,1[\\ x \longmapsto \Phi(x)\widetilde{F}(x) \end{cases} \in C\big(X,]-1,1[\big)$$

⟦$\widetilde{\widetilde{F}}$ ist stetig gem. 2.4, A 5, für $|\widetilde{F}(x)| = 1$ ist $x \in B$, also $\Phi(x) = 0$.⟧ erhält man

$$\widetilde{f} = \widetilde{F}{\restriction}A = \widetilde{\widetilde{F}}{\restriction}A$$

⟦$\Phi{\restriction}A = 1$⟧, $F := h^{-1} \circ (\sup_A|h \circ f|)\widetilde{\widetilde{F}}$ ist somit eine stetige Fortsetzung von f.

Schließlich folgt die Behauptung als dritter Schritt:

$$\boxed{\forall\, f \in C(A,\mathbb{R})\ \exists\, F \in C(X,\mathbb{R}):\ F{\restriction}A = f,\ \sup_X|F| = \sup_A|f|} \tag{3}$$

Gem. (2) sei $F \in C(X,\mathbb{R})$ eine Fortsetzung von f. Für $\sup_A|f| = \infty$ ist auch $\sup_X|F| = \infty$, es sei daher $\sup_A|f| =: s \in \mathbb{R}^>$ (o. B. d. A.) ⟦$s = 0 \Longrightarrow f = 0$, also ist $F = 0$ wählbar⟧. Wegen $f \in C(A,[-s,s])$ und $\sup_A\left|\frac{1}{s}f\right| = 1$ gibt es nach (1) ein $\widetilde{F} \in C(X,[-1,1]),\ \widetilde{F}{\restriction}A = \frac{1}{s}f,\ \sup_X|\widetilde{F}| = 1$, es folgt also $F := s\widetilde{F} \in C(X,\mathbb{R})$, $F{\restriction}A = f$ und $\sup_X|F| = s\sup_X|\widetilde{F}| = s = \sup_A|f|$. □

Auf beliebigen Teilmengen von T_4-Räumen definierte stetige Funktionen sind i. a. nicht stetig fortsetzbar.

Beispiel (2.5,7)

$(X, \tau) := ([0,1], \tau_{|\,|}|[0,1])$ ist ein T_4-Raum ⟦ da metrisierbar ⟧,

$$f : \begin{cases}]0,1] \longrightarrow [-1,1] \\ x \longmapsto \sin \frac{1}{x} \end{cases}$$

ist stetig, besitzt jedoch keine stetige Fortsetzung auf $[0,1]$. ⟦ f nimmt in jeder Umgebung von 0 jeden Wert aus $[-1,1]$ an! ⟧

Ein erprobtes Hilfsmittel der Analysis zur Lokalisierung von globalen Problemen ist die additive Zerlegung der (konstanten Funktion) Eins in endlich viele stetige, $[0,1]$-wertige Funktionen.

Definitionen

(X, τ) sei ein topologischer Raum, $f : X \longrightarrow \mathbb{C}$, $(f_1, \ldots, f_n) \in C(X, [0,1])^n$.

$\operatorname{Tr} f := \overline{\{ x \in X \mid f(x) \neq 0 \}}^{\tau}$ heißt *Träger von* f.

$(f_1, \ldots, f_n)$ *Zerlegung der Eins* :gdw $\forall\, x \in X : \sum_{j=1}^{n} f_j(x) = 1$

$(f_1, \ldots, f_n)$ sei Zerlegung der Eins, $(O_1, \ldots, O_n) \in \tau^n$ mit $\bigcup_{j=1}^{n} O_j = X$

$(f_1, \ldots, f_n)$ ist $(O_1, \ldots, O_n)$ *untergeordnet* :gdw

$\forall\, j \in \{1, \ldots, n\} : \operatorname{Tr} f_j \subseteq O_j$

(s. Abb. 2.5-2 für $n = 4$)

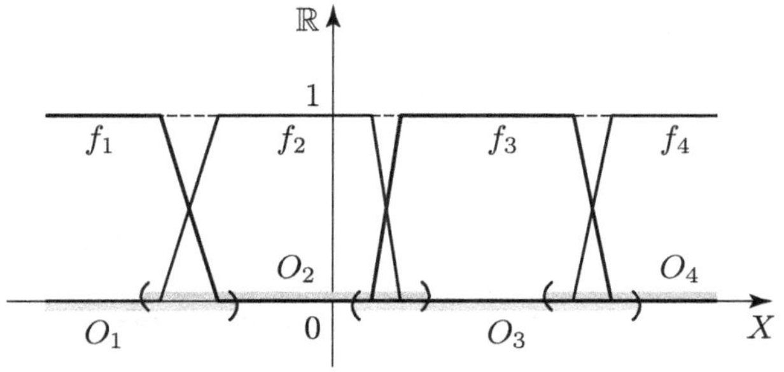

Abbildung 2.5-2

In T_4-Räumen besitzt jede endliche offene Überdeckung eine ihr untergeordnete Zerlegung der Eins (vgl. 2.5-13). Hierzu wird die in 2.5-2 angegebene Charakterisierung der T_4-Räume angepaßt:

Satz 2.5-12

(X, τ) sei ein topologischer Raum.

Äq *(i)* (X, τ) *T_4-Raum*

(ii) $\forall\, n \in \mathbb{N}\backslash\{0\}\ \forall\, (O_1, \ldots, O_n) \in \tau^n\colon\ \bigcup_{j=1}^n O_j = X$
$\Rightarrow \exists\, (P_1, \ldots, P_n) \in \tau^n\colon\ \bigcup_{j=1}^n P_j = X,\ \forall\, j \in \{1, \ldots, n\}\colon\ \overline{P_j}^{\tau} \subseteq O_j$

Beweis

(i) ⇒ (ii) Sei $(O_1, \ldots, O_n) \in \tau^n$, $\bigcup_{j=1}^n O_j = X,\ n \geq 1,\ A_1 := X \backslash \bigcup_{j=2}^n O_j \in \alpha_\tau$. Wegen $A_1 \subseteq O_1 \in \tau$ gibt es gem. 2.5-2 ein $P_1 \in \tau$ mit $A_1 \subseteq P_1 \subseteq \overline{P_1}^{\tau} \subseteq O_1$, also ist $X = P_1 \cup \bigcup_{i=2}^n O_i$. Sind $P_1, \ldots, P_k \in \tau$ für ein $k < n$ gewählt mit $\overline{P_j}^{\tau} \subseteq O_j$ für jedes $j \in \{1, \ldots, k\}$, $X = \bigcup_{j=1}^k P_j \cup \bigcup_{j=k+1}^n O_j$, so sei

$$V_{k+1} = \bigcup_{j=1}^{k} P_j \cup \bigcup_{j=k+2}^{n} O_j .$$

Hiermit folgt $X = V_{k+1} \cup O_{k+1}$, also $X \backslash V_{k+1} \in \alpha_\tau$ und $X \backslash V_{k+1} \subseteq O_{k+1}$. Nach 2.5-2 existiert ein $P_{k+1} \in \tau$ mit $X \backslash V_{k+1} \subseteq P_{k+1} \subseteq \overline{P_{k+1}}^{\tau} \subseteq O_{k+1}$, also ist

$$X = \bigcup_{j=1}^{k+1} P_j \cup \bigcup_{j=k+2}^{n} O_j .$$

Für $k = n - 1$ erhält man $X = \bigcup_{j=1}^n P_j,\ P_j \subseteq \overline{P_j}^{\tau} \subseteq O_j$ für jedes $j \in \{1, \ldots, n\}$.

(ii) ⇒ (i) Für alle $A,\ B \in \alpha_\tau,\ A \cap B = \emptyset$, ist $(X \backslash A, X \backslash B) \in \tau^2$ mit $(X \backslash A) \cup (X \backslash B) = X$, nach (ii) gibt es daher $P_A,\ P_B \in \tau$, für die $P_A \cup P_B = X$, $\overline{P_A}^{\tau} \subseteq X \backslash A$ und $\overline{P_B}^{\tau} \subseteq X \backslash B$ gilt. Es folgt $A \subseteq X \backslash \overline{P_A}^{\tau} \in \tau,\ B \subseteq X \backslash \overline{P_B}^{\tau} \in \tau$ und $\big(X \backslash \overline{P_A}^{\tau}\big) \cap \big(X \backslash \overline{P_B}^{\tau}\big) = \emptyset$. □

Satz 2.5-13

(X, τ) sei ein topologischer Raum.

Äq *(i)* (X, τ) *T_4-Raum*

(ii) $\forall\, n \in \mathbb{N}\backslash\{0\}\ \forall\, (O_1, \ldots, O_n) \in \tau^n\ \exists\, (f_1, \ldots, f_n) \in C(X, [0,1])^n\colon$
$\bigcup_{j=1}^n O_j = X$ *und* $(f_1, \ldots, f_n)$ *ist eine* $(O_1, \ldots, O_n)$ *untergeordnete Zerlegung der Eins*

Beweis

(i) ⇒ (ii) Durch zweimalige Verwendung von 2.5-12 wähle man $(P_1, \ldots, P_n)$, $(Q_1, \ldots, Q_n) \in \tau^n$ mit $\bigcup_{j=1}^n P_j = \bigcup_{j=1}^n Q_j = X$ und $Q_j \subseteq \overline{Q_j}^{\tau} \subseteq P_j \subseteq \overline{P_j}^{\tau} \subseteq O_j$ für jedes $j \in \{1, \ldots, n\}$. Nach dem Lemma von Urysohn ⟦ 2.5-10 ⟧ kann man zu

jedem $j \in \{1, \ldots, n\}$ ein $\varphi_j \in C(X, [0, 1])$ finden, für das

$$\varphi_j\left[\overline{Q_j}^{\tau}\right] \subseteq \{1\} \quad \text{und} \quad \varphi_j[X \backslash P_j] \subseteq \{0\}$$

erfüllt ist. Es gilt dann $\operatorname{Tr} \varphi_j \subseteq \overline{P_j}^{\tau} \subseteq O_j$ für jedes $j \in \{1, \ldots, n\}$ und $\varphi(x) := \sum_{j=1}^{n} \varphi_j(x) > 0$ für jedes $x \in X$. Für die durch $f_j := \varphi_j / \varphi \in C(X, [0, 1])$ erklärten Funktionen folgt $\operatorname{Tr} f_j = \operatorname{Tr} \varphi_j \subseteq O_j$ für jedes $j \in \{1, \ldots, n\}$ und $\sum_{j=1}^{n} f_j(x) = 1$ für alle $x \in X$.

(ii) ⇒ (i) Es seien $A, B \in \alpha_\tau \backslash \{\emptyset\}$, $A \cap B = \emptyset$ und (f_A, f_B) eine $(X \backslash A, X \backslash B)$ untergeordnete Zerlegung der Eins. Dann gilt $f_A[A] = \{0\}$ $[\![\operatorname{Tr} f_A \subseteq X \backslash A]\!]$ und $f_A[B] = \{1\}$ $[\![$ Für $f_A(b) < 1$ mit $b \in B$ müßte $f_B(b) > 0$ sein, was wegen $\operatorname{Tr} f_B \subseteq X \backslash B$ nicht möglich ist. $]\!]$. Mit 2.5-10 folgt die Behauptung. □

T_{3a}-Räume werden in 4.3-5, 4.3-8 gekennzeichnet.

Mit Hilfe der Regularität kann das *Metrisationsproblem für A_2-Räume* gelöst werden (s. 2.5-15). Dabei macht man Gebrauch von der topologischen Einbettbarkeit derartiger Räume in den *Quader* $\left([0, 1]^{\mathbb{N}}, \times_{j \in \mathbb{N}} \tau_{|\,|}[0, 1]\right)$ (dieser ist metrisierbar gem. 2.4, A 20). Als Vorbereitung hierauf wird die Einbettung von Initialräumen (vgl. 2.4) in das zugehörige topologische Produkt hergestellt.

Definitionen

$X \neq \emptyset$, $I \neq \emptyset$ seien Mengen, (X, τ), (X_i, τ_i) topologische Räume, $f_i : X \longrightarrow X_i$ für jedes $i \in I$.

$(f_i)_{i \in I}$ *trennt Punkte* in X :gdw

$$\forall\, x, x' \in X\colon\ x \neq x' \Rightarrow \exists\, i \in I\colon\ f_i(x) \neq f_i(x')$$

$(f_i)_{i \in I}$ *trennt Punkte von abgeschlossenen Mengen* in (X, τ) :gdw

$$\forall\, x \in X\ \forall\, A \in \alpha_\tau\colon\ x \notin A \Rightarrow \exists\, i \in I\colon\ f_i(x) \notin \overline{f_i[A]}^{\tau_i}$$

Die Funktion $e : X \longrightarrow \prod_{i \in I} X_i$, $e(x)(i) := f_i(x)$, heißt *Auswertung* von $(f_i)_{i \in I}$.

Es gilt dann $f_i = \pi_i \circ e$ für jedes $i \in I$, $e(x)$ beschreibt daher die Wirkung von $(f_i)_i$ auf $x \in X$ simultan.

Satz 2.5-14

$X \neq \emptyset$, $I \neq \emptyset$ seien Mengen, (X, τ), (X_i, τ_i) topologische Räume, $f_i : X \longrightarrow X_i$ für jedes $i \in I$.

(a) Äq (i) e stetig bzgl. $\left(\tau, \times_{i \in I} \tau_i\right)$

(ii) $\forall\, i \in I\colon$ *f_i stetig bzgl.* (τ, τ_i)

(b) Äq (i) e injektiv

(ii) $(f_i)_{i\in I}$ trennt Punkte in X

(c) Für jedes $i \in I$ sei $f_i \in C(X, X_i)$.

Äq (i) $(f_i)_{i\in I}$ trennt Punkte von abgeschlossenen Mengen in (X,τ)

(ii) $\left\{ f_i^{-1}[O_i] \;\middle|\; i \in I,\ O_i \in \tau_i \right\}$ ist eine Basis von τ.

Beweis

(a) gilt wegen $f_i = \pi_i \circ e,\ i \in I$, gem. 2.4-7 (c).

Zu (b) Für alle $x, x' \in X,\ x \neq x'$ gilt

$$\begin{aligned} e(x) \neq e(x') \quad &\iff \quad \exists\, i \in I\colon\ \pi_i \circ e(x) = e(x)(i) \neq e(x')(i) = \pi_i \circ e(x) \\ &\iff \quad \exists\, i \in I\colon\ f_i(x) \neq f_i(x') \end{aligned}$$

Zu (c) (i) ⇒ (ii) Sei $O \in \tau,\ x \in O$. Dann ist $x \notin X \backslash O \in \alpha_\tau$, nach (i) existiert somit ein $i \in I,\ f_i(x) \notin \overline{f_i[X\backslash O]}^{\tau_i}$. Sei $O_i \in \mathcal{U}_{\tau_i}(f_i(x)) \cap \tau_i$ so ausgewählt, daß $O_i \cap f_i[X\backslash O] = \emptyset$ gilt. Es folgt $x \in f_i^{-1}[O_i] \subseteq O$.

(ii) ⇒ (i) Sei $A \in \alpha_\tau,\ x \in X\backslash A \in \tau$ und gem. (ii) $i \in I,\ O_i \in \tau_i$ mit $x \in f_i^{-1}[O_i] \subseteq X\backslash A$. Wegen $f_i^{-1}[O_i] \cap A = \emptyset$ erhält man $O_i \cap f_i[A] = \emptyset$, also $f_i(x) \notin \overline{f_i[A]}^{\tau_i}$. □

Korollar 2.5-14.1

$X \neq \emptyset,\ I \neq \emptyset$ seien Mengen, (X,τ), (X_i,τ_i) topologische Räume, $f_i \in C(X, X_i)$ für alle $i \in I$, $(f_i)_{i\in I}$ trenne Punkte von abgeschlossenen Mengen in (X,τ). Es gilt:

(a) τ ist die Initialtopologie der Familie $((X_i,\tau_i), f_i)_{i\in I}$.

(b) e ist offen bzgl. $\big(\tau, \bigtimes_{i\in I} \tau_i | e[X]\big)$.

Beweis

(a) folgt direkt mit 2.5-14 (c).

Zu (b) Es genügt, $e\big[f_i^{-1}[O_i]\big] \in \bigtimes_{i\in I} \tau_i | e[X]$ für jede Basismenge $f_i^{-1}[O_i],\ i \in I$ zu beweisen ⟦ 2.3-1 ⟧. Dieses folgt aus $e\big[f_i^{-1}[O_i]\big] = e[X] \cap \pi_i^{-1}[O_i]$:
Für alle $(x_j)_j \in \prod_{j\in I} X_j$ gilt

$$\begin{aligned} (x_j)_j \in e[X] \cap \pi_i^{-1}[O_i] \quad &\iff \quad \exists\, x \in X\colon\ (x_j)_j = e(x) \text{ und } \pi_i(e(x)) \in O_i \\ &\iff \quad \exists\, x \in X\colon\ (x_j)_j = e(x) \text{ und } x \in f_i^{-1}[O_i] \\ &\iff \quad (x_j)_j \in e\big[f_i^{-1}[O_i]\big]. \end{aligned}$$

□

Satz 2.5-15 (Alexandroff-Urysohnscher Metrisationssatz, 1925)

(X, τ) sei ein topologischer Raum.

Äq *(i)* *(X, τ) ist topologisch einbettbar in $\left([0,1]^{\mathbb{N}}, \bigtimes_{j\in\mathbb{N}} \tau_{|\,|}|[0,1]\right)$ (d. h. es gibt einen Homöomorphismus $\eta : X \longrightarrow \eta[X]$ (bzgl. $\left(\tau, \left(\bigtimes_{j\in\mathbb{N}} \tau_{|\,|}\right)|\eta[X]\right)$))*

(ii) *(X, τ) ist separabel und metrisierbar*

(iii) *(X, τ) ist regulärer A_2-Raum.*

Beweis

(i) ⇒ (ii) $\left([0,1]^{\mathbb{N}}, \bigtimes_{j\in\mathbb{N}} \tau_{|\,|}|[0,1]\right)$ ist A_2-Raum ⟦2.4-12⟧ und metrisierbar ⟦2.4, A 20⟧, also gem. (i) auch (X, τ) ⟦Man übertrage die Metrik auf $\eta[X]$ entlang η auf X! ⟧. Nach (2.3,3) (b) ist (X, τ) separabel.

(ii) ⇒ (iii) ergibt sich aus 2.3-4 und (2.5,1).

(iii) ⇒ (i) Es sei $\mathcal{B} \subseteq \tau$ eine abzählbare Basis von τ und

$$\mathcal{C} := \{ (U,V) \in \mathcal{B} \times \mathcal{B} \mid \overline{U}^{\tau} \subseteq V \}$$

($\mathcal{C}$ ist als Teilmenge von $\mathcal{B} \times \mathcal{B}$ abzählbar.). Nach dem Lemma von Tychonoff 2.5-3 ⟦in Verbindung mit 2.3-3⟧ ist (X, τ) normal, es existiert daher zu jedem $(U, V) \in \mathcal{C}$ ein $f_{U,V} \in C(X, [0,1])$ mit ⟦s. 2.5-10⟧

$$f_{U,V}\left[\overline{U}^{\tau}\right] \subseteq \{0\} \quad \text{und} \quad f_{U,V}[X \backslash V] \subseteq \{1\}.$$

$(f_{U,V})_{(U,V)\in\mathcal{C}}$ trennt Punkte von abgeschlossenen Mengen in (X, τ) ⟦Für alle $x \in X$, $A \in \alpha_{\tau}$, $x \notin A$ gibt es ein $V \in \mathcal{B}$ mit $x \in V \subseteq X\backslash A$, wegen der T_3-Eigenschaft also noch ein $U \in \mathcal{B}$ mit $x \in U \subseteq \overline{U}^{\tau} \subseteq V \subseteq X\backslash A$ (s. 2.5-2). Es folgt $(U, V) \in \mathcal{C}$, $f_{U,V}(x) = 0 \notin \{1\} \supseteq \overline{f_{U,V}[A]}^{\tau_{|\,|}}$.⟧ und, da die Mengen $\{x\}$ für jedes $x \in X$ abgeschlossen in (X, τ) sind, auch Punkte in X. Die Auswertung $e : X \longrightarrow [0,1]^{\mathcal{C}}$, $e(x)((U,V)) := f_{U,V}(x)$, der Familie $(f_{U,V})_{(U,V)\in\mathcal{C}}$ ist nach 2.5-14 (a), (b) stetig und injektiv und gem. 2.5-14.1 (b) offen.

Es sei $h : [0,1]^{\mathcal{C}} \longrightarrow [0,1]^{\mathbb{N}}$ (bzw. $h_n : [0,1]^{\mathcal{C}} \longrightarrow [0,1]^n$, falls $|\mathcal{C}| = n$) ein Homöomorphismus. Für $|\mathcal{C}| = n$ definiere man $h : [0,1]^{\mathcal{C}} \longrightarrow [0,1]^{\mathbb{N}}$ durch

$$h(\varphi)(k) := \begin{cases} h_n(\varphi)(k+1) & \text{für } 0 \le k \le n-1 \\ 0 & \text{sonst} \end{cases}$$

für jedes $\varphi \in [0,1]^{\mathcal{C}}$, $k \in \mathbb{N}$. Dann ist (in beiden Fällen) h ein Homöomorphismus von $\left([0,1]^{\mathcal{C}}, \bigtimes_{(U,V)\in\mathcal{C}} \tau_{|\,|}|[0,1]\right)$ auf $\left(h\left[[0,1]^{\mathcal{C}}\right], \left(\bigtimes_{j\in\mathbb{N}} \tau_{|\,|}|[0,1]\right)|h\left[[0,1]^{\mathcal{C}}\right]\right)$. Mit $\eta := h \circ e$ ist die Existenz einer topologischen Einbettung im Sinne von (i) gesichert.

□

Die *Pseudometrisierbarkeit topologischer K-Vektorräume* läßt sich lokal beschreiben (s. 2.5-16). Pseudometrisierbare topologische K-Vektorräume sind zwar i. a. nicht halbnormierbar (s. 1.1, A 17), ihre Topologie kann jedoch durch eine Pseudohalbnorm induziert werden (s. 2.5-16).

Definition

V sei ein K-Vektorraum, $\nu : V \longrightarrow \mathbb{R}$.

ν *Pseudohalbnorm* :gdw ν erfüllt

(PN-1) $\nu(0) = 0$

(PN-2) $\forall\, k \in \widetilde{K}_1^{d_{|\,|}}(0)\ \forall\, v \in V\colon\ \nu(kv) \leq \nu(v)$

(PN-3) $\forall\, v, w \in V\colon\ \nu(v+w) \leq \nu(v) + \nu(w)$

ν *Pseudonorm* :gdw ν Pseudohalbnorm und ν erfüllt

(PN-4) $\forall\, v \in V\colon\ \nu(v) = 0 \Rightarrow v = 0$

Beispiele (2.5,8)

V sei ein K-Vektorraum, ν eine Pseudohalbnorm auf V.

(a) ν ist nichtnegativ $[\![$ (PN-2) mit $k = 0$, (PN-1) $]\!]$, und

$$d_\nu : \begin{cases} V \times V \longrightarrow \mathbb{R}^+ \\ (v, w) \longmapsto \nu(v - w) \end{cases}$$

ist eine translationsinvariante Pseudometrik auf V. d_ν ist genau dann eine Metrik, wenn ν Pseudonorm ist.

(b) Pseudohalbnormen ν induzieren über d_ν i. a. keine Vektorraumtopologien (s. auch A 18 (b), A 19):

$$\nu : \begin{cases} C_{\mathbb{R}}(\mathbb{R}) \longrightarrow \mathbb{R}^+ \\ f \longmapsto \sup \frac{|f|}{1+|f|} \end{cases}$$

ist eine Pseudohalbnorm auf dem $\mathbb{R}$-Vektorraum $C_{\mathbb{R}}(\mathbb{R})$, τ_{d_ν} jedoch keine Vektorraumtopologie $[\![$ A 17 $]\!]$.

(c) Für $q \in\,]0,1[$ sei $\ell^q := \left\{ x \in \mathbb{C}^{\mathbb{N}} \mid \sum_{j=0}^{\infty} |x_j|^q < \infty \right\}$ (vgl. (1.1,3) für $q \geq 1$). ℓ^q ist ein $\mathbb{C}$-Untervektorraum von $\mathbb{C}^{\mathbb{N}}$:

Seien $x, y \in \ell^q$, $k \in \mathbb{C}$. Dann gilt

$$\sum_{j=0}^{\infty} |kx_j|^q = |k|^q \sum_{j=0}^{\infty} |x_j|^q < \infty$$

und

$$\begin{aligned}\sum_{j=0}^{\infty}|x_j+y_j|^q &\le \sum_{j=0}^{\infty}(|x_j|+|y_j|)^q \le \sum_{j=0}^{\infty}(2\max\{|x_j|,|y_j|\})^q\\ &\le 2^q\sum_{j=0}^{\infty}(|x_j|^q+|y_j|^q) = 2^q\Big(\sum_{j=0}^{\infty}|x_j|^q+\sum_{j=0}^{\infty}|y_j|^q\Big) < \infty.\end{aligned}$$

$\nu_q : \ell^q \longrightarrow \mathbb{R}$, $\nu_q(x) := \sum_{j=0}^{\infty}|x_j|^q$ ist eine Pseudonorm (s. auch 5.4-3, (5.4,2) (d)).

Satz 2.5-16

(V,τ) sei ein topologischer K-Vektorraum.

Äq (i) *(V,τ) ist pseudometrisierbar.*
(ii) *$\mathcal{U}_\tau(0)$ hat eine abzählbare Basis.*
(iii) *(V,τ) ist translationsinvariant pseudometrisierbar.*
(iv) *$\exists\,\nu$: ν Pseudohalbnorm auf V, $\tau_{d_\nu}=\tau$.*

Beweis

(i) ⇒ (ii) und (iv) ⇒ (i) sind offensichtlich richtig.

(ii) ⇒ (iii) Sei $\{\,U_j \mid j\in\mathbb{N}\,\}$ eine Basis von $\mathcal{U}_\tau(0)$, die o. B. d. A. ⟦ induktive Auswahl ⟧

$$U_0=V,\quad \forall\, j\in\mathbb{N}\colon\ \widetilde{K}_1^{d_{|\,|}}(0)U_j\subseteq U_j,\ U_{j+1}+U_{j+1}+U_{j+1}\subseteq U_j$$

erfüllt ⟦ Man wähle U, $W\in\mathcal{U}_\tau(0)$, $\varepsilon>0$ mit $U+U+U\subseteq U_j$, $K_\varepsilon^{d_{|\,|}}(0)W\subseteq U$ und setze $U_{j+1}:=K_\varepsilon^{d_{|\,|}}(0)W$! ⟧. $f: V\times V\longrightarrow\mathbb{R}^+$, definiert durch

$$f(v,w):=\begin{cases}0 & \text{für } v-w\in\bigcap\{\,U_j\mid j\in\mathbb{N}\,\}\\ 2^{-j-1} & \text{für } v-w\in U_j\backslash U_{j+1},\end{cases}$$

ist translationsinvariant ⟦ $v+x-(w+x)=v-w$ ⟧, und für alle v, $w\in V$, $k\in\widetilde{K}_1^{d_{|\,|}}(0)$ gilt $f(kv,kw)\le f(v,w)$, denn für $v-w\in\bigcap\{\,U_j\mid j\in\mathbb{N}\,\}$ ist wegen $\widetilde{K}_1^{d_{|\,|}}(0)U_j\subseteq U_j$ ebenfalls $kv-kw\in\bigcap\{\,U_j\mid j\in\mathbb{N}\,\}$ und für $v-w\in U_j\backslash U_{j+1}$ auch $kv-kw\in U_j$, also $f(kv,kw)\le 2^{-j-1}$. Man definiere nun $d: V\times V\longrightarrow\mathbb{R}^+$ durch

$$d(v,w):=$$
$$\inf\Big\{\sum_{j=0}^{m}f(v_j,v_{j+1})\ \Big|\ m\in\mathbb{N},\ (v_0,\dots,v_{m+1})\in V^{m+2},\ v_0=v,\ v_{m+1}=w\Big\}.$$

d ist offensichtlich eine translationsinvariante Pseudometrik auf V, und es gilt $\tau_d = \tau$:

Zunächst ist $\tau_d \subseteq \tau$, denn für alle $v \in V$, $j \in \mathbb{N}$ liegt $v + U_j$ in $K^d_{2^{-j}}(v)$ $[\![\, w - v \in U_j \Longrightarrow f(w,v) \leq 2^{-j-1} \Longrightarrow d(w,v) < 2^{-j} \,]\!]$.

Die Umkehrung $\tau_d \supseteq \tau$ erhält man wegen $K^d_{2^{-j-1}}(v) \subseteq v + U_j$ (für alle $v \in V$, $j \in \mathbb{N}$). Diese Ungleichung folgt aus

$$\forall\, m \in \mathbb{N}\ \forall\, (v_j)_{0 \leq j \leq m+1} \in V^{m+2}\colon\ f(v_0, v_{m+1}) \leq 2 \sum_{j=0}^{m} f(v_j, v_{j+1}), \qquad (*)$$

denn für $d(v,w) < 2^{-j-1}$ existiert ein $(v_j)_{0 \leq j \leq m+1} \in V^{m+2}$, $v_0 = v$, $v_{m+1} = w$, $\sum_{j=0}^{m} f(v_j, v_{j+1}) < 2^{-j-1}$, also

$$f(v,w) = f(v_0, v_{m+1}) \leq 2 \sum_{j=0}^{m} f(v_j, v_{j+1}) < 2^{-j}$$

und somit $w - v \in U_j$.

Der Beweis von $(*)$ erfolgt durch vollständige Induktion über m, wobei die Ungleichung $(*)$ für $m = 0$ richtig ist. Sei o. B. d. A. $s := \sum_{j=0}^{m} f(v_j, v_{j+1}) \neq 0$; für $s = 0$ ist $f(v_j, v_{j+1}) = 0$, also $v_j - v_{j+1} \in \bigcap\{\, U_k \mid k \in \mathbb{N} \,\}$ für jedes $j \in \{0, \ldots, m\}$, und somit wegen $U_{k+1} + U_{k+1} + U_{k+1} \subseteq U_k$ auch $v_0 - v_{m+1} \in \bigcap\{\, U_k \mid k \in \mathbb{N} \,\}$, d. h. $f(v_0, v_{m+1}) = 0$. Man setze nun

$$k := \begin{cases} \max\{\, i \leq m \mid \sum_{j=0}^{i} f(v_j, v_{j+1}) \leq s/2 \,\} & \text{für } f(v_0, v_1) \leq s/2 \\ -1 & \text{sonst.} \end{cases}$$

Dann ist $\sum_{j=k+2}^{m} f(v_j, v_{j+1}) \leq s/2$, denn für $k \neq -1$ wäre andernfalls auch noch $\sum_{j=0}^{k+1} f(v_j, v_{j+1}) \leq s/2$ $[\![\, k = -1$ ist klar! $]\!]$. Nach Induktionsvoraussetzung ist die entsprechende Ungleichung in $(*)$ für jedes $k < m$ erfüllt, insbesondere gilt $f(v_0, v_{k+1}) \leq 2\frac{s}{2}$ und $f(v_{k+2}, v_{m+1}) \leq 2\frac{s}{2}$. Mit $i_0 := \min\{\, i \in \mathbb{N} \mid 2^{-i-1} \leq s \,\}$ erhält man für $i_0 \in \{0, 1\}$, also $s \geq 2^{-2}$: $v_0 - v_{m+1} \in U_0 = V$ und somit $f(v_0, v_{m+1}) \leq 1/2 \leq 2s$, und für $i_0 \geq 2$: $v_0 - v_{k+1} \in U_{i_0}$, $v_{k+2} - v_{m+1} \in U_{i_0}$, $v_{k+1} - v_{k+2} \in U_{i_0}$, also $v_0 - v_{m+1} \in U_{i_0} + U_{i_0} + U_{i_0} \subseteq U_{i_0 - 1}$, woraus $f(v_0, v_{m+1}) \leq 2^{-i_0} \leq 2s$ folgt.

(iii) ⇒ (iv) Sei d die in (ii) ⇒ (iii) konstruierte Pseudometrik und $\nu : V \longrightarrow \mathbb{R}^+$ definiert durch $\nu(v) := d(v, 0)$. ν ist eine Pseudohalbnorm auf V, denn $\nu(0) = d(0,0) = 0$, $\nu(v + w) = d(v + w, 0) = d(v, -w) \leq d(v, 0) + d(0, -w) = \nu(v) + d(w, 0) = \nu(v) + \nu(w)$ $[\![$ Translationsinvarianz von $d\,]\!]$ für alle $v, w \in V$ und $\nu(kv) = d(kv, 0) \leq \sum_{j=0}^{m} f(kv_i, kv_{i+1}) \leq \sum_{j=0}^{m} f(v_i, v_{i+1})$ $[\![$ s. o. $]\!]$ für alle $k \in \widetilde{K}_1^{d_{|\,|}}(0)$, $v \in V$, $(v_0, \ldots, v_{m+1}) \in V^{m+2}$ mit $v_0 = v$, $v_{m+1} = 0$ $[\![\, kv_0 = kv,\ kv_{m+1} = 0 \,]\!]$, also $\nu(kv) \leq d(v, 0) = \nu(v)$. Schließlich gilt auch

$d(v,w) = d(v-w,0) = \nu(v-w) = d_\nu(v,w)$ für alle v, $w \in V$, insbesondere $\tau_{d_\nu} = \tau_d = \tau$. □

Aufgaben zu 2.5

1. (X,d) sei ein pseudometrischer Raum, $B \in \alpha_{\tau_d}$, $a, b \in \mathbb{R}$, $a < b$ und $y \in X \backslash B$. Man zeige:

$$\exists\, g_{a,b} \in C(X,[a,b])\colon\ g_{a,b}(y) = a,\ g_{a,b}[B] \subseteq \{b\}.$$

2. Die Moore-Ebene (M,μ) ist T_{3a}-, also T_3-Raum, aber nicht T_4-Raum.

(Hinweis: Man verwende 2.5-1 für $D = \mathbb{Q} \times \mathbb{Q}^>$, $A = \mathbb{R} \times \{0\}$!)

3. Die geschlitzte Ebene $(\mathbb{R}^2, \sigma)$ (vgl. (2.3,4) (c)) ist kein T_4-Raum.

4. Die Sorgenfrey-Gerade $(\mathbb{R}, \tau_S)$ (vgl. (2.3,2)) ist ein T_4-Raum.

5. Die (T-4)-Eigenschaft ist nicht multiplikativ.
(Hinweis: $(\mathbb{R} \times \mathbb{R}, \tau_S \times \tau_S)$, 2.5-1)

6. Die Lindelöf-Eigenschaft ist nicht multiplikativ.
(Hinweis: 2.5-3)

7. (X,τ) sei ein topologischer Raum.

Äq (i) (X,τ) T_2-Raum

(ii) $\forall\, \mathcal{F}\ \forall\, x, y \in X\colon\ \mathcal{F}$ Filter auf X, $\mathcal{F} \to_\tau x$, $\mathcal{F} \to_\tau y \Rightarrow x = y$

8. (X,τ) sei ein topologischer Raum.

Äq (i) $\forall\, x \in X\colon\ \{x\} \in \alpha_\tau$

(ii) $\forall\, x, y \in X\colon\ x \neq y \Rightarrow \exists\, U \in \mathcal{U}_\tau(x)\ \exists\, V \in \mathcal{U}_\tau(y)\colon\ x \notin V,\ y \notin U$

9. (X,τ) sei ein normaler topologischer Raum, $A \in \alpha_\tau \backslash \{X\}$ und $f \in C(A,[0,1])$. Man zeige:

$\{\, F \in C(X,[0,1]) \mid F{\restriction}A = f \,\}$ ist überabzählbar.

10. (X,τ) sei ein T_4-Raum, $A \in \alpha_\tau$. $(A, \tau|A)$ ist T_4-Raum.

11. $(\,(X_i,\tau_i) \mid i \in I\,) \neq \emptyset$ sei eine Familie nichtleerer topologischer Räume, für jedes $j \in I$, $a \in \prod_{i \in I} X_i$ sei

$$X_{a,j} := \left\{ x \in \prod_{i \in I} X_i \;\middle|\; \forall\, i \in I \backslash \{j\}\colon\ x_i = a_i \right\}$$

und

$$\eta_{a,j}\colon \begin{cases} X_j \longrightarrow X_{a,j} \\ x \longmapsto \left(i \mapsto \begin{cases} x & \text{für } i = j \\ a_i & \text{sonst} \end{cases} \right). \end{cases}$$

Man beweise:

(a) $\eta_{a,j}$ ist ein Homöomorphismus bzgl. $\big(\tau_j, (\bigtimes_{i\in I} \tau_i)\big|X_{a,j}\big)$.

(b) $(\forall\, i \in I\colon\ (X_i, \tau_i)\ \mathrm{T}_2\text{-Raum}) \quad \Longrightarrow \quad X_{a,j} \in \alpha_{\bigtimes_{i\in I}\tau_i}$

12. (X, τ) sei ein topologischer Raum, $f, g : X \longrightarrow \mathbb{C}$ und $z \in \mathbb{C}\backslash\{0\}$. Man zeige:

(a) $\operatorname{Tr}(f \cdot g) \subseteq \operatorname{Tr} f \cap \operatorname{Tr} g, \quad \operatorname{Tr}(f + g) \subseteq \operatorname{Tr} f \cup \operatorname{Tr} g$

(Gilt Gleichheit für $f, g \in C(X)$?)

(b) $\operatorname{Tr}(zf) = \operatorname{Tr} f$

13. (V, N) sei ein halbnormierter K-Vektorraum, $K \in \{\mathbb{R}, \mathbb{C}\}$, $f : V \longrightarrow K$, $k \in K\backslash\{0\}$ und $v_0 \in V$. Für die Funktionen

$$\varphi : \begin{cases} V \longrightarrow K \\ v \longmapsto f(v - v_0), \end{cases} \qquad \psi : \begin{cases} V \longrightarrow K \\ v \longmapsto f(kv) \end{cases}$$

gilt $\operatorname{Tr} \varphi = v_0 + \operatorname{Tr} f$ und $\operatorname{Tr} \psi = \frac{1}{k} \operatorname{Tr} f$.

14. (X, τ) sei ein T_2-Raum, $(S_j)_{j\in\mathbb{N}} \in (\mathcal{P}X)^{\mathbb{N}}$, $S = \bigcap_{j\in\mathbb{N}} S_j$ und

$$\Delta_S := \left\{ f \in \prod_{j\in\mathbb{N}} S_j \;\middle|\; \forall\, k, j \in \mathbb{N}\colon\ f(j) = f(k) \right\}.$$

Es gilt:

$$\Delta_S \in \alpha_{\bigtimes_{j\in\mathbb{N}} \tau|S_j}.$$

15. (X, τ), (X, σ) seien T_2-Räume, $f : X \longrightarrow X$ (τ, σ)-stetig und $\tau \supseteq \sigma$ oder $\tau \subseteq \sigma$. Man beweise $\operatorname{Fix} f \in \alpha_\tau$.

16. $X \neq \emptyset$, $I \neq \emptyset$ seien Mengen, (X, τ), (X_i, τ_i) topologische Räume, $f_i : X \longrightarrow X_i$ für alle $i \in I$ und $e : X \longrightarrow \prod_{i\in I} X_i$ die Auswertung von $(f_i)_{i\in I}$.

(a) Äq (i) $e : X \longrightarrow e[X]$ Homöomorphismus (bzgl. $\big(\tau, \bigtimes_{i\in I} \tau_i\big|e[X]\big)$)

(ii) τ Initialtopologie von $((X_i, \tau_i), f_i)_{i\in I}$, $(f_i)_{i\in I}$ trennt Punkte in X

(b) (X, τ) T_1-Raum, $X_i \neq \emptyset$, $f_i \in C(X, X_i)$ für alle $i \in I$, $(f_i)_{i\in I}$ trenne Punkte von abgeschlossenen Mengen in (X, τ). $e : X \longrightarrow e[X]$ ist ein Homöomorphismus (bzgl. $\big(\tau, \bigtimes_{i\in I} \tau_i\big|e[X]\big)$).

17. $\nu : C_{\mathbb{R}}(\mathbb{R}) \longrightarrow \mathbb{R}^+$, $\nu(f) := \sup \frac{|f|}{1+|f|}$, ist eine Pseudonorm, $(C_{\mathbb{R}}(\mathbb{R}), \tau_{d_\nu})$ ist kein topologischer $\mathbb{R}$-Vektorraum.

18. ν sei eine Pseudohalbnorm auf dem K-Vektorraum V.

(a) $\forall\, k \in K\ \forall\, v \in V\colon\ \nu(|k|v) = \nu(kv) \leq \big([|k|] + 1\big)\nu(v)$

($[r] := \max\{\, z \in \mathbb{Z} \mid z \leq r \,\}$ für jedes $r \in \mathbb{R}$.)

(b) Addition und Subtraktion in V sind $(\tau_{d_\nu} \times \tau_{d_\nu}, \tau_{d_\nu})$-stetig, für jedes $k \in K$ ist die Multiplikation $m_k : V \longrightarrow V$, $m_k(v) := kv$, L-stetig bzgl. (d_ν, d_ν) mit Lipschitzkonstante $[|k|] + 1$.

(c) ν ist L-stetig bzgl. $(d_\nu, d_{|\,|})$ mit Lipschitzkonstante 1.

19. (a) ν sei eine Pseudohalbnorm auf dem K-Vektorraum V.

Äq (i) (V, τ_{d_ν}) topologischer K-Vektorraum
(ii) $\forall\, v \in V\ \forall\, (k_j)_j \in K^{\mathbb{N}}\colon\ (k_j)_j \to_{\tau_{|\,|}} 0 \Rightarrow (\nu(k_j v))_j \to_{\tau_{|\,|}} 0$

(b) $\left(\ell^q, \tau_{d_{\nu_q}}\right)$ ist für jedes $q \in \,]0,1[$ ein topologischer $\mathbb{C}$-Vektorraum.

20. W sei ein K-Untervektorraum des K-Vektorraums V, ν eine Pseudohalbnorm auf V.

(a) Die Funktion

$$\nu_W : \begin{cases} V/_W \longrightarrow \mathbb{R} \\ v + W \longmapsto \inf\{\, \nu(v+w) \mid w \in W \,\} \end{cases}$$

ist eine Pseudohalbnorm auf $V/_W$, die *Quotientenpseudohalbnorm zu* ν bzgl. W.
(Hinweis: Vgl. 1.1-6 (d).)

(b) $\tau_{d_{\nu_W}} = \tau_{d_\nu}/_{R_W}$, wobei R_W die durch

$$(x, y) \in R_W \quad \text{:gdw} \quad x - y \in W$$

auf V definierte Kongruenzrelation ist.

(c) ν_W Pseudonorm $\iff$ $W \in \alpha_{\tau_{d_\nu}}$

(d) $A := \{\, v \in V \mid \nu(v) = 0 \,\}$ ist ein K-Untervektorraum von V und ν_A eine Pseudonorm auf $V/_A$, $\nu_A(v + A) = \nu(v)$ für jedes $v \in V$.
($(V/_A, \nu_A)$ heißt *zu* (V, ν) *assoziierter pseudonormierter Raum*.)
(Hinweis zu (b), (c), (d): 2.4, A 27 und 1.1-6 (c), (d).)

21. (V, τ) sei ein topologischer K-Vektorraum, $M \subseteq V$ K-Untervektorraum von V und $S \subseteq V$.

(a) $\overline{S}^{\tau} = \bigcap\{\, S + U \mid U \in \mathcal{U}_\tau(0) \,\}$

(b) (V, τ) T_2-Raum $\iff$ $\{0\} \in \alpha_\tau$

(c) (V, τ) T_3-Raum

(d) $\left(V/_M, \tau/_{R_M}\right)$ T_2-Raum $\iff$ $M \in \alpha_\tau$
(s. 2.4, A 18 (b))

3 Vollständige pseudometrische Räume

In der reellen Analysis spielt das *Cauchysche Konvergenzkriterium* für Folgen $(x_j)_j$

$$(x_j)_j \text{ konvergent in } (\mathbb{R}, \tau_{|\,|}) \iff \forall\, \varepsilon > 0\, \exists\, n_\varepsilon \in \mathbb{N}\, \forall\, n, m \geq n_\varepsilon \colon\; |x_n - x_m| < \varepsilon$$

eine wichtige Rolle, gestattet es doch ggf. die Feststellung der Konvergenz *ohne* Kenntnis des Limes der Folge. Pseudometrische Räume, in denen dieses (sinngemäß formulierte) Konvergenzkriterium erfüllt ist, nennt man vollständig. Bedeutende Eigenschaften vollständiger pseudometrischer Räume sind in Cantors Durchschnittssatz (3.1-3), dem Baireschen Kategoriesatz (3.1-5.1) und dem Banachschen Fixpunktsatz (Abschnitt 3.4) enthalten. Einige Probleme der vollständigen Pseudometrisierbarkeit topologischer Räume werden in 3.3 behandelt, nachdem die natürliche Einbettung metrischer Räume in vollständige metrische Räume in 3.2 erfolgt ist. Untersuchungen zur Summierbarkeit in normierten K-Vektorräumen (vgl. Abschnitt 1.2), deren zugehöriger metrischer Raum vollständig ist (sog. Banach-Räume), werden in 3.5 fortgesetzt und in 3.6 zur Charakterisierung der Hilbert-Räume verwendet.

3.1 Vollständigkeit, Baire-Räume, Hausdorff-Metriken

Die o. a., die Konvergenz von Folgen in $(\mathbb{R}, \tau_{|\,|})$ charakterisierende Eigenschaft wird nach Cauchy benannt:

Definition

Es sei (X, d) ein pseudometrischer Raum und $(x_j)_j \in X^{\mathbb{N}}$.

$(x_j)_j$ *Cauchy-Folge* (auch *Fundamentalfolge*) in (X, d) :gdw

$$\forall\, \varepsilon > 0\, \exists\, n_\varepsilon \in \mathbb{N}\, \forall\, n, m \geq n_\varepsilon \colon\; d(x_n, x_m) < \varepsilon$$

Eine sinngemäße Übertragung dieses Begriffs auf Folgen in topologischen Räumen ist i. a. nicht möglich, da er auf der Gleichförmigkeit der ε-Umgebungen in (X, d)

gegründet ist. In pseudometrischen Räumen sind konvergente Folgen auch Cauchy-Folgen ⟦ Für $(x_j)_j \rightarrow_d \xi$, $\varepsilon > 0$ wähle man $n_\varepsilon \in \mathbb{N}$ so, daß $d(x_j, \xi) < \varepsilon/2$ für jedes $j \geq n_\varepsilon$ gilt. Es folgt dann $d(x_n, x_m) \leq d(x_n, \xi) + d(\xi, x_m) < \varepsilon$ für alle n, $m \geq n_\varepsilon$. ⟧; umgekehrt sind Cauchy-Folgen zwar beschränkt (vgl. A 1 (a)), jedoch nicht notwendig konvergent, wie das einfache Beispiel der Folge $\left(\frac{1}{j+1}\right)_{j\in\mathbb{N}}$ im metrischen Raum $(]0,1], d_{|\,|})$ zeigt. Ein Konvergenzkriterium für Cauchy-Folgen läßt sich mit Hilfe von Häufungspunkten dieser Folgen gewinnen (vgl. 3.1-1).

Definition

(X, τ) sei ein topologischer Raum, $M : A \longrightarrow X$ ein Netz in X und $\xi \in X$.

ξ *Häufungspunkt* von M in (X, τ) :gdw

$$\forall\, U \in \mathcal{U}_\tau(\xi)\ \forall\, \alpha \in A\ \exists\, \beta \in A\colon\ \beta \geq \alpha \text{ und } M(\beta) \in U.$$

Häufungspunkte von Netzen $M : A \longrightarrow X$ dürfen nicht mit Häufungspunkten der Menge $\{\, M(\alpha) \mid \alpha \in A \,\}$ (vgl. Abschnitt 2.1) verwechselt werden: Die konstante Folge $(1)_{j\in\mathbb{N}}$ hat in $(\mathbb{R}, \tau_{|\,|})$ den Häufungspunkt 1 und $\{1\}'^{\tau_{|\,|}} = \emptyset$ (s. auch A 2). Zur Charakterisierung der Häufungspunkte von Netzen betrachte man 4.3-2!

Satz 3.1-1

Es sei $(x_j)_j \in X^{\mathbb{N}}$ eine Cauchy-Folge im pseudometrischen Raum (X, d).

Äq *(i)* $(x_j)_j$ *konvergent in* (X, d)

(ii) $(x_j)_j$ *hat eine in* (X, d) *konvergente Teilfolge*

(iii) $(x_j)_j$ *hat einen Häufungspunkt in* (X, d)

Beweis

(i) ⇒ (ii) ist klar.

(ii) ⇒ (iii) Sei $\left(x_{\nu_j}\right)_j$ eine gegen ξ in (X, d) konvergente Teilfolge von $(x_j)_j$. Für jedes $U \in \mathcal{U}_{\tau_d}(\xi)$ gibt es dann ein $j_U \in \mathbb{N}$ mit

$$\forall\, j \geq j_U\colon\ x_{\nu_j} \in U.$$

Zu $k \in \mathbb{N}$ erhält man mit $m := \max\{k, j_U\}$ demnach $x_{\nu_m} \in U$ und $\nu_m \geq k$ ⟦ Teilfolge! ⟧. ξ ist somit Häufungspunkt der Folge $(x_j)_j$.

Man beachte, daß für diese Implikationen die Cauchy-Eigenschaft der Folge $(x_j)_j$ nicht erforderlich ist (s. auch A 3)! Der eigentliche Wert obiger Äquivalenz besteht daher in

(iii) ⇒ (i) Sei ξ ein Häufungspunkt von $(x_j)_j$ in (X, d) und $\varepsilon > 0$. Man wähle ein

$n_\varepsilon \in \mathbb{N}$ mit

$$\forall\, n, m \geq n_\varepsilon \colon\; d(x_n, x_m) < \tfrac{\varepsilon}{2}$$

und weiter ein $k \geq n_\varepsilon$ mit $d(x_k, \xi) < \varepsilon/2$. Für jedes $n \geq n_\varepsilon$ gilt dann $d(x_n, \xi) \leq d(x_n, x_k) + d(x_k, \xi) < \varepsilon$, also $(x_j)_j \to_d \xi$. □

Cauchy-Folgen konvergieren gegen jeden ihrer Häufungspunkte, wie der Beweis zu 3.1-1 zeigt. Da in metrischen Räumen die Limiten von Folgen eindeutig bestimmt sind (vgl. 1.2-1 (c)), ergibt sich

Korollar 3.1-1.1

Es sei (X, d) ein metrischer Raum. Jede Cauchy-Folge in (X, d) besitzt höchstens einen Häufungspunkt. □

Definition

Es sei (X, d) ein pseudometrischer Raum.

(X, d) *vollständig* (bzw. d vollständig) :gdw
$\forall\, (x_j)_j \in X^{\mathbb{N}} \colon\; (x_j)_j$ Cauchy-Folge in $(X, d) \Rightarrow (x_j)_j$ konvergent in (X, d)

Korollar 3.1-1.2

(X, d) sei ein pseudometrischer Raum.

Äq *(i)* (X, d) *vollständig*

(ii) $\forall\, (x_j)_j \in X^{\mathbb{N}} \colon\; (x_j)_j$ *Cauchy-Folge in* (X, d)
$\Rightarrow (x_j)_j$ *hat eine in* (X, d) *konvergente Teilfolge*

(iii) $\forall\, (x_j)_j \in X^{\mathbb{N}} \colon\; (x_j)_j$ *Cauchy-Folge in* (X, d)
$\Rightarrow (x_j)_j$ *hat einen Häufungspunkt in* (X, d)

□

Beispiele (3.1,1)

(a) $(\mathbb{R}, d_{|\,|})$, $(\mathbb{C}, d_{|\,|})$ sind vollständig ⟦ Cauchysches Konvergenzkriterium ⟧, $(\mathbb{Q}, d_{|\,|})$ nicht ⟦ $\left(\sum_{k=0}^{n} \frac{1}{k!}\right)_n$ konvergiert gegen e in $(\mathbb{R}, d_{|\,|})$, ist somit eine Cauchy-Folge in $(\mathbb{Q}, d_{|\,|})$, und $e \notin \mathbb{Q}$ ⟧.

Für jedes $n \in \mathbb{N}\backslash\{0\}$, $1 \leq q \leq \infty$ sind $(\mathbb{R}^n, d_q)$ und $(\mathbb{C}^n, d_q)$ vollständig:

Sei $(x_j)_j$ eine Cauchy-Folge in $(\mathbb{R}^n, d_q)$ (bzw. $(\mathbb{C}^n, d_q)$), etwa $x_j = (x_{j,1}, \ldots, x_{j,n})$ für jedes $j \in \mathbb{N}$, und $\varepsilon > 0$. Man wähle ein $j_\varepsilon \in \mathbb{N}$ mit

$$\forall\, j, k \geq j_\varepsilon \colon\; d_q(x_j, x_k) = \begin{Bmatrix} \max\limits_{1 \leq i \leq n} |x_{j,i} - x_{k,i}| & \text{für } q = \infty \\ \left(\sum_{i=1}^{n} |x_{j,i} - x_{k,i}|^q\right)^{1/q} & \text{für } q < \infty \end{Bmatrix} < \varepsilon.$$

Insbesondere gilt somit für jedes $i \in \{1, \ldots, n\}$

$$\forall\, j, k \geq j_\varepsilon \colon\ |x_{j,i} - x_{k,i}| < \varepsilon,$$

$(x_{j,i})_j$ ist also eine Cauchy-Folge in $(\mathbb{R}, d_{|\,|})$ (bzw. $(\mathbb{C}, d_{|\,|})$) und daher konvergent, etwa $(x_{j,i})_j \to_{d_{|\,|}} \xi_i$.

Hieraus folgt (vgl. (1.2,1) (a)) die Konvergenz von $(x_j)_j$ in $(\mathbb{R}^n, d_q)$ (bzw. $(\mathbb{C}^n, d_q)$) gegen $(\xi_1, \ldots, \xi_n)$.

(b) X sei eine nichtleere Menge, (Y, d) vollständiger pseudometrischer Raum.

$(B(X,Y), d_\infty)$ ist vollständig:

Sei $(f_j)_j \in B(X,Y)^{\mathbb{N}}$ eine Cauchy-Folge in $(B(X,Y), d_\infty)$. Für jedes $x \in X$ ist dann auch $(f_j(x))_j$ eine Cauchy-Folge in (Y, d). $[\![$ Zu jedem $\varepsilon > 0$ gibt es ein $n_\varepsilon \in \mathbb{N}$ mit $d_\infty(f_n, f_m) < \varepsilon$ für alle $n, m \geq n_\varepsilon$, also $d(f_n(x), f_m(x)) < \varepsilon$ für alle $x \in X$, $n, m \geq n_\varepsilon$. $]\!]$ Man wähle ein $y_x \in Y$ als d-Limes von $(f_j(x))_j$ aus und setze

$$\varphi \colon \begin{cases} X \longrightarrow Y \\ x \longmapsto y_x. \end{cases}$$

Dann ist $\varphi \in B(X,Y)$ und $(f_j)_j \to_{d_\infty} \varphi$:

Sei $\varepsilon > 0$, $n_\varepsilon \in \mathbb{N}$ mit $d_\infty(f_n, f_m) < \varepsilon$ für alle $n, m \geq n_\varepsilon$. Für jedes $x \in X$, $n, m \geq n_\varepsilon$ gilt dann

$$\begin{aligned} d(f_n(x), \varphi(x)) &\leq d(f_n(x), f_m(x)) + d(f_m(x), \varphi(x)) \\ &\leq d_\infty(f_n, f_m) + d(f_m(x), \varphi(x)) \\ &< \varepsilon + d(f_m(x), \varphi(x)), \end{aligned}$$

woraus wegen der Konvergenz $(f_m(x))_m \to_d \varphi(x)$ folgt

$$\forall\, n \geq n_\varepsilon\ \forall\, x \in X \colon\ d(f_n(x), \varphi(x)) \leq \varepsilon,$$

also $(f_j)_j \to_{d_\infty} \varphi$. Für alle $x, x' \in X$ erhält man weiter

$$\begin{aligned} d(\varphi(x), \varphi(x')) &\leq d(\varphi(x), f_{n_\varepsilon}(x)) + d(f_{n_\varepsilon}(x), f_{n_\varepsilon}(x')) + d(f_{n_\varepsilon}(x'), \varphi(x')) \\ &\leq 2\varepsilon + \sup\{\, d(f_{n_\varepsilon}(y), f_{n_\varepsilon}(y')) \mid y, y' \in X \,\}, \end{aligned}$$

also $\varphi \in B(X,Y)$.

Vollständigkeit läßt sich ebenso wie die Cauchy-Eigenschaft nicht allein mit topologischen Mitteln beschreiben (s. auch A 1 (b)):

Sei $X := \left\{ \frac{1}{j+1} \mid j \in \mathbb{N} \right\}$ und $d := d_{|\,|} \restriction X \times X$. Es gilt $\tau_d = \tau_{\text{dis}} = \tau_{d_{\text{dis}}}$ (d_{dis} ist die diskrete Metrik auf X gem. (1.1,1) (b)), (X, d_{dis}) ist vollständig $[\![$ Cauchy-Folgen in (X, d_{dis}) sind schließlich konstant, also konvergent! $]\!]$, und (X, d) ist nicht vollständig $[\![$ Die Cauchy-Folge $\left(\frac{1}{j+1}\right)_j$ in (X, d) ist nicht konvergent! $]\!]$. Ein weiteres Beispiel ist in A 6 angegeben.

In der Definition der Vollständigkeit pseudometrischer Räume wird „nur“ verlangt, daß jede Cauchy-*Folge* konvergent ist. Ebenso natürlich ist die scheinbar weitergehende

Forderung nach der Konvergenz aller (analog definierten) Cauchy-*Netze* bzw. Cauchy-*Filterbasen*:

Definitionen

Es sei (X, d) ein pseudometrischer Raum, $\mathcal{B}$ eine Filterbasis auf X und $M : A \longrightarrow X$ ein Netz in X.

$\mathcal{B}$ *Cauchy-Filterbasis* (auch *Fundamentalfilterbasis*) auf (X, d) :gdw

$$\forall\, \varepsilon > 0\; \exists\, B \in \mathcal{B}\; \forall\, x, y \in B\colon\; d(x, y) < \varepsilon$$

M *Cauchy-Netz* (auch *Fundamentalnetz*) in (X, d) :gdw

$$\forall\, \varepsilon > 0\; \exists\, \alpha_\varepsilon \in A\; \forall\, \alpha, \beta \geq \alpha_\varepsilon\colon\; d(M(\alpha), M(\beta)) < \varepsilon$$

Satz 3.1-2

Es sei (X, d) ein pseudometrischer Raum.

Äq *(i)* (X, d) *vollständig*

(ii) $\forall\, \mathcal{B}$: $\mathcal{B}$ *Cauchy-Filterbasis auf* $(X, d) \Rightarrow \mathcal{B}$ *konvergent in* (X, d)

(iii) $\forall\, M$: M *Cauchy-Netz in* $(X, d) \Rightarrow M$ *konvergent in* (X, d)

Beweis

(i) ⇒ (ii) Sei $\mathcal{B}$ eine Cauchy-Filterbasis auf (X, d) und $(B_j)_j \in \mathcal{B}^{\mathbb{N}}$ (induktiv gewählt) mit

$$\forall\, j \in \mathbb{N}\; \forall\, x, y \in B_j\colon\; B_{j+1} \subseteq B_j \text{ und } d(x, y) < \tfrac{1}{2^j}.$$

Dann ist jede Folge $(x_j)_j \in \prod_{j \in \mathbb{N}} B_j$ eine Cauchy-Folge in (X, d) ⟦Für $1/2^j < \varepsilon$ gilt $d(x_k, x_l) < 1/2^j < \varepsilon$ für alle $k, l \geq j$.⟧, also existiert gem. (i) ein $l_x \in X$ mit $(x_j)_j \rightarrow_d l_x$. Es folgt $\mathcal{B} \rightarrow_d l_x$:

Sei $\varepsilon > 0$, $j_\varepsilon \in \mathbb{N}$ mit $1/2^{j_\varepsilon} < \varepsilon/2$ und $d(x_j, l_x) < \varepsilon/2$ für alle $j \geq j_\varepsilon$. Dann gilt $B_{j_\varepsilon} \subseteq K^d_\varepsilon(l_x)$. ⟦Für jedes $y \in B_{j_\varepsilon}$ erhält man $d(y, l_x) \leq d\big(y, x_{j_\varepsilon}\big) + d\big(x_{j_\varepsilon}, l_x\big) < (1/2^{j_\varepsilon}) + (\varepsilon/2) < \varepsilon$.⟧

(ii) ⇒ (iii) Sei $M : A \longrightarrow X$ ein Cauchy-Netz in (X, d) mit der Endenfilterbasis $\mathfrak{E}_M = \{\, M_{(\alpha)} \mid \alpha \in A \}$, $M_{(\alpha)} := \{\, M(\beta) \mid \beta \geq \alpha \}$. $\mathfrak{E}_M$ ist eine Cauchy-Filterbasis auf (X, d), also gem. (ii) konvergent, $\mathfrak{E}_M \rightarrow_d x$ für ein $x \in X$. Somit gilt auch $M \rightarrow_d x$ ⟦1.2, A 16 (c) (ii)⟧.

(iii) ⇒ (i) ist klar. □

Eine weitere wichtige Charakterisierung der Vollständigkeit ergibt sich als Verallgemeinerung aus einer Feststellung Cantors (1880) über $(\mathbb{R}, d_{|\,|})$:

Satz 3.1-3 (Cantors Durchschnittssatz, Hausdorff, 1914, Kuratowski, 1930)
(X, d) sei ein pseudometrischer Raum.

Äq *(i)* (X, d) *vollständig*

(ii) $\forall\, (A_j)_j \in \left(\alpha_{\tau_d} \backslash \{\emptyset\}\right)^{\mathbb{N}}$:

$$\left((\delta(A_j))_j \to_{d_{|\,|}} 0,\ \forall\, j \in \mathbb{N}\colon\ A_{j+1} \subseteq A_j\right) \Rightarrow \bigcap_{j\in\mathbb{N}} A_j \neq \emptyset$$

Beweis

(i) ⇒ (ii) Für jedes $j \in \mathbb{N}$ ist $\mathcal{A}_j := \{\, A_k \mid k \geq j \,\}$ eine Cauchy-Filterbasis auf (X, d). Gem. (i) und 3.1-2 gilt $\mathcal{A}_0 \to_d x$ für ein $x \in X$, also auch $\mathcal{A}_j \to_d x$ für jedes $j \in \mathbb{N}$, woraus mit 2.1-3 (b)

$$x \in \bigcap_{j\in\mathbb{N}} \overline{A_j}^{\tau_d} = \bigcap_{j\in\mathbb{N}} A_j$$

folgt.

(ii) ⇒ (i) Es sei $(x_j)_j \in X^{\mathbb{N}}$ eine Cauchy-Folge in (X, d). Man wähle (induktiv) für jedes $j \in \mathbb{N}$ ein $\nu_j \in \mathbb{N}$ mit

$$\forall\, j \in \mathbb{N}\colon\ \nu_{j+1} > \nu_j \text{ und } \forall\, k \geq \nu_j\colon\ d\big(x_k, x_{\nu_j}\big) < \tfrac{1}{2^{j+1}}.$$

Dann gilt $\widetilde{K}^d_{1/2^{j+1}}\big(x_{\nu_{j+1}}\big) \subseteq \widetilde{K}^d_{1/2^j}\big(x_{\nu_j}\big)$ für jedes $j \in \mathbb{N}$ $[\![\, d\big(x, x_{\nu_{j+1}}\big) \leq 1/2^{j+1} \Longrightarrow d\big(x, x_{\nu_j}\big) \leq d\big(x, x_{\nu_{j+1}}\big) + d\big(x_{\nu_{j+1}}, x_{\nu_j}\big) < (1/2^{j+1}) + (1/2^{j+1}) = 1/2^j \,]\!]$, und wegen $\delta\big(\widetilde{K}^d_{1/2^j}(x_{\nu_j})\big) \leq 1/2^{j-1}$ gibt es gem. (ii) ein $x \in \bigcap_{j\in\mathbb{N}} \widetilde{K}^d_{1/2^j}\big(x_{\nu_j}\big)$. Somit folgt $\big(x_{\nu_j}\big)_j \to_d x$, die Cauchy-Folge $(x_j)_j$ hat also eine konvergente Teilfolge $\big(x_{\nu_j}\big)_j$. Nach 3.1-1.2 ist (X, d) vollständig. □

Korollar 3.1-3.1 (Cantors Durchschnittssatz)
(X, d) sei ein metrischer Raum.

Äq *(i)* (X, d) *vollständig*

(ii) $\forall\, (A_j)_j \in \left(\alpha_{\tau_d} \backslash \{\emptyset\}\right)^{\mathbb{N}}$:

$$\left((\delta(A_j))_j \to_{d_{|\,|}} 0,\ \forall\, j \in \mathbb{N}\colon\ A_{j+1} \subseteq A_j\right) \Rightarrow \left|\bigcap_{j\in\mathbb{N}} A_j\right| = 1$$

Beweis

$\bigcap_{j\in\mathbb{N}} A_j$ enthält höchstens ein Element: Für alle $x, y \in \bigcap_{j\in\mathbb{N}} A_j$, jedes $j \in \mathbb{N}$ ist $d(x, y) \leq \delta(A_j)$, also folgt $d(x, y) = 0$. Da d eine Metrik ist, gilt $x = y$. □

Die Bedeutung vollständiger (pseudo)metrischer Räume (X, d) für die Analysis und Funktionalanalysis liegt u. a. darin (s. 3.1-5), daß in ihnen – mit Ausnahme der leeren Menge – keine offene Teilmenge Vereinigung abzählbar vieler in (X, τ_d) nirgendsdichter Mengen (s. 2.2) ist. Zum Nachweis der Existenz von Elementen mit einer gewissen Eigenschaft realisiert man in derartigen Räumen, daß die Menge ihrer Elemente ohne diese Eigenschaft Vereinigung abzählbar vieler nirgendsdichter Mengen ist, den Raum daher nicht ganz ausschöpft. Ein typisches Beispiel hierfür ist (3.1,3), Seite 188.

Definitionen

(X, τ) sei ein topologischer Raum, $S \subseteq X$.

S *Menge 1. Kategorie* in (X, τ) :gdw

$$\exists\ (S_j)_j \in (\mathcal{P}X)^{\mathbb{N}}:\ S = \bigcup_{j\in\mathbb{N}} S_j \text{ und } \forall\ j \in \mathbb{N}:\ S_j \text{ nirgendsdicht in } (X, \tau)$$

S *Menge 2. Kategorie* in (X, τ) :gdw S nicht Menge 1. Kategorie in (X, τ)

(X, τ) *Baire-Raum* :gdw $\forall\ O \in \tau\backslash\{\emptyset\}:\ O$ Menge 2. Kategorie in (X, τ)

Jeder offene, nichtleere Unterraum $(O, \tau|O)$ eines Baire-Raums ist wieder ein Baire-Raum: Jedes $P \in \tau|O\backslash\{\emptyset\} \subseteq \tau\backslash\{\emptyset\}$ ist eine Menge 2. Kategorie in (X, τ), also gem. A 8 auch in $(O, \tau|O)$ (s. auch A 11 und 3.3-2.1).

Teilmengen von Mengen 1. Kategorie sind ebenfalls Mengen 1. Kategorie: Für $T \subseteq S$, $S = \bigcup_{j\in\mathbb{N}} S_j$, S_j nirgendsdicht in (X, τ) für jedes $j \in \mathbb{N}$ gilt $T = \bigcup_{j\in\mathbb{N}}(T \cap S_j)$, wobei die $T \cap S_j$ nirgendsdicht in (X, τ) gem. 2.2, A 15 sind.

Satz 3.1-4

(X, τ) sei ein topologischer Raum.

Äq *(i)* *(X, τ) Baire-Raum*

(ii) $\forall\ (O_j)_j \in \tau^{\mathbb{N}}:\ \left(\forall\ j \in \mathbb{N}:\ \overline{O_j}^{\tau} = X\right) \Rightarrow \overline{\bigcap_{j\in\mathbb{N}} O_j}^{\tau} = X$

(iii) $\forall\ (A_j)_j \in \alpha_{\tau}^{\mathbb{N}}:\ \left(\forall\ j \in \mathbb{N}:\ A_j^{\circ\tau} = \emptyset\right) \Rightarrow \left(\bigcup_{j\in\mathbb{N}} A_j\right)^{\circ\tau} = \emptyset$

Beweis

(i) ⇒ (ii) Sei $(O_j)_j \in \tau^{\mathbb{N}}$, $\forall\ j \in \mathbb{N}:\ \overline{O_j}^{\tau} = X$ und $\overline{\bigcap_{j\in\mathbb{N}} O_j}^{\tau} \neq X$. Dann ist $O := X\backslash\overline{\bigcap_{j\in\mathbb{N}} O_j}^{\tau} \in \tau\backslash\{\emptyset\}$ und $P_j := O\backslash O_j$ nirgendsdicht in (X, τ) $[\![P_j \subseteq X\backslash O_j \Longrightarrow \overline{P_j}^{\tau} \subseteq X\backslash O_j \Longrightarrow \left(\overline{P_j}^{\tau}\right)^{\circ\tau} \subseteq (X\backslash O_j)^{\circ\tau} = X\backslash\overline{O_j}^{\tau} = \emptyset$ gem. 2.1-1 (a)$]\!]$ für jedes $j \in \mathbb{N}$. Wegen $O = O\backslash\bigcap_{j\in\mathbb{N}} O_j = \bigcup_{j\in\mathbb{N}} P_j$ erweist sich O als Menge 1. Kategorie in (X, τ).

(ii) ⇒ (iii) Sei $(A_j)_j \in \alpha_\tau^{\mathbb{N}}$, $A_j^{\circ\tau} = \emptyset$ und $O_j := X \setminus A_j$ für alle $j \in \mathbb{N}$. Da $O_j \in \tau$, $\overline{O_j}^{\tau} = X \setminus A_j^{\circ\tau} = X$ ⟦ gem. 2.1-1 (a) ⟧ für jedes $j \in \mathbb{N}$ gilt, erhält man mit (ii)

$$\emptyset = X \setminus \overline{\bigcap_{j\in\mathbb{N}} O_j}^{\tau} = \Big(X \setminus \bigcap_{j\in\mathbb{N}} O_j\Big)^{\circ\tau} = \Big(\bigcup_{j\in\mathbb{N}} A_j\Big)^{\circ\tau}$$

⟦ gem. 2.1-1 (a) ⟧.

(iii) ⇒ (i) Sei $(S_j)_j \in (\mathcal{P}X)^{\mathbb{N}}$, S_j nirgendsdicht in (X, τ) für jedes $j \in \mathbb{N}$. Nach (iii) gilt dann $\big(\bigcup_{j\in\mathbb{N}} \overline{S_j}^{\tau}\big)^{\circ\tau} = \emptyset$ und daher $O \not\subseteq \bigcup_{j\in\mathbb{N}} \overline{S_j}^{\tau}$ für alle $O \in \tau \setminus \{\emptyset\}$. Es folgt $O \neq \bigcup_{j\in\mathbb{N}} S_j$ für jedes $O \in \tau\setminus\{\emptyset\}$. □

Satz 3.1-5

(X, d) sei ein vollständiger pseudometrischer Raum. (X, τ_d) ist ein Baire-Raum.

Beweis

Es sei $(O_j)_j \in \tau^{\mathbb{N}}$, $\overline{O_j}^{\tau_d} = X$ für alle $j \in \mathbb{N}$, $x \in X$ und $\varepsilon > 0$. Wegen $\overline{O_0}^{\tau_d} = X$ gibt es ein $x_0 \in X$, $0 < \varepsilon_0 < \varepsilon/4$ mit

$$K^d_{\varepsilon_0}(x_0) \subseteq K^d_{\varepsilon/4}(x) \cap O_0.$$

Sind $x_0, \ldots, x_k \in X$, $\varepsilon_0, \ldots, \varepsilon_k \in \mathbb{R}$ so ausgewählt, daß

$$K^d_{\varepsilon_j}(x_j) \subseteq K^d_{\varepsilon_{j-1}/4}(x_{j-1}) \cap O_j$$

und $0 < \varepsilon_j < \varepsilon_{j-1}/4$ für jedes $j \in \{1, \ldots, k\}$ gilt, so kann man wegen $\overline{O_{k+1}}^{\tau_d} = X$ ein $x_{k+1} \in X$ und ein $\varepsilon_{k+1} \in \left]0, \frac{\varepsilon_k}{4}\right[$ finden mit

$$K^d_{\varepsilon_{k+1}}(x_{k+1}) \subseteq K^d_{\varepsilon_k/4}(x_k) \cap O_{k+1}.$$

Man erhält insgesamt für jedes $j \in \mathbb{N}$

$$K^d_{\varepsilon_{j+1}}(x_{j+1}) \subseteq \widetilde{K}^d_{\varepsilon_j/2}(x_j) \subseteq K^d_{\varepsilon_j}(x_j) \quad \text{und} \quad \delta\big(\widetilde{K}^d_{\varepsilon_j/2}(x_j)\big) \leq \varepsilon_j < \frac{\varepsilon}{4^{j+1}}.$$

Nach Cantors Durchschnittssatz 3.1-3 existiert ein $\xi \in \bigcap_{j\in\mathbb{N}} \widetilde{K}^d_{\varepsilon_j/2}(x_j)$. Es folgt

$$\xi \in \bigcap_{j\in\mathbb{N}} K^d_{\varepsilon_j}(x_j) \subseteq K^d_{\varepsilon/4}(x) \cap O_0 \cap \bigcap_{j=1}^{\infty} \big(K^d_{\frac{\varepsilon_{j-1}}{4}}(x_{j-1}) \cap O_j\big) \subseteq K^d_{\varepsilon/4}(x) \cap \bigcap_{j\in\mathbb{N}} O_j,$$

und somit gilt $\overline{\bigcap_{j\in\mathbb{N}} O_j}^{\tau_d} = X$. Nach 3.1-4 folgt die Behauptung. □

Der folgende Kategoriesatz wurde von Baire (1889) für $(\mathbb{R}, d_{|\,|})$ bewiesen.

Korollar 3.1-5.1 (Bairescher Kategoriesatz, Hausdorff, 1914)

(X,d) sei ein vollständiger pseudometrischer Raum. X ist eine Menge 2. Kategorie in (X,τ_d). □

Mit Hilfe von 3.1-5 kann in vielen Fällen festgestellt werden, daß ein topologischer Raum (X,τ) ein Baire-Raum ist, nämlich für $(X,\tau) \underset{\text{top.}}{\cong} (Y,\tau_d)$, wobei (Y,d) vollständiger pseudometrischer Raum ist.

Definitionen

(X,τ) sei ein topologischer Raum, $S \subseteq X$.

$$S \ \textit{F}_\sigma\textit{-Menge} \text{ in } (X,\tau) \quad :\text{gdw} \quad \exists\, (A_j)_j \in \alpha_\tau^{\mathbb{N}}:\ S = \bigcup_{j\in\mathbb{N}} A_j$$

$$S \ \textit{G}_\delta\textit{-Menge} \text{ in } (X,\tau) \quad :\text{gdw} \quad \exists\, (O_j)_j \in \tau^{\mathbb{N}}:\ S = \bigcap_{j\in\mathbb{N}} O_j$$

(σ steht für Summe – das früher für Vereinigung verwendete Wort –, δ für Durchschnitt abzählbar vieler Mengen.)

Offensichtlich ist S genau dann eine F_σ-Menge, wenn $X\backslash S$ G_δ-Menge ist.

Weitere Möglichkeiten der Charakterisierung von Baire-Räumen bietet der

Satz 3.1-6

(X,τ) sei ein topologischer Raum.

Äq *(i)* (X,τ) *Baire-Raum*

(ii) $\forall\, S \in \mathcal{P}X:$ *S Menge 1. Kategorie in* $(X,\tau) \Rightarrow \overline{X\backslash S}^{\tau} = X$

(iii) $\forall\, S \in \mathcal{P}X:$ *S Menge 1. Kategorie in (X,τ), S F_σ-Menge in (X,τ)* $\Rightarrow \overline{X\backslash S}^{\tau} = X$

(iv) $\forall\, (A_j)_j \in \alpha_\tau^{\mathbb{N}}:\ X = \bigcup_{j\in\mathbb{N}} A_j \Rightarrow \overline{\bigcup_{j\in\mathbb{N}} A_j^{\circ\tau}}^{\tau} = X$

Beweis

(i) ⇒ (ii) Ist $S \subseteq X$ eine Menge 1. Kategorie in (X,τ), so auch die Teilmenge $S^{\circ\tau} = X\backslash\overline{(X\backslash S)}^{\tau}$ ⟦ 2.1-1 (a) ⟧. Gem. (i) muß daher $\overline{X\backslash S}^{\tau} = X$ sein.

(ii) ⇒ (iii) ist klar.

(iii) ⇒ (iv) Es sei $(A_j)_j \in \alpha_\tau^{\mathbb{N}}$, $X = \bigcup_{j\in\mathbb{N}} A_j$. Für jedes $j \in \mathbb{N}$ ist die Menge $S_j := A_j\backslash A_j^{\circ\tau} \in \alpha_\tau$ nirgendsdicht in (X,τ) ⟦ 2.2, A 14 ⟧, also ist $S := \bigcup_{j\in\mathbb{N}} S_j$ eine F_σ-Menge von 1. Kategorie in (X,τ). Nach (iii) gilt daher $X = \overline{X\backslash S}^{\tau} = \overline{\bigcup_{j\in\mathbb{N}} A_j^{\circ\tau}}^{\tau}$ ⟦ $X\backslash S \subseteq \bigcup_{j\in\mathbb{N}} A_j^{\circ\tau}$ ⟧.

(iv) ⇒ (i) Sei $O \in \tau\backslash\{\emptyset\}$ eine Menge 1. Kategorie in (X,τ), etwa $O = \bigcup_{j\in\mathbb{N}} S_j$, wobei S_j für jedes $j \in \mathbb{N}$ nirgendsdicht in (X,τ) ist.

Wegen $X = (X\backslash O) \cup \bigcup_{j\in\mathbb{N}} \overline{S_j}^{\tau}$ folgt gem. (iv)

$$X = \overline{(X\backslash O)^{\circ_\tau} \cup \bigcup_{j\in\mathbb{N}} \left(\overline{S_j}^{\tau}\right)^{\circ_\tau}}^{\tau} = \overline{(X\backslash O)^{\circ_\tau}}^{\tau} = X\backslash\left(\overline{O}^{\tau}\right)^{\circ_\tau} \neq X. \lightning$$

□

Im folgenden wird die Verwendbarkeit der Baire-Eigenschaft in einigen Situationen aufgezeigt.

Satz 3.1-7

(X,τ) sei ein Baire-Raum, $\emptyset \neq \mathcal{F} \subseteq \mathbb{R}^X$ eine Menge unterhalbstetiger Funktionen auf X. Es gilt:

(a) $\forall\, f \in \mathcal{F}\ \exists\, P \in \tau\backslash\{\emptyset\}\colon\ \sup_{x\in P} f(x) < \infty$

(d. h. unterhalbstetige Funktionen sind auf einer nichtleeren offenen Teilmenge nach oben beschränkt).

(b) Ist $\mathcal{F}$ punktweise nach oben beschränkt (d. h. $\forall\, x \in X\colon\ \sup_{f\in\mathcal{F}} f(x) < \infty$), so auch gleichmäßig nach oben beschränkt auf einer nichtleeren, offenen Teilmenge (d. h. $\exists\, P \in \tau\backslash\{\emptyset\}\colon\ \sup\{\, f(x) \mid f \in \mathcal{F},\ x \in P\,\} < \infty$).

Beweis

Zu (a) Für jedes $j \in \mathbb{N}$ ist $A_j := \{\, x \in X \mid f(x) \leq j\,\} \in \alpha_\tau$ ⟦ 2.4-2 ⟧, und es gilt $X = \bigcup_{j\in\mathbb{N}} A_j$. Nach 3.1-6 (iv) muß $A_j^{\circ_\tau} \neq \emptyset$ für ein $j \in \mathbb{N}$ sein.

Zu (b) Für jedes $x \in X$ sei $g(x) := \sup_{f\in\mathcal{F}} f(x)$. Gem. 2.4-14 (b) ist $g : X \longrightarrow \mathbb{R}$ unterhalbstetig, also nach (a) $\sup_{x\in P} g(x) < \infty$ für ein $P \in \tau\backslash\{\emptyset\}$. □

Korollar 3.1-7.1

$(V, \|\ \|)$ sei ein normierter $\mathbb{R}$-Vektorraum, $C \in \tau_{\|\ \|}\backslash\{\emptyset\}$ konvex, $f : C \longrightarrow \mathbb{R}$ konvex und unterhalbstetig.

$$(V, d_{\|\ \|}) \text{ vollständig} \quad\Longrightarrow\quad f \text{ stetig}$$

Beweis

$(V, \tau_{\|\ \|})$ ist ein Baire-Raum ⟦ 3.1-5 ⟧, also auch $(C, \tau_{\|\ \|}|C)$. Aus 3.1-7 (a) ergibt sich die Existenz einer nichtleeren, offenen Teilmenge P von C, für die $\sup_{x\in P} f(x) < \infty$ gilt, und aus 2.4-20 erhält man die Stetigkeit von f in jedem Punkt von P. Nach 2.4-20.1 ist f stetig. □

Aussagen wie die in 3.1-7 (b) werden als *Prinzipien von der gleichmäßigen Beschränktheit* bezeichnet (vgl. auch 6.2-5).

Korollar 3.1-7.2

$(V, \| \ \|_V)$, $(W, \| \ \|_W)$ seien normierte $\mathbb{R}$-Vektorräume, $\emptyset \neq \mathcal{F} \subseteq W^V$ eine Menge stetiger, $\mathbb{R}$-linearer Abbildungen, die punktweise beschränkt ist (d. h. für jedes $x \in V$ ist $\sup_{f\in\mathcal{F}} \|f(x)\|_W < \infty$). Ist $\left(V, d_{\| \ \|_V}\right)$ vollständig, so existiert eine Umgebung

$$P \in \mathcal{U}_{\tau_{\| \ \|_V}}(0) \cap \tau_{\| \ \|_V}, \quad P \subseteq K_1^{d_{\| \ \|_V}}(0),$$

auf der $\mathcal{F}$ gleichmäßig beschränkt ist (d. h. $\sup\{ \|f(x)\|_W \mid f \in \mathcal{F},\ x \in P\} < \infty$).

Beweis

$\mathcal{N} := \{ \| \ \|_W \circ f \mid f \in \mathcal{F}\}$ ist eine nichtleere, punktweise nach oben beschränkte Menge stetiger Funktionen und somit nach 3.1-7 (b) auf einer offenen Teilmenge $Q \neq \emptyset$ von $\left(V, \tau_{\| \ \|_V}\right)$ gleichmäßig nach oben beschränkt durch ein $S > 0$, d. h. $\sup\{ g(x) \mid g \in \mathcal{N},\ x \in Q\} \leq S$. Sei $x_0 \in Q$ und $R := Q - x_0$. Dann ist $R \in \tau_{\| \ \|_V}$ und für alle $x \in Q,\ f \in \mathcal{F}$ gilt

$$\begin{aligned}(\| \ \|_W \circ f)(x - x_0) &= \|f(x - x_0)\|_W = \|f(x) - f(x_0)\|_W \\ &\leq \|f(x)\|_W + \|f(x_0)\|_W \leq 2S.\end{aligned}$$

Mit $P := R \cap K_1^{d_{\| \ \|_V}}(0)$ erhält man die Behauptung. □

Eine typische Anwendung der Baire-Eigenschaft in der reellen Analysis ist der Existenznachweis für im Intervall $[0, 1]$ nirgends differenzierbare, stetige Funktionen. K. Weierstraß gab wohl als erster eine derartige Funktion f an:

$$f(x) := \sum_{j=0}^{\infty} r^j \cos(2m + 1)^j \pi x, \quad m \in \mathbb{N},\ r \in]0, 1[,\ r > \tfrac{1}{2m+1}\left(1 + \tfrac{3}{2}\pi\right).$$

Weitere bekannte Beispiele sind ähnlich kompliziert. Dadurch entsteht die Vermutung, daß nirgends differenzierbare Funktionen in $C([0, 1])$ nur sehr selten sind. Aus topologischer Sicht trifft jedoch das Gegenteil hiervon zu (Einzelheiten in (3.1,3)), wenn man den Banach-Raum $(C([0, 1]), \| \ \|_\infty)$ zugrunde legt (St. Banach, 1931).

Definition

$(V, \| \ \|)$ sei ein normierter K-Vektorraum, $K \in \{\mathbb{R}, \mathbb{C}\}$.

$(V, \| \ \|)$ *Banach-Raum* :gdw $(V, d_{\| \ \|})$ vollständig

Beispiele (3.1,2)

(a) Für jedes $n \in \mathbb{N}\backslash\{0\}$, $1 \leq q \leq \infty$ sind $(\mathbb{R}^n, \| \ \|_q)$, $(\mathbb{C}^n, \| \ \|_q)$ Banach-Räume ⟦(3.1,1) (a)⟧. Mit 1.2-5 erweist sich jeder endlichdimensionale normierte K-Vektorraum als Banach-Raum.

(b) X sei eine nichtleere Menge, $(Y, \| \ \|)$ ein Banach-Raum. $(B(X,Y), \| \ \|_\infty)$ ist ein Banach-Raum:

Die Norm $\| \ \|_\infty$ induziert die Metrik d_∞ auf $B(X,Y)$ ⟦1.1, A 1 (b) (ii)⟧ und nach (3.1,1) (b) ist $(B(X,Y), d_\infty)$ vollständig.

Insbesondere ist $(\ell^\infty, \| \ \|_\infty)$ ein Banach-Raum.

(c) (X, τ) mit $X \neq \emptyset$ sei ein topologischer Raum, $(Y, \| \ \|)$ ein Banach-Raum, $C_\mathrm{b}(X,Y) = C(X,Y) \cap B(X,Y)$. $(C_\mathrm{b}(X,Y), \| \ \|_\infty)$ ist ein Banach-Raum:

Ist $(f_j)_j$ eine Cauchy-Folge in $\big(C_\mathrm{b}(X,Y), d_{\| \ \|_\infty}\big)$, so auch in $\big(B(X,Y), d_{\| \ \|_\infty}\big)$. Es gibt daher ein $\varphi \in B(X,Y)$ mit

$$(f_j)_j \to_{d_{\| \ \|_\infty}} \varphi.$$

Da $C_\mathrm{b}(X,Y)$ in $\big(B(X,Y), \tau_{\| \ \|_\infty}\big)$ abgeschlossen ist ⟦2.4, A 39⟧, gehört φ zu $C_\mathrm{b}(X,Y)$ ⟦2.1-3.1⟧.

Insbesondere ist $(C([a,b]), \| \ \|_\infty)$ für $a, b \in \mathbb{R},\ a < b$ ein Banach-Raum.

(d) Für $q, a, b \in \mathbb{R},\ a < b,\ 1 \leq q$ ist $(C_\mathbb{R}([a,b]), \| \ \|_q)$ *kein* Banach-Raum:

Es sei $c \in\ ]a,b[$ und $j_0 \in \mathbb{N}\backslash\{0\}$ mit $c - (1/j_0) > a$ gewählt. Für jedes $j \geq j_0$ ist

$$f_j : \begin{cases} [a,b] \longrightarrow [0,1] \\ x \longmapsto \begin{cases} 0 & \text{für } a \leq x \leq c - \frac{1}{j+1} \\ 1 & \text{für } c < x \leq b \\ \big((j+1)x - (j+1)c + 1\big)^{1/q} & \text{für } c - \frac{1}{j+1} < x \leq c \end{cases} \end{cases}$$

eine stetige Funktion, und für alle $i \geq j \geq j_0$ gilt

$$\|f_j - f_i\|_q^q = \int_a^b (f_j - f_i)^q = \int_{c-\frac{1}{j+1}}^{c-\frac{1}{i+1}} f_j^q + \int_{c-\frac{1}{i+1}}^{c} (f_j - f_i)^q \leq \frac{1}{j+1} + \frac{2^q}{i+1}.$$

$(f_j)_{j \geq j_0}$ ist somit eine Cauchy-Folge in $\big(C_\mathbb{R}([a,b]), d_{\| \ \|_q}\big)$, und die Annahme, daß $(f_j)_{j \geq j_0}$ gegen ein $\varphi \in C_\mathbb{R}([a,b])$ $\| \ \|_q$-konvergiert, ergibt wegen

$$\|f_j - \varphi\|_q^q = \int_{c-\frac{1}{j+1}}^{c} |f_j - \varphi|^q + \int_a^{c-\frac{1}{j+1}} |\varphi|^q + \int_c^b |1 - \varphi|^q$$

auch $\Big(\int_a^{c-\frac{1}{j+1}} |\varphi|^q\Big)_{j \geq j_0} \to_{|\ |} 0$ und $\int_c^b |1 - \varphi|^q = 0$. Folglich muß

$$\varphi(x) = \begin{cases} 1 & \text{für } c \leq x \leq b \\ 0 & \text{für } a \leq x < c \end{cases}$$

gelten, φ ist also nicht stetig. ↯

Beispiel (3.1,3) (Existenz nirgends differenzierbarer Funktionen in $C([0,1])$)

Es sei

$$N([0,1]) := \{\, f \in C([0,1]) \mid \forall\, x \in \,]0,1[\,\colon\ f \text{ nicht differenzierbar in } x \,\}$$

und für jedes $j \in \mathbb{N}\backslash\{0\}$

$$R_j := \Big\{\, f \in C([0,1]) \,\Big|\, \exists\, x \in \big[0, 1-\tfrac{1}{j}\big]\ \forall\, h \in \,\big]0, \tfrac{1}{j}\big[\colon\ \frac{|f(x+h)-f(x)|}{h} \le j \,\Big\},$$

$$L_j := \Big\{\, f \in C([0,1]) \,\Big|\, \exists\, x \in \big[\tfrac{1}{j}, 1\big]\ \forall\, h \in \,\big]0, \tfrac{1}{j}\big[\colon\ \frac{|f(x-h)-f(x)|}{h} \le j \,\Big\}.$$

Jede Funktion $f \in C([0,1])$, die in einem Punkt von $[0,1[$ (bzw. $]0,1]$) rechtsseitig (bzw. linksseitig) differenzierbar ist, gehört zu einem R_j (bzw. L_j). Es gilt:

(a) $\forall\, j \in \mathbb{N}\backslash\{0\}\colon\ R_j,\ L_j \in \alpha_{\tau_{\|\ \|_\infty}}$:

Sei $(f_i)_i \in R_j^{\mathbb{N}}$, $\varphi \in C([0,1])$ mit $(f_i)_i \to_{\|\ \|_\infty} \varphi$. Für jedes $i \in \mathbb{N}$ wähle man ein $x_i \in \big[0, 1-\frac{1}{j}\big]$, so daß

$$\sup_{h \in]0,\frac{1}{j}[} \frac{|f_i(x_i+h)-f_i(x_i)|}{h} \le j$$

gilt. Die Folge $(x_i)_i$ hat einen Häufungspunkt ξ in $\big[0, 1-\frac{1}{j}\big]$ ⟦vgl. auch Abschnitt 4.1, speziell 4.1-3.2⟧, besitzt somit eine gegen ξ konvergente Teilfolge. Ohne Einschränkung der Allgemeinheit sei deshalb $(x_i)_i \to_{|\ |} \xi$ gewählt. Wegen der Stetigkeit von φ und der der f_k, $k \in \mathbb{N}$, erhält man für jedes $h \in \big[0, \frac{1}{j}\big[$

$$(f_k(x_i+h))_i \to_{|\ |} f_k(\xi+h), \quad (\varphi(x_i+h))_i \to_{|\ |} \varphi(\xi+h),$$

und mit

$$\begin{aligned}|\varphi(\xi+h)-\varphi(\xi)| \le\ & |\varphi(\xi+h)-\varphi(x_i+h)| + |\varphi(x_i+h)-f_k(x_i+h)| \\ & + |f_k(x_i+h)-f_k(x_i)| + |f_k(x_i)-\varphi(x_i)| + |\varphi(x_i)-\varphi(\xi)|\end{aligned}$$

für alle $i, k \in \mathbb{N}$ folgt daher $|\varphi(\xi+h)-\varphi(\xi)| \le jh$ für jedes $h \in \big[0, \frac{1}{j}\big[$. Die Funktion φ gehört also zu R_j.

$L_j \in \alpha_{\tau_{\|\ \|_\infty}}$ begründet man analog.

(b) $\forall\, j \in \mathbb{N}\backslash\{0\}\colon\ R_j$ (und L_j) nirgendsdicht in $\big(C([0,1]), \tau_{\|\ \|_\infty}\big)$:

Gem. 2.2-1.1 ist $\overline{C([0,1])\backslash R_j}^{\tau_{\|\ \|_\infty}} = C([0,1])$ zu zeigen. Sei also $f \in C([0,1])$ und $\varepsilon > 0$. Man wähle ein $p(x) \in \mathbb{C}[x]$ mit $d_{\|\ \|_\infty}(f, p{\restriction}[0,1]) < \varepsilon/2$ ⟦2.2, A 3⟧ und dazu $\varphi \in C([0,1])$ mit $\|\varphi\|_\infty \le \varepsilon/2$ als „Sägezahn" (vgl. Abb. 3.1-1) mit den Steigungen $\pm(j+1+3\|p'{\restriction}[0,1]\|_\infty)$.

Es ist dann $g := p{\restriction}[0,1] + \varphi \in C([0,1])$, $\|f-g\|_\infty \le \|f - p{\restriction}[0,1]\|_\infty + \|\varphi\|_\infty < \varepsilon$ und $g \notin R_j$: Für jedes $x \in \big[0, 1-\frac{1}{j}\big]$ wähle man ein $h \in \big]0, \frac{1}{j}\big[$ mit den Eigenschaften $|p(x+h)-p(x)|/h \le 2\|p'{\restriction}[0,1]\|_\infty$ und $|\varphi(x+h)-\varphi(x)|/h = j+1+3\|p'{\restriction}[0,1]\|_\infty$.

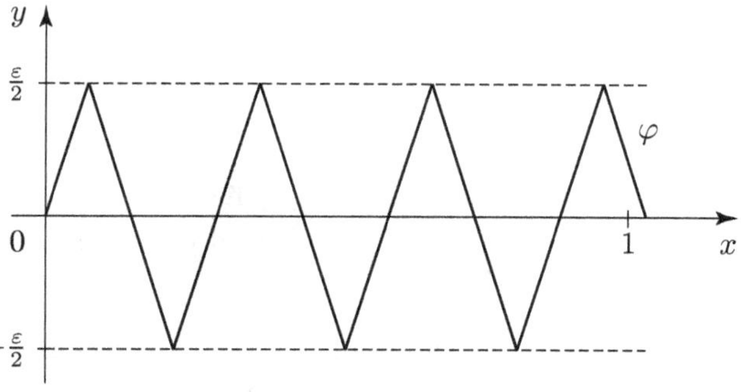

Abbildung 3.1-1

Dann folgt

$$\begin{aligned}\frac{|g(x+h)-g(x)|}{h} &= \frac{|p(x+h)-p(x)+\varphi(x+h)-\varphi(x)|}{h}\\ &\geq \frac{|\varphi(x+h)-\varphi(x)|}{h} - \frac{|p(x+h)-p(x)|}{h}\\ &\geq j+1+3\|p'{\restriction}[0,1]\|_\infty - 2\|p'{\restriction}[0,1]\|_\infty > j.\end{aligned}$$

Daß L_j nirgendsdicht in $\big(C([0,1]),\tau_{\|\ \|_\infty}\big)$ ist, begründet man analog.

(c) $N([0,1])$ ist dicht und Menge 2. Kategorie in $\big(C([0,1]),\tau_{\|\ \|_\infty}\big)$:
Es ist

$$\begin{aligned}C([0,1])\backslash N([0,1]) &= \{\, f\in C([0,1]) \mid \exists\, x\in\,]0,1[:\ f \text{ differenzierbar in } x\,\}\\ &\subseteq \{\, f\in C([0,1]) \mid \exists\, x\in [0,1[:\ f \text{ rechtsseitig differenzierbar in } x\,\}\\ &\subseteq \bigcup_{j\in\mathbb{N}\backslash\{0\}} R_j.\end{aligned}$$

Mit $\bigcup_{j\in\mathbb{N}\backslash\{0\}} R_j$ ist auch $C([0,1])\backslash N([0,1])$ Menge 1. Kategorie in $\big(C([0,1]),\tau_{\|\ \|_\infty}\big)$. Da $\big(C([0,1]),d_{\|\ \|_\infty}\big)$ vollständiger metrischer Raum ⟦(3.1,2) (c)⟧, $\big(C([0,1]),\tau_{\|\ \|_\infty}\big)$ also Baire-Raum ⟦3.1-5⟧ ist, folgt mit 3.1-6 die Dichtigkeit von $N([0,1])$. Nach 3.1-5.1 ist $N([0,1])$ als Komplement einer Menge 1. Kategorie eine Menge 2. Kategorie in $\big(C([0,1]),\tau_{\|\ \|_\infty}\big)$, weil andernfalls $C([0,1])$ eine Menge 1. Kategorie wäre.

Eine einfache Anwendung des in 3.1-7.2 angegebenen Prinzips von der gleichmäßigen Beschränktheit ist der Nachweis der Unvollständigkeit des normierten $\mathbb{R}$-Vektorraums $(\mathbb{R}[x],\|\ \|_{\max})$ aller Polynome über $\mathbb{R}$ (vgl. 1.1, A 22):

Beispiel (3.1,4)

Für jedes $m\in\mathbb{N}$ werde das $\mathbb{R}$-lineare Funktional $F_m:\mathbb{R}[x]\longrightarrow\mathbb{R}$ durch

$$F_m(p(x)) := \sum_{j=0}^{m} p_j$$

definiert, wobei $p_j := 0$ für alle $j > n_p$, $n_p := \operatorname{grad} p(x)$, gesetzt wird. Wegen

$$\begin{aligned} |F_m(p(x))| &\leq \sum_{j=0}^{m} |p_j| \\ &\leq \begin{cases} (m+1)\|p(x)\|_{\max} \leq (n_p+1)\|p(x)\|_{\max} & \text{für jedes } p(x) \in \mathbb{R}[x] \\ (m+1) & \text{für jedes } p(x) \in \widetilde{K}_1^{d_{\| \|_{\max}}}(0) \end{cases} \end{aligned}$$

ist F_m stetig in 0 ⟦ 2.4-20 ⟧, also stetig ⟦ 2.4, A 14 ⟧, und $\mathcal{F} := \{ F_m \mid m \in \mathbb{N} \}$ ist punktweise beschränkt. $\mathcal{F}$ ist jedoch auf keiner Nullumgebung in $(\mathbb{R}[x], \tau_{\| \|_{\max}})$ gleichmäßig beschränkt:

Sei $\varepsilon > 0$ und $p^{(k)}(x) := \sum_{j=0}^{k} \varepsilon x^j$ für jedes $k \in \mathbb{N}$. Es folgt $\|p^{(k)}(x)\|_{\max} = \varepsilon$ und $|F_k(p^{(k)}(x))| = |\sum_{j=0}^{k} \varepsilon| = (k+1)\varepsilon$.

Wegen 3.1-7.2 kann $(\mathbb{R}[x], \| \|_{\max})$ nicht Banach-Raum sein.

Zum Nachweis der Vollständigkeit von $(C_b(X,Y), d_{\| \|_\infty})$ für Banach-Räume $(Y, \| \|)$ wird in (3.1,2) (c) die Abgeschlossenheit von $C_b(X,Y)$ in $(B(X,Y), \| \|_\infty)$ verwendet. Allgemein gilt für Unterräume pseudometrischer Räume:

Satz 3.1-8

(X,d) sei ein pseudometrischer Raum, $\emptyset \neq S \subseteq X$.

(a) (X,d) *vollständig,* $S \in \alpha_{\tau_d}$ $\Longrightarrow$ $(S, d{\restriction}S \times S)$ *vollständig*

(b) d *Metrik,* $(S, d{\restriction}S \times S)$ *vollständig* $\Longrightarrow$ $S \in \alpha_{\tau_d}$

Beweis

Zu (a) Sei $(x_j)_j \in S^{\mathbb{N}}$ eine Cauchy-Folge in $(S, d{\restriction}S \times S)$, also auch Cauchy-Folge in (X,d), und $\xi \in X$ mit $(x_j)_j \to_d \xi$. Dann gehört ξ zu $\overline{S}^{\tau_d}$ ⟦ 2.1-3 (b) ⟧. Da S abgeschlossen ist, folgt $\xi \in S$. Natürlich gilt auch $(x_j)_j \to_{d{\restriction}S \times S} \xi$.

Zu (b) Es sei $\xi \in \overline{S}^{\tau_d}$, etwa $(x_j)_j \in S^{\mathbb{N}}$ mit $(x_j)_j \to_d \xi$ ⟦ vgl. Text im Anschluß an 2.1-3 ⟧. $(x_j)_j$ ist in $(S, d{\restriction}S \times S)$ eine Cauchy-Folge und somit konvergent, etwa $(x_j)_j \to_{d{\restriction}S \times S} \zeta$ für ein $\zeta \in S$. Es folgt $(x_j)_j \to_d \zeta$ und (d ist Metrik!) gem. 2.5-8 $\xi = \zeta \in S$. Nach 2.1-1.1 (b) ist $S \in \alpha_{\tau_d}$. □

In vollständigen metrischen Räumen (X,d) sind genau die nichtleeren, abgeschlossenen Unterräume wieder vollständig. Diese Feststellung schließt nicht aus, daß noch andere Unterräume $(S, \tau_d|S)$ eine Metrik e zulassen, für die (S,e) vollständig ist und $\tau_e = \tau_d|S$ gilt, wie das bereits erwähnte Beispiel $S = \{ \frac{1}{j+1} \mid j \in \mathbb{N} \}$ mit $e = d_{\text{dis}}$ in $(\mathbb{R}, d_{| |})$ zeigt. Einige weitere Ergebnisse hierzu sind in 3.3 zusammengestellt.

Die Menge $\alpha_{\tau_d} \backslash \{\emptyset\}$ aller im metrischen Raum (X,d) abgeschlossenen nichtleeren Teilmengen ist in vielerlei Hinsicht von Bedeutung, beispielsweise für Stabilitätsuntersuchungen bei Optimierungsproblemen. Eine vereinfachte Situation aus der Ökonomie kann dieses verdeutlichen:

Ein Produzent stellt mit Hilfe einer Maschine ein Produkt (z. B. Schrauben) her, das bei jeder Maschineneinstellung $y \in Y$ theoretisch eine gewisse Qualität $q(y) \in X$ aufweist, die sich mit der Einstellung stetig verändert. Für jede Qualität $x \in X$ zahlt ein Kunde des Produzenten einen festen Preis $p(x)$, der sich wiederum mit der Qualität stetig ändert. In dieser – nur theoretisch vorhandenen – Situation würde sich gem. 2.4-1.1 der zu erzielende Preis $p(q(y))$ stetig mit der Maschineneinstellung y ändern, also keine Sprünge aufweisen, was aus ökonomischen Gründen wünschenswert erscheint *(Stabilität)*. In der Realität produziert die Maschine durch Störungen bedingt bei jeder Einstellung y jedoch verschiedene Qualitäten $A(y) \subseteq X$, denen dann die Menge $p[A(y)]$ von Preisen zugeordnet ist. Der Kunde akzeptiert aber für eine Lieferpartie genau den höchsten Preis $p^*(y)$, der nicht höher als jeder Einzelpreis der gelieferten Stücke ist, d. h. $p^*(y) = \inf p[A(y)]$. Die gewünschte Stabilität (s. 4.1-13; 4.1-13.1) kann durch Einführung einer Topologie auf $\{ A(y) \mid y \in Y \}$, bzgl. der $A : Y \longrightarrow \{ A(y) \mid y \in Y \}$ und

$$\widetilde{p} : \begin{cases} \{ A(y) \mid y \in Y \} \longrightarrow \mathbb{R} \\ A(y) \longmapsto \inf\{ p(x) \mid x \in A(y) \} \end{cases}$$

stetig sind, gem. 2.4-1.1 gesichert werden $[\![\widetilde{p} \circ A(y) = p^*(y)]\!]$. Die Frage nach der Größe von $p^*(y)$, also die Berechnung des Infimums von p auf $A(y)$, ist das zur Einstellung y gehörende Optimierungsproblem.

Die Analysis mengenwertiger Funktionen A ist schon gut entwickelt, eine ausführliche Darstellung findet man in [3].

Im folgenden wird $\{ A(y) \mid y \in Y \} \subseteq \alpha_{\mathcal{T}_d} \backslash \{\emptyset\}$ für *beschränkte metrische Räume* (X, d) angenommen und auf der Menge $\mathcal{A}_d := \alpha_{\mathcal{T}_d} \backslash \{\emptyset\}$ eine Topologie durch eine Metrik induziert, die Stabilitätsfeststellungen in einem allgemeineren Rahmen als dem der obigen Situation zuläßt (s. 4.1-12, 4.1-13.1). Dabei ist die Voraussetzung der Beschränktheit von (X, d) wegen 2.4, A 12 (a) für topologische Zwecke unschädlich.

Für jedes $x_0 \in X,\ A \in \mathcal{A}_d$ ist

$$\varphi_{x_0,A} : \begin{cases} X \longrightarrow \mathbb{R} \\ x \longmapsto \operatorname{dist}(x, A) - d(x, x_0) \end{cases} \in C_{\mathrm{b}}(X, \mathbb{R}) :$$

Gem. 1.2, A 19 gilt

$$\begin{aligned} |\varphi_{x_0,A}(x) - \varphi_{x_0,A}(x')| &= |\operatorname{dist}(x, A) - \operatorname{dist}(x', A) - (d(x, x_0) - d(x', x_0))| \\ &\leq |\operatorname{dist}(x, A) - \operatorname{dist}(x', A)| + |d(x, x_0) - d(x', x_0)| \\ &\leq d(x, x') + d(x', x) \end{aligned}$$

für alle $x, x' \in X$. Die Funktion $\varphi_{x_0,A}$ ist somit gleichmäßig stetig auf X, und für jedes $\varepsilon > 0$ kann ein $\delta > 0$ sogar so gewählt werden, daß

$$\forall\, x \in X\ \forall\, x_0 \in X\ \forall\, A \in \mathcal{A}_d:\ \varphi_{x_0,A}\big[K_\delta^d(x)\big] \subseteq K_\varepsilon^{d_{|\ |}}(\varphi_{x_0,A}(x))$$

gilt (sog. *gleichgradige gleichmäßige Stetigkeit* von $\{\, \varphi_{x_0,A} \mid x_0 \in X,\ A \in \mathcal{A}_d \,\}$; s. auch Abschnitt 4.1, Seite 286). Außerdem erhält man aus obiger Abschätzung noch

$$\sup\{\, |\varphi_{x_0,A}(x) - \varphi_{x_0,A}(x')| \mid x, x' \in X \,\} \leq 2\delta(X) < \infty.$$

Ist $\varphi_{x_0,A} = \varphi_{x_0,A^*}$, also $\operatorname{dist}(x, A) = \operatorname{dist}(x, A^*)$ für jedes $x \in X$, so ergibt sich speziell für die Elemente x aus A

$$0 = \operatorname{dist}(x, A) = \operatorname{dist}(x, A^*)$$

und damit $A \subseteq \overline{A^*}^{\tau_d} = A^*$ ⟦2.1, A 7 (a)⟧. Aus Symmetriegründen folgt $A = A^*$. Die Injektion

$$\varphi_{x_0} : \begin{cases} \mathcal{A}_d \longrightarrow C_{\mathrm{b}}(X, \mathbb{R}) \\ A \longmapsto \varphi_{x_0,A} \end{cases}$$

gestattet nun die Übertragung der Metrik $d_{\|\ \|_\infty}$ auf $\mathcal{A}_d$ durch die Festsetzung

$$D_{x_0} : \begin{cases} \mathcal{A}_d \times \mathcal{A}_d \longrightarrow \mathbb{R}^+ \\ (A, A^*) \longmapsto \big\|\varphi_{x_0,A} - \varphi_{x_0,A^*}\big\|_\infty \end{cases}$$

(*Hausdorff-Metrik* auf $\mathcal{A}_d$ zu x_0).

Die Abstandsmessung in $(\mathcal{A}_d, D_{x_0})$ läßt sich in (X, d) anschaulich beschreiben (s. 3.1-9 (a)): $D_{x_0}(A, A^*)$ ist der größere der beiden „Maximalabstände" der Elemente aus A^* zu A bzw. aus A zu A^*. Weiter zeigt sich, daß (X, d) auf natürliche Weise in $(\mathcal{A}_d, D_{x_0})$ isometrisch eingebettet (s. 3.1-9 (b)) und $(\mathcal{A}_d, D_{x_0})$ im Fall der Vollständigkeit von (X, d) auch vollständig (s. 3.1-10) ist.

Wegen $D_{x_0}(A, A^*) = \sup_{x \in X} |\operatorname{dist}(x, A) - \operatorname{dist}(x, A^*)|$ ist es naheliegend, die durch

$$D_{x_0}^+(A, A^*) := \sup_{x \in X}(\operatorname{dist}(x, A) - \operatorname{dist}(x, A^*)) \quad \text{bzw.}$$

$$D_{x_0}^-(A, A^*) := \sup_{x \in X}(\operatorname{dist}(x, A^*) - \operatorname{dist}(x, A)) = D_{x_0}^+(A^*, A)$$

definierten „Hilfsfunktionen" zur Analyse von D_{x_0} zu verwenden.

Satz 3.1-9

(X, d) sei ein beschränkter metrischer Raum, $\mathcal{A}_d := \alpha_{\tau_d} \setminus \{\emptyset\}$, $x_0 \in X$ und D_{x_0} die Hausdorff-Metrik auf $\mathcal{A}_d$ zu x_0.

(a) $D_{x_0} = D_{x_0}^+ \vee D_{x_0}^-$ *und*

$$\forall\, A, A^* \in \mathcal{A}_d:\ D_{x_0}^+(A, A^*) = \sup\{\, \operatorname{dist}(a^*, A) \mid a^* \in A^* \,\}$$

(b) Die Funktion

$$I_{x_0} : \begin{cases} X \longrightarrow \mathcal{A}_d \\ x \longmapsto \{x\} \end{cases}$$

ist eine $\big(d, D_{x_0} \restriction I_{x_0}[X] \times I_{x_0}[X]\big)$*-Isometrie und*

$$\forall\, x, x' \in X:\; D_{x_0}(\{x\},\{x'\}) = D^+_{x_0}(\{x\},\{x'\}) = D^-_{x_0}(\{x\},\{x'\}).$$

Beweis

Zu (a) Allgemein gilt für $f, g : X \longrightarrow \mathbb{R}$

$$\begin{aligned}\sup_{x\in X}|f(x) - g(x)| &= \sup_{x\in X}\max\{f(x) - g(x), g(x) - f(x)\}\\ &= \max\Big\{\sup_{x\in X}(f(x) - g(x)), \sup_{x\in X}(g(x) - f(x))\Big\},\end{aligned}$$

also auch $D_{x_0} = D^+_{x_0} \vee D^-_{x_0}$. In bezug auf die zweite Gleichung stellt man zunächst

$$\begin{aligned}\sup\{\,\mathrm{dist}(a^*, A) \mid a^* \in A^*\,\} &= \sup\{\,\mathrm{dist}(a^*, A) - \mathrm{dist}(a^*, A^*) \mid a^* \in A^*\,\}\\ &\le \sup\{\,\mathrm{dist}(x, A) - \mathrm{dist}(x, A^*) \mid x \in X\,\}\\ &= D^+_{x_0}(A, A^*)\end{aligned}$$

fest. Wegen $d(x,a) \le d(x,a^*) + d(a,a^*)$ für alle $x \in X$, $a \in A$, $a^* \in A^*$ folgt $\mathrm{dist}(x,A) \le d(x,a^*) + \mathrm{dist}(a^*,A) \le d(x,a^*) + \sup_{a^*\in A^*}\mathrm{dist}(a^*,A)$, also auch $\mathrm{dist}(x,A) \le \mathrm{dist}(x,A^*) + \sup_{a^*\in A^*}\mathrm{dist}(a^*,A)$, d. h. $D^+_{x_0}(A,A^*) \le \sup_{a^*\in A^*}\mathrm{dist}(a^*,A)$.

Zu (b) Gem. (a) ist $D^+_{x_0}(\{x\},\{x'\}) = d(x,x') = d(x',x) = D^-_{x_0}(\{x\},\{x'\})$, also gilt

$$D_{x_0}(\{x\},\{x'\}) = \max\{D^+_{x_0}(\{x\},\{x'\}), D^-_{x_0}(\{x\},\{x'\})\} = d(x,x').$$

I_{x_0} ist injektiv und somit auch Isometrie wie behauptet. □

Satz 3.1-10

(X,d) *sei ein beschränkter metrischer Raum,* $x_0 \in X$.

$$(X,d) \text{ vollständig} \quad\Longrightarrow\quad \big(\mathcal{A}_d, D_{x_0}\big) \text{ vollständig}$$

Beweis

$(A_j)_j \in \mathcal{A}_d^{\mathbb{N}}$ sei eine Cauchy-Folge in $(\mathcal{A}_d, D_{x_0})$. Für $A^* := \bigcap_{j\in\mathbb{N}} \overline{\bigcup_{k\ge j} A_k}^{\tau_d} \in \alpha_{\tau_d}$ wird gezeigt:

$$A^* \in \mathcal{A}_d \quad\text{und}\quad (A_j)_j \to_{D_{x_0}} A^*.$$

Zu jedem $\varepsilon > 0$ wähle man ein $j_\varepsilon \in \mathbb{N}$, so daß $D_{x_0}(A_j, A_k) < \varepsilon$ für alle $j, k \ge j_\varepsilon$ gilt. Man setze $n_0 := j_\varepsilon$ und konstruiere ausgehend von einem $a_{n_0} \in A_{n_0}$ induktiv die

Folge $\left(a_{n_i}\right)_{i\in\mathbb{N}}$ durch

$$n_{i+1} := \min\{\, j \in \mathbb{N} \mid n_i < j,\ \forall\, k \geq j\colon\ D_{x0}(A_j, A_k) < \tfrac{\varepsilon}{2^{i+3}} \,\},$$

$$a_{n_{i+1}} \in \{\, x \in A_{n_{i+1}} \mid d\left(a_{n_i}, x\right) \leq \operatorname{dist}\left(a_{n_i}, A_{n_{i+1}}\right) + \tfrac{\varepsilon}{2^{i+2}} \,\}.$$

$\left(a_{n_i}\right)_i$ ist eine Cauchy-Folge in (X, d):

$$\begin{aligned} d\left(a_{n_i}, a_{n_{i+k}}\right) &\leq \sum_{\nu=i}^{i+k-1} d\left(a_{n_\nu}, a_{n_{\nu+1}}\right) \leq \sum_{\nu=i}^{i+k-1} \left(\operatorname{dist}\left(a_{n_\nu}, A_{n_{\nu+1}}\right) + \frac{\varepsilon}{2^{\nu+2}}\right) \\ &\leq \sum_{\nu=i}^{i+k-1} \left(D_{x0}\left(A_{n_\nu}, A_{n_{\nu+1}}\right) + \frac{\varepsilon}{2^{\nu+2}}\right) \qquad \text{(wegen 3.1-9 (a))} \\ &\leq \sum_{\nu=i}^{i+k-1} \left(\frac{\varepsilon}{2^{\nu+2}} + \frac{\varepsilon}{2^{\nu+2}}\right) < \frac{\varepsilon}{2^i} \qquad \text{für alle } i,\, k \in \mathbb{N}. \end{aligned}$$

Sei $a^* \in X$ mit $\left(a_{n_i}\right)_{i\in\mathbb{N}} \to_d a^*$ ⟦ (X, d) ist vollständig! ⟧. Dann ist $a^* \in A^*$, also $A^* \neq \emptyset$: Für alle $i,\ \nu \in \mathbb{N}$ ist $a_{n_{i+\nu}} \in A_{n_{i+\nu}} \subseteq \overline{\bigcup_{k\geq n_i} A_k}^{\tau_d}$, also auch $a^* \in \overline{\bigcup_{k\geq n_i} A_k}^{\tau_d}$ für jedes $i \in \mathbb{N}$. Da die Folge $\left(\overline{\bigcup_{k\geq j} A_k}^{\tau_d}\right)_j$ monoton fallend und $(n_i)_{i\in\mathbb{N}}$ streng monoton wachsend ist, folgt $a^* \in \bigcap_{i\in\mathbb{N}} \overline{\bigcup_{k\geq n_i} A_k}^{\tau_d} = \bigcap_{j\in\mathbb{N}} \overline{\bigcup_{k\geq j} A_k}^{\tau_d} = A^*$. Weiter erhält man wegen $d\left(a_{n_0}, a_{n_k}\right) < \varepsilon$ ⟦ s. o. ⟧ und $d\left(a^*, a_{n_0}\right) \leq d\left(a^*, a_{n_k}\right) + d\left(a_{n_k}, a_{n_0}\right)$ für jedes $k \in \mathbb{N}$ mit Hilfe der Konvergenz $\left(a_{n_i}\right)_i \to_d a^*$ auch $d\left(a^*, a_{n_0}\right) \leq \varepsilon$. Zusammengefaßt ergibt sich

$$\forall\, a_{n_0} \in A_{n_0}\ \exists\, a^* \in A^*\colon\ d\left(a^*, a_{n_0}\right) \leq \varepsilon. \qquad (*)$$

Nach Voraussetzung gilt $D_{x0}\left(A_j, A_{n_0}\right) < \varepsilon$, also gem. 3.1-9 (a) $D^-_{x0}\left(A_j, A_{n_0}\right) < \varepsilon$ (und $D^+_{x0}\left(A_j, A_{n_0}\right) < \varepsilon$) für jedes $j \geq j_\varepsilon = n_0$. Zu jedem $x \in A_j$ existiert daher ein $a_{n_0} \in A_{n_0}$ mit $d\left(x, a_{n_0}\right) < \varepsilon$, woraus sich mit einem zu a_{n_0} nach $(*)$ passend gewählten $a^* \in A^*$

$$d(x, a^*) \leq d\left(x, a_{n_0}\right) + d\left(a_{n_0}, a^*\right) \leq 2\varepsilon,$$

also $\operatorname{dist}(x, A^*) \leq 2\varepsilon$ und $D^+_{x0}(A^*, A_j) = \sup\{\, \operatorname{dist}(x, A^*) \mid x \in A_j \,\} \leq 2\varepsilon$ für jedes $j \geq j_\varepsilon$ ergibt. Zum Nachweis der Konvergenz $(A_j)_j \to_{D_{x0}} A^*$ genügt gem. 3.1-9 (a) die Verifikation von

$$\forall\, j \geq j_\varepsilon\colon\ D^-_{x0}(A^*, A_j) \leq 2\varepsilon.$$

Wegen $D^-_{x0}(A^*, A_j) = D^+_{x0}(A_j, A^*) = \sup\{\, \operatorname{dist}(a^*, A_j) \mid a^* \in A^* \,\}$ sei $a^* \in A^*$, also $a^* \in \overline{\bigcup_{k\geq j} A_k}^{\tau_d}$ für jedes $j \in \mathbb{N}$. Es gibt daher für jedes $j \in \mathbb{N}$ ein $n_j \geq j$,

$a_{n_j} \in A_{n_j}$ mit $d\big(a^*, a_{n_j}\big) < \varepsilon/3$, und dazu ein $a_j \in A_j$ mit

$$d\big(a_{n_j}, a_j\big) < \operatorname{dist}\big(a_{n_j}, A_j\big) + \frac{\varepsilon}{3}.$$

Aus $D^+_{x_0}(A_j, A_{n_j}) \leq D_{x_0}(A_j, A_{n_j}) < \varepsilon$ $(n_j \geq j \geq j_\varepsilon)$ erhält man insbesondere $\operatorname{dist}\big(a_{n_j}, A_j\big) < \varepsilon$ und somit

$$\begin{aligned}\operatorname{dist}(a^*, A_j) \leq d(a^*, a_j) &\leq d\big(a^*, a_{n_j}\big) + d\big(a_{n_j}, a_j\big) \\ &< \frac{\varepsilon}{3} + \operatorname{dist}\big(a_{n_j}, A_j\big) + \frac{\varepsilon}{3} < 2\varepsilon\end{aligned}$$

für alle $j \geq j_\varepsilon$. Es folgt $D^+_{x_0}(A_j, A^*) \leq 2\varepsilon$. □

Der Beweis zu 3.1-10 ergibt

Korollar 3.1-10.1
(X, d) sei ein beschränkter vollständiger metrischer Raum, $x_0 \in X$, $(A_j)_j \in \mathcal{A}_d^{\mathbb{N}}$ eine Cauchy-Folge in $\big(\mathcal{A}_d, D_{x_0}\big)$. Es gilt:

$$(A_j)_j \to_{D_{x_0}} \bigcap_{j\in\mathbb{N}} \overline{\bigcup_{k\geq j} A_k}^{\tau_d}.$$

□

Weitere Eigenschaften von $\big(\mathcal{A}_d, D_{x_0}\big)$ werden in Abschnitt 4.1 im Anschluß an (4.1,9), Seite 291, behandelt.

Aufgaben zu 3.1

1. (X, d), (Y, e) seien pseudometrische Räume, $f : X \longrightarrow Y$ und $(x_j)_j \in X^{\mathbb{N}}$ eine Cauchy-Folge in (X, d). Man zeige:

(a) $(x_j)_j$ ist beschränkt (d. h. der Durchmesser $\delta(\{\, x_j \mid j \in \mathbb{N}\,\})$ ist endlich).

(b) f gleichmäßig stetig (bzgl. (d, e)) $\Longrightarrow$ $(f(x_j))_j$ Cauchy-Folge in (Y, e)
Gilt auch „f (τ_d, τ_e)-stetig $\Longrightarrow$ $(f(x_j))_j$ Cauchy-Folge in (Y, e)“?

2. Für jedes $k \in \mathbb{N}$ sei $N_k := \{\, j \in \mathbb{N} \mid j < k\,\}$. Dann ist $\tau := \{\mathbb{N}\} \cup \{\, N_k \mid k \in \mathbb{N}\,\}$ eine Topologie auf $\mathbb{N}$. Man bestimme $\mathbb{N}'^{\tau}$ und die Menge aller Häufungspunkte der Folge $(j)_{j\in\mathbb{N}}$ in $(\mathbb{N}, \tau)$.

3. ξ sei ein Häufungspunkt der Folge $(x_j)_j \in X^{\mathbb{N}}$ im A_1-Raum (X, τ). Gibt es eine in (X, τ) gegen ξ konvergente Teilfolge von $(x_j)_j$?

4. (X, d) sei ein pseudometrischer Raum, $(x_j)_j \in X^{\mathbb{N}}$ eine Folge paarweise verschiedener Elemente, die keinen Häufungspunkt in (X, τ_d) besitzt, $(A_j)_j \in (\alpha_{\tau_d})^{\mathbb{N}}$, $(\varepsilon_j)_j \in (\mathbb{R}^{>})^{\mathbb{N}}$ monoton fallend mit $A_j \subseteq \widetilde{K}^d_{\varepsilon_j}(x_j)$ und $\widetilde{K}^d_{\varepsilon_j}(x_j) \cap \widetilde{K}^d_{\varepsilon_i}(x_i) = \emptyset$ für alle $i, j \in \mathbb{N}$, $i \neq j$. Dann gilt $\bigcup_{j\in\mathbb{N}} A_j \in \alpha_{\tau_d}$.

5. $M : A \longrightarrow X$ sei ein Netz im topologischen Raum (X, τ) mit dem Endenfilter $\mathfrak{E}_M = \{\{M(a) \mid a \geq b\} \mid b \in A\}$, $\xi \in X$. Man beweise:

Äq (i) ξ ist Häufungspunkt von M in (X, τ)

(ii) $\xi \in \bigcap\{\overline{F}^{\tau} \mid F \in \mathfrak{E}_M\}$ $(= \bigcap_{b \in A} \overline{\{M(a) \mid a \geq b\}}^{\tau})$

6. Die Funktion

$$D : \begin{cases} \mathbb{R} \times \mathbb{R} \longrightarrow \mathbb{R}^+ \\ (x, y) \longmapsto \left|\frac{x}{1+|x|} - \frac{y}{1+|y|}\right| \end{cases}$$

ist eine Metrik auf $\mathbb{R}$, $\tau_D = \tau_{|\,|}$ und $(\mathbb{R}, D)$ ist nicht vollständig.
(Man beachte den Hinweis zu 1.1, A 7 (a)! $\eta : \mathbb{R} \longrightarrow]-1, 1[$, definiert durch $\eta(x) := \frac{x}{1+|x|}$, ist ein Homöomorphismus.)

7. Es sei $\mathcal{B}$ eine Cauchy-Filterbasis auf dem pseudometrischen Raum (X, d). Man beweise:

$$\exists\, B \in \mathcal{B}\colon\ (B, d{\restriction}B \times B) \text{ vollständig} \quad \Longrightarrow \quad \mathcal{B} \text{ konvergent in } (X, d).$$

8. (X, τ) sei ein topologischer Raum, $S \subseteq X$.
S Menge 1. Kategorie in $(S, \tau|S)$ $\Longrightarrow$ S Menge 1. Kategorie in (X, τ).
Gilt auch die Umkehrung?

9. $(\mathbb{Q}, \tau_{|\,|}|\mathbb{Q})$ ist kein Baire-Raum.

10. (V, N) sei ein halbnormierter K-Vektorraum, $K \in \{\mathbb{R}, \mathbb{C}\}$, $S \subseteq V$ eine Menge 2. Kategorie in (V, τ_N). Dann ist der von S erzeugte K-Untervektorraum $\overline{S}^{\text{lin}}$ dicht in (V, τ_N) und $(\overline{S}^{\text{lin}}, \tau_N|\overline{S}^{\text{lin}})$ ein Baire-Raum.
(Hinweis: S. auch 6.2-4.)

11. (X, d) sei ein vollständiger pseudometrischer Raum, $O \in \tau_d$ und $A \in \alpha_{\tau_d}$ mit $O \cap A \neq \emptyset$. $(O \cap A, \tau_d|O \cap A)$ ist ein Baire-Raum.

12. Es sei (X, d) ein pseudometrischer Raum und $\overline{D}^{\tau_d} = X$. Man beweise:

Äq (i) (X, d) vollständig

(ii) $\forall\, (x_j)_j \in D^{\mathbb{N}}\colon\ (x_j)_j$ Cauchy-Folge in $(X, d) \Rightarrow \exists\, \xi \in X\colon\ (x_j)_j \rightarrow_d \xi$

13. Für $\varepsilon > 0$ sei $(\mathbb{N}, d_\varepsilon)$ der metrische Raum aus 1.1, A 1 (c), $\mathbb{N}_j := \{n \in \mathbb{N} \mid n \geq j\}$ für jedes $j \in \mathbb{N}$. Man zeige:

(a) $(\mathbb{N}, d_\varepsilon)$ ist vollständig und $\forall\, j \in \mathbb{N}\colon\ \mathbb{N}_j \in \alpha_{\tau_{d_\varepsilon}}$.

(b) $(\delta(\mathbb{N}_j))_j \rightarrow_{|\,|} \varepsilon$.

(In Kenntnis dieser Situation betrachte man noch einmal den Cantorschen Durchschnittssatz 3.1-3!)

14. (X, τ) sei ein Baire-Raum, $X \neq \emptyset$ und $T \subseteq X$. Man beweise:
T Menge 1. Kategorie in (X, τ) $\Longrightarrow$ $X \backslash T$ Menge 2. Kategorie in (X, τ).
Gilt auch die Umkehrung?

15. (X, d) sei ein vollständiger pseudometrischer Raum, $f : X \longrightarrow \mathbb{R}$ mit

$$S_f := \{x \in X \mid f\ (\tau_d, \tau_{|\,|})\text{-stetig in } x\}$$

und $\overline{S_f}^{\tau_d} = X$. Man beweise:

(a) S_f Menge 2. Kategorie in (X, τ_d).

(b) $\{ g : \mathbb{R} \longrightarrow \mathbb{R} \mid S_g = \mathbb{Q} \} = \emptyset$ für $(X, d) = (\mathbb{R}, d_{|\,|})$.

(Hinweis: Man verwende die offenen dichten Teilmengen

$$P_j := \{ x \in X \mid O(x) - U(x) < \tfrac{1}{j+1} \},$$

wobei $j \in \mathbb{N}$ und

$$O(x) := \inf\{ \sup\{ f(y) \mid y \in K^d_\varepsilon(x) \} \mid \varepsilon > 0 \} \in \mathbb{R} \cup \{\infty\},$$
$$U(x) := \sup\{ \inf\{ f(y) \mid y \in K^d_\varepsilon(x) \} \mid \varepsilon > 0 \} \in \mathbb{R} \cup \{-\infty\}$$

für jedes $x \in X$ ist.)

16. (X, d), (Y, e) seien pseudometrische Räume, $f : X \longrightarrow Y$, $(f_j)_j \in C(X, Y)^{\mathbb{N}}$ und $(f_j)_j \xrightarrow[\tau_e\text{-pktw.}]{} f$. Dann ist

$$U_f := \{ x \in X \mid f \text{ nicht } (\tau_d, \tau_e)\text{-stetig in } x \}$$

eine Menge 1. Kategorie in (X, τ_d). (Man beachte in diesem Zusammenhang 2.4-6!)
(Hinweis: Man verwende für $j, k \in \mathbb{N}$ die Mengen

$$N_j := \{ x \in X \mid \forall\, \varepsilon > 0\colon\ f[K^d_\varepsilon(x)] \not\subseteq K^e_{1/(j+1)}(f(x)) \},$$
$$S_{j,k} := \{ x \in X \mid \forall\, n \geq k\colon\ e(f_n(x), f(x)) < \tfrac{1}{j+1} \}.)$$

17. Welche der folgenden normierten Räume sind Banach-Räume, welche nicht?

(a) $(\ell^q, \| \, \|_q)$ für $q \in \mathbb{R},\ q \geq 1$

(b) $(c, \| \, \|_\infty)$, $(c_0, \| \, \|_\infty)$ (s. 1.2, A 13 (a))

(c) $(\mathbb{C}^{(\mathbb{N})}, \| \, \|_\infty)$, $(\mathbb{R}[x]{\restriction}[a,b], \| \, \|_\infty)$, $(C([a,b]; S), \| \, \|_\infty)$,
wobei $\mathbb{C}^{(\mathbb{N})} := \{ (x_j)_j \in \mathbb{C}^{\mathbb{N}} \mid \exists\, j_0 \in \mathbb{N}\ \forall\, j \geq j_0\colon\ x_j = 0 \}$, $a, b \in \mathbb{R}$, $a < b$, $S \subseteq [a,b]$ und $C([a,b]; S) := \{ f \in C([a,b]) \mid f{\restriction}S = 0 \}$ ist.

(d) Ist (ℓ^q, d_{ν_q}) für $q \in \,]0,1[$ vollständig? (Vgl. (2.5,8) (c).)

18. (X, d) sei ein pseudometrischer Raum, R die durch

$$(x, y) \in R \quad \text{:gdw} \quad d(x, y) = 0$$

definierte Äquivalenzrelation in X mit der Quotientenmetrik d_R auf $X/_R$ (s. 1.1, A 5).
(X, d) vollständig $\Longrightarrow$ $(X/_R, d_R)$ vollständig.

19. (V, N) sei ein halbnormierter K-Vektorraum, $K \in \{\mathbb{R}, \mathbb{C}\}$, W ein K-Untervektorraum von V und N_W die Quotientenhalbnorm auf $V/_W$ zu N bzgl. W (s. 1.1-6 (d)). Man zeige:

(a) (V, d_N) vollständig $\Longrightarrow$ $(V/_W, d_{N_W})$ vollständig

(b) (V, d_N) vollständig, $\overline{W}^{\tau_N} = W$ $\Longrightarrow$ $(V/_W, N_W)$ Banach-Raum

(c) $(V/_W, d_{N_W})$, $(W, d_{N \restriction W})$ vollständig $\Longrightarrow$ (V, d_N) vollständig

(d) $(V/_W, N_W)$, $(W, N{\restriction}W)$ Banach-Räume $\Longrightarrow$ (V, N) Banach-Raum.

Anmerkung: (a) und (c) gelten auch für Pseudohalbnormen N und ihre Quotientenpseudohalbnormen!

20. (X, d) sei ein pseudometrischer Raum, d_{min} die durch $d_{\text{min}}(x, x') := \min\{1, d(x, x')\}$ definierte Pseudometrik auf X (s. 1.1, A 8). Man beweise:
(X, d) vollständig $\iff$ (X, d_{min}) vollständig.

21. $((X_i, d_i) \mid i \in \mathbb{N})$ sei eine Folge pseudometrischer Räume, $d_{i,\text{min}}$ die gem. 1.1, A 8 definierte Pseudometrik auf X_i und

$$d : \begin{cases} \prod_{i \in \mathbb{N}} X_i \times \prod_{i \in \mathbb{N}} X_i \longrightarrow \mathbb{R}^+ \\ (x, y) \longmapsto \sum_{i=0}^{\infty} \frac{1}{2^i} d_{i,\text{min}}(x_i, y_i) \end{cases}$$

die Pseudometrik auf $\prod_{i \in \mathbb{N}} X_i$ aus 2.4, A 20. Man beweise:

$$(\forall\, i \in \mathbb{N}\colon\ (X_i, d_i) \text{ vollständig}) \implies \Big(\prod_{i \in \mathbb{N}} X_i, d\Big) \text{ vollständig.}$$

22. Für jedes $j \in \mathbb{N}$ sei (X, d_j) ein vollständiger metrischer Raum, $d_j \leq d_{j+1}$ (punktweise) und d die durch

$$d(x, x') := \sum_{j=0}^{\infty} \frac{1}{2^j} \frac{d_j(x, x')}{1 + d_j(x, x')}$$

auf X definierte Fréchetmetrik (s. 1.1, A 7 (b)). Man zeige, daß (X, d) vollständig ist! Ist (X, d) auch vollständig, wenn alle (X, d_j) nur vollständige pseudometrische Räume sind und d eine Metrik? (Hinweis: Man verwende die Pseudometriken aus 1.2, A 1 (c)!)

23. Es sei (X, d) ein pseudometrischer Raum und

$$C_{\text{bb}}(X) := \{\, f \in C_{\text{b}}(X) \mid \operatorname{Tr} f \text{ beschränkt} \,\}.$$

(a) $(C_{\text{bb}}(X), \|\ \|_\infty)$ ist ein normierter $\mathbb{C}$-Vektorraum.

(b) $(C_{\text{bb}}(\mathbb{R}), \|\ \|_\infty)$ ist kein Banach-Raum.

24. N, M seien topologisch äquivalente Halbnormen auf dem K-Vektorraum V. Man zeige:
(V, d_N) vollständig $\implies$ (V, d_M) vollständig.

25. Es sei V ein $\mathbb{C}$-Vektorraum, $(V, \|\ \|)$ ein normierter $\mathbb{R}$-Vektorraum und $\|\ \|_{\mathbb{C}}$ die Norm aus 1.1, A 12 auf dem $\mathbb{C}$-Vektorraum V. Man begründe:
$(V, \|\ \|)$ Banach-Raum $\iff$ $(V, \|\ \|_{\mathbb{C}})$ Banach-Raum (über $\mathbb{R}$).

26. Für jedes $j \in \mathbb{N}$ sei d_j die durch die Halbnorm

$$N_j : \begin{cases} C(\mathbb{R}) \longrightarrow \mathbb{R}^+ \\ f \longmapsto \|f \restriction [-(j+1), j+1]\|_\infty \end{cases}$$

auf $C(\mathbb{R})$ induzierte Pseudometrik, d die Fréchetmetrik zu $(d_j)_{j \in \mathbb{N}}$ (s. 1.1, A 17). Man zeige: $(C(\mathbb{R}), d)$ ist vollständig.
(Achtung: A 22 kann nicht zur Begründung verwendet werden, weil $(C(\mathbb{R}), d_j)$ für alle $j \in \mathbb{N}$ kein metrischer Raum ist!)

27. (X,τ) sei ein topologischer Raum, $X \neq \emptyset$, $p \in C_b(X,\mathbb{R})$, $\inf\{\, p(x) \mid x \in X \,\} > 0$ für alle $x \in X$ und

$$N_p : \begin{cases} C_b(X,\mathbb{C}) \longrightarrow \mathbb{R} \\ f \longmapsto \|pf\|_\infty. \end{cases}$$

Man zeige: N_p ist eine zu $\|\ \|_\infty$ topologisch äquivalente Norm und $(C_b(X,\mathbb{C}), N_p)$ ist ein Banach-Raum.

28. (X,τ) mit $X \neq \emptyset$ sei ein topologischer Raum, (Y,d) ein vollständiger pseudometrischer Raum. Man zeige: $(C_b(X,Y), d_\infty)$ ist ein vollständiger pseudometrischer Raum.

29. (Y,e) sei ein pseudometrischer Raum, $X \neq \emptyset$ eine Menge, $f \in Y^X$ und $(f_j)_j$ eine Cauchy-Folge in $(B(X,Y), d_\infty)$. Es gilt:

$$(f_j)_j \xrightarrow[\tau_e\text{-pktw.}]{} f \quad \Longrightarrow \quad (f_j)_j \xrightarrow[e\text{-glm.}]{} f.$$

Ist darüber hinaus (X,τ) ein topologischer Raum, $(f_j)_j \in C_b(X,Y)^{\mathbb{N}}$, so ist f stetig.

30. Es seien $a, b \in \mathbb{R}$, $a < b$, $m \in \mathbb{N}$.

(a) $\left(C^m_{\mathbb{R}}([a,b]), N_{m,\max}\right)$ ist ein Banach-Raum.
(Hinweis: (1.1,4). Aus der Konvergenz von $(f_j)_j \in C^1_{\mathbb{R}}([a,b])^{\mathbb{N}}$ in einem Punkt $x_0 \in [a,b]$ und der gleichmäßigen Konvergenz von $\left(f_j^{(1)}\right)_j$ gegen g folgt die gleichmäßige Konvergenz von $(f_j)_j$ gegen eine Funktion $f \in C^1_{\mathbb{R}}([a,b])$ mit $f^{(1)} = g$; [32, Satz 7.17].)

(b) Der topologische Vektorraum $\left(C^m_{\mathbb{R}}([a,b]), \tau_{N_{m,\max}}\right)$ ist homöomorph $\mathbb{R}$-linear isomorph zu $\left(\mathbb{R}^m \times C_{\mathbb{R}}([a,b]), \tau_{\|\ \|}\right)$, wobei die Norm $\|\ \|$ durch

$$\|((c_1,\ldots,c_m), f)\| := \sum_{j=1}^{m} |c_j| + \|f\|_\infty$$

erklärt ist.
(Hinweis: Man verwende die zu $N_{m,\max}$ topologisch äquivalente Norm N_m auf $C^m_{\mathbb{R}}([a,b])$ (s. (1.1,4) und 1.2-6.1).)

31. $(V,\|\ \|)$ sei ein Banach-Raum über K. Man zeige:
$\dim_K V \notin \mathbb{N} \quad \Longrightarrow \quad \dim_K V$ überabzählbar.
(Hinweis: 3.1-5.1.)

3.2 Fortsetzung gleichmäßig stetiger Funktionen, Vervollständigung

Auf die Bedeutung der Vollständigkeit pseudometrischer Räume wurde in 3.1 bereits hingewiesen. Bei nichtvollständigen pseudometrischen Räumen kann für Cauchy-Folgen aufgrund des Cauchy-Kriteriums die Frage nach der Existenz von Limiten eventuell dadurch beantwortet werden, daß man zunächst Grenzwerte in einem größeren vollständigen pseudometrischen Raum feststellt und anschließend überprüft, ob diese bereits zum ursprünglichen Raum gehören. Notwendige Voraussetzung für den Erfolg dieser Vorgehensweise ist natürlich, daß ein vollständiger pseudometrischer Oberraum überhaupt existiert. Der Komplettierungssatz von Hausdorff (3.2-3 bzw. 3.2-4) sichert die Existenz derartiger Räume für jeden (pseudo)metrischen Raum. Hiermit läßt sich die Vollständigkeit durch die Fortsetzungseigenschaft gleichmäßig stetiger Funktionen kennzeichnen (3.2-4.1). Zunächst gilt notwendigerweise

Satz 3.2-1

(Y, e) sei ein vollständiger pseudometrischer Raum. Für jeden pseudometrischen Raum (X, d), jede dichte Teilmenge $S \subseteq X$, $\overline{S}^{\tau_d} = X$ und jede $(d{\restriction}(S \times S), e)$-gleichmäßig stetige Funktion $f : S \longrightarrow Y$ gibt es eine (d, e)-gleichmäßig stetige Funktion $F : X \longrightarrow Y$, die f fortsetzt (d. h. $F{\restriction}S = f$).
(Sprechweise: (Y, e) hat die Fortsetzungseigenschaft *für gleichmäßig stetige Funktionen.)*

F ist eindeutig bestimmt, sofern (Y, e) metrischer Raum ist.

Beweis

Die Eindeutigkeit der (gleichmäßig) stetigen Fortsetzung folgt aus 2.5-9.1 (b). Zum Nachweis ihrer Existenz sei für jedes $x \in X \setminus S$ eine Folge $(x_j)_j \in S^{\mathbb{N}}$ mit $(x_j)_j \to_d x$ und für $x \in S$ die Folge $(x_j)_j = (x)_{j \in \mathbb{N}}$ gewählt. Wegen der gleichmäßigen Stetigkeit von f sind die Bilder $(f(x_j))_j$ Cauchy-Folgen in (Y, e) ⟦3.1, A 1 (b), $(x_j)_j$ Cauchy-Folge in $(S, d{\restriction}S \times S)$⟧, also konvergent, etwa $(f(x_j))_j \to_e y_x$ für ein $y_x \in Y$. Für $x \in S$ wähle man $y_x = f(x)$. Die Funktion

$$F : \begin{cases} X \longrightarrow Y \\ x \longmapsto y_x \end{cases}$$

ist eine Fortsetzung von f ⟦deswegen die Wahl $y_x = f(x)$ für $x \in S$⟧ und auch gleichmäßig stetig:

Sei $\varepsilon > 0$. Da f gleichmäßig stetig ist, gibt es ein $\delta > 0$ mit

$$\forall\, s, s' \in S : \; d(s, s') < \delta \Rightarrow e(f(s), f(s')) < \frac{\varepsilon}{2}.$$

Für alle $x, x' \in X$, $d(x, x') < \delta$, folgt $(d(x_j, x'_j))_j \to_{|\,|} d(x, x') < \delta$ ⟦1.2-1 (b)⟧, es existiert daher ein $j_\delta \in \mathbb{N}$, $d(x_j, x'_j) < \delta$, also $e(f(x_j), f(x'_j)) < \varepsilon/2$ für jedes $j \geq j_\delta$. Wiederum nach 1.2-1 (b) gilt auch

$$\big(e(f(x_j), f(x'_j))\big)_j \to_{|\,|} e(y_x, y_{x'}),$$

man erhält somit

$$e(F(x), F(x')) = e(y_x, y_{x'}) \leq \frac{\varepsilon}{2} < \varepsilon$$

für alle x, $x' \in X$ mit $d(x, x') < \delta$. □

Korollar 3.2-1.1

(X, d), (Y, e) seien metrische Räume, $S \subseteq X$, $\overline{S}^{\mathcal{T}d} = X$ und $f : S \longrightarrow Y$ eine $\big(d{\restriction}(S \times S), e{\restriction}(f[S] \times f[S])\big)$-Isometrie. Ist (Y, e) vollständig, so gibt es genau eine $(d, e{\restriction}(F[X] \times F[X]))$-Isometrie $F : X \longrightarrow Y$, die f fortsetzt.

Beweis

Da f $(d{\restriction}(S \times S), e)$-gleichmäßig stetig ist, existiert gem. 3.2-1 eine (d, e)-gleichmäßig stetige Fortsetzung $F : X \longrightarrow Y$ von f. F ist $(d, e{\restriction}(F[X] \times F[X]))$-Isometrie:
Für alle $x, x' \in X$, etwa $(x_j)_j$, $(x'_j)_j \in S^{\mathbb{N}}$ mit $(x_j)_j \to_d x$, $(x'_j)_j \to_d x'$ erhält man

$$d(x_j, x'_j) = e(f(x_j), f(x'_j)) = e(F(x_j), F(x'_j))$$

für jedes $j \in \mathbb{N}$, wobei die Folge $(d(x_j, x'_j))_j$ gegen $d(x, x')$ und $\big(e(F(x_j), F(x'_j))\big)_j$ gegen $e(F(x), F(x'))$ konvergiert ⟦ 1.2-1 (b) ⟧, also $d(x, x') = e(F(x), F(x'))$ gilt ⟦ $(\mathbb{R}, d_{|\,|})$ ist metrischer Raum ⟧. Die Eindeutigkeit von F folgt nach 3.2-1 ⟦ F ist gleichmäßig stetig ⟧. □

Definitionen

(X, d), $(\hat{X}, \hat{d})$ seien (pseudo)metrische Räume, $\hat{\imath} : X \longrightarrow \hat{X}$.

$((\hat{X}, \hat{d}), \hat{\imath})$ *Vervollständigung* (auch *Komplettierung*) von (X, d) :gdw
$(\hat{X}, \hat{d})$ vollständig, $\overline{\hat{\imath}[X]}^{\mathcal{T}\hat{d}} = \hat{X}$ und $\hat{\imath}$ $\big(d, \hat{d}{\restriction}(\hat{\imath}[X] \times \hat{\imath}[X])\big)$-Isometrie

Man beachte, daß $(\hat{X}, \hat{d})$ für metrische Räume (X, d) ebenfalls metrischer Raum sein soll! Entlang $\hat{\imath}$ kann man (X, d) als Unterraum des vollständigen (pseudo)metrischen Raums $(\hat{X}, \hat{d})$ auffassen, die Dichtigkeitsforderung $\overline{\hat{\imath}[X]}^{\mathcal{T}\hat{d}} = \hat{X}$ bewirkt, daß der vollständige Oberraum topologisch nicht zu groß ist.

Beispiele (3.2,1)

(a) Für vollständige (pseudo)metrische Räume (X, d) erhält man mit $((X, d), \mathrm{id}_X)$ eine Vervollständigung (s. auch A 4).

(b) $((\mathbb{R}, d_{|\,|}), \mathrm{id}_{\mathbb{Q}})$ ist Vervollständigung von $(\mathbb{Q}, d_{|\,|})$.

(c) Für $a, b \in \mathbb{R}$, $a < b$ ist $\big((C([a,b]), d_\infty), \mathrm{id}_{\mathbb{C}[x]\restriction[a,b]}\big)$ eine Vervollständigung von $(\mathbb{C}[x]\restriction[a,b], d_\infty)$:

$(C([a,b]), d_\infty)$ ist vollständig ⟦(3.1,2) (c)⟧, $\overline{\mathbb{C}[x]\restriction[a,b]}^{\tau_{d_\infty}} = C([a,b])$ ⟦2.2, A 3⟧ und $\mathrm{id}_{\mathbb{C}[x]\restriction[a,b]}$ eine Isometrie.

Metrische Räume lassen in einem gewissen Sinn höchstens eine Vervollständigung zu:

Satz 3.2-2 (Vervollständigung metrischer Räume: Eindeutigkeit)
(X,d), $(\hat{X},\hat{d})$, $\big(\hat{\hat{X}},\hat{\hat{d}}\big)$ seien metrische Räume, $((\hat{X},\hat{d}),\hat{\imath})$, $\big((\hat{\hat{X}},\hat{\hat{d}}),\hat{\hat{\imath}}\big)$ Vervollständigungen von (X,d).

Es gibt genau eine $\big(\hat{d},\hat{\hat{d}}\big)$-Isometrie $I : \hat{X} \longrightarrow \hat{\hat{X}}$, für die $I \circ \hat{\imath} = \hat{\hat{\imath}}$ erfüllt ist.

Beweis
$\hat{\hat{\imath}} \circ \hat{\imath}^{-1} : \hat{\imath}[X] \longrightarrow \hat{\hat{\imath}}[X]$ ist nach Voraussetzung eine $\big(\hat{d}\restriction(\hat{\imath}[X]\times\hat{\imath}[X]), \hat{\hat{d}}\restriction(\hat{\hat{\imath}}[X]\times\hat{\hat{\imath}}[X])\big)$-Isometrie und läßt gem. 3.2-1.1 genau eine $\big(\hat{d}, \hat{\hat{d}}\restriction(I[\hat{X}] \times I[\hat{X}])\big)$-Isometrie I als Fortsetzung zu. Wegen $I\circ\hat{\imath} = \hat{\hat{\imath}}$, $\big(I[\hat{X}], \hat{\hat{d}}\restriction(I[\hat{X}]\times I[\hat{X}])\big)$ vollständig, also $I[\hat{X}] \in \alpha_{\tau_{\hat{\hat{d}}}}$ gem. 3.1-8 (b), folgt aus $I[\hat{X}] \supseteq I\big[\hat{\imath}[X]\big] = \hat{\hat{\imath}}[X]$ auch

$$I[\hat{X}] \supseteq \overline{\hat{\hat{\imath}}[X]}^{\tau_{\hat{\hat{d}}}} = \hat{\hat{X}}.$$

$I : \hat{X} \longrightarrow \hat{\hat{X}}$ ist daher surjektiv. □

In Anbetracht von 3.2-2 ist es im Rahmen der Theorie metrischer Räume unwichtig, welches konkrete Modell als Vervollständigung erkannt und verwendet wird. Will man jedoch im zu vervollständigenden Raum sinnvoll zu verwendende Eigenschaften (punktweise bzw. gleichmäßige Konvergenz von Folgen, Differenzierbarkeit, Integrierbarkeit usw. beispielsweise in $(C_{\mathbb{R}}([a,b]), d_q)$ für $q \in \mathbb{R}$, $q \geq 1$; vgl. (3.1,2) (d)) auch in der Vervollständigung analog behandeln können, so genügt die in dieser Hinsicht strukturarme Theorie der metrischen Räume meistens nicht, und die Kenntnis spezieller Vervollständigungen (beispielsweise wieder als Funktionenraum wie in (3.2,1) (c), (3.2,2)) ist von überaus großer Bedeutung.

Hier wird zunächst nur die Existenz von Vervollständigungen einheitlich nachgewiesen.

Satz 3.2-3 (Vervollständigungssatz von Hausdorff für metrische Räume, 1914)
Jeder metrische Raum (X,d) besitzt eine Vervollständigung $((\hat{X},\hat{d}),\hat{\imath})$.

Beweis
Gem. (3.1,2) (c) ist $(C_{\mathrm{b}}(X,\mathbb{R}), d_\infty)$ ein vollständiger metrischer Raum. Man wähle

ein $x_0 \in X$ und setze

$$\hat{\imath} : \begin{cases} X \longrightarrow C_{\mathrm{b}}(X, \mathbb{R}) \\ x \longmapsto (y \mapsto d(x, y) - d(x_0, y)). \end{cases}$$

$\hat{\imath}$ ist wohldefiniert ⟦ Für jedes $x \in X$ ist $\hat{\imath}(x)$ wegen 1.2-1 (b), 1.2-2 (b), (c) und 2.4-1.3 stetig, die Beschränktheit folgt aus $|\hat{\imath}(x)(y)| = |d(x, y) - d(x_0, y)| \leq d(x, x_0)$ gem. 1.1, A 6. ⟧ und eine $\big(d, d_\infty \restriction (\hat{\imath}[X] \times \hat{\imath}[X])\big)$-Isometrie:

Für alle x, $x' \in X$ gilt

$$\begin{aligned} d_\infty(\hat{\imath}(x), \hat{\imath}(x')) &= \|\hat{\imath}(x) - \hat{\imath}(x')\|_\infty = \sup\{\, |\hat{\imath}(x)(y) - \hat{\imath}(x')(y)| \mid y \in X \,\} \\ &= \sup\{\, |d(x, y) - d(x_0, y) - (d(x', y) - d(x_0, y))| \mid y \in X \,\} \\ &= \sup\{\, |d(x, y) - d(x', y)| \mid y \in X \,\} \\ &= d(x, x') \end{aligned}$$

⟦ $|d(x, y) - d(x', y)| \leq d(x, x')$ und „=“ für $y = x'$ ⟧. Mit $\hat{X} := \overline{\hat{\imath}[X]}^{\mathcal{T}_{d_\infty}}$,

$$\hat{d} : \begin{cases} \hat{X} \times \hat{X} \longrightarrow \mathbb{R}^+ \\ (f, g) \longmapsto d_\infty(f, g) \end{cases}$$

erhält man gem. 3.1-8 (a) eine Vervollständigung $((\hat{X}, \hat{d}), \hat{\imath})$ von (X, d). □

Dieser Beweis von 3.2-3 läßt sich nicht sinngemäß zur Konstruktion einer Vervollständigung pseudometrischer Räume verwenden, denn $\hat{\imath}$ ist in dieser Situation i. a. nicht injektiv, also keine Isometrie.

Satz 3.2-4 (Vervollständigungssatz von Hausdorff für pseudometrische Räume)
Jeder pseudometrische Raum (X, d) besitzt eine Vervollständigung $((\hat{X}, \hat{d}), \hat{\imath})$.

Beweis
Es sei $\hat{X} := \{\, (x_j)_j \in X^{\mathbb{N}} \mid (x_j)_j \text{ Cauchy-Folge in } (X, d) \,\}$ und

$$\hat{d} : \begin{cases} \hat{X} \times \hat{X} \longrightarrow \mathbb{R}^+ \\ ((x_j)_j, (x'_j)_j) \longmapsto \lim_j d(x_j, x'_j) \end{cases}$$

⟦ $\hat{d}$ ist wohldefiniert, denn wegen $|d(x_j, x'_j) - d(x_k, x'_k)| \leq d(x_j, x_k) + d(x'_j, x'_k)$ ist $(d(x_j, x'_j))_j$ eine Cauchy-Folge in $(\mathbb{R}, d_{|\,|})$ ⟧. $(\hat{X}, \hat{d})$ ist ein pseudometrischer Raum: $\hat{d} \geq 0$, $\hat{d}\big((x_j)_j, (x_j)_j\big) = 0$ und $\hat{d}\big((x_j)_j, (x'_j)_j\big) = \hat{d}\big((x'_j)_j, (x_j)_j\big)$ sind unmittelbar aus der Definition von $\hat{d}$ zu ersehen, die Dreiecksungleichung gilt ebenfalls, denn $\hat{d}\big((x_j)_j, (x'_j)_j\big) = \lim_j d(x_j, x'_j) \leq \lim_j d(x_j, x''_j) + \lim_j d(x''_j, x'_j) = \hat{d}\big((x_j)_j, (x''_j)_j\big) + \hat{d}\big((x''_j)_j, (x'_j)_j\big)$.

Schließlich definiere man noch

$$\hat{\imath} : \begin{cases} X \longrightarrow \hat{X} \\ x \longmapsto (x)_{j\in\mathbb{N}}. \end{cases}$$

$\hat{\imath}$ ist (wohldefiniert, injektiv und) $\big(d, \hat{d}\restriction(\hat{\imath}[X] \times \hat{\imath}[X])\big)$-Isometrie $[\![\, \hat{d}(\hat{\imath}(x), \hat{\imath}(x')) = \hat{d}((x)_j, (x')_j) = \lim_j d(x, x') = d(x, x')]\!]$ und $\overline{\hat{\imath}[X]}^{\mathcal{T}_{\hat{d}}} = \hat{X}$: Sei $(x_j)_j \in \hat{X}$, $\varepsilon > 0$. Man wähle $j_\varepsilon \in \mathbb{N}$ mit $d(x_j, x_k) < \varepsilon/2$ für alle j, $k \geq j_\varepsilon$. Es folgt $\hat{d}\big(\hat{\imath}(x_{j_\varepsilon}), (x_k)_k\big) = \lim_k d(x_{j_\varepsilon}, x_k) \leq \varepsilon/2 < \varepsilon$, also $\hat{\imath}(x_{j_\varepsilon}) \in K_\varepsilon^{\hat{d}}((x_j)_j)$.

$((\hat{X}, \hat{d}), \hat{\imath})$ ist Vervollständigung von (X, d), sofern $(\hat{X}, \hat{d})$ vollständig ist.

Gem. 3.1, A 12 sei $(\hat{\imath}(x_j))_j \in \hat{\imath}[X]^{\mathbb{N}}$ eine Cauchy-Folge in $(\hat{X}, \hat{d})$. Dann ist $(x_j)_j$ eine Cauchy-Folge in (X, d), gehört also zu $\hat{X}$ $[\![\, d(x_j, x_k) = \hat{d}(\hat{\imath}(x_j), \hat{\imath}(x_k))$, da $\hat{\imath}$ Isometrie ist.$]\!]$, und es gilt $(\hat{\imath}(x_j))_j \rightarrow_{\hat{d}} (x_j)_j$: Zu $\varepsilon > 0$ wähle man $j_\varepsilon \in \mathbb{N}$ so, daß $d(x_j, x_k) < \varepsilon/2$ für alle j, $k \geq j_\varepsilon$ erfüllt ist. Es folgt für jedes $k \geq j_\varepsilon$: $\hat{d}(\hat{\imath}(x_k), (x_j)_j) = \lim_j d(x_k, x_j) \leq \varepsilon/2 < \varepsilon$. □

Vervollständigungen $((\hat{X}, \hat{d}), \hat{\imath})$ pseudometrischer Räume (X, d) sind als universelle Objekte für (X, d) unter allen vollständigen pseudometrischen Räumen (Y, e) anzusehen, gem. 3.2-1 läßt sich nämlich jede (d, e)-gleichmäßig stetige Funktion $f : X \longrightarrow Y$ $(\hat{d}, e)$-gleichmäßig stetig auf $\hat{X}$ „fortsetzen“:

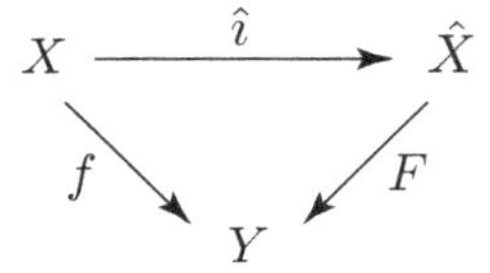

Korollar 3.2-4.1

(Y, e) sei ein pseudometrischer Raum.

Äq *(i)* *(Y, e) vollständig*

(ii) *Für jeden pseudometrischen Raum (X, d), jede dichte Teilmenge $S \subseteq X$, $\overline{S}^{\mathcal{T}_d} = X$, jede $(d\restriction(S \times S), e)$-gleichmäßig stetige Funktion $f : S \longrightarrow Y$ gibt es eine (d, e)-gleichmäßig stetige Fortsetzung $F : X \longrightarrow Y$ von f.*

Beweis

(i) ⇒ (ii) ist gerade 3.2-1.

(ii) ⇒ (i) Gem. 3.2-4 sei $((\hat{Y}, \hat{e}), \hat{\imath})$ eine Vervollständigung von (Y, e). $S := \hat{\imath}[Y]$ ist dicht in $(\hat{Y}, \mathcal{T}_{\hat{e}})$ und $\hat{\imath}^{-1} : \hat{\imath}[Y] \longrightarrow Y$ eine $\big(\hat{e}\restriction(\hat{\imath}[Y] \times \hat{\imath}[Y]), e\big)$-Isometrie, insbesondere also gleichmäßig stetig. Sei $F : \hat{Y} \longrightarrow Y$ eine $(\hat{e}, e)$-gleichmäßig stetige Fortsetzung von $\hat{\imath}^{-1}$ und $(y_j)_j$ eine Cauchy-Folge in (Y, e). Dann ist $(\hat{\imath}(y_j))_j$ Cauchy-Folge in

$(\hat{Y}, \hat{e})$, also konvergent, etwa $(\hat{\imath}(y_j))_j \to_{\hat{e}} \xi$ für ein $\xi \in \hat{Y}$ und damit $\big(F(\hat{\imath}(y_j))\big)_j$ konvergent gegen $F(\xi)$. Wegen $F\restriction\hat{\imath}[Y] = \hat{\imath}^{-1}$ erhält man $(y_j)_j \to_e F(\xi)$. □

Man beachte, daß die Konstruktion der Vervollständigungen sowohl in 3.2-3 als auch in 3.2-4 mit Hilfe der Vollständigkeit des Raums der reellen Zahlen erfolgt ist! In der Vervollständigung $((\hat{X}, \hat{d}), \hat{\imath})$ eines metrischen Raums (X, d) als pseudometrischer Raum gem. 3.2-4 ist $\hat{d}$ i. a. keine Metrik ⟦ A 1 ⟧, $((\hat{X}, \hat{d}), \hat{\imath})$ liefert also in diesem Fall noch keine Vervollständigung im Sinn der Definition. Die Vervollständigung (wegen 3.2-2) kann jedoch mit dem zu $(\hat{X}, \hat{d})$ assoziierten metrischen Raum $\big(\hat{X}/_R, \hat{d}_R\big)$ (vgl. 2.4, A 26) und der Isometrie $\pi_R \circ \hat{\imath}$ angegeben werden (s. A 2).

Der normierte $\mathbb{C}$-Vektorraum $(C_{\mathrm{bb}}(X), \|\ \|_\infty)$ ist für pseudometrische Räume (X, d) i. a. *kein* Banach-Raum ⟦ 3.1, A 23 ⟧, der metrische Raum $\big(C_{\mathrm{bb}}(X), d_{\|\ \|_\infty}\big)$ besitzt daher gem. 3.2-4 i. a. eine echte Vervollständigung $\big((\widehat{C_{\mathrm{bb}}(X)}, \widehat{d_{\|\ \|_\infty}}), \hat{\imath}\big)$. In diesem Fall kann $\widehat{C_{\mathrm{bb}}(X)}$ als Menge von Funktionen auf X gewählt werden, genauer:

Beispiel (3.2,2)

Es sei (X, d) ein pseudometrischer Raum und

$$C_{\mathrm{ab}}(X) := \{\, f \in C_{\mathrm{b}}(X) \mid \forall\, \varepsilon > 0\ \exists\, A \in \alpha_{\tau_d}: \quad A\ d\text{-beschränkt und}\ \forall\, x \in X\backslash A\colon\ |f(x)| < \varepsilon \,\}$$

die Menge der *„im Unendlichen verschwindenden"* komplexwertigen, stetigen, beschränkten Funktionen auf X.

$(C_{\mathrm{ab}}(X), \|\ \|_\infty)$ ist ein Banach-Raum:

Seien $f, g \in C_{\mathrm{ab}}(X)$, $z \in \mathbb{C}$, $\varepsilon > 0$, $A_f, A_g \in \alpha_{\tau_d}$ d-beschränkt mit

$$\forall\, x \in X\backslash A_f\colon\ |f(x)| < \min\Big\{\frac{\varepsilon}{2}, \frac{\varepsilon}{|z|+1}\Big\} \quad \text{und} \quad \forall\, x \in X\backslash A_g\colon\ |g(x)| < \frac{\varepsilon}{2}.$$

Dann ist $A_f \cup A_g \in \alpha_{\tau_d}$ d-beschränkt ⟦ 1.1, A 23 ⟧, und für jedes $x \in X\backslash(A_f \cup A_g)$ gilt $|(f+g)(x)| \le |f(x)| + |g(x)| < \varepsilon$ und $|(zf)(x)| = |z|\,|f(x)| < \varepsilon$. Es folgt $f + g$, $zf \in C_{\mathrm{ab}}(X)$, $(C_{\mathrm{ab}}(X), \|\ \|_\infty)$ ist ein normierter $\mathbb{C}$-Vektorraum.

Sei $(f_j)_j$ eine Cauchy-Folge in $\big(C_{\mathrm{ab}}(X), d_{\|\ \|_\infty}\big)$, $g \in C_{\mathrm{b}}(X)$ mit $(f_j)_j \to_{\|\ \|_\infty} g$ und $\varepsilon > 0$. Man wähle ein $j_\varepsilon \in \mathbb{N}$ mit $\|f_{j_\varepsilon} - g\|_\infty < \varepsilon/2$ und zu f_{j_ε} eine d-beschränkte Menge $A_\varepsilon \in \alpha_{\tau_d}$, für die

$$\forall\, x \in X\backslash A_\varepsilon\colon\ |f_{j_\varepsilon}(x)| < \frac{\varepsilon}{2}$$

gilt. Für jedes $x \in X\backslash A_\varepsilon$ ist dann

$$|g(x)| \le |g(x) - f_{j_\varepsilon}(x)| + |f_{j_\varepsilon}(x)| \le \|g - f_{j_\varepsilon}\|_\infty + \frac{\varepsilon}{2} < \varepsilon,$$

also gehört g zu $C_{\mathrm{ab}}(X)$. $\big(C_{\mathrm{ab}}(X), d_{\|\ \|_\infty}\big)$ ist daher auch vollständig.

$\big((C_{\mathrm{ab}}(X), d_{\|\ \|_\infty}), \mathrm{id}_{C_{\mathrm{bb}}(\mathbb{R})}\big)$ ist Vervollständigung von $\big(C_{\mathrm{bb}}(X), d_{\|\ \|_\infty}\big)$:

Nachzuprüfen ist nur noch $\overline{C_{\mathrm{bb}}(X)}^{\tau_{\| \|_\infty}} = C_{\mathrm{ab}}(X)$. Sei also $f \in C_{\mathrm{ab}}(X)$ und $\varepsilon > 0$, $A_\varepsilon \in \alpha_{\tau_d} \backslash \{\emptyset\}$ d-beschränkt mit

$$\forall\, x \in X \backslash A_\varepsilon\colon\ |f(x)| < \frac{\varepsilon}{2}.$$

Gem. Urysohnschem Lemma 2.5-10 gibt es ein $g_\varepsilon \in C(X,[0,1])$, $g_\varepsilon[A_\varepsilon] = \{1\}$, $g_\varepsilon\big[X \backslash K^d_\varepsilon(A_\varepsilon)\big] = \{0\}$, also ist $\operatorname{Tr} g_\varepsilon \subseteq \overline{K^d_\varepsilon(A_\varepsilon)}^{\tau_d} \subseteq \widetilde{K}^d_{2\varepsilon}(A_\varepsilon)$ d-beschränkt. Es folgt $fg_\varepsilon \in C_{\mathrm{bb}}(X)$ $[\![\operatorname{Tr}(fg_\varepsilon) \subseteq \operatorname{Tr} g_\varepsilon$ gem. 2.5, A 12 (a)$]\!]$ und $\|f - fg_\varepsilon\|_\infty < \varepsilon$ $[\![$Für $x \in A_\varepsilon$ ist $|f(x) - fg_\varepsilon(x)| = 0$ und für $x \in X \backslash A_\varepsilon$ gilt $|f(x) - fg_\varepsilon(x)| \leq |f(x)| + |f(x)|\,|g_\varepsilon(x)| \leq 2|f(x)| < \varepsilon\,]\!]$.

Das vorstehende Beispiel zeigt insbesondere, daß die Vervollständigung

$$\big((\widehat{C_{\mathrm{bb}}(X)}, \widehat{d_{\| \|_\infty}}), \mathrm{id}_{C_{\mathrm{bb}}(X)}\big)$$

für den normierten $\mathbb{C}$-Vektorraum $(C_{\mathrm{bb}}(X), \| \|_\infty)$ durch einen vollständigen normierten Raum (nämlich $(C_{\mathrm{ab}}(X), \| \|_\infty)$) und eine $\mathbb{C}$-lineare Isometrie (nämlich $\mathrm{id}_{C_{\mathrm{bb}}(X)}$) zu erhalten ist. Diese Möglichkeit besteht bei jedem normierten K-Vektorraum (3.2-7; für halbnormierte Räume entsprechend 3.2-6). In Analogie zur Vervollständigung (pseudo)metrischer Räume definiert man daher Vervollständigungen von halbnormierten K-Vektorräumen:

Definition

(V, N), $(\hat{V}, \hat{N})$ seien (halb)normierte K-Vektorräume, $K \in \{\mathbb{R}, \mathbb{C}\}$, $\hat{\imath} : V \longrightarrow \hat{V}$ K-linearer Monomorphismus.

$\big((\hat{V}, \hat{N}), \hat{\imath}\big)$ *Vervollständigung* (auch *Komplettierung*) von (V, N) :gdw
$(\hat{V}, d_{\hat{N}})$ vollständig, $\overline{\hat{\imath}[V]}^{\tau_{\hat{N}}} = \hat{V}$ und $\hat{\imath}$ $(N, \hat{N})$-(halb)normerhaltend

Man beachte wieder, daß $(\hat{V}, \hat{N})$ für normierte Räume (V, N) ein Banach-Raum sein soll!

Satz 3.2-5 (Vervollständigung normierter Räume: Eindeutigkeit)

(V, N), $(\hat{V}, \hat{N})$, $(\hat{\hat{V}}, \hat{\hat{N}})$ seien normierte K-Vektorräume, $K \in \{\mathbb{R}, \mathbb{C}\}$, $((\hat{V}, \hat{N}), \hat{\imath})$ und $\big((\hat{\hat{V}}, \hat{\hat{N}}), \hat{\hat{\imath}}\big)$ Vervollständigungen von (V, N). Es gibt genau einen K-linearen Isomorphismus $I : \hat{V} \longrightarrow \hat{\hat{V}}$, der $(\hat{N}, \hat{\hat{N}})$-normerhaltend ist und $I \circ \hat{\imath} = \hat{\hat{\imath}}$ erfüllt.

Beweis

$((\hat{V}, d_{\hat{N}}), \hat{\imath})$ und $\big((\hat{\hat{V}}, d_{\hat{\hat{N}}}), \hat{\hat{\imath}}\big)$ sind Vervollständigungen von (V, d_N). Gem. 3.2-2 existiert genau eine $(d_{\hat{N}}, d_{\hat{\hat{N}}})$-Isometrie $I : \hat{V} \longrightarrow \hat{\hat{V}}$ mit $I \circ \hat{\imath} = \hat{\hat{\imath}}$. I ist K-linear:

Für jedes $k \in K$ ist

$$I_k : \begin{cases} \hat{V} \longrightarrow \hat{\hat{V}} \\ x \longmapsto I(kx) - kI(x) \end{cases}$$

$(\tau_{\hat{N}}, \tau_{\hat{\hat{N}}})$-stetig und $I_k \restriction \hat{\imath}[V] = 0$ $[\![\, I \circ \hat{\imath} = \hat{\hat{\imath}}$ ist K-linear auf $V\,]\!]$. Da auch die konstante Funktion 0 $\left(\tau_{\hat{N}}, \tau_{\hat{\hat{N}}}\right)$-stetig ist, folgt mit 2.5-9.1 (b) wegen $\overline{\hat{\imath}[V]}^{\tau_{\hat{N}}} = \hat{V}$ auch $I_k = 0$, d. h. für jedes $x \in \hat{V}$ gilt $I(kx) = kI(x)$. Da

$$I_+ : \begin{cases} \hat{V} \times \hat{V} \longrightarrow \hat{\hat{V}} \\ (x, x') \longmapsto I(x + x') - I(x) - I(x') \end{cases}$$

$(\tau_{\hat{N}} \times \tau_{\hat{N}}, \tau_{\hat{\hat{N}}})$-stetig und $I_+ \restriction (\hat{\imath}[V] \times \hat{\imath}[V]) = 0$ ist $[\![\, I_+(\hat{\imath}(v), \hat{\imath}(v')) = I(\hat{\imath}(v) + \hat{\imath}(v')) - I(\hat{\imath}(v)) - I(\hat{\imath}(v')) = I(\hat{\imath}(v + v')) - I(\hat{\imath}(v)) - I(\hat{\imath}(v')) = \hat{\hat{\imath}}(v + v') - \hat{\hat{\imath}}(v) - \hat{\hat{\imath}}(v') = 0$ für alle $v, v' \in V\,]\!]$, folgt wiederum mit 2.5-9.1 (b) wegen $\overline{\hat{\imath}[V] \times \hat{\imath}[V]}^{\tau_{\hat{N}} \times \tau_{\hat{N}}} = \hat{V} \times \hat{V}$ auch $I_+ = 0$, d. h. $I(x + x') = I(x) + I(x')$ für alle $x, x' \in \hat{V}$.

Der Anmerkung an 2.4-5 (Seite 106) zufolge ist I $\left(\hat{N}, \hat{\hat{N}}\right)$-normerhaltend. □

Satz 3.2-6 (Vervollständigungen halbnormierter Räume: Existenz)

Jeder halbnormierte K-Vektorraum (V, N), $K \in \{\mathbb{R}, \mathbb{C}\}$, besitzt eine Vervollständigung $((\hat{V}, \hat{N}), \hat{\imath})$.

Beweis

Es sei $\left(\left(\hat{V}, \widehat{d_N}\right), \hat{\imath}\right)$ die in 3.2-4 konstruierte Vervollständigung des pseudometrischen Raums (V, d_N), also

$$\hat{V} = \{\, (v_j)_j \in V^{\mathbb{N}} \mid (v_j)_j \text{ Cauchy-Folge in } (V, d_N) \,\},$$

$$\hat{\imath} : \begin{cases} V \longrightarrow \hat{V} \\ v \longmapsto (v)_j \end{cases} \quad \text{und} \quad \widehat{d_N} : \begin{cases} \hat{V} \times \hat{V} \longrightarrow \mathbb{R}^+ \\ ((v_j)_j, (w_j)_j) \longmapsto \lim_j d_N(v_j, w_j). \end{cases}$$

Für alle Cauchy-Folgen $(v_j)_j$, $(w_j)_j$ in (V, d_N), jedes $k \in K$ sind auch

$$(v_j)_j + (w_j)_j = (v_j + w_j)_j \quad \text{und} \quad k(v_j)_j = (kv_j)_j$$

Cauchy-Folgen in (V, d_N), $\hat{V}$ ist daher ein K-Vektorraum (Untervektorraum von $V^{\mathbb{N}}$ mit koordinatenweiser Addition und Skalarmultiplikation!) $[\![\, d_N(v_j + w_j, v_i + w_i) = N(v_j + w_j - v_i - w_i) \leq N(v_j - v_i) + N(w_j - w_i) = d_N(v_j, v_i) + d_N(w_j, w_i)$ und $d_N(kv_j, kv_i) = N(kv_j - kv_i) = |k|N(v_j - v_i) = |k|d_N(v_j, v_i)\,]\!]$.

$\hat{\imath}$ ist K-linearer Monomorphismus $[\![\, \hat{\imath}$ ist nach Voraussetzung injektiv, und selbstverständlich gilt $\hat{\imath}(kv + lw) = (kv + lw)_j = k(v)_j + l(w)_j$ für alle $k, l \in K$, $v, w \in V.\,]\!]$.

Man definiere

$$\hat{N} : \begin{cases} \hat{V} \longrightarrow \mathbb{R}^+ \\ (v_j)_j \longmapsto \widehat{d_N}((v_j)_j, (0)_j) \; (= \lim_j N(v_j)). \end{cases}$$

$\hat{N}$ ist eine Halbnorm auf $\hat{V}$ und $\hat{\imath}$ $(N, \hat{N})$-halbnormerhaltend:

$$\hat{N}(k(v_j)_j) = \lim_j N(kv_j) = |k| \lim_j N(v_j) = |k|\hat{N}((v_j)_j),$$

$$\begin{aligned} \hat{N}((v_j)_j + (w_j)_j) &\leq \lim_j (N(v_j) + N(w_j)) = \lim_j N(v_j) + \lim_j N(w_j) \\ &= \hat{N}((v_j)_j) + \hat{N}((w_j)_j) \end{aligned}$$

und

$$\hat{N}(\hat{\imath}(v)) = \hat{N}((v)_j) = \lim_j N(v) = N(v).$$

Schließlich gilt auch $d_{\hat{N}} = \widehat{d_N}$:

$$\begin{aligned} d_{\hat{N}}((v_j)_j, (w_j)_j) &= \hat{N}((v_j - w_j)_j) = \lim_j N(v_j - w_j) = \lim_j d_N(v_j, w_j) \\ &= \widehat{d_N}((v_j)_j, (w_j)_j). \end{aligned}$$

Es folgt

$$\hat{V} = \overline{\hat{\imath}[V]}^{\tau_{\widehat{d_N}}} = \overline{\hat{\imath}[V]}^{\tau_{\hat{N}}}.$$

□

Satz 3.2-7 (Vervollständigung normierter Räume: Existenz)

Jeder normierte K-Vektorraum $(V, \| \, \|)$, $K \in \{\mathbb{R}, \mathbb{C}\}$, besitzt eine Vervollständigung.

Beweis

$\big((\hat{V}, \widehat{\| \, \|}), \hat{\imath}\big)$ sei eine Vervollständigung des halbnormierten K-Vektorraums $(V, \| \, \|)$ ⟦3.2-6⟧, $A := \{ x \in \hat{V} \mid \|\hat{x}\| = 0 \} = \mathrm{Ker}\, \widehat{\| \, \|}$ und $\big(\hat{V}/_A, \widehat{\| \, \|}_A\big)$ der zu $\big(\hat{V}, \widehat{\| \, \|}\big)$ assoziierte normierte K-Vektorraum ⟦vgl. 1.1-6 (d)⟧. Gem. 3.1, A 19 (b) ist $\big(\hat{V}/_A, \widehat{\| \, \|}_A\big)$ ein Banach-Raum. Weiter gilt

$$\hat{V}/_A = \pi_{R_A}[\hat{V}] = \pi_{R_A}\Big[\overline{\hat{\imath}[V]}^{\tau_{\widehat{\| \|}}}\Big] \subseteq \overline{\pi_{R_A}[\hat{\imath}[V]]}^{\tau_{\widehat{\| \|}_A}}$$

⟦π_{R_A} ist $\big(\tau_{\widehat{\| \|}}, \tau_{\widehat{\| \|}}/R_A\big)$-stetig, $\tau_{\widehat{\| \|}}/R_A = \tau_{\widehat{\| \|}_A}$ gem. 2.4, A 27 (a)⟧, $\pi_{R_A} \circ \hat{\imath}[V]$ ist also dicht in $\big(\hat{V}/_A, \tau_{\widehat{\| \|}_A}\big)$.

$\pi_{R_A} \circ \hat{\imath}$ ist ein $\big(\| \, \|, \widehat{\| \, \|}_A\big)$-normerhaltender K-linearer Monomorphismus:
Mit π_{R_A} ist auch $\pi_{R_A} \circ \hat{\imath}$ K-linear. $\pi_{R_A} \circ \hat{\imath}(v) = \pi_{R_A} \circ \hat{\imath}(v')$, d. h. $\hat{\imath}(v) - \hat{\imath}(v') \in A$, also $0 = \|\widehat{\hat{\imath}(v) - \hat{\imath}(v')}\| = \|\widehat{\hat{\imath}(v - v')}\| = \|v - v'\|$ ergibt $v = v'$, also die Injektivität

von $\pi_{R_A} \circ \hat{\imath}$. Schließlich ist $\left\|\widehat{\pi_{R_A} \circ \hat{\imath}(v)}\right\|_A = \widehat{\|\hat{\imath}(v)\|} = \|v\|$ gem. 1.1-6 (d) (ii), $\left((\hat{V}/_A, \widehat{\|\;\|}_A), \pi_{R_A} \circ \hat{\imath}\right)$ somit Vervollständigung des normierten K-Vektorraums $(V, \|\;\|)$. □

Beispiel (3.2,3)

Für $a, b \in \mathbb{R}$, $a < b$, ist der normierte $\mathbb{R}$-Vektorraum $(C_{\mathbb{R}}([a,b]), \|\;\|_1)$ kein Banach-Raum ⟦(3.1,2) (d)⟧, besitzt also gem. 3.2-6 insbesondere als halbnormierter Vektorraum eine echte Vervollständigung $\left((\widehat{C_{\mathbb{R}}([a,b])}, \widehat{\|\;\|_1}), \hat{\imath}\right)$. In (3.1,2) (d) wurde aus der Annahme, $\left(C_{\mathbb{R}}([a,b]), d_{\|\;\|_1}\right)$ sei vollständig, gefolgert, daß für jedes $c \in\,]a,b[$ die Funktion $\chi_{[c,b]}$ als $d_{\|\;\|_1}$-Limes einer Cauchy-Folge in $\left(C_{\mathbb{R}}([a,b]), d_{\|\;\|_1}\right)$ vorkommt. Als stückweise stetige Funktion ist $\chi_{[c,b]}$ Riemann-integrierbar [32, Satz 6.10]. Zunächst ist daher die Vermutung naheliegend, daß

$$\left((\widehat{C_{\mathbb{R}}([a,b])}, \widehat{\|\;\|_1}), \hat{\imath}\right) = \left((R([a,b]), \|\;\|_1), \mathrm{id}_{C_{\mathbb{R}}([a,b])}\right)$$

gewählt werden kann, wobei $R([a,b])$ der $\mathbb{R}$-Vektorraum aller auf $[a,b]$ Riemann-integrierbaren Funktionen und $\|\;\|_1$ die durch $\|f\|_1 := \int_a^b |f|(x)\,\mathrm{d}x$ auf $R([a,b])$ definierte Halbnorm ist [32, Sätze 6.12 a), b), 6.13 b), 6.8]. Es gilt jedoch

$\left(R([a,b]), d_{\|\;\|_1}\right)$ ist *nicht* vollständig:

Für jedes $j \in \mathbb{N}$ sei $F_j := \{ f \in R([a,b]) \mid |f| \leq j+1 \}$, also $R([a,b]) = \bigcup_{j\in\mathbb{N}} F_j$ ⟦Riemann-integrierbare Funktionen sind laut Definition beschränkt.⟧.

Annahme: $\exists\, j \in \mathbb{N}\colon\ \left(\overline{F_j}^{\tau_{\|\;\|_1}}\right)^{\circ_{\tau_{\|\;\|_1}}} \neq \emptyset$.

Sei $h \in R([a,b])$, $\varepsilon \in\,]0, b-a[$ mit $K_\varepsilon^{d_{\|\;\|_1}}(h) \subseteq \overline{F_j}^{\tau_{\|\;\|_1}}$. Da h von F_j den $d_{\|\;\|_1}$-Abstand Null hat ⟦2.1, A 7 (a)⟧, gibt es ein $g \in R([a,b])$ mit $|g| \leq j+1$ und $d_{\|\;\|_1}(g,h) < \varepsilon/2$. Man wähle ein Teilintervall I in $[a,b]$ der Länge $\frac{\varepsilon}{2(2j+3)}$ und setze $f := g + (2j+3)\chi_I$. Dann ist $f \in K_\varepsilon^{d_{\|\;\|_1}}(h) \subseteq \overline{F_j}^{\tau_{\|\;\|_1}}$ ⟦$d_{\|\;\|_1}(g,f) = \|g-f\|_1 = \|(2j+3)\chi_I\|_1 = \varepsilon/2 \Longrightarrow d_{\|\;\|_1}(f,h) \leq d_{\|\;\|_1}(f,g) + d_{\|\;\|_1}(g,h) < \varepsilon$⟧, der $d_{\|\;\|_1}$-Abstand von f zu F_j ist daher Null. Dagegen erhält man für jedes $\varphi \in F_j$

$$\forall\, x \in I\colon\ |f(x) - \varphi(x)| \geq 1$$

⟦$|f(x) - \varphi(x)| \geq |f(x)| - |\varphi(x)| \geq 2j+3 - |g(x)| - (j+1) = j+2-|g(x)| \geq 1$⟧, also $d_{\|\;\|_1}(f,\varphi) = \int_a^b |f-\varphi|(x)\,\mathrm{d}x \geq \int_I 1\,\mathrm{d}x = \frac{\varepsilon}{2(2j+3)}$ [32, Satz 6.12 b), c)]. Der $d_{\|\;\|_1}$-Abstand von f zu F_j ist folglich wenigstens $\frac{\varepsilon}{2(2j+3)} > 0$. ↯

$(F_j)_j$ ist somit eine Folge nirgendsdichter Teilmengen, $R([a,b])$ also eine Menge 1. Kategorie in $\left(R([a,b]), \tau_{\|\;\|_1}\right)$. Gem. Baireschem Kategoriesatz 3.1-5.1 kann $\left(R([a,b]), d_{\|\;\|_1}\right)$ nicht vollständig sein.

Anmerkung: Durch Erweiterung des Integralbegriffs zum Lebesgue-Integral (s. Kapitel 5) kann eine Vervollständigung des normierten $\mathbb{R}$-Vektorraums $(C_{\mathbb{R}}([a,b]), \|\;\|_1)$ in der Form $((L^1([a,b]), \|\;\|_1), \hat{\imath})$ mit einem „Funktionenraum" $L^1([a,b])$ und einer „Integralnorm" $\|\;\|_1$ angegeben werden (s. (5.4,5)). Für $(C_{\mathbb{R}}([a,b]), \|\;\|_q)$, $q \in \mathbb{R}$, $q \geq 1$, führen analoge Überlegungen zum entsprechenden Ergebnis.

Ist die (Halb-)Norm N des zu vervollständigenden (halb)normierten K-Vektorraums (V, N) durch ein (Halb-)Skalarprodukt auf V induziert, so kann in der Vervollständigung $((\hat{V}, \hat{N}), \hat{\imath})$ auch $\hat{N}$ durch ein (Halb-)Skalarprodukt induziert werden (3.2-9, 3.2-9.1).

Definition

$(V, \langle\ \rangle)$, $(\hat{V}, \widehat{\langle\ \rangle})$ seien mit (Halb-)Skalarprodukten versehene K-Vektorräume und $\hat{\imath} : V \longrightarrow \hat{V}$ K-linearer Monomorphismus.

$$((\hat{V}, \widehat{\langle\ \rangle}), \hat{\imath}) \textit{ Vervollständigung } \text{(auch } \textit{Komplettierung}\text{) von } (V, \langle\ \rangle) \quad \text{:gdw}$$
$$(\hat{V}, d_{\widehat{\langle\rangle}}) \text{ vollständig, } \overline{\hat{\imath}[V]}^{\tau\widehat{\langle\rangle}} = \hat{V},\ \hat{\imath}\ (\langle\ \rangle, \widehat{\langle\ \rangle})\text{-(halb)skalarprodukterhaltend}$$

Man beachte auch hier, daß $(\hat{V}, \widehat{\langle\ \rangle})$ für Prähilberträume $(V, \langle\ \rangle)$ ebenfalls ein Prähilbertraum sein soll!

Satz 3.2-8 (Vervollständigung von Prähilberträumen: Eindeutigkeit)
$(V, \langle\ \rangle)$, $(\hat{V}, \widehat{\langle\ \rangle})$, $(\hat{\hat{V}}, \hat{\widehat{\langle\ \rangle}})$ seien Prähilberträume über K, $K \in \{\mathbb{R}, \mathbb{C}\}$, $((\hat{V}, \widehat{\langle\ \rangle}), \hat{\imath})$ und $((\hat{\hat{V}}, \hat{\widehat{\langle\ \rangle}}), \hat{\hat{\imath}})$ Vervollständigungen von $(V, \langle\ \rangle)$. Es gibt genau einen $(\widehat{\langle\ \rangle}, \hat{\widehat{\langle\ \rangle}})$-skalarprodukterhaltenden K-linearen Isomorphismus $I : \hat{V} \longrightarrow \hat{\hat{V}}$ mit $I \circ \hat{\imath} = \hat{\hat{\imath}}$.

Beweis
$((\hat{V}, \|\ \|_{\widehat{\langle\rangle}}), \hat{\imath})$ und $((\hat{\hat{V}}, \|\ \|_{\hat{\widehat{\langle\rangle}}}), \hat{\hat{\imath}})$ sind Vervollständigungen des normierten K-Vektorraums $(V, \|\ \|_{\langle\ \rangle})$. Gem. 3.2-5 gibt es genau einen K-linearen Isomorphismus $I : \hat{V} \longrightarrow \hat{\hat{V}}$, der $(\|\ \|_{\widehat{\langle\rangle}}, \|\ \|_{\hat{\widehat{\langle\rangle}}})$-normerhaltend ist und $I \circ \hat{\imath} = \hat{\hat{\imath}}$ erfüllt. Nach 2.4-5 ist I auch $(\widehat{\langle\ \rangle}, \hat{\widehat{\langle\ \rangle}})$-skalarprodukterhaltend. Da umgekehrt $(\widehat{\langle\ \rangle}, \hat{\widehat{\langle\ \rangle}})$-skalarprodukterhaltende K-lineare Isomorphismen auch $(\|\ \|_{\widehat{\langle\rangle}}, \|\ \|_{\hat{\widehat{\langle\rangle}}})$-normerhaltend sind, folgt die Behauptung. □

Satz 3.2-9 (Vervollständigungen der Räume mit Halbskalarprodukt: Existenz)
Jeder K-Vektorraum mit Halbskalarprodukt $(V, \langle\ \rangle)$, $K \in \{\mathbb{R}, \mathbb{C}\}$ besitzt eine Vervollständigung $((\hat{V}, \widehat{\langle\ \rangle}), \hat{\imath})$.

Beweis
Es sei $((\hat{V}, \widehat{\|\ \|_{\langle\ \rangle}}), \hat{\imath})$ eine Vervollständigung des halbnormierten K-Vektorraums $(V, \|\ \|_{\langle\ \rangle})$ ⟦3.2-6⟧. Die Halbnorm $\widehat{\|\ \|_{\langle\ \rangle}}$ genügt der Parallelogrammgleichung auf $\hat{V}$ (s. 1.1-8.3):

Die Funktion

$$p : \begin{cases} \hat{V} \times \hat{V} \longrightarrow \mathbb{R} \\ (\hat{v}, \hat{w}) \longmapsto \widehat{\|\hat{v} + \hat{w}\|_{\langle\,\rangle}}^{\,2} + \widehat{\|\hat{v} - \hat{w}\|_{\langle\,\rangle}}^{\,2} - 2\widehat{\|\hat{v}\|_{\langle\,\rangle}}^{\,2} - 2\widehat{\|\hat{w}\|_{\langle\,\rangle}}^{\,2} \end{cases}$$

ist $(\tau_{\widehat{\|\,\|_{\langle\,\rangle}}} \times \tau_{\widehat{\|\,\|_{\langle\,\rangle}}}, \tau_{|\,|})$-stetig ⟦ 1.2-2, 2.4-1, 2.4-8 (b), 2.4, A 5 ⟧ und stimmt auf der in $(\hat{V} \times \hat{V}, \tau_{\widehat{\|\,\|_{\langle\,\rangle}}} \times \tau_{\widehat{\|\,\|_{\langle\,\rangle}}})$ dichten Teilmenge $\hat{\imath}[V] \times \hat{\imath}[V]$ mit der konstanten Funktion 0 überein ⟦ $\hat{\imath}$ ist halbnormerhaltend, und $\|\,\|_{\langle\,\rangle}$ erfüllt die Parallelogrammgleichung auf V gem. 1.1-8.3 ⟧. p ist somit nach 2.5-9.1 (b) die konstante Funktion 0.

Sei $\widehat{\langle\,\rangle}$ ein Halbskalarprodukt auf $\hat{V}$ mit $\|\,\|_{\widehat{\langle\,\rangle}} = \widehat{\|\,\|_{\langle\,\rangle}}$ ⟦ 1.2-3 ⟧. $\hat{\imath}$ ist $(\|\,\|_{\langle\,\rangle}, \widehat{\|\,\|_{\langle\,\rangle}})$-halbnormerhaltend, also auch $(\langle\,\rangle, \widehat{\langle\,\rangle})$-halbskalarprodukterhaltend ⟦ 2.4-5 ⟧.

Insgesamt erweist sich $((\hat{V}, \widehat{\langle\,\rangle}), \hat{\imath})$ als Vervollständigung von $(V, \langle\,\rangle)$. □

Korollar 3.2-9.1 (Vervollständigung von Prähilberträumen: Existenz)
Jeder Prähilbertraum $(V, \langle\,\rangle)$ über K, $K \in \{\mathbb{R}, \mathbb{C}\}$, besitzt eine Vervollständigung.

Beweis
$\|\,\|_{\langle\,\rangle}$, $\widehat{\|\,\|_{\langle\,\rangle}}$ sind Normen, das im Beweis zu 3.2-9 verwendete Halbskalarprodukt $\widehat{\langle\,\rangle}$ ist wegen $\|\,\|_{\widehat{\langle\,\rangle}} = \widehat{\|\,\|_{\langle\,\rangle}}$ sogar ein Skalarprodukt ⟦ 1.1-8.2 ⟧. □

Prähilberträume $(V, \langle\,\rangle)$ (über K, $K \in \{\mathbb{R}, \mathbb{C}\}$), für die $(V, \|\,\|_{\langle\,\rangle})$ Banach-Raum ist, nennt man *Hilbert-Raum*. Hilbert-Räume werden in Abschnitt 3.6 behandelt.

Vervollständigungen pseudo(halb)normierter K-Vektorräume definiert man in Anlehnung an die der (halb)normierten K-Vektorräume:

Definition
(V, ν), $(\hat{V}, \hat{\nu})$ seien pseudo(halb)normierte K-Vektorräume, $\hat{\imath} : V \longrightarrow \hat{V}$ K-linearer Monomorphismus.

$((\hat{V}, \hat{\nu}), \hat{\imath})$ *Vervollständigung* (auch *Komplettierung*) von (V, ν) :gdw
$(\hat{V}, d_{\hat{\nu}})$ vollständig, $\overline{\hat{\imath}[V]}^{\tau_{d_{\hat{\nu}}}} = \hat{V}$ und
$\hat{\imath}$ pseudo(halb)normerhaltend (d. h. $\forall\, v \in V$: $\hat{\nu}(\hat{\imath}(v)) = \nu(v)$)

Für pseudonormierte K-Vektorräume (V, ν) soll auch $(\hat{V}, \hat{\nu})$ pseudonormiert sein!

Die Sätze 3.2-5, 3.2-6 und 3.2-7 gelten sinngemäß auch für pseudo(halb)normierte K-Vektorräume. Der Vollständigkeit wegen werden die (analogen) Beweise angegeben.

Satz 3.2-10 (Vervollständigung pseudonormierter Räume: Eindeutigkeit)
(V,ν), $(\hat{V},\hat{\nu})$, $(\hat{\hat{V}},\hat{\hat{\nu}})$ seien pseudonormierte K-Vektorräume, $((\hat{V},\hat{\nu}),\hat{\imath})$, $((\hat{\hat{V}},\hat{\hat{\nu}}),\hat{\hat{\imath}})$ Vervollständigungen von (V,ν). Es gibt genau einen $(\hat{\nu},\hat{\hat{\nu}})$-pseudonormerhaltenden K-linearen Isomorphismus $I:\hat{V}\longrightarrow\hat{\hat{V}}$ mit $I\circ\hat{\imath}=\hat{\hat{\imath}}$.

Beweis
$((\hat{V},d_{\hat{\nu}}),\hat{\imath})$ und $((\hat{\hat{V}},d_{\hat{\hat{\nu}}}),\hat{\hat{\imath}})$ sind Vervollständigungen des metrischen Raums (V,d_ν) $[\![\,\hat{\imath}$ ist $(d_\nu,d_{\hat{\nu}})$-Isometrie, denn $d_{\hat{\nu}}(\hat{\imath}(v),\hat{\imath}(w))=\hat{\nu}(\hat{\imath}(v)-\hat{\imath}(w))=\nu(v-w)=d_\nu(v,w)$ für alle $v,\ w\in V\,]\!]$. Gem. 3.2-2 sei $I:\hat{V}\longrightarrow\hat{\hat{V}}$ die $(d_{\hat{\nu}},d_{\hat{\hat{\nu}}})$-Isometrie mit $I\circ\hat{\imath}=\hat{\hat{\imath}}$. I ist additiv $[\![$ wie im Beweis zu 3.2-5 $]\!]$, und für jedes $k\in K$ ist

$$I_k:\begin{cases}\hat{V}\longrightarrow\hat{\hat{V}}\\ x\longmapsto I(kx)-kI(x)\end{cases}$$

$(\tau_{\hat{d}},\tau_{\hat{\hat{d}}})$-stetig $[\![\,2.5$, A 18 (b)$\,]\!]$ mit $I_k{\restriction}\hat{\imath}[V]=0$ $[\![\,I_k(\hat{\imath}(v))=I(k\hat{\imath}(v))-kI(\hat{\imath}(v))=I(\hat{\imath}(kv))-kI(\hat{\imath}(v))=\hat{\hat{\imath}}(kv)-k\hat{\hat{\imath}}(v)=0\,]\!]$. Nach 2.5-9.1 (b) folgt $I_k=0$, d. h. $I(kx)=kI(x)$ für alle $k\in K,\ x\in\hat{V}$.

I ist somit K-linearer Isomorphismus und $(\hat{\nu},\hat{\hat{\nu}})$-pseudonormerhaltend $[\![\,\hat{\hat{\nu}}(I(x))=d_{\hat{\hat{\nu}}}(I(x),0)=d_{\hat{\nu}}(x,0)=\hat{\nu}(x)$ für alle $x\in\hat{V}\,]\!]$. □

Satz 3.2-11 (Vervollständigungen pseudohalbnormierter Räume: Existenz)
Jeder pseudohalbnormierte K-Vektorraum (V,ν) besitzt eine Vervollständigung.

Beweis
$((\hat{V},\widehat{d_\nu}),\hat{\imath})$ sei die im Beweis zu 3.2-4 konstruierte Vervollständigung des pseudometrischen Raums (V,d_ν), also

$$\hat{V}=\{\,(v_j)_j\in V^{\mathbb{N}}\mid(v_j)_j\text{ Cauchy-Folge in }(V,d_\nu)\,\},$$

$$\widehat{d_\nu}((v_j)_j,(w_j)_j)=\lim_j d_\nu(v_j,w_j)\quad\text{und}\quad\hat{\imath}(v)=(v)_{j\in\mathbb{N}}.$$

$\hat{V}$ ist ein K-Untervektorraum von $V^{\mathbb{N}}$:

Für $(v_j)_j,(w_j)_j\in\hat{V},\ \varepsilon>0$ sei $d_\nu(v_j,v_i)<\varepsilon/2,\ d_\nu(w_j,w_i)<\varepsilon/2$ für alle $j,i\geq j_0$. Dann folgt $d_\nu(v_j+w_j,v_i+w_i)=\nu(v_j-v_i+w_j-w_i)\leq\nu(v_j-v_i)+\nu(w_j-w_i)<\varepsilon$ für alle $j,i\geq j_0$; $(v_j)_j+(w_j)_j$ ist eine Cauchy-Folge in (V,d_ν). Weiterhin erhält man für jedes $k\in K$ auch $d_\nu(kv_j,kv_i)=\nu(k(v_j-v_i))\leq([|k|]+1)\nu(v_j-v_i)<([|k|]+1)\frac{\varepsilon}{2}$ $[\![\,2.5$, A 18 (a)$\,]\!]$; $k(v_j)_j$ ist eine Cauchy-Folge in (V,d_ν).

$\hat{\nu}:\hat{V}\longrightarrow\mathbb{R},\ \hat{\nu}((v_j)_j):=\lim_j\nu(v_j)$, ist eine Pseudohalbnorm:

(PN-1): $\hat{\nu}((0)_j)=\lim_j\nu(0)=0$

(PN-2): $\hat{\nu}(k(v_j)_j) = \lim_j \nu(kv_j) \leq \lim_j \nu(v_j) = \hat{\nu}((v_j)_j)$ für alle $k \in \widetilde{K}_1^{d_{|\,|}}(0)$, $(v_j)_j \in \hat{V}$.

(PN-3): Für alle $(v_j)_j, (w_j)_j \in \hat{V}$ gilt

$$\begin{aligned}\hat{\nu}((v_j)_j + (w_j)_j) &= \lim_j \nu(v_j + w_j) \leq \lim_j \nu(v_j) + \lim_j \nu(w_j)\\ &\leq \hat{\nu}((v_j)_j) + \hat{\nu}((w_j)_j).\end{aligned}$$

$d_{\hat{\nu}} = \widehat{d_\nu}$ ($(\hat{V}, d_{\hat{\nu}})$ ist also vollständig): Für alle $(v_j)_j, (w_j)_j \in \hat{V}$ gilt

$$\begin{aligned}d_{\hat{\nu}}((v_j)_j, (w_j)_j) &= \hat{\nu}((v_j - w_j)_j) = \lim_j \nu(v_j - w_j) = \lim_j d_\nu(v_j, w_j)\\ &= \widehat{d_\nu}((v_j)_j, (w_j)_j).\end{aligned}$$

$\hat{\imath}$ ist $(\nu, \hat{\nu})$-pseudonormerhaltender K-linearer Monomorphismus:
$\hat{\imath}$ ist offensichtlich K-linear (und injektiv) mit $\hat{\nu}(\hat{\imath}(v)) = \hat{\nu}((v)_j) = \lim_j \nu(v) = \nu(v)$ für jedes $v \in V$. Schließlich gilt auch $\hat{V} = \overline{\hat{\imath}[V]}^{\tau_{\widehat{d_\nu}}} = \overline{\hat{\imath}[V]}^{\tau_{d_{\hat{\nu}}}}$ ⟦s. o.⟧. □

Satz 3.2-12 (Vervollständigung pseudonormierter Räume: Existenz)
Jeder pseudonormierte K-Vektorraum (V, ν) besitzt eine Vervollständigung.

Beweis
$((\hat{V}, \hat{\nu}), \hat{\imath})$ sei eine Vervollständigung des pseudo*halb*normierten K-Vektorraums (V, ν) ⟦3.2-11⟧, $A := \{x \in \hat{V} \mid \hat{\nu}(x) = 0\}$ und $(\hat{V}/_A, \hat{\nu}_A)$ der zu $(\hat{V}, \hat{\nu})$ assoziierte pseudonormierte K-Vektorraum ⟦vgl. 2.5, A 20 (d)⟧. Gem. 3.1, A 19 (a) (Anmerkung) ist $(\hat{V}/_A, d_{\hat{\nu}_A})$ vollständig. Weiter gilt

$$\hat{V}/_A = \pi_{R_A}[\hat{V}] = \pi_{R_A}\left[\overline{\hat{\imath}[V]}^{\tau_{d_{\hat{\nu}}}}\right] \subseteq \overline{\pi_{R_A}[\hat{\imath}[V]]}^{\tau_{d_{\hat{\nu}_A}}}$$

⟦π_{R_A} ist $(\tau_{d_{\hat{\nu}}}, \tau_{d_{\hat{\nu}}}/_{R_A})$-stetig, $\tau_{d_{\hat{\nu}}}/_{R_A} = \tau_{d_{\hat{\nu}_A}}$ gem. 2.5, A 20 (b)⟧, $\pi_{R_A} \circ \hat{\imath}[V]$ ist also dicht in $(\hat{V}/_A, \tau_{d_{\hat{\nu}_A}})$.

$\pi_{R_A} \circ \hat{\imath}$ ist $(\nu, \hat{\nu}_A)$-pseudonormerhaltender K-linearer Monomorphismus:
Mit $\hat{\imath}$, π_{R_A} ist auch $\pi_{R_A} \circ \hat{\imath}$ K-linear. Weil aus $\pi_{R_A} \circ \hat{\imath}(v) = 0$ definitionsgemäß $\hat{\imath}(v) \in A$, also $0 = \hat{\nu}(\hat{\imath}(v)) = \nu(v)$ und somit $v = 0$ folgt, ist $\pi_{R_A} \circ \hat{\imath}$ injektiv. Wegen $\hat{\nu}_A(\pi_{R_A} \circ \hat{\imath}(v)) = \hat{\nu}_A(\hat{\imath}(v) + A) = \hat{\nu}(\hat{\imath}(v))$ ⟦2.5, A 20 (d)⟧ $= \nu(v)$ ist $\pi_{R_A} \circ \hat{\imath}$ $(\nu, \hat{\nu}_A)$-pseudonormerhaltend. □

Aufgaben zu 3.2

1. (X, d) sei ein pseudometrischer Raum mit der in 3.2-4 konstruierten Vervollständigung $((\hat{X}, \hat{d}), \hat{\imath})$. Besitzt X wenigstens zwei Elemente, so ist $\hat{d}$ keine Metrik auf $\hat{X}$.

2. (X,d) sei ein pseudometrischer Raum, $((\hat{X},\hat{d}),\hat{\imath})$ eine Vervollständigung von (X,d) und $(\hat{X}/_R,\hat{d}_R)$ der zu $(\hat{X},\hat{d})$ assoziierte metrische Raum (vgl. 2.4, A 26). Man beweise: (X,d) metrischer Raum $\Longrightarrow$ $((\hat{X}/_R,\hat{d}_R),\pi_R\circ\hat{\imath})$ Vervollständigung von (X,d).

3. (V,N), (W,M) seien normierte K-Vektorräume, $K\in\{\mathbb{R},\mathbb{C}\}$, D ein K-Untervektorraum von V, $\overline{D}^{\tau_N}=V$ und $f:D\longrightarrow W$ K-linear und $(\tau_N|D,\tau_M)$-stetig. Man zeige: Ist (W,d_M) ein Banach-Raum, so hat f genau eine K-lineare, (τ_N,τ_M)-stetige Fortsetzung F auf V.

4. $((\hat{X},\hat{d}),\hat{\imath})$ sei Vervollständigung des metrischen Raums (X,d). Man beweise:

Äq (i) (X,d) vollständig

(ii) $\hat{\imath}$ surjektiv.

3.3 Fortsetzung stetiger Funktionen, topologische Vollständigkeit

Topologische Räume (X,τ), deren Topologie τ durch eine vollständige Pseudometrik bzw. Metrik induziert werden kann, bezeichnet man als *vollständig (pseudo)metrisierbar* oder auch *topologisch vollständig*. In dieser Terminologie sind gem. 3.1-8 (a) nichtleere, abgeschlossene Unterräume vollständiger pseudometrischer Räume topologisch vollständig. Ein analoges Resultat ist auch für nichtleere, offene Unterräume zu erzielen (s. A 2), es läßt sich für vollständige metrische Räume sogar auf beliebige nichtleere G_δ-Mengen erweitern (3.3-2; man beachte, daß gem. 2.1, A 7 (b) jede abgeschlossene Teilmenge eines pseudometrischen Raums eine G_δ-Menge ist!). Dieses Ergebnis ist insofern optimal, als mit Hilfe eines Fortsetzungssatzes für Homöomorphismen in vollständigen metrischen Räumen (3.3-4, Lavrentieff) die Erkenntnis gewonnen werden kann, daß außer den nichtleeren G_δ-Mengen keine weiteren Unterräume metrischer Räume topologisch vollständig sein können (3.3-5).

Die Frage nach der topologischen Vollständigkeit ist i. a. nicht leicht zu beantworten. Wichtige Beispiele für topologisch vollständige Quotienten sind in 3.1, A 18 und A 19 (a), (b) angegeben. Für Produkträume gilt immerhin

Satz 3.3-1

$(\,(X_i,\tau_i)\mid i\in\mathbb{N}\,)$ *sei eine Folge nichtleerer* T_2*-Räume.*

Äq (i) $(\prod_{i\in\mathbb{N}}X_i,\mathop{\times}_{i\in\mathbb{N}}\tau_i)$ *topologisch vollständig*

(ii) $\forall\,j\in\mathbb{N}$: (X_j,τ_j) *topologisch vollständig*

Beweis

(i) ⇒ (ii) Sei $a \in \prod_{i\in\mathbb{N}} X_i,\ j \in \mathbb{N}$,

$$X_{a,j} := \left\{ x \in \prod_{i\in\mathbb{N}} X_i \,\middle|\, \forall\, i \in \mathbb{N}\backslash\{j\}\colon\ x_i = a_i \right\}$$

und

$$\eta_{a,j} : \begin{cases} X_j \longrightarrow X_{a,j} \\ x \longmapsto \left(i \mapsto \begin{cases} x & \text{für } i = j \\ a_i & \text{sonst} \end{cases} \right) \end{cases}$$

der Homöomorphismus aus 2.5, A 11 (a). Da $\left(\prod_{i\in\mathbb{N}} X_i, \bigtimes_{i\in\mathbb{N}} \tau_i\right)$ topologisch vollständig und gem. 2.5-5 T_2-Raum ist, gibt es eine vollständige Metrik d auf $\prod_{i\in\mathbb{N}} X_i$ mit $\tau_d = \bigtimes_{i\in\mathbb{N}} \tau_i$. Nach 2.5, A 11 (b) ist $X_{a,j} \in \alpha_{\bigtimes_{i\in\mathbb{N}} \tau_i} = \alpha_{\tau_d}$, der metrische Raum $(X_{a,j}, d\restriction X_{a,j} \times X_{a,j})$ somit vollständig ⟦ 3.1-8 (a) ⟧. Wegen $\tau_{d\restriction X_{a,j}\times X_{a,j}} = \tau_d | X_{a,j} = \left(\bigtimes_{i\in\mathbb{N}} \tau_i\right) | X_{a,j}$ ⟦ 2.3-6 (e) ⟧ erhält man die topologische Vollständigkeit von (X_j, τ_j) ⟦ A 1 ⟧.

(ii) ⇒ (i) Für jedes $j \in \mathbb{N}$ sei (X_j, d_j) vollständiger metrischer Raum, $\tau_{d_j} = \tau_j$ und $d_{j,\min}$ die Metrik gem. 1.1, A 8. Dann ist $(X_j, d_{j,\min})$ vollständig ⟦ 3.1, A 20 ⟧, $\tau_{d_{j,\min}} = \tau_{d_j} = \tau_j$ ⟦ 2.4, A 12 (a) ⟧ und $\left(\prod_{j\in\mathbb{N}} X_j, d\right)$ vollständig, wobei d die durch $d(x, x') := \sum_{j=0}^{\infty} \frac{1}{2^j} d_{j,\min}(x_j, x'_j)$ definierte Metrik ist ⟦ 3.1, A 21 ⟧. Da d die Produkttopologie $\bigtimes_{j\in\mathbb{N}} \tau_{d_j} = \bigtimes_{j\in\mathbb{N}} \tau_j$ induziert ⟦ 2.4, A 20 ⟧, ist $\left(\prod_{i\in\mathbb{N}} X_i, \bigtimes_{i\in\mathbb{N}} \tau_i\right)$ topologisch vollständig. □

Umformuliert lautet 3.3-1

Korollar 3.3-1.1

$((X_i, \tau_i))_{i\in\mathbb{N}}$ sei eine Folge nichtleerer T_2-Räume.

Äq *(i)* $\left(\prod_{i\in\mathbb{N}} X_i, \bigtimes_{i\in\mathbb{N}} \tau_i\right)$ *vollständig metrisierbar*

(ii) $\forall\, j \in \mathbb{N}\colon\ (X_j, \tau_j)$ *vollständig metrisierbar* □

Satz 3.3-2

(X, d) sei ein vollständiger metrischer Raum, $\emptyset \neq G \subseteq X$ eine G_δ-Menge in (X, τ_d). $(G, \tau_d|G)$ ist topologisch vollständig.

Beweis

Es sei $(P_j)_{j\in\mathbb{N}} \in \tau_d^{\mathbb{N}},\ G = \bigcap_{j\in\mathbb{N}} P_j$. Für jedes $j \in \mathbb{N}$ ist $(P_j, \tau_d|P_j)$ topologisch vollständig ⟦ A 2 ⟧ und daher auch $\left(\prod_{j\in\mathbb{N}} P_j, \bigtimes_{j\in\mathbb{N}} \tau_d|P_j\right)$ ⟦ 3.3-1 ⟧. Wegen

$$\Delta_G := \left\{ f \in \prod_{j\in\mathbb{N}} P_j \;\middle|\; \forall\, j,k \in \mathbb{N}\colon\ f(j) = f(k) \right\} \in \alpha_{\bigtimes_{j\in\mathbb{N}} \tau_d|P_j}$$

⟦ 2.5, A 14 ⟧ ist $\left(\Delta_G, \left(\bigtimes_{j\in\mathbb{N}} \tau_d|P_j\right)|\Delta_G\right)$ topologisch vollständig ⟦ 3.1-8 (a) ⟧ und wegen der Homöomorphie zu $(G, \tau_d|G)$ ⟦ 2.4, A 40 ⟧ ergibt sich die topologische Vollständigkeit von $(G, \tau_d|G)$ nach A 1. □

Da topologisch vollständige Räume gem. 3.1-5 Baire-Räume sind, erhält man noch

Korollar 3.3-2.1

(X, d) sei ein vollständiger metrischer Raum, $G \subseteq X$ eine G_δ-Menge in (X, τ_d). $(G, \tau_d|G)$ ist ein Baire-Raum. □

Beispiel (3.3,1)

Gem. 3.3-2.1 ist $(\mathbb{R}\backslash\mathbb{Q}, \tau_{|\,|}|\mathbb{R}\backslash\mathbb{Q})$ ein Baire-Raum, denn die Menge $\mathbb{R}\backslash\mathbb{Q}$ der Irrationalzahlen ist eine G_δ-Menge im vollständigen metrischen Raum $(\mathbb{R}, d_{|\,|})$ ⟦ $\mathbb{Q} = \bigcup_{q\in\mathbb{Q}}\{q\}$ ist eine F_σ-Menge in $(\mathbb{R}, \tau_{|\,|})$ ⟧.

Die Folgerung in 3.3-2 kann in vielen, insbesondere für die Funktionalanalysis bedeutenden Räumen (X, d) für gewisse Teilmengen noch verschärft werden (s. A 3):

Ist (X, d) nicht nur ein vollständiger metrischer Raum, sondern (X, τ_d) auch noch ein topologischer K-Vektorraum (s. Anmerkung an 2.4-18, Seite 135), so gilt für jeden K-Untervektorraum M von X:

$$M\ G_\delta\text{-Menge in } (X, \tau_d) \quad \Longleftrightarrow \quad M \in \alpha_{\tau_d}.$$

Für den Nachweis, daß topologisch vollständige Unterräume metrisierbarer topologischer Räume in diesen G_δ-Mengen sind, erweisen sich gewisse Fortsetzungseigenschaften stetiger Funktionen als überaus nützlich.

Satz 3.3-3

(X, d) sei ein pseudometrischer Raum, $S \subseteq X$, (Y, e) vollständiger metrischer Raum und $f : S \longrightarrow Y$ $(\tau_d|S, \tau_e)$-stetig. Es gibt eine G_δ-Menge G in (X, τ_d) mit $S \subseteq G \subseteq \overline{S}^{\tau_d}$ und eine $(\tau_d|G, \tau_e)$-stetige Funktion $F : G \longrightarrow Y$, die f fortsetzt.

Beweis

Mit $\omega_S(f, x)$ sei wieder (vgl. 2.4, 2.4-1.4) die Oszillation von f bei x (auf S) bezeichnet. Man setze

$$G := \{\, x \in \overline{S}^{\tau_d} \mid \omega_S(f, x) = 0 \,\}$$

und

$$G_j := \left\{ x \in \overline{S}^{\tau_d} \mid \omega_S(f,x) < \tfrac{1}{j+1} \right\} \text{ für jedes } j \in \mathbb{N}.$$

Dann gilt offensichtlich $G = \bigcap_{j\in\mathbb{N}} G_j$, und es ist auch $G_j \in \tau_d|\overline{S}^{\tau_d}$ für jedes $j \in \mathbb{N}$ ⟦Für alle $x \in G_j$, also $\omega_S(f,x) < 1/(j+1)$, gibt es ein $\varepsilon > 0$ mit $\delta\big(f[K_\varepsilon^d(x) \cap S]\big) < 1/(j+1)$, woraus $K_\varepsilon^d(x) \cap \overline{S}^{\tau_d} \subseteq G_j$ folgt.⟧. Als G_δ-Menge in $\big(\overline{S}^{\tau_d}, \tau_d|\overline{S}^{\tau_d}\big)$ ist G auch G_δ-Menge in (X,τ_d) ⟦$\overline{S}^{\tau_d}$ ist G_δ-Menge in (X,d) gem. 2.1, A 7 (b).⟧. Zur Konstruktion einer stetigen Fortsetzung F von f auf G verfahre man wie folgt:

Für jedes $x \in G$, $(x_j)_j \in S^{\mathbb{N}}$, $(x_j)_j \to_d x$ ist $(f(x_j))_j$ eine Cauchy-Folge in (Y,e) ⟦Sei $\varepsilon > 0$. Wegen $\omega_S(f,x) = 0$ existiert ein $\varepsilon' > 0$ mit $\delta\big(f[K_{\varepsilon'}^d(x) \cap S]\big) < \varepsilon$, und zu ε' gibt es ein $j_{\varepsilon'} \in \mathbb{N}$, so daß $x_j \in K_{\varepsilon'}^d(x)$ für jedes $j \geq j_{\varepsilon'}$ ist. Für alle j, $k \geq j_{\varepsilon'}$ erhält man daher $e(f(x_j), f(x_k)) \leq \delta\big(f[K_{\varepsilon'}^d(x) \cap S]\big) < \varepsilon$⟧. Sei $y_x := e\text{-}\lim_j f(x_j)$ (y_x ist im T_2-Raum (Y,τ_e) eindeutig bestimmt!) und setze $F(x) := y_x$.

y_x ist unabhängig von der Folgenwahl $(x_j)_j \to_d x$: Gilt für $(x'_j)_j \in S^{\mathbb{N}}$ ebenfalls $(x'_j)_j \to_d x$, so wähle man obiges $j_{\varepsilon'} \in \mathbb{N}$ so, daß $x_j, x'_j \in K_{\varepsilon'}^d(x)$ für alle $j \geq j_{\varepsilon'}$ erfüllt ist. Es folgt dann $e(f(x_j), f(x'_j)) < \varepsilon$ für jedes $j \geq j_{\varepsilon'}$ und nach 1.2-1 (b) für $y'_x := e\text{-}\lim_j f(x'_j)$ auch $e(y_x, y'_x) \leq \varepsilon$ für jedes $\varepsilon > 0$, also $y_x = y'_x$.

Wegen $(x)_j \to_d x$ ist $F(x) = e\text{-}\lim_j f(x) = f(x)$ für jedes $x \in S$, also $F{\restriction}S = f$. Die $(\tau_d|G, \tau_e)$-Stetigkeit von F ergibt sich wie folgt:

Sei $x \in G$, $(x_j)_j \in G^{\mathbb{N}}$, $(x_j)_j \to_d x$ und $\varepsilon > 0$. Wegen $\omega_S(f,x) = 0$ existiert ein $U \in \mathcal{U}_{\tau_d}(x) \cap \tau_d$ mit $\delta(f[U \cap S]) < \varepsilon/2$. Man wähle eine Folge $(s_j)_j \in (U \cap S)^{\mathbb{N}}$, die gegen x konvergiert. Dann gilt $(f(s_j))_j \to_e F(x)$, es gibt daher ein $j_\varepsilon \in \mathbb{N}$ mit

$$\forall\, j \geq j_\varepsilon\colon\ x_j \in U,\ e(f(s_j), F(x)) < \frac{\varepsilon}{2}.$$

Für jedes $j \geq j_\varepsilon$ sei $\big(s_k^{(j)}\big)_k \in (U \cap S)^{\mathbb{N}}$, $\big(s_k^{(j)}\big)_k \to_d x_j$, also $\big(f\big(s_k^{(j)}\big)\big)_k \to_e F(x_j)$. Es folgt

$$\begin{aligned}
e(F(x_j), F(x)) &\leq e(F(x_j), f(s_j)) + e(f(s_j), F(x)) \\
&< e\Big(\lim_k f\big(s_k^{(j)}\big), f(s_j)\Big) + \frac{\varepsilon}{2} \\
&= \lim_k e\big(f\big(s_k^{(j)}\big), f(s_j)\big) + \frac{\varepsilon}{2} \qquad [\![\,1.2\text{-}1\ (b)\,]\!] \\
&\leq \delta(f[U \cap S]) + \frac{\varepsilon}{2} \\
&< \varepsilon
\end{aligned}$$

für jedes $j \geq j_\varepsilon$. □

Satz 3.3-4 (Fortsetzungssatz von Lavrentieff, 1924)

(X, d), (Y, e) seien vollständige metrische Räume, $S \subseteq X$, $T \subseteq Y$ und $\eta : S \longrightarrow T$ ein $(\tau_d|S, \tau_e|T)$-Homöomorphismus. Es gibt G_δ-Mengen G_X in (X, τ_d), G_Y in (Y, τ_e) mit $S \subseteq G_X \subseteq \overline{S}^{\tau_d}$, $T \subseteq G_Y \subseteq \overline{T}^{\tau_e}$ und einen $(\tau_d|G_X, \tau_e|G_Y)$-Homöomorphismus $H : G_X \longrightarrow G_Y$, der η fortsetzt.

Beweis

Gemäß 3.3-3 sei G'_X (bzw. G'_Y) eine G_δ-Menge in (X, τ_d) (bzw. (Y, τ_e)), $S \subseteq G'_X \subseteq \overline{S}^{\tau_d}$ (bzw. $T \subseteq G'_Y \subseteq \overline{T}^{\tau_e}$) und $H_\eta : G'_X \longrightarrow Y$ (bzw. $H_{\eta^{-1}} : G'_Y \longrightarrow X$) die $(\tau_d|G'_X, \tau_e)$- (bzw. $(\tau_e|G'_Y, \tau_d)$-)stetige Fortsetzung von η (bzw. η^{-1}). Die Urbilder $G_X := H_\eta^{-1}[G'_Y]$, $G_Y := H_{\eta^{-1}}^{-1}[G'_X]$ sind G_δ-Mengen in $(G'_X, \tau_d|G'_X)$ bzw. $(G'_Y, \tau_e|G'_Y)$ $[\![$ H_η bzw. $H_{\eta^{-1}}$ ist stetig $]\!]$, also G_δ-Mengen in (X, τ_d) bzw. (Y, τ_e) mit $S \subseteq G_X \subseteq \overline{S}^{\tau_d}$ und $T \subseteq G_Y \subseteq \overline{T}^{\tau_e}$. Das folgende Diagramm vermittelt einen Einblick in die vorhandene Situation (id bezeichnet die jeweilige Identität):

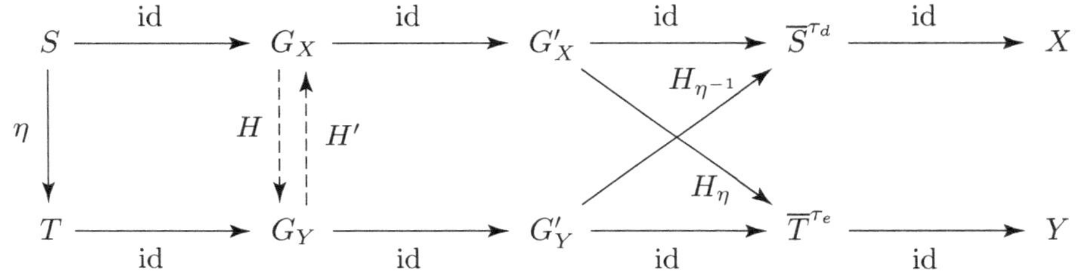

Mit $H := H_\eta{\restriction}G_X$ und $H' := H_{\eta^{-1}}{\restriction}G_Y$ erhält man $H[G_X] = H_\eta[G_X] \subseteq G'_Y$ und $H'[G_Y] = H_{\eta^{-1}}[G_Y] \subseteq G'_X$. Da S dicht in $(G_X, \tau_d|G_X)$, T dicht in $(G_Y, \tau_e|G_Y)$ ist und $H_{\eta^{-1}} \circ H{\restriction}S = \eta^{-1} \circ \eta = \mathrm{id}_S$, $H_\eta \circ H'{\restriction}T = \eta \circ \eta^{-1} = \mathrm{id}_T$ gilt, folgt mit 2.5-9.1 (b) $H_{\eta^{-1}} \circ H = \mathrm{id}_{G_X}$ und $H_\eta \circ H' = \mathrm{id}_{G_Y}$. Hieraus ergibt sich speziell $H[G_X] = G_Y$, $H'[G_Y] = G_X$ (s. Diagramm): Wegen $H_{\eta^{-1}} \circ H[G_X] = G_X$ ist zunächst $H[G_X] \subseteq G_Y$ (und ebenso $H'[G_Y] \subseteq G_X$). Für jedes $y \in G_Y$ gilt darüber hinaus $y = H_\eta(H'(y))$, wobei $H'(y) \in G_X$ ist.

Schließlich sind H, H' auch injektiv $[\![$ id_{G_X}, id_{G_Y} sind injektiv: Anhang 1-19 (b) $]\!]$. □

Satz 3.3-5

(X, d) sei ein metrischer Raum, $S \subseteq X$ und $(S, \tau_d|S)$ topologisch vollständig.

Dann ist S eine G_δ-Menge in (X, τ_d).

Beweis

Es sei e eine Metrik auf S, $\tau_e = \tau_d|S$ und (S, e) vollständig, sowie $((\hat{X}, \hat{d}), \hat{\imath})$ Vervollständigung des metrischen Raums (X, d). Die Funktion $\hat{\imath}{\restriction}S$ ist ein $(\tau_d|S, \tau_{\hat{d}}|\hat{\imath}[S])$-Homöomorphismus, hat also gem. 3.3-4 einen $(\tau_e|G_S, \tau_{\hat{d}}|G_{\hat{X}})$-Homöomorphismus

$I : G_S \longrightarrow G_{\hat{X}}$ als Fortsetzung, wobei G_S G_δ-Menge in (S, τ_e) und $G_{\hat{X}}$ G_δ-Menge in $(\hat{X}, \tau_{\hat{d}})$ mit $S \subseteq G_S \subseteq \overline{S}^{\tau_e} = S$ und $\hat{\imath}[S] \subseteq G_{\hat{X}} \subseteq \overline{\hat{\imath}[S]}^{\tau_{\hat{d}}}$ ist. Wegen $G_S = S$ ist $\hat{\imath}[S] = I[G_S] = G_{\hat{X}}$ G_δ-Menge in $(\hat{X}, \tau_{\hat{d}})$, also auch in $\left(\hat{\imath}[X], \tau_{\hat{d}}|\hat{\imath}[X]\right)$. $\hat{\imath}$ ist als $\left(d, \hat{d}|(\hat{\imath}[X] \times \hat{\imath}[X])\right)$-Isometrie ein $\left(\tau_d, \tau_{\hat{d}}|\hat{\imath}[X]\right)$-Homöomorphismus und daher S eine G_δ--Menge in (X, τ_d). □

Für spezielle topologisch vollständige Unterräume metrisierbarer topologischer Räume kann die G_δ-Eigenschaft oftmals mit deutlich geringerem Aufwand als in 3.3-5 festgestellt werden (vgl. beispielsweise A 4).

Die folgende Eigenschaft T_2-topologischer K-Vektorräume wird bei der Charakterisierung der topologischen Vollständigkeit durch Konvergenz unendlicher Reihen verwendet (s. 3.5, A 9).

Satz 3.3-6

(V, τ) sei ein topologisch vollständiger T_2-topologischer K-Vektorraum und ν eine Pseudonorm auf V mit $\tau_{d_\nu} = \tau$. Dann ist der metrische Raum (V, d_ν) vollständig.

Beweis

Sei e eine Metrik auf V mit $\tau_e = \tau$ und (V, e) vollständig. Weiter sei gem. 3.2-12 $((\hat{V}, \hat{\nu}), \hat{\imath})$ Vervollständigung von (V, ν). Für die durch $d(\hat{\imath}(v), \hat{\imath}(w)) := e(v, w)$ definierte Metrik auf dem K-Untervektorraum $\hat{\imath}[V]$ von $\hat{V}$ gilt $\tau_d = \tau_{d_{\hat{\nu}}}|\hat{\imath}[V]$, denn $\tau_e = \tau_{d_\nu}$, und $\hat{\imath}$ ist eine $(d_\nu, d_{\hat{\nu}})$- und (e, d)-Isometrie. $(\hat{\imath}[V], d)$ ist auch vollständig, weil für jede Cauchy-Folge $(\hat{\imath}(v_j))_j$ in $(\hat{\imath}[V], d)$ $(v_j)_j$ eine Cauchy-Folge in (V, e), also $(v_j)_j \rightarrow_\tau v$ für ein $v \in V$ und somit $(\hat{\imath}(v_j))_j \rightarrow_{\tau_{d_{\hat{\nu}}}} \hat{\imath}(v)$, d. h. $(\hat{\imath}(v_j))_j \rightarrow_{\tau_d} \hat{\imath}(v)$ $[\![\, \tau_d = \tau_{d_{\hat{\nu}}}|\hat{\imath}[V] \,]\!]$ ist.

Gem. 3.3-5 ist $\hat{\imath}[V]$ eine G_δ-Menge in $(\hat{V}, \tau_{d_{\hat{\nu}}})$ und nach A 3 folgt $\hat{V} = \overline{\hat{\imath}[V]}^{\tau_{d_{\hat{\nu}}}} = \hat{\imath}[V]$. (V, d_ν) ist daher vollständig $[\![\, \hat{\imath}\ (d_\nu, d_{\hat{\nu}})\text{-Isometrie} \,]\!]$. □

Aufgaben zu 3.3

1. (X, τ) sei ein topologischer Raum. Man beweise:

Äq (i) (X, τ) topologisch vollständig

(ii) $\exists\, (Y, d)$: (Y, d) vollständiger pseudometrischer Raum, $(X, \tau) \underset{\text{top.}}{\cong} (Y, \tau_d)$

2. (X, d) sei ein vollständiger pseudometrischer Raum und $P \in \tau_d \backslash \{\emptyset\}$. Man beweise: $(P, \tau_d|P)$ ist topologisch vollständig.
(Hinweis: Man verwende D_P aus 2.4, A 12 (b)!)

3. V sei eine (additiv geschriebene) abelsche Gruppe, $M \subseteq V$ eine Untergruppe, τ eine Topologie auf V, bzgl. der die Addition und Subtraktion stetig sind, d eine Metrik auf V

mit $\tau_d = \tau$. Ist (V, d) vollständig, so gilt:
M G_δ-Menge in (V, τ) $\Longrightarrow$ $M \in \alpha_\tau$.

4. Mit Hilfe des Cantorschen Durchschnittssatzes 3.1-3.1, aber ohne Verwendung von 3.3-5, 3.3-4 beweise man:
Ist (X, d) ein metrischer Raum, $\overline{D}^{\tau_d} = X$, $(D, \tau_d|D)$ topologisch vollständig, so ist D eine G_δ-Menge in (X, τ_d)!
(Hinweis: (D, e) vollständiger metrischer Raum, $\tau_e = \tau_d|D$,

$$U_j := \left\{ x \in X \mid \exists\, V_{x,j} \in \mathcal{U}_{\tau_d}(x) \cap \tau_d : \ \delta_d(V_{x,j}) < \tfrac{1}{j+1},\ \delta_e(V_{x,j} \cap D) < \tfrac{1}{j+1} \right\}$$

für jedes $j \in \mathbb{N}$)

3.4 Banachscher Fixpunktsatz (mit Anwendungen)

Der Banachsche Fixpunktsatz 3.4-1 enthält eine der in der Theorie metrischer Räume wirkungsvollsten Aussagen, nämlich die der Existenz und Eindeutigkeit für Fixpunkte strenger Kontraktionen vollständiger metrischer Räume in sich. Im Gegensatz zu Existenzaussagen, die von der Baire-Eigenschaft Gebrauch machen (s. 3.1), kann hier der Fixpunkt *konstruktiv* mit Hilfe des Picard-Iterationsverfahrens von jedem Punkt des Raumes aus gewonnen werden. Darüber hinaus sind Fehlerabschätzungen für die Iterierten gegenüber dem Fixpunkt vorhanden. Diese Eigenschaften ergeben insgesamt ein vorzügliches Instrument zur theoretischen und numerischen Lösung von Gleichungen in den verschiedensten Räumen.

Beispiel (3.4,1)

V sei ein K-Vektorraum, $\emptyset \neq S \subseteq V$, $v \in V$ und $f : S \longrightarrow V$. Gelöst werden soll die Gleichung (über S)

$$f(x) = v. \tag{GL}$$

Dieses Problem kann für jedes injektive $I : V \longrightarrow V$ mit Hilfe der Funktion $F : S \longrightarrow V$, $F(x) := x + I \circ f(x) - I(v)$, in ein äquivalentes Fixpunktproblem umformuliert werden, es gilt nämlich für jedes $x \in S$:

$$\begin{aligned} f(x) = v \quad &\Longleftrightarrow \quad I \circ f(x) = I(v) \qquad [\![\, I \text{ injektiv} \,]\!] \\ &\Longleftrightarrow \quad x + I \circ f(x) - I(v) = x \\ &\Longleftrightarrow \quad F(x) = x. \end{aligned}$$

Wählt man I so, daß für F die Existenz eines Fixpunkts in S gesichert werden kann, so ist dieser eine Lösung von (GL).

Satz 3.4-1 (Banachscher Fixpunktsatz, 1922)

(X, d) sei ein vollständiger metrischer Raum, $f : X \longrightarrow X$ eine strenge Kontraktion mit Kontraktionszahl $\lambda \in [0, 1[$.

f hat genau einen Fixpunkt, d. h. $\exists\, x \in X :$ $\operatorname{Fix} f = \{x\}$.

Beweis

Da f als Kontraktion höchstens einen Fixpunkt zuläßt ⟦ 2.4, A 4 (b) ⟧, ist die Eindeutigkeit gesichert. Die Existenz des Fixpunkts erhält man mit Hilfe der *Picard-Iteration* (iteriertes Anwenden von f):

Sei $x_0 \in X$ und $x_{j+1} := f(x_j)$ für jedes $j \in \mathbb{N}$. Dann gilt für alle $j,\, k \in \mathbb{N}\backslash\{0\}$

$$d(x_j, x_{j+1}) = d(f(x_{j-1}), f(x_j)) \leq \lambda d(x_{j-1}, x_j) \leq \lambda^j d(x_0, x_1) \qquad (*)$$

⟦ vollständige Induktion ⟧ und

$$\begin{aligned} d(x_j, x_{j+k}) &\leq \sum_{\nu=0}^{k-1} d(x_{j+\nu}, x_{j+\nu+1}) \underset{(*)}{\leq} \sum_{\nu=0}^{k-1} \lambda^{\nu+1} d(x_{j-1}, x_j) \\ &\leq \frac{\lambda}{1-\lambda} d(x_{j-1}, x_j) \underset{(*)}{\leq} \frac{\lambda^j}{1-\lambda} d(x_0, x_1). \end{aligned} \qquad (**)$$

$(x_j)_j$ ist daher eine Cauchy-Folge in (X, d) und somit konvergent, etwa $(x_j)_j \rightarrow_d x$. Da f (L-)stetig ist, erhält man mit 2.4-1

$$(x_{j+1})_j = (f(x_j))_j \rightarrow_d f(x)$$

und nach 1.2-1 (c) $f(x) = x$. □

Man beachte auch 4.1-14 für eine Verallgemeinerung von 3.4-1 auf mengenwertige Funktionen!

Korollar 3.4-1.1

(X, d) sei ein vollständiger metrischer Raum, $f : X \longrightarrow X$ eine strenge Kontraktion mit Kontraktionszahl $\lambda \in [0, 1[$ und Fix $f = \{x\}$, *$x_0 \in X$ und $x_{j+1} = f(x_j)$ für jedes $j \in \mathbb{N}$ (Picard-Iteration). Für jedes $j \in \mathbb{N}\backslash\{0\}$ gilt:*

$$d(x_j, x) \leq \frac{\lambda}{1-\lambda} d(x_j, x_{j-1}) \leq \frac{\lambda^j}{1-\lambda} d(x_1, x_0).$$

Beweis

Wegen der Stetigkeit von d ⟦ 1.2-1 (b), 2.4-8 (b), 2.4-1 ⟧ folgt aus der Ungleichungskette $(**)$ im Beweis zu 3.4-1 für jedes $j \in \mathbb{N}\backslash\{0\}$:

$$\begin{aligned} d(x_j, x) &= d\big(x_j, \lim_k x_{j+k}\big) = \lim_k d(x_j, x_{j+k}) \leq \frac{\lambda}{1-\lambda} d(x_{j-1}, x_j) \\ &\leq \frac{\lambda^j}{1-\lambda} d(x_1, x_0). \end{aligned}$$

□

Die Fehlerabschätzung

$$d(x_j, x) \leq \frac{\lambda^j}{1-\lambda} d(x_1, x_0) \qquad \textit{(a priori-Abschätzung)}$$

erfolgt bereits nach der ersten Iteration für alle weiteren Iterationsschritte, wohingegen

$$d(x_j, x) \leq \frac{\lambda}{1-\lambda} d(x_j, x_{j-1}) \qquad \textit{(a posteriori-Abschätzung)}$$

zwar eine im allgemeinen schärfere Fehlerschranke liefert, die jedoch erst *nach* der Durchführung von j Iterationsschritten zur Verfügung steht.

In den Anwendungen kommt es häufig vor, daß die strenge Kontraktion f nur auf einer Teilmenge des vollständigen metrischen Raums definiert ist (beispielsweise einer Teilmenge eines Banach-Raums, die selbst kein Vektorraum ist). In dieser Situation gilt zunächst (s. auch 3.4-2):

Korollar 3.4-1.2

(X, d) sei ein vollständiger metrischer Raum, $A \in \mathcal{P}X \backslash \{\emptyset\}$, $f : A \longrightarrow A$ eine strenge Kontraktion. Ist $A \in \alpha_{\tau_d}$, so hat f genau einen Fixpunkt.

Beweis

$(A, d \restriction A \times A)$ ist gem. 3.1-8 (a) vollständig. □

Beispiel (3.4,2)

Zur näherungsweisen Lösung der transzendenten Gleichung

$$\cos x - x = 0, \quad x \in [0, 1]$$

beachte man, daß $\cos : [0, 1] \longrightarrow [0, 1]$ gem. (2.4,6) (b) eine strenge Kontraktion mit Kontraktionszahl $\lambda = \sin 1 < 1$ ist. Da $[0, 1]$ eine abgeschlossene Teilmenge des vollständigen metrischen Raums $(\mathbb{R}, d_{|\,|})$ ist, ergibt 3.4-1.2 die Existenz genau einer Lösung $x^* \in [0, 1]$, die ausgehend von $x_0 = \pi/6$ (beispielsweise) näherungsweise mit Hilfe von Picard-Iterationen bestimmt werden kann:

$$x_1 = \cos \frac{\pi}{6} = \frac{\sqrt{3}}{2}, \quad x_2 = \cos \frac{\sqrt{3}}{2} \quad \text{usw.}$$

Will man bereits vor der Berechnung von x_2 wissen, wieviele Iterationen höchstens erforderlich sind, damit der Fehler nach dem zuletzt durchgeführten Schritt höchstens $1/100$ beträgt, so kann man die a priori-Abschätzung

$$d_{|\,|}(x_j, x^*) \leq \frac{\lambda^j}{1-\lambda} d_{|\,|}(x_1, x_0)$$

verwenden.

Die Aufgabe besteht dann darin, ein $j \in \mathbb{N}$ so zu bestimmen, daß $\frac{\lambda^j}{1-\lambda} d_{|\,|}(x_1, x_0) \leq \frac{1}{100}$ gilt. Mit $\lambda = \sin 1$ erhält man hier die Forderung

$$\frac{(\sin 1)^j}{1 - \sin 1}\left(\frac{\sqrt{3}}{2} - \frac{\pi}{6}\right) \leq \frac{1}{100},$$

eine Ungleichung, die ab $j = 32$ sicher erfüllt ist. (Mit dem Anfangswert $x_0' := x_1 = \sqrt{3}/2$ und denselben übrigen Werten sind jedoch höchstens 29 Iterationen zur Erreichung des Ziels erforderlich, die Abschätzung ist also i. a. sehr grob.)

Beispiel (3.4,3)

Zur Untersuchung des Lösungsverhaltens der *nichtlinearen Integralgleichung*

$$f(t) - \left(\int_0^t \frac{f(\tau)}{2}\,\mathrm{d}\tau\right)^2 = 1, \quad t \in [0,1]$$

in $C_{\mathbb{R}}([0,1])$ läßt sich im Hinblick auf 3.4-1.2 die Menge

$$A := \{\, f \in C_{\mathbb{R}}([0,1]) \mid \forall\, t \in [0,1]\colon\ 1 \leq f(t) \leq 1 + t\,\}$$

mit Erfolg verwenden:

A ist offensichtlich abgeschlossen in $\left(C_{\mathbb{R}}([0,1]), \tau_{\|\,\|_\infty}\right)$ $[\![$ Für $(f_j)_j \in A^{\mathbb{N}}$, $(f_j)_j \to_{\|\,\|_\infty} g$, $g \in C_{\mathbb{R}}([0,1])$ erhält man wegen $(f_j(t))_j \to_{d_{|\,|}} g(t)$ auch $1 \leq g(t) \leq 1 + t$ für jedes $t \in [0,1]\,]\!]$. Es sei $F : A \longrightarrow C_{\mathbb{R}}([0,1])$ definiert durch $F(f)(t) := 1 + \left(\int_0^t \frac{f(\tau)}{2}\,\mathrm{d}\tau\right)^2$. Dann gilt $F[A] \subseteq A$ $[\![\, F(f)(t) = 1 + \left(\int_0^t \frac{f(\tau)}{2}\,\mathrm{d}\tau\right)^2 \leq 1 + \left(\int_0^t \frac{1+\tau}{2}\,\mathrm{d}\tau\right)^2 = 1 + \left(\frac{t}{2} + \frac{t^2}{4}\right)^2 \leq 1 + t^2 \leq 1 + t,\ 1 \leq F(f)(t)$ für jedes $t \in [0,1],\ f \in A\,]\!]$, und F ist eine strenge Kontraktion:

$$\begin{aligned}
|F(f)(t) - F(g)(t)| &= \left|\left(\int_0^t \frac{f(\tau)}{2}\,\mathrm{d}\tau\right)^2 - \left(\int_0^t \frac{g(\tau)}{2}\,\mathrm{d}\tau\right)^2\right| \\
&= \left|\int_0^t \frac{f(\tau)}{2}\,\mathrm{d}\tau + \int_0^t \frac{g(\tau)}{2}\,\mathrm{d}\tau\right| \left|\int_0^t \frac{f(\tau)}{2}\,\mathrm{d}\tau - \int_0^t \frac{g(\tau)}{2}\,\mathrm{d}\tau\right| \\
&\leq \left|\int_0^t (1+\tau)\,\mathrm{d}\tau\right| \int_0^t \frac{|f(\tau) - g(\tau)|}{2}\,\mathrm{d}\tau \\
&\leq \frac{3}{4}\|f - g\|_\infty \quad \text{für alle } t \in [0,1],\ f, g \in A.
\end{aligned}$$

Nach 3.4-1.2 besitzt F genau einen Fixpunkt (in A), die Integralgleichung hat also eine Lösung in $C_{\mathbb{R}}([0,1])$ (sogar in A!).

Wenn der Definitionsbereich A einer strengen Kontraktion $f : A \longrightarrow X$ im vollständigen metrischen Raum (X, d) nicht abgeschlossen ist, oder der Bildbereich $f[A]$ nicht in A liegt, ist 3.4-1.2 nicht unmittelbar anwendbar. Man kann zur Behebung dieses Mangels versuchen, eine Menge $B \in \alpha_{\tau_d} \backslash \{\emptyset\}$ zu finden, für die $B \subseteq A$ und $f[B] \subseteq B$ erfüllt sind. f hätte dann gem. 3.4-1.2 genau einen Fixpunkt in B, es wäre also $\operatorname{Fix} f \neq \emptyset$. Der folgende Satz zeigt, daß die Suche nach B unter einer gewissen Bedingung erfolgreich ist.

Satz 3.4-2

(X,d) sei ein vollständiger metrischer Raum, $A \in \mathcal{P}X\backslash\{\emptyset\}$, $f : A \longrightarrow X$ eine strenge Kontraktion mit Kontraktionszahl $\lambda \in [0,1[$. Wenn ein Element a in A existiert, für das die Menge

$$B := \left\{\, x \in X \;\middle|\; d(x, f(a)) \leq \tfrac{\lambda}{1-\lambda} d(a, f(a)) \,\right\}$$

in A liegt, so hat f genau einen Fixpunkt in B.

Beweis

Für jedes $x \in B$ gilt:

$$\begin{aligned} d(f(x), f(a)) &\leq \lambda d(x,a) \leq \lambda\big(d(x, f(a)) + d(f(a), a)\big) \\ &\leq \lambda\big(\tfrac{\lambda}{1-\lambda} d(a, f(a)) + d(f(a), a)\big) = d(a, f(a))\lambda\big(\tfrac{\lambda}{1-\lambda} + 1\big) \\ &= d(a, f(a))\tfrac{\lambda}{1-\lambda}. \end{aligned}$$

Somit ist $f[B] \subseteq B$, also $f\lceil B : B \longrightarrow B$ eine strenge Kontraktion. Da $B \in \alpha_{\mathcal{T}_d}\backslash\{\emptyset\}$ $[\![\, f(a) \in B$, Stetigkeit von $d_{\{f(a)\}}$ gem. (2.4,5) (b)$\,]\!]$ ist, folgt die Behauptung mit 3.4-1.2. □

Bei der Lösung von Gleichungen in Fixpunktform $x = f(x)$ kann es vorkommen, daß zwar eine der Picard-Iterierten $f^{(j)} = f \circ \ldots \circ f$ (genau j Faktoren) für ein $j \geq 2$ eine strenge Kontraktion ist, f selbst jedoch nicht (s. A 3). In diesem Fall ist die Gleichung $f(x) = x$ dennoch eindeutig lösbar:

Satz 3.4-3

(X,d) sei ein vollständiger metrischer Raum, $f : X \longrightarrow X$,

$$f^{(0)} := f \quad \textit{und} \quad f^{(j+1)} := f^{(j)} \circ f = f \circ f^{(j)}$$

für jedes $j \in \mathbb{N}$. Ist eine der Picard-Iterierten $f^{(j)}$ eine strenge Kontraktion, so besitzt f genau einen Fixpunkt.

Beweis

$f^{(j_0)}$ sei eine strenge Kontraktion für ein $j_0 \in \mathbb{N}$. Wegen $\operatorname{Fix} f \subseteq \operatorname{Fix} f^{(j_0)}$ $[\![$ Vollständige Induktion über j_0: $\operatorname{Fix} f = \operatorname{Fix} f^{(0)}$ und aus $\operatorname{Fix} f \subseteq \operatorname{Fix} f^{(j_0)}$ folgt für jedes $x \in \operatorname{Fix} f$ auch $f^{(j_0+1)}(x) = f^{(j_0)} \circ f(x) = f^{(j_0)}(x) = f(x) = x\,]\!]$ gibt es gem. 3.4-1 höchstens einen Fixpunkt von f.

Für $\operatorname{Fix} f^{(j_0)} = \{x^*\}$ folgt $f^{(j_0)}(f(x^*)) = f\big(f^{(j_0)}(x^*)\big) = f(x^*)$, also $f(x^*) \in \operatorname{Fix} f^{(j_0)}$ und damit $f(x^*) = x^*$. □

Denkbar ist auch die Situation, in der f den vollständigen metrischen Raum (X, d) in sich abbildet, man jedoch nicht erkennen kann, ob eine der Picard-Iterierten $f^{(j)}$ eine strenge Kontraktion ist (weil beispielsweise die Berechnung von $f^{(1)}, f^{(2)}, \ldots$ zu kompliziert und unübersichtlich wird). Oftmals kann durch Änderung der Metrik d in eine der Fixpunktgleichung angepaßte Metrik e Abhilfe geschaffen werden.

Beispiel (3.4,4)

(a) Zur Beantwortung der Frage, ob die *Volterra-Integralgleichung*

$$f(t) - \int_0^t K(\tau, f(\tau), t)\,\mathrm{d}\tau = g(t), \quad t \in [0,1]$$

mit stetigem *Volterra-Kern* $K : [0,1] \times \mathbb{R} \times [0,1] \longrightarrow \mathbb{R}$, der bzgl. der zweiten Variablen einer (über $[0,1] \times [0,1]$ *gleichmäßigen*) *Lipschitz-Bedingung* genügt, d. h.

$$\exists\, L > 0\ \forall\, (\tau, t) \in [0,1] \times [0,1]\ \forall\, x, y \in \mathbb{R}\colon\ |K(\tau, x, t) - K(\tau, y, t)| \le L|x - y|,$$

für jedes $g \in C_{\mathbb{R}}([0,1])$ eine Lösung in $C_{\mathbb{R}}([0,1])$ besitzt, stellt man unter Umständen zunächst fest, daß der Banachsche Fixpunktsatz 3.4-1 nicht angewendet werden kann, wenn man den vollständigen metrischen Raum $(C_{\mathbb{R}}([0,1]), d_\infty)$ zugrunde legt. Die Funktion

$$F : \begin{cases} C_{\mathbb{R}}([0,1]) \longrightarrow C_{\mathbb{R}}([0,1]) \\ f \longmapsto \left(t \mapsto g(t) + \int_0^t K(\tau, f(\tau), t)\,\mathrm{d}\tau\right) \end{cases}$$

ist dann nämlich i. a. keine strenge Kontraktion:

$$K : \begin{cases} [0,1] \times \mathbb{R} \times [0,1] \longrightarrow \mathbb{R} \\ (\tau, x, t) \longmapsto x \end{cases}$$

ist stetig und genügt einer über $[0,1] \times [0,1]$ gleichmäßigen Lipschitz-Bedingung bzgl. der zweiten Variablen mit $L = 1$. Nach 2.4, A 43 ist F nicht einmal eine Kontraktion.

Verwendet man jedoch die zu $\|\ \|_\infty$ äquivalente Norm

$$N : \begin{cases} C_{\mathbb{R}}([0,1]) \longrightarrow \mathbb{R} \\ f \longmapsto \sup_{t \in [0,1]} \left|e^{-2Lt} f(t)\right| \end{cases}$$

(s. 3.1, A 27), so ergibt sich für alle $f, \varphi \in C_{\mathbb{R}}([0,1])$

$$\begin{aligned} N(F(f) - F(\varphi)) &= \sup_{t \in [0,1]} \left(e^{-2Lt} |F(f)(t) - F(\varphi)(t)|\right) \\ &= \sup_{t \in [0,1]} \left(e^{-2Lt} \left| \int_0^t K(\tau, f(\tau), t) - K(\tau, \varphi(\tau), t)\,\mathrm{d}\tau \right|\right) \\ &\le \sup_{t \in [0,1]} \left(e^{-2Lt} \int_0^t \left| K(\tau, f(\tau), t) - K(\tau, \varphi(\tau), t) \right| \mathrm{d}\tau\right) \\ &\le \sup_{t \in [0,1]} \left(e^{-2Lt} \int_0^t L|f(\tau) - \varphi(\tau)|\,\mathrm{d}\tau\right) \end{aligned}$$

$$\begin{aligned}
&= \sup_{t\in[0,1]} \left(e^{-2Lt} \int_0^t Le^{2L\tau} |f(\tau) - \varphi(\tau)| e^{-2L\tau} \,\mathrm{d}\tau \right) \\
&\le N(f-\varphi) L \sup_{t\in[0,1]} \left(e^{-2Lt} \int_0^t e^{2L\tau} \,\mathrm{d}\tau \right) \\
&= N(f-\varphi) L \sup_{t\in[0,1]} \left(e^{-2Lt} (e^{2Lt} - 1) \frac{1}{2L} \right) \\
&= \frac{1}{2} N(f-\varphi) \sup_{t\in[0,1]} \left(1 - e^{-2Lt} \right) \\
&= \frac{1}{2} \left(1 - e^{-2L} \right) N(f-\varphi) \\
&\le \frac{1}{2} N(f-\varphi),
\end{aligned}$$

F ist daher eine strenge Kontraktion (mit Kontraktionszahl $\lambda = 1/2$) auf dem Banach-Raum $(C_{\mathbb{R}}([0,1]), N)$ und besitzt gem. 3.4-1 genau einen Fixpunkt, die Lösung der obigen Volterra-Integralgleichung (für $g \in C_{\mathbb{R}}([0,1])$).

(b) Mit Hilfe von (a) erhält man eine weitere wichtige Anwendung des Banachschen Fixpunktsatzes:

Die Anfangswertaufgabe

$$\begin{aligned}
y'(t) &= f(t, y(t)), \quad t \in [0,1] \\
y(0) &= p,
\end{aligned}$$

wobei $f : [0,1] \times \mathbb{R} \longrightarrow \mathbb{R}$ stetig ist und bzgl. der zweiten Variablen einer (über $[0,1]$ gleichmäßigen) Lipschitz-Bedingung genügt, hat für jeden Anfangswert $p \in \mathbb{R}$ genau eine stetig differenzierbare Lösung y *(Globaler Existenz- und Eindeutigkeitssatz von Picard, 1890, und Lindelöf, 1894)*:

Für stetige Funktionen $y : [0,1] \longrightarrow \mathbb{R}$ gilt

Äq (i) $\forall\, t \in [0,1]\colon\ y(t) = p + \int_0^t f(\tau, y(\tau)) \,\mathrm{d}\tau$

(ii) $y(0) = p$ und $\forall\, t \in [0,1]\colon\ y'(t) = f(t, y(t))$.

Gem. (a) gibt es genau eine Funktion $y \in C_{\mathbb{R}}([0,1])$, die (i) erfüllt und somit auch stetig differenzierbar ist.

Lokale Existenz und Eindeutigkeit (Cauchy, Lipschitz) werden in (4.1,7) nachgewiesen.

Der in (3.4,4) (a) behandelte Integraloperator F – und infolgedessen auch sein Fixpunkt – ist von der stetigen Funktion g, einem Parameter, abhängig. Die qualitative (und möglichst auch quantitative) Beschreibung dieser Abhängigkeit ist für praktische Anwendungen von großer Bedeutung:

Wie (und in welcher Größenordnung) verändert sich der Fixpunkt mit der Wahl von g?

Speziell für die Anfangswertaufgabe in (3.4,4) (b) stellt sich die Frage nach dem Einfluß des Anfangswerts p auf die Lösung y der Aufgabe:

Wie wirkt sich ein kleiner „Wackler“ bei p (bedingt durch Ungenauigkeiten bei Messungen, Maschineneinstellungen o. ä.) auf y aus?

Der folgende Satz gibt eine Antwort auf diese Frage nach der *Stabilität*:

Satz 3.4-4

(X,d), (P,e) seien metrische Räume, (X,d) vollständig, $d_{\max}$ die durch

$$d_{\max}((x,p),(x',p')) := \max\{d(x,x'),e(p,p')\}$$

auf $X \times P$ definierte Metrik (s. (2.4,8) (b)), $\Phi \in C(X \times P, X)$ (bzgl. $\left(\tau_{d_{\max}}, \tau_d\right)$),

$$\Phi_{\cdot p}: \begin{cases} X \longrightarrow X \\ x \longmapsto \Phi(x,p) \end{cases}$$

für jedes $p \in P$ eine strenge Kontraktion mit Kontraktionszahl λ_p und Fixpunkt x_p. Für $\lambda := \sup_{p\in P} \lambda_p < 1$ ist

$$\mathrm{Fix}: \begin{cases} P \longrightarrow X \\ p \longmapsto x_p \end{cases}$$

(τ_e, τ_d)-stetig (Stetige Abhängigkeit des Fixpunkts vom Parameter, Stabilität).

Beweis

Es sei $p \in P$ und $\varepsilon > 0$. Da Φ stetig ist, gibt es ein $\delta > 0$ mit

$$\forall\, x \in K_\delta^d(x_p)\ \forall\, \widetilde{p} \in K_\delta^e(p)\colon\ \Phi(x,\widetilde{p}) \in K^d_{(1-\lambda)\varepsilon}(\Phi(x_p,p)) = K^d_{(1-\lambda)\varepsilon}(x_p)$$

$[\![$(2.4,8) (b)$]\!]$. Sei $\widetilde{p} \in P$. Dem Beweis für 3.4-1 zufolge ist der Fixpunkt $x_{\widetilde{p}}$ von $\Phi_{\cdot\widetilde{p}}$ der Limes der Folge $\left(\Phi_{\cdot\widetilde{p}}^{(j)}(x_p)\right)_{j\in\mathbb{N}}$ der Picard-Iterierten. Hierfür folgt mit der Dreiecksungleichung

$$\begin{aligned} d\left(\Phi_{\cdot\widetilde{p}}^{(j)}(x_p), x_p\right) &\le \sum_{k=0}^{j-1} d\left(\Phi_{\cdot\widetilde{p}}^{(k+1)}(x_p), \Phi_{\cdot\widetilde{p}}^{(k)}(x_p)\right) \le \sum_{k=0}^{j-1} \lambda^k d\left(\Phi_{\cdot\widetilde{p}}(x_p), x_p\right) \\ &= d\left(\Phi_{\cdot\widetilde{p}}(x_p), x_p\right) \sum_{k=0}^{j-1} \lambda^k \le \frac{1}{1-\lambda} d\left(\Phi_{\cdot\widetilde{p}}(x_p), x_p\right) \end{aligned}$$

für jedes $j \in \mathbb{N}$, also

$$d(x_{\widetilde{p}}, x_p) = d\left(\lim_j \Phi_{\cdot\widetilde{p}}^{(j)}(x_p), x_p\right) = \lim_j d\left(\Phi_{\cdot\widetilde{p}}^{(j)}(x_p), x_p\right) \le \frac{1}{1-\lambda} d\left(\Phi_{\cdot\widetilde{p}}(x_p), x_p\right).$$

Für jedes $\widetilde{p} \in K_\delta^e(p)$ gilt daher $d(x_{\widetilde{p}}, x_p) < \varepsilon$ wegen $d\left(\Phi_{\cdot\widetilde{p}}(x_p), x_p\right) < (1-\lambda)\varepsilon$. □

Beispiel (3.4,5)

Für das Anfangswertproblem (3.4,4) (b) kann aus dem Beweis von 3.4-4 auch eine quantitative Stabilitätsaussage wie folgt hergeleitet werden:

Hier ist $X = C_{\mathbb{R}}([0,1])$, $d = d_N$, wobei $N(y) = \sup_{t\in[0,1]}\left|e^{-2Lt}y(t)\right|$ die Norm aus (3.4,4) (a) bezeichnet ($L > 0$ ist eine (über $[0,1]$ gleichmäßige) Lipschitz-Konstante bzgl. der zweiten Variablen von f), $(P,e) = (\mathbb{R}, d_{|\,|})$ und

$$\Phi : \begin{cases} X \times P \longrightarrow X \\ (y,p) \longmapsto \left(t \mapsto p + \int_0^t f(\tau, y(\tau))\,\mathrm{d}\tau\right) \end{cases} \in C(X \times P, X)$$

(bzgl. der Maximummetrik $d_{\max}$ zu d_N, $d_{|\,|}$ auf $X \times P$ und d_N auf X) ⟦ Die Stetigkeit von Φ ist leicht zu bestätigen, wenn man anstelle von $d_{\max}$ die gem. (2.4,8) (b) topologisch äquivalente Maximummetrik zu d_∞, $d_{|\,|}$ auf $X \times P$ und d_∞ auf X verwendet! ⟧. Mit den Kontraktionszahlen $\lambda_p = 1/2$ (s. (3.4,4) (a)) folgt für die Lösungen y, $\widetilde{y}$ (zu p bzw. $\widetilde{p}$) der Anfangswertaufgabe aus den Ungleichungen

$$\begin{aligned} d_N(\widetilde{y}, y) &\le \frac{1}{1-\lambda} d_N\left(\Phi_{\cdot\,\widetilde{p}}(y), y\right) && ⟦ \text{aus dem Beweis zu 3.4-4} ⟧ \\ &\le 2 \sup_{t\in[0,1]} \left|e^{-2Lt}\left(\widetilde{p} + \int_0^t f(\tau, y(\tau))\,\mathrm{d}\tau - y(t)\right)\right| \\ &= 2 \sup_{t\in[0,1]} \left|e^{-2Lt}(\widetilde{p} - p)\right| && ⟦ y(t) = p + \textstyle\int_0^t f(\tau, y(\tau))\,\mathrm{d}\tau ⟧ \\ &\le 2|\widetilde{p} - p| \end{aligned}$$

die grobe Fehlerabschätzung

$$\|\widetilde{y} - y\|_\infty = \sup_{t\in[0,1]} \left|e^{-2Lt}(\widetilde{y}(t) - y(t))e^{2Lt}\right| \le e^{2L} d_N(\widetilde{y}, y) \le 2e^{2L}|\widetilde{p} - p|.$$

Aufgaben zu 3.4

1. Ist die Aussage in 3.4-1 auch richtig, wenn man f nur als Kontraktion voraussetzt?

2. Ist die Aussage in 3.4-1.2 auch richtig, wenn man A nur als nichtleere Teilmenge von X voraussetzt?

3. Die durch
$$f(x) := \begin{cases} -2x & \text{für } x \le 0 \\ -\frac{1}{3}x & \text{für } x > 0 \end{cases}$$
definierte Funktion $f : \mathbb{R} \longrightarrow \mathbb{R}$ ist keine (strenge) Kontraktion. Gibt es eine Picard-Iterierte $f^{(j)}$, die strenge Kontraktion ist?

4. Die Funktion
$$F : \begin{cases} C_{\mathbb{R}}([0,1]) \longrightarrow C_{\mathbb{R}}([0,1]) \\ f \longmapsto \left(x \mapsto \int_0^x f(t)\,\mathrm{d}t\right) \end{cases}$$
ist gem. 2.4, A 43 keine Kontraktion. Gibt es eine Picard-Iterierte $F^{(j)}$, die strenge Kontraktion ist?

5. (X, d) sei metrischer Raum, $f : X \longrightarrow X$, $x_0 \in X$, $(x_j)_j \in X^{\mathbb{N}}$ die Folge der Picard-Iterierten $x_{j+1} = f(x_j)$ und $\xi \in X$ ein Häufungspunkt von $(x_j)_j$. Man zeige:

(a) f Kontraktion, $\xi \in \operatorname{Fix} f \quad \Longrightarrow \quad (x_j)_j \to_d \xi$

(b) f strenge Kontraktion $\quad \Longrightarrow \quad (x_j)_j \to_d \xi$ und $\xi \in \operatorname{Fix} f$.

6. (X, d) sei ein vollständiger metrischer Raum, $f : X \longrightarrow X$, jede Picard-Iterierte $f^{(j)}$, $j \in \mathbb{N}$, sei L-stetig mit Lipschitz-Konstante $\lambda_j > 0$, $x_0 \in X$. Ist die Reihe $\sum_{j=0}^{\infty} \lambda_j$ in $(\mathbb{R}, d_{|\ |})$ konvergent, so besitzt f genau einen Fixpunkt x^*, und für alle $j \in \mathbb{N}$ gilt

$$d(f^{(j)}(x_0), x^*) \leq \sum_{k \geq j} \lambda_k d(f(x_0), x_0).$$

7. (X, d) sei ein vollständiger metrischer Raum, $x_0 \in X$, $\varepsilon > 0$ und $f : K_\varepsilon^d(x_0) \longrightarrow X$ eine strenge Kontraktion mit Kontraktionszahl $\lambda \in \,]0, 1[$, $d(f(x_0), x_0) < \varepsilon(1 - \lambda)$. Man beweise: f hat genau einen Fixpunkt.

8. Man bestimme ein Intervall $[-a, a] \subseteq \mathbb{R}$, $a > 0$, so daß die Integralgleichungen über $C_{\mathbb{R}}([0, 1])$ mit dem Kern $K \in C_{\mathbb{R}}([0, 1] \times [0, 1])$

$$f(t) = x \int_0^1 K(\tau, t) f(\tau)\, \mathrm{d}\tau + g(t), \qquad t \in [0, 1]$$

für jedes $g \in C_{\mathbb{R}}([0, 1])$, $x \in [-a, a]$ jeweils genau eine Lösung besitzen!

9. (X, τ) sei ein topologischer Raum, $f \in C_{\mathrm{b}}(X \times \mathbb{R}, \mathbb{R})$, $\lambda \in \,]0, 1[$ und

$$\forall\, x \in X\ \forall\, r, s \in \mathbb{R}\colon\ |f(x, r) - f(x, s)| \leq \lambda |r - s|.$$

Man beweise, daß die Funktionalgleichung $u(x) = f(x, u(x))$, $x \in X$, genau eine Lösung u in $C_{\mathrm{b}}(X, \mathbb{R})$ besitzt!

3.5 Summation in Banach-Räumen, $(L^2(I), \langle\ \rangle_2)$

Die in Abschnitt 1.2 eingeführte Summierbarkeit von Familien $(x_i)_{i \in I} \in V^I$ von Elementen eines K-Vektorraums V bzgl. einer Topologie τ auf V ist u. a. für die Analysis in Banach-Räumen und die Strukturtheorie vollständiger Prähilberträume von Bedeutung (3.6-7.2). In Analogie zum Cauchyschen Konvergenzkriterium für unendliche Reihen $\sum_{i=0}^{\infty} x_i$ $(= \left(\sum_{i=0}^{k} x_i\right)_{k \in \mathbb{N}}$, Folge der Partialsummen) in $(\mathbb{R}, \tau_{|\ |})$,

$$\sum_{i=0}^{\infty} x_i \text{ konvergent in } (\mathbb{R}, \tau_{|\ |}) \Longleftrightarrow \left(\sum_{i=0}^{k} x_i\right)_{k \in \mathbb{N}} \text{ Cauchy-Folge in } (\mathbb{R}, d_{|\ |})$$

$$\Longleftrightarrow \forall\, \varepsilon > 0\ \exists\, k_\varepsilon \in \mathbb{N}\ \forall\, i, j \in \mathbb{N}\colon \left|\sum_{\nu = k_\varepsilon + i}^{k_\varepsilon + i + j} x_\nu\right| < \varepsilon$$

gilt hier

Satz 3.5-1

$(V, \| \ \|)$ sei ein K-Banach-Raum, $I \neq \emptyset$ eine Menge und $(x_i)_i \in V^I$.

Äq (i) $(x_i)_i$ summierbar (in $(V, \tau_{\| \ \|})$)

(ii) $\forall\, \varepsilon > 0\ \exists\, E_\varepsilon \in \mathcal{P}_e I\ \forall\, E \in \mathcal{P}_e I\colon\ E \cap E_\varepsilon = \emptyset \Rightarrow \left\|\sum_{i \in E} x_i\right\| < \varepsilon$

Beweis

(i) $\Rightarrow$ (ii) Sei $\sum_{i \in I} x_i =_{\tau_{\| \ \|}} a$ und $\varepsilon > 0$. Man wähle ein $E_\varepsilon \in \mathcal{P}_e I$ mit

$$\forall\, E \in \mathcal{P}_e I\colon\ E \supseteq E_\varepsilon \Rightarrow \left\|\sum_{i \in E} x_i - a\right\| < \frac{\varepsilon}{2}.$$

Insbesondere gilt dann für alle $E \in \mathcal{P}_e I,\ E \cap E_\varepsilon = \emptyset$,

$$\left\|\sum_{i \in E} x_i\right\| = \left\|\sum_{i \in E \cup E_\varepsilon} x_i - \sum_{i \in E_\varepsilon} x_i\right\| \leq \left\|\sum_{i \in E \cup E_\varepsilon} x_i - a\right\| + \left\|\sum_{i \in E_\varepsilon} x_i - a\right\| < \varepsilon.$$

(ii) $\Rightarrow$ (i) Gem. 3.1-2 ist zu zeigen, daß $\left(\sum_{i \in E} x_i\right)_{E \in \mathcal{P}_e I}$ in $(V, d_{\| \ \|})$ ein Cauchy-Netz ist. Sei daher $\varepsilon > 0$ und gem. (ii) $E_{\varepsilon/2} \in \mathcal{P}_e I$ zu $\varepsilon/2$ gewählt. Für alle $E \in \mathcal{P}_e I$, $E \supseteq E_{\varepsilon/2}$ gilt dann

$$\left\|\sum_{i \in E} x_i - \sum_{i \in E_{\varepsilon/2}} x_i\right\| = \left\|\sum_{i \in E \setminus E_{\varepsilon/2}} x_i\right\| < \frac{\varepsilon}{2},$$

also folgt

$$\left\|\sum_{i \in E} x_i - \sum_{i \in F} x_i\right\| \leq \left\|\sum_{i \in E} x_i - \sum_{i \in E_{\varepsilon/2}} x_i\right\| + \left\|\sum_{i \in F} x_i - \sum_{i \in E_{\varepsilon/2}} x_i\right\| < \varepsilon$$

für alle $E, F \in \mathcal{P}_e I,\ E \cap F \supseteq E_{\varepsilon/2}$. □

Definition

$(V, \| \ \|)$ sei ein halbnormierter K-Vektorraum, $K \in \{\mathbb{R}, \mathbb{C}\}$, $I \neq \emptyset$ eine Menge, $(x_i)_i \in V^I$.

$(x_i)_i$ *absolut summierbar* (in $(V, \| \ \|)$) :gdw $(\|x_i\|)_i$ summierbar (in $(\mathbb{R}, \tau_{| \ |})$)

Korollar 3.5-1.1

$(V, \| \ \|)$ sei ein K-Banach-Raum, $K \in \{\mathbb{R}, \mathbb{C}\}$, $I \neq \emptyset$ eine Menge und $(x_i)_{i \in I} \in V^I$.

(a) $(x_i)_{i \in I}$ absolut summierbar $\Longrightarrow$ $(x_i)_i$ summierbar

(b) $(x_i)_{i\in I}$ *summierbar* $\Longrightarrow$ $(x_i)_{i\in J}$ *summierbar für jede Teilmenge* $J \neq \emptyset$ *von* I

Beweis

Sei $\varepsilon > 0$ und gem. 3.5-1 $E_\varepsilon \in \mathcal{P}_\mathrm{e}I$ so gewählt, daß für jedes $E \in \mathcal{P}_\mathrm{e}I,\ E \cap E_\varepsilon = \emptyset$

$$\left|\sum_{i\in E}\|x_i\|\right| < \varepsilon \quad (\text{bzw.} \left\|\sum_{i\in E} x_i\right\| < \varepsilon \text{ für (b))}$$

gilt. Es folgt dann $\left\|\sum_{i\in E} x_i\right\| \leq \sum_{i\in E}\|x_i\| < \varepsilon$, also die Summierbarkeit von $(x_i)_{i\in I}$ gem. 3.5-1.

Für (b) beachte man, daß wegen $E_\varepsilon \cap J \in \mathcal{P}_\mathrm{e}J$ und $E \cap E_\varepsilon = \emptyset$ für jedes $E \in \mathcal{P}_\mathrm{e}J$ mit $E \cap (E_\varepsilon \cap J) = \emptyset$ auch $\left\|\sum_{i\in E} x_i\right\| < \varepsilon$ gilt ⟦ s. o. ⟧, wiederum nach 3.5-1 also die Summierbarkeit von $(x_i)_{i\in J}$ folgt. □

Die Umkehrung in 3.5-1.1 (b) ist natürlich auch richtig, die von 3.5-1.1 (a) jedoch nicht (s. A 2).

Beispiel (3.5,1)

In $(\mathbb{R}, |\ |)$ ist $(x_i)_{i\in\mathbb{N}} = \left(\frac{1}{i+1}\right)_{i\in\mathbb{N}}$ nicht summierbar: Sonst müßte es gem. 3.5-1 ein $E_1 \in \mathcal{P}_\mathrm{e}\mathbb{N}$ geben, für das $\sum_{i\in E}\frac{1}{i+1} < 1$ für jedes $E \in \mathcal{P}_\mathrm{e}\mathbb{N},\ E \cap E_1 = \emptyset$ gilt. ↯

Satz 3.5-2

$(V, \|\ \|)$ sei ein K-Banach-Raum, $K \in \{\mathbb{R}, \mathbb{C}\},\ I \neq \emptyset$ eine Menge, $\{\, I_j \mid j \in J\,\}$ eine Partition von I, $(x_i)_i \in V^I$ summierbar (in $(V, \tau_{\|\ \|})$),

$$\sum_{i\in I} x_i \underset{\tau_{\|\ \|}}{=} a \quad \textit{und} \quad \sum_{i\in I_j} x_i \underset{\tau_{\|\ \|}}{=} a_j \textit{ für jedes } j \in J$$

(s. 3.5-1.1 (b)). Dann ist $(a_j)_{j\in J}$ summierbar, und es gilt

$$\sum_{j\in J} a_j \underset{\tau_{\|\ \|}}{=} a$$

(Assoziativität der Summation).

Beweis

Es sei $\varepsilon > 0,\ E_\varepsilon \in \mathcal{P}_\mathrm{e}I$ mit

$$\forall\, E \in \mathcal{P}_\mathrm{e}I\colon\ E \supseteq E_\varepsilon \Rightarrow \left\|\sum_{i\in E} x_i - a\right\| < \frac{\varepsilon}{2}.$$

$J_\varepsilon := \{\, j \in J \mid I_j \cap E_\varepsilon \neq \emptyset \,\}$ ist eine endliche Teilmenge von J, und es gilt

$$\forall\, L \in \mathcal{P}_{\mathrm{e}}J\colon\ L \supseteq J_\varepsilon \Rightarrow \left\| \Big(\sum_{j\in L} a_j\Big) - a \right\| < \varepsilon :$$

Sei $l \in \mathbb{N}$ die Anzahl der Elemente in L. Man wähle für jedes $j \in J$ ein $E^{(j)} \in \mathcal{P}_{\mathrm{e}}I_j$ mit $E^{(j)} \supseteq I_j \cap E_\varepsilon$ (o. B. d. A.) und $\big\|\sum_{i\in E^{(j)}} x_i - a_j\big\| < \frac{\varepsilon}{2(l+1)}$. Dann ist die Menge $\widetilde{E} := \bigcup_{j\in L} E^{(j)} \in \mathcal{P}_{\mathrm{e}}I$ und $\widetilde{E} \supseteq E_\varepsilon$, also $\big\|\sum_{i\in\widetilde{E}} x_i - a\big\| < \varepsilon/2$. Es folgt

$$\left\|\sum_{j\in L} a_j - \sum_{j\in L}\sum_{i\in E^{(j)}} x_i\right\| \le \sum_{j\in L}\left\|a_j - \sum_{i\in E^{(j)}} x_i\right\| < \frac{\varepsilon}{2}$$

und schließlich auch

$$\left\|\sum_{j\in L} a_j - a\right\| \le \left\|\sum_{j\in L} a_j - \sum_{j\in L}\sum_{i\in E^{(j)}} x_i\right\| + \left\|\sum_{j\in L}\sum_{i\in E^{(j)}} x_i - a\right\| < \varepsilon$$

$[\![\, \sum_{j\in L}\sum_{i\in E^{(j)}} x_i = \sum_{i\in\widetilde{E}} x_i$, da $\big(E^{(j)} \mid j \in L\big)$ paarweise disjunkt ist $]\!]$. □

Aus der Summierbarkeit der $(x_i)_{i\in I_j}$ für alle $j \in J$ und der von $\big(\sum_{i\in I_j} x_i\big)_{j\in J}$ kann i. a. jedoch *nicht* die Summierbarkeit von $(x_i)_{i\in I}$ gefolgert werden:

Beispiel (3.5,2)

In $(\mathbb{R}, |\ |)$ ist die durch

$$x_i := \begin{cases} \frac{i}{2} + 1 & \text{für } i \text{ gerade} \\ -\frac{i+1}{2} & \text{für } i \text{ ungerade} \end{cases}$$

definierte Folge $(x_i)_{i\in\mathbb{N}}$ nicht summierbar $[\![$ 3.5-1 $]\!]$, $\{\, \{2n, 2n+1\} \mid n \in \mathbb{N} \,\}$ ist eine Partition von $\mathbb{N}$, (x_{2n}, x_{2n+1}) ist für jedes $n \in \mathbb{N}$ summierbar mit Summe 0, und $(0)_{j\in\mathbb{N}}$ ist ebenfalls summierbar (mit Summe 0).

Dagegen ist die Folgerung immer dann richtig, wenn die Partition endlich ist:

Satz 3.5-3

$(V, \|\ \|)$ sei ein normierter K-Vektorraum, $K \in \{\mathbb{R}, \mathbb{C}\}$, $I \neq \emptyset$ eine Menge, $\{\, I_j \mid j \in J \,\}$ eine endliche Partition von I, $|J| = n$, $(x_i)_{i\in I} \in V^I$. Ist $(x_i)_{i\in I_j}$ für jedes $j \in J$ summierbar,

$$\sum_{i\in I_j} x_i \underset{\tau_{\|\ \|}}{=} a_j,$$

so ist auch $(x_i)_{i\in I}$ summierbar und

$$\sum_{i\in I} x_i \underset{\tau_{\|\ \|}}{=} \sum_{j\in J} a_j.$$

Beweis

Es sei $\varepsilon > 0$. Für jedes $j \in J$ wähle man ein $E^{(j)} \in \mathcal{P}_e I_j$ mit

$$\forall\, E \in \mathcal{P}_e I_j\colon\; E \supseteq E^{(j)} \Rightarrow \left\| \sum_{i\in E} x_i - a_j \right\| < \frac{\varepsilon}{n+1}$$

und setze $E_\varepsilon := \bigcup_{j\in J} E^{(j)}$. Dann gehört E_ε zu $\mathcal{P}_e I$, und für jedes $j \in J$, $F \in \mathcal{P}_e I$, $F \supseteq E_\varepsilon$, ist

$$\left\| \sum_{i\in F\cap I_j} x_i - a_j \right\| < \frac{\varepsilon}{n+1}$$

wegen $F \cap I_j \supseteq E^{(j)}$. Da $(F \cap I_j)_{j\in J}$ paarweise disjunkt und $F = \bigcup_{j\in J}(F \cap I_j)$ ist, folgt

$$\left\| \sum_{i\in F} x_i - \sum_{j\in J} a_j \right\| \le \sum_{j\in J} \left\| \sum_{i\in F\cap I_j} x_i - a_j \right\| < \varepsilon.$$

□

Die Summation ist auch kommutativ:

Satz 3.5-4

$(V, \|\ \|)$ sei ein normierter K-Vektorraum, $K \in \{\mathbb{R}, \mathbb{C}\}$, $I \neq \emptyset$ eine Menge, $(x_i)_i \in V^I$ summierbar (in $(V, \tau_{\|\ \|})$) und $\sigma : I \longrightarrow I$ bijektiv (Permutation von I). *Dann ist $(x_{\sigma(i)})_{i\in I}$ summierbar (in $(V, \tau_{\|\ \|})$) und*

$$\sum_{i\in I} x_{\sigma(i)} = \sum_{i\in I} x_i$$

(Kommutativität der Summation).

Beweis

Zu jedem $\varepsilon > 0$ wähle man ein $E_\varepsilon \in \mathcal{P}_e I$ mit

$$\forall\, E \in \mathcal{P}_e I\colon\; E \supseteq E_\varepsilon \Rightarrow \left\| \sum_{i\in E} x_i - \sum_{i\in I} x_i \right\| < \varepsilon.$$

Dann ist $\sigma^{-1}[E_\varepsilon] \in \mathcal{P}_e I$, und für jedes $F \in \mathcal{P}_e I$, $F \supseteq \sigma^{-1}[E_\varepsilon]$ folgt

$$\left\| \sum_{i\in F} x_{\sigma(i)} - \sum_{i\in I} x_i \right\| = \left\| \sum_{j\in\sigma[F]} x_j - \sum_{i\in I} x_i \right\| < \varepsilon.$$

□

Für summierbare Folgen $(x_i)_{i\in\mathbb{N}}$ in normierten K-Vektorräumen $(V, \|\ \|)$ ist die unendliche Reihe $\sum_{i=0}^{\infty} x_i$ gegen $\sum_{i\in\mathbb{N}} x_i$ konvergent ⟦Mit $n_\varepsilon := \max E_\varepsilon$ ist $\mathbb{N}_{n_\varepsilon}$ Obermenge von E_ε, also gilt $\left\|\sum_{i=0}^{n} x_i - \sum_{i\in\mathbb{N}} x_i\right\| = \left\|\sum_{i\in\mathbb{N}_n} x_i - \sum_{i\in\mathbb{N}} x_i\right\| < \varepsilon$

für jedes $n \geq n_\varepsilon$. ⟧; umgekehrt kann aus der Konvergenz der unendlichen Reihe nicht die Summierbarkeit gefolgert werden (s. auch (3.5,4)):

Beispiel (3.5,3)

(a) In $(\mathbb{R}, |\,|)$ sei die Folge $(x_i)_{i\in\mathbb{N}}$ durch $x_i := \frac{(-1)^i}{i+1}$ definiert. Die alternierende harmonische Reihe

$$\sum_{i=0}^{\infty} x_i = \sum_{i=0}^{\infty} \frac{(-1)^i}{i+1}$$

ist (gegen $\ln 2$) konvergent.

Wäre $(x_i)_{i\in\mathbb{N}}$ summierbar, so auch $(x_{2i+1})_{i\in\mathbb{N}}$ nach 3.5-1.1(b). Die unendliche Reihe $\sum\limits_{i=0}^{\infty} x_{2i+1} = \sum\limits_{i=0}^{\infty} \left(\frac{-1}{2(i+1)}\right)$ müßte dann gegen $\sum\limits_{i\in\mathbb{N}} x_{2i+1}$ konvergieren (vgl. Vorbemerkung zu diesem Beispiel) und gemäß 1.2-2(c) erhielte man die Konvergenz der *harmonischen Reihe*

$$(-2)\sum_{i=0}^{\infty} x_{2i+1} = \sum_{i=0}^{\infty} \frac{1}{i+1}$$

in $(\mathbb{R}, |\,|)$ (gegen $(-2)\sum\limits_{i\in\mathbb{N}} x_{2i+1}$) $\lightning$.

Daß die Folge $(x_i)_{i\in\mathbb{N}}$ nicht summierbar ist, ergibt sich anschließend auch direkt aus 3.5-5.1.

(b) Die den summierbaren Folgen $(x_i)_{i\in\mathbb{N}}$ zugeordneten unendlichen Reihen $\sum_{i=0}^{\infty} x_i$ haben die Eigenschaft, daß jede ihrer Umordnungen $\sum_{i=0}^{\infty} x_{\sigma(i)}$ (gegen denselben Grenzwert $\sum_{i\in\mathbb{N}} x_i$) konvergiert. Derartige Reihen nennt man *unbedingt konvergent*, sie lassen sich in K-Banach-Räumen $(V, \|\,\|)$ wie folgt charakterisieren (s. auch 4.2-9):

Äq (i) $\sum_{i=0}^{\infty} x_i$ unbedingt konvergent

(ii) $\forall\, v \in \{-1,1\}^{\mathbb{N}}\colon\ \sum_{i=0}^{\infty} v_i x_i$ konvergent

(i) ⇒ (ii) Sei $v \in \{-1,1\}^{\mathbb{N}}$, $\sum_{i=0}^{\infty} v_i x_i$ nicht konvergent, etwa $\varepsilon > 0$ mit

$$\forall\, j \in \mathbb{N}\ \exists\, m, n \in \mathbb{N}\colon\ m > n \geq j,\ \left\| \sum_{i=n+1}^{m} v_i x_i \right\| \geq \varepsilon.$$

Es existieren Folgen $(m_j)_j, (n_j)_j \in \mathbb{N}^{\mathbb{N}}$ mit $n_j < m_j < n_{j+1}$ und $\left\|\sum_{i=n_j+1}^{m_j} v_i x_i\right\| \geq \varepsilon$ für jedes $j \in \mathbb{N}$. Man setze nun

$$S_j := \{\, i \in \mathbb{N} \mid n_j + 1 \leq i \leq m_j \,\},$$

$$S_j^+ := \{\, i \in S_j \mid v_i = 1 \,\},$$

$$S_j^- := \{\, i \in S_j \mid v_i = -1 \,\}$$

für $j \in \mathbb{N}$. Es gilt $\left\|\sum_{i\in S_j^+} x_i\right\| \geq \varepsilon/2$ oder $\left\|\sum_{i\in S_j^-} x_i\right\| \geq \varepsilon/2$. Man wähle daher $\widetilde{S}_j \in \{S_j^+, S_j^-\}$ mit $\left\|\sum_{i\in\widetilde{S}_j} x_i\right\| \geq \varepsilon/2$ und definiere $S := \mathbb{N} \setminus \bigcup_{j\in\mathbb{N}} \widetilde{S}_j$. Die Reihe

$\sum_{i=0}^{\infty} x_i$ kann dann folgendermaßen zu einer nicht konvergenten Reihe $\sum_{i=0}^{\infty} x_{\sigma(i)}$ umgeordnet werden:

1. Fall: S unendlich, $s : \mathbb{N} \longrightarrow S$ bijektiv
Sei $\sigma_0 : \mathbb{N}_{|\widetilde{S}_0|-1} \longrightarrow \widetilde{S}_0$ bijektiv, $\sigma_0\big(|\widetilde{S}_0|\big) := s_0$, und wähle

$$\sigma_1 : \big\{|\widetilde{S}_0| + 1, \ldots, |\widetilde{S}_0| + |\widetilde{S}_1|\big\} \longrightarrow \widetilde{S}_1$$

bijektiv. Ist σ_n für $n \geq 1$ bereits bestimmt, so setze man

$$\sigma_n\left(n + \sum_{j=0}^{n} |\widetilde{S}_j|\right) := s_n$$

und wähle

$$\sigma_{n+1} : \left\{n + 1 + \sum_{j=0}^{n} |\widetilde{S}_j|, \ldots, n + \sum_{j=0}^{n+1} |\widetilde{S}_j|\right\} \longrightarrow \widetilde{S}_{n+1}$$

bijektiv. Die durch

$$\sigma(n) := \begin{cases} \sigma_k(n) & \text{für } n \in \big\{k + \sum_{j=0}^{k-1} |\widetilde{S}_j|, \ldots, k + \sum_{j=0}^{k} |\widetilde{S}_j|\big\},\ k \geq 1 \\ \sigma_0(n) & \text{für } n \in \big\{0, \ldots, |\widetilde{S}_0|\big\} \end{cases}$$

definierte Funktion $\sigma : \mathbb{N} \longrightarrow \mathbb{N}$ ist bijektiv. Wäre $\sum_{i=0}^{\infty} x_{\sigma(i)}$ konvergent, so gäbe es ein $n_\varepsilon \in \mathbb{N}$ mit

$$\forall\, n, m \in \mathbb{N}\colon\ m > n \geq n_\varepsilon \Rightarrow \left\| \sum_{i=n+1}^{m} x_{\sigma(i)} \right\| < \frac{\varepsilon}{2}.$$

Für $m > n \geq n_\varepsilon,\ j \in \mathbb{N}$ mit $\sigma[\{n+1, \ldots, m\}] = \widetilde{S}_j$ gilt dagegen $\big\|\sum_{i=n+1}^{m} x_{\sigma(i)}\big\| = \big\|\sum_{i \in \widetilde{S}_j} x_i\big\| \geq \varepsilon/2$.

2. Fall: $|S| = k \in \mathbb{N}$
Für jedes $j \in \mathbb{N}$ sei

$$\sigma_j : \left\{k + \sum_{i=0}^{j-1} |\widetilde{S}_i|, \ldots, k - 1 + \sum_{i=0}^{j} |\widetilde{S}_i|\right\} \longrightarrow \widetilde{S}_j$$

bijektiv. Die durch

$$\sigma(n) := \begin{cases} n & \text{für } n \in \big\{0, \ldots, k-1\big\} \\ \sigma_j(n) & \text{für } n \in \big\{k + \sum_{i=0}^{j-1} |\widetilde{S}_i|, \ldots, k - 1 + \sum_{i=0}^{j} |\widetilde{S}_i|\big\} \end{cases}$$

definierte Funktion $\sigma : \mathbb{N} \longrightarrow \mathbb{N}$ ist bijektiv, und wie in (1) folgt, daß $\sum_{i=0}^{\infty} x_{\sigma(i)}$ nicht konvergent ist.

(ii) ⇒ (i) Sei $\sigma : \mathbb{N} \longrightarrow \mathbb{N}$ bijektiv und $\sum_{i=0}^{\infty} x_{\sigma(i)}$ nicht konvergent, also

$$\exists\, \varepsilon > 0\ \forall\, n \in \mathbb{N}\ \exists\, k_n', k_n\colon\ n \leq k_n \leq k_n',\ \left\| \sum_{i=k_n}^{k_n'} x_{\sigma(i)} \right\| \geq \varepsilon,$$

o. B. d. A. $k_n \leq k'_n < k_{n+1}$ für jedes $n \in \mathbb{N}$. Sei $J_n := \sigma[\{ i \in \mathbb{N} \mid k_n \leq i \leq k'_n \}]$, $m_n := \min J_n$, $m'_n := \max J_n$, also $J_n \subseteq I_n := \{ i \in \mathbb{N} \mid m_n \leq i \leq m'_n \}$ für alle $n \in \mathbb{N}$. Man wähle eine Teilfolge $\left(I_{n_r}\right)_{r\in\mathbb{N}}$ aus paarweise disjunkten Mengen und setze $u_r := \sum_{i\in J_{n_r}} x_i$, $w_r := \sum_{i\in I_{n_r}\setminus J_{n_r}} x_i$ für jedes $r \in \mathbb{N}$. Dann gilt $\frac{1}{2}(\|u_r + w_r\| + \|u_r - w_r\|) \geq \|u_r\| \geq \varepsilon$, also $\|u_r + w_r\| \geq \varepsilon$ oder $\|u_r - w_r\| \geq \varepsilon$. Nun definiere man $v \in \{-1, 1\}^{\mathbb{N}}$ durch

$$v_i := \begin{cases} -1, & \text{falls } \exists\, r \in \mathbb{N}\colon\ i \in J_{n_r} \text{ und } \|u_r - w_r\| \geq \varepsilon \text{ gilt} \\ +1 & \text{sonst.} \end{cases}$$

Es folgt

$$\Big\|\sum_{i\in I_{n_r}} v_i x_i\Big\| = \left\{\begin{matrix} \Big\|\sum\limits_{i\in I_{n_r}\setminus J_{n_r}} x_i + \sum\limits_{i\in J_{n_r}} x_i\Big\|, & \text{falls } \|u_r + w_r\| \geq \varepsilon \\ \Big\|\sum\limits_{i\in I_{n_r}\setminus J_{n_r}} x_i - \sum\limits_{i\in J_{n_r}} x_i\Big\|, & \text{falls } \|u_r - w_r\| \geq \varepsilon \end{matrix}\right\} \geq \varepsilon;$$

die Reihe $\sum_{i=0}^{\infty} v_i x_i$ ist nicht konvergent.

In vollständigen normierten K-Vektorräumen $(V, \|\ \|)$ sind die absolut summierbaren Familien auch summierbar (s. 3.5-1.1 (a)). Umgekehrt muß $(V, d_{\|\ \|})$ vollständig sein, wenn jede absolut summierbare Familie summierbar sein soll (s. 3.5-6). Als Vorbereitung für den Beweis wird zunächst die Summierbarkeit im $\mathbb{C}$-Banach-Raum $(\mathbb{C}, |\ |)$ genauer untersucht.

Für jede Familie $(x_i)_{i\in I} \in (\mathbb{R}^+)^I$ sei

$$s_x := \sup\Big\{ \sum_{i\in E} x_i \;\Big|\; E \in \mathcal{P}_{\mathrm{e}} I \Big\} \in \mathbb{R}^+ \cup \{\infty\}.$$

Für $s_x \in \mathbb{R}^+$ ist $(x_i)_{i\in I}$ summierbar (in $(\mathbb{C}, |\ |)$) mit $\sum_{i\in I} x_i = s_x$, und für $s_x = \infty$ gilt

$$\forall\, C > 0\ \exists\, E_C \in \mathcal{P}_{\mathrm{e}} I\ \forall\, E \in \mathcal{P}_{\mathrm{e}} I\colon\ E \supseteq E_C \Rightarrow \sum_{i\in E} x_i > C,$$

eine der Summierbarkeit (mit Summe ∞) ähnliche Aussage. Man verwendet deshalb auch hierfür und allgemeiner für Familien $(x_i)_{i\in I} \in (\mathbb{R}^+ \cup \{\infty\})^I$ die Schreibweisen

$$\sum_{i\in I} x_i := \lim\Big(\sum_{i\in E} x_i\Big)_{E\in\mathcal{P}_{\mathrm{e}} I} := s_x$$

($(x_i)_i$ ist *uneigentlich summierbar*). Mit diesen Bezeichnungen erhält man

Satz 3.5-5

I, J seien nichtleere Mengen, $(x_i)_{i\in I} \in (\mathbb{R}^+)^I$, $(y_j)_{j\in J} \in (\mathbb{R}^+)^J$.

(a) $(I = J,\ \forall\, i \in I\colon\ x_i \leq y_i) \quad\Longrightarrow\quad \sum_{i\in I} x_i \leq \sum_{i\in I} y_i$

Speziell:

$$(y_i)_{i\in I} \textit{ summierbar} \quad\Longrightarrow\quad (x_i)_{i\in I} \textit{ summierbar}$$

($(y_i)_i$ ist Majorante *für $(x_i)_i$.)*

(b) *Für jede Partition $\{\, I_l \mid l \in L \,\}$ von I gilt*

$$\sum_{i\in I} x_i = \sum_{l\in L}\Big(\sum_{i\in I_l} x_i\Big) \qquad \text{(Assoziativität).}$$

(c) $$\sum_{(i,j)\in I\times J} x_i y_j = \Big(\sum_{i\in I} x_i\Big)\Big(\sum_{j\in J} y_j\Big) \qquad \textit{(mit } 0\cdot\infty := \infty\cdot 0 := 0\textit{)}$$

Beweis

Zu (a) Für jedes $E \in \mathcal{P}_{\mathrm{e}} I$ gilt nach Voraussetzung $\sum_{i\in E} x_i \leq \sum_{i\in E} y_i$.

Zu (b) Ist $(x_i)_i$ summierbar, so wende man 3.5-2 an. Für $\sum_{i\in I} x_i = \infty$, jedes $E \in \mathcal{P}_{\mathrm{e}} I$ folgt wegen

$$\sum_{i\in E} x_i = \sum_{l\in L}\ \sum_{i\in I_l\cap E} x_i \leq \sum_{l\in L}\sum_{i\in I_l} x_i$$

auch $\sum_{l\in L}\sum_{i\in I_l} x_i = \infty$.

Zu (c) Mit der Partition $\big\{\, \{i\}\times J \;\big|\; i \in I \,\big\}$ von $I \times J$ erhält man aus (b)

$$\sum_{(i,j)\in I\times J} x_i y_j = \sum_{i\in I}\Big(\sum_{j\in J} x_i y_j\Big) = \sum_{i\in I}\Big(x_i \sum_{j\in J} y_j\Big).$$

Dabei gilt die letzte Gleichung wegen der Stetigkeit der Multiplikation (falls $(y_j)_{j\in J}$ summierbar) bzw. der Vereinbarungen (s. Anhang 1-37)

$$x_i \cdot \infty := \begin{cases} 0 & \text{für } x_i = 0 \\ \infty & \text{für } x_i > 0 \end{cases}$$

und $\sum_{j\in J} x_i y_j = \infty$ für $x_i \neq 0$ (falls $\sum_{j\in J} y_j = \infty$).
Hieraus folgt mit der analogen Begründung

$$\sum_{(i,j)\in I\times J} x_i y_j = \Big(\sum_{j\in J} y_j\Big)\Big(\sum_{i\in I} x_i\Big),$$

sofern $(y_j)_j$ summierbar ist. Sei also $\sum_{j\in J} y_j = \infty$. Sind alle $x_i = 0$, so gilt $\sum_{(i,j)\in I\times J} x_i y_j = 0 = \big(\sum_{i\in I} x_i\big)\big(\sum_{j\in J} y_j\big)$ definitionsgemäß. Mit $x_{i_0} \neq 0$ (für ein $i_0 \in I$) ist $\sum_{j\in J} x_{i_0} y_j = x_{i_0} \sum_{j\in J} y_j = \infty$ und damit $\sum_{i\in I}\big(x_i \sum_{j\in J} y_j\big) = \infty = \big(\sum_{i\in I} x_i\big)\big(\sum_{j\in J} y_j\big)$ $[\![\sum_{i\in I} x_i \geq x_{i_0}]\!]$. □

Im Gegensatz zur allgemeinen Situation bei Banach-Räumen (s. A 2) gilt für $(\mathbb{C}, |\ |)$:

Korollar 3.5-5.1

$I \neq \emptyset$ sei eine Menge, $(x_j)_{j\in I} \in \mathbb{C}^I$.

Äq (i) $(x_j)_{j\in I}$ absolut summierbar

(ii) $(x_j)_{j\in I}$ summierbar

Beweis

(i) ⇒ (ii) folgt nach 3.5-1.1 (a).

(ii) ⇒ (i) Für $(x_j)_{j\in I} \in \mathbb{R}^I$ sei

$$I_{\text{pos}} := \{\, j \in I \mid x_j \geq 0 \,\} \quad \text{und} \quad I_{\text{neg}} := \{\, j \in I \mid x_j < 0 \,\}.$$

Gem. 3.5-1.1 (b) ist $(x_j)_{j\in I_{\text{pos}}}$ (bzw. $(x_j)_{j\in I_{\text{neg}}}$ und damit $(-x_j)_{j\in I_{\text{neg}}}$ $[\![$A 1$]\!]$) summierbar, sofern $I_{\text{pos}} \neq \emptyset$ (bzw. $I_{\text{neg}} \neq \emptyset$) ist. Wegen $I = I_{\text{pos}} \cup I_{\text{neg}}$ folgt nach 3.5-3 die Summierbarkeit von $(|x_j|)_{j\in I}$, d. h. $(x_j)_j$ ist absolut summierbar.

Für summierbare $(x_j)_j \in \mathbb{C}^I$ sind auch die Familien $(\overline{x_j})_{j\in I}$ der Konjugierten $[\![$Konjugation ist stetig und additiv auf $(\mathbb{C}, |\ |)$$]\!]$, der Realteile $(\operatorname{Re} x_j)_{j\in I}$ bzw. der Imaginärteile $(\operatorname{Im} x_j)_{j\in I}$ $[\![\operatorname{Re} x_j = \frac{1}{2}(x_j + \overline{x_j})$, $\operatorname{Im} x_j = \frac{1}{2i}(x_j - \overline{x_j})$; A 1$]\!]$ summierbar, woraus die Summierbarkeit der Majorante $(|\operatorname{Re} x_j| + |\operatorname{Im} x_j|)_{j\in I}$ von $(|x_j|)_{j\in I}$ $[\![|x_j| \leq |\operatorname{Re} x_j| + |\operatorname{Im} x_j|]\!]$ folgt $[\![$s. o. ; A 1$]\!]$. Nach 3.5-5 (a) ist $(x_j)_{j\in I}$ absolut summierbar. □

Summierbarkeit in $\mathbb{C}^I$ läßt sich als Summierbarkeit bzgl. eines noch zu definierenden Integrals interpretieren (s. 5.3-5, 5.3, A 9). 3.5-5.1 ist daher gerade die entsprechende Aussage für diese Integrale (s. 5.3-3, (5.3,3)).

Die Äquivalenz in 3.5-5.1 ist auch leicht für $\mathbb{R}$-Banach-Räume endlicher $\mathbb{R}$-Dimension zu beweisen:

Korollar 3.5-5.2

$(V, \|\ \|)$ sei ein $\mathbb{R}$-Banach-Raum, $\dim_{\mathbb{R}} V = n \in \mathbb{N}\backslash\{0\}$, $I \neq \emptyset$ eine Menge und $(x_i)_i \in V^I$.

Äq (i) $(x_i)_{i\in I}$ absolut summierbar

(ii) $(x_i)_{i\in I}$ summierbar

Beweis

(ii) ⇒ (i) Da jede Norm auf V topologisch äquivalent zu $\|\ \|_2$ ⟦ 1.2-5 ⟧ und

$$\varphi : \begin{cases} V \longrightarrow \mathbb{R}^n \\ \sum_{i=1}^n r_i b_i \longmapsto (r_1, \ldots, r_n) \end{cases}$$

($(b_1, \ldots, b_n)$ $\mathbb{R}$-Basis von V) ein $\mathbb{R}$-linearer, $(\|\ \|_2, \|\ \|_2)$-normerhaltender Isomorphismus ist, kann man o. B. d. A. $(V, \|\ \|) = (\mathbb{R}^n, \|\ \|_2)$ voraussetzen ⟦ A 4 ⟧. Sei also $(x_i)_i \in (\mathbb{R}^n)^I$ summierbar in $(\mathbb{R}^n, \tau_{\|\ \|_2})$. Wegen $\tau_{\|\ \|_2} = \bigtimes_{k=1}^n \tau_{|\ |}$ ⟦ (2.4,8) (a) ⟧ ist gem. 2.4-8 (b) jede der Koordinatenfamilien $(x_{i,k})_i \in \mathbb{R}^I$, $1 \le k \le n$, summierbar in $(\mathbb{R}, \tau_{|\ |})$, also absolut summierbar in $(\mathbb{R}, |\ |)$ ⟦ 3.5-5.1 ⟧. Da die Addition

$$\begin{cases} \mathbb{R}^n \longrightarrow \mathbb{R} \\ (r_1, \ldots, r_n) \longmapsto \sum_{k=1}^n r_k \end{cases}$$

$(\bigtimes_{k=1}^n \tau_{|\ |}, \tau_{|\ |})$-stetig ist, folgt die absolute Summierbarkeit von $(x_i)_i$ in $(\mathbb{R}^n, \|\ \|_1)$ und damit in $(\mathbb{R}^n, \|\ \|_2)$ ⟦ 1.2-5, A 4 (b) ⟧. □

Beispiele (3.5,4)

(a) Für *Folgen* $(x_i)_i \in (\mathbb{R}^+)^{\mathbb{N}}$ kann nicht zwischen (uneigentlicher) Konvergenz der Reihe $\sum_{i=0}^\infty x_i$ und (uneigentlicher) Summierbarkeit unterschieden werden, es gilt nämlich für jedes $a \in \mathbb{R}^+ \cup \{\infty\}$:

Äq (i) $\sum_{i=0}^\infty x_i = a$

(ii) $\sum_{i \in \mathbb{N}} x_i = a$.

(ii) ⇒ (i) gilt – wie im Anschluß an 3.5-4 schon erwähnt – in jedem normierten Vektorraum, sofern $(x_i)_{i\in\mathbb{N}}$ summierbar ist. Für $\sum_{i\in\mathbb{N}} x_i = \infty$ gibt es zu jedem $C > 0$ ein $E_C \in \mathcal{P}_e\mathbb{N}$ mit $\sum_{i=E_C} x_i > C$, also $\sum_{i=0}^{\max E_C} x_i > C$. Es folgt $\sum_{i=0}^\infty x_i = \infty$.

(i) ⇒ (ii) Für $\sum_{i=0}^\infty x_i = \infty$ existiert definitionsgemäß zu jedem $C > 0$ ein $n_C \in \mathbb{N}$ mit $\sum_{i=0}^n x_i \ge C$ für jedes $n \ge n_C$. Insbesondere erhält man $\sum_{i\in E} x_i$ für alle $E \in \mathcal{P}_e\mathbb{N}$, die $E \supseteq \mathbb{N}_{n_C}$ erfüllen, also $\sum_{i\in\mathbb{N}} x_i = \infty$.

Sei also $a \in \mathbb{R}^+$, $\sum_{i=0}^\infty x_i = a$ und $\varepsilon > 0$. Man wähle ein $n_\varepsilon \in \mathbb{N}$ mit $\left|\sum_{i=0}^n x_i - a\right| < \varepsilon$ für jedes $n \ge n_\varepsilon$. Man erhält dann für jedes $E \in \mathcal{P}_e\mathbb{N}$, $E \supseteq \mathbb{N}_{n_\varepsilon}$:

$$-\varepsilon < \sum_{i=0}^{n_\varepsilon} x_i - a \le \sum_{i\in E} x_i - a \le \sum_{i=0}^{\max E} x_i - a < \varepsilon.$$

(b) Für reelle Zahlen r ist die Reihe $\sum_{j=1}^\infty \frac{1}{j^r}$ genau dann konvergent in $(\mathbb{R}, |\ |)$, wenn $r > 1$ gilt. Die Funktion

$$\zeta : \begin{cases} \{ r \in \mathbb{R} \mid r > 1 \} \longrightarrow \mathbb{R}^+ \\ r \longmapsto \sum_{j=1}^\infty \frac{1}{j^r} \end{cases}$$

heißt *Riemannsche ζ-Funktion.*

Nach (a) erhält man den (ggf. uneigentlichen) Grenzwert der Reihe

$$\sum_{j=1}^{\infty} \frac{1}{j^r} = \sum_{j\in\mathbb{N}\setminus\{0\}} \frac{1}{j^r}$$

für jedes $r \in \mathbb{R}$, und gem. 3.5-5 (b) folgt

$$\sum_{z\in\mathbb{Z}\setminus\{0\}} \frac{1}{|z|^r} = \sum_{z\in\mathbb{N}\setminus\{0\}} \frac{1}{z^r} + \sum_{z\in\mathbb{N}\setminus\{0\}} \frac{1}{z^r}$$

$[\![\{\mathbb{N}\setminus\{0\}, \{ z \in \mathbb{Z} \mid -z \in \mathbb{N}\setminus\{0\} \}\}$ ist eine Partition von $\mathbb{Z}\setminus\{0\}.]\!]$. Daher gilt für alle $r \in \mathbb{R}$

$$\sum_{z\in\mathbb{Z}\setminus\{0\}} \frac{1}{|z|^r} < \infty \quad\Longleftrightarrow\quad r > 1.$$

Diese Äquivalenz läßt sich analog auf $\mathbb{Z}^m\setminus\{0\},\ m > 1$ übertragen: Für alle $r \in \mathbb{R}$ gilt mit einer beliebigen Norm $\|\ \|$ auf $\mathbb{R}^m$

$$\sum_{z\in\mathbb{Z}^m\setminus\{0\}} \frac{1}{\|z\|^r} < \infty \quad\Longleftrightarrow\quad r > m.$$

Zum Beweis darf $\|\ \| = \|\ \|_\infty$ angenommen werden, da je zwei Normen auf $\mathbb{R}^m$ topologisch äquivalent sind $[\![$ 1.2-5; A 4 (b) $]\!]$. Für jedes $n \in \mathbb{N}\setminus\{0\},\ 1 \le j \le m$ definiere man

$$\mathbb{Z}^m_n := \{ z \in \mathbb{Z}^m\setminus\{0\} \mid \|z\|_\infty = n \},$$

$$\mathbb{Z}^m_{n,j} := \{ z \in \mathbb{Z}^m_n \mid z_j \in \{n, -n\} \}.$$

Dann ist $\{ \mathbb{Z}^m_n \mid n \in \mathbb{N}\setminus\{0\} \}$ eine Partition von $\mathbb{Z}^m\setminus\{0\},\ \mathbb{Z}^m_n = \bigcup_{j=1}^m \mathbb{Z}^m_{n,j}$ mit $|\mathbb{Z}^m_{n,j}| = 2(2n+1)^{m-1}$ und

$$n^{m-1} \le |\mathbb{Z}^m_n| \le 2m(2n+1)^{m-1} \le 2m(3n)^{m-1} = 2\cdot 3^{m-1} m n^{m-1}$$

für alle $n \in \mathbb{N}\setminus\{0\},\ 1 \le j \le m$. Es folgt

$$\frac{1}{n^{r-m+1}} = \frac{n^{m-1}}{n^r} \le \sum_{z\in\mathbb{Z}^m_n} \frac{1}{\|z\|^r_\infty} \le \frac{2\cdot 3^{m-1} m n^{m-1}}{n^r} = \frac{2\cdot 3^{m-1} m}{n^{r-m+1}}$$

und somit gem. 3.5-5 (a), (b)

$$\sum_{n\in\mathbb{N}\setminus\{0\}} \frac{1}{n^{r-m+1}} \le \sum_{z\in\mathbb{Z}^m\setminus\{0\}} \frac{1}{\|z\|^r_\infty} \le 2\cdot 3^{m-1} m \sum_{n\in\mathbb{N}\setminus\{0\}} \frac{1}{n^{r-m+1}}.$$

Schließlich ergibt sich daher

$$\sum_{z\in\mathbb{Z}^m\setminus\{0\}} \frac{1}{\|z\|^r_\infty} < \infty \quad\Longleftrightarrow\quad \sum_{n\in\mathbb{N}\setminus\{0\}} \frac{1}{n^{r-m+1}} < \infty \quad\Longleftrightarrow\quad r - m > 0.$$

Satz 3.5-6

$(V, \|\ \|)$ sei ein normierter K-Vektorraum, $K \in \{\mathbb{R}, \mathbb{C}\}$.

Äq (i) $(V, \|\ \|)$ Banach-Raum

(ii) $\forall\, I \neq \emptyset\ \forall\, (x_i)_i \in V^I$: $(x_i)_i$ absolut summierbar $\Rightarrow$ $(x_i)_i$ summierbar

(iii) $\forall\, (x_i)_i \in V^{\mathbb{N}}$: $\sum_{i=0}^{\infty}\|x_i\|$ konvergent $\Rightarrow$ $\sum_{i=0}^{\infty} x_i$ konvergent

Beweis

(i) $\Rightarrow$ (ii) ist 3.5-1.1 (a).

(ii) $\Rightarrow$ (iii) Es sei $\sum_{i=0}^{\infty}\|x_i\|$ konvergent. Gem. (3.5,4) (a) ist $(\|x_i\|)_{i\in\mathbb{N}}$ summierbar, also $(x_i)_{i\in\mathbb{N}}$ absolut summierbar. Nach (ii) folgt die Summierbarkeit von $(x_i)_{i\in\mathbb{N}}$, die Reihe $\sum_{i=0}^{\infty} x_i$ konvergiert daher (gegen $\sum_{i\in\mathbb{N}} x_i$).

(iii) $\Rightarrow$ (i) $(x_i)_{i\in\mathbb{N}} \in V^{\mathbb{N}}$ sei eine Cauchy-Folge in $(V, d_{\|\ \|})$. Für jedes $i \in \mathbb{N}$ wähle man ein k_i (induktiv), so daß

$$\forall\, j, l \geq k_i\colon\ \|x_j - x_l\| < \frac{1}{2^i} \quad \text{und} \quad \forall\, i \in \mathbb{N}\colon\ k_{i+1} > k_i$$

gilt. Die unendliche Reihe $\sum_{i=0}^{\infty}\|x_{k_{i+1}} - x_{k_i}\|$ ist konvergent $[\![\, \sum_{i=0}^{\infty}\frac{1}{2^i}$ ist eine konvergente Majorante $]\!]$, nach Voraussetzung (iii) existiert daher ein Element v in V mit $v = \sum_{i=0}^{\infty}(x_{k_{i+1}} - x_{k_i})$. Mit der für alle $n \in \mathbb{N}$ gültigen Gleichung

$$\sum_{i=0}^{n}\left(x_{k_{i+1}} - x_{k_i}\right) = x_{k_{n+1}} - x_{k_0}$$

folgert man $\left(x_{k_{n+1}}\right)_{n\in\mathbb{N}} \to_{\tau_{\|\ \|}} v + x_{k_0}$ $[\![\,1.2\text{-}2\ (b)\,]\!]$. Die Cauchy-Folge $(x_i)_{i\in\mathbb{N}}$ hat also die konvergente Teilfolge $\left(x_{k_{n+1}}\right)_{n\in\mathbb{N}}$ und ist somit gem. 3.1-1 konvergent. □

Dieser Abschnitt schließt mit der Konstruktion eines Hilbert-Raums $(L^2(I), \langle\,\rangle_2)$, der sich als Prototyp für die Hilbert-Räume auszeichnet (s. 3.6-7.2).

$I \neq \emptyset$ sei eine Menge, $K \in \{\mathbb{R}, \mathbb{C}\}$,

$$L^2(I) := \left\{\, (z_i)_i \in K^I \;\middle|\; \left(|z_i|^2\right)_{i\in I} \text{ summierbar in } (K, \tau_{|\ |}) \,\right\} \quad \text{und}$$

$$\langle\,\rangle_2 : \begin{cases} L^2(I) \times L^2(I) \longrightarrow K \\ \left((z_i)_{i\in I}, (w_i)_{i\in I}\right) \longmapsto \sum_{i\in I} z_i\overline{w_i}. \end{cases}$$

$\langle\,\rangle_2$ ist wohldefiniert:
Für jedes $i \in I$ gilt $|z_i|^2 + |w_i|^2 \geq 2|z_i|\,|w_i|$ wegen $(|z_i| - |w_i|)^2 \geq 0$. Sind also $(|z_i|^2)_i$, $(|w_i|^2)_i$ summierbar in $(K, \tau_{|\ |})$, so ist es gem. A 1 und 3.5-5 (a) auch $(|z_i|\,|w_i|)_{i\in I} = (|z_i\overline{w_i}|)_{i\in I}$. Da $(K, |\ |)$ ein Banach-Raum ist, folgt aus der absoluten Summierbarkeit die Summierbarkeit von $(z_i\overline{w_i})_{i\in I}$ $[\![\,3.5\text{-}1.1$ oder $3.5\text{-}6\,]\!]$.

$L^2(I)$ ist mit punktweiser Addition und Skalarmultiplikation ein K-Vektorraum (K-Untervektorraum von K^I):
Für alle $k \in K$, $(z_i)_i$, $(w_i)_i \in L^2(I)$ ist $(|kz_i|^2)_i = (|k|^2|z_i|^2)_i$ und auch $(|z_i|^2 + |w_i|^2)_i$ summierbar in $(K, \tau_{|\,|})$ $[\![$ A 1 $]\!]$. Wegen $|z_i + w_i|^2 \leq 2|z_i|^2 + 2|w_i|^2$ für jedes $i \in I$ folgt mit dem Majorantenkriterium 3.5-5 (a) und A 1 die Summierbarkeit von $(|z_i + w_i|^2)_i$.

$(L^2(I), \langle\ \rangle_2)$ ist ein Prähilbertraum (über K) $[\![$ A 8 $]\!]$.

Satz 3.5-7

$I \neq \emptyset$ sei eine Menge, $K \in \{\mathbb{R}, \mathbb{C}\}$. $(L^2(I), \langle\ \rangle_2)$ ist ein Hilbert-Raum *(über K).*

Beweis

Zu zeigen ist nur noch die Vollständigkeit. Sei $(x_j)_{j\in\mathbb{N}} \in (L^2(I))^{\mathbb{N}}$ eine Cauchy-Folge in $\big(L^2(I), d_{\langle\ \rangle_2}\big)$, $x_j = (x_{j,i})_{i\in I}$ für jedes $j \in \mathbb{N}$, $\varepsilon > 0$. Man wähle ein $j_\varepsilon \in \mathbb{N}$ mit

$$\forall\, j, l \geq j_\varepsilon\colon\ \|x_j - x_l\|^2_{\langle\ \rangle_2} = \sum_{i\in I} |x_{j,i} - x_{l,i}|^2 < \varepsilon^2$$

und zu jedem $j, l \geq j_\varepsilon$ ein $E_{\varepsilon,j,l} \in \mathcal{P}_{\mathrm{e}} I$ mit

$$\forall\, E \in \mathcal{P}_{\mathrm{e}} I\colon\ E \supseteq E_{\varepsilon,j,l} \Rightarrow \sum_{i\in E} |x_{j,i} - x_{l,i}|^2 < \varepsilon^2.$$

Für jedes $F \in \mathcal{P}_{\mathrm{e}} I$ erhält man hieraus

$$\sum_{i\in E_{\varepsilon,j,l}\cup F} |x_{j,i} - x_{l,i}|^2 < \varepsilon^2,$$

also $\sum_{i\in F} |x_{j,i} - x_{l,i}|^2 < \varepsilon^2$, speziell $|x_{j,i} - x_{l,i}|^2 < \varepsilon^2$ für alle $i \in I$, $j, l \geq j_\varepsilon$. $(x_{j,i})_j$ ist somit für jedes $i \in I$ eine Cauchy-Folge in $(K, d_{|\,|})$, etwa $(x_{j,i})_j \to_{|\,|} z_i$, $z_i \in K$. Es folgt $(z_i)_i \in L^2(I)$ und $(x_j)_{j\in\mathbb{N}} \to_{\|\ \|_{\langle\ \rangle_2}} (z_i)_{i\in I}$:

Für alle $j \geq j_\varepsilon$, $F \in \mathcal{P}_{\mathrm{e}} I$ gilt $[\![$ s. o. $]\!]$

$$\varepsilon^2 \geq \lim_l \sum_{i\in F} |x_{j,i} - x_{l,i}|^2 = \sum_{i\in F} |x_{j,i} - z_i|^2,$$

also auch $\varepsilon^2 \geq \sum_{i\in I} |x_{j,i} - z_i|^2$. Hieraus ergibt sich zunächst $x_{j_\varepsilon} - (z_i)_{i\in I} \in L^2(I)$, d. h. $(z_i)_{i\in I} \in L^2(I)$ $[\![\, x_{j_\varepsilon} \in L^2(I)$, $L^2(I)$ ist K-Vektorraum $]\!]$, und darüber hinaus die Konvergenz $(x_j)_j \to_{\|\ \|_{\langle\ \rangle_2}} (z_i)_{i\in I}$. □

Für abzählbare Mengen $I \neq \emptyset$ ist $(L^2(I), \langle\ \rangle_2)$ im wesentlichen, d. h. bis auf skalarprodukterhaltende K-lineare Isomorphie, einer der in (1.1,3), (1.1,5) (a), (b) definierten Hilberträume $(K^n, \langle\ \rangle_2)$, $(\ell^2, \langle\ \rangle_2)$, $(\ell^2_{\mathbb{R}}, \langle\ \rangle_2)$ (vgl. (3.1,2) (a); 3.1, A 17 (a)):

Satz 3.5-8

$I \neq \emptyset$ sei eine abzählbare Menge, $K \in \{\mathbb{R}, \mathbb{C}\}$. Es gilt:

(a) $(L^2(I), \langle\,\rangle_2)$ *ist unitär K-linear isomorph zu $(K^n, \langle\,\rangle_2)$, falls $|I| = n \in \mathbb{N}\backslash\{0\}$,*

(b) $(L^2(I), \langle\,\rangle_2)$ *ist unitär (bzw. orthogonal) K-linear isomorph zu $(\ell^2, \langle\,\rangle_2)$ (bzw. $(\ell^2_{\mathbb{R}}, \langle\,\rangle_2)$), falls I abzählbar unendlich ist.*

Beweis

Zu (a) Es sei $I = \{i_1, \ldots, i_n\}$. Wegen $L^2(I) = K^I$ ist

$$\varphi : \begin{cases} L^2(I) \longrightarrow K^n \\ x \longmapsto (j \mapsto x_{i_j}) \end{cases}$$

ein K-linearer Isomorphismus und auch unitär (bzw. orthogonal), denn

$$\langle x, y\rangle_2 = \sum_{j=1}^{n} x_{i_j}\overline{y_{i_j}} = \sum_{j=1}^{n} \varphi(x)(j)\overline{\varphi(y)(j)} = \langle \varphi(x), \varphi(y)\rangle_2.$$

Zu (b) Es sei $i : \mathbb{N} \longrightarrow I$ bijektiv und

$$\varphi : \begin{cases} L^2(I) \longrightarrow \ell^2 \\ x \longmapsto (j \mapsto x_{i_j}). \end{cases}$$

φ ist wohldefiniert, denn gem. (3.5,4) (a) ist

$$\sum_{k\in I}|x_k|^2 = \sum_{j\in\mathbb{N}}|x_{i_j}|^2 = \sum_{j\in\mathbb{N}}|\varphi(x)(j)|^2 = \sum_{j=0}^{\infty}|\varphi(x)(j)|^2,$$

K-linearer Isomorphismus und auch unitär (bzw. orthogonal):
Für alle $x, w \in L^2(I)$ ist $(x_k\overline{w_k})_{k\in I}$ summierbar in $(K, |\,|)$ ⟦ s. Text vor 3.5-7 ⟧, also

$$\begin{aligned} \langle x, w\rangle_2 &= \sum_{k\in I} x_k\overline{w_k} = \sum_{j\in\mathbb{N}} x_{i_j}\overline{w_{i_j}} = \sum_{j\in\mathbb{N}} \varphi(x)(j)\overline{\varphi(w)(j)} \\ &= \sum_{j=0}^{\infty} \varphi(x)(j)\overline{\varphi(w)(j)} \qquad [\![\text{ s. Text vor (3.5,3)}]\!] \\ &= \langle \varphi(x), \varphi(y)\rangle_2. \end{aligned}$$

□

Korollar 3.5-8.1

$I \neq \emptyset$ sei eine Menge, $K \in \{\mathbb{R}, \mathbb{C}\}$.

Äq (i) $\left(L^2(I), \tau_{\langle\,\rangle_2}\right)$ *separabel*

(ii) I abzählbar

Beweis

(i) ⇒ (ii) I sei überabzählbar und $x^{(j)} : I \longrightarrow K$ für jedes $j \in I$ definiert durch

$$x^{(j)}(i) := \begin{cases} 1 & \text{für } i = j \\ 0 & \text{sonst.} \end{cases}$$

Für alle $j, l \in I,\ j \neq l$, ist dann $x^{(j)} \neq x^{(l)}$ und

$$\begin{aligned} d_{\langle\ \rangle_2}(x^{(j)}, x^{(l)}) &= \|x^{(j)} - x^{(l)}\|_{\langle\ \rangle_2} = \langle x^{(j)} - x^{(l)}, x^{(j)} - x^{(l)}\rangle_2^{1/2} \\ &= \left(\langle x^{(j)}, x^{(j)}\rangle_2 + \langle x^{(l)}, x^{(l)}\rangle_2\right)^{1/2} = \sqrt{2}, \end{aligned}$$

also $K_{1/2}^{d_{\langle\ \rangle_2}}(x^{(j)}) \cap K_{1/2}^{d_{\langle\ \rangle_2}}(x^{(l)}) = \emptyset$. Die Menge $\left\{ K_{1/2}^{d_{\langle\ \rangle_2}}(x^{(j)}) \;\middle|\; j \in I \right\} \subseteq \tau_{\langle\ \rangle_2}$ ist überabzählbar und jedes ihrer Elemente enthält aus jeder dichten Teilmenge D von $L^2(I)$ ein Element, D kann deshalb nicht abzählbar sein.

(ii) ⇒ (i) gem. 3.5-8 und (2.2,4) (a), (c). □

Aufgaben zu 3.5

1. $(V, \|\ \|)$ sei ein normierter K-Vektorraum, $K \in \{\mathbb{R}, \mathbb{C}\}$, $I \neq \emptyset$ eine Menge, $(x_i)_i$, $(y_i)_i \in V^I$, $k \in K$, $a, b \in V$ und $\sum_{i\in I} x_i =_{\tau_{\|\ \|}} a$, $\sum_{i\in I} y_i =_{\tau_{\|\ \|}} b$. Man zeige: $(kx_i)_i$, $(x_i + y_i)_i$ sind summierbar, und es gilt

$$\sum_{i\in I} kx_i \underset{\tau_{\|\ \|}}{=} k\sum_{i\in I} x_i, \quad \sum_{i\in I}(x_i + y_i) \underset{\tau_{\|\ \|}}{=} \left(\sum_{i\in I} x_i\right) + \left(\sum_{i\in I} y_i\right).$$

2. Man gebe eine Folge in $(\ell^2_{\mathbb{R}}, \|\ \|_2)$ an, die summierbar, aber nicht absolut summierbar ist!

3. $(V, \|\ \|)$ sei ein K-Banach-Raum, $K \in \{\mathbb{R}, \mathbb{C}\}$, $\left(x_{(i,j)}\right)_{(i,j)\in\mathbb{N}\times\mathbb{N}} \in V^{\mathbb{N}\times\mathbb{N}}$ summierbar (in $(V, \tau_{\|\ \|})$). Man beweise

$$\sum_{(i,j)\in\mathbb{N}\times\mathbb{N}} x_{(i,j)} = \sum_{i\in\mathbb{N}}\sum_{j\in\mathbb{N}} x_{(i,j)} = \sum_{j\in\mathbb{N}}\sum_{i\in\mathbb{N}} x_{(i,j)}\ !$$

4. (V, N) und (W, M) seien normierte K-Vektorräume, $\varphi : V \longrightarrow W$ (N, M)-normerhaltend, $I \neq \emptyset$ eine Menge und $(v_i)_i \in V^I$.

(a) $(v_i)_i$ absolut summierbar in (V, N) $\Longleftrightarrow$ $(\varphi(v_i))_i$ absolut summierbar in (W, M)

(b) Für $V = W$, N topologisch äquivalent zu M gilt

$(v_i)_i$ absolut summierbar in (V, N) $\Longleftrightarrow$ $(v_i)_i$ absolut summierbar in (V, M).

5. Man gebe eine in $(\ell^2, \|\ \|_2)$ unbedingt konvergente unendliche Reihe an, die nicht absolut konvergiert!

6. $I \neq \emptyset$ sei eine Menge, $x, y \in [0,1[$, $p \in \mathbb{R}$, $(x_j)_{j\in I} \in (\mathbb{R}^+)^I$ summierbar in $(\mathbb{R}, \tau_{|\,|})$. Man zeige:

(a) $(x^n y^m)_{(n,m)\in\mathbb{N}\times\mathbb{N}}$ summierbar,

(b) $p \geq 1 \implies (x_j^p)_{j\in I}$ summierbar

in $(\mathbb{R}, \tau_{|\,|})$.

7. $I \neq \emptyset \neq J$ seien Mengen, $(V, \langle\,\rangle)$ ein Prähilbertraum, $(x_i)_{i\in I} \in V^I$ und $(y_j)_{j\in J} \in V^J$ summierbar in $(V, d_{\langle\,\rangle})$. Man zeige:

$$\Big\langle \sum_{i\in I} x_i, \sum_{j\in J} y_j \Big\rangle = \sum_{i\in I}\Big(\sum_{j\in J}\langle x_i, y_j\rangle\Big) = \sum_{j\in J}\Big(\sum_{i\in I}\langle x_i, y_j\rangle\Big).$$

8. $I \neq \emptyset$ sei eine Menge. Man rechne nach, daß $(L^2(I), \langle\,\rangle_2)$ ein Prähilbertraum ist!

9. (V, τ) sei ein T_2-topologischer K-Vektorraum, ν eine Pseudonorm auf V mit $\tau_{d_\nu} = \tau$.

Äq (i) (V, τ) topologisch vollständig

(ii) $\forall\, (v_j)_j \in V^{\mathbb{N}}$: $\sum_{j=0}^{\infty} \nu(v_j)$ konvergent $\Rightarrow \sum_{j=0}^{\infty} v_j$ konvergent

(Hinweis: 3.3-6, Beweis zu 3.5-6)

10. Es seien $a, b \in \mathbb{R}$, $a < b$,

$$BV([a,b]) := \{\, f : [a,b] \longrightarrow \mathbb{R} \mid V(f) < \infty \,\}$$

die Menge aller reellwertigen Funktionen f von beschränkter Variation $V(f)$ (vgl. (2.4,6) (a)) auf $[a,b]$,

$$BV_0([a,b]) := \{\, f \in BV([a,b]) \mid f(a) = 0 \,\}$$

und $\|\,\|_V : BV([a,b]) \longrightarrow \mathbb{R}^+$ definiert durch $\|f\|_V := |f(a)| + V(f)$. Man zeige:

(a) $(BV([a,b]), \|\,\|_V)$ ist ein Banach-Raum über $\mathbb{R}$, V eine Halbnorm, jedoch keine Norm auf $BV([a,b])$.

(b) $(BV_0([a,b]), V)$ ist ein Banach-Raum.

3.6 Hilbert-Räume

In Prähilberträumen (V, S) steht neben den algebraischen Operationen des Vektorraums V und den analytischen Eigenschaften des normierten Vektorraums $(V, \| \ \|_S)$ noch ein geometrisches Instrument, das der Winkelmessung, zur Verfügung:

Nach der Cauchy-Schwarz-Ungleichung 1.1-8 gilt

$$\frac{|S(x,y)|}{\|x\|_S \|y\|_S} \leq 1 \quad \text{für alle } x,\, y \in V \backslash \{0\}.$$

Im $\mathbb{R}$-Vektorraum V kann man daher den Winkel $\alpha_{x,y}$ zwischen x, y analog wie im $(\mathbb{R}^n, \langle\ \rangle_2)$ durch (den Hauptwert in $]-\pi, \pi]$) $\arccos \frac{S(x,y)}{\|x\|_S \|y\|_S}$ definieren. Dadurch wird dann beispielsweise die sinngemäße Übertragung der Orthogonalität

$$x \textit{ orthogonal} \text{ zu } y \quad :\text{gdw} \quad \alpha_{x,y} \in \left\{-\tfrac{\pi}{2}, \tfrac{\pi}{2}\right\} \quad (\Longleftrightarrow S(x,y) = 0)$$

ermöglicht, und diejenigen Eigenschaften des euklidischen Raums $(\mathbb{R}^n, \langle\ \rangle_2)$, die allein mit den Mitteln des Hilbertraums $(\mathbb{R}^n, \langle\ \rangle_2)$ beweisbar sind, haben die entsprechende Bedeutung in jedem $\mathbb{R}$-Hilbert-Raum. Diese Erkenntnis führt zu einer ergebnisreichen Analysis in, bzw. Funktionalanalysis über Hilbert-Räumen mit vielfältigen Anwendungsmöglichkeiten.

Für die Optimierung und damit für zahlreiche numerische Verfahren ist der folgende Satz über den *Minimalabstand* eines jeden Elements x zu einer vollständigen konvexen Teilmenge C von elementarer Bedeutung, da er die bestmögliche Approximation von x durch ein Element von C ermöglicht.

Satz 3.6-1

$(V, \langle\ \rangle)$ sei ein Prähilbertraum, $\emptyset \neq C \subseteq V$ konvex, $x \in V$. Ist $\left(C, d_{\langle\ \rangle} \restriction C \times C\right)$ vollständig, so gibt es genau ein $c_0 \in C$, für das $\operatorname{dist}(x, C) = \|x - c_0\|_{\langle\ \rangle}$ gilt.

Beweis

Es sei $D := \operatorname{dist}(x, C) = \inf\{\, \|x - c\|_{\langle\ \rangle} \mid c \in C\}$ und $(x_j)_j \in C^{\mathbb{N}}$, $\left(\|x - x_j\|_{\langle\ \rangle}\right)_j \to_{\mathcal{T}_{|\ |}} D$. Dann ist $(x_j)_j$ eine Cauchy-Folge in $\left(C, d_{\langle\ \rangle}\right)$:

Die Parallelogrammgleichung 1.1-8.3 liefert für die Elemente $x - x_j$, $x - x_k$ die Abschätzung

$$\begin{aligned} 2\|x - x_j\|^2_{\langle\ \rangle} + 2\|x - x_k\|^2_{\langle\ \rangle} &= \|x - x_j - (x - x_k)\|^2_{\langle\ \rangle} + \|x - x_j + (x - x_k)\|^2_{\langle\ \rangle} \\ &= \|x_k - x_j\|^2_{\langle\ \rangle} + 4\left\|x - \tfrac{1}{2}(x_j + x_k)\right\|^2_{\langle\ \rangle} \\ &\geq \|x_k - x_j\|^2_{\langle\ \rangle} + 4D^2 \end{aligned}$$

$[\![\, \frac{1}{2}(x_j + x_k) \in C$, da C konvex $]\!]$. Aus $\left|\|x - x_j\|^2_{\langle\ \rangle} - D^2\right| < \varepsilon/4$ für alle $j \geq j_\varepsilon$ folgt daher

$$\|x_k - x_j\|^2_{\langle\,\rangle} \leq 2\big(\|x - x_j\|^2_{\langle\,\rangle} - D^2\big) + 2\big(\|x - x_k\|^2_{\langle\,\rangle} - D^2\big) < \varepsilon$$

für alle $j,\, k \geq j_\varepsilon$.

Sei $c_0 \in C$ der Limes von $(x_j)_j$ in C. Wegen der Stetigkeit ⟦2.4, A 13⟧ der Norm $\|\ \|_{\langle\,\rangle}$ gilt $\big(\|x - x_j\|_{\langle\,\rangle}\big)_j \to_{\tau_{|\,|}} \|x - c_0\|_{\langle\,\rangle}$, also $D = \|x - c_0\|_{\langle\,\rangle}$.

Ist für $c_1 \in C$ ebenfalls $\|x - c_1\|_{\langle\,\rangle} = D$, so auch $\big\|x - \frac{1}{2}(c_0 + c_1)\big\|_{\langle\,\rangle} \geq D$, weil $\frac{1}{2}(c_0 + c_1)$ wegen der Konvexität von C zu C gehört. Die Parallelogrammgleichung 1.1-8.3 ergibt für $x - c_0$, $x - c_1$ dann wie vorher

$$\|c_1 - c_0\|^2_{\langle\,\rangle} \leq 2\|x - c_1\|^2_{\langle\,\rangle} + 2\|x - c_0\|^2_{\langle\,\rangle} - 4D^2 = 0,$$

also $c_0 = c_1$. □

Der Beweis zu 3.6-1 liefert noch

Korollar 3.6-1.1

$(V, \langle\,\rangle)$ sei ein Prähilbertraum, $x \in V$, $\emptyset \neq C \subseteq V$ konvex und $\big(C, d_{\langle\,\rangle}\restriction C \times C\big)$ vollständig. Für jede Folge $(x_j)_j \in C^{\mathbb{N}}$ gilt:

Äq (i) $\big(\|x - x_j\|_{\langle\,\rangle}\big)_j \to_{\tau_{|\,|}} \operatorname{dist}(x, C)$

(ii) $(x_j)_j$ *konvergent in* $\big(C, d_{\langle\,\rangle}\restriction C \times C\big)$ *und* $\operatorname{dist}(x, C) = d_{\langle\,\rangle}(x, \lim_j x_j)$.

□

Das gem. 3.6-1 den Minimalabstand von x zu C liefernde Element c_C bezeichnet man als *orthogonale Projektion* $\pi_C(x)$ *von* x *auf* C (s. auch die Interpretation im Anschluß an 3.6-3, Seite 252). Die Berechnung von $\pi_C(x)$ erfolgt in 3.6-3 (für endlichdimensionale Untervektorräume C) bzw. 3.6-4.2 (für beliebige vollständige Untervektorräume).

Beispiel (3.6,1)

In normierten Vektorräumen $(V, \|\ \|)$ gilt eine zu 3.6-1 analoge Aussage i. a. nicht:

In $(\mathbb{R}^2, \|\ \|_\infty)$ sei $C := \{\,(x, y) \in \mathbb{R}^2 \mid y \geq 1\,\}$ ($\in \alpha_{\tau_{\|\ \|_\infty}}$ konvex). Jedes Element aus $\{\,(x, 1) \in C \mid |x| \leq 1\,\}$ hat den Minimalabstand $\operatorname{dist}((0, 0), C) = 1$, Eindeutigkeit ist daher nicht vorhanden.

Auch die Existenz eines den Minimalabstand liefernden Elements kann i. a. nicht einmal in Banach-Räumen nachgewiesen werden (s. (6.1,11)).

Die folgenden Begriffe sind – wie eingangs erwähnt – der Geometrie des Anschauungsraums $(\mathbb{R}^n, \langle\,\rangle_2)$ entnommen.

Definition

$(V, \langle\ \rangle)$ sei ein Prähilbertraum über K, $K \in \{\mathbb{R}, \mathbb{C}\}$, $x, y \in V$ und $S, T \subseteq V$.

x *orthogonal* zu y :gdw $\langle x, y\rangle = 0$

x *orthogonal* zu T :gdw $\forall\, t \in T\colon\ \langle x, t\rangle = 0$

S *orthogonal* zu T :gdw $\forall\, s \in S\ \forall\, t \in T\colon\ \langle s, t\rangle = 0$

Als Schreibweisen werden dann $x \perp y$, $x \perp T$ bzw. $S \perp T$ verwendet.

S *Orthogonalmenge* :gdw $0 \notin S, \forall\, s, s' \in S\colon\ s \neq s' \Rightarrow s \perp s'$

S *Orthonormalmenge* :gdw S Orthogonalmenge, $\forall\, s \in S\colon\ \|s\|_{\langle\ \rangle} = 1$

$S^{\perp} := \{\, x \in V \mid x \perp S \,\}$ heißt *Orthogonalraum* zu S (in $(V, \langle\ \rangle)$).

Beispiele (3.6,2)

(a) In $(\mathbb{R}^n, \langle\ \rangle_2)$ ist $\left\{ \left(\delta_{i,j}\right)_i \in \mathbb{R}^n \;\middle|\; 1 \leq j \leq n \right\}$ eine Orthonormalmenge.

Allgemeiner: $I \neq \emptyset$ sei eine Menge. Im Prähilbertraum $(L^2(I), \langle\ \rangle_2)$ (s. 3.5-7) ist $\left\{ \left(\delta_{i,j}\right)_i \in L^2(I) \;\middle|\; j \in I \right\}$ eine Orthonormalmenge.

(b) Es seien $a, b \in \mathbb{R}$, $a < b$ und $\langle\ \rangle$ das auf $C([a, b])$ gem. (1.1,5) (c) durch $\langle f, g\rangle := \int_a^b f\overline{g}$ definierte Skalarprodukt. Für jedes $k \in \mathbb{Z}$ sei (mit $i = \sqrt{-1}$)

$$\exp_k : \begin{cases} [a, b] \longrightarrow \mathbb{C} \\ t \longmapsto \dfrac{1}{\sqrt{b-a}} e^{2\pi i k \frac{t-a}{b-a}}. \end{cases}$$

Wegen

$$\langle \exp_k, \exp_j\rangle = \int_a^b \exp_k \overline{\exp_j} = \frac{1}{b-a} \int_a^b e^{2\pi i(k-j)\frac{t-a}{b-a}}\, dt = \begin{cases} 1 & \text{für } k = j \\ 0 & \text{für } k \neq j \end{cases}$$

ist $\{\, \exp_k \mid k \in \mathbb{Z} \,\}$ eine Orthonormalmenge in $(C([a, b]), \langle\ \rangle)$.

Satz 3.6-2

$(V, \langle\ \rangle)$ sei ein Prähilbertraum über K, $K \in \{\mathbb{R}, \mathbb{C}\}$, $S \subseteq V$ eine Orthogonalmenge und $B \in \mathcal{P}_e V$ eine Orthonormalmenge in $(V, \langle\ \rangle)$, $x, y \in V$.

(a) Für $K = \mathbb{R}$ ist

Äq (i) $x \perp y$

(ii) $\|x + y\|^2_{\langle\ \rangle} = \|x\|^2_{\langle\ \rangle} + \|y\|^2_{\langle\ \rangle}$ (Pythagoras)

und für $K = \mathbb{C}$:

$$x \perp y \quad \Longrightarrow \quad \|x + y\|^2_{\langle\ \rangle} = \|x\|^2_{\langle\ \rangle} + \|y\|^2_{\langle\ \rangle}.$$

(b) *S ist K-linear unabhängig.*

(c) $\sum_{b\in B}|\langle x,b\rangle|^2 \le \|x\|^2_{\langle\,\rangle}$ (Bessel-Ungleichung) *und*

Äq *(i)* $\sum_{b\in B}|\langle x,b\rangle|^2 = \|x\|^2_{\langle\,\rangle}$

(ii) $x = \sum_{b\in B}\langle x,b\rangle b.$

(d) $\sum_{b\in B}|\langle x,b\rangle|\,|\langle y,b\rangle| \le \|x\|_{\langle\,\rangle}\|y\|_{\langle\,\rangle}$ (allgemeine Bessel-Ungleichung)

Beweis

Zu (a) Es ist

$$\begin{aligned}\|x+y\|^2_{\langle\,\rangle} &= \langle x+y,x+y\rangle = \langle x,x\rangle + \langle x,y\rangle + \overline{\langle x,y\rangle} + \langle y,y\rangle \\ &= \|x\|^2_{\langle\,\rangle} + \|y\|^2_{\langle\,\rangle} + \begin{cases} 2\langle x,y\rangle & \text{für } K=\mathbb{R} \\ 2\,\mathrm{Re}(\langle x,y\rangle) & \text{für } K=\mathbb{C}. \end{cases}\end{aligned}$$

Zu (b) Sind $s_1, \ldots, s_n \in S$ paarweise verschieden und $\sum_{j=1}^n k_j s_j = 0$ für ein $(k_1,\ldots,k_n) \in K^n$, so folgt für jedes $l \in \{1,\ldots,n\}$

$$0 = \langle 0, s_l\rangle = \left\langle \sum_{j=1}^n k_j s_j, s_l \right\rangle = \sum_{j=1}^n k_j\langle s_j, s_l\rangle = k_l\langle s_l, s_l\rangle,$$

also $k_l = 0$.

Zu (c) $\{\,\langle x,b\rangle b \mid b \in B\,\} \cup \{x - \sum_{b\in B}\langle x,b\rangle b\}$ besteht aus paarweise zueinander orthogonalen Elementen, denn

$$\begin{aligned}\left\langle x - \sum_{b\in B}\langle x,b\rangle b, \langle x,b'\rangle b' \right\rangle &= \langle x, \langle x,b'\rangle b'\rangle - \sum_{b\in B}\langle x,b\rangle\langle b, \langle x,b'\rangle b'\rangle \\ &= \overline{\langle x,b'\rangle}\langle x,b'\rangle - \langle x,b'\rangle\overline{\langle x,b'\rangle} = 0.\end{aligned}$$

Gem. (a) folgt daher

$$\begin{aligned}\|x\|^2_{\langle\,\rangle} &= \left\| \sum_{b\in B}\langle x,b\rangle b + \left(x - \sum_{b\in B}\langle x,b\rangle b\right)\right\|^2_{\langle\,\rangle} \\ &= \sum_{b\in B}\|\langle x,b\rangle b\|^2_{\langle\,\rangle} + \left\|x - \sum_{b\in B}\langle x,b\rangle b\right\|^2_{\langle\,\rangle} \\ &= \sum_{b\in B}|\langle x,b\rangle|^2 + \left\|x - \sum_{b\in B}\langle x,b\rangle b\right\|^2_{\langle\,\rangle},\end{aligned}$$

woraus man $\|x\|^2_{\langle\,\rangle} \geq \sum_{b\in B}|\langle x,b\rangle|^2$ und weiter wegen

$$\Big\|x - \sum_{b\in B}\langle x,b\rangle b\Big\|^2_{\langle\,\rangle} = 0 \quad\Longleftrightarrow\quad x = \sum_{b\in B}\langle x,b\rangle b$$

auch die behauptete Äquivalenz erhält.

Zu (d)

$$\begin{aligned}\sum_{b\in B}|\langle x,b\rangle|\,|\langle y,b\rangle| &\leq \Big(\sum_{b\in B}|\langle x,b\rangle|^2\Big)^{1/2}\Big(\sum_{b\in B}|\langle y,b\rangle|^2\Big)^{1/2} && [\![\,1.1\text{-}2.1\,]\!]\\ &\leq \|x\|_{\langle\,\rangle}\|y\|_{\langle\,\rangle} && [\![\,(c)\,]\!]\end{aligned}$$

□

Die Bessel-Ungleichungen 3.6-2 (c), (d) gelten für beliebige Orthonormalmengen:

Korollar 3.6-2.1

B sei eine Orthonormalmenge im Prähilbertraum $(V,\langle\,\rangle)$ über K, $x,y\in V$.

(a) $\sum_{b\in B}|\langle x,b\rangle|^2 \leq \|x\|^2_{\langle\,\rangle}$ (Bessel-Ungleichung)
Insbesondere ist $\{\, b\in B \mid \langle x,b\rangle \neq 0\,\}$ abzählbar.

(b) $\sum_{b\in B}|\langle x,b\rangle|\,|\langle y,b\rangle| \leq \|x\|_{\langle\,\rangle}\|y\|_{\langle\,\rangle}$ (allgemeine Bessel-Ungleichung)

Beweis

Zu (a) Für alle $E \in \mathcal{P}_{\mathrm{e}}B$ gilt gem. 3.6-2 (c) $\|x\|^2_{\langle\,\rangle} - \sum_{b\in E}|\langle x,b\rangle|^2 \geq 0$, also ist auch

$$\sum_{b\in B}|\langle x,b\rangle|^2 = \sup\Big\{\sum_{b\in E}|\langle x,b\rangle|^2 \;\Big|\; E\in\mathcal{P}_{\mathrm{e}}B\Big\} \leq \|x\|^2_{\langle\,\rangle}.$$

Die Abzählbarkeit von $\{\, b\in B \mid \langle x,b\rangle \neq 0\,\}$ folgt nun nach 1.2-8.

Der Beweis zu (b) ergibt sich mit 3.6-2 (d) analog zu dem von (a). □

Die Berechnung von Projektionen $\pi_C(x)$ für endlichdimensionale Untervektorräume C von V (s. 3.6-3) ist insbesondere im Hinblick auf die numerische Minimalabstandsbestimmung von x zu vollständigen Untervektorräumen U von V wichtig. Eine einfache Situation mag dies verdeutlichen:

Beispiel (3.6,3)

$(C_n)_{n\in\mathbb{N}}$ sei eine Folge endlichdimensionaler K-Untervektorräume C_n im *Hilbert-Raum* $(V,\langle\,\rangle)$, $C_n \subseteq C_{n+1}$ für jedes $n\in\mathbb{N}$ und $U = \overline{\bigcup_{n\in\mathbb{N}} C_n}^{\mathcal{T}\langle\,\rangle}$, $x\in V$. Gem. 3.6-1 gibt es genau ein $u\in U$ mit $\operatorname{dist}(x,U) = d_{\langle\,\rangle}(x,u)$. Die (numerische) Berechnung von u und

$d_{\langle\,\rangle}(x,u)$ kann dann dadurch erfolgen, daß man das Minimalabstandsproblem

$$\operatorname{dist}(x, C_n) = d_{\langle\,\rangle}(x, c_n), \quad c_n \in C_n$$

für jedes $n \in \mathbb{N}$ löst, den Limes u der Folge $(c_n)_n$ in $\big(U, \tau_{\langle\,\rangle}|U\big)$ und den Abstand $d_{\langle\,\rangle}(x,U) = d_{\langle\,\rangle}(x,u)$ bestimmt. Zur Begründung ist gem. 3.6-1.1 nur die Konvergenz $\big(d_{\langle\,\rangle}(x,c_n)\big)_n \to_{\tau_{|\,|}} \operatorname{dist}(x,U)$ zu zeigen $[\![\, U$ ist als abgeschlossene Teilmenge des Hilbertraums $(V, \langle\,\rangle)$ vollständig! $]\!]$:

Sei also $\varepsilon > 0$, $y \in \overline{\bigcup_{n\in\mathbb{N}} C_n}^{\tau_{\langle\,\rangle}}$ mit $d_{\langle\,\rangle}(x,y) < \operatorname{dist}(x,U) + (\varepsilon/2)$ und $z \in \bigcup_{n\in\mathbb{N}} C_n$ mit $d_{\langle\,\rangle}(y,z) < \varepsilon/2$, etwa $z \in C_{n_\varepsilon}$ für ein $n_\varepsilon \in \mathbb{N}$. Dann gilt für jedes $n \geq n_\varepsilon$

$$\begin{aligned}\operatorname{dist}(x,U) &\leq d_{\langle\,\rangle}(x,c_n) \leq d_{\langle\,\rangle}(x,z) \qquad [\![\, z \in C_n \,]\!]\\ &\leq d_{\langle\,\rangle}(x,y) + d_{\langle\,\rangle}(y,z) < \operatorname{dist}(x,U) + \varepsilon.\end{aligned}$$

Hier sei angemerkt, daß dieses Verfahren zum gleichen Ergebnis führt, wenn man $(C_n)_n$ nur als aufsteigende Folge abgeschlossener konvexer, nichtleerer Teilmengen des Hilbert-Raums $(V, \langle\,\rangle)$ voraussetzt $[\![\, U = \overline{\bigcup_{n\in\mathbb{N}} C_n}^{\tau_{\langle\,\rangle}}$ ist konvex gem. 2.4-18 (b). $]\!]$.

Die Berechnung der Minimalstelle und des Minimalabstands erfolgt zunächst für endlichdimensionale Untervektorräume:

Satz 3.6-3

$(V, \langle\,\rangle)$ sei ein Prähilbertraum über K, $\emptyset \neq B \in \mathcal{P}_{\mathrm{e}}V$ eine Orthonormalmenge und $x \in V$. Es gilt:

$$\operatorname{dist}\big(x, \overline{B}^{\mathrm{lin}}\big) = \Big\| x - \sum_{b\in B} \langle x,b\rangle b \Big\|_{\langle\,\rangle} \qquad \textit{und}$$

$$\operatorname{dist}\big(x, \overline{B}^{\mathrm{lin}}\big)^2 = \|x\|_{\langle\,\rangle}^2 - \sum_{b\in B} |\langle x,b\rangle|^2.$$

Beweis

Für alle $k \in K^B$ errechnet man

$$\begin{aligned}\Big\| x - \sum_{b\in B} k_b b \Big\|_{\langle\,\rangle}^2 &= \langle x,x\rangle - \sum_{b\in B} k_b\langle b,x\rangle - \sum_{b\in B} \overline{k_b}\langle x,b\rangle + \Big\langle \sum_{b\in B} k_b b, \sum_{b\in B} k_b b \Big\rangle\\ &= \|x\|_{\langle\,\rangle}^2 + \sum_{b\in B}\big(|k_b|^2 - k_b\overline{\langle x,b\rangle} - \overline{k_b}\langle x,b\rangle + \langle x,b\rangle\overline{\langle x,b\rangle}\big)\\ &\quad - \sum_{b\in B}\langle x,b\rangle\overline{\langle x,b\rangle}\\ &= \|x\|_{\langle\,\rangle}^2 + \sum_{b\in B}|k_b - \langle x,b\rangle|^2 - \sum_{b\in B}|\langle x,b\rangle|^2,\end{aligned}$$

wobei der kleinste Wert genau für die Wahl $k_b = \langle x,b\rangle$, $b \in B$, erreicht wird. □

Im Anschauungsraum $(\mathbb{R}^3, \langle\ \rangle_2)$ bedeutet 3.6-3, daß der Minimalabstand von x zu einem Untervektorraum $W = \overline{\{b_1, b_2\}}^{\text{lin}}$ der Dimension 2 genau für die Projektion $\pi_W(x) = \langle x, b_1\rangle b_1 + \langle x, b_2\rangle b_2$ angenommen wird (vgl. Abb. 3.6-1). Daher die Bezeichnung orthogonale Projektion $\pi_W(x)$ von x auf W.

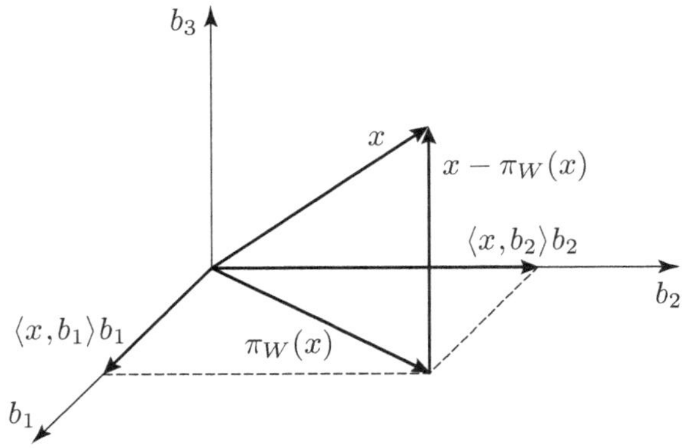

Abbildung 3.6-1

Die hier zu bemerkende Beziehung $x - \pi_W(x) \in W^\perp$ gilt auch allgemein und charakterisiert $\pi_W(x)$:

Satz 3.6-4

$(V, \langle\ \rangle)$ sei ein Prähilbertraum über K, $x \in V$, W ein K-Untervektorraum von V und $w \in W$. Es gilt:

Äq *(i)* $\operatorname{dist}(x, W) = d_{\langle\ \rangle}(x, w)$

(ii) $x - w \in W^\perp$.

In diesem Fall nennt man $w = \pi_W(x)$ ebenfalls die (gem. Beweis zu 3.6-1 eindeutig bestimmte) *orthogonale Projektion von x auf W*.

Beweis

(i) ⇒ (ii) Für jedes $z \in W\backslash\{0\}$ ist $y := w + \frac{\langle x-w,z\rangle}{\|z\|^2_{\langle\ \rangle}} z \in W$, und es gilt

$$\|x - y\|^2_{\langle\ \rangle} = \left\langle x - w, x - w - \frac{\langle x - w, z\rangle}{\|z\|^2_{\langle\ \rangle}} z\right\rangle$$
$$- \left\langle \frac{\langle x - w, z\rangle}{\|z\|^2_{\langle\ \rangle}} z, x - w - \frac{\langle x - w, z\rangle}{\|z\|^2_{\langle\ \rangle}} z\right\rangle$$

$$= \|x - w\|_{\langle\,\rangle}^2 - \frac{\overline{\langle x-w, z\rangle}}{\|z\|_{\langle\,\rangle}^2}\langle x-w, z\rangle - \frac{\langle x-w, z\rangle}{\|z\|_{\langle\,\rangle}^2}\langle z, x-w\rangle$$

$$+ \frac{|\langle x-w, z\rangle|^2}{\|z\|_{\langle\,\rangle}^4}\langle z, z\rangle$$

$$= \|x - w\|_{\langle\,\rangle}^2 - \frac{|\langle x-w, z\rangle|^2}{\|z\|_{\langle\,\rangle}^2},$$

woraus $\langle x-w, z\rangle = 0$ folgt $[\![$ Sonst wäre $\|x-y\|_{\langle\,\rangle} < \|x-w\|_{\langle\,\rangle}$. $]\!]$.

(ii) ⇒ (i) Für jedes $z \in W$ ist $z-w \in W$ und daher $(z-w)\perp(x-w)$ gem. (ii). Nach 3.6-2 (a) erhält man $\|z-w\|_{\langle\,\rangle}^2 + \|x-w\|_{\langle\,\rangle}^2 = \|x-z\|_{\langle\,\rangle}^2$, also $\|x-z\|_{\langle\,\rangle} > \|x-w\|_{\langle\,\rangle}$ für jedes $z \neq w$. Somit ist $w = \pi_W(x)$. □

Korollar 3.6-4.1

$(V, \langle\,\rangle)$ *sei ein Prähilbertraum über* K, W *ein* K*-Untervektorraum von* V.

Ist $(W, d_{\langle\,\rangle} \restriction W \times W)$ *vollständig, so gilt*

(a) $V = W \oplus W^\perp$ (orthogonale Zerlegung von V)

(b) $W^{\perp\perp} = W$.

Beweis

Zu (a) Gem. A 1 (b) ist $W^\perp$ ein (abgeschlossener) K-Untervektorraum von V, und für jedes $z \in W \cap W^\perp$ gilt $\langle z, z\rangle = 0$, also $z = 0$. Die Summe $W + W^\perp \subseteq V$ ist daher direkt. Für jedes $x \in V$ erhält man mit 3.6-4 $x - \pi_W(x) \in W^\perp$, d. h. $x \in \pi_W(x) + W^\perp$.

Zu (b) Sei $x \in W^{\perp\perp}$. Wegen $x - \pi_W(x) \in W^\perp$ $[\![$ 3.6-4 $]\!]$ folgt

$$\begin{aligned} 0 &= \langle x, x - \pi_W(x)\rangle = \langle \pi_W(x) + (x - \pi_W(x)), x - \pi_W(x)\rangle \\ &= \langle \pi_W(x), x - \pi_W(x)\rangle + \|x - \pi_W(x)\|_{\langle\,\rangle}^2 \\ &= \|x - \pi_W(x)\|_{\langle\,\rangle}^2 \qquad [\![\, \pi_W(x) \in W,\ x - \pi_W(x) \in W^\perp \,]\!], \end{aligned}$$

also $x = \pi_W(x) \in W$.

$W \subseteq W^{\perp\perp}$ gilt für jede Teilmenge W von V $[\![$ A 1 (a) $]\!]$. □

In *Hilbert-Räumen* $(V, \langle\,\rangle)$ hat 3.6-4.1 (a) zufolge jeder abgeschlossene Untervektorraum W einen abgeschlossenen direkten Summanden, nämlich $W^\perp$. In Banach-Räumen ist eine derartige direkte Zerlegung i. a. nicht möglich, beispielsweise gilt $\ell^\infty \neq c_0 \oplus W$ für jeden abgeschlossenen Untervektorraum W von $(\ell^\infty, \|\;\|_\infty)$ (vgl. [55]). Man kann darüber hinaus sogar beweisen, daß die angegebene Zerlegungseigenschaft charakteristisch für die Hilbert-Räume ist. Es gilt nämlich:

Ist $(V, \| \ \|)$ ein Banach-Raum, in dem jeder abgeschlossene Untervektorraum W einen abgeschlossenen direkten Summanden U mit $V = W \oplus U$ besitzt, so kann $\tau_{\| \ \|}$ durch ein Skalarprodukt auf V induziert werden (vgl. [51]).

Definitionen

B sei eine Orthonormalmenge im Prähilbertraum $(V, \langle\ \rangle)$ über K.

B *Orthonormalbasis* von $(V, \langle\ \rangle)$:gdw

$$\forall\, x \in V\ \forall\, b \in B\ \exists\, k_b(x) \in K\colon\ x = \sum_{b \in B} k_b(x) b.$$

Die Koeffizienten $k_b(x)$ in dieser Darstellung sind (für beliebige Orthonormalmengen B) infolge

$$\begin{aligned}\langle x, b\rangle &= \Big\langle \sum_{b' \in B} k_{b'}(x) b', b \Big\rangle = \sum_{b' \in B} k_{b'}(x) \langle b', b\rangle \qquad [\![2.4, \text{A } 18\,(c)]\!] \\ &= k_b(x)\end{aligned}$$

eindeutig bestimmt und heißen *Fourier-Koeffizienten von* x (bzgl. $b \in B$). Das Netz $\big(\sum_{b \in E} \langle x, b\rangle b\big)_{E \in \mathcal{P}_e B}$ heißt *orthogonale Entwicklung* (auch *Fourier-Reihe*) *von* x (bzgl. der Orthonormalmenge B).

Beispiel (3.6,4)

Es sei $\{\exp_k \mid k \in \mathbb{Z}\}$ die Orthonormalmenge im Prähilbertraum $(C([a, b]), \langle\ \rangle)$ aus (3.6,2) (b). Die Funktionen $c_k, s_k : [a, b] \longrightarrow \mathbb{R}$ seien für jedes $k \in \mathbb{N}\backslash\{0\}$ durch

$$c_k(t) := \sqrt{\frac{2}{b-a}} \cos\Big(2\pi k \frac{t-a}{b-a}\Big), \quad s_k(t) := \sqrt{\frac{2}{b-a}} \sin\Big(2\pi k \frac{t-a}{b-a}\Big)$$

definiert. Dann ist

$$T := \{\exp_0\} \cup \{\, c_k \mid k \in \mathbb{N}\backslash\{0\}\,\} \cup \{\, s_k \mid k \in \mathbb{N}\backslash\{0\}\,\}$$

eine Orthonormalmenge in $(C([a, b]), \langle\ \rangle)$ (also auch in $(C_{\mathbb{R}}([a, b]), \langle\ \rangle)$):

Für jedes $k \in \mathbb{N}\backslash\{0\}$ gilt

$$c_k = \frac{\exp_k + \exp_{-k}}{\sqrt{2}} \quad \text{und} \quad s_k = \frac{\exp_k - \exp_{-k}}{i\sqrt{2}}.$$

Speziell für $a = 0$, $b = 1$ erhält man für $f \in C([0, 1])$ die folgenden (wohlbekannten) *Fourier-Koeffizienten* bzgl. T:

$$\langle f, \exp_0\rangle = \int_0^1 f(t)\, \mathrm{d}t,$$

$$\langle f, c_k\rangle = \int_0^1 f(t) c_k(t)\, \mathrm{d}t = \sqrt{2} \int_0^1 f(t) \cos(2\pi k t)\, \mathrm{d}t \qquad \text{und}$$

$$\langle f, s_k \rangle = \int_0^1 f(t) s_k(t)\,\mathrm{d}t = \sqrt{2}\int_0^1 f(t)\sin(2\pi k t)\,\mathrm{d}t.$$

Die Bessel-Ungleichung 3.6-2.1 (a) lautet daher

$$\left|\int_0^1 f(t)\,\mathrm{d}t\right|^2 + 2\left(\sum_{k=1}^{\infty}\left(\left|\int_0^1 f(t)\cos(2\pi k t)\,\mathrm{d}t\right|^2 + \left|\int_0^1 f(t)\sin(2\pi k t)\,\mathrm{d}t\right|^2\right)\right) \leq \int_0^1 |f(t)|^2\,\mathrm{d}t$$

⟦(3.5,4) (a)⟧, wobei sogar Gleichheit (Parsevalsche Gleichung) gegeben ist (s. (3.6,5)).

3.6-3 und das folgende Korollar 3.6-4.2 beschreiben die *Minimaleigenschaften der Fourier-Koeffizienten.*

Korollar 3.6-4.2 (Minimaleigenschaft der Fourier-Koeffizienten)
W sei ein K-Untervektorraum des Prähilbertraums $(V, \langle\ \rangle)$, $(W, \langle\ \rangle \restriction W \times W)$ ein Hilbert-Raum mit der Orthonormalbasis B, $x \in V$ mit der Projektion $\pi_W(x) \in W$. Dann ist

$$\pi_W(x) = \sum_{b \in B} \langle x, b \rangle b.$$

Beweis

Gem. 3.6-4 ist $x - \pi_W(x) \in W^{\perp}$. Für jedes $b \in B$ folgt daher

$$\langle x, b \rangle = \langle x - \pi_W(x), b \rangle + \langle \pi_W(x), b \rangle = \langle \pi_W(x), b \rangle,$$

also $\pi_W(x) = \sum_{b \in B} \langle \pi_W(x), b \rangle b = \sum_{b \in B} \langle x, b \rangle b$. □

Die Frage nach der Existenz von Orthonormalbasen wird für Hilbert-Räume in 3.6-7 positiv beantwortet.

Für jede Orthonormalmenge $B \neq \emptyset$ gehört die Familie $(\langle x, b \rangle)_{b \in B}$ der Fourier-Koeffizienten von x (bzgl. B) zu $L^2(B)$ ⟦3.6-2.1 (a)⟧, und die *Fourier-Abbildung*

$$f_B : \begin{cases} V \longrightarrow L^2(B) \\ x \longmapsto (\langle x, b \rangle)_{b \in B} \end{cases}$$

ist K-linear, denn

$$f_B(kx + ly)(b) = \langle kx + ly, b \rangle = k\langle x, b \rangle + l\langle y, b \rangle = k f_B(x)(b) + l f_B(y)(b)$$

für alle $k, l \in K,\ x, y \in V,\ b \in B$. Die Surjektivität von f_B für Hilbert-Räume folgt aus

Satz 3.6-5 (Riesz, Fischer, 1907)

$B \neq \emptyset$ sei eine Orthonormalmenge im Hilbert-Raum $(V, \langle\,\rangle)$ über K, $(z_b)_{b\in B} \in K^B$. Es gilt:

Äq (i) $(z_b)_{b\in B} \in L^2(B)$

(ii) $(z_b b)_{b\in B}$ summierbar in $\left(V, \tau_{\langle\,\rangle}\right)$

Beweis

(i) ⇒ (ii) Gem. 3.6-2 (a) ist

$$\left\|\sum_{b\in E} z_b b\right\|^2_{\langle\,\rangle} = \sum_{b\in E} \|z_b b\|^2_{\langle\,\rangle} = \sum_{b\in E} |z_b|^2$$

für jedes $E \in \mathcal{P}_e B$ erfüllt. Da nach (i) $\left(|z_b|^2\right)_{b\in B}$ summierbar in $(\mathbb{R}, \tau_{|\,|})$ ist, folgt aus 3.5-1

$$\forall\, \varepsilon > 0\; \exists\, E_\varepsilon \in \mathcal{P}_e B\; \forall\, E \in \mathcal{P}_e B\colon\; E \cap E_\varepsilon = \emptyset \Rightarrow \sum_{b\in E} |z_b|^2 < \varepsilon^2,$$

wegen $\left\|\sum_{b\in E} z_b b\right\|^2_{\langle\,\rangle} = \sum_{b\in E} |z_b|^2$ also wiederum nach 3.5-1 die Summierbarkeit von $(z_b b)_{b\in B}$ ⟦ $(V, d_{\langle\,\rangle})$ ist vollständig! ⟧.

(ii) ⇒ (i) Für $x = \sum_{b\in B} z_b b = \lim_{E\in\mathcal{P}_e B} \sum_{b\in B} z_b b$ erhält man nach 2.4-8 (b)

$$\left(\left(\sum_{b\in E} z_b b, \sum_{b'\in E} z_{b'} b'\right)\right)_{E\in\mathcal{P}_e B} \rightarrow_{\tau_{\langle\,\rangle} \times \tau_{\langle\,\rangle}} (x, x)$$

und wegen der Stetigkeit des Skalarprodukts ⟦ 2.4, A 18 (c) ⟧

$$\left(\left\langle \sum_{b\in E} z_b b, \sum_{b'\in E} z_{b'} b' \right\rangle\right)_{E\in\mathcal{P}_e B} \rightarrow_{\tau_{|\,|}} \langle x, x\rangle,$$

wobei $\left\langle \sum_{b\in E} z_b b, \sum_{b'\in E} z_{b'} b' \right\rangle = \sum_{b\in E} \sum_{b'\in E} z_b \overline{z_{b'}} \langle b, b'\rangle = \sum_{b\in E} |z_b|^2$ für jedes $E \in \mathcal{P}_e B$ gilt. □

Korollar 3.6-5.1

$B \neq \emptyset$ sei eine Orthonormalmenge im Hilbert-Raum $(V, \langle\,\rangle)$ über K. Die Fourier-Abbildung

$$f_B : \begin{cases} V \longrightarrow L^2(B) \\ x \longmapsto (\langle x, b\rangle)_{b\in B} \end{cases}$$

ist ein K-linearer Epimorphismus.

Beweis

Für jedes $(z_b)_{b\in B} \in L^2(B)$ ist $(z_b b)_{b\in B}$ gem. 3.6-5 summierbar in $(V, \tau_{\langle\,\rangle})$, etwa $z = \sum_{b\in B} z_b b$. Es folgt $\langle z, b\rangle = z_b$ für jedes $b \in B$, also $(z_b)_{b\in B} = f_B(z)$. □

Aus 3.6-5 kann *nicht* gefolgert werden, daß jedes $x \in V$ Grenzwert seiner orthogonalen Entwicklung $\left(\sum_{b\in E}\langle x, b\rangle b\right)_{E\in\mathcal{P}_e B}$, also B Orthonormalbasis von $(V, \langle\,\rangle)$ ist:

Wegen der Bessel-Ungleichung 3.6-2.1 (a) gehört zwar $(\langle x, b\rangle)_{b\in B}$ zu $L^2(B)$, d. h. $(\langle x, b\rangle b)_{b\in B}$ ist summierbar in $(V, \langle\,\rangle)$, und mit $y := \sum_{b\in B}\langle x, b\rangle b$ gilt auch $f_B(y) = f_B(x)$, jedoch i. a. *nicht* $x = y$ (f_B ist also i. a. nicht injektiv!) ⟦Dieses ist bereits in $(\mathbb{R}^2, \langle\,\rangle_2)$ erkennbar.⟧.

Die Injektivität von f_B ist genau dann gegeben, wenn B eine Orthonormalbasis im Hilbert-Raum $(V, \langle\,\rangle)$ ist:

Ist f_B injektiv, $x \in V$, so gibt es gem. 3.6-5 ein $y \in V$ mit $y = \sum_{b\in B}\langle x, b\rangle b$, also gilt $f_B(y) = (\langle y, b\rangle)_{b\in B} = (\langle x, b\rangle)_{b\in B} = f_B(x)$ und daher $x = y$.
Umgekehrt folgt für Orthonormalbasen B für alle $x, y \in V$, $x = \sum_{b\in B}\langle x, b\rangle b$, $y = \sum_{b\in B}\langle y, b\rangle b$ aus $f_B(x) = f_B(y)$ sofort $x = y$, da Limiten in metrischen Räumen eindeutig sind.

Zur Charakterisierung der Orthonormalbasen und ihrer Existenz zunächst

Satz 3.6-6

B sei eine Orthonormalmenge im Prähilbertraum $(V, \langle\,\rangle)$ über K. Es gilt:

(a) *B ist in einer in $(V, \langle\,\rangle)$ maximalen Orthonormalmenge enthalten.*

(b) *Äq* *(i)* *B maximale Orthonormalmenge in $(V, \langle\,\rangle)$*

(ii) $\forall\, x \in V\colon\ x \perp B \Rightarrow x = 0$

(Orthonormalmengen B, die (ii) erfüllen, heißen vollständig.*)*

(c) *B Orthonormalbasis von $(V, \langle\,\rangle)$* $\Longrightarrow$ *B maximale Orthonormalmenge*

Beweis

Zu (a) Es sei

$$\mathcal{B} := \{\, T \subseteq V \mid B \subseteq T,\ T \text{ Orthonormalmenge in } (V, \langle\,\rangle)\,\}.$$

Wegen $B \in \mathcal{B}$ ist $\mathcal{B} \neq \emptyset$. Jede $\subseteq$-aufsteigende Kette $\mathcal{K} \subseteq \mathcal{B}$ hat $\bigcup\mathcal{K} \in \mathcal{B}$ als obere Schranke. Nach dem Zornschen Lemma (Anhang 1-16) besitzt $\mathcal{B}$ ein maximales Element $B_{\max}$, das maximale Orthonormalmenge in $(V, \langle\,\rangle)$ ist mit $B \subseteq B_{\max}$.

Zu (b) *(i) ⇒ (ii)* Sei $x \in V\backslash\{0\}$, $x \perp B$. Dann ist $B \cup \left\{\frac{1}{\|x\|_{\langle\,\rangle}} x\right\}$ eine Orthonormalmenge in $(V, \langle\,\rangle)$, die B als echte Teilmenge enthält.

(ii) ⇒ (i) Ist B keine maximale Orthonormalmenge in $(V, \langle\ \rangle)$, so gibt es gem. (a) eine Orthonormalmenge $B_{\max}$ in $(V, \langle\ \rangle)$, die B echt enthält. Für jedes $x \in B_{\max} \backslash B$ gilt dann $x \perp B$ und $x \neq 0$.

Zu (c) Es sei $x \in V,\ \ x \perp B$. Da B Orthonormalbasis von $(V, \langle\ \rangle)$ ist, erhält man $x = \sum_{b \in B} \langle x, b \rangle b = 0$, und die Behauptung folgt nach (b). □

Satz 3.6-7

B sei eine Orthonormalmenge im Prähilbertraum $(V, \langle\ \rangle)$ über K.

(a) *Äq* *(i)* *B ist Orthonormalbasis von $(V, \langle\ \rangle)$*

(ii) $\overline{B^{\text{lin}}}^{\mathcal{T}\langle\ \rangle} = V$

(iii) $\forall\, x \in V\colon\ \ \sum_{b \in B} |\langle x, b \rangle|^2 = \|x\|^2_{\langle\ \rangle}$ (Parsevalsche Gleichung)

(iv) $\forall\, x, y \in V\colon\ \ \sum_{b \in B} \langle x, b \rangle \overline{\langle y, b \rangle} = \langle x, y \rangle$ (allgemeine Parsevalsche Gleichung)

(b) *Ist $(V, \langle\ \rangle)$ ein Hilbert-Raum, so gilt*

Äq *(i)* *B maximale Orthonormalmenge in $(V, \langle\ \rangle)$*

(ii) *B Orthonormalbasis von $(V, \langle\ \rangle)$*

Beweis

Zu (a) *(i) ⇒ (ii)* Für jedes $x \in V$ gilt gem. (i)

$$x = \sum_{b \in B} \langle x, b \rangle b = \lim_{E \in \mathcal{P}_{\mathrm{e}} B} \sum_{b \in E} \langle x, b \rangle b \in \overline{B^{\text{lin}}}^{\mathcal{T}\langle\ \rangle}.$$

(ii) ⇒ (iii) Es sei $x \in V$ und $\varepsilon > 0$. Nach (ii) wähle man ein $\sum_{b \in E} c_b b \in \overline{B}^{\text{lin}}$, das $\left\| x - \sum_{b \in E} c_b b \right\|^2_{\langle\ \rangle} < \varepsilon$ erfüllt. Dann gilt auch ⟦ 3.6-3 ⟧

$$\|x\|^2_{\langle\ \rangle} - \sum_{b \in E} |\langle x, b \rangle|^2 = \left\| x - \sum_{b \in E} \langle x, b \rangle b \right\|^2_{\langle\ \rangle} = \operatorname{dist}\left(x, \overline{E}^{\text{lin}}\right)^2 < \varepsilon$$

und somit

$$\forall\, F \in \mathcal{P}_{\mathrm{e}} B\colon\ \ F \supseteq E \Rightarrow \|x\|^2_{\langle\ \rangle} < \varepsilon + \sum_{b \in F} |\langle x, b \rangle|^2,$$

woraus $\|x\|^2_{\langle\ \rangle} \leq \sum_{b \in B} |\langle x, b \rangle|^2 \leq \|x\|^2_{\langle\ \rangle}$ ⟦ 3.6-2.1 (a) ⟧ folgt.

(iii) ⇒ (iv) ⇒ (i) Wegen (iii) ist $x = \sum_{b \in B} \langle x, b \rangle b$ für jedes $x \in V$:

Für alle $E \in \mathcal{P}_e B$ gilt ⟦ 3.6-3 ⟧

$$\|x\|^2_{\langle\,\rangle} - \sum_{b\in E} |\langle x, b\rangle|^2 = \Big\| x - \sum_{b\in E} \langle x, b\rangle b \Big\|^2_{\langle\,\rangle},$$

also gem. (iii)

$$0 = \lim_{E\in\mathcal{P}_e B} \Big(\|x\|^2_{\langle\,\rangle} - \sum_{b\in E} |\langle x, b\rangle|^2 \Big) = \lim_{E\in\mathcal{P}_e B} \Big\| x - \sum_{b\in E} \langle x, b\rangle b \Big\|^2_{\langle\,\rangle}.$$

Da aus (iv) auch (iii) folgt, gilt (iv) $\Rightarrow$ (i). Schließlich erhält man aus (iii) auch

$$\begin{aligned}\langle x, y\rangle &= \Big\langle \sum_{b\in B} \langle x, b\rangle b, \sum_{b'\in B} \langle y, b'\rangle b' \Big\rangle = \sum_{b\in B} \Big(\sum_{b'\in B} \langle x, b\rangle \overline{\langle y, b'\rangle} \langle b, b'\rangle \Big) \\ &= \sum_{b\in B} \langle x, b\rangle \overline{\langle y, b\rangle}.\end{aligned}$$

Zu (b) *(i)* $\Rightarrow$ *(ii)* Es sei $x \in V$. Da $\big(|\langle x, b\rangle|^2\big)_{b\in B}$ summierbar ist ⟦ 3.6-2.1 (a) ⟧, gibt es ein $y \in V$ mit $y = \sum_{b\in B} \langle x, b\rangle b$ ⟦ 3.6-5 ⟧, und für jedes $b \in B$ gilt

$$\begin{aligned}\langle x - y, b\rangle &= \langle x, b\rangle - \Big\langle \sum_{b'\in B} \langle x, b'\rangle b', b \Big\rangle = \langle x, b\rangle - \sum_{b'\in B} \langle x, b'\rangle \langle b', b\rangle \\ &= \langle x, b\rangle - \langle x, b\rangle = 0.\end{aligned}$$

Nach 3.6-6 (b) folgt $x - y = 0$, also $x = \sum_{b\in B} \langle x, b\rangle b$.

(ii) $\Rightarrow$ *(i)* ist 3.6-6 (c). □

Die Vollständigkeit von $(V, d_{\langle\,\rangle})$ in 3.6-7 (b) wird über 3.6-5 zum Beweis benötigt (s. die Anmerkung an 3.6-9.2, Seite 264), maximale Orthonormalmengen in Prähilberträumen sind i. a. keine Orthonormalbasen.

Korollar 3.6-7.1

$(V, \langle\,\rangle)$ sei ein Prähilbertraum mit der Vervollständigung $((\hat{V}, \hat{\langle\,\rangle}), \hat{\imath})$ (s. 3.2-9.1), B eine Orthonormalbasis in $(V, \langle\,\rangle)$. $\hat{\imath}[B]$ ist eine Orthonormalbasis von $(\hat{V}, \hat{\langle\,\rangle})$.

Beweis

Wegen $\overline{\overline{B}^{\text{lin}}}^{\mathcal{T}\langle\,\rangle} = V$ und $\overline{\hat{\imath}[B]}^{\text{lin}} = \hat{\imath}\big[\overline{B}^{\text{lin}}\big]$ folgt $\overline{\overline{\hat{\imath}[B]}^{\text{lin}}}^{\mathcal{T}\hat{\langle\,\rangle}} = \overline{\hat{\imath}\big[\overline{B}^{\text{lin}}\big]}^{\mathcal{T}\hat{\langle\,\rangle}} = \hat{V}$ ⟦ vgl. die Feststellung im Anschluß an 2.4-3, Seite 100 ⟧. $\hat{\imath}[B]$ ist nach 3.6-7 (a) eine Orthonormalbasis von $(\hat{V}, \hat{\langle\,\rangle})$. □

Beispiel (3.6,5)

Die Orthonormalmenge

$$T = \{\exp_0\} \cup \{ c_k \mid k \in \mathbb{N}\backslash\{0\} \} \cup \{ s_k \mid k \in \mathbb{N}\backslash\{0\} \}$$

in $(C_{\mathbb{R}}([0,1]), \langle\ \rangle)$ aus trigonometrischen Funktionen (vgl. (3.6,4)) ist wegen

$$\overline{T^{\text{lin}}}^{\mathcal{T}\langle\ \rangle} = \overline{TP_{\mathbb{R}}([0,1])}^{\mathcal{T}\langle\ \rangle} = C_{\mathbb{R}}([0,1])$$

⟦ 2.4, A 45 ⟧ eine Orthonormalbasis in $(C_{\mathbb{R}}([0,1]), \langle\ \rangle)$.

Aus demselben Grund erhält man die *Parsevalsche Gleichung*

$$\left|\int_0^1 f(t)\,\mathrm{d}t\right|^2 + 2\left(\sum_{k=1}^{\infty}\left(\left|\int_0^1 f(t)\cos(2\pi kt)\,\mathrm{d}t\right|^2 + \left|\int_0^1 f(t)\sin(2\pi kt)\,\mathrm{d}t\right|^2\right)\right) = \int_0^1 |f(t)|^2\,\mathrm{d}t$$

und für jedes $f \in C_{\mathbb{R}}([0,1])$ die *Fourier-Entwicklung*

$$\int_0^1 f(t)\,\mathrm{d}t + 2\sum_{k=1}^{\infty}\left(\left(\int_0^1 f(t)\cos(2\pi kt)\,\mathrm{d}t\right)\cos_{2\pi k} + \left(\int_0^1 f(t)\sin(2\pi kt)\,\mathrm{d}t\right)\sin_{2\pi k}\right)$$

in $(C_{\mathbb{R}}([0,1]), \langle\ \rangle)$.

3.6-7 (b) sichert in jedem Hilbert-Raum $(V, \langle\ \rangle)$ über K die Existenz einer Orthonormalbasis:

$\emptyset$ ist eine Orthonormalmenge und somit gem. 3.6-6 (a) in einer in $(V, \langle\ \rangle)$ maximalen Orthonormalmenge B enthalten. Diese ist nach 3.6-7 (b) eine Orthonormalbasis von $(V, \langle\ \rangle)$.

Die Strukturfrage für Hilbert-Räume kann nun wie folgt beantwortet werden:

Korollar 3.6-7.2 (Struktursatz von Plancherel, 1910)

Jeder Hilbert-Raum $(V, \langle\ \rangle)$ über K, $V \neq \{0\}$, ist unitär (bzw. orthogonal) K-linear isomorph zu $(L^2(I), \langle\ \rangle_2)$ für eine nichtleere Menge I.

Beweis

I sei eine Orthonormalbasis von $(V, \langle\ \rangle)$. Die Fourier-Abbildung $f_I : V \longrightarrow L^2(I)$, $f_I(x) := (\langle x, i\rangle)_{i\in I}$ (vgl. 3.6-5.1), ist ein K-linearer Isomorphismus und wegen (allgemeine Parsevalsche Gleichung, 3.6-7 (a))

$$\forall\, x, y \in V\colon\ \langle f_I(x), f_I(y)\rangle_2 = \sum_{i\in I}\langle x, i\rangle\overline{\langle y, i\rangle} = \langle x, y\rangle$$

auch unitär (bzw. orthogonal). □

Aus dem vorstehenden Beweis und 3.5-8.1 erhält man noch

Korollar 3.6-7.3

$(V, \langle\ \rangle)$ sei ein Hilbert-Raum (über K), $V \neq \{0\}$.

Äq (i) $(V, \tau_{\langle\ \rangle})$ *separabel*

(ii) $\exists\, B \subseteq V:$ *B abzählbar und B Orthonormalbasis von* $(V, \langle\ \rangle)$

(iii) $\forall\, B \subseteq V:$ *B Orthonormalbasis von* $(V, \langle\ \rangle) \Rightarrow$ *B abzählbar* □

Die bei endlichdimensionalen Hilbert-Räumen bekannte Orthonormalisierung linear unabhängiger Elemente kann sinngemäß auch in beliebigen Prähilberträumen für abzählbar (unendlich) viele Elemente durchgeführt werden:

Satz 3.6-8 (E. Schmidtsches Orthonormalisierungsverfahren, 1908)

$(x_j)_j \in V^{\mathbb{N}}$ sei eine Folge K-linear unabhängiger Elemente des Prähilbertraums $(V, \langle\ \rangle)$ (über K),

$$y_0 := x_0, \qquad b_0 := \frac{1}{\|y_0\|_{\langle\ \rangle}} y_0 \qquad \text{und}$$

$$y_n := x_n - \sum_{j=0}^{n-1} \langle x_n, b_j\rangle b_j, \qquad b_n := \frac{1}{\|y_n\|_{\langle\ \rangle}} y_n$$

für jedes $n \in \mathbb{N}\backslash\{0\}$. Dann ist $\{\, b_j \mid j \in \mathbb{N}\,\}$ eine Orthonormalmenge in $(V, \langle\ \rangle)$, und es gilt $\overline{\{\, x_j \mid 0 \leq j \leq n\,\}}^{\mathrm{lin}} = \overline{\{\, b_j \mid 0 \leq j \leq n\,\}}^{\mathrm{lin}}$ für jedes $n \in \mathbb{N}$.

Beweis

Für $n = 0$ ist $\|b_0\|_{\langle\ \rangle} = 1$ und $\overline{\{b_0\}}^{\mathrm{lin}} = \overline{\{x_0\}}^{\mathrm{lin}}$. Es sei $\overline{\{\, x_j \mid 0 \leq j \leq n\,\}}^{\mathrm{lin}} = \overline{\{\, b_j \mid 0 \leq j \leq n\,\}}^{\mathrm{lin}}$ für die Orthonormalmenge $\{\, b_j \mid 0 \leq j \leq n\,\}$. Dann gilt $y_{n+1} \neq 0$ ⟦ Sonst wäre $x_{n+1} \in \overline{\{\, b_j \mid 0 \leq j \leq n\,\}}^{\mathrm{lin}} = \overline{\{\, x_j \mid 0 \leq j \leq n\,\}}^{\mathrm{lin}}$ entgegen der vorausgesetzten K-linearen Unabhängigkeit! ⟧ und für jedes $k \in \mathbb{N}_n$

$$\langle y_{n+1}, b_k\rangle = \langle x_{n+1}, b_k\rangle - \sum_{j=0}^{n} \langle x_{n+1}, b_j\rangle \langle b_j, b_k\rangle = 0.$$

$\{\, b_j \mid 0 \leq j \leq n+1\,\}$ ist somit eine Orthonormalmenge in $(V, \langle\ \rangle)$, und es gilt $\overline{\{\, b_j \mid 0 \leq j \leq n+1\,\}}^{\mathrm{lin}} = \overline{\{\, x_j \mid 0 \leq j \leq n+1\,\}}^{\mathrm{lin}}$). □

Satz 3.6-9

$(x_j)_j \in V^{\mathbb{N}}$ sei eine Folge K-linear unabhängiger Elemente des Prähilbertraums $(V, \langle\,\rangle)$ (über K), $(b_j)_j$ die gem. 3.6-8 konstruierte Folge.

(a) Für jede Folge $(c_j)_j \in V^{\mathbb{N}}$ paarweise orthonormaler Elemente, die für alle $n \in \mathbb{N}$ die Gleichung $\overline{\{\, c_j \mid 0 \le j \le n \,\}}^{\text{lin}} = \overline{\{\, x_j \mid 0 \le j \le n \,\}}^{\text{lin}}$ erfüllt, gilt:

$$\forall\, j \in \mathbb{N}\, \exists\, k_j \in K \backslash \{0\}\colon\ c_j = k_j b_j .$$

(b) Für $V = \overline{\overline{\{\, x_j \mid j \in \mathbb{N} \,\}}^{\text{lin}}}^{\tau_{\langle\,\rangle}}$ ergibt $\{\, b_j \mid j \in \mathbb{N} \,\}$ eine Orthonormalbasis von $(V, \langle\,\rangle)$.

Beweis

Zu (a) Für jedes $j \in \mathbb{N}$ sei $(\alpha_{l,j})_l, (\beta_{l,j})_l \in K^{j+1}$ mit $c_j = \sum_{l=0}^{j} \alpha_{l,j} x_l$ und $x_j = \sum_{l=0}^{j} \beta_{l,j} b_l$. Dann folgt

$$c_j = \sum_{l=0}^{j} \alpha_{l,j} \sum_{\nu=0}^{l} \beta_{\nu,l} b_\nu = \sum_{l=0}^{j} \gamma_{l,j} b_l$$

für ein (eindeutig bestimmtes) $(\gamma_{l,j})_l \in K^{j+1}$ und ebenso $b_j = \sum_{l=0}^{j} \eta_{l,j} c_l$ mit $(\eta_{l,j})_l \in K^{j+1}$. Man erhält für $0 \le \nu \le j$

$$\begin{aligned}\gamma_{\nu,j} &= \gamma_{\nu,j} \langle b_\nu, b_\nu \rangle = \left\langle \sum_{l=0}^{j} \gamma_{l,j} b_l, b_\nu \right\rangle = \langle c_j, b_\nu \rangle \\ &= \left\langle c_j, \sum_{l=0}^{\nu} \eta_{l,\nu} c_l \right\rangle = \sum_{l=0}^{\nu} \overline{\eta_{l,\nu}} \langle c_j, c_l \rangle = \begin{cases} 0 & \text{für } \nu < j \\ \overline{\eta_{j,j}} & \text{für } \nu = j \end{cases}\end{aligned}$$

und hieraus $c_j = \overline{\eta_{j,j}} b_j$.

Zu (b) Nach Voraussetzung ist $\overline{\{\, x_j \mid 0 \le j \le n \,\}}^{\text{lin}} = \overline{\{\, b_j \mid 0 \le j \le n \,\}}^{\text{lin}}$ für jedes $n \in \mathbb{N}$, also folgt

$$\overline{\overline{\{\, b_j \mid j \in \mathbb{N} \,\}}^{\text{lin}}}^{\tau_{\langle\,\rangle}} = \overline{\overline{\{\, x_j \mid j \in \mathbb{N} \,\}}^{\text{lin}}}^{\tau_{\langle\,\rangle}} = V$$

und hieraus die Behauptung nach 3.6-7 (a). □

Korollar 3.6-9.1

$(V, \langle\,\rangle)$ sei ein Prähilbertraum, $(V, \tau_{\langle\,\rangle})$ separabel, $V \neq \{0\}$ und $O := \{b_0, \ldots, b_n\}$ eine Orthonormalmenge in $(V, \langle\,\rangle)$. Es gibt eine abzählbare Orthonormalbasis B von $(V, \langle\,\rangle)$ mit $O \subseteq B$. Insbesondere besitzt $(V, \langle\,\rangle)$ eine abzählbare Orthonormalbasis.

Beweis

Für $\dim_K V < \infty$ ist $(V, \langle\ \rangle)$ ein Hilbert-Raum und O kann mit dem Orthonormalisierungsverfahren 3.6-8 zu einer Orthonormalbasis ergänzt werden.

Es sei also $\dim_K V = \infty$, $\overline{X}^{\tau_{\langle\ \rangle}} = V$, $X = \{\, x_k \mid k \in \mathbb{N} \}$, $x_k \neq x_m$ für alle $k \neq m$,

$$i_{n+1} := \min\{\, i \in \mathbb{N} \mid O \cup \{x_i\}\ K\text{-linear unabhängig}\,\}$$

und $y_{n+1} := x_{i_{n+1}}$. Sind $y_{n+1}, \ldots, y_{n+k} \in X$ ausgewählt, so sei

$$i_{n+k+1} := \min\{\, i \in \mathbb{N} \mid O \cup \{y_{n+1}, \ldots, y_{n+k}\} \cup \{x_i\}\ K\text{-linear unabhängig}\,\},$$

also $i_{n+k+1} > i_{n+k}$, und $y_{n+k+1} := x_{i_{n+k+1}}$. Die Menge $C := O \cup \{\, y_{n+j+1} \mid j \in \mathbb{N} \}$ ist K-linear unabhängig und $\overline{C}^{\mathrm{lin}} \supseteq \overline{X}^{\mathrm{lin}}$, also $\overline{\overline{C}^{\mathrm{lin}}}^{\tau_{\langle\ \rangle}} = V$. Das Schmidtsche Orthonormalisierungsverfahren auf $C = \{\, c_j \mid j \in \mathbb{N} \}$ mit

$$c_j := \begin{cases} b_j & \text{für } 0 \leq j \leq n \\ y_j & \text{für } j \geq n+1 \end{cases}$$

angewendet ergibt die Orthonormalmenge $B = \{\, b_j \mid j \in \mathbb{N} \}$ ⟦ $b_0, \ldots, b_n$ waren bereits paarweise orthonormal, werden also durch das Verfahren nicht verändert! ⟧. Nach 3.6-9 (b) ist B Orthonormalbasis von $(V, \langle\ \rangle)$, und es gilt $O \subseteq B$. □

In Erweiterung von 3.6-7.3 erhält man

Korollar 3.6-9.2

$(V, \langle\ \rangle)$ sei ein Prähilbertraum (über K), $V \neq \{0\}$.

Äq *(i)* $(V, \tau_{\langle\ \rangle})$ *separabel*

(ii) $\exists\, B \subseteq V$: *B abzählbar und B Orthonormalbasis von $(V, \langle\ \rangle)$*

Beweis

(i) ⇒ (ii) gem. 3.6-9.1.

(ii) ⇒ (i) Für jede abzählbare Orthonormalbasis B von $(V, \langle\ \rangle)$ ist

$$\left\{ \sum_{b \in E} q_b b \;\middle|\; E \in \mathcal{P}_e B,\ (q_b)_{b \in E} \in \mathbb{Q}^E \right\} \qquad \text{für } K = \mathbb{R} \quad \text{bzw.}$$

$$\left\{ \sum_{b \in E} q_b b \;\middle|\; E \in \mathcal{P}_e B,\ (q_b)_{b \in E} \in (\mathbb{Q} + i\mathbb{Q})^E \right\} \qquad \text{für } K = \mathbb{C}$$

eine abzählbare dichte Teilmenge von $(\overline{B}^{\mathrm{lin}}, \tau_{\langle\ \rangle} | \overline{B}^{\mathrm{lin}})$, also auch von $\overline{\overline{B}^{\mathrm{lin}}}^{\tau_{\langle\ \rangle}} = V$ ⟦ 3.6-7 (a) ⟧. □

Anmerkung: Nichtseparable Prähilberträume (über K) besitzen i. a. keine Orthonormalbasis (s. [7, Chap. 5, § 2, Exercise 2 b)]).

Als weitere Anwendung des Schmidtschen Orthonormalisierungsverfahrens 3.6-8 werden mit Hilfe von 3.6-9 Legendre-Polynome über $[a, b]$ konstruiert:

Beispiel (3.6,6)

Es seien $a, b \in \mathbb{R}$, $a < b$ und $(C_{\mathbb{R}}([a, b]), \langle\ \rangle)$ der Prähilbertraum (über $\mathbb{R}$) mit dem durch $\langle f, g\rangle := \int_a^b fg$ definierten Skalarprodukt, für jedes $k \in \mathbb{N}$ bezeichne $\mu_k(t)$ das Monom t^k. Nach dem Weierstraßschen Approximationssatz 2.2-5 ist $\overline{\{\, \mu_k{\restriction}[a, b] \mid k \in \mathbb{N}\,\}}^{\text{lin}}$ dicht in $(C_{\mathbb{R}}([a, b]), \tau_{\|\ \|_\infty})$, also auch dicht in $(C_{\mathbb{R}}([a, b]), \tau_{\langle\ \rangle})$ $[\![\, \|\ \|_{\langle\ \rangle} = \|\ \|_2$, (1.2,1) (c) (i) $]\!]$. Dabei ist die Menge $\{\, \mu_k{\restriction}[a, b] \mid k \in \mathbb{N}\,\}$ $\mathbb{R}$-linear unabhängig $[\![\, 0 = \sum_{j=0}^n r_j t^j = \sum_{j=0}^n r_j \mu_j(t)$ für jedes $t \in [0, 1]$ ergibt $r_0 = r_1 = \cdots = r_n = 0$, da vom Nullpolynom verschiedene Polynome nur endlich viele Nullstellen besitzen. $]\!]$.

Für jedes $k \in \mathbb{N}$ sei $q_k(t)$ die k-te Ableitung des Polynoms $((t - a)(t - b))^k$ und $p_k(t)$ werde als $\frac{1}{l_k} q_k(t)$ definiert, wobei $l_k := \|q_k{\restriction}[a, b]\|_{\langle\ \rangle}$ ist. Es gilt $p_k(t) \in \mathbb{R}[t]$, $\operatorname{grad} p_k(t) = k$; $p_k(t)$ heißt k-tes *Legendre-Polynom*. Die Menge $L := \{\, p_k{\restriction}[a, b] \mid k \in \mathbb{N}\,\}$ ist eine Orthonormalmenge in $(C_{\mathbb{R}}([a, b]), \langle\ \rangle)$:

Wegen der Linearität des Skalarprodukts in jeder Variablen muß

$$\forall\, k \in \mathbb{N}\backslash\{0\}\ \forall\, j = 0, \ldots, k - 1\colon\ \langle \mu_j{\restriction}[a, b], q_k{\restriction}[a, b]\rangle = 0$$

gezeigt werden. Für $j = 0$ erhält man

$$\begin{aligned}\langle 1, q_k{\restriction}[a, b]\rangle &= \int_a^b \frac{\mathrm{d}^k}{\mathrm{d}t^k}((t - a)(t - b))^k\,\mathrm{d}t = \left[\frac{\mathrm{d}^{k-1}}{\mathrm{d}t^{k-1}}((t - a)(t - b))^k\right]_{t=a}^b \\ &= [(t - a)(t - b)r(t)]_{t=a}^b \quad \text{für ein } r(t) \in \mathbb{R}[t] \\ &= 0,\end{aligned}$$

und wenn $j > 0$ ist

$$\begin{aligned}&\langle \mu_j{\restriction}[a, b], q_k{\restriction}[a, b]\rangle \\ &\quad= \int_a^b t^j \frac{\mathrm{d}^k}{\mathrm{d}t^k}((t - a)(t - b))^k\,\mathrm{d}t \\ &\quad= \left[t^j \frac{\mathrm{d}^{k-1}}{\mathrm{d}t^{k-1}}((t - a)(t - b))^k\right]_{t=a}^b - j\int_a^b t^{j-1} \frac{\mathrm{d}^{k-1}}{\mathrm{d}t^{k-1}}((t - a)(t - b))^k\,\mathrm{d}t \\ &\quad= -j\int_a^b t^{j-1} \frac{\mathrm{d}^{k-1}}{\mathrm{d}t^{k-1}}((t - a)(t - b))^k\,\mathrm{d}t \qquad [\![\text{ s. o. }]\!] \\ &\quad= \left[(-1)^j j! \frac{\mathrm{d}^{k-j-1}}{\mathrm{d}t^{k-j-1}}((t - a)(t - b))^k\right]_{t=a}^b \qquad [\![\text{ vollständige Induktion }]\!] \\ &\quad= 0 \qquad [\![\text{ s. o. }]\!].\end{aligned}$$

Sei nun $\{\, b_j \mid j \in \mathbb{N}\,\}$ die gem. 3.6-8 aus $\{\, \mu_k{\restriction}[a, b] \mid k \in \mathbb{N}\,\}$ konstruierte Orthonormalmenge, also

$$p_k{\restriction}[a, b] \in \overline{\{\, \mu_j{\restriction}[a, b] \mid 0 \le j \le k\,\}}^{\text{lin}} = \overline{\{\, b_j \mid 0 \le j \le k\,\}}^{\text{lin}}$$

für alle $k \in \mathbb{N}$ [[3.6-8]]. Hieraus folgt $b_k \in \overline{\{ p_j \upharpoonright [a,b] \mid 0 \leq j \leq k \}}^{\text{lin}}$ für alle $k \in \mathbb{N}$ [[A 11]] und somit

$$\overline{\{ p_j \upharpoonright [a,b] \mid 0 \leq j \leq k \}}^{\text{lin}} = \overline{\{ b_j \mid 0 \leq j \leq k \}}^{\text{lin}}$$

für alle $k \in \mathbb{N}$, insbesondere

$$\overline{\overline{\{ p_j \upharpoonright [a,b] \mid j \in \mathbb{N} \}}^{\text{lin}}}^{\mathcal{T}\langle\,\rangle} = \overline{\overline{\{ \mu_j \upharpoonright [a,b] \mid j \in \mathbb{N} \}}^{\text{lin}}}^{\mathcal{T}\langle\,\rangle} = C_{\mathbb{R}}([a,b]).$$

Wegen

$$\{0\} = \left(\overline{\overline{\{ p_j \upharpoonright [a,b] \mid j \in \mathbb{N} \}}^{\text{lin}}}^{\mathcal{T}\langle\,\rangle}\right)^{\perp} = \{ p_j \upharpoonright [a,b] \mid j \in \mathbb{N} \}^{\perp}$$

[[A 1 (c)]] ist die Menge der Legendre-Polynomfunktionen $p_j \upharpoonright [a,b]$ gem. 3.6-6 eine maximale Orthonormalmenge in $(C_{\mathbb{R}}([a,b]), \langle\,\rangle)$. Aus 3.6-9 (a) erhält man noch

$$\forall\, j \in \mathbb{N}\ \exists\, k_j \in \mathbb{R}\colon\ p_j \upharpoonright [a,b] = k_j b_j,$$

die nach dem Schmidtschen Orthonormalisierungsverfahren konstruierten b_j sind daher bis auf das Vorzeichen k_j gerade die j-ten Legendre-Polynomfunktionen $p_j \upharpoonright [a,b]$.

Nach 3.6-7 (a) ist L eine Orthonormalbasis von $(C_{\mathbb{R}}([a,b]), \langle\,\rangle)$.

Die eindeutige Darstellung eines jeden Elements x eines Prähilbertraums $(V, \langle\,\rangle)$ mit den Elementen einer Orthonormalbasis B und den zugehörigen Fourier-Koeffizienten in der Form

$$x = \sum_{b \in B} \langle x, b \rangle b$$

ist die orthogonale Entwicklung von x bzgl. B, also eine Entwicklung in bezug auf die paarweise orthogonalen eindimensionalen Untervektorräume $\overline{\{b\}}^{\text{lin}}$, $b \in B$. Die entsprechende Entwicklung kann auch bzgl. paarweise orthogonaler vollständiger Untervektorräume U_i, $i \in I$, durchgeführt werden, für die $V = \overline{\overline{\bigcup_{i \in I} U_i}^{\text{lin}}}^{\mathcal{T}\langle\,\rangle}$ gilt.

Satz 3.6-10

$(V, \langle\,\rangle)$ sei ein Prähilbertraum (über K), $I \neq \emptyset$ eine Menge, $\{ U_i \mid i \in I \}$ eine Menge paarweise orthogonaler K-Untervektorräume von V, $U := \overline{\overline{\bigcup_{i \in I} U_i}^{\text{lin}}}^{\mathcal{T}\langle\,\rangle}$, $(U_i, d_{\langle\,\rangle} \upharpoonright U_i \times U_i)$ vollständig für jedes $i \in I$. Dann gibt es zu jedem $x \in U$ genau ein $(u_i)_{i \in I} \in \prod_{i \in I} U_i$ mit

$$x = \sum_{i \in I} u_i$$

*(*orthogonale Entwicklung von x *bzgl.* $(U_i)_{i \in I}$*).*

Beweis

Eindeutigkeit: Für alle $(u_i)_i, (v_i)_i \in \prod_{i \in I} U_i$ mit $\sum_{i \in I} u_i = \sum_{i \in I} v_i$ gilt

$$\sum_{i \in I} (u_i - v_i) = \sum_{i \in I} u_i - \sum_{i \in I} v_i = 0,$$

also auch $\sum_{i\in I}\|u_i - v_i\|^2_{\langle\,\rangle} = 0$ $[\![\sum_{i\in E}\|u_i - v_i\|^2_{\langle\,\rangle} = \big\|\sum_{i\in E}(u_i - v_i)\big\|^2_{\langle\,\rangle}$ für jedes $E \in \mathcal{P}_{\mathrm{e}}I$ gem. 3.6-2 (a)$]\!]$. Es folgt $u_i = v_i$ für jedes $i \in I$.

Existenz: Sei $x \in U$, $(x_n)_n \in \Big(\overline{\bigcup_{i\in I} U_i}^{\,\mathrm{lin}}\Big)^{\mathbb{N}}$ mit $(x_n)_n \to_{\mathcal{T}_{\langle\,\rangle}} x$, wobei die Elemente $x_n = \sum_{k=1}^{r_n} u_{n,i_{k,n}}$ mit $u_{n,i_{k,n}} \in U_{i_{k,n}}$ und $i_{k,n} \neq i_{k',n}$ für $k \neq k'$ angenommen werden; für jedes $j \in I\backslash\{i_{1,n},\ldots,i_{r_n,n}\}$ setze man $u_{n,j} := 0$. Dann ist

$$x_n = \sum_{j\in I} u_{n,j}$$

(nur endlich viele von 0 verschiedene Summanden) die eindeutige K-Linearkombination aus Elementen von $U_j,\ j \in I$. Da $(x_n)_n$ eine Cauchy-Folge in $(V, d_{\langle\,\rangle})$ ist, gibt es zu jedem $\varepsilon > 0$ ein $n_\varepsilon \in \mathbb{N}$ mit

$$\forall\, n,m \geq n_\varepsilon\colon\ \varepsilon^2 > \|x_n - x_m\|^2_{\langle\,\rangle} = \Big\|\sum_{j\in I} u_{n,j} - \sum_{j\in I} u_{m,j}\Big\|^2_{\langle\,\rangle} = \sum_{j\in I}\|u_{n,j} - u_{m,j}\|^2_{\langle\,\rangle}$$

$[\![$3.6-2 (a)$]\!]$, speziell ist $\|u_{n,j} - u_{m,j}\|_{\langle\,\rangle} < \varepsilon$ für jedes $j \in \mathbb{N}$, $(u_{n,j})_n$ also eine Cauchy-Folge in $(U_j, d_{\langle\,\rangle}\restriction U_j \times U_j)$. Sei $(u_{n,j})_{n\in\mathbb{N}} \to_{\mathcal{T}_{\langle\,\rangle}} u_j,\ u_j \in U_j$. Dann gilt $x = \sum_{j\in I} u_j$:

Sei $\varepsilon > 0$. Wähle $n_\varepsilon \in \mathbb{N}$ mit (s.o.)

$$\forall\, n \geq n_\varepsilon\colon\ \|x - x_n\|_{\langle\,\rangle} < \varepsilon \quad \text{und} \quad \forall\, n,m \geq n_\varepsilon\colon\ \sum_{j\in I}\|u_{n,j} - u_{m,j}\|^2_{\langle\,\rangle} < \varepsilon^2$$

und setze $E_\varepsilon := \{i_{1,n_\varepsilon},\ldots,i_{r_{n_\varepsilon},n_\varepsilon}\} \in \mathcal{P}_{\mathrm{e}}I$. Für jedes $F \in \mathcal{P}_{\mathrm{e}}I,\ F \supseteq E_\varepsilon$, erhält man

$$\begin{aligned}
\Big\|x - \sum_{i\in F} u_i\Big\|_{\langle\,\rangle} &\leq \|x - x_{n_\varepsilon}\|_{\langle\,\rangle} + \Big\|x_{n_\varepsilon} - \sum_{i\in F} u_i\Big\|_{\langle\,\rangle} \leq \varepsilon + \Big\|\sum_{i\in F}(u_{n_\varepsilon,i} - u_i)\Big\|_{\langle\,\rangle}\\
&= \varepsilon + \Big\|\sum_{i\in F}(u_{n_\varepsilon,i} - \lim_n u_{n,i})\Big\|_{\langle\,\rangle} = \varepsilon + \lim_n\Big\|\sum_{i\in F}(u_{n_\varepsilon,i} - u_{n,i})\Big\|_{\langle\,\rangle}\\
&= \varepsilon + \lim_n\Big(\sum_{i\in F}\|u_{n_\varepsilon,i} - u_{n,i}\|^2_{\langle\,\rangle}\Big)^{1/2}\\
&\leq \varepsilon + \lim_n\Big(\sum_{i\in I}\|u_{n_\varepsilon,i} - u_{n,i}\|^2_{\langle\,\rangle}\Big)^{1/2} \leq 2\varepsilon.
\end{aligned}$$

□

Unter den Bedingungen von 3.6-10 verwendet man die Schreibweise

$$U = \sum_{i\in I}{}^{\perp}\, U_i.$$

U ist die *orthogonale Summe* der Familie $(U_i)_{i\in I}$ paarweise orthogonaler vollständiger K-Untervektorräume von $(V, \langle\ \rangle)$.

Aufgaben zu 3.6

1. $(V, \langle\ \rangle)$ sei ein Prähilbertraum über K, $S \subseteq V$. Man zeige:

(a) $S \subseteq S^{\perp\perp}$

(b) $S^{\perp} \in \alpha_{\tau_{\langle\ \rangle}}$ und $S^{\perp}$ K-Untervektorraum von V.

(c) $S^{\perp} = \left(\overline{S}^{\mathrm{lin}}\right)^{\perp} = \left(\overline{S}^{\tau_{\langle\ \rangle}}\right)^{\perp} = \left(\overline{\overline{S}^{\tau_{\langle\ \rangle}}}^{\mathrm{lin}}\right)^{\perp} = \left(\overline{\overline{S}^{\mathrm{lin}}}^{\tau_{\langle\ \rangle}}\right)^{\perp}$

(d) $S^{\perp\perp} = \overline{\overline{S}^{\mathrm{lin}}}^{\tau_{\langle\ \rangle}}$, falls $(V, \langle\ \rangle)$ Hilbert-Raum ist.

2. $(V, \langle\ \rangle)$ sei ein Prähilbertraum, W ein K-Untervektorraum von V, $(W, d_{\langle\ \rangle} \restriction W \times W)$ vollständig und

$$\pi_W : \begin{cases} V \longrightarrow W \\ x \longmapsto \pi_W(x) \end{cases}$$

die *orthogonale Projektion* zu W.

(a) π_W ist $(\tau_{\langle\ \rangle}, \tau_{\langle\ \rangle}|W)$-stetig, K-linear und surjektiv.

(b) $\pi_W \circ \pi_W = \pi_W$ *(Idempotenz)*

(c) $\forall\, x, y \in V\colon\ \langle x, \pi_W(y)\rangle = \langle \pi_W(x), y\rangle$ *(Selbstadjungiertheit)*

3. $(V, \langle\ \rangle)$ sei ein Prähilbertraum über K, $W \in \alpha_{\tau_{\langle\ \rangle}}$ ein K-Untervektorraum von V. Man widerlege:

$$V = W \oplus W^{\perp}.$$

4. Es sei I eine unendliche Menge. Man gebe in $(L^2(I), \langle\ \rangle_2)$ eine Orthonormalbasis an!

5. $C \neq \emptyset$ sei eine konvexe Teilmenge des Prähilbertraums $(V, \langle\ \rangle)$ (über K), $(C, d_{\langle\ \rangle} \restriction C \times C)$ vollständig, $x \in V$, $y \in C$. Man beweise:

Äq (i) $y = \pi_C(x)$

(ii) $\forall\, c \in C\colon\ \mathrm{Re}\langle x - y, y - c\rangle \geq 0.$

6. Gilt in jedem Prähilbertraum $(V, \langle\ \rangle)$ über $\mathbb{C}$

$$\forall\, x, y \in V\colon\ \|x + y\|^2_{\langle\ \rangle} = \|x\|^2_{\langle\ \rangle} + \|y\|^2_{\langle\ \rangle} \Rightarrow x \perp y\,?$$

7. W sei ein K-Untervektorraum des Prähilbertraums $(V, \langle\ \rangle)$ (über K), $x \in V$. Man beweise:

Äq (i) $x \in W^{\perp}$

(ii) $\forall\, w \in W\colon\ \|x\|_{\langle\ \rangle} \leq \|w - x\|_{\langle\ \rangle}.$

8. Im Prähilbertraum $(C_{\mathbb{R}}([0,1]), \langle\, \rangle)$ über $\mathbb{R}$ $(\langle f, g\rangle := \int_0^1 fg$, s. (3.6,2) (b)) berechne man den Abstand $\operatorname{dist}(g, P_1)$, wobei

$$g : \begin{cases} [0,1] \longrightarrow \mathbb{R} \\ t \longmapsto t^3 \end{cases}$$

und $P_1 := \{\, p\restriction[0,1] \mid p(t) \in \mathbb{R}[t],\ \operatorname{grad} p(t) \leq 1 \,\}$ ist!
Gibt es ein $f \in P_1$ mit $\|g - f\|_{\langle\,\rangle} = \operatorname{dist}(g, P_1)$?

9. $W \in \alpha_{\tau_{\langle\,\rangle}} \backslash \{0\}$ sei ein K-Untervektorraum des Hilbert-Raums $(V, \langle\,\rangle)$ (über K). Man beweise:

$$(V, \tau_{\langle\,\rangle}) \text{ separabel} \quad \Longrightarrow \quad (W, \tau_{\langle\,\rangle}|W) \text{ separabel}$$

(Vgl. auch (2.3,5) (b)!).

10. $(V, \langle\,\rangle)$ sei ein Prähilbertraum (über K), $v \in V\backslash\{0\}$. Man zeige:

$$\forall\, x \in V\colon\ \operatorname{dist}\bigl(x, \{v\}^{\perp}\bigr) = \frac{1}{\|v\|_{\langle\,\rangle}} |\langle x, v\rangle|.$$

11. $(V, \langle\,\rangle)$ sei ein Prähilbertraum (über K), $(v_j)_j, (w_j)_j \in V^{\mathbb{N}}$ Folgen aus jeweils paarweise verschiedenen Elementen, $\{\, v_j \mid j \in \mathbb{N}\,\}$, $\{\, w_j \mid j \in \mathbb{N}\,\}$ Orthonormalmengen in $(V, \langle\,\rangle)$. Man beweise:

Äq (i) $\forall\, n \in \mathbb{N}\colon\ w_n \in \overline{\{\, v_j \mid 0 \leq j \leq n\,\}}^{\,\mathrm{lin}}$

(ii) $\forall\, n \in \mathbb{N}\colon\ v_n \in \overline{\{\, w_j \mid 0 \leq j \leq n\,\}}^{\,\mathrm{lin}}$.

12. $(V, \langle\,\rangle)$ sei ein Prähilbertraum (über K), $B, D \subseteq V$, B Orthonormalmenge in $(V, \langle\,\rangle)$, $\overline{D}^{\tau_{\langle\,\rangle}} = V$. Man gebe eine injektive Funktion $B \longrightarrow D$ an!

13. $(V, \langle\,\rangle)$ sei ein Prähilbertraum (über K), $I \neq \emptyset$ eine Menge, $(U_i)_{i \in I}$ eine Familie paarweise orthogonaler vollständiger K-Untervektorräume von $(V, \langle\,\rangle)$, B_i Orthonormalbasis von $(U_i, \langle\,\rangle\restriction U_i \times U_i)$ für jedes $i \in I$. Man beweise: $\bigcup_{i \in I} B_i$ ist eine Orthonormalbasis von $\bigl(\sum_{i \in I}^{\perp} U_i, \langle\,\rangle\restriction(\sum_{i \in I}^{\perp} U_i \times \sum_{i \in I}^{\perp} U_i)\bigr)$.

4 Kompakte topologische Räume

Die Vollständigkeit eines pseudometrischen Raums (X, d) (vgl. Kapitel 3) bedeutet, daß jede *Cauchy-Folge* in (X, d) eine in (X, τ_d) konvergente Teilfolge besitzt $[\![3.1\text{-}1.2]\!]$. Die weitergehende Forderung nach der Existenz konvergenter Teilfolgen für *jede Folge* in X führt zu einem Kompaktheitsbegriff, der sich vielfältig charakterisieren und sogar in topologischen Räumen formulieren läßt und – ebenso wie der Zusammenhang (vgl. Abschnitt 2.3) – für die Analysis und ihre Anwendungen von großer Bedeutung ist. Einige Kompaktheitsauswirkungen in $(\mathbb{R}, d_{|\,|})$, z. B. die Beschränktheit kompakter Mengen, die gleichmäßige Stetigkeit und Beschränktheit stetiger (komplexwertiger), auf einem Kompaktum definierter Funktionen usw. wurden bereits in den Beispielen und Aufgaben als bekannt vorausgesetzt und verwendet. In Abschnitt 4.1 werden die in diesem Zusammenhang wichtigsten Begriffe und Eigenschaften allgemeiner in pseudometrischen Räumen behandelt, sie stehen dann auch (rückwirkend) speziell in $(\mathbb{R}, d_{|\,|})$ zur Verfügung. 4.2 enthält einige bedeutende Ergebnisse zur Kompaktheit in (halb)normierten $\mathbb{R}$-Vektorräumen. Die Untersuchung der Kompaktheit in topologischen Räumen erfolgt in 4.3, dort wird auch der Weierstraßsche Approximationssatz 2.2-5 für auf einem kompakten Raum (statt auf $[a, b]$) definierte stetige Funktionen im Sinne von M. H. Stone erweitert. Als wichtige Ergänzung dieser globalen, d. h. für den gesamten Raum geforderten Kompaktheit, stellt 4.4 einige Ergebnisse zur lokalen Situation vor.

4.1 Kompaktheit in pseudometrischen Räumen

In pseudometrischen Räumen läßt sich Kompaktheit in vielerlei Hinsicht beschreiben und somit auch definieren. Aus Kontinuitätsgründen wird hier eine Definition (für topologische Räume) gewählt, die direkt erkennen läßt, daß es sich bei diesem Begriff um eine Verschärfung der Vollständigkeit handelt $[\![3.1\text{-}1.2]\!]$.

Definitionen

(X, τ) sei ein topologischer Raum.

(X, τ) *folgenkompakt* :gdw

$\forall\ (x_j)_j \in X^{\mathbb{N}}:\ (x_j)_j$ hat eine in (X, τ) konvergente Teilfolge

(d. h. jede Folge $(x_j)_j \in X^{\mathbb{N}}$ besitzt einen Häufungspunkt in (X, τ))

(X, τ) hat *Bolzano-Weierstraß-Eigenschaft* (B-W-E) :gdw

$$\forall\, S \in \mathcal{P}X:\; S \text{ unendlich } \Rightarrow S'^{\tau} \neq \emptyset$$

Beispiel (4.1,1)

Folgenkompakte topologische Räume (X, τ) haben B-W-E:

Sei $S \subseteq X$ unendlich, etwa $(x_j)_j \in S^{\mathbb{N}}$ mit $x_i \neq x_j$ für alle $i \neq j$. Man wähle eine in (X, τ) konvergente Teilfolge $\left(x_{j_k}\right)_k$ von $(x_j)_j$, etwa $\left(x_{j_k}\right)_k \to_\tau \xi$. In jeder Umgebung von ξ liegen dann (unendlich viele) voneinander verschiedene Folgenelemente, ξ ist daher Häufungspunkt der Menge S.

Umgekehrt sind nicht einmal A_1-Räume mit B-W-E folgenkompakt (A 1):

In $(\mathbb{N}, \tau)$ mit $\tau := \{\emptyset, \mathbb{N}\} \cup \{\, \mathbb{N}_k \mid k \in \mathbb{N}\,\}$ hat die Folge $(j)_{j\in\mathbb{N}}$ keine konvergente Teilfolge, $(\mathbb{N}, \tau)$ besitzt jedoch die B-W-E $[\![$ Für jede nichtleere Teilmenge $S \subseteq \mathbb{N}$ ist die Ableitung $S'^{\tau} = \bigcup\{\, \mathbb{N}\backslash\mathbb{N}_s \mid s \in S\,\}$. $]\!]$.

Dagegen erhält man bei Vorliegen der Trennungseigenschaft (T-1) (vgl. 2.5, A 8) die Äquivalenz beider Begriffe:

Satz 4.1-1 (Bolzano, Weierstraß, um 1850)

(X, τ) sei ein A_1- und T_1-Raum.

Äq *(i)* (X, τ) *folgenkompakt*

(ii) (X, τ) *hat B-W-E*

Beweis

(i) ⇒ (ii) gem. (4.1,1).

(ii) ⇒ (i) Sei $(x_j)_j \in X^{\mathbb{N}}$. Wenn es ein $\xi \in X$ gibt, das unendlich oft in der Folge $(x_j)_j$ vorkommt, d. h. $\{\, j \in \mathbb{N} \mid x_j = \xi\,\}$ unendlich ist, so wächst

$$\mu : \begin{cases} \mathbb{N} \longrightarrow \mathbb{N} \\ k \longmapsto \min\{\, j \in \mathbb{N} \,\big|\, j \notin \{\, \mu(i) \mid 0 \leq i \leq k-1\,\},\; x_j = \xi\,\} \end{cases}$$

streng monoton, und die Teilfolge $\left(x_{\mu(k)}\right)_k = (\xi)_k$ von $(x_j)_j$ konvergiert (gegen ξ).

Es werde daher angenommen, daß $\{ j \in \mathbb{N} \mid x_j = \xi \}$ für jedes $\xi \in X$ eine endliche, insbesondere $\{\, x_j \mid j \in \mathbb{N}\,\}$ eine unendliche Menge ist. Nach (ii) sei ξ ein Häufungspunkt von $\{\, x_j \mid j \in \mathbb{N}\,\}$ und weiter $\{\, U_j \mid j \in \mathbb{N}\,\} \subseteq \mathcal{U}_\tau(\xi)$ eine abzählbare Basis von $\mathcal{U}_\tau(\xi)$ mit $U_{j+1} \subseteq U_j$ für jedes $j \in \mathbb{N}$. Man wähle (induktiv) $x_{j_0} \in U_0\backslash\{\xi\}$ und für jedes $k \geq 1$ ein U_{i_k} mit $U_{i_k} \cap \{\, x_\nu \mid 0 \leq \nu \leq j_{k-1}\,\} = \emptyset$ $[\![$ T_1-Raum! $]\!]$, $x_{j_k} \in U_{i_k}\backslash\{\xi\}$. Dann ist $\left(x_{j_k}\right)_{k\in\mathbb{N}}$ eine (gegen ξ) konvergente Teilfolge von $(x_j)_{j\in\mathbb{N}}$.

□

Die B-W-E wird verstärkt durch Kompaktheit:

Definition

(X, τ) sei ein topologischer Raum, $S \subseteq X$.

(X, τ) *kompakt* :gdw $\forall\, \mathcal{O} \subseteq \tau\colon\ \bigcup \mathcal{O} = X \Rightarrow \exists\, \mathcal{O}' \in \mathcal{P}_e \mathcal{O}\colon\ \bigcup \mathcal{O}' = X$
(Jede offene Überdeckung von X hat eine endliche Teilüberdeckung.)

S *kompakt* (in (X, τ)) :gdw $(S, \tau|S)$ kompakt

Jeder kompakte topologische Raum ist auch ein Lindelöf-Raum (s. 2.3).

Beispiele (4.1,2)

(a) Jeder kompakte topologische Raum (X, τ) hat die B-W-E:
Es sei $S \subseteq X,\ S'^{\tau} = \emptyset$, d. h.

$$\forall\, x \in X\ \exists\, O_x \in \mathcal{U}_\tau(x) \cap \tau\colon\ O_x \cap S \subseteq \{x\}.$$

Man wähle eine endliche Teilüberdeckung $\{O_{x_1}, \ldots, O_{x_n}\}$ von $\{\, O_x \mid x \in X\,\}$ aus und erhält

$$S = S \cap \bigcup_{i=1}^{n} O_{x_i} \subseteq \{\, x_i \mid 1 \le i \le n\,\}.$$

(b) (X, τ) sei ein A_1-Raum. (X, τ) kompakt $\Longrightarrow$ (X, τ) folgenkompakt:

Sei $(x_j)_j \in X^{\mathbb{N}}$ und $E_n := \overline{\{\, x_j \mid j \ge n\,\}}^{\tau}$ für jedes $n \in \mathbb{N}$. Dann ist die Menge $\bigcap_{n\in\mathbb{N}} E_n$ nichtleer: Andernfalls wäre $\{\, X \backslash E_n \mid n \in \mathbb{N}\,\} \subseteq \tau$ eine Überdeckung von X, hätte also eine endliche Teilüberdeckung $\{X \backslash E_{j_1}, \ldots, X \backslash E_{j_k}\}$. Es würde $X \backslash \bigcap_{\nu=1}^{k} E_{j_\nu} = \bigcup_{\nu=1}^{k} (X \backslash E_{j_\nu}) = X$ und $\emptyset = \bigcap_{\nu=1}^{k} E_{j_\nu} = E_{\max\{\, j_\nu \mid 1 \le \nu \le k\,\}} \neq \emptyset$ folgen. ↯

Jeder Punkt $\xi \in \bigcap_{n\in\mathbb{N}} E_n$ ist ein Häufungspunkt der Folge $(x_j)_j$. Man wähle eine Basis $\{\, U_k \mid k \in \mathbb{N}\,\} \subseteq \mathcal{U}_\tau(\xi)$ von $\mathcal{U}_\tau(\xi)$ mit $U_{k+1} \subseteq U_k$ für alle $k \in \mathbb{N}$. Zu jedem $k \in \mathbb{N}$ existiert ein $j_k \in \mathbb{N}$ mit $x_{j_k} \in U_k$, o. B. d. A. $j_{k+1} > j_k$ für alle $k \in \mathbb{N}$. Dann ist $(x_{j_k})_k$ eine gegen ξ konvergente Teilfolge von $(x_j)_j$.

Kompakte topologische Räume sind i. a. *nicht* folgenkompakt ⟦(4.3,2)⟧. Man kann auch zeigen, daß aus B-W-E (bzw. sogar Folgenkompaktheit) i. a. *nicht* auf Kompaktheit geschlossen werden darf [21, Chap. 5, Problem E(e)].

(c) In T_3-Räumen (X, τ) ist die topologische Hülle $(\overline{S}^{\tau}, \tau|\overline{S}^{\tau})$ für kompakte Unterräume $(S, \tau|S)$ ebenfalls kompakt (insbesondere somit in (X, τ_d) für pseudometrische Räume (X, d)). Für alle $\mathcal{O} \subseteq \tau$ gilt nämlich

$$S \subseteq \bigcup \mathcal{O} \iff \overline{S}^{\tau} \subseteq \bigcup \mathcal{O}:$$

„$\Rightarrow$" Da (X, τ) ein T_3-Raum ist, gibt es gem. 2.5-2 zu jedem $s \in S$ ein $U_s \in \mathcal{U}_\tau(s) \cap \tau$ mit $\overline{U_s}^{\tau} \subseteq \bigcup \mathcal{O}$. Die offene Überdeckung $\{\, U_s \mid s \in S\,\}$ von S hat eine endliche

Teilüberdeckung $\{U_{s_1}, \dots, U_{s_m}\}$, es gilt somit

$$\overline{S}^{\tau} \subseteq \bigcup_{j=1}^{m} \overline{U_{s_j}}^{\tau} \subseteq \bigcup \mathcal{O}.$$

„$\Leftarrow$“ ist klar.

Dagegen muß die topologische Hülle kompakter Unterräume i. a. nicht einmal in T_1-Räumen wieder kompakt sein (s. 4.3, A 5)!

(d) Die Vereinigung C endlich vieler kompakter Unterräume $(C_1, \tau|C_1), \dots, (C_m, \tau|C_m)$ eines topologischen Raums (X, τ) ist kompakt:

Ist $\mathcal{O} \subseteq \tau$ eine Überdeckung von C, so gibt es für jedes $j \in \{1, \dots, m\}$ ein $\mathcal{O}_j \in \mathcal{P}_e\mathcal{O}$ mit $C_j \subseteq \bigcup \mathcal{O}_j$, und $\bigcup_{j=1}^{m} \mathcal{O}_j \in \mathcal{P}_e\mathcal{O}$ ist eine endliche Teilüberdeckung von C.

In metrischen Räumen sind jedoch Kompaktheit und B-W-E äquivalent (s. 4.1-3.4). Zum Beweis sind einige Vorbereitungen erforderlich.

Definition

(X, d) sei ein pseudometrischer Raum, $\mathcal{O} \subseteq \tau_d$ eine Überdeckung von X und $a \in \mathbb{R}^{>}$.

a Lebesgue-Zahl von $\mathcal{O}$:gdw $\forall\, S \subseteq X\colon\ \delta(S) < a \Rightarrow \exists\, O \in \mathcal{O}\colon\ S \subseteq O$

Beispiel (4.1,3)

(X, d) sei ein pseudometrischer Raum, $\varepsilon > 0$, $\mathcal{O} := \{\, K^d_\varepsilon(x) \mid x \in X \,\}$. Dann ist ε Lebesgue-Zahl von $\mathcal{O}$:

Sei (o. B. d. A.) $\emptyset \neq S \subseteq X$, $\delta(S) < \varepsilon$ und $s \in S$. Für jedes $x \in S$ gilt dann $d(x, s) \leq \delta(S) < \varepsilon$, also $x \in K^d_\varepsilon(s)$.

Satz 4.1-2 (Lebesguescher Überdeckungssatz, 1921)

(X, d) sei ein pseudometrischer Raum, (X, τ_d) folgenkompakt und $\mathcal{O} \subseteq \tau_d$ eine Überdeckung von X. $\mathcal{O}$ hat eine Lebesgue-Zahl.

Beweis

Man nenne Teilmengen $S \subseteq X$ genau dann *$\mathcal{O}$-groß*, wenn $S \nsubseteq O$ für jedes $O \in \mathcal{O}$ gilt. $\mathcal{O}$-große Teilmengen haben also wenigstens zwei Elemente. Sind alle $S \subseteq X$ nicht $\mathcal{O}$-groß, so ist jede positive Zahl a Lebesgue-Zahl von $\mathcal{O}$. Sei also $G_{\mathcal{O}} := \{\, S \subseteq X \mid S\ \mathcal{O}\text{-groß} \,\} \neq \emptyset$ und $a' := \inf\{\, \delta(S) \mid S \in G_{\mathcal{O}} \,\}$ ($a' \in [0, \infty]$). Für $a' > 0$ ist jedes $a \in \,]0, a'] \cap \mathbb{R}$ Lebesgue-Zahl von $\mathcal{O}$ $[\![$ Für jedes $S \subseteq X$, $\delta(S) < a$, ist $S \notin G_{\mathcal{O}}$, d. h. es gibt ein $O \in \mathcal{O}$ mit $S \subseteq O$. $]\!]$. Die verbleibende Möglichkeit $a' = 0$ kommt wegen der Folgenkompaktheit von (X, τ_d) nicht vor:

Man wähle sonst für jedes $j \in \mathbb{N}$ ein $S_j \in G_{\mathcal{O}}$, $0 \leq \delta(S_j) < 1/(j+1)$, und ein $x_j \in S_j$. Die Folge $(x_j)_j$ hat dann eine konvergente Teilfolge $\left(x_{j_k}\right)_k$, etwa

$(x_{j_k})_k \to_{\tau_d} \xi$ für ein $\xi \in X$. Sei $O \in \mathcal{O}$, $\xi \in O$, $\varepsilon > 0$ mit $K^d_\varepsilon(\xi) \subseteq O$ und schließlich $n_\varepsilon \in \mathbb{N}$, $n_\varepsilon > 2/\varepsilon$, $x_{n_\varepsilon} \in K^d_{\varepsilon/2}(\xi)$. Wegen $\delta(S_{n_\varepsilon}) < 1/(n_\varepsilon + 1) < \varepsilon/2$ ist $S_{n_\varepsilon} \subseteq K^d_\varepsilon(\xi) \subseteq O$ $[\![d(s,\xi) \le d(s, x_{n_\varepsilon}) + d(x_{n_\varepsilon}, \xi) < \frac{1}{n_\varepsilon+1} + \frac{\varepsilon}{2} < \varepsilon$ für jedes $s \in S_{n_\varepsilon}]\!]$, also $S_{n_\varepsilon} \notin G_{\mathcal{O}}$. ↯ □

Korollar 4.1-2.1

(X,d), (Y,e) seien pseudometrische Räume, $f \in C(X,Y)$ und (X,τ_d) folgenkompakt. f ist gleichmäßig stetig.

Beweis

Es sei $\varepsilon > 0$. Die Überdeckung $\{ f^{-1}[K^e_{\varepsilon/2}(f(x))] \mid x \in X \} \subseteq \tau_d$ hat nach 4.1-2 eine Lebesgue-Zahl a. Für alle $x, x' \in X$ mit $\delta(\{x,x'\}) = d(x,x') < a$ gibt es daher ein $x'' \in X$, so daß $\{x,x'\} \subseteq f^{-1}[K^e_{\varepsilon/2}(f(x''))]$ gilt, und es folgt

$$e(f(x), f(x')) \le e(f(x), f(x'')) + e(f(x''), f(x')) < \frac{\varepsilon}{2} + \frac{\varepsilon}{2} = \varepsilon.$$

□

Definitionen

(X,d) sei ein pseudometrischer Raum, $\varepsilon > 0$ und $S \subseteq X$.

S *ε-Kette* in (X,d) :gdw S endlich und $\bigcup_{s \in S} K^d_\varepsilon(s) = X$

(X,d) *totalbeschränkt* :gdw $\forall\, \varepsilon > 0\, \exists\, S \subseteq X\colon$ S ε-Kette in (X,d)

Vollständigkeit und Totalbeschränktheit ergeben gerade die Kompaktheit von (X,τ_d) (s. 4.1-3.2, Seite 275).

Beispiele (4.1,4)

(X,d) sei ein pseudometrischer Raum.

(a) (X,d) totalbeschränkt $\Longrightarrow$ X beschränkt in (X,d)

$[\![$ als Vereinigung endlich vieler beschränkter Mengen $]\!]$.

Beschränkte pseudometrische Räume sind i. a. *nicht* totalbeschränkt (s. (4.1,6)).

(b) (X,d) totalbeschränkt $\Longrightarrow$ (X,τ_d) separabel

Für jedes $k \in \mathbb{N}$ sei $\{x_1^{(k)}, \ldots, x_{n_k}^{(k)}\}$ eine $\frac{1}{k+1}$-Kette in (X,d). Die Vereinigungsmenge $\bigcup_{k\in\mathbb{N}}\{x_1^{(k)}, \ldots, x_{n_k}^{(k)}\}$ ist abzählbar und dicht in (X,τ_d):

Sei $x \in X$, $\varepsilon > 0$, $k \in \mathbb{N}$ mit $1/(k+1) < \varepsilon$. Dann existiert ein $j \in \{1,\ldots,n_k\}$ mit $x \in K^d_{1/(k+1)}(x_j^{(k)})$, also $x_j^{(k)} \in K^d_{1/(k+1)}(x) \subseteq K^d_\varepsilon(x)$.

(c) Für alle $S \in \mathcal{P}X \backslash \{\emptyset\}$ gilt

$$(S, d\restriction S \times S) \text{ totalbeschränkt} \iff \left(\overline{S}^{\tau_d}, d\restriction \overline{S}^{\tau_d} \times \overline{S}^{\tau_d}\right) \text{ totalbeschränkt}:$$

„$\Leftarrow$" gem. A 2.

„$\Rightarrow$" Sei $\varepsilon > 0$ und $\{s_1, \ldots, s_m\} \subseteq S$ eine $\frac{\varepsilon}{2}$-Kette in $(S, d\restriction S \times S)$. Für jedes $x \in \overline{S}^{\tau_d}$ gilt $\text{dist}(x, S) = 0$ ⟦ 2.1, A 7 (a) ⟧, es gibt daher ein $s \in S$ mit $d(x, s) < \varepsilon/2$. Für $s \in K^d_{\varepsilon/2}(s_j)$ folgt $d(x, s_j) \leq d(x, s) + d(s, s_j) < \varepsilon$. Also ist $\{s_1, \ldots, s_m\}$ eine ε-Kette in $\left(\overline{S}^{\tau_d}, d\restriction \overline{S}^{\tau_d} \times \overline{S}^{\tau_d}\right)$.

Satz 4.1-3

(X, d) sei ein pseudometrischer Raum.

Äq (i) (X, d) totalbeschränkt

(ii) $\forall\, (x_j)_j \in X^{\mathbb{N}}\ \exists\, \left(x_{j_k}\right)_k \in X^{\mathbb{N}}$:
$\left(x_{j_k}\right)_k$ Teilfolge von $(x_j)_j$ und $\left(x_{j_k}\right)_k$ Cauchy-Folge in (X, d)

Beweis

(i) $\Rightarrow$ (ii) Für jedes $n \in \mathbb{N}$ sei $\left\{s^{(n)}_1, \ldots, s^{(n)}_{k_n}\right\}$ eine $\frac{1}{n+2}$-Kette in (X, d), also $X = \bigcup_{j=1}^{k_n} K^d_{1/(n+2)}\left(s^{(n)}_j\right)$. Sei $\left(x^{(0)}_j\right)_j \in X^{\mathbb{N}}$. Es gibt ein $j_0 \in \{1, \ldots, k_0\}$, so daß eine Teilfolge $\left(x^{(1)}_j\right)_j$ von $\left(x^{(0)}_j\right)_j$ ganz in $K^d_{1/2}\left(s^{(0)}_{j_0}\right)$ liegt. Ist die Teilfolge $\left(x^{(r)}_j\right)_j$ von $\left(x^{(r-1)}_j\right)_j$ für $r \geq 1$ ausgewählt, so existiert wiederum ein $j_r \in \{1, \ldots, k_r\}$ und eine Teilfolge $\left(x^{(r+1)}_j\right)_j$ von $\left(x^{(r)}_j\right)_j$, die ganz in $K^d_{1/(r+2)}\left(s^{(r)}_{j_r}\right)$ liegt. Die Folge $\left(\left(x^{(r)}_j\right)_j\right)_{r \in \mathbb{N}}$ von Teilfolgen von $\left(x^{(0)}_j\right)_j$ ist daher (induktiv) wohldefiniert und die (Diagonal-)Folge

$$y: \begin{cases} \mathbb{N} \longrightarrow X \\ i \longmapsto x^{(i)}_i \end{cases}$$

ebenfalls eine Teilfolge von $\left(x^{(0)}_j\right)_j$. y ist auch eine Cauchy-Folge in (X, d), denn es gilt für alle $n > m \geq 1$

$$\begin{aligned} d(y_n, y_m) &\leq d\left(x^{(n)}_n, s^{(m-1)}_{j_{m-1}}\right) + d\left(s^{(m-1)}_{j_{m-1}}, x^{(m)}_m\right) < d\left(x^{(n)}_n, s^{(m-1)}_{j_{m-1}}\right) + \frac{1}{m+1} \\ &< \frac{1}{m+1} + \frac{1}{m+1} \qquad [\![\, x^{(n)}_n = x^{(m)}_{\nu(n)} \text{ für ein } \nu(n) > n > m \,]\!]. \end{aligned}$$

(ii) $\Rightarrow$ (i) Ist (X, d) nicht totalbeschränkt, so gibt es ein $\varepsilon > 0$ mit

$$\forall\, S \in \mathcal{P}_{\mathrm{e}}X\colon\ X \neq \bigcup_{s \in S} K^d_\varepsilon(s).$$

Sei $x_0 \in X$. Wegen $K_\varepsilon^d(x_0) \neq X$ existiert ein $x_1 \in X \setminus K_\varepsilon^d(x_0)$. Ist x_k für ein $k \geq 1$ gewählt, so sei $x_{k+1} \in X \setminus \bigcup_{i=0}^k K_\varepsilon^d(x_i)$. Die (induktiv wohldefinierte) Folge $(x_j)_j$ hat keine Teilfolge $\big(x_{j_k}\big)_k$, die auch Cauchy-Folge ist ⟦ Sonst gäbe es ein $k_\varepsilon \in \mathbb{N}$ mit $d\big(x_{j_k}, x_{j_{k'}}\big) < \varepsilon/2$ für alle $k, k' \geq k_\varepsilon$ im Widerspruch zur Konstruktion. ⟧. □

Korollar 4.1-3.1

(X, d) sei ein pseudometrischer Raum, (X, τ_d) folgenkompakt. Dann ist (X, d) totalbeschränkt und (X, τ_d) kompakt.

Beweis

Da (X, τ_d) folgenkompakt ist, hat jede Folge sogar eine konvergente Teilfolge (diese ist Cauchy-Folge), gem. 4.1-3 ist (X, d) totalbeschränkt.

Sei $\mathcal{O} \subseteq \tau_d$, $\bigcup \mathcal{O} = X$, a eine Lebesgue-Zahl von $\mathcal{O}$ ⟦ 4.1-2 ⟧ und $\{x_1, \ldots, x_n\}$ eine $\frac{a}{3}$-Kette in (X, d). Für jedes $j \in \{1, \ldots, n\}$ ist dann $\delta\big(K_{a/3}^d(x_j)\big) \leq \frac{2a}{3} < a$, also existiert ein $O_j \in \mathcal{O}$ mit $K_{a/3}^d(x_j) \subseteq O_j$. $\{O_1, \ldots, O_n\}$ ist daher eine endliche Teilüberdeckung von X. □

Korollar 4.1-3.2

(X, d) sei ein pseudometrischer Raum.

Äq *(i)* (X, τ_d) *kompakt*

(ii) (X, τ_d) *folgenkompakt*

(iii) (X, d) *totalbeschränkt und vollständig*

Beweis

(i) ⇔ *(ii)* gilt nach (4.1,2) (b) und 4.1-3.1.

(ii) ⇒ *(iii)* Totalbeschränktheit ist gem. 4.1-3.1 gegeben, die Vollständigkeit folgt mit 3.1-1.2.

(iii) ⇒ *(ii)* Sei $(x_j)_j \in X^{\mathbb{N}}$. Gem. 4.1-3 gibt es eine Teilfolge $\big(x_{j_k}\big)_k$ von $(x_j)_j$, die Cauchy-Folge, also nach (iii) konvergent in (X, d) ist. □

Mit 3.1-8 (a) ergibt sich

Korollar 4.1-3.3

(X, d) sei ein vollständiger pseudometrischer Raum, $A \in \alpha_{\tau_d}$.

Äq *(i)* $(A, \tau_d|A)$ *kompakt*

(ii) $(A, d\restriction A \times A)$ *totalbeschränkt* □

Für metrische Räume erhält man über 4.1-3.2 hinaus mit 4.1-1 noch

Korollar 4.1-3.4

(X, d) sei ein metrischer Raum.

Äq (i) (X, τ_d) *kompakt*

(ii) (X, τ_d) *hat B-W-E* □

Auf die Art der Konvergenz von Folgen stetiger reellwertiger Funktionen auf einem pseudometrischen Raum hat dessen Kompaktheit (d. h. (X, τ_d) kompakt) eine große Wirkung, es gilt nämlich (s. auch (1.2,1) (c)) als Verallgemeinerung eines Resultats von Dini (1878) für Intervalle $[a, b]$

Satz 4.1-4 (Dini)

(X, d) sei ein pseudometrischer Raum, (X, τ_d) kompakt, $(f_j)_j \in C_{\mathbb{R}}(X)^{\mathbb{N}}$ und $f \in C_{\mathbb{R}}(X)$ mit $(f_j)_j \xrightarrow[\tau_{|\,|}\text{-pktw.}]{} f$. Es gilt:

(a) $\big(\exists\, c \geq 1\ \forall\, i, k \in \mathbb{N}\colon\ i \leq k \Rightarrow |f - f_k| \leq c|f - f_i|\big) \implies (f_j)_j \xrightarrow[d_{|\,|}\text{-glm.}]{} f$

(b) Ist $(f_j)_j$ punktweise monoton fallend (oder wachsend), so folgt $(f_j)_j \xrightarrow[d_{|\,|}\text{-glm.}]{} f$.

Beweis

Zu (a) Sei $\varepsilon > 0$. Für jedes $x \in X$ wähle man ein $k_x \in \mathbb{N}$ mit

$$\forall\, k \geq k_x\colon\ |f(x) - f_k(x)| \leq \frac{\varepsilon}{3c}.$$

Da f, f_{k_x} stetig sind, gibt es ein $\delta_x > 0$ mit

$$\forall\, y \in K^d_{\delta_x}(x)\colon\ \big|f_{k_x}(y) - f_{k_x}(x)\big| \leq \frac{\varepsilon}{3c},\ |f(y) - f(x)| \leq \frac{\varepsilon}{3c}.$$

Nun ist $\{\, K^d_{\delta_x}(x) \mid x \in X \,\}$ eine offene Überdeckung von (X, τ_d), besitzt also eine endliche Teilüberdeckung, etwa $X = \bigcup_{i=1}^n K^d_{\delta_{x_i}}(x_i)$ mit $x_1, \ldots, x_n \in X$. Sei $k_{\max} := \max\{\, k_{x_i} \mid 1 \leq i \leq n \,\}$ und $x \in X$, etwa $x \in K^d_{\delta_{x_j}}(x_j)$, $j \in \{1, \ldots, n\}$. Für jedes $k \geq k_{\max}$ erhält man

$$\begin{aligned}|f(x) - f_k(x)| &\leq c\big|f(x) - f_{k_{x_j}}(x)\big| \qquad [\![\text{ nach Voraussetzung }]\!]\\ &\leq c\big(|f(x) - f(x_j)| + \big|f(x_j) - f_{k_{x_j}}(x_j)\big| + \big|f_{k_{x_j}}(x_j) - f_{k_{x_j}}(x)\big|\big)\\ &\leq c\Big(\frac{\varepsilon}{3c} + \frac{\varepsilon}{3c} + \frac{\varepsilon}{3c}\Big) = \varepsilon.\end{aligned}$$

Zu (b) Es sei o. B. d. A. $(f_j)_j$ monoton wachsend $[\![$ sonst betrachte man $(-f_j)_j$ $]\!]$. Für alle $i, k \in \mathbb{N}$, $i \leq k$, gilt dann $0 \leq f - f_k \leq f - f_i$, nach (a) folgt daher die gleichmäßige Konvergenz. □

Beispiel (4.1,5)

Die Quadratwurzelfunktion $\sqrt{\ } : [0,1] \longrightarrow [0,1]$ ist stetig und kann daher nach dem Weierstraßschen Approximationssatz 2.2-5 gleichmäßig durch reelle Polynome approximiert werden. Mit Hilfe des Satzes von Dini 4.1-4 kann man die Approximation ähnlich wie die der Absolutbetragsfunktion in (2.2,5) ohne Verwendung von 2.2-5 durchführen und erhält damit eine andere Beweismöglichkeit für 2.2-5 (s. Abschnitt 4.3, Seite 323).

In $\mathbb{R}[x]$ definiere man (induktiv)

$$p_0(x) := 0, \qquad p_{n+1}(x) := p_n(x) + \tfrac{1}{2}(x - p_n^2(x)) \quad \text{für alle } n \in \mathbb{N}.$$

Für jedes $r \in [0,1]$, $n \in \mathbb{N}$ gilt $0 \leq p_n(r) \leq \sqrt{r} \leq 1$:

Für $n = 0$ ist die Ungleichungskette offensichtlich richtig; der Induktionsschritt kann so erfolgen:

$$\begin{aligned}\sqrt{r} - p_{n+1}(r) &= \sqrt{r} - p_n(r) - \tfrac{1}{2}(r - p_n^2(r)) = (\sqrt{r} - p_n(r))\big(1 - \tfrac{1}{2}(\sqrt{r} - p_n(r))\big)\\ &\geq (\sqrt{r} - p_n(r))(1 - \sqrt{r}) \geq 0\end{aligned}$$

$[\![$ $\sqrt{r} - p_n(r) \geq 0$, $\sqrt{r} + p_n(r) \leq 2\sqrt{r}$ nach Induktionsvoraussetzung, $\sqrt{r} \leq 1$ $]\!]$ und

$$p_{n+1}(r) = p_n(r) + \tfrac{1}{2}(r - p_n^2(r)) = \tfrac{1}{2}(r + p_n(r)) + \tfrac{1}{2}(p_n(r) - p_n^2(r)) \geq 0,$$

da $p_n^2(r) \leq p_n(r)$ wegen $0 \leq p_n(r) \leq 1$ nach Induktionsvoraussetzung erfüllt ist.

Insbesondere gilt somit $p_n \restriction [0,1] \leq p_{n+1} \restriction [0,1]$ $[\![$ $r - p_n^2(r) \geq 0$ für alle $r \in [0,1]$ $]\!]$. Für jedes $r \in [0,1]$ ist $(p_n(r))_{n \in \mathbb{N}}$ monoton wachsend und beschränkt (durch $\sqrt{r}$), also konvergent in $(\mathbb{R}, \tau_{|\ |})$, etwa $f(r) := \lim_n p_n(r)$. Es gilt $f = \sqrt{\ }$:

Für jedes $r \in [0,1]$ konvergiert die Folge $\big((\sqrt{r} - p_n(r))(1 - \tfrac{1}{2}(\sqrt{r} + p_n(r)))\big)_n = (\sqrt{r} - p_{n+1}(r))_n$ einerseits gegen $(\sqrt{r} - f(r))\big(1 - \tfrac{1}{2}(\sqrt{r} + f(r))\big) = \sqrt{r} - f(r) - \tfrac{1}{2}(r - f^2(r))$, andererseits gegen $\sqrt{r} - f(r)$, also muß $r = f^2(r)$ sein.

Nach dem Satz von Dini 4.1-4 folgt

$$(p_n \restriction [0,1])_n \xrightarrow[d_{|\ |}\text{-glm.}]{} \sqrt{\ }.$$

In speziellen metrischen Räumen sind häufig über 4.1-3.2 und 4.1-3.4 hinaus wertvolle weitere Kompaktheitskriterien bekannt, beispielsweise gilt in $\big(\mathbb{C}^n, d_{\|\ \|_2}\big)$ für alle $S \subseteq \mathbb{C}^n$:

$$S \text{ kompakt} \iff S \in \alpha_{\tau_{\|\ \|_2}} \text{ und } S \text{ beschränkt in } \big(\mathbb{C}^n, d_{\|\ \|_2}\big)$$

(*Satz von Heine-Borel-Lebesgue, 1872/1895/1905*; s. [32, Satz 2.41]).

In beliebigen Banach-Räumen ist eine derart einfache Charakterisierung der Kompaktheit nicht zu erwarten:

Beispiel (4.1,6)

Es sei $1 \leq q \leq \infty$ und $(x_j)_j \in (\ell^q)^{\mathbb{N}}$ die durch

$$\begin{aligned} x_0 &:= 0, \\ x_j(k) &:= \delta_{j,k} \quad \text{für } j, k \in \mathbb{N},\ j \geq 1 \end{aligned}$$

definierte Folge. Die Menge $X := \{\, x_j \mid j \in \mathbb{N} \,\} \subseteq K_2^{d_q}(x_0)$ ist unendlich und beschränkt in (ℓ^q, d_q), besitzt jedoch keinen Häufungspunkt in (ℓ^q, τ_{d_q}):

Gäbe es ein $x \in X'^{\tau_{d_q}}$, so auch $n, m \in \mathbb{N}\backslash\{0\},\ m > n$ mit $\|x - x_n\|_q < 1/2$ und $\|x - x_m\|_q < 1/2$. Es würde dann

$$1 > \|x_n - x_m\|_q = \begin{cases} 1 & \text{für } q = \infty \\ 2^{1/q} & \text{für } q \in \mathbb{R} \end{cases}$$

folgen. ↯

X ist daher eine beschränkte, abgeschlossene Teilmenge in (ℓ^q, d_q), die *nicht* kompakt (also gem. 4.1-3.3 auch nicht totalbeschränkt) ist.

Kompakte Unterräume pseudometrischer Räume (X, d) sind zwar immer beschränkt ⟦4.1-3.2, (4.1,4) (a)⟧, jedoch i. a. nicht abgeschlossen in (X, d), wie das einfache Beispiel der indiskreten Pseudometrik d_{in} auf einer wenigstens zweielementigen Menge X zeigt (s. (1.2,2) (c)). In *metrischen* Räumen (X, d) sind kompakte Unterräume $(S, \tau_d|S)$ auch abgeschlossen ⟦4.1-3.2; 3.1-8 (b)⟧.

Allgemeiner gilt

Satz 4.1-5

(X, τ) sei ein topologischer Raum und $S \subseteq X$.

(a) (X, τ) *kompakt,* $S \in \alpha_\tau \implies S$ *kompakt*

(b) (X, τ) T_2*-Raum,* S *kompakt* $\implies S \in \alpha_\tau$

Beweis

Zu (a) Es sei $\mathcal{O} \subseteq \tau$ mit $\bigcup \mathcal{O} \supseteq S$. Dann ist $\mathcal{O}' := \mathcal{O} \cup \{X \backslash S\} \subseteq \tau$ eine Überdeckung von X, besitzt also eine endliche Teilüberdeckung $\mathcal{O}^* \subseteq \mathcal{O}'$. $\mathcal{O}^* \backslash \{X \backslash S\} \subseteq \mathcal{O}$ ist eine endliche Teilüberdeckung von $\mathcal{O}$.

Zu (b) Es sei $x \in X \backslash S$. Für jedes $s \in S$ wähle man ein $V_s \in \mathcal{U}_\tau(x) \cap \tau$, $U_s \in \mathcal{U}_\tau(s) \cap \tau$ mit $V_s \cap U_s = \emptyset$. Die offene Überdeckung $\{\, U_s \mid s \in S \,\}$ von S hat eine endliche Teilüberdeckung, etwa $\{U_{s_1}, \ldots, U_{s_n}\}$. Für $V := \bigcap_{i=1}^{n} V_{s_i} \in \mathcal{U}_\tau(x) \cap \tau$ gilt dann $V \cap S = \emptyset$. □

Quotienten kompakter topologischer Räume sind kompakt. Dieses folgt direkt aus Teil (a) von

Satz 4.1-6

(X,τ), (Y,σ) seien topologische Räume, $f \in C(X,Y)$ surjektiv und (X,τ) kompakt.

(a) (Y,σ) *ist kompakt*

(b) f *injektiv,* (Y,σ) T_2*-Raum* $\Longrightarrow$ f *ist Homöomorphismus*

Beweis

Zu (a) Es sei $\mathcal{P} \subseteq \sigma$, $\bigcup \mathcal{P} = Y$. Wegen der Stetigkeit von f ist

$$\mathcal{O} := \{\, f^{-1}[P] \mid P \in \mathcal{P} \,\} \subseteq \tau \quad \text{und} \quad \bigcup \mathcal{O} = X,$$

also existiert ein $\mathcal{O}^* \in \mathfrak{P}_e\mathcal{O}$ mit $\bigcup \mathcal{O}^* = X$. Da f surjektiv ist, erhält man in $\{\, f[O] \mid O \in \mathcal{O}^* \,\}$ eine endliche Teilüberdeckung von $\mathcal{P}$ $[\![\, f\big[f^{-1}[P]\big] = P \,]\!]$.

Zu (b) Für jedes $A \in \alpha_\tau$ ist $(A, \tau|A)$ kompakt $[\![\, 4.1\text{-}5\ (a) \,]\!]$, also $(f[A], \sigma|f[A])$ kompakt $[\![\,(a)\,]\!]$ und $f[A] \in \alpha_\sigma$ $[\![\, 4.1\text{-}5\ (b) \,]\!]$. □

Kompaktheit für topologische Räume ist ebenfalls eine multiplikative Eigenschaft (s. 4.3-7), jedoch ist der Nachweis hierfür sehr viel komplizierter und aufwendiger als der für Divisibilität. Die Kompaktheit von direkten Produkten *abzählbar vieler* kompakter pseudometrischer Räume läßt sich dagegen leicht mit Folgenkompaktheit $[\![\, 4.1\text{-}3.2 \,]\!]$ feststellen (s. A 19), insbesondere ist das Produkt zweier kompakter pseudometrischer Räume ebenfalls kompakt. Diese Tatsache ermöglicht auf derartigen Produkten die gleichmäßige Approximation stetiger komplexwertiger Funktionen durch Linearkombinationen von Tensorprodukten der Koordinatenfunktionen (s. 4.1-7).

Definition

X, Y seien Mengen, $f : X \longrightarrow \mathbb{C}$, $g : Y \longrightarrow \mathbb{C}$, $\mathcal{F} \subseteq \mathbb{C}^X$ und $\mathcal{G} \subseteq \mathbb{C}^Y$.

$$\otimes : \begin{cases} \mathbb{C}^X \times \mathbb{C}^Y \longrightarrow \mathbb{C}^{X \times Y} \\ (f,g) \longmapsto \big((x,y) \mapsto f(x)g(y)\big) \end{cases}$$

heißt *Tensorprodukt* auf $\mathbb{C}^X \times \mathbb{C}^Y$,

$$f \otimes g : \begin{cases} X \times Y \longrightarrow \mathbb{C} \\ (x,y) \longmapsto f(x)g(y) \end{cases}$$

Tensorprodukt von f mit g und

$$\mathcal{F} \otimes \mathcal{G} := \overline{\otimes[\mathcal{F} \times \mathcal{G}]}^{\,\mathrm{lin}}$$

Tensorprodukt von $\mathcal{F}$ mit $\mathcal{G}$.

Satz 4.1-7

(X, d), (Y, e) seien pseudometrische Räume, (X, τ_d), (Y, τ_e) kompakt.

$$\overline{C(X, \mathbb{C}) \otimes C(Y, \mathbb{C})}^{\tau_{d_\infty}} = C(X \times Y, \mathbb{C}).$$

Beweis

Es ist $C(X, \mathbb{C}) \otimes C(Y, \mathbb{C}) \subseteq C(X \times Y, \mathbb{C})$ ⟦2.4-8 (b); 2.4-1⟧, $\tau_{d_{\text{sum}}} = \tau_d \times \tau_e$ ⟦(2.4,8) (b)⟧, $(X \times Y, \tau_d \times \tau_e)$ kompakt ⟦A 19⟧ und $C(X \times Y, \mathbb{C}) = C_{\text{b}}(X \times Y, \mathbb{C})$ ⟦4.1-6 (a)⟧.

Sei $\varepsilon > 0$, $h \in C(X \times Y, \mathbb{C})$. Nach 4.1-2.1 (und 4.1-3.2) ist h gleichmäßig stetig, es gibt daher ein $\delta > 0$ mit

$$\forall\ (x, y), (x', y') \in X \times Y\colon\ d(x, x') < \delta,\ e(y, y') < \delta \Rightarrow |h(x, y) - h(x', y')| < \varepsilon.$$

Da (X, τ_d), (Y, τ_e) kompakt sind, existieren $x_1, \ldots, x_n \in X$, $y_1, \ldots, y_m \in Y$ mit $\bigcup_{i=1}^n K_\delta^d(x_i) = X$, $\bigcup_{j=1}^m K_\delta^e(y_j) = Y$. Nach 2.5-13 wähle man Zerlegungen der Eins $(\varphi_1, \ldots, \varphi_n)$ auf X bzw. $(\psi_1, \ldots, \psi_m)$ auf Y, die $(K_\delta^d(x_1), \ldots, K_\delta^d(x_n))$ bzw. $(K_\delta^e(y_1), \ldots, K_\delta^e(y_m))$ untergeordnet sind. Dann ist $(\varphi_i \otimes \psi_j)_{(i,j) \in \{1,\ldots,n\} \times \{1,\ldots,m\}}$ eine Zerlegung der Eins auf $X \times Y$, denn

$$\sum_{i=1}^n \sum_{j=1}^m \varphi_i(x)\psi_j(y) = \sum_{i=1}^n \Big(\varphi_i(x) \sum_{j=1}^m \psi_j(y)\Big) = \sum_{i=1}^n \varphi_i(x) = 1$$

für alle $(x, y) \in X \times Y$. Man setze

$$h_\varepsilon := \sum_{i=1}^n \sum_{j=1}^m h(x_i, y_j)\varphi_i \otimes \psi_j \quad (\in C(X \times Y, \mathbb{C})).$$

Es folgt $d_\infty(h, h_\varepsilon) \le \varepsilon$:

Für alle $(x, y) \in X \times Y$ ist nämlich

$$\begin{aligned} &|h(x, y) - h_\varepsilon(x, y)| \\ &\quad = \Big|\sum_{i=1}^n \sum_{j=1}^m (\varphi_i \otimes \psi_j)(x, y)h(x, y) - \sum_{i=1}^n \sum_{j=1}^m h(x_i, y_j)(\varphi_i \otimes \psi_j)(x, y)\Big| \\ &\quad \le \sum_{i=1}^n \sum_{j=1}^m |h(x, y) - h(x_i, y_j)|(\varphi_i \otimes \psi_j)(x, y), \end{aligned}$$

wobei für $(\varphi_i \otimes \psi_j)(x, y) > 0$ insbesondere $x \in K_\delta^d(x_i)$ *und* $y \in K_\delta^e(y_j)$, also $|h(x, y) - h(x_i, y_j)| < \varepsilon$ gilt ⟦$\operatorname{Tr} \varphi_i \subseteq K_\delta^d(x_i)$, $\operatorname{Tr} \psi_j \subseteq K_\delta^e(y_j)$⟧. Die

Ungleichungen ergeben daher

$$d_\infty(h, h_\varepsilon) = \sup_{(x,y)\in X\times Y} |h(x,y) - h_\varepsilon(x,y)| \leq \sup_{(x,y)\in X\times Y} \sum_{i=1}^{n}\sum_{j=1}^{m} \varepsilon(\varphi_i \otimes \psi_j)(x,y)$$
$$= \varepsilon.$$
□

Die durch 4.1-7 gegebene globale Approximationsmöglichkeit durch Linearkombinationen von Tensorprodukten besteht auch für stetige Funktionen auf Produkten (endlich vieler) kompakter T_2-Räume (s. hierzu das allgemeinere Resultat 4.4-16).

Eine Anwendung von 4.1-6 (a) (in Verbindung mit dem Banachschen Fixpunktsatz in der Form 3.4, A 7) ergibt

Beispiel (4.1,7)

Es sei $\emptyset \neq \Omega \subseteq \mathbb{R}^n$, $\Omega \in \tau_{\|\ \|}$, $\emptyset \neq I \subseteq \mathbb{R}$, I offenes Intervall, $f \in C(I \times \Omega, \mathbb{R}^n)$, $(t_0, \vec{x_0}) \in I \times \Omega$, $\delta, \varepsilon > 0$ mit $\widetilde{K}_\delta^{d_{\|\ \|_2}}(\vec{x_0}) \subseteq \Omega$, $[t_0 - \varepsilon, t_0 + \varepsilon] \subseteq I$ (Abb. 4.1-1).

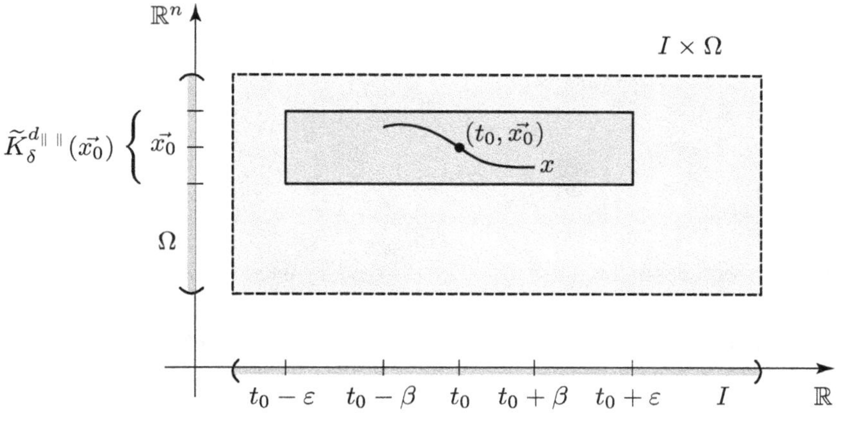

Abbildung 4.1-1

f genüge einer Lipschitz-Bedingung in der zweiten Variablen über $[t_0 - \varepsilon, t_0 + \varepsilon] \times \widetilde{K}_\delta^{d_{\|\ \|_2}}(\vec{x_0})$, d. h.

$$\exists\, L > 0\ \forall\, t \in [t_0 - \varepsilon, t_0 + \varepsilon]\ \forall\, \vec{x_1}, \vec{x_2} \in \widetilde{K}_\delta^{d_{\|\ \|_2}}(\vec{x_0}):$$
$$\|f(t, \vec{x_1}) - f(t, \vec{x_2})\|_2 \leq L\|\vec{x_1} - \vec{x_2}\|_2$$

(sog. *lokale Lipschitz-Bedingung* in $(t_0, \vec{x_0})$).

Gibt es ein $\beta > 0$, $\beta < \varepsilon$, für das die Anfangswertaufgabe

$$x'(t) = f(t, x(t)), \quad t \in [t_0 - \beta, t_0 + \beta]$$
$$x(t_0) = \vec{x_0}$$

genau eine (stetig differenzierbare) Lösung $x \in C([t_0 - \beta, t_0 + \beta], \Omega)$ besitzt (sog. *lokale Lösung* bei $(t_0, \vec{x_0})$)?

Wie in (3.4,4) (b) stellt man auch hier leicht fest, daß für jedes $x \in C([t_0 - \beta, t_0 + \beta], \Omega)$ gilt

Äq (i) x ist differenzierbar und löst die Anfangswertaufgabe

(ii) $\forall\, t \in [t_0 - \beta, t_0 + \beta]\colon\ x(t) = \vec{x_0} + \int_{t_0}^{t} f(s, x(s))\,\mathrm{d}s$

(Dabei ist die Integration koordinatenweise zu verstehen, s. A 17.)

Nach 4.1-6 (a) ist

$$M := \max\{\, \|f(t, \vec{x})\|_2 \mid \vec{x} \in \widetilde{K}_\delta^{d_{\|\ \|_2}}(\vec{x_0}),\ t \in [t_0 - \varepsilon, t_0 + \varepsilon] \,\} \in \mathbb{R}$$

⟦ f ist stetig auf der kompakten Teilmenge $[t_0 - \varepsilon, t_0 + \varepsilon] \times \widetilde{K}_\delta^{d_{\|\ \|_2}}(\vec{x_0})$ von $(\mathbb{R}^{n+1}, \tau_{\|\ \|_2})$, A 8 ⟧. Es folgt (mit diesen Bezeichnungen):

Für jedes $\alpha \in \,]0,1]$, $\beta \in \mathbb{R}$, $0 < \beta < \min\{\varepsilon, \frac{\delta}{M+\delta L}, \frac{\alpha}{L}\}$, hat die obige Anfangswertaufgabe genau eine Lösung $x \in C([t_0 - \beta, t_0 + \beta], \Omega)$
(Lokaler Existenz- und Eindeutigkeitssatz von Cauchy, 1835, Lipschitz, 1876).

Zur Begründung verwende man die konstante Funktion

$$c_{\vec{x_0}} : \begin{cases} [t_0 - \beta, t_0 + \beta] \longrightarrow \mathbb{R}^n \\ t \longmapsto \vec{x_0} \end{cases}$$

und

$$F : \begin{cases} C([t_0 - \beta, t_0 + \beta], \mathbb{R}^n) \cap K_\delta^{d_\infty}(c_{\vec{x_0}}) \longrightarrow C([t_0 - \beta, t_0 + \beta], \mathbb{R}^n) \\ x \longmapsto \left(t \mapsto \vec{x_0} + \int_{t_0}^{t} f(s, x(s))\,\mathrm{d}s\right). \end{cases}$$

F ist wohldefiniert, denn für jedes $x \in C([t_0 - \beta, t_0 + \beta], \mathbb{R}^n) \cap K_\delta^{d_\infty}(c_{\vec{x_0}})$ und jedes $s \in [t_0 - \beta, t_0 + \beta]$ gilt $x(s) \in K_\delta^{d_{\|\ \|_2}}(\vec{x_0}) \subseteq \Omega$ ⟦ $\|x(s) - \vec{x_0}\|_2 \leq \|x - c_{\vec{x_0}}\|_\infty < \delta$ ⟧, und $F(x)$ ist stetig ⟦ x, f und das Integral (in Abhängigkeit von der oberen Integrationsgrenze) sind stetig. ⟧.

Man erhält weiter für alle $x, y \in C([t_0 - \beta, t_0 + \beta], \mathbb{R}^n) \cap K_\delta^{d_\infty}(c_{\vec{x_0}})$:

$$\begin{aligned}
\|F(x) - F(y)\|_\infty &= \sup_{t \in [t_0 - \beta, t_0 + \beta]} \|F(x)(t) - F(y)(t)\|_2 \\
&= \sup_{t \in [t_0 - \beta, t_0 + \beta]} \left\| \int_{t_0}^{t} \big(f(s, x(s)) - f(s, y(s))\big)\,\mathrm{d}s \right\|_2 \\
&\leq \sup_{t \in [t_0 - \beta, t_0 + \beta]} \left(|t - t_0| \int_{t_0}^{t} \|f(s, x(s)) - f(s, y(s))\|_2^2\,\mathrm{d}s \right)^{1/2} \\
&\quad [\![\text{A 17 (a)}]\!] \\
&\leq \sup_{t \in [t_0 - \beta, t_0 + \beta]} \left(|t - t_0|^2 L^2 \|x - y\|_\infty^2 \right)^{1/2} \\
&\leq \beta L \|x - y\|_\infty.
\end{aligned}$$

Wegen $\beta L < \alpha \leq 1$ ist F eine strenge Kontraktion (mit Kontraktionszahl βL). Mit Hilfe von 3.4, A 7 wird nun noch nachgewiesen, daß F genau einen Fixpunkt x in der Menge $C([t_0-\beta, t_0+\beta], \mathbb{R}^n) \cap K_\delta^{d_\infty}(c_{\vec{x_0}})$ besitzt (x ist dann die Lösung der Anfangswertaufgabe!). Hierfür genügt die Bestätigung von

$$\left\|F(c_{\vec{x_0}}) - c_{\vec{x_0}}\right\|_\infty < \delta(1-\beta L):$$

Für alle $t \in [t_0-\beta, t_0+\beta]$ ist

$$\begin{aligned}
\left\|F(c_{\vec{x_0}})(t) - c_{\vec{x_0}}(t)\right\|_2 &= \left\|\int_{t_0}^t f(s,\vec{x_0})\,\mathrm{d}s\right\|_2 \\
&\leq \left(|t-t_0| \int_{t_0}^t \|f(s,\vec{x_0})\|_2^2\,\mathrm{d}s\right)^{1/2} && [\![\, \text{A 17 (a)} \,]\!] \\
&\leq (|t-t_0| M^2 |t-t_0|)^{1/2} && [\![\, \|f(s,\vec{x_0})\|_2^2 \leq M^2 \,]\!] \\
&\leq \beta M \\
&< \delta(1-\beta L) && [\![\, \beta < \tfrac{\delta}{M+\delta L} \,]\!].
\end{aligned}$$

Die Kennzeichnung der kompakten Unterräume metrischer Räume durch Abgeschlossenheit, Beschränktheit und ggf. weitere Eigenschaften erscheint natürlich, ist aber häufig keine leichte Aufgabe (s. auch 4.1-10.1 für $(C_\mathbb{R}([a,b]), d_\infty)$ und 6.2-7.1).

Für die Folgenräume (ℓ^q, d_q), $q \in \mathbb{R}$, $q \geq 1$, gilt der

Satz 4.1-8

Es sei $q \in \mathbb{R}$, $q \geq 1$ und $S \subseteq \ell^q$.

Äq *(i)* $(S, \tau_{d_q}|S)$ *kompakt*

(ii) $S \in \alpha_{\tau_{d_q}}$, *$S$ beschränkt in (ℓ^q, d_q)* und

$\forall\, \varepsilon > 0\ \exists\, j_\varepsilon \in \mathbb{N}\ \forall\, (x_j)_j \in S\colon\ \sum_{j=j_\varepsilon}^\infty |x_j|^q < \varepsilon$

Beweis

(i) ⇒ (ii) S muß den Vorbemerkungen zufolge abgeschlossen und beschränkt sein. Es sei $\varepsilon > 0$, und es werde angenommen, daß

$$\forall\, i \in \mathbb{N}\ \exists\, \big(x_j^{(i)}\big)_j \in S\colon\ \sum_{j=i}^\infty |x_j^{(i)}|^q \geq \varepsilon$$

richtig ist. Die Folge $\big(\big(x_j^{(i)}\big)_j\big)_i \in S^\mathbb{N}$ hat gem. 4.1-3.2 eine in $(S, \tau_{d_q}|S)$ konvergente Teilfolge $\big(\big(x_j^{(i_k)}\big)_j\big)_k \to_{\tau_{d_q}|S} (x_j)_j$, $(x_j)_j \in S$. Man wähle $\nu_1 \in \mathbb{N}$ mit $\sum_{j=\nu_1}^\infty |x_j|^q < \varepsilon/(2^q)$ und hierzu ein $\nu_2 \geq \nu_1$ mit

$$\forall\, k \geq \nu_2\colon\ d_q\big(\big(x_j^{(i_k)}\big)_j, (x_j)_j\big) < \frac{\varepsilon^{1/q}}{2}$$

und erhält für jedes $k \geq \nu_2$

$$\begin{aligned}
\frac{\varepsilon^{1/q}}{2} &> \Big(\sum_{j=0}^{\infty} |x_j^{(i_k)} - x_j|^q\Big)^{1/q} \geq \Big(\sum_{j=i_k}^{\infty} |x_j^{(i_k)} - x_j|^q\Big)^{1/q} \\
&\geq \Big(\sum_{j=i_k}^{\infty} |x_j^{(i_k)}|^q\Big)^{1/q} - \Big(\sum_{j=i_k}^{\infty} |x_j|^q\Big)^{1/q} \\
&\qquad [\![\text{ gem. Dreiecksungleichung in } (\ell^q, d_q)]\!] \\
&\geq \varepsilon^{1/q} - \Big(\sum_{j=i_k}^{\infty} |x_j|^q\Big)^{1/q} \qquad [\![\text{gem. obiger Annahme}]\!] \\
&\geq \varepsilon^{1/q} - \frac{\varepsilon^{1/q}}{2} \qquad [\![i_k \geq k \geq \nu_2 \geq \nu_1]\!] \\
&= \frac{\varepsilon^{1/q}}{2} \ \lightning
\end{aligned}$$

(ii) ⇒ (i) Gem. 3.1-8 (a) ist $(S, d\restriction S \times S)$ vollständig, zu zeigen ist daher nur noch die Totalbeschränktheit [[4.1-3.2]]. Sei $\varepsilon > 0$, $\nu_\varepsilon \in \mathbb{N}$ mit $\sum_{j=\nu_\varepsilon}^{\infty} |x_j|^q < \varepsilon^q/(2^{q+1})$ für jedes $(x_j)_j \in S$. Dann ist $A_{\nu_\varepsilon} := \{ (x_0, \ldots, x_{\nu_\varepsilon - 1}) \mid (x_j)_j \in S \}$ in $(\mathbb{C}^{\nu_\varepsilon}, d_q)$ beschränkt, denn

$$\begin{aligned}
d_q\big((x_0, \ldots, x_{\nu_\varepsilon-1}), (x'_0, \ldots, x'_{\nu_\varepsilon-1})\big) &= \big(\sum_{j=0}^{\nu_\varepsilon-1} |x_j - x'_j|^q\big)^{1/q} \leq \big(\sum_{j=0}^{\infty} |x_j - x'_j|^q\big)^{1/q} \\
&= d_q((x_j)_j, (x'_j)_j) < \delta(S) < \infty
\end{aligned}$$

für alle $(x_j)_j$, $(x'_j)_j \in S$, also totalbeschränkt in $(\mathbb{C}^{\nu_\varepsilon}, d_q)$ [[A 3]]. Man wähle in $(A_{\nu_\varepsilon}, d_q \restriction A_{\nu_\varepsilon} \times A_{\nu_\varepsilon})$ eine $\frac{\varepsilon}{2^{1/q}}$-Kette $\{ (x_0^{(1)}, \ldots, x_{\nu_\varepsilon-1}^{(1)}), \ldots, (x_0^{(n)}, \ldots, x_{\nu_\varepsilon-1}^{(n)}) \}$ und für jedes $i \in \{1, \ldots, n\}$ ein $(\xi_j^{(i)})_j \in S$ mit $\xi_j^{(i)} = x_j^{(i)}$ für alle $j \in \{0, \ldots, \nu_\varepsilon - 1\}$. $\{ (\xi_j^{(1)})_j, \ldots, (\xi_j^{(n)})_j \}$ ist eine ε-Kette in $(S, d_q \restriction S \times S)$:

Für jedes $(\xi_j)_j \in S$ ist $(\xi_0, \ldots, \xi_{\nu_\varepsilon-1}) \in A_{\nu_\varepsilon}$, etwa

$$(\xi_0, \ldots, \xi_{\nu_\varepsilon-1}) \in K^{d_q}_{\varepsilon/(2^{1/q})}\big((x_0^{(k)}, \ldots, x_{\nu_\varepsilon-1}^{(k)})\big)$$

für ein $k \in \{1, \ldots, n\}$. Wegen

$$\begin{aligned}
d_q\big((\xi_j)_j, (\xi_j^{(k)})_j\big) &= \Big(\sum_{j=0}^{\infty} |\xi_j - \xi_j^{(k)}|^q\Big)^{1/q} \\
&= \Big(\sum_{j=0}^{\nu_\varepsilon-1} |\xi_j - \xi_j^{(k)}|^q + \sum_{j=\nu_\varepsilon}^{\infty} |\xi_j - \xi_j^{(k)}|^q\Big)^{1/q}
\end{aligned}$$

$$< \Big(\frac{\varepsilon^q}{2} + \sum_{j=\nu_\varepsilon}^{\infty} |\xi_j - \xi_j^{(k)}|^q\Big)^{1/q}$$

$$\leq \bigg(\frac{\varepsilon^q}{2} + \bigg(\Big(\sum_{j=\nu_\varepsilon}^{\infty} |\xi_j|^q\Big)^{1/q} + \Big(\sum_{j=\nu_\varepsilon}^{\infty} |\xi_j^{(k)}|^q\Big)^{1/q}\bigg)^q\bigg)^{1/q}$$

[[gem. Dreiecksungleichung in $(\ell^q, \| \|_q)$]]

$$\leq \Big(\frac{\varepsilon^q}{2} + \Big(\frac{\varepsilon}{2 \cdot 2^{1/q}} + \frac{\varepsilon}{2 \cdot 2^{1/q}}\Big)^q\Big)^{1/q} = \varepsilon$$

gehört $(\xi_j)_j$ zu $K_\varepsilon^{d_q}\big((\xi_j^{(k)})_j\big)$. □

Die Kompaktheit der Vervollständigung eines pseudometrischen Raums (X, d) kann – wie nach 4.1-3.2 zu vermuten ist – bereits aus der Totalbeschränktheit von (X, d) gefolgert werden:

Satz 4.1-9

$\big((\hat{X}, \hat{d}), \hat{\imath}\big)$ *sei Vervollständigung des pseudometrischen Raums* (X, d).

Äq *(i)* $(\hat{X}, \tau_{\hat{d}})$ *kompakt*

(ii) (X, d) *totalbeschränkt*

Beweis

(i) ⇒ (ii) Nach 4.1-3.2 ist $(\hat{X}, \hat{d})$ totalbeschränkt, also auch $(\hat{\imath}[X], \hat{d}{\restriction}\hat{\imath}[X] \times \hat{\imath}[X])$ [[A 2]]. $\hat{\imath}^{-1}$ ist als Isometrie gleichmäßig stetig [[(2.4,5) (a)]] und daher (X, d) totalbeschränkt [[A 7]].

(ii) ⇒ (i) Mit (X, d) ist $(\hat{\imath}[X], \hat{d}{\restriction}\hat{\imath}[X] \times \hat{\imath}[X])$ totalbeschränkt [[A 7]] und somit auch $\big(\overline{\hat{\imath}[X]}^{\tau_{\hat{d}}}, \hat{d}\big) = (\hat{X}, \hat{d})$ [[(4.1,4) (c)]]. Aus 4.1-3.2 folgt die Kompaktheit von $(\hat{X}, \tau_{\hat{d}})$. □

Zur Vorbereitung eines Kompaktheitskriteriums in $(C(X,Y), \tau_{d_\infty})$ ((X, d) kompakter pseudometrischer Raum, (Y, e) vollständiger metrischer Raum) wird die im Zusammenhang mit Hausdorff-Metriken in Abschnitt 3.1 bereits erwähnte Eigenschaft der gleichgradigen (gleichmäßigen) Stetigkeit von Funktionenmengen festgelegt, da diese eine notwendige Voraussetzung für die Kompaktheit darstellt (s. (4.1,8) (c)):

Definitionen

(X, d), (Y, e) seien pseudometrische Räume, $F \subseteq Y^X$ und $x \in X$.

F gleichgradig stetig in x :gdw

$$\forall\, \varepsilon > 0\; \exists\, \delta > 0\; \forall\, f \in F\; \forall\, x' \in X:\; d(x, x') < \delta \Rightarrow e(f(x), f(x')) < \varepsilon$$

F gleichgradig stetig :gdw $\forall\, x \in X:$ F gleichgradig stetig in x

F gleichgradig gleichmäßig stetig :gdw

$$\forall\, \varepsilon > 0\; \exists\, \delta > 0\; \forall\, f \in F\; \forall\, x, x' \in X:\; d(x, x') < \delta \Rightarrow e(f(x), f(x')) < \varepsilon$$

Beispiele (4.1,8)

(X, d), (Y, e) seien pseudometrische Räume, $F \subseteq Y^X$.

(a) Es seien $L, p \in \mathbb{R}$, $p > 0$ mit

$$\forall\, f \in F\; \forall\, x, x' \in X:\; e(f(x), f(x')) \leq L d(x, x')^p$$

(d. h. jedes $f \in F$ ist *p-Lipschitz-stetig* mit Lipschitz-Konstante L). Dann ist F gleichgradig gleichmäßig stetig.

Die Voraussetzung ist insbesondere für $F \subseteq C([0, 1], \mathbb{R})$ mit $p = 1$ erfüllt, wenn jedes $f \in F$ differenzierbar ist, und

$$\exists\, L > 0\; \forall\, f \in F:\; \sup_{z \in [0,1]} |f'(z)| \leq L$$

gilt ⟦ vgl. (2.4,6) (b) ⟧.

(b) Leicht einzusehen sind die folgenden Implikationen:

$$\begin{array}{ccc} F \text{ gleichgradig gleichmäßig stetig} & \overset{(3)}{\Longrightarrow} & \forall\, f \in F:\; f \text{ gleichmäßig stetig} \\ (1) \Downarrow & & \Downarrow (4) \\ F \text{ gleichgradig stetig} & \underset{(2)}{\Longrightarrow} & \forall\, f \in F:\; f \text{ stetig} \end{array}$$

Ihre Umkehrungen sind jeweils falsch:

Für (1), (4) verwende man eine einelementige Menge F, die aus einer stetigen, nicht gleichmäßig stetigen Funktion besteht ⟦ s. (2.4,5) (a) ⟧, und für (2), (3) die Menge

$$F := \{\, f : \mathbb{R} \longrightarrow \mathbb{R} \mid \exists\, r \in \mathbb{R}\; \forall\, x \in \mathbb{R}:\; f(x) = rx \,\}$$

aller Nullpunktsgeraden in $\mathbb{R}^2$. Jedes $f \in F$ ist gleichmäßig stetig, F ist jedoch nicht gleichgradig stetig. Andernfalls existierte zu $\varepsilon = 1$ ein $\delta > 0$ mit

$$\forall\, f \in F\; \forall\, x \in \mathbb{R}:\; |x| < \delta \Rightarrow |f(x)| < 1.$$

Für die durch $g(x) := \frac{2}{\delta} x$ definierte Funktion $g \in F$ erhielte man jedoch $|g(\frac{\delta}{2})| = 1$. $\lightning$.

Ist (X, τ_d) kompakt, so sind die Umkehrungen von (1), (4) richtig ⟦ A 6 bzw. 4.1-2.1 ⟧ (die für (2), (3) nicht, wie man dem obigen Gegenbeispiel entnehmen kann, wenn man die Funktionen f auf $[0, 1]$ betrachtet).

(c) (X, τ_d) sei kompakt, $\emptyset \neq F \subseteq C_b(X,Y)$ $(= C(X,Y)$ wegen 4.1-6 (a)). Die gleichgradige (gleichmäßige) Stetigkeit von F muß notwendigerweise gegeben sein, wenn $(F, d_\infty \restriction F \times F)$ totalbeschränkt sein soll:

Sei $\varepsilon > 0$. Man wähle eine $\frac{\varepsilon}{3}$-Kette $\{f_1, \ldots, f_n\}$ in $(F, d_\infty \restriction F \times F)$ und (wegen der gleichmäßigen Stetigkeit der f_j, $1 \leq j \leq n$) ein $\delta > 0$ mit

$$\forall\, x, x' \in X \; \forall\, j \in \{1, \ldots, n\}\colon\; d(x, x') < \delta \Rightarrow e(f_j(x), f_j(x')) < \frac{\varepsilon}{3}.$$

Für jedes $f \in F$, etwa $d_\infty(f, f_j) < \varepsilon/3$, $j \in \{1, \ldots, n\}$, und alle x, $x' \in X$ mit $d(x, x') < \delta$ gilt dann

$$e(f(x), f(x')) \leq e(f(x), f_j(x)) + e(f_j(x), f_j(x')) + e(f_j(x'), f(x')) < \varepsilon.$$

Das folgende Kompaktheitskriterium wird wegen der anfänglichen speziellen Untersuchungen im Zusammenhang mit Limiten von Kurven durch Ascoli (1883) bzw. der Lösbarkeit von gewöhnlichen Differentialgleichungen durch Arzelà (1889, 1895) gewöhnlich nach Arzelà und Ascoli benannt.

Satz 4.1-10 (Arzelà, Ascoli)

(X, d) sei ein pseudometrischer, (Y, e) ein vollständiger metrischer Raum und F eine nichtleere Teilmenge von $C(X, Y)$. Ist (X, τ_d) kompakt, so gilt

Äq *(i)* $\big(F, \tau_{d_\infty}|F\big)$ *kompakt*

(ii) $F \in \alpha_{\tau_{d_\infty}}$, *$F$ ist gleichgradig stetig und*

$$\forall\, x \in X\colon\; \big(\overline{F(x)}^{\tau_e}, \tau_e|\overline{F(x)}^{\tau_e}\big) \textit{ kompakt}$$

(Hierbei ist $F(x) := \{\, f(x) \mid f \in F \,\}$.)

Beweis

(i) ⇒ (ii) F ist gleichgradig stetig ⟦(4.1,8) (c); 4.1-3.2⟧ und abgeschlossen im vollständigen metrischen Raum $(C(X,Y), d_\infty)$ ⟦4.1-5; 3.1, A 28⟧. Die kanonischen Projektionen

$$\pi_x : \begin{cases} C(X,Y) \longrightarrow Y \\ f \longmapsto f(x) \end{cases}$$

sind für alle $x \in X$ stetig bzgl. $\big(\tau_{d_\infty}, \tau_e\big)$ ⟦Für jede Folge $(f_j)_j \in C(X,Y)^{\mathbb{N}}$, jedes $f \in C(X,Y)$ mit $(f_j)_j \to_{d_\infty} f$ gilt gem. (2.4,7) auch $(f_j)_j \xrightarrow[\tau_e\text{-pktw.}]{} f$, d. h. $(\pi_x(f_j))_j = (f_j(x))_j \to_e f(x) = \pi_x(f)$ für alle $x \in X$. Nach 2.4-1.3 ergibt sich die Stetigkeit der π_x.⟧. Wegen $\pi_x[F] = F(x)$ ist $(F(x), \tau_e|F(x))$ gem. 4.1-6 (a) kompakt, woraus auch $\overline{F(x)}^{\tau_e} = F(x)$ folgt ⟦4.1-5 (b)⟧.

(ii) ⇒ (i) Der metrische Raum $(F, d_\infty \upharpoonright F \times F)$ ist als abgeschlossener Unterraum von $(C(X,Y), d_\infty)$ vollständig ⟦3.1-8 (a)⟧, nach 4.1-3.2 muß daher nur seine Totalbeschränktheit gezeigt werden. Sei also $\varepsilon > 0$. Da F gleichgradig gleichmäßig stetig ist ⟦(4.1,8) (b)⟧, gibt es ein $\delta > 0$ mit

$$\forall\, x, x' \in X \;\forall\, f \in F\colon\; d(x,x') < \delta \Rightarrow e(f(x), f(x')) < \tfrac{\varepsilon}{4}.$$

$\{\, K_\delta^d(x) \mid x \in X \,\} \subseteq \tau_d$ ist eine Überdeckung von X, hat somit eine endliche Teilüberdeckung, etwa $\{\, K_\delta^d(x_i) \mid 1 \le i \le n \,\}$. Nach Voraussetzung (ii) ist $\overline{\{\, f(x_i) \mid 1 \le i \le n,\ f \in F \,\}}^{\tau_e} = \bigcup_{i=1}^n \overline{F(x_i)}^{\tau_e}$ kompakt in (Y, τ_e), es gibt daher endlich viele Elemente $y_1, \ldots, y_p$ in Y mit

$$\overline{\{\, f(x_i) \mid 1 \le i \le n,\ f \in F \,\}}^{\tau_e} \subseteq \bigcup_{j=1}^{p} K_{\varepsilon/4}^e(y_j).$$

Man setze nun $B_{n,p} := \{1, \ldots, p\}^{\{1,\ldots,n\}}$ (Endliche Menge von Funktionen!) und für jedes $\beta \in B_{n,p}$

$$F_\beta := \{\, f \in F \;\big|\; \forall\, i \in \{1, \ldots, n\}\colon\; e\big(f(x_i), y_{\beta(i)}\big) < \varepsilon/4 \,\}.$$

Nach Wahl der $y_1, \ldots y_p$ ist $F = \bigcup_{\beta \in B_{n,p}} F_\beta$. Für diejenigen $\beta \in B_{n,p}$ mit $F_\beta \neq \emptyset$ wähle man ein $f_\beta \in F_\beta$. Dann ist $F_\beta \subseteq \widetilde{K}_\varepsilon^{d_\infty}(f_\beta)$, $\{\, f_\beta \mid \beta \in B_{n,p},\ F_\beta \neq \emptyset \,\}$ also eine ε-Kette in $(F, d_\infty \upharpoonright F \times F)$:

Sei $g \in F_\beta$ und $x \in X$, etwa $i \in \{1, \ldots, n\}$ mit $d(x, x_i) < \delta$. Dann ist $e(f_\beta(x), f_\beta(x_i)) < \varepsilon/4$, $e(g(x), g(x_i)) < \varepsilon/4$, $e(f_\beta(x_i), y_{\beta(i)}) < \varepsilon/4$ und $e(g(x_i), y_{\beta(i)}) < \varepsilon/4$, also $e(f_\beta(x), g(x)) < \varepsilon$.

Es folgt $d_\infty(f_\beta, g) = \sup_{x \in X} e(f_\beta(x), g(x)) \le \varepsilon$. □

Der Beweis zu 4.1-10 zeigt, daß für kompaktes $\big(F, \tau_{d_\infty}|F\big)$ die Bedingung

$$\forall\, x \in X\colon\; \big(\overline{F(x)}^{\tau_e}, \tau_e|\overline{F(x)}^{\tau_e}\big) \text{ kompakt}$$

nur scheinbar schwächer (s. (4.1,2) (c)) als

$$\forall\, x \in X\colon\; (F(x), \tau_e|F(x)) \text{ kompakt}$$

ist und durch diese ersetzt werden kann.

Speziell für Mengen F $\mathbb{R}^n$-wertiger Funktionen gilt

Korollar 4.1-10.1 (Arzelà)

(X, d) sei ein pseudometrischer Raum, (X, τ_d) kompakt und $F \subseteq C(X, \mathbb{R}^n)$.

Äq (i) $\big(F, \tau_{d_\infty}|F\big)$ kompakt

(ii) $F \in \alpha_{\tau_{d_\infty}}$, F beschränkt in $(C(X, \mathbb{R}^n), d_\infty)$, und F ist gleichgradig stetig.

Beweis

(i) ⇒ (ii) erhält man mit 4.1-10, denn aus der Kompaktheit von $\big(F, \tau_{d_\infty}|F\big)$ folgt mit 4.1-3.2 und (4.1,4) (a) die Beschränktheit von F in $(C(X,\mathbb{R}^n), d_\infty)$.

(ii) ⇒ (i) Ist F beschränkt in $(C(X,\mathbb{R}^n), d_\infty)$, so auch $F(x)$ in $(\mathbb{R}^n, d_{\|\ \|})$ für jedes $x \in X$, denn

$$\begin{aligned}\delta(F(x)) &= \sup\{\, d_{\|\ \|}(f(x), g(x)) \mid f, g \in F\,\}\\ &\le \sup\{\, d_\infty(f,g) \mid f, g \in F\,\} = \delta(F).\end{aligned}$$

Gem. A 3 ist $(F(x), d_{\|\ \|}\restriction F(x) \times F(x))$ totalbeschränkt, $\big(\overline{F(x)}^{\tau_{d_{\|\ \|}}}, \tau_{d_{\|\ \|}}|\overline{F(x)}^{\tau_{d_{\|\ \|}}}\big)$ daher für jedes $x \in X$ kompakt ⟦ 4.1-9 ⟧. Nach 4.1-10 folgt die Behauptung. □

Eine Anwendung dieses Satzes von Arzelà bietet das

Beispiel (4.1,9)

Es sei $t_0 \in \mathbb{R}$, $\varepsilon > 0$, $I := [t_0-\varepsilon, t_0+\varepsilon]$, $f \in C_{\mathrm{b}}(I\times\mathbb{R}^n, \mathbb{R}^n)$, etwa $f[I\times\mathbb{R}^n] \subseteq K_C^{d_{\|\ \|_2}}(0)$ für ein $C > 0$.

Die Anfangswertaufgabe

$$\begin{aligned}x'(t) &= f(t, x(t)), \quad t \in [t_0-\varepsilon, t_0+\varepsilon]\\ x(t_0) &= \vec{x_0}\end{aligned}$$

hat eine Lösung $x \in C([t_0-\varepsilon, t_0+\varepsilon], \mathbb{R}^n)$ *(Globaler Existenzsatz von Peano, 1885).*

Zunächst wird die Existenz einer Lösung $y \in C([t_0, t_0+\varepsilon], \mathbb{R}^n)$ der Anfangswertaufgabe über $[t_0, t_0+\varepsilon]$ nachgewiesen. Hierzu definiere man für jedes $j \in \mathbb{N}$

$$y_{j+1}(t) := \begin{cases}\vec{x_0} & \text{für } t \in \big[t_0, t_0+\frac{\varepsilon}{j+1}\big]\\ \vec{x_0} + \int_{t_0}^{t-\frac{\varepsilon}{j+1}} f(s, y_{j+1}(s))\,\mathrm{d}s & \text{für } t \in \big]t_0+\frac{\varepsilon}{j+1}, t_0+\varepsilon\big]\end{cases}$$

(koordinatenweise Integration, vgl. A 17), wobei y_{j+1}, ausgehend von $\big[t_0, t_0+\frac{\varepsilon}{j+1}\big]$, sukzessive in den Intervallen $\big]t_0+\frac{k\varepsilon}{j+1}, t_0+\frac{(k+1)\varepsilon}{j+1}\big]$, $k = 1, \dots, j$ als stetige Funktion ⟦ A 17 (b) ⟧ errechnet wird. Man erhält so eine in $\big(C([t_0, t_0+\varepsilon], \mathbb{R}^n), d_\infty\big)$ beschränkte Folge $(y_{j+1})_{j\in\mathbb{N}}$: Für jedes $j \in \mathbb{N}$ gilt

$$\|y_{j+1}(t) - \vec{x_0}\|_2 = \begin{cases}0 & \text{für } t \in \big[t_0, t_0+\frac{\varepsilon}{j+1}\big]\\ \big\|\int_{t_0}^{t-\frac{\varepsilon}{j+1}} f(s, y_{j+1}(s))\,\mathrm{d}s\big\|_2 & \text{für } t \in \big]t_0+\frac{\varepsilon}{j+1}, t_0+\varepsilon\big]\end{cases}$$

$$\le C\varepsilon,$$

da $\big\|\int_{t_0}^{t-\frac{\varepsilon}{j+1}} f(s, y_{j+1}(s))\,\mathrm{d}s\big\|_2 \le \big(t - \frac{\varepsilon}{j+1} - t_0\big)\|f\|_\infty < \varepsilon C$ gem. A 17 (a) ist.

$(y_{j+1})_{j\in\mathbb{N}}$ ist gleichgradig stetig:

Sei $t \in [t_0, t_0 + \varepsilon]$ und $\widetilde{\varepsilon} > 0$. Für $t = t_0$ erhält man mit $\widetilde{\delta} := \frac{1}{2}\min\{\frac{\widetilde{\varepsilon}}{C}, \varepsilon\}$ für jedes $t' \in [t_0, t_0 + \widetilde{\delta}[,\ j \in \mathbb{N}$

$$\|y_{j+1}(t_0) - y_{j+1}(t')\|_2 = \begin{cases} 0 & \text{für } t' \le t_0 + \frac{\varepsilon}{j+1} \\ \left\|\int_{t_0}^{t'-\frac{\varepsilon}{j+1}} f(s, y_{j+1}(s))\,\mathrm{d}s\right\|_2 & \text{für } t' > t_0 + \frac{\varepsilon}{j+1} \end{cases}$$

$$\le C\widetilde{\delta} < \widetilde{\varepsilon} \qquad [\![\,\text{A 17 (a)}\,]\!].$$

Für $t > t_0$ sei $j_0 := \min\{\, j \in \mathbb{N} \mid t_0 + \frac{\varepsilon}{j_0+1} < t \,\}$ und $\widetilde{\delta} := \frac{1}{2}\min\{\frac{\widetilde{\varepsilon}}{C}, \varepsilon, t - \left(t_0 + \frac{\varepsilon}{j_0+1}\right)\}$. Es gilt dann $t' > t_0 + \frac{\varepsilon}{j+1}$ für jedes $j \ge j_0$ und alle $t' \in \,]t - \widetilde{\delta}, t + \widetilde{\delta}[$, also

$$y_{j+1}(t') = \vec{x_0} + \int_{t_0}^{t'-\frac{\varepsilon}{j+1}} f(s, y_{j+1}(s))\,\mathrm{d}s$$

und somit

$$\|y_{j+1}(t) - y_{j+1}(t')\|_2 = \left\|\int_{t-\frac{\varepsilon}{j+1}}^{t'-\frac{\varepsilon}{j+1}} f(s, y_{j+1}(s))\,\mathrm{d}s\right\|_2 \le |t'-t|C < \widetilde{\delta}C < \widetilde{\varepsilon}.$$

Mit 4.1-10.1 erhält man eine gegen ein $y \in C([t_0, t_0 + \varepsilon], \mathbb{R}^n)$ d_∞-konvergente Teilfolge $\left(y_{j_k+1}\right)_k$ von $(y_{j+1})_j$ $[\![\,\text{A 13 (b)}\,]\!]$. Die Funktion y löst die Integralgleichung

$$y(t) = \vec{x_0} + \int_{t_0}^{t} f(s, y(s))\,\mathrm{d}s, \quad t \in [t_0, t_0 + \varepsilon]$$

(y ist daher Lösung der obigen Anfangswertaufgabe über $[t_0, t_0 + \varepsilon]$!):
Sei $t > t_0,\ k_0 \in \mathbb{N},\ t > t_0 + \frac{\varepsilon}{j_k+1}$ für jedes $k \ge k_0$. Dann ist

$$\begin{aligned} y_{j_k+1}(t) &= \vec{x_0} + \int_{t_0}^{t-\frac{\varepsilon}{j_k+1}} f\left(s, y_{j_k+1}(s)\right)\mathrm{d}s \\ &= \vec{x_0} + \int_{t_0}^{t} f\left(s, y_{j_k+1}(s)\right)\mathrm{d}s - \int_{t-\frac{\varepsilon}{j_k+1}}^{t} f\left(s, y_{j_k+1}(s)\right)\mathrm{d}s. \end{aligned}$$

Wegen $\left\|\int_{t-\frac{\varepsilon}{j_k+1}}^{t} f\left(s, y_{j_k+1}(s)\right)\mathrm{d}s\right\|_2 \le C\frac{\varepsilon}{j_k+1}$ ist $\left(\int_{t-\frac{\varepsilon}{j_k+1}}^{t} f\left(s, y_{j_k+1}(s)\right)\mathrm{d}s\right)_{k\in\mathbb{N}}$ eine Nullfolge in $\left(\mathbb{R}^n, d_{\|\ \|_2}\right)$. Es genügt somit zu zeigen, daß

$$\left(\int_{t_0}^{t} f\left(s, y_{j_k+1}(s)\right)\mathrm{d}s\right)_{k\in\mathbb{N}} \to_{d_{\|\ \|_2}} \int_{t_0}^{t} f(s, y(s))\,\mathrm{d}s$$

gilt. Sei also $\varepsilon' > 0$. Es ist $y_{j_k+1}(s) \in \widetilde{K}^{d_{\|\ \|_2}}_{C\varepsilon+\|\vec{x_0}\|_2}(0)$ für jedes $s \in [t_0, t],\ k \in \mathbb{N}$ $[\![\,\text{s. o.}\,]\!]$ und f auf der in $(\mathbb{R}^{n+1}, \|\ \|_2)$ beschränkten abgeschlossenen Menge $[t_0, t] \times \widetilde{K}^{d_{\|\ \|_2}}_{C\varepsilon+\|\vec{x_0}\|_2}(0)$ gleichmäßig stetig $[\![\,4.1\text{-}2.1\,]\!]$. Man wähle ein $\delta' > 0$, so daß

$$\begin{aligned} &\forall\,(t', \vec{x}'), (t'', \vec{x}'') \in [t_0, t] \times \widetilde{K}^{d_{\|\ \|_2}}_{C\varepsilon+\|\vec{x_0}\|_2}(0): \\ &\qquad\qquad \|(t', \vec{x}') - (t'', \vec{x}'')\|_2 < \delta' \Rightarrow \|f(t', \vec{x}') - f(t'', \vec{x}'')\|_2 < \varepsilon' \end{aligned}$$

erfüllt ist, und weiter ein $k_{\delta'}$ mit

$$\forall\, k \geq k_{\delta'}\ \forall\, s \in [t_0, t]:\ \left\|y_{i_k+1}(s) - y(s)\right\|_2 < \delta'.$$

Für jedes $s \in [t_0, t],\ k \geq k_{\delta'}$ ist dann

$$\left\|\left(s, y_{i_k+1}(s)\right) - \left(s, y(s)\right)\right\|_2 < \delta',$$

also

$$\left\|f\left(s, y_{i_k+1}(s)\right) - f\left(s, y(s)\right)\right\|_2 < \varepsilon'.$$

Mit $g_k(s) := f\left(s, y_{i_k+1}(s)\right),\ g(s) := f\left(s, y(s)\right)$ hat man daher

$$(g_k)_k \xrightarrow[d_{\|\ \|_2}\text{-glm.}]{} g \quad (\text{auf } [t_0, t])$$

gezeigt, woraus

$$\left(\int_{t_0}^{t} f\left(s, y_{i_k+1}(s)\right) \mathrm{d}s\right)_k \to_{d_{\|\ \|_2}} \int_{t_0}^{t} f\left(s, y(s)\right) \mathrm{d}s$$

folgt ⟦ [32, Satz 7.16]; 2.4-8 (b); (2.4,8) (a) ⟧.

Ebenso erhält man die Existenz einer Lösung $z \in C([t_0 - \varepsilon, t_0], \mathbb{R}^n)$ der Anfangswertaufgabe über $[t_0 - \varepsilon, t_0]$. Die Funktion

$$x(t) := \begin{cases} y(t) & \text{für } t \in [t_0, t_0 + \varepsilon] \\ z(t) & \text{für } t \in [t_0 - \varepsilon, t_0] \end{cases}$$

ist auf $[t_0 - \varepsilon, t_0 + \varepsilon]$ differenzierbar mit $x'(t_0) = f(t_0, y(t_0)) = f(t_0, \vec{x_0}) = f(t_0, z(t_0))$ und löst die Anfangswertaufgabe über $[t_0 - \varepsilon, t_0 + \varepsilon]$.

Die Lösungsmenge der Anfangswertaufgabe ist kompakt in $\left(C([t_0 - \varepsilon, t_0 + \varepsilon], \mathbb{R}^n), \tau_{d_\infty}\right)$ ⟦ A 18 (b) ⟧.

Ebenso wie die Vollständigkeit (s. 3.1-10) wird auch die Kompaktheit eines (beschränkten) metrischen Raums (X, d) auf den Raum $\left(\mathcal{A}_d, D_{x_0}\right)$ seiner abgeschlossenen nichtleeren Teilmengen mit Hausdorff-Metrik übertragen. Die Bezeichnungen entnehme man dem Abschnitt 3.1, Seiten 191–195!

Satz 4.1-11

(X, d) sei ein metrischer Raum, (X, τ_d) kompakt, $x_0 \in X$. $\left(\mathcal{A}_d, \tau_{D_{x_0}}\right)$ ist kompakt.

Beweis

(X, d) ist totalbeschränkt und vollständig ⟦ 4.1-3.2 ⟧, $\left(\mathcal{A}_d, D_{x_0}\right)$ also vollständig ⟦ 3.1-10 ⟧. Da

$$\varphi_{x_0} : \begin{cases} \mathcal{A}_d \longrightarrow C_{\mathrm{b}}(X, \mathbb{R}) \\ A \longmapsto \varphi_{x_0, A} \end{cases}$$

nach Definition von D_{x_0} eine Isometrie bzgl. $\left(D_{x_0}, d_\infty \upharpoonright \varphi_{x_0}[\mathcal{A}_d] \times \varphi_{x_0}[\mathcal{A}_d]\right)$ ist, überträgt φ_{x_0} die Vollständigkeit von $\left(\mathcal{A}_d, D_{x_0}\right)$ auf $\left(\varphi_{x_0}[\mathcal{A}_d], d_\infty \upharpoonright \varphi_{x_0}[\mathcal{A}_d] \times \varphi_{x_0}[\mathcal{A}_d]\right)$.

Nach 3.1-8 (b) ist $\varphi_{x_0}[\mathcal{A}_d]$ in $\big(C_{\mathrm{b}}(X,\mathbb{R}),\tau_{d_\infty}\big)$ abgeschlossen. Die gleichgradige (gleichmäßige) Stetigkeit der Menge $\{\,\varphi_{x_0}(A) \mid A \in \mathcal{A}_d\,\}$ wurde (sogar für beliebige beschränkte metrische Räume (X,d)) bereits in 3.1 festgestellt, ihre Beschränktheit in $(C_{\mathrm{b}}(X,\mathbb{R}),d_\infty)$ ergibt sich aus

$$\begin{aligned}\forall\, A \in \mathcal{A}_d\colon\ \big\|\varphi_{x_0}(A)\big\|_\infty &= \sup_{x\in X}\big|\varphi_{x_0}(A)(x)\big| = \sup_{x\in X}\big|\operatorname{dist}(x,A) - d(x,x_0)\big| \\ &\le 2\delta(X).\end{aligned}$$

Die Kompaktheit von $\big(\mathcal{A}_d,\tau_{D_{x_0}}\big)$ folgt nun aus der von $\big(\varphi_{x_0}[\mathcal{A}_d],\tau_{d_\infty}|\varphi_{x_0}[\mathcal{A}_d]\big)$ ⟦ 4.1-10.1, 4.1-6 (a) ⟧. □

Die Konvergenz von Folgen in $\big(\mathcal{A}_d, D_{x_0}\big)$ beschreibt

Satz 4.1-12

(X,d) sei ein kompakter metrischer Raum, $x_0 \in X$, $\overline{D}^{\tau_d} = X$, $A \in \mathcal{A}_d$, $(A_j)_j \in \mathcal{A}_d^{\mathbb{N}}$.

Äq (i) $(A_j)_j \to_{D_{x_0}} A$

(ii) $\forall\, x \in D\colon\ (\operatorname{dist}(x,A_j))_j \to_{d_{|\,|}} \operatorname{dist}(x,A)$

Beweis

(i) ⇒ (ii)

$$\begin{aligned}(A_j)_j \to_{D_{x_0}} A \quad &\iff \quad \big(\varphi_{x_0}(A_j)\big)_j \to_{d_\infty} \varphi_{x_0}(A) \\ &\implies \quad \forall\, x \in X\colon\ \big(\varphi_{x_0}(A_j)(x)\big)_j \to_{d_{|\,|}} \varphi_{x_0}(A)(x) \qquad [\![(2.4,7)]\!] \\ &\iff \quad \forall\, x \in X\colon\ (\operatorname{dist}(x,A_j) - d(x,x_0))_j \to_{d_{|\,|}} \operatorname{dist}(x,A) - d(x,x_0) \\ &\qquad\quad [\![\text{nach Definition von } \varphi_{x_0}]\!] \\ &\iff \quad \forall\, x \in X\colon\ (\operatorname{dist}(x,A_j))_j \to_{d_{|\,|}} \operatorname{dist}(x,A)\end{aligned}$$

(ii) ⇒ (i) Da (X,τ_d) kompakt und mit $\varphi_{x_0}[\mathcal{A}_d]$ auch $\varphi_{x_0}[\{\,A_j \mid j \in \mathbb{N}\,\}]$ gleichgradig stetig ist, folgt aus (ii) und A 16 (b) die Existenz eines $\varphi \in C(X,\mathbb{R})$ mit $\big(\varphi_{x_0}(A_j)\big)_j \to_{d_\infty} \varphi$. Wegen $\overline{D}^{\tau_d} = X$, $\varphi{\restriction}D = \varphi_{x_0}(A){\restriction}D$ gilt $\varphi = \varphi_{x_0}(A)$ ⟦ 2.5-9.1 (b) ⟧ und somit $\big(\varphi_{x_0}(A_j)\big)_j \to_{d_\infty} \varphi_{x_0}(A)$, d. h. $(A_j)_j \to_{D_{x_0}} A$. □

Die Behandlung der in Abschnitt 3.1 (Seite 191) angekündigten Stabilität, d. h. der Stetigkeit der „Preisfunktion“

$$p^* = \widetilde{p} \circ A : \begin{cases} Y \longrightarrow \mathbb{R} \\ y \longmapsto \inf_{x\in A(y)} p(x) \end{cases}$$

erfolgt in zwei Teilen 4.1-13 (a), (b) gemäß der folgenden

Definition

(X, d) sei ein beschränkter metrischer Raum, (Y, σ) topologischer Raum, $y \in Y$, $x_0 \in X$ und $A : Y \longrightarrow \mathcal{A}_d$.

A oberhalbstetig in y :gdw

$$\forall\, \varepsilon > 0\ \exists\, U \in \mathcal{U}_\sigma(y)\ \forall\, y' \in U\colon\ D^+_{x_0}(A(y), A(y')) < \varepsilon$$

A unterhalbstetig in y :gdw

$$\forall\, \varepsilon > 0\ \exists\, U \in \mathcal{U}_\sigma(y)\ \forall\, y' \in U\colon\ D^-_{x_0}(A(y), A(y')) < \varepsilon$$

Wegen $D_{x_0} = D^+_{x_0} \vee D^-_{x_0}$ [[3.1-9 (a)]] gilt dann:

$$A \text{ stetig (bzgl. } (\sigma, \tau_{D_{x_0}})\text{) in } y \quad \Longleftrightarrow \quad A \text{ ober- und unterhalbstetig in } y.$$

Satz 4.1-13

(X, d), (Y, e) seien metrische Räume, (X, d) beschränkt, $x_0 \in X$, $y \in Y$, $A : Y \longrightarrow \mathcal{A}_d$, $p : Y \times X \longrightarrow \mathbb{R}$ mit $\inf\{\, p(y', x') \mid x' \in A(y')\,\} > -\infty$ für jedes $y' \in Y$,

$$p^* : \begin{cases} Y \longrightarrow \mathbb{R} \\ y' \longmapsto \inf\{\, p(y', x') \mid x' \in A(y')\,\}. \end{cases}$$

(a) Mit A unterhalbstetig in y, p oberhalbstetig (bzgl. $(\tau_e \times \tau_d, \tau_{|\,|})$) ist $p*$ oberhalbstetig in y.

(b) Ist A oberhalbstetig in y, p unterhalbstetig (bzgl. $(\tau_e \times \tau_d, \tau_{|\,|})$), $(A(y), \tau_d | A(y))$ kompakt, so ist $p*$ unterhalbstetig in y.

Beweis

Es sei $\varepsilon > 0$.

Zu (a) Man wähle $x \in A(y)$ mit $p(y, x) \leq p^*(y) + (\varepsilon/2)$ und erhält

$$\forall\, y' \in Y\ \forall\, x' \in A(y')\colon\ p^*(y') - p^*(y) \leq p(y', x') - p(y, x) + \frac{\varepsilon}{2} \tag{$*$}$$

[[$p^*(y') \leq p(y', x')$]]. Da p oberhalbstetig (in (y, x)) ist, gibt es ein $\delta > 0$ mit

$$\forall\, x' \in K^d_\delta(x)\ \forall\, y' \in K^e_\delta(y)\colon\ p(y', x') - p(y, x) < \frac{\varepsilon}{2}.$$

Wegen der Unterhalbstetigkeit von A in y existiert ein $\eta > 0$, $\eta < \delta$, mit $D^-_{x_0}(A(y), A(y')) < \delta/2$ für jedes $y' \in K^e_\eta(y)$. Für alle Elemente $y' \in K^e_\eta(y)$, $x' \in A(y') \cap K^d_{\operatorname{dist}(x, A(y')) + (\delta/2)}(x)$ gilt dann

$$d(x, x') < \operatorname{dist}(x, A(y')) + \frac{\delta}{2} \leq D^-_{x_0}(A(y), A(y')) + \frac{\delta}{2} < \frac{\delta}{2} + \frac{\delta}{2} = \delta,$$

also $p(y', x') - p(y, x) < \varepsilon/2$ und mit $(*)$ $p^*(y') - p^*(y) < \varepsilon$.

Zu (b) Da p unterhalbstetig ist, gibt es für jedes $x \in X$ ein $\delta_x > 0$ mit

$$\forall\, x' \in K^d_{\delta_x}(x)\ \forall\, y' \in K^e_{\delta_x}(y)\colon\ p(y,x) < p(y',x') + \varepsilon. \qquad (**)$$

Man wähle $x_1, \ldots, x_n \in A(y)$, $A(y) \subseteq \bigcup_{i=1}^n K^d_{\delta_{x_i}}(x_i)$ $[\![\, (A(y), \tau_d|A(y))$ ist kompakt! $]\!]$ und hierzu ein $\delta > 0$ mit

$$A(y) \subseteq K^d_\delta(A(y)) \subseteq \bigcup_{i=1}^n K^d_{\delta_{x_i}}(x_i)$$

($K^d_\delta(A(y)) := \{\, x' \in X \mid \mathrm{dist}(x', A(y)) < \delta \,\}$, s. A 21). Weil A oberhalbstetig in y ist, gibt es ein $\eta > 0$, $\eta < \min\{\, \delta_{x_i} \mid 1 \leq i \leq n \,\}$ mit

$$\forall\, y' \in K^e_\eta(y)\colon\ D^+_{x_0}(A(y), A(y')) < \delta.$$

Hiermit folgt

$$\forall\, y' \in K^e_\eta(y)\colon\ p^*(y) < p^*(y') + \varepsilon$$

(d. h. p^* ist unterhalbstetig in y):

Sei $y' \in K^e_\eta(y)$. Aus

$$D^+_{x_0}(A(y), A(y')) = \sup_{x \in X}\big(\mathrm{dist}(x, A(y)) - \mathrm{dist}(x, A(y'))\big) < \delta$$

erhält man speziell $\mathrm{dist}(x, A(y)) < \delta$ für alle $x \in A(y')$, also

$$A(y') \subseteq K^d_\delta(A(y)) \subseteq \bigcup_{i=1}^n K^d_{\delta_{x_i}}(x_i).$$

Sei $z \in A(y')$, etwa $z \in K^d_{\delta_{x_i}}(x_i)$. Mit $(**)$ ergibt sich dann

$$\begin{aligned} p^*(y) &\leq p(y, x_i) && [\![\, x_i \in A(y) \,]\!] \\ &\leq p(y', z) + \varepsilon && [\![\, (**),\ \eta < \delta_{x_i} \,]\!]. \end{aligned}$$

Daher ist $p^*(y) \leq \inf\{\, p(y', z) \mid z \in A(y') \,\} + \varepsilon = p^*(y') + \varepsilon$, wie behauptet. □

Korollar 4.1-13.1

(X, d), (Y, e) seien metrische Räume, (X, d) beschränkt, $x_0 \in X$, $A : Y \longrightarrow \mathcal{A}_d$ $(\tau_e, \tau_{D_{x_0}})$-stetig, $p : Y \times X \longrightarrow \mathbb{R}$ stetig (bzgl. $(\tau_e \times \tau_d, \tau_{|\,|})$) und $(A(y), \tau_d|A(y))$ für jedes $y \in Y$ kompakt. Dann ist

$$p^* : \begin{cases} Y \longrightarrow \mathbb{R} \\ y \longmapsto \inf\{\, p(y,x) \mid x \in A(y) \,\} \end{cases}$$

stetig. □

Der Fixpunktbegriff läßt sich kanonisch auf mengenwertige Funktionen ausdehnen, und man erhält unter gewissen Voraussetzungen eine zum Banachschen Fixpunktsatz 3.4-1 analoge Aussage über die Existenz von Fixpunkten (s. 4.1-14).

Definition

(X, d) sei ein beschränkter metrischer Raum, $A : X \longrightarrow \mathcal{A}_d$ und $x \in X$.

x *Fixpunkt von* A :gdw $x \in A(x)$

Speziell für $a : X \longrightarrow X$ mit der zugehörigen mengenwertigen Funktion

$$A : \begin{cases} X \longrightarrow \mathcal{A}_d \\ x \longmapsto \{a(x)\} \end{cases}$$

ist x genau dann ein Fixpunkt von A, wenn $x \in \operatorname{Fix} a$ gilt.

Satz 4.1-14

(X, d) sei ein beschränkter, vollständiger metrischer Raum, $x_0 \in X$, $A : X \longrightarrow \mathcal{A}_d$ eine strenge Kontraktion (bzgl. (d, D_{x_0})) mit Kontraktionszahl $\lambda \in [0, 1[$.

Ist $(A(x), \tau_d | A(x))$ für jedes $x \in X$ kompakt, so besitzt A einen Fixpunkt.

Beweis

Die Existenz eines Fixpunkts ergibt sich wie in 3.4-1 mit Hilfe der *Picard-Iteration*:

Sei $y_0 \in X$. Da $(A(y_0), \tau_d | A(y_0))$ kompakt ist, existiert ein $y_1 \in A(y_0)$ mit

$$\operatorname{dist}(y_0, A(y_0)) = d(y_0, y_1)$$

⟦ A 9 (a) ⟧. Ist y_n gewählt, so ergibt dasselbe Argument die Existenz eines Elements $y_{n+1} \in A(y_n)$ mit $\operatorname{dist}(y_n, A(y_n)) = d(y_n, y_{n+1})$. Die Folge $(y_j)_{j \in \mathbb{N}}$ der Picard-Iterierten erfüllt für jedes $n \geq 1$ die Ungleichungen

$$\begin{aligned} d(y_{n+1}, y_n) &= \operatorname{dist}(y_n, A(y_n)) - \operatorname{dist}(y_n, A(y_{n-1})) && [\![\operatorname{dist}(y_n, A(y_{n-1})) = 0]\!] \\ &\leq D^+_{x_0}(A(y_n), A(y_{n-1})) && [\![\text{nach Definition von } D^+_{x_0}, \text{ vgl. 3.1}]\!] \\ &\leq D_{x_0}(A(y_n), A(y_{n-1})) && [\![\text{3.1-9 (a)}]\!] \\ &\leq \lambda d(y_n, y_{n-1}) && [\![A \text{ ist Kontraktion mit Kontr.-Zahl } \lambda]\!] \\ &\leq \lambda^n d(y_1, y_0) && [\![\text{vollständige Induktion über } n]\!] \\ &= \lambda^n \operatorname{dist}(y_0, A(y_0)) \end{aligned}$$

und weiter für alle $m \in \mathbb{N}$

$$\begin{aligned} d(y_{n+m}, y_n) &\leq \sum_{\nu=0}^{m-1} d(y_{n+\nu+1}, y_{n+\nu}) \leq \sum_{\nu=0}^{m-1} \lambda^{n+\nu} \operatorname{dist}(y_0, A(y_0)) \\ &\leq \frac{\lambda^n}{1-\lambda} \operatorname{dist}(y_0, A(y_0)). \end{aligned}$$

$(y_j)_{j\in\mathbb{N}}$ ist somit eine Cauchy-Folge in (X, d) und daher konvergent, $(y_j)_j \to y$ für ein $y \in X$. Wegen $y \in \overline{A(y)}^{\mathcal{T}_d} = A(y)$ [[4.1-5 (b)]] ist y Fixpunkt von A:

Aus

$$\begin{aligned} \operatorname{dist}(y_n, A(y)) - d(y_{n+1}, y_n) &= \operatorname{dist}(y_n, A(y)) - \operatorname{dist}(y_n, A(y_n)) \\ &\leq D_{x_0}(A(y), A(y_n)) \leq \lambda d(y, y_n) \end{aligned}$$

folgt $\operatorname{dist}(y_n, A(y)) \leq \lambda d(y, y_n) + d(y_{n+1}, y_n)$, also auch $\operatorname{dist}(y, A(y)) = 0$, d. h. $y \in \overline{A(y)}^{\mathcal{T}_d}$ [[2.1, A 7 (a)]]. □

Kompaktheit hat vornehmlich wegen 4.1-6 (a) (s. auch A 8, A 22, A 23) eine große Bedeutung für die Optimierung.

Sind X, Y nichtleere Mengen, $f : X \times Y \longrightarrow \mathbb{R}$,

$$f_{x\,\cdot} : \begin{cases} Y \longrightarrow \mathbb{R} \\ y \longmapsto f(x, y) \end{cases}$$

für jedes $x \in X$ nach oben beschränkt, etwa $f_{x\,\cdot}(y) \leq C$ für alle $y \in Y$, so gilt für jede Funktion $\varphi : X \longrightarrow Y$

$$\inf_{x\in X} f(x, \varphi(x)) \leq \inf_{x\in X} \sup_{y\in Y} f(x, y),$$

woraus $\sup_{\varphi\in Y^X} \inf_{x\in X} f(x, \varphi(x)) \leq \inf_{x\in X} \sup_{y\in Y} f(x, y)$ folgt. Weiterhin gibt es nach Definition des Supremums für jedes $\varepsilon > 0$, $x \in X$ ein $\psi_x \in Y$ mit

$$\sup_{y\in Y} f(x, y) - \varepsilon \leq f(x, \psi_x),$$

also gilt

$$\inf_{x\in X} \sup_{y\in Y} f(x, y) - \varepsilon \leq \inf_{x\in X} f(x, \psi_x) \leq \sup_{\varphi\in Y^X} \inf_{x\in X} f(x, \varphi(x)).$$

Insgesamt erhält man in dieser Situation

$$\inf_{x\in X} \sup_{y\in Y} f(x, y) = \sup_{\varphi\in Y^X} \inf_{x\in X} f(x, \varphi(x)).$$

Bei der Infimumberechnung als Supremum werden hier *alle* Funktionen $\varphi : X \longrightarrow Y$ berücksichtigt. Sind X, Y mit Topologien versehen, so sind häufig nur die stetigen

Funktionen als natürlich anzusehen, und es stellt sich die Frage nach Bedingungen, unter denen die entsprechende Gleichung mit $C(X,Y)$ anstelle von Y^X richtig ist. Eine Teilantwort auf diese Frage ist

Satz 4.1-15 (J.-M. Lasry, um 1973)

(X,d) sei ein pseudometrischer Raum, $(V,\|\ \|)$ halbnormierter $\mathbb{R}$-Vektorraum, $Y \subseteq V$ konvex, $f : X \times Y \longrightarrow \mathbb{R}$,

$$f_{x\cdot} : \begin{cases} Y \longrightarrow \mathbb{R} \\ y \longmapsto f(x,y) \end{cases}$$

konkav und nach oben beschränkt für jedes $x \in X$,

$$f_{\cdot y} : \begin{cases} X \longrightarrow \mathbb{R} \\ x \longmapsto f(x,y) \end{cases}$$

unterhalbstetig für jedes $y \in Y$. Ist (X,τ_d) kompakt, so gilt

$$\inf_{x\in X}\sup_{y\in Y} f(x,y) = \sup_{\varphi\in C(X,Y)}\inf_{x\in X} f(x,\varphi(x)).$$

Beweis

„$\geq$" ist wegen $C(X,Y) \subseteq Y^X$ nach der Vorbetrachtung erfüllt.

„$\leq$" Sei $\varepsilon > 0$ und $\psi_{(x)} \in Y$ für jedes $x \in X$ gewählt mit

$$\sup_{y\in Y} f(x,y) - \varepsilon \leq f(x,\psi_{(x)}).$$

Da $f_{\cdot y}$ für jedes $y \in Y$ unterhalbstetig ist, existiert zu jedem $x \in X$ ein $\delta_x > 0$ mit

$$f_{\cdot\psi(x)}\left[K^d_{\delta_x}(x)\right] \subseteq \left]f_{\cdot\psi(x)}(x) - \varepsilon, \infty\right[.$$

$\{\, K^d_{\delta_x}(x) \mid x \in X \,\}$ ist eine offene Überdeckung von (X,τ_d), hat also eine endliche Teilüberdeckung $\{\, K^d_{\delta_{x_i}}(x_i) \mid 1 \leq i \leq m \,\}$. Nach 2.5-13 wähle man eine $\left(K^d_{\delta_{x_1}}(x_1),\ldots,K^d_{\delta_{x_m}}(x_m)\right)$ untergeordnete Zerlegung der Eins $(f_1,\ldots,f_m) \in C(X,[0,1])^m$ $[\![\,(X,\tau_d)$ ist T_4-Raum.$\,]\!]$ und definiere die Funktion $\varphi := \sum_{i=1}^m \psi(x_i) f_i \in C(X,Y)$ $[\![\,$2.4, A 18 (a), 2.4-17$\,]\!]$. Da $f_{x\cdot}$ für jedes $x \in X$ konkav ist, folgt mit $\sum_{i=1}^m f_i(x) = 1$

$$f_{x\cdot}(\varphi(x)) \geq \sum_{i=1}^m f_i(x) f_{x\cdot}(\psi(x_i)) \qquad (*)$$

$[\![\,$2.4-19$\,]\!]$. Für diejenigen $i \in \{1,\ldots,m\}$, für die $f_i(x) \neq 0$ ist, gehört x zu

$\operatorname{Tr} f_i \subseteq K^d_{\delta_{x_i}}(x_i)$, also gilt [[s. o.]]

$$f_{x\cdot}(\psi(x_i)) = f_{\cdot\psi(x_i)}(x) \in \left]f_{\cdot\psi(x_i)}(x_i) - \varepsilon, \infty\right[,$$

woraus sich

$$f_{x\cdot}(\psi(x_i)) \geq f_{\cdot\psi(x_i)}(x_i) - \varepsilon \geq \sup_{y\in Y} f(x_i, y) - 2\varepsilon$$

ergibt. Mit $(*)$ erhält man

$$\begin{aligned} f_{x\cdot}(\varphi(x)) &\geq \Big(\sup_{y\in Y} f(x_i, y) - 2\varepsilon\Big) \sum_{i=1}^{m} f_i(x) = \sup_{y\in Y} f(x_i, y) - 2\varepsilon \\ &\geq \inf_{\xi\in X} \sup_{y\in Y} f(\xi, y) - 2\varepsilon, \end{aligned}$$

also auch

$$\inf_{x\in X} f(x, \varphi(x)) \geq \inf_{x\in X} \sup_{y\in Y} f(x, y) - 2\varepsilon.$$

Es folgt

$$\sup_{\varphi\in C(X,Y)} \inf_{x\in X} f(x, \varphi(x)) \geq \inf_{x\in X} \sup_{y\in Y} f(x, y).$$ □

Man beachte, daß 4.1-15 für kompakte T_4-Räume (X, τ) anstelle von (X, d) und topologische $\mathbb{R}$-Vektorräume (V, σ) für $(V, \| \, \|)$ ebenfalls richtig ist (s. Beweis).

Aufgaben zu 4.1

1. (X, τ) sei ein A_1-Raum mit B-W-E. Ist (X, τ) folgenkompakt? (Hinweis: (4.1,1))
2. (X, d) sei ein pseudometrischer Raum, $\emptyset \neq S \subseteq X$. Mit (X, d) ist auch $(S, d{\restriction}S \times S)$ totalbeschränkt.
3. (a) Im Raum $(\mathbb{C}^n, d_q)$, $n \in \mathbb{N}\backslash\{0\}$, $1 \leq q \leq \infty$ gilt für jedes $\emptyset \neq S \subseteq \mathbb{C}^n$:

   S beschränkt in $(\mathbb{C}^n, d_q) \iff (S, d_q{\restriction}S \times S)$ totalbeschränkt.

   (b) $\emptyset \neq A \subseteq \mathbb{R}$, $(A, \tau_{|\,|}|A)$ kompakt $\implies \inf A, \sup A \in A$.
4. Man gebe einen beschränkten metrischen Raum an, der nicht totalbeschränkt ist!
5. (X, d) sei ein totalbeschränkter pseudometrischer Raum. (X, τ_d) ist ein A_2-Raum.
6. (X, d), (Y, e) seien pseudometrische Räume, (X, τ_d) kompakt und $F \subseteq Y^X$ gleichgradig stetig. F ist gleichgradig gleichmäßig stetig.
7. (X, d), (Y, e) seien pseudometrische Räume, $f : X \longrightarrow Y$ gleichmäßig stetig. (X, d) totalbeschränkt $\implies (f[X], e{\restriction}f[X] \times f[X])$ totalbeschränkt

8. (X,d) sei ein metrischer Raum.

Äq (i) $C(X,\mathbb{R}) = C_b(X,\mathbb{R})$

(ii) (X,τ_d) kompakt

(iii) $\forall\, f \in C(X,\mathbb{R})\colon\ \inf f[X],\ \sup f[X] \in f[X]$.

(Hinweis: Man verwende 2.5-11!)

9. (X,d) sei ein pseudometrischer Raum, $S,\ T \in \mathcal{P}X\backslash\{\emptyset\}$, $(S,\tau_d|S)$ kompakt und $\operatorname{dist}(S,T) := \inf\{\, d(s,t) \mid s \in S,\ t \in T \,\}$.

(a) $\exists\, s \in S\colon\ \operatorname{dist}(s,T) = \operatorname{dist}(S,T)$

(b) Ist $T \in \alpha_{\tau_d}$, so

Äq (i) $\operatorname{dist}(S,T) = 0$

(ii) $S \cap T \neq \emptyset$.

10. In 4.1-4 (b) (Satz von Dini) kann auf keine der drei Voraussetzungen „(X,τ_d) kompakt“, „f stetig“, „$(f_j)_j$ punktweise monoton fallend (oder wachsend)“ verzichtet werden!

11. (X,d) sei ein metrischer Raum, $f : X \longrightarrow X$ eine strenge Kontraktion.

$$(f[X],\tau_d|f[X]) \text{ kompakt} \quad\Longrightarrow\quad \operatorname{Fix} f \neq \emptyset,$$

d. h. f hat genau einen Fixpunkt (s. 2.4, A 4 (b)).

12. In $(C_{\mathbb{R}}([a,b]),d_\infty)$, $a,b \in \mathbb{R}$, $a<b$, zeige man:

(a) $\big(\widetilde{K}_1^{d_\infty}(0),\tau_{d_\infty}|\widetilde{K}_1^{d_\infty}(0)\big)$ ist nicht kompakt.

(b) Für $S_L := \big\{\, f \in \widetilde{K}_1^{d_\infty}(0) \;\big|\; \forall\, x,x' \in [a,b]\colon\ |f(x)-f(x')| \le L|x-x'| \,\big\}$, $L>0$, ist $\big(S_L,\tau_{d_\infty}|S_L\big)$ kompakt.

(c) $G \subseteq C_{\mathbb{R}}([a,b])$ sei gleichgradig stetig, $G(x) := \{\, g(x) \mid g \in G \,\}$ beschränkt in $(\mathbb{R},d_{|\;|})$ für ein $x \in [a,b]$. Dann ist G beschränkt in $(C_{\mathbb{R}}([a,b]),d_\infty)$.
Ist jede gleichgradig stetige Menge G beschränkt in $(C_{\mathbb{R}}([a,b]),d_\infty)$?

13. (X,d), (Y,e) seien pseudometrische Räume, (X,τ_d) kompakt, $G \subseteq C(X,Y)$.

(a) Äq (i) G gleichgradig stetig

(ii) $\overline{G}^{\tau_{d_\infty}}$ gleichgradig stetig

(b) Ist G gleichgradig stetig und beschränkt in $(C(X,\mathbb{R}^n),d_\infty)$, so besitzt jede Folge $(g_j)_j \in G^{\mathbb{N}}$ eine $d_{\|\;\|}$-gleichmäßig konvergente Teilfolge.

14. Es sei $(f_j)_j \in C_{\mathbb{R}}([a,b])^{\mathbb{N}}$, $a,b \in \mathbb{R}$, $a<b$, $C>0$, $x_0 \in [a,b]$, $\{\, f_j(x_0) \mid j \in \mathbb{N} \,\}$ beschränkt in $(\mathbb{R},d_{|\;|})$.
Ist f_j auf $[a,b]$ differenzierbar mit $\sup_{[a,b]}|f_j'| \le C$ für jedes $j \in \mathbb{N}$, so hat $(f_j)_j$ eine $d_{|\;|}$-gleichmäßig konvergente Teilfolge.

15. (X,d) sei ein pseudometrischer Raum, (X,τ_d) kompakt, (Y,e) vollständiger metrischer Raum und $F \subseteq C(X,Y)$.

Äq (i) $\big(\overline{F}^{\tau_{d_\infty}},\tau_{d_\infty}\big|\overline{F}^{\tau_{d_\infty}}\big)$ kompakt

(ii) F ist gleichgradig stetig, $\forall\, x \in X\colon\ \big(\overline{F(x)}^{\tau_e},\tau_e\big|\overline{F(x)}^{\tau_e}\big)$ kompakt

16. (X,d), (Y,e) seien pseudometrische Räume, (X,τ_d) kompakt, $(f_j)_j \in C(X,Y)^{\mathbb{N}}$ gleichgradig stetig (d. h. $\{\, f_j \mid j \in \mathbb{N} \,\}$ gleichgradig stetig), $f \in C(X,Y)$.

(a) $(f_j)_j \xrightarrow[\tau_e\text{-pktw.}]{} f \implies (f_j)_j \to_{d_\infty} f$

(b) (Y,e) sei vollständig, $\overline{D}^{\tau_d} = X$, $(f_j(x))_j$ für jedes $x \in D$ konvergent in (Y,τ_e). Dann gibt es ein $\varphi \in C(X,Y)$ mit $(f_j)_j \to_{d_\infty} \varphi$.

17. Es seien $a, b \in \mathbb{R},\ a < b,\ f \in C([a,b],\mathbb{R}^n)$,

$$\int_a^b f(s)\,\mathrm{d}s := \left(\int_a^b \pi_i \circ f(s)\,\mathrm{d}s\right)_{i\in\{1,\dots,n\}},$$

wobei π_i die i-te Projektion von $\mathbb{R}^n$ auf $\mathbb{R}$ bezeichnet.

(a) $\left\|\int_a^b f(s)\,\mathrm{d}s\right\|_2 \le \left((b-a)\int_a^b \|f(s)\|_2^2\,\mathrm{d}s\right)^{1/2} \le (b-a)\|f\|_\infty$

(b) $I : \begin{cases} [a,b] \longrightarrow \mathbb{R}^n \\ t \longmapsto \int_a^t f(s)\,\mathrm{d}s \end{cases}$ ist stetig.

18. Es sei $\vec{x_0} \in \mathbb{R}^n,\ t_0 \in \mathbb{R},\ \varepsilon > 0,\ I := [t_0-\varepsilon, t_0+\varepsilon],\ f \in C_{\mathrm{b}}(I \times \mathbb{R}^n, \mathbb{R}^n)$ und $\mathcal{L} \subseteq C(I,\mathbb{R}^n)$ die Menge aller Lösungen der Anfangswertaufgabe

$$x'(t) = f(t, x(t)), \quad t \in I$$
$$x(t_0) = \vec{x_0}.$$

(a) $|\mathcal{L}| \ge 2 \implies \mathcal{L}$ unendlich

(b) $\left(\mathcal{L}, \tau_{d_\infty}|\mathcal{L}\right)$ ist kompakt.

19. $((X_j, d_j))_{j\in\mathbb{N}}$ sei eine Folge pseudometrischer Räume.

Äq (i) $\left(\prod_{j\in\mathbb{N}} X_j, \bigtimes_{j\in\mathbb{N}} \tau_{d_j}\right)$ kompakt

(ii) $\forall\, j \in \mathbb{N}\colon\ (X_j, \tau_{d_j})$ kompakt

20. (X,d) sei ein beschränkter metrischer Raum, (Y,σ) topologischer Raum, $y \in Y$, $x_0 \in X,\ a : Y \longrightarrow X$ und

$$A : \begin{cases} Y \longrightarrow \mathcal{A}_d \\ y \longmapsto \{a(y)\}. \end{cases}$$

Äq (i) a stetig in y

(ii) A oberhalbstetig in y

(iii) A unterhalbstetig in y

(iv) A stetig in y

21. (X,d) sei ein pseudometrischer Raum, $\emptyset \ne S \subseteq X$, $(S, \tau_d|S)$ kompakt. Man zeige:

$$\forall\, U \in \mathcal{U}_{\tau_d}(S)\ \exists\, \delta > 0\colon\ K_\delta^d(S) \subseteq U$$

$(K_\delta^d(S) := \{\, x \in X \mid \mathrm{dist}(x,S) < \delta \,\})$.

22. (X, τ) sei ein kompakter topologischer Raum, $X \neq \emptyset$ und $f : X \longrightarrow \mathbb{R}$ unterhalbstetig. f ist nach unten beschränkt und $\inf f[X] \in f[X]$.

23. $Y \neq \emptyset$ sei eine Menge, (X, τ) ein kompakter topologischer Raum, $X \neq \emptyset$ und $f : X \times Y \longrightarrow \mathbb{R}$. Ist

$$f_{x\cdot} : \begin{cases} Y \longrightarrow \mathbb{R} \\ y \longmapsto f(x,y) \end{cases}$$

für jedes $x \in X$ beschränkt und

$$f_{\cdot y} : \begin{cases} X \longrightarrow \mathbb{R} \\ x \longmapsto f(x,y) \end{cases}$$

für jedes $y \in Y$ unterhalbstetig, so gibt es ein $x_{\min} \in X$ mit

$$\inf_{x \in X} \sup_{y \in Y} f(x,y) = \sup_{y \in Y} f(x_{\min}, y)$$

(Hinweis: A 22).

4.2 Kompaktheit in halbnormierten Vektorräumen

Im normierten $\mathbb{R}$-Vektorraum $(\mathbb{R}^n, \| \|_2)$ sind genau die beschränkten abgeschlossenen Teilmengen kompakte Unterräume von $(\mathbb{R}^n, \tau_{\| \|_2})$ (s. Satz von Heine-Borel-Lebesgue), insbesondere ist die abgeschlossene Kugel $\widetilde{K}_1^{d_{\| \|_2}}(0)$ kompakt. Mit Hilfe eines Lemmas von Riesz (4.2-2) kann bewiesen werden, daß $\widetilde{K}_1^{d_{\| \|}}(0)$ (und damit jede Kugel $\widetilde{K}_r^{d_{\| \|}}(x)$) genau dann kompakt im normierten K-Vektorraum $(V, \| \|)$ ist, wenn V endliche K-Dimension hat.

Satz 4.2-1

$(V, \| \|)$ sei ein normierter K-Vektorraum, $\dim_K V = n,\ n \geq 1,\ S \subseteq V$.

Äq (i) $(S, \tau_{\| \|}|S)$ *kompakt*

(ii) $S \in \alpha_{\tau_{\| \|}}$ *und S beschränkt in* $(V, d_{\| \|})$

Beweis

Nach 1.2-5 ist $\tau_{\| \|} = \tau_{\| \|_2}$, wobei

$$\| \|_2 : \begin{cases} V \longrightarrow \mathbb{R}^+ \\ \sum_{j=1}^n r_j b_j \longmapsto \left(\sum_{j=1}^n |r_j|^2\right)^{1/2} \end{cases}$$

die 2-Norm auf V bzgl. der K-Basis $\{b_1, \ldots, b_n\}$ von V bezeichnet. Die Funktion

$$\varphi : \begin{cases} V \longrightarrow K^n \\ \sum_{j=1}^n r_j b_j \longmapsto (r_1, \ldots, r_n) \end{cases}$$

ist ein $(\| \|_2, \| \|_2)$-normerhaltender K-linearer Isomorphismus. Somit folgt:

$$
\begin{aligned}
& S \in \alpha_{\tau_{\| \|}} \text{ und } S \text{ beschränkt in } (V, d_{\| \|}) \\
& \quad \Longleftrightarrow \quad S \in \alpha_{\tau_{\| \|_2}} \text{ und } S \text{ beschränkt in } \big(V, d_{\| \|_2}\big) \\
& \quad \Longleftrightarrow \quad \varphi[S] \in \alpha_{\tau_{\| \|_2}} \text{ und } \varphi[S] \text{ beschränkt in } \big(K^n, d_{\| \|_2}\big) \\
& \quad \Longleftrightarrow \quad \big(\varphi[S], \tau_{\| \|_2} | \varphi[S]\big) \text{ kompakt} \quad [\![\text{Heine-Borel-Lebesgue}]\!] \\
& \quad \Longleftrightarrow \quad \big(S, \tau_{\| \|_2} | S\big) \text{ kompakt} \\
& \quad \Longleftrightarrow \quad (S, \tau_{\| \|} | S) \text{ kompakt.} \qquad \square
\end{aligned}
$$

Satz 4.2-2 (Lemma von Riesz, 1918)

$(V, \| \|)$ sei ein normierter K-Vektorraum, U, W K-Untervektorräume von V mit $U \subsetneqq W$ und $U \in \alpha_{\tau_{\| \|}}$. Es gilt:

$$\forall\, \varepsilon \in \,]0,1[\; \exists\, w \in W\colon\; \|w\| = 1,\; \forall\, u \in U\colon\; \|w - u\| \geq \varepsilon$$

(d. h. mindestens ein Element auf dem Rand der 1-Kugel um 0 in W hat wenigstens den Abstand ε von U, $\operatorname{dist}(w, U) \geq \varepsilon$, gleichgültig wie dicht $\varepsilon \in \,]0,1[$ bei 1 liegt).

Beweis

Sei $z \in W \backslash U$, also $a := \operatorname{dist}(z, U) > 0$ $[\![\overline{U}^{\tau_{\| \|}} = U]\!]$, und $\varepsilon \in \,]0,1[$. Dann ist $a/\varepsilon > a$, es gibt somit ein $u_\varepsilon \in U$ mit $a \leq \|z - u_\varepsilon\| \leq a/\varepsilon$. Für $w := \frac{1}{\|z-u_\varepsilon\|}(z - u_\varepsilon)$ gilt:

$$w \in W, \quad \|w\| = 1, \quad \forall\, u \in U\colon\; \|w - u\| \geq \varepsilon$$

$[\![\, \|w - u\| = \frac{1}{\|z-u_\varepsilon\|} \|z - (u_\varepsilon + \|z - u_\varepsilon\| u)\| \geq \frac{a}{\|z-u_\varepsilon\|} \geq \varepsilon$, weil $u_\varepsilon + \|z - u_\varepsilon\| u \in U \,]\!]$.

$\square$

Für $\varepsilon = 1$ gibt es in 4.2-2 i. a. kein $w \in W$ mit $\|w\| = 1$ und $\|w - u\| \geq 1$ für alle $u \in U$ $[\![$ A 6 $]\!]$.

Korollar 4.2-2.1 (Zweiter Grundsatz der linearen Funktionalanalysis)

$(V, \| \|)$ sei ein normierter K-Vektorraum, $K \in \{\mathbb{R}, \mathbb{C}\}$.

Äq *(i)* $\big(\widetilde{K}_1^{d_{\| \|}}(0), \tau_{\| \|} | \widetilde{K}_1^{d_{\| \|}}(0)\big)$ *kompakt*

(ii) $\dim_K V$ *endlich*

Beweis

(ii) ⇒ (i) gem. 4.2-1.

(i) ⇒ (ii) Die K-Dimension von V sei unendlich, $x_0 \in V$, $\|x_0\| = 1$ und U_0 der von $\{x_0\}$ erzeugte K-Untervektorraum. $(U_0, \| \| \restriction U_0)$ ist ein Banach-Raum (über K)

⟦(3.1,2) (a)⟧, also $U_0 \in \alpha_{\tau_{\|\ \|}}$ ⟦3.1-8 (b)⟧ und $U_0 \subsetneqq V$ ⟦$\dim_K U_0 = 1$⟧. Gem. 4.2-2 wähle man ein $x_1 \in V$ mit $\|x_1\| = 1$ und $\operatorname{dist}(x_1, U_0) \geq 1/2$. Man setze $U_1 := \overline{\{x_0, x_1\}}^{\text{lin}}$. Dann ist $\dim_K U_1 = 2$ ⟦$x_1 \notin U_0$⟧, und $U_1 \in \alpha_{\tau_{\|\ \|}} \backslash \{V\}$. Durch induktive Wahl erhält man so eine Folge $(x_i)_i \in V^{\mathbb{N}}$ mit

$$\forall\, i \in \mathbb{N}\colon\ \|x_i\| = 1 \quad \text{und} \quad \forall\, j, k \in \mathbb{N}\colon\ j \neq k \Rightarrow \|x_j - x_k\| \geq \frac{1}{2},$$

$(x_i)_{i \in \mathbb{N}}$ hat daher keine konvergente Teilfolge. Nach (4.1,2) (b) ist $\widetilde{K}_1^{d_{\|\ \|}}(0)$ nicht kompakt. □

In hausdorffschen topologischen K-Vektorräumen (V, τ) ist die *konvexe Hülle* (s. 2.4, A 34) von kompakten Teilmengen i. a. nicht abgeschlossen, also auch nicht kompakt (s. [7, Chap. II, § 4, Exercise 3]):

Beispiel (4.2,1)

$\left(\mathbb{R}^{C([0,1],\mathbb{R})}, \mathsf{X}_{f \in C([0,1],\mathbb{R})}\, \tau_{|\ |}\right)$ ist (mit den koordinatenweisen Operationen) ein hausdorffscher topologischer $\mathbb{R}$-Vektorraum ⟦2.5-5⟧, die Auswertung

$$e : \begin{cases} [0,1] \longrightarrow \mathbb{R}^{C([0,1],\mathbb{R})} \\ x \longmapsto (f \mapsto f(x)) \end{cases}$$

ist gem. 2.5-14 (a) stetig. Sei $I := e\big[[0,1]\big]$ und

$$\varrho : \begin{cases} C([0,1],\mathbb{R}) \longrightarrow \mathbb{R} \\ f \longmapsto \int_0^1 f(t)\,\mathrm{d}t \end{cases}$$

das Riemann-Integral.

I ist kompakt ⟦4.1-6 (a)⟧ und $\varrho \notin \overline{I}^{\text{konv}}$:

Für $\varrho \in \overline{I}^{\text{konv}}$, etwa $\varrho = \sum_{i=1}^m r_i e(x_i)$, $r_i > 0$, $x_i \in [0,1]$ für jedes $i \in \{1, \ldots, m\}$, $\sum_{i=1}^m r_i = 1$ (s. 2.4, A 34 (b)), würde für jedes $f \in C([0,1],\mathbb{R})$

$$\varrho(f) = \int_0^1 f(t)\,\mathrm{d}t = \sum_{i=1}^m r_i e(x_i)(f) = \sum_{i=1}^m r_i f(x_i)$$

gelten. Dagegen ist aber für $f \geq 0,\ f \neq 0,\ f(x_i) = 0$ für alle $i = 1, \ldots, m$,

$$\int_0^1 f(t)\,\mathrm{d}t > 0 = \sum_{i=1}^m r_i f(x_i) \ ⁍.$$

$\overline{I}^{\text{konv}}$ ist nicht abgeschlossen, denn $\varrho \in \overline{\overline{I}^{\text{konv}}}^{\mathsf{X}_{f \in C([0,1],\mathbb{R})}\, \tau_{|\ |}}$:

Für jede endliche Zerlegung $Z = (z_0, \ldots, z_{n_Z}) \in \mathcal{Z}_{0,1}$ von $[0,1]$ ⟦s. (1.2,5)⟧ sei $\varphi(Z) := \max\{\, z_{i+1} - z_i \mid 0 \leq i \leq n_Z - 1 \,\}$ die *Feinheit von* Z, $B(Z) := (\zeta_{Z,0}, \ldots, \zeta_{Z,n_Z-1}) \in \prod_{i=0}^{n_Z-1} [z_i, z_{i+1}]$ eine *Belegung von* Z und $R(Z, B(Z))(f) := \sum_{i=0}^{n_Z-1} (z_{i+1} - z_i) f(\zeta_{Z,i})$ die

Riemannsche Summe der beschränkten Funktion $f : [0,1] \longrightarrow \mathbb{R}$ bzgl. $(Z, B(Z))$. Ist f stetig, so gilt für jede Zerlegungsfolge $(Z_k)_k \in \mathcal{Z}_{0,1}^{\mathbb{N}}$ mit $(\varphi(Z_k))_k \to_{\tau_{|\,|}} 0$ und jede Belegungsfolge $(B(Z_k))_k$

$$\big(R(Z_k, B(Z_k))(f)\big)_k \to_{\tau_{|\,|}} \varrho(f)$$

⟦ vgl. [5, Band II, (12.12)] ⟧. Die durch $M_k(f) := R(Z_k, B(Z_k))(f)$ definierte Funktionenfolge $M = (M_k)_{k\in\mathbb{N}} \in (\mathbb{R}^{C([0,1],\mathbb{R})})^{\mathbb{N}}$ konvergiert daher bzgl. $\bigtimes_{f\in C([0,1],\mathbb{R})} \tau_{|\,|}$ gegen ϱ ⟦ 2.4-8 (b) ⟧. Wegen

$$M_k(f) = \sum_{i=0}^{n_{Z_k}-1} (z_{k,i+1} - z_{k,i}) f(\zeta_{Z_k,i}) = \sum_{i=0}^{n_{Z_k}-1} (z_{k,i+1} - z_{k,i}) e(\zeta_{Z_k,i})(f)$$

und $\sum_{i=0}^{n_{Z_k}-1}(z_{k,i+1} - z_{k,i}) = 1$ gehört $M_k = \sum_{i=0}^{n_{Z_k}-1}(z_{k,i+1} - z_{k,i}) e(\zeta_{Z_k,i})$ zu $\overline{I}^{\mathrm{konv}}$, ist also gem. 2.1-3 (b) ϱ ein Berührpunkt von $\overline{I}^{\mathrm{konv}}$.

Es gilt jedoch (s. auch A 2 und 4.3, A 21)

Satz 4.2-3

$(V, \|\ \|)$ sei ein halbnormierter K-Vektorraum, $K \in \{\mathbb{R}, \mathbb{C}\}$, $C_j \subseteq V$ konvex und kompakt in $(V, \tau_{\|\ \|})$ für $j = 1, \ldots, n$. Dann ist $\overline{\bigcup_{j=1}^n C_j}^{\mathrm{konv}}$ kompakt in $(V, \tau_{\|\ \|})$.

Beweis

Nach 2.4, A 34 (c) ist $\overline{\bigcup_{j=1}^n C_j}^{\mathrm{konv}}$ die Menge

$$\left\{ \sum_{j=1}^n r_j c_j \,\middle|\, (r_1, \ldots, r_n) \in (\mathbb{R}^+)^n,\ \sum_{j=1}^n r_j = 1,\ (c_1, \ldots, c_n) \in \prod_{j=1}^n C_j \right\}.$$

Sei $\big(x^{(k)}\big)_{k\in\mathbb{N}} \in \Big(\overline{\bigcup_{j=1}^n C_j}^{\mathrm{konv}}\Big)^{\mathbb{N}}$, etwa $x^{(k)} = \sum_{j=1}^n r_j^{(k)} c_j^{(k)}$ gem. obiger Gleichung. Da $S := \big\{ (s_1, \ldots, s_n) \in (\mathbb{R}^+)^n \mid \sum_{j=1}^n s_j = 1 \big\}$ in $\big([0,1]^n, \tau_{\|\ \|_2} | [0,1]^n\big)$ abgeschlossen, also kompakt ist, besitzt $\Big(\big(r_j^{(k)}\big)_{j=1,\ldots,n}\Big)_{k\in\mathbb{N}}$ eine in $\big(S, \tau_{\|\ \|_2}|S\big)$ konvergente Teilfolge $\Big(\big(r_j^{(k_\nu)}\big)_{j=1,\ldots,n}\Big)_{\nu\in\mathbb{N}}$. Sei $s \in S$, $\Big(\big(r_j^{(k_\nu)}\big)_{j=1,\ldots,n}\Big)_{\nu\in\mathbb{N}} \to_{\tau_{\|\ \|_2}} s$. Wegen der Kompaktheit von C_j, $j = 1, \ldots, n$, existiert (o. B. d. A.) für jedes $j \in \{1, \ldots, n\}$ eine Teilfolge $\Big(c_j^{(k_{\nu_l})}\Big)_{l\in\mathbb{N}}$ von $\big(c_j^{(k_\nu)}\big)_{\nu\in\mathbb{N}}$ und ein $c_j \in C_j$ mit

$$\Big(c_j^{(k_{\nu_l})}\Big)_{l\in\mathbb{N}} \to_{\tau_{\|\ \|}} c_j.$$

$\big(x^{(k_{\nu_l})}\big)_{l\in\mathbb{N}}$ ist eine Teilfolge von $\big(x^{(k)}\big)_{k\in\mathbb{N}}$, und es gilt

$$\big(x^{(k_{\nu_l})}\big)_l = \left(\sum_{j=1}^n r_j^{(k_{\nu_l})} c_j^{(k_{\nu_l})}\right)_{l\in\mathbb{N}} \to_{\tau_{\|\ \|}} \sum_{j=1}^n s_j c_j.$$

□

Korollar 4.2-3.1

$(V, \| \ \|)$ sei ein halbnormierter K-Vektorraum, $K \in \{\mathbb{R}, \mathbb{C}\}$ und $E \in \mathcal{P}_e V$. $(\overline{E}^{\text{konv}}, \tau_{\| \ \|} | \overline{E}^{\text{konv}})$ ist kompakt. □

In Beispiel (2.4,5) (e) wurden *periodische Funktionen* $f_\mathbb{R} \in C_\mathbb{R}(\mathbb{R})$ *der Periode* 1 – repräsentiert durch ihren Anteil $f := f_\mathbb{R} \restriction [0,1]$, $f(0) = f(1)$ – gleichmäßig durch trigonometrische Polynome aus $TP_\mathbb{R}([0,1])$ approximiert. Für komplexwertige periodische Funktionen $f_\mathbb{C} \in C(\mathbb{R}, \mathbb{C})$ der Periode 1 zieht dieses die gleichmäßige Approximierbarkeit durch (komplexe) trigonometrische Polynome der Form

$$p(x) = \sum_{j=-m}^{m} c_j e^{2\pi i j x}, \quad x \in [0,1],\ c_j \in \mathbb{C}$$

nach sich ⟦Trennung von Real- und Imaginärteil in $f_\mathbb{C}$; Eulersche Formeln $\cos t = \frac{1}{2}(e^{it} + e^{-it})$, $\sin t = \frac{1}{2i}(e^{it} - e^{-it})$⟧.

Läßt man in $p(x)$ anstelle der ganzzahligen *Frequenzen* $-m \le j \le m$ beliebige reelle Zahlen r_j zu, so erhält man die Menge $TP(\mathbb{R})$ der *trigonometrischen Polynome auf* $\mathbb{R}$,

$$p(x) = \sum_{j=0}^{m} c_j e^{i r_j x}, \quad x \in \mathbb{R}.$$

Wegen $TP(\mathbb{R}) \subseteq C_b(\mathbb{R}, \mathbb{C})$ stellt sich wie bei den trigonometrischen Polynomen auf $[0,1]$ die Frage nach der Charakterisierung der Elemente von $\overline{TP(\mathbb{R})}^{\tau_{d_\infty}}$. Die Lösung dieses Approximationsproblems ist mit sehr viel mehr Aufwand verbunden als die des entsprechenden Problems über $[0,1]$:

Die durch $TP(\mathbb{R})$ gleichmäßig approximierbaren Funktionen aus $C_b(\mathbb{R}, \mathbb{C})$ sind gerade die *fastperiodischen Funktionen* (vgl. [20, Chap. VI]).

Mit Hilfe geeigneter kompakter Unterräume von $(C_b(\mathbb{R}, \mathbb{C}), \tau_{\| \ \|_\infty})$ und den bis hierher zur Verfügung stehenden Mitteln können fastperiodische Funktionen charakterisiert werden (4.2-6); sie bilden eine abgeschlossene $\mathbb{C}$-Unteralgebra $FP(\mathbb{R})$ von $(C_b(\mathbb{R}, \mathbb{C}), \tau_{\| \ \|_\infty})$ (4.2-7). Die Dichtigkeit von $TP(\mathbb{R})$ in $(FP(\mathbb{R}), \tau_{\| \ \|_\infty} | FP(\mathbb{R}))$ erfordert weiterreichende Untersuchungen ([20, 5.18 Theorem]).

Definition

Es sei $f : \mathbb{R} \longrightarrow \mathbb{C}$, $\varepsilon, p \in \mathbb{R}$, $\varepsilon > 0$.

p *ε-Fastperiode* von f :gdw $\sup_{x \in \mathbb{R}} |f(x-p) - f(x)| < \varepsilon$

$p = 0$ ist offensichtlich ε-Fastperiode für jedes $\varepsilon > 0$.

Beispiele (4.2,2)

(a) $f : \mathbb{R} \longrightarrow \mathbb{C}$ sei periodisch mit Periode $p > 0$, d. h. $f(x+p) = f(x)$ für alle $x \in \mathbb{R}$. Für jedes $\varepsilon > 0$, $k \in \mathbb{Z}$ ist kp ε-Fastperiode von f $[\![\forall\, x \in \mathbb{R}\colon\ |f(x-kp) - f(x)| = 0\,]\!]$.

(b) $f : \mathbb{R} \longrightarrow \mathbb{C}$ sei gleichmäßig stetig, $\varepsilon > 0$. Man wähle ein $\delta > 0$ mit

$$\forall\, x, x' \in \mathbb{R}\colon\ |x - x'| < \delta \Rightarrow |f(x) - f(x')| < \varepsilon.$$

Jedes $p \in\,]-\delta, \delta[$ ist ε-Fastperiode von f $[\![\forall\, x \in \mathbb{R}\colon\ |(x-p) - x| = |p| < \delta$, also $|f(x-p) - f(x)| < \varepsilon\,]\!]$.

Ist $f : \mathbb{R} \longrightarrow \mathbb{C}$ periodisch mit Periode $p > 0$, so enthält jedes Intervall $I \subseteq \mathbb{R}$ der Länge $\ell(I) = 2p$ eine Periode von f $[\![\,I$ habe die Endpunkte x, $x + 2p$. Sei $m := \max\{\, k \in \mathbb{Z} \mid kp \leq x\,\}$. Dann ist $(m+1)p \in I$ Periode von f. $]\!]$.

Entsprechend dieser Eigenschaft für periodische Funktionen erklärt man mit ε-Fastperioden allgemeiner (s. (4.2,3) (a))

Definition

Sei $f \in C(\mathbb{R}, \mathbb{C})$.

$$f \textit{ fastperiodisch} \quad \text{:gdw} \quad \forall\, \varepsilon > 0\, \exists\, l \geq 0\, \forall\, I \subseteq \mathbb{R}\colon$$
$$I \text{ Intervall}, \ell(I) = l \;\Rightarrow \exists\, p \in I\colon\ p\ \varepsilon\text{-Fastperiode von } f$$

$$FP(\mathbb{R}) := \{\, f \in C(\mathbb{R}, \mathbb{C}) \mid f \text{ fastperiodisch}\,\}$$

Beispiele (4.2,3)

(a) Periodische Funktionen $f : \mathbb{R} \longrightarrow \mathbb{C}$ mit Periode $p \geq 0$ sind fastperiodisch $[\![$ Jedes Intervall der Länge $l = 2p$ enthält eine (ε-Fast-)Periode von f; s. o. $]\!]$.

(b) Sei $f \in FP(\mathbb{R})$, $z \in \mathbb{C}$, $r \in \mathbb{R}$.

(i) $zf \in FP(\mathbb{R})$:

$zf \in C(\mathbb{R}, \mathbb{C})$ und für $z = 0$ periodisch. Sei also $z \neq 0$, $\varepsilon > 0$ und $l \geq 0$ mit

$$\forall\, I \subseteq \mathbb{R}\colon\ I \text{ Intervall}, \ell(I) = l \Rightarrow \exists\, p_I \in I\colon\ p_I\ \tfrac{\varepsilon}{|z|}\text{-Fastperiode von } f.$$

p_I ist ε-Fastperiode von zf.

(ii) $\overline{f} \in FP(\mathbb{R})$ (Der Querstrich bedeutet Konjugation.) $[\![\, |\overline{f}| = |f|\,]\!]$.

(iii) Für jede Translation $t_r : \mathbb{R} \longrightarrow \mathbb{R}$, $t_r(x) := x - r$, gilt $f \circ t_r \in FP(\mathbb{R})$:

$$\sup_{x\in\mathbb{R}} |f \circ t_r(x-p) - f \circ t_r(x)| = \sup_{x\in\mathbb{R}} |f(x-r-p) - f(x-r)|$$
$$= \sup_{y\in\mathbb{R}} |f(y-p) - f(y)|.$$

(iv) $|f| \in FP(\mathbb{R})$ $[\![\, \big||f(x-p)| - |f(x)|\big| \leq |f(x-p) - f(x)|$ gem. 1.1, A 11 $]\!]$

Satz 4.2-4

$FP(\mathbb{R}) \subseteq C_b(\mathbb{R}, \mathbb{C})$ und alle $f \in FP(\mathbb{R})$ sind gleichmäßig stetig.

Beweis

Sei $f \in FP(\mathbb{R})$. Man wähle ein $l \geq 0$ zu $\varepsilon = 1$, so daß jedes Intervall I der Länge l eine 1-Fastperiode von f enthält; speziell gibt es für jedes $x \in \mathbb{R}$ eine 1-Fastperiode $p_x \in [x - l, x]$ von f. Es folgt $0 \leq x - p_x \leq l$ und $|f(x - p_x) - f(x)| < 1$, also

$$|f(x)| < 1 + |f(x - p_x)| \leq 1 + \sup_{y \in [0,l]} |f(y)| < \infty$$

gem. 4.1-6 (a). f ist daher beschränkt.

Zum Nachweis der gleichmäßigen Stetigkeit von f sei $\varepsilon > 0$ vorgegeben und $l \geq 0$ zu $\varepsilon/3$ so gewählt, daß jedes Intervall I der Länge l eine $\frac{\varepsilon}{3}$-Fastperiode p_I von f enthält. Für $l = 0$ gilt $|f(x) - f(x')| < \varepsilon/3$ für alle $x, x' \in \mathbb{R}$, für $l > 0$ gibt es wegen der gleichmäßigen Stetigkeit von $f{\restriction}[-l, 2l]$ ⟦ 4.1-2.1 ⟧ ein $0 < \delta < l$ mit

$$\forall\, t \in\,]-\delta, \delta[\ \forall\, x \in [0, l]\colon\ |f(x + t) - f(x)| < \frac{\varepsilon}{3}.$$

Es folgt für jedes $y \in \mathbb{R},\ t \in\,]-\delta, \delta[$ mit $p_I \in I := [y - l, y]$

$$\begin{aligned}
|f(y + t) - f(y)| &\leq |f(y + t) - f(y - p_I + t)| + |f(y - p_I + t) - f(y - p_I)| \\
&\quad + |f(y - p_I) - f(y)| \\
&< \frac{\varepsilon}{3} + |f(y - p_I + t) - f(y - p_I)| + \frac{\varepsilon}{3} \\
&\quad [\![\, p_I \text{ ist } \tfrac{\varepsilon}{3}\text{-Fastperiode von } f.]\!] \\
&< \frac{2}{3}\varepsilon + \frac{\varepsilon}{3} \qquad [\![\text{ wegen } y - p_I \in [0, l]]\!] \\
&= \varepsilon.
\end{aligned}$$

□

Beispiel (4.2,4)

Mit $f \in FP(\mathbb{R})$ ist auch $f^2 \in FP(\mathbb{R})$, denn $f^2 \in C(\mathbb{R}, \mathbb{C})$ ⟦ 2.4, A 5 ⟧, und für $\|f\|_\infty \neq 0$, $g := \frac{1}{2\|f\|_\infty} f$ gilt wegen

$$g^2(x - p) - g^2(x) = \big(g(x - p) + g(x)\big)\big(g(x - p) - g(x)\big)$$

auch

$$\begin{aligned}
|g^2(x - p) - g^2(x)| &\leq (|g(x - p)| + |g(x)|)|g(x - p) - g(x)| \leq 2\|g\|_\infty |g(x - p) - g(x)| \\
&= |f(x - p) - f(x)|;
\end{aligned}$$

jede ε-Fastperiode von f ist daher ε-Fastperiode von g^2. Nach (4.2,3) (b) (i) ist die Funktion $f^2 = 4\|f\|_\infty^2 g^2 \in FP(\mathbb{R})$.

Eine Charakterisierung von $FP(\mathbb{R})$ in $(C_{\mathrm{b}}(\mathbb{R},\mathbb{C}),d_\infty)$ gelingt mit Hilfe der Menge

$$T(f) := \{\, f \circ t_r \mid r \in \mathbb{R}\,\},$$

wobei $t_r : \mathbb{R} \longrightarrow \mathbb{R},\ t_r(x) := x - r$, die Translation bei r bezeichnet ((4.2,3) (b) (iii)).

Satz 4.2-5

$FP(\mathbb{R}) = \{\, f \in C_{\mathrm{b}}(\mathbb{R},\mathbb{C}) \mid (T(f), d_\infty{\restriction}T(f) \times T(f))$ *totalbeschränkt* $\}$.

Beweis

„$\subseteq$“ Sei $\varepsilon > 0,\ f \in FP(\mathbb{R})$. Man wähle ein $l \geq 0$, so daß jedes Intervall der Länge l eine $\frac{\varepsilon}{5}$-Fastperiode von f enthält. Für $l = 0$ gilt $|f(x) - f(x')| < \varepsilon/5$ für alle $x,\ x' \in \mathbb{R}$, also $\|f \circ t_r - f\|_\infty \leq \varepsilon/5 < \varepsilon$ für jedes $r \in \mathbb{R}$, und $\{f\}$ ist somit eine ε-Kette in $(T(f), d_\infty{\restriction}T(f) \times T(f))$. Für $l > 0$ gibt es wegen der gleichmäßigen Stetigkeit von $f{\restriction}[-l,l]$ ⟦4.1-2.1⟧ ein $0 < \delta < l$ mit

$$\forall\, x, x' \in [-l,l]\colon\ |x - x'| < \delta \Rightarrow |f(x) - f(x')| < \frac{\varepsilon}{5}.$$

Man wähle $x_1,\ \dots,\ x_m \in [0,l]$ so, daß $[0,l] \subseteq \bigcup_{i=1}^m K_\delta^{d_{|\,|}}(x_i)$ gilt. Für jedes $x \in [0,l]$ existiert dann ein $i \in \{1,\dots,m\}$ mit $|x - x_i| < \delta$, $|f(x) - f(x_i)| < \varepsilon/5$. Sei $y \in \mathbb{R}$ und $p_y \in [y-l,y]$ eine $\frac{\varepsilon}{5}$-Fastperiode von f. Wegen $y - p_y \in [0,l]$, also $y - p_y - x,\ y - p_y - x_i \in [-l,l]$, $|y-p_y-x-(y-p_y-x_i)| = |x-x_i| < \delta$ ist $|f(y-p_y-x)-f(y-p_y-x_i)| < \varepsilon/5$, und es folgt

$$\begin{aligned} |f(y-x) - f(y-x_i)| &\leq |f(y-x) - f(y-p_y-x)| \\ &\quad + |f(y-p_y-x) - f(y-p_y-x_i)| \\ &\quad + |f(y-p_y-x_i) - f(y-x_i)| \\ &< \frac{\varepsilon}{5} + \frac{\varepsilon}{5} + \frac{\varepsilon}{5} = \frac{3}{5}\varepsilon, \end{aligned}$$

$$\|f \circ t_x - f \circ t_{x_i}\|_\infty = \sup_{y\in\mathbb{R}} |f(y-x) - f(y-x_i)| \leq \frac{3}{5}\varepsilon.$$

Für jedes $y \in \mathbb{R}$ gibt es zu $y - p_y \in [0,l]$ daher ein $j \in \{1,\dots,m\}$ mit

$$\|f \circ t_{y-p_y} - f \circ t_{x_j}\|_\infty \leq \frac{3}{5}\varepsilon,$$

und weil p_y $\frac{\varepsilon}{5}$-Fastperiode von f ist, gilt auch

$$\|f \circ t_y - f \circ t_{y-p_y}\|_\infty \leq \frac{\varepsilon}{5}.$$

Insgesamt erhält man

$$\begin{aligned}\|f \circ t_y - f \circ t_{x_j}\|_\infty &\leq \|f \circ t_y - f \circ t_{y-p_y}\|_\infty + \|f \circ t_{y-p_y} - f \circ t_{x_j}\|_\infty \\ &\leq \frac{4}{5}\varepsilon < \varepsilon,\end{aligned}$$

$\{ f \circ t_{x_j} \mid j = 1, \dots, m \}$ ist also eine ε-Kette in $(T(f), d_\infty{\restriction}T(f) \times T(f))$.

„$\supseteq$" Sei $\varepsilon > 0$, $f \in C_\mathrm{b}(\mathbb{R}, \mathbb{C})$ und $\{f_1, \dots, f_m\} \subseteq T(f)$ eine ε-Kette in $(T(f), d_\infty{\restriction}T(f) \times T(f))$, etwa $f_j = f \circ t_{x_j}$ für $j = 1, \dots, m$. Sei weiter $l := 3\max_{1\leq j\leq m}|x_j|$ und $I \subseteq \mathbb{R}$ ein Intervall der Länge l mit dem Mittelpunkt $m_I = \frac{1}{2}(\sup I + \inf I)$. Man wähle ein $j \in \{1, \dots, m\}$, so daß $\|f \circ t_{m_I} - f \circ t_{x_j}\|_\infty < \varepsilon$ gilt. Dann ist $p_I := m_I - x_j \in I$ $[\![\, |x_j| \leq l/3 \,]\!]$ eine ε-Fastperiode von f:

$$\begin{aligned}\|f \circ t_{p_I} - f\|_\infty &= \sup_{x\in\mathbb{R}}|f(x - p_I) - f(x)| = \sup_{x\in\mathbb{R}}|f(x + x_j - m_I) - f(x)| \\ &= \sup_{y\in\mathbb{R}}|f(y - m_I) - f(y - x_j)| \\ &= \|f \circ t_{m_I} - f \circ t_{x_j}\|_\infty < \varepsilon.\end{aligned}$$

□

Eine weitere wichtige Charakterisierung von $FP(\mathbb{R})$ in $(C_\mathrm{b}(\mathbb{R}, \mathbb{C}), d_\infty)$ kann mit Hilfe der *abgeschlossenen konvexen Hülle*

$$AC(f) := \overline{\overline{\bigcup\{ T(rf) \mid r \in [-1, 1] \}}^{\mathrm{konv}}}^{\tau_{d_\infty}}$$

für $f \in C_\mathrm{b}(\mathbb{R}, \mathbb{C})$ angegeben werden.

Satz 4.2-6

$FP(\mathbb{R}) = \{ f \in C_\mathrm{b}(\mathbb{R}, \mathbb{C}) \mid (AC(f), \tau_{d_\infty}|AC(f))$ kompakt$\}$.

Beweis

„$\supseteq$" Wegen $T(f) \subseteq AC(f)$, $(AC(f), d_\infty{\restriction}AC(f) \times AC(f))$ totalbeschränkt (und vollständig) [[4.1-3.2]] ist $(T(f), d_\infty{\restriction}T(f) \times T(f))$ totalbeschränkt [[4.1, A 2]], und daher $f \in FP(\mathbb{R})$ gem. 4.2-5.

„$\subseteq$" Sei $f \in FP(\mathbb{R})$. $AC(f)$ ist definitionsgemäß abgeschlossen im Banach-Raum $(C_\mathrm{b}(\mathbb{R}, \mathbb{C}), \|\ \|_\infty)$ [[(3.1,2) (c)]], nach 4.1-3.3 ist also zu zeigen, daß $(AC(f), d_\infty{\restriction}AC(f) \times AC(f))$ totalbeschränkt ist. Dieses gilt gem. A 1 (b), (4.1,4) (c) und 4.1, A 2 genau dann, wenn $(\bigcup\{ T(rf) \mid r \in [-1, 1] \}, d_\infty{\restriction}\dots)$ totalbeschränkt ist. Für $f = 0$ ist $AC(f) = \{0\}$ kompakt. Sei also $f \neq 0$ und $\varepsilon > 0$. Man wähle $e_1, \dots, e_k \in [-1, 1]$ mit $[-1, 1] \subseteq \bigcup_{j=1}^k K^{d_{|\,|}}_{\varepsilon/(2\|f\|_\infty)}(e_j)$ und weiter eine $\frac{\varepsilon}{2}$-Kette $\{f \circ t_{x_1}, \dots, f \circ t_{x_m}\} \subseteq T(f)$ in $(T(f), d_\infty{\restriction}T(f) \times T(f))$.

Dann ist $\{(e_j f) \circ t_{x_i} \mid 1 \leq j \leq k,\ 1 \leq i \leq m\}$ eine ε-Kette in $(\bigcup\{T(rf) \mid r \in [-1,1]\}, d_\infty \restriction \ldots)$:

Sei $r \in [-1,1]$, $x \in \mathbb{R}$, etwa $r \in K^{d_{|\,|}}_{\varepsilon/(2\|f\|_\infty)}(e_j)$, $f \circ t_x \in K^{d_\infty}_{\varepsilon/2}(f \circ t_{x_i})$ für ein $j \in \{1, \ldots, k\}$, $i \in \{1, \ldots, m\}$. Es folgt

$$\begin{aligned}\|(rf) \circ t_x - (e_j f) \circ t_{x_i}\|_\infty &= \sup_{\xi \in \mathbb{R}} |rf(\xi - x) - e_j f(\xi - x_i)| \\ &\leq \sup_{\xi \in \mathbb{R}} |rf(\xi - x) - e_j f(\xi - x)| + \sup_{\xi \in \mathbb{R}} |e_j f(\xi - x) - e_j f(\xi - x_i)| \\ &\leq |r - e_j|\, \|f\|_\infty + |e_j|\, \|f \circ t_x - f \circ t_{x_i}\|_\infty < \frac{\varepsilon}{2} + |e_j| \frac{\varepsilon}{2} \leq \varepsilon.\end{aligned}$$ □

Satz 4.2-7

$FP(\mathbb{R})$ ist eine abgeschlossene $\mathbb{C}$-Unteralgebra von $(C_{\mathrm{b}}(\mathbb{R}, \mathbb{C}), \|\ \|_\infty)$.

Beweis

Für alle $f, g \in FP(\mathbb{R})$ ist $f + g \in C_{\mathrm{b}}(\mathbb{R}, \mathbb{C})$ und $AC(f + g) \subseteq AC(f) + AC(g)$ [[Für alle $r \in [-1,1]$ gilt $T(r(f + g)) \subseteq T(rf) + T(rg) \subseteq AC(f) + AC(g)$, also $AC(f + g) \subseteq \overline{AC(f) + AC(g)}^{\tau_{d_\infty}} = AC(f) + AC(g)$ gem. (2.4,14) (c), 4.1-6 (a) und 4.1-5 (b).]]. Nach 4.2-6, (4.2,3) (b) (i) ist $FP(\mathbb{R})$ ein $\mathbb{C}$-Untervektorraum von $C_{\mathrm{b}}(\mathbb{R}, \mathbb{C})$ und wegen $f \cdot g = \frac{1}{2}((f + g)^2 - f^2 - g^2)$ gem. (4.2,4) sogar eine $\mathbb{C}$-Unteralgebra.

Sei $f \in C_{\mathrm{b}}(\mathbb{R}, \mathbb{C})$, $f \in \overline{FP(\mathbb{R})}^{\tau_{d_\infty}}$ und $\varepsilon > 0$. Man wähle ein $g \in FP(\mathbb{R})$ mit $\|f - g\|_\infty < \varepsilon/3$. Sei p eine $\frac{\varepsilon}{3}$-Fastperiode von g. Wegen

$$\begin{aligned}\|f \circ t_p - f\|_\infty &\leq \|f \circ t_p - g \circ t_p\|_\infty + \|g \circ t_p - g\|_\infty + \|g - f\|_\infty \\ &= 2\|g - f\|_\infty + \|g \circ t_p - g\|_\infty < \frac{2}{3}\varepsilon + \frac{\varepsilon}{3} = \varepsilon\end{aligned}$$

ist p eine ε-Fastperiode von f und somit $f \in FP(\mathbb{R})$. □

In gewissen Mengen stetiger affiner Selbstabbildungen kompakter konvexer Teilmengen normierter $\mathbb{R}$-Vektorräume besitzen die Abbildungen einen gemeinsamen Fixpunkt:

Satz 4.2-8 (Fixpunktsatz von Markoff, 1936, Kakutani, 1938)

$(V, \|\ \|)$ sei ein normierter $\mathbb{R}$-Vektorraum, $\emptyset \neq T \subseteq V$ konvex, $(T, \tau_{\|\ \|} | T)$ kompakt, $\emptyset \neq A \subseteq C(T, T)$ mit

$$\forall\, \alpha, \beta \in A\colon\ \alpha \text{ affin und } \alpha \circ \beta = \beta \circ \alpha.$$

Dann existiert ein $t \in T$, so daß $\alpha(t) = t$ für jedes $\alpha \in A$ gilt.

Beweis

Für jedes $\alpha \in A$ ist

$$F_\alpha := \{\, t \in T \mid \alpha(t) = t \,\} = \{\, t \in T \mid (\alpha - \mathrm{id}_T)(t) = 0 \,\} \in \alpha_{\tau_{\|\ \|}}$$

$[\![T \in \alpha_{\tau_{\|\ \|}}$ gem. 4.1-5 (b)$]\!]$ und konvex $[\![$Für alle $t,\ t' \in F_\alpha,\ r \in [0,1]$ gilt $\alpha(rt + (1-r)t') = r\alpha(t) + (1-r)\alpha(t') = rt + (1-r)t' \in F_\alpha.]\!]$. Darüber hinaus enthält jedes F_α wenigstens ein Element:

Sei $t \in T$ und $t_n := \frac{1}{n+1}\sum_{j=0}^{n} \alpha^j(t)$ für jedes $n \in \mathbb{N}$, wobei $\alpha^0 := \mathrm{id}_T$ und $\alpha^{j+1} := \alpha \circ \alpha^j$ für alle $j \in \mathbb{N}$ ist. Wegen der Konvexität von T gehört $(t_n)_{n\in\mathbb{N}}$ zu $T^{\mathbb{N}}$, hat also eine konvergente Teilfolge $\big(t_{n_k}\big)_k$, etwa $s \in T$ mit $\big(t_{n_k}\big)_k \to_{\tau_{\|\ \|}} s$ $[\![T$ kompakt, 4.1-3.2$]\!]$. Es folgt

$$\big((\alpha - \mathrm{id}_T)\big(t_{n_k}\big)\big)_k \to_{\tau_{\|\ \|}} (\alpha - \mathrm{id}_T)(s)$$

$[\![\alpha - \mathrm{id}_T$ ist stetig! $]\!]$, wobei

$$(\alpha - \mathrm{id}_T)\big(t_{n_k}\big) = \frac{1}{n_k + 1}\sum_{j=0}^{n_k}(\alpha - \mathrm{id}_T) \circ \alpha^j(t) = \frac{1}{n_k+1}(\alpha^{n_k+1} - \mathrm{id}_T)(t)$$

gilt. Die Folge $\big((\alpha^{n_k+1} - \mathrm{id}_T)(t)\big)_k \in (T-T)^{\mathbb{N}}$ ist beschränkt $[\![T - T$ ist kompakt als stetiges Bild des Kompaktums $(T \times T, \tau_{\|\ \|}|T \times \tau_{\|\ \|}|T)$ (vgl. 4.1-6 (a); 4.1, A 19).$]\!]$, man erhält daher auch

$$\big((\alpha - \mathrm{id}_T)\big(t_{n_k}\big)\big)_k = \Big(\frac{1}{n_k+1}(\alpha^{n_k+1} - \mathrm{id}_T)(t)\Big)_k \to_{\tau_{\|\ \|}} 0$$

und nach 2.5-8 $(\alpha - \mathrm{id}_T)(s) = 0$, d. h. $s \in F_\alpha$.

Die Existenz eines allen $\alpha \in A$ gemeinsamen Fixpunkts folgt nun mit einem typischen Kompaktheitsargument (s. auch 4.3-1):

Es seien $\alpha_1, \ldots, \alpha_m, \alpha_{m+1} \in A$, $\bigcap_{j=1}^m F_{\alpha_j} \neq \emptyset$. Dann ist $\alpha_{m+1}\big[\bigcap_{j=1}^m F_{\alpha_j}\big] \subseteq \bigcap_{j=1}^m F_{\alpha_j}$ $[\![$Für jedes $t \in \bigcap_{j=1}^m F_{\alpha_j}$, $j \in \{1,\ldots,m\}$ gilt $\alpha_j(\alpha_{m+1}(t)) = \alpha_{m+1}(\alpha_j(t)) = \alpha_{m+1}(t).]\!]$. Da $\bigcap_{j=1}^m F_{\alpha_j} \neq \emptyset$ konvex und kompakt ist, gibt es $[\![$ s. o.$]\!]$ ein $s \in \bigcap_{j=1}^m F_{\alpha_j}$ mit $\alpha_{m+1}(s) = s$, also $s \in \bigcap_{j=1}^{m+1} F_{\alpha_j}$. Damit ist der Durchschnitt je endlich vieler Elemente der Menge $\{\, F_\alpha \mid \alpha \in A \,\}$ nichtleer, die Vereinigung ihrer Komplemente in T ergibt also nicht ganz T. Wegen der Kompaktheit von T kann deshalb $\{\, T\backslash F_\alpha \mid \alpha \in A \,\} \subseteq \tau_{\|\ \|}|T$ keine Überdeckung von T sein, woraus die Existenz eines Elements $t \in T\backslash \bigcup_{\alpha\in A}(T\backslash F_\alpha)$, d. h. $t \in \bigcap_{\alpha\in A} F_\alpha$ folgt. □

Es sei darauf hingewiesen, daß 4.2-8 sogar für beliebige hausdorffsche topologische $\mathbb{R}$-Vektorräume (V,τ) analog bewiesen werden kann, wenn man den Beweis von „$F_\alpha \neq \emptyset$" mit der Bolzano-Weierstraß-Eigenschaft $[\![$ (4.1,2) (a) $]\!]$ anstelle der Folgenkompaktheit führt und dabei den folgenden Beschränktheitsbegriff in (V,τ) verwendet (s. A 5 und Abschnitt 6.1):

$$S \subseteq V \textit{ beschränkt} \text{ in } (V,\tau) \quad :\text{gdw} \quad \forall\, U \in \mathcal{U}_\tau(0)\ \exists\, \varepsilon > 0\colon\ K_\varepsilon^{d_{|\,|}}(0)S \subseteq U$$

Kompakte Mengen sind dann nämlich beschränkt und Produkte aus Nullfolgen in $(\mathbb{R}, \tau_{|\,|})$ mit beschränkten Folgen in (V,τ) Nullfolgen in (V,τ) (s. A 4).

Von großer Bedeutung für die Analysis und ihre Anwendungen ist auch der *Brouwersche Fixpunktsatz (1910)*:

Ist $\emptyset \neq C \subseteq \mathbb{R}^n$ konvex und kompakt, $f : C \longrightarrow C$ stetig, so gilt $\operatorname{Fix} f \neq \emptyset$.

Für einen Beweis sei auf die Literatur verwiesen (z. B. [28, Theorem 9.4.1.2]).

Dieser Abschnitt schließt mit einem für die Theorie der Summierbarkeit bedeutenden Ergebnis über unbedingt konvergente Reihen.

Satz 4.2-9 (Gelfand, 1938)

$(V, \|\ \|)$ sei ein Banach-Raum über K, $K \in \{\mathbb{R}, \mathbb{C}\}$, $(x_i)_i \in V^{\mathbb{N}}$, $\sum_{i=0}^{\infty} x_i$ unbedingt konvergent in $(V, \tau_{\|\ \|})$. Die Menge

$$\left\{ \sum_{i=0}^{\infty} v_i x_i \,\middle|\, v \in \{-1,1\}^{\mathbb{N}} \right\}$$

ist kompakt in $(V, \tau_{\|\ \|})$.

Beweis

$(\{-1,1\}^{\mathbb{N}}, \bigtimes_{j\in\mathbb{N}} \tau_{\text{dis}})$ ist nach 4.1, A 19 kompakt ⟦Die diskrete Topologie τ_{dis} auf $\{-1,1\}$ wird durch die diskrete Metrik d_{dis} induziert; (1.2,2) (c). ⟧, die Funktion

$$c : \begin{cases} \{-1,1\}^{\mathbb{N}} \longrightarrow V \\ v \longmapsto \sum_{i=0}^{\infty} v_i x_i \end{cases}$$

ist gem. (3.5,3) (b) wohldefiniert. Wegen 4.1-6 (a) folgt die behauptete Kompaktheit, wenn c stetig bzgl. $(\bigtimes_{j\in\mathbb{N}} \tau_{\text{dis}}, \tau_{\|\ \|})$ ist. Es gilt

$$\forall\, \varepsilon > 0\ \exists\, n_\varepsilon \in \mathbb{N}\ \forall\, v \in \{-1,1\}^{\mathbb{N}}\colon\ \left\| \sum_{j=n_\varepsilon}^{\infty} v_j x_j \right\| < \varepsilon, \tag{$*$}$$

denn andernfalls gäbe es ein $\varepsilon > 0$ und für jedes $n \in \mathbb{N}$ ein $v^{(n)} \in \{-1,1\}^{\mathbb{N}}$ mit $\|\sum_{j=n}^{\infty} v_j x_j\| \geq \varepsilon$. Man wähle dann $r_0 > m_0 := 0$ mit $\|\sum_{j=m_0}^{r_0} v_j^{(m_0)} x_j\| \geq \varepsilon/2$ und definiere $m_1 := r_0 + 1$. Ist $r_k > m_k$ ausgewählt, so sei $m_{k+1} := r_k + 1$, $r_{k+1} > m_{k+1}$, $v^{(m_{k+1})} \in \{-1,1\}^{\mathbb{N}}$ mit $\|\sum_{j=m_{k+1}}^{r_{k+1}} v_j^{(m_{k+1})} x_j\| \geq \varepsilon/2$. Mit $w \in \{-1,1\}^{\mathbb{N}}$, $w_j := v_j^{(m_k)}$ für jedes $k \in \mathbb{N}$, $m_k \leq j \leq r_k$ wäre $\sum_{j=0}^{\infty} w_j x_j$ nicht konvergent. ↯ ⟦Sonst wäre für hinreichend große $k \in \mathbb{N}$ speziell $\|\sum_{j=m_k}^{r_k} w_j x_j\| = \|\sum_{j=m_k}^{r_k} v_j^{(m_k)} x_j\| < \varepsilon/2$. ↯ ⟧

Zum Nachweis der Stetigkeit von c sei $v \in \{-1,1\}^{\mathbb{N}}$ und $\left(v^{(n)}\right)_n$ eine Folge in $\{-1,1\}^{\mathbb{N}}$ mit $\left(v^{(n)}\right)_n \to_{\bigtimes_{j\in\mathbb{N}}\tau_{\text{dis}}} v$, also

$$\forall\, j \in \mathbb{N}\; \exists\, m_j \in \mathbb{N}\; \forall\, m \geq m_j\colon\; v_j^{(m)} = v_j$$

⟦2.4-8 (b)⟧. Gem. $(*)$ erhält man für jedes $n \geq \max\{m_0, \ldots, m_{n_\varepsilon - 1}\}$

$$\left\| c\big(v^{(n)}\big) - \sum_{j=0}^{n_\varepsilon - 1} v_j x_j \right\| = \left\| \sum_{j=0}^{\infty} v_j^{(n)} x_j - \sum_{j=0}^{n_\varepsilon - 1} v_j x_j \right\| = \left\| \sum_{j=n_\varepsilon}^{\infty} v_j^{(n)} x_j \right\| < \varepsilon$$

und

$$\left\| \sum_{j=0}^{n_\varepsilon - 1} v_j x_j - c(v) \right\| = \left\| \sum_{j=0}^{n_\varepsilon - 1} v_j x_j - \sum_{j=0}^{\infty} v_j x_j \right\| = \left\| \sum_{j=n_\varepsilon}^{\infty} v_j x_j \right\| < \varepsilon,$$

woraus $\left\|c\big(v^{(n)}\big) - c(v)\right\| < 2\varepsilon$, also $\left(c\big(v^{(n)}\big)\right)_{n\in\mathbb{N}} \to_{\tau_{\|\,\|}} c(v)$ folgt. Nach 2.4-1.3 ist c stetig. □

Aufgaben zu 4.2

1. $(V, \|\;\|)$ sei ein halbnormierter K-Vektorraum, $K \in \{\mathbb{R}, \mathbb{C}\}$, $S \subseteq V$.

(a) S beschränkt in $(V, d_{\|\,\|})$ $\Longrightarrow$ $\overline{S}^{\text{konv}}$ beschränkt in $(V, d_{\|\,\|})$

(b) S totalbeschränkt in $(V, d_{\|\,\|})$ $\Longrightarrow$ $\overline{S}^{\text{konv}}$ totalbeschränkt in $(V, d_{\|\,\|})$

2. Sei $S \subseteq \mathbb{R}^n$ kompakt, $n \geq 1$. Dann ist $\overline{S}^{\text{konv}}$ kompakt.
(Hinweis: 2.4, A 35)

3. Es sei $(p_j)_j \in TP(\mathbb{R})^{\mathbb{N}}$, $f \in C_{\text{b}}(\mathbb{R}, \mathbb{C})$ und $(p_j)_j \to_{d_\infty} f$. Man zeige: $f \in FP(\mathbb{R})$.

4. (V, τ) sei ein topologischer $\mathbb{R}$-Vektorraum, $C \subseteq V$, $(v_j)_j \in V^{\mathbb{N}}$, $(r_j)_j \in \mathbb{R}^{\mathbb{N}}$.

(a) C kompakt $\Longrightarrow$ C beschränkt in (V, τ)

(b) $\{\, v_j \mid j \in \mathbb{N} \,\}$ beschränkt in (V, τ), $(r_j)_j \to_{\tau_{|\,|}} 0$ $\Longrightarrow$ $(r_j v_j)_j \to_\tau 0$

5. (V, τ) sei ein hausdorffscher topologischer $\mathbb{R}$-Vektorraum, $\emptyset \neq T \subseteq V$ konvex und kompakt, $\alpha \in C(T, T)$ affin. Es gilt: $\operatorname{Fix} \alpha \neq \emptyset$.

6. Es sei

$$W := \{\, f \in C_{\mathbb{R}}([0,1]) \mid f(0) = 0 \,\} \quad \text{und}$$

$$U := \left\{ f \in W \;\middle|\; \int_0^1 f(t)\,\mathrm{d}t = 0 \right\}.$$

$(W, \|\;\|_\infty)$ ist ein Banach-Raum ⟦3.1, A 17 (c)⟧ und

(a) $U \in \alpha_{\tau_{\|\,\|_\infty}} \setminus \{W\}$

(b) $\forall\, f \in W\colon\; \|f\|_\infty = 1 \Rightarrow \inf\{\, \|f - u\|_\infty \mid u \in U \,\} < 1$.

4.3 Kompaktheit in topologischen Räumen

In diesem Abschnitt werden weitere, in beliebigen topologischen Räumen gültige Charakterisierungen der Kompaktheit angegeben und ihre Auswirkung auf Trennungseigenschaften untersucht. Der Satz von Tychonoff (4.3-7) zeigt, daß Kompaktheit multiplikativ ist (s. auch 4.1, A 19). Schließlich wird der Weierstraßsche Approximationssatz 2.2-5 für stetige, auf kompakten topologischen Räumen definierte Funktionen formuliert (4.3-10, M. H. Stone) und die Optimalität dieses Ergebnisses in der Klasse der vollständig regulären Räume aufgezeigt (4.3-11, E. Hewitt). Die Kennzeichnung der Separabilität von $\big(C_{\mathrm{b}}(X,\mathbb{C}),\tau_{d_\infty}\big)$ erfolgt in 4.3-13.

Definition

X sei eine Menge, $\mathcal{S} \subseteq \mathcal{P}X$.

$\mathcal{S}$ hat die *endliche Durchschnittseigenschaft (eDE)* :gdw

$$\forall\, \mathcal{S}^* \in \mathcal{P}_{\mathrm{e}}\mathcal{S}\colon\ \bigcap \mathcal{S}^* \neq \emptyset$$

Man beachte $\bigcap \emptyset = X$; keine Teilmenge $\mathcal{S}$ von $\mathcal{P}\emptyset$ hat die eDE.

Satz 4.3-1

(X,τ) sei ein topologischer Raum.

Äq *(i)* (X,τ) *kompakt*

(ii) $\forall\, \mathcal{A} \subseteq \alpha_\tau\colon\ \mathcal{A}$ *hat eDE* $\Rightarrow \bigcap \mathcal{A} \neq \emptyset$

(iii) $\forall\, \mathcal{F} \subseteq \mathcal{P}X\colon\ \mathcal{F}$ *Filter auf* X

$\Rightarrow \exists\, \mathcal{F}' \subseteq \mathcal{P}X\colon\ \mathcal{F} \subseteq \mathcal{F}',\ \mathcal{F}'$ *Filter auf* X *und* $\mathcal{F}'$ *konvergent in* (X,τ)

(iv) $\forall\, A \in \alpha_\tau\backslash\{X\}\colon\ (A,\tau|A)$ *kompakt*

Beweis

(i) ⇒ (ii) Für $\mathcal{O} := \{\, X\backslash A \mid A \in \mathcal{A}\,\}$ gilt $X \neq \bigcup \mathcal{O}$ ⟦Sonst gäbe es nach (i) ein $\mathcal{O}' \in \mathcal{P}_{\mathrm{e}}\mathcal{O}$ mit $X = \bigcup \mathcal{O}'$, d. h. $\emptyset = X\backslash \bigcup \mathcal{O}' = \bigcap\{\, X\backslash O \mid O \in \mathcal{O}'\,\}$ im Widerspruch zur eDE.⟧. Es folgt $\emptyset \neq X\backslash \bigcup \mathcal{O} = \bigcap \mathcal{A}$.

(ii) ⇒ (iii) $\widetilde{\mathcal{F}} := \{\, \overline{F}^{\tau} \mid F \in \mathcal{F}\,\}$ hat die eDE, also existiert ein $x \in \bigcap \widetilde{\mathcal{F}}$. $\mathcal{F}' := \{\, U \cap F \mid U \in \mathcal{U}_\tau(x),\ F \in \mathcal{F}\,\}$ ist ein Filter auf X, $\mathcal{F} \subseteq \mathcal{F}'$ und $\mathcal{F}' \to_\tau x$ (s. 1.2).

(iii) ⇒ (iv) Angenommen, es gibt eine Menge $A \in \alpha_\tau\backslash\{X\}$, die nicht kompakt ist, etwa $\mathcal{O} \subseteq \tau$ mit $\bigcup \mathcal{O} \supseteq A$ und

$$\forall\, \mathcal{O}^* \in \mathcal{P}_{\mathrm{e}}\mathcal{O}\colon\ \bigcup \mathcal{O}^* \not\supseteq A.$$

Dann ist $\{\, A\backslash \bigcup \mathcal{O}^* \mid \mathcal{O}^* \in \mathcal{P}_{\mathrm{e}}\mathcal{O}\,\}$ Filterbasis für einen Filter $\mathcal{F}$ auf X. Gem. (iii) sei

$\mathcal{F}'$ ein Filter auf X, $\mathcal{F}' \supseteq \mathcal{F}$, $x \in X$ mit $\mathcal{F}' \to_\tau x$. Es folgt $x \in \overline{F}^\tau$ für jedes $F \in \mathcal{F}'$ $[\![U \in \mathcal{U}_\tau(x),\ G \in \mathcal{F}'$ mit $G \subseteq U \Longrightarrow \emptyset \neq G \cap F \subseteq U \cap F]\!]$, speziell $x \in \overline{A}^\tau = A$ und somit

$$x \in \bigcap\{\, \overline{F}^\tau \mid F \in \mathcal{F}' \,\} \subseteq \bigcap\{\, \overline{F}^\tau \mid F \in \mathcal{F} \,\} \subseteq \bigcap\Big\{\, X \backslash \bigcup \mathcal{O}^* \,\Big|\, \mathcal{O}^* \in \mathcal{P}_e\mathcal{O} \,\Big\}$$
$$= X \backslash \bigcup\Big\{ \bigcup \mathcal{O}^* \,\Big|\, \mathcal{O}^* \in \mathcal{P}_e\mathcal{O} \Big\} = X \backslash \bigcup \mathcal{O} \subseteq X \backslash A. \ \lightning$$

(iv) ⇒ (i) Sei $X \neq \emptyset$ (o. B. d. A.), $\mathcal{O} \subseteq \tau$, $\bigcup \mathcal{O} = X$ und $P \in \mathcal{O}\backslash\{\emptyset\}$. Dann ist $X \neq X\backslash P \in \alpha_\tau$ kompakt gem. (iv), etwa $\bigcup_{j=1}^m O_j \supseteq X\backslash P$ für gewisse $O_1, \ldots, O_m \in \mathcal{O}$. Wegen $P \cup \bigcup_{j=1}^m O_j = X$ ist $\{P, O_1, \ldots, O_m\}$ eine endliche Teilüberdeckung. □

Die im Beweis zu 4.3-1 für Filter $\mathcal{F}$ auf einem topologischen Raum (X, τ) verwendete Menge

$$\operatorname{Adh} \mathcal{F} := \bigcap\{\, \overline{F}^\tau \mid F \in \mathcal{F} \,\}$$

nennt man *Adhärenzmenge* von $\mathcal{F}$. Mit dieser Bezeichnung gilt (s. A 1)

Korollar 4.3-1.1

(X, τ) sei ein topologischer Raum.

Äq (i) (X, τ) kompakt

(ii) $\forall\, \mathcal{F} \subseteq \mathcal{P}X:\ \mathcal{F}$ Filter auf $X \Rightarrow \operatorname{Adh} \mathcal{F} \neq \emptyset$ □

Filter $\mathcal{F}$ auf X, die sich als Filter nicht vergrößern lassen, heißen Ultrafilter:

$\mathcal{F}$ *Ultrafilter* auf X :gdw $\forall\, \mathcal{F}' \subseteq \mathcal{P}X:\ \mathcal{F}'$ Filter auf X, $\mathcal{F}' \supseteq \mathcal{F} \Rightarrow \mathcal{F}' = \mathcal{F}$

Jeder Filter $\mathcal{F}$ auf X ist in einem Ultrafilter auf X enthalten:

Die Menge $\{\, \mathcal{G} \subseteq \mathcal{P}X \mid \mathcal{G}$ Filter auf X, $\mathcal{G} \supseteq \mathcal{F} \,\}$ besitzt nach Zorns Lemma ein maximales Element $\mathcal{F}_{\max}$, $\mathcal{F}_{\max}$ ist Ultrafilter auf X (s. A 7 (a)).

Hiermit erhält man auch

Korollar 4.3-1.2

(X, τ) sei ein topologischer Raum.

Äq (i) (X, τ) kompakt

(ii) $\forall\, \mathcal{F} \subseteq \mathcal{P}X:\ \mathcal{F}$ Ultrafilter auf $X \Rightarrow \mathcal{F}$ konvergent in (X, τ)

Beweis

(i) ⇒ (ii) ist nach 4.3-1 klar.

(ii) ⇒ (i) Sei $\mathcal{F}$ ein Filter und $\mathcal{F}' \supseteq \mathcal{F}$ ein Ultrafilter auf X. Nach (ii) ist $\mathcal{F}'$ konvergent in (X, τ). Aus 4.3-1 folgt die Kompaktheit von (X, τ). □

Korollar 4.3-1.3

Jeder kompakte T_3-Raum (X, τ) ist ein Baire-Raum.

Beweis

Gem. 3.1-4 sei $(O_j)_j \in \tau^{\mathbb{N}}$, $\overline{O_j}^{\tau} = X$ für alle $j \in \mathbb{N}$ und $P \in \tau\backslash\{\emptyset\}$. Wegen $\emptyset \neq P \cap O_0 \in \tau$ existiert ein $P_0 \in \tau\backslash\{\emptyset\}$ mit $\overline{P_0}^{\tau} \subseteq P \cap O_0$ ⟦(T-3)⟧. Ist $P_k \in \tau\backslash\{\emptyset\}$ gewählt, so gibt es ein $P_{k+1} \in \tau\backslash\{\emptyset\}$ mit $\overline{P_{k+1}}^{\tau} \subseteq P_k \cap O_{k+1}$. Da (X, τ) kompakt ist, folgt $\bigcap_{k\in\mathbb{N}} \overline{P_k}^{\tau} \neq \emptyset$ nach 4.3-1 und damit

$$P \cap \bigcap_{j\in\mathbb{N}} O_j \supseteq P \cap \bigcap_{k\in\mathbb{N}} \overline{P_k}^{\tau} = \bigcap_{k\in\mathbb{N}} \overline{P_k}^{\tau} \neq \emptyset.$$

□

Die Beschreibung der Kompaktheit pseudometrischer Räume mit Hilfe von Folgen (folgenkompakt, vgl. 4.1-3.2) läßt sich sinngemäß auch in topologischen Räumen durchführen, wenn man Netze anstelle von Folgen verwendet. Hierzu benötigt man einen geeigneten Teilnetzbegriff (vgl. Anhang 1-30).

Satz 4.3-2

(X, τ) sei ein topologischer Raum, $M : A \longrightarrow X$ ein Netz, $\xi \in X$ und $\overline{\mathfrak{E}_M}$ der Endenfilter von M (s. 1.2, A 16 (b)).

Äq *(i)* *ξ Häufungspunkt von M (s. 3.1, Seite 177)*

(ii) *$\exists N : B \longrightarrow X$: N Teilnetz von M, $N \rightarrow_\tau \xi$*

(iii) $\xi \in \operatorname{Adh} \overline{\mathfrak{E}_M}$

Beweis

(i) ⇒ (ii) Man definiere eine gerichtete Menge $(B, \geq)$ durch

$$B := \{\, (a, U) \in A \times \mathcal{U}_\tau(\xi) \mid M(a) \in U \,\},$$

$$(a, U) \geq (a', U') \quad \text{:gdw} \quad a \geq a',\ U \subseteq U' \quad \textit{(Produktrichtung).}$$

$(B, \geq)$ ist eine gerichtete Menge, wenn ξ als Häufungspunkt von M vorausgesetzt wird. Mit

$$\alpha : \begin{cases} B \longrightarrow A \\ (a, U) \longmapsto a \end{cases}$$

ist $N := M \circ \alpha$ ein Teilnetz von M, und es gilt $N \rightarrow_\tau \xi$ ⟦Sei $U \in \mathcal{U}_\tau(\xi)$, $a \in A$ mit $M(a) \in U$, also $(a, U) \in B$. Für alle $(a', U') \in B$, $(a', U') \geq (a, U)$ ist $M \circ \alpha((a', U')) = M(a') \in U' \subseteq U$.⟧.

(ii) ⇒ (iii) Für $\xi \notin \operatorname{Adh} \overline{\mathfrak{E}_M}$, etwa $a \in A$ mit $\xi \notin \overline{\{ M(a') \mid a' \in A,\ a' \geq a \}}^{\tau}$, gibt es eine Umgebung $U \in \mathcal{U}_{\tau}(\xi) \cap \tau$, für die $U \cap \{ M(a') \mid a' \in A,\ a' \geq a \} = \emptyset$ erfüllt ist. Sei $N : B \longrightarrow X$ mit $\alpha : B \longrightarrow A$ ein Teilnetz von M. Wäre N gegen ξ konvergent, so gäbe es ein $b \in B$, so daß $N(b') \in U$ für jedes $b' \geq b$ richtig wäre. Zu a könnte man ein $b_0 \in B$ wählen, das $\alpha(b') \geq a$ für jedes $b' \geq b_0$ liefert, und hierzu gäbe es ein $b_1 \in B$ mit $b_1 \geq b, b_0$. Es würde $M \circ \alpha(b_1) = N(b_1) \in U$ und auch $\alpha(b_1) \geq a$ gelten im Widerspruch zur Disjunktheit von U und $\{ M(a') \mid a' \in A,\ a' \geq a \}$.

(iii) ⇒ (i) Ist ξ nicht Häufungspunkt von M, so existiert ein $U \in \mathcal{U}_{\tau}(\xi) \cap \tau$ mit der Eigenschaft

$$\exists\, a \in A\, \forall\, a' \in A\colon\ a' \geq a \Rightarrow M(a') \in X \backslash U,$$

d. h. $\{ M(a') \mid a' \in A,\ a' \geq a \} \cap U = \emptyset$. Es folgt $\xi \notin \operatorname{Adh} \overline{\mathfrak{E}_M}$. □

Korollar 4.3-2.1

(X, τ) sei ein topologischer Raum.

Äq *(i)* *(X, τ) kompakt*

(ii) $\forall M\colon$ *M Netz in X* $\Rightarrow \exists N\colon$ *N Teilnetz von M, N konvergent in (X, τ)*

(iii) $\forall M\colon$ *M Netz in X* $\Rightarrow \exists\, \xi \in X\colon$ *ξ Häufungspunkt von M*

Beweis

(i) ⇒ (ii) Gem. 4.3-1.1 ist die Adhärenzmenge $\operatorname{Adh} \overline{\mathfrak{E}_M}$ des Endenfilters $\overline{\mathfrak{E}_M}$ zu M nichtleer. Zu jedem Element ξ von $\operatorname{Adh} \overline{\mathfrak{E}_M}$ gibt es nach 4.3-2 ein gegen ξ konvergentes Teilnetz von M.

(ii) ⇒ (iii) Ist N ein gegen $\xi \in X$ konvergentes Teilnetz von M, so ist ξ gem. 4.3-2 ein Häufungspunkt von M.

(iii) ⇒ (i) Wegen 4.3-1.1 sei $\mathcal{F}$ ein Filter auf X. Man wähle für jedes $F \in \mathcal{F}$ ein $M_F \in F$.

$$M_{\mathcal{F}} : \begin{cases} \mathcal{F} \longrightarrow X \\ F \longmapsto M_F \end{cases}$$

ist ein Netz in X ⟦s. 1.2, A 16 (a)⟧, hat also gem. (iii) einen Häufungspunkt $\xi \in X$. ξ ist nach 4.3-2 aus der Adhärenzmenge des zu $M_{\mathcal{F}}$ gehörenden Endenfilters, d. h. es gilt für jedes $F \in \mathcal{F}$

$$\xi \in \overline{\{ M_{\mathcal{F}}(G) \mid G \in \mathcal{F},\ G \subseteq F \}}^{\tau} \subseteq \overline{F}^{\tau},$$

woraus $\xi \in \bigcap \{ \overline{F}^{\tau} \mid F \in \mathcal{F} \} = \operatorname{Adh} \mathcal{F}$ folgt. Mit 4.3-1.1 erhält man die Behauptung. □

Kompaktheit läßt sich auch mit Hilfe subbasisoffener Überdeckungen charakterisieren (s. [21]):

Sei $\mathcal{S} \subseteq \tau$ eine Subbasis von τ.

Äq (i) (X,τ) kompakt

(ii) $\forall\, \mathcal{O} \subseteq \mathcal{S}\colon\ \bigcup \mathcal{O} = X \Rightarrow \exists\, \mathcal{O}' \in \mathcal{P}_{\mathrm{e}}\mathcal{O}\colon\ \bigcup \mathcal{O}' = X$

(Alexanders Subbasissatz, 1939)

Kompakte T_2- bzw. T_3-Räume sind T_4-Räume (s. 4.3-3.1, 4.3-4).

Satz 4.3-3

(X,τ) sei ein T_2-Raum, A, $B \subseteq X$ kompakt, $A \cap B = \emptyset$. Es gibt Umgebungen $U \in \mathcal{U}_\tau(A)$, $V \in \mathcal{U}_\tau(B)$ mit $U \cap V = \emptyset$.

Beweis

Sei $a \in A$. Für jedes $b \in B$ wähle man Umgebungen $U_b \in \mathcal{U}_\tau(a) \cap \tau$, $V_b \in \mathcal{U}_\tau(b) \cap \tau$ mit $U_b \cap V_b = \emptyset$. $\{\, V_b \mid b \in B \,\}$ ist eine offene Überdeckung von B und hat daher eine endliche Teilüberdeckung $\{V_{b_1}, \ldots, V_{b_m}\}$. Es folgt

$$\bigcap_{j=1}^{m} U_{b_j} \in \mathcal{U}_\tau(a), \qquad \bigcup_{j=1}^{m} V_{b_j} \in \mathcal{U}_\tau(B), \qquad \bigcap_{j=1}^{m} U_{b_j} \cap \bigcup_{j=1}^{m} V_{b_j} = \emptyset.$$

Weiterhin wähle man nun für jedes $a \in A$ Umgebungen $W_a \in \mathcal{U}_\tau(a) \cap \tau$ und $Z_a \in \mathcal{U}_\tau(B) \cap \tau$ mit $W_a \cap Z_a = \emptyset$. Ist $\{W_{a_1}, \ldots, W_{a_k}\}$ eine endliche Teilüberdeckung von A, so gilt

$$\bigcap_{j=1}^{k} Z_{a_j} \in \mathcal{U}_\tau(B), \qquad \bigcup_{j=1}^{k} W_{a_j} \in \mathcal{U}_\tau(A), \qquad \bigcap_{j=1}^{k} Z_{a_j} \cap \bigcup_{j=1}^{k} W_{a_j} = \emptyset.$$

□

Korollar 4.3-3.1

Jeder kompakte T_2-Raum ist normal und ein Baire-Raum. □

Satz 4.3-4

(X,τ) sei ein T_3-Raum, $A \subseteq X$ kompakt.

$\mathcal{U}_\tau(A) \cap \alpha_\tau$ ist eine Basis von $\mathcal{U}_\tau(A)$, insbesondere ist jeder kompakte T_3-Raum auch T_4-Raum.

Beweis

Sei $U \in \mathcal{U}_\tau(A)$, also auch $U \in \mathcal{U}_\tau(a)$ für jedes $a \in A$. Gem. 2.5-2 gibt es ein $V_a \in \mathcal{U}_\tau(a) \cap \tau$ mit $\overline{V_a}^{\tau} \subseteq U$. Die Überdeckung $\{\, V_a \mid a \in A \,\}$ von A hat eine endliche Teilüberdeckung $\{V_{a_1}, \ldots, V_{a_m}\}$, und es folgt

$$A \subseteq \bigcup_{j=1}^{m} V_{a_j} \subseteq \overline{\bigcup_{j=1}^{m} V_{a_j}}^{\tau} = \bigcup_{j=1}^{m} \overline{V_{a_j}}^{\tau} \subseteq U.$$

In kompakten (T_3-)Räumen (X, τ) sind abgeschlossene Teilmengen kompakt, (X, τ) ist also T_4-Raum gem. 2.5-2. □

Beispiel (4.3,1)

(X, d) sei ein kompakter metrischer, (Y, σ) ein T_2-Raum, $f \in C(X, Y)$ surjektiv. Dann ist (Y, σ) A_2-Raum und metrisierbar:

(Y, σ) ist kompakter T_2-Raum ⟦ 4.1-6 (a) ⟧, also normal ⟦ 4.3-3.1 ⟧ und damit regulär ⟦ 2.5-2; $\forall\ y \in Y\colon\ \{y\} \in \alpha_\sigma$ ⟧. Nach dem Alexandroff-Urysohnschen Metrisationssatz 2.5-15 ist (Y, σ) metrisierbar, sofern das 2. Abzählbarkeitsaxiom erfüllt ist. Zwar ist (X, τ_d) ein A_2-Raum ⟦ (X, τ_d) kompakt $\Longrightarrow$ (X, τ_d) Lindelöf-Raum $\Longrightarrow$ (X, τ_d) A_2-Raum; 2.3-4 ⟧, die A_2-Eigenschaft jedoch nicht divisibel ⟦ (2.4,13) ⟧, sie muß daher in diesem Fall direkt überprüft werden, denn (Y, σ) ist gem. 2.4-3 (a) zunächst nur separabel (s. hierzu auch A 8). Sei $\mathcal{B} \subseteq \tau_d$ eine abzählbare Basis von τ_d, $\mathcal{C} := \{ \bigcup \mathcal{E} \mid \mathcal{E} \in \mathcal{P}_e\mathcal{B} \}$ und $\mathcal{D} := \{ Y \backslash f[X \backslash C] \mid C \in \mathcal{C} \}$. Die Teilmenge $\mathcal{D}$ von σ ist abzählbar ⟦ Für jedes $C \in \mathcal{C}$ ist $X \backslash C \in \alpha_{\tau_d}$, also kompakt, und damit auch $f[X \backslash C]$ kompakt gem. 4.1-5 (a), 4.1-6 (a). Es folgt $f[X \backslash C] \in \alpha_\sigma$ nach 4.1-5 (b). ⟧. $\mathcal{D}$ ist sogar eine Basis von σ. Sei nämlich $y \in U \in \sigma$, also $f^{-1}[\{y\}] \subseteq f^{-1}[U]$ und $f^{-1}[\{y\}] \in \alpha_{\tau_d}$ kompakt. Dann existieren $B_1, \ldots, B_m \in \mathcal{B}$ mit

$$f^{-1}[\{y\}] \subseteq \bigcup_{j=1}^{m} B_j \subseteq f^{-1}[U],$$

und für $C := \bigcup_{j=1}^{m} B_j \in \mathcal{C}$ erhält man $y \in Y \backslash f[X \backslash C] \subseteq U$, denn $y \in f[X \backslash C]$, etwa $y = f(z)$, $z \in X \backslash C$, würde $z \in f^{-1}[\{y\}] \cap X \backslash C$ nach sich ziehen (↯), und für jedes $z \in Y \backslash f[X \backslash C]$ gibt es ein $c \in C$ mit $z = f(c) \in f[f^{-1}[U]] \subseteq U$.

Mit Hilfe des Kompaktheitsbegriffs können die T_{3a}-Räume (s. 2.5) in einer zur Formulierung im Lemma von Urysohn 2.5-10 analogen Weise charakterisiert werden.

Satz 4.3-5 (Verallgemeinertes Urysohnsches Lemma)

(X, τ) sei ein topologischer Raum.

Äq (i) (X, τ) T_{3a}-Raum

(ii) $\forall\ A \in \alpha_\tau\ \forall\ K \subseteq X\colon\ (K, \tau|K)$ kompakt, $A \cap K = \emptyset$
$\Rightarrow \exists\ f \in C(X, [0,1])\colon\ f[A] \subseteq \{0\},\ f[K] \subseteq \{1\}$

Beweis

(ii) ⇒ (i) gilt, weil die einelementigen Teilmengen von X kompakt sind.

(i) ⇒ (ii) Für jedes $k \in K$ sei $g_k \in C(X, [0,1])$ mit $g_k(k) = 1$ und $g_k[A] \subseteq \{0\}$ gewählt ⟦ (T-3a) ⟧. Man setze

$$f_k : \begin{cases} X \longrightarrow [0,1] \\ x \longmapsto \min\{1, 2g_k(x)\}. \end{cases}$$

Nach 2.4, A 5 ist $f_k \in C(X, [0,1])$, und es folgt

$$f_k[A] \subseteq \{0\}, \quad f_k[\{\, x \in X \mid g_k(x) > \tfrac{1}{2} \,\}] \subseteq \{1\},$$
$$\{\, x \in X \mid g_k(x) > \tfrac{1}{2} \,\} \in \tau \cap \mathcal{U}_\tau(k).$$

Da K kompakt ist, gibt es $k_1, \ldots, k_m \in K$ mit $K \subseteq \bigcup_{j=1}^m \{\, x \in X \mid g_{k_j}(x) > \frac{1}{2} \,\}$, und für $f := \bigvee_{j=1}^m f_{k_j} \in C(X, [0,1])$ erhält man

$$f[A] \subseteq \{0\} \quad \text{und} \quad f[K] \subseteq \bigcup_{j=1}^{m} f\big[\{\, x \in X \mid g_{k_j}(x) > \tfrac{1}{2} \,\}\big] \subseteq \{1\}.$$

□

In 4.3-5 kann anstelle von $[0,1]$ auch $[a,b]$, $a < b$, verwendet werden ⟦ s. Beweis zu 2.5-10.1 ⟧. Die Trennungseigenschaften (T-2), (T-3) sind nicht divisibel (s. (2.5,6)), unter gewissen Bedingungen lassen sie sich jedoch auf Quotienten übertragen (s. auch A 8).

Satz 4.3-6

(X, τ) sei ein topologischer Raum, R eine Äquivalenzrelation über X mit der Partition $X/_R$ und der kanonischen Projektion π_R, $(\pi_R(x), \tau|\pi_R(x))$ kompakt für jedes $x \in X$ und $X/_R$ τ-halbstetig. Ist (X, τ) ein T_2- (bzw. T_3-)Raum, so auch $\big(X/_R, \tau/_R\big)$.

Beweis

(T-2): Es seien $x, x' \in X$, $\pi_R(x) \neq \pi_R(x')$, d. h. $\pi_R(x) \cap \pi_R(x') = \emptyset$. Nach 4.3-3 wähle man $O_x, O_{x'} \in \tau$ mit $O_x \cap O_{x'} = \emptyset$, $\pi_R(x) \subseteq O_x$, $\pi_R(x') \subseteq O_{x'}$ und weiter $P_x, P_{x'} \in \tau$ R-saturiert mit $\pi_R(x) \subseteq P_x \subseteq O_x$, $\pi_R(x') \subseteq P_{x'} \subseteq O_{x'}$. Dann folgt $\pi_R[P_x], \pi_R[P_{x'}] \in \tau/_R$, $\pi_R[P_x] \cap \pi_R[P_{x'}] = \emptyset$, $\pi_R(x) \in \pi_R[P_x]$ und $\pi_R(x') \in \pi_R[P_{x'}]$.

(T-3): Sei $x \in X$, $A_R \in \alpha_{\tau/_R}$, $\pi_R(x) \notin A_R$ und gem. 4.3-4 $O_x, P_{A_R} \in \tau$ mit $\pi_R(x) \subseteq O_x$, $\pi_R^{-1}[A_R] \subseteq P_{A_R}$ und $O_x \cap P_{A_R} = \emptyset$. Wegen der τ-Halbstetigkeit von $X/_R$ existieren für jedes $a \in \bigcup A_R = \pi_R^{-1}[A_R]$ R-saturierte Mengen $Q_x, Q_a \in \tau$ mit $\pi_R(x) \subseteq Q_x \subseteq O_x$ und $\pi_R(a) \subseteq Q_a \subseteq P_{A_R}$. Die Menge $Q_{A_R} := \bigcup\{\, Q_a \mid a \in \pi_R^{-1}[A_R] \,\}$ ist R-saturiert, $\pi_R^{-1}[A_R] \subseteq Q_{A_R} \subseteq P_{A_R}$, $\pi_R[Q_x] \in \tau/_R$, $\pi_R\big[Q_{A_R}\big] \in \tau/_R$, $\pi_R[Q_x] \cap \pi_R\big[Q_{A_R}\big] = \emptyset$ ⟦ wegen der R-Saturiertheit ⟧, $\pi_R(x) \in \pi_R[Q_x]$ und $A_R = \pi_R\big[\pi_R^{-1}[A_R]\big] \subseteq \pi_R\big[Q_{A_R}\big]$. □

Kompaktheit ist eine multiplikative Eigenschaft (s. auch 4.1, A 19):

Satz 4.3-7 (Tychonoff, 1930)

$((X_i, \tau_i) \mid i \in I) \neq \emptyset$ sei eine Familie nichtleerer topologischer Räume.

Äq (i) $\left(\prod_{i\in I} X_i, \bigtimes_{i\in I} \tau_i\right)$ kompakt

(ii) $\forall\, i \in I\colon\ (X_i, \tau_i)$ kompakt

Beweis

(i) ⇒ (ii) nach 4.1-6 (a).

(ii) ⇒ (i) Sei $\mathcal{F}$ ein Ultrafilter auf $\prod_{i\in I} X_i$. Gem. A 7 (c) ist dann auch $\pi_i[[\mathcal{F}]]$ ein Ultrafilter auf X_i für jedes $i \in I$, nach 4.3-1.2 existiert daher ein $x_i \in X_i$ mit $\pi_i[[\mathcal{F}]] \to_{\tau_i} x_i$. Für $x \in \prod_{i\in I} X_i$ mit $x(i) := x_i$ für jedes $i \in I$ ergibt sich $\mathcal{F} \to_{\bigtimes_{i\in I}\tau_i} x$ ⟦ 2.4-8 (a) ⟧, also ist $\left(\prod_{i\in I} X_i, \bigtimes_{i\in I} \tau_i\right)$ kompakt ⟦ 4.3-1.2 ⟧. □

Beispiel (4.3,2)

Kompakte T_2-Räume sind nicht notwendig folgenkompakt (s. auch (4.1,2) (b)):
Nach 4.3-7 ist $\left(\prod_{\nu\in\mathbb{N}^{\mathbb{N}}}[0,1], \bigtimes_{\nu\in\mathbb{N}^{\mathbb{N}}} \tau_{|\,|}|[0,1]\right)$ kompakt (und T_2-Raum gem. 2.5-5). Es sei

$$M := \{ (\nu_k)_k \in \mathbb{N}^{\mathbb{N}} \mid (\nu_k)_k \text{ streng monoton wachsend} \} \quad \text{und}$$

$$M_m := \{ (\nu_k)_k \in M \mid \exists\, k \in \mathbb{N}\colon\ m = \nu_{2k} \}$$

für jedes $m \in \mathbb{N}$. Die Folge $\left(\chi_{M_m}\right)_{m\in\mathbb{N}}$ der charakteristischen Funktionen χ_{M_m} auf $\mathbb{N}^{\mathbb{N}}$ hat keine konvergente Teilfolge, denn für jedes $j \in \mathbb{N}$, jede Folge $(\nu_k)_k \in M$ liegt $(\nu_k)_k$ in $M_{\nu_{2j}} \setminus M_{\nu_{2j+1}}$, d. h. $\chi_{M_{\nu_{2j}}}((\nu_k)_k) = 1$ und $\chi_{M_{\nu_{2j+1}}}((\nu_k)_k) = 0$; $\left(\chi_{M_{\nu_j}}((\nu_k)_k)\right)_{j\in\mathbb{N}}$ ist also nicht konvergent in $([0,1], \tau_{|\,|}|[0,1])$. Nach 2.4-8 (b) ist $\left(\chi_{M_{\nu_j}}\right)_{j\in\mathbb{N}}$ nicht konvergent in $\left(\prod_{\nu\in\mathbb{N}^{\mathbb{N}}}[0,1], \bigtimes_{\nu\in\mathbb{N}^{\mathbb{N}}} \tau_{|\,|}|[0,1]\right)$.

Der Satz von Tychonoff 4.3-7 ermöglicht weitere Charakterisierungen der vollständig regulären Räume (s. 4.3-8.1), die daher auch Tychonoff-Räume genannt werden.

Satz 4.3-8

(X, τ) sei ein topologischer Raum.

Äq (i) (X, τ) T_{3a}-Raum

(ii) $C(X, [0,1])$ trennt Punkte von abgeschlossenen Mengen in (X, τ)

Beweis

(i) ⇒ (ii) Sei $x \in X$, $A \in \alpha_\tau$, $x \notin A$ und $f \in C(X,[0,1])$ mit $f(x) = 0$, $f[A] \subseteq \{1\}$ ⟦ (T-3a) ⟧. Dann ist $f(x) \notin \overline{f[A]}^{\tau_{|\,|}}$ wegen $\overline{f[A]}^{\tau} \subseteq \{1\}$.

(ii) ⇒ (i) Sei $A \in \alpha_\tau$, $x \in X \backslash A$ und $f \in C(X, [0,1])$ mit $f(x) \notin \overline{f[A]}^{\tau_{||}}$, also $\varepsilon := \operatorname{dist}\big(f(x), \overline{f[A]}^{\tau_{||}}\big) > 0$.

Für $f(x) = 0$ (analog für $f(x) = 1$) definiere man $g : [0,1] \longrightarrow [0,1]$ durch

$$g(r) = \begin{cases} 1 & \text{für } r \in [\varepsilon, 1] \\ \frac{1}{\varepsilon} r & \text{für } r \in [0, \varepsilon[. \end{cases}$$

$g \circ f \in C(X, [0,1])$ erfüllt $g \circ f(x) = 0$ und $g \circ f[A] \subseteq \{1\}$.

Ist $0 < f(x) < 1$, so sei $\gamma := \min\{f(x), \varepsilon, 1 - f(x)\}$ und $g : [0,1] \longrightarrow [0,1]$ definiert durch

$$g(r) = \begin{cases} 1 & \text{für } r \notin \,]f(x) - \gamma, f(x) + \gamma[\\ \frac{1}{\gamma} r - \frac{1}{\gamma} f(x) & \text{für } r \in [f(x), f(x) + \gamma] \\ -\frac{1}{\gamma} r + \frac{1}{\gamma} f(x) & \text{für } r \in [f(x) - \gamma, f(x)]. \end{cases}$$

$g \circ f \in C(X, [0,1])$ erfüllt $g \circ f(x) = 0$ und $g \circ f[A] \subseteq \{1\}$. □

Korollar 4.3-8.1

(X, τ) sei ein topologischer Raum.

Äq *(i)* (X, τ) *vollständig regulär*

(ii) $\exists I \; \exists S \subseteq [0,1]^I : \; (X, \tau) \underset{\text{top.}}{\cong} \big(S, \big(\bigtimes_{i \in I} \tau_{||} | [0,1]\big) | S\big)$

(iii) $\exists (Y, \sigma) \; \exists S \subseteq Y : \; (Y, \sigma)$ *kompakter T_2-Raum,* $(X, \tau) \underset{\text{top.}}{\cong} (S, \sigma | S)$

Beweis

Sei (o. B. d. A.) $X \neq \emptyset$.

(i) ⇒ (ii) Nach 4.3-8 trennt $C(X, [0,1])$ Punkte von abgeschlossenen Mengen in (X, τ), die Auswertung $e : X \longrightarrow [0,1]^{C(X,[0,1])}$ ist daher ein Homöomorphismus auf $S := e[X]$ (bzgl. $\big(\tau, \bigtimes_{f \in C(X,[0,1])} \tau_{||} | [0,1] | e[X]\big)$) ⟦ 2.5, A 16 (b) ⟧.

(ii) ⇒ (iii) ist klar, weil $\big([0,1]^I, \bigtimes_{i \in I} \tau_{||} | [0,1]\big)$ kompakter T_2-Raum ist ⟦ 4.3-7, 2.5-5 ⟧.

(iii) ⇒ (i) (Y, σ) ist als kompakter T_2-Raum normal ⟦ 4.3-3.1 ⟧, also vollständig regulär ⟦ 2.5-10 ⟧. Für jedes $S \subseteq Y$ ergibt sich nach 2.5-4 die vollständige Regularität von $(S, \sigma | S)$ und somit die von (X, τ) gem. (iii).

(Der „Umweg" über das Urysohnsche Lemma 2.5-10 ist erforderlich, denn die T_4-Eigenschaft vererbt sich i. a. nicht auf Unterräume ⟦ (2.5,5) ⟧!) □

Der Weierstraßsche Approximationssatz 2.2-5 (bzw. 2.2, A 3) für stetige Funktionen auf $[a, b]$ stellt die Dichtigkeit der $\mathbb{R}$-Unteralgebra $\mathbb{R}[x] \restriction [a, b]$ in der normierten

$\mathbb{R}$-Algebra $(C_{\mathbb{R}}([a,b]), \| \, \|_\infty)$ fest. In dieser nicht mehr an den Polynombegriff gebundenen Formulierung kann 2.2-5 auf $(C(X,\mathbb{R}), \| \, \|_\infty)$ für kompakte topologische Räume (X,τ) erweitert werden (M. H. Stone, 1937).

Definitionen

A sei ein K-Vektorraum, $K \in \{\mathbb{R}, \mathbb{C}\}$, $\circ : A \times A \longrightarrow A$.

A *K-Algebra* :gdw $\forall\, a,b,c \in A\ \forall\, k \in K$:

$$a \circ (b \circ c) = (a \circ b) \circ c,$$
$$a \circ (b + c) = a \circ b + a \circ c,$$
$$(a + b) \circ c = a \circ c + b \circ c \quad \text{und}$$
$$k(a \circ b) = (ka) \circ b = a \circ (kb)$$

$(A, \| \, \|)$ sei ein (halb)normierter K-Vektorraum, A eine K-Algebra.

$(A, \| \, \|)$ *(halb)normierte K-Algebra* :gdw $\forall\, a,b \in A$: $\|a \circ b\| \le \|a\|\,\|b\|$

Beispiele (4.3,3)

(a) Mit der gewöhnliche Körpermultiplikation sind $(\mathbb{R}, | \, |)$ bzw. $(\mathbb{C}, | \, |)$ normierte $\mathbb{R}$-Algebren, $(\mathbb{C}, | \, |)$ ist normierte $\mathbb{C}$-Algebra. Beide sind vollständig bzgl. $d_{| \, |}$, die Multiplikation ist kommutativ und läßt ein Einselement zu (sog. *kommutative Banach-Algebren mit Eins*).

(b) (X,τ) sei ein topologischer Raum, $X \neq \emptyset$, $K \in \{\mathbb{R}, \mathbb{C}\}$. $C(X,K)$ ist mit der punktweise definierten Skalarmultiplikation, Addition, Multiplikation eine (kommutative) K-Algebra (mit der konstanten Funktion 1 als Einselement).

Mit den punktweisen Operationen sind auch

$$C_c(X,K) := \{\, f \in C(X,K) \mid \operatorname{Tr} f \text{ kompakt} \,\},$$
$$C_0(X,K) := \{\, f \in C(X,K) \mid \forall\, \varepsilon > 0\ \exists\, C \subseteq X: \quad C \text{ kompakt und } \forall\, x \in X \backslash C\colon\ |f(x)| \le \varepsilon \,\}$$

und $C_b(X,K)$ (kommutative) K-Algebren.

$(C_b(X,K), \| \, \|_\infty)$ ist K-Banach-Algebra ⟦(3.1,2) (c)⟧ mit dem Einselement 1. Wegen $C_c(X,K) \subseteq C_0(X,K) \subseteq C_b(X,K)$ sind $(C_c(X,K), \| \, \|_\infty)$ und $(C_0(X,K), \| \, \|_\infty)$ normierte K-Algebren (i. a. *ohne* Einselement). $(C_0(X,K), \| \, \|_\infty)$ ist eine K-Banach-Algebra, $(C_c(X,K), \| \, \|_\infty)$ i. a. nicht (s. A 10 und 4.4, A 11).

Satz 4.3-9

(X,τ) sei ein topologischer Raum, A eine $\mathbb{R}$-Unteralgebra von $C_b(X,\mathbb{R})$.

(a) $\overline{A}^{\tau_{\| \, \|_\infty}}$ *ist eine $\mathbb{R}$-Unteralgebra von $C_b(X,\mathbb{R})$.*

(b) $\forall\, f,g \in \overline{A}^{\tau_{\| \, \|_\infty}}$: $f \wedge g,\ f \vee g \in \overline{A}^{\tau_{\| \, \|_\infty}}$

Beweis

Zu (a) Gem. 2.4, A 18 (b) ist $\overline{A}^{\tau_{\| \|_\infty}}$ ein $\mathbb{R}$-Untervektorraum von $C_b(X, \mathbb{R})$. Ebenso folgt für alle $f, g \in \overline{A}^{\tau_{\| \|_\infty}}$, etwa $(f_j)_j, (g_j)_j \in A^{\mathbb{N}}$, $(f_j)_j \to_{\| \|_\infty} f$, $(g_j)_j \to_{\| \|_\infty} g$, wegen der Stetigkeit der Multiplikation ⟦ A 11 ⟧ $(f_j g_j)_j \to_{\| \|_\infty} fg$, also $fg \in \overline{A}^{\tau_{\| \|_\infty}}$.

Zu (b) Es seien $f, g \in \overline{A}^{\tau_{\| \|_\infty}}$. Wegen $f \wedge g = \frac{1}{2}(f + g - |f - g|)$, $f \vee g = \frac{1}{2}(f + g + |f - g|)$ braucht nach (a) nur $|f| \in \overline{A}^{\tau_{\| \|_\infty}}$ gezeigt zu werden.

Sei $\varepsilon > 0$ und o. B. d. A. $\|f\|_\infty \leq 1$ ⟦ Sonst verwende man $\frac{1}{\|f\|_\infty} f$! ⟧. Da die Quadratwurzelfunktion $\sqrt{\ } : [0, 1] \longrightarrow [0, 1]$ stetig ist, gibt es gem. (4.1,5) [oder auch 2.2-5] ein Polynom $p(x) \in \mathbb{R}[x]$ mit $\|p\restriction[0, 1] - \sqrt{\ }\|_\infty < \varepsilon/2$, also speziell $|p_0| < \varepsilon/2$, wobei $p_0 \in \mathbb{R}$ den konstanten Summanden in $p(x)$ bezeichnet. Es folgt $\|(p - p_0)\restriction[0, 1] - \sqrt{\ }\|_\infty < \varepsilon$. Wegen

$$\begin{aligned}\|(p - p_0) \circ f^2 - \sqrt{\ } \circ f^2\|_\infty &= \sup_{x \in X} \left|(p - p_0)(f^2(x)) - \sqrt{f^2(x)}\right| \\ &\leq \sup_{r \in [0,1]} |(p - p_0)(r) - \sqrt{r}| < \varepsilon\end{aligned}$$

und $(p - p_0) \circ f^2 \in \overline{A}^{\tau_{\| \|_\infty}}$ gem. (a) ⟦ Der konstante Term im Polynom $(p(x) - p_0)$ ist Null! ⟧ gehört $|f| = \sqrt{\ } \circ f^2$ zu $\overline{\overline{A}^{\tau_{d_\infty}}}^{\tau_{d_\infty}} = \overline{A}^{\tau_{d_\infty}}$. □

Satz 4.3-10 (M. H. Stone, 1937, Weierstraß (kompakt, reell))

(X, τ) sei ein kompakter topologischer Raum, A eine $\mathbb{R}$-Unteralgebra von $C(X, \mathbb{R})$, die 1 enthält und Punkte in X trennt.

A liegt dicht in $\big(C(X, \mathbb{R}), \tau_{\| \|_\infty}\big)$, d. h. $\overline{A}^{\tau_{d_\infty}} = C(X, \mathbb{R})$.

Beweis

Es sei $f \in C(X, \mathbb{R})$ und $\varepsilon > 0$. Für alle $x, y \in X$, $x \neq y$, wähle man ein $h_{x,y} \in A$ mit $h_{x,y}(x) \neq h_{x,y}(y)$ und definiere $g_{x,y} : X \longrightarrow \mathbb{R}$ durch

$$g_{x,y}(z) := \frac{h_{x,y}(z) - h_{x,y}(x)}{h_{x,y}(y) - h_{x,y}(x)}.$$

$g_{x,y}$ ist stetig und gehört wegen $1 \in A$ zu A, $g_{x,y}(x) = 0$, $g_{x,y}(y) = 1$. Die Funktion

$$f_{x,y} : \begin{cases} X \longrightarrow \mathbb{R} \\ z \longmapsto (f(y) - f(x))g_{x,y}(z) + f(x) \end{cases}$$

ist stetig, erfüllt $f_{x,y}(y) = f(y)$, $f_{x,y}(x) = f(x)$ und liegt ebenfalls in A. Weiter ist

$$U_{x,y} := \{ z \in X \mid f_{x,y}(z) < f(z) + \varepsilon \} \in \mathcal{U}_\tau(x) \cap \tau \cap \mathcal{U}_\tau(y) \quad [\![x, y \in U_{x,y}]\!],$$

$$W_{x,y} := \{ z \in X \mid f_{x,y}(z) > f(z) - \varepsilon \} \in \mathcal{U}_\tau(y) \cap \tau \cap \mathcal{U}_\tau(x) \quad [\![x, y \in U_{x,y}]\!]$$

und daher $\{ U_{x,y} \mid x \in X\backslash\{y\} \}$ für jedes $y \in X$ eine offene Überdeckung von (X,τ); sei $\{U_{x_1(y),y}, \ldots, U_{x_{m_y}(y),y}\}$ eine endliche Teilüberdeckung. Dann ist $f_y := \bigwedge_{j=1}^{m_y} f_{x_j(y),y} \in \overline{A}^{\tau_{\|\ \|_\infty}}$ ⟦4.3-9 (b)⟧, $f_y(z) < f(z) + \varepsilon$ für jedes $z \in X$ und $f_y(t) > f(t) - \varepsilon$ für jedes $t \in W_y := \bigcap_{j=1}^{m_y} W_{x_j(y),y}$. Sei $\{W_{y_1}, \ldots, W_{y_k}\}$ eine endliche Teilüberdeckung in $\{ W_y \mid y \in X \}$. Die Funktion $\varphi := \bigvee_{j=1}^{k} f_{y_j}$ liegt in $\overline{A}^{\tau_{\|\ \|_\infty}}$ ⟦4.3-9 (b)⟧, und für jedes $z \in X$ ist $|\varphi(z) - f(z)| < \varepsilon$ ⟦$\varphi(z) - f(z) < \varepsilon$ gilt wegen $f_{y_j}(z) < f(z) + \varepsilon$, $j = 1, \ldots, k$; für $z \in W_{y_i}$ ist darüber hinaus $\varphi(z) \geq f_{y_i}(z) > f(z) - \varepsilon$, also $f(z) - \varphi(z) < \varepsilon$.⟧. Es folgt $\|\varphi - f\|_\infty \leq \varepsilon$ und somit $f \in \overline{\overline{A}^{\tau_{\|\ \|_\infty}}}^{\tau_{\|\ \|_\infty}} = \overline{A}^{\tau_{\|\ \|_\infty}}$. □

Korollar 4.3-10.1 (M. H. Stone, Weierstraß (kompakt, komplex))

(X,τ) sei ein kompakter topologischer Raum, A eine $\mathbb{C}$-Unteralgebra von $C(X,\mathbb{C})$, die 1 enthält und Punkte in X trennt. Ist $\overline{f} \in A$ für jedes $f \in A$, so liegt A dicht in $(C(X,\mathbb{C}), \tau_{\|\ \|_\infty})$, d. h. $\overline{A}^{\tau_{d_\infty}} = C(X,\mathbb{C})$.

Beweis

Für jedes $f \in A$ sind

$$\operatorname{Re} f = \frac{1}{2}(f + \overline{f}),\ \operatorname{Im} f = \frac{1}{2i}(f - \overline{f}) \in A.$$

$A_{\mathbb{R}} := \{ \varphi \in C(X,\mathbb{R}) \mid \exists\ f \in A\colon\ \varphi = \operatorname{Re} f$ oder $\varphi = \operatorname{Im} f \} \subseteq A$ ist eine $\mathbb{R}$-Unteralgebra von $C(X,\mathbb{R})$ ⟦A 12⟧, die 1 enthält und Punkte in X trennt ⟦$x \neq y \Longrightarrow \exists\ f \in A\colon\ f(x) \neq f(y) \Longrightarrow \operatorname{Re} f(x) \neq \operatorname{Re} f(y)$ oder $\operatorname{Im} f(x) \neq \operatorname{Im} f(y)$⟧. Nach 4.3-10 gilt $\overline{A_{\mathbb{R}}}^{\tau_{\|\ \|_\infty}} = C(X,\mathbb{R})$. Sei $f \in C(X,\mathbb{C})$, also $\operatorname{Re} f, \operatorname{Im} f \in C(X,\mathbb{R})$, und $\varepsilon > 0$. Man wähle $\varphi_r, \varphi_i \in A_{\mathbb{R}}$ mit $\|\operatorname{Re} f - \varphi_r\|_\infty < \varepsilon/2$, $\|\operatorname{Im} f - \varphi_i\|_\infty < \varepsilon/2$. Es folgt $\|f - (\varphi_r + i\varphi_i)\|_\infty < \varepsilon$ und $\varphi_r + i\varphi_i \in A$. □

Für topologische Räume (X,τ), die nicht kompakt sind, ist 4.3-10 bzw. 4.3-10.1 für $C_{\mathrm{b}}(X,K)$ i. a. nicht richtig.

Beispiel (4.3,4)

$A := \{ f \in C(\mathbb{R},\mathbb{R}) \mid \exists\ I \subseteq \mathbb{R}\colon\ I$ beschränktes Intervall, $f{\restriction}\mathbb{R}\backslash I$ konstant $\}$ ist eine $\mathbb{R}$-Unteralgebra von $C_{\mathrm{b}}(\mathbb{R},\mathbb{R})$, $1 \in A$ ⟦A enthält alle konstanten Funktionen!⟧ und A trennt Punkte in $\mathbb{R}$. Für alle $f \in A$ gilt $\|\cos - f\|_\infty \geq 1$ (also $\overline{A}^{\tau_{\|\ \|_\infty}} \subsetneqq C_{\mathrm{b}}(\mathbb{R},\mathbb{R})$):

Sei $I \subseteq \mathbb{R}$ ein beschränktes Intervall, $r \in \mathbb{R}$ und $f{\restriction}\mathbb{R}\backslash I = r$, $x, y \in \mathbb{R}\backslash I$ mit $\cos x = -1$, $\cos y = 1$. Dann ist $|\cos x - f(x)| \geq 1$ für $r \geq 0$ und $|\cos y - f(y)| > 1$ für $r < 0$.

Die gegenüber 4.3-10 in 4.3-10.1 zusätzliche Voraussetzung „$\forall\ f \in A\colon\ \overline{f} \in A$" muß für die Gültigkeit von 4.3-10.1 erfüllt sein.

Beispiel (4.3,5)

Es sei $X := \widetilde{K}_1^{d_{|\,|}}(0) \subseteq \mathbb{C}$ die abgeschlossene Kreisscheibe um 0 vom Radius 1, τ die Spurtopologie $\tau_{|\,|}|\widetilde{K}_1^{d_{|\,|}}(0)$. Die Menge $A := \mathbb{C}[x]\restriction\widetilde{K}_1^{d_{|\,|}}(0)$ bildet eine $\mathbb{C}$-Unteralgebra von $C(X,\mathbb{C})$, $1 \in A$, und A trennt Punkte in X ⟦ Für $z,\ z' \in X,\ z \neq z'$ wähle man $p(x) := x - z \in \mathbb{C}[x]$. Dann ist $p(z) = 0 \neq z' - z = p(z')$. ⟧, *aber* $\overline{A}^{\tau_{\|\,\|_\infty}} \neq C(X,\mathbb{C})$:

Der Absolutbetrag $|\ |$ ist stetig, jedoch nicht komplex differenzierbar (an der Stelle $(0,0) \in \widetilde{K}_1^{d_{|\,|}}(0)$) und somit nicht Grenzwert einer auf $\widetilde{K}_1^{d_{|\,|}}(0)$ gleichmäßig konvergenten Folge von Polynomen ⟦ denn diese sind komplex differenzierbar, also auch ihr d_∞-Limes ⟧.

In der Klasse der vollständig regulären Räume (X,τ) ist der Stone-Weierstraßsche Approximationssatz 4.3-10 insofern optimal, als seine Aussage für $C_{\mathrm{b}}(X,\mathbb{R})$ auf *keinen* vollständig regulären Raum, der nicht kompakt ist, ausgedehnt werden kann (s. auch (4.3,4)).

Satz 4.3-11 (E. Hewitt, 1947)

(X,τ) sei ein vollständig regulärer Raum, jede $\mathbb{R}$-Unteralgebra $\mathcal{A}$ von $C_{\mathrm{b}}(X,\mathbb{R})$, die 1 enthält und Punkte in X trennt, liege dicht in $\big(C_{\mathrm{b}}(X,\mathbb{R}),\tau_{d_\infty}\big)$. Dann ist (X,τ) kompakt.

Beweis

Es sei (X,τ) nicht kompakt, etwa $A \in \alpha_\tau\backslash\{X\}$, $(A,\tau|A)$ nicht kompakt ⟦ 4.3-1 ⟧, $\mathcal{O} \subseteq \tau$ eine Überdeckung von A ohne endliche Teilüberdeckung, $b \in X\backslash A$ und $a \in O_a \in \mathcal{O}$ für jedes $a \in A$. $\mathcal{B}(a) := \{\, U \in \mathcal{U}_\tau(a) \cap \tau \mid U \subseteq O_a,\ b \notin U \,\}$ ist eine Basis von $\mathcal{U}_\tau(a)$, und für $\mathcal{B} := \bigcup_{a\in A}\mathcal{B}(a) \subseteq \tau$ gilt $\bigcup\mathcal{B} \supseteq A$ und $\bigcup\mathcal{B}^* \supseteq A$ für *kein* $\mathcal{B}^* \in \mathcal{P}_{\mathrm{e}}\mathcal{B}$. Man wähle nun für jedes $a \in A$, $B \in \mathcal{B}$ mit $a \in B$ ein $f_{a,B} \in C_{\mathrm{b}}(X,\mathbb{R})$ mit

$$f_{a,B}(a) = 1 \quad \text{und} \quad f_{a,B}\restriction X\backslash B = 0 \tag{$*$}$$

⟦ (T-3a) ⟧. Ebenso werde für jedes $r \in X\backslash(A \cup \{b\})$ die Basis

$$\mathcal{B}'(r) := \big\{\, U \in \mathcal{U}_\tau(r) \cap \tau \;\big|\; U \subseteq X\backslash(A \cup \{b\}) \,\big\}$$

von $\mathcal{U}_\tau(r)$ definiert, $\mathcal{B}' := \bigcup\{\, \mathcal{B}'(r) \mid r \in X\backslash(A \cup \{b\}) \,\}$ gesetzt und für alle $B' \in \mathcal{B}'$ mit $r \in B'$ ein $g_{r,B'} \in C_{\mathrm{b}}(X,\mathbb{R})$ so gewählt, daß

$$g_{r,B'}(r) = 1 \quad \text{und} \quad g_{r,B'}\restriction X\backslash B' = 0 \tag{$**$}$$

gilt. Die Funktionenmenge

$$\mathcal{F} := \{\, f_{a,B} \mid a \in A,\ B \in \mathcal{B},\ a \in B \,\} \cup \{\, g_{r,B'} \mid r \in X\backslash(A \cup \{b\}),\ B' \in \mathcal{B}',\ r \in B' \,\}$$

trennt Punkte in X:

Es seien $x, y \in X$, $x \neq y$. Für $x \in A$ (oder $y \in A$) gibt es ein $B \in \mathcal{B}$ mit $x \in B$, $y \notin B$, also gilt $f_{x,B}(x) = 1$, $f_{x,B}(y) = 0$ gem. $(*)$ (analog für $y \in A$). Sind dagegen

$x, y \notin A$, o. B. d. A. $x \neq b$, so existiert ein $B' \in \mathcal{B}'$ mit $x \in B',\ y \notin B'$, also folgt $g_{x,B'}(x) = 1,\ g_{x,B'}(y) = 0$ gem. (∗∗).

Es sei nun $\mathcal{A}$ die von $\mathcal{F} \cup \{1\}$ erzeugte $\mathbb{R}$-Unteralgebra von $C_b(X, \mathbb{R})$, $\varphi \in C_b(X, \mathbb{R})$ mit $\varphi(b) = 0,\ \varphi{\restriction}A = 1$ ⟦(T-3a)⟧. $\mathcal{A} \supseteq \mathcal{F} \cup \{1\}$ trennt Punkte in X und enthält 1, liegt jedoch *nicht* dicht in $(C_b(X, \mathbb{R}), \tau_{d_\infty})$, weil $\varphi \notin \overline{\mathcal{A}}^{\tau_{\|\ \|_\infty}}$ gilt:

Für $\varphi \in \overline{\mathcal{A}}^{\tau_{\|\ \|_\infty}}$ gäbe es ein $\psi \in \mathcal{A}$ mit $\|\varphi - \psi\|_\infty < 1/2$, wobei ψ ein Polynom in endlich vielen Elementen aus $\mathcal{F}$ ist, etwa $p(x_1, \dots, x_n, y_1, \dots, y_m) \in \mathbb{R}[x_1, \dots, x_n, y_1, \dots, y_m]$, $f_{a_1,B_1}, \dots, f_{a_n,B_n}, g_{r_1,B'_1}, \dots, g_{r_m,B'_m} \in \mathcal{F}$ und

$$\psi = p\big(f_{a_1,B_1}, \dots, f_{a_n,B_n}, g_{r_1,B'_1}, \dots, g_{r_m,B'_m}\big).$$

Man wähle ein $a \in A \setminus \bigcup_{j=1}^n B_j = \bigcap_{j=1}^n (A \setminus B_j)$ ⟦$\bigcup_{j=1}^n B_j \not\supseteq A$⟧. Dann ist $a \in A \setminus \bigcup_{i=1}^m B'_i$ ⟦$B'_i \subseteq X \setminus (A \cup \{b\})$⟧, $f_{a_j,B_j}(a) = 0$ für jedes $j \in \{1, \dots, n\}$ gem. (∗) und $g_{r_i,B'_i}(a) = 0$ für jedes $i \in \{1, \dots, m\}$ gem. (∗∗). Es würde einerseits

$$\frac{1}{2} > \big|\varphi(a) - p\big(f_{a_1,B_1}, \dots, f_{a_n,B_n}, g_{r_1,B'_1}, \dots, g_{r_m,B'_m}\big)(a)\big| = |1 - p_0|,$$

also $|p_0| > 1/2$ gelten (p_0 ist der konstante Summand in $p(x_1, \dots, x_n, y_1, \dots, y_m)$.), andererseits nach Konstruktion der $f_{a_i,B_i}, g_{r_j,B'_j},\ i = 1, \dots, n,\ j = 1, \dots, m$ jedoch auch

$$\frac{1}{2} > \big|\varphi(b) - p\big(f_{a_1,B_1}, \dots, f_{a_n,B_n}, g_{r_1,B'_1}, \dots, g_{r_m,B'_m}\big)(b)\big| = |0 - p_0|. \ ↯$$

□

Der Stone-Weierstraß-Satz 4.3-10 kann auf punktetrennende $\mathbb{R}$-Unteralgebren A von $C(X, \mathbb{R})$ ausgedehnt werden, die Zusatzbedingung $1 \in A$ sichert nur, daß kein Element von X durch alle $a \in \overline{A}^{\tau_{d_\infty}}$ auf Null abgebildet wird.

Satz 4.3-12 (M. H. Stone, Weierstraß (kompakt, reell))

(X, τ) sei ein kompakter topologischer Raum, A eine $\mathbb{R}$-Unteralgebra von $C(X, \mathbb{R})$, die Punkte in X trennt. Dann gilt:

$$\overline{A}^{\tau_{d_\infty}} = C(X, \mathbb{R}) \quad \textit{oder} \quad \exists\, x \in X\colon\ \overline{A}^{\tau_{d_\infty}} = \{\, f \in C(X, \mathbb{R}) \mid f(x) = 0 \,\}.$$

Beweis (in zwei Teilen)

(1) $\boxed{\exists\, x \in X\ \forall\, b \in A\colon\ b(x) = 0}$

(dann folgt $\overline{A}^{\tau_{d_\infty}} = \{\, f \in C(X, \mathbb{R}) \mid f(x) = 0 \,\}$ für ein $x \in X$)

Für jedes $f \in \overline{A}^{\tau_{d_\infty}}$ ist dann $f(x) = 0$. Umgekehrt sei $f \in C(X, \mathbb{R})$, $f(x) = 0,\ \varepsilon > 0$ und $A_1 := \{\, a + r1 \mid a \in A,\ r \in \mathbb{R} \,\}$ die von $A \cup \{1\}$ erzeugte $\mathbb{R}$-Unteralgebra von $C(X, \mathbb{R})$. Nach 4.3-10 existiert ein $a \in A,\ r \in \mathbb{R}$ mit $\|f - (a + r1)\|_\infty < \varepsilon/2$, speziell $|r| = |f(x) - r| < \varepsilon/2$. Es folgt $\|f - a\|_\infty \le \|f - (a + r1)\|_\infty + |r| < \varepsilon$. Somit gehört f zu $\overline{A}^{\tau_{d_\infty}}$.

(2) $\boxed{\forall\, x \in X\ \exists\, b \in A\colon\ b(x) \neq 0}$ (dann folgt $\overline{A}^{\tau_{d_\infty}} = C(X,\mathbb{R})$)

Nach 4.3-9 (b) sind $f \wedge g,\ f \vee g \in \overline{A}^{\tau_{d_\infty}}$ für alle $f,\ g \in \overline{A}^{\tau_{d_\infty}}$, es gilt daher 〚A 13〛

$$\overline{A}^{\tau_{d_\infty}} = \overline{\overline{A}^{\tau_{d_\infty}}}^{\tau_{d_\infty}} = \big\{\, f \in C(X,\mathbb{R}) \;\big|\; \forall\, \varepsilon > 0\ \forall\, x, y \in X\ \exists\, g_{x,y} \in \overline{A}^{\tau_{d_\infty}} : \\ |g_{x,y}(x) - f(x)| < \varepsilon,\ |g_{x,y}(y) - f(y)| < \varepsilon \,\big\}.$$

Sei $f \in C(X,\mathbb{R}),\ \varepsilon > 0$ und $x,\ y \in X$. Für $x = y$ setze man $g_{x,y} := \frac{f(x)}{b(x)} b$, wobei $b \in A$ mit $b(x) \neq 0$ gewählt ist. Für $x \neq y$ sei $a \in A,\ a(x) \neq a(y)$, o. B. d. A. $a(x) \neq 0$. Die Wahl von a kann so durchgeführt werden, daß auch $a(y) \neq 0$ gilt. Ist nämlich $a(y) = 0$, so gehe man wie folgt vor:

Sei $b \in A,\ b(y) \neq 0$, o. B. d. A. $b(y) = 1$. Für $b(x) \neq 0,\ b(x) \neq b(y)$ erfüllt b die an a gestellte Bedingung. Für $b(x) = 0$ erhält man $\big(\frac{1}{a(x)}a - b\big)(y) = -b(y) = -1$, $\big(\frac{1}{a(x)}a - b\big)(x) = 1$, also kann man $\frac{1}{a(x)}a - b \in A$ anstelle von a verwenden. Für $b(x) = b(y)$ ist $\big(\frac{1}{a(x)}a + b\big)(y) = b(y) = 1,\ \big(\frac{1}{a(x)}a + b\big)(x) = 1 + b(y) = 2$, und man kann $\frac{1}{a(x)}a + b \in A$ anstelle von a verwenden.

Die Existenz eines $a \in A$, das $0 \neq a(x) \neq a(y) \neq 0$ erfüllt, sichert nun die Lösbarkeit des Gleichungssystems

$$b(x) = r, \quad b(y) = s$$

in A für beliebig vorgegebene $r,\ s \in \mathbb{R}$ 〚Man setze $b := \alpha a + \beta a^2$ und bestimme $\alpha,\ \beta \in \mathbb{R}$ aus $\alpha a(x) + \beta a(x)^2 = r,\ \alpha a(y) + \beta a(y)^2 = s$!〛 Speziell für $r = f(x)$, $s = f(y)$ existiert ein $b \in A$ mit

$$b(x) = f(x), \quad b(y) = f(y),$$

also $|b(x) - f(x)| = 0 < \varepsilon,\ |b(y) - f(y)| = 0 < \varepsilon$. □

Korollar 4.3-12.1 (M. H. Stone, Weierstraß (kompakt, komplex))

(X,τ) sei ein kompakter topologischer Raum, A eine $\mathbb{C}$-Unteralgebra von $C(X,\mathbb{C})$, die Punkte in X trennt. Ist $\overline{f} \in A$ für jedes $f \in A$, so gilt

$$\overline{A}^{\tau_{d_\infty}} = C(X,\mathbb{C}) \quad \textit{oder} \quad \exists\, x \in X\colon\ \overline{A}^{\tau_{d_\infty}} = \{\, f \in C(X,\mathbb{C}) \mid f(x) = 0 \,\}.$$

Beweis

$A_{\mathbb{R}} := \{\varphi \in C(X,\mathbb{R}) \mid \exists\ f \in A\colon\ \varphi = \operatorname{Re} f \text{ oder } \varphi = \operatorname{Im} f\} \subseteq A$ ist eine $\mathbb{R}$-Unteralgebra von $C(X,\mathbb{R})$, die Punkte in X trennt 〚Beweis zu 4.3-10.1〛, nach 4.3-12 gilt daher $\overline{A_{\mathbb{R}}}^{\tau_{d_\infty}} = C(X,\mathbb{R})$ oder $\overline{A_{\mathbb{R}}}^{\tau_{d_\infty}} = \{\varphi \in C(X,\mathbb{R}) \mid \varphi(x) = 0\}$ für ein $x \in X$. Aus $\overline{A_{\mathbb{R}}}^{\tau_{d_\infty}} = C(X,\mathbb{R})$ folgt $\overline{A_{\mathbb{R}}}^{\tau_{d_\infty}} = C(X,\mathbb{C})$ 〚Beweis zu 4.3-10.1〛. Sei $\overline{A_{\mathbb{R}}}^{\tau_{d_\infty}} = \{\varphi \in C(X,\mathbb{R}) \mid \varphi(x) = 0\}$. Für $f \in C(X,\mathbb{C}),\ f(x) = 0$ ist

$\operatorname{Re} f, \operatorname{Im} f \in \overline{A_{\mathbb{R}}}^{\tau_{d\infty}}$, also $f \in \overline{A_{\mathbb{R}}}^{\tau_{d\infty}} + i\overline{A_{\mathbb{R}}}^{\tau_{d\infty}} \subseteq \overline{A}^{\tau_{d\infty}}$. Umgekehrt erhält man für $f \in \overline{A}^{\tau_{d\infty}}$, etwa $a_\varepsilon \in A$ mit $\|f - a_\varepsilon\|_\infty < \varepsilon$, auch $\operatorname{Re} a_\varepsilon, \operatorname{Im} a_\varepsilon \in A_{\mathbb{R}}$, also $\operatorname{Re} a_\varepsilon(x) = \operatorname{Im} a_\varepsilon(x) = 0$, und es folgt $|f(x)| = |f(x) - a_\varepsilon(x)| \le \|f - a_\varepsilon\|_\infty < \varepsilon$ für jedes $\varepsilon > 0$, d. h. $f(x) = 0$. □

In 2.2, A 4 (a) bzw. 2.2, A 10 wird behauptet, daß $\left(C([a,b]), \tau_{d_\infty}\right)$ separabel bzw. $\left(C_{\mathrm{b}}(\mathbb{R},\mathbb{R}), \tau_{d_\infty}\right)$ nicht separabel ist. Mit Hilfe von 4.3-10 kann die Frage nach der Separabilität von $\left(C_{\mathrm{b}}(X,\mathbb{C}), \tau_{d_\infty}\right)$ für beliebige metrische Räume (X,d) beantwortet werden:

Satz 4.3-13

(X,d) sei ein metrischer Raum.

Äq (i) $\left(C_{\mathrm{b}}(X,\mathbb{C}), \tau_{d_\infty}\right)$ separabel

(ii) (X, τ_d) kompakt

Beweis

Durch Einzelbetrachtung von Real- und Imaginärteil erkennt man, daß Separabilität für $\left(C_{\mathrm{b}}(X,\mathbb{C}), \tau_{d_\infty}\right)$ genau dann gegeben ist, wenn sie für $\left(C_{\mathrm{b}}(X,\mathbb{R}), \tau_{d_\infty}\right)$ vorliegt. Es ist daher die Äquivalenz von (i), (ii) für $C_{\mathrm{b}}(X,\mathbb{R})$ zu zeigen.

(i) ⇒ (ii) Sei (X, τ_d) nicht kompakt, also nicht folgenkompakt ⟦4.1-3.2⟧, etwa $(x_j)_j \in X^{\mathbb{N}}$ eine Folge paarweise verschiedener Elemente, die keinen Häufungspunkt besitzt. Dann gibt es ein $\varepsilon_0 > 0$ mit $x_j \notin \widetilde{K}^d_{\varepsilon_0}(x_0)$ für jedes $j \ge 1$ ⟦x_0 ist nicht Häufungspunkt von $(x_j)_j$; (T-2)⟧. Ist $\varepsilon_n > 0$ gewählt, so bestimme man $\varepsilon_{n+1} \le \varepsilon_n$ so, daß $\widetilde{K}^d_{\varepsilon_{n+1}}(x_{n+1}) \subseteq X \setminus \bigcup_{j=0}^n \widetilde{K}^d_{\varepsilon_j}(x_j)$ und $x_j \notin \widetilde{K}^d_{\varepsilon_{n+1}}(x_{n+1})$ für jedes $j \ge n+2$ erfüllt sind. Man erhält eine Folge $\left(\widetilde{K}^d_{\varepsilon_j}(x_j)\right)_j$ paarweise disjunkter Kugeln in (X,d) mit den Abstandsfunktionen

$$f_j : \begin{cases} X \longrightarrow \mathbb{R} \\ x \longmapsto \operatorname{dist}\left(x, X \setminus K^d_{\varepsilon_j}(x_j)\right) \end{cases} \in C_{\mathrm{b}}(X,\mathbb{R}) \setminus \{0\}$$

⟦(2.4,1) (d), $d(x,y) \le d(x,x_j) + d(x_j,y) < \varepsilon_j + d(x_j,y)$ für alle $x \in K^d_{\varepsilon_j}(x_j)$, $y \in X \setminus K^d_{\varepsilon_j}(x_j)$, also $\operatorname{dist}\left(x, X \setminus K^d_{\varepsilon_j}(x_j)\right) \le \varepsilon_j + \operatorname{dist}\left(x_j, X \setminus K^d_{\varepsilon_j}(x_j)\right)$ für alle $x \in X$⟧. Da jedes $x \in X$ zu höchstens einer der Kugeln $\widetilde{K}^d_{\varepsilon_j}(x_j)$, $j \in \mathbb{N}$, gehört, also $f_j(x) > 0$ für höchstens ein j gilt, ist

$$s_N : \begin{cases} X \longrightarrow \mathbb{R} \\ x \longmapsto \sum_{j \in N} \frac{1}{\|f_j\|_\infty} f_j(x) \end{cases}$$

für alle $N \in \mathcal{P}\mathbb{N} \setminus \{\emptyset\}$ wohldefiniert und durch 1 beschränkt. Die Stetigkeit der s_N

folgt wegen

$$s_N \restriction \Big(X \setminus \bigcup_{j \in N} K^d_{\varepsilon_j}(x_j) \Big) = 0 \quad \text{und} \quad s_N \restriction \widetilde{K}^d_{\varepsilon_j}(x_j) = \frac{1}{\|f_j\|_\infty} f_j \restriction \widetilde{K}^d_{\varepsilon_j}(x_j)$$

für jedes $j \in N$, weil Urbilder abgeschlossener Mengen A bzgl. s_N wieder abgeschlossen sind:
Es ist $s_N^{-1}[A] = s_N^{-1}[A] \cap \big(X \setminus \bigcup_{j \in N} K^d_{\varepsilon_j}(x_j)\big) \cup \big(s_N^{-1}[A] \cap \bigcup_{j \in N} \widetilde{K}^d_{\varepsilon_j}(x_j)\big)$, wobei

$$\begin{aligned} s_N^{-1}[A] \cap \bigcup_{j \in N} \widetilde{K}^d_{\varepsilon_j}(x_j) &= \bigcup_{j \in N} \big(s_N^{-1}[A] \cap \widetilde{K}^d_{\varepsilon_j}(x_j)\big) \\ &= \bigcup_{j \in N} \Big(\Big(\frac{1}{\|f_j\|_\infty} f_j \Big)^{-1} [A] \cap \widetilde{K}^d_{\varepsilon_j}(x_j) \Big) \in \alpha_\tau \end{aligned}$$

⟦gem. 3.1, A 4⟧ und

$$s_N^{-1}[A] \cap \Big(X \setminus \bigcup_{j \in N} K^d_{\varepsilon_j}(x_j) \Big) = \begin{Bmatrix} X \setminus \bigcup_{j \in N} K^d_{\varepsilon_j}(x_j) & \text{für } 0 \in A \\ \emptyset & \text{für } 0 \notin A \end{Bmatrix} \in \alpha_\tau$$

gilt.
Sind nun N, $N' \in \mathcal{P}\mathbb{N} \setminus \{\emptyset\}$ voneinander verschieden, etwa $j \in N \setminus N'$, so gilt

$$\|s_N - s_{N'}\|_\infty \geq \sup_{x \in \widetilde{K}^d_{\varepsilon_j}(x_j)} |s_N(x) - s_{N'}(x)| = \sup_{x \in \widetilde{K}^d_{\varepsilon_j}(x_j)} |s_N(x)| = 1.$$

Gäbe es eine abzählbare dichte Teilmenge A in $\big(C_{\mathrm{b}}(X, \mathbb{R}), \tau_{d_\infty}\big)$, so müßte in jeder der überabzählbar vielen, paarweise disjunkten Kugeln $K^{d_\infty}_{1/2}(s_N)$, $N \in \mathcal{P}\mathbb{N} \setminus \{\emptyset\}$, ein Element von A sein. ↯

(ii) ⇒ (i) Sei (X, τ_d) kompakt und $\mathcal{B} := \{ B_j \mid j \in \mathbb{N} \} \subseteq \tau_d$ eine abzählbare Basis von τ_d ⟦2.3-4⟧,

$$f_j : \begin{cases} X \longrightarrow \mathbb{R} \\ x \longmapsto \operatorname{dist}(x, X \setminus B_j) \end{cases}$$

die Distanzfunktion zu $X \setminus B_j$ für $j \in \mathbb{N}$ und schließlich A die von $\{1\} \cup \{ f_j \mid j \in \mathbb{N} \}$ erzeugte $\mathbb{R}$-Unteralgebra von $C(X, \mathbb{R})$. Die Menge $\bigcup_{k=0}^{\infty} \mathbb{Q}[x_0, \ldots, x_k]$ ist abzählbar, also ergibt $A_{\mathbb{Q}} := \{ p(f_0, \ldots, f_k) \mid k \in \mathbb{N},\ p \in \mathbb{Q}[x_0, \ldots, x_k] \}$ eine abzählbare dichte Teilmenge in $\big(A, \tau_{d_\infty} | A\big)$. Gem 4.3-10 ist $\overline{A}^{\tau_{d_\infty}} = C(X, \mathbb{R})$ ⟦$1 \in A$ und $\{ f_j \mid j \in \mathbb{N} \} \subseteq A$ trennt Punkte in X: Für alle x, $y \in X$, $x \neq y$, gibt es ein $j \in \mathbb{N}$ mit $x \in B_j$, $y \notin B_j$. Es folgt $f_j(x) > 0 = f_j(y)$ gem. 2.1, A 7 (a).⟧. Hieraus erhält man

$$\overline{A_{\mathbb{Q}}}^{\tau_{d_\infty}} = \overline{\overline{A_{\mathbb{Q}}}^{\tau_{d_\infty}}}^{\tau_{d_\infty}} \supseteq \overline{A}^{\tau_{d_\infty}} = C(X, \mathbb{R}).$$

□

Aufgaben zu 4.3

1. Man beweise Korollar 4.3-1.1!

2. $(\mathbb{R}, \tau_S)$ sei die Sorgenfrey-Gerade (s. (2.3,2)), $(x_j)_j \in \mathbb{R}^{\mathbb{N}}$ streng monoton fallend und $i := \inf_j x_j \in \mathbb{R}$.

(a) $\{ x_j \mid j \in \mathbb{N} \}$ und $\{i\} \cup \{ x_j \mid j \in \mathbb{N} \}$ sind nicht kompakt in $(\mathbb{R}, \tau_S)$.

(b) Für alle $K \subseteq \mathbb{R}$ gilt:
$(K, \tau_S|K)$ kompakt $\implies$ K abzählbar.

3. (X, τ) sei ein topologischer Raum, $f \in C_c(X, \mathbb{R})$, $(f_j)_j$ eine Folge in $C_c(X, \mathbb{R})^{\mathbb{N}}$ mit $(f_j)_j \xrightarrow[\tau_{|\,|}\text{-pktw.}]{} f$. Man zeige (Satz von Dini; s. auch 4.1-4 (b)):

Ist $(f_j)_j$ punktweise monoton fallend (oder wachsend), so folgt $(f_j)_j \xrightarrow[d_{|\,|}\text{-glm.}]{} f$.

4. (X, τ) sei ein T_3-Raum, $(K_j)_j \in (\mathcal{P}X)^{\mathbb{N}}$, $(K_j, \tau|K_j)$ kompakt für jedes $j \in \mathbb{N}$, $X = \bigcup_{j \in \mathbb{N}} K_j$. Man zeige: (X, τ) ist ein T_4-Raum.

5. Die topologische Hülle $\left(\overline{S}^{\tau}, \tau|\overline{S}^{\tau}\right)$ kompakter Unterräume $(S, \tau|S)$ von T_1-Räumen (X, τ) ist nicht notwendig kompakt (s. hierzu auch (4.1,2) (c)).
(Hinweis: $X := \mathbb{N} \times \mathbb{N}$,

$$\tau := \{\emptyset\} \cup \left\{ P \subseteq \mathbb{N} \times \mathbb{N} \;\middle|\; \forall\, n \in \mathbb{N}\colon\ \{ m \in \mathbb{N} \mid (m, n) \notin P \} \text{ endlich} \right\},$$

$S := \mathbb{N} \times \{0\}$.)

6. (X, τ) sei ein topologischer Raum, (Y, σ) T_3-Raum, $f \in C(X, Y)$, $S \subseteq X$. Man beweise:
$\overline{S}^{\tau}$ kompakt $\implies$ $\overline{f[S]}^{\sigma}$ kompakt.

7. X, Y seien Mengen, $\mathcal{F}$ ein Filter auf X und $f : X \longrightarrow Y$ surjektiv.

(a) Es gibt einen Ultrafilter $\mathcal{F}_{\max}$ auf X mit $\mathcal{F}_{\max} \supseteq \mathcal{F}$.

(b) Äq (i) $\mathcal{F}$ Ultrafilter auf X
(ii) $\forall\, T \subseteq X\colon\ T \in \mathcal{F}$ oder $X \setminus T \in \mathcal{F}$

(c) $\mathcal{F}$ Ultrafilter auf X $\implies$ $f[[\mathcal{F}]]$ Ultrafilter auf Y

8. (X, τ) sei ein topologischer Raum, R eine Äquivalenzrelation über X mit der Partition $X/_R$ und der kanonischen Projektion π_R, $(\pi_R(x), \tau|\pi_R(x))$ kompakt für jedes $x \in X$ und $X/_R$ τ-halbstetig.
(X, τ) A_2-Raum $\implies$ $(X/_R, \tau/_R)$ A_2-Raum.

9. (X, τ), (X, σ) seien T_2-Räume, (X, σ) kompakt. Es gilt:

$$\tau \subseteq \sigma \implies \tau = \sigma.$$

10. (X, τ) sei ein topologischer Raum, $K \in \{\mathbb{R}, \mathbb{C}\}$, $X \neq \emptyset$.

(a) $(C_0(X, K), \|\ \|_\infty)$ ist eine K-Banach-Algebra.

(b) $(C_c(\mathbb{R}, \mathbb{R}), \|\ \|_\infty)$ ist keine $\mathbb{R}$-Banach-Algebra.

11. $(A, \| \ \|)$ sei eine halbnormierte K-Algebra. Ihre Multiplikation $\circ$ ist stetig bzgl. der Topologien $\tau_{\| \ \|} \times \tau_{\| \ \|}, \tau_{\| \ \|}$.

12. (X, τ) sei ein topologischer Raum, A eine $\mathbb{C}$-Unteralgebra von $C_b(X, \mathbb{C})$, $\overline{f} \in A$ für jedes $f \in A$,

$$A_{\mathbb{R}} = \{ \varphi \in C_b(X, \mathbb{R}) \mid \exists f \in A\colon \ \varphi = \operatorname{Re} f \text{ oder } \varphi = \operatorname{Im} f \}.$$

$A_{\mathbb{R}}$ ist eine $\mathbb{R}$-Unteralgebra von $C_b(X, \mathbb{R})$ und $A = A_{\mathbb{R}} + iA_{\mathbb{R}}$.

13. (X, τ) sei ein kompakter topologischer Raum, $\mathcal{F} \subseteq C(X, \mathbb{R})$ und für alle $f, g \in \mathcal{F}$ gelte $f \wedge g, f \vee g \in \mathcal{F}$. Man zeige:

$$\overline{\mathcal{F}}^{\tau_{d_\infty}} = \{ f \in C(X, \mathbb{R}) \mid \forall\, \varepsilon > 0 \ \forall\, x, y \in X \ \exists\, g_{x,y} \in \mathcal{F}\colon$$
$$|g_{x,y}(x) - f(x)| < \varepsilon, \ |g_{x,y}(y) - f(y)| < \varepsilon \}$$

14. (X, τ) sei ein topologischer Raum, $C \subseteq S \subseteq X$ und $(C, (\tau|S)|C)$ kompakt. $(C, \tau|C)$ ist kompakt.

15. (X, τ) sei ein kompakter T_3-Raum, $G \subseteq X$ eine G_δ-Menge in (X, τ). $(G, \tau|G)$ ist ein Baire-Raum.

16. X sei eine unendliche Menge, $x^* \in X$ und

$$\eta_{x^*} := \mathcal{P}(X \backslash \{x^*\}) \cup \{ S \subseteq X \mid X \backslash S \text{ endlich} \}.$$

Man zeige:

(a) (X, η_{x^*}) ist ein T_2-Raum, $\{x^*\} \in \alpha_{\eta_{x^*}} \backslash \eta_{x^*}$ und

$$\forall\, x \in X \backslash \{x^*\}\colon \ \{x\} \in \alpha_{\eta_{x^*}} \cap \eta_{x^*}.$$

(b) Für jedes $S \subseteq X$ gilt:

$$\overline{S}^{\eta_{x^*}} = \begin{cases} S, & \text{falls } S \text{ endlich} \\ S \cup \{x^*\}, & \text{falls } S \text{ unendlich,} \end{cases}$$

$$S^{\circ \eta_{x^*}} = \begin{cases} S, & \text{falls } X \backslash S \text{ endlich} \\ S \backslash \{x^*\}, & \text{falls } X \backslash S \text{ unendlich.} \end{cases}$$

(c) (X, η_{x^*}) ist kompakt (also normal). (S. auch (2.3,4) (a).)

17. (X, τ), (Y, σ) seien topologische Räume, $f : X \longrightarrow \mathbb{C}$, $g : Y \longrightarrow \mathbb{C}$.

(a) $\operatorname{Tr} f \otimes g = \operatorname{Tr} f \times \operatorname{Tr} g$

(b) $C_c(X, \mathbb{C}) \otimes C_c(Y, \mathbb{C}) \subseteq C_c(X \times Y, \mathbb{C})$

(c) $C_c(X, \mathbb{C}) \otimes C_c(Y, \mathbb{C})$ ist eine $\mathbb{C}$-Unteralgebra von $C_c(X \times Y, \mathbb{C})$.

18. $((X_i, \tau_i) \mid i \in I) \neq \emptyset$ sei eine Familie nichtleerer topologischer Räume, die Menge $\{ i \in I \mid (X_i, \tau_i) \text{ nicht kompakt} \}$ sei unendlich und $K \subseteq \prod_{i \in I} X_i$.

Ist $\big(K, \big(\bigtimes_{i \in I} \tau_i\big) \big| K\big)$ kompakt, so hat K keinen inneren Punkt, d. h. $K^{\circ \bigtimes_{i \in I} \tau_i} = \emptyset$.

19. (X, d) sei ein pseudometrischer Raum, $K \in \{\mathbb{R}, \mathbb{C}\}$ und $f \in C_c(X, K)$.
f ist gleichmäßig stetig (bzgl. $(d, d_{|\,|})$).

20. (X, τ) sei ein kompakter T_2-Raum, $F \subseteq C_{\mathbb{R}}(X)$ abzählbar und F trenne Punkte in X. Man zeige: (X, τ) ist metrisierbar.

21. (V, τ) sei ein topologischer K-Vektorraum, $C_j \subseteq V$ konvex und kompakt in (V, τ) für $j = 1, \ldots, n$.
$\overline{\bigcup_{j=1}^{n} C_j}^{\text{konv}}$ ist kompakt in (V, τ). (Hinweis: 2.4, A 34 (c); s. auch 4.2-3.)

22. (V, τ) sei ein topologischer K-Vektorraum, $A \in \alpha_\tau$, $C \subseteq V$ kompakt in (V, τ) und $A \cap C = \emptyset$. Es existiert ein $U \in \mathcal{U}_\tau(0)$ mit $(A + U) \cap (C + U) = \emptyset$.

23. (V, τ) sei ein T_2-topologischer K-Vektorraum, $n \in \mathbb{N}\backslash\{0\}$, $S_j \subseteq V$ mit $\overline{\overline{S_j}^{\text{konv}}}^{\tau}$ kompakt in (V, τ) für jedes $j \in \{1, \ldots, n\}$. Es gilt:

$$\overline{\overline{\bigcup_{j=1}^{n} S_j}^{\text{konv}}}^{\tau} = \overline{\bigcup_{j=1}^{n} \overline{\overline{S_j}^{\text{konv}}}^{\tau}}^{\text{konv}} .$$

(Hinweis: Anmerkung an 2.4-18; A 21)

4.4 Lokalkompakte Räume, Kompaktifizierungen

Die für die (reelle bzw. komplexe) Analysis grundlegenden topologischen Räume $(\mathbb{R}, \tau_{|\,|})$ bzw. $(\mathbb{C}, \tau_{|\,|})$ sind ebensowenig kompakt wie die für die Funktionalanalysis bedeutenden normierten K-Vektorräume $(V, \|\;\|)$ für $V \neq \{0\}$ ⟦Für $v_0 \in V\backslash\{0\}$ gilt $\|kv_0\| = |k|\,\|v_0\|$, $(V, d_{\|\,\|})$ ist also nicht beschränkt.⟧. Die bisher erzielten Ergebnisse zur Kompaktheit können daher *global*, d. h. auf dem jeweiligen gesamten Raum, nicht verwendet werden, sondern allenfalls für topologische Unterräume. Berücksichtigt man, daß viele analytische Begriffe *lokal*, d. h. in Punkten, definiert sind (Stetigkeit in x, Differenzierbarkeit in x u. a.), so wird verständlich, daß das Vorhandensein kompakter Umgebungen der Punkte eines topologischen Raums vorteilhaft für die lokalen Untersuchungen sowohl des Raums selbst als auch der auf ihm erklärten Funktionen ist.

Definition

(X, τ) sei ein toplogischer Raum, $S \subseteq X$.

(X, τ) *lokalkompakt*	:gdw	$\forall\, x \in X\ \exists\, U \in \mathcal{U}_\tau(x)\colon\ U$ kompakt
S *lokalkompakt* (in (X, τ))	:gdw	$(S, \tau\vert S)$ lokalkompakt

Jeder kompakte topologische Raum ist lokalkompakt.

In der Klasse der T_2- (bzw. T_3-)Räume ist Lokalkompaktheit gleichbedeutend mit der Existenz von Umgebungsbasen aus kompakten Umgebungen für jeden Punkt des Raums. Jeder lokalkompakte T_2-Raum ist daher regulär ⟦ 2.5-2, 4.1-5 (b) ⟧.

Satz 4.4-1

(X, τ) sei ein T_2- (bzw. T_3-)Raum.

Äq (i) (X, τ) *lokalkompakt*

(ii) $\forall\, x \in X\colon\ \{\, U \in \mathcal{U}_\tau(x) \mid U$ *kompakt* $\}$ *Basis von* $\mathcal{U}_\tau(x)$

Beweis

(ii) $\Rightarrow$ *(i)* ist klar.

(i) $\Rightarrow$ *(ii)* gilt für T_3-Räume wegen 2.5-2 und 4.1-5 (a). Sei also (X, τ) ein T_2-Raum, $x \in X$, $C, U \in \mathcal{U}_\tau(x)$ und C kompakt gem. (i). Für $W := U \cap C \in \mathcal{U}_\tau(x)$ ist $\big(\overline{W}^\tau, \tau|\overline{W}^\tau\big)$ kompakter T_2-Raum ⟦ $\overline{W}^\tau \subseteq C$ ⟧, also normal ⟦ 4.3-3.1 ⟧. Es gibt daher ein $V \in \mathcal{U}_{\tau|\overline{W}^\tau}(x) \cap \alpha_{\tau|\overline{W}^\tau}$ mit $V \subseteq W$, etwa $x \in O \cap \overline{W}^\tau \subseteq V$ für ein $O \in \tau$. Die Umgebung V liegt in U und ist wegen $V = \overline{V}^\tau \subseteq \overline{W}^\tau$ kompakt. □

Korollar 4.4-1.1

(X, τ) sei ein lokalkompakter T_2- (bzw. T_3-)Raum, $C \subseteq X$ kompakt.

$\{\, W \in \mathcal{U}_\tau(C) \mid W$ kompakt $\}$ ist eine Basis von $\mathcal{U}_\tau(C)$.

Beweis

Sei $U \in \mathcal{U}_\tau(C)$ und für jedes $x \in C$ gem. 4.4-1 $U_x \subseteq U$, $U_x \in \mathcal{U}_\tau(x)$ kompakt. Die offene Überdeckung $\{\, U_x^{\circ\tau} \mid x \in C \,\}$ von C hat eine endliche Teilüberdeckung $\{U_{x_1}^{\circ\tau}, \ldots, U_{x_m}^{\circ\tau}\}$, und $\bigcup_{j=1}^m U_{x_j} \subseteq U$ ist kompakte Umgebung von C ⟦ (4.1,2) (d) ⟧. □

Beispiele (4.4,1)

(a) $(\mathbb{R}^n, \tau_{\|\ \|})$ ist lokalkompakt ⟦ Für jedes $x \in \mathbb{R}^n$, $\varepsilon > 0$ ist $\widetilde{K}_\varepsilon^{d_{\|\ \|}}(x)$ beschränkt und abgeschlossen, also kompakt. ⟧.

(b) $\big(\ell^q, \tau_{\|\ \|_q}\big)$ ist für $1 \le q \le \infty$ nicht lokalkompakt, denn $\widetilde{K}_\varepsilon^{d_{\|\ \|_q}}(0)$ ist für kein $\varepsilon > 0$ kompakt: Für jedes $j \in \mathbb{N}$ sei $x^{(j)} \in \ell^q$ definiert durch $x^{(j)}(i) := \varepsilon\delta_{i,j}$. Die Folge $\big(x^{(j)}\big)_j \in \big(\widetilde{K}_\varepsilon^{d_{\|\ \|_q}}(0)\big)^{\mathbb{N}}$ hat wegen

$$\big\|x^{(j)} - x^{(k)}\big\|_q = \begin{cases} \varepsilon 2^{1/q} & \text{für } q < \infty \\ \varepsilon & \text{für } q = \infty \end{cases}$$

für $j \neq k$ keine konvergente Teilfolge.

Umfassender als in (4.4,1) kann für normierte K-Vektorräume $(V, \| \|)$, $K \in \{\mathbb{R}, \mathbb{C}\}$, festgestellt werden, daß $(V, \tau_{\| \|})$ genau dann lokalkompakt ist, wenn V endliche K-Dimension hat ⟦ 4.2-2.1 ⟧ *(Zweiter Grundsatz der linearen Funktionalanalysis).*

Lokalkompakte T_3-Räume (und somit auch lokalkompakte T_2-Räume) sind sogar T_{3a}-Räume. Dieses folgt mit dem verallgemeinerten Urysohnschen Lemma 4.3-5 aus

Satz 4.4-2

(X, τ) sei ein lokalkompakter T_3-Raum, $A \in \alpha_\tau$, $a, b \in \mathbb{R}$, $a < b$, $K \subseteq X$ kompakt, $A \cap K = \emptyset$. Dann existiert ein $f \in C(X, [a, b])$ mit $f[A] \subseteq \{a\}$ und $f[K] \subseteq \{b\}$ (und auch ein $h \in C(X, [a, b])$ mit $h[A] \subseteq \{b\}$ und $h[K] \subseteq \{a\}$).

Beweis

Für jedes $k \in K$ wähle man ein $W_k \in \mathcal{U}_\tau(k) \cap \alpha_\tau$ kompakt mit $W_k \subseteq X \backslash A$. $\{ W_k^{\circ\tau} \mid k \in K \}$ hat eine endliche Teilüberdeckung $\{ W_{k_j}^{\circ\tau} \mid 1 \leq j \leq m \}$ von K, es gilt damit

$$K \subseteq \bigcup_{j=1}^{m} W_{k_j}^{\circ\tau} \subseteq \bigcup_{j=1}^{m} W_{k_j} \subseteq X \backslash A,$$

also $W := \bigcup_{j=1}^{m} W_{k_j} \in \alpha_\tau \cap \mathcal{U}_\tau(K)$. Es sei daher o. B. d. A. $K \in \alpha_\tau$ ⟦ Andernfalls beginne man den Beweis erneut mit W anstelle von K! ⟧. $(W, \tau | W)$ ist als kompakter T_3-Raum auch T_4-Raum ⟦ 4.3-4 ⟧, es gibt deswegen eine Funktion $f \in C(W, [a, b])$ mit $f[K] \subseteq \{a\}$ und $f[W \backslash W^{\circ\tau}] \subseteq \{b\}$. Die durch

$$g(x) := \begin{cases} f(x) & \text{für } x \in W \\ b & \text{für } x \in X \backslash W \end{cases}$$

definierte Funktion $g : X \longrightarrow [a, b]$ erfüllt $g[K] \subseteq \{a\}$, $g[A] \subseteq g[X \backslash W] \subseteq \{b\}$ und ist stetig:

Für jedes $S \in \alpha_{\tau_{| \,|}|[a,b]}$ erhält man wegen $g^{-1}[S] \cap W = f^{-1}[S] \in \alpha_{\tau|W} \subseteq \alpha_\tau$ und

$$g^{-1}[S] \cap (X \backslash W^{\circ\tau}) = \left\{ \begin{matrix} X \backslash W^{\circ\tau} & \text{für } b \in S \\ \emptyset & \text{sonst} \end{matrix} \right\} \in \alpha_\tau$$

auch $g^{-1}[S] = (g^{-1}[S] \cap W) \cup (g^{-1}[S] \cap (X \backslash W^{\circ\tau})) \in \alpha_\tau$. Entsprechend findet man auch ein h mit den angegebenen Eigenschaften. □

Korollar 4.4-2.1

Jeder lokalkompakte T_3-Raum ist T_{3a}-Raum, jeder lokalkompakte T_2-Raum vollständig regulär. □

Lokalkompakte T_3-Räume sind i. a. keine T_4-Räume ⟦ (4.4,3) ⟧.

Der Beweis zu 4.4-2 ergibt noch das

Korollar 4.4-2.2

(X,τ) sei ein lokalkompakter T_3-Raum, $K \subseteq X$ kompakt und $U \in \mathcal{U}_\tau(K)$. Dann existiert ein kompaktes $W \in \alpha_\tau \cap \mathcal{U}_\tau(K)$ und eine Funktion $g \in C(X,[0,1])$ (bzw. $h \in C(X,[0,1])$) mit $W \subseteq U$, $g[K] \subseteq \{1\}$ und $g[X \backslash W] \subseteq \{0\}$ (bzw. $h[K] \subseteq \{0\}$ und $h[X \backslash W] \subseteq \{1\}$). Insbesondere ist $\mathcal{U}_\tau(K) \cap \alpha_\tau$ eine Basis von $\mathcal{U}_\tau(K)$. □

Wie in 4.4-2 können auch in 4.4-2.2 beliebige Intervalle $[a,b]$ mit $a < b$ verwendet werden.

Für die (abstrakte) Integrationstheorie über lokalkompakten Räumen (X,τ) ist es wichtig zu wissen, ob man (X,τ) auf geeignete Weise durch abzählbar viele kompakte Unterräume ausschöpfen kann (s. 4.4-3). Hierzu die (vgl. auch 4.3, A 4)

Definition

(X,τ) sei ein topologischer Raum.

$$(X,\tau)\ \sigma\text{-}kompakt \quad :\text{gdw}$$
$$\exists\ (K_j)_j \in (\mathcal{P}X)^{\mathbb{N}}\colon\ \bigcup_{j\in\mathbb{N}} K_j = X \text{ und } \forall\ j \in \mathbb{N}\colon\ (K_j, \tau|K_j) \text{ kompakt}$$

Stetige Bilder σ-kompakter Räume sind σ-kompakt ⟦ 4.1-6 (a), Anhang 1-26 (a) ⟧, σ-kompakte T_3-Räume sind T_4-Räume ⟦ 4.3, A 4 ⟧.

Satz 4.4-3

(X,τ) sei ein σ-kompakter lokalkompakter T_3-Raum. Dann existiert eine Folge $(O_j)_j \in \tau^{\mathbb{N}}$ mit $\bigcup_{j\in\mathbb{N}} O_j = X$, $\left(\overline{O_j}^\tau, \tau|\overline{O_j}^\tau\right)$ kompakt und $\overline{O_j}^\tau \subseteq O_{j+1}$ für alle $j \in \mathbb{N}$. Jeder kompakte Unterraum C von (X,τ) ist Unterraum eines $(O_j, \tau|O_j)$.

Beweis

Es sei $X = \bigcup_{j\in\mathbb{N}} C_j$, C_j für jedes $j \in \mathbb{N}$ kompakt. Für jedes $x \in X$ wähle man eine Umgebung $U(x) \in \mathcal{U}_\tau(x) \cap \tau$ mit $\overline{U(x)}^\tau$ kompakt. $\{\, U(x) \mid x \in C_0 \,\}$ hat eine endliche Teilüberdeckung $\{U(x_1), \ldots, U(x_{n_0})\}$. Sind die Elemente $x_{n_{i-1}+1}, \ldots, x_{n_i} \in X$ $(n_{-1} := 0)$ für alle $i \leq k$ so gewählt, daß

$$C_i \cup \bigcup_{j=1}^{n_{i-1}} \overline{U(x_j)}^\tau \subseteq \bigcup_{j=n_{i-1}+1}^{n_i} U(x_j)$$

gilt, dann existieren wegen der Kompaktheit von $C_{k+1} \cup \bigcup_{j=1}^{n_k} \overline{U(x_j)}^\tau$ Elemente $x_{n_k+1}, \ldots, x_{n_{k+1}}$ in X mit $C_{k+1} \cup \bigcup_{j=1}^{n_k} \overline{U(x_j)}^\tau \subseteq \bigcup_{j=n_k+1}^{n_{k+1}} U(x_j)$. Man setze nun

$O_k := \bigcup_{j=1}^{n_k} U(x_j)$ für jedes $k \in \mathbb{N}$ und erhält damit $\bigcup_{k\in\mathbb{N}} O_k = X$ $[\![C_k \subseteq O_k]\!]$, $\overline{O_k}^\tau \subseteq O_{k+1}$ $[\![$ nach Konstruktion $]\!]$ und auch $\overline{O_k}^\tau$ kompakt $[\![\overline{O_k}^\tau = \bigcup_{j=1}^{n_k} \overline{U(x_j)}^\tau]\!]$ für jedes $k \in \mathbb{N}$.

Ist schließlich $C \subseteq X$ kompakt, so gibt es ein $m \in \mathbb{N}$ mit $C \subseteq \bigcup_{j=0}^{m} O_j = O_m$ wie behauptet. □

Unterräume σ-kompakter lokalkompakter T_3-Räume sind i. a. weder σ-kompakt noch lokalkompakt.

Beispiele (4.4,2)

$(\mathbb{R}, \tau_{|\,|})$ ist σ-kompakter lokalkompakter T_3-Raum.

(a) $(\mathbb{R}\backslash\mathbb{Q}, \tau_{|\,|}|\mathbb{R}\backslash\mathbb{Q})$ ist nicht lokalkompakt:

Sei $x \in \mathbb{R}\backslash\mathbb{Q}$, $(r_j)_j \in \mathbb{Q}^{\mathbb{N}}$ monoton wachsend, $(s_j)_j \in \mathbb{Q}^{\mathbb{N}}$ monoton fallend, $(r_j)_j \to_{\tau_{|\,|}} x$, $(s_j)_j \to_{\tau_{|\,|}} x$. Für jedes $j \in \mathbb{N}$ ist dann $(\mathbb{R}\backslash\mathbb{Q}) \cap [r_j, s_j] \in (\tau_{|\,|}|\mathbb{R}\backslash\mathbb{Q}) \cap \alpha_{\tau_{|\,|}|\mathbb{R}\backslash\mathbb{Q}}$ und $\{ (\mathbb{R}\backslash\mathbb{Q}) \cap [r_j, s_j] \mid j \in \mathbb{N} \}$ eine Basis von $\mathcal{U}_{\tau_{|\,|}|\mathbb{R}\backslash\mathbb{Q}}(x)$. Keine der Mengen $(\mathbb{R}\backslash\mathbb{Q}) \cap [r_j, s_j]$ ist kompakt. Andernfalls gäbe es zu der offenen Überdeckung $\{ [t_i, t_{i+1}] \cap (\mathbb{R}\backslash\mathbb{Q}) \mid i \in \mathbb{N} \}$, wobei $t_0 = r_j$ und $(t_i)_i \in (\mathbb{Q}\backslash\{s_j\})^{\mathbb{N}}$ monoton wachsend, $(t_i)_i \to_{\tau_{|\,|}} s_j$ ist, eine endliche Teilüberdeckung. ↯

(b) Für $a, b \in \mathbb{Q}$, $a < b$ ist $[a, b] \cap (\mathbb{R}\backslash\mathbb{Q})$ nicht σ-kompakt. Andernfalls wäre auch $[a+z(b-a), b+z(b-a)] \cap (\mathbb{R}\backslash\mathbb{Q})$ für jedes $z \in \mathbb{Z}$ σ-kompakt $[\![[a+z(b-a), b+z(b-a)] = z(b-a) + [a, b]$, $t \mapsto z(b-a) + t$ ist ein Homöomorphismus auf $\mathbb{R}$. $]\!]$, woraus die σ-Kompaktheit von $\mathbb{R}\backslash\mathbb{Q}$ folgte $[\![\mathbb{R}\backslash\mathbb{Q} = \bigcup_{z\in\mathbb{Z}} \big([a+z(b-a), b+z(b-a)] \cap (\mathbb{R}\backslash\mathbb{Q})\big)]\!]$. Somit wäre $\mathbb{R}\backslash\mathbb{Q}$ eine F_σ-Menge in $(\mathbb{R}, \tau_{|\,|})$, denn jeder kompakte Unterraum von $(\mathbb{R}\backslash\mathbb{Q}, \tau_{|\,|}|\mathbb{R}\backslash\mathbb{Q})$ ist auch kompakter Unterraum von $(\mathbb{R}, \tau_{|\,|})$ $[\![$ 4.3, A 14 $]\!]$, also $\mathbb{Q}$ eine G_δ-Menge in $(\mathbb{R}, \tau_{|\,|})$, etwa $(O_j)_j \in \tau_{|\,|}^{\mathbb{N}}$ mit $\mathbb{Q} = \bigcap_{j\in\mathbb{N}} O_j$. Da $(\mathbb{R}, \tau_{|\,|})$ ein Baire-Raum ist $[\![$ 3.1-5 $]\!]$, würde nach 3.1-4

$$\emptyset = \mathbb{Q} \cap (\mathbb{R}\backslash\mathbb{Q}) = \bigcap_{j\in\mathbb{N}} O_j \cap \bigcap_{x\in\mathbb{Q}} (\mathbb{R}\backslash\{x\}) \neq \emptyset$$

folgen $[\![\{ O_j \mid j \in \mathbb{N} \} \cup \{ \mathbb{R}\backslash\{x\} \mid x \in \mathbb{Q} \}$ besteht aus abzählbar vielen in $(\mathbb{R}, \tau_{|\,|})$ dichten offenen Mengen $]\!]$. ↯

Satz 4.4-4

(X, τ) sei ein lokalkompakter T_2-Raum, $S \subseteq X$.

Äq *(i)* $(S, \tau|S)$ *lokalkompakt*

(ii) $S \in \tau|\overline{S}^\tau$

(iii) $\exists\, O \in \tau\ \exists\, A \in \alpha_\tau\colon\ S = O \cap A$

Beweis

(i) ⇒ (ii) Sei $x \in S$, $U \in \mathcal{U}_{\tau|S}(x) \cap \tau|S$ mit $\overline{U}^{\tau|S}$ kompakt, $O \in \tau$, $O \cap S = U$.

Wegen $\overline{S \cap O}^\tau \cap S = \overline{U}^\tau \cap S = \overline{U}^{\tau|S} \in \alpha_\tau$ ⟦ 4.1-5 (b) ⟧ gilt $\overline{S \cap O}^\tau \subseteq \overline{S \cap O}^\tau \cap S \subseteq S$, also auch $\overline{S}^\tau \cap O \subseteq S$:

Für jedes $z \in \overline{S}^\tau \cap O,\ W \in \mathcal{U}_\tau(z)$ gilt $W \cap O \cap S \neq \emptyset$ und somit $z \in \overline{O \cap S}^\tau \subseteq S$.

(ii) $\Rightarrow$ *(iii)* Für $S \in \tau|\overline{S}^\tau$ gibt es ein $O \in \tau$ mit $S = \overline{S}^\tau \cap O$.

(iii) $\Rightarrow$ *(i)* Sei $x \in O \cap A = S,\ O \in \tau,\ A \in \alpha_\tau$ und $U \in \mathcal{U}_\tau(x)$ kompakt, $U \subseteq O$. Dann ist $U \cap A$ kompakt und $U \cap A = U \cap A \cap O \in \mathcal{U}_{\tau|S}(x)$. □

Korollar 4.4-4.1

(X, τ) sei ein lokalkompakter T_2-Raum, $D \subseteq X,\ \overline{D}^\tau = X$.

Äq *(i)* *$(D, \tau|D)$ lokalkompakt*

(ii) $D \in \tau$ □

Beispiel (4.4,3)

Es seien $n^* \notin \mathbb{N},\ r^* \notin \mathbb{R}$ (z. B. $n^* = \mathbb{N},\ r^* = \mathbb{R}$), $N := \mathbb{N} \cup \{n^*\},\ R := \mathbb{R} \cup \{r^*\}$ und η_{n^*} (bzw. η_{r^*}) die in 4.3, A 16 angegebene Topologie auf N (bzw. R). (N, η_{n^*}), (R, η_{r^*}) sind kompakte T_2-Räume, also auch $(N \times R, \eta_{n^*} \times \eta_{r^*})$ ⟦ 4.3-7, 2.5-5 ⟧. Gem. 4.4-4 ist $(N \times R \backslash \{(n^*, r^*)\}, \eta_{n^*} \times \eta_{r^*}|(N \times R \backslash \{(n^*, r^*)\}))$ ein lokalkompakter T_2-Raum (eine sogenannte *Tychonoff-Planke*) ⟦ $N \times R \backslash \{(n^*, r^*)\} \in \eta_{n^*} \times \eta_{r^*}$ ⟧.

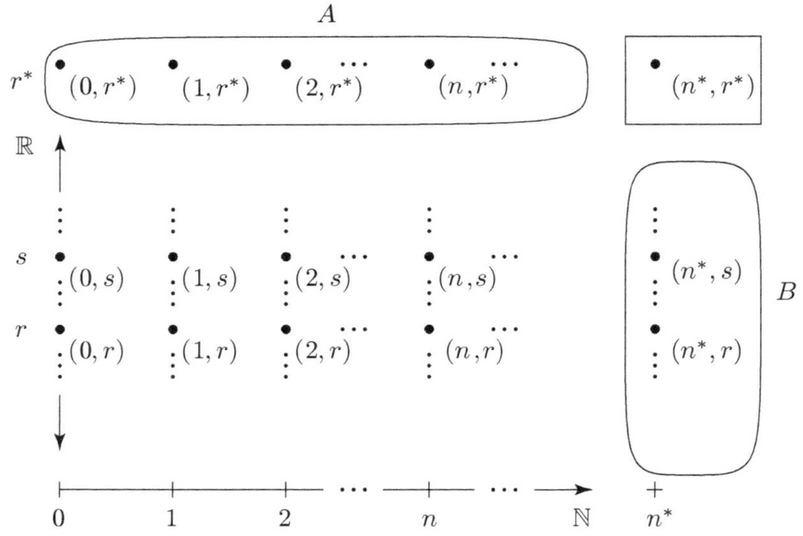

Abbildung 4.4-1

$(N \times R \backslash \{(n^*, r^*)\}, \tau)$ mit $\tau := \eta_{n^*} \times \eta_{r^*}|(N \times R \backslash \{(n^*, r^*)\})$ ist *kein* T_4-Raum, denn die abgeschlossenen Mengen $A := \mathbb{N} \times \{r^*\}$, $B := \{n^*\} \times \mathbb{R}$, z. B.

$$A = (N \times \{r^*\}) \cap (N \times R \backslash \{(n^*, r^*)\}), \qquad N \times \{r^*\} \in \alpha_{\eta_{n^*} \times \eta_{r^*}},$$

sind disjunkt und lassen sich nicht durch offene Umgebungen trennen (vgl. Abb. 4.4-1): Seien $U, V \in \tau$, $A \subseteq U$, $B \subseteq V$. Für jedes $n \in \mathbb{N}$ ist $(n, r^*) \in A$, es gibt somit ein $E_n \in \mathcal{P}_e\mathbb{R}$ mit $\{n\} \times (R \backslash E_n) \subseteq U$. Die Menge $\bigcup_{n\in\mathbb{N}} E_n$ ist abzählbar. Sei $r \in \mathbb{R} \backslash \bigcup_{n\in\mathbb{N}} E_n$. Dann liegt $\mathbb{N} \times \{r\}$ in U, $(n^*, r) \in B \subseteq V$, und es gilt $(n^*, r) \in \overline{\mathbb{N} \times \{r\}}^{\tau}$ ⟦ Für jedes $W \in \mathcal{U}_{\eta_{n^*}}(n^*)$ ist $N \backslash W$ endlich, also $W \cap \mathbb{N} \neq \emptyset$. Es folgt $(W \times \{r\}) \cap (\mathbb{N} \times \{r\}) \neq \emptyset$. Da $\{ W \times \{r\} \mid W \in \mathcal{U}_{\eta_{n^*}}(n^*) \}$ eine Basis von $\mathcal{U}_{\eta_{n^*} \times \eta_{r^*}}((n^*, r))$ ist, erkennt man, daß (n^*, r) ein Berührpunkt von $\mathbb{N} \times \{r\}$ ist. ⟧. Insgesamt ergibt sich hieraus

$$\emptyset \neq V \cap (\mathbb{N} \times \{r\}) \subseteq V \cap U.$$

Dieses Beispiel zeigt insbesondere, daß Unterräume von normalen topologischen Räumen (bzw. lokalkompakte T_3-Räume) i. a. nicht T_4-Räume sind.

Stetige Bilder lokalkompakter T_2-Räume sind i. a. nicht lokalkompakt ⟦ $(\mathbb{Q}, \tau_{|\,|}|\mathbb{Q})$ ist nicht lokalkompakt (vgl. 4.4-4.1), $\mathrm{id}_{\mathbb{Q}}$ ist $(\tau_{\mathrm{dis}}, \tau_{|\,|}|\mathbb{Q})$-stetig. ⟧. Es gilt jedoch

Satz 4.4-5

(X, τ), (Y, σ) seien topologische Räume, $f \in C(X, Y)$ surjektiv und offen.
Ist (X, τ) lokalkompakt, so auch (Y, σ).

Beweis

Es sei $y \in Y$, $x \in X$, $f(x) = y$ und $U \in \mathcal{U}_\tau(x)$ kompakt. Gem. 4.1-6 (a) ist $f[U]$ kompakt. Weil f offen ist, gehört $f[U]$ zu $\mathcal{U}_\sigma(f(x))$. □

Insbesondere sind Quotienten lokalkompakter Räume lokalkompakt, sofern die kanonische Projektion offen ist. Bei abgeschlossener kanonischer Projektion überträgt sich die Lokalkompaktheit i. a. nicht auf den Quotientenraum.

Beispiel (4.4,4)

In der Tychonoff-Planke $(X, \tau) := (N \times R \backslash \{(n^*, r^*)\}, \tau)$ (s. (4.4,3)) identifiziere man gemäß der Äquivalenzrelation I:

$$((n, r), (m, s)) \in I \quad :\text{gdw} \quad (n, r) = (m, s) \text{ oder } (n, r), (m, s) \in \mathbb{N} \times \{r^*\}.$$

$X/_I$ ist τ-halbstetig, die kanonische Projektion π_I also abgeschlossen ⟦ 2.4-15.1 ⟧. $(X/_I, \tau/_I)$ ist ein T_2-, jedoch kein T_3-Raum ⟦ $\mathbb{N} \times \{r^*\}$ und $\{ \{(n^*, r)\} \mid r \in \mathbb{R} \}$ lassen sich nicht durch Mengen aus $\tau/_I$ trennen; (4.4,3). ⟧. Der Quotientenraum $(X/_I, \tau/_I)$ kann nach 4.4-2.1 nicht lokalkompakt sein.

Lokalkompaktheit ist nicht multiplikativ ⟦ $(\mathbb{R}^{\mathbb{R}}, \mathsf{X}_{r\in\mathbb{R}}\, \tau_{|\,|})$ ist nicht lokalkompakt! ⟧, es gilt nämlich

Satz 4.4-6

$((X_i,\tau_i) \mid i \in I) \neq \emptyset$ sei eine Familie nichtleerer topologischer Räume.

Äq (i) $(\prod_{i\in I} X_i, \mathsf{X}_{i\in I}\,\tau_i)$ *lokalkompakt*

(ii) $\forall\, i \in I$: (X_i,τ_i) *lokalkompakt*, $\{\, i \in I \mid (X_i,\tau_i)$ *nicht kompakt* $\}$ *endlich*

Beweis

(i) ⇒ (ii) Die kanonischen Projektionen π_i sind stetig und offen ⟦2.4-7 (a), (b)⟧, (X_i,τ_i) gem. 4.4-5 also für jedes $i \in I$ lokalkompakt. Sei $x \in \prod_{i\in I} X_i$, W eine Umgebung von x, etwa $W \supseteq \bigcap_{k=1}^{m} \pi_{i_k}^{-1}[U_{i_k}]$, wobei $U_{i_k} \in \mathcal{U}_{\tau_{i_k}}(x_{i_k})$ für jedes $k = 1, \ldots, m$ ist. Für kompaktes W ist auch $\pi_j[W]$ für jedes $j \in I$ kompakt ⟦4.1-6 (a)⟧. Es folgt $\{\, i \in I \mid (X_i,\tau_i)$ nicht kompakt$\,\} \subseteq \{i_1,\ldots,i_m\}$.

(ii) ⇒ (i) Sei $x \in \prod_{i\in I} X_i$, $\{i_1,\ldots,i_m\} := \{\, i \in I \mid (X_i,\tau_i)$ nicht kompakt$\,\}$ und $U_{i_k} \in \mathcal{U}_{\tau_{i_k}}(x_{i_k})$ kompakt für jedes $k \in \{1,\ldots,m\}$. Dann ist $U := \bigcap_{k=1}^{m} \pi_{i_k}^{-1}[U_{i_k}] \in \mathcal{U}_{\mathsf{X}_{i\in I}\tau_i}(x)$ kompakt: Mit

$$V_j := \begin{cases} U_{i_k} & \text{für } j = i_k,\ k \in \{1,\ldots,m\} \\ X_j & \text{sonst} \end{cases}$$

ist $U = \prod_{j\in I} V_j$, und die Kompaktheit folgt nach 4.3-7. □

Der Einbettungsaussage 4.3-8.1 zufolge ist jeder vollständig reguläre Raum (X,τ), insbesondere jeder lokalkompakte T_2-Raum ⟦4.4-2.1⟧ homöomorph zu einem dichten Unterraum eines kompakten T_2-Raums (Y,σ), wobei (Y,σ) als

$$\left(\overline{e[X]}^{\mathsf{X}_{f\in C(X,[0,1])}\tau_{|\,|}|[0,1]},\ \left(\mathop{\mathsf{X}}_{f\in C(X,[0,1])} \tau_{|\,|}|[0,1]\right)\Big|\overline{e[X]}^{\mathsf{X}_{f\in C(X,[0,1])}\tau_{|\,|}|[0,1]}\right)$$

gewählt werden kann. Vollständig reguläre Räume lassen sich also „kompaktifizieren“.

Definition

(X,τ), (Y,σ) seien topologische Räume, $h : X \longrightarrow Y$.

$((Y,\sigma),h)$ (T_2-)*Kompaktifizierung* von (X,τ) :gdw

(Y,σ) kompakter (T_2-)Raum, $\overline{h[X]}^{\sigma} = Y$ und

h Homöomorphismus (bzgl. $(\tau, \sigma|h[X])$)

Man beachte, daß gem. 4.3-3.1 und 2.5-10 höchstens vollständig reguläre Räume T_2-Kompaktifizierungen zulassen! Anders als bei der Vervollständigung metrischer Räume sind die T_2-Kompaktifizierungen nicht eindeutig in dem Sinne bestimmt, daß es zu je zwei T_2-Kompaktifizierungen $((Y_i, \sigma_i), h_i)$, $i = 1, 2$, von (X, τ) genau einen Homöomorphismus $H : Y_1 \longrightarrow Y_2$ mit $H \circ h_1 = h_2$ gibt.

Beispiele (4.4,5)

(a) *Einpunktkompaktifizierung* von $(\mathbb{R}, \tau_{|\,|})$:

Sei $r^* \notin \mathbb{R}$, $\mathbb{R}^* := \mathbb{R} \cup \{r^*\}$ und

$$\tau^*_{|\,|} := \tau_{|\,|} \cup \{\, O \subseteq \mathbb{R}^* \mid \mathbb{R}^* \backslash O \in \alpha_{\tau_{|\,|}} \text{ kompakt} \,\}.$$

$(\mathbb{R}^*, \tau^*_{|\,|})$ ist kompakter T_2-Raum $[\![$ A 2 (a), 4.4-7 $]\!]$, $\overline{\mathbb{R}}^{\tau^*_{|\,|}} = \mathbb{R}^*$ $[\![\, U \in \mathcal{U}_{\tau^*_{|\,|}}(r^*) \cap \tau^*_{|\,|} \Longrightarrow \mathbb{R}^* \backslash U$ kompakt $\Longrightarrow \mathbb{R}^* \backslash U \subsetneqq \mathbb{R} \Longrightarrow \exists\, r \in \mathbb{R}\colon\ r \in U \,]\!]$ und $\mathrm{id}_{\mathbb{R}}$ ein $(\tau_{|\,|}, \tau^*_{|\,|}|\mathbb{R})$-Homöomorphismus $[\![\, \tau^*_{|\,|}|\mathbb{R} = \tau_{|\,|} \,]\!]$. $((\mathbb{R}^*, \tau^*_{|\,|}), \mathrm{id}_{\mathbb{R}})$ ist somit eine T_2-Kompaktifizierung, die sog. Einpunktkompaktifizierung von $(\mathbb{R}, \tau_{|\,|})$.

(b) *Zweipunktkompaktifizierung* von $(\mathbb{R}, \tau_{|\,|})$:

Es seien u^*, $u^{**} \notin \mathbb{R}$, $u^* \neq u^{**}$. Man erweitere die gewöhnliche Ordnung $\leq$ von $\mathbb{R}$ als Ordnung auf $\mathbb{R}^{**} := \mathbb{R} \cup \{u^*, u^{**}\}$ durch die Festlegung $u^* < r < u^{**}$ für alle $r \in \mathbb{R}$. Die Menge

$$\mathcal{B}^{**} := \tau_{|\,|} \cup \{\,]z, u^{**}] \mid z \in \mathbb{Z} \,\} \cup \{\, [u^*, z[\mid z \in \mathbb{Z} \,\}$$

ist Basis für eine Topologie $\tau^{**}_{|\,|}$ auf $\mathbb{R}^{**}$ $[\![$ 2.3-2 $]\!]$, $(\mathbb{R}^{**}, \tau^{**}_{|\,|})$ kompakter T_2-Raum, $\overline{\mathbb{R}}^{\tau^{**}_{|\,|}} = \mathbb{R}^{**}$ und $\mathrm{id}_{\mathbb{R}}$ ein $(\tau_{|\,|}, \tau^{**}_{|\,|}|\mathbb{R})$-Homöomorphismus. $((\mathbb{R}^{**}, \tau^{**}_{|\,|}), \mathrm{id}_{\mathbb{R}})$ ist daher eine T_2-Kompaktifizierung, die sogenannte Zweipunktkompaktifizierung von $(\mathbb{R}, \tau_{|\,|})$, und es existiert *kein* $(\tau^*_{|\,|}, \tau^{**}_{|\,|})$-Homöomorphismus $H : \mathbb{R}^* \longrightarrow \mathbb{R}^{**}$ mit $H \circ \mathrm{id}_{\mathbb{R}} = \mathrm{id}_{\mathbb{R}}$ $[\![\, H$ müßte r^* auf u^* *und* u^{**} abbilden, um surjektiv zu sein. $]\!]$. Gewöhnlich werden die Bezeichnungen $u^* = -\infty$, $u^{**} = +\infty$ verwendet.

Die Konstruktion in (4.4,5) (a) kann für jeden topologischen Raum durchgeführt werden:

Definition

(X, τ) sei ein topologischer Raum, $x^* \notin X$, $X^* := X \cup \{x^*\}$ und

$$\tau^* := \tau \cup \{\, O \subseteq X^* \mid X^* \backslash O \in \alpha_\tau \text{ kompakt} \,\}.$$

$((X^*, \tau^*), \mathrm{id}_X)$ heißt *Einpunktkompaktifizierung* von (X, τ).

Satz 4.4-7 (Alexandroff, 1924)

(X, τ) sei ein nichtkompakter topologischer Raum.

(a) $((X^*, \tau^*), \mathrm{id}_X)$ *ist Kompaktifizierung von* (X, τ).

(b) Äq (i) (X^*, τ^*) *T_2-Raum*

(ii) (X, τ) *lokalkompakter T_2-Raum*

Beweis

Zu (a) Wegen $\tau^*|X = \tau$ 〚A 2 (a)〛 ist id_X ein $(\tau, \tau^*|X)$-Homöomorphismus. Da (X, τ) nicht kompakt ist, gibt es zu jedem $O \in \tau^*\backslash\{\emptyset\}$ ein $x \in O \cap X$ 〚Für $O \in \tau$ ist das klar, und für $O \notin \tau$ muß $X^*\backslash O \neq X$, also $O \cap X = X\backslash(X^*\backslash O) \neq \emptyset$ sein! 〛.

Zu (b) *(i) ⇒ (ii)* Wegen $\tau^*|X = \tau$ ist (X, τ) ein T_2-Raum, und die Lokalkompaktheit folgt nach 4.4-4.1 aus $X = X^*\backslash\{x^*\} \in \tau^*$.

(ii) ⇒ (i) ist direkt aus der Definition von τ^* zu ersehen. □

Mit 4.4-7 (b) erhält man wegen 4.3-3.1 erneut, daß lokalkompakte T_2-Räume vollständig regulär sind (vgl. 4.4-2.1). Die Bezeichnungen Ein- und Zweipunktkompaktifizierung beruhen auf der Anzahl der Elemente in der Restmenge $X^*\backslash X$ bzw. $X^{**}\backslash X$. Allgemeiner nennt man Kompaktifizierungen $((Y, \sigma), \mathrm{id}_X)$ von (X, τ) *m-Punktkompaktifizierung* von (X, τ), wenn die *Restmenge* $Y\backslash X$ aus genau m Elementen besteht. Durch Identifizierung von Elementen der (endlichen) Restmenge erhält man

Satz 4.4-8

(X, τ) sei ein topologischer Raum, $((Y, \sigma), \mathrm{id}_X)$ eine T_2-Kompaktifizierung von (X, τ) mit endlicher Restmenge, $|Y\backslash X| = m$. Dann existiert zu jedem $j \in \{1, \ldots, m\}$ eine T_2-Kompaktifizierung $((Y_j, \sigma_j), \mathrm{id}_X)$ von (X, τ) mit $|Y_j\backslash X| = j$.

Beweis

Es sei $Y\backslash X = \{x_1^*, \ldots, x_m^*\}$ die Restmenge von $((Y, \sigma), \mathrm{id}_X)$ und R die durch

$$(y, y') \in R \quad :\text{gdw} \quad y = y' \text{ oder } \{y, y'\} \subseteq \{x_j^*, \ldots, x_m^*\}$$

definierte Äquivalenzrelation über Y. Der Quotientenraum $(Y/_R, \sigma/_R)$ ist kompakter T_2-Raum, da (Y, σ) normal 〚4.3-3.1〛 und $\{x_j^*, \ldots, x_m^*\} \in \alpha_\sigma$ ist (s. auch 4.3-6). Weiter gilt $\overline{\pi_R[X]}^{\sigma/R} \supseteq \pi_R[\overline{X}^\sigma] = Y/_R$, und $\pi_R{\restriction}X : X \longrightarrow \pi_R[X]$ ist ein $(\tau, \sigma/_R|\pi_R[X])$-Homöomorphismus 〚$\pi_R{\restriction}X$ ist injektiv, stetig und gem. Definition von R offensichtlich auch offen bzgl. $(\tau, \sigma/_R|\pi_R[X])$. 〛.

Somit erhält man die T_2-Kompaktifizierung $((Y/_R, \sigma/_R), \pi_R{\restriction}X)$ von (X, τ) mit $Y/_R\backslash\pi_R[X] = \{\{x_1^*\}, \ldots, \{x_{j-1}^*\}, \{x_j^*, \ldots, x_m^*\}\}$. Definiert man nun die Menge $Y_j := (Y\backslash\{x_j^*, \ldots, x_m^*\}) \cup \{\{x_j^*, \ldots, x_m^*\}\}$, $\eta_j : Y/_R \longrightarrow Y_j$, $\eta_j(\{y\}) := y$ für alle $y \in Y\backslash\{x_j^*, \ldots, x_m^*\}$ und $\eta_j(\{x_j^*, \ldots, x_m^*\}) := \{x_j^*, \ldots, x_m^*\}$, so ist η_j bijektiv mit $\eta_j \circ (\pi_R{\restriction}X) = \mathrm{id}_X$, $((Y_j, \eta_j[[\sigma/_R]]), \mathrm{id}_X)$ also eine T_2-Kompaktifizierung von (X, τ) mit der Restmenge $Y_j\backslash X = \{x_1^*, \ldots, x_{j-1}^*, \{x_j^*, \ldots, x_m^*\}\}$. □

Zur Existenz von T_2-m-Punktkompaktifizierungen:

Satz 4.4-9 (Magill jr., 1965)

(X, τ) sei ein vollständig regulärer Raum, $m \in \mathbb{N}\backslash\{0\}$.

Äq (i) *Es gibt eine T_2-Kompaktifizierung $((Y, \sigma), \mathrm{id}_X)$ von (X, τ) mit $|Y\backslash X| = m$.*

(ii) *(X, τ) ist lokalkompakt, und es gibt $(O_1, \ldots, O_m) \in (\tau\backslash\{\emptyset\})^m$ mit $X\backslash\bigcup_{j=1}^m O_j$ kompakt, $\left(X\backslash\bigcup_{j=1}^m O_j\right) \cup O_k$ für jedes $k \in \{1, \ldots, m\}$ nicht kompakt und $(O_1, \ldots, O_m)$ paarweise disjunkt.*

Beweis

(i) ⇒ (ii) Es sei $Y\backslash X = \{x_1^*, \ldots, x_m^*\}$. Wegen $X = Y\backslash\{x_1^*, \ldots, x_m^*\} \in \sigma$ ist (X, τ) gem. 4.4-4.1 lokalkompakt. Man wähle $O_j' \in \sigma \cap \mathcal{U}_\sigma(x_j^*)$ für jedes $j \in \{1, \ldots, m\}$, so daß $O_1', \ldots, O_m'$ paarweise disjunkt sind, und setze $O_j := O_j' \cap X$ ($\in \tau\backslash\{\emptyset\}$) für $j = 1, \ldots, m$. Dann ist $X\backslash\bigcup_{j=1}^m O_j = Y\backslash\bigcup_{j=1}^m O_j' \in \alpha_\sigma$, also kompakt. Darüber hinaus gilt

$$\left(X\backslash\bigcup_{j=1}^{m} O_j\right) \cup O_k = X\backslash\bigcup_{\substack{j=1\\j\neq k}}^{m} O_j = \left(Y\backslash\bigcup_{\substack{j=1\\j\neq k}}^{m} O_j'\right) \cap (Y\backslash\{x_k^*\})$$

für jedes $k \in \{1, \ldots, m\}$, $\left(X\backslash\bigcup_{j=1}^m O_j\right) \cup O_k$ ist daher nicht kompakt ⟦ Sonst wäre das Komplement $\bigcup_{\substack{j=1\\j\neq k}}^{m} O_j' \cup \{x_k^*\} \in \sigma$, also $\{x_k^*\} = O_k' \cap \left(\bigcup_{\substack{j=1\\j\neq k}}^{m} O_j' \cup \{x_k^*\}\right) \in \sigma$ im Widerspruch zu $\overline{X}^\sigma = Y$. ⟧.

(ii) ⇒ (i) $O_1, \ldots, O_m \in \tau\backslash\{\emptyset\}$ seien gem. (ii) gewählt, $x_1^*, \ldots, x_m^*$ paarweise verschiedene Elemente, die nicht zu X gehören, $Y := X \cup \{\, x_j^* \mid 1 \leq j \leq m \}$, $C := X\backslash\bigcup_{j=1}^m O_j$, $\mathcal{O}_j := \{\, O \in \tau \mid (X\backslash O) \cap (C \cup O_j)\ \text{kompakt} \}$ und $\mathcal{O}_j' := \{\, O \cup \{x_j^*\} \mid O \in \mathcal{O}_j \}$ für jedes $j \in \{1, \ldots, m\}$. Dann ist $\tau \cup \bigcup_{j=1}^m \mathcal{O}_j'$ Basis für eine Topologie σ auf Y ⟦ 2.3-2 ⟧, denn $\tau \cup \bigcup_{j=1}^m \mathcal{O}_j'$ ist stabil gegen die Bildung von Durchschnitten endlich vieler Elemente. Weiter gilt $O_j \in \mathcal{O}_j$ für jedes $j \in \{1, \ldots, m\}$ ⟦ $(X\backslash O_j) \cap (C \cup O_j) = C$ ⟧ und $\sigma|X = \tau$.

(Y, σ) ist T_2-Raum:

Seien $y, y' \in Y$, $y \neq y'$. Für $\{y, y'\} \subseteq X$ gibt es nach Voraussetzung $O, P \in \tau \subseteq \sigma$ mit $y \in O$, $y' \in P$, $O \cap P = \emptyset$, und es ist $(O_j \cup \{x_j^*\}) \cap (O_k \cup \{x_k^*\}) = \emptyset$ für $y = x_j^*$, $y' = x_k^*$. Sei also $y' \in X$ und $y = x_k^*$, $k \in \{1, \ldots, m\}$, $K \in \mathcal{U}_\tau(y')$ kompakt. Dann ist $O := \bigcup_{j=1}^m O_j\backslash K \in \tau$ und $(X\backslash O) \cap (C \cup O_k) = (C \cup K) \cap (C \cup O_k) \in \alpha_\tau$ ⟦ $C \cup O_k = X\backslash\bigcup_{\substack{j=1\\j\neq k}}^{m} O_j \in \alpha_\tau$ ⟧, also kompakt ⟦ $C \cup K$ kompakt ⟧. Es folgt $O \in \mathcal{O}_k$ und $K \cap (O \cup \{x_k^*\}) = \emptyset$.

(Y,σ) ist kompakt:
Sei $\mathcal{O} \subseteq \sigma$, $\bigcup \mathcal{O} = Y$, $Q_1, \ldots, Q_m \in \mathcal{O}$, $P_j \in \mathcal{O}_j$ mit $\{x_j^*\} \cup P_j \subseteq Q_j$ für $j = 1, \ldots, m$. Wegen der Kompaktheit von

$$X \backslash \bigcup_{j=1}^{m} P_j = \left(\bigcup_{j=1}^{m} (C \cup O_j)\right) \backslash \bigcup_{k=1}^{m} P_k \subseteq \bigcup_{j=1}^{m} ((C \cup O_j) \backslash P_j)$$
$$= \bigcup_{j=1}^{m} ((C \cup O_j) \cap (X \backslash P_j)),$$

der Abgeschlossenheit von $X \backslash \bigcup_{j=1}^{m} P_j$ ist

$$(X \backslash \bigcup_{j=1}^{m} P_j, \sigma | X \backslash \bigcup_{j=1}^{m} P_j) = (X \backslash \bigcup_{j=1}^{m} P_j, \tau | X \backslash \bigcup_{j=1}^{m} P_j)$$

kompakt, daher auch der abgeschlossene Unterraum $\left(Y \backslash \bigcup_{j=1}^{m} Q_j, \sigma \middle| Y \backslash \bigcup_{j=1}^{m} Q_j\right)$. $\mathcal{O}$ läßt also eine endliche Teilüberdeckung zu.
$\overline{X}^{\sigma} = Y$:
Für jedes $j \in \{1, \ldots, m\}$, $O \in \mathcal{O}_j$, $Q := \{x_j^*\} \cup O$ ist $(X \backslash O) \cap (C \cup O_j)$ kompakt in (X,τ), $C \cup O_j$ jedoch nicht. Es folgt $Q \cap X \supseteq O \neq \emptyset$. □

Beispiel (4.4,6)

$(\mathbb{R}, \tau_{|\,|})$ besitzt keine T_2-3-Punktkompaktifizierung (also gem. 4.4-8 auch keine T_2-m-Punktkompaktifizierung für $m \geq 3$):

Andernfalls gibt es nach 4.4-9 paarweise disjunkte Mengen O_1, O_2, $O_3 \in \tau_{|\,|} \backslash \{\emptyset\}$, so daß $\mathbb{R} \backslash \bigcup_{j=1}^{3} O_j$ kompakt und $\left(\mathbb{R} \backslash \bigcup_{j=1}^{3} O_j\right) \cup O_k$ für kein $k \in \{1,2,3\}$ kompakt ist. Man setze $C := \mathbb{R} \backslash \bigcup_{j=1}^{3} O_j$. Für jedes $k \in \{1,2,3\}$ ist $C \cup O_k = \mathbb{R} \backslash \bigcup_{\substack{j=1 \\ j \neq k}}^{3} O_j \in \alpha_{\tau_{|\,|}}$, also unbeschränkt, da nicht kompakt. Sei $m_C := \min C$, $M_C := \max C$ ⟦4.1, A 3 (b)⟧. Dann haben wenigstens zwei der O_1, O_2, O_3 voneinander verschiedene Elemente, die größer als M_C sind, oder wenigstens zwei besitzen voneinander verschiedene Elemente, die kleiner als m_C sind ⟦Unbeschränktheit in $(\mathbb{R}, d_{|\,|})$! ⟧. Seien o. B. d. A. $x_1 \in O_1$, $x_2 \in O_2$ mit $x_2 > x_1 > M_C$ und $s := \sup\{\, x \in O_1 \mid x < x_2 \,\}$, also $s \notin C$. s gehört auch nicht zu $\bigcup_{j=1}^{3} O_j$, denn für $s \in O_k$, etwa $]s-\varepsilon, s+\varepsilon[\subseteq O_k$, muß (nach Definition von s) $k > 1$ sein ⟦Sonst wäre $O_1 \cap O_2 \neq \emptyset$ für $s = x_2$ bzw. für $s < x_2$ auch $s < s + \frac{1}{n+1} < x_2$ für ein $n \in \mathbb{N}$. ↯ ⟧, und wegen $O_1 \subseteq \mathbb{R} \backslash (O_2 \cup O_3) \in \alpha_{\tau_{|\,|}}$ folgt $s \in \mathbb{R} \backslash (O_2 \cup O_3)$. Insgesamt würde $s \in \mathbb{R} \backslash \left(C \cup \bigcup_{j=1}^{3} O_j\right) = \emptyset$ gelten. ↯

Einpunkt- und Zweipunktkompaktifizierungen von $(\mathbb{R}, \tau_{|\,|})$ zeigen, daß es mehrere wesentlich voneinander verschiedene Möglichkeiten der T_2-Kompaktifizierung vollständig regulärer Räume (X,τ) geben kann. Neben den T_2-m-Punktkompaktifizierungen ist ein weiterer Typ, die von Tychonoff bereits 1930 angegebene Stone-Čech-Kompaktifizierung, von Bedeutung. Die Namensgebung erfolgte aufgrund einer von M. H. Stone und Čech 1936/37 bewiesenen, die Stone-Čech-Kompaktifizierung charakterisierenden Fortsetzungseigenschaft für auf (X, τ) definierte stetige Funktionen in kompakte T_2-Räume (s. 4.4-12).

(X, τ) sei ein vollständig regulärer Raum. Für jedes $f \in C_b(X, \mathbb{R})$ sei

$$I_f := \bigcap \{ I \subseteq \mathbb{R} \mid I \text{ kompaktes Intervall, } f[X] \subseteq I \}.$$

Gem. 4.3-8 trennt $C_b(X, \mathbb{R})$ Punkte von abgeschlossenen Mengen in (X, τ), nach 2.5-14, 2.5-14.1 ist also die Auswertung

$$e : \begin{cases} X \longrightarrow \prod_{f \in C_b(X,\mathbb{R})} I_f \\ x \longmapsto (f \mapsto f(x)) \end{cases}$$

ein $\left(\tau, \left(\bigtimes_{f \in C_b(X,\mathbb{R})} \tau_{|\,|} | I_f\right) \middle| e[X]\right)$-Homöomorphismus.

Definition

(X, τ) sei vollständig regulär,

$$\beta X := \overline{e[X]}^{\bigtimes_{f \in C_b(X,\mathbb{R})} \tau_{|\,|} | I_f}$$

und

$$\beta\tau := \left(\bigtimes_{f \in C_b(X,\mathbb{R})} \tau_{|\,|} | I_f \right) \middle| \beta X.$$

$((\beta X, \beta\tau), e)$ heißt *Stone-Čech-Kompaktifizierung* von (X, τ).

$((\beta X, \beta\tau), e)$ ist (nach Konstruktion) eine T_2-Kompaktifizierung von (X, τ) und besitzt die *Fortsetzungseigenschaft für stetige Funktionen in kompakte T_2-Räume* $(*)$:

Satz 4.4-10 (M. H. Stone, Čech, 1936/37)

(X, τ) sei ein vollständig regulärer, (K, κ) ein kompakter T_2-Raum. Es gilt:

$$\forall \varphi \in C(X, K)\ \exists\, \Phi \in C(\beta X, K) : \ \Phi \circ e = \varphi. \qquad (*)$$

(Die Fortsetzung Φ ist wegen $\overline{e[X]}^{\beta\tau} = \beta X$ eindeutig bestimmt!)

Beweis

Es sei $e' : K \longrightarrow \prod_{g \in C(K,\mathbb{R})} I_g$ die Auswertung, e' ist ein Homöomorphismus bzgl. $\left(\kappa, \left(\bigtimes_{g \in C(K,\mathbb{R})} \tau_{|\,|} | I_g\right) \middle| e'[K]\right)$. Das folgende Diagramm stellt die Gegebenheiten dar (durchgezogene Pfeile):

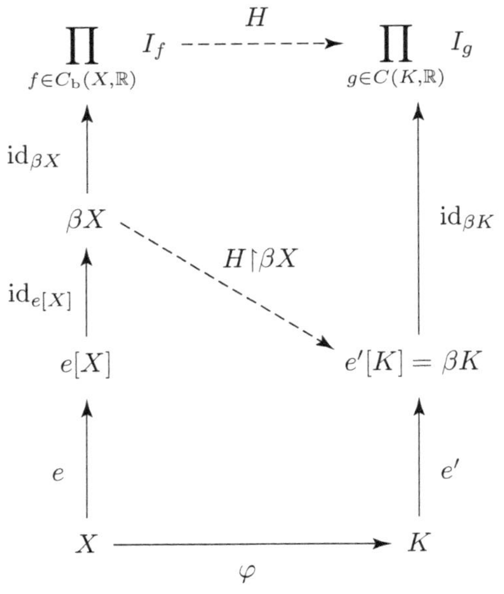

Die Fortsetzung Φ wird mit Hilfe einer stetigen Funktion H, die $H[\beta X] \subseteq e'[K]$ und $H \circ e = e' \circ \varphi$ erfüllt, in der Form $\Phi := e'^{-1} \circ H\restriction\beta X$ konstruiert (gestrichelte Pfeile im Diagramm). Man definiere H durch

$$H(t)(g) := t(g \circ \varphi) \quad \text{für alle } t \in \prod_{f\in C_b(X,\mathbb{R})} I_f,\ g \in C(K,\mathbb{R}).$$

H ist wegen $g \circ \varphi \in C(X, I_{g\circ\varphi})$ für $g \in C(K,\mathbb{R})$ wohldefiniert und nach 2.4-7 (c) stetig $[\![\forall\ g \in C(K,\mathbb{R})\colon\ \pi_g \circ H = \pi_{g\circ\varphi}$ stetig$]\!]$, außerdem gilt $H \circ e = e' \circ \varphi$ $[\![\forall\ g \in C(K,\mathbb{R})\ \forall\ x \in X\colon\ (H \circ e(x))(g) = H(e(x))(g) = e(x)(g \circ \varphi) = g \circ \varphi(x) = e'(\varphi(x))(g) = (e' \circ \varphi(x))(g)\,]\!]$. Es folgt

$$\begin{aligned} H[\beta X] &= H\left[\overline{e[X]}^{\beta\tau}\right] \subseteq \overline{H\left[e[X]\right]}^{\times_{g\in C(K,\mathbb{R})}\tau_{|\,|}|I_g} \\ &= \overline{e'\left[\varphi[X]\right]}^{\times_{g\in C(K,\mathbb{R})}\tau_{|\,|}|I_g} \subseteq e'[K], \end{aligned}$$

Φ ist daher wohldefiniert, stetig und erfüllt $\Phi \circ e = \varphi$ $[\![\,\Phi \circ e = \left(e'^{-1} \circ H\restriction\beta X\right) \circ e = e'^{-1} \circ (H \circ e) = e'^{-1} \circ e' \circ \varphi = \varphi\,]\!]$. □

Korollar 4.4-10.1

(X,τ) sei ein vollständig regulärer Raum, $((K,\kappa),k)$ eine T_2-Kompaktifizierung von (X,τ). (K,κ) ist topologisch isomorph zu einem Quotienten von $(\beta X, \beta\tau)$.

Beweis

Gem. 4.4-10 gibt es genau ein $\Phi \in C(\beta X, K)$ mit $\Phi \circ e = k$. Φ ist surjektiv $[\![\, k[X] = \Phi \circ e[X] \subseteq \Phi\big[\overline{e[X]}^{\beta\tau}\big] = \Phi[\beta X] \in \alpha_\kappa$, also $K = \overline{k[X]}^{\kappa} \subseteq \Phi[\beta X]\,]\!]$ und abgeschlossen $[\![$ 4.1-5 (b), 4.1-6 (a) $]\!]$. Nach dem Homöomorphiesatz 2.4-16 folgt

$$(K, \kappa) \underset{\text{top.}}{\cong} \left(\beta X/_{\text{Fas}\,\Phi}, \beta\tau/_{\text{Fas}\,\Phi}\right).$$

□

Die Fortsetzungseigenschaft $(*)$ in 4.4-10 gibt Anlaß zur Einführung einer Vergleichsrelation zwischen Kompaktifizierungen:

Definition

$((K_i, \kappa_i), k_i)$ seien für $i = 1, 2$ Kompaktifizierungen des topologischen Raums (X, τ).

$$((K_1, \kappa_1), k_1) \geq ((K_2, \kappa_2), k_2) \quad \text{:gdw} \quad \exists\, \Phi \in C(K_1, K_2)\colon\ \Phi \circ k_1 = k_2$$

$$((K_1, \kappa_1), k_1) \underset{\text{top. äq.}}{\cong} ((K_2, \kappa_2), k_2) \quad \text{:gdw}$$

$$((K_1, \kappa_1), k_1) \geq ((K_2, \kappa_2), k_2) \text{ und } ((K_2, \kappa_2), k_2) \geq ((K_1, \kappa_1), k_1)$$

Die topologische Äquivalenz $\underset{\text{top. äq.}}{\cong}$ von T_2-Kompaktifizierungen wird charakterisiert durch

Satz 4.4-11

$((K_i, \kappa_i), k_i)$ seien für $i = 1, 2$ T_2-Kompaktifizierungen des vollständig regulären Raums (X, τ).

Äq (i) $((K_1, \kappa_1), k_1) \underset{\text{top. äq.}}{\cong} ((K_2, \kappa_2), k_2)$

(ii) $\exists\, \eta : K_2 \longrightarrow K_1\colon\ \eta \circ k_2 = k_1,\ \eta\ (\kappa_2, \kappa_1)$*-Homöomorphismus*

Beweis

(i) ⇒ (ii) Gem. (i) existieren $\Phi_1 \in C(K_1, K_2)$, $\Phi_2 \in C(K_2, K_1)$ mit $\Phi_1 \circ k_1 = k_2$ und $\Phi_2 \circ k_2 = k_1$, woraus $\Phi_1 \circ \Phi_2 \circ k_2 = k_2$, also $\Phi_1 \circ \Phi_2 \restriction k_2[X] = \mathrm{id}_{k_2[X]}$ und nach 2.5-9.1 (b) somit $\Phi_1 \circ \Phi_2 = \mathrm{id}_{K_2}$ folgt. Aus Symmetriegründen ist auch $\Phi_2 \circ \Phi_1 = \mathrm{id}_{K_1}$, also $\eta := \Phi_2 = \Phi_1^{-1}$ ein (κ_2, κ_1)-Homöomorphismus.

(ii) ⇒ (i) ist klar, weil auch η^{-1} ein (κ_1, κ_2)-Homöomorphismus mit $\eta^{-1} \circ k_1 = k_2$ ist. □

Beispiele (4.4,7)

(a) (X, τ) sei ein kompakter T_2-Raum. Bis auf topologische Äquivalenz ist $((X, \tau), \mathrm{id}_X)$ die einzige T_2-Kompaktifizierung von (X, τ):

Ist $((K,\kappa),k)$ eine T_2-Kompaktifizierung, also $k[X] = \overline{k[X]}^{\kappa} = K$, so ist k gem. 4.1-6 (b) ein Homöomorphismus (mit $k \circ \mathrm{id}_X = k$). Nach 4.4-11 folgt

$$((X,\tau),\mathrm{id}_X) \underset{\text{top. äq.}}{\cong} ((K,\kappa),k).$$

(b) (X,τ) sei ein vollständig regulärer Raum.

Die Stone-Čech-Kompaktifizierung $((\beta X,\beta\tau),e)$ ist die bis auf topologische Äquivalenz größte T_2-Kompaktifizierung von (X,τ) (s. 4.4-10).

(c) (X,τ) sei ein lokalkompakter T_2-Raum, der nicht kompakt ist. Die Einpunktkompaktifizierung $((X^*,\tau^*),\mathrm{id}_X)$ ist bis auf topologische Äquivalenz die kleinste T_2-Kompaktifizierung von (X,τ):

Es sei $((K,\kappa),k)$ eine T_2-Kompaktifizierung von (X,τ). Die Restmenge $K\backslash k[X]$ ist abgeschlossen in (K,κ), denn $k[X]$ ist lokalkompakter T_2-Raum mit $\overline{k[X]}^{\kappa} = K$ ⟦ 4.4-4.1 ⟧. Man definiere $\Phi : K \longrightarrow X^*$ durch

$$\Phi(y) := \begin{cases} x^* & \text{für } y \in K\backslash k[X] \\ x & \text{für } y = k(x),\ x \in X. \end{cases}$$

Dann ist $\Phi \circ k = \mathrm{id}_X$ und $\Phi \in C(K,X^*)$:

Sei $y \in K\backslash k[X]$ und $U \in \tau^* \cap \mathcal{U}_{\tau^*}(x^*)$, also $X^*\backslash U = X\backslash U \in \alpha_\tau$ kompakt. Es folgt

$$\begin{aligned} y \in \Phi^{-1}[U] &= (K\backslash k[X]) \cup k[X \cap U] = K\backslash(k[X] \cap (K\backslash k[X \cap U])) \\ &= K\backslash(k[X]\backslash k[X \cap U]) \\ &= K\backslash k[X\backslash U] \in \kappa \qquad [\![\, 4.1\text{-}6\ (a), 4.1\text{-}5\ (b)\,]\!]. \end{aligned}$$

Für $y = k(x),\ x \in X$ und $O \in \tau \cap \mathcal{U}_{\tau^*}(x)$ ist $y \in \Phi^{-1}[O] = k[O]$ ⟦ $z \in \Phi^{-1}[O] \Longleftrightarrow \Phi(z) \in O \Longleftrightarrow \exists\ t \in O\colon\ z = k(t) \Longleftrightarrow z \in k[O]$ ⟧, wobei $k[O] \in \kappa|k[X] \subseteq \kappa$ gilt ⟦ s. o. ⟧.

Satz 4.4-12

(X,τ) sei ein vollständig regulärer Raum mit der T_2-Kompaktifizierung $((K,\kappa),k)$.

Äq *(i)* $((K,\kappa),k) \underset{\text{top. äq.}}{\cong} ((\beta X,\beta\tau),e)$

(ii) Für jeden kompakten T_2-Raum (L,λ) gilt:

$$\forall\, \varphi \in C(X,L)\ \exists\, \Phi \in C(K,L)\colon\ \Phi \circ k = \varphi.$$

Beweis

(i) ⇒ (ii) Gem. 4.4-11 sei $\eta : K \longrightarrow \beta X$ ein $(\kappa,\beta\tau)$-Homöomorphismus, $\eta \circ k = e$. Nach 4.4-10 existiert ein $\Psi \in C(\beta X, L)$ mit $\Psi \circ e = \varphi$. Es folgt $\Phi := \Psi \circ \eta \in C(K,L)$ und $\Psi \circ \eta \circ k = \varphi$.

(ii) ⇒ (i) $((\beta X, \beta\tau), e) \geq ((K,\kappa), k)$ gilt nach 4.4-10, $((K,\kappa), k) \geq ((\beta X, \beta\tau), e)$ nach Voraussetzung (ii). □

Beispiele (4.4,8)

(a) Die Einpunktkompaktifizierung $\big(([0,1], \tau_{|\,|}|[0,1]), \mathrm{id}_{]0,1]}\big)$ von $(]0,1], \tau_{|\,|}|]0,1])$ ist *nicht* topologisch äquivalent zur Stone-Čech-Kompaktifizierung $((\beta]0,1], \beta\tau_{|\,|}|]0,1]), e)$, andernfalls wäre nämlich gem. 4.4-12 die stetige Funktion

$$\varphi : \begin{cases}]0,1] \longrightarrow [-1,1] \\ x \longmapsto \sin\frac{1}{x} \end{cases}$$

stetig fortsetzbar auf $([0,1], \tau_{|\,|}|[0,1])$ ⟦(2.5,7)⟧.

(b) In der Stone-Čech-Kompaktifizierung vollständig regulärer Räume ist die Restmenge i. a. sehr groß. Für den abzählbaren diskreten topologischen Raum $(\mathbb{N}, \tau_{\text{dis}})$ kann $\beta\mathbb{N}$ (und damit auch $\beta\mathbb{N}\backslash e[\mathbb{N}]$) auf $[0,1]^{\mathbb{R}}$ abgebildet werden (sogar bijektiv, d. h. die Mächtigkeit der Menge $\beta\mathbb{N}$ ist 2^c, wobei c die Mächtigkeit des Kontinuums $\mathbb{R}$ bezeichnet):

$\big([0,1]^{\mathbb{R}}, \bigtimes_{r\in\mathbb{R}} \tau_{|\,|}|[0,1]\big)$ ist kompakt ⟦4.3-7⟧ und separabel (2.5-7), besitzt also eine abzählbare dichte Teilmenge $D \subseteq [0,1]^{\mathbb{R}}$. Sei $\varphi : \mathbb{N} \longrightarrow D$ bijektiv. Wegen $C(\mathbb{N}, D) = D^{\mathbb{N}}$ ist φ stetig und hat daher gem. 4.4-10 eine stetige Fortsetzung $\Phi \in C\big(\beta\mathbb{N}, [0,1]^{\mathbb{R}}\big)$ mit $\Phi \circ e = \varphi$. Es folgt

$$\begin{aligned}[0,1]^{\mathbb{R}} &= \overline{D}^{\bigtimes_{r\in\mathbb{R}} \tau_{|\,|}|[0,1]} = \overline{\varphi[\mathbb{N}]}^{\bigtimes_{r\in\mathbb{R}} \tau_{|\,|}|[0,1]} = \overline{\Phi\big[e[\mathbb{N}]\big]}^{\bigtimes_{r\in\mathbb{R}} \tau_{|\,|}|[0,1]} \\ &\subseteq \overline{\Phi[\beta\mathbb{N}]}^{\bigtimes_{r\in\mathbb{R}} \tau_{|\,|}|[0,1]} = \Phi[\beta\mathbb{N}],\end{aligned}$$

also $\Phi[\beta\mathbb{N}] = [0,1]^{\mathbb{R}}$.

Mit Hilfe der Einpunktkompaktifizierung kann die Aussage des Tietze-Urysohnschen Fortsetzungssatzes 2.5-11 auf den kompakten T_2-Räumen (Diese sind gem. 4.3-3.1 normal!) auf lokalkompakte T_2-Räume (Diese sind i. a. *nicht* normal, (4.4,3)!) und ihre kompakten (anstelle der abgeschlossenen) Unterräume übertragen werden. Für lokalkompakte T_2-Räume gilt also nicht nur ein *verallgemeinertes Urysohnsches Lemma* (vgl. 4.4-2.1, 4.3-5), sondern auch ein *verallgemeinerter Tietze-Urysohnscher Fortsetzungssatz.*

Satz 4.4-13 (Verallgemeinerter Tietze-Urysohnscher Fortsetzungssatz)

(X,τ) sei ein lokalkompakter T_2-Raum, $\emptyset \neq K \subseteq X$ kompakt, $f \in C(K,\mathbb{R})$. Für jede Umgebung $U \in \mathcal{U}_\tau(K)$ existiert eine stetige Fortsetzung $F \in C(X,\mathbb{R})$ von f, deren Träger $\mathrm{Tr}\, F$ *in U liegt und für die* $\sup_X|F| = \sup_K|f|$ *gilt.*

Beweis

Ist (X,τ) kompakt, also normal ⟦4.3-3.1⟧, so folgt die Behauptung unmittelbar mit dem Urysohnschen Lemma 2.5-10 und dem Tietze-Urysohnschen Fortsetzungssatz 2.5-11 (vgl. auch die folgenden Ausführungen).

Sei also (X, τ) nicht kompakt und $((X^*, \tau^*), \mathrm{id}_X)$ die Einpunktkompaktifizierung von (X, τ). (X^*, τ^*) ist ein kompakter T_2-Raum ⟦ 4.4-7 ⟧, also normal ⟦ 4.3-3.1 ⟧.

Sei $U \in \mathcal{U}_\tau(K) \cap \tau$. Wegen $\tau \subseteq \tau^*$ existiert gem. 2.5-10 ein $\varphi \in C(X^*, [0,1])$ mit $\varphi[K] = \{1\}$ und $\varphi[X^* \backslash U] \subseteq \{0\}$, also $\operatorname{Tr} \varphi \subseteq \overline{U}^{\tau^*}$. Sei $F^* \in C(X^*, \mathbb{R})$ eine Fortsetzung von f mit $\sup_{X^*}|F^*| = \sup_K |f|$ ⟦ 2.5-11 ⟧ und $F := (F^* \upharpoonright X)(\varphi \upharpoonright X)$ (pktw. Produkt). Dann gilt $F \in C(X, \mathbb{R})$, $F \upharpoonright K = F^* \upharpoonright K = f$, $\operatorname{Tr} F \subseteq \operatorname{Tr}(\varphi \upharpoonright X) \subseteq X \cap \overline{U}^{\tau^*} = \overline{U}^{\tau}$ ⟦ 2.5, A 12 (a), 2.3-6 (c) ⟧ und

$$\sup_K |f| \le \sup_X |F| = \sup_X \big(|F^* \upharpoonright X|\,|\varphi \upharpoonright X|\big) \le \sup_X |F^* \upharpoonright X| \le \sup_{X^*} |F^*| = \sup_K |f|.$$

Die Behauptung folgt nun nach 4.4-2.2. □

Der verallgemeinerte Tietze-Urysohnsche Fortsetzungssatz 4.4-13 ermöglicht nun den Beweis zu

Satz 4.4-14 (Zerlegung der Eins)

(X, τ) sei ein lokalkompakter T_2-Raum, $\emptyset \neq K \subseteq X$ kompakt, $(O_1, \ldots, O_m) \in \tau^m$, $\bigcup_{j=1}^m O_j \supseteq K$. Dann gibt es ein $(f_1, \ldots, f_m) \in C(X, [0,1])^m$ mit

$$\sum_{j=1}^m f_j \le 1, \quad \Big(\sum_{j=1}^m f_j\Big) \upharpoonright K = 1 \quad \text{und} \quad \forall\, j \in \{1, \ldots, m\}\colon\ \operatorname{Tr} f_j \subseteq O_j .$$

Beweis

Für jedes $x \in K$ wähle man nach 4.4-2.2 eine offene Umgebung $U_x \in \mathcal{U}_\tau(x) \cap \tau$ so aus, daß $\overline{U_x}^\tau$ kompakt ist und $\overline{U_x}^\tau \subseteq O_j$ für jedes $j \in \{1, \ldots, m\}$ mit $x \in O_j$ gilt. Sei $\{U_{x_1}, \ldots, U_{x_r}\}$ eine endliche Teilüberdeckung von K und

$$V_j := \bigcup \{\, U_{x_k} \mid k \in \{1, \ldots, r\},\ \overline{U_{x_k}}^\tau \subseteq O_j \,\},$$

also $\overline{V_j}^\tau \subseteq O_j$ kompakt für jedes $j \in \{1, \ldots, m\}$. Wiederum nach 4.4-2.2 existieren $P_j \in \tau$, $\varphi, g_j \in C(X, [0,1])$ mit $\overline{V_j}^\tau \subseteq P_j \subseteq \overline{P_j}^\tau \subseteq O_j$, $g_j\big[\overline{V_j}^\tau\big] = \{1\}$, $g_j[X \backslash P_j] \subseteq \{0\}$, $\varphi[K] = \{1\}$ und $\varphi[X \backslash V] \subseteq \{0\}$, wobei $V := \bigcup_{j=1}^m V_j$ ist. Wegen $\sum_{j=1}^m g_j(t) > 0$ für jedes $t \in \overline{V}^\tau$ ist

$$f := \frac{1}{\sum_{j=1}^m g_j \upharpoonright \overline{V}^\tau}$$

wohldefiniert und stetig auf $\overline{V}^\tau$ ⟦ 2.4, A 5 ⟧. Sei $F \in C(X, \mathbb{R})$, $F \upharpoonright \overline{V}^\tau = f$ ⟦ 4.4-13 ⟧

und $f_j := g_j F\varphi$ für jedes $j \in \{1, \ldots, m\}$. Dann folgt

$$\operatorname{Tr} f_j \subseteq \operatorname{Tr} g_j \subseteq \overline{P_j}^{\tau} \subseteq O_j, \quad f_j \in C(X, [0,1])$$

für alle $j \in \{1, \ldots, m\}$ $[\![f_j(t) \in [0,1]$, da $\operatorname{Tr} \varphi \subseteq \overline{V}^{\tau}$, $0 \leq f_j(t) \leq g_j(t)F(t) = g_j(t)f(t) \leq 1$ für jedes $t \in \overline{V}^{\tau}$ gilt. $]\!]$, $\sum_{j=1}^{m} f_j \leq 1$ und $\left(\sum_{j=1}^{m} f_j\right) \restriction K = 1$. □

Dieser Abschnitt schließt mit einem Approximationssatz in $(C_c(X,K), \| \ \|_\infty)$ über lokalkompakten T_2-Räumen (X,τ) (s. auch 4.3-10, 4.3-10.1) und einer seiner Anwendungen 4.4-16.

Satz 4.4-15 (M. H. Stone, Weierstraß (lokalkompakt, reell))

(X,τ) sei ein lokalkompakter T_2-Raum, A eine $\mathbb{R}$-Unteralgebra von $C_c(X,\mathbb{R})$, die Punkte in X trennt. Gibt es zu jedem $x \in X$ ein $a \in A$ mit $a(x) \neq 0$, so liegt A dicht in $\left(C_c(X,\mathbb{R}), \tau_{\| \ \|_\infty}\right)$, d. h. $\overline{A}^{\tau_{d_\infty}} = C_c(X,\mathbb{R})$.

Beweis

Ist (X,τ) kompakt, also $C_c(X,\mathbb{R}) = C(X,\mathbb{R})$, so folgt die Behauptung mit Teil (2) des Beweises zu 4.3-12. Sei also (X,τ) nicht kompakt, $((X^*,\tau^*), \mathrm{id}_X)$ die Einpunktkompaktifizierung von (X,τ) $[\![$ 4.4-7 $]\!]$ und $f^* \in C(X^*,\mathbb{R})$ für jedes $f \in C_c(X,\mathbb{R})$ die durch $f^*(x^*) := 0$ definierte eindeutig bestimmte stetige Fortsetzung von f $[\![$ A 8 $]\!]$.

$$A^* := \{ a^* \mid a \in A \} = \{ g \in C(X^*,\mathbb{R}) \mid g \restriction X \in A \}$$

ist dann eine $\mathbb{R}$-Unteralgebra von $C(X^*,\mathbb{R})$, die Punkte in X^* trennt, denn für jedes $x \in X$ gibt es nach Voraussetzung ein $a \in A$ mit $a^*(x) = a(x) \neq 0 = a^*(x^*)$. Wegen $C(X^*,\mathbb{R}) \neq \overline{A^*}^{\tau_{d_\infty}}$ $[\![1 \in C(X^*,\mathbb{R}) \setminus \overline{A^*}^{\tau_{d_\infty}}]\!]$ gibt es gem. 4.3-12 ein $\widetilde{x} \in X^*$ mit $\overline{A^*}^{\tau_{d_\infty}} = \{ f \in C(X^*,\mathbb{R}) \mid f(\widetilde{x}) = 0 \}$. Es ist $\widetilde{x} = x^*$, weil nach Voraussetzung zu jedem $x \in X$ ein $a \in A$ mit $a^*(x) = a(x) \neq 0$ existiert.

Sei schließlich $\varepsilon > 0$, $f \in C_c(X,\mathbb{R})$, also $f^* \in C(X^*,\mathbb{R})$ mit $f^*(x^*) = 0$ und $a \in A$ mit $\|a^* - f^*\|_\infty < \varepsilon$. Dann gilt speziell

$$\|a - f\|_\infty = \sup_{x \in X} |a(x) - f(x)| = \sup_{t \in X^*} |a^*(t) - f^*(t)| = \|a^* - f^*\|_\infty < \varepsilon.$$

□

Korollar 4.4-15.1 (M. H. Stone, Weierstraß (lokalkompakt, komplex))

(X,τ) sei ein lokalkompakter T_2-Raum, A eine $\mathbb{C}$-Unteralgebra von $C_c(X,\mathbb{C})$, die Punkte in X trennt und mit jedem a auch die konjugierte Funktion $\overline{a}$ enthält. Gibt es zu jedem $x \in X$ ein $a \in A$ mit $a(x) \neq 0$, so liegt A dicht in $\left(C_c(X,\mathbb{C}), \tau_{\| \ \|_\infty}\right)$, d. h. $\overline{A}^{\tau_{d_\infty}} = C_c(X,\mathbb{C})$. □

Der Beweis kann unter Verwendung von 4.3-12.1 analog zu dem von 4.4-15 erfolgen.

Die in 4.1-7 festgestellte Approximationseigenschaft von $C(X,\mathbb{C}) \otimes C(Y,\mathbb{C})$ in $C(X \times Y,\mathbb{C})$ für kompakte pseudometrische Räume (X,τ_d), (Y,τ_e) gilt global auch für kompakte T_2-Räume, lokal, d. h. in $C_c(X \times Y,\mathbb{C})$, sogar für lokalkompakte T_2-Räume.

Satz 4.4-16

(X,τ), (Y,σ) seien lokalkompakte T_2-Räume, $f \in C_c(X \times Y,\mathbb{C})$. Es gibt eine kompakte Umgebung $K \in \mathcal{U}_{\tau \times \sigma}(\mathrm{Tr}\, f)$, für die

$$\forall\, \varepsilon > 0\ \exists\, g \in C_c(X,\mathbb{C}) \otimes C_c(Y,\mathbb{C})\colon\ |f-g| \leq \varepsilon\chi_K$$

gilt. Insbesondere liegt $C_c(X,\mathbb{C}) \otimes C_c(Y,\mathbb{C})$ dicht in $\big(C_c(X \times Y,\mathbb{C}), \tau_{\|\ \|_\infty}\big)$.

Beweis

Es ist $\mathrm{Tr}\, f \subseteq \pi_X[\mathrm{Tr}\, f] \times \pi_Y[\mathrm{Tr}\, f]$, wobei $\pi_X : X \times Y \longrightarrow X$, $\pi_Y : X \times Y \longrightarrow Y$ die kanonischen Projektionen bezeichnen. Nach 4.4-2.2 wähle man $O_X \in \tau$, $O_Y \in \sigma$ mit $\pi_X[\mathrm{Tr}\, f] \subseteq O_X$, $\pi_Y[\mathrm{Tr}\, f] \subseteq O_Y$, $\overline{O_X}^{\tau}$, $\overline{O_Y}^{\sigma}$ kompakt und $K := \overline{O_X}^{\tau} \times \overline{O_Y}^{\sigma}$. Dann ist K kompakt ⟦4.3-7, 2.4-11⟧, $K \in \mathcal{U}_{\tau \times \sigma}(\mathrm{Tr}\, f)$, $(O_X \times O_Y, \tau \times \sigma | O_X \times O_Y)$ lokalkompakter T_2-Raum ⟦4.4-6, 4.4-4.1⟧. $A := C_c(O_X,\mathbb{C}) \otimes C_c(O_Y,\mathbb{C})$ ist eine $\mathbb{C}$-Unteralgebra von $C_c(O_X \times O_Y,\mathbb{C})$ ⟦4.3, A 17 (c)⟧, die Punkte in $O_X \times O_Y$ trennt, mit jedem a auch die konjugierte Funktion $\overline{a}$ enthält und darüber hinaus zu jedem $(x,y) \in O_X \times O_Y$ ein a mit $a((x,y)) \neq 0$ zuläßt ⟦A 16⟧. Nach 4.4-15.1 gibt es zu jedem $\varepsilon > 0$ ein $g_\varepsilon \in A$ mit $\|f{\restriction}O_X \times O_Y - g_\varepsilon\|_\infty < \varepsilon$, etwa $g_\varepsilon = \sum_{j=1}^{m} a_j \otimes b_j$ mit $a_j \in C_c(O_X,\mathbb{C})$, $b_j \in C_c(O_Y,\mathbb{C})$ für $j \in \{1,\ldots,m\}$. Man definiere $\widetilde{a_j} : X \longrightarrow \mathbb{C}$, $\widetilde{b_j} : Y \longrightarrow \mathbb{C}$ durch

$$\widetilde{a_j}(x) := \begin{cases} a_j(x) & \text{für } x \in O_X \\ 0 & \text{sonst} \end{cases} \quad \text{bzw.} \quad \widetilde{b_j}(y) := \begin{cases} b_j(y) & \text{für } y \in O_Y \\ 0 & \text{sonst.} \end{cases}$$

Es folgt $\widetilde{a_j} \in C_c(X,\mathbb{C})$, $\widetilde{b_j} \in C_c(Y,\mathbb{C})$ für jedes $j = 1,\ldots,m$, $|f-g| \leq \varepsilon\chi_K$ mit

$$g := \sum_{j=1}^{m} \widetilde{a_j} \otimes \widetilde{b_j} \in C_c(X,\mathbb{C}) \otimes C_c(Y,\mathbb{C}).$$

Wegen $C_c(X,\mathbb{C}) \otimes C_c(Y,\mathbb{C}) \subseteq C_c(X \times Y,\mathbb{C})$ ⟦4.3, A 17 (b)⟧ folgt hieraus insbesondere die behauptete Dichtigkeit. □

Aufgaben zu 4.4

1. $(\mathbb{Q}, \tau_{|\ |}|\mathbb{Q})$ ist nicht lokalkompakt.
2. (X,τ) sei ein topologischer Raum, $x^* \notin X$, $X^* := X \cup \{x^*\}$ und

$$\tau^* := \tau \cup \{\, O \subseteq X^* \mid X^* \backslash O \in \alpha_\tau \text{ kompakt}\,\}.$$

Man zeige:

(a) (X^*, τ^*) ist kompakter topologischer Raum und $\tau^*|X = \tau$.

(b) Äq (i) (X, τ) kompakt

(ii) x^* ist isolierter Punkt in (X^*, τ^*).

3. Es sei $i : \mathbb{N} \longrightarrow \mathbb{R}$ definiert durch $i(k) := \frac{1}{k+1}$.

$((i[\mathbb{N}] \cup \{0\}, \tau_{|\,|}|i[\mathbb{N}] \cup \{0\}), i)$ ist T_2-Kompaktifizierung von $(\mathbb{N}, \tau_{\text{dis}})$ und

$$(i[\mathbb{N}] \cup \{0\}, \tau_{|\,|}|i[\mathbb{N}] \cup \{0\}) \underset{\text{top.}}{\cong} (\mathbb{N}^*, \tau^*).$$

4. $((\mathbb{C}^*, \tau^*_{|\,|}), \text{id}_{\mathbb{C}})$ sei die Einpunktkompaktifizierung von $(\mathbb{C}, \tau_{|\,|})$ gem. 4.4-7 (a). Man zeige:

$$(C^*, \tau^*_{|\,|}) \underset{\text{top.}}{\cong} (S^2, \tau_{\|\,\|}|S^2) \qquad \textit{(Riemannsche Zahlenkugel).}$$

(Hinweis: A 5)

5. (X, τ) sei lokalkompakter T_2-Raum mit der Einpunktkompaktifizierung $((X^*, \tau^*), \text{id}_X)$, (Y, σ) ein kompakter T_2-Raum, $y_0 \in Y$ und $h : Y\backslash\{y_0\} \longrightarrow X$ ein $(\sigma|Y\backslash\{y_0\}, \tau)$-Homöomorphismus. Man zeige:

$\varphi : Y \longrightarrow X^*$, $\varphi(y_0) := x^*$, $\varphi\restriction(Y\backslash\{y_0\}) := h$, ist ein (σ, τ^*)-Homöcmorphismus.

6. (X, τ) sei ein topologischer Raum.

Äq (i) (X, τ) vollständig regulär

(ii) $\exists\, ((Y, \sigma), h)\colon\ ((Y, \sigma), h)$ T_2-Kompaktifizierung von (X, τ)

(s. auch 4.3-8.1)

7. Jeder lokalkompakte T_2-Raum ist ein Baire-Raum.

8. (X, τ) sei ein lokalkompakter T_2-Raum, der nicht kompakt ist, $((X^*, \tau^*), \text{id}_X)$ Einpunktkompaktifizierung von (X, τ) und $f \in C_c(X, \mathbb{C})$. Es gibt genau eine stetige Fortsetzung $f^* \in C(X^*, \mathbb{C})$ von f (s. auch A 19).

9. Für alle $m, n \geq 2$ besitzt $(\mathbb{R}^n, \tau_{\|\,\|})$ keine T_2-m-Punktkompaktifizierung.

10. (X, τ) sei ein lokalkompakter T_2-Raum, $K \subseteq X$ kompakt, $(O_1, \ldots, O_m) \in \tau^m$, $\bigcup_{j=1}^m O_j \supseteq K$.

Für jedes $j \in \{1, \ldots, m\}$ gibt es ein kompaktes $K_j \subseteq K \cap O_j$, so daß $\bigcup_{j=1}^m K_j = K$ gilt.

11. (X, τ) sei ein lokalkompakter T_3-Raum, $X \neq \emptyset$.

Äq (i) $(C_c(X, \mathbb{C}), \|\,\|_\infty)$ $\mathbb{C}$-Banach-Algebra

(ii) (X, τ) kompakt

(iii) $C_0(X, \mathbb{C})$ hat ein Einselement

(s. auch (4.3,3) (b))
(Hinweis: Man verwende 4.4-2.2!)

12. (X,τ) sei ein lokalkompakter T_2-Raum, $f \in C_c(X,\mathbb{C})$, $(O_1,\ldots,O_m) \in \tau^m$, $\bigcup_{j=1}^m O_j \supseteq \operatorname{Tr} f$. Es gibt $(f_1,\ldots,f_m) \in C_c(X,\mathbb{C})^m$ mit $f = \sum_{j=1}^m f_j$ und $\operatorname{Tr} f \subseteq O_j$ für jedes $j \in \{1,\ldots,m\}$.
(Hinweis: 4.4-14 und A 10.)

13. (X,τ) sei ein lokalkompakter T_3- und A_2-Raum.
(X,τ) ist σ-kompakt und jede offene Menge $O \in \tau$ eine F_σ-Menge.

14. Für die topologischen Räume $(\mathbb{N},\tau_{\text{dis}})$, $(\mathbb{Q},\tau_{|\,|}|\mathbb{Q})$ und $(\mathbb{R},\tau_{|\,|})$ beweise man die Existenz surjektiver Funktionen $\varphi : \beta\mathbb{N} \longrightarrow \beta\mathbb{Q}$ und $\psi : \beta\mathbb{Q} \longrightarrow \beta\mathbb{R}$.

15. (X,τ) sei ein lokalkompakter T_2-Raum, $K \subseteq X$ kompakt und $f \in C_c(X,\mathbb{R})$.

(a) $\forall\, r > 0\colon\ \{\, x \in X \mid f(x) \geq r \,\}$ kompakte G_δ-Menge in (X,τ)

(b) $\forall\, O \in \tau\colon\ K \subseteq O \Rightarrow \exists\, G \in \mathcal{U}_\tau(K)\colon\ G \subseteq O,\ G$ kompakte G_δ-Menge in (X,τ)

(c) K G_δ-Menge $\Longrightarrow$ $\exists\, g \in C_c(X,[0,1])\colon\ K = \{\, x \in X \mid g(x) = 0 \,\}$

(d) K G_δ-Menge $\Longrightarrow$ $\exists\, g \in C_c(X,[0,1])\colon\ K = \{\, x \in X \mid g(x) = 1 \,\}$

16. (X,τ), (Y,σ) seien lokalkompakte T_2-Räume, $A := C_c(X,\mathbb{C}) \otimes C_c(Y,\mathbb{C})$. Es gilt:

(a) A trennt Punkte in $X \times Y$

(b) $\forall\, f \in A\colon\ \overline{f} \in A$

(c) $\forall\, (x,y) \in X \times Y\ \exists\, f \in A\colon\ f((x,y)) \neq 0$

17. $(\,(X_i,\tau_i) \mid i \in I\,) \neq \emptyset$ sei eine Familie nichtleerer topologischer Räume.

Äq (i) $\left(\prod_{i\in I} X_i, \bigtimes_{i\in I} \tau_i\right)$ σ-kompakt

(ii) $\forall\, i \in I\colon\ (X_i,\tau_i)$ σ-kompakt und $\{\, i \in I \mid (X_i,\tau_i)$ nicht kompakt $\}$ endlich

18. $((\beta X,\beta\tau),e)$ sei die Stone-Čech-Kompaktifizierung des vollständig regulären Raums (X,τ).

Äq (i) $(\beta X,\beta\tau)$ zusammenhängend

(ii) (X,τ) zusammenhängend

(Hinweis: 2.4-4, 4.4-10)

19. (X,τ) sei ein lokalkompakter T_2-Raum, der nicht kompakt ist, $((X^*,\tau^*),\mathrm{id}_X)$ Einpunktkompaktifizierung von (X,τ) und $f \in C(X,\mathbb{C})$.

Äq (i) $\exists\, F \in C(X^*,\mathbb{C})\colon\ F{\restriction}X = f$

(ii) $\forall\, \varepsilon > 0\ \exists\, K \subseteq X\colon\ K$ kompakt, $\forall\, x,y \in X\backslash K\colon\ |f(x) - f(y)| < \varepsilon$

5 Lebesgue-Integration, L^q-Räume

Beispiel (3.1,2) (d) zeigt, daß der (halb)normierte $\mathbb{R}$-Vektorraum $(C_{\mathbb{R}}([a,b]), \| \ \|_q)$ für $q \in \mathbb{R},\ q \geq 1$, kein $\mathbb{R}$-Banach-Raum ist und daher gem. 3.2-6 eine echte Vervollständigung $\big((\widehat{C_{\mathbb{R}}([a,b])}, \widehat{\| \ \|_q}), \hat{\imath}\big)$ besitzt. Der Versuch, für $\widehat{C_{\mathbb{R}}([a,b])}$ die Menge der Riemann-integrierbaren Funktionen $R([a,b])$, für $\widehat{\| \ \|_q}$ die durch das Riemann-Integral definierte Halbnorm $\| \ \|_q$ und für $\hat{\imath}$ die Identität $\mathrm{id}_{C_{\mathbb{R}}([a,b])}$ zu verwenden, um eine „natürliche" Vervollständigung zu erhalten, führt nicht zum Erfolg (s. (3.2,3)). Unter Verwendung eines leistungsfähigeren Integralbegriffs (Lebesgue, 1901) gelangt man auf diesem Wege jedoch an das gewünschte Ziel (s. (5.4,5)). Dazu sei zunächst daran erinnert, daß das Riemann-Integral beschränkter Funktionen $f : [a,b] \longrightarrow \mathbb{R}$ mit Hilfe Darbouxscher Unter- und Obersummen zu Zerlegungen ihres *Definitionsbereichs* $[a,b]$ erklärt wird (s. (1.2,5)). Zerlegt man dagegen jeweils das den *Bildbereich* von $f : [a,b] \longrightarrow \mathbb{R}^+$ umfassende Intervall $[\inf f, \sup f]$, etwa durch $Z = \big(z_0, \dots, z_{n_Z}\big)$, und bildet die *„Lebesguesche Untersumme"*

$$L_U(f) := \begin{cases} \mathcal{Z}_{a,b} \longrightarrow \mathbb{R} \\ Z \longmapsto \displaystyle\sum_{j=0}^{n_Z-2} z_j m\big(f^{-1}\big[[z_j, z_{j+1}[\big]\big) + z_{n_Z-1} m\big(f^{-1}\big[[z_{n_Z-1}, z_{n_Z}]\big]\big), \end{cases}$$

wobei m in geeigneter Weise die „Größe" der Teilmengen $f^{-1}\big[[z_j, z_{j+1}[\big]$ bzw. $f^{-1}\big[[z_{n_Z-1}, z_{n_Z}]\big]$ mißt, so erhält man durch die Forderung

$$\exists\, r \in \mathbb{R}\colon\ L_U(f) \to_{\tau_{|\,|}} r$$

einen geeigneten Integralbegriff. Die hierbei auftretende offensichtliche Schwierigkeit besteht in der Definition einer passenden, d. h. mit der Anschauung übereinstimmenden Größenfunktion m, denn die zu messenden Urbildmengen $f^{-1}\big[[z_j, z_{j+1}[\big]$ bzw. $f^{-1}\big[[z_j, z_{j+1}]\big]$ sind i. a. keine Intervalle, denen man als Größe natürlich ihre Länge zuordnen würde, sondern u. U. äußerst komplizierte Mengen. Beispielsweise würde sich für die durch

$$f(t) := \begin{cases} 0 & \text{für } t \in \mathbb{Q} \cap [a,b] \\ 1 & \text{sonst} \end{cases}$$

definierte Funktion $f : [a,b] \longrightarrow \mathbb{R}^+$ ergeben:

$$f^{-1}\big[[0, \tfrac{1}{2}[\big] = [a,b] \cap \mathbb{Q} \quad \text{und} \quad f^{-1}\big[[\tfrac{1}{2}, 1]\big] = [a,b] \backslash \mathbb{Q}.$$

Bevor gem. obiger Beschreibung festgestellt werden kann, ob eine Funktion integrierbar ist, muß daher eine Größenmessung m für gewisse Teilmengen von $[a, b]$ vereinbart werden. Natürlich erscheinende Forderungen an m sind neben dem Wunsch, möglichst viele Teilmengen messen zu können, die, daß Intervalle ihre Länge als Größe erhalten, die Vereinigung (abzählbar vieler) paarweise disjunkter Mengen als Größe die evtl. uneigentliche Summe der Größen der zu vereinigenden Mengen hat und schließlich die Größe einer Menge sich beim Verschieben nicht ändert (Translationsinvarianz von m für Teilmengen von $\mathbb{R}$). Die Verifikation dieser Forderungen führt zum *Lebesgueschen Maßraum* (5.1) und zum Lebesgueschen Integralbegriff (5.2, 5.3). Abschnitt 5.4 enthält die Lösung des eingangs dieses Kapitels aufgeführten Problems der Konstruktion einer Vervollständigung von $(C_{\mathbb{R}}([a, b]), \| \ \|_q)$ in Form eines durch eine Integralnorm $\| \ \|_q$ normierten Raums von zur q-ten Betragspotenz integrierbaren Funktionen (sog. L^q-Räume).

5.1 Maßräume, Lebesguesches Maß auf $\mathbb{R}^n$

Die pseudometrischen bzw. topologischen Fragestellungen wurden in den Kapiteln 1 bis 4 nicht speziell für Intervalle $[a, b]$ behandelt, sondern in einem sehr viel umfangreicheren Rahmen. Ebenso lassen sich bei der in diesem Kapitel anstehenden Problematik die Sachverhalte überwiegend allgemein formulieren und beweisen, ohne daß dafür ein wesentlicher Mehraufwand erforderlich wäre.

Definitionen

X sei eine Menge, $\mathcal{A} \subseteq \mathcal{P}X$.

$\mathcal{A}$ (Mengen-)*Algebra* über X :gdw

$$X \in \mathcal{A},\ \forall\, A, B \in \mathcal{A}:\ A \cup B \in \mathcal{A},\ X \backslash A \in \mathcal{A}$$

$\mathcal{A}$ σ-*Algebra* über X :gdw

$$\mathcal{A} \text{ Algebra über } X,\ \forall\, (A_j)_{j\in\mathbb{N}} \in \mathcal{A}^{\mathbb{N}}:\ \bigcup_{j\in\mathbb{N}} A_j \in \mathcal{A}$$

$(X, \mathcal{A})$ *meßbarer Raum* :gdw $\mathcal{A}$ σ-Algebra über X

Die Elemente einer σ-Algebra heißen *meßbare Mengen*.

Beispiele (5.1,1)

(a) $\mathcal{A}$ sei eine Algebra über X, $A, B \in \mathcal{A}$. Dann ist $\emptyset = X \backslash X \in \mathcal{A}$, $A \cap B = X \backslash ((X \backslash A) \cup (X \backslash B)) \in \mathcal{A}$ und $A \backslash B = A \cap (X \backslash B) \in \mathcal{A}$.

(b) $\mathcal{P}X$ ist die größte, $\{\emptyset, X\}$ die kleinste (σ-)Algebra über X. Da der Durchschnitt von (σ-)Algebren eine (σ-)Algebra ist, existiert für jedes $\mathcal{S} \subseteq \mathcal{P}X$ die kleinste (σ-)Algebra $\mathcal{A}_{(\sigma)}(\mathcal{S})$, die $\mathcal{S}$ enthält (die sog. von $\mathcal{S}$ *erzeugte (σ-)Algebra*).

(c) Für jeden topologischen Raum (X,τ) heißt $\mathcal{A}_\sigma(\tau)$ *Borel-σ-Algebra* über (X,τ), die Elemente von $\mathcal{A}_\sigma(\tau)$ sind die *Borel-Mengen* in (X,τ).

Über $(\mathbb{R},\tau_{|\,|})$ sei $\mathcal{I}$ die Menge aller offenen Intervalle,

$$\mathcal{H}_+ := \{\,]a,\infty[\;\mid a\in\mathbb{R}\,\}, \qquad \mathcal{C}_+ := \{\,[a,\infty[\;\mid a\in\mathbb{R}\,\},$$
$$\mathcal{H}_- := \{\,]-\infty,a[\;\mid a\in\mathbb{R}\,\}, \qquad \mathcal{C}_- := \{\,]-\infty,a]\;\mid a\in\mathbb{R}\,\}.$$

Dann gilt

$$\begin{aligned}\mathcal{A}_\sigma(\tau_{|\,|}) &= \mathcal{A}_\sigma(\mathcal{I}) \qquad [\![\text{A 1}]\!]\\ &= \mathcal{A}_\sigma(\mathcal{H}_+) = \mathcal{A}_\sigma(\mathcal{C}_+) = \mathcal{A}_\sigma(\mathcal{H}_-) = \mathcal{A}_\sigma(\mathcal{C}_-):\end{aligned}$$

Wegen $\mathcal{A}_\sigma(\tau_{|\,|}) = \mathcal{A}_\sigma(\alpha_{\tau_{|\,|}})$ ist $\mathcal{A}_\sigma(\tau_{|\,|}) \supseteq \mathcal{A}_\sigma(\mathcal{H}_+)\cup\mathcal{A}_\sigma(\mathcal{C}_+)\cup\mathcal{A}_\sigma(\mathcal{H}_-)\cup\mathcal{A}_\sigma(\mathcal{C}_-)$. Umgekehrt erhält man beispielsweise (Rest analog!) für $\mathcal{C}_-$:

$$]a,\infty[\; = \mathbb{R}\backslash]-\infty,a] \in \mathcal{A}_\sigma(\mathcal{C}_-), \qquad]-\infty,b[\; = \bigcup_{j\in\mathbb{N}}]-\infty, b-\tfrac{1}{j+1}] \in \mathcal{A}_\sigma(\mathcal{C}_-)$$

und daher $]a,b[\; \in \mathcal{A}_\sigma(\mathcal{C}_-)$ für alle $a,\, b\in\mathbb{R}\cup\{\infty,-\infty\}$, woraus $\mathcal{A}_\sigma(\tau_{|\,|}) \subseteq \mathcal{A}_\sigma(\mathcal{C}_-)$ folgt $[\![$ 2.3-5 $]\!]$.

Definitionen

$(X,\mathcal{A})$ sei ein meßbarer Raum, $\mu : \mathcal{A} \longrightarrow \mathbb{R}^+\cup\{\infty\}$.

μ *Maß* auf X :gdw $\mu(\emptyset)=0$ und $\forall\,(A_j)_j\in\mathcal{A}^{\mathbb{N}}$:

$$(\forall\, i,j\in\mathbb{N}:\; i\neq j \Rightarrow A_i\cap A_j=\emptyset) \Rightarrow \mu\Big(\bigcup_{j\in\mathbb{N}} A_j\Big) = \sum_{j=0}^{\infty}\mu(A_j)$$

(σ-Additivität)

$(X,\mathcal{A},\mu)$ heißt dann *Maßraum*, $\mu(A)$ ist die gewünschte (eventuell uneigentliche) Größe der Menge $A\in\mathcal{A}$.

Beispiele (5.1,2)

$(X,\mathcal{A})$ sei ein meßbarer Raum. Die folgenden Funktionen sind Maße auf X:

$$\mu_0 : \begin{cases}\mathcal{A}\longrightarrow\mathbb{R}^+\cup\{\infty\}\\ A\longmapsto 0\end{cases}$$ *(triviales Maß)*

$$\mu_Z : \begin{cases}\mathcal{A}\longrightarrow\mathbb{R}^+\cup\{\infty\}\\ A\longmapsto \begin{cases}|A| & \text{für } A \text{ endlich}\\ \infty & \text{sonst}\end{cases}\end{cases}$$ *(Zählmaß)*

$$\mu_{(x_0)} : \begin{cases}\mathcal{A}\longrightarrow\mathbb{R}^+\cup\{\infty\}\\ A\longmapsto \begin{cases}0 & \text{für } x_0\notin A\\ 1 & \text{für } x_0\in A\end{cases}\end{cases}$$ *(Dirac-Maß* bei $x_0\in X$)

Einige elementare Eigenschaften von Maßen enthält

Satz 5.1-1

$(X, \mathcal{A}, \mu)$ sei ein Maßraum.

(a) $\forall\, A, B \in \mathcal{A}\colon\; A \subseteq B \Rightarrow \mu(A) \leq \mu(B),$ (Monotonie)
$\mu(A) < \infty \Rightarrow \mu(B \backslash A) = \mu(B) - \mu(A)$

(b) $\forall\, (A_j)_j \in \mathcal{A}^{\mathbb{N}}\colon\; \mu\big(\bigcup_{j\in\mathbb{N}} A_j\big) \leq \sum_{j=0}^{\infty} \mu(A_j)$ (σ-Subadditivität)

(c) $\forall\, (A_j)_j \in \mathcal{A}^{\mathbb{N}}\colon$ *$(A_j)_j$ monoton wachsend* $\Rightarrow \mu\big(\bigcup_{j\in\mathbb{N}} A_j\big) = \lim_j \mu(A_j)$

(d) $\forall\, (A_j)_j \in \mathcal{A}^{\mathbb{N}}\colon$ *$(A_j)_j$ monoton fallend, $\mu(A_0) < \infty$*
$\Rightarrow \mu\big(\bigcap_{j\in\mathbb{N}} A_j\big) = \lim_j \mu(A_j)$

Beweis

Zu (a) Aus $B = A \cup (B\backslash A)$ folgt $\mu(B) = \mu(A) + \mu(B\backslash A) \geq \mu(A)$.

Zu (b), (c) Man setze $A'_0 := A_0$ und $A'_{j+1} := A_{j+1} \backslash \bigcup_{k=0}^{j} A_k$. Es ist $(A'_j)_j \in \mathcal{A}^{\mathbb{N}}$ paarweise disjunkt, $\bigcup_j A'_j = \bigcup_j A_j$,

$$\mu\Big(\bigcup_{j\in\mathbb{N}} A_j\Big) = \mu\Big(\bigcup_{j\in\mathbb{N}} A'_j\Big) = \sum_{j=0}^{\infty} \mu(A'_j) \leq \sum_{j=0}^{\infty} \mu(A_j) \quad [\![\text{(a)}]\!],$$

und für monoton wachsende $(A_j)_j$ gilt

$$\sum_{j=0}^{\infty} \mu(A'_j) = \lim_k \sum_{j=0}^{k} \mu(A'_j) = \lim_k \mu\Big(\bigcup_{j=0}^{k} A'_j\Big) = \lim_k \mu(A_k).$$

Zu (d) Gemäß (a) gilt

$$\begin{aligned}
\mu(A_0) - \mu\Big(\bigcap_j A_j\Big) &= \mu\Big(A_0 \backslash \bigcap_j A_j\Big) = \mu\Big(\bigcup_j (A_0\backslash A_j)\Big) \\
&= \lim_j \mu(A_0\backslash A_j) && [\![\text{(c)}]\!] \\
&= \lim_j (\mu(A_0) - \mu(A_j)) && [\![\text{(a)}]\!] \\
&= \mu(A_0) - \lim_j \mu(A_j),
\end{aligned}$$

also $\mu\big(\bigcap_j A_j\big) = \lim_j \mu(A_j)$. □

Beispiele (5.1,3)

(a) In 5.1-1 (b) gilt i. a. nicht das Gleichheitszeichen:

$(X, \mathcal{A})$ sei ein meßbarer Raum, $x_0 \in X$, $\mu_{(x_0)}$ das Dirac-Maß bei x_0, $A, B \in \mathcal{A}$ mit $x_0 \in A \cap B$. Dann ist

$$\mu_{(x_0)}(A \cup B) = 1 \neq 2 = \mu_{(x_0)}(A) + \mu_{(x_0)}(B).$$

(b) In 5.1-1 (d) darf die Voraussetzung „$\mu(A_0) < \infty$" nicht fehlen:

Im Maßraum $(\mathbb{N}, \mathcal{P}\mathbb{N}, \mu_Z)$ betrachte man $A_j := \{ k \in \mathbb{N} \mid k \geq j \}$ für $j \in \mathbb{N}$. Es gilt $\bigcap_j A_j = \emptyset$, also $\mu_Z(\bigcap_j A_j) = 0$, aber $\mu_Z(A_j) = \infty$ für jedes $j \in \mathbb{N}$.

Die Konstruktion von Maßen (einschließlich der σ-Algebra, auf der sie definiert sind) kann mit Hilfe äußerer Maße erfolgen.

Definition

X sei eine Menge, $\mu_ä : \mathcal{P}X \longrightarrow \mathbb{R}^+ \cup \{\infty\}$.

$\mu_ä$ *äußeres Maß* auf X :gdw

$\mu_ä(\emptyset) = 0, \qquad \forall\, A, B \in \mathcal{P}X:\ A \subseteq B \Rightarrow \mu_ä(A) \leq \mu_ä(B),$

$$\forall\, (A_j)_j \in (\mathcal{P}X)^{\mathbb{N}}:\ \mu_ä\Big(\bigcup_{j\in\mathbb{N}} A_j\Big) \leq \sum_{j=0}^{\infty} \mu_ä(A_j)$$

Beispiele (5.1,4) (Äußeres Lebesgue-Maß auf $\mathbb{R}$)

(a) Für jedes beschränkte Intervall $\emptyset \neq I \subseteq \mathbb{R}$ mit den Endpunkten a, b bezeichne $\ell(I) := b - a$ die *Länge von* I, $\ell(\emptyset) := 0$ und für jede Folge $(I_j)_{j\in\mathbb{N}}$ beschränkter Intervalle I_j sei

$$L((I_j)_j) := \sum_{j=0}^{\infty} \ell(I_j) \in \mathbb{R}^+ \cup \{\infty\}$$

die *totale Länge* von $(I_j)_j$. Man definiere $\lambda_ä : \mathcal{P}\mathbb{R} \longrightarrow \mathbb{R}^+ \cup \{\infty\}$ durch

$$\lambda_ä(S) := \inf\Big\{ L((I_j)_j) \;\Big|\; \forall\, j \in \mathbb{N}:\ I_j \in \tau_{|\,|} \text{ beschränktes Intervall, } \bigcup_{j\in\mathbb{N}} I_j \supseteq S \Big\}.$$

$\lambda_ä$ heißt *äußeres Lebesgue-Maß* auf $\mathbb{R}$ und ist ein äußeres Maß auf $\mathbb{R}$:

$\lambda_ä(\emptyset) \leq \ell(\emptyset) = 0$, also $\lambda_ä(\emptyset) = 0$. Für alle $S, T \subseteq \mathbb{R}$, $S \subseteq T$, jede Folge $(I_j)_j \in \tau_{|\,|}^{\mathbb{N}}$ beschränkter Intervalle mit $\bigcup_{j\in\mathbb{N}} I_j \supseteq T$ ist $\bigcup_{j\in\mathbb{N}} I_j \supseteq S$, also $\lambda_ä(T) \geq \lambda_ä(S)$. Zum Nachweis der σ-Subadditivität von $\lambda_ä$ sei $(S_j)_j \in (\mathcal{P}\mathbb{R})^{\mathbb{N}}$, o. B. d. A. $\sum_{j=0}^{\infty} \lambda_ä(S_j) < \infty$ und $\varepsilon > 0$. Für jedes $j \in \mathbb{N}$ wähle man eine Folge $\big(I_{(j,k)}\big)_{k\in\mathbb{N}} \in \tau_{|\,|}^{\mathbb{N}}$ beschränkter Intervalle mit $S_j \subseteq \bigcup_{k\in\mathbb{N}} I_{(j,k)}$ und

$$L\big(\big(I_{(j,k)}\big)_k\big) < \lambda_ä(S_j) + \frac{\varepsilon}{2^{j+1}}.$$

Sei $\beta : \mathbb{N} \longrightarrow \mathbb{N} \times \mathbb{N}$ bijektiv. $\big(I_{\beta(i)}\big)_{i\in\mathbb{N}} \in \tau_{|\,|}^{\mathbb{N}}$ ist eine Folge beschränkter Intervalle, die

$\bigcup_{j\in\mathbb{N}} S_j \subseteq \bigcup_{i\in\mathbb{N}} I_{\beta(i)}$ und

$$L((I_{\beta(i)})_i) = \sum_{j=0}^{\infty}\sum_{k=0}^{\infty} \ell(I_{(j,k)}) \leq \sum_{j=0}^{\infty}\Big(\lambda_{ä}(S_j) + \frac{\varepsilon}{2^{j+1}}\Big) = \sum_{j=0}^{\infty} \lambda_{ä}(S_j) + \varepsilon$$

erfüllt. Es folgt $\lambda_{ä}\big(\bigcup_{j\in\mathbb{N}} S_j\big) \leq \sum_{j=0}^{\infty} \lambda_{ä}(S_j)$.

Weiter gilt:

(i) $\forall\, S \subseteq \mathbb{R}\colon$ S abzählbar $\Rightarrow \lambda_{ä}(S) = 0$:

Sei $\varepsilon > 0$, $S = \{\, s_j \mid j \in \mathbb{N}\,\}$ und $I_j \in \tau_{|\,|}$ ein beschränktes Intervall mit $s_j \in I_j$, $\ell(I_j) = \varepsilon/(2^{j+1})$. Dann ist $S \subseteq \bigcup_{j\in\mathbb{N}} I_j$ und $L((I_j)_j) = \sum_{j=0}^{\infty} \ell(I_j) = \varepsilon$, woraus $\lambda_{ä}(S) = 0$ folgt.

(ii) $\forall\, I \subseteq \mathbb{R}\colon$ $\emptyset \neq I$ beschränktes Intervall mit Endpunkten $a, b \Rightarrow \lambda_{ä}(I) = b - a$:

Wegen

$$\lambda_{ä}(]a,b[) \leq \lambda_{ä}(I) \leq \lambda_{ä}([a,b]) \leq \lambda_{ä}(\{a\} \cup \{b\} \cup]a,b[) \leq \lambda_{ä}(]a,b[) \quad [\![\text{gem. (i)}]\!]$$

kann $I = [a,b]$ und $\lambda_{ä}(I) \leq b - a$ angenommen werden. Sei $(I_j)_j \in \tau_{|\,|}^{\mathbb{N}}$ eine Folge beschränkter Intervalle mit $[a,b] \subseteq \bigcup_{j\in\mathbb{N}} I_j$. Da $([a,b], \tau_{|\,|}|[a,b])$ kompakt ist, gibt es $j_1, \ldots, j_r \in \mathbb{N}$ mit $[a,b] \subseteq \bigcup_{k=1}^{r} I_{j_k}$, also $b - a = \ell([a,b]) \leq \sum_{k=1}^{r} \ell(I_{j_k}) \leq L((I_j)_j)$. Man erhält $\lambda_{ä}([a,b]) \geq b - a$.

(iii) $\forall\, I \subseteq \mathbb{R}\colon$ I unbeschränktes Intervall $\Rightarrow \lambda_{ä}(I) = \infty$:

Sei o. B. d. A. $I =]-\infty, a]$, also $I = \bigcup_{j\in\mathbb{N}}[a - (j+1), a]$. Wegen der Monotonie von $\lambda_{ä}$ folgt nach (ii) $\lambda_{ä}(I) \geq \lambda_{ä}([a - (j+1), a]) = j + 1$ für jedes $j \in \mathbb{N}$.

(b) Analog, wenn auch mit größerem Aufwand, erhält man das *äußere Lebesgue-Maß* $\lambda_{n,ä}$ auf $\mathbb{R}^n$ für $n \geq 2$ mit Hilfe von Quadern anstelle der Intervalle (A 4):

Für $j = 1, \ldots, n$ sei $I_j \subseteq [a_j, b_j] \cap \mathbb{R}$ ein Intervall mit den Endpunkten a_j, b_j in $\mathbb{R} \cup \{-\infty, \infty\}$. Das direkte Produkt

$$Q := \prod_{j=1}^{n} I_j$$

heißt *n-Quader*,

$$v(Q) := \prod_{j=1}^{n} \ell(I_j) \in \mathbb{R}^+ \cup \{\infty\}$$

n-Volumen von Q, wobei $v(\emptyset) := 0$ und $0 \cdot \infty := \infty \cdot 0 := 0$ zu setzen ist (Anhang 1-37). Für jede Folge $(Q_j)_{j\in\mathbb{N}}$ (in $(\mathbb{R}^n, d_{\|\,\|})$) beschränkter Quader Q_j sei

$$V((Q_j)_j) := \sum_{j=0}^{\infty} v(Q_j)$$

das *totale n-Volumen* von $(Q_j)_j$. Man definiere $\lambda_{n,ä} : \mathcal{P}\mathbb{R}^n \longrightarrow \mathbb{R}^+ \cup \{\infty\}$ durch

$$\lambda_{n,ä}(S) := \inf\Big\{\, V((Q_j)_j) \;\Big|\; \forall\, j \in \mathbb{N}\colon\; Q_j \in \tau_{\|\,\|} \text{ beschr. } n\text{-Quader}, \; \bigcup_{j\in\mathbb{N}} Q_j \supseteq S \,\Big\}.$$

$\lambda_{n,ä}$ heißt *äußeres Lebesgue-Maß* auf $\mathbb{R}^n$ und ist ein äußeres Maß auf $\mathbb{R}^n$. Für jeden beschränkten n-Quader Q gilt $\lambda_{n,ä}(Q) = v(Q)$. Ist $Q = \prod_{j=1}^{n} I_j$ unbeschränkt, wobei $I_j \subseteq [a_j, b_j] \cap \mathbb{R}$ Intervall mit den Endpunkten $a_j,\ b_j \in \mathbb{R} \cup \{-\infty, \infty\},\ a_j < b_j$ für jedes $j \in \{1, \dots, n\}$ ist, so erhält man $\lambda_{n,ä}(Q) = v(Q) = \infty$.

Definition

$\mu_ä$ sei ein äußeres Maß auf der Menge $X,\ S \subseteq X$.

S *meßbar* (bzgl. $\mu_ä$) :gdw

$$\forall\, T \in \mathcal{P}X:\ \mu_ä(T) = \mu_ä(S \cap T) + \mu_ä((X \backslash S) \cap T)$$

Meßbare Mengen S zerlegen *jede* Teilmenge von X in zwei Teile, deren Summe der äußeren Maße gerade das äußere Maß von S ergibt. Wegen der Subadditivität äußerer Maße gilt „$\le$" in der Meßbarkeitsbedingung immer. Für $\mu_ä(T) = \infty$ folgt daher Gleichheit. Infolgedessen ist S dann und nur dann meßbar, wenn

$$\forall\, T \in \mathcal{P}X:\ \mu_ä(T) < \infty \Rightarrow \mu_ä(T) \ge \mu_ä(S \cap T) + \mu_ä((X \backslash S) \cap T)$$

erfüllt ist.

Beispiel (5.1,5)

$\mu_ä$ sei ein äußeres Maß auf $X,\ S, T \in \mathcal{P}X$.

(a) $\mu_ä(S) = 0$ oder $\mu_ä(X \backslash S) = 0 \quad \Longrightarrow \quad S$ meßbar (bzgl. $\mu_ä$)
(Speziell sind $\emptyset$ und X meßbar!):

Wegen der Monotonie von $\mu_ä$ ist $\mu_ä(S \cap T) = 0$ oder $\mu_ä((X \backslash S) \cap T) = 0$, also $\mu_ä(T) \ge \mu_ä(S \cap T) + \mu_ä((X \backslash S) \cap T)$ wiederum aus Monotoniegründen.

(b) S meßbar (bzgl. $\mu_ä$) $\quad \Longrightarrow \quad X \backslash S$ meßbar (bzgl. $\mu_ä$)

(c) S, T meßbar (bzgl. $\mu_ä$) $\quad \Longrightarrow \quad S \cup T$ meßbar (bzgl. $\mu_ä$):

Für alle $R \in \mathcal{P}X$ gilt wegen der Meßbarkeit von S:

$$\begin{aligned}\mu_ä(R \cap (S \cup T)) &= \mu_ä(R \cap (S \cup T) \cap S) + \mu_ä(R \cap (S \cup T) \cap (X \backslash S))\\ &= \mu_ä(R \cap S) + \mu_ä(R \cap T \cap (X \backslash S)),\end{aligned}$$

also

$$\begin{aligned}&\mu_ä(R \cap (S \cup T)) + \mu_ä\big(R \cap (X \backslash (S \cup T))\big)\\ &\qquad = \mu_ä(R \cap S) + \mu_ä(R \cap T \cap (X \backslash S)) + \mu_ä(R \cap (X \backslash S) \cap (X \backslash T))\\ &\qquad = \mu_ä(R \cap S) + \mu_ä(R \cap (X \backslash S)) \qquad [\![\, T \text{ meßbar}]\!]\\ &\qquad = \mu_ä(R) \qquad\qquad\qquad\qquad\qquad\quad [\![\, S \text{ meßbar}]\!].\end{aligned}$$

$\mathcal{M}_{\mu_ä} := \{\, S \in \mathcal{P}X \mid S \text{ meßbar (bzgl. } \mu_ä) \,\}$ ist gem. (5.1,5) (a), (b), (c) eine Algebra über X. Darüber hinaus gilt sogar

Satz 5.1-2

Für jedes äußere Maß $\mu_ä$ *auf der Menge* X *ist* $\big(X, \mathcal{M}_{\mu_ä}, \mu_ä{\restriction}\mathcal{M}_{\mu_ä}\big)$ *ein Maßraum, der* durch $\mu_ä$ induzierte Maßraum.

Beweis

Sei $(A_j)_j \in \mathcal{M}_{\mu_ä}^{\mathbb{N}}$ o. B. d. A. paarweise disjunkt; sonst setze man wie im Beweis zu 5.1-1 (b), (c) $A_0' := A_0,\ A_{j+1}' := A_{j+1} \backslash \bigcup_{k=0}^{j} A_k$. Da $\mathcal{M}_{\mu_ä}$ eine Algebra über X ist, folgt $A_j' \in \mathcal{M}_{\mu_ä}$ für jedes $j \in \mathbb{N}$.

Mit Hilfe vollständiger Induktion über n erhält man

$$\forall\, n \in \mathbb{N}\ \forall\, T \in \mathcal{P}X:\ \ \mu_ä(T) = \sum_{j=0}^{n} \mu_ä(T \cap A_j) + \mu_ä\Big(T \cap \bigcap_{j=0}^{n}(X\backslash A_j)\Big). \qquad (*)$$

Für $n = 0$ gilt $(*)$, da A_0 meßbar ist. Wegen der Meßbarkeit von A_{n+1} ist

$$\begin{aligned}\mu_ä\Big(T \cap \bigcap_{j=0}^{n}(X\backslash A_j)\Big) &= \mu_ä\Big(A_{n+1} \cap T \cap \bigcap_{j=0}^{n}(X\backslash A_j)\Big)\\ &\quad + \mu_ä\Big((X\backslash A_{n+1}) \cap T \cap \bigcap_{j=0}^{n}(X\backslash A_j)\Big)\\ &= \mu_ä(A_{n+1} \cap T) + \mu_ä\Big(T \cap \bigcap_{j=0}^{n+1}(X\backslash A_j)\Big),\end{aligned}$$

nach Induktionsvoraussetzung somit

$$\mu_ä(T) = \sum_{j=0}^{n+1} \mu_ä(T \cap A_j) + \mu_ä\Big(T \cap \bigcap_{j=0}^{n+1}(X\backslash A_j)\Big).$$

Aus $(*)$ folgt weiter mit der Monotonie von $\mu_ä$

$$\mu_ä(T) \geq \sum_{j=0}^{n} \mu_ä(T \cap A_j) + \mu_ä\Big(T \cap \bigcap_{j\in\mathbb{N}}(X\backslash A_j)\Big) \qquad (**)$$

für jedes $T \in \mathcal{P}X,\ n \in \mathbb{N}$, also

$$\begin{aligned}\mu_ä(T) &\geq \sum_{j=0}^{\infty} \mu_ä(T \cap A_j) + \mu_ä\Big(T \cap \Big(X\backslash \bigcup_{j\in\mathbb{N}} A_j\Big)\Big)\\ &\geq \mu_ä\Big(T \cap \bigcup_{j\in\mathbb{N}} A_j\Big) + \mu_ä\Big(T \cap \Big(X\backslash \bigcup_{j\in\mathbb{N}} A_j\Big)\Big)\end{aligned}$$

⟦ σ-Subadditivität ⟧. $\mathcal{M}_{\mu_ä}$ ist daher eine σ-Algebra über X ⟦ (5.1,5) ⟧, und speziell für $T := \bigcup_{j\in\mathbb{N}} A_j$ erhält man aus $(**)$

$$\mu_ä\Big(\bigcup_{j\in\mathbb{N}} A_j\Big) \geq \sum_{j=0}^{\infty} \mu_ä(A_j) + \mu_ä(\emptyset), \text{ also } \quad \mu_ä\Big(\bigcup_{j\in\mathbb{N}} A_j\Big) = \sum_{j=0}^{\infty} \mu_ä(A_j)$$

⟦ $\mu_ä(\emptyset) = 0$, σ-Subadditivität ⟧. □

Beispiele (5.1,6)

(a) $\lambda_ä$ sei das äußere Lebesgue-Maß auf $\mathbb{R}$ (s. (5.1,4) (a)).

$$(\mathbb{R}, \Lambda, \lambda) := \big(\mathbb{R}, \mathcal{M}_{\lambda_ä}, \lambda_ä \restriction \mathcal{M}_{\lambda_ä}\big)$$

heißt *Lebesguescher Maßraum über* $\mathbb{R}$. Bzgl. $\lambda_ä$ ist jede Borel-Menge in $(\mathbb{R}, \tau_{|\,|})$ meßbar, d. h. $\mathcal{A}_\sigma(\tau_{|\,|}) \subseteq \Lambda$:

Es sei $a \in \mathbb{R}$, $T \subseteq \mathbb{R}$, $\lambda_ä(T) < \infty$. Zum Nachweis der Meßbarkeit von $]-\infty, a]$ (vgl. (5.1,1) (c)) muß

$$\lambda_ä(T) \geq \lambda_ä(T \cap\,]-\infty, a]) + \lambda_ä(T \cap\,]a, \infty[)$$

gezeigt werden. Sei $\varepsilon > 0$, $(I_j)_j \in \tau_{|\,|}^{\mathbb{N}}$ eine Folge beschränkter Intervalle mit $\bigcup_{j\in\mathbb{N}} I_j \supseteq T$ und $L((I_j)_j) < \lambda_ä(T) + \varepsilon$. Für jedes $j \in \mathbb{N}$ sind $I_j^- := I_j \cap\,]-\infty, a]$ und $I_j^+ := I_j \cap\,]a, \infty[$ disjunkte Intervalle (evtl. leer), man kann daher beschränkte Intervalle $L_j \in \tau_{|\,|}$ finden, für die $I_j^- \subseteq L_j$ und $\ell(L_j) + \ell(I_j^+) \leq \ell(I_j) + \varepsilon/(2^{j+1})$ gilt. Es folgt $T \cap\,]-\infty, a] \subseteq \bigcup_{j\in\mathbb{N}}(I_j \cap\,]-\infty, a]) \subseteq \bigcup_{j\in\mathbb{N}} L_j$ und $T \cap\,]a, \infty[\subseteq \bigcup_{j\in\mathbb{N}}(I_j \cap\,]a, \infty[) = \bigcup_{j\in\mathbb{N}} I_j^+$, also $\lambda_ä(T \cap\,]-\infty, a]) \leq \sum_{j=0}^{\infty} \lambda_ä(L_j) = \sum_{j=0}^{\infty} \ell(L_j)$ ⟦ (5.1,4) (a) ⟧ und $\lambda_ä(T \cap\,]a, \infty[) \leq \sum_{j=0}^{\infty} \ell(I_j^+)$. Hiermit erhält man

$$\begin{aligned}\lambda_ä(T \cap\,]-\infty, a]) + \lambda_ä(T \cap\,]a, \infty[) &\leq \sum_{j=0}^{\infty}(\ell(L_j) + \ell(I_j^+)) \leq \varepsilon + \sum_{j=0}^{\infty} \ell(I_j) \\ &< \lambda_ä(T) + 2\varepsilon.\end{aligned}$$

(b) Analog zu (a) heißt

$$(\mathbb{R}^n, \Lambda_n, \lambda_n) := \big(\mathbb{R}^n, \mathcal{M}_{\lambda_{n,ä}}, \lambda_{n,ä} \restriction \mathcal{M}_{\lambda_{n,ä}}\big)$$

für $n \geq 1$ *Lebesguescher Maßraum über* $\mathbb{R}^n$. Es ist somit $(\mathbb{R}, \Lambda_1, \lambda_1) = (\mathbb{R}, \Lambda, \lambda)$.

Mit Hilfe von $\mathcal{A}_\sigma(\tau_{\|\,\|}) = \mathcal{A}_\sigma(\mathcal{C}_-^n)$ ⟦ A 5 ⟧, wobei

$$\mathcal{C}_-^n := \left\{ \prod_{j=1}^{n}]-\infty, a_j] \;\middle|\; (a_1, \ldots, a_n) \in \mathbb{R}^n \right\}$$

bezeichnet, erhält man wie in (a) $\mathcal{A}_\sigma(\tau_{\|\,\|}) \subseteq \Lambda_n$ ⟦ A 6 ⟧.

In durch äußere Maße $\mu_ä$ auf X induzierten Maßräumen $\big(X, \mathcal{M}_{\mu_ä}, \mu_ä \restriction \mathcal{M}_{\mu_ä}\big)$ sind Teilmengen von Mengen vom Maß Null wieder meßbar ⟦ (5.1,5) (a) ⟧ und haben somit das Maß Null.

Definition

$(X, \mathcal{A}, \mu)$ sei ein Maßraum.

$$(X, \mathcal{A}, \mu) \textit{ vollständig} \quad :\text{gdw} \quad \forall\, S \in \mathcal{P}X\ \forall\, A \in \mathcal{A}:\ S \subseteq A,\ \mu(A) = 0 \Rightarrow S \in \mathcal{A}$$

Dann heißt auch μ vollständig.

Insbesondere sind die Lebesgueschen Maßräume $(\mathbb{R}^n, \Lambda_n, \lambda_n)$, $n \geq 1$ vollständig.

Satz 5.1-3

$(X, \mathcal{A}, \mu)$ sei ein vollständiger Maßraum, $S, T, A \subseteq X$, $S, A \in \mathcal{A}$, $\mu(A) = 0$. Liegt die symmetrische Differenz $T \triangle S$ in A, so ist $T \in \mathcal{A}$, und es gilt $\mu(T) = \mu(S)$.

Beweis

Wegen der Vollständigkeit von $(X, \mathcal{A}, \mu)$ und $(T\backslash S) \cup (S\backslash T) = T \triangle S \subseteq A$ ist $T\backslash S$, $S\backslash T \in \mathcal{A}$. Es folgt $T = (S \cup (T\backslash S))\backslash(S\backslash T) \in \mathcal{A}$ und

$$\begin{aligned} \mu(T) &= \mu(S \cup (T\backslash S)) - \mu(S\backslash T) \\ &= \mu(S) + \mu(T\backslash S) && [\![\, 5.1\text{-}1\ (a),\ \mu(S\backslash T) = 0\,]\!] \\ &= \mu(S) && [\![\, \mu(T\backslash S) = 0\,]\!]. \end{aligned}$$

□

Die Lebesgueschen Maßräume wurden mit Hilfe der Topologie $\tau_{\|\ \|}$ des $\mathbb{R}^n$ (offene n-Quader bzw. Intervalle) konstruiert. Dabei sind alle kompakten Teilmengen (als abgeschlossene Mengen) meßbar und haben ein endliches Lebesgue-Maß, weil sie jeweils bereits durch endlich viele beschränkte offene n-Quader (bzw. Intervalle) überdeckt werden können und deren Maß endlich ist. Darüber hinaus (s. (5.1,7)) sind für die Analysis wichtige Approximationsmöglichkeiten durch kompakte bzw. offene Teilmengen gegeben, s. (R-3), (R-4) in der folgenden

Definition

(X, τ) sei ein T_2-Raum,

$$\mathcal{K}_\tau := \{\, C \subseteq X \mid (C, \tau|C) \text{ kompakt} \,\}$$

und $(X, \mathcal{A}, \mu)$ ein Maßraum.

$(X, \mathcal{A}, \mu)$ *regulär* (bzgl. τ) :gdw μ erfüllt

(R-1) $\tau \subseteq \mathcal{A}$

(R-2) $\forall\, C \in \mathcal{K}_\tau:\ \mu(C) < \infty$

(R-3) $\forall\, O \in \tau:\ \mu(O) = \sup\{\, \mu(C) \mid C \in \mathcal{K}_\tau,\ C \subseteq O \,\}$ *(Innenregularität)*

(R-4) $\forall\, A \in \mathcal{A}:\ \mu(A) = \inf\{\, \mu(O) \mid O \in \tau,\ A \subseteq O \,\}$ *(Außenregularität)*

In diesem Fall nennt man auch μ regulär.

Erfüllt das Maß μ (R-1) und (R-2), so heißt $\mu\restriction\mathcal{A}_\sigma(\tau)$ *Borel-Maß* auf (X,τ).

Beispiele (5.1,7)

(a) Das Lebesgue-Maß λ auf $\mathbb{R}$ ist regulär:

(R-1) $[\![$ gem. (5.1,6) (a) $]\!]$ und (R-2) $[\![$ s. o. $]\!]$ sind erfüllt. Sei $A \in \Lambda$, $\lambda(A) < \infty$ $[\![$ Für $\lambda(A) = \infty$ ist (R-4) wegen der Monotonie von λ richtig! $]\!]$ und $\varepsilon > 0$. Man wähle eine Folge $(I_j)_j \in \tau_{|\,|}^{\mathbb{N}}$ beschränkter Intervalle mit $P := \bigcup_{j\in\mathbb{N}} I_j \supseteq A$ und $L((I_j)_j) < \lambda(A) + \varepsilon$. Wegen $\lambda(P) \le L((I_j)_j)$ folgt $\inf\{\, \lambda(O) \mid O \in \tau,\ O \supseteq A \,\} \le \lambda(A)$ $[\![\, \varepsilon > 0$ ist beliebig vorgegeben $]\!]$ und somit (R-4).

(R-3) gilt hier für beliebige Mengen $O \in \Lambda$. Zur Begründung genügt (wieder aus Monotoniegründen) $\lambda(O) \le \sup\{\, \mu(C) \mid C \in \mathcal{K}_{\tau_{|\,|}},\ C \subseteq O \,\}$:

Zunächst sei O beschränkt in $(\mathbb{R}, d_{|\,|})$, $\varepsilon > 0$ und $A \in \alpha_{\tau_{|\,|}}$ beschränkt, $O \subseteq A$. Gem. (R-4) existiert ein $P \in \tau_{|\,|}$, $A\backslash O \subseteq P$ und $\lambda(P) < \lambda(A\backslash O) + \varepsilon$. Weiter ist $C := A\backslash P \in \alpha_{\tau_{|\,|}} \cap \mathcal{K}_{\tau_{|\,|}}$ $[\![\, C$ ist beschränkt! $]\!]$ und $A \subseteq C \cup P$, also $\lambda(A) \le \lambda(C) + \lambda(P)$. Es folgt $C \subseteq O$ und wegen $\lambda(O) < \infty$ und 5.1-1 (a) auch $\lambda(O) - \varepsilon < \lambda(A) - \lambda(P) \le \lambda(C)$, also $\lambda(O) \le \sup\{\, \lambda(K) \mid K \in \mathcal{K}_{\tau_{|\,|}},\ K \subseteq O \,\}$.

Ist O unbeschränkt in $(\mathbb{R}, d_{|\,|})$, $r \in \mathbb{R}$, $r < \lambda(O)$, so erhält man für die Mengen $O_j := O \cap]-j-1, j+1[$, $j \in \mathbb{N}$, gem. 5.1-1 (c) $\lambda(O) = \lim_j \lambda(O_j)$. Es gibt daher ein $j_0 \in \mathbb{N}$ mit $\lambda(O_{j_0}) > r$. Man wähle nun $[\![$ s. o. $]\!]$ ein $C_{j_0} \in \mathcal{K}_{\tau_{|\,|}}$ mit $C_{j_0} \subseteq O_{j_0}$ und $\lambda(C_{j_0}) > r$. Da $r < \lambda(O)$ beliebig vorgegeben ist, folgt $\sup\{\, \lambda(K) \mid K \in \mathcal{K}_{\tau_{|\,|}},\ K \subseteq O \,\} \ge \lambda(O)$.

(b) Verwendet man in (a) n-Quader anstelle von Intervallen, so erhält man völlig analog die Regularität von λ_n auf $\mathbb{R}^n$ für $n \ge 2$.

Die in (5.1,7) getroffene Feststellung, daß im Lebesgueschen Maßraum $(\mathbb{R}^n, \Lambda_n, \lambda_n)$ für $n \ge 1$ die Innenregularität (R-3) des Maßes sogar für beliebige meßbare Mengen zutrifft, kann allgemein auch für reguläre Maße auf T_2-Räumen zumindest für meßbare Mengen endlichen Maßes erfolgen (s. 5.1-4 (a)). Darüber hinaus sind meßbare Mengen, die Vereinigung abzählbar vieler meßbarer Mengen endlichen Maßes sind (sog. *σ-endliche Mengen*), vom Maße her durch σ-kompakte Teilmengen und offene Obermengen approximierbar (s. 5.1-4 (b)).

Satz 5.1-4

(X,τ) sei ein T_2-Raum, $(X,\mathcal{A},\mu)$ regulärer Maßraum.

(a) $\forall\, A \in \mathcal{A}\colon\ \mu(A) < \infty \Rightarrow \mu(A) = \sup\{\, \mu(C) \mid C \in \mathcal{K}_\tau,\ C \subseteq A \,\}$

(b) $\forall\, \varepsilon > 0\ \forall\, A \in \mathcal{A}\colon\ A$ *σ-endlich*
$\Rightarrow \exists\, K \subseteq X\ \exists\, O \in \tau\colon\ (K, \tau|K)$ *σ-kompakt,* $K \subseteq A \subseteq O,\ \mu(O\backslash K) < \varepsilon$

Beweis

Zu (a) Sei $\varepsilon > 0$ und gem. (R-4) $O \in \tau$ mit $A \subseteq O$, $\mu(O) < \mu(A) + (\varepsilon/2)$. Wegen $\mu(O \setminus A) = \mu(O) - \mu(A) < \varepsilon/2$ [[5.1-1 (a)]] existiert (wiederum nach (R-4)) ein $P \in \tau$ mit $O \setminus A \subseteq P$, $\mu(P) < \varepsilon/2$. Nach (R-3) wähle man ein $K \in \mathcal{K}_\tau$, $K \subseteq O$, $\mu(K) > \mu(O) - (\varepsilon/2)$. Dann ist $K \setminus P \in \mathcal{K}_\tau$, $K \setminus P \subseteq A$ und $\mu(K \setminus P) = \mu(K) - \mu(P) > \mu(O) - (\varepsilon/2) - \mu(P) > \mu(O) - \varepsilon \geq \mu(A) - \varepsilon$, also $\mu(A) \leq \sup\{\, \mu(C) \mid C \in \mathcal{K}_\tau,\ C \subseteq A \,\}$.

Zu (b) Sei $(A_j)_j \in \mathcal{A}^{\mathbb{N}}$, $\varepsilon > 0$, $A = \bigcup_{j\in\mathbb{N}} A_j$ und $\mu(A_j) < \infty$ für jedes $j \in \mathbb{N}$. Nach (R-4) und (a) existieren für jedes $j \in \mathbb{N}$ Mengen $K_j \in \mathcal{K}_\tau$, $O_j \in \tau$ mit $K_j \subseteq A_j \subseteq O_j$, $\mu(K_j) > \mu(A_j) - \frac{\varepsilon}{2^{j+3}}$ und $\mu(O_j) < \mu(A_j) + \frac{\varepsilon}{2^{j+3}}$. Dann ist $K := \bigcup_{j\in\mathbb{N}} K_j$ σ-kompakt, $O := \bigcup_{j\in\mathbb{N}} O_j \in \tau$, $K \subseteq A \subseteq O$ und

$$\begin{aligned}
\mu(O \setminus K) &= \mu\Big(\bigcup_{j\in\mathbb{N}} O_j \setminus \bigcup_{j\in\mathbb{N}} K_j\Big) \leq \mu\Big(\bigcup_{j\in\mathbb{N}} (O_j \setminus K_j)\Big) \leq \sum_{j=0}^{\infty} \mu(O_j \setminus K_j) \\
&= \sum_{j=0}^{\infty} (\mu(O_j) - \mu(K_j)) \leq \sum_{j=0}^{\infty} \Big(\mu(A_j) + \frac{\varepsilon}{2^{j+3}} - \Big(\mu(A_j) - \frac{\varepsilon}{2^{j+3}}\Big)\Big) \\
&= \sum_{j=0}^{\infty} \frac{\varepsilon}{2^{j+2}} = \frac{\varepsilon}{2} < \varepsilon.
\end{aligned}$$

□

Korollar 5.1-4.1

(X,τ) sei ein T_2-Raum, $(X,\mathcal{A},\mu)$ regulärer Maßraum.

(a) $\forall\, A \in \mathcal{A}$: A *σ-endlich* $\Rightarrow \mu(A) = \sup\{\, \mu(C) \mid C \in \mathcal{K}_\tau,\ C \subseteq A \,\}$

(b) $\forall\, A \in \mathcal{A}$: A *σ-endlich* $\Rightarrow \exists\, G, S \subseteq X$:
G *G_δ-Menge,* $(S, \tau|S)$ *σ-kompakt,* $S \subseteq A \subseteq G$ *und* $\mu(G \setminus S) = 0$

Beweis

Zu (a) Sei $(A_j)_j \in \mathcal{A}^{\mathbb{N}}$, $\bigcup_{j\in\mathbb{N}} A_j = A$, $\mu(A_j) < \infty$ und $A_j \subseteq A_{j+1}$ (o. B. d. A.) für jedes $j \in \mathbb{N}$. Es folgt

$$\begin{aligned}
\mu(A) &= \sup_{j\in\mathbb{N}} \mu(A_j) && [\![\, 5.1\text{-}1\ (c)\,]\!] \\
&= \sup_{j\in\mathbb{N}} \sup\{\, \mu(C) \mid C \in \mathcal{K}_\tau,\ C \subseteq A_j \,\} && [\![\, 5.1\text{-}4\ (a)\,]\!] \\
&\leq \sup\{\, \mu(C) \mid C \in \mathcal{K}_\tau,\ C \subseteq A \,\} \leq \mu(A).
\end{aligned}$$

Zu (b) Gem. 5.1-4 (b) wähle man zu jedem $j \in \mathbb{N}$ ein $O_j \in \tau$, $(S_j, \tau|S_j)$ σ-kompakt mit $S_j \subseteq A \subseteq O_j$, $\mu(O_j \setminus S_j) < 1/(j+1)$. Dann ist $\big(\bigcup_{j\in\mathbb{N}} S_j, \tau\big|\bigcup_{j\in\mathbb{N}} S_j\big)$ σ-kompakt, $G := \bigcap_{j\in\mathbb{N}} O_j$ G_δ-Menge, $\bigcup_{j\in\mathbb{N}} S_j \subseteq A \subseteq G$, und für jedes $k \in \mathbb{N}$

gilt

$$\mu\Big(G\backslash\bigcup_{j\in\mathbb{N}}S_j\Big)=\mu\Big(\bigcap_{j\in\mathbb{N}}\Big(\Big(\bigcap_{i\in\mathbb{N}}O_i\Big)\backslash S_j\Big)\Big)\le\mu\Big(\bigcap_{j\in\mathbb{N}}(O_j\backslash S_j)\Big)$$
$$\le\mu(O_k\backslash S_k)<\frac{1}{k+1},$$

also $\mu\big(G\backslash\bigcup_{j\in\mathbb{N}}S_j\big)=0$. □

Definitionen

$(X,\mathcal{A},\mu)$ sei ein Maßraum.

$(X,\mathcal{A},\mu)$ *σ-endlich* :gdw X σ-endlich
(d. h. $\exists\ (A_j)_j\in\mathcal{A}^{\mathbb{N}}\colon\ \bigcup_{j\in\mathbb{N}}A_j=X,\ \forall\ j\in\mathbb{N}\colon\ \mu(A_j)<\infty$)

$(X,\mathcal{A},\mu)$ *saturiert* :gdw
$\forall\ S\subseteq X\colon\ (\forall\ A\in\mathcal{A}\colon\ \mu(A)<\infty\Rightarrow A\cap S\in\mathcal{A})\Rightarrow S\in\mathcal{A}$

Dann heißt auch μ σ-endlich (bzw. saturiert).

Beispiele (5.1,8)

(a) Die Lebesgueschen Maßräume $(\mathbb{R}^n,\Lambda_n,\lambda_n)$, $n\ge 1$, sind σ-endlich:

$$\mathbb{R}=\bigcup_{j\in\mathbb{N}}[-j,j],\qquad \mathbb{R}^n=\bigcup_{j\in\mathbb{N}}\Big(\prod_{k=1}^{n}[-j,j]\Big).$$

(b) Sei X eine überabzählbare Menge, $\mu_Z:\mathcal{P}X\longrightarrow\mathbb{R}^+\cup\{\infty\}$ das Zählmaß. $(X,\mathcal{P}X,\mu_Z)$ ist saturiert, jedoch nicht σ-endlich ⟦ Sonst wäre X abzählbar! ⟧.

(c) $(X,\mathcal{A},\mu)$ σ-endlicher Maßraum $\Longrightarrow$ $(X,\mathcal{A},\mu)$ saturiert:
Sei $(A_j)_j\in\mathcal{A}^{\mathbb{N}}$, $\bigcup_{j\in\mathbb{N}}A_j=X$, $\mu(A_j)<\infty$ für jedes $j\in\mathbb{N}$ und $S\subseteq X$ mit $A\cap S\in\mathcal{A}$ für jedes $A\in\mathcal{A}$, $\mu(A)<\infty$. Dann ist $S=S\cap X=S\cap\bigcup_{j\in\mathbb{N}}A_j=\bigcup_{j\in\mathbb{N}}(S\cap A_j)\in\mathcal{A}$.

Ein Kriterium für die Saturiertheit regulärer, vollständiger Maßräume liefert der

Satz 5.1-5

(X,τ) sei ein T_2-Raum, $(X,\mathcal{A},\mu)$ Maßraum, μ vollständig und regulär.

Äq (i) μ saturiert
(ii) $\forall\ S\subseteq X\colon\ (\forall\ C\in\mathcal{K}_\tau\colon\ C\cap S\in\mathcal{A})\Rightarrow S\in\mathcal{A}$

Beweis

(ii) ⇒ (i) ist klar, da $\mu(C) < \infty$ für jedes $C \in \mathcal{K}_\tau$.

(i) ⇒ (ii) Sei $S \subseteq X$, $C \cap S \in \mathcal{A}$ für jedes $C \in \mathcal{K}_\tau$ und $A \in \mathcal{A}$, $\mu(A) < \infty$. Gem. 5.1-4 (a) gibt es zu jedem $j \in \mathbb{N}$ ein $C_j \in \mathcal{K}_\tau$ mit $C_j \subseteq A$ und $\mu(C_j) > \mu(A) - \frac{1}{j+1}$. O. B. d. A. sei $C_j \subseteq C_{j+1}$ für jedes $j \in \mathbb{N}$ ⟦ Sonst verwende man $C'_j := \bigcup_{k=0}^{j} C_k$! ⟧, also $\mu(\bigcup_{j\in\mathbb{N}} C_j) = \lim_j \mu(C_j)$ ⟦ 5.1-1 (c) ⟧. Es folgt

$$\mu\Big(A \setminus \bigcup_{j\in\mathbb{N}} C_j\Big) = \mu(A) - \mu\Big(\bigcup_{j\in\mathbb{N}} C_j\Big) = \lim_j(\mu(A) - \mu(C_j)) = 0$$

und

$$\begin{aligned} S \cap A &= \Big(S \cap \Big(A \setminus \bigcup_{j\in\mathbb{N}} C_j\Big)\Big) \cup \Big(S \cap \bigcup_{j\in\mathbb{N}} C_j\Big) \\ &= \Big(S \cap \Big(A \setminus \bigcup_{j\in\mathbb{N}} C_j\Big)\Big) \cup \bigcup_{j\in\mathbb{N}} (S \cap C_j) \in \mathcal{A}, \end{aligned}$$

denn $S \cap (A \setminus \bigcup_{j\in\mathbb{N}} C_j) \in \mathcal{A}$ ⟦ $(X, \mathcal{A}, \mu)$ vollständig ⟧ und $S \cap C_j \in \mathcal{A}$ ⟦ nach Voraussetzung (i) ⟧ für jedes $j \in \mathbb{N}$. Da μ saturiert ist, erhält man $S \in \mathcal{A}$. □

Gem. 5.1-4.1 (a) sind reguläre Maße μ auf der Menge aller σ-endlichen Mengen bereits durch $\mu{\restriction}\mathcal{K}_\tau$ eindeutig bestimmt. Der folgende Satz gibt ein hinreichendes Kriterium dafür, daß μ durch $\mu{\restriction}\mathcal{K}_\tau$ vollständig festgelegt ist (s. 5.1-6.1).

Satz 5.1-6

(X, τ) sei ein T_2-Raum, $(X, \mathcal{A}, \mu)$, $(X, \mathcal{B}, \nu)$ reguläre Maßräume, $\mu{\restriction}\mathcal{K}_\tau = \nu{\restriction}\mathcal{K}_\tau$. Ist ν vollständig und saturiert, so gilt $\mathcal{A} \subseteq \mathcal{B}$ und $\nu{\restriction}\mathcal{A} = \mu$.

Beweis

Zunächst gilt $\mu{\restriction}\tau = \nu{\restriction}\tau$, denn für jedes $O \in \tau$ ist gem. (R-3)

$$\mu(O) = \sup\{\,\mu(C) \mid C \in \mathcal{K}_\tau,\ C \subseteq O\,\} = \sup\{\,\nu(C) \mid C \in \mathcal{K}_\tau,\ C \subseteq O\,\} = \nu(O).$$

Mit (R-4) folgt $\mu{\restriction}\mathcal{A}_\sigma(\tau) = \nu{\restriction}\mathcal{A}_\sigma(\tau)$. Sei $A \in \mathcal{A}$, $\mu(A) < \infty$. Nach 5.1-4.1 gibt es eine monoton wachsende Folge $(C_j)_j \in \mathcal{K}_\tau^{\mathbb{N}}$ und eine monoton fallende Folge $(O_j)_j \in \tau^{\mathbb{N}}$, $\mu(O_0) < \infty$ (o. B. d. A.) mit $\bigcup_{j\in\mathbb{N}} C_j \subseteq A \subseteq \bigcap_{j\in\mathbb{N}} O_j$ und

$$\mu\Big(\bigcap_{j\in\mathbb{N}} O_j \setminus \bigcup_{j\in\mathbb{N}} C_j\Big) = 0 = \nu\Big(\bigcap_{j\in\mathbb{N}} O_j \setminus \bigcup_{j\in\mathbb{N}} C_j\Big).$$

Wegen $A = \bigcup_{j\in\mathbb{N}} C_j \cup (A \setminus \bigcup_{j\in\mathbb{N}} C_j)$, $A \setminus \bigcup_{j\in\mathbb{N}} C_j \subseteq \bigcap_{j\in\mathbb{N}} O_j \setminus \bigcup_{j\in\mathbb{N}} C_j$ gehört

A zu $\mathcal{B}$ $[\![\, \nu$ vollständig $]\!]$. Ist nun A irgendein Element von $\mathcal{A}$, so folgt $C \cap A \in \mathcal{A}$, $\mu(C \cap A) \leq \mu(C) < \infty$, also $C \cap A \in \mathcal{B}$ für jedes $C \in \mathcal{K}_\tau$ und somit $A \in \mathcal{B}$ $[\![$ 5.1-5, ν saturiert $]\!]$. Man erhält insgesamt $\mathcal{A} \subseteq \mathcal{B}$ und mit (R-4) $\nu{\restriction}\mathcal{A} = \mu$ wie gewünscht. □

Korollar 5.1-6.1

(X, τ) sei ein T_2-Raum, $(X, \mathcal{A}, \mu)$, $(X, \mathcal{B}, \nu)$ vollständige, saturierte, reguläre Maßräume mit $\mu{\restriction}\mathcal{K}_\tau = \nu{\restriction}\mathcal{K}_\tau$. Dann ist $(X, \mathcal{A}, \mu) = (X, \mathcal{B}, \nu)$. □

Vollständige, saturierte, reguläre Maße werden auch *Radon-Maße* genannt, sie sind im Sinne von 5.1-6.1 eindeutig bestimmt. Das Lebesgue-Maß auf $\mathbb{R}^n$ ist ein Radon-Maß auf $\mathbb{R}^n$ und auch translationsinvariant, d. h. es gilt (A 12)

$$\forall\, M \in \Lambda_n\ \forall\, x \in \mathbb{R}^n\colon\ x + M \in \Lambda_n,\ \lambda_n(x + M) = \lambda_n(M).$$

Die Translationsinvarianz von λ auf $\mathbb{R}$ (beispielsweise) ermöglicht mit Hilfe des Auswahlaxioms den Nachweis der Existenz nicht meßbarer Teilmengen von $\mathbb{R}$, d. h. es gilt $\mathcal{P}X \neq \Lambda$ (s. [10, Theorem 1.4.7]). Λ ist auch eine echte Obermenge von $\mathcal{A}_\sigma(\tau_{|\ |})$ ([10, Proposition 2.1.9]).

In der Menge aller Radon-Maße auf $\mathbb{R}^n$ ist das Lebesgue-Maß λ_n das einzige, das jedem n-Quader $Q \subseteq \mathbb{R}^n$ sein Volumen als Maß zuweist. Diese Eindeutigkeit wird abschließend bewiesen (5.1-6.2). Hierzu wird zunächst festgestellt, daß jede in $\mathbb{R}^n$ offene Menge Vereinigung von abzählbar vielen n-Quadern (einer bestimmten Art) ist:

Für jedes $(z_1, \ldots, z_n) \in \mathbb{Z}^n$, $k \in \mathbb{N}$ sei

$$Q_{(z_1,\ldots,z_n),k} := \left\{ (x_1, \ldots, x_n) \in \mathbb{R}^n \;\middle|\; \forall\, j \in \{1, \ldots, n\}\colon\ \frac{z_j}{2^{k+1}} \leq x_j < \frac{z_j + 1}{2^{k+1}} \right\},$$

$$\mathcal{Q}_k := \{\, Q_{(z_1,\ldots,z_n),k} \mid (z_1, \ldots, z_n) \in \mathbb{Z}^n \,\} \quad \text{und} \quad \mathcal{Q} := \bigcup_{k \in \mathbb{N}} \mathcal{Q}_k.$$

Offensichtlich ist jede der Mengen $\mathcal{Q}_k$ (also auch $\mathcal{Q}$) abzählbar und besteht aus paarweise disjunkten n-Quadern, $\bigcup \mathcal{Q}_k = \mathbb{R}^n$, und für alle $l > k$ gilt:

$$\forall\, Q \in \mathcal{Q}_l\ \exists\, R \in \mathcal{Q}_k\colon\ Q \subseteq R.$$

Ist nun $O \in \tau_{\|\ \|}$, so definiere man (induktiv)

$$O_0 := \emptyset \qquad \text{und}$$

$$O_k := O_{k-1} \cup \{\, Q \in \mathcal{Q}_k \mid Q \subseteq O,\ \forall\, R \in O_{k-1}\colon\ R \cap Q = \emptyset \,\} \quad \text{für } k \geq 1$$

und setze

$$\widetilde{\mathcal{Q}} := \bigcup_{k \in \mathbb{N}} O_k.$$

$\widetilde{\mathcal{Q}}$ besteht aus abzählbar vielen paarweise disjunkten n-Quadern, und es gilt $\bigcup \widetilde{\mathcal{Q}} \subseteq O$. Umgekehrt sei $x \in O$, $k_x := \min\{ k \in \mathbb{N} \mid \exists\, Q \in \mathcal{Q}_k\colon\; x \in Q \subseteq O \}$ $[\![k_x \in \mathbb{N}$ wegen $\{ k \in \mathbb{N} \mid \exists\, Q \in \mathcal{Q}_k\colon\; x \in Q \subseteq O \} \neq \emptyset]\!]$ und $Q_x \in \mathcal{Q}_{k_x}$ mit $x \in Q_x \subseteq O$ gewählt. Dann gehört Q_x zu $\widetilde{\mathcal{Q}}$, also ist $x \in Q_x \subseteq \bigcup \widetilde{\mathcal{Q}}$.

Korollar 5.1-6.2

$(\mathbb{R}^n, \mathcal{A}, \mu)$ sei ein vollständiger, saturierter, regulärer Maßraum (d. h. μ Radon-Maß auf $\mathbb{R}^n$), $\mu(Q) = v(Q)$ für jeden n-Quader in $\mathcal{Q}$. Dann gilt:

$$(\mathbb{R}^n, \mathcal{A}, \mu) = (\mathbb{R}^n, \Lambda_n, \lambda_n).$$

Beweis

Für jedes $O \in \tau_{\|\ \|}$ wähle man eine Menge $\widetilde{\mathcal{Q}} \subseteq \mathcal{Q}$ von paarweise disjunkten n-Quadern mit $O = \bigcup \widetilde{\mathcal{Q}}$ aus. Es folgt

$$\mu(O) = \sum_{Q \in \widetilde{\mathcal{Q}}} \mu(Q) = \sum_{Q \in \widetilde{\mathcal{Q}}} v(Q) = \sum_{Q \in \widetilde{\mathcal{Q}}} \lambda_n(Q) = \lambda_n(O)$$

und wegen der Regularität der Maße λ_n, μ gem. (R-4) speziell $\mu{\restriction}\mathcal{K}_{\tau_{\|\ \|}} = \lambda_n{\restriction}\mathcal{K}_{\tau_{\|\ \|}}$. Mit 5.1-6.1 erhält man die Behauptung. □

Aufgaben zu 5.1

1. Die Borel-σ-Algebra $\mathcal{A}_\sigma(\tau_{|\ |})$ über $\mathbb{R}$ wird von der Menge aller offenen Intervalle erzeugt.
2. Sei $\mathcal{S}$ eine Algebra über der Menge X.

   Äq (i) $\mathcal{S} = \mathcal{A}_\sigma(\mathcal{S})$

   (ii) $\forall\, (S_j)_j \in \mathcal{S}^{\mathbb{N}}\colon\; (S_j)_j$ monoton fallend $\Rightarrow \bigcap_{j \in \mathbb{N}} S_j \in \mathcal{S}$

   (iii) $\forall\, (S_j)_j \in \mathcal{S}^{\mathbb{N}}\colon\; (S_j)_j$ monoton wachsend $\Rightarrow \bigcup_{j \in \mathbb{N}} S_j \in \mathcal{S}$

   (iv) $\mathcal{S}$ σ-Algebra über X
3. $(X, \mathcal{A}, \mu)$ sei ein Maßraum, $\mu_{ä} : \mathcal{P}X \longrightarrow \mathbb{R}^+ \cup \{\infty\}$ sei definiert durch

   $$\mu_{ä}(S) := \inf\{ \mu(A) \mid A \in \mathcal{A},\; S \subseteq A \}.$$

   $\mu_{ä}$ ist ein äußeres Maß auf X.
4. Es sei $n \geq 2$, $\lambda_{n,ä}$ das äußere Lebesgue-Maß auf $\mathbb{R}^n$.

   (a) $\lambda_{n,ä}$ ist ein äußeres Maß auf $\mathbb{R}^n$.

   (b) Sei $Q = \prod_{j=1}^n [a_j, b_j]$, $a_j, b_j \in \mathbb{R}$, $a_j \leq b_j$, für jedes $j \in \{1, \ldots, n\}$. Es gilt $\lambda_{n,ä}(Q) = v(Q)$.

   (c) Sei $Q = \prod_{j=1}^n I_j$, $a_j, b_j \in \mathbb{R}$, $a_j \leq b_j$, und $I_j \subseteq [a_j, b_j]$ Intervall mit den Endpunkten a_j, b_j für jedes $j \in \{1, \ldots, n\}$. Es gilt $\lambda_{n,ä}(Q) = v(Q)$.

(d) Sei $Q = \prod_{j=1}^{n} I_j$, $a_j, b_j \in \mathbb{R} \cup \{-\infty, \infty\}$, $a_j < b_j$, $I_j \subseteq [a_j, b_j] \cap \mathbb{R}$ Intervall mit den Endpunkten a_j, b_j für jedes $j \in \{1, \ldots, n\}$. Ist Q unbeschränkt, so gilt $\lambda_{n,\text{ä}}(Q) = \infty = v(Q)$.

5. Es sei $n \geq 2$,

$$\mathcal{C}_-^n := \left\{ \prod_{j=1}^{n}]-\infty, a_j] \;\middle|\; (a_1, \ldots, a_n) \in \mathbb{R}^n \right\} \subseteq \mathcal{P}\mathbb{R}^n.$$

Man zeige $\mathcal{A}_\sigma(\tau_{\|\ \|}) = \mathcal{A}_\sigma(\mathcal{C}_-^n)$.

6. Für $n \geq 2$ zeige man $\mathcal{A}_\sigma(\tau_{\|\ \|}) \subseteq \Lambda_n$ (über $\mathbb{R}^n$)!

7. Man gebe eine nicht abzählbare Teilmenge von $\mathbb{R}$ an, die das Lebesgue-Maß Null hat! (Hinweis: (2.2,2))

8. Borel-Maße auf T_2-Räumen (X, τ) sind i. a. nicht innenregulär. (Hinweis: (X, τ_{dis}))

9. (X, τ) sei ein T_2-Raum, $(X, \mathcal{A}, \mu_Z)$ Maßraum mit Zählmaß μ_Z und $\mathcal{A} \supseteq \mathcal{A}_\sigma(\tau)$.

Äq (i) μ_Z regulär

(ii) $\tau = \tau_{\text{dis}}$

10. (X, τ) sei ein T_2-Raum, $x_0 \in X$ und $\mathcal{A} \supseteq \mathcal{A}_\sigma(\tau)$ eine σ-Algebra über X. Das Dirac-Maß $\mu_{(x_0)}$ bei x_0 ist regulär.

11. (X, τ) sei ein T_2-Raum, $(X, \mathcal{A}, \mu)$ Maßraum, μ regulär, $\emptyset \neq \mathcal{O} \subseteq \tau$, $\emptyset \neq \mathcal{C} \subseteq \alpha_\tau$.

(a) Ist $\mathcal{O}$ aufwärts gerichtet (d. h. $\forall\, O, P \in \mathcal{O}\ \exists\, Q \in \mathcal{O}\colon\ Q \supseteq O \cup P$), so ist

$$\mu\Big(\bigcup \mathcal{O}\Big) = \sup\{\, \mu(O) \mid O \in \mathcal{O}\,\}.$$

(b) Ist $\mathcal{C}$ abwärts gerichtet (d. h. $\forall\, C, D \in \mathcal{C}\ \exists\, E \in \mathcal{C}\colon\ E \subseteq C \cap D$) *und* existiert ein $C_0 \in \mathcal{C}$ mit $\mu(C_0) < \infty$, so ist

$$\mu\Big(\bigcap \mathcal{C}\Big) = \inf\{\, \mu(C) \mid C \in \mathcal{C}\,\}.$$

Darf hier die Voraussetzung „$\exists\, C_0 \in \mathcal{C}\colon\ \mu(C_0) < \infty$“ fehlen?

12. Das Lebesgue-Maß auf $\mathbb{R}^n$ ist translationsinvariant.

13. (X, τ) sei ein lokalkompakter T_2-Raum, $(X, \mathcal{A}, \mu)$, $(X, \mathcal{B}, \mu)$ Maßräume, μ, ν Radon-Maße und $\mu(C) = \nu(C)$ für jede G_δ-Menge $C \in \mathcal{K}_\tau$. Dann ist $(X, \mathcal{A}, \mu) = (X, \mathcal{B}, \nu)$. (Hinweis: 4.4, A 15 (b))

14. $\mathcal{A}$ sei eine σ-Algebra über der Menge X, $S \subseteq X$.

$$\mathcal{A}|S := \{\, A \cap S \mid A \in \mathcal{A}\,\}$$

ist eine σ-Algebra über S, die *Spur-σ-Algebra von $\mathcal{A}$ auf S*.

15. (X, τ) sei ein topologischer Raum, $S \subseteq X$. Man zeige: $\mathcal{A}_\sigma(\tau|S) = \mathcal{A}_\sigma(\tau)|S$.

16. $(X, \mathcal{A}, \mu)$ sei ein Maßraum, $(A_j)_j \in \mathcal{A}^{\mathbb{N}}$, $\sum_{j=0}^{\infty} \mu(A_j) < \infty$.

$\big\{ x \in X \;\big|\; \{ j \in \mathbb{N} \mid x \in A_j \}$ unendlich $\big\}$ ist meßbar und hat Maß 0.

(Satz von Borel, Cantelli)

17. Es sei $\tau_{|\,|_{\mathbb{C}}}$ die Betragstopologie auf $\mathbb{C}$,

$$\mathcal{H}_{\mathrm{Re}} := \big\{ \{ z \in \mathbb{C} \mid \mathrm{Re}\, z > a \} \;\big|\; a \in \mathbb{R} \big\} \qquad \text{und}$$

$$\mathcal{H}_{\mathrm{Im}} := \big\{ \{ z \in \mathbb{C} \mid \mathrm{Im}\, z > a \} \;\big|\; a \in \mathbb{R} \big\}.$$

Man zeige: $\mathcal{A}_\sigma(\mathcal{H}_{\mathrm{Re}} \cup \mathcal{H}_{\mathrm{Im}}) = \mathcal{A}_\sigma\big(\tau_{|\,|_{\mathbb{C}}}\big)$.

5.2 Meßbare Funktionen

Damit das Ziel der Integration von Funktionen $f : X \longrightarrow \mathbb{R}$ nach der zu Beginn des Kapitels 5 angedeuteten Methode erreicht werden kann, muß Mengen der Form $f^{-1}[I]$, wobei I ein Intervall in $\mathbb{R}$ ist, ein Maß (eine Größe) zugeordnet werden. Dieses erfordert über einem Maßraum $(X, \mathcal{A}, \mu)$, daß die Mengen $f^{-1}[I]$ zu $\mathcal{A}$ gehören. Da $\{ S \subseteq \mathbb{R} \mid f^{-1}[S] \in \mathcal{A} \}$ eine σ-Algebra über $\mathbb{R}$ ist ⟦ A 1 (a) ⟧, die dann alle Intervalle, also auch alle offenen Mengen in $\mathbb{R}$ enthält, lautet die Forderung $f^{-1}[[\mathcal{A}_\sigma(\tau_{|\,|})]] \subseteq \mathcal{A}$, d. h. Urbilder Borel-meßbarer Teilmengen von $\mathbb{R}$ sind meßbar. Diese Überlegung führt zur folgenden allgemeineren

Definition

$(X, \mathcal{A})$, $(Y, \mathcal{B})$ seien meßbare Räume, $f : X \longrightarrow Y$.

f *meßbar* (bzgl. $(\mathcal{A}, \mathcal{B})$) (auch $(\mathcal{A}, \mathcal{B})$-*meßbar*) :gdw $f^{-1}[[\mathcal{B}]] \subseteq \mathcal{A}$

Man beachte die formale Analogie zur Stetigkeit 2.4-1 (iv)!

Speziell für $(Y, \mathcal{B}) = (\mathbb{R}^{**}, \mathcal{A}_\sigma(\tau_{|\,|}^{**}))$ heißt f dann *Borel-meßbar*, bzw. *Borel-Funktion*, wenn zusätzlich (X, τ) ein topologischer Raum und $\mathcal{A} = \mathcal{A}_\sigma(\tau)$ ist. Es werden die folgenden Bezeichnungen verwendet:

$$\mathcal{M}((X, \mathcal{A}), (Y, \mathcal{B})) := \{ f : X \longrightarrow Y \mid f \ (\mathcal{A}, \mathcal{B})\text{-meßbar} \},$$

$$\mathcal{L}^0(X, \mathcal{A}) := \mathcal{M}\big((X, \mathcal{A}), (\mathbb{R}^{**}, \mathcal{A}_\sigma(\tau_{|\,|}^{**}))\big).$$

Satz 5.2-1

X, Y seien Mengen, $\mathcal{T} \subseteq \mathcal{P}Y$ und $f : X \longrightarrow Y$.

$$f^{-1}[[\mathcal{A}_\sigma(\mathcal{T})]] = \mathcal{A}_\sigma\big(f^{-1}[[\mathcal{T}]]\big)$$

Beweis

$f^{-1}[[\mathcal{A}_\sigma(\mathcal{T})]]$ ist eine σ-Algebra über X ⟦ A 1 (b) ⟧, die $f^{-1}[[\mathcal{T}]]$ enthält, also gilt $\mathcal{A}_\sigma\big(f^{-1}[[\mathcal{T}]]\big) \subseteq f^{-1}[[\mathcal{A}_\sigma(\mathcal{T})]]$.

Umgekehrt ist auch $\mathcal{B} := \{ B \subseteq Y \mid f^{-1}[B] \in \mathcal{A}_\sigma\big(f^{-1}[[\mathcal{T}]]\big) \}$ eine σ-Algebra über Y ⟦ A 1 (a) ⟧, die $\mathcal{T}$ enthält, also ist $\mathcal{A}_\sigma(\mathcal{T}) \subseteq \mathcal{B}$. Es folgt $f^{-1}[[\mathcal{A}_\sigma(\mathcal{T})]] \subseteq f^{-1}[[\mathcal{B}]] \subseteq \mathcal{A}_\sigma\big(f^{-1}[[\mathcal{T}]]\big)$. □

Korollar 5.2-1.1

$(X, \mathcal{A})$ sei ein meßbarer Raum, Y eine Menge, $\mathcal{T} \subseteq \mathcal{P}Y$ und $f : X \longrightarrow Y$.

Äq (i) $f \in \mathcal{M}\big((X, \mathcal{A}), (Y, \mathcal{A}_\sigma(\mathcal{T}))\big)$

(ii) $f^{-1}[[\mathcal{T}]] \subseteq \mathcal{A}$

Beweis

(i) ⇒ (ii) ist klar.

(ii) ⇒ (i) Nach 5.2-1 ist $f^{-1}[[\mathcal{A}_\sigma(\mathcal{T})]] = \mathcal{A}_\sigma\big(f^{-1}[[\mathcal{T}]]\big) \subseteq \mathcal{A}$ gem. (ii). □

Beispiele (5.2,1)

(a) (X, τ), (Y, ϱ) seien topologische Räume. Jede stetige Funktion $f : X \longrightarrow Y$ ist meßbar bzgl. $(\mathcal{A}_\sigma(\tau), \mathcal{A}_\sigma(\varrho))$, d. h.

$$C(X, Y) \subseteq \mathcal{M}\big((X, \mathcal{A}_\sigma(\tau)), (Y, \mathcal{A}_\sigma(\varrho))\big) :$$

Für jedes $f \in C(X, Y)$ gilt $f^{-1}[[\varrho]] \subseteq \tau \subseteq \mathcal{A}_\sigma(\tau)$. Nach 5.2-1.1 ist f $(\mathcal{A}_\sigma(\tau), \mathcal{A}_\sigma(\varrho))$-meßbar.

(b) $(X, \mathcal{A})$ sei ein meßbarer Raum, $f : X \longrightarrow \mathbb{R}^{**}$,

$$\mathcal{H}_+^{**} := \{]a, \infty] \mid a \in \mathbb{R} \}, \qquad \mathcal{C}_+^{**} := \{ [a, \infty] \mid a \in \mathbb{R} \},$$
$$\mathcal{H}_-^{**} := \{ [-\infty, a[\mid a \in \mathbb{R} \}, \qquad \mathcal{C}_-^{**} := \{ [-\infty, a] \mid a \in \mathbb{R} \}.$$

Wie in (5.1,1) (c) erhält man $\mathcal{A}_\sigma(\tau_{||}^{**}) = \mathcal{A}_\sigma(\mathcal{H}_+^{**}) = \mathcal{A}_\sigma(\mathcal{H}_-^{**}) = \mathcal{A}_\sigma(\mathcal{C}_+^{**}) = \mathcal{A}_\sigma(\mathcal{C}_-^{**})$. Nach 5.2-1.1 gilt daher:

Äq (i) $f \in \mathcal{L}^0(X, \mathcal{A})$

(ii) $\forall\, a \in \mathbb{R}$: $\{ x \in X \mid f(x) > a \} \in \mathcal{A}$

(iii) $\forall\, a \in \mathbb{R}$: $\{ x \in X \mid f(x) < a \} \in \mathcal{A}$

(iv) $\forall\, a \in \mathbb{R}$: $\{ x \in X \mid f(x) \geq a \} \in \mathcal{A}$

(v) $\forall\, a \in \mathbb{R}$: $\{ x \in X \mid f(x) \leq a \} \in \mathcal{A}$.

(c) Sei $(X, \mathcal{A})$ ein meßbarer Raum, $A \in \mathcal{A}$, $f, g : X \longrightarrow \mathbb{R}^{**}$ und

$$c_r : \begin{cases} X \longrightarrow \mathbb{R}^{**} \\ x \longmapsto r \end{cases}$$

für jedes $r \in \mathbb{R}^{**}$ die konstante Funktion zu r.

(i) $c_r \in \mathcal{L}^0(X, \mathcal{A})$:

Sei $a \in \mathbb{R}$. Für $r \in \mathbb{R}$ ist

$$\{ x \in X \mid c_r(x) \geq a \} = \begin{cases} X & \text{für } r \geq a \\ \emptyset & \text{für } r < a, \end{cases}$$

und für $r = \infty$ erhält man $\{ x \in X \mid c_r(x) \geq a \} = X$, für $r = -\infty$ folgt $\{ x \in X \mid c_r(x) \leq a \} = X$.

(i) kann verallgemeinert werden (man setze $A = \emptyset$) zu

(ii) $f \in \mathcal{L}^0(X, \mathcal{A}),\ f{\restriction}A = g{\restriction}A,\ g{\restriction}(X \backslash A) = c_r{\restriction}(X \backslash A) \quad \Longrightarrow \quad g \in \mathcal{L}^0(X, \mathcal{A})$ (s. auch A 14):

Für alle $a \in \mathbb{R}$ gilt

$$\{ x \in X \mid g(x) > a \} = \begin{cases} (X \backslash A) \cup (\{ x \in X \mid f(x) > a \} \cap A) & \text{für } a < r \\ \{ x \in X \mid f(x) > a \} \cap A & \text{für } a \geq r. \end{cases}$$

Für die „Summe" Borel-meßbarer Funktionen gilt:

(iii) $f, g \in \mathcal{L}^0(X, \mathcal{A}),\ r \in \mathbb{R} \quad \Longrightarrow \quad \{ x \in X \mid f(x) > r - g(x) \} \in \mathcal{A}$:

$$\begin{aligned} &\{ x \in X \mid f(x) > r - g(x) \} \\ &\quad = \bigcup_{q \in \mathbb{Q}} \big(\{ x \in X \mid f(x) > q \} \cap \{ x \in X \mid r - g(x) < q \} \big) \\ &\quad = \bigcup_{q \in \mathbb{Q}} \big(\{ x \in X \mid f(x) > q \} \cap \{ x \in X \mid g(x) > r - q \} \big) \in \mathcal{A}. \end{aligned}$$

In (iii) wird der Ausdruck „$f(x) > r - g(x)$" anstelle von „$f(x) + g(x) > r$" gewählt, weil $f(x) + g(x)$ für kein x aus der Menge

$$\begin{aligned} N_{f,g} := \{ x \in X \mid f(x) = \infty,\ g(x) = -\infty \} \\ \cup \{ x \in X \mid f(x) = -\infty,\ g(x) = \infty \} \end{aligned}$$

definiert ist (s. auch Seite 384).

Die wichtigsten elementaren arithmetischen bzw. analytischen Eigenschaften Borel-meßbarer Funktionen enthält der folgende

Satz 5.2-2

$(X, \mathcal{A})$ sei ein meßbarer Raum, $h : X \longrightarrow \mathbb{R}^{**}$, $r \in \mathbb{R}^{**}$, $f, g \in \mathcal{L}^0(X, \mathcal{A})$ und $(f_j)_j \in \mathcal{L}^0(X, \mathcal{A})^{\mathbb{N}}$.

(a) $$\left(\forall\, x \in X:\ h(x) = \begin{cases} r & \text{für } x \in N_{f,g} \\ f(x) + g(x) & \text{für } x \in X \backslash N_{f,g} \end{cases} \right) \Longrightarrow h \in \mathcal{L}^0(X, \mathcal{A})$$

(b) $r \cdot f,\ \dfrac{1}{f} \in \mathcal{L}^0(X,\mathcal{A})$

(c) $f \geq 0,\ r \in \mathbb{R},\ r > 0 \quad \Longrightarrow \quad f^r \in \mathcal{L}^0(X,\mathcal{A})$

(d) $\sup\limits_j f_j,\ \inf\limits_j f_j,\ \limsup\limits_j f_j,\ \liminf\limits_j f_j \in \mathcal{L}^0(X,\mathcal{A})$

(Alle Operationen sind punktweise auszuführen!)

Beweis

Zu (a) $N_{f,g} = \big(f^{-1}[\{\infty\}] \cap g^{-1}[\{-\infty\}]\big) \cup \big(f^{-1}[\{-\infty\}] \cap g^{-1}[\{\infty\}]\big) \in \mathcal{A}$ wegen $\{-\infty\}, \{\infty\} \in \alpha_{\mathcal{T}_{|\,|}^{**}}$. Nach (5.2,1) (c) (ii) sind die Funktionen $\widetilde{f}, \widetilde{g} : X \longrightarrow \mathbb{R}^{**}$,

$$\widetilde{f}(x) := \begin{cases} r & \text{für } x \in N_{f,g} \\ f(x) & \text{sonst} \end{cases} \quad \text{und} \quad \widetilde{g}(x) := \begin{cases} 0 & \text{für } x \in N_{f,g} \\ g(x) & \text{sonst} \end{cases}$$

Borel-meßbar, und es gilt $h = \widetilde{f} + \widetilde{g}$. Für jedes $a \in \mathbb{R}$ erhält man deshalb

$$\{\, x \in X \mid h(x) > a \,\} = \{\, x \in X \mid \widetilde{f}(x) > a - \widetilde{g}(x) \,\} \in \mathcal{A}$$

⟦(5.2,1) (c) (iii)⟧.

Zu (b) Sei $a \in \mathbb{R}$. Für $r = 0$ ist $rf = c_0 \in \mathcal{L}^0(X,\mathcal{A})$ ⟦(5.2,1) (c) (i)⟧. Weiter gilt für jedes $x \in X$

$$rf(x) > a \quad \Longleftrightarrow \quad \left\{ \begin{array}{ll} \left.\begin{cases} f(x) \geq 0 & \text{für } a < 0 \\ f(x) > 0 & \text{für } a \geq 0 \end{cases}\right\} & \text{für } r = \infty \\ \left.\begin{cases} f(x) < 0 & \text{für } a \geq 0 \\ f(x) \leq 0 & \text{für } a < 0 \end{cases}\right\} & \text{für } r = -\infty \\ \left.\begin{cases} f(x) > \frac{a}{r} & \text{für } r > 0 \\ f(x) < \frac{a}{r} & \text{für } r < 0 \end{cases}\right\} & \text{für } r \in \mathbb{R}\backslash\{0\}, \end{array} \right.$$

also $rf \in \mathcal{L}^0(X,\mathcal{A})$.

Schließlich erhält man mit

$$Z := \{\, x \in X \mid f(x) = 0 \,\} \in \mathcal{A},$$

$$U_\infty := \{\, x \in X \mid f(x) = \infty \,\} \in \mathcal{A},$$

$$U_{-\infty} := \{\, x \in X \mid f(x) = -\infty \,\} \in \mathcal{A},$$

$$R := X \backslash (Z \cup U_\infty \cup U_{-\infty}) \in \mathcal{A}$$

definitionsgemäß (vgl. Anhang 1-37)

$$\frac{1}{f}(x) = \begin{cases} \frac{1}{f(x)} & \text{für } x \in R \\ 0 & \text{für } x \in U_\infty \cup U_{-\infty} \\ \infty & \text{für } x \in Z \end{cases}$$

und somit

$$\left\{ x \in X \;\middle|\; \frac{1}{f}(x) > a \right\}$$
$$= \begin{cases} Z \cup \left\{ x \in R \;\middle|\; \frac{1}{f(x)} > a \right\} = Z \cup \left\{ x \in R \;\middle|\; 0 < f(x) < \frac{1}{a} \right\} & \text{für } a > 0 \\ Z \cup \left\{ x \in R \;\middle|\; \frac{1}{f(x)} > a \right\} = Z \cup \left\{ x \in R \mid f(x) > 0 \right\} & \text{für } a = 0 \\ Z \cup U_\infty \cup U_{-\infty} \cup \left\{ x \in R \;\middle|\; \frac{1}{f(x)} > a \right\} & \text{für } a < 0, \end{cases}$$

wobei $\left\{ x \in R \;\middle|\; \frac{1}{f(x)} > a \right\} = \left\{ x \in R \;\middle|\; f(x) < \frac{1}{a} \right\} \cup \left\{ x \in R \mid f(x) > 0 \right\}$ für $a < 0$ ist, also $\frac{1}{f} \in \mathcal{L}^0(X, \mathcal{A})$.

Zu (c) Es ist

$$\{ x \in X \mid f^r(x) \geq a \} = \begin{cases} X & \text{für } a \leq 0 \\ \{ x \in X \mid f(x) \geq a^{1/r} \} & \text{für } a > 0 \end{cases}$$

für jedes $a \in \mathbb{R}$, also $f^r \in \mathcal{L}^0(X, \mathcal{A})$.

Zu (d) Für alle $a \in \mathbb{R}$ gilt

$$\{ x \in X \mid \sup_j f_j(x) > a \} = \bigcup_{j \in \mathbb{N}} \{ x \in X \mid f_j(x) > a \} \in \mathcal{A}$$

und ebenso

$$\{ x \in X \mid \inf_j f_j(x) < a \} = \bigcup_{j \in \mathbb{N}} \{ x \in X \mid f_j(x) < a \} \in \mathcal{A},$$

woraus (vgl. Anhang 1-31)

$$\limsup_j f_j = \inf_k \left(\sup_{j \geq k} f_j \right) \in \mathcal{L}^0(X, \mathcal{A})$$

und auch

$$\liminf_j f_j = \sup_k \left(\inf_{j \geq k} f_j \right) \in \mathcal{L}^0(X, \mathcal{A})$$

folgt. □

Korollar 5.2-2.1

$(X, \mathcal{A})$ sei ein meßbarer Raum, $h : X \longrightarrow \mathbb{R}^{**}$, $f, g \in \mathcal{L}^0(X, \mathcal{A})$ und $(f_j)_j$ eine Folge in $\mathcal{L}^0(X, \mathcal{A})$.

(a) $(f_j)_j \xrightarrow[\mathcal{T}^{**}_{|\,|}\text{-pktw.}]{} h \quad \Longrightarrow \quad h \in \mathcal{L}^0(X, \mathcal{A})$

(b) $f \vee g,\ f \wedge g,\ |f|,\ f \cdot g \in \mathcal{L}^0(X, \mathcal{A})$

Beweis

Zu (a) $h = \limsup_j f_j = \liminf_j f_j \in \mathcal{L}^0(X, \mathcal{A})$ 〚5.2-2 (d)〛.

Zu (b) $f \vee g, f \wedge g \in \mathcal{L}^0(X, \mathcal{A})$ folgt direkt aus 5.2-2 (d), somit sind auch $f^+ := f \vee c_0$ und $f^- := (-f) \vee c_0$ Borel-meßbar. Es folgt $|f| = f^+ + f^- \in \mathcal{L}^0(X, \mathcal{A})$ 〚5.2-2 (a)〛. Wegen $f \cdot g = f^+g^+ + f^-g^- - f^-g^+ - f^+g^-$ (ausrechnen!) kann schließlich o. B. d. A. $f \geq 0,\ g \geq 0$ angenommen werden. Für $f > 0,\ g > 0$ folgt die Borel-Meßbarkeit von $f \cdot g$ nach 5.2-2 (a), (b), (c) wegen

$$f(x)g(x) = \begin{cases} \frac{1}{2}(f(x) + g(x))^2 - \frac{1}{2}(f^2(x) + g^2(x)), & x \in X \backslash N_{\frac{1}{2}(f+g)^2,\ -\frac{1}{2}(f^2+g^2)} \\ \infty & \text{sonst.} \end{cases}$$

Für $f \geq 0,\ g \geq 0$ ist

$$\begin{aligned} Z :=& \{\, x \in X \mid f(x)g(x) = 0 \,\} \\ =& \{\, x \in X \mid f(x) = 0 \,\} \cup \{\, x \in X \mid g(x) = 0 \,\} \in \mathcal{A}, \end{aligned}$$

die Funktionen $\widetilde{f}, \widetilde{g} : X \longrightarrow \mathbb{R}^{**}$, definiert durch $\widetilde{f} \restriction Z := \widetilde{g} \restriction Z := c_1$, $\widetilde{f} \restriction (X \backslash Z) := f$, $\widetilde{g} \restriction (X \backslash Z) := g$, sind Borel-meßbar 〚(5.2,1) (c) (ii)〛 und $\widetilde{f} > 0$, $\widetilde{g} > 0$, also $\widetilde{f} \cdot \widetilde{g} \in \mathcal{L}^0(X, \mathcal{A})$ 〚s. o.〛. Wiederum nach (5.2,1) (c) (ii) erhält man $f \cdot g \in \mathcal{L}^0(X, \mathcal{A})$ 〚$(fg) \restriction (X \backslash Z) = (\widetilde{f}\widetilde{g}) \restriction (X \backslash Z),\ fg \restriction Z = 0$〛. □

Man beachte, daß die 5.2-2.1 (a) entsprechende Aussage in $C(X, \mathbb{R})$ (anstelle von $\mathcal{L}^0(X, \mathcal{A})$) nicht richtig ist 〚(1.2,1) (c)〛!

Korollar 5.2-2.2

$(X, \mathcal{A})$ sei ein meßbarer Raum.

$$\mathcal{L}^0_{\mathbb{R}}(X, \mathcal{A}) := \mathcal{L}^0(X, \mathcal{A}) \cap \mathbb{R}^X$$

ist (mit den punktweisen Operationen) eine kommutative $\mathbb{R}$-Algebra mit Eins c_1, die stabil gegen die Bildung von Minima, Maxima, Inversen (in $\mathbb{R}^X$) und punktweisen Limiten (in $\mathbb{R}^X$) von Folgen ist. □

Aufgabe A 12 (d) enthält die komplexe Version von 5.2-2.2.

Beispiel (5.2,2)

Nach 5.2-2.1 (b) ist $|f| \in \mathcal{L}^0(X, \mathcal{A})$ für jede Borel-meßbare Funktion f. Die Umkehrung gilt jedoch *nicht*:

Es sei

$$\mathcal{A} := \mathcal{A}_\sigma(\{\,\{r\} \mid r \in \mathbb{R}\,\}) = \{\, S \subseteq \mathbb{R} \mid S \text{ abzählbar oder } \mathbb{R}\backslash S \text{ abzählbar}\,\}$$

und $f : \mathbb{R} \longrightarrow \mathbb{R}^{**}$,

$$f(x) := \begin{cases} 1 & \text{für } x < 0 \\ -1 & \text{für } x \geq 0. \end{cases}$$

Dann ist $|f| = c_1 \in \mathcal{L}^0(\mathbb{R}, \mathcal{A})$ ⟦(5.2,1) (c) (i)⟧, jedoch

$$\{\, x \in \mathbb{R} \mid f(x) \geq 1\,\} = \{\, x \in \mathbb{R} \mid x < 0\,\} \notin \mathcal{A},$$

also $f \notin \mathcal{L}^0(\mathbb{R}, \mathcal{A})$.

Wie $C(X, \mathbb{R})$ ist auch $\mathcal{L}^0(X, \mathcal{A})$ sehr unübersichtlich; es ist daher wichtig, Approximationsmöglichkeiten durch Funktionen einfacher Bauart, z. B. Polynome bzw. Treppenfunktionen in $C([a, b], \mathbb{R})$ (vgl. 2.2-5, (2.2,3) (a)) zu kennen. Für die Konstruktion des Riemann-Integrals haben die Treppenfunktionen grundlegende Bedeutung. Die zu Beginn dieses Kapitels beschriebene angestrebte Integrationsmethode nach Lebesgue macht Gebrauch von *einfachen Funktionen*.

Definition

$(X, \mathcal{A})$ sei ein meßbarer Raum, $f \in \mathcal{L}^0_{\mathbb{R}}(X, \mathcal{A})$.

f *$\mathcal{A}$-einfach* :gdw $f[X]$ endlich

Die Menge

$$\mathcal{E}^0_{\mathbb{R}}(X, \mathcal{A}) := \{\, f \in \mathcal{L}^0_{\mathbb{R}}(X, \mathcal{A}) \mid f\ \mathcal{A}\text{-einfach}\,\}$$

ist (mit den punktweisen Operationen) eine kommutative $\mathbb{R}$-Algebra mit Eins c_1, die stabil gegen die Bildung von Minima, Maxima und Inversen (in $\mathbb{R}^X$) ist (s. 5.2-2.2). Bausteine für die $\mathcal{A}$-einfachen Funktionen sind die charakteristischen Funktionen meßbarer Mengen (s. A 2):

Satz 5.2-3

$(X, \mathcal{A})$ sei ein meßbarer Raum, $f \in \mathcal{E}^0_{\mathbb{R}}(X, \mathcal{A})$. Es gibt jeweils genau ein $n \in \mathbb{N}$, $\{A_1, \ldots, A_n\} \in \mathcal{P}_e(\mathcal{A}\backslash\{\emptyset\})$, $\{r_1, \ldots, r_n\} \in \mathcal{P}_e\mathbb{R}$ mit $A_i \cap A_j = \emptyset$, $r_i \neq r_j$ für alle $j \in \{1, \ldots, n\}$, $X = \bigcup_{j=1}^n A_j$ und

$$f = \sum_{j=1}^{n} r_j \chi_{A_j} \quad \text{(kanonische Darstellung von } f\text{).}$$

Beweis

Es sei $f[X] = \{r_1, \dots, r_n\}$, $|f[X]| = n$ und $A_j := f^{-1}[\{r_j\}]$ für $j = 1, \dots, n$. Dann ist $f = \sum_{j=1}^{n} r_j \chi_{A_j}$ eine kanonische Darstellung von f. Zum Nachweis der Eindeutigkeit sei auch $f = \sum_{i=1}^{m} s_i \chi_{B_i}$ eine kanonische Darstellung von f. Es folgt $f[X] = \{r_1, \dots, r_n\} = \{s_1, \dots, s_m\}$, also $n = m$, und wegen $B_i = f^{-1}[\{s_i\}]$ für $i = 1, \dots, m$ gilt $\{A_1, \dots, A_n\} = \{B_1, \dots, B_m\}$. □

Die kanonische Darstellung einfacher Funktionen ist – bis auf die Reihenfolge ihrer Summanden – eindeutig.

Satz 5.2-4

$(X, \mathcal{A})$ sei ein meßbarer Raum, $f \in \mathcal{L}^0(X, \mathcal{A})$.

(a) $f : X \longrightarrow \mathbb{R}$ *beschränkt* $\implies \exists\, (\varphi_j)_j \in \mathcal{E}^0_{\mathbb{R}}(X, \mathcal{A})^{\mathbb{N}}\colon\ (\varphi_j)_j \xrightarrow[d_{|\,|}\text{-glm.}]{} f$

(b) $\exists\, (\varphi_j)_j \in \mathcal{E}^0_{\mathbb{R}}(X, \mathcal{A})^{\mathbb{N}}\colon\ (\varphi_j)_j \xrightarrow[\tau^{**}_{|\,|}\text{-pktw.}]{} f$

Beweis

Zu (a) Sei $c \in \mathbb{R}$, $c \geq 0$, $|f| \leq c$ und $I_{k,n} := \left[\frac{k}{n}, \frac{k+1}{n}\right[$ für jedes $n \in \mathbb{N}\backslash\{0\}$, $k \in \mathbb{Z}$. Für jedes $n \geq 1$ ist $\{\, I_{k,n} \mid k \in \mathbb{Z}\,\}$ eine Zerlegung von $\mathbb{R}$. Man wähle für jedes $n \geq 1$ ein $z_n \in \mathbb{N}$ mit $[-c, c] \subseteq \bigcup_{k=-z_n}^{z_n} I_{k,n}$ und setze

$$F_n := \sum_{k=-z_n}^{z_n} \tfrac{k}{n} \chi_{I_{k,n}} \in \mathcal{E}^0_{\mathbb{R}}(\mathbb{R}, \mathcal{A}_\sigma(\tau_{|\,|})).$$

Dann gilt

$$\forall\, t \in [-c, c]\colon\ t - \frac{1}{n} < F_n(t) \leq t. \qquad (*)$$

Die Funktion $\varphi_n := F_n \circ f \in \mathcal{L}^0_{\mathbb{R}}(X, \mathcal{A})$ ⟦A 1 (d)⟧ hat nur endlich viele Funktionswerte, gehört also zu $\mathcal{E}^0_{\mathbb{R}}(X, \mathcal{A})$. Gem. $(*)$ folgt für jedes $x \in X$

$$|\varphi_n(x) - f(x)| = |F_n(f(x)) - f(x)| \leq \frac{1}{n}.$$

Zu (b) Für jedes $n \in \mathbb{N}\backslash\{0\}$ sei $X_n := f^{-1}[[-n, n]]$, $X_\infty := f^{-1}[\{\infty\}]$, $X_{-\infty} := f^{-1}[\{-\infty\}]$ (also $X = X_\infty \cup X_{-\infty} \cup \bigcup_{n=1}^{\infty} X_n$) und

$$f_n := f\chi_{X_n} + n\chi_{X_\infty} - n\chi_{X_{-\infty}}.$$

Jede dieser Funktionen $f_n : X \longrightarrow \mathbb{R}$ ist beschränkt (durch n) und Borel-meßbar ⟦5.2-2 (a), (b), 5.2-2.1 (b), A 2⟧, nach (a) existiert somit ein $\varphi_n \in \mathcal{E}^0_{\mathbb{R}}(X, \mathcal{A})$ mit

$d_\infty(\varphi_n - f_n) \leq 1/n$. Hieraus folgt wegen $(f_n)_n \xrightarrow[\tau^{**}_{|\,|}\text{-pktw.}]{} f$

$$(\varphi_n)_n \xrightarrow[\tau^{**}_{|\,|}\text{-pktw.}]{} f.$$

□

Über regulären, vollständigen, σ-endlichen Maßräumen bedeutet Borel-Meßbarkeit „beinahe" Stetigkeit auf jedem Kompaktum, genauer:

Satz 5.2-5 (Lusin, 1912)

(X, τ) sei ein T_2-Raum, $(X, \mathcal{A}, \mu)$ ein regulärer, vollständiger, σ-endlicher Maßraum und $f : X \longrightarrow \mathbb{R}$.

Äq *(i)* $f \in \mathcal{L}^0_{\mathbb{R}}(X, \mathcal{A})$

(ii) $\forall\, K \in \mathcal{K}_\tau\ \forall\, \varepsilon > 0\ \exists\, L \in \mathcal{K}_\tau\colon\ \mu(K \backslash L) \leq \varepsilon,\ f{\restriction}L \in C(L, \mathbb{R})$

(iii) $\forall\, K \in \mathcal{K}_\tau\ \exists\, (K_j)_j \in \mathcal{K}_\tau^{\mathbb{N}}\colon$ $(K_j)_j$ *paarweise disjunkt,* $\bigcup_{j\in\mathbb{N}} K_j \subseteq K$, $\mu\big(K\backslash \bigcup_{j\in\mathbb{N}} K_j\big) = 0,\ \forall\, j \in \mathbb{N}\colon\ f{\restriction}K_j \in C(K_j, \mathbb{R})$

(iv) $\forall\, A \in \mathcal{A}\ \exists\, (K_j)_j \in \mathcal{K}_\tau^{\mathbb{N}}\colon$ $(K_j)_j$ *paarweise disjunkt,* $\bigcup_{j\in\mathbb{N}} K_j \subseteq A$, $\mu\big(A\backslash \bigcup_{j\in\mathbb{N}} K_j\big) = 0,\ \forall\, j \in \mathbb{N}\colon\ f{\restriction}K_j \in C(K_j, \mathbb{R})$

Beweis

(i) ⇒ (ii) Sei $f \in \mathcal{L}^0_{\mathbb{R}}(X, \mathcal{A})$ o. B. d. A. beschränkt: Für jeden Homöomorphismus $\varphi : \mathbb{R} \longrightarrow\ ]-1, 1[$ ⟦ (2.4,4) (c) ⟧ ist $\varphi \circ f \in \mathcal{L}^0_{\mathbb{R}}(X, \mathcal{A})$ beschränkt ⟦ (5.2,1) (a), A 1 (d) ⟧. Ist also $L \in \mathcal{K}_\tau,\ \mu(K\backslash L) \leq \varepsilon,\ \varphi \circ f{\restriction}L \in C(L, \mathbb{R})$, so gilt auch $f{\restriction}L \in C(L, \mathbb{R})$.

Gem. 5.2-4 (a) gibt es eine Folge $(\varphi_j)_j \in \mathcal{E}^0_{\mathbb{R}}(X, \mathcal{A})^{\mathbb{N}}$ mit $(\varphi_j)_j \xrightarrow[d_{|\,|}\text{-glm.}]{} f$.

Wenn (ii) für jedes φ_j erfüllt werden kann, etwa durch $L_j \in \mathcal{K}_\tau,\ \mu(K\backslash L_j) \leq \varepsilon/(2^{j+1}),\ \varphi_j{\restriction}L_j \in C(L_j, \mathbb{R})$, so folgt mit $L := \bigcap_{j\in\mathbb{N}} L_j \in \mathcal{K}_\tau$ auch

$$\mu(K\backslash L) = \mu\Big(\bigcup_{j\in\mathbb{N}} (K\backslash L_j)\Big) \leq \sum_{j=0}^{\infty} \mu(K\backslash L_j) \leq \varepsilon$$

und wegen $(\varphi_j{\restriction}L)_j \xrightarrow[d_{|\,|}\text{-glm.}]{} f{\restriction}L$ ist $f{\restriction}L \in C(L, \mathbb{R})$ ⟦ 2.4-6 ⟧.

Zum Nachweis von (ii) für $f \in \mathcal{E}^0_{\mathbb{R}}(X, \mathcal{A})$ kann schließlich $f = r\chi_A$ für ein $A \in \mathcal{A}$, $r \in \mathbb{R}$ o. B. d. A. angenommen werden:

Sei $f = \sum_{i=1}^m r_i \chi_{A_i} \in \mathcal{E}^0_{\mathbb{R}}(X, \mathcal{A})$ in kanonischer Darstellung vorgegeben ⟦ 5.2-3 ⟧ und $L_j \in \mathcal{K}_\tau,\ \mu(K\backslash L_j) \leq \varepsilon/m,\ r_j\chi_{A_j}{\restriction}L_j \in C(L_j, \mathbb{R})$ für jedes $j \in \{1, \ldots, m\}$ gewählt. Dann ist $L := \bigcap_{j=1}^m L_j \in \mathcal{K}_\tau,\ \mu(K\backslash L) \leq \sum_{j=1}^m \mu(K\backslash L_j) \leq \varepsilon$ und $\big(\sum_{j=1}^m r_j\chi_{A_j}\big){\restriction}L \in C(L, \mathbb{R})$.

Sei also $f = r\chi_A$, $r \in \mathbb{R}$, $A \in \mathcal{A}$. Da $A \cap K, K \setminus A \in \mathcal{A}$ endliches Maß haben, gibt es nach 5.1-4 (a) $C_1, C_2 \in \mathcal{K}_\tau$ mit $C_1 \subseteq A \cap K$, $C_2 \subseteq K \setminus A$, $\mu(C_1) > \mu(A \cap K) - (\varepsilon/2)$, $\mu(C_2) > \mu(K \setminus A) - (\varepsilon/2)$. Es folgt mit $L := C_1 \cup C_2 \in \mathcal{K}_\tau$

$$\mu(L) = \mu(C_1) + \mu(C_2) > \mu(K) - \varepsilon,$$

also $\mu(K \setminus L) = \mu(K) - \mu(L) < \varepsilon$, und $r\chi_A \restriction L \in C(L, \mathbb{R})$ $[\![C_1, C_2 \in \tau | L \cap \alpha_{\tau|L}]\!]$.

(ii) ⇒ (iii) Gem. 5.1-4 (a) wähle man ein $L \in \mathcal{K}_\tau$ mit $L \subseteq K$ und $\mu(L) > \mu(K) - (1/2)$. Nach Voraussetzung (ii) gibt es ein $K_0' \in \mathcal{K}_\tau$ mit $\mu(L \setminus K_0') \leq 1/2$ und $f \restriction K_0' \in C(K_0', \mathbb{R})$. Man setze $K_0 := L \cap K_0'$, also $K \setminus K_0 = (K \setminus L) \cup (L \setminus K_0')$. Es gilt $K_0 \in \mathcal{K}_\tau$, $K_0 \subseteq K$, $f \restriction K_0 \in C(K_0, \mathbb{R})$ und $\mu(K \setminus K_0) \leq \mu(K \setminus L) + \mu(L \setminus K_0') \leq 1$.

Seien nun $K_0, \ldots, K_n \in \mathcal{K}_\tau$ mit $K_n \subseteq K \setminus \bigcup_{j=0}^{n-1} K_j$, $\mu\big(K \setminus \bigcup_{j=0}^{n} K_j\big) < 1/(n+1)$, $f \restriction K_n \in C(K_n, \mathbb{R})$ für ein $n \in \mathbb{N}$ bereits ausgewählt. Nach 5.1-4 (a) existiert ein $L \in \mathcal{K}_\tau$, $L \subseteq K \setminus \bigcup_{j=0}^{n} K_j$, $\mu(L) > \mu\big(K \setminus \bigcup_{j=0}^{n} K_j\big) - \frac{1}{2(n+2)}$. Gem. (ii) wähle man ein $K_{n+1}' \in \mathcal{K}_\tau$ mit $\mu(L \setminus K_{n+1}') < \frac{1}{2(n+2)}$ und $f \restriction K_{n+1}' \in C(K_{n+1}', \mathbb{R})$ und setze $K_{n+1} := L \cap K_{n+1}'$. Dann ist $K_{n+1} \in \mathcal{K}_\tau$,

$$K \setminus \bigcup_{j=0}^{n+1} K_j \subseteq \left(\left(K \setminus \bigcup_{j=0}^{n} K_j \right) \setminus L \right) \cup (L \setminus K_{n+1}'),$$

also $K_{n+1} \subseteq K \setminus \bigcup_{j=0}^{n} K_j$,

$$\mu\left(K \setminus \bigcup_{j=0}^{n+1} K_j \right) \leq \mu\left(\left(K \setminus \bigcup_{j=0}^{n} K_j \right) \setminus L \right) + \mu(L \setminus K_{n+1}') < \frac{1}{n+2}$$

und $f \restriction K_{n+1} \in C(K_{n+1}, \mathbb{R})$.

Die Folge $(K_n)_{n \in \mathbb{N}}$ erfüllt (iii) für K gem. 5.1-1 (d).

(iii) ⇒ (iv) Nach 5.1-4.1 (a) konstruiere man zunächst eine Folge $(L_j)_j \in \mathcal{K}_\tau^{\mathbb{N}}$ aus paarweise disjunkten Mengen L_j mit $\bigcup_{j \in \mathbb{N}} L_j \subseteq A$ und $\mu\big(A \setminus \bigcup_{j \in \mathbb{N}} L_j\big) = 0$:

Man wähle induktiv $L_0 \in \mathcal{K}_\tau$, $L_0 \subseteq A$, $\mu(A \setminus L_0) < 1$ und für jedes $j \in \mathbb{N}$ ein $L_{j+1} \in \mathcal{K}_\tau$ mit $L_{j+1} \subseteq A \setminus \bigcup_{k=0}^{j} L_k$,

$$\mu\left(A \setminus \bigcup_{k=0}^{j+1} L_k \right) = \mu\left(\left(A \setminus \bigcup_{k=0}^{j} L_k \right) \setminus L_{j+1} \right) < \frac{1}{j+2}.$$

Nach Voraussetzung (iii) existiert zu jedem L_j eine Folge $(K_{j,m})_m \in \mathcal{K}_\tau^{\mathbb{N}}$ aus paarweise disjunkten $K_{j,m}$ mit $\bigcup_{m \in \mathbb{N}} K_{j,m} \subseteq L_j$, $\mu\big(L_j \setminus \bigcup_{m \in \mathbb{N}} K_{j,m}\big) = 0$ und $f \restriction K_{j,m} \in C(K_{j,m}, \mathbb{R})$ für jedes $m \in \mathbb{N}$. Sei $\beta : \mathbb{N} \longrightarrow \mathbb{N} \times \mathbb{N}$ bijektiv. Die Folge

$\left(K_{\beta(i)}\right)_{i\in\mathbb{N}} \in \mathcal{K}_\tau^{\mathbb{N}}$ ist paarweise disjunkt, $\bigcup_{i\in\mathbb{N}} K_{\beta(i)} \subseteq \bigcup_{j\in\mathbb{N}} L_j \subseteq A$,

$$\mu\Big(A\setminus\bigcup_{i\in\mathbb{N}} K_{\beta(i)}\Big) = \mu\Big(A\setminus\bigcup_{j\in\mathbb{N}} L_j\Big) + \mu\Big(\bigcup_{j\in\mathbb{N}} L_j\setminus\bigcup_{i\in\mathbb{N}} K_{\beta(i)}\Big)$$
$$\leq \sum_{j=0}^{\infty}\mu\Big(L_j\setminus\bigcup_{m\in\mathbb{N}} K_{j,m}\Big) = 0$$

und $f{\restriction}K_{\beta(i)} \in C(K_{\beta(i)},\mathbb{R})$ für jedes $i \in \mathbb{N}$.

(iv) $\Rightarrow$ *(i)* Sei $a \in \mathbb{R}$ und $A := \{\, x \in X \mid f(x) > a \,\}$. Gem. (iv) existiert eine Folge $(K_j)_j \in \mathcal{K}_\tau^{\mathbb{N}}$ aus paarweise disjunkten Mengen K_j mit $\mu\big(X\setminus\bigcup_{j\in\mathbb{N}} K_j\big) = 0$ und $f{\restriction}K_j \in C(K_j,\mathbb{R})$, also

$$A\cap K_j = \{\, x \in K_j \mid f(x) > a \,\} \in \tau|K_j \subseteq \mathcal{A}_\sigma(\tau) \subseteq \mathcal{A}$$

für jedes $j \in \mathbb{N}$. Es folgt

$$A = \Big(A\setminus\bigcup_{j\in\mathbb{N}} K_j\Big) \cup \Big(A\cap\bigcup_{j\in\mathbb{N}} K_j\Big) \in \mathcal{A},$$

denn aus $A\setminus\bigcup_{j\in\mathbb{N}} K_j \subseteq X\setminus\bigcup_{j\in\mathbb{N}} K_j$ und der Vollständigkeit von $(X,\mathcal{A},\mu)$ ergibt sich $A\setminus\bigcup_{j\in\mathbb{N}} K_j \in \mathcal{A}$. □

Beispiel (5.2,3)

Die Riemann-integrierbaren Funktionen $f \in B([a,b],\mathbb{R})$ sind $(\Lambda|[a,b],\mathcal{A}_\sigma(\tau_{|\,|}))$-meßbar, d. h.

$$R([a,b]) \subseteq \mathcal{L}^0_{\mathbb{R}}([a,b],\Lambda|[a,b]).$$

Zunächst kann gezeigt werden, daß $U := \{\, x \in [a,b] \mid f \text{ nicht stetig in } x \,\}$ für jedes $f \in R([a,b])$ eine meßbare Menge mit Lebesgue-Maß Null ist*:

Für jedes $k \in \mathbb{N}$ sei

$$U_k := \Big\{\, x \in [a,b] \,\Big|\, \omega(f,x) \geq \frac{1}{k+1} \,\Big\},$$

also $U = \bigcup_{k\in\mathbb{N}} U_k$ gem. 2.4-1.4. Sei $\varepsilon > 0$ und $Z = (z_0,\ldots,z_n)$ eine Zerlegung von $[a,b]$ mit $R_O(f)(Z) - R_U(f)(Z) \leq \varepsilon$ ⟦ s. (1.2,5) ⟧. Man setze

$$T_{Z,k} := \{\, j \in \{1,\ldots,n\} \mid [z_{j-1},z_j]\cap U_k \neq \emptyset \,\},$$
$$V_{Z,k} := \{1,\ldots,n\}\setminus T_{Z,k}$$

und erhält mit $M_j^Z := \sup\limits_{x\in[z_{j-1},z_j]} f(x)$, $m_j^Z := \inf\limits_{x\in[z_{j-1},z_j]} f(x)$

$$\varepsilon \geq \sum_{j\in T_{Z,k}} (M_j^Z - m_j^Z)(z_j - z_{j-1}) + \sum_{j\in V_{Z,k}} (M_j^Z - m_j^Z)(z_j - z_{j-1})$$

* Umgekehrt ist jedes $f \in B([a,b],\mathbb{R})$ mit $\lambda(U) = 0$ auch in $R([a,b])$ (Riemann-Integrabilitätskriterium von H. Lebesgue, s. [9, Chap. I, Theorem 5.1])

$$\geq \sum_{j\in T_{Z,k}} (M_j^Z - m_j^Z)(z_j - z_{j-1}) \geq \sum_{j\in T_{Z,k}} \frac{1}{k+1}(z_j - z_{j-1})$$
$$= \frac{1}{k+1} L\Big(\big([z_{j-1}, z_j]\big)_{j\in T_{Z,k}}\Big)$$

und $U_k \subseteq \bigcup_{j\in T_{Z,k}} [z_{j-1}, z_j]$. Das äußere Lebesgue-Maß $\lambda_{ä}(U_k)$ ist daher Null ⟦ (5.1,4) (a) ⟧ und $U_k \in \Lambda$ ⟦ (5.1,5) (a) ⟧ mit $\lambda(U_k) = 0$ für jedes $k \in \mathbb{N}$. Es folgt $\lambda(U) = 0$.

Die Meßbarkeit von f folgt nun mit 5.2-5:

Sei $K \in \mathcal{K}_{\mathcal{T}_{|\,|}|[a,b]}$, $\varepsilon > 0$ und gem. 5.1-4 (a) $L \in \mathcal{K}_{\mathcal{T}_{|\,|}|[a,b]}$ mit $L \subseteq K\backslash U$, $\lambda(L) > \lambda(K\backslash U) - \varepsilon$. Dann ist $f{\restriction}L \in C(L, \mathbb{R})$ und

$$\varepsilon > \lambda(K\backslash U) - \lambda(L) = \lambda(K) - \lambda(L) = \lambda(K\backslash L).$$

Nach dem zitierten Riemann-Integrabilitätskriterium von Lebesgue ist es für die Riemann-Integrierbarkeit beschränkter Funktionen auf $[a, b]$ völlig unbedeutend, welche Werte sie auf einer Menge vom Maß Null annehmen, wenn nur in jedem Punkt der Restmenge Stetigkeit vorliegt; Riemann-integrierbare Funktionen sind also „im wesentlichen" stetig. Über vollständigen Maßräumen wird auch die Meßbarkeit einer meßbaren Funktion nicht beeinträchtigt, wenn man sie auf einer Menge vom Maß Null abändert ⟦ A 4 ⟧. Man identifiziert daher Funktionen, die sich höchstens auf einer Menge vom Maß Null unterscheiden, miteinander:

$(X, \mathcal{A}, \mu)$ sei ein Maßraum, $\mathcal{A}_0 := \{ A \in \mathcal{A} \mid \mu(A) = 0 \}$, Y eine Menge und $f, g : X \longrightarrow Y$.

$$f \underset{\mu}{=} g \quad \text{:gdw} \quad \exists\, A \in \mathcal{A}_0 \colon \ \{ x \in X \mid f(x) \neq g(x) \} \subseteq A.$$

Ebenso erklärt man für $f, g : X \longrightarrow \mathbb{R}^{**}$:

$$f \underset{\mu}{\leq} g \text{ (bzw. } g \underset{\mu}{\geq} f) \quad \text{:gdw} \quad \exists\, A \in \mathcal{A}_0 \colon \ \{ x \in X \mid f(x) > g(x) \} \subseteq A.$$

Es gilt dann

$$f \underset{\mu}{=} g \quad \Longleftrightarrow \quad f \underset{\mu}{\leq} g \text{ und } g \underset{\mu}{\leq} f$$

⟦ $\{ x \in X \mid f(x) \neq g(x) \} = \{ x \in X \mid f(x) > g(x) \} \cup \{ x \in X \mid g(x) > f(x) \}$ ⟧.

Die Relation $=_\mu$ ist eine Äquivalenzrelation über Y^X ⟦ A 6 (a) ⟧, ihre Einschränkung auf $S \times S$ für jedes $S \subseteq Y^X$ somit Äquivalenzrelation über S (Bezeichnung für die Einschränkung ebenfalls $=_\mu$). Schreibweisen für zugehörige Partitionen und ihre Elemente:

$$M_\mu((X, \mathcal{A}), (Y, \mathcal{B})) := \mathcal{M}((X, \mathcal{A}), (Y, \mathcal{B}))/\underset{\mu}{=} \quad \text{für meßbare Räume } (Y, \mathcal{B}),$$

$$L^0(X, \mathcal{A}, \mu) := \mathcal{L}^0(X, \mathcal{A})/\underset{\mu}{=} \quad \text{und} \quad L^0_{\mathbb{R}}(X, \mathcal{A}, \mu) := \mathcal{L}^0_{\mathbb{R}}(X, \mathcal{A})/\underset{\mu}{=},$$

$\widetilde{f}$ bezeichnet jeweils die f enthaltende Äquivalenzklasse.

$=_\mu$ ist eine Kongruenzrelation über der $\mathbb{R}$-Algebra $\mathcal{L}^0_{\mathbb{R}}(X, \mathcal{A})$ (s. Anhang 2-6), $L^0_{\mathbb{R}}(X, \mathcal{A}, \mu)$ also eine $\mathbb{R}$-Algebra ⟦ A 6 (b) ⟧.

In $\mathcal{L}^0(X, \mathcal{A})$ ist die (punktweise) Multiplikation ebenfalls mit $=_\mu$ verträglich, denn für $f, f', g, g' \in \mathcal{L}^0(X, \mathcal{A})$, $f =_\mu f'$, $g =_\mu g'$ gilt

$$\begin{aligned}&\{\, x \in X \mid f(x)g(x) \neq f'(x)g'(x) \,\}\\ &\qquad \subseteq \{\, x \in X \mid f(x) \neq f'(x) \,\} \cup \{\, x \in X \mid g(x) \neq g'(x) \,\}.\end{aligned}$$

Die (punktweise) Addition ist in $\mathcal{L}^0(X, \mathcal{A})$ nicht überall erklärt ⟦ $\infty + (-\infty)$, $-\infty + \infty$ sind nicht definiert! ⟧. Für alle $f, g \in \mathcal{L}^0(X, \mathcal{A})$ sei deshalb (vgl. auch (5.2,1) (c) (iii))

$$N_{f,g} := \{\, x \in X \mid (f(x) = \infty,\ g(x) = -\infty) \text{ oder } (f(x) = -\infty,\ g(x) = \infty) \,\}$$

die Ausnahmemenge ($N_{f,g} \in \mathcal{A}$!) und

$$f, g \ \mu\text{-}\textit{addierbar} \quad \text{:gdw} \quad N_{f,g} \in \mathcal{A}_0$$

Für μ-addierbare $f, g \in \mathcal{L}^0(X, \mathcal{A})$ setze man

$$f + g : \begin{cases} X \longrightarrow \mathbb{R}^{**} \\ x \longmapsto \begin{cases} f(x) + g(x) & \text{für } x \in X \backslash N_{f,g} \\ 0 & \text{sonst.} \end{cases} \end{cases}$$

Die so partiell auf $\mathcal{L}^0(X, \mathcal{A})$ erklärte Addition ⟦ A 7 (a) ⟧ ist mit $=_\mu$ verträglich, d. h. für alle $f, f', g, g' \in \mathcal{L}^0(X, \mathcal{A})$ gilt ⟦ A 7 (b) ⟧:

$$f \underset{\mu}{=} f',\ g \underset{\mu}{=} g',\ f, g \ \mu\text{-addierbar} \quad \Longrightarrow \quad f', g' \ \mu\text{-addierbar und } f + g \underset{\mu}{=} f' + g'.$$

Unter Beachtung obiger Schreibweise liegt in $L^0(X, \mathcal{A}, \mu)$ eine Skalarmultiplikation $(r, \widetilde{f}) \mapsto \widetilde{rf}$, eine Multiplikation $(\widetilde{f}, \widetilde{g}) \mapsto \widetilde{fg}$ und eine partielle Addition für μ-addierbare f, g in der Form $(\widetilde{f}, \widetilde{g}) \mapsto \widetilde{f + g}$ vor (s. auch 5.4-3 für $\mathcal{L}^1(X, \mathcal{A}, \mu)$).

Die punktweise Konvergenz von Funktionenfolgen wird wie folgt erweitert:

Definition

$(X, \mathcal{A}, \mu)$ sei ein Maßraum, (Y, ϱ) topologischer Raum, $(f_j)_j \in (Y^X)^{\mathbb{N}}$.

$$\begin{aligned}&(f_j)_j \ \mu\text{-pktw. } \textit{konvergent} \quad \text{:gdw}\\ &\qquad \exists\, f \in Y^X\ \exists\, A \in \mathcal{A}_0 \colon\ \{\, x \in X \mid (f_j(x))_j \not\to_\varrho f(x) \,\} \subseteq A\end{aligned}$$

Schreibweisen:

$$(f_j)_j \xrightarrow[\mu\text{-f.ü.}]{} f, \qquad \lim_j f_j \underset{\mu}{=} f.$$

Man beachte bei dieser „Konvergenz fast überall bzgl. μ", daß Limiten auch dann nicht notwendig eindeutig bestimmt sind, wenn (Y, ϱ) ein T_2-Raum ist!

Gilt $f_j =_\mu g_j$ für jedes $j \in \mathbb{N}$ und $(f_j)_j \xrightarrow[\mu\text{-f.ü.}]{} f$, so auch $(g_j)_j \xrightarrow[\mu\text{-f.ü.}]{} f$ [[A 8 (a)]], der folgende Konvergenzbegriff ist daher wohldefiniert:

Definition

$(X, \mathcal{A}, \mu)$ sei ein Maßraum, (Y, ϱ) topologischer Raum, $\big(\widetilde{f_j}\big)_j \in \big(Y^X/{=_\mu}\big)^{\mathbb{N}}$.

$$\big(\widetilde{f_j}\big)_j \ \mu\text{-pktw. } \textit{konvergent} \quad \text{:gdw} \quad \exists\, f \in Y^X\colon\ (f_j)_j \xrightarrow[\mu\text{-f.ü.}]{} f$$

Schreibweisen:

$$\big(\widetilde{f_j}\big)_j \xrightarrow[\mu\text{-f.ü.}]{} \widetilde{f}, \quad \lim_j \widetilde{f_j} \underset{\mu}{=} \widetilde{f}$$

Ist (Y, ϱ) ein T_2-Raum, so sind Limiten bzgl. „Konvergenz fast überall bzgl. μ" in $Y^X/{=_\mu}$ eindeutig bestimmt [[A 8 (b)]]!

Satz 5.2-6

$(X, \mathcal{A}, \mu)$ sei ein vollständiger Maßraum, (Y, d) metrischer Raum, $\big(\widetilde{f_j}\big)_j$ eine Folge in $M_\mu\big((X, \mathcal{A}), (Y, \mathcal{A}_\sigma(\tau_d))\big)$, $f \in Y^X$ und $\big(\widetilde{f_j}\big)_j \xrightarrow[\mu\text{-f.ü.}]{} \widetilde{f}$.

Dann liegt f in $\mathcal{M}\big((X, \mathcal{A}), (Y, \mathcal{A}_\sigma(\tau_d))\big)$, d. h. $\widetilde{f} \in M_\mu\big((X, \mathcal{A}), (Y, \mathcal{A}_\sigma(\tau_d))\big)$.

Beweis

Sei $A \in \mathcal{A}_0$ mit $(f_j \restriction X\backslash A)_j \xrightarrow[\tau_d\text{-pktw.}]{} f \restriction X\backslash A$, $y_0 \in Y$. Man setze

$$\varphi(x) := \begin{cases} f(x) & \text{für } x \in X\backslash A \\ y_0 & \text{für } x \in A, \end{cases} \qquad \varphi_j(x) := \begin{cases} f_j(x) & \text{für } x \in X\backslash A \\ y_0 & \text{für } x \in A \end{cases}$$

für jedes $j \in \mathbb{N}$. Es gilt $(\varphi_j)_j \in \mathcal{M}\big((X, \mathcal{A}), (Y, \mathcal{A}_\sigma(\tau_d))\big)^{\mathbb{N}}$ [[A 5]], $(\varphi_j)_j \xrightarrow[\tau_d\text{-pktw.}]{} \varphi$, also $\varphi \in \mathcal{M}\big((X, \mathcal{A}), (Y, \mathcal{A}_\sigma(\tau_d))\big)$ [[A 9]]. Wegen $f =_\mu \varphi$ folgt die Meßbarkeit von f mit A 4, also $\widetilde{f} \in M_\mu\big((X, \mathcal{A}), (Y, \mathcal{A}_\sigma(\tau_d))\big)$. □

Für Folgen meßbarer reellwertiger Funktionen bedeutet „Konvergenz fast überall bzgl. μ" beinahe gleichmäßige Konvergenz, sofern der Maßraum endliches Maß hat und vollständig ist:

Satz 5.2-7 (Egorov, 1911)

$(X, \mathcal{A}, \mu)$ sei ein vollständiger Maßraum, $\mu(X) < \infty$, $f : X \longrightarrow \mathbb{R}$, $(f_j)_j$ eine Folge in $\mathcal{L}^0_{\mathbb{R}}(X, \mathcal{A})$.

Äq (i) $(\widetilde{f_j})_j \xrightarrow[\mu\text{-f.ü.}]{} \widetilde{f}$

(ii) $\forall\, \varepsilon > 0\ \exists\, A_\varepsilon \in \mathcal{A}\colon\ \mu(X \backslash A_\varepsilon) \leq \varepsilon,\ (f_j \restriction A_\varepsilon)_j \xrightarrow[d_{|\ |}\text{-glm.}]{} f \restriction A_\varepsilon$

Beweis

(i) ⇒ (ii) Nach 5.2-6 ist $f \in \mathcal{L}^0_{\mathbb{R}}(X, \mathcal{A})$ und nach 5.2-2.2 $(f_j - f) \in \mathcal{L}^0_{\mathbb{R}}(X, \mathcal{A})$ für jedes $j \in \mathbb{N}$. Wegen $\big(\widetilde{f_j} - \widetilde{f}\big)_j \xrightarrow[\mu\text{-f.ü.}]{} \widetilde{0}$ kann o. B. d. A. $\big(\widetilde{f_j}\big)_j \xrightarrow[\mu\text{-f.ü.}]{} \widetilde{0}$ angenommen werden, etwa $(f_j \restriction X \backslash N)_j \xrightarrow[\text{pktw.}]{} 0$ für ein $N \in \mathcal{A}_0$. Für jedes $j \in \mathbb{N}$ setze man

$$\varphi_j(x) := \begin{cases} f_j(x) & \text{für } x \in X \backslash N \\ 0 & \text{für } x \in N. \end{cases}$$

Gem. A 5 ist $(\varphi_j)_j \in \mathcal{L}^0_{\mathbb{R}}(X, \mathcal{A})^{\mathbb{N}}$, und es gilt $(\varphi_j)_j \xrightarrow[\text{pktw.}]{} 0$. Nach 5.2-2 (d) ist $g_j := \sup_{k \geq j} \varphi_k \in \mathcal{L}^0_{\mathbb{R}}(X, \mathcal{A})$ für jedes $j \in \mathbb{N}$, $(g_j)_j$ (punktweise) monoton fallend und $(g_j)_j \xrightarrow[\text{pktw.}]{} 0$. Man kann daher o. B. d. A. auch noch $(f_j)_j$ monoton fallend mit $(f_j)_j \xrightarrow[\text{pktw.}]{} 0$ annehmen.

Für alle $k,\, j \in \mathbb{N}$ setze man nun

$$A_{k,j} := \Big\{ x \in X \,\Big|\, \forall\, m \geq j\colon\ f_m(x) < \frac{1}{2^{k+1}} \Big\} \in \mathcal{A}.$$

Dann gilt $A_{k,j} \subseteq A_{k,j+1}$ für jedes $j \in \mathbb{N}$, $\bigcup_{j \in \mathbb{N}} A_{k,j} = X$ für jedes $k \in \mathbb{N}$ ⟦ punktweise Konvergenz von $(f_j)_j$ gegen 0 ⟧, also $\mu(X) = \lim_j \mu(A_{k,j})$ ⟦ 5.1-1 (c) ⟧ für jedes $k \in \mathbb{N}$. Sei $\varepsilon > 0$, $j_{\varepsilon,k} \in \mathbb{N}$ mit $\mu(X) - \varepsilon\, 2^{-(k+1)} < \mu(A_{k,j})$, also $\mu(X \backslash A_{k,j}) < \varepsilon\, 2^{-(k+1)}$ für alle $j \geq j_{\varepsilon,k}$. Die Menge $A_\varepsilon := \bigcap_{k \in \mathbb{N}} A_{k, j_{\varepsilon,k}}$ gehört zu $\mathcal{A}$, $\mu(X \backslash A_\varepsilon) \leq \sum_{k=0}^{\infty} \mu\big(X \backslash A_{k, j_{\varepsilon,k}}\big) \leq \varepsilon$, und für jedes $x \in A_\varepsilon$, $k \in \mathbb{N}$ gilt $f_j(x) < \frac{1}{2^{k+1}}$ für alle $j \geq j_{\varepsilon,k}$ ⟦ $x \in A_{k, j_{\varepsilon,k}}$ ⟧.

(ii) ⇒ (i) Nach Voraussetzung (ii) existiert zu jedem $k \in \mathbb{N}$ ein $A_{\frac{1}{k+1}} \in \mathcal{A}$ mit $\mu(X \backslash A_{\frac{1}{k+1}}) \leq \frac{1}{k+1}$ und $\big(f_j \restriction A_{\frac{1}{k+1}}\big)_j \xrightarrow[d_{|\ |}\text{-glm.}]{} f \restriction A_{\frac{1}{k+1}}$. Mit $A := \bigcup_{k \in \mathbb{N}} A_{\frac{1}{k+1}} \in \mathcal{A}$ folgt

$$(f_j \restriction A)_j \xrightarrow[d_{|\ |}\text{-pktw.}]{} f \restriction A, \qquad \mu(X \backslash A) \leq \mu\big(X \backslash A_{\frac{1}{k+1}}\big) \leq \frac{1}{k+1}$$

für alle $k \in \mathbb{N}$, also $\mu(X \backslash A) = 0$. □

In 5.2-7 kann auf die Voraussetzung „$\mu(X) < \infty$" nicht verzichtet werden:

Beispiel (5.2,4)

Über dem Maßraum $(\mathbb{N}, \mathcal{P}\mathbb{N}, \mu_{\mathrm{Z}})$ sei $f_j : \mathbb{N} \longrightarrow \mathbb{R}$, $f_j(x) := \frac{1}{j+1}x$ für jedes $j \in \mathbb{N}$. Dann ist $(f_j)_j \xrightarrow[d_{|\,|}\text{-pktw.}]{} 0$, *aber* $(f_j)_j \not\xrightarrow[d_{|\,|}\text{-glm.}]{} 0$. Aussage 5.2-7 (ii) ist daher nicht erfüllbar $[\![\, \mu_{\mathrm{Z}}(A) < 1 \Longrightarrow A = \emptyset \,]\!]$.

Aufgaben zu 5.2

1. $(X, \mathcal{A})$, $(Y, \mathcal{B})$, $(Z, \mathcal{C})$ seien meßbare Räume, $f : X \longrightarrow Y$, $g : Y \longrightarrow Z$.

(a) $\{\, T \subseteq Y \mid f^{-1}[T] \in \mathcal{A} \,\}$ ist σ-Algebra über Y.

(b) $f^{-1}[[\mathcal{B}]]$ ist σ-Algebra über X.

(c) Für jedes $S \subseteq X$ ist $\mathcal{A}|S$ (s. 5.1, A 14) die kleinste σ-Algebra $\mathcal{S}$ über S, für die id_S $(\mathcal{S}, \mathcal{A})$-meßbar ist.

(d) $f \in \mathcal{M}((X, \mathcal{A}), (Y, \mathcal{B}))$, $g \in \mathcal{M}\big((Y, \mathcal{B}), (Z, \mathcal{C})\big) \Longrightarrow g \circ f \in \mathcal{M}((X, \mathcal{A}), (Z, \mathcal{C}))$

(e) $f \in \mathcal{M}((X, \mathcal{A}), (Y, \mathcal{B}))$, $S \subseteq X \quad \Longrightarrow \quad f{\restriction}S \in \mathcal{M}((S, \mathcal{A}|S), (Y, \mathcal{B}))$

2. $(X, \mathcal{A})$ sei ein meßbarer Raum, $A \subseteq X$.

Äq (i) $A \in \mathcal{A}$

(ii) $\chi_A \in \mathcal{L}^0_{\mathbb{R}}(X, \mathcal{A})$

3. $(X, \mathcal{A})$ sei ein meßbarer Raum, $f \in \mathcal{L}^0(X, \mathcal{A})$, $f \geq 0$.

Es gibt eine monoton wachsende Folge $(\varphi_j)_j \in \mathcal{E}^0_{\mathbb{R}}(X, \mathcal{A})^{\mathbb{N}}$ nichtnegativer Funktionen φ_j, die $\tau^{**}_{|\,|}$-punktweise gegen f konvergiert.

4. $(X, \mathcal{A}, \mu)$ sei ein vollständiger Maßraum, $(Y, \mathcal{B})$ meßbarer Raum, $f, g : X \longrightarrow Y$ und $U := \{\, x \in X \mid f(x) \neq g(x) \,\} \in \mathcal{A}$ mit $\mu(U) = 0$.

Äq (i) $f \in \mathcal{M}((X, \mathcal{A}), (Y, \mathcal{B}))$

(ii) $g \in \mathcal{M}((X, \mathcal{A}), (Y, \mathcal{B}))$

(Hinweis: 5.1-3)

5. $(X, \mathcal{A})$, $(Y, \mathcal{B})$ seien meßbare Räume, $N \in \mathcal{A}$, $y \in Y$ und $f : X \backslash N \longrightarrow Y$ eine bzgl. $(\mathcal{A}{\restriction}X \backslash N, \mathcal{B})$ meßbare Funktion. Dann ist $F : X \longrightarrow Y$,

$$F(x) := \begin{cases} f(x) & \text{für } x \in X \backslash N \\ y & \text{für } x \in N, \end{cases}$$

$(\mathcal{A}, \mathcal{B})$-meßbar.

6. $(X, \mathcal{A}, \mu)$ sei ein Maßraum, Y eine Menge.

(a) $=_\mu$ ist eine Äquivalenzrelation über Y^X.

(b) $=_\mu$ ist eine Kongruenzrelation über der $\mathbb{R}$-Algebra $\mathcal{L}^0_{\mathbb{R}}(X, \mathcal{A})$.

7. $(X, \mathcal{A}, \mu)$ sei ein Maßraum, $f, f', g, g' \in \mathcal{L}^0(X, \mathcal{A})$ und f, g μ-addierbar.

(a) $f + g \in \mathcal{L}^0(X, \mathcal{A})$

(b) $f =_\mu f',\ g =_\mu g' \implies f', g'$ μ-addierbar und $f + g =_\mu f' + g'$

8. $(X, \mathcal{A}, \mu)$ sei ein Maßraum, (Y, ϱ) topologischer Raum, $\left(\widetilde{f_j}\right)_j \in \left(Y^X/=_\mu\right)^{\mathbb{N}}$, $g_j \in \widetilde{f_j}$ für jedes $j \in \mathbb{N}$, $g, f \in Y^X$.

(a) $(f_j)_j \xrightarrow[\mu\text{-f.ü.}]{} f \implies (g_j)_j \xrightarrow[\mu\text{-f.ü.}]{} f$

(b) (Y, ϱ) T_2-Raum, $\left(\widetilde{f_j}\right)_j \xrightarrow[\mu\text{-f.ü.}]{} \widetilde{f}$, $\left(\widetilde{f_j}\right)_j \xrightarrow[\mu\text{-f.ü.}]{} \widetilde{g} \implies \widetilde{f} = \widetilde{g}$

9. $(X, \mathcal{A})$ sei meßbarer, (Y, d) metrischer Raum, $(f_j)_j \in \mathcal{M}\big((X, \mathcal{A}), (Y, \mathcal{A}_\sigma(\tau_d))\big)^{\mathbb{N}}$, $g \in Y^X$ und $(f_j)_j \xrightarrow[\tau_d\text{-pktw.}]{} g$. Man zeige:

$$g \in \mathcal{M}\big((X, \mathcal{A}), (Y, \mathcal{A}_\sigma(\tau_d))\big).$$

(Hinweis: Für $O \in \tau_d$, $j \in \mathbb{N}$ sei $O_j := \left\{ x \in O \;\middle|\; \operatorname{dist}(x, Y \backslash O) > \frac{1}{j+1} \right\}$. Es ist $g^{-1}[O] = \bigcup_{j,m \in \mathbb{N}} \big(\bigcap_{k \geq m} f_k^{-1}[O_j]\big)$.)

10. (X, τ) sei ein topologischer Raum, (Y, d) pseudometrischer Raum, $f : X \longrightarrow Y$ und $S_f := \{ x \in X \mid f\ (\tau, \tau_d)\text{-stetig in } x \}$. Es gilt $S_f \in \mathcal{A}_\sigma(\tau)$.
(S_f ist sogar G_δ-Menge in (X, τ)!)

11. $(X, \mathcal{A})$ sei ein meßbarer Raum. Man zeige:

$$\mathcal{L}^0_{\mathbb{R}}(X, \mathcal{A}) = \mathcal{M}\big((X, \mathcal{A}), (\mathbb{R}, \mathcal{A}_\sigma(\tau_{|\,|}))\big).$$

12. $(X, \mathcal{A})$ sei ein meßbarer Raum,

$$\mathcal{L}^0_{\mathbb{C}}(X, \mathcal{A}) := \mathcal{M}\big((X, \mathcal{A}), (\mathbb{C}, \mathcal{A}_\sigma(\tau_{|\,|_{\mathbb{C}}}))\big),$$

wobei $\tau_{|\,|_{\mathbb{C}}}$ die Betragstopologie auf $\mathbb{C}$ bezeichnet.

(a) $\mathcal{L}^0_{\mathbb{R}}(X, \mathcal{A}) = \mathcal{L}^0_{\mathbb{C}}(X, \mathcal{A}) \cap \mathbb{R}^X$

(b) $\overline{\mathcal{L}^0_{\mathbb{C}}(X, \mathcal{A})} \subseteq \mathcal{L}^0_{\mathbb{C}}(X, \mathcal{A})$ (Konjugation) und $\forall\, z \in \mathbb{C}\colon\ z\mathcal{L}^0_{\mathbb{C}}(X, \mathcal{A}) \subseteq \mathcal{L}^0_{\mathbb{C}}(X, \mathcal{A})$

(c) $\forall\, f \in \mathbb{C}^X\colon\ f \in \mathcal{L}^0_{\mathbb{C}}(X, \mathcal{A}) \Leftrightarrow \operatorname{Re} f, \operatorname{Im} f \in \mathcal{L}^0_{\mathbb{R}}(X, \mathcal{A})$
(Hinweis: 5.1, A 17)

(d) $\mathcal{L}^0_{\mathbb{C}}(X, \mathcal{A})$ ist (mit den punktweisen Operationen) eine kommutative $\mathbb{C}$-Algebra mit Eins c_1, die stabil gegen die Bildung von punktweisen Limiten von Folgen und Inversen (in $\mathbb{C}^X$) (und Konjugation gem. (c)) ist.

(e) $\forall\, f \in \mathcal{L}^0_{\mathbb{C}}(X, \mathcal{A})\colon\ |f| \in \mathcal{L}^0_{\mathbb{R}}(X, \mathcal{A})$.

13. $(X, \mathcal{A})$ sei ein meßbarer Raum, $f \in \mathcal{L}^0(X, \mathcal{A})$. Man zeige: $\operatorname{sgn} f \in \mathcal{E}^0_{\mathbb{R}}(X, \mathcal{A})$

14. $(X, \mathcal{A})$ sei ein meßbarer Raum, $A \in \mathcal{A}$, $f \in \mathcal{L}^0(A, \mathcal{A}|A)$, $r \in \mathbb{R}^{**}$ und $f^* : X \longrightarrow \mathbb{R}^{**}$, definiert durch $f^*(x) := f(x)$ für $x \in A$, $f^*(x) := r$ für $x \in X \backslash A$.

Dann ist $f^* \in \mathcal{L}^0(X, \mathcal{A})$.

5.3 Integration, integrierbare Funktionen

Dieser Abschnitt enthält die zu Beginn des Kapitels angedeutete Integrationsmethode nach H. Lebesgue und einige für die Integrationstheorie grundlegende Eigenschaften integrierbarer Funktionen.

Definitionen

$(X, \mathcal{A}, \mu)$ sei ein Maßraum, $f \in \mathcal{L}^0(X, \mathcal{A})$, $f \geq 0$, $A \in \mathcal{A}$, $\varphi \in \mathcal{E}^0_{\mathbb{R}}(X, \mathcal{A})$, $\varphi \geq 0$, $\varphi = \sum_{j=1}^n r_j \chi_{A_j}$ (kanonische Darstellung).

$$\int^* \varphi := \sum_{j=1}^n r_j \mu(A_j)$$

heißt *μ-Integral von φ*,

$$\int f := \sup\Big\{ \int^* \psi \,\Big|\, 0 \leq \psi \leq f,\ \psi \in \mathcal{E}^0_{\mathbb{R}}(X, \mathcal{A}) \Big\}$$

μ-Integral von f und

$$\int_A f := \int f \chi_A$$

μ-Integral von f über A.

Weitere Schreibweisen:

$$\int f(x)\,\mathrm{d}\mu(x) := \int f\,\mathrm{d}\mu := \int f \quad \text{bzw.} \quad \int_A f(x)\,\mathrm{d}\mu(x) := \int_A f\,\mathrm{d}\mu := \int_A f.$$

Einfache Rechenregeln für das μ-Integral nichtnegativer meßbarer Funktionen:

Satz 5.3-1

$(X, \mathcal{A}, \mu)$ sei ein Maßraum, $\varphi = \sum_{j=1}^n r_j \chi_{A_j}$, $\psi = \sum_{j=1}^m s_j \chi_{B_j} \in \mathcal{E}^0_{\mathbb{R}}(X, \mathcal{A})$ (kanonische Darstellungen), f, $g \in \mathcal{L}^0(X, \mathcal{A})$, φ, ψ, f, g nichtnegativ.

(a) *(i)* $\int^* \varphi = \int \varphi$, $\quad \forall\, A \in \mathcal{A}$: $\int_A \varphi = \sum_{j=1}^n r_j \mu(A \cap A_j)$

(ii) $\forall\, A, B \in \mathcal{A}$: $A \cap B = \emptyset \Rightarrow \int_{A \cup B} \varphi = \int_A \varphi + \int_B \varphi$

(iii) $\forall\, r \in \mathbb{R}^+$: $\int (r\varphi) = r(\int \varphi)$, $\quad \int(\varphi + \psi) = (\int \varphi) + (\int \psi)$

(b) *(i)* $f =_\mu 0 \iff \int f = 0$

(ii) $\forall\, A \in \mathcal{A}_0$: $\int_A f = 0$

(iii) $\forall\, A \in \mathcal{A}$: $f{\restriction}A \leq g{\restriction}A \Rightarrow \int_A f \leq \int_A g$

(iv) $\forall\, r \in \mathbb{R}^+$: $\int (rf) = r(\int f)$

(v) $\forall\, A, B \in \mathcal{A}$: $A \subseteq B \Rightarrow \int_A f \leq \int_B f$

Beweis

Zu (a) Für $\psi \le \varphi$ gilt

$$\begin{aligned}\int^* \psi &= \sum_{j=1}^{m} s_j\mu(B_j) = \sum_{j=1}^{m} s_j\Big(\sum_{k=0}^{n}\mu(B_j\cap A_k)\Big) \le \sum_{j=1}^{m}\sum_{k=1}^{n} r_k\mu(B_j\cap A_k)\\ &= \sum_{k=1}^{n} r_k\Big(\sum_{j=1}^{m}\mu(B_j\cap A_k)\Big) = \sum_{k=1}^{n} r_k\mu(A_k) = \int^*\varphi,\end{aligned}$$

also $\int\varphi = \int^*\varphi\ [\![\varphi\le\varphi]\!]$.

Man erhält daher mit der Darstellung $\varphi\chi_A = \sum_{j=1}^{n} r_j\chi_{A\cap A_j}$ (vgl. auch A 2 (b)) $\int\varphi\chi_A = \int^*\varphi\chi_A = \sum_{j=1}^{n} r_j\mu(A\cap A_j)$.

Sind $A, B \in \mathcal{A},\ A\cap B = \emptyset$, so folgt

$$\begin{aligned}\int_A\varphi + \int_B\varphi &= \sum_{j=1}^{n} r_j\mu(A\cap A_j) + \sum_{j=1}^{n} r_j\mu(B\cap A_j)\\ &= \sum_{j=1}^{n} r_j\mu\big((B\cap A_j)\cup(A\cap A_j)\big) = \sum_{j=1}^{n} r_j\mu\big((A\cup B)\cap A_j\big)\\ &= \int_{A\cup B}\varphi.\end{aligned}$$

Für alle $r\in\mathbb{R}^+$ ist $\int(r\varphi) = \sum_{j=1}^{n} rr_j\mu(A_j) = r\sum_{j=1}^{n} r_j\mu(A_j) = r\big(\int\varphi\big)$.

Wegen $(\varphi+\psi)(x) = r_j + s_k$ für alle $x\in A_j\cap B_k,\ j\in\{1,\dots,n\},\ k\in\{1,\dots,m\}$ ist

$$\begin{aligned}\int_{A_j\cap B_k}(\varphi+\psi) &= (r_j+s_k)\mu(A_j\cap B_k) = r_j\mu(A_j\cap B_k) + s_k\mu(A_j\cap B_k)\\ &= \int_{A_j\cap B_k}\varphi + \int_{A_j\cap B_k}\psi,\end{aligned}$$

woraus mit $\bigcup_{j=1}^{n}\bigcup_{k=1}^{m} A_j\cap B_k = X$ schließlich

$$\begin{aligned}\int(\varphi+\psi) &= \sum_{j=1}^{n}\sum_{k=1}^{m}\int_{A_j\cap B_k}(\varphi+\psi) = \sum_{j=1}^{n}\sum_{k=1}^{m}\Big(\int_{A_j\cap B_k}\varphi + \int_{A_j\cap B_k}\psi\Big)\\ &= \sum_{j=1}^{n}\sum_{k=1}^{m}\int_{A_j\cap B_k}\varphi + \sum_{j=1}^{n}\sum_{k=1}^{m}\int_{A_j\cap B_k}\psi = \int\varphi + \int\psi\end{aligned}$$

folgt.

Zu (b) Für $f =_\mu 0,\ \varphi\le f$ ist auch $\varphi =_\mu 0$, also $\int\varphi = \int^*\varphi = 0$ und damit $\int f = 0$. Umgekehrt sei $E_k := \left\{ x\in X \;\middle|\; f(x)\ge \frac{1}{k+1}\right\}$ für jedes $k\in\mathbb{N}$, also

$\{ x \in X \mid f(x) > 0 \} = \bigcup_{k \in \mathbb{N}} E_k$, $\mu(\{ x \in X \mid f(x) > 0 \}) = \lim_k \mu(E_k)$ $[\![$ 5.1-1 (c) $]\!]$. Wegen

$$0 = \int f \geq \int \Big(\frac{1}{k+1} \chi_{E_k} \Big) = \frac{1}{k+1} \mu(E_k)$$

für jedes $k \in \mathbb{N}$ folgt $\mu\big(\{ x \in X \mid f(x) > 0 \}\big) = 0$.

Ist $A \in \mathcal{A}_0$, $\varphi \in \mathcal{E}^0_{\mathbb{R}}(X, \mathcal{A})$, $0 \leq \varphi \leq f\chi_A$, etwa $\varphi = \sum_{j=1}^m r_j \chi_{A_j}$ (kanonische Darstellung), so ist $A_j \subseteq A$ für jedes $j \in \{1, \ldots, m\}$ mit $r_j \neq 0$, also gilt

$$\int \varphi = \sum_{j=1}^m r_j \mu(A_j) = 0.$$

Es folgt $\int_A f = 0$.

Für $\varphi \leq f\chi_A \leq g\chi_A$ ist $\int \varphi \leq \int f\chi_A$ $[\![$ nach Definition $]\!]$, also

$$\int_A f = \int f\chi_A = \sup\Big\{ \int \varphi \,\Big|\, 0 \leq \varphi \leq f\chi_A,\ \varphi \in \mathcal{E}^0_{\mathbb{R}}(X, \mathcal{A}) \Big\} \leq \int g\chi_A = \int_A g.$$

Ist $r = 0$, so gilt $\int (rf) = \int 0 = 0 = r \int f$ $[\![\, 0 \cdot \infty = 0! \,]\!]$, und für $r > 0$ erhält man

$$\begin{aligned}
\int (rf) &= \sup\Big\{ \int \varphi \,\Big|\, 0 \leq \varphi \leq rf,\ \varphi \in \mathcal{E}^0_{\mathbb{R}}(X, \mathcal{A}) \Big\} \\
&= \sup\Big\{ \int \Big(r\big(\tfrac{1}{r}\varphi\big) \Big) \,\Big|\, 0 \leq \tfrac{1}{r}\varphi \leq f,\ \varphi \in \mathcal{E}^0_{\mathbb{R}}(X, \mathcal{A}) \Big\} \\
&= r \sup\Big\{ \int \psi \,\Big|\, 0 \leq \psi \leq f,\ \psi \in \mathcal{E}^0_{\mathbb{R}}(X, \mathcal{A}) \Big\} \\
&= r \int f
\end{aligned}$$

$[\![$ Mit φ schöpft auch $\frac{1}{r}\varphi$ die Menge $\mathcal{E}^0_{\mathbb{R}}(X, \mathcal{A})$ aus. $]\!]$.

Schließlich ist $f\chi_A \leq f\chi_B$ für $A \subseteq B$, also $\int_A f = \int f\chi_A \leq \int f\chi_B = \int_B f$. □

Eine wichtige analytische Eigenschaft des Integrals stellt das Lemma von Fatou heraus:

Satz 5.3-2 (Lemma von Fatou, 1906)

$(X, \mathcal{A}, \mu)$ sei ein Maßraum, $(f_j)_j \in \mathcal{L}^0(X, \mathcal{A})^{\mathbb{N}}$, $f_j \geq 0$ für alle $j \in \mathbb{N}$. Es gilt:

$$\int \Big(\liminf_j f_j \Big) \leq \liminf_j \Big(\int f_j \Big).$$

Beweis

$\liminf_j f_j$ und $g_k := \inf_{j\geq k} f_j$ für jedes $k \in \mathbb{N}$ sind nichtnegativ und gehören zu $\mathcal{L}^0(X,\mathcal{A})$ ⟦5.2-2 (d)⟧. Es sei $\varphi \in \mathcal{E}^0_{\mathbb{R}}(X,\mathcal{A})$, $0 \leq \varphi \leq \liminf_j f_j$.
Im Fall $\int \varphi = \infty$ gibt es ein $A \in \mathcal{A}$ mit $\varphi{\restriction}A > 0$ und $\mu(A) = \infty$, etwa $a \in \mathbb{R}^>$, $a < \varphi{\restriction}A$ ⟦$\varphi[X]$ ist endlich!⟧. Für jedes $k \in \mathbb{N}$ ist

$$A_k := \{\, x \in X \mid \forall\, j \geq k\colon\ g_j(x) > a \,\} \in \mathcal{A},$$

$A_k \subseteq A_{k+1}$ und $A \subseteq \bigcup_{k\in\mathbb{N}} A_k$ ⟦$(g_k)_k$ ist monoton wachsend, $\lim_k g_k(x) = \liminf_j f_j(x) \geq \varphi(x)$ für jedes $x \in X$⟧, also $\lim_k \mu(A_k) = \infty$. Wegen $\int f_j \geq \int g_j \geq a\mu(A_k)$ für jedes $j \geq k$ ⟦5.3-1 (b) (iii), (a) (i)⟧ folgt

$$\liminf_j \int f_j = \sup_k \inf_{j\geq k} \int f_j \geq \sup_k a\mu(A_k) = \infty,$$

und man erhält $\int \liminf_j f_j = \int \varphi = \infty = \liminf_j \int f_j$.

Sei nun $\int \varphi < \infty$, $0 < \varepsilon < 1$ und $P := \{\, x \in X \mid \varphi(x) > 0 \,\}$, also $\mu(P) < \infty$. Für jedes $k \in \mathbb{N}$ ist

$$P_k := \{\, x \in X \mid \forall\, j \geq k\colon\ g_j(x) > (1-\varepsilon)\varphi(x) \,\} \in \mathcal{A}$$

⟦5.2-2 (a)⟧, $P_k \subseteq P_{k+1}$ und $P \subseteq \bigcup_{k\in\mathbb{N}} P_k$, also $P\backslash P_k \supseteq P\backslash P_{k+1}$ und $\bigcap_{k\in\mathbb{N}}(P\backslash P_k) = \emptyset$. Wegen $\mu(P\backslash P_0) \leq \mu(P) < \infty$ erhält man mit 5.1-1 (d) $0 = \mu(\emptyset) = \lim_k \mu(P\backslash P_k)$; es existiert somit ein $k_\varepsilon \in \mathbb{N}$, so daß $\mu(P\backslash P_k) < \varepsilon$ für jedes $k \geq k_\varepsilon$ gilt. Mit der Ungleichungskette ⟦s. 5.3-1⟧

$$\begin{aligned}\int g_k &\geq \int_{P_k} g_k \geq \int_{P_k} (1-\varepsilon)\varphi = (1-\varepsilon)\int_{P_k}\varphi = (1-\varepsilon)\Big(\int_P \varphi - \int_{P\backslash P_k}\varphi\Big)\\ &\geq (1-\varepsilon)\int_P \varphi - \int_{P\backslash P_k}\varphi = \Big(\int\varphi - \varepsilon\int\varphi\Big) - \int_{P\backslash P_k}\varphi\\ &\geq \int\varphi - \varepsilon\int\varphi - \varepsilon\sup\varphi\end{aligned}$$

für alle $k \geq k_\varepsilon$ folgt nun

$$\liminf_j \int f_j \geq \liminf_j \int g_j \geq \int\varphi - \varepsilon\Big(\int\varphi + \sup\varphi\Big),$$

also $\liminf_j \int f_j \geq \int\varphi$. Folglich gilt $\liminf_j \int f_j \geq \int \liminf_j f_j$ nach Definition des Integrals. □

Die Ungleichung in 5.3-2 kann i. a. nicht zu einer Gleichung verschärft werden:

Beispiel (5.3,1)

Über dem Lebesgueschen Maßraum $(\mathbb{R}, \Lambda, \lambda)$ definiere man

$$f_j := \begin{cases} \chi_{[0,1]} & \text{für } j \text{ ungerade} \\ \chi_{]1,2[} & \text{für } j \text{ gerade.} \end{cases}$$

Dann ist $\int f_j = 1$ für jedes $j \in \mathbb{N}$, also $\liminf_j \int f_j = 1$, aber $\int \liminf f_j = 0$ wegen $\liminf_j f_j = 0$.

Korollar 5.3-2.1 (Lebesguescher Satz von der monotonen Konvergenz, 1902)

$(X, \mathcal{A}, \mu)$ sei ein Maßraum, $(f_j)_j \in \mathcal{L}^0(X, \mathcal{A})^{\mathbb{N}}$ monoton wachsend, $f_j \geq 0$ für jedes $j \in \mathbb{N}$. Dann ist

$$\int \lim_j f_j = \lim_j \int f_j.$$

Beweis

$\int \lim_j f_j = \int \liminf_j f_j \leq \liminf_j \int f_j$ gilt nach 5.3-2. Wegen $f_k \leq \lim_j f_j$, also $\int f_k \leq \int \lim_j f_j$, ist auch $\limsup_j \int f_j \leq \int \lim_j f_j$, woraus sich wegen $\liminf_j \int f_j \leq \limsup_j \int f_j$ die behauptete Gleichung ergibt. □

Korollar 5.3-2.2

$(X, \mathcal{A}, \mu)$ sei ein Maßraum, $f, g \in \mathcal{L}^0(X, \mathcal{A})$ nichtnegativ.

(a) $\exists\, (\varphi_j)_j \in \mathcal{E}^0_{\mathbb{R}}(X, \mathcal{A})^{\mathbb{N}}$: $(\varphi_j)_j$ *monoton w.,* $(\varphi_j)_j \xrightarrow[\tau^{**}_{|\,|}\text{-pktw.}]{} f$, $\lim_j \int \varphi_j = \int f$

(b) $\int (f + g) = \int f + \int g$

(c) $f \leq_\mu g \implies \int f \leq \int g$

Beweis

Zu (a) folgt mit 5.2, A 3 und 5.3-2.1.

Zu (b) Gem. 5.2-2 (a) ist $f + g \in \mathcal{L}^0(X, \mathcal{A})$ und nichtnegativ. Es seien $(\varphi_j)_j, (\psi_j)_j \in \mathcal{E}^0_{\mathbb{R}}(X, \mathcal{A})^{\mathbb{N}}$ monoton wachsende Folgen mit $(\varphi_j)_j \xrightarrow[\tau^{**}_{|\,|}\text{-pktw.}]{} f$, $(\psi_j)_j \xrightarrow[\tau^{**}_{|\,|}\text{-pktw.}]{} g$, $\lim_j \int \varphi_j = f$ und $\lim_j \int \psi_j = g$ $[\![$nach (a)$]\!]$. Dann ist $(\varphi_j - \psi_j)_j \in \mathcal{E}^0_{\mathbb{R}}(X, \mathcal{A})^{\mathbb{N}}$ monoton wachsend, $(\varphi_j + \psi_j)_j \xrightarrow[\tau^{**}_{|\,|}\text{-pktw.}]{} f + g$, also gilt gem. 5.3-2.1 bzw. 5.3-1 (a) (iii)

$$\begin{aligned} \int (f + g) &= \lim_j \int (\varphi_j + \psi_j) = \lim_j \int \varphi_j + \lim_j \int \psi_j \\ &= \int \lim_j \varphi_j + \int \lim_j \psi_j = \int f + \int g. \end{aligned}$$

Zu (c) Sei $\{ x \in X \mid f(x) > g(x) \} \subseteq U,\ U \in \mathcal{A}_0$. Mit (b) und 5.3-1 (b) (ii), (iii) folgt

$$\int f = \int_{X \setminus U} f + \int_U f = \int_{X \setminus U} f \leq \int_{X \setminus U} g = \int_{X \setminus U} g + \int_U g = \int g. \qquad \square$$

Aus 5.3-2.2 (b) erhält man für jede nichtnegative Funktion $f \in \mathcal{L}^0(X, \mathcal{A})$ und alle A, $B \in \mathcal{A},\ A \cap B = \emptyset$, wegen $\chi_{A \cup B} = \chi_A + \chi_B$ sofort

$$\int_{A \cup B} f = \int f \chi_{A \cup B} = \int f \chi_A + \int f \chi_B = \int_A f + \int_B f$$

(vgl. Beweis zu 5.3-2.2 (c)).

Summation und Integration dürfen vertauscht werden:

Korollar 5.3-2.3 (B. Levi, 1906)

$(X, \mathcal{A}, \mu)$ sei ein Maßraum, $(f_j)_j \in \mathcal{L}^0(X, \mathcal{A})^{\mathbb{N}},\ f_j \geq 0$ für jedes $j \in \mathbb{N}$. Dann ist

$$\int \Big(\sum_{j=0}^{\infty} f_j \Big) = \sum_{j=0}^{\infty} \Big(\int f_j \Big).$$

Beweis

Es ist $\big(\sum_{k=0}^{j} f_k\big)_j \in \mathcal{L}^0(X, \mathcal{A})^{\mathbb{N}}$ ⟦ 5.2-2 (a) ⟧ monoton wachsend,

$$\Big(\sum_{k=0}^{j} f_k \Big)_j \xrightarrow[\tau^{**}_{||}\text{-pktw.}]{} \sum_{j=0}^{\infty} f_j$$

⟦ nach Definition des Reihenwerts ⟧, also $\sum_{j=0}^{\infty} f_j \in \mathcal{L}^0(X, \mathcal{A})$ ⟦ 5.2-2.1 (a) ⟧, und somit gem. 5.3-2.1, 5.3-2.2 (b)

$$\int \Big(\sum_{j=0}^{\infty} f_j \Big) = \lim_j \int \Big(\sum_{k=0}^{j} f_k \Big) = \lim_j \Big(\sum_{k=0}^{j} \Big(\int f_k \Big) \Big) = \sum_{j=0}^{\infty} \Big(\int f_j \Big). \qquad \square$$

Die Erweiterung des Integrals auf meßbare Funktionen erfolgt nun kanonisch:

Definitionen

$(X, \mathcal{A}, \mu)$ sei ein Maßraum, $A \in \mathcal{A},\ f \in \mathcal{L}^0(X, \mathcal{A})$. Ist $\int f^+ < \infty$ oder $\int f^- < \infty$, so heißt

$$\int f := \int f^+ - \int f^-$$

μ-Integral von f und *f μ-integrierbar*. Sofern $f\chi_A$ μ-integrierbar ist, heißt

$$\int_A f := \int (f\chi_A)^+ - \int (f\chi_A)^- = \int f\chi_A$$

μ-Integral von f über A und *f μ-integrierbar über A*.
Weitere Schreibweisen:

$$\int f(x)\,\mathrm{d}\mu(x) := \int f\,\mathrm{d}\mu := \int f \quad \text{bzw.} \quad \int_A f(x)\,\mathrm{d}\mu(x) := \int_A f\,\mathrm{d}\mu := \int_A f$$

f μ-summierbar :gdw $\int f^+ < \infty$ und $\int f^- < \infty$

f μ-summierbar über A :gdw $f\chi_A$ μ-summierbar

$$\mathcal{L}^1(X, \mathcal{A}, \mu) := \{\, f \in \mathcal{L}^0(X, \mathcal{A}) \mid f \ \mu\text{-summierbar} \,\},$$
$$\mathcal{L}^1_{\mathbb{R}}(X, \mathcal{A}, \mu) := \mathcal{L}^1(X, \mathcal{A}, \mu) \cap \mathcal{L}^0_{\mathbb{R}}(X, \mathcal{A})$$

Zur Vereinfachung der Schreibweisen wird definiert:

$$\mathcal{L}^1(A, \ldots) := \mathcal{L}^1(A, \mathcal{A}|A, \mu\restriction(\mathcal{A}|A)).$$

Man beachte, daß μ-integrierbare Funktionen f $\big(\mathcal{A}, \mathcal{A}_\sigma(\tau^{**}_{|\,|})\big)$-meßbare Funktionen und μ-integrierbar über jedem $A \in \mathcal{A}$ sind $[\![\, (f\chi_A)^+ \le f^+,\ (f\chi_A)^- \le f^-$, 5.3-1 (b) (iii) $]\!]$!

Satz 5.3-3

$(X, \mathcal{A}, \mu)$ sei ein Maßraum, $f \in \mathcal{L}^0(X, \mathcal{A})$.

Äq *(i)* $f \in \mathcal{L}^1(X, \mathcal{A}, \mu)$

(ii) $|f| \in \mathcal{L}^1(X, \mathcal{A}, \mu)$

Es gilt dann $\int |f| = \int f^+ + \int f^-$ *und* $\{\, x \in X \mid f(x) \in \{-\infty, \infty\} \,\} \in \mathcal{A}_0$.

Beweis

$f^+, f^- \in \mathcal{L}^0(X, \mathcal{A})$ gilt nach 5.2-2.1 (b), (5.2,1) (c) (i). Darüber hinaus:

$$\begin{aligned} f \in \mathcal{L}^1(X, \mathcal{A}, \mu) \quad &\Longleftrightarrow \quad \int f^+ < \infty, \int f^- < \infty \\ &\Longleftrightarrow \quad \int (f^+ + f^-) < \infty \quad [\![\, \textstyle\int (f^+ + f^-) = \int f^+ + \int f^- \,]\!] \\ &\Longleftrightarrow \quad \int (f^+ + f^-)^+ < \infty \quad [\![\, (f^+ + f^-)^- = 0 \,]\!] \\ &\Longleftrightarrow \quad |f| \in \mathcal{L}^1(X, \mathcal{A}, \mu). \end{aligned}$$

Für $f \in \mathcal{L}^1(X, \mathcal{A}, \mu)$ ist demgemäß

$$\int |f| = \int |f|^+ - \int |f|^- = \int (f^+ + f^-) = \int f^+ + \int f^-.$$

Mit A 5 folgt schließlich $\{ x \in X \mid f(x) \in \{-\infty, \infty\} \} \in \mathcal{A}_0$. □

Grundlegende Rechenregeln sind im folgenden Satz zusammengestellt.

Satz 5.3-4

$(X, \mathcal{A}, \mu)$ sei ein Maßraum, $f,\ g \in \mathcal{L}^1(X, \mathcal{A}, \mu)$, $r \in \mathbb{R}$ und $A,\ B \in \mathcal{A}$.

(a) $\forall\, h \in \mathcal{L}^0(X, \mathcal{A}):\ A \in \mathcal{A}_0 \Rightarrow \int_A h = 0$

(b) $rf,\ f + g \in \mathcal{L}^1(X, \mathcal{A}, \mu),\ \int (rf) = r \int f, \quad \int (f + g) = \int f + \int g$

(c) $f =_\mu 0 \quad \Longrightarrow \quad \int f = 0$

(d) $A \cap B = \emptyset \quad \Longrightarrow \quad \int_{A \cup B} f = \int_A f + \int_B f$

(e) $f \leq_\mu g \quad \Longrightarrow \quad \int f \leq \int g$

(f) $\left|\int f\right| \leq \int |f|$

Gleichheit liegt genau dann vor, wenn $0 \leq_\mu f$ oder $f \leq_\mu 0$ ist.

Beweis

Zu (a)

$$\int_A h = \int h\chi_A = \int (h\chi_A)^+ - \int (h\chi_A)^- = \int h^+\chi_A - \int h^-\chi_A = 0$$

⟦ 5.3-1 (b) (ii) ⟧.

Zu (b) $rf,\ f + g \in \mathcal{L}^0(X, \mathcal{A})$ gem. 5.2-2 (b) bzw. 5.2, A 7 (a) ⟦ $N_{f,g} \in \mathcal{A}_0$ nach 5.3-3 ⟧.

Für $r \geq 0$ ist $(rf)^+ = rf^+$, $(rf)^- = rf^-$, also $\int (rf)^+$, $\int (rf)^- < \infty$ ⟦ 5.3-1 (b) (iv) ⟧,

$$\int (rf) = \int (rf)^+ - \int (rf)^- = r\left(\int f^+ - \int f^-\right) = r \int f$$

⟦ gem. Definition ⟧. Wegen $(-f)^+ = f^-$, $(-f)^- = f^+$ ist $-f \in \mathcal{L}^1(X, \mathcal{A}, \mu)$ und $\int(-f) = \int f^- - \int f^+ = -\int f$. Ist schließlich $r < 0$, also $rf = -|r|f$, so folgt

$$\int (rf) = -\int (|r|f) = -|r| \int f = r \int f.$$

$f,\ g$ sind μ-addierbar ⟦ A 5 ⟧. $f + g$ ist μ-summierbar, weil $(f + g)^+ \leq f^+ + g^+$,

$(f+g)^- \leq f^- + g^-$, also $\int (f+g)^+ \leq \int f^+ + \int g^+ < \infty$ und $\int (f+g)^- \leq \int f^- + \int g^- < \infty$ ⟦ 5.3-1 (b) (iii), 5.3-2.2 (b) ⟧ gilt. Wegen

$$(f+g)^+ - (f+g)^- = f+g = \begin{cases} f^+ - f^- + g^+ - g^- & \text{auf } X \setminus N_{f,g} \\ 0 & \text{auf } N_{f,g}, \end{cases}$$

also

$$(f+g)^+ + \left\{ \begin{matrix} f^- + g^- & \text{auf } X \setminus N_{f,g} \\ 0 & \text{auf } N_{f,g} \end{matrix} \right\} = (f+g)^- + \begin{cases} f^+ + g^+ & \text{auf } X \setminus N_{f,g} \\ 0 & \text{auf } N_{f,g}, \end{cases}$$

folgt nach 5.3-2.2 (b) ⟦ $\int_{N_{f,g}} 0 = 0$ ⟧

$$\int (f+g)^+ + \int_{X \setminus N_{f,g}} f^- + \int_{X \setminus N_{f,g}} g^- = \int (f+g)^- + \int_{X \setminus N_{f,g}} f^+ + \int_{X \setminus N_{f,g}} g^+$$

und hieraus nach (a)

$$\int (f+g)^+ + \int f^- + \int g^- = \int (f+g)^- + \int f^+ + \int g^-.$$

Da $f+g$ μ-summierbar ist, erhält man $\int (f+g) = \int f + \int g$.

Zu (c) $f =_\mu 0 \Longrightarrow f^+ =_\mu 0,\ f^- =_\mu 0 \Longrightarrow \int f^+ = 0,\ \int f^- = 0$ ⟦ 5.3-2.2 (c) ⟧, also $\int f = 0$.

Zu (d) Da $A \cap B = \emptyset$ ist, gilt $\chi_{A \cup B} = \chi_A + \chi_B$ und somit gem. (b)

$$\int_{A \cup B} f = \int f\chi_{A \cup B} = \int f\chi_A + \int f\chi_B = \int_A f + \int_B f.$$

Zu (e) Für $\{x \in X \mid f(x) > g(x)\} \subseteq N \in \mathcal{A}_0$ ist gem. (d), (a) das Integral $\int f = \int_{X \setminus N} f + \int_N f = \int_{X \setminus N} f$ und ebenso $\int g = \int_{X \setminus N} g$. Aus $(f \restriction (X \setminus N))^+ \leq (g \restriction (X \setminus N))^+$, $(f \restriction (X \setminus N))^- \geq (g \restriction (X \setminus N))^-$ folgt nach 5.3-1 (b) (iii) $\int_{X \setminus N} f^+ \leq \int_{X \setminus N} g^+$, $\int_{X \setminus N} f^- \geq \int_{X \setminus N} g^-$, also nach (a)

$$\int f = \int_{X \setminus N} f = \int_{X \setminus N} f^+ - \int_{X \setminus N} f^- \leq \int_{X \setminus N} g^+ - \int_{X \setminus N} g^- = \int_{X \setminus N} g = \int g.$$

Zu (f) Wegen $f \leq |f|$, $-f \leq |f|$ gilt gem. (e), (b) $\int f \leq \int |f|$, $-\int f \leq \int |f|$, also $|\int f| \leq \int |f|$.

Sei $|\int f| = \int |f|$. Für $\int f \geq 0$ ist dann $\int f = \int |f|$ und nach (b) $\int (|f| - f) = 0$ ⟦ $N_{f,-|f|} \in \mathcal{A}_0$; 5.3-3 ⟧. Es folgt $f =_\mu |f|$ ⟦ 5.3-1 (b) (i) ⟧, also $0 \leq_\mu f$. Ebenso erhält man im Fall $\int f < 0$, daß $\int |f| = -\int f$ und daher $\int (|f| + f) = 0$ gilt, woraus $-|f| =_\mu f$, also $f \leq_\mu 0$ folgt.

Umgekehrt sei $0 \leq_\mu f$, also $|f| =_\mu f$. Nach (e) ist dann $0 \leq \int f = \int |f|$. Für $f \leq_\mu 0$ ist $|f| =_\mu -f$, und es gilt nach (b), (e) $\int |f| = -\int f = \left|\int f\right|$. □

Korollar 5.3-4.1

$(X, \mathcal{A}, \mu)$ sei ein Maßraum, $h : X \longrightarrow \mathbb{R}^{**}$, $f, g \in \mathcal{L}^1(X, \mathcal{A}, \mu)$.

(a) $f =_\mu g \quad \Longrightarrow \quad \int f = \int g$

(b) Falls $(X, \mathcal{A}, \mu)$ vollständig oder $h \in \mathcal{L}^0(X, \mathcal{A})$ ist, gilt:

$$f \underset{\mu}{=} h \quad \Longrightarrow \quad h \in \mathcal{L}^1(X, \mathcal{A}, \mu), \int h = \int f.$$

Beweis

Zu (a) folgt direkt aus 5.3-4 (e).

Zu (b) Nach 5.2, A 4 ist $h \in \mathcal{L}^0(X, \mathcal{A})$ im Fall der Vollständigkeit von $(X, \mathcal{A}, \mu)$. Aus $f^+ =_\mu h^+$, $f^- =_\mu h^-$ erhält man mit 5.3-4 (e), (b) $\int h^+ = \int f^+ < \infty$, $\int h^- = \int f^- < \infty$, also $h \in \mathcal{L}^1(X, \mathcal{A}, \mu)$ und $\int h = \int f$. □

Die in Abschnitt 1.2 (Seite 43) eingeführte, in 3.5 eingehender untersuchte Summation von Funktionen (Summierbarkeit) erweist sich nun als Integration über einem Maßraum (μ-Summierbarkeit), wobei die Summe gerade das Integral summierbarer Funktionen ist.

Satz 5.3-5

X sei eine nichtleere Menge, $f : X \longrightarrow \mathbb{R}$.

Äq (i) f summierbar (im Sinn von Abschnitt 1.2)

(ii) $f \in \mathcal{L}^1_{\mathbb{R}}(X, \mathcal{P}X, \mu_Z)$

In diesem Fall ist

$$\int f \, \mathrm{d}\mu_Z = \sum_{x \in X} f(x).$$

Beweis

Wegen 3.5-5.1 und 5.3-3 kann zur Bestätigung der Äquivalenz $f \geq 0$ angenommen werden, $f \in \mathcal{L}^0(X, \mathcal{P}X)$ ist klar.

(i) ⇒ (ii) Sei $f \geq 0$ summierbar, $s := \sum_{x \in X} f(x)$ und $\varepsilon > 0$. Dann existiert ein $E_\varepsilon \in \mathcal{P}_e X$ mit

$$\forall\, E \in \mathcal{P}_e X: \; E \supseteq E_\varepsilon \Rightarrow \sum_{x \in E} f(x) > s - \varepsilon.$$

Es ist $\varphi_\varepsilon := \sum_{x \in E_\varepsilon} f(x)\chi_{\{x\}} \in \mathcal{E}^0_{\mathbb{R}}(X, \mathcal{P}X),\ 0 \le \varphi_\varepsilon \le f$ und

$$s - \varepsilon < \sum_{x \in E_\varepsilon} f(x) = \sum_{x \in E_\varepsilon} f(x)\mu_Z(\{x\}) = \int \varphi_\varepsilon$$

⟦ definitionsgemäß bzw. A 2 ⟧, woraus

$$\int f = \sup\left\{ \int \varphi \,\middle|\, \varphi \in \mathcal{E}^0_{\mathbb{R}}(X, \mathcal{P}X),\ 0 \le \varphi \le f \right\} \ge s = \sum_{x \in X} f(x)$$

folgt. Andererseits gilt für alle $\psi \in \mathcal{E}^0_{\mathbb{R}}(X, \mathcal{P}X),\ 0 \le \psi \le f$, etwa $\psi = \sum_{j=1}^m r_j \chi_{A_j}$ (kanonische Form), nach 3.5-5 (a) $\sum_{x \in X} \psi(x) \le \sum_{x \in X} f(x) < \infty$, also

$$\forall\, j \in \{1, \ldots, m\}\colon\ r_j \ne 0 \Rightarrow A_j \in \mathcal{P}_e X.$$

Es folgt

$$\int \psi = \sum_{j=1}^m r_j \mu_Z(A_j) = \sum_{j=1}^m \sum_{i=1}^{|A_j|} r_j \le \sum_{j=1}^m \sum_{x \in A_j} f(x) \le \sum_{x \in X} f(x)$$

⟦ $(A_1, \ldots, A_m)$ paarweise disjunkt, 3.5-5 (b) ⟧.
Insgesamt ist daher $\int f = \sum_{x \in X} f(x) < \infty$, also $f \in \mathcal{L}^1_{\mathbb{R}}(X, \mathcal{P}X, \mu_Z)$.

(ii) ⇒ (i) Sei $f \in \mathcal{L}^1_{\mathbb{R}}(X, \mathcal{P}X, \mu_Z)$ nichtnegativ, $\varepsilon > 0$, $\varphi \in \mathcal{E}^0_{\mathbb{R}}(X, \mathcal{P}X)$, wobei $0 \le \varphi \le f$, etwa $\varphi = \sum_{j=1}^m r_j \chi_{A_j}$ (kanonische Form), und $\int \varphi > \left(\int f\right) - \varepsilon$ ist. Wegen $\int \varphi \le \int f < \infty$ ⟦ 5.3-1 (b) (iii) ⟧ gilt

$$\forall\, j \in \{1, \ldots, m\}\colon\ r_j \ne 0 \Rightarrow A_j \in \mathcal{P}_e X.$$

Sei $J := \left\{ j \in \{1, \ldots, m\} \,\middle|\, r_j \ne 0 \right\}$, also

$$\int \varphi = \sum_{j \in J} r_j \mu_Z(A_j) = \sum_{j \in J} r_j |A_j| = \sum_{j \in J} \sum_{i=1}^{|A_j|} r_j \le \sum_{j \in J} \sum_{x \in A_j} f(x) = \sum_{x \in \bigcup_{j \in J} A_j} f(x)$$

⟦ $(A_j)_{j \in J}$ paarweise disjunkt, 3.5-5 (b) ⟧. Es ist $A := \bigcup_{j \in J} A_j \in \mathcal{P}_e X$, und für alle $E \in \mathcal{P}_e X,\ E \supseteq A$ gilt

$$\sum_{x \in E} f(x) \ge \sum_{x \in A} f(x) \ge \int \varphi > \left(\int f\right) - \varepsilon.$$

Wegen

$$\sum_{x \in E} f(x) = \sum_{x \in E} f(x)\mu_Z(\{x\}) = \int \Bigl(\sum_{x \in E} f(x)\chi_{\{x\}}\Bigr) \le \int f$$

$[\![\, 0 \leq \sum_{x\in E} f(x)\chi_{\{x\}} \leq f,\ \sum_{x\in E} f(x)\chi_{\{x\}} \in \mathcal{E}^0_{\mathbb{R}}(X, \mathcal{P}X) \,]\!]$ ist f summierbar mit Summe $\sum_{x\in X} f(x) = \int f$.

Schließlich gilt für alle $f \in \mathcal{L}^1_{\mathbb{R}}(X, \mathcal{P}X, \mu_Z)$ ($\Longleftrightarrow f^+, f^- \in \mathcal{L}^1_{\mathbb{R}}(X, \mathcal{P}X, \mu_Z)$ gem. Definition) mit den obigen Feststellungen

$$\int f^+ = \sum_{x\in X} f^+(x), \qquad \int f^- = \sum_{x\in X} f^-(x)$$

und somit nach 3.5, A 1

$$\int f = \int f^+ - \int f^- = \sum_{x\in X} f^+(x) - \sum_{x\in X} f^-(x) = \sum_{x\in X} f(x).$$

□

Der folgende Satz *(Majorantenkriterium)* bietet eine Möglichkeit zur Feststellung der μ-Summierbarkeit von Funktionen $f : X \longrightarrow \mathbb{R}^{**}$ und zur Berechnung ihrer μ-Integrale über Maßräumen $(X, \mathcal{A}, \mu)$.

Satz 5.3-6 (Lebesguescher Konvergenzsatz, 1904)

$(X, \mathcal{A}, \mu)$ *sei ein Maßraum,* $f : X \longrightarrow \mathbb{R}^{**}$, $(f_j)_j \in \mathcal{L}^0(X, \mathcal{A})^{\mathbb{N}}$, $g \in \mathcal{L}^1(X, \mathcal{A}, \mu)$, $|f_j| \leq g$ *für jedes* $j \in \mathbb{N}$ *und* $\lim_j f_j =_\mu f$.

Ist $(X, \mathcal{A}, \mu)$ *vollständig oder* $f \in \mathcal{L}^0(X, \mathcal{A})$*, so gilt:*

(a) $f \in \mathcal{L}^1(X, \mathcal{A}, \mu)$ *und*

$$\lim_j \int f_j \, d\mu = \int f \, d\mu$$

(b) $\lim_j \int |f_j - f| \, d\mu = 0$.

Beweis

$(\mathbb{R}^{**}, \tau^{**}_{|\,|})$ ist ein regulärer A_2-Raum (s. (4.4,5) (b), 4.3-3.1), also metrisierbar $[\![\, 2.5\text{-}15 \,]\!]$. Nach 5.2-6 ist $f \in \mathcal{L}^0(X, \mathcal{A})$, sofern $(X, \mathcal{A}, \mu)$ vollständig ist.

Zu (a) Es genügt, den Beweis unter den Voraussetzungen „$|f_j| \leq g$ für jedes $j \in \mathbb{N}$ und $\lim_j f_j = f$" durchzuführen:

Man wähle Nullmengen $A, A_j \in \mathcal{A}_0$ für jedes $j \in \mathbb{N}$, so daß

$$\left\{ x \in X \;\middle|\; |f_j(x)| > g(x) \right\} \subseteq A_j,$$
$$\left\{ x \in X \;\middle|\; (f_j(x))_j \underset{\tau^{**}_{|\,|}}{\not\longrightarrow} f(x) \right\} \subseteq A$$

gilt. Mit $B := A \cup \bigcup_{j\in\mathbb{N}} A_j \in \mathcal{A}_0$, $f^* := f\chi_{X\setminus B}$, $f^*_j := f_j\chi_{X\setminus B}$ sind dann f^*_j, $f^* \in \mathcal{L}^0(X, \mathcal{A})$ $[\![\, 5.2\text{-}2.1 \text{ (b)} \,]\!]$, $|f^*_j| \leq g$ für jedes $j \in \mathbb{N}$ und $\lim_j f^*_j = f^*$, also f_j^*, $f^* \in \mathcal{L}^1(X, \mathcal{A}, \mu)$ und $\lim_j \int f_j^* = \int f^*$. Nach 5.3-4.1 (b) erhält man f, $f_j \in \mathcal{L}^1(X, \mathcal{A}, \mu)$ und $\int f = \int f^*$, $\int f_j = \int f_j^*$ für alle $j \in \mathbb{N}$, woraus sich $\lim_j \int f_j = \int f$ ergibt.

Wegen $|f_j| \le g$ für alle $j \in \mathbb{N}$ ist auch $|f| \le g$, also $\int |f_j| \le \int g < \infty$ für jedes $j \in \mathbb{N}$ und $\int |f| \le \int g$. Somit sind $|f_j|$ für jedes $j \in \mathbb{N}$ und $|f|$ μ-summierbar. Mit 5.3-3 folgt f, $f_j \in \mathcal{L}^1(X, \mathcal{A}, \mu)$ für jedes $j \in \mathbb{N}$.

Gem. 5.3-4 (b) sind die nichtnegativen Funktionen $g + f_j$, $g + (-f_j)$ μ-summierbar (insbesondere $(\mathcal{A}, \mathcal{A}_\sigma(\tau_{||}^{**}))$-meßbar), nach dem Lemma von Fatou ⟦ 5.3-2 ⟧ erhält man daher

$$\int g + \int f = \int (g + f) = \int \liminf_j (g + f_j) \le \liminf_j \int (g + f_j) = \int g + \liminf_j \int f_j$$

und

$$\int g - \int f = \int (g + (-f)) = \int \liminf_j (g - f_j) \le \liminf_j \int (g - f_j) = \int g + \liminf_j \int (-f_j) = \int g - \limsup_j \int f_j.$$

Da $\int g$ eine reelle Zahl ist, folgt aus diesen Ungleichungen

$$\limsup_j \int f_j \le \int f \le \liminf_j \int f_j,$$

also $\int f = \lim_j \int f_j$ ⟦ $\liminf_j \int f_j \le \limsup_j \int f_j$ gilt definitionsgemäß immer ⟧.

Zu (b) Mit f, $f_j \in \mathcal{L}^1(X, \mathcal{A}, \mu)$ ⟦ Beweis zu (a) ⟧ sind auch $|f - f_j| \in \mathcal{L}^1(X, \mathcal{A}, \mu)$ für alle $j \in \mathbb{N}$ ⟦ 5.3-4 (b), 5.3-3 ⟧, und es gilt

$$|f - f_j| \le |f| + |f_j| \underset{\mu}{\le} g + g = 2g$$

für jedes $j \in \mathbb{N}$. Nach (a) folgt deshalb

$$\lim_j \int |f - f_j| = \int \lim_j |f - f_j| = 0$$

⟦ $\lim_j |f - f_j| =_\mu 0$, 5.3-4 (c) ⟧. □

Summation und Integration dürfen unter gewissen Bedingungen vertauscht werden:

Korollar 5.3-6.1

$(X, \mathcal{A}, \mu)$ sei ein Maßraum, $(f_j)_j \in \mathcal{L}^1(X, \mathcal{A}, \mu)^{\mathbb{N}}$, $\sum_{j=0}^{\infty} \int |f_j| < \infty$. Es gibt ein $f \in \mathcal{L}^1(X, \mathcal{A}, \mu)$ mit

$$\sum_{j=0}^{\infty} f_j \underset{\mu}{=} f \quad \text{und} \quad \int f = \sum_{j=0}^{\infty} \int f_j.$$

Beweis

Man definiere $\varphi : X \longrightarrow \mathbb{R}^+ \cup \{\infty\}$ durch

$$\varphi(x) := \sum_{j=0}^{\infty} |f_j(x)|.$$

Dann ist $\varphi \in \mathcal{L}^0(X, \mathcal{A})$ ⟦ 5.2-2.1 (a), (b), 5.2-2 (a) ⟧ mit

$$\int \varphi = \int \Big(\sum_{j=0}^{\infty} |f_j| \Big) = \sum_{j=0}^{\infty} \Big(\int |f_j| \Big) < \infty$$

⟦ 5.3-2.3, Voraussetzung ⟧, also $\varphi \in \mathcal{L}^1(X, \mathcal{A}, \mu)$. Nach A 5 ist das Maß der Menge $\{ x \in X \mid \varphi(x) = \infty \}$ Null, d. h. die Reihe $\sum_{j=0}^{\infty} |f_j|$ ist μ-pktw. konvergent in $(\mathbb{R}, \tau_{|\,|})$, etwa $\{ x \in X \mid \sum_{j=0}^{\infty} |f_j(x)| = \infty \} \subseteq A \in \mathcal{A}_0$. Nach 3.5-6 gilt $\sum_{j=0}^{\infty} f_j(x) \in \mathbb{R}$ für jedes $x \in X \backslash A$, und mit $f_j^* := f_j \chi_{X \backslash A} \in \mathcal{L}^0_{\mathbb{R}}(X, \mathcal{A})$ für jedes $j \in \mathbb{N}$ und $f : X \longrightarrow \mathbb{R}$,

$$f(x) := \begin{cases} \sum_{j=0}^{\infty} f_j(x) & \text{für } x \in X \backslash A \\ 0 & \text{für } x \in A, \end{cases}$$

erhält man $\sum_{j=0}^{\infty} f_j^* = f$, also $f \in \mathcal{L}^0_{\mathbb{R}}(X, \mathcal{A})$ ⟦ 5.2-2.1 ⟧ und $\sum_{j=0}^{\infty} f_j =_\mu f$.

Weiter gilt

$$|f| \underset{\mu}{=} \Big| \sum_{j=0}^{\infty} f_j \Big| \underset{\mu}{\leq} \sum_{j=0}^{\infty} |f_j| = \varphi,$$

also $|f| \in \mathcal{L}^1(X, \mathcal{A}, \mu)$ ⟦ $\int |f| \leq \int \varphi < \infty$ gem. 5.3-2.2 (c) ⟧ und somit die Funktion $f \in \mathcal{L}^1(X, \mathcal{A}, \mu)$ nach 5.3-3. Schließlich ist wegen $\big| \sum_{j=0}^{n} f_j \big| \leq_\mu \varphi$ für alle $n \in \mathbb{N}$, $\lim_n \sum_{j=0}^{n} f_j =_\mu f$ und $\varphi \in \mathcal{L}^1(X, \mathcal{A}, \mu)$ nach dem Lebesgueschen Konvergenzsatz ⟦ 5.3-6 (a) ⟧ und 5.3-4 (b)

$$\int f = \lim_n \int \Big(\sum_{j=0}^{n} f_j \Big) = \lim_n \sum_{j=0}^{n} \int f_j.$$

□

Die Riemannsche Integrationsmethode für beschränkte Funktionen auf kompakten Intervallen $[a,b] \subseteq \mathbb{R}$ wird durch die Lebesgue-Integration wesentlich erweitert (s. auch A 3 und (5.4,5)):

Beispiel (5.3,2)

Es seien $a, b \in \mathbb{R},\ a < b$.

(a) $R([a,b]) \subseteq \mathcal{L}^1_{\mathbb{R}}([a,b],\ldots)$,
d. h. jede Riemann-integrierbare Funktion auf $[a,b]$ ist Lebesgue-summierbar:

Gem. (5.2,3) gilt $R([a,b]) \subseteq \mathcal{L}^0_{\mathbb{R}}([a,b],\Lambda|[a,b])$. Da jedes $f \in R([a,b])$ beschränkt ist, $|f| \le \sup_{[a,b]}|f| = \|f\|_\infty$, gehört mit der konstanten Funktion $c_{\|f\|_\infty}$ auch f zu $\mathcal{L}^1_{\mathbb{R}}([a,b],\ldots)$ ⟦5.3-3⟧.

(b) $\forall\, f \in R([a,b])\colon\ \int_a^b f(x)\,\mathrm{d}x = \int f\ (= \int f\,\mathrm{d}\lambda\restriction(\Lambda|[a,b]))$

Zur Begründung dieser Gleichung sei $Z_k := \big(z_0,\ldots,z_{2^k}\big) \in \mathcal{Z}_{a,b}$ für jedes $k \in \mathbb{N}\backslash\{0\}$ eine äquidistante Zerlegung von $[a,b]$,

$$z_j - z_{j-1} = \frac{b-a}{2^k}, \qquad i_j^{(k)} := \inf f\restriction[z_{j-1},z_j], \qquad s_j^{(k)} := \sup f\restriction[z_{j-1},z_j]$$

für jedes $j \in \{1,\ldots,2^k\}$,

$$\varphi_k := \sum_{j=1}^{2^k} i_j^{(k)}\chi_{[z_{j-1},z_j[} + f(b)\chi_{\{b\}} \quad \text{und}$$

$$\psi_k := \sum_{j=1}^{2^k} s_j^{(k)}\chi_{[z_{j-1},z_j[} + f(b)\chi_{\{b\}}.$$

Für jedes $k \in \mathbb{N}\backslash\{0\}$ sind dann $\varphi_k, \psi_k \in \mathcal{E}^0_{\mathbb{R}}([a,b],\Lambda|[a,b])$ ⟦A 2 (a)⟧, $\varphi_k \le f \le \psi_k$,

$$\int_a^b \varphi_k(x)\,\mathrm{d}x = R_U(f)(Z_k) = \sum_{j=1}^{2^k} i_j^{(k)}(z_j - z_{j-1}) = \int \varphi_k \quad \text{und}$$

$$\int_a^b \psi_k(x)\,\mathrm{d}x = R_O(f)(Z_k) = \sum_{j=1}^{2^k} s_j^{(k)}(z_j - z_{j-1}) = \int \psi_k$$

⟦(1.2,5), A 2 (b)⟧. Wegen $f \in R([a,b])$ folgt

$$\lim_k \int \varphi_k = \int_a^b f(x)\,\mathrm{d}x = \lim_k \int \psi_k$$

⟦(1.2,5), $\lim_{k\ge1} R_U(f)(Z_k) = \lim_{Z\in\mathcal{Z}_{a,b}} R_U(f)(Z) = \lim_{Z\in\mathcal{Z}_{a,b}} R_O(f)(Z) = \lim_{k\ge1} R_O(f)(Z_k)$⟧. Man setze nun

$$\varphi := \lim_{k\ge1} \varphi_k \qquad ⟦\,(\varphi_k)_k \text{ ist monoton wachsend.}\,⟧,$$

$$\psi := \lim_{k\ge1} \psi_k \qquad ⟦\,(\psi_k)_k \text{ ist monoton fallend.}\,⟧$$

und erhält $\varphi \leq f \leq \psi$, $\varphi, \psi \in \mathcal{L}^0_{\mathbb{R}}([a,b], \Lambda|[a,b])$ ⟦ 5.2-2.1 (a) ⟧. Nach 5.3-6 folgt $\varphi, \psi \in \mathcal{L}^1_{\mathbb{R}}([a,b],\ldots)$ und

$$\int \varphi = \lim_{k\geq 1} \int \varphi_k, \qquad \int \psi = \lim_{k\geq 1} \int \psi_k.$$

Somit gilt $\int \varphi = \int \psi$, also mit 5.3-4 (e)

$$\int_a^b f(x)\,\mathrm{d}x = \int \varphi \leq \int f \leq \int \psi = \int_a^b f(x)\,\mathrm{d}x.$$

Abschließend sei vermerkt, daß mit

$$\mathcal{L}^1_{\mathbb{C}}(X,\mathcal{A},\mu) := \{\, f \in \mathcal{L}^0_{\mathbb{C}}(X,\mathcal{A}) \mid \operatorname{Re} f,\ \operatorname{Im} f \in \mathcal{L}^1_{\mathbb{R}}(X,\mathcal{A},\mu)\,\}$$

(s. 5.2, A 12) durch

$$\int f := \int f\,\mathrm{d}\mu := \int \operatorname{Re} f\,\mathrm{d}\mu + i\int \operatorname{Im} f\,\mathrm{d}\mu$$

für $f \in \mathcal{L}^1_{\mathbb{C}}(X,\mathcal{A},\mu)$ das μ-Integral auf $\mathcal{L}^1_{\mathbb{R}}(X,\mathcal{A},\mu)$ zu einem *komplexen μ-Integral* auf $\mathcal{L}^1_{\mathbb{C}}(X,\mathcal{A},\mu)$ mit analogen Eigenschaften auf natürliche Weise erweitert werden kann (s. A 7, A 8, A 9).

Beispiel (5.3,3)

$(X,\mathcal{A},\mu)$ sei ein Maßraum, $f \in \mathcal{L}^0_{\mathbb{C}}(X,\mathcal{A})$.

(a) (vgl. 5.3-3)

$$f \in \mathcal{L}^1_{\mathbb{C}}(X,\mathcal{A},\mu) \quad\Longleftrightarrow\quad |f| \in \mathcal{L}^1_{\mathbb{R}}(X,\mathcal{A},\mu)$$

Ist nämlich $f \in \mathcal{L}^1_{\mathbb{C}}(X,\mathcal{A},\mu)$, also $\int|\operatorname{Re} f|$, $\int|\operatorname{Im} f| < \infty$ ⟦ 5.3-3 ⟧, so folgt wegen $|f| \leq |\operatorname{Re} f| + |\operatorname{Im} f|$ auch $\int|f| < \infty$ ⟦ 5.3-1 (b) (iii), 5.3-2.2 (b) ⟧. Umgekehrt sind für $|f| \in \mathcal{L}^1_{\mathbb{R}}(X,\mathcal{A},\mu)$ wegen $|\operatorname{Re} f|$, $|\operatorname{Im} f| \leq |f|$ die nichtnegativen Funktionen $|\operatorname{Re} f|$, $|\operatorname{Im} f|$ in $\mathcal{L}^1_{\mathbb{R}}(X,\mathcal{A},\mu)$, und gem. 5.3-3 folgt $\operatorname{Re} f$, $\operatorname{Im} f \in \mathcal{L}^1_{\mathbb{R}}(X,\mathcal{A},\mu)$, also gilt $f \in \mathcal{L}^1_{\mathbb{C}}(X,\mathcal{A},\mu)$. (Die Meßbarkeit der Funktionen erhält man jeweils aus 5.2, A 12 (c), (e) bzw. 5.2-2.1 (b).)

(b) $|\int f| \leq \int|f|$ für jedes $f \in \mathcal{L}^1_{\mathbb{C}}(X,\mathcal{A},\mu)$.

Zur Begründung der Ungleichung verwende man $\int f$ in Polardarstellung $\int f = re^{i\varphi}$, $r \in \mathbb{R}^+$, $\varphi \in [0, 2\pi[$ und setze $g := e^{-i\varphi} f \in \mathcal{L}^0_{\mathbb{C}}(X,\mathcal{A})$ ⟦ 5.2, A 12 (d) ⟧. Es folgt

$$\left|\int f\right| = \left|e^{-i\varphi}\int f\right| = r = e^{-i\varphi}\int f = \int g = \int \operatorname{Re} g \leq \int |f|$$

⟦ A 7 (b), $\operatorname{Re} g \leq |g| = |f|$ ⟧.

Aufgaben zu 5.3

1. (X,τ) sei ein T_2-Raum, $(X,\mathcal{A},\mu)$ regulärer Maßraum (bzgl. τ).
Man zeige: $C_c(X,\mathbb{R}) \subseteq \mathcal{L}^1_{\mathbb{R}}(X,\mathcal{A},\mu)$.

2. $(X,\mathcal{A},\mu)$ sei ein Maßraum, $m\in\mathbb{N}$, $r_j\in\mathbb{R}^+$, $A_j\in\mathcal{A}$ für jedes $j\in\{1,\dots,m\}$ und $\varphi := \sum_{j=1}^m r_j\chi_{A_j}$.

(a) $\varphi\in\mathcal{E}^0_{\mathbb{R}}(X,\mathcal{A})$

(b) $\int\varphi = \sum_{j=1}^m r_j\mu(A_j)$.

3. Es sei $\varphi : [0,1] \longrightarrow \mathbb{R}^+$ definiert durch

$$\varphi(x) = \begin{cases} 0 & \text{für } x\in\mathbb{Q} \\ 1 & \text{für } x\in\mathbb{R}\backslash\mathbb{Q}. \end{cases}$$

Man zeige $\varphi\in\mathcal{L}^1_{\mathbb{R}}([0,1],\dots)\backslash R([a,b])$.

4. $(X,\mathcal{A})$ sei ein meßbarer Raum, $x_0\in X$, $\mu_{(x_0)} : \mathcal{A}\longrightarrow\mathbb{R}$ das Dirac-Maß bei x_0 und $f\in\mathcal{L}^0(X,\mathcal{A})$.

(a) f ist $\mu_{(x_0)}$-integrierbar, $\int f\,\mathrm{d}\mu_{(x_0)} = f(x_0)$.

(b) $f\in\mathcal{L}^1(X,\mathcal{A},\mu) \iff f(x_0)\in\mathbb{R}$.

5. $(X,\mathcal{A},\mu)$ sei ein Maßraum, $f\in\mathcal{L}^1(X,\mathcal{A},\mu)$.
Man zeige: $\{\, x\in X \mid f(x)=\infty\,\}, \{\, x\in X \mid f(x) = -\infty\,\}\in\mathcal{A}_0$.

6. $(X,\mathcal{A},\mu)$ sei ein Maßraum.
Für alle $f,g\in\mathcal{L}^1(X,\mathcal{A},\mu)$ sind auch $f\wedge g$, $f\vee g\in\mathcal{L}^1(X,\mathcal{A},\mu)$.

7. $(X,\mathcal{A},\mu)$ sei ein Maßraum, $A,B\in\mathcal{A}$, $f,g\in\mathcal{L}^1_{\mathbb{C}}(X,\mathcal{A},\mu)$, $z\in\mathbb{C}$ und $h\in\mathcal{L}^0_{\mathbb{C}}(X,\mathcal{A})$.

(a) $A\in\mathcal{A}_0 \implies \int_A h := \int h\chi_A = 0$

(b) zf, $f+g\in\mathcal{L}^1_{\mathbb{C}}(X,\mathcal{A},\mu)$ und $\int zf = z\int f$, $\int(f+g) = \int f + \int g$

(c) $f =_\mu 0 \implies \int f = 0$
(Also: $f=_\mu g \implies \int f = \int g$)

(d) $A\cap B = \emptyset \implies \int_{A\cup B} f = \int_A f + \int_B f$

8. $(X,\mathcal{A},\mu)$ sei ein vollständiger Maßraum, $h,k : X\longrightarrow\mathbb{C}$, $f\in\mathcal{L}^1_{\mathbb{C}}(X,\mathcal{A},\mu)$ und $g\in\mathcal{L}^1(X,\mathcal{A},\mu)$, $(f_j)_j\in\mathcal{L}^0_{\mathbb{C}}(X,\mathcal{A})^{\mathbb{N}}$, $\lim_j f_j =_\mu k$ und $|f_j|\le g$ für jedes $j\in\mathbb{N}$.

(a) $f =_\mu h \implies h\in\mathcal{L}^1_{\mathbb{C}}(X,\mathcal{A},\mu)$, $\int h = \int f$.

(b) $k\in\mathcal{L}^1_{\mathbb{C}}(X,\mathcal{A},\mu)$, $\lim_j\int f_j = \int k$ und $\lim_j\int|f_j-k| = 0$.

9. X sei eine nichtleere Menge, $f : X\longrightarrow\mathbb{C}$.

Äq (i) f summierbar (im Sinn von Abschnitt 1.2)

(ii) $f\in\mathcal{L}^1_{\mathbb{C}}(X,\mathcal{P}X,\mu_Z)$.

In diesem Fall ist $\int f\,\mathrm{d}\mu_Z = \sum_{x\in X} f(x)$.

10. $\mathcal{L}^1_{\mathbb{R}}(\mathbb{N}, \mathcal{P}\mathbb{N}, \mu_Z) = \ell^1_{\mathbb{R}}$ (s. (1.1,3)) und $\mathcal{L}^1_{\mathbb{C}}(\mathbb{N}, \mathcal{P}\mathbb{N}, \mu_Z) = \ell^1$.

11. $(X, \mathcal{A}, \mu)$ sei ein Maßraum, $f, g \in \mathcal{L}^1(X, \mathcal{A}, \mu)$. Gilt $f \cdot g \in \mathcal{L}^1(X, \mathcal{A}, \mu)$? (Hinweis: Man verwende $(\mathbb{R}, \Lambda, \lambda)$!)

12. $(X, \mathcal{A}, \mu)$ sei ein Maßraum und $f \in \mathcal{L}^1(X, \mathcal{A}, \mu)$. Man zeige:

$$\forall\, \varepsilon > 0\; \exists\, \delta > 0\; \forall\, A \in \mathcal{A}\colon\;\; \mu(A) < \delta \Rightarrow \int_A |f| < \varepsilon.$$

(Hinweis: Indirekt, 5.3-6.)

5.4 L^q-Räume

Die L^q-Räume sind wichtige Beispiele für vollständige normierte Räume (Banach-Räume), sie können häufig auch als Vervollständigung normierter Funktionenräume verwendet werden, z. B. von $(C([a,b]), \|\;\|_q)$ (vgl. (3.2,3), (5.4,5)). Wegen 5.3-5 und (3.5,4) (a) stellen die L^q-Räume vor dem Hintergrund der Lebesgue-Integration eine natürliche Erweiterung der Folgenräume $(\ell^q, \|\;\|_q)$ (über dem Maßraum $(\mathbb{N}, \mathcal{P}\mathbb{N}, \mu_Z)$; 5.3, A 10) zu Funktionenräumen über beliebigen Maßräumen dar.

Definitionen

$(X, \mathcal{A}, \mu)$ sei ein Maßraum, $q \in \mathbb{R},\; q > 0,\; g \in \mathcal{L}^0(X, \mathcal{A})$.

$$\mathcal{L}^q(X, \mathcal{A}, \mu) := \{\, f \in \mathcal{L}^0(X, \mathcal{A}) \mid |f|^q \;\mu\text{-summierbar}\,\}$$

ist die Menge der *zur q-ten Betragspotenz μ-summierbaren Borel-meßbaren Funktionen*, $\|f\|_q := (\int |f|^q)^{1/q}$ für jedes $f \in \mathcal{L}^q(X, \mathcal{A}, \mu)$ die *$\mathcal{L}^q$-Halbnorm* von f.

$$\operatorname{wes\,sup} g := \inf\{\, r \in \mathbb{R}^{**} \mid g \underset{\mu}{\leq} r\,\}$$

heißt *wesentliches Supremum von g* (bzgl. μ),

$$\operatorname{wes\,inf} g := \sup\{\, r \in \mathbb{R}^{**} \mid r \underset{\mu}{\leq} g\,\}$$

wesentliches Infimum von g (bzgl. μ).

g μ-wesentlich beschränkt :gdw $\operatorname{wes\,sup}|g| < \infty$

Es bezeichne

$$\mathcal{L}^\infty(X, \mathcal{A}, \mu) := \{\, f \in \mathcal{L}^0(X, \mathcal{A}) \mid f\; \mu\text{-wesentlich beschränkt}\,\},$$

und $\|f\|_\infty := \operatorname{wes\,sup}|f|$ für jedes $f \in \mathcal{L}^\infty(X, \mathcal{A}, \mu)$ die *$\mathcal{L}^\infty$-Halbnorm von f*.

Für $A \in \mathcal{A},\; q \in \mathbb{R}^> \cup \{\infty\}$ wird wieder abgekürzt:

$$\mathcal{L}^q(A, \ldots) := \mathcal{L}^q(A, \mathcal{A}|A, \mu\restriction(\mathcal{A}|A)).$$

Satz 5.4-1

$(X, \mathcal{A}, \mu)$ *sei ein Maßraum,* $f,\ g \in \mathcal{L}^0(X, \mathcal{A})$.

(a) $f \leq_\mu \operatorname{wes\,sup} f = -\operatorname{wes\,inf}(-f)$

(b) $f,\ g$ *μ-addierbar* $\implies$ $\operatorname{wes\,sup}(f+g) \leq \operatorname{wes\,sup} f + \operatorname{wes\,sup} g$

Beweis

Zu (a) Man betrachte $E := \{\, x \in X \mid f(x) > \operatorname{wes\,sup} f \,\}$ und für jedes $j \in \mathbb{N}$ die Mengen $E_j := \{\, x \in X \mid f(x) > \frac{1}{j+1} + \operatorname{wes\,sup} f \,\}$. Dann ist $\mu(E_j) = 0$, $E_j \subseteq E_{j+1}$ für jedes $j \in \mathbb{N}$ und $E = \bigcup_{j \in \mathbb{N}} E_j$. Nach 5.1-1 (c) folgt $\mu(E) = \lim_j \mu(E_j) = 0$. Weiter gilt

$$\begin{aligned} \operatorname{wes\,sup} f &= \inf\{\, r \in \mathbb{R}^{**} \mid f \underset{\mu}{\leq} r \,\} = \inf\{\, r \in \mathbb{R}^{**} \mid -r \underset{\mu}{\leq} -f \,\} \\ &= -\sup\{\, -r \in \mathbb{R}^{**} \mid -r \underset{\mu}{\leq} -f \,\} = -\operatorname{wes\,inf}(-f). \end{aligned}$$

Zu (b) Nach (a) gilt $f + g \leq_\mu \operatorname{wes\,sup} f + \operatorname{wes\,sup} g$, also definitionsgemäß $\operatorname{wes\,sup}(f+g) \leq \operatorname{wes\,sup} f + \operatorname{wes\,sup} g$. □

Beispiel (5.4,1)

In 5.4-1 (b) kann die strenge Ungleichung gelten:

Über dem Lebesgueschen Maßraum $(\mathbb{R}, \Lambda, \lambda)$ sei $f := \chi_{[-1,0[} - \chi_{[0,1]}$ und $g := -f$. Dann ist $\operatorname{wes\,sup} f = 1 = \operatorname{wes\,sup} g$, aber $\operatorname{wes\,sup}(f+g) = 0$.

Die Relation $=_\mu$ (s. Abschnitt 5.2) ist für jedes $q \in \,]0, \infty]$ eine Äquivalenzrelation über $\mathcal{L}^q(X, \mathcal{A}, \mu)$. Als Bezeichnungen für die zugehörige Partition und ihre Elemente werden (wie in 5.2)

$$\begin{aligned} L^q(X, \mathcal{A}, \mu) &:= \mathcal{L}^q(X, \mathcal{A}, \mu)/\underset{\mu}{=}, \\ L^q(A, \ldots) &:= \mathcal{L}^q(A, \ldots)/\underset{\mu}{=} \quad \text{für jedes } A \in \mathcal{A} \end{aligned}$$

und $\widetilde{f}$ (die f enthaltende Äquivalenzklasse) für jedes $f \in \mathcal{L}^q(X, \mathcal{A}, \mu)$ verwendet.

Für $q \in \mathbb{R}^{>}$ nennt man auch $L^q(X, \mathcal{A}, \mu)$ die *Menge der zur q-ten Betragspotenz μ-summierbaren Borel-meßbaren reellwertigen Funktionen*, was selbstverständlich nicht korrekt ist, dem Informierten erfahrungsgemäß jedoch keinerlei Schwierigkeiten bereitet. Die Begründung für diese Sprechweise liegt darin, daß jede Äquivalenzklasse $\widetilde{f}$ eine *reellwertige* Funktion g enthält und mit ihr identifiziert werden kann, weil Nullmengen für die Berechnung von Integralen bedeutungslos sind ⟦ 5.3-4 (a) ⟧:

Satz 5.4-2

$(X, \mathcal{A}, \mu)$ sei ein Maßraum, $q \in\,]0, \infty]$ und $f \in \mathcal{L}^q(X, \mathcal{A}, \mu)$. Dann ist $\widetilde{f} \cap \mathbb{R}^X \neq \emptyset$.

Beweis

Für $q \in \mathbb{R}^>$ setze man

$$g(x) := \begin{cases} f(x) & \text{für } x \in X \backslash f^{-1}[\{-\infty, \infty\}] \\ 0 & \text{sonst.} \end{cases}$$

$|f|^q$ ist μ-summierbar, also $\mu\big(\{\, x \in X \mid |f(x)|^q = \infty \,\}\big) = 0$ und somit das Maß der Menge $\big(\{\, x \in X \mid f(x) \in \{-\infty, \infty\} \,\}\big)$ Null. Wegen $g =_\mu f$ folgt $|g|^q =_\mu |f|^q$. Gem. 5.2, A 5 ist $g \in \mathcal{L}^0(X, \mathcal{A})$, und nach 5.3-4.1 (a) erhält man $\int |g|^q = \int |f|^q < \infty$ $[\![\, |g|^q \in \mathcal{L}^0(X, \mathcal{A})$ gem. 5.2-2.1 (b), 5.2-2 (c) $]\!]$, also $g \in \mathcal{L}^q(X, \mathcal{A}, \mu)$.

Für $q = \infty$ sei $N := \big\{\, x \in X \mid |f(x)| > \operatorname{wes\,sup}|f| \,\big\}$, also $N \in \mathcal{A}_0$, und

$$g(x) := \begin{cases} f(x) & \text{für } x \in X \backslash N \\ 0 & \text{sonst.} \end{cases}$$

Nach 5.2, A 5 ist $g \in \mathcal{L}^0(X, \mathcal{A})$, weiter gilt $g =_\mu f$, $\operatorname{wes\,sup}|g| = \operatorname{wes\,sup}|f| < \infty$, also $g \in \mathcal{L}^\infty(X, \mathcal{A}, \mu)$. □

Wegen 5.4-2 kann man in vielen Situationen für $\widetilde{f} \in L^q(X, \mathcal{A}, \mu)$ o. B. d. A. annehmen, daß $f \in \mathbb{R}^X$ ist.

Satz 5.4-3

$(X, \mathcal{A}, \mu)$ sei ein Maßraum, $q, r \in\,]0, \infty]$. Mit der durch $a\widetilde{f} := \widetilde{af}$ bzw. $\widetilde{f} + \widetilde{g} := \widetilde{f + g}$ ($a \in \mathbb{R}$, $f, g \in \mathcal{L}^q(X, \mathcal{A}, \mu)$) definierten Skalarmultiplikation und Addition ist $L^q(X, \mathcal{A}, \mu)$ ein $\mathbb{R}$-Vektorraum, und es gilt für $\mu(X) < \infty$, $q \leq r$:

$$\mathcal{L}^r(X, \mathcal{A}, \mu) \subseteq \mathcal{L}^q(X, \mathcal{A}, \mu), \quad \textit{also } L^r(X, \mathcal{A}, \mu) \subseteq L^q(X, \mathcal{A}, \mu).$$

Beweis

Skalarmultiplikation und Addition sind wohldefiniert, wie man den entsprechenden Ausführungen in Abschnitt 5.2 entnimmt, denn f, g sind für alle $f, g \in \mathcal{L}^q(X, \mathcal{A}, \mu)$ μ-addierbar $[\![\, 5.3\text{-}3 \,]\!]$ und $f + g \in \mathcal{L}^0(X, \mathcal{A})$ $[\![\, 5.2$, A 7 (a) $]\!]$. $f + g \in \mathcal{L}^\infty(X, \mathcal{A}, \mu)$ folgt nach 5.4-1 (b), für $q \in \mathbb{R}^>$ ergibt

$$\begin{aligned} \int |f + g|^q &\leq \int (|f| + |g|)^q \leq \int (2(|f| \vee |g|))^q \leq 2^q \int (|f|^q + |g|^q) \\ &= 2^q \Big(\int |f|^q + \int |g|^q \Big) < \infty \end{aligned}$$

⟦5.2-2.1 (b), 5.3-1 (b) (iii), 5.3-2.2 (b)⟧, daß $f + g \in \mathcal{L}^q(X, \mathcal{A}, \mu)$ gilt.

$(L^q(X, \mathcal{A}, \mu), +)$ ist eine abelsche Gruppe mit dem neutralen Element $\widetilde{0}$, die Inversenbildung erfolgt für jedes $\widetilde{f} \in L^q(X, \mathcal{A}, \mu)$ durch $\widetilde{(-f)}$. Die übrigen $\mathbb{R}$-Vektorraumaxiome lassen sich nun mit Hilfe der entsprechenden Eigenschaften in $\mathcal{L}^q(X, \mathcal{A}, \mu)$ erfüllen.

Sei $\mu(X) < \infty$, $q < r$ und $f \in \mathcal{L}^r(X, \mathcal{A}, \mu)$. Ist $r = \infty$, so erhält man gem. 5.4-1 (a) $|f| \leq_\mu \operatorname{wes\,sup}|f|$, also $|f|^q \leq_\mu (\operatorname{wes\,sup}|f|)^q < \infty$. Wegen $\mu(X) < \infty$ ist die konstante Funktion $(\operatorname{wes\,sup}|f|)^q$ μ-summierbar, und es folgt $|f|^q \in \mathcal{L}^1(X, \mathcal{A}, \mu)$, d. h. $f \in \mathcal{L}^q(X, \mathcal{A}, \mu)$. Für $r < \infty$ ergibt sich aus $|f|^q \leq 1 + |f|^r$ unmittelbar $\int |f|^q \leq \mu(X) + \int |f|^r < \infty$, also $f \in \mathcal{L}^q(X, \mathcal{A}, \mu)$. □

Im zweiten Teil von 5.4-3 kann auf die Voraussetzung „$\mu(X) < \infty$" *nicht* verzichtet werden (s. 1.1-5 oder A 2).

Definitionen

$(X, \mathcal{A}, \mu)$ sei ein Maßraum, $q \in \,]0, \infty[$.

$$\| \ \|_q : \begin{cases} L^q(X, \mathcal{A}, \mu) \longrightarrow \mathbb{R}^+ \\ \widetilde{f} \longmapsto \left(\int |f|^q\right)^{1/q} \end{cases}$$

heißt *L^q-Norm auf* $L^q(X, \mathcal{A}, \mu)$,

$$\| \ \|_\infty : \begin{cases} L^\infty(X, \mathcal{A}, \mu) \longrightarrow \mathbb{R}^+ \\ \widetilde{f} \longmapsto \begin{cases} \operatorname{wes\,sup}|f| & \text{für } \mu(X) \neq 0 \\ 0 & \text{für } \mu(X) = 0 \end{cases} \end{cases}$$

L^∞-Norm auf $L^\infty(X, \mathcal{A}, \mu)$.

Die L^q-Norm ist wohldefiniert, denn für alle $\widetilde{f} \in L^q(X, \mathcal{A}, \mu)$, $g \in \widetilde{f}$ gilt wegen $g =_\mu f$ auch $|g|^q =_\mu |f|^q$, gem. 5.3-2.2 (c) also $\|\widetilde{f}\|_q^q = \int |f|^q = \int |g|^q = \|\widetilde{g}\|_q^q$. Für $g \in \widetilde{f} \in L^\infty(X, \mathcal{A}, \mu)$ ist $\|\widetilde{g}\|_\infty = \operatorname{wes\,sup}|g| = \operatorname{wes\,sup}|f| = \|\widetilde{f}\|_\infty$.

Satz 5.4-4

$(X, \mathcal{A}, \mu)$ sei ein Maßraum, $q \in \,]0, \infty[$.

(a) $\forall\, \widetilde{f} \in L^q(X, \mathcal{A}, \mu)$: $\|\widetilde{f}\|_q = 0 \Leftrightarrow \widetilde{f} = \widetilde{0}$

(b) $\forall\, r \in \mathbb{R}\ \forall\, \widetilde{f} \in L^q(X, \mathcal{A}, \mu)$: $\|r\widetilde{f}\|_q = |r|\, \|\widetilde{f}\|_q$

(c) $(L^\infty(X, \mathcal{A}, \mu), \| \ \|_\infty)$ *ist normierter $\mathbb{R}$-Vektorraum.*

Beweis

Zu (a) Es gilt für alle $\widetilde{f} \in L^q(X, \mathcal{A}, \mu)$:

$$\begin{aligned}\|\widetilde{f}\|_q = 0 \quad &\Longleftrightarrow \quad \int |f|^q = 0 \quad \Longleftrightarrow \quad |f|^q \underset{\mu}{=} 0 \qquad [\![5.3\text{-}1\,(b)\,(i)]\!] \\ &\Longleftrightarrow \quad f \underset{\mu}{=} 0 \quad \Longleftrightarrow \quad \widetilde{f} = \widetilde{0}.\end{aligned}$$

Zu (b) Es ist $\|r\widetilde{f}\|_q = \left(\int |rf|^q\right)^{1/q} = |r|\left(\int |f|^q\right)^{1/q} = |r|\,\|\widetilde{f}\|_q$ für alle $r \in \mathbb{R}$, und $\widetilde{f} \in L^q(X, \mathcal{A}, \mu)$.

Zu (c) Es gilt

$$\|\widetilde{f}\|_\infty = \operatorname{wes\,sup}|f| = 0 \quad \Longleftrightarrow \quad |f| \underset{\mu}{=} 0 \quad \Longleftrightarrow \quad \widetilde{f} = \widetilde{0},$$

$$\|r\widetilde{f}\|_\infty = \operatorname{wes\,sup}|rf| = |r| \operatorname{wes\,sup}|f| = |r|\,\|\widetilde{f}\|_\infty,$$

$$\begin{aligned}\|\widetilde{f} + \widetilde{g}\|_\infty &= \operatorname{wes\,sup}|f + g| \leq \operatorname{wes\,sup}(|f| + |g|) \leq \operatorname{wes\,sup}|f| + \operatorname{wes\,sup}|g| \\ &= \|\widetilde{f}\|_\infty + \|\widetilde{g}\|_\infty \qquad [\![5.4\text{-}1\,(b), \text{ da } f, g\ \mu\text{-addierbar sind}]\!]\end{aligned}$$

für alle $\widetilde{f}, \widetilde{g} \in L^\infty(X, \mathcal{A}, \mu)$, $r \in \mathbb{R}$. □

Für $q \in [1, \infty[$ ist $(L^q(X, \mathcal{A}, \mu), \|\ \|_q)$ ebenfalls ein normierter $\mathbb{R}$-Vektorraum. Zum (noch ausstehenden) Beweis der Dreiecksungleichung wird wie im Abschnitt 1.1 für $(\ell^q, \|\ \|_q)$ zunächst die Hölder-Ungleichung (s. 1.1-2.1) entsprechend formuliert und begründet.

Satz 5.4-5 (Hölder-Ungleichung, F. Riesz, 1910)

$(X, \mathcal{A}, \mu)$ sei ein Maßraum, $q, r \in [1, \infty]$, $(1/q) + (1/r) = 1$. Es gilt:

$$\forall\, \widetilde{f} \in L^q(X, \mathcal{A}, \mu)\ \forall\, \widetilde{g} \in L^r(X, \mathcal{A}, \mu):\ \widetilde{fg} \in L^1(X, \mathcal{A}, \mu),\ \|\widetilde{fg}\|_1 \leq \|\widetilde{f}\|_q\,\|\widetilde{g}\|_r.$$

(Für $q = r = 2$ heißt die Ungleichung Cauchy-Schwarz-Ungleichung.*)*

Beweis

Zuerst sei festgestellt, daß $fg \in \mathcal{L}^0(X, \mathcal{A})$ ist [[5.2-2.1 (b)]]. Für $q = 1$, $r = \infty$ erhält man $|fg| \leq_\mu |f| \operatorname{wes\,sup}|g| \in \mathcal{L}^1(X, \mathcal{A}, \mu)$, also auch $fg \in \mathcal{L}^1(X, \mathcal{A}, \mu)$ und $\int |fg| \leq (\operatorname{wes\,sup}|g|) \int |f| = \|g\|_\infty\,\|f\|_1$. Ist $1 < q < \infty$ und damit auch $1 < r < \infty$, so sei o. B. d. A. $\|\widetilde{f}\|_q \neq 0 \neq \|\widetilde{g}\|_r$ (Für $\|\widetilde{f}\|_q = 0$ oder $\|\widetilde{g}\|_r = 0$ ist $fg =_\mu 0$ und die Ungleichung erfüllt!). Nach 1.1-2 folgt

$$\frac{|f|}{\|\widetilde{f}\|_q}\,\frac{|g|}{\|\widetilde{g}\|_r} \leq \frac{1}{q}\,\frac{|f|^q}{\|\widetilde{f}\|_q^q} + \frac{1}{r}\,\frac{|g|^r}{\|\widetilde{g}\|_r^r} \in \mathcal{L}^1(X, \mathcal{A}, \mu)$$

und weiter durch Integration

$$\frac{1}{\|\widetilde{f}\|_q \|\widetilde{g}\|_r} \int |fg| \leq \frac{1}{q\|\widetilde{f}\|_q^q} \int |f|^q + \frac{1}{r\|\widetilde{g}\|_r^r} \int |g|^r = \frac{1}{q} + \frac{1}{r} = 1,$$

woraus man die gewünschte Ungleichung erhält. □

In der Hölder-Ungleichung für q, $r \in]1, \infty[$ gilt das Gleichheitszeichen genau dann, wenn es ein $a \in \mathbb{R}^+$ gibt mit $|f|^q =_\mu a|g|^r$ oder $|g|^r =_\mu a|f|^q$ ⟦A 3⟧. Der folgende Satz ist für die Funktionalanalysis auf $L^q(X, \mathcal{A}, \mu)$ von großer Bedeutung (vgl. 6.1, A 11):

Satz 5.4-6

$(X, \mathcal{A}, \mu)$ sei ein Maßraum, $r \in]1, \infty]$, $q \in \mathbb{R}$, $q \geq 1$, $(1/q) + (1/r) = 1$. Für jedes $f \in \mathcal{L}^q(X, \mathcal{A}, \mu)$ ist

$$\|\widetilde{f}\|_q = \max\left\{ \int fg \;\middle|\; g \in \mathcal{L}^r(X, \mathcal{A}, \mu),\ \|\widetilde{g}\|_r \leq 1 \right\}.$$

Ist $(X, \mathcal{A}, \mu)$ σ-endlich, so gilt

$$\|\widetilde{f}\|_\infty = \sup\left\{ \int fg \;\middle|\; g \in \mathcal{L}^1(X, \mathcal{A}, \mu),\ \|\widetilde{g}\|_1 \leq 1 \right\}$$

für jedes $f \in \mathcal{L}^\infty(X, \mathcal{A}, \mu)$.

Beweis

Zunächst sei festgestellt, daß gem. 5.4-5 die Integrale $\int fg$ für jedes $g \in \mathcal{L}^r(X, \mathcal{A}, \mu)$ existieren und nach 5.3-2.2 (c) für $\|\widetilde{g}\|_r \leq 1$ gilt

$$\int fg \leq \int |f|\,|g| \leq \|\widetilde{f}\|_q \|\widetilde{g}\|_r \leq \|\widetilde{f}\|_q.$$

Zum Beweis der inversen Ungleichung „$\leq$" für $q = 1$, $r = \infty$ sei $g := \operatorname{sgn} f$ gesetzt. Dann ist $g \in \mathcal{L}^\infty(X, \mathcal{A}, \mu)$ ⟦5.2, A 13⟧ mit $\|\widetilde{g}\|_\infty \leq 1$ und $\int fg = \int f \operatorname{sgn} f = \int |f| = \|\widetilde{f}\|_1$. Für $1 < q < \infty$ wähle man $\widetilde{g} = \widetilde{0}$ zu $f =_\mu 0$, und für $\widetilde{f} \neq \widetilde{0}$, o. B. d. A. $\|\widetilde{f}\|_q = 1$, erhält man im Fall $f \geq_\mu 0$, etwa $\{x \in X \mid f(x) < 0\} \subseteq A \in \mathcal{A}_0$, mit $g \in \mathcal{L}^0(X, \mathcal{A})$, $g{\restriction}X \backslash A = (f{\restriction}X \backslash A)^{q-1}$ ⟦5.2, A 5; 5.2-2 (c)⟧, daß $\int |g|^r = \int |f|^{(q-1)r} = \int |f|^q = 1$, also $g \in \mathcal{L}^r(X, \mathcal{A}, \mu)$ mit $\|\widetilde{g}\|_r = 1$ und $\int fg = \int |f|^q = 1$ gilt. Ist $f \not\geq_\mu 0$, so betrachte man $|f| = f \operatorname{sgn} f$ und erhält aus dem vorherigen Fall $\|\widetilde{f}\|_q = \int |f| g = \int fg \operatorname{sgn} f$ mit $g \in \mathcal{L}^0(X, \mathcal{A})$, $g =_\mu |f|^{q-1}$, $\|\widetilde{g}\|_r = 1$. Wegen $|g \operatorname{sgn} f|^r \leq |g|^r$ gehört $g \operatorname{sgn} f$ zu $\mathcal{L}^r(X, \mathcal{A}, \mu)$ mit $\|\widetilde{g \operatorname{sgn} f}\|_r \leq \|\widetilde{g}\|_r = 1$.

Schließlich sei $f \in \mathcal{L}^\infty(X, \mathcal{A}, \mu)$, $c := \|\widetilde{f}\|_\infty > 0$ (o. B. d. A.). Für jedes $\varepsilon > 0$

gibt es dann ein $A \in \mathcal{A}$, $\mu(A) > 0$, mit $|f(x)| > c - \varepsilon$ für alle $x \in A$. Da $(X, \mathcal{A}, \mu)$ σ-endlich ist, kann $\mu(A) < \infty$ angenommen werden. Man setze nun $g := \frac{1}{\mu(A)}\chi_A \operatorname{sgn} f$ und erhält $g \in \mathcal{L}^1(X, \mathcal{A}, \mu)$, $\|\widetilde{g}\|_1 = \int |g| = 1$ und

$$\int fg = \frac{1}{\mu(A)} \int \chi_A f \operatorname{sgn} f = \frac{1}{\mu(A)} \int \chi_A |f| \geq \frac{1}{\mu(A)}(c - \varepsilon)\mu(A) = c - \varepsilon$$

[[5.3-2.2 (c)]]. Es folgt $\sup\{ \int fg \mid g \in \mathcal{L}^1(X, \mathcal{A}, \mu),\ \|\widetilde{g}\|_1 \leq 1 \} \geq c = \|\widetilde{f}\|_\infty$. □

Mit Hilfe der Hölder-Ungleichung ergibt sich die noch fehlende Dreiecksungleichung für die L^q-Norm $(1 < q < \infty)$:

Satz 5.4-7 (Minkowski-Ungleichung für Lebesgue-Integration, F. Riesz, 1910)

$(X, \mathcal{A}, \mu)$ sei ein Maßraum. Für alle $q \in [1, \infty[$ gilt:

$$\forall\ \widetilde{f}, \widetilde{g} \in L^q(X, \mathcal{A}, \mu):\ \|\widetilde{f} + \widetilde{g}\|_q \leq \|\widetilde{f}\|_q + \|\widetilde{g}\|_q.$$

$(L^q(X, \mathcal{A}, \mu), \|\ \|_q)$ ist ein normierter $\mathbb{R}$-Vektorraum.

Beweis

Für $q = 1$ ist die Ungleichung wegen der Additivität und Monotonie des Integrals für nichtnegative Borel-meßbare Funktionen offensichtlich richtig [[5.3-2.2 (b), 5.3-1 (b) (iii)]]. Es sei daher $1 < q < \infty$ und $r := q/(q-1)$, also $(1/q) + (1/r) = 1$. Dann ist $(|f+g|^{q-1})^{q/(q-1)} = |f+g|^q \in \mathcal{L}^1(X, \mathcal{A}, \mu)$, also $|f+g|^{q-1} \in \mathcal{L}^r(X, \mathcal{A}, \mu)$, woraus nach 5.4-5 folgt: $f|f+g|^{q-1} \in \mathcal{L}^1(X, \mathcal{A}, \mu)$ und $g|f+g|^{q-1} \in \mathcal{L}^1(X, \mathcal{A}, \mu)$,

$$\begin{aligned}
\|\widetilde{f} + \widetilde{g}\|_q^q &= \int |f+g|^q = \int |f+g|\,|f+g|^{q-1} \\
&\leq \int |f|\,|f+g|^{q-1} + \int |g|\,|f+g|^{q-1} \\
&\leq \|\widetilde{f}\|_q\, \|\widetilde{|f+g|^{q-1}}\|_r + \|\widetilde{g}\|_q\, \|\widetilde{|f+g|^{q-1}}\|_r \\
&= (\|\widetilde{f}\|_q + \|\widetilde{g}\|_q)\Big(\int |f+g|^q\Big)^{1/r} = (\|\widetilde{f}\|_q + \|\widetilde{g}\|_q)\|\widetilde{f} + \widetilde{g}\|_q^{q/r}
\end{aligned}$$

mit $q/r = q-1$. Division des ersten und letzten Glieds dieser Ungleichungskette durch $\|\widetilde{f} + \widetilde{g}\|_q^{q-1}$ liefert $\|\widetilde{f} + \widetilde{g}\|_q \leq \|\widetilde{f}\|_q + \|\widetilde{g}\|_q$ (Für $\|\widetilde{f} + \widetilde{g}\|_q = 0$ ist die Minkowski-Ungleichung sowieso richtig!). □

In der Minkowski-Ungleichung gilt das Gleichheitszeichen genau dann [[A 4]], wenn

$\{ x \in X \mid \operatorname{sgn} f(x) \operatorname{sgn} g(x) = -1 \} \in \mathcal{A}_0$ für $q = 1$ bzw.

$\exists\, a \in \mathbb{R}^+:\ f \underset{\mu}{=} ag$ oder $g \underset{\mu}{=} af$ für $q > 1$.

Definiert man auf $\mathcal{L}^q_{\mathbb{R}}(X, \mathcal{A}, \mu) := \mathcal{L}^q(X, \mathcal{A}, \mu) \cap \mathcal{L}^0_{\mathbb{R}}(X, \mathcal{A})$ analog zur L^q-Norm

$$\| \ \|_q : \begin{cases} \mathcal{L}^q_{\mathbb{R}}(X, \mathcal{A}, \mu) \longrightarrow \mathbb{R}^+ \\ f \longmapsto \left(\int |f|^q\right)^{1/q} \end{cases} \quad \text{für } q \in [1, \infty[$$

und

$$\| \ \|_\infty : \begin{cases} \mathcal{L}^\infty_{\mathbb{R}}(X, \mathcal{A}, \mu) \longrightarrow \mathbb{R}^+ \\ f \longmapsto \operatorname{wes\,sup}|f|, \end{cases}$$

so ist $(\mathcal{L}^q_{\mathbb{R}}(X, \mathcal{A}, \mu), \| \ \|_q)$ ein halbnormierter $\mathbb{R}$-Vektorraum. Mit

$$A := \{ f \in \mathcal{L}^q_{\mathbb{R}}(X, \mathcal{A}, \mu) \mid \|f\|_q = 0 \}$$

erhält man gem. 1.1-6 (c), (d) den zu $(\mathcal{L}^q_{\mathbb{R}}(X, \mathcal{A}, \mu), \| \ \|_q)$ assoziierten normierten $\mathbb{R}$-Vektorraum $\left(\mathcal{L}^q_{\mathbb{R}}(X, \mathcal{A}, \mu)/_A, (\| \ \|_q)_A\right)$. Es gilt dann [[A 12]] für den zugehörigen metrischen Raum

$$\left(\mathcal{L}^q_{\mathbb{R}}(X, \mathcal{A}, \mu)/_A, d_{(\| \ \|_q)_A}\right) \underset{\text{isom. } g}{\cong} (L^q(X, \mathcal{A}, \mu), d_{\| \ \|_q}),$$

wobei g als $\mathbb{R}$-linearer Isomorphismus gewählt werden kann.

Beispiel (5.4,2)

Sei $0 < q < 1$.

(a) Für $0 < q < 1$ ist die Minkowski-Ungleichung 5.4-7 nicht richtig:

Über $(\mathbb{R}, \Lambda, \lambda)$ sind $\chi_{[0,1]}, \chi_{]1,2]} \in \mathcal{L}^q(\mathbb{R}, \Lambda, \lambda)$ mit $\|\widetilde{\chi_{[0,1]}}\|_q = 1 = \|\widetilde{\chi_{]1,2]}}\|_q$ und $\|\widetilde{\chi_{[0,1]}} + \widetilde{\chi_{]1,2]}}\|_q = 2^{1/q} > 2$.

Es gilt für Maßräume $(X, \mathcal{A}, \mu)$, $0 < q < 1$, $f, g \in \mathcal{L}^q(X, \mathcal{A}, \mu)$ immerhin noch:

(b) $f \geq_\mu 0, \ g \geq_\mu 0 \quad \Longrightarrow \quad \|\widetilde{f} + \widetilde{g}\|_q \geq \|\widetilde{f}\|_q + \|\widetilde{g}\|_q$:

Wegen $q < 1$ gilt $|f + g|^q \leq (|f| + |g|)^q \leq |f|^q + |g|^q$, denn für $|f(x)| = \infty$ oder $|g(x)| = \infty$ ist die zweite Ungleichung richtig, und für alle $r, s \in \mathbb{R}^+$ ist $(r + s)^q \leq r^q + s^q$:

Sei o. B. d. A. $r \neq 0$. Dann ist $\left(1 + \frac{s}{r}\right)^q \leq 1 + \left(\frac{s}{r}\right)^q$ zu zeigen. Für $s = 0$ stimmen beide Seiten überein, und für die Ableitungen der Funktionen

$$\varphi : \begin{cases} \mathbb{R}^+ \longrightarrow \mathbb{R} \\ x \longmapsto (1 + x)^q, \end{cases} \qquad \psi : \begin{cases} \mathbb{R}^+ \longrightarrow \mathbb{R} \\ x \longmapsto 1 + x^q \end{cases}$$

gilt $\varphi'(x) = \frac{q}{(1+x)^{1-q}} < \frac{q}{x^{1-q}} = \psi'(x)$ für jedes $x > 0$.

Es folgt daher durch Integration

$$\int \left(|f + g|^{q-1}\right)^{q/(q-1)} \leq \int |f|^q + \int |g|^q < \infty,$$

also $|f + g|^{q-1} \in \mathcal{L}^{q/(q-1)}(X, \mathcal{A}, \mu)$.

Die zu begründende Ungleichung ist für $\|\widetilde{f} + \widetilde{g}\|_q = 0$ wegen $f + g =_\mu 0$, also $f =_\mu 0 =_\mu g$, richtig. Für $\|\widetilde{f} + \widetilde{g}\|_q > 0$ erhält man mit $r := \frac{q}{q-1}$

$$\begin{aligned}\int |f+g|^q &= \int |f+g|\,|f+g|^{q-1}\\ &= \int |f|\,|f+g|^{q-1} + \int |g|\,|f+g|^{q-1} \qquad [\![\, f \geq_\mu 0,\ g \geq_\mu 0\,]\!]\\ &\geq \|\widetilde{f}\|_q \Big(\int (|f+g|^{q-1})^r\Big)^{1/r} + \|\widetilde{g}\|_q \Big(\int (|f+g|^{q-1})^r\Big)^{1/r} \qquad [\![\,\mathrm{A}\ 6\,]\!]\\ &= (\|\widetilde{f}\|_q + \|\widetilde{g}\|_q)\Big(\int |f+g|^q\Big)^{(q-1)/q},\end{aligned}$$

also $\left(\int |f+g|^q\right)^{1/q} \geq \|\widetilde{f}\|_q + \|\widetilde{g}\|_q$.

(c) $\|\widetilde{f} + \widetilde{g}\|_q^q \leq \|\widetilde{f}\|_q^q + \|\widetilde{g}\|_q^q$, $\|k\widetilde{f}\|_q^q \leq \|\widetilde{f}\|_q^q$ für jedes $k \in \mathbb{R}$, $|k| \leq 1$:

Es ist $|kf|^q \leq |f|^q$ und wie in (b) begründet $|f + g|^q \leq |f|^q + |g|^q$, Integration liefert daher die gewünschte Ungleichung.

(d) Die Funktion

$$\nu_q : \begin{cases} L^q(X, \mathcal{A}, \mu) \longrightarrow \mathbb{R}^+ \\ \widetilde{f} \longmapsto \|\widetilde{f}\|_q^q \end{cases}$$

ist eine Pseudonorm auf $L^q(X, \mathcal{A}, \mu)$ $[\![\,(\mathrm{c})\,]\!]$,

$$d_q : \begin{cases} L^q(X, \mathcal{A}, \mu) \times L^q(X, \mathcal{A}, \mu) \longrightarrow \mathbb{R}^+ \\ (\widetilde{f}, \widetilde{g}) \longmapsto \|\widetilde{f} - \widetilde{g}\|_q^q \end{cases}$$

eine translationsinvariante Metrik $[\![\, d_q = d_{\nu_q}$, (2.5,8) (a) $]\!]$.

Nach 5.4-3 ist über Maßräumen $(X, \mathcal{A}, \mu)$, $\mu(X) < \infty$, die Funktion

$$\mathrm{id}_{L^r(X,\mathcal{A},\mu)} : \begin{cases} L^r(X, \mathcal{A}, \mu) \longrightarrow L^q(X, \mathcal{A}, \mu) \\ \widetilde{f} \longmapsto \widetilde{f} \end{cases}$$

für alle $q, r \in \,]0, \infty]$, $r \geq q$, wohldefiniert. Für $r \geq q \geq 1$ sind diese Einbettungen sogar stetig (vgl. auch 2.4, A 14 und Abschnitt 6.1, Seite 447), genauer

Satz 5.4-8

$(X, \mathcal{A}, \mu)$ sei ein Maßraum, $\mu(X) < \infty$, $q, r \in [1, \infty]$, $r > q$. Die Einbettungen $\mathrm{id}_{L^r(X,\mathcal{A},\mu)} : L^r(X, \mathcal{A}, \mu) \longrightarrow L^q(X, \mathcal{A}, \mu)$ sind stetig (bzgl. $(\tau_{\|\ \|_r}, \tau_{\|\ \|_q})$), und es gilt:

(a) $\forall\, \widetilde{h} \in L^r(X, \mathcal{A}, \mu)$: $\|\widetilde{h}\|_q \leq \mu(X)^{(r-q)/(qr)} \|\widetilde{h}\|_r$ *für $r < \infty$*

(b) $\forall\, \widetilde{h} \in L^\infty(X, \mathcal{A}, \mu)$: $\|\widetilde{h}\|_q \leq \mu(X)^{1/q} \|\widetilde{h}\|_\infty$ *für $r = \infty$.*

Beweis

Die Stetigkeit von $\mathrm{id}_{L^r(X,\mathcal{A},\mu)}$ folgt mit (a) bzw. (b) aus 2.4, A 14.

Zu (a) Für $q' := r/q$, $r' := r/(r-q)$ gilt $(1/q') + (1/r') = 1$, nach der Hölder-Ungleichung 5.4-5 somit

$$\int |fg| \leq \|\widetilde{f}\|_{q'} \|\widetilde{g}\|_{r'} = \Big(\int |f|^{r/q}\Big)^{q/r} \Big(\int |g|^{r/(r-q)}\Big)^{(r-q)/r}$$

für alle $\widetilde{f} \in L^{q'}(X,\mathcal{A},\mu)$, $\widetilde{g} \in L^{r'}(X,\mathcal{A},\mu)$, speziell mit $g = 1$, $f := |h|^q$ $[\![\, \mu(X) < \infty! \,]\!]$

$$\|\widetilde{h}\|_q^q = \int |h|^q = \int |f| \leq \Big(\int |f|^{r/q}\Big)^{q/r} \mu(X)^{(r-q)/r} = \mu(X)^{(r-q)/r} \Big(\int |h|^r\Big)^{q/r},$$

also $\|\widetilde{h}\|_q \leq \mu(X)^{(r-q)/(qr)} \|\widetilde{h}\|_r$.

Zu (b) Es ist nach 5.4-1 (a)

$$\|\widetilde{h}\|_q = \Big(\int |h|^q\Big)^{1/q} \leq \big((\operatorname{wes\,sup}|h|^q)\mu(X)\big)^{1/q} = \|\widetilde{h}\|_\infty \mu(X)^{1/q}.$$ □

Neben der Hölder- und Minkowski-Ungleichung sind auch die Tschebyscheff- $[\![$ A 7 $]\!]$ und Jensen-Ungleichung von großer Bedeutung:

Satz 5.4-9 (Jensen-Ungleichung für Integrale, 1906)

$(X,\mathcal{A},\mu)$ sei ein Maßraum, $\mu(X) = 1$, $f \in \mathcal{L}^1(X,\mathcal{A},\mu)$, $a, b \in \mathbb{R}$, $a < b$, $f[X] \subseteq\,]a,b[$. Für jede konvexe Funktion $\varphi :]a,b[\longrightarrow \mathbb{R}$ gilt

$$\varphi\Big(\int f\Big) \leq \int \varphi \circ f.$$

Beweis

Wegen $\mu(X) = 1$ ist $I := \int f \in\,]a,b[$, denn $a \leq \int f \leq b$ folgt nach 5.3-4 (e), und für $\int f = b$ würde $\int(b-f) = 0$, also $b =_\mu f$ folgen $[\![$ 5.3-1 (b) (i) $]\!]$ (entsprechend $a =_\mu f$ für $\int f = a$). Man setze

$$s := \sup\Big\{ \frac{\varphi(I) - \varphi(t)}{I - t} \;\Big|\; t \in\,]a, I[\Big\};$$

für jedes $t \in\,]a, I]$ ist dann $\varphi(I) - \varphi(t) \leq (I-t)s$. Die Ungleichung $\varphi(I) - \varphi(r) \leq (I-r)s$ gilt auch für jedes $r \in\,]I,b[$:

Zunächst ist

$$\frac{\varphi(I) - \varphi(t)}{I - t} \leq \frac{\varphi(r) - \varphi(t)}{r - t} \leq \frac{\varphi(r) - \varphi(I)}{r - I} \tag{1}$$

für alle $t \in]a, I[$, $r \in]I, b[$, denn wegen $\frac{I-t}{r-t} + \frac{r-I}{r-t} = 1$, $\frac{I-t}{r-t}r + \frac{r-I}{r-t}t = I$ und der Konvexität von φ ist

$$\varphi(I) \leq \frac{I-t}{r-t}\varphi(r) + \frac{r-I}{r-t}\varphi(t),$$

woraus $\frac{\varphi(I)-\varphi(t)}{I-t} \leq \frac{\varphi(r)-\varphi(t)}{r-t}$ und weiter $\frac{r-t}{r-I}\varphi(I) \leq \frac{I-t}{r-I}\varphi(r)+\varphi(t)$ folgt. Die zweite der letzten beiden Ungleichungen ergibt

$$\varphi(t) \geq \frac{r-t}{r-I}\varphi(I) + \varphi(r) - \frac{r-t}{r-I}\varphi(r) = \frac{r-t}{r-I}(\varphi(I) - \varphi(r)) + \varphi(r),$$

also

$$\frac{\varphi(t) - \varphi(r)}{r-t} \geq \frac{\varphi(I) - \varphi(r)}{r-I} \tag{2}$$

und somit $\frac{\varphi(r)-\varphi(t)}{r-t} \leq \frac{\varphi(r)-\varphi(I)}{r-I}$. Insgesamt folgt

$$\varphi(I) - \varphi(\xi) \leq (I - \xi)s \quad \text{für jedes } \xi \in]a, b[, \tag{3}$$

speziell $\varphi(I) - \varphi(f(x)) \leq (I - f(x))s$, also $\varphi(f(x)) \geq \varphi(I) + (f(x) - I)s$ für jedes $x \in X$. Gem. 2.4-20.2 ist φ stetig und damit Borel-meßbar ⟦(5.2,1) (a)⟧. Da die Funktion $\varphi(I) + (f - I)s$ nach Voraussetzung μ-summierbar ist, existiert das μ-Integral von $\varphi \circ f \in \mathcal{L}^0(X, \mathcal{A})$ ⟦5.2, A 1 (d)⟧ und $\int \varphi \circ f \geq \int(\varphi(I) + (f - I)s)$ ⟦Aus $(\varphi \circ f)^+ \geq (\varphi(I) + (f - I)s)^+$ und $(\varphi \circ f)^- \leq (\varphi(I) + (f - I)s)^-$ folgt $\int \varphi \circ f = \int(\varphi \circ f)^+ - \int(\varphi \circ f)^- \geq \int(\varphi(I) + (f - I)s)^+ - \int(\varphi(I) + (f - I)s)^- = \int(\varphi(I) + (f - I)s)$ gem. 5.3-1 (b)⟧. Man erhält

$$\begin{aligned}\int \varphi \circ f &\geq \int \varphi(I) + s\int(f - I) = \varphi(I)\mu(X) + s\Big(\int f - I\mu(X)\Big)\\ &= \varphi(I) = \varphi\Big(\int f\Big).\end{aligned}$$

□

Korollar 5.4-9.1

$(X, \mathcal{A}, \mu)$ sei ein Maßraum, $\mu(X) = 1$, $f \in \mathcal{L}^1(X, \mathcal{A}, \mu)$, $a, b \in \mathbb{R}$, $a < b$, $f[X] \subseteq]a, b[$ und $\varphi :]a, b[\longrightarrow \mathbb{R}$ streng konvex, *d. h.*

$$\forall\, x, y \in]a, b[\ \forall\, r \in]0, 1[:\ x \neq y \Rightarrow \varphi(rx + (1 - r)y) < r\varphi(x) + (1 - r)\varphi(y).$$

Es gilt

Äq (i) $\varphi(\int f) = \int \varphi \circ f$

(ii) $f =_\mu \int f$ *(konstant).*

Beweis

Wie im Beweis zu 5.4-9 sei $I := \int f$ und $s := \sup\{ \frac{\varphi(I)-\varphi(t)}{I-t} \mid t \in]a, I[\}$. Wegen der strengen Konvexität von φ gilt in der Ungleichungskette (1) im Beweis zu 5.4-9 jeweils das strenge Ungleichheitszeichen

$$\frac{\varphi(I)-\varphi(t)}{I-t} < \frac{\varphi(r)-\varphi(t)}{r-t} < \frac{\varphi(r)-\varphi(I)}{r-I}$$

für alle $a < t < I < r < b$. Entsprechend erhält man für $a < \xi < t < I < b$

$$\frac{\varphi(I)-\varphi(\xi)}{I-\xi} < \frac{\varphi(I)-\varphi(t)}{I-t} \leq s$$

und für $a < I < r < \xi < b,\ t \in \,]a, I[$

$$\frac{\varphi(I)-\varphi(t)}{I-t} < \frac{\varphi(r)-\varphi(I)}{r-I} < \frac{\varphi(\xi)-\varphi(I)}{\xi-I},$$

also

$$s \leq \frac{\varphi(r)-\varphi(I)}{r-I} < \frac{\varphi(\xi)-\varphi(I)}{\xi-I}.$$

In (3) ist daher die Gleichung genau für $\xi = I$ richtig, speziell gilt somit $\varphi(f(x)) = \varphi(I) + (f(x) - I)s$ genau dann, wenn $f(x) = I = \int f$ erfüllt ist.

Wegen $\varphi \circ f \geq \varphi(I) + (f - I)s$ folgt mit 5.3-1 (b) (i) aus (i) $\varphi \circ f =_\mu \varphi(I) + (f - I)s$, also $f =_\mu I = \int f$ 〚s. o.〛.

Umgekehrt ergibt sich aus (ii) $\varphi \circ f =_\mu \varphi\big(\int f\big)$ und nach 5.3-4 (e)

$$\int \varphi \circ f = \int \varphi\Big(\int f\Big) = \varphi\Big(\int f\Big)\mu(X) = \varphi\Big(\int f\Big). \qquad \square$$

Beispiele (5.4,3)

(a) Die Exponentialfunktion

$$\exp : \begin{cases} \mathbb{R} \longrightarrow \mathbb{R}^+ \\ x \longmapsto e^x \end{cases}$$

ist streng konvex.

Sind $q, q' \in \mathbb{R},\ q > 1,\ (1/q) + (1/q') = 1,\ a, b \in \mathbb{R}^+$, so gilt $a^{1/q} b^{1/q'} \leq (a/q) + (b/q')$, wobei Gleichheit genau für $a = b$ eintritt (vgl. 1.1-2 für einen anderen Beweis):

O. B. d. A. seien $a, b > 0$. Dann folgt

$$a^{1/q} b^{1/q'} = \exp\Big(\frac{1}{q}\ln a + \frac{1}{q'}\ln b\Big) \leq \frac{1}{q}\exp \circ \ln a + \frac{1}{q'}\exp \circ \ln b = \frac{a}{q} + \frac{b}{q'}$$

und wegen der strengen Konvexität von exp Gleichheit genau für $a = b$ (ln ist der Logarithmus naturalis!).

(b) Sei $(X, \mathcal{A}, \mu)$ ein Maßraum, $\mu(X) = 1,\ \ a, b \in \mathbb{R},\ \ 0 < a < b,\ \ f : X \longrightarrow \,]a, b[$, $f \in \mathcal{L}^0(X, \mathcal{A})$. Ist $\ln \circ f \in \mathcal{L}^1(X, \mathcal{A}, \mu)$, so gilt

$$\exp\Big(\int \ln \circ f\Big) \leq \int f :$$

exp ist (streng) konvex, und mit der Jensen-Ungleichung folgt

$$\exp\Big(\int \ln\circ f\Big) \leq \int \exp\circ\ln\circ f = \int f.$$

Zur weiteren Untersuchung der normierten $\mathbb{R}$-Vektorräume $(L^q(X,\mathcal{A},\mu), \|\ \|_q)$ für $q \geq 1$ sei zunächst vermerkt, daß für $q = 2$ ein Skalarprodukt $\langle\ \rangle_2$ auf $L^2(X,\mathcal{A},\mu)$ existiert, das $\|\ \|_2$ induziert:

Beispiel (5.4,4)

$(X,\mathcal{A},\mu)$ sei ein Maßraum.

$$\langle\ \rangle_2 : \begin{cases} L^2(X,\mathcal{A},\mu)\times L^2(X,\mathcal{A},\mu) \longrightarrow \mathbb{R} \\ (\widetilde{f},\widetilde{g}) \longmapsto \int fg \end{cases}$$

ist ein Skalarprodukt auf $L^2(X,\mathcal{A},\mu)$ mit $\|\ \|_{\langle\ \rangle_2} = \|\ \|_2$ (s. Abschnitt 1.1):

Es seien $\widetilde{f}, \widetilde{g}, \widetilde{h} \in L^2(X,\mathcal{A},\mu)$ und $r \in \mathbb{R}$.

(S-1): Ist $\widetilde{f} \neq \widetilde{0}$, so folgt $\langle\widetilde{f},\widetilde{f}\rangle_2 = \int|f|^2 > 0$.

(S-2): $\langle\widetilde{f},\widetilde{g}\rangle_2 = \int fg = \int gf = \langle\widetilde{g},\widetilde{f}\rangle_2$

(S-3): $\langle\widetilde{f}+\widetilde{g},\widetilde{h}\rangle_2 = \int(f+g)h = \int fh + \int gh = \langle\widetilde{f},\widetilde{h}\rangle_2 + \langle\widetilde{g},\widetilde{h}\rangle_2$

(S-4): $\langle r\widetilde{f},\widetilde{g}\rangle_2 = \langle\widetilde{rf},\widetilde{g}\rangle_2 = \int rfg = r\int fg = r\langle\widetilde{f},\widetilde{g}\rangle_2$

Darüber hinaus ist $\|\widetilde{f}\|_{\langle\ \rangle_2} = \big(\int|f|^2\big)^{1/2} = \|\widetilde{f}\|_2$.

Für $q \neq 2$ existiert gewöhnlich kein die L^q-Norm $\|\ \|_q$ induzierendes Skalarprodukt ⟦ A 10 ⟧. Wie für $q = 1$ (vgl. die Anmerkung im Anschluß an (5.3,2)) kann mit $\mathcal{L}^q_{\mathbb{R}}(X,\mathcal{A},\mu)$ auch der $\mathbb{C}$-Vektorraum

$$\mathcal{L}^q_{\mathbb{C}}(X,\mathcal{A},\mu) := \{\, f \in \mathcal{L}^0_{\mathbb{C}}(X,\mathcal{A}) \mid \operatorname{Re} f, \operatorname{Im} f \in \mathcal{L}^q_{\mathbb{R}}(X,\mathcal{A},\mu)\,\}$$

für jedes $q \in\,]0,\infty]$ definiert werden. Es gilt dann ⟦ A 11 ⟧

$$\mathcal{L}^q_{\mathbb{C}}(X,\mathcal{A},\mu) = \big\{\, f \in \mathcal{L}^0_{\mathbb{C}}(X,\mathcal{A}) \;\big|\; |f|^q\ \mu\text{-summierbar}\,\big\} \quad \text{für } q < \infty$$

und

$$\mathcal{L}^\infty_{\mathbb{C}}(X,\mathcal{A},\mu) = \{\, f \in \mathcal{L}^0_{\mathbb{C}}(X,\mathcal{A}) \mid \operatorname{wes\,sup}|f| < \infty\,\}.$$

Setzt man $L^q_{\mathbb{C}}(X,\mathcal{A},\mu) := \mathcal{L}^q_{\mathbb{C}}(X,\mathcal{A},\mu)/=_\mu$, so wird durch

$$\|\ \|_q : \begin{cases} L^q_{\mathbb{C}}(X,\mathcal{A},\mu) \longrightarrow \mathbb{R}^+ \\ \widetilde{f} \longmapsto \big(\int|f|^q\big)^{1/q} \end{cases} \quad \text{für } q \in [1,\infty[\text{ bzw.}$$

$$\|\ \|_\infty : \begin{cases} L^\infty_{\mathbb{C}}(X,\mathcal{A},\mu) \longrightarrow \mathbb{R}^+ \\ \widetilde{f} \longmapsto \operatorname{wes\,sup}|f| \end{cases}$$

eine Norm auf $L^q_{\mathbb{C}}(X, \mathcal{A}, \mu)$ erklärt. Für $q = 2$ ist

$$\langle\,\rangle_2 : \begin{cases} L^2_{\mathbb{C}}(X, \mathcal{A}, \mu) \times L^2_{\mathbb{C}}(X, \mathcal{A}, \mu) \longrightarrow \mathbb{C} \\ (\widetilde{f}, \widetilde{g}) \longmapsto \int f\overline{g} \end{cases}$$

ein Skalarprodukt, das die Norm $\|\ \|_2$ induziert ⟦Beweis wie in (5.4,4), wobei (S-2) aus $\langle \widetilde{f}, \widetilde{g} \rangle_2 = \int f\overline{g} = \int \overline{\overline{f}g} = \overline{\int \overline{f}g} = \overline{\langle \widetilde{g}, \widetilde{f} \rangle_2}$ nach Definition des Integrals folgt.⟧. Ist $q \neq 2$, so existiert i. a. kein die Norm $\|\ \|_q$ induzierendes Skalarprodukt ⟦A 10⟧.

Der folgende Vollständigkeitssatz wurde 1907 für $q = 2$ und 1910 für beliebige $q \in [1, \infty]$ bewiesen:

Satz 5.4-10 (Fischer, Riesz, 1907)

$(X, \mathcal{A}, \mu)$ sei ein Maßraum, $1 \leq q \leq \infty$. $(L^q(X, \mathcal{A}, \mu), \|\ \|_q)$ ist ein Banach-Raum (über $\mathbb{R}$).

Beweis

Es sei $\left(\widetilde{f_j}\right)_j \in L^q(X, \mathcal{A}, \mu)^{\mathbb{N}}$, o. B. d. A. $f_j : X \longrightarrow \mathbb{R}$ für jedes $j \in \mathbb{N}$ ⟦5.3-3⟧, $M := \sum_{j=0}^{\infty} \|\widetilde{f_j}\|_q < \infty$. Nach 3.5-6 ist die Konvergenz der Reihe $\sum_{j=0}^{\infty} \widetilde{f_j}$ in $(L^q(X, \mathcal{A}, \mu), \|\ \|_q)$ zu beweisen. Dieses geschieht in zwei Schritten:

$$\sum_{j=0}^{\infty} f_j \xrightarrow[\mu\text{-f.ü.}]{} f \text{ und } \|\widetilde{f}\|_q \leq M \quad \text{für ein } f \in \mathcal{L}^q(X, \mathcal{A}, \mu) \tag{1}$$

$$\sum_{j=0}^{\infty} \widetilde{f_j} = \widetilde{f} \quad (\text{bzgl. } \|\ \|_q). \tag{2}$$

Für jedes $k \in \mathbb{N}$ setze man $F_k := \sum_{j=0}^{k} |f_j| \in \mathcal{L}^q(X, \mathcal{A}, \mu)$ und definiere $F : X \longrightarrow \mathbb{R}^+ \cup \{\infty\}$ durch $(F_k)_k \xrightarrow[\tau^{**}_{|\,|}\text{-pktw.}]{} F$. Gem. 5.2-2.1 (a) ist F Borel-meßbar, d. h. $F \in \mathcal{L}^0(X, \mathcal{A})$. Der Minkowski-Ungleichung 5.4-7 zufolge gilt

$$\forall\, k \in \mathbb{N}\colon\ \|\widetilde{F_k}\|_q \leq \sum_{j=0}^{k} \|\widetilde{f_j}\|_q \leq M < \infty. \tag{$*$}$$

Für $q = \infty$ folgt hieraus $F \leq_\mu M$, etwa $\{x \in X \mid F(x) > M\} \subseteq A \in \mathcal{A}_0$, die Reihe $\sum_{j=0}^{\infty} f_j(x)$ ist daher für jedes $x \in X \backslash A$ absolut konvergent, also konvergent in $(\mathbb{R}, \tau_{|\,|})$. Sei $f : X \longrightarrow \mathbb{R}$ definiert durch

$$f(x) := \begin{cases} \sum_{j=0}^{\infty} f_j(x) & \text{für } x \in X \backslash A \\ 0 & \text{sonst.} \end{cases}$$

Nach 5.2-2 (d) und 5.2, A 5 ist $f \in \mathcal{L}^0(X, \mathcal{A})$. Darüber hinaus gilt $\|\widetilde{f}\|_\infty \leq M$:

Sei $\varepsilon > 0$. Für jedes $x \in X \backslash A$ wähle man ein $k_\varepsilon(x) \in \mathbb{N}$ mit $\left|\sum_{j=k_\varepsilon(x)+1}^{\infty} f_j(x)\right| < \varepsilon$, also

$$|f(x)| \leq \left|\sum_{j=k_\varepsilon(x)+1}^{\infty} f_j(x)\right| + \left|\sum_{j=0}^{k_\varepsilon(x)} f_j(x)\right| < \varepsilon + \sum_{j=0}^{k_\varepsilon(x)} |f_j(x)|$$
$$\leq \varepsilon + F_{k_\varepsilon(x)}(x) \underset{\mu}{\leq} \varepsilon + \left\|\widetilde{F_{k_\varepsilon(x)}}\right\|_\infty \leq \varepsilon + M$$

⟦gem. 5.4-1 (a) und $(*)$⟧. Es folgt $|f| \leq_\mu \varepsilon + M$ und daher $\|\widetilde{f}\|_\infty \leq \varepsilon + M$ für jedes $\varepsilon > 0$, also $\|\widetilde{f}\|_\infty \leq M$. Damit ist $\widetilde{f} \in L^\infty(X, \mathcal{A}, \mu)$ und (1) für $q = \infty$ bewiesen.

Sei $1 \leq q < \infty$. Nach Lebesgues Satz von der monotonen Konvergenz 5.3-2.1 und $(*)$ gilt

$$\int F^q = \int \lim_k F_k^q = \lim_k \int F_k^q \leq \lim_k M^q = M^q,$$

also $F^q \in \mathcal{L}^1(X, \mathcal{A}, \mu)$. Gem. 5.3-3 ist

$$A := \{\, x \in X \mid F(x) = \infty \,\} = \{\, x \in X \mid F^q(x) = \infty \,\} \in \mathcal{A}_0,$$

die Reihe $\sum_{j=0}^{\infty} f_j(x)$ somit für jedes $x \in X \backslash A$ absolut konvergent in $(\mathbb{R}, \tau_{|\,|})$. Sei $f : X \longrightarrow \mathbb{R}$ definiert durch

$$f(x) := \begin{cases} \sum_{j=0}^{\infty} f_j(x) & \text{für } x \in X \backslash A \\ 0 & \text{sonst.} \end{cases}$$

Nach 5.2-2 (d) und 5.2, A 5 ist $f \in \mathcal{L}^0(X, \mathcal{A})$. Darüber hinaus gilt $f \in \mathcal{L}^q(X, \mathcal{A}, \mu)$, $\|\widetilde{f}\|_q \leq M$:

Für jedes $k \in \mathbb{N},\ x \in X$ ist $\left|\sum_{j=0}^{k} f_j(x)\right|^q \leq \left(\sum_{j=0}^{k} |f_j(x)|\right)^q = F_k(x)^q \leq F(x)^q$, nach dem Lebesgueschen Konvergenzsatz 5.3-6 folgt daher $|f|^q \in \mathcal{L}^1(X, \mathcal{A}, \mu)$, also $f \in \mathcal{L}^q(X, \mathcal{A}, \mu)$, und $\int |f|^q = \lim_k \int \left|\sum_{j=0}^{k} f_j\right|^q \leq \lim_k \int F^q = \int F^q \leq M^q$.

Zur Bestätigung der Gleichung (2) setze man zunächst $f_j^* := f_j \chi_{X \backslash A}$ für jedes $j \in \mathbb{N}$. Dann gilt $f_j^* =_\mu f_j$ (also $\widetilde{f_j^*} = \widetilde{f_j}$) und $f(x) = \sum_{j=0}^{\infty} f_j^*(x)$ für alle $x \in X,\ j \in \mathbb{N}$. Zu $\varepsilon > 0$ sei $k \in \mathbb{N}$ gewählt mit $\sum_{j=k+1}^{r} \|\widetilde{f_j}\|_q < \varepsilon$ für jedes $r \in \mathbb{N},\ r \geq k+1$. Für $q = \infty,\ x \in X \backslash A$ erhält man für jedes $l \geq k$

$$\left|f(x) - \sum_{j=0}^{l} f_j(x)\right| = \lim_r \left|\sum_{j=l+1}^{r} f_j^*(x)\right| \leq \lim_r \sum_{j=k+1}^{r} |f_j^*(x)|,$$

wegen $|f_j^*| \leq_\mu \operatorname{wes\,sup}|f_j^*| = \left\|\widetilde{f_j^*}\right\|_\infty = \left\|\widetilde{f_j}\right\|_\infty$ ⟦5.4-1 (a)⟧ somit

$$\left\|\widetilde{f} - \sum_{j=0}^{l} \widetilde{f_j}\right\|_\infty \leq \lim_r \sum_{j=k+1}^{r} \left\|\widetilde{f_j}\right\|_\infty \leq \varepsilon,$$

und für $1 \leq q < \infty$ folgt

$$\left\|\widetilde{f} - \sum_{j=0}^{l} \widetilde{f_j}\right\|_q^q = \int \left|f - \sum_{j=0}^{l} f_j^*\right|^q = \int \lim_r \left|\sum_{j=l+1}^{r} f_j^*\right|^q$$

$$\leq \liminf_r \int \left|\sum_{j=l+1}^{r} f_j^*\right|^q \qquad [\![5.3\text{-}2]\!]$$

$$= \liminf_r \left\|\sum_{j=l+1}^{r} \widetilde{f_j}\right\|_q^q \leq \liminf_r \left(\sum_{j=l+1}^{r} \left\|\widetilde{f_j}\right\|_q\right)^q \leq \varepsilon^q.$$

□

Aus dem Beweis zu 5.4-10 ergibt sich noch

Korollar 5.4-10.1 (Verallgemeinerte Minkowski-Ungleichung)

$(X, \mathcal{A}, \mu)$ sei ein Maßraum, $1 \leq q \leq \infty$, $\left(\widetilde{f_j}\right)_j \in L^q(X, \mathcal{A}, \mu)^{\mathbb{N}}$, $\sum_{j=0}^{\infty}\left\|\widetilde{f_j}\right\|_q < \infty$. Dann existiert ein $\widetilde{f} \in L^q(X, \mathcal{A}, \mu)$ mit $\sum_{j=0}^{\infty} f_j =_\mu f$, $\sum_{j=0}^{\infty} \widetilde{f_j} = \widetilde{f}$ (bzgl. $\|\ \|_q$) und

$$\left\|\sum_{j=0}^{\infty} \widetilde{f_j}\right\|_q \leq \sum_{j=0}^{\infty} \left\|\widetilde{f_j}\right\|_q.$$

□

Völlig analog (mit $\mathbb{C}$ anstelle von $\mathbb{R}$) zum Beweis von 5.4-10 zeigt man

Korollar 5.4-10.2 (Fischer, Riesz)

$(X, \mathcal{A}, \mu)$ sei ein Maßraum, $1 \leq q \leq \infty$. $(L_{\mathbb{C}}^q(X, \mathcal{A}, \mu), \|\ \|_q)$ ist ein Banach-Raum (über $\mathbb{C}$). □

Verwendet man im Beweis zu 5.4-10 anstelle von $\|\ \|_q^q$ die Pseudonorm ν_q und für 3.5-6 die Aufgabe 3.5, A 9 in Verbindung mit 3.3-6, so erhält man

Korollar 5.4-10.3

$(X, \mathcal{A}, \mu)$ sei ein Maßraum, $q \in\,]0, 1[$. $(L^q(X, \mathcal{A}, \mu), d_{\nu_q})$ ist vollständig. □

Als vollständiger normierter Vektorraum kann $(L^q(X, \mathcal{A}, \mu), \|\ \|_q)$ für $q \in [1, \infty]$ u. U. für Vervollständigungszwecke verwendet werden. So läßt sich beispielsweise das Vervollständigungsproblem für $(C_{\mathbb{R}}([a, b]), \|\ \|_q)$, $1 \leq q < \infty$ lösen (vgl. (3.1,2) (d) und (3.2,3)):

Beispiele (5.4,5)

(a) Für $q, a, b \in \mathbb{R},\ a < b,\ q \geq 1,$

$$\hat{\imath} : \begin{cases} C_{\mathbb{R}}([a,b]) \longrightarrow L^q([a,b],\ldots) \\ f \longmapsto \widetilde{f} \end{cases}$$

ist $\big((L^q([a,b],\ldots), \|\ \|_q), \hat{\imath}\big)$ eine Vervollständigung des normierten $\mathbb{R}$-Vektorraums $(C_{\mathbb{R}}([a,b]), \|\ \|_q)$:

$\hat{\imath}$ ist wohldefiniert, denn für jedes $f \in C_{\mathbb{R}}([a,b])$ gilt $f \in \mathcal{L}^0([a,b], \Lambda|[a,b])$ ⟦(5.2,1) (a)⟧, $\int |f|^q \leq (b-a) \sup |f|^q < \infty$ ⟦5.3-1 (b) (iii), (5.1,4) (a) (ii)⟧. Darüber hinaus ist die Einbettung $\hat{\imath}$ normerhaltend, weil Riemann- und Lebesgue-Integral von f übereinstimmen ⟦(5.3,2) (a), (b)⟧, $\int |f|^q = \int_a^b |f(x)|^q \,\mathrm{d}x$, also $\|f\|_q = \|\widetilde{f}\|_q$.

Wegen 5.4-10 bleibt nur die Dichtigkeit von $\hat{\imath}\big[C_{\mathbb{R}}([a,b])\big]$ in $\big(L^q([a,b],\ldots), \tau_{\|\ \|_q}\big)$ nachzurechnen :

Sei $\widetilde{f} \in L^q([a,b],\ldots)$, o. B. d. A. $f : [a,b] \longrightarrow \mathbb{R}$, und $\varepsilon > 0$. Nach 5.3, A 12 gibt es ein $\delta \in \,]0, b-a[$, so daß

$$\int_A |f|^q < \frac{\varepsilon^q}{2^{q+1}}$$

für jedes $A \in \Lambda|[a,b]$ mit $\lambda(A) < \delta$ gilt. Der Satz von Lusin 5.2-5 sichert die Existenz eines Kompaktums $A \in \mathcal{K}_{\tau_{|\ |}|[a,b]}$ mit $\lambda([a,b] \backslash A) < \delta$ und $f \restriction A \in C(A, \mathbb{R})$; speziell gilt

$$\int_{[a,b] \backslash A} |f|^q < \frac{\varepsilon^q}{2^{q+1}}.$$

Die behauptete Approximationsmöglichkeit von $\widetilde{f}$ ist daher gegeben, wenn $f \restriction A$ auf geeignete Weise stetig auf $[a,b]$ fortgesetzt werden kann. Für $A = [a,b]$ kann $\hat{\imath}(f)$ als $\widetilde{f}$ approximierendes Element dienen. Ist $A \neq [a,b]$, so sei $F \in C([a,b], \mathbb{R})$ gem. dem Tietze-Urysohnschen Fortsetzungssatz 2.5-11 erst einmal überhaupt eine stetige Fortsetzung von $f \restriction A$. Man kann nun F so zu einer stetigen Funktion F^* auf $[a,b]$ verändern, daß $\|\widetilde{F^*} - \widetilde{f}\|_q < \varepsilon$ gilt (vgl. Abb. 5.4-1):

Sei $M := \max_{[a,b]}\{1, |F|^q\}$ und $P := [a,b] \backslash A$. Gem. 2.3-5 existiert eine abzählbare Menge $\{\,]a'_j, b'_j[\ \mid\ j \in N'\,\}$ ($\emptyset \neq N' \subseteq \mathbb{N}$) paarweise disjunkter, offener, nichtleerer Intervalle mit $\mathbb{R} \backslash A = \bigcup_{j \in N'}]a'_j, b'_j[$, also

$$P = [a,b] \cap \bigcup_{j \in N'}]a'_j, b'_j[\;=\; \bigcup_{j \in N'} ([a,b] \cap]a'_j, b'_j[).$$

Sei $N := \{ j \in N' \mid [a,b] \cap]a'_j, b'_j[\neq \emptyset \}$ und $I_j := [a,b] \cap]a'_j, b'_j[$ mit den Endpunkten $a_j, b_j,\ a_j < b_j$ für jedes $j \in N$. Man wähle nun eine endliche Teilmenge $N_e \in \mathcal{P}_e N$ so aus, daß

$$\lambda\Big(\bigcup_{j \in N \backslash N_e} I_j \Big) \leq \frac{\varepsilon^q}{2^{q+2} M}$$

gilt ⟦vgl. (5.1,4) (a)⟧. Für jedes $j \in N_e$ sei $\emptyset \neq\,]\alpha_j, \beta_j[\ \subsetneqq I_j$ ein zu I_j konzentrisches

Intervall, also $\varrho_j := \alpha_j - a_j = b_j - \beta_j > 0$, und $F_j : [a_j, b_j] \longrightarrow \mathbb{R}$ definiert durch

$$F_j(x) := \begin{cases} 0 & \text{für } x \in \left]\alpha_j, \beta_j\right[\\ -\frac{F(a_j)}{\varrho_j}x + \frac{F(a_j)}{\varrho_j}\alpha_j & \text{für } x \in [a_j, \alpha_j] \\ \frac{F(b_j)}{\varrho_j}x - \frac{F(b_j)}{\varrho_j}\beta_j & \text{für } x \in [\beta_j, b_j] \end{cases}$$

(vgl. Abb. 5.4-1 für $|N_e| = 2$).

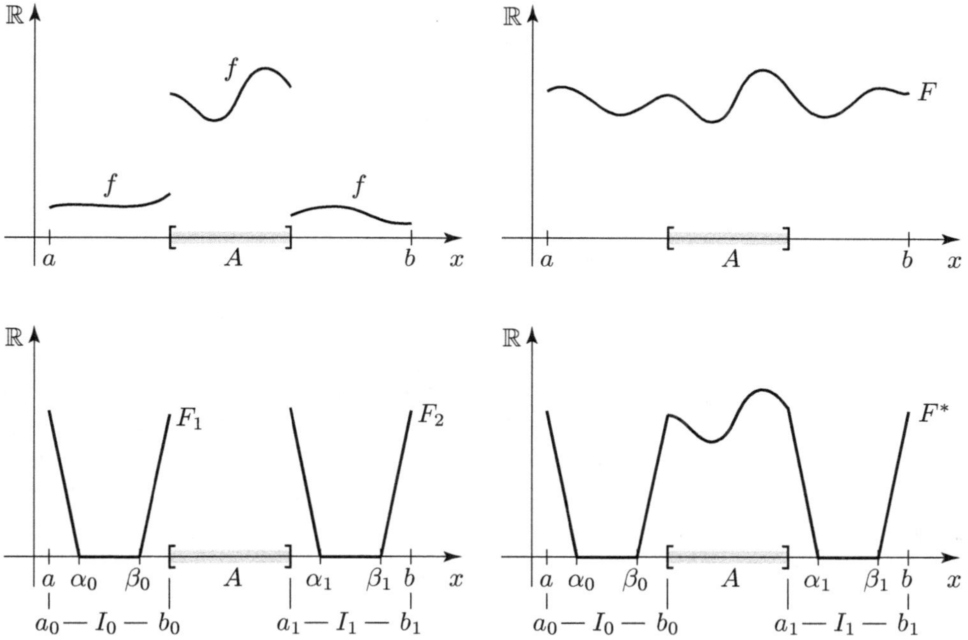

Abbildung 5.4-1

Die zusammengesetzte Funktion $F^* : [a, b] \longrightarrow \mathbb{R}$,

$$F^*(x) := \begin{cases} F(x) & \text{für } x \in [a,b] \setminus \bigcup_{j \in N_e} I_j \\ F_j(x) & \text{für } x \in I_j,\ j \in N_e \end{cases}$$

ist stetig und genügt der Integralabschätzung

$$\begin{aligned} \int_P |F^*|^q &= \int_{P \setminus \bigcup_{j \in N_e} I_j} |F|^q + \int_{\bigcup_{j \in N_e} I_j} |F^*|^q \\ &\leq M\lambda\Big(P \setminus \bigcup_{j \in N_e} I_j\Big) + \sum_{j \in N_e} \int_{I_j} |F^*|^q \qquad [\![\, 5.3\text{-}1 \text{ (b) (iii)}, 5.3\text{-}2.2 \text{ (b)} \,]\!] \\ &\leq M \frac{\varepsilon^q}{2^{q+2}M} + \sum_{j \in N_e} \int_{I_j} |F_j|^q. \end{aligned}$$

Wählt man die konzentrischen Intervalle $]\alpha_j, \beta_j[$ in I_j für alle $j \in N_e$ so groß, daß $\int_{I_j} |F_j|^q < \frac{\varepsilon^q}{2^{q+2}(|N_e|+1)}$ gilt, so folgt weiter

$$\int_P |F^*|^q \leq \frac{\varepsilon^q}{2^{q+2}} + \frac{\varepsilon^q}{2^{q+2}} = \frac{\varepsilon^q}{2^{q+1}}$$

und damit wegen $F^* \restriction A = F \restriction A = f \restriction A$

$$\begin{aligned}\int |f - F^*|^q &= \int_A |f - F^*|^q + \int_P |f - F^*|^q = \int_P |f - F^*|^q \\ &\leq \left(\left(\int_P |f|^q \right)^{1/q} + \left(\int_P |F^*|^q \right)^{1/q} \right)^q \quad [\![\text{5.4-7 für } (P, \Lambda|P, \lambda\restriction(\Lambda|P))]\!] \\ &\leq \left(\left(\frac{\varepsilon^q}{2^{q+1}} \right)^{1/q} + \left(\frac{\varepsilon^q}{2^{q+1}} \right)^{1/q} \right)^q = \frac{\varepsilon^q}{2} < \varepsilon^q,\end{aligned}$$

also $\|\widetilde{f} - \hat{\imath}(F^*)\|_q = \|\widetilde{f} - \widetilde{F^*}\|_q < \varepsilon$.

(b) Mit Hilfe von (a) erhält man für $q \in [1, \infty[$

$$\overline{\{ \widetilde{f} \in L^q(\mathbb{R}, \Lambda, \lambda) \mid f \in C_{\mathbb{R}}(\mathbb{R}) \}}^{\mathcal{T}_{\| \ \|_q}} = L^q(\mathbb{R}, \Lambda, \lambda):$$

Es ist $\mathbb{R} = \bigcup_{m \in \mathbb{Z}} [m, m+1]$ und $\widetilde{f \restriction [m, m+1]} \in L^q([m, m+1], \ldots)$ für jedes $\widetilde{f} \in L^q(\mathbb{R}, \Lambda, \lambda)$, $m \in \mathbb{Z}$. Sei $\widetilde{f} \in L^q(\mathbb{R}, \Lambda, \lambda)$, o. B. d. A. $f : \mathbb{R} \longrightarrow \mathbb{R}$, $\varepsilon > 0$ und gem. (a) $g_m : \mathbb{R} \longrightarrow \mathbb{R}$, $g_m \restriction [m, m+1] \in C_{\mathbb{R}}([m, m+1])$, $g_m \restriction (\mathbb{R} \backslash [m, m+1]) = 0$ mit $\|\widetilde{f \restriction [m, m+1]} - \widetilde{g_m \restriction [m, m+1]}\|_q < \frac{\varepsilon}{2^{|m|+3}}$ (in $(L^q([m, m+1], \ldots), \| \ \|_q)$). Da die zusammengesetzte Funktion $g = \sum_{m \in \mathbb{Z}} g_m = \sum_{m=0}^{\infty} g_m + \sum_{m=-1}^{-\infty} g_m$ i. a. nicht stetig ist, werden die g_m so durch stetige g_m^* ersetzt, daß $\|\widetilde{g_m} - \widetilde{g_m^*}\|_q < \frac{\varepsilon}{2^{|m|+3}}$ gilt:

Für $\delta_m \in]0, \frac{1}{2}[$ definiere man $g_m^* : \mathbb{R} \longrightarrow \mathbb{R}$ durch

$$g_m^*(x) := \begin{cases} g_m(x) & \text{für } x \in \mathbb{R} \backslash ([m, m+\delta_m] \cup [m+1-\delta_m, m+1]) \\ \frac{g_m(m+\delta_m)}{\delta_m} x - \frac{m g_m(m+\delta_m)}{\delta_m} & \text{für } x \in [m, m+\delta_m] \\ -\frac{g_m(m+1-\delta_m)}{\delta_m} x + \frac{(m+1) g_m(m+1-\delta_m)}{\delta_m} & \text{für } x \in [m+1-\delta_m, m+1] \end{cases}$$

und wähle δ_m so klein, daß $\int |g_m - g_m^*|^q < \frac{\varepsilon^q}{2^{(|m|+3)q}}$ gilt. Dann ist die Funktion $g^* := \sum_{m \in \mathbb{Z}} g_m^* \in C_{\mathbb{R}}(\mathbb{R})$, $f - g^* = \sum_{m \in \mathbb{Z}} (f\chi_{[m,m+1[} - g_m^* \chi_{[m,m+1[})$ und

$$\begin{aligned}\|\widetilde{f\chi_{[m,m+1[}} - \widetilde{g_m^*\chi_{[m,m+1[}}\|_q &\leq \|\widetilde{f\chi_{[m,m+1[}} - \widetilde{g_m\chi_{[m,m+1[}}\|_q \\ &\quad + \|\widetilde{g_m\chi_{[m,m+1[}} - \widetilde{g_m^*\chi_{[m,m+1[}}\|_q \\ &< \frac{\varepsilon}{2^{|m|+3}} + \frac{\varepsilon}{2^{|m|+3}} = \frac{\varepsilon}{2^{|m|+2}}\end{aligned}$$

$[\![f\chi_{[m,m+1[} - g_m\chi_{[m,m+1[} =_\lambda f\chi_{[m,m+1]} - g_m$ und $g_m\chi_{[m,m+1[} - g_m^*\chi_{[m,m+1[} =_\lambda g_m - g_m^*$ für alle $m \in \mathbb{Z}]\!]$, also $\sum_{m \in \mathbb{Z}} \|\widetilde{f\chi_{[m,m+1[}} - \widetilde{g^*\chi_{[m,m+1[}}\|_q < \varepsilon$. Nach 5.4-10.1

folgt $\widetilde{f - g^*} \in L^q(\mathbb{R}, \Lambda, \lambda)$, also $\widetilde{g^*} \in L^q(\mathbb{R}, \Lambda, \lambda)$, und

$$\|\widetilde{f} - \widetilde{g^*}\|_q \leq \sum_{m \in \mathbb{Z}} \|\widetilde{f\chi_{[m,m+1[}} - \widetilde{g^*\chi_{[m,m+1[}}\|_q < \varepsilon.$$

Für $q = \infty$ sind die entsprechenden in (5.4,5) beschriebenen Approximationseigenschaften stetiger Funktionen nicht vorhanden. Ist nämlich $I \subseteq \mathbb{R}$ ein Intervall mit unendlich vielen Elementen, $r \in I^{\circ\tau_{|\,|}}$, so gehört $\chi_r := \chi_{\{x \in I | x \leq r\}} \restriction I$ zu $\mathcal{L}^\infty(I, \ldots)$ und für keine Funktion $f \in C_\mathbb{R}(I) \cap \mathcal{L}^\infty(I, \ldots)$ gilt $\|\widetilde{f} - \widetilde{\chi_r}\|_\infty < 1/2$:

Für $f(r) > 1/2$ (bzw. $f(r) < 1/2$) existiert wegen der Stetigkeit von f eine Umgebung $U \in \mathcal{U}_{\tau_{|\,|}}(r) \cap \tau_{|\,|}$, $U \subseteq I$ mit $f \restriction U > 1/2$ (bzw. $f \restriction U < 1/2$), also ist mit $U_+ := \{x \in U \mid x > r\}$, $U_- := \{x \in U \mid x < r\}$ gem. 5.4-1 (a) und A 13

$$\begin{aligned} \operatorname{wes\,sup}|f - \chi_r| &\geq \operatorname{wes\,sup}|(f - \chi_r)\restriction U| \\ &\geq \begin{cases} \operatorname{wes\,sup}|f \restriction U_+| > \frac{1}{2} & \text{für } f(r) > \frac{1}{2} \\ \operatorname{wes\,sup}|(f-1)\restriction U_-| > \frac{1}{2} & \text{für } f(r) < \frac{1}{2}. \end{cases} \end{aligned}$$

Ist $f(r) = 1/2$, so wähle man zu jedem $n \in \mathbb{N}$ ein $V^{(n)} \in \mathcal{U}_{\tau_{|\,|}}(r) \cap \tau_{|\,|}$, $V^{(n)} \subseteq I$, mit $|f(x) - \frac{1}{2}| < 1/(n+1)$ für alle $x \in V^{(n)}$. Mit $V_-^{(n)} := \{x \in V^{(n)} \mid x < r\}$ gilt dann

$$|f(x) - \chi_r(x)| = |f(x) - 1| \geq \frac{1}{2} - \left|f(x) - \frac{1}{2}\right| \geq \frac{1}{2} - \frac{1}{n+1}$$

für jedes $x \in V_-^{(n)}$, also

$$\operatorname{wes\,sup}|f - \chi_r| \geq \operatorname{wes\,sup}|(f - \chi_r)\restriction V_-^{(n)}| \geq \frac{1}{2} - \frac{1}{n+1}.$$

Insgesamt folgt $\|\widetilde{f} - \widetilde{\chi_r}\|_\infty \geq 1/2$.

Die in (5.4,5) (b) gezeigte Approximationsmöglichkeit der Elemente aus $L^q(\mathbb{R}, \Lambda, \lambda)$ für $q \in \mathbb{R}$, $q \geq 1$, durch stetige Funktionen ist für die Analysis in und über $(L^q(\mathbb{R}, \Lambda, \lambda), \|\ \|_q)$ bereits sehr nützlich. Allerdings ist die Menge der stetigen Funktionen in $L^q(\mathbb{R}, \Lambda, \lambda)$ noch sehr umfangreich und unübersichtlich. Wünschenswert erscheint daher die Approximation durch Elemente einer gut zu handhabenden Teilmenge der stetigen Funktionen. Hierzu gehört $C_c(\mathbb{R}, \mathbb{R})$ (s. auch (5.4,6), Seite 429, für ein Anwendungsbeispiel).

Im folgenden wird

$$\overline{\widetilde{C_c(\Omega, \mathbb{R})}}^{\tau_{\|\ \|_q}} = L^q(\Omega, \ldots)$$

für jedes $n \in \mathbb{N} \setminus \{0\}$, $q \in \mathbb{R}$, $q \geq 1$, $\emptyset \neq \Omega \subseteq \mathbb{R}^n$, $\Omega \in \tau_{\|\ \|}$ bewiesen. Zunächst sind charakteristische Funktionen meßbarer Teilmengen (endlichen Maßes) von Ω wie angegeben approximierbar; genauer:

Satz 5.4-11

Es seien $\emptyset \neq \Omega \subseteq \mathbb{R}^n$, $\Omega \in \tau_{\|\;\|}$, $A \subseteq \Omega$, $A \in \Lambda_n$, $\lambda_n(A) < \infty$, $q \in \mathbb{R}$, $q \geq 1$. *Dann existiert eine Folge* $(g_j)_j \in C_c(\Omega, [0,1])^{\mathbb{N}}$ *mit* $(g_j)_j \xrightarrow[\lambda_n\text{-f.ü.}]{} \chi_A$ *und* $(\widetilde{g_j})_j \to_{\|\;\|_q} \widetilde{\chi_A}$.

Beweis

Wegen der Regularität des Lebesgue-Maßes λ_n ⟦(5.1,7)⟧ existieren nach 5.1-4 (a) für jedes $j \in \mathbb{N}$ ein $C_j \in \mathcal{K}_{\tau_{\|\;\|}}$ und $P_j \in \tau_{\|\;\|}$ mit $C_j \subseteq A \subseteq P_j \subseteq \Omega$, $\lambda_n(C_j) > \lambda_n(A) - \frac{1}{2(j+1)^q}$, $\lambda_n(P_j) < \lambda_n(A) + \frac{1}{2(j+1)^q}$. Sei o. B. d. A. $C_j \subseteq C_{j+1}$, $P_{j+1} \subseteq P_j$ für jedes $j \in \mathbb{N}$. Gem. 4.4-1.1 kann man $K_j \in \mathcal{K}_{\tau_{\|\;\|}}$, $C_j \subseteq K_j^{\circ\tau_{\|\;\|}} \subseteq K_j \subseteq P_j$, wählen und erhält $U_j := \Omega \backslash K_j \neq \emptyset$, $\operatorname{dist}(C_j, U_j) > 0$ ⟦$C_j \cap \big(\mathbb{R}^n \backslash K_j^{\circ\tau_{\|\;\|}}\big) = \emptyset$, $U_j \subseteq \mathbb{R}^n \backslash K_j^{\circ\tau_{\|\;\|}}$⟧. Sei $f \in C(\mathbb{R}, [0,1])$ eine Funktion mit $f(t) = 0$ für $t > 1/2$ und $f(t) = 1$ für $t \leq 0$, $g_j : \Omega \longrightarrow \mathbb{R}$ definiert durch

$$g_j(x) := f\Big(1 - \frac{\operatorname{dist}(x, U_j)}{\operatorname{dist}(C_j, U_j)}\Big).$$

Dann ist $g_j \in C(\Omega, [0,1])$ ⟦(2.4,1) (d), 1.2-2 (b), (c), 2.4-1.1⟧, $\operatorname{Tr} g_j \subseteq K_j$, also $g_j \in C_c(\Omega, [0,1])$, und $\chi_{C_j} \leq g_j \leq \chi_{K_j} \leq \chi_{P_j}$. Aus $-\chi_{A\backslash C_j} = -(\chi_A - \chi_{C_j}) \leq g_j - \chi_A \leq \chi_{P_j} - \chi_A = \chi_{P_j \backslash A}$ folgt $|g_j - \chi_A| \leq \chi_{P_j\backslash A} \vee \chi_{A\backslash C_j} = \chi_{P_j\backslash C_j}$, also $|g_j - \chi_A|^q \leq \chi_{P_j\backslash C_j}$. Durch Integration ergibt sich

$$\begin{aligned}
\int |g_j - \chi_A|^q &\leq \int \chi_{P_j\backslash C_j} && ⟦\,5.3\text{-}1\ (b)\ (iii)\,⟧\\
&= \lambda_n(P_j\backslash C_j) = \lambda_n(P_j) - \lambda_n(C_j) && ⟦\,5.1\text{-}1\ (a)\,⟧\\
&= (\lambda_n(P_j) - \lambda_n(A)) + (\lambda_n(A) - \lambda_n(C_j))\\
&< \frac{1}{(j+1)^q}
\end{aligned}$$

und damit $\big\|\widetilde{g_j} - \widetilde{\chi_A}\big\|_q < 1/(j+1)$, also $(\widetilde{g_j})_j \to_{\|\;\|_q} \widetilde{\chi_A}$. Schließlich ist

$$\begin{aligned}
\lambda_n\Big(\bigcap_{j\in\mathbb{N}} (P_j\backslash C_j)\Big) &= \lim_j \lambda_n(P_j\backslash C_j) = \lim_j (\lambda_n(P_j) - \lambda_n(C_j))\\
&\leq \lim_j \Big(\lambda_n(A) + \frac{1}{2(j+1)^q} - \Big(\lambda_n(A) - \frac{1}{2(j+1)^q}\Big)\Big)\\
&= \lim_j \frac{1}{(j+1)^q} = 0
\end{aligned}$$

⟦5.1-1 (d), (a)⟧, und für jedes $x \in \Omega \backslash \bigcap_{j\in\mathbb{N}} (P_j\backslash C_j)$, etwa $x \in \Omega\backslash\big(P_{j_0}\backslash C_{j_0}\big)$, $j_0 \in \mathbb{N}$, gilt $|g_j(x) - \chi_A(x)| \leq \chi_{P_j\backslash C_j}(x) = 0$ für alle $j \geq j_0$, also $(g_j(x))_j \to_{\tau_{|\;|}} \chi_A(x)$. Somit ist auch $(g_j)_j \xrightarrow[\lambda_n\text{-f.ü.}]{} \chi_A$. □

Korollar 5.4-11.1

Es sei $A \in \Lambda_n$, $\widetilde{f} \in L^1(A,\ldots)$ *und* $\int (\varphi \restriction A) f = 0$ *für jedes* $\varphi \in C_c(\mathbb{R}^n, \mathbb{R})$.
Dann ist $\widetilde{f} = \widetilde{0}$.

Beweis

Gem. A 18 genügt es zu zeigen, daß $\int_B f = 0$ für jedes $B \in \Lambda_n|A$ mit $\lambda_n(B) < \infty$ gilt. Sei $(\varphi_j)_j \in C_c(\mathbb{R}^n, [0,1])^{\mathbb{N}}$, $(\varphi_j)_j \xrightarrow[\lambda_n\text{-f.ü.}]{} \chi_B$ ⟦5.4-11⟧, also $((\varphi_j \restriction A) f)_j \xrightarrow[\lambda_n \restriction (\Lambda_n|A)\text{-f.ü.}]{} (\chi_B \restriction A) f$ und $|(\varphi_j \restriction A) f| \leq |f|$. Mit Hilfe des Lebesgueschen Konvergenzsatzes 5.3-6 (a) erhält man

$$0 = \lim_j \int (\varphi_j \restriction A) f = \int (\chi_B \restriction A) f = \int_B f. \qquad \square$$

Für $q \in \,]1, \infty]$ gilt eine zu 5.4-11.1 analoge Aussage in $L^q(A,\ldots)$ ⟦A 17⟧. Zum Beweis kann die folgende Dichtigkeitseigenschaft der stetigen Funktionen mit kompaktem Träger verwendet werden.

Satz 5.4-12

Es seien $\emptyset \neq \Omega \subseteq \mathbb{R}^n$, $\Omega \in \tau_{\|\,\|}$, $q \in \mathbb{R}$, $q \geq 1$.

$$\overline{\widetilde{C_c(\Omega, \mathbb{R})}}^{\tau_{\|\,\|_q}} = L^q(\Omega,\ldots).$$

Beweis

Für jedes $f \in C_c(\Omega, \mathbb{R})$ ist

$$\int_\Omega |f|^q = \int_{\Omega \setminus \operatorname{Tr} f} |f|^q + \int_{\operatorname{Tr} f} |f|^q = \int_{\operatorname{Tr} f} |f|^q \leq \lambda_n(\operatorname{Tr} f) \max_{\operatorname{Tr} f} |f|^q < \infty$$

⟦5.3-1 (b) (iii)⟧, also $\widetilde{f} \in L^q(\Omega,\ldots)$ ⟦(5.2,1) (a)⟧.

Die Dichtigkeit wird durch Reduktion auf die Situation in 5.4-11 nachgewiesen. Sei $\widetilde{f} \in L^q(\Omega,\ldots)$, o. B. d. A. $f : \Omega \longrightarrow \mathbb{R}$ ⟦5.4-2⟧, $\varepsilon > 0$. Mit f sind auch f^+, f^- in $\mathcal{L}^q(\Omega,\ldots)$ ⟦f^+, $f^- \in \mathcal{L}^0(\Omega, \Lambda_n|\Omega)$ gem. 5.2-2.1 (b), f^+, $f^- \leq |f|$, also $\int_\Omega (f^+)^q$, $\int_\Omega (f^-)^q \leq \int_\Omega |f|^q < \infty$⟧. Sind $g_1, g_2 \in C_c(\Omega, \mathbb{R})$, $\|\widetilde{f^+} - \widetilde{g_1}\|_q < \varepsilon/2$, $\|\widetilde{f^-} - \widetilde{g_2}\|_q < \varepsilon/2$, so folgt $\|\widetilde{f} - (\widetilde{g_1} - \widetilde{g_2})\|_q \leq \|\widetilde{f^+} - \widetilde{g_1}\|_q + \|\widetilde{g_2} - \widetilde{f^-}\|_q < \varepsilon$ und $g_1 - g_2 \in C_c(\Omega, \mathbb{R})$. Deshalb sei o. B. d. A. $f \geq 0$.

Darüber hinaus kann o. B. d. A. Ω beschränkt angenommen werden:

Wegen $\Omega = \bigcup_{j \in \mathbb{N}} (\Omega \cap K_j^{d_{\|\,\|}}(0))$ ist $(f^q \chi_{\Omega \cap K_j^{d_{\|\,\|}}(0)})_{j \in \mathbb{N}}$ (pktw.) monoton wachsend und $\lim_j f^q \chi_{\Omega \cap K_j^{d_{\|\,\|}}(0)} = f^q$. Nach dem Lebesgueschen Satz von der monotonen

Konvergenz 5.3-2.1 ergibt sich $\int f^q = \lim_j \int f^q \chi_{\Omega \cap K_j^{d_{\| \|}}(0)}$, es existiert daher ein $j \in \mathbb{N}$ mit $\int_{\Omega \setminus K_j^{d_{\| \|}}(0)} f^q < \frac{\varepsilon^q}{2}$ $[\![\int f^q = \int_{\Omega \setminus K_j^{d_{\| \|}}(0)} f^q + \int_{\Omega \cap K_j^{d_{\| \|}}(0)} f^q]\!]$. Die Menge $K_j^{d_{\| \|}}(0) \cap \Omega \in \tau_{\| \|}$ ist beschränkt und o. B. d. A. nichtleer $[\![$ sonst ist die Nullfunktion eine geeignete Approximierende! $]\!]$. Sei $g \in C_c\big(K_j^{d_{\| \|}}(0) \cap \Omega, \mathbb{R}\big)$ mit $\big\|\widetilde{f \restriction (K_j^{d_{\| \|}}(0) \cap \Omega)} - \widetilde{g}\big\|_q < \frac{\varepsilon^q}{2}$ und $g^* : \Omega \longrightarrow \mathbb{R}$ definiert durch

$$g^*(x) := \begin{cases} g(x) & \text{für } x \in K_j^{d_{\| \|}}(0) \cap \Omega \\ 0 & \text{sonst.} \end{cases}$$

Dann gilt $g^* \in C_c(\Omega, \mathbb{R})$ und

$$\begin{aligned} \|\widetilde{f} - \widetilde{g^*}\|_q^q &= \int |f - g^*|^q = \int_{\Omega \setminus K_j^{d_{\| \|}}(0)} f^q + \int_{\Omega \cap K_j^{d_{\| \|}}(0)} |f - g^*|^q \\ &< \frac{\varepsilon^q}{2} + \int_{\Omega \cap K_j^{d_{\| \|}}(0)} |f - g|^q < \varepsilon^q. \end{aligned}$$

Weiterhin kann $f \in \mathcal{E}^0_{\mathbb{R}}(\Omega, \Lambda_n|\Omega)$ vorausgesetzt werden:
Gem. 5.2-4 (b) sei $(\varphi_j)_j \in \mathcal{E}^0_{\mathbb{R}}(\Omega, \Lambda_n|\Omega)^{\mathbb{N}}$, $(\varphi_j)_j \xrightarrow[\tau_{| |}\text{-pktw.}]{} f$, o. B. d. A. $(\varphi_j)_j$ monoton wachsend und $\varphi_j \geq 0$ für jedes $j \in \mathbb{N}$ $[\![$ 5.2, A 3 $]\!]$. Wegen $(f - \varphi_j)^q \leq f^q$, $(f - \varphi_j)_j^q \xrightarrow[\tau_{| |}\text{-pktw.}]{} 0$ folgt mit dem Lebesgueschen Konvergenzsatz 5.3-6

$$\lim_j \int (f - \varphi_j)^q = \int 0 = 0.$$

Es existiert daher ein j_ε mit $\|\widetilde{f} - \widetilde{\varphi_{j_\varepsilon}}\|_q = \big(\int (f - \varphi_{j_\varepsilon})^q\big)^{1/q} < \varepsilon/2$. Für $g \in C_c(\Omega, \mathbb{R})$ mit $\|\widetilde{\varphi_{j_\varepsilon}} - \widetilde{g}\|_q < \varepsilon/2$ ergibt sich $\|\widetilde{f} - \widetilde{g}\|_q < \varepsilon$.

Es sei also $f \in \mathcal{E}^0_{\mathbb{R}}(\Omega, \Lambda_n|\Omega)$, $f \geq 0$, Ω beschränkt in $(\mathbb{R}^n, d_{\| \|})$, etwa in kanonischer Form $f = \sum_{i=0}^m r_i \chi_{A_i}$ mit $\lambda_n(A_i) < \infty$ für $i = 0, \ldots, m$ $[\![A_i \subseteq \Omega]\!]$. Nach 5.4-11 wähle man für jedes $i \in \{1, \ldots, m\}$ ein $g_i \in C_c(\Omega, \mathbb{R})$ mit

$$\|\widetilde{g_i} - \widetilde{\chi_{A_i}}\|_q < \varepsilon\big((m+1)\max\{\, r_j + 1 \mid 0 \leq j \leq m \,\}\big)^{-1}$$

aus. Dann ist $\|\widetilde{r_i g_i} - \widetilde{r_i \chi_{A_i}}\|_q < \varepsilon/(m+1)$, und es folgt

$$\Big\| \sum_{i=0}^m \widetilde{r_i g_i} - \sum_{i=0}^m \widetilde{r_i \chi_{A_i}} \Big\|_q \leq \sum_{i=0}^m \|\widetilde{r_i g_i} - \widetilde{r_i \chi_{A_i}}\|_q < \varepsilon,$$

wobei $\sum_{i=0}^m r_i g_i \in C_c(\Omega, \mathbb{R})$ ist $[\![$ (4.3,3) (b) $]\!]$. □

Korollar 5.4-12.1

Für jedes $q \in \mathbb{R},\ q \geq 1,\ A \in \Lambda_n$ *gilt*

$$\overline{\{\, \widetilde{f \restriction A} \mid f \in C_c(\mathbb{R}^n, \mathbb{R}) \,\}}^{\tau_{\| \ \|_q}} = L^q(A, \ldots).$$

Beweis

Sei $\widetilde{f} \in L^q(A, \ldots)$, o. B. d. A. $f : A \longrightarrow \mathbb{R},\ \varepsilon > 0$ und $f^* : \mathbb{R}^n \longrightarrow \mathbb{R}$ definiert durch

$$f^*(x) := \begin{cases} f(x) & \text{für } x \in A \\ 0 & \text{für } x \notin A. \end{cases}$$

Dann ist $f^* \in \mathcal{L}^0(\mathbb{R}^n, \Lambda_n)$ ⟦ 5.2, A 5 ⟧ und wegen

$$\int |f^*|^q = \int_A |f|^q + \int_{\mathbb{R}^n \setminus A} |f^*|^q = \int_A |f|^q < \infty$$

sogar $\widetilde{f^*} \in L^q(\mathbb{R}^n, \Lambda_n, \lambda_n)$. Nach 5.4-12 gibt es ein $g \in C_c(\mathbb{R}^n, \mathbb{R})$ mit $\|\widetilde{g} - \widetilde{f^*}\|_q < \varepsilon$. Schließlich ist $g \restriction A \in C(A, \mathbb{R})$ und

$$\|\widetilde{g \restriction A} - \widetilde{f}\|_q^q = \int_A |g - f|^q \leq \int_A |f - g|^q + \int_{\mathbb{R}^n \setminus A} |g - f^*|^q = \int |g - f^*|^q < \varepsilon^q. \qquad \square$$

Beispiel (5.4,6)

Es sei $q \in \mathbb{R},\ q \geq 1,\ \widetilde{f} \in L^q(\mathbb{R}^n, \Lambda_n, \lambda_n)$, o. B. d. A. $f : \mathbb{R}^n \longrightarrow \mathbb{R}$, und für jedes $a \in \mathbb{R}^n$

$$T_a : \begin{cases} \mathbb{R}^n \longrightarrow \mathbb{R}^n \\ x \longmapsto x + a \end{cases} \qquad \textit{(Translation bei a).}$$

Die Funktion (s. A 14)

$$F_f : \begin{cases} \mathbb{R}^n \longrightarrow L^q(\mathbb{R}^n, \Lambda_n, \lambda_n) \\ a \longmapsto \widetilde{f \circ T_a} \end{cases}$$

ist stetig im Nullpunkt (bzgl. $(\tau_{\| \ \|}, \tau_{\| \ \|_q})$):

Die Menge $S := \{\, \widetilde{g} \in L^q(\mathbb{R}^n, \Lambda_n, \lambda_n) \mid F_g \text{ stetig im Nullpunkt} \,\}$ ist abgeschlossen in $L^q(\mathbb{R}^n, \Lambda_n, \lambda_n)$, denn für alle $(\widetilde{f_j})_j \in S^{\mathbb{N}},\ \widetilde{g} \in L^q(\mathbb{R}^n, \Lambda_n, \lambda_n)$ mit $(\widetilde{f_j})_j \to_{\| \ \|_q} \widetilde{g}$ gilt

$$\begin{aligned} \|F_g(a) - F_g(0)\|_q &= \|\widetilde{g \circ T_a} - \widetilde{g}\|_q \\ &\leq \|\widetilde{g \circ T_a} - \widetilde{f_{j_\varepsilon} \circ T_a}\|_q + \|\widetilde{f_{j_\varepsilon} \circ T_a} - \widetilde{f_{j_\varepsilon}}\|_q + \|\widetilde{f_{j_\varepsilon}} - \widetilde{g}\|_q \\ &= 2\|\widetilde{g} - \widetilde{f_{j_\varepsilon}}\|_q + \|\widetilde{f_{j_\varepsilon} \circ T_a} - \widetilde{f_{j_\varepsilon}}\|_q < \varepsilon \end{aligned}$$

für alle $a \in K_\delta^{d_{\| \ \|}}(0)$, wenn j_ε mit $\|\widetilde{f_{j_\varepsilon}} - \widetilde{g}\|_q < \varepsilon/3$ und $\delta > 0$ zu ε so gewählt wird, daß $\|\widetilde{f_{j_\varepsilon} \circ T_a} - \widetilde{f_{j_\varepsilon}}\|_q < \varepsilon/3$ für jedes $a \in K_\delta^{d_{\| \ \|}}(0)$ erfüllt ist. Die Stetigkeit von $F_{\widetilde{f}}$ im Nullpunkt folgt nun nach 5.4-12 aus $\widetilde{C_c(\mathbb{R}^n, \mathbb{R})} \subseteq S$:

Sei $f \in C_c(\mathbb{R}^n, \mathbb{R})$ und $\varepsilon > 0$. Gem. 4.3, A 19 ist f gleichmäßig stetig, also existiert ein $\delta > 0$ mit

$$\forall\, x, y \in \mathbb{R}^n\colon\ \|x - y\| < \delta \Rightarrow |f(x) - f(y)| < \frac{\varepsilon}{\big(2(1 + \lambda_n(\operatorname{Tr} f))\big)^{1/q}}.$$

Hieraus folgt

$$\forall\, x \in \mathbb{R}^n\ \forall\, a \in K_\delta^{d_{\|\ \|}}(0)\colon\ |f(x + a) - f(x)| < \frac{\varepsilon}{\big(2(1 + \lambda_n(\operatorname{Tr} f))\big)^{1/q}}$$

und weiter für jedes $a \in K_\delta^{d_{\|\ \|}}(0)$

$$\begin{aligned}
\|\widetilde{f \circ T_a} - \widetilde{f}\|_q &= \Big(\int |f \circ T_a - f|^q\Big)^{1/q} = \Big(\int_{\operatorname{Tr}(f \circ T_a) \cup \operatorname{Tr} f} |f \circ T_a - f|^q\Big)^{1/q} \\
&\leq \Big(\frac{\varepsilon^q}{\big(2(1 + \lambda_n(\operatorname{Tr} f))\big)} \lambda_n(\operatorname{Tr}(f \circ T_a) \cup \operatorname{Tr} f)\Big)^{1/q} \\
&\leq \frac{\varepsilon}{\big(2(1 + \lambda_n(\operatorname{Tr} f))\big)^{1/q}} \big(\lambda_n(\operatorname{Tr}(f \circ T_a)) + \lambda_n(\operatorname{Tr} f)\big)^{1/q} \\
&< \varepsilon
\end{aligned}$$

⟦ Es ist $\operatorname{Tr}(f \circ T_a) = \overline{\{\, x \in \mathbb{R}^n \mid f(x + a) \neq 0 \,\}}^{\tau_{\|\ \|}} = \overline{-a + \{\, y \in \mathbb{R}^n \mid f(y) \neq 0 \,\}}^{\tau_{\|\ \|}} = -a + \overline{\{\, y \in \mathbb{R}^n \mid f(y) \neq 0 \,\}}^{\tau_{\|\ \|}} = -a + \operatorname{Tr} f$; 5.1, A 12 ⟧.

Für jedes $A \in \Lambda$, $q \in \mathbb{R}^>$, $q \geq 1$ ist $\big(L^q(A, \ldots), \tau_{\|\ \|_q}\big)$ separabel. $\big(L^\infty(I, \ldots), \tau_{\|\ \|_\infty}\big)$ ist für kein Intervall I mit unendlich vielen Elementen separabel ⟦ A 16 ⟧. Allgemeiner kann gezeigt werden, daß $(L^q(A, \ldots), \tau_q)$ mit $\tau_q := \tau_{\|\ \|_q}$ für $q \geq 1$, $\tau_q := \tau_{\nu_q}$ für $q \in\ ]0, 1[$ für jedes $n \geq 1$ und jede Menge $A \in \Lambda_n$ separabel ist (vgl. [37, (8.15), (8.16)]). Ein hinreichendes Kriterium für die Separabilität von $\big(L^q(X, \mathcal{A}, \mu), \tau_{\|\ \|_q}\big)$ findet man z. B. in [10, Proposition 3.4.5].

Zum Schluß dieses Abschnitts werden Sobolev-Räume $W^{m,q}([a, b])$ mit einigen grundlegenden Eigenschaften, die zum Teil in (6.2,6), Seite 483, benötigt werden, zur Verfügung gestellt. Hierzu zunächst eine Verschärfung der gleichmäßigen Stetigkeit von Funktionen:

Definition

Es seien $a, b \in \mathbb{R}$, $a < b$, $f : [a, b] \longrightarrow \mathbb{C}$.

f absolut stetig :gdw $\forall\, \varepsilon > 0\ \exists\, \delta > 0\ \forall\, n \in \mathbb{N}\ \forall\, ([a_j, b_j])_j \in (\mathcal{P}[a, b])^{n+1}$:

$$([a_j, b_j])_j \text{ paarweise disjunkt, } L\big(([a_j, b_j])_j\big) < \delta \Rightarrow \sum_{j=1}^{n+1} |f(b_j) - f(a_j)| < \varepsilon$$

$L\big(([a_j, b_j])_j\big) = \sum_{j=1}^{n+1} (b_j - a_j)$ ist die totale Länge von $([a_j, b_j])_j$; (5.1,4) (a).

Beispiele (5.4,7)

Sei $f : [a,b] \longrightarrow \mathbb{R}$.

(a) f absolut stetig $\Longrightarrow$ f gleichmäßig stetig (bzgl. $d_{|\,|}$)

(b) $r, s \in \mathbb{R},\ g : [a,b] \longrightarrow \mathbb{R}$,
f, g absolut stetig $\Longrightarrow$ $rf + sg$ absolut stetig

(c) Sei $\widetilde{f} \in L^1([a,b], \Lambda|[a,b], \lambda\restriction\Lambda|[a,b])$, $r \in \mathbb{R}$ und $F(x) := r + \int_{[a,x]} f$ für jedes $x \in [a,b]$, also $F(a) = r$. Die Funktion $F : [a,b] \longrightarrow \mathbb{R}$ ist absolut stetig:

Sei $\varepsilon > 0$. Gem. 5.3, A 12 existiert ein $\delta > 0$ mit $\int_A |f| < \varepsilon$ für alle $A \in \Lambda|[a,b]$ mit $\lambda(A) < \delta$. Besteht also $([a_j, b_j])_{j=1,\dots,n+1}$ aus paarweise disjunkten Intervallen, für die $\lambda\big(\bigcup_{j=1}^{n+1}[a_j,b_j]\big) = L\big(([a_j,b_j])_{j=1,\dots,n+1}\big) < \delta$ gilt, so folgt nach 5.3-4 (d), (f)

$$\sum_{j=1}^{n+1} |F(b_j) - F(a_j)| = \sum_{j=1}^{n+1} \left| \int_{[a_j,b_j]} f \right| \leq \sum_{j=1}^{n+1} \int_{[a_j,b_j]} |f| = \int_{\bigcup_{j=1}^{n+1}[a_j,b_j]} |f| < \varepsilon.$$

Mit weitreichenden zusätzlichen Mitteln der Maß- und Integrationstheorie (vgl. [17, Chap. V, § 18]) kann u. a. die Umkehrung von (5.4,7) (c) bewiesen werden:

Hauptsatz der Differential- und Lebesgue-Integralrechnung
Es seien $f : [a,b] \longrightarrow \mathbb{R}$ und $N_f := \{\, x \in [a,b] \mid f \text{ nicht differenzierbar in } x \,\}$, wobei $a, b \in \mathbb{R},\ a < b$, sind.

Äq (i) f absolut stetig

(ii) $\exists\, \widetilde{g} \in L^1([a,b], \dots)\ \exists\, c \in \mathbb{R}\ \forall\, x \in [a,b]\colon\ f(x) = c + \int_{[a,x]} g$

Es gilt dann $\lambda(N_f) = 0$ und $\frac{\mathrm{d}f}{\mathrm{d}x}(x) = g(x)$ für jedes $x \in [a,b] \backslash N_f$. □

Für Funktionen $f : [a,b] \longrightarrow \mathbb{R}$ mit $N_f \in \Lambda_0$ definiere man $f' : [a,b] \longrightarrow \mathbb{R}$ durch

$$f'(x) := \begin{cases} \frac{\mathrm{d}f}{\mathrm{d}x}(x) & \text{für } x \notin N_f \\ 0 & \text{für } x \in N_f. \end{cases}$$

Beispiele (5.4,8)

Sei $f : [a,b] \longrightarrow \mathbb{R}$.

(a) $f \in C^1([a,b])$ $\Longrightarrow$ f absolut stetig:

Nach dem Hauptsatz der Differential- und Integralrechnung (vgl. [32, Satz 6.21]) gilt $f(x) = f(a) + \int_a^x f'(t)\,\mathrm{d}t$ für jedes $x \in [a,b]$, wegen $\widetilde{f'} \in L^1([a,b], \dots)$ und $\int_a^x f'(t)\,\mathrm{d}t = \int_{[a,x]} f'$ für jedes $x \in [a,b]$ ⟦ (5.3,2) (b) ⟧ ist somit f absolut stetig.

(b) Sei f absolut stetig und $f' =_\lambda 0$. Dann ist f konstant:

Nach dem Hauptsatz der Differential- und Lebesgue-Integralrechnung existiert ein Element $\widetilde{g} \in L^1([a,b],\ldots)$, $c \in \mathbb{R}$ mit $f(x) = c + \int_{[a,x]} g$ und $\widetilde{0} = \widetilde{f'} = \widetilde{g}$, also $f(x) = c$ für jedes $x \in [a,b]$.

Definition

Es seien $a, b \in \mathbb{R}$, $a < b$, $m \in \mathbb{N}\backslash\{0\}$, $q \in \mathbb{R} \cup \{\infty\}$, $q \geq 1$, $W^{m,q}([a,b])$ die Menge

$$\left\{ f : [a,b] \longrightarrow \mathbb{R} \mid f^{(m-1)} \text{ existiert und ist absolut stetig, } \widetilde{f^{(m)}} \in L^q([a,b],\ldots) \right\}$$

und

$$N_{m,q}(f) := \sum_{j=0}^{m} \left\| \widetilde{f^{(j)}} \right\|_q$$

für jedes $f \in W^{m,q}([a,b])$.

$(W^{m,q}([a,b]), N_{m,q})$ heißt (reeller) (m,q)-*Sobolev-Raum* und $N_{m,q}$ (m,q)-*Sobolev-Norm*.

Ergänzend setze man $W^{0,q}([a,b]) := L^q([a,b],\ldots)$, $N_{0,q} := \| \, \|_q$.

In Analogie zu 3.1, A 30 (b) erhält man

Satz 5.4-13

Es seien $a, b \in \mathbb{R}$, $a < b$, $m \in \mathbb{N}\backslash\{0\}$ und $q \in \mathbb{R} \cup \{\infty\}$, $q \geq 1$.

Der normierte $\mathbb{R}$-Vektorraum $(W^{m,q}([a,b]), N_{m,q})$ ist homöomorph $\mathbb{R}$-linear isomorph zu $(\mathbb{R}^m \times L^q([a,b],\ldots), \| \, \|)$, also ein Banach-Raum.

Dabei sei $\| \, \|$ durch $\left\| (c, \widetilde{f}) \right\| := \|c\|_1 + \left\| \widetilde{f} \right\|_q$ definiert.

Beweis

$(W^{m,q}([a,b]), N_{m,q})$ ist offensichtlich ein normierter $\mathbb{R}$-Vektorraum ⟦(5.4,7) (b), Linearität des Ableitungsoperators, Eigenschaften von $\| \, \|_q$⟧. Für jedes $j \in \{1,\ldots,m\}$ definiere man $\varphi_j : W^{j,q}([a,b]) \longrightarrow \mathbb{R} \times W^{j-1,q}([a,b])$ durch

$$\varphi_j(f) := \begin{cases} (f(a), f') & \text{für } j \geq 2 \\ \left(f(a), \widetilde{f'}\right) & \text{für } j = 1. \end{cases}$$

Die φ_j sind dann wohldefinierte $\mathbb{R}$-lineare Operatoren.

Da jedes $f \in W^{j,q}([a,b])$ absolut stetig ist ⟦(5.4,8) (a) für $j \geq 2$⟧, gilt nach dem Hauptsatz der Differential- und Lebesgue-Integralrechnung $f(x) = f(a) + \int_{[a,x]} f'$ für jedes $x \in [a,b]$. Aus $\varphi_j(f) = \varphi_j(g)$ folgt daher $f = g$, d. h. φ_j ist injektiv.

Sei $(r, \widetilde{g}) \in \mathbb{R} \times L^q([a,b],\ldots)$. Wegen $\mathcal{L}^q([a,b],\ldots) \subseteq \mathcal{L}^1([a,b],\ldots)$ ⟦ 5.4-3 ⟧ ist die durch $f(x) := r + \int_{[a,x]} g$ definierte Funktion $f : [a,b] \longrightarrow \mathbb{R}$ nach dem Hauptsatz absolut stetig mit $f(a) = r$ und $\widetilde{g} = \widetilde{f'}$, also $f \in W^{1,q}([a,b])$ und $\varphi_1(f) = (r, \widetilde{g})$. Für $j \geq 2$, $(r,g) \in \mathbb{R} \times W^{j-1,q}([a,b])$ ist g (absolut) stetig und die durch $f(x) := r + \int_a^x g(t)\,\mathrm{d}t$ definierte Funktion $f : [a,b] \longrightarrow \mathbb{R}$ in $W^{j,q}([a,b])$ ⟦ $f^{(j-1)} = g^{(j-2)}$ absolut stetig, $\widetilde{f^{(j)}} = \widetilde{g^{(j-1)}} \in L^q([a,b],\ldots)$ ⟧ und $\varphi_j(f) = (f(a), f') = (r,g)$. Daher ist φ_j für jedes $j \in \{1,\ldots,m\}$ ein $\mathbb{R}$-linearer Isomorphismus.

Man setze nun $\|(r,g)\|_{1,j,q} := |r| + N_{j-1,q}(g)$ für jedes $j \geq 1$ und alle Paare $(r,g) \in \mathbb{R} \times W^{j-1,q}([a,b])$. Gemäß 2.4, A 19 gilt $\tau_{\|\ \|_{1,j,q}} = \tau_{|\ |} \times \tau_{N_{j-1,q}}$.

φ_j ist für jedes $j \in \{1,\ldots,m\}$ $(\tau_{N_{j,q}}, \tau_{\|\ \|_{1,j,q}})$-stetig (vgl. 2.4, A 14):
Sei zunächst $j \geq 2$. Für jedes $f \in W^{j,q}([a,b])$ gilt im Fall $q = \infty$

$$\begin{aligned}\|\varphi_j(f)\|_{1,j,q} &= \|(f(a), f')\|_{1,j,q} = |f(a)| + N_{j-1,q}(f') \leq \|\widetilde{f}\|_q + N_{j-1,q}(f')\\ &= N_{j,q}(f)\end{aligned}$$

Ist $q < \infty$, so folgt wegen $f(x) = f(a) + \int_a^x f'(t)\,\mathrm{d}t$ aus

$$|f(a)| \leq |f(x)| + \int_a^b |f'(t)|\,\mathrm{d}t = |f(x)| + \|\widetilde{f'}\|_1 \leq |f(x)| + (b-a)^{(q-1)/q}\|\widetilde{f'}\|_q$$

⟦ 5.4-8 (a) ⟧ durch Integration

$$\begin{aligned}(b-a)|f(a)| &= \int_a^b |f(a)|\,\mathrm{d}x \leq \int_a^b |f(x)|\,\mathrm{d}x + (b-a)^{(q-1)/q}(b-a)\|\widetilde{f'}\|_q\\ &\leq (b-a)^{(q-1)/q}\|\widetilde{f}\|_q + (b-a)^{(2q-1)/q}\|\widetilde{f'}\|_q,\end{aligned}$$

also $|f(a)| \leq (b-a)^{-1/q}\|\widetilde{f}\|_q + (b-a)^{(q-1)/q}\|\widetilde{f'}\|_q$ und somit $\|\varphi_j(f)\|_{1,j,q} \leq \big(1 + (b-a)^{(q-1)/q} + (b-a)^{-1/q}\big)N_{j,q}(f)$.
Für $j = 1$ erhält man analog

$$\begin{aligned}\|\varphi_1(f)\|_{1,1,q} &= \|(f(a), \widetilde{f'})\|_{1,1,q} = |f(a)| + \|\widetilde{f'}\|_q\\ &\leq \begin{cases}\|\widetilde{f}\|_q + \|\widetilde{f'}\|_q = N_{1,q}(f) & \text{für } q = \infty\\ \big(1 + (b-a)^{(q-1)/q} + (b-a)^{-1/q}\big)N_{1,q}(f) & \text{für } q < \infty.\end{cases}\end{aligned}$$

φ_j^{-1} ist für jedes $j \in \{1,\ldots,m\}$ $(\tau_{\|\ \|_{1,j,q}}, \tau_{N_{j,q}})$-stetig:
Es ist $\varphi_j^{-1}((r,g))(x) = r + \int_a^x g(t)\,\mathrm{d}t$ für $j \geq 2$ und $\varphi_1^{-1}\big((r,\widetilde{g})\big)(x) = r + \int_{[a,x]} g$, also für $j \geq 2$

$$N_{j,q}\big(\varphi_j^{-1}((r,g))\big) = \sum_{k=0}^{j}\|\widetilde{\varphi_j^{-1}((r,g))^{(k)}}\|_q = \|\widetilde{\varphi_j^{-1}((r,g))}\|_q + \sum_{k=1}^{j}\|\widetilde{g^{(k-1)}}\|_q,$$

wobei für $q < \infty$

$$\begin{aligned}
\big\|\widetilde{\varphi_j^{-1}((r,g))}\big\|_q &\le \big\|\widetilde{\varphi_j^{-1}((r,g))}\big\|_\infty (b-a)^{1/q} && [\![\,5.4\text{-}8\,(\mathrm{b})\,]\!]\\
&\le (b-a)^{1/q}\Big(|r| + \sup_{x\in[a,b]}\int_a^x |g(t)|\,\mathrm{d}t\Big)\\
&\le (b-a)^{1/q}\big(|r| + \|\widetilde{g}\|_1\big)\\
&\le (b-a)^{1/q}\big(|r| + (b-a)^{(q-1)/q}\|\widetilde{g}\|_q\big) && [\![\,5.4\text{-}8\,(\mathrm{a})\,]\!]
\end{aligned}$$

abgeschätzt werden kann. Insgesamt gilt mit $C := 1 + (b-a)^{1/q} + (b-a)$

$$N_{j,q}\big(\varphi_j^{-1}((r,g))\big) \le C\Big(|r| + \sum_{k=0}^{j-1}\big\|\widetilde{g^{(k)}}\big\|_q\Big) = C\|(r,g)\|_{1,j,q}$$

für $q < \infty$ und mit $D := 1 + b - a$ auch

$$\begin{aligned}
N_{j,\infty}\big(\varphi_j^{-1}((r,g))\big) &\le |r| + \int_a^b |g(t)|\,\mathrm{d}t + \sum_{k=1}^{j}\big\|\widetilde{g^{(k-1)}}\big\|_\infty\\
&\le \big(|r| + (b-a)\|\widetilde{g}\|_\infty\big) + \sum_{k=1}^{j}\big\|\widetilde{g^{(k-1)}}\big\|_\infty\\
&\le D\Big(|r| + \sum_{k=1}^{j-1}\big\|\widetilde{g^{(k)}}\big\|_\infty\Big)\\
&= D\|(r,g)\|_{1,j,\infty}.
\end{aligned}$$

Für $j = 1$ erhält man analog

$$\begin{aligned}
N_{1,q}\big(\varphi_1^{-1}((r,\widetilde{g}))\big) &= \big\|\widetilde{\varphi_1^{-1}((r,\widetilde{g}))}\big\|_q + \big\|\widetilde{\varphi_1^{-1}((r,\widetilde{g}))}'\big\|_q\\
&\le \begin{cases} C\big\|(r,\widetilde{g})\big\|_{1,1,q} & \text{für } q < \infty\\ D\big\|(r,\widetilde{g})\big\|_{1,1,\infty} & \text{für } q = \infty.\end{cases}
\end{aligned}$$

Somit ist φ_j für jedes $j \in \{1,\ldots,m\}$ ein $\mathbb{R}$-linearer Homöomorphismus, also auch

$$\begin{cases} W^{m,q}([a,b]) \longrightarrow \mathbb{R}^m \times L^q([a,b],\ldots)\\ f \longmapsto \big((f(a),\ldots,f^{(m-1)}(a)),\widetilde{f^{(m)}}\big)\end{cases}$$

(bzgl. $(\tau_{N_{m,q}}, \tau_{\|\;\|})$. Da mit $(\mathbb{R}^m, \|\;\|_1)$ und $(L^q([a,b],\ldots), \|\;\|_q)$ auch der normierte Raum $(\mathbb{R}^m \times L^q([a,b],\ldots), \|\;\|)$ vollständig ist, erweist sich $(W^{m,q}([a,b]), N_{m,q})$ als Banach-Raum [[3.1, A 24; 1.2-6; 1.2-6.1]]. □

In 5.4-8 (Seite 414) wurde für alle $r, q \in \mathbb{R},\ r \geq q \geq 1$ die Stetigkeit der kanonischen Einbettungen

$$(L^\infty([a,b],\ldots), \|\ \|_\infty) \longrightarrow (L^r([a,b],\ldots), \|\ \|_r) \longrightarrow (L^q([a,b],\ldots), \|\ \|_q)$$

festgestellt. Da auch die Funktion $C_{\mathbb{R}}([a,b]) \longrightarrow L^\infty([a,b],\ldots),\ f \longmapsto \widetilde{f}$, stetig bzgl. $\left(\tau_{\|\ \|_\infty}, \tau_{\|\ \|_\infty}\right)$ ist, folgt die Stetigkeit der kanonischen Einbettungen

$$\begin{aligned}(C^m_{\mathbb{R}}([a,b]), N_m) &\longrightarrow (W^{m,\infty}([a,b]), N_{m,\infty}) \\ &\longrightarrow (W^{m,r}([a,b]), N_{m,r}) \longrightarrow (W^{m,q}([a,b]), N_{m,q})\end{aligned}$$

für jedes $m \in \mathbb{N}\backslash\{0\}$, wobei N_m die Norm aus (1.1,4) bezeichnet. Darüber hinaus gilt noch

Satz 5.4-14

Es seien $a, b, q \in \mathbb{R},\ a < b,\ q \geq 1$ und $m \in \mathbb{N}\backslash\{0\}$.

Die kanonische Einbettung $(W^{m,q}([a,b]), N_{m,q}) \longrightarrow (C^{m-1}_{\mathbb{R}}([a,b]), N_{m-1})$ ist stetig.

($\{\ (W^{m,q}([a,b]), N_{m,q}) \mid q \in \mathbb{R} \cup \{\infty\},\ q \geq 1\ \}$ ist eine Skala von Banach-Räumen *zwischen $C^m_{\mathbb{R}}([a,b])$ und $C^{m-1}_{\mathbb{R}}([a,b])$.)*

Beweis

Nach den obigen Vorbemerkungen kann $q = 1$ angenommen werden. Sei also $f \in W^{m,1}([a,b])$. Für jedes $j \in \{1,\ldots,m\}$ kann wie folgt abgeschätzt werden:

$$\begin{aligned}\left|f^{(j-1)}(a)\right| &= (b-a)^{-1}\int_a^b \left|f^{(j-1)}(a)\right| \mathrm{d}t \\ &\leq (b-a)^{-1}\int_a^b \left(\left|f^{(j-1)}(a) - f^{(j-1)}(t)\right| + \left|f^{(j-1)}(t)\right|\right) \mathrm{d}t \\ &= (b-a)^{-1}\left(\int_a^b \left|\int_{[a,t]} f^{(j)}\right| \mathrm{d}t + \left\|\widetilde{f^{(j-1)}}\right\|_1\right) \\ &\leq (b-a)^{-1}\left(\int_a^b \left(\int_{[a,b]} \left|f^{(j)}\right|\right) \mathrm{d}t + \left\|\widetilde{f^{(j-1)}}\right\|_1\right) \\ &\leq \left\|\widetilde{f^{(j)}}\right\|_1 + (b-a)^{-1}\left\|\widetilde{f^{(j-1)}}\right\|_1\end{aligned}$$

und weiter für jedes $x \in [a,b]$

$$\begin{aligned}\left|f^{(j-1)}(x)\right| &= \left|f^{(j-1)}(a) + \int_{[a,x]} f^{(j)}\right| \\ &\leq \left|f^{(j-1)}(a)\right| + \left\|\widetilde{f^{(j)}}\right\|_1 \leq 2\left\|\widetilde{f^{(j)}}\right\|_1 + (b-a)^{-1}\left\|\widetilde{f^{(j-1)}}\right\|_1,\end{aligned}$$

also

$$\left\| f^{(j-1)} \right\|_\infty \le 2 \left\| \widetilde{f^{(j)}} \right\|_1 + (b-a)^{-1} \left\| \widetilde{f^{(j-1)}} \right\|_1 .$$

Es folgt

$$\begin{aligned} N_{m-1}(f) &= \sum_{j=1}^{m} \left\| f^{(j-1)} \right\|_\infty \\ &\le (b-a)^{-1} \left\| \widetilde{f} \right\|_1 + 2 \sum_{j=1}^{m} \left\| \widetilde{f^{(j)}} \right\|_1 + (b-a)^{-1} \sum_{j=1}^{m-1} \left\| \widetilde{f^{(j)}} \right\|_1 \\ &\le \left(2 + (b-a)^{-1}\right) \sum_{j=0}^{m} \left\| \widetilde{f^{(j)}} \right\|_1 \\ &= \left(2 + (b-a)^{-1}\right) N_{m,1}(f), \end{aligned}$$

also die $\left(\tau_{N_{m,1}}, \tau_{N_{m-1}}\right)$-Stetigkeit der Identität ⟦ 2.4, A 14 ⟧. □

Aufgaben zu 5.4

1. $(X, \mathcal{A}, \mu)$ sei ein Maßraum, $q \in \,]0, \infty]$, $f \in \mathcal{L}^q(X, \mathcal{A}, \mu)$, $g \in \mathcal{L}^0(X, \mathcal{A})$ und $h : X \longrightarrow \mathbb{R}^{**}$.

(a) $g =_\mu f \quad \Longrightarrow \quad g \in \mathcal{L}^q(X, \mathcal{A}, \mu)$

(b) $h =_\mu f$, $(X, \mathcal{A}, \mu)$ vollständig $\quad \Longrightarrow \quad h \in \mathcal{L}^q(X, \mathcal{A}, \mu)$

2. Man zeige:

$$\forall\, q, r \in \,]0, \infty]: \; q < r \Rightarrow \mathcal{L}^r(\mathbb{R}, \Lambda, \lambda) \not\subseteq \mathcal{L}^q(\mathbb{R}, \Lambda, \lambda).$$

3. $(X, \mathcal{A}, \mu)$ sei ein Maßraum, $q, r \in \,]1, \infty[$, $(1/q) + (1/r) = 1$, $\widetilde{f} \in L^q(X, \mathcal{A}, \mu)$, $\widetilde{g} \in L^r(X, \mathcal{A}, \mu)$.

Äq (i) $\displaystyle\int |fg| = \left\|\widetilde{f}\right\|_q \left\|\widetilde{g}\right\|_r$

(ii) $\exists\, a \in \mathbb{R}^+ : \; |f|^q \underset{\mu}{=} a|g|^r$ oder $|g|^r = a|f|^q$

4. $(X, \mathcal{A}, \mu)$ sei ein Maßraum, $q \in [1, \infty[$, $\widetilde{f}, \widetilde{g} \in L^q(X, \mathcal{A}, \mu)$.

Äq (i) $\left\|\widetilde{f} + \widetilde{g}\right\|_q = \left\|\widetilde{f}\right\|_q + \left\|\widetilde{g}\right\|_q$

(ii) $q = 1$ und $\{\, x \in X \mid (\operatorname{sgn} f(x))(\operatorname{sgn} g(x)) = -1 \,\} \in \mathcal{A}_0$ *oder*
$q > 1$ und $\exists\, a \in \mathbb{R}^+ : \; f =_\mu ag$ oder $g =_\mu af$

5. Gibt es eine Funktion $g \in \mathcal{L}^0(\mathbb{R}, \Lambda)$ mit der Eigenschaft $\operatorname{wes\,sup} g < \sup g$ (bzgl. λ)?

6. $(X, \mathcal{A}, \mu)$ sei ein Maßraum, $0 < q < 1$, $r \in \mathbb{R}$, $(1/q) + (1/r) = 1$, also $r < 0$, $f \in \mathcal{L}^q(X, \mathcal{A}, \mu)$, $g \in \mathcal{L}^0(X, \mathcal{A})$, $0 < \int |g|^r < \infty$, $\|g\|_r := \left(\int |g|^r\right)^{1/r}$, $f \ge 0$, $g \ge 0$. Man zeige $\int fg \ge \left\|\widetilde{f}\right\|_q \|g\|_r$.

7. $(X, \mathcal{A}, \mu)$ sei ein Maßraum, $q \in]0, \infty[$, $f \in \mathcal{L}^q(X, \mathcal{A}, \mu)$, $g \in \mathcal{L}^0(X, \mathcal{A})$, $\varepsilon > 0$ und $A_+ := \{ x \in X \mid g(x) \geq 0 \}$.

(a) $\mu(\{ x \in X \mid g(x) > \varepsilon \}) \leq \frac{1}{\varepsilon} \int_{A_+} g$
(Tschebyscheff-Ungleichung für meßbare Funktionen)

(b) $\mu(\{ x \in X \mid |f(x)| > \varepsilon \}) \leq \|\widetilde{f}\|_q^q / \varepsilon^q$
(Tschebyscheff-Ungleichung für $\mathcal{L}^q$-Funktionen)

8. $(X, \mathcal{A}, \mu)$ sei ein Maßraum, $0 < q < r < \infty$ und $s \in]q, r[$. Man zeige:

$$\mathcal{L}^q(X, \mathcal{A}, \mu) \cap \mathcal{L}^r(X, \mathcal{A}, \mu) \subseteq \mathcal{L}^s(X, \mathcal{A}, \mu).$$

9. $(X, \mathcal{A}, \mu)$ sei ein Maßraum, $\mu(X) < \infty$ und $\widetilde{f} \in L^\infty(X, \mathcal{A}, \mu)$.
Es gilt $\|\widetilde{f}\|_\infty = \lim_{q \to \infty} \|\widetilde{f}\|_q$.

10. Es sei $q \in [1, \infty]$, $q \neq 2$. Man beweise, daß es kein Skalarprodukt auf $L^q(\mathbb{R}, \Lambda, \lambda)$ gibt, das die L^q-Norm $\| \ \|_q$ induziert.
(Hinweis: 1.1-8.3)

11. $(X, \mathcal{A}, \mu)$ sei ein Maßraum, $q \in]0, \infty[$. Man zeige:

$$\mathcal{L}^q_{\mathbb{C}}(X, \mathcal{A}, \mu) = \{ f \in \mathcal{L}^0_{\mathbb{C}}(X, \mathcal{A}) \mid |f|^q \ \mu\text{-summierbar} \} \quad \text{und}$$

$$\mathcal{L}^\infty_{\mathbb{C}}(X, \mathcal{A}, \mu) = \{ f \in \mathcal{L}^0_{\mathbb{C}}(X, \mathcal{A}) \mid \operatorname{wes\,sup}|f| < \infty \}.$$

12. $(X, \mathcal{A}, \mu)$ sei ein Maßraum, $q \in [1, \infty]$ und mit $A := \operatorname{Ker}\| \ \|_q$ (vgl. 1.1-6 (c), (d)) $\left(\mathcal{L}^q_{\mathbb{R}}(X, \mathcal{A}, \mu)/_A, (\| \ \|_q)_A\right)$ der zu $(\mathcal{L}^q_{\mathbb{R}}(X, \mathcal{A}, \mu), \| \ \|_q)$ assoziierte normierte $\mathbb{R}$-Vektorraum. Man zeige

$$\left(\mathcal{L}^q_{\mathbb{R}}(X, \mathcal{A}, \mu)/_A, d_{(\| \ \|_q)_A}\right) \underset{\text{isom. } \varphi}{\cong} \left(L^q(X, \mathcal{A}, \mu), d_{\| \ \|_q}\right),$$

wobei φ als $\mathbb{R}$-linearer Isomorphismus gewählt werden kann.

13. $(X, \mathcal{A}, \mu)$ sei ein Maßraum, $A \in \mathcal{A}$, $g \in \mathcal{L}^0(X, \mathcal{A})$.
Man bestätige $\operatorname{wes\,sup} g \geq \operatorname{wes\,sup} g{\restriction}A$.

14. Es sei $q \in \mathbb{R}$, $q \geq 1$, $\widetilde{f} \in L^q(\mathbb{R}^n, \Lambda_n, \lambda_n)$ und T_a die Translation auf $\mathbb{R}^n$ bei a (s. (5.4,6)).

(a) $\forall\, g \in \widetilde{f}$: $\widetilde{f \circ T_a} = \widetilde{g \circ T_a}$

(b) $\widetilde{f \circ T_a} \in L^q(\mathbb{R}^n, \Lambda_n, \lambda_n)$ und $\|\widetilde{f}\|_q = \|\widetilde{f \circ T_a}\|_q$

15. $(X, \mathcal{A}, \mu)$ sei ein Maßraum, $A \in \mathcal{A}$ und $q \in]0, \infty]$.

$$\left(L^q(X, \mathcal{A}, \mu), \tau_{d_q}\right) \text{ separabel} \quad \Longrightarrow \quad \left(L^q(A, \ldots), \tau_{d_q}\right) \text{ separabel}$$

(Hier ist $d_q := d_{\| \ \|_q}$ für $q \geq 1$, bzw. d_q die translationsinvariante Metrik aus (5.4,2) (d) für $0 < q < 1$.)

16. Es sei $q \in [1, \infty[$, $I \subseteq \mathbb{R}$ ein Intervall mit unendlich vielen Elementen und $A \in \Lambda$.

(a) $\big(L^\infty(I, \ldots), \tau_{\| \|_\infty}\big)$ ist nicht separabel.

(b) $\big(L^q(A, \ldots), \tau_{\| \|_q}\big)$ ist separabel.
(Hinweis: A 15, 5.4-12, (2.2,6))

(c) $\big(L^q_{\mathbb{C}}(A, \ldots), \tau_{\| \|_q}\big)$ ist separabel.

17. Es sei $q \in]1, \infty]$, $A \in \Lambda_n$, $\widetilde{f} \in L^q(A, \ldots)$ und $\int (\varphi \restriction A) f = 0$ für jedes $\varphi \in C_c(\mathbb{R}^n, \mathbb{R})$. Man zeige: $\widetilde{f} = \widetilde{0}$.
(Hinweis: 5.4-12.1, 5.4-6)

18. $(X, \mathcal{A}, \mu)$ sei ein σ-endlicher Maßraum, $\widetilde{f} \in L^1(X, \mathcal{A}, \mu)$ und $\int_A f = 0$ für jedes $A \in \mathcal{A}$, $\mu(A) < \infty$. Man zeige: $\widetilde{f} = \widetilde{0}$.

19. Es seien $a, b \in \mathbb{R}$, $a < b$, $m \in \mathbb{N} \backslash \{0\}$ und $\langle\ \rangle_{(m)} : W^{m,2}([a,b]) \times W^{m,2}([a,b]) \longrightarrow \mathbb{R}$ durch

$$\langle f, g \rangle_{(m)} := \sum_{j=0}^{m} \int_{[a,b]} f^{(j)} g^{(j)}$$

definiert. $(W^{m,2}([a,b]), \langle\ \rangle_{(m)})$ ist ein Hilbert-Raum.

20. Für $q \in \mathbb{R} \cup \{\infty\}$, $q \geq 1$, gilt

$$\mathcal{L}^q_{\mathbb{R}}(\mathbb{N}, P\mathbb{N}, \mu_z) = \ell^q_{\mathbb{R}} \quad \text{und} \quad \mathcal{L}^q(\mathbb{N}, P\mathbb{N}, \mu_z) = \ell^q$$

6 Lineare Operatoren

Funktionen zwischen K-Vektorräumen werden aus Gründen der besseren Unterscheidbarkeit gewöhnlich als *Operatoren* (bzw. als *Funktionale*, sofern der Bildraum in K liegt) bezeichnet, weil häufig ihr Definitionsbereich selbst schon aus Funktionen besteht. So ist beispielsweise das Lebesgue-Integral

$$\begin{cases} L^1(X, \mathcal{A}, \mu) \longrightarrow \mathbb{R} \\ \widetilde{f} \longmapsto \int f \end{cases}$$

ein $\mathbb{R}$-lineares Funktional auf dem $\mathbb{R}$-Vektorraum $L^1(X, \mathcal{A}, \mu)$. Aus der reellen Analysis ist bekannt: $\mathbb{R}$-lineare Operatoren $T : \mathbb{R}^n \longrightarrow \mathbb{R}^m$ sind stetig (s. auch (6.1,4)). In der linearen Funktionalanalysis sind lineare Operatoren zwischen (halb-)normierten (bzw. allgemeiner topologischen) Vektorräumen der Hauptgegenstand des Interesses. Jeder lineare Operator ist dann und nur dann stetig, wenn Stetigkeit bei Null vorliegt (2.4, A 14), lineare Funktionale sind es genau dann, wenn ihr Kern abgeschlossen ist (2.4, A 15 bzw. 6.1-3). Normierte K-Vektorräume unendlicher K-Dimension lassen i. a. auch unstetige lineare Funktionale zu (s. 6.1, A 6 und A 7), die Untersuchung linearer Operatoren im Hinblick auf ihre Stetigkeit unterscheidet sich daher wesentlich von der linearer Operatoren des $\mathbb{R}^n$. Das vorliegende Kapitel 6 enthält einige der für die Funktionalanalysis grundlegenden Eigenschaften der vornehmlich zwischen normierten Vektorräumen definierten stetigen linearen Operatoren.

Abschnitt 6.1 behandelt zunächst *Beschränktheit in topologischen Vektorräumen* und Stetigkeit in Verbindung mit Beschränktheit, sowie Räume stetiger linearer Funktionale, sog. *stetige Dualräume* (z. B. Banach-Hahn-Satz 6.1-12), insbesondere über Hilbert-Räumen (Rieszscher Darstellungssatz 6.1-6). Die Grundsätze der linearen Funktionalanalysis (vgl. 2.4, A 15, 4.2-2.1) werden in 6.2 mit dem Prinzip vom offenen linearen Operator bzw. abgeschlossenen Graphen (s. 6.2-1.3) und dem der gleichmäßigen Beschränktheit (6.2-5) fortgesetzt. Darüber hinaus enthält dieser Abschnitt elementare Eigenschaften der schwach*-Topologie $\sigma\big(V^{s\| \|}, V\big)$, z. B. die Kompaktheit der Kugel $\widetilde{K}_1^{d\| \|_{op}}(0)$ im stetigen Dualraum $\big(V^{s\| \|}, \sigma\big(V^{s\| \|}, V\big)\big)$ (6.2-7). Anschließend werden in 6.3 Trennungssätze für abgeschlossene reelle Hyperebenen, insbesondere in lokalkonvexen topologischen K-Vektorräumen formuliert und bewiesen (6.3-3.2, 6.3-3.3). Grundlegend hierfür ist der Satz von Banach, Hahn und Mazur (6.3-3) über die Möglichkeit der Erweiterung von Untervektorräumen, die zu einer nichtleeren, offenen, konvexen Teilmenge disjunkt sind, zu abgeschlossenen maximalen derartigen Untervektorräumen. Die gewonnenen Trennungseigenschaften werden zum Nachweis der Existenz von Extrempunkten nichtleerer, konvexer, kompakter Mengen verwendet (s. 6.3-5.1 oder auch den Satz von Krein-Milman 6.3-5.2), eine für die konvexe Optimierung bedeutende Eigenschaft.

Den Abschluß dieses Kapitels bildet der Abschnitt 6.4 über elementare Aspekte zur Dualität zwischen topologischen (insbesondere normierbaren) Vektorräumen und ihren stetigen Dualräumen. Der Satz vom abgeschlossenen Bild 6.4-5, der Satz von Schauder über kompakte lineare Operatoren 6.4-8 und der Kern-Bild-Satz für Hilbert-Räume 6.4-9.1 sind hier die wichtigsten Resultate.

6.1 Beschränktheit, Stetigkeit, stetige Dualräume

Die in 2.4, A 14 angeführten, zur Stetigkeit K-linearer Operatoren $f : V \longrightarrow W$ zwischen normierten K-Vektorräumen (V, N), (W, M) gleichwertigen Eigenschaften (i), (iii), (iv) können um eine weitere ergänzt werden, es gilt nämlich

Äq (iv) f L-stetig (bzgl. (d_N, d_M))

(v) $f\big[\widetilde{K}_1^{d_N}(0)\big]$ d_M-beschränkt:

Zunächst folgt aus der L-Stetigkeit von f, daß $M(f(x) - f(x')) \leq LN(x - x')$ für ein $L > 0$ und alle x, $x' \in V$, also speziell $M(f(x)) \leq LN(x) \leq L$ für jedes $x \in \widetilde{K}_1^{d_N}(0)$ gilt. Umgekehrt sei $M\big[f[\widetilde{K}_1^{d_N}(0)]\big] \subseteq [0, L]$ für ein $L > 0$. Dann ist $\frac{1}{N(x-x')}(x - x') \in \widetilde{K}_1^{d_N}(0)$, also

$$\frac{1}{N(x - x')} M(f(x) - f(x')) = M\Big(f\Big(\frac{1}{N(x - x')}(x - x')\Big)\Big) \leq L$$

für $x \neq x'$ und somit $M(f(x) - f(x')) \leq LN(x - x')$ für alle x, $x' \in V$.

Stetigkeit von f bedeutet daher, daß jede d_N-beschränkte Teilmenge S von V auf eine d_M-beschränkte Teilmenge von W abgebildet wird ⟦Mit $c > 0$: $N[S] \subseteq [0, c] \Longrightarrow \frac{1}{c}S \subseteq \widetilde{K}_1^{d_N}(0) \Longrightarrow \frac{1}{c}f[S] = f\big[\frac{1}{c}S\big]$ d_M-beschränkt $\Longrightarrow f[S] = cf\big[\frac{1}{c}S\big]$ d_M-beschränkt⟧ und ebenso, daß f auf einer Nullumgebung in (V, N) beschränkt ist. Durch eine der Situation in (halb)normierten Vektorräumen angepaßte Definition der Beschränktheit kann die zweitgenannte Kennzeichnung der Stetigkeit auf lineare Operatoren $f : V \longrightarrow W$ zwischen topologischen K-Vektorräumen (V, τ), (W, σ), wobei (W, σ) eine beschränkte Nullumgebung besitzt, ausgedehnt werden (s. 6.1-2 (b)), denn diese sind ebenfalls noch genau dann stetig, wenn Stetigkeit bei Null gegeben ist:

Sei $x \in V$, $(x_\alpha)_{\alpha \in A} \in V^A$ ein Netz mit $(x_\alpha)_{\alpha \in A} \to_\tau x$. Da (V, τ) topologischer Vektorraum ist, folgt $(x_\alpha - x)_{\alpha \in A} \to_\tau 0$ und damit $(f(x_\alpha - x))_{\alpha \in A} \to_\sigma 0$, d. h. $(f(x_\alpha))_\alpha \to_\sigma f(x)$, falls f stetig bei Null ist.

Definitionen

(V,τ) sei ein topologischer K-Vektorraum, $S \subseteq V$.

S *kreisförmig* in (V,τ)	:gdw	$\widetilde{K}_1^{d_{\mid\,\mid}}(0)S \subseteq S$
S *beschränkt* in (V,τ)	:gdw	$\forall\, U \in \mathcal{U}_\tau(0)\ \exists\, \varepsilon > 0\colon\ K_\varepsilon^{d_{\mid\,\mid}}(0)S \subseteq U$
(V,τ) *lokalbeschränkt*	:gdw	$\exists\, U \in \mathcal{U}_\tau(0)\colon\ U$ beschränkt in (V,τ)

Beispiel (6.1,1)

(V,N) sei ein halbnormierter K-Vektorraum, $S \subseteq V$.

Äq (i) S beschränkt in (V,d_N)
(ii) S beschränkt in (V,τ_N)

(V,τ_N) ist somit ein lokalbeschränkter topologischer K-Vektorraum:

Einerseits gilt mit $N[S] \subseteq [0,a],\ a > 0$ und $\varepsilon > 0$ die Inklusion $K_{\varepsilon/a}^{d_{\mid\,\mid}}(0)S \subseteq K_\varepsilon^{d_N}(0)$, also (i) $\Rightarrow$ (ii), andererseits erhält man mit $\varepsilon > 0,\ k \in K_\varepsilon^{d_{\mid\,\mid}}(0)\backslash\{0\},\ K_\varepsilon^{d_{\mid\,\mid}}(0)S \subseteq K_1^{d_N}(0)$ auch $|k|N(s) = N(ks) < 1$, also $N(s) < 1/|k|$ für jedes $s \in S$.

Der folgende Satz faßt einige einfache Eigenschaften des Beschränktheitsbegriffs in (V,τ) zusammen.

Satz 6.1-1

(V,τ) sei ein topologischer K-Vektorraum, $S, T \subseteq V,\ k \in K,\ v \in V,\ (v_j)_j \in V^{\mathbb{N}}$ und $(v_j)_j \to_\tau v$.

(a) *S, T beschränkt in (V,τ)* $\Longrightarrow$ *$S+T,\ S \cup T,\ kT$ beschränkt in (V,τ)*

(b) *$\{\, v_j \mid j \in \mathbb{N}\,\}$ ist beschränkt in (V,τ).*
T beschränkt in (V,τ) $\Longrightarrow$ *$\overline{T}^\tau$ beschränkt in (V,τ)*

(c) *$(T,\tau|T)$ kompakt* $\Longrightarrow$ *T beschränkt in (V,τ)*
(s. 4.2, A 4 (a))

(d) *Äq (i) T beschränkt in (V,τ)*
(ii) $\forall\,(t_j)_j \in T^{\mathbb{N}}\ \forall\,(k_j)_j \in K^{\mathbb{N}}\colon\ (k_j)_j \to_{\tau_{\mid\,\mid}} 0 \Rightarrow (k_j t_j)_j \to_\tau 0$
(iii) $\forall\,(t_j)_j \in T^{\mathbb{N}}\colon\ \left(\frac{1}{j+1}t_j\right)_j \to_\tau 0$

(e) *Ist (V,τ) T_2-Raum, so gilt*
Äq (i) V beschränkt in (V,τ)
(ii) $V = \{0\}$.

Beweis

Zu (a) Zu $U \in \mathcal{U}_\tau(0)$ wähle man ein $W \in \mathcal{U}_\tau(0)$, $\delta, \varepsilon > 0$ mit $W + W \subseteq U$, $K^{d_{|\,|}}_\varepsilon(0)T \subseteq W$, $K^{d_{|\,|}}_\varepsilon(0)S \subseteq W$ und $kK^{d_{|\,|}}_\delta(0) \subseteq K^{d_{|\,|}}_\varepsilon(0)$ ⟦ Stetigkeit der Addition in (V, τ) und der Multiplikation in $(K, \tau_{|\,|})$ ⟧. Mit $\gamma := \min\{\varepsilon, \delta\}$ folgt

$$K^{d_{|\,|}}_\gamma(0)(S+T) \subseteq K^{d_{|\,|}}_\varepsilon(0)S + K^{d_{|\,|}}_\varepsilon(0)T \subseteq W + W \subseteq U,$$

$$K^{d_{|\,|}}_\gamma(0)(S \cup T) \subseteq K^{d_{|\,|}}_\varepsilon(0)S \cup K^{d_{|\,|}}_\varepsilon(0)T \subseteq W \subseteq U \qquad [\![\, 0 \in W \,]\!],$$

$$K^{d_{|\,|}}_\gamma(0)(kT) \subseteq kK^{d_{|\,|}}_\delta(0)T \subseteq K^{d_{|\,|}}_\varepsilon(0)T \subseteq W \subseteq U.$$

Zu (b) Zu $U \in \mathcal{U}_\tau(0)$ wähle man ein $R \in \mathcal{U}_\tau(0)$, $\delta > 0$ mit $K^{d_{|\,|}}_\delta(0)(v+R) \subseteq U$ und dann $j_0 \in \mathbb{N}$ mit $\{\, v_j \mid j \geq j_0 \,\} \subseteq v+R$. Sei $\varepsilon \in \,]0, \delta[$, $K^{d_{|\,|}}_\varepsilon(0)\{v_0, \ldots, v_{j_0-1}\} \subseteq U$. Dann gilt $K^{d_{|\,|}}_\varepsilon(0)\{\, v_j \mid j \in \mathbb{N} \,\} \subseteq U$, $\{\, v_j \mid j \in \mathbb{N} \,\}$ ist daher beschränkt.
Ist T beschränkt in (V, τ), $U \in \mathcal{U}_\tau(0)$, so sei $W \in \mathcal{U}_\tau(0)$, $\varepsilon > 0$ mit $W + W \subseteq U$ und $K^{d_{|\,|}}_\varepsilon(0)T \subseteq W$. Dann ist

$$K^{d_{|\,|}}_\varepsilon(0)\overline{T}^\tau \subseteq \overline{K^{d_{|\,|}}_\varepsilon(0)}^{\tau_{|\,|}}\overline{T}^\tau \subseteq \overline{K^{d_{|\,|}}_\varepsilon(0)T}^\tau \subseteq \overline{W}^\tau \subseteq W + W \subseteq U$$

wegen 2.5, A 21 (a) und der Stetigkeit der Skalarmultiplikation in (V, τ) ⟦ 2.4-1, $\overline{K^{d_{|\,|}}_\varepsilon(0)}^{\tau_{|\,|}} \times \overline{T}^\tau = \overline{K^{d_{|\,|}}_\varepsilon(0) \times T}^{\tau_{|\,|} \times \tau}$ gem. 2.4-8 (b) und 2.1-3 (b) ⟧.

Zu (c) s. 4.2, Lösung zu A 4 (a), Seite 643.

Zu (d) *(i) ⇒ (ii)* Sei $U \in \mathcal{U}_\tau(0)$, $\varepsilon > 0$ mit $K^{d_{|\,|}}_\varepsilon(0)T \subseteq U$ und $j_\varepsilon \in \mathbb{N}$ mit $k_j \in K^{d_{|\,|}}_\varepsilon(0)$ für jedes $j \geq j_\varepsilon$. Dann gilt $k_j t_j \in K^{d_{|\,|}}_\varepsilon(0)T \subseteq U$ für alle $j \geq j_\varepsilon$.
(ii) ⇒ (iii) ist klar
(iii) ⇒ (i) Wenn T nicht beschränkt ist, so existiert definitionsgemäß ein $U \in \mathcal{U}_\tau(0)$ mit $K^{d_{|\,|}}_\varepsilon(0)T \nsubseteq U$ für jedes $\varepsilon > 0$. Sei o. B. d. A. U kreisförmig ⟦ A 1 ⟧. Es folgt $\varepsilon T \nsubseteq U$ für jedes $\varepsilon > 0$, denn für $\varepsilon T \subseteq U$ würde man $K^{d_{|\,|}}_\varepsilon(0)T \subseteq \widetilde{K}^{d_{|\,|}}_\varepsilon(0)T = \widetilde{K}^{d_{|\,|}}_1(0)\varepsilon T \subseteq \widetilde{K}^{d_{|\,|}}_1(0)U \subseteq U$ erhalten. Zu jedem $j \in \mathbb{N}$ ist daher ein $t_j \in T$ mit $\frac{1}{j+1}t_j \notin U$ wählbar.

Zu (e) *(i) ⇒ (ii)* Es sei $v \in V \backslash \{0\}$, $U \in \mathcal{U}_\tau(0)$ mit $v \notin U$ ⟦ (T-2) ⟧. Man wähle ein $\varepsilon > 0$, so daß $K^{d_{|\,|}}_\varepsilon(0)V \subseteq U$ gilt, und erhält $v = \frac{\varepsilon}{2}\left(\frac{2}{\varepsilon}v\right) \in U$. ↯
(ii) ⇒ (i) ist klar. □

In bezug auf die Stetigkeit K-linearer Operatoren ergibt sich

Satz 6.1-2

(V,τ), (W,σ) seien topologische K-Vektorräume, $\varphi : V \longrightarrow W$ K-linear.

(a) Ist φ stetig, so gilt

$$\forall\, T \subseteq V\colon\ T \text{ beschränkt in } (V,\tau) \Rightarrow \varphi[T] \text{ beschränkt in } (W,\sigma).$$

(b) Für lokalbeschränkte (W,σ) ist

Äq (i) φ stetig

(ii) $\exists\, U \in \mathcal{U}_\tau(0)\colon\ \varphi[U]$ beschränkt in (W,σ).

Beweis

Zu (a) Sei φ stetig und $U \in \mathcal{U}_\sigma(0)$. Wegen $\varphi^{-1}[U] \in \mathcal{U}_\tau(0)$ existiert ein $\varepsilon > 0$ mit $K_\varepsilon^{d_{|\,|}}(0)T \subseteq \varphi^{-1}[U]$, woraus $K_\varepsilon^{d_{|\,|}}(0)\varphi[T] = \varphi\big[K_\varepsilon^{d_{|\,|}}(0)T\big] \subseteq U$ folgt.

Zu (b) (i) $\Rightarrow$ (ii) Sei $R \in \mathcal{U}_\sigma(0)$ beschränkt in (W,σ). Dann ist $\varphi^{-1}[R] \in \mathcal{U}_\tau(0)$ und $\varphi\big[\varphi^{-1}[R]\big] \subseteq R$ beschränkt in (W,σ).

(ii) $\Rightarrow$ (i) Sei $R \in \mathcal{U}_\sigma(0)$, $\varepsilon > 0$ mit $K_\varepsilon^{d_{|\,|}}(0)\varphi[U] \subseteq R$. Es folgt $\varphi^{-1}[R] \supseteq K_\varepsilon^{d_{|\,|}}(0)U \in \mathcal{U}_\tau(0)$, also ist φ stetig bei Null und somit stetig. □

Man beachte, daß in 6.1-2 (b) die Implikation (ii) $\Rightarrow$ (i) auch ohne die Voraussetzung „(W,σ) lokalbeschränkt" richtig ist!

Korollar 6.1-2.1

$\big((V_i,\tau_i) \mid i \in I\big) \neq \emptyset$ sei eine Familie topologischer K-Vektorräume, V ein K-Vektorraum, $\varphi_i : V \longrightarrow V_i$ K-linear für jedes $i \in I$ und τ die Initialtopologie auf V der Familie $((V_i,\tau_i),\varphi_i)_{i\in I}$. Dann ist (V,τ) ein topologischer K-Vektorraum, und es gilt für alle $T \subseteq V$:

Äq (i) T beschränkt in (V,τ)

(ii) $\forall\, i \in I\colon\ \varphi_i[T]$ beschränkt in (V_i,τ_i).

Beweis

Die Menge $\big\{ \bigcap_{i\in I_0} \varphi_i^{-1}[O_i] \bigm| I_0 \in \mathcal{P}_{\mathrm{e}}I,\ \forall\, i \in I_0\colon\ O_i \in \tau_i \big\}$ ist eine Basis für die Initialtopologie τ ⟦ s. Seite 125 ⟧. Es seien $x, y \in V$, $k \in K$ und $x+y \in \bigcap_{i\in I_0} \varphi_i^{-1}[O_i]$ (bzw. $kx \in \bigcap_{i\in I_0} \varphi_i^{-1}[O_i]$). Dann ist $\varphi_i(x)+\varphi_i(y) = \varphi_i(x+y) \in O_i$ (bzw. $k\varphi_i(x) = \varphi_i(kx) \in O_i$) für jedes $i \in I_0$, und nach Voraussetzung gibt es $P_i \in \mathcal{U}_{\tau_i}(\varphi_i(x)) \cap \tau_i$, $Q_i \in \mathcal{U}_{\tau_i}(\varphi_i(y)) \cap \tau_i$ und $\varepsilon_i > 0$ mit $P_i + Q_i \subseteq O_i$ (bzw. $K_{\varepsilon_i}^{d_{|\,|}}(k)P_i \subseteq O_i$). Es folgt

$$x \in \bigcap_{i\in I_0} \varphi_i^{-1}[P_i], \qquad y \in \bigcap_{i\in I_0} \varphi_i^{-1}[Q_i], \qquad k \in \bigcap_{i\in I_0} K_{\varepsilon_i}^{d_{|\,|}}(k),$$

$$\bigcap_{i\in I_0} \varphi_i^{-1}[P_i] + \bigcap_{i\in I_0} \varphi_i^{-1}[Q_i] \subseteq \bigcap_{i\in I_0} \varphi_i^{-1}[O_i] \quad \text{bzw.}$$

$$\Big(\bigcap_{i\in I_0} K_{\varepsilon_i}^{d_{|\,|}}(k)\Big)\Big(\bigcap_{i\in I_0} \varphi_i^{-1}[P_i]\Big) \subseteq \bigcap_{i\in I_0} \varphi_i^{-1}[O_i].$$

(i) $\Rightarrow$ *(ii)* gem. 6.1-2 (a)

(ii) $\Rightarrow$ *(i)* Sei $\bigcap_{i\in I_0} \varphi_i^{-1}[O_i]$ eine (Basis-)Umgebung von 0 bzgl. τ ⟦ s. o. ⟧. Für jedes $i \in I_0$ existiert nach Voraussetzung ein $\varepsilon_i > 0$ mit $K_{\varepsilon_i}^{d_{|\,|}}(0)\varphi_i[T] \subseteq O_i$, also gilt $(\bigcap_{i\in I_0} K_{\varepsilon_i}^{d_{|\,|}}(0))T \subseteq \bigcap_{i\in I_0} \varphi_i^{-1}[O_i]$. □

Einen wichtigen Spezialfall eines K-Vektorraums mit Initialtopologie enthält die folgende

Definition

V sei ein K-Vektorraum mit dem *algebraischen Dualraum*

$$V^{\mathrm{a}} := \{\, \varphi : V \longrightarrow K \mid \varphi\ K\text{-linear}\,\},$$

$\emptyset \neq S \subseteq V^{\mathrm{a}}$. Die Initialtopologie $\sigma(V,S)$ auf V der Familie $((K,\tau_{|\,|}),\varphi)_{\varphi\in S}$ heißt *die durch S auf V induzierte schwache Topologie auf V*.

Es gilt dann für alle $\emptyset \neq S, T \subseteq V^{\mathrm{a}}$:

$$S \subseteq T \quad \Longrightarrow \quad \sigma(V,S) \subseteq \sigma(V,T),\ \sigma(V,S) = \sigma\big(V, \overline{S}^{\mathrm{lin}}\big),$$

wobei $\overline{S}^{\mathrm{lin}}$ den von S erzeugten K-Untervektorraum von V^{a} bezeichnet ⟦ A 3 (a) ⟧.

Ist τ eine K-Vektorraumtopologie auf V, so heißt

$$V^{\mathrm{s}_\tau} := V^{\mathrm{a}} \cap C(V,K)$$

stetiger Dualraum von (V,τ), die Elemente von V^{s_τ} sind die *stetigen linearen Funktionale* auf (V,τ). Für Topologien, die von einer Pseudometrik d, Pseudonorm ν, Halbnorm N bzw. einem Halbskalarprodukt $\langle\ \rangle$ induziert werden, wird die Bezeichnung V^{s_d}, V^{s_ν}, V^{s_N} bzw. $V^{\mathrm{s}_{\langle\ \rangle}}$ verwendet.

Korollar 6.1-2.2

(V,τ) sei ein topologischer K-Vektorraum, $\varphi \in V^{\mathrm{a}}$.

Äq *(i)* $\varphi \in V^{\mathrm{s}_\tau}$

(ii) $\exists\, U \in \mathcal{U}_\tau(0)$: *$\varphi[U]$ beschränkt (in $(K,\tau_{|\,|})$)*

Der Beweis folgt direkt nach 6.1-2, da $(K,\tau_{|\,|})$ lokalbeschränkt ist. □

Der in 2.4, A 15 für normierte K-Vektorräume formulierte *erste Grundsatz der linearen Funktionalanalysis* kann nun auf topologische K-Vektorräume ausgedehnt werden:

Satz 6.1-3 (Erster Grundsatz der linearen Funktionalanalysis)

(V, τ) sei ein topologischer K-Vektorraum, $\varphi \in V^{\mathrm{a}}$.

Äq *(i)* $\varphi \in V^{\mathrm{s}_\tau}$

(ii) $\operatorname{Ker} \varphi \in \alpha_\tau$

Beweis

(i) ⇒ (ii) ist klar, da $\{0\} \in \alpha_{\tau_{|\,|}}$.

(ii) ⇒ (i) Für alle $\varphi \in V^{\mathrm{a}} \backslash V^{\mathrm{s}_\tau}$, $U \in \mathcal{U}_\tau(0)$ ist $\varphi[U]$ nicht beschränkt in $(K, \tau_{|\,|})$ ⟦6.1-2.2⟧, und es gilt $\varphi[U] = K$:

Ist $k \in K \backslash \{0\}$, so existiert ein $u \in U$ mit $|\varphi(u)| \geq |k|$, weil andernfalls $\varphi[U]$ doch beschränkt wäre. U kann o. B. d. A. als kreisförmig vorausgesetzt werden ⟦A 1⟧, also ist $k = k(\varphi(u))^{-1}\varphi(u) \in \varphi[U]$ ⟦$\varphi[U]$ ist kreisförmig⟧.

Man kann daher für jedes $v \in V$ ein $u_v \in U$ finden, für das $-\varphi(v) = \varphi(u_v)$, also $u_v + v \in (\operatorname{Ker} \varphi) \cap (v + U)$ gilt. Somit ist $V = \overline{\operatorname{Ker} \varphi}^\tau = \operatorname{Ker} \varphi$ ⟦nach (ii)⟧, woraus $\varphi = 0 \in V^{\mathrm{s}_\tau}$ folgt. ↯ □

Korollar 6.1-3.1

(V, τ), (W, σ) seien topologische K-Vektorräume, (W, σ) T_2-Raum, $\varphi \in V^{\mathrm{a}}$, $w \in W$, $w \neq 0$ und $\varphi_w : V \longrightarrow W$, $\varphi_w(v) := \varphi(v)w$.

Äq *(i)* $\varphi \in V^{\mathrm{s}_\tau}$

(ii) $\varphi_w \in C(V, W)$

Beweis

(i) ⇒ (ii) Sei $R \in \mathcal{U}_\sigma(0)$. Man wähle $\varepsilon > 0$, $U \in \mathcal{U}_\tau(0)$ mit $K_\varepsilon^{d_{|\,|}}(0)w \subseteq R$ und $\varphi[U] \subseteq K_\varepsilon^{d_{|\,|}}(0)$. Dann ist $\varphi_w[U] = \varphi[U]w \subseteq K_\varepsilon^{d_{|\,|}}(0)w \subseteq R$, die Funktion φ_w also stetig (bei Null).

(ii) ⇒ (i) Es ist wegen $w \neq 0$ und $\{0\} \in \alpha_\sigma$ ⟦(T-2)⟧

$$\operatorname{Ker} \varphi = \operatorname{Ker} \varphi_w = \varphi_w^{-1}[\{0\}] \in \alpha_\tau,$$

nach 6.1-3 daher $\varphi \in V^{\mathrm{s}_\tau}$. □

Auf unendlichdimensionalen halbnormierten K-Vektorräumen (V, N) gibt es unstetige K-lineare Funktionale φ (s. A 18 für ein umfassenderes Resultat), deren Kerne sind somit gemäß 6.1-3 nicht abgeschlossen, also auch nicht offen in (V, τ_N)

⟦ $\operatorname{Ker}\varphi = V \setminus \bigcup\{ v + \operatorname{Ker}\varphi \mid v \in V \setminus \operatorname{Ker}\varphi \}$ wäre sonst abgeschlossen! ⟧, und besitzen daher keinen inneren Punkt, d. h. $(\operatorname{Ker}\varphi)^{\circ\tau_N} = \emptyset$. Nach 2.4, A 18 (b) gilt $\overline{\operatorname{Ker}\varphi}^{\tau_N} = V$ ⟦ $\operatorname{Ker}\varphi$ ist maximaler K-Untervektorraum von V gem. Anhang 2-10. ⟧. Insbesondere gilt für die konvexe Menge $\operatorname{Ker}\varphi$ die strikte Ungleichung $\left(\overline{\operatorname{Ker}\varphi}^{\tau_N}\right)^{\circ\tau_N} \supsetneqq (\operatorname{Ker}\varphi)^{\circ\tau_N}$ (vgl. 2.4, A 33 (b)).

Die konkrete Angabe eines dichten, echten $\mathbb{R}$-Untervektorraums in einem normierten $\mathbb{R}$-Vektorraum von reellen Zahlenfolgen erfolgt in

Beispiel (6.1,2)

Es sei

$$V := \left\{ (r_j)_j \in \mathbb{R}^{\mathbb{N}} \,\middle|\, \sum_{j=0}^{\infty} r_j \text{ konvergent in } (\mathbb{R}, \tau_{|\,|}) \right\}$$

und $\|\ \| : V \longrightarrow \mathbb{R}^+$ definiert durch

$$\|(r_j)_j\| := \sup_{m\in\mathbb{N}} \left| \sum_{j=0}^{m} r_j \right|.$$

(a) $(V, \|\ \|)$ ist ein normierter $\mathbb{R}$-Vektorraum:

V ist mit koordinatenweiser Addition und Skalarmultiplikation offensichtlich ein $\mathbb{R}$-Vektorraum. Weiterhin ist $\|\ \|$ wegen 6.1-1 (b) wohldefiniert. Die Normeigenschaften (N-1), (N-2), (N-3) (vgl. 1.1) ergeben sich nun aus

$$\|(r_j)_j\| = \sup_{m\in\mathbb{N}} \left| \sum_{j=0}^{m} r_j \right| = 0 \implies \forall\, m \in \mathbb{N}\colon\ \sum_{j=0}^{m} r_j = 0 \implies (r_j)_j = 0,$$

$$\|k(r_j)_j\| = \|(kr_j)_j\| = \sup_{m\in\mathbb{N}} \left| \sum_{j=0}^{m} kr_j \right| = |k|\, \|(r_j)_j\|$$

und

$$\begin{aligned} \|(r_j)_j + (s_j)_j\| &= \|(r_j + s_j)_j\| = \sup_{m\in\mathbb{N}} \left| \sum_{j=0}^{m} (r_j + s_j) \right| \\ &\le \sup_{m\in\mathbb{N}} \left(\left| \sum_{j=0}^{m} r_j \right| + \left| \sum_{j=0}^{m} s_j \right| \right) = \|(r_j)_j\| + \|(s_j)_j\|. \end{aligned}$$

(b) $U := \{ (r_j)_j \in V \mid \forall\, j \in \mathbb{N}\colon\ r_{2j+1} = 0 \}$, $G := \{ (r_j)_j \in V \mid \forall\, j \in \mathbb{N}\colon\ r_{2j} = 0 \}$ sind $\mathbb{R}$-Untervektorräume von V, $U \cap G = \{0\}$ ⟦ klar ⟧ und $U + G \neq V$:

Es ist $\left((-1)^j \frac{1}{j+1}\right)_j \in V$ ⟦ alternierende harmonische Reihe ⟧. Wäre $\left((-1)^j \frac{1}{j+1}\right)_j = (u_j)_j + (g_j)_j$ für ein $(u_j)_j \in U$, $(g_j)_j \in G$, so müßte $g_{2j+1} = -\frac{1}{2j+2}$ und $u_{2j} = \frac{1}{2j+1}$ gelten, und es wäre $\sum_{j=0}^{\infty} g_j = -\sum_{j=0}^{\infty} \frac{1}{2j+2} = -\infty$, $\sum_{j=0}^{\infty} u_j = \sum_{j=0}^{\infty} \frac{1}{2j+1} = \infty$. $\lightning$

(c) $\overline{U+G}^{\tau_{\|\ \|}} = V$:

Es sei $(r_j)_j \in V,\ \varepsilon > 0$. Nach dem Cauchyschen Konvergenzkriterium existiert ein m_ε mit $\left|\sum_{j=m}^{n} r_j\right| < \varepsilon/2$ für alle $n \geq m > m_\varepsilon$. Man definiere nun für jedes $j \in \mathbb{N}$

$$u_j := \begin{cases} r_j & \text{für } j \in \{0,\ldots,m_\varepsilon\},\ j \text{ gerade} \\ 0 & \text{sonst,} \end{cases}$$

$$g_j := \begin{cases} r_j & \text{für } j \in \{0,\ldots,m_\varepsilon\},\ j \text{ ungerade} \\ 0 & \text{sonst} \end{cases}$$

und erhält $(u_j)_j \in U,\ (g_j)_j \in G$ und $(u_j)_j + (g_j)_j \in K_\varepsilon^{d_{\|\ \|}}((r_j)_j)$ aus der Ungleichungskette $\|(r_j)_j - (u_j)_j - (g_j)_j\| = \sup_{m \geq m_\varepsilon+1}\left|\sum_{j=m_\varepsilon+1}^{m} r_j\right| \leq \varepsilon/2 < \varepsilon$.

Lineare Operatoren $\varphi : V \longrightarrow W$ zwischen halbnormierten K-Vektorräumen (V, N), (W, M) sind gem. 6.1-2 (b) genau dann stetig, wenn sie auf einer Nullumgebung $K_\varepsilon^{d_N}(0)$ in (V, τ_N) beschränkt sind, d. h. ⟦ nach (6.1,1) ⟧ wenn es ein $c \geq 0$ gibt mit $M\left[\varphi[\widetilde{K}_\varepsilon^{d_N}(0)]\right] \subseteq [0, c]$. Die Inklusion gilt wiederum genau dann, wenn $M(\varphi(x)) \leq \frac{c}{\varepsilon} N(x)$ für jedes $x \in V$ erfüllt ist ⟦ A 4 ⟧. Diese Überlegungen führen zu den

Definitionen

(V, N), (W, M) seien halbnormierte K-Vektorräume, $c \in \mathbb{R}^+$ und $\varphi : V \longrightarrow W$ K-linear.

c Schranke für φ :gdw $\forall\, x \in V\colon\ M(\varphi(x)) \leq cN(x)$

φ *beschränkter* linearer Operator :gdw $\exists\, S \in \mathbb{R}^+\colon\ S$ Schranke für φ

Beschränktheit eines linearen Operators φ darf nicht mit Beschränktheit der Funktion φ verwechselt werden, denn vom Nullfunktional verschiedene stetige K-lineare Funktionale φ sind beispielsweise surjektiv und daher im gewöhnlichen Sinne nicht beschränkt ⟦ $\varphi(x) \neq 0,\ k \in K \Longrightarrow \varphi\left(\frac{k}{\varphi(x)} x\right) = k$ ⟧.

Für topologische K-Vektorräume (V, τ), (W, σ) sei

$$L(V, W) := \{\, \varphi : V \longrightarrow W \mid \varphi\ (\tau, \sigma)\text{-stetig und } K\text{-linear} \,\}, \qquad L(V) := L(V, V).$$

Sind (V, N), (W, M) halbnormierte K-Vektorräume, so gilt

$$L(V, W) = \{\, \varphi : V \longrightarrow W \mid \varphi \text{ beschränkt und } K\text{-linear} \,\},$$

und

$$\|\ \|_{\text{op}} : \begin{cases} L(V, W) \longrightarrow \mathbb{R}^+ \\ \varphi \longmapsto \sup\{\, M(\varphi(x)) \mid x \in \widetilde{K}_1^{d_N}(0) \,\} \end{cases}$$

heißt *Operatorhalbnorm* zu (N, M) (bzw. *Operatornorm* zu (N, M), falls M eine Norm ist) ⟦ $\|\ \|_{\text{op}}$ ist wegen $\widetilde{K}_\varepsilon^{d_N}(0) = \varepsilon \widetilde{K}_1^{d_N}(0)$ wohldefiniert! ⟧.

Satz 6.1-4

(V,N), (W,M) seien halbnormierte K-Vektorräume und $\varphi \in L(V,W)$.

(a) $\|\varphi\|_{\text{op}} = \inf\{\, c \in \mathbb{R}^+ \mid c$ *Schranke für* $\varphi \,\}$, $\forall\, x \in V\colon\; M(\varphi(x)) \leq \|\varphi\|_{\text{op}} N(x)$

(b) $(L(V,W), \|\;\|_{\text{op}})$ *ist ein halbnormierter* K*-Vektorraum.*

(c) Ist M *eine Norm auf* W*, so auch* $\|\;\|_{\text{op}}$ *auf* $L(V,W)$*.*

Beweis

Zu (a) Ist $c \in \mathbb{R}^+$ eine Schranke für φ, so gilt insbesondere $M(\varphi(x)) \leq cN(x) \leq c$ für jedes $x \in \widetilde{K}_1^{d_N}(0)$ und somit $M(\varphi(x)) \leq \inf\{\, c \in \mathbb{R}^+ \mid c$ Schranke für $\varphi \,\}$, d. h.

$$\|\varphi\|_{\text{op}} = \sup\{\, M(\varphi(x)) \mid x \in \widetilde{K}_1^{d_N}(0) \,\} \leq \inf\{\, c \in \mathbb{R}^+ \mid c \text{ Schranke für } \varphi \,\}.$$

Nach A 4 folgt aus $M(\varphi(x)) \leq \|\varphi\|_{\text{op}}$ für alle $x \in \widetilde{K}_1^{d_N}(0)$ auch $M(\varphi(x)) \leq \|\varphi\|_{\text{op}} N(x)$ für jedes $x \in V$, $\|\varphi\|_{\text{op}}$ ist daher Schranke für φ.

Zu (b) $L(V,W)$ ist (mit punktweiser Addition und Skalarmultiplikation) ein K-Vektorraum, die Halbnormeigenschaften (N-2), (N-3) folgen aus

$$\begin{aligned}\|k\varphi\|_{\text{op}} &= \sup\{\, M(k\varphi(x)) \mid x \in \widetilde{K}_1^{d_N}(0) \,\} \\ &= |k| \sup\{\, M(\varphi(x)) \mid x \in \widetilde{K}_1^{d_N}(0) \,\} = |k|\, \|\varphi\|_{\text{op}}\end{aligned}$$

und

$$\begin{aligned}\|\varphi + \psi\|_{\text{op}} &= \sup\{\, M(\varphi(x) + \psi(x)) \mid x \in \widetilde{K}_1^{d_N}(0) \,\} \\ &\leq \sup\{\, M(\varphi(x)) \mid x \in \widetilde{K}_1^{d_N}(0) \,\} + \sup\{\, M(\psi(x)) \mid x \in \widetilde{K}_1^{d_N}(0) \,\} \\ &= \|\varphi\|_{\text{op}} + \|\psi\|_{\text{op}}.\end{aligned}$$

Zu (c) Ist M eine Norm auf W, so gilt auch (N-1):

$$\begin{aligned}0 = \|\varphi\|_{\text{op}} = \sup\{\, M(\varphi(x)) \mid x \in \widetilde{K}_1^{d_N}(0) \,\} \\ &\Longrightarrow \quad \forall\, x \in \widetilde{K}_1^{d_N}(0)\colon\; M(\varphi(x)) = 0 \\ &\Longrightarrow \quad \forall\, x \in \widetilde{K}_1^{d_N}(0)\colon\; \varphi(x) = 0 \qquad [\![\, M \text{ ist Norm} \,]\!] \\ &\Longrightarrow \quad \forall\, x \in V\colon\; \varphi(x) = 0\end{aligned}$$

$[\![\, N(x) = 0 \Longrightarrow M(\varphi(x)) = 0$ gem. (a), also $\varphi(x) = 0$.
$N(x) \neq 0 \Longrightarrow \frac{1}{N(x)} x \in \widetilde{K}_1^{d_N}(0) \Longrightarrow \varphi\big(\frac{1}{N(x)} x\big) = 0$, also $\varphi(x) = 0 \,]\!]$. □

Korollar 6.1-4.1

(V,N), (W,M) seien normierte K-Vektorräume, $U \subseteq V$ ein K-Untervektorraum von V und $\overline{U}^{\tau_N} = V$, $E : L(V,W) \longrightarrow L(U,W)$ definiert durch $E(\varphi) := \varphi{\restriction}U$.

(a) *E ist ein $(\| \|_{\mathrm{op}}, \| \|_{\mathrm{op}})$-normerhaltender K-linearer Operator.*

(b) *(W, M) Banach-Raum $\Longrightarrow$ E surjektiv*

Beweis

E ist wohldefiniert, K-linear und gem. 2.5-9.1 (b) injektiv.

Zu (a) Zunächst gilt

$$\|\varphi\restriction U\|_{\mathrm{op}} = \sup\Big\{ \frac{M(\varphi(u))}{N(u)} \;\Big|\; u \in U\backslash\{0\} \Big\} \leq \sup\Big\{ \frac{M(\varphi(v))}{N(v)} \;\Big|\; v \in V\backslash\{0\} \Big\} = \|\varphi\|_{\mathrm{op}}$$

für jedes $\varphi \in L(V, W)$. Zum Nachweis von $\|\varphi\|_{\mathrm{op}} \leq \|\varphi\restriction U\|_{\mathrm{op}}$ sei $v \in V$ und $\varepsilon > 0$ vorgegeben. Wegen der Stetigkeit von φ gibt es ein $\delta \in \,]0, \varepsilon[$ mit $\varphi\big[K_\delta^{d_N}(0)\big] \subseteq K_\varepsilon^{d_M}(0)$. Sei $u \in U \cap \big(v + K_\delta^{d_N}(0)\big)$. Dann ist $|N(v) - N(u)| \leq N(v - u) < \delta$ und somit $M(\varphi(v - u)) < \varepsilon$. Es folgt

$$M(\varphi(v)) < \varepsilon + M(\varphi(u)) \leq \varepsilon + \|\varphi\restriction U\|_{\mathrm{op}} N(u) \leq \varepsilon + \|\varphi\restriction U\|_{\mathrm{op}}(\delta + N(v)),$$

und man erhält aus $M(\varphi(v)) \leq \|\varphi\restriction U\|_{\mathrm{op}} N(v)$ $[\![\, \varepsilon > \delta > 0$ beliebig $]\!]$ die gewünschte Ungleichung $\|\varphi\|_{\mathrm{op}} \leq \|\varphi\restriction U\|_{\mathrm{op}}$.

Zu (b) folgt direkt aus 3.2, A 3. □

Beispiele (6.1,3)

(a) $(X, \mathcal{A}, \mu)$ sei ein Maßraum.

$$\varphi : \begin{cases} L^1(X, \mathcal{A}, \mu) \longrightarrow \mathbb{R} \\ \widetilde{f} \longmapsto \int f \end{cases}$$

ist ein $(\tau_{\| \|_1}, \tau_{| |})$-stetiges lineares Funktional (s. auch A 11), denn

$$|\varphi(\widetilde{f})| \leq \int |f| = \|\widetilde{f}\|_1 \qquad [\![\, 5.3\text{-}4\ (\mathrm{f}) \,]\!],$$

also $\|\varphi\|_{\mathrm{op}} \leq 1$. Die Schranke 1 für φ kann i. a. nicht verbessert (d. h. verkleinert) werden, denn über $[0, 1]$ gilt beispielsweise mit $f = 1$ die Gleichung

$$|\varphi(\widetilde{f})| = \left|\int f\right| = \left|\int_0^1 1 \,\mathrm{d}x\right| = 1 = \|\widetilde{f}\|_1.$$

(b) Auf dem normierten $\mathbb{R}$-Vektorraum $(\mathbb{R}[x]\restriction[0, 1], \| \|_\infty)$ ist der *Ableitungsoperator*

$$D : \begin{cases} \mathbb{R}[x]\restriction[0, 1] \longrightarrow \mathbb{R}[x]\restriction[0, 1] \\ p(x)\restriction[0, 1] \longmapsto \big(\frac{\mathrm{d}}{\mathrm{d}x} p(x)\big)\restriction[0, 1] \end{cases} \quad \text{mit} \quad \frac{\mathrm{d}}{\mathrm{d}x}\Big(\sum_{j=0}^{k} p_j x^j\Big) := \sum_{j=1}^{k} j p_j x^{j-1}$$

(wie üblich), zwar linear, jedoch nicht stetig:

Für jedes $j \in \mathbb{N}$ sei $m_j(x) := x^j$, also $\|m_j(x)\restriction[0,1]\|_\infty = \sup\{\, |t^j| \mid t \in [0,1] \,\} = 1$ und

$$D(m_j(x)\restriction[0,1]) = \begin{cases} 0 & \text{für } j = 0 \\ j m_{j-1}(x)\restriction[0,1] & \text{sonst.} \end{cases}$$

Dann gilt $\|D(m_j(x)\restriction[0,1])\|_\infty = j = j\|m_j(x)\restriction[0,1]\|_\infty$ für alle $j \in \mathbb{N}$, D ist daher kein beschränkter linearer Operator.

(c) Es sei $k \in C_\mathbb{R}([0,1] \times [0,1])$ und $I_k : C_\mathbb{R}([0,1]) \longrightarrow C_\mathbb{R}([0,1])$ der durch

$$I_k(f)(x) := \int_0^1 k(t,x) f(t)\, \mathrm{d}t$$

definierte *Fredholmsche Integraloperator mit Kern k* (s. auch (6.4,4), Seite 526).

I_k ist wohldefiniert, d. h. $I_k(f) \in C_\mathbb{R}([0,1])$ für alle $f \in C_\mathbb{R}([0,1])$:

Sei $\varepsilon > 0$. Wegen der gleichmäßigen Stetigkeit von k auf $[0,1] \times [0,1]$ ⟦4.1-2.1⟧ existiert insbesondere ein $\delta > 0$, so daß für alle t, x, $x' \in [0,1]$ mit $|x - x'| < \delta$ $|k(t,x) - k(t,x')| < \varepsilon/(\|f\|_\infty + 1)$ gilt. Es folgt

$$\begin{aligned} |I_k(f)(x) - I_k(f)(x')| &= \left| \int_0^1 (k(t,x) - k(t,x')) f(t)\, \mathrm{d}t \right| \\ &\leq \int_0^1 |k(t,x) - k(t,x')|\, |f(t)|\, \mathrm{d}t \\ &\leq \frac{\varepsilon}{\|f\|_\infty + 1} \|f\|_\infty < \varepsilon. \end{aligned}$$

I_k ist offensichtlich linear. Aus

$$\begin{aligned} \|I_k(f)\|_\infty &= \max\left\{ \left| \int_0^1 k(t,x) f(t)\, \mathrm{d}t \right| \;\middle|\; x \in [0,1] \right\} \\ &\leq \max\left\{ \int_0^1 |k(t,x)|\, |f(t)|\, \mathrm{d}t \;\middle|\; x \in [0,1] \right\} \\ &\leq \|k\|_\infty \, \|f\|_\infty \end{aligned}$$

folgt die Stetigkeit von I_k (mit $\|I_k\|_{\mathrm{op}} \leq \|k\|_\infty$).

Wie in (6.1,3) (a) kann in einigen Fällen die Operatornorm beschränkter linearer Operatoren exakt bestimmt werden (s. auch A 9).

Beispiel (6.1,4)

$\varphi : \mathbb{R}^n \longrightarrow \mathbb{R}^n$ sei $\mathbb{R}$-linear mit der Matrixdarstellung $(a_{ij})_{i,j=1,\dots,n}$ bzgl. der kanonischen $\mathbb{R}$-Basis $\{\, (\delta_{i,j})_{j=1,\dots,n} \mid i \in \{1,\dots,n\} \,\}$, $\|\varphi\|_{\infty\ \mathrm{op}}$ die Operatornorm von φ zu $(\|\ \|_\infty, \|\ \|_\infty)$. Es ist

$$\|\varphi\|_{\infty\ \mathrm{op}} = \max\left\{ \sum_{j=1}^n |a_{ij}| \;\middle|\; 1 \leq i \leq n \right\},$$

die sog. *maximale Zeilensummennorm* von φ:

Wegen

$$\|\varphi(x)\|_\infty = \max\left\{ \left|\sum_{j=1}^{n} a_{ij}x_j\right| \;\middle|\; 1 \le i \le n \right\} \le \left(\max\left\{ \sum_{j=1}^{n}|a_{ij}| \;\middle|\; 1 \le i \le n \right\}\right)\|x\|_\infty$$

für alle $x \in \mathbb{R}^n$ gilt zunächst $\|\varphi\|_{\infty\ \mathrm{op}} \le \max\{ \sum_{j=1}^{n}|a_{ij}| \mid 1 \le i \le n \}$. Es sei weiterhin mit $i_0 \in \{1,\ldots,n\}$ die Nummer einer Zeile der Matrix $(a_{ij})_{i,j}$ bezeichnet, für die $\sum_{j=1}^{n}|a_{i_0j}| = \max\{ \sum_{j=1}^{n}|a_{ij}| \mid 1 \le i \le n \}$ gilt, und $\widetilde{x} := (\widetilde{x}_j)_j$ definiert durch

$$\widetilde{x}_j := \begin{cases} 1 & \text{für } a_{i_0j} \ge 0 \\ -1 & \text{sonst} \end{cases} \qquad \text{für } j = 1, \ldots, n.$$

Dann ist $\|\widetilde{x}\|_\infty \le 1$, $\sum_{j=1}^{n} a_{i_0j}\widetilde{x}_j = \sum_{j=1}^{n}|a_{i_0j}|$ und somit

$$\|\varphi(\widetilde{x})\|_\infty = \max\left\{ \left|\sum_{j=1}^{n} a_{ij}\widetilde{x}_j\right| \;\middle|\; 1 \le i \le n \right\} \ge \sum_{j=1}^{n}|a_{i_0j}| = \max\left\{ \sum_{j=1}^{n}|a_{ij}| \;\middle|\; 1 \le i \le n \right\}.$$

Insgesamt gilt $\|\varphi\|_{\infty\ \mathrm{op}} = \max\{ \sum_{j=1}^{n}|a_{ij}| \mid 1 \le i \le n \}$ wie behauptet.

Für die näherungsweise Lösung von linearen Operatorgleichungen der Form

$$\varphi(x) = x, \quad x \in V$$

(s. auch (3.4,1)), wobei $\varphi \in L(V)$ und $(V, \|\ \|)$ ein normierter K-Vektorraum ist, kann die Kenntnis der Operatornorm $\|\varphi\|_{\mathrm{op}}$ u. U. von großer Bedeutung sein. Für $\|\varphi\|_{\mathrm{op}} < 1$ ist nämlich φ eine strenge Kontraktion von $(V, d_{\|\ \|})$ in sich $[\![\, \|\varphi(x) - \varphi(y)\| = \|\varphi(x-y)\| \le \|\varphi\|_{\mathrm{op}}\, \|x-y\| \,]\!]$. Wenn also $(V, \|\ \|)$ ein Banach-Raum ist, so liefert der Banachsche Fixpunktsatz 3.4-1 die Existenz einer eindeutig bestimmten Lösung x, die durch Picard-Iteration mit irgendeinem Anfangselement aus V beliebig genau (bzgl. $\|\ \|$) berechnet werden kann, und die a priori- und a posteriori-Abschätzungen (s. die Ausführungen im Anschluß an 3.4-1.1, Seite 222) stehen mit $\lambda = \|\varphi\|_{\mathrm{op}}$ für Fehlerabschätzungen zur Verfügung.

Auf diesen Erkenntnissen basieren zahlreiche numerische Methoden, u. a. ein einfaches *Gesamtschrittverfahren* zur iterativen Lösung linearer Gleichungssysteme:

Beispiel (6.1,5)

Sei $\varphi : \mathbb{R}^n \longrightarrow \mathbb{R}^n$ ein $\mathbb{R}$-linearer Isomorphismus mit Matrixdarstellung $A = (a_{ij})_{i,j=1,\ldots,n}$ bzgl. der kanonischen $\mathbb{R}$-Basis $\{ (\delta_{i,j})_{j=1,\ldots,n} \mid 1 \le i \le n \}$ des $\mathbb{R}^n$, $y \in \mathbb{R}^n$. Berechnet werden soll die Lösung des linearen Gleichungssystems

$$Ax = y, \quad \text{d. h. } \varphi(x) = y. \tag{$*$}$$

Nach dem folgenden *Gesamtschrittverfahren* löse man hierzu für $i = 1, \ldots, n$ die i-te Gleichung nach x_i auf ($a_{ii} \ne 0$ für $i = 1, \ldots, n$ vorausgesetzt; ggf. sind hierfür Zeilen-

bzw. Spaltenvertauschungen im Gleichungssystem erforderlich):

$$x_i = \frac{y_i}{a_{ii}} - \sum_{\substack{j=1 \\ j \neq i}}^{n} \frac{a_{ij}}{a_{ii}} x_j, \quad i = 1, \ldots, n.$$

Mit den Matrizen $L = (l_{ij})_{i,j=1,\ldots,n}$, $R = (r_{ij})_{i,j=1,\ldots,n}$ und $D = (d_{ij})_{i,j=1,\ldots,n}$, wobei

$$l_{ij} := \begin{cases} a_{ij} & \text{für } i > j \\ 0 & \text{sonst,} \end{cases} \qquad r_{ij} := \begin{cases} a_{ij} & \text{für } i < j \\ 0 & \text{sonst,} \end{cases} \qquad d_{ij} := \delta_{i,j} a_{ij}$$

für alle $i, j \in \{1, \ldots, n\}$ gesetzt wird, erhält man diese Gleichungen in Matrixschreibweise

$$x = D^{-1}y - D^{-1}(L + R)x. \tag{$**$}$$

Bezeichnet $\psi : \mathbb{R}^n \longrightarrow \mathbb{R}^n$, $\psi(x) := -D^{-1}(L + R)x$ den $\mathbb{R}$-linearen Operator mit der Matrixdarstellung $-D^{-1}(L + R)$, und ist $f : \mathbb{R}^n \longrightarrow \mathbb{R}^n$, $f(x) := D^{-1}y + \psi(x)$, so gilt für alle $x, x' \in \mathbb{R}^n$ und je zwei Normen $\| \, \|$, $\| \, \|'$ auf $\mathbb{R}^n$

$$\|f(x) - f(x')\| = \|\psi(x) - \psi(x')\| \leq \|\psi\|_{\text{op}} \, \|x - x'\|',$$

wenn $\|\psi\|_{\text{op}}$ die Operatornorm von ψ zu $(\| \, \|', \| \, \|)$ bedeutet.

Kann man also Normen $\| \, \|$, $\| \, \|'$ auf $\mathbb{R}^n$ so finden, daß $\|\psi\|_{\text{op}} < 1$ gilt, so läßt sich die Lösung von $(**)$, d. h. die Lösung von $(*)$ durch Picard-Iteration

$$x^{(j+1)} := D^{-1}y - D^{-1}(L + R)x^{(j)}, \quad x^{(0)} \in \mathbb{R}^n \qquad \textit{(Jacobi-Verfahren)}$$

näherungsweise berechnen; beispielsweise dann, wenn die maximale Zeilensummennorm von ψ,

$$\|\psi\|_{\infty \text{ op}} = \max \left\{ \sum_{\substack{j=1 \\ j \neq i}}^{n} \frac{|a_{ij}|}{|a_{ii}|} \;\middle|\; 1 \leq i \leq n \right\},$$

oder die maximale Spaltensummennorm von ψ (vgl. A 9),

$$\|\psi\|_{1 \text{ op}} = \max \left\{ \sum_{\substack{i=1 \\ i \neq j}}^{n} \frac{|a_{ij}|}{|a_{ii}|} \;\middle|\; 1 \leq j \leq n \right\},$$

kleiner als 1 ist (sog. *Dominanz der Diagonalelemente* in der Matrix A).

Satz 6.1-5

(V, N) sei ein halbnormierter K-Vektorraum, $(W, \| \, \|)$ ein Banach-Raum über K und $\| \, \|_{\text{op}}$ die Operatornorm zu $(N, \| \, \|)$ auf $L(V, W)$.

$(L(V, W), \| \, \|_{\text{op}})$ ist ein Banach-Raum über K.

Beweis

Gem. 6.1-4 (b), (c) ist $\| \, \|_{\text{op}}$ eine Norm auf dem K-Vektorraum $L(V, W)$, es ist daher nur die Vollständigkeit nachzuweisen.

Sei $(\varphi_j)_j \in L(V,W)^{\mathbb{N}}$ mit $\sum_{j=0}^{\infty}\|\varphi_j\|_{\text{op}} < \infty$. Nach 3.5-6 muß die Konvergenz der Reihe $\sum_{j=0}^{\infty}\varphi_j$ in $\big(L(V,W),\tau_{\|\ \|_{\text{op}}}\big)$ gezeigt werden. Zunächst gilt

$$\sum_{j=0}^{\infty}\|\varphi_j(x)\| \leq \sum_{j=0}^{\infty}\|\varphi_j\|_{\text{op}}N(x) = N(x)\sum_{j=0}^{\infty}\|\varphi_j\|_{\text{op}} < \infty$$

für jedes $x \in V$, nach 3.5-6 existiert somit ein $w_x \in W$ mit $\sum_{j=0}^{\infty}\varphi_j(x) = w_x$ (in $(W,\tau_{\|\ \|})$). Der Operator $T: V \longrightarrow W,\ \ T(x) := w_x$ ist linear $[\![\, T(rx+sy) = \sum_{j=0}^{\infty}\varphi_j(rx+sy) = r\sum_{j=0}^{\infty}\varphi_j(x) + s\sum_{j=0}^{\infty}\varphi_j(y) = rT(x) + sT(y)\,]\!]$, beschränkt $[\![\, \|T(x)\| = \big\|\sum_{j=0}^{\infty}\varphi_j(x)\big\| \leq \sum_{j=0}^{\infty}\|\varphi_j(x)\| \leq N(x)\sum_{j=0}^{\infty}\|\varphi_j\|_{\text{op}}$ für jedes $x \in V$, also $\|T\|_{\text{op}} \leq \sum_{j=0}^{\infty}\|\varphi_j\|_{\text{op}} < \infty\,]\!]$ und erfüllt $T = \sum_{j=0}^{\infty}\varphi_j$ (in $(L(V,W),\|\ \|_{\text{op}})$):

Für jedes $k \in \mathbb{N}$ ist

$$\begin{aligned}
\Big\|T - \sum_{j=0}^{k}\varphi_j\Big\|_{\text{op}} &= \sup\Big\{\ \Big\|T(x) - \sum_{j=0}^{k}\varphi_j(x)\Big\|\ \Big|\ x \in V,\ N(x) \leq 1\Big\}\\
&= \sup\Big\{\ \Big\|\sum_{j=k+1}^{\infty}\varphi_j(x)\Big\|\ \Big|\ x \in V,\ N(x) \leq 1\Big\}\\
&\leq \sup\Big\{\ \sum_{j=k+1}^{\infty}\|\varphi_j\|_{\text{op}}N(x)\ \Big|\ x \in V,\ N(x) \leq 1\Big\}\\
&\leq \sum_{j=k+1}^{\infty}\|\varphi_j\|_{\text{op}}.
\end{aligned}$$

Die Konvergenz ergibt sich nun aus $\big(\sum_{j=k+1}^{\infty}\|\varphi_j\|_{\text{op}}\big)_{k\in\mathbb{N}} \to_{\tau_{|\ |}} 0$. □

Korollar 6.1-5.1

(V,N) sei ein halbnormierter K-Vektorraum. $\big(V^{s_N},\|\ \|_{\text{op}}\big)$ ist ein Banach-Raum (über K). □

Im Zusammenhang mit der Behandlung stetiger Dualräume V^{s_τ} topologischer K-Vektorräume (V,τ) ergeben sich drei grundsätzliche Fragen:

(1) $V^{s_\tau} \neq \{0\}$?

(2) Kann V^{s_τ} bis auf $\mathbb{R}$-lineare (bzw. $\mathbb{C}$-konjugiertlineare) Isomorphie durch einen bekannten K-Vektorraum gekennzeichnet werden?

(3) Kann $(V^{s_N},\|\ \|_{\text{op}})$ für den halbnormierten K-Vektorraum (V,N) bis auf isometrische $\mathbb{R}$-lineare (bzw. $\mathbb{C}$-konjugiertlineare) Isomorphie durch einen bekannten normierten K-Vektorraum gekennzeichnet werden?

Die Frage (1) ist i. a. zu verneinen ⟦ (6.1,6) ⟧, für normierte K-Vektorräume (V, N), $V \neq \{0\}$, jedoch positiv zu beantworten ⟦ 6.1-12.1 (b), Seite 464 ⟧.

Beispiele (6.1,6)

Es seien $a, b, q \in \mathbb{R}$, $a < b$, $q > 0$ und $L^q([a,b],\ldots)^{s_q}$ der stetige Dualraum von $L^q([a,b],\ldots)$ bzgl. $\| \ \|_q$ für $q \geq 1$ bzw. ν_q für $q \in]0,1[$.

(a) Sei $\varphi \in L^q([a,b],\ldots)^{s_q} \backslash \{0\}$. Für jedes $\widetilde{f_0} \in L^q([a,b],\ldots)$ mit $\varphi(\widetilde{f_0}) \geq 1$ gibt es ein $\widetilde{f_1} \in L^q([a,b],\ldots)$ mit

$$\varphi(\widetilde{f_1}) \geq 1 \quad \text{und} \quad \|\widetilde{f_1}\|_q^q = 2^{q-1}\|\widetilde{f_0}\|_q^q :$$

Die Funktionen $g_x := f_0\chi_{[a,x[}$, $h_x := f_0\chi_{[x,b]}$ gehören für jedes $x \in [a,b]$ zu $\mathcal{L}^q([a,b],\ldots)$. Wegen 5.3, A 12 ist $F_0 : [a,b] \longrightarrow \mathbb{R}$, $F_0(x) := \|\widetilde{g_x}\|_q^q$, stetig, und es gilt

$$F_0(a) = \|\widetilde{g_a}\|_q^q = 0, \quad F_0(b) = \|\widetilde{g_b}\|_q^q = \|\widetilde{f_0}\|_q^q.$$

Nach (2.4,3) (a) existiert ein $\xi \in [a,b]$ mit $F_0(\xi) = \frac{1}{2}\|\widetilde{f_0}\|_q^q$, und aus $\|\widetilde{g_\xi}\|_q^q + \|\widetilde{h_\xi}\|_q^q = \|\widetilde{f_0}\|_q^q$ folgt $\max\{\varphi(\widetilde{g_\xi}), \varphi(\widetilde{h_\xi})\} \geq 1/2$ ⟦ Sonst wäre $\varphi(\widetilde{f_0}) = \varphi(\widetilde{g_\xi}) + \varphi(\widetilde{h_\xi}) < 1$ ↯ ⟧, etwa $\varphi(\widetilde{g_\xi}) \geq 1/2$. Mit $f_1 := 2g_\xi$ ist dann $f_1 \in \mathcal{L}^q([a,b],\ldots)$, $\varphi(\widetilde{f_1}) \geq 1$ und

$$\|\widetilde{f_1}\|_q^q = 2^q\|\widetilde{g_\xi}\|_q^q = 2^{q-1}\|\widetilde{f_0}\|_q^q.$$

(b) Für $q \in]0,1[$ gilt $L^q([a,b],\ldots)^{s_q} = \{0\}$:

Existierte ein $\varphi \in L^q([a,b],\ldots)^{s_q} \backslash \{0\}$, etwa $\widetilde{f_0} \in L^q([a,b],\ldots)$ mit $\varphi(\widetilde{f_0}) \geq 1$ ⟦ φ ist surjektiv! ⟧, so gäbe es gem. (a) eine Folge $(\widetilde{f_j})_{j\in\mathbb{N}} \in L^q([a,b],\ldots)^{\mathbb{N}}$, so daß

$$\varphi(\widetilde{f_j}) \geq 1 \quad \text{und} \quad \|\widetilde{f_{j+1}}\|_q^q = 2^{q-1}\|\widetilde{f_j}\|_q^q$$

für alle $j \in \mathbb{N}$ richtig wäre. Es würde daher gelten:

$$(\widetilde{f_j})_j \to_{\tau_{\nu_q}} \widetilde{0} \quad \text{und} \quad (\varphi(\widetilde{f_j}))_j \not\to_{\tau_{|\ |}} 0. \ ↯$$

Die Beantwortung der Fragen (2) und (3) ist i. a. äußerst schwierig und erfordert dann häufig einen großen Aufwand. Zu den einfach zu handhabenden Räumen gehören die folgenden

Beispiele (6.1,7)

(a) Für $(\mathbb{R}^n, \| \ \|_2)$ und das Skalarprodukt $\langle \ \rangle_2$ ist

$$\Phi : \begin{cases} \mathbb{R}^n \longrightarrow (\mathbb{R}^n)^{s_{\| \ \|_2}} \\ r \longmapsto T_r \end{cases}$$

mit $T_r(x) := \langle x, r\rangle_2$ ein $(\| \ \|_2, \| \ \|_{\text{op}})$-normerhaltender $\mathbb{R}$-linearer Isomorphismus:

Nach A 12 ist Φ wohldefiniert mit $\|T_r\|_{\text{op}} = \|r\|_{\langle\ \rangle_2} = \|r\|_2$. Gemäß Definition des Skalarprodukts ist Φ auch $\mathbb{R}$-linear und darüber hinaus surjektiv, denn für $\varphi \in (\mathbb{R}^n)^{s\| \ \|_2}$, $\varphi((\delta_{i,j})_{j=1,\dots,n}) = r_i$ für $i = 1, \dots, n$, erhält man mit den kanonischen i-ten Projektionen $\pi_i : \mathbb{R}^n \longrightarrow \mathbb{R}$ die Darstellung $\varphi = \sum_{i=1}^n r_i\pi_i$, also

$$\varphi(x) = \sum_{i=1}^n r_i\pi_i(x) = \sum_{i=1}^n r_i x_i = \langle x, r\rangle_2 = T_r(x).$$

Über dem komplexen Zahlkörper $\mathbb{C}$ ist analog

$$\Phi : \begin{cases} \mathbb{C}^n \longrightarrow (\mathbb{C}^n)^{s\| \ \|_2} \\ z \longmapsto T_z \end{cases}$$

mit $T_z(u) := \sum_{j=1}^n z_j u_j$ ein $(\| \ \|_2, \| \ \|_{\text{op}})$-normerhaltender $\mathbb{C}$-linearer Isomorphismus:

Wegen $T_z(\overline{z}) = \sum_{j=1}^n z_j\overline{z_j} = \|z\|_2^2$ ist $\|T_z\|_{\text{op}} \geq \|z\|_2$. Die übrigen Eigenschaften erhält man wie die entsprechenden beim $\mathbb{R}^n$.

Der durch $\Psi(z)(u) := \langle u, z\rangle_2$ definierte Operator $\Psi : \mathbb{C}^n \longrightarrow (\mathbb{C}^n)^{s\| \ \|_2}$ ist ebenfalls $(\| \ \|_2, \| \ \|_{\text{op}})$-normerhaltend, jedoch ein $\mathbb{C}$-*konjugiertlinearer Isomorphismus*, d. h. bijektiv, additiv mit $\Psi(cz) = \overline{c}\Psi(z)$ für alle $c \in \mathbb{C}$, $z \in \mathbb{C}^n$.

(b) Für $q, r \in \mathbb{R}$, $q, r > 1$, $(1/q) + (1/r) = 1$ ist

$$\Phi : \begin{cases} \ell^q \longrightarrow (\ell^r)^{s\| \ \|_r} \\ x \longmapsto T_x \end{cases}$$

mit $T_x(y) := \sum_{j=0}^\infty y_j x_j$ ein $(\| \ \|_q, \| \ \|_{\text{op}})$-normerhaltender $\mathbb{C}$-linearer Isomorphismus:

Nach der Hölder-Ungleichung 5.4-5 (oder auch 1.1-2.1) gilt $\left|\sum_{j=0}^\infty y_j x_j\right| \leq \|x\|_q \, \|y\|_r$, also ist $\Phi(x) \in (\ell^r)^{s\| \ \|_r}$ mit $\|\Phi(x)\|_{\text{op}} \leq \|x\|_q$, Φ daher wohldefiniert (und $\mathbb{C}$-linear). Die Surjektivität von Φ erhält man so:

Sei $\varphi \in (\ell^r)^{s\| \ \|_r}$ und $y \in \ell^r$, also $y = \sum_{i=0}^\infty y_i(\delta_{i,j})_{j\in\mathbb{N}}$ (Limes in $(\ell^r, \tau_{\| \ \|_r})$). Da φ stetig und linear ist, gilt $\varphi(y) = \sum_{i=0}^\infty y_i\varphi((\delta_{i,j})_{j\in\mathbb{N}})$. Mit

$$s_i := \varphi((\delta_{i,j})_{j\in\mathbb{N}}), \quad y_i^{(j)} := \begin{cases} \frac{|s_i|^q}{s_i} & \text{für } i \leq j,\ s_i \neq 0 \\ 0 & \text{sonst} \end{cases}$$

für alle $i, j \in \mathbb{N}$ ergibt sich

$$\begin{aligned} \sum_{i=0}^j |s_i|^q &= \sum_{i=0}^\infty y_i^{(j)}\varphi((\delta_{i,j})_{j\in\mathbb{N}}) = \varphi(y^{(j)}) \leq \|\varphi\|_{\text{op}} \left\|y^{(j)}\right\|_r \\ &= \|\varphi\|_{\text{op}} \left(\sum_{i=0}^j \left|y_i^{(j)}\right|^r\right)^{1/r} = \|\varphi\|_{\text{op}} \left(\sum_{i=0}^j |s_i|^{r(q-1)}\right)^{1/r} \\ &= \|\varphi\|_{\text{op}} \left(\sum_{i=0}^j |s_i|^q\right)^{1/r} \qquad [\![\, r(q-1) = q \,]\!], \end{aligned}$$

wobei $\|\varphi\|_{\text{op}}$ die Operatornorm von φ zu $(\| \ \|_r, | \ |)$ ist. Division dieser Ungleichungen durch $\left(\sum_{i=0}^{j} |s_i|^q\right)^{1/r} \neq 0$ liefert $\|(s_i)_{i\in\mathbb{N}}\|_q \leq \|\varphi\|_{\text{op}}$. Es folgt $(s_i)_i \in \ell^q$, $\Phi((s_i)_{i\in\mathbb{N}}) = \varphi$.

Schließlich ist Φ auch injektiv und $(\| \ \|_q, \| \ \|_{\text{op}})$-normerhaltend, denn für alle $x, x' \in \ell^q$, $x \neq x'$, etwa $x_i \neq x'_i$, gilt $\Phi(x)((\delta_{i,j})_{j\in\mathbb{N}}) = x_i \neq x'_i = \Phi(x')((\delta_{i,j})_{j\in\mathbb{N}})$, also $\Phi(x) \neq \Phi(x')$, $\|\Phi(x)\|_{\text{op}} = \|T_x\|_{\text{op}} \geq \|x\|_q$ 〚s. o.〛 und

$$\begin{aligned}
\|\Phi(x)\|_{\text{op}} &= \sup\{\, |\Phi(x)(y)| \mid y \in \ell^r,\ \|y\|_r \leq 1 \,\} \\
&= \sup\left\{ \left| \sum_{j=0}^{\infty} x_j y_j \right| \,\middle|\, y \in \ell^r,\ \|y\|_r \leq 1 \right\} \\
&\leq \sup\{\, \|x\|_q \, \|y\|_r \mid y \in \ell^r,\ \|y\|_r \leq 1 \,\} \qquad [\![\, 5.4\text{-}5 \text{ oder } 1.1\text{-}2.1 \,]\!] \\
&\leq \|x\|_q,
\end{aligned}$$

also $\|\Phi(x)\|_{\text{op}} = \|x\|_q$.

(c) Die Funktion

$$\Phi : \begin{cases} \ell^\infty \longrightarrow (\ell^1)^{\mathrm{s}\| \ \|_1} \\ x \longmapsto T_x \end{cases}$$

mit $T_x(y) := \sum_{j=0}^{\infty} y_j x_j$ ist ein $(\| \ \|_\infty, \| \ \|_{\text{op}})$-normerhaltender $\mathbb{C}$-linearer Isomorphismus:

Wiederum nach der Hölder-Ungleichung 5.4-5 ist Φ wohldefiniert (injektiv und $\mathbb{C}$-linear), $\|\Phi(x)\|_{\text{op}} \leq \|x\|_\infty$ 〚 $|\Phi(x)(y)| \leq \sum_{j=0}^{\infty} |x_j y_j| \leq \|x\|_\infty \, \|y\|_1$, also $\|\Phi(x)\|_{\text{op}} \leq \|x\|_\infty$ 〛. Für $\varphi \in (\ell^1)^{\mathrm{s}\| \ \|_1}$, $x_j := \varphi((\delta_{i,j})_{i\in\mathbb{N}})$ für jedes $j \in \mathbb{N}$ erhält man $x \in \ell^\infty$, $\|x\|_\infty \leq \|\varphi\|_{\text{op}}$ 〚 $|x_j| = |\varphi((\delta_{i,j})_{i\in\mathbb{N}})| \leq \|\varphi\|_{\text{op}} \, \|(\delta_{i,j})_{i\in\mathbb{N}}\|_1 = \|\varphi\|_{\text{op}} < \infty$, also $\|x\|_\infty \leq \|\varphi\|_{\text{op}}$ 〛 und $\Phi(x) = \varphi$, also $\|x\|_\infty = \|\Phi(x)\|_{\text{op}}$ für jedes $x \in \ell^\infty$:

Sei $y \in \ell^1$, $y^{(j)} := \sum_{i=0}^{j} y_i (\delta_{i,k})_{k\in\mathbb{N}}$ für jedes $j \in \mathbb{N}$. Dann gilt $\left(y^{(j)}\right)_j \rightarrow_{\tau_{\| \ \|_1}} y$ und somit

$$\varphi(y) = \lim_j \varphi(y^{(j)}) = \lim_j \sum_{i=0}^{j} y_i x_i = \Phi(x)(y).$$

Eine (6.1,7) (b), (c) entsprechende Aussage ist offensichtlich auch für

$$\Phi : \begin{cases} \ell^q_{\mathbb{R}} \longrightarrow (\ell^r_{\mathbb{R}})^{\mathrm{s}\| \ \|_r} \\ x \longmapsto T_x \end{cases}$$

mit $T_x(y) := \sum_{j=0}^{\infty} y_j x_j$ richtig.

Der $\mathbb{C}$-lineare Operator

$$\Phi : \begin{cases} \ell^1 \longrightarrow (\ell^\infty)^{\mathrm{s}\| \ \|_\infty} \\ x \longmapsto T_x \end{cases}$$

mit $T_x(y) := \sum_{j=0}^{\infty} y_j x_j$ ist ebenfalls $(\| \ \|_1, \| \ \|_{\text{op}})$-normerhaltend (s. A 13), also injektiv, jedoch nicht surjektiv (s. (6.1,9), Seite 465).

Mit zusätzlichen Mitteln der Funktionalanalysis und der Maß- und Integrationstheorie kann man für Maßräume $(X, \mathcal{A}, \mu)$, $q, r \in \mathbb{R}$, $1 < q$, $(1/q) + (1/r) = 1$ beweisen, daß

$$\Phi : \begin{cases} L^q(X, \mathcal{A}, \mu) \longrightarrow (L^r(X, \mathcal{A}, \mu))^{\mathrm{s}\| \|_r} \\ \widetilde{f} \longmapsto T_{\widetilde{f}} \end{cases}$$

mit $T_{\widetilde{f}}(\widetilde{g}) := \int fg$ ein $(\| \|_q, \| \|_{\mathrm{op}})$-normerhaltender K-linearer Isomorphismus ist. Für $q = \infty$, $r = 1$ gilt dieses auch noch über σ-endlichen Maßräumen (s. [24]), wohingegen für $q = 1$, $r = \infty$ der lineare Operator Φ zwar noch $(\| \|_1, \| \|_{\mathrm{op}})$-normerhaltend ⟦ A 13 ⟧, also injektiv, jedoch i. a. nicht mehr surjektiv ist (vgl. (6.1,9) und auch die Anmerkungen im Anschluß an 6.3-5.1 auf Seite 510).

In Verallgemeinerung von (6.1,7) (a) und (b) (für $q = r = 2$) gilt über beliebigen Hilbert-Räumen, also auch über $(L^2(X, \mathcal{A}, \mu), \langle\,\rangle_2)$ für beliebige Maßräume $(X, \mathcal{A}, \mu)$ ⟦ (5.4,4), 5.4-10 ⟧ der von Fréchet und Riesz 1907 bewiesene

Satz 6.1-6 (Rieszscher Darstellungssatz)

$(V, \langle\,\rangle)$ sei ein Hilbert-Raum über K, $\varphi \in V^{\mathrm{s}\langle\,\rangle}$. Es gibt genau ein $v \in V$ mit

$$\forall\, x \in V\colon\ \varphi(x) = \langle x, v\rangle .$$

Darüber hinaus gilt $\|\varphi\|_{\mathrm{op}} = \|v\|_{\langle\,\rangle}$.

Beweis

Sind $v_1, v_2 \in V$ mit $\langle x, v_1\rangle = \varphi(x) = \langle x, v_2\rangle$ für jedes $x \in V$, so folgt $\langle x, v_1 - v_2\rangle = 0$, also $v_1 = v_2$ ⟦ 1.1-7 (b) ⟧ und damit die Eindeutigkeit.

Für $\varphi = 0$ ist $v = 0$ wählbar. Daher sei $\varphi \neq 0$, also $\operatorname{Ker}\varphi \in \alpha_{\mathcal{T}_{\langle\,\rangle}} \setminus \{V\}$ ⟦ 6.1-3 ⟧ ein maximaler K-Untervektorraum von V ⟦ Anhang 2-10 ⟧. Nach dem Satz von der orthogonalen Zerlegung ⟦ 3.6-4.1 (a) ⟧ gilt $V = \operatorname{Ker}\varphi \oplus (\operatorname{Ker}\varphi)^\perp$. Man wähle ein $w \in (\operatorname{Ker}\varphi)^\perp \setminus \{0\}$ und definiere $\lambda := \varphi(w) \neq 0$ ⟦ $w \notin \operatorname{Ker}\varphi$ ⟧ und $v := \frac{\overline{\lambda}}{\|w\|^2_{\langle\,\rangle}} w$.

Für jedes $x \in V$, etwa $x = u + s$ mit $u \in \operatorname{Ker}\varphi$, $s \in (\operatorname{Ker}\varphi)^\perp$, erhält man $\varphi(x) = \varphi(u) + \varphi(s) = \varphi(s) = \langle x, v\rangle$:

Es ist $s - \lambda^{-1}\varphi(s)w \in (\operatorname{Ker}\varphi)^\perp$, $\varphi(s - \lambda^{-1}\varphi(s)w) = \varphi(s) - \lambda^{-1}\varphi(s)\varphi(w) = 0$, also auch $s - \lambda^{-1}\varphi(s)w \in \operatorname{Ker}\varphi$, woraus $s = \lambda^{-1}\varphi(s)w$ folgt. Somit gilt

$$\begin{aligned}\langle x, v\rangle &= \left\langle x, \frac{\overline{\lambda}}{\|w\|^2_{\langle\,\rangle}} w \right\rangle = \frac{\lambda}{\|w\|^2_{\langle\,\rangle}} \langle x, w\rangle = \frac{\lambda}{\|w\|^2_{\langle\,\rangle}} (\langle u, w\rangle + \langle s, w\rangle) \\ &= \frac{\lambda}{\|w\|^2_{\langle\,\rangle}} \langle \lambda^{-1}\varphi(s)w, w\rangle = \varphi(s).\end{aligned}$$

$\|\varphi\|_{\mathrm{op}} = \|v\|_{\langle\,\rangle}$ folgt mit A 12. □

Korollar 6.1-6.1

$(V, \langle\,\rangle)$ sei ein Hilbert-Raum über K. Der Riesz-Operator

$$R_V : \begin{cases} V \longrightarrow V^{s\langle\,\rangle} \\ v \longmapsto T_v \end{cases}$$

mit $T_v(x) := \langle x, v\rangle$ ist ein $(\|\;\|_{\langle\,\rangle}, \|\;\|_{\text{op}})$-normerhaltender $\mathbb{R}$-linearer (bzw. $\mathbb{C}$-konjugiertlinearer) Isomorphismus. □

Für $\mathbb{R}$-Hilbert-Räume sind die Fragen (1), (2), (3) (Seite 453) gem. 6.1-6.1 positiv beantwortet, für $\mathbb{C}$-Hilbert-Räume $(V, \langle\,\rangle)$ ist $\left(V^{s\langle\,\rangle}, \|\;\|_{\text{op}}\right)$ isometrisch $\mathbb{C}$-konjugiertlinear isomorph zu $(V, \|\;\|_{\langle\,\rangle})$.

Der Rieszsche Darstellungssatz 6.1-6 läßt sich dahingehend erweitern, daß anstelle des Skalarprodukts in der Darstellung $\varphi(x) = \langle x, v\rangle$ eine beliebige koerzitive, beschränkte Bilinearform auf $(V, \langle\,\rangle)$ verwendet werden darf (s. 6.1-8, Seite 460).

Definitionen

V sei ein K-Vektorraum, $B : V \times V \longrightarrow K$.

B Bilinearform auf V :gdw B erfüllt

(B-1) $\forall\, x, y, z \in V\colon\; B(x + y, z) = B(x, z) + B(y, z),$
$B(x, y + z) = B(x, y) + B(x, z)$

(B-2) $\forall\, x, y \in V\; \forall\, k \in K\colon\; B(kx, y) = kB(x, y),\; B(x, ky) = \overline{k}B(x, y).$

Sei B eine Bilinearform auf V.

B hermitesch :gdw $\forall\, x, y \in V\colon\; B(x, y) = \overline{B(y, x)}$

Sei $(V, \langle\,\rangle)$ ein Prähilbertraum.

B beschränkt :gdw $\exists\, c \in \mathbb{R}^+\; \forall\, x, y \in V\colon\; |B(x, y)| \le c\|x\|_{\langle\,\rangle}\,\|y\|_{\langle\,\rangle}$

Für beschränkte Bilinearformen B auf Prähilberträumen $(V, \langle\,\rangle)$ heißt

$$\begin{aligned} \|B\|_{\text{op}} &:= \sup\Big\{ \frac{|B(x, y)|}{\|x\|_{\langle\,\rangle}\,\|y\|_{\langle\,\rangle}} \;\Big|\; x, y \in V\backslash\{0\} \Big\} \\ &= \sup\big\{ |B(x, y)| \;\big|\; x, y \in V,\; \|x\|_{\langle\,\rangle} = 1 = \|y\|_{\langle\,\rangle} \big\} \end{aligned}$$

Operatornorm von B.

Beispiel (6.1,8)

Für jeden Prähilbertraum $(V, \langle\,\rangle)$ (über K) ist $\langle\,\rangle$ eine hermitesche Bilinearform, die gem. Cauchy-Schwarz-Ungleichung 1.1-8 auch beschränkt mit $\|\langle\,\rangle\|_{\text{op}} \le 1$ ist.

Für $V \ne \{0\}$, etwa $v \in V\backslash\{0\}$, erhält man wegen $\langle v, v\rangle = \|v\|^2_{\langle\,\rangle}$ sogar $\|\langle\,\rangle\|_{\text{op}} = 1$.

Satz 6.1-7

$(V, \langle\ \rangle)$ sei ein Hilbert-Raum (über K).

(a) Für jedes $f \in L(V)$ ist

$$B_f : \begin{cases} V \times V \longrightarrow K \\ (x,y) \longmapsto \langle x, f(y)\rangle \end{cases}$$

(und auch ${}_fB$, definiert durch ${}_fB(x,y) := \langle f(x), y\rangle$) eine beschränkte Bilinearform auf $(V, \langle\ \rangle)$ mit $\|B_f\|_{\mathrm{op}} = \|f\|_{\mathrm{op}}$.

(b) Zu jeder beschränkten Bilinearform B auf $(V, \langle\ \rangle)$ existiert genau ein $f \in L(V)$ mit

$$\forall\, x, y \in V\colon\ B(x,y) = \langle x, f(y)\rangle$$

(Eindeutige Darstellbarkeit beschränkter Bilinearformen B durch stetige K-lineare Operatoren f von $(V, \langle\ \rangle)$).

Beweis

Zu (a) B_f (und auch ${}_fB$) ist eine Bilinearform auf V mit

$$\begin{aligned} |B_f(x,y)| = |\langle x, f(y)\rangle| &\le \|x\|_{\langle\,\rangle}\ \|f(y)\|_{\langle\,\rangle} \qquad [\![\,1.1\text{-}8\,]\!] \\ &\le \|x\|_{\langle\,\rangle}\ \|y\|_{\langle\,\rangle}\ \|f\|_{\mathrm{op}} \end{aligned}$$

für alle x, $y \in V$, also $\|B_f\|_{\mathrm{op}} \le \|f\|_{\mathrm{op}}$ (analog $\|{}_fB\|_{\mathrm{op}} \le \|f\|_{\mathrm{op}}$). Die Ungleichung $\|B_f\|_{\mathrm{op}} \ge \|f\|_{\mathrm{op}}$ folgt mit dem Beweis zu (b).

Zu (b) Gilt $B(x,y) = \langle x, f(y)\rangle = \langle x, g(y)\rangle$ für f, $g \in L(V)$ und alle x, $y \in V$, so erhält man $\langle x, f(y) - g(y)\rangle = 0$, also $f(y) = g(y)$ für alle $y \in V$, d.h. $f = g$ [[1.1-7 (b)]]. Es existiert daher höchstens ein $f \in L(V)$ mit der gewünschten Eigenschaft. Zum Beweis der Existenz setze man

$$g_y : \begin{cases} V \longrightarrow K \\ x \longmapsto B(x,y) \end{cases}$$

für jedes $y \in V$. Wegen $g_y \in V^{\mathrm{s}\langle\,\rangle}$ [[$|g_y(x)| = |B(x,y)| \le \|B\|_{\mathrm{op}}\, \|x\|_{\langle\,\rangle}\, \|y\|_{\langle\,\rangle}$, g_y linear]] gibt es nach dem Rieszschen Darstellungssatz 6.1-6 genau ein $v_y \in V$ mit $g_y(x) = \langle x, v_y\rangle$ für jedes $x \in V$, und es gilt $\|v_y\|_{\langle\,\rangle} = \|g_y\|_{\mathrm{op}} \le \|B\|_{\mathrm{op}}\, \|y\|_{\langle\,\rangle}$ [[s. o.]]. Der Operator $f : V \longrightarrow V$, $f(y) := v_y$, ist K-linear und beschränkt mit $\|f\|_{\mathrm{op}} \le \|B\|_{\mathrm{op}}$ (Ergänzung zu (a)!):

f ist K-linear, denn für alle x, y, $z \in V$, $k, l \in K$ errechnet man

$$\begin{aligned} \langle x, v_{ky+lz}\rangle &= g_{ky+lz}(x) = B(x, ky+lz) = \overline{k}B(x,y) + \overline{l}B(x,z) \\ &= \overline{k}g_y(x) + \overline{l}g_z(x) = \overline{k}\langle x, v_y\rangle + \overline{l}\langle x, v_z\rangle = \langle x, kv_y + lv_z\rangle, \end{aligned}$$

woraus gem. 1.1-7 (b) $v_{ky+lz} = kv_y + lv_z$, also $f(ky+lz) = kf(y) + lf(z)$ folgt.

Die Beschränktheit von f ergibt sich aus $\|f(y)\|_{\langle\,\rangle} = \|v_y\|_{\langle\,\rangle} \leq \|B\|_{\text{op}}\,\|y\|_{\langle\,\rangle}$ ⟦s. o.⟧, also $\|f\|_{\text{op}} \leq \|B\|_{\text{op}}$.

Schließlich gilt noch $B(x,y) = g_y(x) = \langle x, v_y\rangle = \langle x, f(y)\rangle$ für alle $x, y \in V$. □

Korollar 6.1-7.1

$(V, \langle\,\rangle)$ *sei ein Hilbert-Raum über* K, $f \in L(V)$.

$$\begin{aligned}\|f\|_{\text{op}} &= \sup\{\, |\langle x, f(y)\rangle| \mid x, y \in V,\ \|x\|_{\langle\,\rangle} = 1 = \|y\|_{\langle\,\rangle} \,\}\\ &= \sup\{\, |\langle f(x), y\rangle| \mid x, y \in V,\ \|x\|_{\langle\,\rangle} = 1 = \|y\|_{\langle\,\rangle} \,\}\end{aligned}$$

□

Definition

$(V, \langle\,\rangle)$ sei ein Prähilbertraum über K, B eine Bilinearform auf V.

B koerzitiv (auch *V-elliptisch*) :gdw $\exists\, \delta > 0\ \forall\, x \in V\colon\ |B(x,x)| \geq \delta \|x\|^2_{\langle\,\rangle}$

δ heißt dann (eine) *Koerzitivitätskonstante.*

Skalarprodukte sind Beispiele für (hermitesche) koerzitive Bilinearformen ⟦ $|\langle x, x\rangle| = \langle x, x\rangle = 1 \cdot \|x\|^2_{\langle\,\rangle}$ ⟧ (s. auch A 29). Der folgende Satz dehnt daher die Aussage des Rieszschen Darstellungssatzes auf koerzitive Bilinearformen, die nicht notwendig hermitesch sind, aus. Diese erweiterte Form wird u. a. in der Theorie partieller Differentialgleichungen angewendet.

Satz 6.1-8 (Lax-Milgram-Lemma, 1954)

$(V, \langle\,\rangle)$ *sei ein Hilbert-Raum über* K, B *eine beschränkte, koerzitive Bilinearform auf* $(V, \langle\,\rangle)$ *mit Koerzitivitätskonstante* δ. *Zu jedem stetigen* K*-linearen Funktional* $\varphi \in V^{s\langle\,\rangle}$ *existiert genau ein* $v \in V$ *mit*

$$\forall\, x \in V\colon\ B(x,v) = \varphi(x),$$

d. h. die Operatorgleichung $B(\cdot, v) = \varphi$ ist für ein $v \in V$ eindeutig lösbar. *Für die Lösung* v *gilt* $\|v\|_{\langle\,\rangle} \leq \frac{1}{\delta}\|\varphi\|_{\text{op}}$, *d. h. die* Lösung v ist stetig von φ abhängig.

Beweis

Die Eindeutigkeit ergibt sich mit Hilfe der Koerzitivität gem. $B(x,v) = \varphi(x) = B(x,w)$, d. h. $B(x, v-w) = 0$ für alle $x \in V$, aus $0 = B(v-w, v-w) \geq \delta\|v-w\|^2_{\langle\,\rangle}$; die stetige Abhängigkeit der Lösung v von φ folgt für $v \neq 0$ (für $v = 0$ klar) aus

$$\begin{aligned}\|\varphi\|_{\text{op}} &= \sup\Big\{\, \frac{|\varphi(x)|}{\|x\|_{\langle\,\rangle}} \;\Big|\; x \in V\backslash\{0\} \,\Big\} = \sup\Big\{\, \frac{|B(x,v)|}{\|x\|_{\langle\,\rangle}} \;\Big|\; x \in V\backslash\{0\} \,\Big\}\\ &\geq \frac{|B(v,v)|}{\|v\|_{\langle\,\rangle}} \geq \delta\|v\|_{\langle\,\rangle}.\end{aligned}$$

Es bleibt somit die Existenz einer Lösung der Operatorgleichung nachzuweisen.

Sei $f \in L(V)$ mit $B(x,y) = \langle x, f(y)\rangle$ für alle $x,\ y \in V$ ⟦ 6.1-7 (b) ⟧. Wegen $\delta\|x\|^2_{\langle\,\rangle} \leq B(x,x) = \langle x, f(x)\rangle \leq \|x\|_{\langle\,\rangle}\,\|f(x)\|_{\langle\,\rangle}$ für alle $x \in V$ gilt für $x \neq 0$ auch $\|f(x)\|_{\langle\,\rangle} \geq \delta\|x\|_{\langle\,\rangle} > 0$, f ist daher injektiv. Weiterhin ist $f[V] \in \alpha_{\mathcal{T}_{\langle\,\rangle}}$, denn für jedes $y \in V$, $(x_j)_j \in V^{\mathbb{N}}$ mit $(f(x_j))_j \to_{\mathcal{T}_{\langle\,\rangle}} y$ ist mit $(f(x_j))_j$ auch $(x_j)_j$ eine Cauchy-Folge in $(V, d_{\langle\,\rangle})$, etwa $(x_j)_j \to_{\mathcal{T}_{\langle\,\rangle}} x$ für ein $x \in V$. Da f stetig ist, folgt $(f(x_j))_j \to_{\mathcal{T}_{\langle\,\rangle}} f(x)$, also $y = f(x) \in f[V]$. Der Operator f ist auch surjektiv, weil für $f[V] \neq V$, also $V = f[V] \oplus f[V]^{\perp}$ mit $f[V]^{\perp} \neq \{0\}$ ⟦ 3.6-4.1 (a) ⟧, ein $w \in f[V]^{\perp}\backslash\{0\}$ existiert mit $B(w,x) = \langle w, f(x)\rangle = 0$ für jedes $x \in V$, speziell für $x = w$ daher $B(w,w) = 0$ und somit $w = 0$ ⟦ Koerzitivität von B ⟧ gilt. ↯

Schließlich sei $w \in V$ gem. 6.1-6 das φ mit Hilfe des Skalarprodukts darstellende Element, d. h. $\varphi(x) = \langle x, w\rangle$ für alle $x \in V$. Für $v := f^{-1}(w)$ erhält man dann

$$B(x,v) = B(x, f^{-1}(w)) = \langle x, w\rangle = \varphi(x)$$

⟦ nach Wahl von f zu B ⟧ für jedes $x \in V$. □

Zur Beantwortung der die Existenz stetiger linearer Funktionale auf normierten K-Vektorräumen betreffenden Frage (1) (Seite 453) können die folgenden Fortsetzungseigenschaften dienen (s. 6.1-12.1 (b), Seite 464).

Satz 6.1-9

(V, N) sei ein halbnormierter $\mathbb{R}$-Vektorraum, W ein maximaler $\mathbb{R}$-Untervektorraum von V (d. h. $\operatorname{codim}_{\mathbb{R},V} W = 1$), $\varphi \in W^{\mathrm{a}}$ und $\varphi \leq N{\restriction}W$.

Es existiert ein $\mathbb{R}$-lineares Funktional F auf V, das φ fortsetzt und der Ungleichung $F \leq N$ genügt.

Beweis

Es sei $v_0 \in V\backslash W$, also $V = W \oplus \overline{\{v_0\}}^{\mathrm{lin}}$, $\xi \in \mathbb{R}$ und $F_\xi : V \longrightarrow \mathbb{R}$ definiert durch $F_\xi(w + rv_0) := \varphi(w) + r\xi$, wobei $w \in W$, $r \in \mathbb{R}$ ist. Die Funktion F_ξ ist eine $\mathbb{R}$-lineare Fortsetzung von φ auf V (für jedes $\xi \in \mathbb{R}$). Durch geeignete Wahl von ξ kann $F_\xi \leq N$ erreicht werden:

Für alle $w_1,\ w_2 \in W$ gilt $\varphi(w_1) - \varphi(w_2) = \varphi(w_1 - w_2) \leq N(w_1 - w_2) \leq N(w_1 + v_0) + N(-w_2 - v_0)$, also

$$-N(-w_2 - v_0) - \varphi(w_2) \leq N(w_1 + v_0) - \varphi(w_1).$$

Mit

$$b_1 := \sup\{\, -N(-w_2 - v_0) - \varphi(w_2) \mid w_2 \in W \,\} \quad \text{und}$$

$$b_2 := \inf\{\, N(w_1 + v_0) - \varphi(w_1) \mid w_1 \in W \,\}$$

folgt $b_1 \leq b_2$ und

$$-N(-w-v_0)-\varphi(w) \leq b_1 \leq \xi \leq b_2 \leq N(w+v_0)-\varphi(w)$$

für alle $w \in W,\ \xi \in [b_1, b_2]$. Für jedes $v = w + rv_0,\ w \in W,\ r \in \mathbb{R}$ erhält man im Fall $r = 0$

$$F_\xi(v) = \varphi(w) \leq N(w) = N(v),$$

für $r > 0$ wegen $\xi \leq N\big(\frac{1}{r}w + v_0\big) - \varphi\big(\frac{1}{r}w\big)$

$$F_\xi(v) = \varphi(w) + r\xi \leq N(w + rv_0) = N(v)$$

und ebenso wegen $\xi \geq -N\big(-\frac{1}{r}w - v_0\big) - \varphi\big(\frac{1}{r}w\big)$ für $r < 0$

$$F_\xi(v) = \varphi(w) + r\xi \leq N(w + rv_0) = N(v).$$ □

Der Beweis von 6.1-9 zeigt, daß die eindeutige Fortsetzbarkeit von φ wohl nicht gegeben ist, denn F_ξ ist für jedes $\xi \in [b_1, b_2]$ eine Fortsetzung der gewünschten Art, für $b_1 < b_2$ existieren also mehrere Fortsetzungen. Mit Hilfe des Zornschen Lemmas kann der in 6.1-9 beschriebene Erweiterungsvorgang leicht auf über beliebigen $\mathbb{R}$-Untervektorräumen definierte $\mathbb{R}$-lineare Funktionale ausgedehnt werden:

Satz 6.1-10 (Banach-Hahnscher Fortsetzungssatz, reell, 1929)

(V, N) sei ein halbnormierter $\mathbb{R}$-Vektorraum, W ein $\mathbb{R}$-Untervektorraum von V, $\varphi \in W^{\mathrm{a}}$ und $\varphi \leq N{\restriction}W$.

Es existiert ein $\mathbb{R}$-lineares Funktional F auf V, das φ fortsetzt und der Ungleichung $F \leq N$ genügt.

Beweis

Die Menge

$$\mathcal{U} := \{\, (g, U) \mid W \subseteq U \subseteq V,\ U\ \mathbb{R}\text{-Untervektorraum von } V,\ g \in U^{\mathrm{a}},\ g{\restriction}W = \varphi,\ g \leq N{\restriction}U \,\}$$

werde durch

$$(g_1, U_1) \leq (g_2, U_2) \quad :\text{gdw} \quad U_1 \subseteq U_2,\ g_2{\restriction}U_1 = g_1$$

geordnet. Jede $\leq$-Kette $\mathcal{K} := \{\, (g_\alpha, U_\alpha) \mid \alpha \in A \,\}$ besitzt mit $U := \bigcup\{\, U_\alpha \mid \alpha \in A \,\}$, $g : U \longrightarrow \mathbb{R},\ g(x) := g_\alpha(x)$ für $x \in U_\alpha$ die obere Schranke (g, U) in $\mathcal{U}$. Nach dem Zornschen Lemma existiert ein maximales Element (F, X) in $(\mathcal{U}, \leq)$, und es gilt $X = V$:

Gäbe es ein Element $v_0 \in V \backslash X$, so wäre X ein maximaler $\mathbb{R}$-Untervektorraum in $V_1 := X \oplus \overline{\{v_0\}}^{\mathrm{lin}}$, nach 6.1-9 existierte daher ein $F_1 \in V_1^{\mathrm{a}}$ mit $F_1{\restriction}X = F$, $F_1 \leq N{\restriction}V_1$, also wäre $(F_1, V_1) \in \mathcal{U}$ und $(F, X) \lneqq (F_1, V_1)$. ↯ □

Es sei angemerkt, daß für jedes $F \in V^{\mathrm{a}}$ aus $F \leq N$ auch $|F| \leq N$ folgt, denn für $F(v) < 0$ ist $|F(v)| = -F(v) = F(-v) \leq N(-v) = N(v)$.

Zur Erweiterung des Banach-Hahnschen Fortsetzungssatzes auf halbnormierte $\mathbb{C}$-Vektorräume werden zunächst die $\mathbb{C}$-linearen Funktionale durch ihren Real- bzw. Imaginärteil (s. A 14) charakterisiert.

Satz 6.1-11 (Bohnenblust, Sobczyk, 1938)

V sei ein $\mathbb{C}$-Vektorraum, $R : V \longrightarrow \mathbb{R}$ $\mathbb{R}$-linear und $F \in V^{\mathrm{a}}$.

(a) $\forall\, v \in V\colon\; F(v) = (\operatorname{Re} F)(v) - i(\operatorname{Re} F)(iv)$

(b) $F_R : \begin{cases} V \longrightarrow \mathbb{C} \\ v \longmapsto R(v) - iR(iv) \end{cases} \in V^{\mathrm{a}}$

Beweis

Zu (a) Aus $(\operatorname{Re} F)(iv) + i(\operatorname{Im} F)(iv) = F(iv) = iF(v) = i(\operatorname{Re} F)(v) - (\operatorname{Im} F)(v)$ für jedes $v \in V$ folgt $(\operatorname{Re} F)(iv) = -(\operatorname{Im} F)(v)$ ⟦Vergleich von Real- und Imaginärteil⟧, also $F(v) = (\operatorname{Re} F)(v) - i(\operatorname{Re} F)(iv)$.

Zu (b) Für alle $a, b \in \mathbb{R},\; v, w \in V$ gilt:

$$\begin{aligned} F_R(v+w) &= R(v+w) - iR(iv+iw) = R(v) - iR(iv) + R(w) - iR(iw) \\ &= F_R(v) + F_R(w) \end{aligned}$$

und

$$\begin{aligned} F_R((a+ib)v) &= R((a+ib)v) - iR((-b+ia)v) \\ &= aR(v) + bR(iv) - i(-bR(v) + aR(iv)) \\ &= aF_R(v) + b(R(iv) + iR(v)) \\ &= aF_R(v) + ibF_R(v) = (a+ib)F_R(v). \end{aligned}$$

□

Dritter Grundsatz der linearen Funktionalanalysis ist der

Satz 6.1-12 (Banach-Hahnscher Fortsetzungssatz*)

(V, N) sei ein halbnormierter K-Vektorraum, W ein K-Untervektorraum von V, $\varphi \in W^{\mathrm{a}}$ und $|\varphi| \leq N{\restriction}W$. Es existiert ein K-lineares Funktional F auf V, das φ fortsetzt und der Ungleichung $|F| \leq N$ genügt.

Beweis

Wegen 6.1-10 sei o. B. d. A. $K = \mathbb{C}$ angenommen. $\operatorname{Re}\varphi$ ist ein $\mathbb{R}$-lineares Funktional auf W mit $(\operatorname{Re}\varphi)(w) \leq |\varphi(w)| \leq N(w)$ für jedes $w \in W$. Nach 6.1-10 existiert

---

* Bewiesen von Murray (1936), Soukhomlinov (1938), Bohnenblust und Sobczyk (1938).

ein $\mathbb{R}$-lineares Funktional R auf V, das $\operatorname{Re}\varphi$ fortsetzt und $R \leq N$ erfüllt. Die Funktion $F_R : V \longrightarrow \mathbb{C}$, $F_R(v) := R(v) - iR(iv)$, gehört dann zu V^{a} ⟦ 6.1-11 (b) ⟧, $F_R{\restriction}W = \varphi$ ⟦ $F_R(w) = R(w) - iR(iw) = (\operatorname{Re}\varphi)(w) - i(\operatorname{Re}\varphi)(iw) = \varphi(w)$ gem. 6.1-11 (a) ⟧, und es gilt $|F_R| \leq N$:

$$|F_R(v)|^2 = F_R(v)\overline{F_R(v)} = F_R(v)\big(|F_R(v)|e^{-i\arg F_R(v)}\big)$$

⟦ Polardarstellung von $\overline{F_R(v)}$ ⟧ für jedes $v \in V$ ergibt

$$\begin{aligned} \mathbb{R} \ni |F_R(v)| &= F_R(v)e^{-i\arg F_R(v)} = F_R\big(e^{-i\arg F_R(v)}v\big) \\ &= R\big(e^{-i\arg F_R(v)}v\big) && [\![\text{ Realität von } F_R\big(e^{-i\arg F_R(v)}v\big)\ ]\!] \\ &\leq N\big(e^{-i\arg F_R(v)}v\big) \\ &= N(v) && [\![\ \big|e^{-i\arg F_R(v)}\big| = 1\ ]\!]. \end{aligned}$$

□

Korollar 6.1-12.1

(V, N) sei ein halbnormierter K-Vektorraum, W ein K-Untervektorraum von V, $\varphi \in W^{\mathrm{s}_{N\restriction W}}$ und $v_0 \in V$.

(a) $\exists\, F \in V^{\mathrm{s}_N}:\ F{\restriction}W = \varphi$ *und* $\|F\|_{\mathrm{op}} = \|\varphi\|_{\mathrm{op}}$
(Fortsetzbarkeit stetiger K-linearer Funktionale bei Erhalt der Operatornorm)

Ist N eine Norm auf V, so gilt*

(b) $V \neq \{0\} \implies V^{\mathrm{s}_N} \neq \{0\}$

(c) $v_0 \neq 0 \implies \exists\, F \in V^{\mathrm{s}_N}:\ \|F\|_{\mathrm{op}} = 1$ *und* $F(v_0) = N(v_0)$

(d) $\big(\forall\, F \in V^{\mathrm{s}_N}:\ F(v_0) = 0\big) \implies v_0 = 0.$

Beweis

Zu (a) Für $\varphi = 0$ erfüllt $F = 0$ die Forderungen. Sei $\varphi \neq 0$, o. B. d. A. $\|\varphi\|_{\mathrm{op}} = 1$ ⟦ Sonst verwende man $\|\varphi\|_{\mathrm{op}}^{-1}\varphi$; 6.1-4 (c) ⟧. Dann gilt $|\varphi(w)| \leq \|\varphi\|_{\mathrm{op}}N(w) = N(w)$ für jedes $w \in W$, und nach 6.1-12 existiert ein $F \in V^{\mathrm{a}}$ mit $F{\restriction}W = \varphi$, $|F| \leq N$, woraus $F \in V^{\mathrm{s}_N}$ mit $\|F\|_{\mathrm{op}} \leq 1 = \|\varphi\|_{\mathrm{op}}$ folgt ⟦ $|F(v)| \leq N(v)$ für jedes $v \in V$ ⟧. Schließlich erhält man wegen $|\varphi(w)| = |F(w)| \leq \|F\|_{\mathrm{op}}N(w)$ für jedes $w \in W$ auch $1 = \|\varphi\|_{\mathrm{op}} \leq \|F\|_{\mathrm{op}}$, also $\|F\|_{\mathrm{op}} = 1 = \|\varphi\|_{\mathrm{op}}$.

Zu (b) Sei $v \in V\backslash\{0\}$, $W := \overline{\{v\}}^{\mathrm{lin}}$ und $\varphi : W \longrightarrow K$, $\varphi(kv) := kN(v)$. Dann ist $\varphi \in W^{\mathrm{a}}\backslash\{0\}$ und $|\varphi(kv)| = |k|N(v) = N(kv)$ für jedes $k \in K$, also $\varphi \in W^{\mathrm{s}_{N\restriction W}}$ mit $\|\varphi\|_{\mathrm{op}} = 1$ ⟦ $N(v) \neq 0$ ⟧. Gem. (a) existiert ein $F \in V^{\mathrm{s}_N}$, $F{\restriction}W = \varphi$ und $\|F\|_{\mathrm{op}} = \|\varphi\|_{\mathrm{op}} = 1$, also $F \in V^{\mathrm{s}_N}\backslash\{0\}$.

---

* Hier braucht N ebenfalls nur Halbnorm zu sein, sofern es ein $v \in V$ mit $N(v) \neq 0$ gibt (Teil (b)) bzw. v_0 mit $N(v_0) \neq 0$ (Teile (c) und (d)) vorausgesetzt wird.

Zu (c) folgt direkt mit dem Beweis zu (b).

Zu (d) Für $v_0 \neq 0$ existiert nach (c) ein $F \in V^{sN}$ mit $F(v_0) = N(v_0) \neq 0$. □

6.1-12.1 (c) ergibt, daß der stetige Dualraum eines jeden normierten K-Vektorraums (V, N) Punkte in V trennt. Mit der Kenntnis des stetigen Dualraums V^{sN} kann $N(v)$ für jedes $v \in V$ in derselben Art wie $\|\varphi\|_{\text{op}}$ für jedes $\varphi \in V^{sN}$ berechnet werden (vgl. auch 6.4-2 (a)):

Korollar 6.1-12.2

(V, N) sei ein normierter K-Vektorraum. Für jedes $v \in V$ gilt

$$N(v) = \max\{\, |\varphi(v)| \mid \varphi \in V^{sN},\ \|\varphi\|_{\text{op}} \leq 1 \,\}.$$

Beweis

$|\varphi(v)| \leq \|\varphi\|_{\text{op}} N(v) \leq N(v)$ ist nach 6.1-4 (a) für alle $\varphi \in V^{sN}$, $\|\varphi\|_{\text{op}} \leq 1$ erfüllt, und für $v \neq 0$ existiert gem. 6.1-12.1 (c) ein $\varphi \in V^{sN}$, $\|\varphi\|_{\text{op}} = 1$, $\varphi(v) = N(v)$. □

Der Banach-Hahnsche Fortsetzungssatz hat vielfältige Erkenntnisse zur Konsequenz und ist einer der bedeutendsten Sätze der linearen Funktionalanalysis.

Beispiel (6.1,9)

Der $\mathbb{C}$-lineare Operator

$$\Phi : \begin{cases} \ell^1 \longrightarrow (\ell^\infty)^{s\| \, \|_\infty} \\ x \longmapsto T_x \end{cases}$$

mit $T_x(y) := \sum_{j=0}^{\infty} x_j y_j$ ist $(\| \, \|_1, \| \, \|_{\text{op}})$-normerhaltend ⟦ A 13 ⟧, jedoch nicht surjektiv: $c := \{\, x \in \mathbb{C}^{\mathbb{N}} \mid x \text{ konvergent in } (\mathbb{C}, \tau_{| \, |}) \,\}$ ist ein $\mathbb{C}$-Untervektorraum von ℓ^∞,

$$\varphi : \begin{cases} c \longrightarrow \mathbb{C} \\ x \longmapsto \lim_j x_j \end{cases} \in c^{s\| \, \|_\infty \restriction c}$$

mit $\|\varphi\|_{\text{op}} = 1$ ⟦ $|\varphi(x)| = |\lim_j x_j| = \lim_j |x_j| \leq \|x\|_\infty$, also $\|\varphi\|_{\text{op}} \leq 1$; $\varphi((1)_j) = 1 = \|(1)_j\|_\infty$, also $\|\varphi\|_{\text{op}} \geq 1$ ⟧.

Nach 6.1-12.1 (a) existiert ein $F \in (\ell^\infty)^{s\| \, \|_\infty}$ mit $F \restriction c = \varphi$ und $\|F\|_{\text{op}} = \|\varphi\|_{\text{op}} = 1$. Wäre $F = \Phi(a)$ für ein $a \in \ell^1$, also $F(x) = \Phi(a)(x) = \sum_{j=0}^{\infty} a_j x_j$ für jedes $x \in \ell^\infty$, so erhielte man speziell für $x^{(k)} = (\delta_{j,k})_{j \in \mathbb{N}} \in c$ auch $a_k = F(x^{(k)}) = \varphi(x^{(k)}) = 0$ für jedes $k \in \mathbb{N}$, also $a = 0$ und somit $F = 0$. Es gilt jedoch $F((1)_{j \in \mathbb{N}}) = \varphi((1)_{j \in \mathbb{N}}) = 1 \neq 0$. Φ ist daher nicht surjektiv.

Man kann in diesem Beispiel leicht feststellen, daß es überhaupt keinen $(\| \, \|_1, \| \, \|_{\text{op}})$-normerhaltenden $\mathbb{C}$-linearen Isomorphismus von ℓ^1 auf $(\ell^\infty)^{s\| \, \|_\infty}$ gibt, denn $(\ell^1, \tau_{\| \, \|_1})$ ist separabel, $(\ell^\infty, \tau_{\| \, \|_\infty})$ nicht ⟦ (2.2,4) (c), (d) ⟧, und aus der Separabilität des stetigen Dualraums $(V^{sN}, \| \, \|_{\text{op}})$ folgt die des normierten K-Vektorraums (V, N) in jedem Fall (s. 6.1-13).

Satz 6.1-13

(V, N) sei ein halbnormierter K-Vektorraum.

Mit $\left(V^{\mathrm{s}_N}, \tau_{\|\ \|_{\mathrm{op}}}\right)$ ist auch (V, τ_N) separabel.

Beweis

Es sei $R := \left\{ \varphi \in V^{\mathrm{s}_N} \mid \|\varphi\|_{\mathrm{op}} = 1 \right\}$. Gem. 2.3-4, 2.3-6 (d) ist $\left(R, \tau_{\|\ \|_{\mathrm{op}}}\right)$ separabel, etwa $\{ \varphi_j \mid j \in \mathbb{N} \} \subseteq R$ dicht in $\left(R, \tau_{\|\ \|_{\mathrm{op}}}|R\right)$. Zu jedem $j \in \mathbb{N}$ wähle man ein $v_j \in \widetilde{K}_1^{d_N}(0)$ mit $|\varphi_j(v_j)| > 1/2$ und setze $W = \overline{\{ v_j \mid j \in \mathbb{N} \}}^{\mathrm{lin}}$. Dann gilt $\overline{W}^{\tau_N} = V$:

$\overline{W}^{\tau_N} \in \alpha_{\tau_N}$ ist ein K-Untervektorraum von V ⟦ 2.4, A 18 (b) ⟧, für jedes $v \in V \backslash \overline{W}^{\tau_N}$ existiert daher nach A 15 ein $\varphi \in V^{\mathrm{s}_N}$, $\varphi(v) \neq 0$, $\varphi \restriction \overline{W}^{\tau_N} = 0$, o. B. d. A. $\|\varphi\|_{\mathrm{op}} = 1$. Sei $j \in \mathbb{N}$ mit $\|\varphi - \varphi_j\|_{\mathrm{op}} < 1/2$. Wegen $\varphi(v_j) = 0$ folgt

$$\frac{1}{2} < |\varphi_j(v_j)| = |\varphi_j(v_j) - \varphi(v_j)| \leq \|\varphi_j - \varphi\|_{\mathrm{op}} N(v_j) \leq \|\varphi_j - \varphi\|_{\mathrm{op}} < \frac{1}{2}. \ ↯$$

(V, τ_N) ist separabel, da die abzählbare Menge

$$\left\{ \sum_{j=0}^{k} r_j v_j \,\middle|\, k \in \mathbb{N},\ \forall\, j \in \{0, \ldots, k\} \colon\ r_j \in \mathbb{Q} \right\}$$

(bzw. $\left\{ \sum_{j=0}^{k} (r_j + i s_j) v_j \mid k \in \mathbb{N},\ \forall\, j \in \{0, \ldots, k\} \colon\ r_j, s_j \in \mathbb{Q} \right\}$) dicht im $\mathbb{R}$- (bzw. $\mathbb{C}$-)Vektorraum $(W, \tau_N | W)$, also auch dicht in $\left(\overline{W}^{\tau_N}, \tau_N \middle| \overline{W}^{\tau_N}\right)$ liegt:

Ist $\sum_{j=0}^{k} k_j v_j \in W$, $|r_j - k_j| < \varepsilon\left(1 + \sum_{j=0}^{k} N(v_j)\right)^{-1}$, so gilt

$$N\left(\sum_{j=0}^{k} k_j v_j - \sum_{j=0}^{k} r_j v_j\right) = N\left(\sum_{j=0}^{k} (k_j - r_j) v_j\right) \leq \sum_{j=0}^{k} |k_j - r_j| N(v_j) < \varepsilon$$

(vgl. 2.3, A 8; analog für $K = \mathbb{C}$). □

Eine weitere Anwendungsmöglichkeit des Banach-Hahnschen Fortsetzungssatzes besteht in der Bestimmung der stetigen $\mathbb{R}$-linearen Funktionale auf $\left(C_{\mathbb{R}}([a, b]), \tau_{\|\ \|_\infty}\right)$:

Beispiel (6.1,10)

Es seien $a, b \in \mathbb{R}$, $a < b$ und $g \in BV([a, b])$ (s. (2.4,6) (a) und 3.5, A 10). Für jedes $f \in C_{\mathbb{R}}([a, b])$ bezeichne $\int_a^b f(t)\, \mathrm{d}g(t)$ das *Riemann-Stieltjes-Integral* von f bzgl. g (s. [27]).

$$I_g : \begin{cases} C_{\mathbb{R}}([a, b]) \longrightarrow \mathbb{R} \\ f \longmapsto \int_a^b f(t)\, \mathrm{d}g(t) \end{cases}$$

ist $\mathbb{R}$-linear und wegen $|I_g(f)| \leq \|f\|_\infty V(g)$ auch stetig, also $I_g \in (C_{\mathbb{R}}([a, b]))^{\mathrm{s}_{\|\ \|_\infty}}$ ⟦ vgl. [27, Kap. VIII, § 6, Satz 1, § 7, Satz 1] ⟧.

Umgekehrt sind die Riemann-Stieltjes-Integrale bzgl. Funktionen von beschränkter Variation die einzigen stetigen linearen Funktionale auf $(C_{\mathbb{R}}([a,b]), \|\ \|_\infty)$, genauer:

$$\forall\, \varphi \in (C_{\mathbb{R}}([a,b]))^{s\|\ \|_\infty}\ \exists\, g \in BV([a,b]):\ g(a) = 0,\ \|\varphi\|_{\mathrm{op}} = V(g),$$
$$\forall\, f \in C_{\mathbb{R}}([a,b]):\ \varphi(f) = \int_a^b f(t)\,\mathrm{d}g(t)$$

Für $\varphi = 0$ kann man offensichtlich $g = 0$ wählen. Es sei daher $\varphi \neq 0$. Nach 6.1-12.1 (a) existiert ein $F \in (B([a,b],\mathbb{R}))^{s\|\ \|_\infty}$ mit $F{\restriction}C_{\mathbb{R}}([a,b]) = \varphi$ und $\|F\|_{\mathrm{op}} = \|\varphi\|_{\mathrm{op}}$. Man definiere nun $\chi_a := 0$, $\chi_s := \chi_{[a,s]}$ für jedes $s \in\,]a,b]$ und $g : [a,b] \longrightarrow \mathbb{R}$ durch $g(s) := F(\chi_s)$. Es gilt $V(g) \leq \|\varphi\|_{\mathrm{op}}$:

Sei $(t_0,\ldots,t_n) \in \mathcal{Z}_{a,b}$ eine endliche Zerlegung von $[a,b]$, $a_j := \operatorname{sgn}(g(t_j) - g(t_{j-1}))$ für jedes $j \in \{1,\ldots,n\}$* und $h : [a,b] \longrightarrow \mathbb{R}$ erklärt durch

$$h(t) := \begin{cases} a_1 & \text{für } t \in [a,t_1] \\ a_j & \text{für } t \in\,]t_{j-1},t_j],\ j \in \{2,\ldots,n\}. \end{cases}$$

Dann ist $h \in B([a,b],\mathbb{R})$, $\|h\|_\infty \leq 1$ und $h = \sum_{j=1}^n a_j\big(\chi_{t_j} - \chi_{t_{j-1}}\big)$, woraus

$$F(h) = \sum_{j=1}^n a_j\big(F\big(\chi_{t_j}\big) - F\big(\chi_{t_{j-1}}\big)\big) = \sum_{j=1}^n a_j(g(t_j) - g(t_{j-1})) = \sum_{j=1}^n |g(t_j) - g(t_{j-1})|$$

und wegen $|F(h)| \leq \|F\|_{\mathrm{op}}\,\|h\|_\infty \leq \|F\|_{\mathrm{op}} = \|\varphi\|_{\mathrm{op}}$ somit $V(g) \leq \|\varphi\|_{\mathrm{op}}$ folgt.

Weiterhin ist φ durch das Riemann-Stieltjes-Integral bzgl. g darstellbar, d. h.

$$\forall\, f \in C_{\mathbb{R}}([a,b]):\ \varphi(f) = \int_a^b f(t)\,\mathrm{d}g(t):$$

Für jede endliche Zerlegung $(t_0,\ldots,t_n) \in \mathcal{Z}_{a,b}$ von $[a,b]$ bezeichne

$$h_f := \sum_{j=1}^n f(t_{j-1})\big(\chi_{t_j} - \chi_{t_{j-1}}\big),$$

also $F(h_f) = \sum_{j=1}^n f(t_{j-1})(g(t_j) - g(t_{j-1}))$. Sei $\varepsilon > 0$. Da f gleichmäßig stetig ist, existiert ein $\delta > 0$, so daß $\|h_f - f\|_\infty < \varepsilon/(2\|F\|_{\mathrm{op}})$ und

$$\left|\sum_{j=1}^n f(t_{j-1})(g(t_j) - g(t_{j-1})) - \int_a^b f(t)\,\mathrm{d}g(t)\right| < \frac{\varepsilon}{2}$$

---

* Für $(C([a,b]), \|\ \|_\infty)$ verwende man hier

$$a_j := \begin{cases} e^{-i\arg(g(t_j) - g(t_{j-1}))} & \text{für } g(t_j) \neq g(t_{j-1}) \\ 0 & \text{sonst.} \end{cases}$$

Man erhält dann eine entsprechendes Ergebnis für $C([a,b])^{s\|\ \|_\infty}$.

für jedes $(t_0, \ldots, t_n) \in \mathcal{Z}_{a,b}$ mit $\sup\{ t_j - t_{j-1} \mid 1 \leq j \leq n\} < \delta$ gilt ⟦Definition des Riemann-Stieltjes-Integrals⟧. Es folgt

$$\left|F(f) - \int_a^b f(t)\,\mathrm{d}g(t)\right| \leq |F(f) - F(h_f)| + \left|F(h_f) - \int_a^b f(t)\,\mathrm{d}g(t)\right|$$
$$\leq |F(f - h_f)| + \frac{\varepsilon}{2} \leq \|F\|_{\mathrm{op}}\,\|f - h_f\|_\infty + \frac{\varepsilon}{2} < \varepsilon,$$

also $\varphi(f) = F(f) = \int_a^b f(t)\,\mathrm{d}g(t)$.

Schließlich erhält man wegen $|\varphi(f)| = \left|\int_a^b f(t)\,\mathrm{d}g(t)\right| \leq V(g)\|f\|_\infty$ auch $\|\varphi\|_{\mathrm{op}} \leq V(g)$.

Der $\mathbb{R}$-lineare Operator

$$I : \begin{cases} BV([a,b]) \longrightarrow C_{\mathbb{R}}([a,b])^{\mathrm{s}\|\ \|_\infty} \\ g \longmapsto I_g \end{cases}$$

⟦vgl. [27, Kap. 8, § 6]⟧ ist gemäß obiger Rechnung surjektiv mit $\|I_g\|_{\mathrm{op}} \leq V(g)$ für jedes $g \in BV([a,b])$. I ist jedoch ***nicht injektiv***, denn beispielsweise gilt $I_g = I_{g+r}$ nach Definition des Riemann-Stieltjes-Integrals für jedes $g \in BV([a,b])$, $r \in \mathbb{R}$. Man kann einen abgeschlossenen $\mathbb{R}$-Untervektorraum des Banach-Raums $(BV([a,b]), \|\ \|_V)$ (vgl. 3.5, A 10) angeben, auf dem I ein normerhaltender $\mathbb{R}$-linearer Isomorphismus ist. Zur Durchführung sind einige Vorbereitungen erforderlich:

Sei $g : [a,b] \longrightarrow \mathbb{R}$, $c \in [a,b[$. Ist $g(c+) := \lim_j g(x_j) = \lim_j g(y_j) \in \mathbb{R}$ für alle $(x_j)_j$, $(y_j)_j \in\,]c,b]^{\mathbb{N}}$ mit $(x_j)_j \to_{\tau_{|\,|}} c$, $(y_j)_j \to_{\tau_{|\,|}} c$, so heißt $g(c+)$ *rechtsseitiger Limes von g bei c*. Für b setze man $g(b+) := g(b)$.

g r-stetig in c :gdw $g(c+) = g(c)$

Die r-Stetigkeit von g in c ist ⟦2.4-1, 2.4-1.3 analog⟧ äquivalent zu

$$\forall\, \varepsilon > 0\ \exists\, \delta > 0\ \forall\, t \in [c, c+\delta[:\ |g(t) - g(c)| < \varepsilon.$$

Für $g \in BV([a,b])$ existiert $g(c+)$ für jedes $c \in [a,b]$, g ist aber nicht notwendig r-stetig in c. Man kann auch leicht nachrechnen, daß für je zwei $g, h \in BV([a,b])$ $I_g = I_h$ ist, sofern es ein $r \in \mathbb{R}$ gibt mit $g(c+) = h(c+) + r$ für jedes $c \in [a,b]$. Es liegt daher nahe, den folgenden $\mathbb{R}$-Untervektorraum von $BV([a,b])$ zu verwenden:

$$R_0BV([a,b]) := \{\, g \in BV([a,b]) \mid g(a) = 0,\ \forall\, c \in [a,b] :\ g \text{ r-stetig in } c\,\}.$$

Für die durch

$$g \sim h \quad \text{:gdw} \quad \forall\, f \in C_{\mathbb{R}}([a,b]) : \int_a^b f(t)\,\mathrm{d}g(t) = \int_a^b f(t)\,\mathrm{d}h(t)$$

über $BV([a,b])$ erklärte Äquivalenzrelation gilt:

(i) $\forall\, g \in BV([a,b])\ \exists\, \widetilde{g} \in R_0BV([a,b]) :\ g \sim \widetilde{g}$ und $V(\widetilde{g}) \leq V(g)$

Man setze $\widetilde{g}(x) := g(x+) - g(a+)$ für jedes $x \in [a,b]$. Dann ist $\widetilde{g}$ r-stetig in $c \in [a,b]$ und $\widetilde{g}(a) = 0$. Darüber hinaus gehört $\widetilde{g}$ zu $BV([a,b])$ mit $V(\widetilde{g}) \leq V(g)$:

Sei $(t_0, \dots, t_n) \in \mathcal{Z}_{a,b}$, $n \geq 1$, eine endliche Zerlegung von $[a, b]$ und $\varepsilon > 0$. Man wähle auf Grund der Existenz rechtsseitiger Limiten von g ein $(r_0, \dots, r_{n-1}) \in [a, b]^n$ mit $t_j < r_j \leq t_{j+1}$ und $|g(t_j+) - g(r_j)| < \varepsilon/(2(n+1))$ für alle $j \in \{0, \dots, n-1\}$. Es folgt

$$\begin{aligned}\widetilde{g}(t_{j+1}) - \widetilde{g}(t_j) &= g(t_{j+1}+) - g(t_j+)\\ &= g(t_{j+1}+) - g(r_{j+1}) - (g(t_j+) - g(r_j)) + g(r_{j+1}) - g(r_j)\end{aligned}$$

für jedes $j \in \{0, \dots, n-2\}$, also

$$\begin{aligned}\sum_{j=0}^{n-1} |\widetilde{g}(t_{j+1}) - \widetilde{g}(t_j)| &= |\widetilde{g}(t_n) - \widetilde{g}(t_{n-1})| + \sum_{j=0}^{n-2} |\widetilde{g}(t_{j+1}) - \widetilde{g}(t_j)|\\ &\leq |g(t_n) - g(t_{n-1}+)| + \sum_{j=0}^{n-2} \big(|g(t_{j+1}+) - g(r_{j+1})|\\ &\quad + |g(t_j+) - g(r_j)| + |g(r_{j+1}) - g(r_j)|\big)\\ &\leq |g(t_n) - g(t_{n-1}+)| + \sum_{j=0}^{n-2} \left(|g(r_{j+1}) - g(r_j)| + \frac{\varepsilon}{n+1}\right)\\ &\leq |g(t_n) - g(r_{n-1})| + |g(r_{n-1}) - g(t_{n-1}+)| + \frac{n-1}{n+1}\varepsilon\\ &\quad + \sum_{j=0}^{n-2} |g(r_{j+1}) - g(r_j)|\\ &< \frac{n}{n+1}\varepsilon + \sum_{j=0}^{n-1} |g(r_{j+1}) - g(r_j)| \qquad (\text{mit } r_n := b)\\ &< \varepsilon + V(g).\end{aligned}$$

Man erhält somit $V(\widetilde{g}) \leq V(g) + \varepsilon$ für jedes $\varepsilon > 0$, d. h. $V(\widetilde{g}) \leq V(g)$.

Analog begründet man mit Hilfe der Definition des Riemann-Stieltjes-Integrals die Äquivalenz $g \sim \widetilde{g}$.

(ii) $\forall\, g, h \in R_0BV([a, b])\colon\ g \sim h \Rightarrow g = h$
(Nach (i) ist daher $R_0BV([a, b])$ eine Auswahlmenge von $BV([a, b])/\!\sim$; Anhang 1-35.)

Wegen $g \sim h$ ist $(g - h) \sim 0$ $[\![\int_a^b f(t)\,\mathrm{d}g(t) = \int_a^b f(t)\,\mathrm{d}h(t) \Longrightarrow \int_a^b f(t)\,\mathrm{d}(g-h)(t) = 0 = \int_a^b f(t)\,\mathrm{d}0(t)]\!]$, speziell gilt $0 = \int_a^b \mathrm{d}(g - h)(t) = (g - h)(b) - (g - h)(a)$, also $(g - h)(a) = (g - h)(b)$, d. h. $g(b) = h(b)$ $[\![g(a) = 0 = h(a)]\!]$. Sei $c \in\,]a, b[$, $0 < \varepsilon < b - c$ und $f : [a, b] \longrightarrow \mathbb{R}$ definiert durch

$$f(x) := \begin{cases} 1 & \text{für } x \in [a, c] \\ 0 & \text{für } x \in\,]c + \varepsilon, b] \\ 1 - \frac{x-c}{\varepsilon} & \text{für } x \in\,]c, c + \varepsilon]. \end{cases}$$

Es folgt

$$\begin{aligned}
0 &= \int_a^b f(t)\,\mathrm{d}(g-h)(t) = \int_a^c \mathrm{d}(g-h)(t) + \int_c^{c+\varepsilon} f(t)\,\mathrm{d}(g-h)(t) \\
&= (g-h)(c) - (g-h)(a) + \big(f(c+\varepsilon)(g-h)(c+\varepsilon) - f(c)(g-h)(c)\big) \\
&\quad - \Big(-\frac{1}{\varepsilon}\Big)\int_c^{c+\varepsilon} (g-h)(t)\,\mathrm{d}t \qquad [\![\,\text{partielle Integration}\,]\!] \\
&= (g-h)(c) + (-(g-h)(c)) + \frac{1}{\varepsilon}\int_c^{c+\varepsilon} (g-h)(t)\,\mathrm{d}t \\
&= \frac{1}{\varepsilon}\int_c^{c+\varepsilon} (g-h)(t)\,\mathrm{d}t
\end{aligned}$$

und somit $0 = \lim_{\varepsilon\to 0+} \frac{1}{\varepsilon}\int_c^{c+\varepsilon}(g-h)(t)\,\mathrm{d}t = (g-h)(c+)$ [[analog zu [32, Satz 6.20] mit r-Stetigkeit und r-Differenzierbarkeit]], also $g(c) = g(c+) = h(c+) = h(c)$ wegen der r-Stetigkeit von g, h in c.

Der eingangs dieses Beispiels durchgeführten Berechnung zufolge ist $I{\restriction}R_0BV([a,b])$ gem. (i), (ii) ein $(\|\ \|_V, \|\ \|_{\mathrm{op}})$-normerhaltender $\mathbb{R}$-linearer Isomorphismus, denn zu jedem Element $\widetilde{g} \in R_0BV([a,b])$ gibt es ein $g \in BV([a,b])$ mit $g \sim \widetilde{g}$, $\|I_{\widetilde{g}}\|_{\mathrm{op}} = V(g)$, also

$$\|I_{\widetilde{g}}\|_{\mathrm{op}} \le V(\widetilde{g}) \le V(g) = \|I_{\widetilde{g}}\|_{\mathrm{op}},$$

woraus $\|I_{\widetilde{g}}\|_{\mathrm{op}} = V(\widetilde{g}) = \|\widetilde{g}\|_V$ folgt.

Zum Schluß dieses Abschnitts wird das in 3.6 für Prähilberträume behandelte *Problem des Minimalabstands* von Punkten zu vollständigen, konvexen, nichtleeren Teilmengen (vgl. 3.6-1 und (3.6,1)) in Banach-Räumen betrachtet. In (3.6,1) wurde bereits darauf hingewiesen, daß ein zu 3.6-1 analoger Satz in Banach-Räumen nicht existiert.

Beispiel (6.1,11)

$(V, \|\ \|)$ sei ein Banach-Raum über K, $V \neq \{0\}$. Nach 6.1-12.1 (b) existiert ein Funktional $\varphi \in V^{s_{\|\ \|}} \setminus \{0\}$. Die Menge $U := \varphi^{-1}[\{1\}]$ ist nichtleer [[$\varphi \neq 0$]], abgeschlossen in $(V, \tau_{\|\ \|})$ [[φ stetig, $\{1\} \in \alpha_{\tau_{|\ |}}$]], konvex [[(2.4,14) (f)]] und $\operatorname{dist}(0,U) = \|\varphi\|_{\mathrm{op}}^{-1}$:

Zunächst gilt wegen $1 = \varphi(u) \le \|\varphi\|_{\mathrm{op}}\,\|u\|$ für jedes $u \in U$ die Ungleichung $\|\varphi\|_{\mathrm{op}}^{-1} \le \inf\{\,\|u\| \mid u \in U\,\} = \operatorname{dist}(0,U)$. Wäre hier die strenge Ungleichung richtig, etwa $\|\varphi\|_{\mathrm{op}} \inf\{\,\|u\| \mid u \in U\,\} \ge 1+\delta$ für ein $\delta > 0$, so folgte $1+\delta \le \|\varphi\|_{\mathrm{op}}\,\|\varphi(x)^{-1}x\|$, also $(1+\delta)|\varphi(x)| \le \|\varphi\|_{\mathrm{op}}\,\|x\|$ für jedes $x \in V\setminus \operatorname{Ker}\varphi$ und somit $|\varphi(x)| \le (1+\delta)^{-1}\|\varphi\|_{\mathrm{op}}\,\|x\|$ für alle $x \in V$ ↯ [[$(1+\delta)^{-1}\|\varphi\|_{\mathrm{op}} < \|\varphi\|_{\mathrm{op}}$]].

Gilt nun

$$\forall\, x \in V\colon\ \|x\| = 1 \Rightarrow |\varphi(x)| \neq \|\varphi\|_{\mathrm{op}}, \qquad (*)$$

so folgt $\|u\| > \operatorname{dist}(0,U)$ für jedes $u \in U$, denn $\big\|\|u\|^{-1}u\big\| = 1$, also $\|\varphi\|_{\mathrm{op}} \neq \big|\varphi\big(\|u\|^{-1}u\big)\big| = \|u\|^{-1}$ gem. $(*)$.

Für den Nachweis, daß $\operatorname{dist}(0, U)$ i. a. kein Minimalabstand ist, genügt hiernach die Angabe eines Banach-Raums $(V, \| \ \|)$ und eines stetigen linearen Funktionals $\varphi \in V^{s_{\| \ \|}}$, die $(*)$ erfüllen:

Es sei $V := C_{\mathbb{R}}([0,1]; \{1\}) = \{ f \in C_{\mathbb{R}}([0,1]) \mid f(1) = 0 \}$,

$$F : \begin{cases} C_{\mathbb{R}}([0,1]) \longrightarrow \mathbb{R} \\ f \longmapsto \int_0^1 t f(t)\, \mathrm{d}t \end{cases}$$

und $\varphi := F \upharpoonright C_{\mathbb{R}}([0,1]; \{1\})$. Dann ist $(V, \| \ \|_\infty)$ ein Banach-Raum über $\mathbb{R}$ $[\![$3.1, A 17 (c)$]\!]$, $F \in C_{\mathbb{R}}([0,1])^{s_{\| \ \|_\infty}}$ mit $\|F\|_{\text{op}} = 1/2$ $[\![$ F ist $\mathbb{R}$-linear, $|F(f)| \leq \int_0^1 t|f(t)|\, \mathrm{d}t \leq (\int_0^1 t\, \mathrm{d}t)\|f\|_\infty = \frac{1}{2}\|f\|_\infty$ für jedes $f \in C_{\mathbb{R}}([0,1])$, $F(1) = 1/2$, also $\|F\|_{\text{op}} = 1/2$ $]\!]$ und $\|F\|_{\text{op}} = \|\varphi\|_{\text{op}}$:

$\|\varphi\|_{\text{op}} \leq \|F\|_{\text{op}}$ gilt definitionsgemäß, und mit $f_j : [0,1] \longrightarrow \mathbb{R}$,

$$f_j(t) := \begin{cases} 1 & \text{für } t \in \left[0, 1 - \frac{1}{j+1}\right] \\ -(j+1)t + j + 1 & \text{für } t \in \left]1 - \frac{1}{j+1}, 1\right] \end{cases}$$

erhält man

$$\begin{aligned} \varphi(f_j) &= \int_0^1 t f_j(t)\, \mathrm{d}t = \int_0^{1-\frac{1}{j+1}} t\, \mathrm{d}t + \int_{1-\frac{1}{j+1}}^1 t(-(j+1)t + j + 1)\, \mathrm{d}t \\ &= \left(3 + \frac{3}{j} + \frac{1}{j^2}\right)\left(6\left(1 + \frac{1}{j}\right)^2\right)^{-1} \end{aligned}$$

für jedes $j \in \mathbb{N}\backslash\{0\}$. Somit ist auch $\|\varphi\|_{\text{op}} \geq 1/2 = \|F\|_{\text{op}}$.

Ist nun $f \in V$, $\|f\|_\infty = 1$, so existiert wegen der Stetigkeit von f (bei 1) ein $\varepsilon \in]0, 1[$, so daß $|f(t)| < 1/2$ für jedes $t \in [1 - \varepsilon, 1]$ gilt, und es folgt

$$|\varphi(f)| \leq \int_0^1 t|f(t)|\, \mathrm{d}t \leq \|f\|_\infty \int_0^{1-\varepsilon} t\, \mathrm{d}t + \int_{1-\varepsilon}^1 \frac{t}{2}\, \mathrm{d}t = \frac{(1-\varepsilon)^2}{4} + \frac{1}{4} < \frac{1}{2} = \|\varphi\|_{\text{op}}.$$

Aufgaben zu 6.1

1. (V, τ) sei ein topologischer K-Vektorraum. $\{ U \in \mathcal{U}_\tau(0) \mid U \in \tau,\ U \text{ kreisförmig} \}$, $\{ U \in \mathcal{U}_\tau(0) \mid U \in \alpha_\tau,\ U \text{ kreisförmig} \}$ sind Basen von $\mathcal{U}_\tau(0)$.

2. $((V_i, \tau_i) \mid i \in I) \neq \emptyset$ sei eine Familie topologischer K-Vektorräume, V ein K-Vektorraum, $\varphi_i : V \longrightarrow V_i$ K-linear für jedes $i \in I$ und τ die Initialtopologie auf V der Familie $((V_i, \tau_i), \varphi_i)_{i \in I}$.

(a) Äq (i) (V, τ) T_2-Raum
(ii) $\forall\, x \in V\backslash\{0\}\ \exists\, i \in I\ \exists\, U_i \in \mathcal{U}_{\tau_i}(0)\colon\ \varphi_i(x) \notin U_i$

(b) (V_i, τ_i) sei für jedes $i \in I$ ein T_2-Raum.

Äq (i) (V, τ) T_2-Raum
(ii) $\forall\, x \in V\backslash\{0\}\ \exists\, i \in I\colon\ \varphi_i(x) \neq 0$
(iii) $(\varphi_i)_{i \in I}$ trennt Punkte in V

3. V sei ein K-Vektorraum, $\emptyset \neq S \subseteq V^{\mathrm{a}}$. Man zeige:

(a) $\sigma(V,S) = \sigma\big(V, \overline{S}^{\mathrm{lin}}\big)$

(b) $\dim_K V$ unendlich $\implies$ $\sigma(V,S) \not\supseteq \tau_{\|\ \|}$ für jede Norm $\|\ \|$ auf V.

$((V, \sigma(V,S))$ ist insbesondere nicht normierbar!)

4. (V,N), (W,M) seien halbnormierte K-Vektorräume, $\varphi : V \longrightarrow W$ K-linear, $\varepsilon, c > 0$.

Äq (i) $M\big[\varphi[\widetilde{K}_{\varepsilon}^{d_N}(0)]\big] \subseteq [0,c]$

(ii) $\forall\, x \in V\colon\ M(\varphi(x)) \leq \frac{c}{\varepsilon} N(x)$

5. $(V, \|\ \|_V)$, $(W, \|\ \|_W)$ seien normierte K-Vektorräume, $\|\ \|_{\mathrm{op}}$ die Operatornorm zu $(\|\ \|_V, \|\ \|_W)$ auf $L(V,W)$ und $\varphi \in L(V,W)$. Man bestätige

$$\begin{aligned}\|\varphi\|_{\mathrm{op}} &= \sup\{\, \|\varphi(x)\|_W \mid x \in V,\ \|x\|_V = 1\,\} = \sup\{\, \|x\|_V^{-1} \|\varphi(x)\|_W \mid x \in V \backslash \{0\}\,\} \\ &= \sup\{\, \|\varphi(x)\|_W \mid x \in V,\ \|x\|_V < 1\,\}.\end{aligned}$$

6. Für jedes $k \in \mathbb{N}$ sei $C_k : \mathbb{R}[x]\restriction[0,1] \longrightarrow \mathbb{R}$ das durch

$$C_k\Bigg(\bigg(\sum_{j=0}^{\infty} p_j x^j\bigg)\restriction[0,1]\Bigg) := p_k$$

definierte *k-te Koeffizientenfunktional*, wobei in der Darstellung $\sum_{j=0}^{\infty} p_j x^j$ des Polynoms alle Koeffizienten p_j mit Ausnahme endlich vieler Null sind.

C_0 ist stetiges, C_k für $k \geq 1$ kein stetiges lineares Funktional auf $(\mathbb{R}[x]\restriction[0,1], \|\ \|_\infty)$, und es gilt $\|C_0\|_{\mathrm{op}} = 1$.

7. Es seien $a, b, c \in \mathbb{R}$, $a < c < b$ und $A_c : C_{\mathbb{R}}([a,b]) \longrightarrow \mathbb{R}$ das durch $A_c(f) := f(c)$ definierte *Auswertungsfunktional* bei c. Man zeige $A_c \in C_{\mathbb{R}}([a,b])^{\mathrm{s}_{\|\ \|_\infty}} \backslash C_{\mathbb{R}}([a,b])^{\mathrm{s}_{\|\ \|_2}}$.

8. Für $\Delta \in \mathbb{R}^{>}$ sei $T_\Delta : B(\mathbb{R},\mathbb{R}) \longrightarrow B(\mathbb{R},\mathbb{R})$ der durch $T_\Delta(f)(x) := f(x-\Delta)$ definierte *Verzögerungsoperator* bei Δ.

T_Δ ist linearer, bzgl. $(\|\ \|_\infty, \|\ \|_\infty)$ beschränkter Operator.

9. $\varphi : \mathbb{R}^n \longrightarrow \mathbb{R}^n$ sei $\mathbb{R}$-linear mit der Matrixdarstellung $(a_{ij})_{i,j=1,\ldots,n}$ bzgl. der kanonischen $\mathbb{R}$-Basis $\big\{ (\delta_{i,j})_{j=1,\ldots,n} \;\big|\; 1 \leq i \leq n \big\}$, $\|\varphi\|_{1\ \mathrm{op}}$ die Operatornorm von φ zu $(\|\ \|_1, \|\ \|_1)$. Man zeige:

$$\|\varphi\|_{1\ \mathrm{op}} = \max\Bigg\{ \sum_{i=1}^{n} |a_{ij}| \;\Bigg|\; 1 \leq j \leq n \Bigg\},$$

die sog. *maximale Spaltensummennorm* von φ.

10. $(V, \|\ \|_V)$, $(W, \|\ \|_W)$ seien normierte K-Vektorräume, $\varphi : V \longrightarrow W$ surjektiv und K-linear, $c \in \mathbb{R}$, $c > 0$ und $\|\varphi(x)\|_W \geq c\|x\|_V$ für jedes $x \in V$.

Man zeige: $\varphi^{-1} \in L(W,V)$ und $\|\varphi^{-1}\|_{\mathrm{op}} \leq 1/c$.

(Für die lineare Operatorgleichung $\varphi(x) = y$ bedeutet dieses die eindeutige Lösbarkeit und stetige Abhängigkeit der Lösung vom vorgegebenen Wert $y \in W$!)

11. $(X, \mathcal{A}, \mu)$ sei ein Maßraum, $q,\ r \in [1, \infty]$, $(1/q) + (1/r) = 1$, $\widetilde{g} \in L^q(X, \mathcal{A}, \mu)$ und $\varphi_{\widetilde{g}} : L^r(X, \mathcal{A}, \mu) \longrightarrow \mathbb{R}$ definiert durch $\varphi_{\widetilde{g}}(\widetilde{f}) := \int fg$.

(a) $\varphi_{\widetilde{g}}$ ist ein beschränktes $\mathbb{R}$-lineares Funktional, und für $q \in \mathbb{R}$, $q \geq 1$ gilt $\|\varphi_{\widetilde{g}}\|_{\mathrm{op}} = \|\widetilde{g}\|_q$.

(b) $(X, \mathcal{A}, \mu)$ σ-endlich, $q = \infty \quad \Longrightarrow \quad \|\varphi_{\widetilde{g}}\|_{\mathrm{op}} = \|\widetilde{g}\|_\infty$

12. $\langle\ \rangle$ sei ein Halbskalarprodukt auf dem K-Vektorraum V.

Für jedes $v \in V$ ist das durch $T_v(x) := \langle x, v\rangle$ definierte Funktional $T_v : V \longrightarrow K$ in $V^{\mathrm{s}_{\langle\ \rangle}}$, und es gilt $\|T_v\|_{\mathrm{op}} = \|v\|_{\langle\ \rangle}$.

13. $(X, \mathcal{A}, \mu)$ sei ein Maßraum, $r \in]1, \infty]$, $q \in [1, \infty[$, $(1/q) + (1/r) = 1$.

Der $\mathbb{R}$-lineare Operator $\Phi : L^q(X, \mathcal{A}, \mu) \longrightarrow (L^r(X, \mathcal{A}, \mu))^{\mathrm{s}_{\|\ \|_r}}$, $\Phi(\widetilde{f})(\widetilde{g}) := \int fg$, ist $(\|\ \|_q, \|\ \|_{\mathrm{op}})$-normerhaltend.

Für σ-endliche Maßräume $(X, \mathcal{A}, \mu)$ ist auch $\Phi : L^\infty(X, \mathcal{A}, \mu) \longrightarrow (L^1(X, \mathcal{A}, \mu))^{\mathrm{s}_{\|\ \|_\infty}}$, $\Phi(\widetilde{f})(\widetilde{g}) := \int fg$, $(\|\ \|_1, \|\ \|_{\mathrm{op}})$-normerhaltend.

14. V sei ein $\mathbb{C}$-Vektorraum, $F \in V^{\mathrm{a}}$.

Man gebe eine 6.1-11 (a) entsprechende Darstellung von F mit Hilfe von $\operatorname{Im} F$ an!

15. (V, N) sei ein halbnormierter K-Vektorraum, $W \in \alpha_{\tau_N}$ ein K-Untervektorraum von V, $v \in V \backslash W$. Man zeige

$$\{\varphi \in V^{\mathrm{s}_N} \mid \varphi(v) \neq 0,\ \varphi \restriction W = 0\} \neq \emptyset,$$

d. h. V^{s_N} *trennt Punkte von abgeschlossenen K-Untervektorräumen.*

(Hinweis: 2.4, A 27 (a), (b). Vgl. auch 6.3, A 6 (a).)

16. (V, N) sei ein halbnormierter K-Vektorraum, W ein K-Untervektorraum von V.

Äq (i) $\overline{W}^{\tau_N} = V$

(ii) $\forall\, \varphi \in V^{\mathrm{s}_N} :\ \varphi \restriction W = 0 \Rightarrow \varphi = 0$

(S. auch 6.3, A 8.)

17. $(V, \|\ \|)$ sei ein normierter K-Vektorraum, $S \in L(V)$.

(a) Die Operatoren

$$M_S : \begin{cases} L(V) \longrightarrow L(V) \\ R \longmapsto R \circ S \end{cases} \quad \text{und} \quad {}_S M : \begin{cases} L(V) \longrightarrow L(V) \\ R \longmapsto S \circ R \end{cases}$$

sind K-linear, $(\tau_{\|\ \|_{\mathrm{op}}}, \tau_{\|\ \|_{\mathrm{op}}})$-stetig mit $\|M_S\|_{\mathrm{op}} \leq \|S\|_{\mathrm{op}}$ und $\|{}_S M\|_{\mathrm{op}} \leq \|S\|_{\mathrm{op}}$.

(b) $(V, \|\ \|)$ sei ein Banach-Raum, $k \in K$, $\|S\|_{\mathrm{op}} < |k|$.

Dann ist $(S + k\,\mathrm{id}_V)^{-1} \in L(V)$.

(Hinweis: Man untersuche $\frac{1}{k} \sum_{j=0}^{\infty} \frac{(-1)^j}{k^j} S^j$ in $(L(V), \|\ \|_{\mathrm{op}})$; $S^0 := \mathrm{id}_V$, $S^{j+1} := S \circ S^j$ für jedes $j \in \mathbb{N}$.)

18. ν sei eine Pseudohalbnorm auf dem K-Vektorraum V, $\dim_K V$ unendlich und (V, τ_{d_ν}) ein topologischer K-Vektorraum. Man zeige $V^{\mathrm{s}_{d_\nu}} \neq V^{\mathrm{a}}$.

19. Es seien $a, b, c \in \mathbb{R}$, $a \leq c \leq b$ und $A_c : BV([a,b]) \longrightarrow \mathbb{R}$ das durch $A_c(f) := f(c)$ definierte Auswertungsfunktional bei c.

Man zeige: $A_c \in BV([a,b])^{s_{\| \|_V}}$ und $\|A_c\|_{\text{op}} = 1$.

20. (V, τ) sei ein topologischer K-Vektorraum, $(v_i)_i \in V^I$ ein Netz in V, $v \in V$.

(a) Äq (i) $(v_i)_i \xrightarrow[\sigma(V, V^{s_\tau})]{} v$

(ii) $\forall\, \varphi \in V^{s_\tau}: \ (\varphi(v_i))_i \to_{\tau_{|\,|}} \varphi(v)$

(b) $\sigma\big(V, V^{s_\tau}\big)$ ist die $\subseteq$-kleinste Topologie σ auf V, für die $V^{s_\sigma} = V^{s_\tau}$ gilt.

(c) $(V, \| \ \|)$ normierter K-Vektorraum $\implies$ $\sigma\big(V, V^{s_{\| \|}}\big)$ ist hausdorffsch

21. (V, τ) sei ein topologischer K-Vektorraum, $n \in \mathbb{N}\backslash\{0\}$ und $\varphi : K^n \longrightarrow V$ K-linear. φ ist $\big(\bigtimes_{j=1}^{n} \tau_{|\,|}, \tau\big)$-stetig.

22. (V, τ) sei ein T_2-topologischer K-Vektorraum, $\dim_K V = 1$.

(a) $V^{\mathrm{a}} = V^{s_\tau}$

(b) (V, τ) ist K-linear homöomorph zu $(K, \tau_{|\,|})$.

23. Es sei $c_0 := \{ a \in \mathbb{R}^{\mathbb{N}} \mid (a_j)_j \to_{\tau_{|\,|}} 0 \}$ und $\|a\|_\infty := \sup\big\{ |a_j| \ \big| \ j \in \mathbb{N} \big\}$ für jedes $a \in c_0$.

Man zeige, daß der stetige Dualraum $\big(c_0^{s_{\| \|_\infty}}, \| \ \|_{\text{op}}\big)$ isometrisch isomorph zu $(\ell^1_{\mathbb{R}}, \| \ \|_1)$ ist.

24. Für den Lebesgueschen Maßraum $([0,1], \Lambda|[0,1], \lambda{\restriction}\Lambda|[0,1])$ zeige man, daß der durch $I(\widetilde{g})(\widetilde{f}) := \int_{[0,1]} fg$ für alle $\widetilde{g} \in L^1([0,1], \ldots)$, $\widetilde{f} \in L^\infty([0,1], \ldots)$ definierte $\mathbb{R}$-lineare Operator $I : L^1([0,1], \ldots) \longrightarrow L^\infty([0,1], \ldots)^{s_{\| \|_\infty}}$ nicht surjektiv ist.

(Hinweis: $\varphi \in C_{\mathbb{R}}([0,1])^{s_{\| \|_\infty}}$, $\varphi(f) := f\big(\frac{1}{2}\big)$; 6.1-12.1 (a).)

25. (V, τ) sei ein topologischer $\mathbb{R}$-Vektorraum,

$$N_\varphi := \{ v \in V \mid \varphi(v) < 0 \}, \qquad P_\varphi := \{ v \in V \mid \varphi(v) \geq 0 \}$$

für jedes $\varphi \in V^{\mathrm{a}}$. Ist $\varphi \in V^{\mathrm{a}} \backslash V^{s_\tau}$, so gilt:

$$\forall\, S \in \{N_\varphi, P_\varphi\}: \ S \neq \emptyset, \ S \text{ konvex}, \ \overline{S}^{\text{lin}} = V, \ \overline{S}^{\tau} = V.$$

26. *Bestimmung des stetigen Dualraums* $(\ell^q)^{s_{\nu_q}}$ *für* $q \in \,]0,1[$:

(a) Für jedes $\varphi \in (\ell^q)^{\mathrm{a}}$:

Äq (i) $\varphi \in (\ell^q)^{s_{\nu_q}}$

(ii) $\exists\, S > 0 \ \forall\, x \in \ell^q: \ |\varphi(x)| \leq S\nu_q(x)^{1/q}$

Für jedes $\varphi \in (\ell^q)^{s_{\nu_q}}$ sei $\|\varphi\|_{(q)} := \inf\{ S > 0 \mid \forall\, x \in \ell^q: \ |\varphi(x)| \leq S\nu_q(x)^{1/q} \}$, also $|\varphi(x)| \leq \|\varphi\|_{(q)}\nu_q(x)^{1/q}$ für alle $x \in \ell^q$.

(b) $\| \ \|_{(q)}$ ist eine Norm auf $(\ell^q)^{s_{\nu_q}}$.

(c) $\forall\, \varphi \in (\ell^q)^{s_{\nu_q}}: \ \|\varphi\|_{(q)} = \sup\big\{ |\varphi(x)| \ \big| \ x \in \ell^q, \ \nu_q(x) \leq 1 \big\}$

(d) Die Funktion

$$\Phi : \begin{cases} \ell^\infty \longrightarrow (\ell^q)^{s_{\nu_q}} \\ b \longmapsto \left(x \mapsto \sum_{j=0}^\infty b_j x_j\right) \end{cases}$$

ist ein $\big(\| \ \|_\infty, \| \ \|_{(q)}\big)$-normerhaltender $\mathbb{C}$-linearer Isomorphismus.

27. V sei ein K-Vektorraum, M ein K-Untervektorraum des algebraischen Dualraums V^{a}. Es gilt $V^{s_{\sigma(V,M)}} = M$.

(Hinweis: Anhang 2-11.)

28. $(V, \| \ \|_V)$ und $(W, \| \ \|_W)$ seien normierte K-Vektorräume. Mit $\Phi : V \longrightarrow W$ ist auch $\widetilde{\Phi} : V^{s_{\| \ \|_V}} \longrightarrow W^{s_{\| \ \|_W}}$, definiert durch $\widetilde{\Phi}(\varphi)(w) := \varphi\big(\Phi^{-1}(w)\big)$, ein normerhaltender K-linearer Isomorphismus.

29. Es sei $g \in C_{\mathbb{R}}([0,1])$ mit $m := \min\{ g(x) \mid x \in [0,1] \} > 0$ und

$$G : \begin{cases} L^2([0,1],\ldots) \times L^2([0,1],\ldots) \longrightarrow \mathbb{R} \\ (\widetilde{f}, \widetilde{h}) \longmapsto \int_{[0,1]} fhg. \end{cases}$$

Man zeige: G ist eine koerzitive Bilinearform.

30. (V,N), (W,M) seien halbnormierte K-Vektorräume, $\| \ \|_{\mathrm{op}}$ die Operatorhalbnorm zu (N,M) auf $L(V,W)$, $(f_j)_j \in L(V,W)^{\mathbb{N}}$ und $f \in L(V,W)$. Es gilt:

$$(f_j)_j \to_{\| \ \|_{\mathrm{op}}} f \quad \Longrightarrow \quad (f_j)_j \xrightarrow[M\text{-pktw.}]{} f.$$

6.2 Offenheit linearer Operatoren, gleichmäßige Beschränktheit

In diesem Abschnitt werden u. a. zwei weitere Grundsätze der linearen Funktionalanalysis eingeführt. Zunächst steht die Offenheit (stetiger) linearer Operatoren im Mittelpunkt des Interesses. Satz 6.2-1 charakterisiert die Offenheit stetiger linearer Operatoren zwischen (vollständig) metrisierbaren topologischen Vektorräumen durch ihre Fastoffenheit. Einer der beiden Grundsätze besteht aus der Tatsache, daß Stetigkeit bzw. Offenheit linearer Operatoren zwischen vollständig metrisierbaren topologischen Vektorräumen mit Hilfe der Abgeschlossenheit ihrer Graphen nachgewiesen werden kann (6.2-1.3). Der Zwei-Norm-Satz und der Sardsche Quotientensatz werden als Folgerungen hieraus angegeben. Ein im wesentlichen bereits in 3.1 (3.1-7, 3.1-7.2, Seiten 185, 186) angeführtes Prinzip von der gleichmäßigen Beschränktheit (6.2-5) ist ein weiterer Grundsatz. Am Schluß des Abschnitts steht der Satz von Banach-Alaoglu-Bourbaki über die Kompaktheit der $\| \ \|_{\mathrm{op}}$-abgeschlossenen ε-Kugeln im stetigen Dualraum bzgl. der noch zu definierenden schwach*-Topologie, sowie eine Charakterisierung der Metrisierbarkeit dieser Topologie.

Die Offenheit eines K-linearen Operators $\varphi : V \longrightarrow W$ zwischen topologischen K-Vektorräumen (V,τ), (W,σ) ist gleichwertig zu

$$\forall\, U \in \mathcal{U}_\tau(0)\colon\ \varphi[U] \in \mathcal{U}_\sigma(0),$$

denn für alle $P \in \tau$, $w \in \varphi[P]$, etwa $w = \varphi(p)$ mit $p \in P$, ist $-p + P \in \mathcal{U}_\tau(0)$, also dann $-\varphi(p) + \varphi[P] = \varphi(-p + P) \in \mathcal{U}_\sigma(0)$, d. h. $\varphi[P] \in \mathcal{U}_\sigma(\varphi(p)) = \mathcal{U}_\sigma(w)$. Offene K-lineare Operatoren bilden offensichtlich Nullumgebungen auf Nullumgebungen ab.

Definition

(V, τ), (W, σ) seien topologische K-Vektorräume, $\varphi : V \longrightarrow W$ K-linear.

φ *fastoffen* (bzgl. (τ, σ)) :gdw $\forall\, U \in \mathcal{U}_\tau(0)\colon\ \overline{\varphi[U]}^{\sigma} \in \mathcal{U}_\sigma(0)$

Beispiele (6.2,1)

(V, τ) sei ein topologischer K-Vektorraum.

(a) K-lineare Funktionale auf V sind nicht notwendig stetig (vgl. 6.1, A 18); dagegen ist jedes Funktional $\varphi \in V^{\mathrm{a}} \backslash \{0\}$ offen:

Es sei $v \in V$, $\varphi(v) \neq 0$ und U eine Nullumgebung in (V, τ). Da die Skalarmultiplikation in (V, τ) stetig ist, kann man eine reelle Zahl $\varepsilon > 0$ so finden, daß $K_\varepsilon^{d_{|\,|}}(0)v \subseteq U$ gilt. Wegen der Linearität von φ erhält man

$$K_\varepsilon^{d_{|\,|}}(0)\varphi(v) = \varphi\big[K_\varepsilon^{d_{|\,|}}(0)v\big] \subseteq \varphi[U].$$

Mit $K_\varepsilon^{d_{|\,|}}(0)$ ist auch $K_\varepsilon^{d_{|\,|}}(0)\varphi(v)$ und somit $\varphi[U]$ eine Nullumgebung in $(K, \tau_{|\,|})$. Daher ist φ nach der Vorbemerkung eine offene Funktion.

(b) $M \subseteq V$ sei ein echter K-Untervektorraum von V und $\overline{M}^{\tau} = V$ (vgl. z. B. (6.1,2)). $\mathrm{id}_M : M \longrightarrow V$ ist K-linear und stetig, jedoch nicht offen ⟦ Sonst wäre $M \in \tau$, also $M = V \backslash \bigcup\{\, v + M \mid v \notin M \,\} \in \alpha_\tau$, und somit $M = V$. ⟧. id_M ist aber fastoffen:

Für jedes $U \in \mathcal{U}_\tau(0) \cap \tau$ gilt $U \subseteq \overline{U \cap M}^{\tau} = \overline{\mathrm{id}_M[U \cap M]}^{\tau}$, also $\overline{U \cap M}^{\tau} \in \mathcal{U}_\tau(0)$.

(V, τ), (W, σ) seien topologische K-Vektorräume, $\varphi : V \longrightarrow W$ K-linear.

(c) φ fastoffen $\iff$ $\forall\, U \in \mathcal{U}_\tau(0)\colon\ \big(\overline{\varphi[U]}^{\sigma}\big)^{\circ\sigma} \neq \emptyset$:

„⇒“ ist klar. Zur Begründung von „⇐“ seien U, $R \in \mathcal{U}_\tau(0)$ mit $R - R \subseteq U$ und $w \in \big(\overline{\varphi[R]}^{\sigma}\big)^{\circ\sigma}$. Dann gilt

$$\begin{aligned} \overline{\varphi[U]}^{\sigma} &\supseteq \overline{\varphi[R] - \varphi[R]}^{\sigma} \supseteq \overline{\varphi[R]}^{\sigma} - \overline{\varphi[R]}^{\sigma} \qquad [\![\, 2.4\text{-}1 \,]\!] \\ &\supseteq \overline{\varphi[R]}^{\sigma} - w \in \mathcal{U}_\sigma(0). \end{aligned}$$

(d) $\varphi[V]$ Menge 2. Kategorie in (W, σ) $\Longrightarrow$ φ fastoffen:

Sei $U \in \mathcal{U}_\tau(0)$. Wegen der Stetigkeit der Skalarmultiplikation gibt es zu jedem $v \in V$ ein $\varepsilon > 0$ mit $K_\varepsilon^{d_{|\,|}}(0)v \subseteq U$, für $j \in \mathbb{N}$, $1/(j+1) < \varepsilon$ ist deshalb $v \in (j+1)U$. Es gilt somit $\bigcup_{j \in \mathbb{N}}(j+1)U = V$, also $\varphi[V] = \bigcup_{j \in \mathbb{N}}(j+1)\varphi[U]$. Da $\varphi[V]$ eine Menge 2. Kategorie in (W, σ) ist, muß $\big(\overline{(j+1)\varphi[U]}^{\sigma}\big)^{\circ\sigma} \neq \emptyset$ für ein $j \in \mathbb{N}$ gelten, woraus $\big(\overline{\varphi[U]}^{\sigma}\big)^{\circ\sigma} \neq \emptyset$ folgt ⟦ Multiplikation in W mit $j + 1$ ist ein Homöomorphismus! ⟧.

Über die *Offenheit stetiger K-linearer Operatoren* gibt der folgende Satz Auskunft.

Satz 6.2-1

(V,τ) sei ein vollständig metrisierbarer, (W,σ) ein metrisierbarer topologischer K-Vektorraum, $\varphi \in L(V,W)$.

(a) Äq (i) φ fastoffen

(ii) φ offen

(b) (W,σ) vollständig metrisierbar, φ surjektiv $\Longrightarrow$ φ offen

Beweis

Zu (a) Gem. 2.5-16, (2.5,8) (a) seien ν, μ Pseudonormen auf V bzw. W mit $\tau_{d_\nu} = \tau$, $\tau_{d_\mu} = \sigma$. Zu jedem $U \in \mathcal{U}_\tau(0)$ wähle man ein $\varepsilon > 0$ mit $\widetilde{K}^{d_\nu}_\varepsilon(0) \subseteq U$. Aus $\overline{\varphi\big[K^{d_\nu}_{\varepsilon/2}(0)\big]}^\sigma \subseteq \varphi[U]$ folgt dann (i) $\Rightarrow$ (ii), (ii) $\Rightarrow$ (i) ist ohnehin klar.

Sei $y \in \overline{\varphi\big[K^{d_\nu}_{\varepsilon/2}(0)\big]}^\sigma$. Nach (i) gibt es zu jedem $j \in \mathbb{N}$ ein $\delta_j > 0$ mit $K^{d_\mu}_{\delta_j}(0) \subseteq \overline{\varphi\big[K^{d_\nu}_{\varepsilon/(2^{j+1})}(0)\big]}^\sigma$, o. B. d. A. $\delta_j > \delta_{j+1}$ für alle $j \in \mathbb{N}$ und $(\delta_j)_j \to_{\tau_{|\,|}} 0$. Da y Berührpunkt von $\varphi\big[K^{d_\nu}_{\varepsilon/2}(0)\big]$ ist, existiert ein $v_0 \in K^{d_\nu}_{\varepsilon/2}(0)$ mit $\varphi(v_0) \in y + K^{d_\mu}_{\delta_1}(0)$, also $y - \varphi(v_0) \in \overline{\varphi\big[K^{d_\nu}_{\varepsilon/(2^2)}(0)\big]}^\sigma$. Sind $v_j \in K^{d_\nu}_{\varepsilon/(2^{j+1})}(0)$ für alle $j \in \{0,\dots,k\}$ so gewählt, daß $y - \sum_{j=0}^k \varphi(v_j) \in \overline{\varphi\big[K^{d_\nu}_{\varepsilon/(2^{k+2})}(0)\big]}^\sigma$ gilt, so gibt es ein Element v_{k+1} in $K^{d_\nu}_{\varepsilon/(2^{k+2})}(0)$ mit $\varphi(v_{k+1}) \in y - \sum_{j=0}^k \varphi(v_j) + K^{d_\mu}_{\delta_{k+2}}(0)$, also liegt $y - \sum_{j=0}^{k+1} \varphi(v_j)$ in $\overline{\varphi\big[K^{d_\nu}_{\varepsilon/(2^{k+3})}(0)\big]}^\sigma$. Für die auf diese Weise (induktiv) definierte Folge $(v_j)_{j\in\mathbb{N}}$ gilt somit $y = \sum_{j=0}^\infty \varphi(v_j)$ (Limes in (W,σ)). Wegen $\nu(v_j) < \varepsilon/(2^{j+1})$ für jedes $j \in \mathbb{N}$ ist die Reihe $\sum_{j=0}^\infty \nu(v_j)$ konvergent, und nach 3.5, A 9 folgt die Konvergenz von $\sum_{j=0}^\infty v_j$ in (V,τ), etwa $v = \sum_{j=0}^\infty v_j$. Weil $\nu\big(\sum_{j=0}^k v_j\big) \le \sum_{j=0}^k \nu(v_j) < \sum_{j=0}^k \frac{\varepsilon}{2^{j+1}} \le \varepsilon$ für jedes $k \in \mathbb{N}$ gilt, gehört v zu $\widetilde{K}^{d_\nu}_\varepsilon(0)$, und man erhält

$$y = \sum_{j=0}^\infty \varphi(v_j) = \lim_k \varphi\Big(\sum_{j=0}^k v_j\Big) = \varphi\Big(\sum_{j=0}^\infty v_j\Big) = \varphi(v) \in \varphi\big[\widetilde{K}^{d_\nu}_\varepsilon(0)\big] \subseteq \varphi[U].$$

Zu (b) Nach (6.2,1) (d) ist φ fastoffen und gem. (a) offen. □

Korollar 6.2-1.1

(V,τ), (W,σ) seien vollständig metrisierbare topologische K-Vektorräume.

(a) $\varphi \in L(V,W)$ bijektiv $\Longrightarrow$ φ Homöomorphismus

(b) $V = W$, $\tau \subseteq \sigma$ $\Longrightarrow$ $\tau = \sigma$

Beweis

Zu (a) folgt mit 6.2-1 (b), weil φ surjektiv ist.

Zu (b) id_V ist K-linear und (σ, τ)-stetig, nach (a) also ein Homöomorphismus. □

Korollar 6.2-1.2 (Zwei-Norm-Satz)

$(V, \|\ \|)$, $(V, \|\ \|')$ seien Banach-Räume über K, $C \in \mathbb{R}$, $C > 0$ mit $\|v\| \leq C\|v\|'$ für jedes $v \in V$. Dann existiert ein $D \in \mathbb{R}$, $D > 0$ mit $\|v\|' \leq D\|v\|$ für jedes $v \in V$, $\|\ \|$ und $\|\ \|'$ sind daher topologisch äquivalent.

Beweis

Aus der Voraussetzung folgt gem. 1.2-6 $\tau_{\|\ \|'} \supseteq \tau_{\|\ \|}$ und nach 6.2-1.1 (b) $\tau_{\|\ \|} = \tau_{\|\ \|'}$. Mit 1.2-6, 1.2-6.1 erhält man die Behauptung. □

Beispiel (6.2,2)

Auf die Vollständigkeit kann in 6.2-1.2 nicht verzichtet werden:

Es seien $p \in \mathbb{R}$, $q \in \mathbb{R} \cup \{\infty\}$, $q > p \geq 1$. $(\ell^p, \|\ \|_p)$ ist ein Banachraum ⟦ 3.1, A17(a) ⟧ und wegen $\ell^p \subseteq \ell^q$ ⟦ 1.1-5 ⟧ ist $(\ell^p, \|\ \|_q)$ ein normierter Vektorraum über $\mathbb{C}$. Die Normabschätzung in 1.1-5

$$\|x\|_\infty \leq \|x\|_q \leq \|x\|_p \qquad \text{(für jedes } x \in \ell^p)$$

zeigt, daß die Voraussetzung in 6.2-1.2 mit $C = 1$ erfüllt ist. Gäbe es ein $D \in \mathbb{R}^>$ mit der Eigenschaft

$$\|x\|_p \leq D\|x\|_q \qquad \text{(für jedes } x \in \ell^p),$$

so folgte nach 1.2-6 der Widerspruch

$$\forall (x_j)_j \in (\ell^p)^{\mathbb{N}} : (x_j)_j \rightarrow_{d_q} 0 \quad \Longrightarrow \quad (x_j)_j \rightarrow_{d_p} 0$$

(vgl. 1.2, A3(b)).

Insbesondere ist $(\ell^p, \|\ \|_q)$ kein Banachraum ⟦ 6.2-1.2 ⟧.

Korollar 6.2-1.3 (Vierter Grundsatz der linearen Funktionalanalysis)

(V, τ), (W, σ) seien vollständig metrisierbare topologische Vektorräume über K und $\varphi : V \longrightarrow W$ K-linear.

(a) Satz vom abgeschlossenen Graphen (Banach, 1932)

$$\varphi \in \alpha_{\tau \times \sigma} \quad \Longrightarrow \quad \varphi\ (\tau, \sigma)\text{-stetig}$$

(b) Satz vom offenen linearen Operator (Banach, 1929)

$$\varphi \in \alpha_{\tau \times \sigma},\ \varphi \text{ surjektiv} \quad \Longrightarrow \quad \varphi\ (\tau, \sigma)\text{-stetig und offen}$$

Beweis

Zu (a) Es ist $\varphi = \{ (v, \varphi(v)) \mid v \in V \}$ ein abgeschlossener K-Untervektorraum von $(V \times W, \tau \times \sigma)$ und daher vollständig metrisierbar ⟦3.1, A 21; 2.4, A 20; 3.1-8 (a)⟧. Mit den kanonischen Projektionen $\pi_V : V \times W \longrightarrow V$, $\pi_W : V \times W \longrightarrow W$ definiere man $p_V := \pi_V \restriction \varphi$ und $p_W := \pi_W \restriction \varphi$. Dann ist p_V bijektiv ⟦$(v, \varphi(v)) \neq (v', \varphi(v')) \Longrightarrow v \neq v'$ oder $\varphi(v) \neq \varphi(v') \Longrightarrow v \neq v'$, Surjektivität ist klar⟧, K-linear und $(\tau \times \sigma|\varphi, \tau)$-stetig, nach 6.2-1.1 (a) also ein Homöomorphismus. Wegen $\varphi = p_W \circ \overset{-1}{p_V}$ und der Stetigkeit von p_W bzgl. $(\tau \times \sigma|\varphi, \sigma)$ ist auch φ stetig.

Zu (b) Nach (a) ist φ (τ, σ)-stetig und nach 6.2-1 (b) offen. □

Auf die Vollständigkeit kann in 6.2-1.3 wieder nicht verzichtet werden:

Beispiele (6.2,3)

(a) $\mathrm{id}_{\ell^1} : \ell^1 \longrightarrow \ell^1$ ist $(\tau_{\| \ \|_1}, \tau_{\| \ \|_\infty})$-stetig ⟦gilt gem. (1.2,1)(b)(ii)⟧ und nicht $(\tau_{\| \ \|_\infty}, \tau_{\| \ \|_1})$-stetig ⟦$\tau_{\| \ \|_1} \not\subseteq \tau_{\| \ \|_\infty}$ gem. (1.2, A13(b))⟧. Nach 2.5-9 folgt $\mathrm{id}_{\ell^1} \in \alpha_{\tau_{\| \ \|_1} \times \tau_{\| \ \|_\infty}}$, also $\mathrm{id}_{\ell^1} \in \alpha_{\tau_{\| \ \|_\infty} \times \tau_{\| \ \|_1}}$.

(b) Der Ableitungsoperator

$$D : \begin{cases} C^1_{\mathbb{R}}([a,b]) \longrightarrow C_{\mathbb{R}}([a,b]) \\ f \longmapsto \frac{\mathrm{d}}{\mathrm{d}x} f \end{cases}$$

ist $\mathbb{R}$-linear und nicht stetig bzgl. $(\tau_{\| \ \|_\infty} | C^1_{\mathbb{R}}([a,b]), \tau_{\| \ \|_\infty})$ ⟦sonst wäre $D \restriction (\mathbb{R}[x] \restriction [a,b])$ stetig; (6.1,3) (b)⟧.

Es gilt jedoch $D \in \alpha_{\tau_{\| \ \|_\infty} | C^1_{\mathbb{R}}([a,b]) \times \tau_{\| \ \|_\infty}}$:

Sei $(f_j)_j \in C^1_{\mathbb{R}}([a,b])^{\mathbb{N}}$, $f \in C^1_{\mathbb{R}}([a,b])$, $g \in C_{\mathbb{R}}([a,b])$ mit $(f_j, Df_j)_j \to (f,g)$ bzgl. $\tau_{\| \ \|_\infty} | C^1_{\mathbb{R}}([a,b]) \times \tau_{\| \ \|_\infty}$. Wegen der gleichmäßigen Konvergenz $(Df_j)_j \to g$ folgt $Df = g$, [32, Satz 7.17], d. h. $(f, g) \in D$.

In konkreten Anwendungssituationen sind lineare Operatoren – wie der Differentialoperator D in (6.2,3) (b) auf $C^1_{\mathbb{R}}([a,b]) \subsetneqq C_{\mathbb{R}}([a,b])$ – häufig nicht auf dem gesamten gerade betrachteten topologischen Vektorraum, sondern nur auf einem echten Untervektorraum erklärt. Man erweitert aus diesem Grund den Abgeschlossenheitsbegriff:

Definition

(V, τ), (W, ω) seien topologische K-Vektorräume, $U \subseteq V$ ein K-Untervektorraum von V und $\varphi : U \longrightarrow W$ K-linear.

φ *abgeschlossener Operator* in $(V \times W, \tau \times \omega)$:gdw $\varphi \in \alpha_{\tau \times \omega}$

Dieser Abgeschlossenheitsbegriff für φ darf natürlich nicht mit der auf Seite 103 angegebenen Eigenschaft „$\varphi[A] \in \alpha_\omega$ für alle $A \in \alpha_\tau$" verwechselt werden (s. A 6).

Die Abgeschlossenheit des Operators φ hängt definitionsgemäß wesentlich von seinem angenommenen Vorbereich ab:

Beispiel (6.2,4)

Der Ableitungsoperator

$$D : \begin{cases} \widetilde{C^1_{\mathbb{R}}([-1,1])} \longrightarrow L^2([-1,1]) \\ \widetilde{f} \longmapsto \widetilde{f'} \text{ für } f \in C^1_{\mathbb{R}}([-1,1]) \end{cases}$$

ist in $\big(L^2([-1,1],\ldots) \times L^2([-1,1],\ldots), \tau_{\|\ \|_2} \times \tau_{\|\ \|_2}\big)$ *nicht* abgeschlossen:

D ist wohldefiniert, denn für jedes $f \in C_{\mathbb{R}}([-1,1])$ ist $\widetilde{f} \cap C_{\mathbb{R}}([-1,1]) = \{f\}$: Sind f, g in $C_{\mathbb{R}}([-1,1])$, $f \neq g$, etwa $x_0 \in [-1,1]$ mit $f(x_0) > g(x_0)$, so existiert ein $\varepsilon > 0$, so daß $f(y) > g(y)$ für alle $y \in [-1,1] \cap]x_0-\varepsilon, x_0+\varepsilon[$ gilt. Wegen $\lambda([-1,1] \cap]x_0-\varepsilon, x_0+\varepsilon[) > 0$ folgt $f \neq_\lambda g$.

Für jedes $j \in \mathbb{N}$, $x \in [-1,1]$ sei $f_j(x) := \big(x^2 + \frac{1}{j+1}\big)^{1/2}$, $f(x) := |x|$. Dann gilt $(f_j)_j \in C^1_{\mathbb{R}}([-1,1])^{\mathbb{N}}$, $f \notin C^1_{\mathbb{R}}([-1,1])$, $(f_j)_j \to_{\|\ \|_\infty} f$, nach (1.2,1) (c) (i) somit $\big(\widetilde{f_j}\big)_j \to_{\|\ \|_2} \widetilde{f}$. Mit $g := \chi_{]0,1]} - \chi_{[-1,0[}$ ist $\widetilde{g} \in L^2([-1,1],\ldots)$ und wegen

$$\begin{aligned} \big\|D(\widetilde{f_j}) - \widetilde{g}\big\|_2^2 &= \int_{[-1,1]} \left|\frac{\mathrm{id}_{[-1,1]}}{f_j} - g\right|^2 = \int_0^1 \left|\frac{x}{f_j(x)} - 1\right|^2 \mathrm{d}x + \int_{-1}^0 \left|\frac{x}{f_j(x)} + 1\right|^2 \mathrm{d}x \\ &= 2\int_0^1 \Big(1 - \frac{x}{f_j(x)}\Big)^2 \mathrm{d}x \\ &= 2\bigg(2 - 2\Big(\sqrt{1+\tfrac{1}{j+1}} - \sqrt{\tfrac{1}{j+1}}\Big) - \sqrt{\tfrac{1}{j+1}}\arctan\frac{1}{\sqrt{\frac{1}{j+1}}}\bigg) \end{aligned}$$

⟦ f_j ist eine gerade Funktion ⟧ für alle $j \in \mathbb{N}$ folgt $\big(D(\widetilde{f_j})\big)_j \to_{\|\ \|_2} \widetilde{g}$. Insgesamt erhält man $\big(\widetilde{f_j}, D(\widetilde{f_j})\big)_j \to_{\tau_{\|\ \|_2} \times \tau_{\|\ \|_2}} (\widetilde{f}, \widetilde{g})$, wobei $\widetilde{f} \notin \widetilde{C^1_{\mathbb{R}}([-1,1])}$ ist ⟦ $h \in C^1_{\mathbb{R}}([-1,1])$, $\widetilde{h} = \widetilde{f} \Longrightarrow f = h$ ↯ ⟧.

Dagegen ist der Ableitungsoperator

$$D : \begin{cases} \widetilde{W^{1,2}([-1,1])} \longrightarrow L^2([-1,1]) \\ \widetilde{f} \longmapsto \widetilde{f'} \text{ für } f \in W^{1,2}([-1,1]) \end{cases}$$

in $\big(L^2([-1,1],\ldots) \times L^2([-1,1],\ldots), \tau_{\|\ \|_2} \times \tau_{\|\ \|_2}\big)$ ein abgeschlossener linearer Operator:

Sei $(f_j)_j \in W^{1,2}([-1,1])^{\mathbb{N}}$, $\widetilde{f}, \widetilde{g} \in L^2([-1,1],\ldots)$ mit $\big(\widetilde{f_j}\big)_j \to_{\|\ \|_2} \widetilde{f}$, $\big(D(\widetilde{f_j})\big)_j \to_{\|\ \|_2} \widetilde{g}$. Nach dem Hauptsatz der Differential- und Lebesgue-Integralrechnung gilt für alle $j \in \mathbb{N}$, $x \in [-1,1]$

$$f_j(x) - f_j(-1) = \int_{[-1,x]} f_j',$$

und wegen ⟦ Hölder-Ungleichung 5.4-5 ⟧

$$\begin{aligned} \left|\int_{[-1,x]} f_j' - \int_{[-1,x]} g\right| &\leq \int_{[-1,x]} |f_j' - g| \leq \int_{[-1,1]} |f_j' - g| \\ &\leq \Big(\int_{[-1,1]} |f_j' - g|^2\Big)^{1/2} \Big(\int_{-1}^1 1\,\mathrm{d}t\Big)^{1/2} = \sqrt{2}\big\|D(\widetilde{f_j}) - \widetilde{g}\big\|_2 \end{aligned}$$

folgt $(f_j - f_j(-1))_j \to_{\| \|_\infty} h$, wobei $h(x) := \int_{[-1,x]} g$ für jedes $x \in [-1,1]$ bezeichnet, h also absolut stetig mit $\widetilde{h'} = \widetilde{g}$ ist. Schließlich erweist sich $(f_j(-1))_j$ als Cauchy-Folge in $(\mathbb{R}, d_{| \, |})$, denn es gilt

$$\begin{aligned} |f_j(-1) - f_k(-1)| &= \left(\frac{1}{2}\int_{-1}^{1} |f_j(-1) - f_k(-1)|^2 \, \mathrm{d}x\right)^{1/2} \\ &= \left(\frac{1}{2}\int_{-1}^{1} \left| f_j(x) - f_k(x) + \int_{[-1,x]} (f_k' - f_j')\right|^2 \mathrm{d}x\right)^{1/2} \\ &\leq 2^{-1/2}\left(\left\|\widetilde{f_j} - \widetilde{f_k}\right\|_2 + \left(\int_{-1}^{1}\left|\int_{[-1,x]} (f_k' - f_j')\right|^2 \mathrm{d}x\right)^{1/2}\right) \\ &\quad [\![1.1, \text{A } 2 \text{ (b)}]\!], \end{aligned}$$

wobei $\left(\widetilde{f_j}\right)_j$ Cauchy-Folge in $(L^2([-1,1],\ldots), \| \|_2)$ und für $h_j(x) := \int_{[-1,x]} f_j'$ auch $\left(\widetilde{h_j}\right)_j$ Cauchy-Folge in $(L^\infty([-1,1],\ldots), \| \|_\infty)$, also in $(L^2([-1,1],\ldots), \| \|_2)$ ist $[\![$ 5.4-8 (b) $]\!]$.
Sei $r := \lim_j f_j(-1)$, $a(x) := r + h(x)$ für jedes $x \in [-1,1]$. Dann ist a absolut stetig mit $\widetilde{a'} = \widetilde{g}$, also $a \in W^{1,2}([-1,1])$, $D(\widetilde{a}) = \widetilde{g}$ und $\widetilde{a} = \widetilde{f}$ $[\![(f_j)_j \to_{\| \|_\infty} a \Longrightarrow \left(\widetilde{f_j}\right)_j \to_{\| \|_2} \widetilde{a}]\!]$.
Es folgt $\left(\widetilde{f}, \widetilde{g}\right) = (\widetilde{a}, D(\widetilde{a})) \in D$.

Mit Hilfe von 6.2-1.1 (a) können über (6.1,10) hinaus die stetigen linearen Funktionale des Banach-Raums $(C^m_{\mathbb{R}}([a,b]), N_{m,\max})$ $[\![$ vgl. 3.1, A 30 $]\!]$ bestimmt werden:

Beispiel (6.2,5)

Es seien $a, b \in \mathbb{R}$, $m \in \mathbb{N}$ und $\varphi : C^m_{\mathbb{R}}([a,b]) \longrightarrow \mathbb{R}^m \times C_{\mathbb{R}}([a,b])$ definiert durch

$$\varphi(f) := \left((f(a), f^{(1)}(a), \ldots, f^{(m-1)}(a)), f^{(m)}\right).$$

Offensichtlich ist φ $\mathbb{R}$-linear und $\left(\tau_{N_{m,\max}}, \tau_{| \, |} \times \tau_{\| \|_\infty}\right)$-stetig, Injektivität erhält man mit Hilfe vollständiger Induktion gemäß

$$\begin{aligned} &\varphi(f) = \varphi(g) \\ &\Longrightarrow \quad \forall\, t \in [a,b]\colon\ f^{(m-1)}(t) - f^{(m-1)}(a) = \int_a^t f^{(m)}(x)\,\mathrm{d}x = \int_a^t g^{(m)}(x)\,\mathrm{d}x \\ &\qquad\qquad\qquad\qquad\qquad\qquad\qquad\qquad = g^{(m-1)}(t) - g^{(m-1)}(a) \\ &\Longrightarrow \quad f^{(m-1)} = g^{(m-1)}. \end{aligned}$$

Zum Nachweis der Surjektivität von φ sei $((x_0, \ldots, x_{m-1}), f) \in \mathbb{R}^m \times C_{\mathbb{R}}([a,b])$. Dann ist die durch $f_{m-1}(t) := \int_a^t f(x)\,\mathrm{d}x + x_{m-1}$ definierte Funktion f_{m-1} in $C^1_{\mathbb{R}}([a,b])$, $f^{(1)}_{m-1} = f$ und $f_{m-1}(a) = x_{m-1}$. Durch vollständige Induktion definiert man schließlich $f_0(t) := \int_a^t f_1(x)\,\mathrm{d}x + x_0$ und erhält $f_0^{(1)} = f_1$, $f_0(a) = x_0$, also $f_0 \in C^m_{\mathbb{R}}([a,b])$, $f_0^{(m)} = f$ und $f_0^{(k)}(a) = x_k$ für jedes $k \in \{0, \ldots, m-1\}$, d. h. $\varphi(f_0) = ((x_0, \ldots, x_{m-1}), f)$.
Nach 6.2-1.1 (a) ist φ somit ein $\mathbb{R}$-linearer Homöomorphismus.

Sei nun $\psi \in C_{\mathbb{R}}^{m}([a,b])^{\mathrm{s}_{N_{m,\max}}}$ und $\xi := \psi \circ \varphi^{-1}$, also $\xi \in (\mathbb{R}^m \times C_{\mathbb{R}}([a,b]))^{\mathrm{s}_{\tau_{\| \|} \times \tau_{\| \|_\infty}}}$:

$$\begin{array}{ccc} C_{\mathbb{R}}^{m}([a,b]) & \xrightarrow{\quad\varphi\quad} & \mathbb{R}^m \times C_{\mathbb{R}}([a,b]) \\ & {\scriptstyle\psi}\searrow \quad \swarrow{\scriptstyle\xi} & \\ & \mathbb{R} & \end{array}$$

Nach dem Rieszschen Darstellungssatz 6.1-6 für den Raum $(\mathbb{R}^m, \langle\ \rangle_2)$ gibt es genau ein Element $\big(c_0^{(\psi)}, \dots, c_{m-1}^{(\psi)}\big) \in \mathbb{R}^m$ mit

$$\xi((x_0, \dots, x_{m-1}), 0) = \sum_{k=0}^{m-1} c_k^{(\psi)} x_k$$

für jedes $(x_0, \dots, x_{m-1}) \in \mathbb{R}^m$, und es folgt für alle $f \in C_{\mathbb{R}}^{m}([a,b])$

$$\begin{aligned} \psi(f) &= \xi \circ \varphi(f) = \xi\big(\big(f(a), f^{(1)}(a), \dots, f^{(m-1)}(a)\big), 0\big) + \xi\big(0, f^{(m)}\big) \\ &= \sum_{k=0}^{m-1} c_k^{(\psi)} f^{(k)}(a) + \xi\big(\big(0, f^{(m)}\big)\big). \end{aligned}$$

Sei $g_\psi \in R_0BV([a,b])$ diejenige Funktion mit

$$\xi((0,h)) = \int_a^b h(x)\, \mathrm{d}g_\psi(x)$$

für jedes $h \in C_{\mathbb{R}}([a,b])$ ⟦(6.1,10)⟧. Man erhält somit schließlich

$$\psi(f) = \sum_{k=0}^{m-1} c_k^{(\psi)} f^{(k)}(a) + \int_a^b f^{(m)}(x)\, \mathrm{d}g_\psi(x)$$

für jedes $f \in C_{\mathbb{R}}^{m}([a,b])$.

Natürlich ergibt auf diese Weise jedes Element $(c_0, \dots, c_{m-1})$ von $\mathbb{R}^m$ und jede Funktion $g \in R_0BV([a,b])$ ein stetiges lineares Funktional auf $\big(C_{\mathbb{R}}^{m}([a,b]), \tau_{N_{m,\max}}\big)$, und der Operator

$$T : \begin{cases} (C_{\mathbb{R}}^{m}([a,b]))^{\mathrm{s}_{N_{m,\max}}} \longrightarrow \mathbb{R}^m \times R_0BV([a,b]) \\ \psi \longmapsto \big(\big(c_0^{(\psi)}, \dots, c_{m-1}^{(\psi)}\big), g_\psi\big) \end{cases}$$

ist ein $\mathbb{R}$-linearer Isomorphismus (vgl. Frage (2) in Abschnitt 6.1, Seite 453).

Eine für Anwendungen (z. B. in der numerischen Quadratur, (6.2,6)) wichtige Folgerung aus 6.2-1.1 (a) ist der

Satz 6.2-2 (Sardscher Quotientensatz, 1948)

(V,τ), (W,σ), (Z,ϱ) seien vollständig metrisierbare topologische K-Vektorräume, $\varphi \in L(V,W)$ surjektiv, $\psi \in L(V,Z)$ mit $\operatorname{Ker}\varphi \subseteq \operatorname{Ker}\psi$. *Dann existiert ein $\xi \in L(W,Z)$ mit $\psi = \xi \circ \varphi$ (d. h. ψ ist durch φ teilbar).*

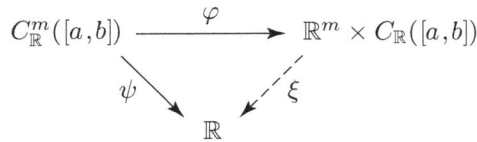

Beweis

Nach 2.5-16 gibt es eine Pseudonorm ν auf V mit $\tau_\nu = \tau$, und nach 3.3-6 ist (V, d_ν) vollständig. Aufgabe 3.1, A 19 (a) (mit Anmerkung) ergibt die Vollständigkeit von $\left(V/_{\operatorname{Ker}\varphi}, d_{\nu_{\operatorname{Ker}\varphi}}\right)$, also ist $\left(V/_{\operatorname{Ker}\varphi}, \tau/_{R_{\operatorname{Ker}\varphi}}\right)$ vollständig metrisierbar ⟦ 2.5, A 20 (b), (c) ⟧. Die Operatoren

$$\widetilde{\varphi} : \begin{cases} V/_{\operatorname{Ker}\varphi} \longrightarrow W \\ v + \operatorname{Ker}\varphi \longmapsto \varphi(v), \end{cases} \qquad \widetilde{\psi} : \begin{cases} V/_{\operatorname{Ker}\varphi} \longrightarrow Z \\ v + \operatorname{Ker}\varphi \longmapsto \psi(v) \end{cases}$$

sind wohldefiniert ⟦ $\operatorname{Ker}\varphi \subseteq \operatorname{Ker}\psi$ ⟧, K-linear und stetig ⟦ 2.4-15 (a) ⟧, $\widetilde{\varphi}$ ist darüber hinaus bijektiv ⟦ Anhang 2-8 ⟧.

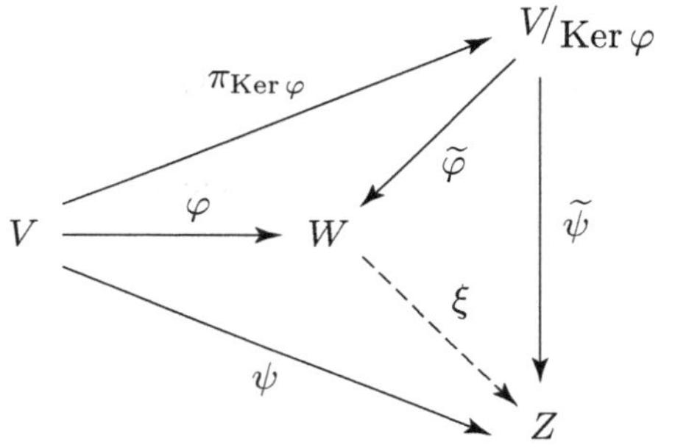

Nach 6.2-1.1 (a) ist $\widetilde{\varphi}$ ein Homöomorphismus und somit $\xi := \widetilde{\psi} \circ \widetilde{\varphi}^{-1} \in L(W, Z)$. Schließlich gilt auch

$$\xi \circ \varphi(v) = \widetilde{\psi} \circ \widetilde{\varphi}^{-1} \circ \varphi(v) = \widetilde{\psi} \circ \widetilde{\varphi}^{-1} \circ \widetilde{\varphi} \circ \pi_{\operatorname{Ker}\varphi}(v) = \widetilde{\psi}(v + \operatorname{Ker}\varphi) = \psi(v)$$

für jedes $v \in V$. □

Beispiel (6.2,6)

Es seien $a, b \in \mathbb{R},\ a < b,\ N, m \in \mathbb{N}\backslash\{0\},\ A \in \mathbb{R}^{N+1},\ (x_0, \ldots, x_N) \in \mathcal{Z}_{a,b}$ eine endliche Zerlegung von $[a, b]$ und

$$Q : \begin{cases} \mathbb{R}^{[a,b]} \longrightarrow \mathbb{R} \\ f \longmapsto \sum_{j=0}^N A_j f(x_j). \end{cases}$$

Bei der *numerischen Integration* nennt man die Teilpunkte x_j *Knoten*, die Zahlen A_j *Gewichte* der *Quadraturformel* Q, und

$$\varphi : \begin{cases} C_{\mathbb{R}}([a, b]) \longrightarrow \mathbb{R} \\ f \longmapsto \int_a^b f(t)\,\mathrm{d}t - \sum_{j=0}^N A_j f(x_j) \end{cases}$$

ist das *Fehlerfunktional* zu Q auf $C_{\mathbb{R}}([a, b])$ (s. auch A 8).

Die Einschränkung $F := \varphi \restriction W^{m,\infty}([a, b])$ der Funktion φ ist ein stetiges lineares Funktional auf dem Sobolev-Raum $(W^{m,\infty}([a, b]), N_{m,\infty})$ (vgl. 5.4-13, 5.4-14):

Mit φ ist auch F $\mathbb{R}$-linear. Die Stetigkeit von F folgt aus

$$|F(f)| = \left| \int_a^b f(t)\,\mathrm{d}t - \sum_{j=0}^N A_j f(x_j) \right| \leq \int_a^b |f(t)|\,\mathrm{d}t + \|f\|_\infty \sum_{j=0}^N |A_j|$$

$$\leq (b-a)\|f\|_\infty + \|f\|_\infty \sum_{j=0}^N |A_j| \leq C N_{m,\infty}(f)$$

mit $C := (b-a) + \sum_{j=0}^N |A_j|$. Der Ableitungsoperator

$$D_m : \begin{cases} W^{m,\infty}([a,b]) \longrightarrow L^\infty([a,b],\dots) \\ f \longmapsto \widetilde{f^{(m)}} \end{cases}$$

ist $\mathbb{R}$-linear, stetig $[\![\, \|D_m(f)\|_\infty = \left\|\widetilde{f^{(m)}}\right\|_\infty \leq N_{m,\infty}(f) \,]\!]$ und surjektiv:

Für $\widetilde{g} \in L^\infty([a,b],\dots)$ ist die durch $g_1(x) := \int_{[a,x]} g$ definierte Funktion $g_1 : [a,b] \longrightarrow \mathbb{R}$ nach dem Hauptsatz der Differential- und Lebesgue-Integralrechnung (vgl. Seite 431) absolut stetig mit $\widetilde{g_1'} = \widetilde{g}$. Sukzessive definiert man nun Funktionen $g_2, \dots, g_m \in C_{\mathbb{R}}^1([a,b])$ durch $g_j(x) = \int_a^x g_{j-1}(t)\,\mathrm{d}t$ und erhält $D_m(g_m) = \widetilde{g}$.

Ist die *Quadraturformel Q exakt für jedes Polynom* $p(x) \in \mathbb{R}[x]$ *mit* $\operatorname{grad} p(x) \leq m$, d.h. $F(p) = 0$ für jedes der Polynome $p(x)$, so gilt $\operatorname{Ker} D_m \subseteq \operatorname{Ker} F$ $[\![\, D_m(f) = \widetilde{f^{(m)}} = \widetilde{0} \Longrightarrow f^{(m-1)}$ konstant (gem. (5.4,8) (b)) $\Longrightarrow \exists\, p(x) \in \mathbb{R}[x]:$ $\operatorname{grad} p(x) \leq m-1$, $p = f \Longrightarrow 0 = F(p) = F(f) \Longrightarrow f \in \operatorname{Ker} F \,]\!]$. Nach dem Sardschen Quotientensatz 6.2-2 existiert ein $\xi \in L^\infty([a,b],\dots)^{s\|\ \|_\infty}$ mit $F = \xi \circ D_m$:

$$
\begin{array}{ccc}
W^{m,\infty}([a,b]) & \xrightarrow{\;\;D_m\;\;} & L^\infty([a,b],\dots) \\[2mm]
& \searrow{\scriptstyle F} \quad \swarrow{\scriptstyle \xi} & \\[1mm]
& \mathbb{R} &
\end{array}
$$

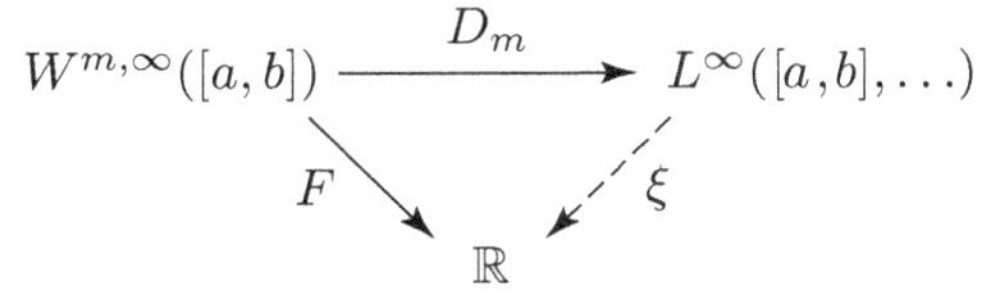

Der Konstruktion in (6.1,10) zufolge gehört die durch $h(t) := \xi(\widetilde{\chi_t})$ erklärte Funktion h zu $BV([a,b])$ mit $V(h) \leq \|\xi\|_{\mathrm{op}}$ ($\chi_a := 0$, $\chi_t := \chi_{[a,t]}$ für jedes $t \in\,]a,b]$), und es gilt $\xi(\widetilde{f}) = \int_a^b f(t)\,\mathrm{d}h(t)$ für jedes $f \in C_{\mathbb{R}}([a,b])$. Setzt man

$$\alpha_t(x) := \begin{cases} \dfrac{(x-t)^m}{m!} & \text{für } x \leq t \\ 0 & \text{für } x \geq t \end{cases}$$

für alle $x, t \in [a,b]$, so erhält man wegen $\widetilde{\chi_{[a,t]}} = D_m(\alpha_t)$

$$\alpha_t \in W^{m,\infty}([a,b]), \qquad h(t) = \xi(\widetilde{\chi_t}) = \xi(D_m(\alpha_t)) = F(\alpha_t)$$

für jedes $t \in [a,b]$. Schließlich ist $F(f) = \xi \circ D_m(f) = \xi(\widetilde{f^{(m)}}) = \int_a^b f^{(m)}(t)\,\mathrm{d}h(t)$ für jedes $f \in C_{\mathbb{R}}^m([a,b])$, also ergibt sich $F(f)$ $[\![$ partielle Integration $]\!]$ als

$$\int_a^b f^{(m)}(t)\,\mathrm{d}h(t) = f^{(m)}(b)h(b) - f^{(m)}(a)h(a) - \int_a^b h(t)\,\mathrm{d}f^{(m)}(t) = -\int_a^b h(t)\,\mathrm{d}f^{(m)}(t)$$

$\llbracket\, h(a) = 0 = F(\alpha_b) = \xi(\widetilde{\chi_b}) = h(b)$ wegen $\alpha_b(x) \in \mathbb{R}[x]$, $\operatorname{grad} \alpha_b(x) \leq m \,\rrbracket$. Mit $\beta_t : [a,b] \longrightarrow \mathbb{R}$, $\beta_t(x) := \frac{(x-t)^m}{m!} - \alpha_t(x)$ ist $(\beta_t + \alpha_t)(x) \in \mathbb{R}[x]$ und $\operatorname{grad}(\beta_t + \alpha_t)(x) = m$ für jedes $t \in [a,b]$ und daher gem. obiger Voraussetzung über die Exaktheit von Q

$$0 = F(\beta_t + \alpha_t) = F(\beta_t) + F(\alpha_t),$$

d. h. $F(\beta_t) = -F(\alpha_t) = -h(t)$ für jedes $t \in [a,b]$. Es folgt für jedes f aus $C^{m+1}_{\mathbb{R}}([a,b])$

$$F(f) = -\int_a^b h(t)\,\mathrm{d}f^{(m)}(t) = \int_a^b F(\beta_t) f^{(m+1)}(t)\,\mathrm{d}t.$$

Die Funktion $P_F : [a,b] \longrightarrow \mathbb{R}$, $P_F(t) := F(\beta_t)$, heißt *Peano-Kern* von F (und ist abhängig von den Knoten x_j, Gewichten A_j, $j = 0, \ldots, N$ der Quadraturformel Q).

Für die bekannte *Trapezregel* ($N = 1$)

$$Q : \begin{cases} \mathbb{R}^{[a,b]} \longrightarrow \mathbb{R} \\ f \longmapsto \frac{b-a}{2}(f(a) + f(b)) \end{cases}$$

und $m = 1$ ist

$$F : \begin{cases} W^{1,\infty}([a,b]) \longrightarrow \mathbb{R} \\ f \longmapsto \int_a^b f(t)\,\mathrm{d}t - Q(f) \end{cases}$$

das Fehlerfunktional, und die Quadraturformel Q exakt für jedes Polynom $p(x) \in \mathbb{R}[x]$ mit $\operatorname{grad} p(x) \leq 1 = m$. Der Peano-Kern von F errechnet sich mit

$$\beta_t(x) = \begin{cases} 0 & \text{für } x \leq t \\ x - t & \text{für } x \geq t \end{cases}$$

zu

$$\begin{aligned} P_F(t) = F(\beta_t) &= \int_a^b \beta_t(x)\,\mathrm{d}x - \frac{b-a}{2}(0 + b - t) = \int_t^b (x-t)\,\mathrm{d}x - \frac{(b-a)(b-t)}{2} \\ &= \frac{(b-t)(a-t)}{2}. \end{aligned}$$

Bei Anwendung der Trapezregel auf Funktionen $f \in C^2_{\mathbb{R}}([a,b])$ entsteht der *Quadraturfehler*

$$\begin{aligned} F(f) &= \int_a^b F(\beta_t)\,\mathrm{d}f'(t) = \int_a^b \frac{(b-t)(a-t)}{2} f''(t)\,\mathrm{d}t \qquad \text{[27, Kap. VIII, § 7, Satz 2]} \\ &= \frac{f''(t_0)}{2} \int_a^b (b-t)(a-t)\,\mathrm{d}t \quad \text{für ein } t_0 \in [a,b] \\ &\qquad \llbracket \text{Mittelwertsatz der Integralrechnung; vgl. [5, Analysis II, (12.10)]} \rrbracket \\ &= \frac{f''(t_0)}{12}(a-b)^3. \end{aligned}$$

Zum Prinzip von der gleichmäßigen Beschränktheit 6.2-5 mit Anwendungen erfolgen noch einige Vorbereitungen. Die gleichgradige bzw. gleichgradig gleichmäßige Stetigkeit von Funktionenmengen zwischen pseudometrischen Räumen wurde in Abschnitt 4.1 (Seite 285) definiert. Entsprechend erklärt man gleichgradige Stetigkeit von Mengen K-linearer Operatoren durch die

Definition

(V,τ), (W,σ) seien topologische K-Vektorräume, F eine Menge K-linearer Operatoren von V in W.

$$F \text{ gleichgradig stetig} \quad :\text{gdw}$$
$$\forall\, U \in \mathcal{U}_\sigma(0)\ \exists\, R \in \mathcal{U}_\tau(0):\ \bigcup\{\, f[R] \mid f \in F\,\} \subseteq U.$$

Gleichgradig stetige Mengen F K-linearer Operatoren bilden beschränkte Teilmengen B von V auf beschränkte Teilmengen von W ab, d. h. $\bigcup\{\, f[B] \mid f \in F\,\}$ ist beschränkt in (W,σ) (Verallgemeinerung von 6.1-2 (a); A 7), insbesondere ist $\{\, f(v) \mid f \in F\,\}$ für jedes $v \in V$ beschränkt in (W,σ). Umgekehrt folgt hieraus bereits die gleichgradige Stetigkeit von F, sofern (V,τ) ein Baire-Raum und jedes $f \in F$ stetig ist:

Satz 6.2-3 (Banach-Steinhaus, 1927)

(V,τ), (W,σ) seien topologische K-Vektorräume, (V,τ) Baire-Raum, $F \subseteq L(V,W)$.

Äq (i) *F gleichgradig stetig*

(ii) $\forall\, v \in V:\ \{\, f(v) \mid f \in F\,\}$ *beschränkt in* (W,σ)
(d. h. F ist auf V punktweise beschränkt)

Beweis

(i) ⇒ (ii) S. A 7.

(ii) ⇒ (i) Es sei $U \in \mathcal{U}_\sigma(0)$. Gem. 6.1, A 1 gibt es eine kreisförmige Umgebung $R \in \mathcal{U}_\sigma(0) \cap \alpha_\sigma$ mit $R - R \subseteq U$. Die Menge $F^{-1}[R] := \bigcap\{\, f^{-1}[R] \mid f \in F\,\} \in \alpha_\tau$ ist kreisförmig, und zu jedem $v \in V$ existiert gem. (ii) ein $\varepsilon > 0$ mit $K_\varepsilon^{d_{|\,|}}(0)v \subseteq F^{-1}[R]$ $[\![\, K_\varepsilon^{d_{|\,|}}(0)\{\, f(v) \mid f \in F\,\} \subseteq R \Longrightarrow K_\varepsilon^{d_{|\,|}}(0)v \subseteq F^{-1}[R]\,]\!]$. Hieraus folgt $V = \bigcup\{\,(n+1)F^{-1}[R] \mid n \in \mathbb{N}\,\}$, es existiert daher ein $n \in \mathbb{N}$, $O \in \tau\backslash\{\emptyset\}$ mit $O \subseteq (n+1)F^{-1}[R]$. Wegen

$$0 \in \frac{1}{n+1}O - \frac{1}{n+1}O \subseteq F^{-1}[R] - F^{-1}[R] =: S$$

ist $S \in \mathcal{U}_\tau(0)$, und die gleichgradige Stetigkeit erhält man aus $f[S] \subseteq R - R \subseteq U$ für jedes $f \in F$. □

Korollar 6.2-3.1

(V,τ), (W,σ) seien topologische Vektorräume über K, (V,τ) Baire-Raum, (W,σ) T_2-Raum, $(f_j)_j \in L(V,W)^{\mathbb{N}}$ und $(f_j(v))_j$ konvergent in (W,σ) für jedes $v \in V$ (d. h. $(f_j)_j$ ist σ-punktweise konvergent). Dann gehört der durch $f(v) := \lim_{j\in\mathbb{N}} f_j(v)$ definierte Operator $f : V \longrightarrow W$ zu $L(V,W)$.

Beweis

f ist wohldefiniert und K-linear $[\![(W,\sigma)\ T_2\text{-Raum}]\!]$. Da $\{ f_j(v) \mid j \in \mathbb{N} \}$ für jedes $v \in V$ beschränkt in (W,σ) ist $[\![6.1\text{-}1\ (b)]\!]$, folgt nach 6.2-3 die gleichgradige Stetigkeit von $\{ f_j \mid j \in \mathbb{N} \}$. Zu jedem $U \in \mathcal{U}_\sigma(0)$, o. B. d. A. $\overline{U}^\sigma = U$, gibt es daher ein $R \in \mathcal{U}_\tau(0)$ mit $\bigcup\{ f_j[R] \mid j \in \mathbb{N} \} \subseteq U$, und man erhält $f(v) = \lim_{j\in\mathbb{N}} f_j(v) \in \overline{U}^\sigma = U$ für jedes $v \in R$. □

Unter den Voraussetzungen von 6.2-3.1 ist $L(V,W)$ somit *σ-punktweise-folgenabgeschlossen* in $\left(W^V, \bigtimes_{v\in V} \sigma\right)$.

Die Voraussetzung in 6.2-3 „(V,τ) Baire-Raum" ist erfüllt, wenn es in (V,τ) eine Menge S 2. Kategorie gibt, die einen abgeschlossenen K-Untervektorraum erzeugt (vgl. auch 3.1, A 10):

Satz 6.2-4

(V,τ) sei ein topologischer K-Vektorraum, $S \subseteq V$ eine Menge 2. Kategorie in (V,τ).

(a) $\left(\overline{S}^{\text{lin}}, \tau|\overline{S}^{\text{lin}}\right)$ *ist ein Baire-Raum.*

(b) $\overline{\overline{S}^{\text{lin}}}^\tau = V$

Beweis

Zu (a) Mit $O \in \tau|\overline{S}^{\text{lin}} \setminus \{\emptyset\}$ ist auch $O - s \in \mathcal{U}_{\tau|\overline{S}^{\text{lin}}}(0)$ für jedes $s \in O$ eine Menge 1. Kategorie in $\left(\overline{S}^{\text{lin}}, \tau|\overline{S}^{\text{lin}}\right)$ und somit ebenfalls $\overline{S}^{\text{lin}} = \bigcup\{ (n+1)(O-s) \mid n \in \mathbb{N} \}$. Gem. 3.1, A 8 ist $\overline{S}^{\text{lin}}$, also S eine Menge 1. Kategorie in (V,τ). ↯

Zu (b) Wenn $\overline{S}^{\text{lin}}$ nicht dicht in (V,τ) liegt, so besitzt $\overline{\overline{S}^{\text{lin}}}^\tau$ keinen inneren Punkt ($\overline{S}^{\text{lin}}$ und somit S ist dann eine Menge 1. Kategorie in (V,τ) ↯):
Wäre $x \in \left(\overline{\overline{S}^{\text{lin}}}^\tau\right)^{\circ\tau}$, also auch $0 \in \left(\overline{\overline{S}^{\text{lin}}}^\tau\right)^{\circ\tau}$, etwa $U \in \mathcal{U}_\tau(0)$ mit $U \subseteq \overline{\overline{S}^{\text{lin}}}^\tau$, so würde $V = \bigcup\{ (n+1)U \mid n \in \mathbb{N} \} \subseteq \overline{\overline{S}^{\text{lin}}}^\tau$ folgen. ↯ □

Korollar 6.2-4.1

(V,τ), (W,σ) seien topologische K-Vektorräume, $S \subseteq V$ Menge 2. Kategorie in (V,τ) und $F \subseteq L(V,W)$.

Äq *(i)* $\left\{ f{\restriction}\overline{S}^{\text{lin}} \mid f \in F \right\}$ *gleichgradig stetig*

(ii) $\forall\, s \in S\colon\ \{ f(s) \mid f \in F \}$ *beschränkt in* (W,σ)

Beweis

(i) $\Rightarrow$ *(ii)* ist klar.

(ii) ⇒ (i) Da $(\overline{S}^{\text{lin}}, \tau|\overline{S}^{\text{lin}})$ ein Baire-Raum ist, muß gem. 6.2-3 nur die punktweise Beschränktheit von F auf $\overline{S}^{\text{lin}}$ überprüft werden. Für jedes Element $v \in \overline{S}^{\text{lin}}$, etwa $v = \sum_{j=1}^{n} k_j v_j$, $k_j \in K$, $v_j \in S$ für $j \in \{1, \dots, n\}$, $f \in F$ folgt aus $f(v) = \sum_{j=1}^{n} k_j f(v_j)$ offensichtlich $\{ f(v) \mid f \in F \} \subseteq \sum_{j=1}^{n} k_j \{ f(v_j) \mid f \in F \}$, wobei die Obermenge beschränkt in (W, σ) ist ⟦ 6.1-1 (a) ⟧. □

Fünfter Grundsatz der linearen Funktionalanalysis ist der

Satz 6.2-5 (Prinzip von der gleichmäßigen Beschränktheit)

$(V, \| \|_V)$, $(W, \| \|_W)$ seien normierte K-Vektorräume, $S \subseteq V$ Menge 2. Kategorie in $(V, \tau_{\| \|_V})$ und $F \subseteq L(V, W)$.

Äq *(i)* $\forall\, s \in S\colon\ \sup\{ \|f(s)\|_W \mid f \in F \} < \infty$
(d. h. F ist punktweise auf S beschränkt)

(ii) $\sup\{ \|f\|_{\text{op}} \mid f \in F \} < \infty$
(d. h. F ist beschränkt in $(L(V, W), \| \|_{\text{op}})$)

Beweis

(ii) ⇒ (i) ist wegen $\|f(v)\|_W \leq \|f\|_{\text{op}} \|v\|_V$ ⟦ 6.1-4 (a) ⟧ klar.

(i) ⇒ (ii) Nach 6.2-4.1 ist $\{ f \restriction \overline{S}^{\text{lin}} \mid f \in F \}$ gleichgradig stetig, also existiert ein $\varepsilon \in\,]0, 1[$, so daß $\|f(v)\|_W \leq 1$ für alle $f \in F$, $v \in \overline{S}^{\text{lin}}$, $\|v\|_V \leq \varepsilon$, gilt. Man wähle ein $\delta \in\,]0, \varepsilon[$ und für jedes $v \in \overline{S}^{\text{lin}} \backslash \{0\}$ ein $n_v \in \mathbb{Z}$ mit $\delta^{n_v+1} \leq \|v\|_V < \delta^{n_v}$, insbesondere $\|\delta^{-(n_v-1)} v\|_V < \delta < \varepsilon$. Für jedes $f \in F$ ist dann $\|f(\delta^{-(n_v-1)} v)\|_W \leq 1$, also $\|f(v)\|_W \leq \delta^{n_v-1} \leq \delta^{-2} \|v\|_V$, woraus $\sup\{ \|f \restriction \overline{S}^{\text{lin}}\|_{\text{op}} \mid f \in F \} \leq \delta^{-2}$ folgt. Nach 6.2-4 (b) liegt $\overline{S}^{\text{lin}}$ dicht in $(V, \tau_{\| \|_V})$, und aus 6.1-4.1 (a) erhält man $\|f \restriction \overline{S}^{\text{lin}}\|_{\text{op}} = \|f\|_{\text{op}}$ für jedes $f \in L(V, W)$, insbesondere gilt $\sup\{ \|f\|_{\text{op}} \mid f \in F \} \leq \delta^{-2}$. □

In 6.2-5 kann „S Menge 2. Kategorie, $\forall\, s \in S\colon\ \sup\{ \|f(s)\|_W \mid f \in F \} < \infty$“ nicht durch „$\forall\, v \in V\colon\ \sup\{ \|f(v)\|_W \mid f \in F \} < \infty$“ ersetzt werden:

Beispiel (6.2,7)

Es sei $V := \mathbb{R}[x] \restriction \mathbb{R}$ und $\|p\| := \sup\{ |p_k| \mid 0 \leq k \leq n_p \}$ für jedes $p(x) = \sum_{k=0}^{n_p} p_k x^k$ in $\mathbb{R}[x]$. Dann ist $(V, \| \|)$ ein normierter $\mathbb{R}$-Vektorraum, der nicht vollständig ist ⟦ Die Cauchy-Folge $\left(\sum_{k=0}^{n} \frac{x^k}{k!} \restriction \mathbb{R}\right)_{n \in \mathbb{N}}$ ist nicht konvergent! ⟧. Für jedes $n \in \mathbb{N}$ ist die durch

$$f_n(p) := \sum_{k=0}^{\min\{n, n_p\}} p_k$$

auf V definierte Funktion f_n $\mathbb{R}$-linear und auch stetig mit $\|f_n\|_{\text{op}} = n+1$:

$$|f_n(p)| = \left|\sum_{k=0}^{\min\{n,n_p\}} p_k\right| \leq (n+1)\sup\{\, |p_k| \mid 0 \leq k \leq \min\{n,n_p\}\,\} \leq (n+1)\|p\|$$

und $\left|f_n(\sum_{k=0}^{n} x^k{\restriction}\mathbb{R})\right| = n+1$, wobei $\left\|\sum_{k=0}^{n} x^k{\restriction}\mathbb{R}\right\| = 1$ ist. Es folgt für das Supremum $\sup\{\, \|f_n\|_{\text{op}} \mid n \in \mathbb{N}\,\} = \infty$.

Dagegen gilt $\sup\{\, |f_n(p)| \mid n \in \mathbb{N}\,\} < \infty$ für jedes $p \in V$:
Sei $p(x) = \sum_{k=0}^{n_p} p_k x^k$. Für jedes $n \in \mathbb{N}$ erhält man

$$|f_n(p)| = \left|\sum_{k=0}^{\min\{n,n_p\}} p_k\right| \leq (n_p+1)\sup\{\, |p_k| \mid 0 \leq k \leq n_p\,\} = (n_p+1)\|p\|,$$

also ist $\sup\{\, |f_n(p)| \mid n \in \mathbb{N}\,\} \leq (m+1)\|p\| < \infty$.

Korollar 6.2-5.1

$(V, \| \|_V)$, $(W, \| \|_W)$ seien normierte K-Vektorräume, $(V, \tau_{\| \|_V})$ Baire-Raum, $(f_j)_j$ eine Folge in $L(V,W)$ und $(f_j(v))_j$ konvergent in $(W, \tau_{\| \|_W})$ für jedes $v \in V$.
Dann gilt mit $f(v) := \lim_{j\in\mathbb{N}} f_j(v)$:

$$f \in L(V,W) \quad \textit{und} \quad \|f\|_{\text{op}} \leq \liminf_{j\in\mathbb{N}} \|f_j\|_{\text{op}} < \infty.$$

Beweis

$f \in L(V,W)$ folgt gem. 6.2-3.1. Darüber hinaus erhält man für jedes $v \in V$

$$\begin{aligned}\|f(v)\|_W &= \left\|\lim_{j\in\mathbb{N}} f_j(v)\right\|_W = \lim_{j\in\mathbb{N}} \|f_j(v)\|_W \leq (\liminf_{j\in\mathbb{N}} \|f_j\|_{\text{op}})\|v\|_V \\ &\leq (\sup\{\, \|f_j\|_{\text{op}} \mid j \in \mathbb{N}\,\})\|v\|_V,\end{aligned}$$

wobei $\sup\{\, \|f_j\|_{\text{op}} \mid j \in \mathbb{N}\,\} < \infty$ nach 6.2-5 gilt. □

Korollar 6.2-5.2

$(V, \| \|_V)$, $(W, \| \|_W)$ seien normierte Vektorräume über K, $(V, \tau_{\| \|_V})$ Baire-Raum, $(W, \| \|_W)$ Banach-Raum und $(f_j)_j \in L(V,W)^{\mathbb{N}}$.

Äq *(i)* $\exists\, f \in L(V,W)\ \forall\, v \in V\colon\ (f_j(v))_j \to_{\| \|_W} f(v)$

(ii) $\sup\{\, \|f_j\|_{\text{op}} \mid j \in \mathbb{N}\,\} < \infty$ *und*
$\exists\, D \subseteq V\colon\ \overline{D}^{\tau_{\| \|_V}} = V$, $(f_j{\restriction}D)_j$ *punktweise* $\tau_{\| \|_W}$*-konvergent*

Beweis

(i) $\Rightarrow$ *(ii)* Wegen der punktweisen Konvergenz der Folge $(f_j)_j$ (gegen f) ist die

Menge $\{ f_j(v) \mid j \in \mathbb{N} \}$ für jedes $v \in V$ in $(W, \tau_{\| \|_W})$ beschränkt, also gilt $\sup\{ \|f_j(v)\|_W \mid j \in \mathbb{N} \} < \infty$ ⟦(6.1,1)⟧ und nach 6.2-5 $\sup\{ \|f_j\|_{\text{op}} \mid j \in \mathbb{N} \} < \infty$.

(ii) ⇒ (i) Sei $C := \sup\{ \|f_j\|_{\text{op}} \mid j \in \mathbb{N} \}$ und $\varphi : D \longrightarrow W$ definiert durch $\varphi(v) := \lim_{j\in\mathbb{N}} f_j(v)$. Die Funktion φ ist gleichmäßig stetig:

Sei $\varepsilon > 0$, $\delta := \frac{\varepsilon}{3(C+1)}$ und $v, v' \in D$ mit $\|v - v'\|_V < \delta$. Man wähle ein $j_0 \in \mathbb{N}$ mit $\left\|\varphi(v) - f_{j_0}(v)\right\|_W < \varepsilon/3$, $\left\|\varphi(v') - f_{j_0}(v')\right\|_W < \varepsilon/3$ und erhält

$$\begin{aligned} \|\varphi(v) - \varphi(v')\|_W &\le \left\|\varphi(v) - f_{j_0}(v)\right\|_W + \left\|f_{j_0}(v) - f_{j_0}(v')\right\|_W \\ &\quad + \left\|f_{j_0}(v') - \varphi(v')\right\|_W \\ &< \frac{2}{3}\varepsilon + \left\|f_{j_0}\right\|_{\text{op}} \|v - v'\|_V \le \varepsilon. \end{aligned}$$

Sei $f : V \longrightarrow W$ die gleichmäßig stetige Fortsetzung von φ ⟦3.2-1⟧. Nach 6.2-3.1 ist nur noch $(f_j(v))_j \to_{\tau_{\| \|_W}} f(v)$ für jedes $v \in V$ zu zeigen:

Sei $v \in V$, $\varepsilon > 0$, $(v_j)_j \in D^{\mathbb{N}}$, $(v_j)_j \to_{\tau_{\| \|_V}} v$ und $0 < \delta \le \frac{\varepsilon}{3(C+1)}$ mit $\|f(x) - f(y)\|_W < \varepsilon/3$ für alle $x, y \in V$, $\|x - y\|_V < \delta$ ⟦f ist gleichmäßig stetig!⟧. Man wähle $j_0, j_1 \in \mathbb{N}$ mit $\|v_j - v\|_V < \delta$ und $\left\|f_j(v_{j_0}) - f(v_{j_0})\right\|_W < \varepsilon/3$ für jedes $j \ge j_1$. Dann gilt

$$\begin{aligned} \|f(v) - f_j(v)\|_W &\le \left\|f(v) - f(v_{j_0})\right\|_W + \left\|f(v_{j_0}) - f_j(v_{j_0})\right\|_W \\ &\quad + \left\|f_j(v_{j_0}) - f_j(v)\right\|_W \\ &< \frac{2}{3}\varepsilon + \|f_j\|_{\text{op}} \left\|v_{j_0} - v\right\|_V \le \varepsilon \end{aligned}$$

für alle $j \ge j_1$. □

Zwei Konvergenzsätze für Quadraturformeln aus dem Jahr 1933 bilden die

Beispiele (6.2,8)

Für jedes $m \in \mathbb{N}$ sei

$$Q_m : \begin{cases} C_{\mathbb{R}}([a,b]) \longrightarrow \mathbb{R} \\ f \longmapsto \sum_{j=0}^{N_m} A_j^{(m)} f(x_j^{(m)}) \end{cases}$$

eine Quadraturformel mit den Knoten $x_j^{(m)}$ und den Gewichten $A_j^{(m)}$, $j \in \{0, \dots, N_m\}$ (vgl. (6.2,6) und A 8).

(a) *Konvergenzsatz von Szegö (1933)*

Äq (i) $\forall\, f \in C_{\mathbb{R}}([a,b])\colon\ (Q_m(f))_m \to_{\tau_{| \, |}} \int_a^b f(t)\,\mathrm{d}t$

(ii) $\forall\, p(x) \in \mathbb{R}[x]\colon\ (Q_m(p{\restriction}[a,b]))_m \to_{\tau_{| \, |}} \int_a^b p(t)\,\mathrm{d}t$ und
$\exists\, C > 0\ \forall\, m \in \mathbb{N}\colon\ \sum_{j=0}^{N_m} |A_j^{(m)}| \le C$

$(C_{\mathbb{R}}([a,b]), \tau_{\| \|_\infty})$ ist nämlich ein Baire-Raum ⟦3.1-5⟧, $(Q_m)_m \in L(C_{\mathbb{R}}([a,b]), \mathbb{R})^{\mathbb{N}}$ mit $\|Q_m\|_{\text{op}} = \sum_{j=1}^{N_m} |A_j^{(m)}|$ für jedes $m \in \mathbb{N}$ ⟦A 8⟧ und $\overline{\mathbb{R}[x] \restriction [a,b]}^{\tau_{\| \|_\infty}} = C_{\mathbb{R}}([a,b])$ ⟦2.2-5⟧. Da das Riemann-Integral ein stetiges $\mathbb{R}$-lineares Funktional auf $(C_{\mathbb{R}}([a,b]), \tau_{\| \|_\infty})$ ist ⟦(6.1,3) (c) im wesentlichen⟧, folgt (ii) aus (i) gem. 6.2-5.2.

Umgekehrt erhält man – ebenfalls nach 6.2-5.2 – ein $\psi \in L(C_{\mathbb{R}}([a,b]), \mathbb{R})$ mit $(Q_m)_m \xrightarrow[\tau_{| |}\text{-pktw.}]{} \psi$, und weil gem. (ii) $\psi \restriction (\mathbb{R}[x] \restriction [a,b])$ das Riemann-Integral ist, muß ψ das Riemann-Integral auf $C_{\mathbb{R}}([a,b])$ sein ⟦2.5-9.1 (b)⟧.

(b) *Konvergenzsatz von Polya (1933)*

Für jedes $n \in \mathbb{N}$ sei $\mathbb{R}[x]_n := \{ p(x) \in \mathbb{R}[x] \mid \text{grad}_{\mathbb{R}}\, p(x) \leq n \}$, $(\mu_m)_m \in \mathbb{N}^{\mathbb{N}}$ mit $(\mu_m)_m \to_{\tau^{**}_{| |}} \infty$ (vgl. (4.4,5) (b)). Ist $Q_m \restriction (\mathbb{R}[x]_{\mu_m} \restriction [a,b])$ für jedes $m \in \mathbb{N}$ exakt, so gilt:

Äq (i) $\forall\, f \in C_{\mathbb{R}}([a,b])\colon\ (Q_m(f))_m \to_{\tau_{| |}} \int_a^b f(t)\,\mathrm{d}t$

(ii) $\exists\, C > 0\ \forall\, m \in \mathbb{N}\colon\ \sum_{j=0}^{N_m} |A_j^{(m)}| \leq C.$

Die Implikation (i) $\Rightarrow$ (ii) ist in (a) enthalten und hiernach ist zur Begründung der Umkehrung (ii) $\Rightarrow$ (i) nur noch die $\tau_{| |}$-punktweise Konvergenz von $(Q_m)_m$ auf $\mathbb{R}[x] \restriction [a,b]$ gegen das Riemann-Integral zu überprüfen:

Sei $p(x) \in \mathbb{R}[x]_n$ und $m_0 \in \mathbb{N}$ mit $\mu_m \geq n$ für alle $m \geq m_0$. Wegen $Q_m(p \restriction [a,b]) = \int_a^b p(t)\,\mathrm{d}t$ für jedes $m \geq m_0$ ⟦Exaktheit von Q_m auf $\mathbb{R}[x]_{\mu_m} \restriction [a,b]$⟧ gilt natürlich $(Q_m(p \restriction [a,b]))_m \to_{\tau_{| |}} \int_a^b p(t)\,\mathrm{d}t$.

Nach 6.1-5 ist $(L(V,W), \| \|_{\text{op}})$ für normierte K-Vektorräume $(V, \| \|_V)$, $(W, \| \|_W)$ ein Banach-Raum, sofern $(W, \| \|_W)$ vollständig ist. Für die Produkttopologie $\tau_{\text{p}} := \bigtimes_{v \in V} \tau_{\| \|_W} | L(V,W)$ erhält man Folgenvollständigkeit, wenn zusätzlich $(V, \tau_{\| \|_V})$ als Baire-Raum vorausgesetzt wird (s. (6.2,9) (a)). Hierzu zwei

Definitionen

(V, τ) sei ein topologischer K-Vektorraum, $(v_j)_j \in V^{\mathbb{N}}$.

$(v_j)_j$ *Cauchy-Folge* in (V,τ) :gdw

$$\forall\, U \in \mathcal{U}_\tau(0)\ \exists\, j_U \in \mathbb{N}\ \forall\, j,k \geq j_U\colon\ v_j - v_k \in U$$

(V,τ) *folgenvollständig* :gdw

$$\forall\, (v_j)_j \in V^{\mathbb{N}}\colon\ (v_j)_j \text{ Cauchy-Folge in } (V,\tau) \Rightarrow \exists\, v \in V\colon\ (v_j)_j \to_\tau v$$

Halbnormierte K-Vektorräume (V, N) sind offensichtlich genau dann vollständig, wenn (V, τ_N) folgenvollständig ist, und stetige K-lineare Operatoren bilden Cauchy-Folgen auf Cauchy-Folgen ab ⟦A 10⟧.

Beispiele (6.2,9)

$(V, \| \ \|_V)$, $(W, \| \ \|_W)$ seien normierte K-Vektorräume, $(W, \| \ \|_W)$ ein Banach-Raum und $\tau_{\mathrm{p}} := \bigtimes_{v \in V} \tau_{\| \ \|_W} | L(V, W)$.

(a) Für Baire-Räume $(V, \tau_{\| \ \|_V})$ ist $(L(V,W), \tau_{\mathrm{p}})$ folgenvollständig:

Sei $(f_j)_j \in L(V,W)^{\mathbb{N}}$ Cauchy-Folge im topologischen K-Vektorraum $(L(V,W), \tau_{\mathrm{p}})$. Da die kanonischen Projektionen

$$\pi_v : \begin{cases} L(V,W) \longrightarrow W \\ f \longmapsto f(v) \end{cases}$$

stetig und K-linear sind, ist auch $(f_j(v))_j$ für jedes $v \in V$ eine Cauchy-Folge in $(W, \| \ \|_W)$ ⟦A 10 (c), (a)⟧ und somit konvergent, etwa $(f_j(v))_j \to_{\tau_{\| \ \|_W}} w_v$. Nach 6.2-3.1 bzw. 6.2-5.1 gehört der durch $f(v) := w_v$ definierte Operator f zu $L(V,W)$, und es gilt $(f_j)_j \to_{\tau_{\mathrm{p}}} f$.

Eine Anwendung der Folgenvollständigkeit von $(L(W), \tau_{\mathrm{p}})$ ergibt

(b) Für jedes $\varphi \in L(W)$, $\|\mathrm{id}_W - \varphi\|_{\mathrm{op}} < 1$, ist φ bijektiv, $\varphi^{-1} \in L(W)$ und die Inverse von φ ergibt sich zu $\sum_{k=0}^{\infty} (\mathrm{id}_W - \varphi)^k$ bzgl. τ_{p} (*Neumann-Reihe* zu φ).

Dabei bezeichnet $(\mathrm{id}_W - \varphi)^0 := \mathrm{id}_W$ und $(\mathrm{id}_W - \varphi)^{k+1} := (\mathrm{id}_W - \varphi) \circ (\mathrm{id}_W - \varphi)^k$ für jedes $k \in \mathbb{N}$. Die Konvergenz der Neumann-Reihe ist nach 6.1-5 und 3.5-6 sogar bzgl. $\tau_{\| \ \|_{\mathrm{op}}}$ gegeben (s. 6.1, A 17, A 30).

Zu $\varepsilon > 0$ sei $N \in \mathbb{N}$ so gewählt, daß $\sum_{k=m}^{n} \|\mathrm{id}_W - \varphi\|_{\mathrm{op}}^k < \varepsilon$ für alle $n \geq m \geq N$ gilt. Man erhält dann (vgl. 6.1, A 17 (b))

$$\begin{aligned} \left\| \sum_{k=m}^{n} (\mathrm{id}_W - \varphi)^k (w) \right\|_W &\leq \sum_{k=m}^{n} \|(\mathrm{id}_W - \varphi)^k (w)\|_W \leq \sum_{k=m}^{n} \|\mathrm{id}_W - \varphi\|_{\mathrm{op}}^k \|w\|_W \\ &< \varepsilon \|w\|_W, \end{aligned}$$

$\left(\sum_{k=0}^{n} (\mathrm{id}_W - \varphi)^k (w)\right)_n$ ist also für jedes $w \in W$ eine Cauchy-Folge in $(W, d_{\| \ \|_W})$. Nach (a) existiert ein $\psi \in L(W)$ mit $\psi = \sum_{k=0}^{\infty} (\mathrm{id}_W - \varphi)^k$ bzgl. τ_{p} (sogar bzgl. $\tau_{\| \ \|_{\mathrm{op}}}$!). Schließlich gilt für jedes $w \in W$ noch (Limiten bzgl. $\tau_{\| \ \|_W}$)

$$\begin{aligned} \varphi(\psi(w)) &= \varphi\left(\sum_{k=0}^{\infty} (\mathrm{id}_W - \varphi)^k (w) \right) \\ &= \lim_n (\mathrm{id}_W - (\mathrm{id}_W - \varphi)) \left(\sum_{k=0}^{n} (\mathrm{id}_W - \varphi)^k (w) \right) \\ &= \lim_n \left(\sum_{k=0}^{n} (\mathrm{id}_W - \varphi)^k (w) - \sum_{k=1}^{n+1} (\mathrm{id}_W - \varphi)^k (w) \right) \\ &= \lim_n (\mathrm{id}_W - (\mathrm{id}_W - \varphi)^{n+1})(w) \\ &= \mathrm{id}_W(w) - \lim_n (\mathrm{id}_W - \varphi)^{n+1}(w) = w \end{aligned}$$

⟦ $\|(\mathrm{id}_W - \varphi)^{n+1}(w)\|_W \leq \|\mathrm{id}_W - \varphi\|_{\mathrm{op}}^{n+1} \|w\|_W$ für alle $n \in \mathbb{N}$⟧. Ebenso folgt $\psi(\varphi(w)) = w$, insgesamt daher $\psi = \varphi^{-1}$.

Das Prinzip von der gleichmäßigen Beschränktheit 6.2-5 liefert auch die Erkenntnis, daß in normierten K-Vektorräumen $(V, \| \ \|)$ genau diejenigen Teilmengen beschränkt sind, die es bereits bzgl. der schwachen Topologie $\sigma(V, V^{\mathrm{s}_{\| \ \|}})$ sind (6.2-6). Man beachte hierbei, daß $\sigma(V, V^{\mathrm{s}_{\| \ \|}}) \subsetneqq \tau_{\| \ \|}$ für unendlichdimensionale K-Vektorräume V gilt ⟦ 6.1, A 3 (b) ⟧. Der Beweis mit Hilfe von 6.2-5 stützt sich auf die Vollständigkeit von $(V^{\mathrm{s}_{\| \ \|}}, \| \ \|_{\mathrm{op}})$ ⟦ 6.1-5.1 ⟧ und Eigenschaften der sogenannten schwach*-Topologie auf $V^{\mathrm{s}_{\| \ \|}}$.

Definition

(V, τ) sei ein topologischer K-Vektorraum und $a_v : V^{\mathrm{s}_\tau} \longrightarrow K,\ a_v(\varphi) := \varphi(v)$, für jedes $v \in V$ die Auswertung bei v. Die Funktion

$$\Gamma_V : \begin{cases} V \longrightarrow (V^{\mathrm{s}_\tau})^{\mathrm{a}} \\ v \longmapsto a_v \end{cases}$$

heißt *Gelfand-Operator* auf V, die schwache Topologie

$$\sigma(V^{\mathrm{s}_\tau}, V) := \sigma(V^{\mathrm{s}_\tau}, \Gamma_V[V])$$

wird *schwach*-Topologie* auf V^{s_τ} genannt.

Die schwach*-Topologie ist hausdorffsch ⟦ A 11 ⟧, und für normierte K-Vektorräume $(V, \| \ \|)$ in $\tau_{\| \ \|_{\mathrm{op}}}$ enthalten ⟦ A 12 (a) ⟧; für die Auswertungen gilt $a_v \in \left(V^{\mathrm{s}_{\| \ \|}}\right)^{\mathrm{s}_{\| \ \|_{\mathrm{op}}}}$ und $\|a_v\|'_{\mathrm{op}} = \|v\|$ für jedes $v \in V$ ⟦ A 12 (b) ⟧, wobei $\| \ \|'_{\mathrm{op}}$ die Operatornorm auf $\left(V^{\mathrm{s}_{\| \ \|}}\right)^{\mathrm{s}_{\| \ \|_{\mathrm{op}}}}$ zu $(\| \ \|_{\mathrm{op}}, | \ |)$ bezeichnet. Der Gelfand-Operator Γ_V ist daher eine $(\| \ \|, \| \ \|'_{\mathrm{op}})$-normerhaltende K-lineare Abbildung. Das Bild $\Gamma_V[V]$ ist ein K-Untervektorraum von $\left(V^{\mathrm{s}_{\| \ \|}}\right)^{\mathrm{a}}$, nach 6.1, A 27 ist deshalb $\Gamma_V[V] = \left(V^{\mathrm{s}_{\| \ \|}}\right)^{\mathrm{s}_{\sigma(V^{\mathrm{s}_{\| \ \|}}, V)}}$.

Satz 6.2-6

$(V, \| \ \|)$ sei ein normierter K-Vektorraum, $S \subseteq V$.

Äq   *(i)*   *S beschränkt in $(V, \tau_{\| \ \|})$*

      (ii)   *S beschränkt in $\left(V, \sigma\left(V, V^{\mathrm{s}_{\| \ \|}}\right)\right)$*

Beweis

(i) ⇒ (ii)   gilt wegen $\tau_{\| \ \|} \supseteq \sigma\left(V, V^{\mathrm{s}_{\| \ \|}}\right)$ ⟦ 6.1, A 20 (b) ⟧.

(ii) ⇒ (i)   Sei S beschränkt in $\left(V, \sigma\left(V, V^{\mathrm{s}_{\| \ \|}}\right)\right)$. Gem. 6.1-2.1 ist $\varphi[S]$ für jedes $\varphi \in V^{\mathrm{s}_{\| \ \|}}$ in $(K, \tau_{| \ |})$ beschränkt, d. h. $\Gamma_V[S]$ ist punktweise auf $V^{\mathrm{s}_{\| \ \|}}$ beschränkt. Da $\left(V^{\mathrm{s}_{\| \ \|}}, \| \ \|_{\mathrm{op}}\right)$ ein Banach-Raum ⟦ 6.1-5 ⟧ und $\Gamma_V[S] \subseteq L\left(V^{\mathrm{s}_{\| \ \|}}, K\right)$ ⟦ s. o. ⟧ ist, folgt nach 3.1-5 und 6.2-5 $\sup\{ \|v\| \mid v \in S \} = \sup\{ \|\Gamma_V(v)\|'_{\mathrm{op}} \mid v \in S \} < \infty$, d. h. die Beschränktheit von S in $(V, \tau_{\| \ \|})$ ⟦ (6.1,1) ⟧. □

Das folgende Ergebnis über die schwach*-Kompaktheit der abgeschlossenen 1-Kugel in $\big(V^{s_{\|\ \|}}, \|\ \|_{\mathrm{op}}\big)$ wurde 1932 von St. Banach für separable vollständig normierte K-Vektorräume und schwach*-Folgenkompaktheit, 1940 von L. Alaoglu ohne die Voraussetzung der Separabilität und schließlich 1946 von N. Bourbaki in allgemeiner Form bewiesen. In Verbindung mit dem Satz von der gleichmäßigen Beschränktheit 6.2-5 liefert es ein dem Heine-Borel-Lebesgue-Satz ähnliches Kompaktheitskriterium in $\big(V^{s_{\|\ \|}}, \sigma\big(V^{s_{\|\ \|}}, V\big)\big)$ für Banach-Räume $(V, \|\ \|)$ (s. 6.2-7.1).

Satz 6.2-7 (Banach-Alaoglu-Bourbaki)

$(V, \|\ \|)$ sei ein normierter K-Vektorraum.

$\widetilde{K}_1^{d_{\|\ \|_{\mathrm{op}}}}(0)$ ist kompakt in $\big(V^{s_{\|\ \|}}, \sigma\big(V^{s_{\|\ \|}}, V\big)\big)$.

Beweis

Der Produktraum $\big(\prod_{v\in V} \widetilde{K}^{d_{|\ |}}_{\|v\|}(0), \bigtimes_{v\in V} \tau_{|\ |}\big|\widetilde{K}^{d_{|\ |}}_{\|v\|}(0)\big)$ ist nach dem Satz von Tychonoff 4.3-7 kompakt, der Beweis also erbracht, wenn sich die abgeschlossene 1-Kugel als homöomorph zu einem abgeschlossenen Unterraum dieses Produkts erweist ⟦4.1-5 (a)⟧. Die Identität $I : \widetilde{K}_1^{d_{\|\ \|_{\mathrm{op}}}}(0) \longrightarrow \prod_{v\in V} \widetilde{K}^{d_{|\ |}}_{\|v\|}(0),\quad I(\varphi) := \varphi,$ ist wohldefiniert ⟦ $|\varphi(v)| \le \|\varphi\|_{\mathrm{op}}\,\|v\| \le \|v\|$ für jedes $\varphi \in \widetilde{K}_1^{d_{\|\ \|_{\mathrm{op}}}}(0)$ ⟧ und offensichtlich injektiv. Die Homöomorphie von $\big(\widetilde{K}_1^{d_{\|\ \|_{\mathrm{op}}}}(0), \sigma\big(V^{s_{\|\ \|}}, V\big)\big|\ldots\big)$ zu $\big(I\big[\widetilde{K}_1^{d_{\|\ \|_{\mathrm{op}}}}(0)\big], \big(\bigtimes_{v\in V} \tau_{|\ |}\big|\widetilde{K}^{d_{|\ |}}_{\|v\|}(0)\big)\big|\ldots\big)$ ergibt sich wie folgt:

Sei $(\varphi_n)_n$ ein Netz in $\widetilde{K}_1^{d_{\|\ \|_{\mathrm{op}}}}(0)$ und $\varphi \in \widetilde{K}_1^{d_{\|\ \|_{\mathrm{op}}}}(0)$. Es gilt ⟦ Konvergenz in Initialräumen, z. B. 2.4-8 (b) ⟧

$$\begin{aligned}
(\varphi_n)_n \to_{\sigma(V^{s_{\|\ \|}}, V)} \varphi \quad &\iff \quad \forall\, v \in V\colon\ (\Gamma_V(v)(\varphi_n))_n \to_{\tau_{|\ |}} \Gamma_V(v)(\varphi)\\
&\iff \quad \forall\, v \in V\colon\ (\varphi_n(v))_n \to_{\tau_{|\ |}} \varphi(v)\\
&\iff \quad (I(\varphi_n))_n \to_{\bigtimes_{v\in V} \tau_{|\ |}|\widetilde{K}^{d_{|\ |}}_{\|v\|}(0)} I(\varphi).
\end{aligned}$$

Nach 2.4-1 sind $I,\ I^{-1}$ stetig. Somit bleibt die Abgeschlossenheit von $I\big[\widetilde{K}_1^{d_{\|\ \|_{\mathrm{op}}}}(0)\big]$ im Produktraum zu überprüfen.

Sei $\psi \in \overline{I\big[\widetilde{K}_1^{d_{\|\ \|_{\mathrm{op}}}}(0)\big]}^{\bigtimes_{v\in V} \tau_{|\ |}|\widetilde{K}^{d_{|\ |}}_{\|v\|}(0)}$ ein Berührpunkt, $\varepsilon > 0,\ v, w \in V,\ k, l \in K$ und $\varphi \in I\big[\widetilde{K}_1^{d_{\|\ \|_{\mathrm{op}}}}(0)\big]$ mit

$$\max\big\{|\varphi(v) - \psi(v)|, |\varphi(w) - \psi(w)|, |\varphi(kv + lw) - \psi(kv + lw)|\big\} < \varepsilon.$$

Da φ K-linear ist ⟦ $I(\varphi) = \varphi \in \widetilde{K}_1^{d_{\|\ \|_{\mathrm{op}}}}(0)$ ⟧, folgt

$$|\psi(kv + lw) - k\psi(v) - l\psi(w)|$$
$$= |(\psi - \varphi)(kv + lw) + k(\varphi - \psi)(v) + l(\varphi - \psi)(w)| < \varepsilon + |k|\varepsilon + |l|\varepsilon,$$

und man erhält $[\![\, \varepsilon > 0$ beliebig! $]\!]$ $\psi(kv + lw) = k\psi(v) + l\psi(w)$, ψ ist also K-linear. Darüber hinaus ergibt $\|\varphi\|_{\mathrm{op}} \leq 1$, also $|\varphi(v)| \leq \|v\|$ für jedes $v \in V$, auch noch

$$|\psi(v)| < |\varphi(v)| + \varepsilon \leq \|v\| + \varepsilon$$

und somit $|\psi(v)| \leq \|v\|$ für jedes $v \in V$, d. h. $\psi \in V^{\mathrm{s}_{\|\ \|}}$ mit $\|\psi\|_{\mathrm{op}} \leq 1$. □

Korollar 6.2-7.1

$(V, \|\ \|)$ sei ein Banach-Raum über K, $\Phi \subseteq V^{\mathrm{s}_{\|\ \|}}$.

Äq *(i)* Φ *kompakt in* $\big(V^{\mathrm{s}_{\|\ \|}}, \sigma(V^{\mathrm{s}_{\|\ \|}}, V)\big)$ (schwach*-kompakt)

(ii) $\Phi \in \alpha_{\sigma(V^{\mathrm{s}_{\|\ \|}}, V)}$ (schwach*-abgeschlossen) *und*
Φ *beschränkt in* $\big(V^{\mathrm{s}_{\|\ \|}}, \|\ \|_{\mathrm{op}}\big)$ (stark-beschränkt)

Beweis

(i) ⇒ (ii) Die schwach*-Abgeschlossenheit von Φ folgt aus A 11 und 4.1-5 (b). Da Φ in $\big(V^{\mathrm{s}_{\|\ \|}}, \sigma(V^{\mathrm{s}_{\|\ \|}}, V)\big)$ beschränkt ist $[\![\, 6.1\text{-}1\ (\mathrm{c})]\!]$, existiert zu jedem $v \in V$ ein $\varepsilon_v > 0$ mit $\widetilde{K}^{d_{|\ |}}_{\varepsilon_v}(0)\Phi \subseteq \Gamma_V(v)^{-1}\big[K^{d_{|\ |}}_1(0)\big]$, insbesondere also $\varepsilon_v|\Gamma_V(v)(\varphi)| < 1$, d. h. $|\varphi(v)| < 1/\varepsilon_v$ für jedes $\varphi \in \Phi$. Die Menge Φ ist daher punktweise auf V beschränkt, und nach 6.2-5 folgt wegen der Vollständigkeit von $(V, d_{\|\ \|})$ und 3.1-5.1 $\sup\{\, \|\varphi\|_{\mathrm{op}} \mid \varphi \in \Phi \,\} < \infty$.

(ii) ⇒ (i) Gem. 6.2-7 ist $\widetilde{K}^{d_{\|\ \|_{\mathrm{op}}}}_1(0)$ kompakt in $\big(V^{\mathrm{s}_{\|\ \|}}, \sigma(V^{\mathrm{s}_{\|\ \|}}, V)\big)$. Sei k ein Element in $K\backslash\{0\}$ mit $k\Phi \subseteq \widetilde{K}^{d_{\|\ \|_{\mathrm{op}}}}_1(0)$ $[\![\, (\mathrm{ii})]\!]$, also $\Phi \subseteq \frac{1}{k}\widetilde{K}^{d_{\|\ \|_{\mathrm{op}}}}_1(0)$ (kompakt in $\big(V^{\mathrm{s}_{\|\ \|}}, \sigma(V^{\mathrm{s}_{\|\ \|}}, V)\big)$). Nach 4.1-5 (a) folgt die schwach*-Kompaktheit von Φ. □

In 6.2-7.1 kann die starke Beschränktheit von Φ gem. 6.2-6 durch schwach*-Beschränktheit äquivalent ersetzt werden, sofern der Gelfand-Operator Γ_V auf den stetigen Bidualraum $\big(V^{\mathrm{s}_{\|\ \|}}\big)^{\mathrm{s}_{\|\ \|_{\mathrm{op}}}}$ abbildet. $(V, \|\ \|)$ heißt dann *reflexiv*, und das Kompaktheitskriterium ist analog zum Heine-Borel-Lebesgue-Satz formuliert.

Am Ende dieses Abschnitts wird die Metrisierbarkeit der schwach*-Topologie für topologische Vektorräume mit punktetrennendem stetigen Dualraum charakterisiert.

Satz 6.2-8

(V, τ) sei ein topologischer K-Vektorraum und V^{s_τ} trenne Punkte in V.

Äq *(i)* $\big(V^{\mathrm{s}_\tau}, \sigma(V^{\mathrm{s}_\tau}, V)\big)$ *metrisierbar*

(ii) $\dim_K V$ *abzählbar*

Beweis

Für jede K-Basis B von V ist

$$\left\{ \bigcap_{b \in E} \Gamma_V(b)^{-1}\left[K_{1/(n+1)}^{d_{|\,|}}(0)\right] \;\middle|\; n \in \mathbb{N},\ E \in \mathcal{P}_{\mathrm{e}}B \right\}$$

eine Umgebungsbasis von $\mathcal{U}_{\sigma(V^{\mathrm{s}_\tau}, V)}(0)$:

Sei $v \in V$, etwa $v = \sum_{i=1}^{m} k_i b_i$ mit $b_i \in B$, $k_i \in K$ für $i = 1, \ldots, n$, und $\varepsilon > 0$. Man wähle ein $n \in \mathbb{N}$ mit $\sum_{i=1}^{m} k_i K_{1/(n+1)}^{d_{|\,|}}(0) \subseteq K_\varepsilon^{d_{|\,|}}(0)$. Für jedes $\varphi \in \bigcap_{i=1}^{m} \Gamma_V(b_i)^{-1}\left[K_{1/(n+1)}^{d_{|\,|}}(0)\right]$ gilt dann

$$\Gamma_V(v)(\varphi) = \varphi(v) = \sum_{i=1}^{m} k_i \varphi(b_i) \in \sum_{i=1}^{m} k_i K_{1/(n+1)}^{d_{|\,|}}(0) \subseteq K_\varepsilon^{d_{|\,|}}(0),$$

also $\varphi \in \Gamma_V(v)^{-1}\left[K_\varepsilon^{d_{|\,|}}(0)\right]$.

(ii) ⇒ (i) Für abzählbare Basen B ist $\left(V^{\mathrm{s}_\tau}, \sigma\left(V^{\mathrm{s}_\tau}, V\right)\right)$ gem. 2.5-16 und A 11 metrisierbar.

(i) ⇒ (ii) Sei $\{ U_n \mid n \in \mathbb{N} \} \subseteq \mathcal{U}_{\sigma(V^{\mathrm{s}_\tau}, V)}(0)$ eine Umgebungsbasis, o. B. d. A. $U_{n+1} \subseteq U_n$ für jedes $n \in \mathbb{N}$. Dann existiert für jedes $n \in \mathbb{N}$ ein $m_n \in \mathbb{N}$, $E_n \in \mathcal{P}_{\mathrm{e}}B$ mit $\bigcap_{b \in E_n} \Gamma_V(b)^{-1}\left[K_{1/(m_n+1)}^{d_{|\,|}}(0)\right] \subseteq U_n$. Für $B^* := \bigcup_{n \in \mathbb{N}} E_n$ ist daher

$$\left\{ \bigcap_{b \in E} \Gamma_V(b)^{-1}\left[K_{1/(n+1)}^{d_{|\,|}}(0)\right] \;\middle|\; n \in \mathbb{N},\ E \in \mathcal{P}_{\mathrm{e}}B^* \right\}$$

eine Umgebungsbasis. Wäre nun B überabzählbar, so gäbe es ein $b_0 \in B \backslash B^*$. Hierfür würde dann

$$\bigcap_{b \in E} \Gamma_V(b)^{-1}\left[K_{1/(n+1)}^{d_{|\,|}}(0)\right] \not\subseteq \Gamma_V(b_0)^{-1}\left[K_1^{d_{|\,|}}(0)\right]$$

für jedes $n \in \mathbb{N}$, $E \in \mathcal{P}_{\mathrm{e}}B^*$ gelten (ein Widerspruch!):

Mit $E \cup \{b_0\}$ ist auch $\{\Gamma_V(b_0)\} \cup \{ \Gamma_V(b) \mid b \in E \}$ K-linear unabhängig ⟦A 15⟧ und daher $\bigcap_{b \in E} \operatorname{Ker} \Gamma_V(b) \not\subseteq \operatorname{Ker} \Gamma_V(b_0)$ (vgl. Anhang 2-11). Es existiert also ein $\varphi \in V^{\mathrm{s}_\tau}$ mit $\Gamma_V(b)(\varphi) = 0$ für jedes $b \in E$ und $\Gamma_V(b_0)(\varphi) > 1$ (o. B. d. A.), woraus

$$\varphi \in \bigcap_{b \in E} \Gamma_V(b)^{-1}\left[K_{1/(n+1)}^{d_{|\,|}}(0)\right] \backslash \Gamma_V(b_0)^{-1}\left[K_1^{d_{|\,|}}(0)\right]$$

folgt. □

Aufgaben zu 6.2

1. (W,ω) sei ein metrisierbarer, (V,τ) ein vollständig metrisierbarer topologischer K-Vektorraum, $\varphi \in L(V,W)$ und $\varphi[V]$ Menge 2. Kategorie in (W,ω).

Dann ist φ surjektiv und offen.

2. V sei ein K-Vektorraum, (W,ω) topologischer K-Vektorraum, $\varphi : V \longrightarrow W$ K-linear und surjektiv, τ die Initialtopologie auf V der Familie $((W,\omega),\varphi)$. Dann ist φ offen.

3. $(V,\|\ \|_V)$, $(W,\|\ \|_W)$ seien Banach-Räume über K, M K-Untervektorraum von V, $\varphi : M \longrightarrow W$ K-linearer, in $\big(V \times W, \tau_{\|\ \|_V} \times \tau_{\|\ \|_W}\big)$ abgeschlossener Operator und

$$N : \begin{cases} M \longrightarrow \mathbb{R}^+ \\ v \longmapsto \|v\|_V + \|\varphi(v)\|_W. \end{cases}$$

(a) (M,N) ist ein Banach-Raum über K, φ $\big(\tau_N, \tau_{\|\ \|_W}\big)$-stetig

(b) φ surjektiv $\Longrightarrow$ φ offen bzgl. $\big(\tau_{\|\ \|_V}|M, \tau_{\|\ \|_W}\big)$

(c) φ bijektiv $\Longrightarrow$ φ^{-1} $\big(\tau_{\|\ \|_W}, \tau_{\|\ \|_V}|M\big)$-stetig

(d) φ $\big(\tau_{\|\ \|_V}|M, \tau_{\|\ \|_W}\big)$-stetig $\Longrightarrow$ $M \in \alpha_{\tau_{\|\ \|_V}}$

4. (V,τ) sei ein topologischer K-Vektorraum, $A, B \subseteq V$ K-Untervektorräume von V mit $V = A \oplus B$ (algebraisch direkte Summe) und der kanonischen Projektion $\pi_A : V \longrightarrow A$ auf A.

(a) Äq (i) $\pi_A \in \alpha_{\tau \times \tau|A}$
(ii) $B \in \alpha_\tau$

(b) (V,τ) vollständig metrisierbar, $A, B \in \alpha_\tau$ $\Longrightarrow$ π_A stetig und offen

5. $(V,\|\ \|_V)$ und $(W,\|\ \|_W)$ seien K-Banach-Räume, $\varphi \in L(V,W)$ surjektiv und $A \subseteq V$.

(a) $\exists\, C > 0\ \forall\, w \in W\ \exists\, v \in V\colon\ \varphi(v) = w,\ \|v\|_V \leq C\|w\|_W$

(b) Äq (i) $\varphi[A] \in \alpha_{\tau_{\|\ \|_W}}$
(ii) $A + \operatorname{Ker}\varphi \in \alpha_{\tau_{\|\ \|_V}}$

6. Es sei $W := \{\, (x_j)_j \in \ell^2_{\mathbb{R}} \mid \forall\, j \in \mathbb{N}\colon\ x_{2j+1} = 0 \,\}$,

$$\varphi : \begin{cases} \ell^2_{\mathbb{R}} \longrightarrow W \\ (x_j)_j \longmapsto (x_j)_j \chi_{\{\,2k|k\in\mathbb{N}\,\}} \end{cases}$$

und

$$U := \overline{\Big\{ \Big(\cos\frac{1}{j+1}\Big)\chi_{\{2j+1\}} + \Big(\sin\frac{1}{j+1}\Big)\chi_{\{2j\}} \;\Big|\; j \in \mathbb{N} \Big\}}^{\,\mathrm{lin}},$$

$A := \overline{U}^{\tau_{\|\ \|_2}}$ [χ_S bezeichnet die charakteristische Funktion auf $\mathbb{N}$ zu $S \subseteq \mathbb{N}$!]. Man zeige:

(a) $\varphi \in L(\ell^2_{\mathbb{R}}, W)$ (bzgl. $\tau_{\|\ \|_2}, \tau_{\|\ \|_2}|W$), φ surjektiv

(b) $\varphi[A] \notin \alpha_{\tau_{\|\ \|_2}|W}$

7. (V,τ), (W,σ) seien topologische K-Vektorräume, F eine Menge gleichgradig stetiger K-linearer Operatoren von V in W und $B \subseteq V$ beschränkt in (V,τ). Man zeige: $\bigcup\{\, f[B] \mid f \in F \,\}$ beschränkt in (W,σ).

8. Es seien $a, b \in \mathbb{R},\ a < b,\ N \in \mathbb{N}\backslash\{0\},\ A \in \mathbb{R}^{N+1},\ (x_0, \ldots, x_N) \in \mathcal{Z}_{a,b}$ eine endliche Zerlegung von $[a, b]$ und

$$Q : \begin{cases} C_{\mathbb{R}}([a,b]) \longrightarrow \mathbb{R} \\ f \longmapsto \sum_{j=0}^{N} A_j f(x_j) \end{cases}$$

eine Quadraturformel mit den Knoten x_j und den Gewichten A_j für $j \in \{0, \ldots, N\}$.

Man zeige: $Q \in C_{\mathbb{R}}([a,b])^{s_{\|\ \|_\infty}}$ mit $\|Q\|_{\text{op}} = \sum_{j=0}^{N} |A_j|$.

9. Für jedes $m \in \mathbb{N}$ sei

$$Q_m : \begin{cases} C_{\mathbb{R}}([a,b]) \longrightarrow \mathbb{R} \\ f \longmapsto \sum_{j=0}^{N_m} A_j^{(m)} f\big(x_j^{(m)}\big) \end{cases}$$

eine Quadraturformel mit nichtnegativen Gewichten $A_j^{(m)},\ j \in \{0, \ldots, N_m\}$ und $(\mu_m)_m$ eine Folge in $\mathbb{N}$ mit $(\mu_m)_m \to_{\tau_{|\ |}^{**}} \infty$.

Ist $Q_m \restriction \big(\mathbb{R}[x]_{\mu_m} \restriction [a,b]\big)$ für jedes $m \in \mathbb{N}$ exakt, so gilt $(Q_m(f))_m \to_{\tau_{|\ |}} \int_a^b f(t)\,dt$ für alle $f \in C_{\mathbb{R}}([a,b])$. *(Konvergenzsatz von Steklov, 1933)*

10. (V, N) sei ein halbnormierter, (W, σ) bzw. (Z, ϱ) ein topologischer K-Vektorraum, $(v_j)_j \in V^{\mathbb{N}}$ und $\varphi \in L(W, Z)$.

(a) Äq (i) $(v_j)_j$ Cauchy-Folge in (V, d_N)
(ii) $(v_j)_j$ Cauchy-Folge in (V, τ_N)

(b) Äq (i) (V, d_N) vollständig
(ii) (V, τ_N) folgenvollständig

(c) $\forall\ (w_j)_j \in W^{\mathbb{N}}$: $(w_j)_j$ Cauchy-Folge in (W, σ)
$\Rightarrow (\varphi(w_j))_j$ Cauchy-Folge in (Z, ϱ)

11. (V, τ) sei ein topologischer K-Vektorraum.

Die schwach*-Topologie $\sigma(V^{s_\tau}, V)$ ist hausdorffsch.

12. $(V, \|\ \|)$ sei ein normierter K-Vektorraum.

(a) $\sigma\big(V^{s_{\|\ \|}}, V\big) \subseteq \tau_{\|\ \|_{\text{op}}}$

(b) $\forall\ v \in V$: $\|\Gamma_V(v)\|'_{\text{op}} = \|v\|$
(Hinweis: 6.1-12.1 (c))

13. (V, τ) sei ein separabler topologischer K-Vektorraum. Ist C eine kompakte Teilmenge von V^{s_τ} bzgl. $\sigma(V^{s_\tau}, V)$ (d. h. C schwach*-kompakt) so ist $(C, \sigma(V^{s_\tau}, V)|C)$ metrisierbar. (Hinweis: 4.3, A 20)

14. $(V, \|\ \|)$ sei ein Banach-Raum über K, $\dim_K V \notin \mathbb{N}$.

$\big(V^{s_{\|\ \|}}, \sigma\big(V^{s_{\|\ \|}}, V\big)\big)$ ist nicht metrisierbar.

15. (V, τ) sei ein topologischer K-Vektorraum, $E \in \mathcal{P}V\backslash\{\emptyset\}$ K-linear unabhängig, V^{s_τ} trenne Punkte in V.

Man zeige: $\{\, \Gamma_V(b) \mid b \in E \,\}$ K-linear unabhängig.

6.3 Trennung konvexer Mengen, Extrempunkte

Als Ergänzung zum Banach-Hahnschen Fortsetzungssatz 6.1-12 enthält dieser Abschnitt Resultate zur Trennbarkeit konvexer Teilmengen eines topologischen K-Vektorraums (V,τ) durch abgeschlossene reelle Hyperebenen $\{\, v \in V \mid \varphi(v) = r \,\}$ ($r \in \mathbb{R}$, φ stetiges $\mathbb{R}$-lineares Funktional auf dem topologischen $\mathbb{R}$-Vektorraum (V,τ)). Grundlegend hierfür ist der Satz von Banach-Hahn-Mazur 6.3-3 über die Möglichkeit der Abgrenzung konvexer, offener, nichtleerer Teilmengen in V, die die Null nicht enthalten, gegen einen abgeschlossenen maximalen K-Untervektorraum (Kern eines echten stetigen K-linearen Funktionals). 6.3-3 wird deshalb auch als geometrische Form des Banach-Hahnschen Fortsetzungssatzes aufgefaßt, und der Beweis verläuft analog zu dem von 6.1-12. Eine Anwendung von 6.3-3 ergibt die für die konvexe Optimierung bedeutsame Existenz von Extrempunkten bei nichtleeren, kompakten, konvexen Mengen (6.3-5.1).

Satz 6.3-1

(V,τ) sei ein topologischer $\mathbb{R}$-Vektorraum, M ein $\mathbb{R}$-Untervektorraum von V der Kodimension $\operatorname{codim}_{\mathbb{R},V} M > 1$, *$O \in \tau\backslash\{\emptyset\}$ konvex mit $O \cap M = \emptyset$.*

Es existiert ein $v \in V\backslash M$, so daß $O \cap \overline{M \cup \{v\}}^{\mathrm{lin}} = \emptyset$.

Beweis

Für den *Kegel* $K := M + \bigcup\{\, rO \mid r \in \mathbb{R},\ r > 0 \,\} \in \tau$ ist

$$-K = M + \bigcup\{\, rO \mid r \in \mathbb{R},\ r < 0 \,\}$$

und auch $K \cap (-K) = \emptyset$ $[\![\, a, b \in O,\ m, n \in M,\ r < 0,\ s > 0$ und $m + ra = n + sb$ würde $m - n = sb - ra \in (s - r)O$ gem. 2.4, A 32, also $(s - r)^{-1}(m - n) \in O \cap M$ ergeben. $\lightning$ $]\!]$. Darüber hinaus kann

$$M \cup K \cup (-K) \neq V \tag{$*$}$$

gezeigt werden, woraus $\overline{M \cup \{v\}}^{\mathrm{lin}} \cap O = \emptyset$ für jedes $v \in V\backslash(M \cup K \cup (-K))$ folgt. Wäre nämlich $r \in \mathbb{R}\backslash\{0\}$, $m \in M$ und $m + rv \in O$, so erhielte man $v \in M + \frac{1}{r}O \subseteq K \cup (-K)$. $\lightning$

Zur Begründung der Ungleichung $(*)$ werde $M \cup K \cup (-K) = V$ angenommen. Da die Kodimension $\operatorname{codim}_{\mathbb{R},V} M > 1$ ist, gilt $\overline{M \cup \{k\}}^{\mathrm{lin}} \neq V$ für jedes $k \in K$. Sei etwa $v_k \in V\backslash\overline{M \cup \{k\}}^{\mathrm{lin}}$, also $v_k \in K \cup (-K)$. Es gibt deswegen ein Element $k' \in (-K) \cap \big(V\backslash\overline{M \cup \{k\}}^{\mathrm{lin}}\big)$ $[\![\, k' := v_k$ für $v_k \in -K$ bzw. $k' := -v_k$ für $v_k \in K \,]\!]$. Für den Weg (von k' nach k) (vgl. 2.4, A 17)

$$\varphi : \begin{cases} [0,1] \longrightarrow V \\ r \longmapsto rk' + (1 - r)k \end{cases}$$

sind die Mengen $\varphi^{-1}[K], \varphi^{-1}[-K] \in \tau_{|\,|}|[0,1]$ disjunkt, $0 \in \varphi^{-1}[K]$, $1 \in \varphi^{-1}[-K]$, und es gilt

$$\begin{aligned} s := \sup \varphi^{-1}[K] &\in \overline{\varphi^{-1}[K]}^{\tau_{|\,|}} \cap \overline{[0,1]\backslash\varphi^{-1}[K]}^{\tau_{|\,|}} \\ &\subseteq ([0,1]\backslash\varphi^{-1}[-K]) \cap ([0,1]\backslash\varphi^{-1}[K]) \\ &= [0,1]\backslash(\varphi^{-1}[-K] \cup \varphi^{-1}[K]). \end{aligned}$$

Somit folgt $\varphi(s) \notin K \cup (-K)$, also $s \neq 0$ und $\varphi(s) \in M$ ⟦ laut obiger Annahme ⟧. Man erhält schließlich $sk' + (1-s)k = \varphi(s) \in M$ und daher

$$k' = s^{-1}(\varphi(s) - (1-s)k) \in \overline{M \cup \{k\}}^{\text{lin}}$$

im Widerspruch zu $k' \notin \overline{M \cup \{k\}}^{\text{lin}}$. □

6.3-1 legt die Vermutung nahe, daß es einen abgeschlossenen $\mathbb{R}$-Untervektorraum W der Kodimension $\operatorname{codim}_{\mathbb{R},V} W = 1$ mit $W \supseteq M$ und $W \cap O = \emptyset$ gibt, denn maximale Untervektorräume W sind gem. 2.4, A 18 (b) entweder abgeschlossen oder dicht in (V,τ), wobei Dichtigkeit hier wegen $W \cap O = \emptyset$ nicht in Betracht kommt. Bestätigt wird die entsprechende Aussage in 6.3-3 sogar für topologische K-Vektorräume. Als weitere Vorbereitung hierzu

Satz 6.3-2

V sei ein $\mathbb{C}$-Vektorraum, M ein $\mathbb{R}$-Untervektorraum von V der (reellen) Kodimension $\operatorname{codim}_{\mathbb{R},V} M = 1$. Der $\mathbb{C}$-Untervektorraum $M \cap iM$ hat die (komplexe) Kodimension $\operatorname{codim}_{\mathbb{C},V}(M \cap iM) = 1$.

Beweis

Es sei $v \in V\backslash(M \cap iM)$, o. B. d. A. $v \notin M$ (Für $v \notin iM$ verwende man iv anstelle von v!). Dann ist $iv \notin iM$, und wegen $\operatorname{codim}_{\mathbb{R},V} iM = 1$ existiert ein $r \in \mathbb{R}$, $y \in iM$ mit $v = riv + y$, also gehört y nicht zu M ⟦ $y \in iM \cap M \Longrightarrow iy \in M \cap iM \Longrightarrow (1+r^2)v = (1+ri)(v - riv) = (1+ri)y \in M$ ↯ ⟧. Zu jedem $w \in V$ gibt es daher ein $s \in \mathbb{R}$, $m \in M$ mit $w = sy + m$ und weiter zu m ein $t \in \mathbb{R}$, $m' \in iM$ mit $m = t(iy) + m'$, also $m' = m - t(iy) \in M$. Man erhält schließlich

$$\begin{aligned} w = sy + t(iy) + m' &= (s+it)y + m' = (s+it)(1-ir)v + m' \\ &\in \overline{\{v\} \cup (M \cap iM)}^{\text{lin}}. \end{aligned}$$

□

Satz 6.3-3 (Banach, Hahn, Mazur, 1933)

(V,τ) sei ein topologischer Vektorraum über K, M ein K-Untervektorraum von V, $O \in \tau\backslash\{\emptyset\}$ konvex mit $O \cap M = \emptyset$. Es existiert ein abgeschlossener K-Untervektorraum H von (V,τ) der Kodimension $\operatorname{codim}_{K,V} H = 1$ mit $M \subseteq H$ und $H \cap O = \emptyset$.

Beweis

Für $K = \mathbb{R}$ besitzt

$$\{ N \subseteq V \mid N\ \mathbb{R}\text{-Untervektorraum von } V,\ M \subseteq N,\ O \cap N = \emptyset \}$$

nach dem Zornschen Lemma ein (bzgl. $\subseteq$) maximales Element H, gem. 6.3-1 ist $\operatorname{codim}_{\mathbb{R},V} H = 1$, H also entweder abgeschlossen oder dicht in (V, τ). Wegen $O \cap H = \emptyset$ folgt $H \in \alpha_\tau$.

Für $K = \mathbb{C}$ sei dem bisherigen Beweis folgend $H_\mathbb{R}$ ein abgeschlossener $\mathbb{R}$-Untervektorraum von (V, τ) mit $\operatorname{codim}_{\mathbb{R},V} H_\mathbb{R} = 1$, $M \subseteq H_\mathbb{R}$ und $H_\mathbb{R} \cap O = \emptyset$. Dann ist $\operatorname{codim}_{\mathbb{C},V}(H_\mathbb{R} \cap iH_\mathbb{R}) = 1$ ⟦6.3-2⟧, $M = M \cap iM \subseteq H_\mathbb{R} \cap iH_\mathbb{R} \in \alpha_\tau$ und $(H_\mathbb{R} \cap iH_\mathbb{R}) \cap O = \emptyset$. □

Satz 6.3-3 hat vielfältige Auswirkungen insbesondere auf lokalkonvexe topologische K-Vektorräume:

Definition

(V, τ) sei ein topologischer K-Vektorraum.

(V, τ) *lokalkonvex* :gdw $\{ U \in \mathcal{U}_\tau(0) \mid U \text{ konvex} \}$ Basis von $\mathcal{U}_\tau(0)$

Die offenen (bzw. abgeschlossenen), kreisförmigen und konvexen Nullumgebungen bilden dann eine Basis für den Umgebungsfilter $\mathcal{U}_\tau(0)$ (s. A 2 (a)).

Beispiele (6.3,1)

(a) (V, N) halbnormierter K-Vektorraum $\implies$ (V, τ_N) lokalkonvex ⟦(2.4,14) (a)⟧

(b) $((V_i, \tau_i) \mid i \in I) \neq \emptyset$ sei eine Familie lokalkonvexer topologischer $\mathbb{R}$-Vektorräume, V ein $\mathbb{R}$-Vektorraum und $\varphi_i : V \longrightarrow V_i$ $\mathbb{R}$-linear für jedes $i \in I$. Der Initialraum (V, τ) der Familie $((V_i, \tau_i), \varphi_i)_{i \in I}$ ist lokalkonvex, denn

$$\left\{ \bigcap \{ \varphi_i^{-1}[W_i] \mid i \in E \} \;\middle|\; E \in \mathcal{P}_\mathrm{e} I,\ \forall\, i \in I{:}\ W_i \in \mathcal{U}_{\tau_i}(0) \text{ konvex} \right\}$$

ist eine Basis von $\mathcal{U}_\tau(0)$ aus konvexen Mengen ⟦(2.4,14) (f), (d)⟧.

Insbesondere sind Produkträume lokalkonvexer topologischer $\mathbb{R}$-Vektorräume und auch $\mathbb{R}$-Vektorräume mit schwacher Topologie lokalkonvex.

(c) Der topologische $\mathbb{R}$-Vektorraum $\left(\ell^q, \tau_{d_{\nu_q}}\right)$ ⟦vgl. 2.5, A 19 (b)⟧ ist für $q \in \,]0, 1[$ nicht lokalkonvex (s. auch A 5):

Andernfalls gäbe es gemäß A 2 (a) eine Umgebungsbasis der Null aus offenen, kreisförmigen, konvexen Mengen, speziell ein $U \in \mathcal{U}_{\tau_{d_{\nu_q}}}(0) \cap \tau_{d_{\nu_q}}$ kreisförmig und konvex und ein $\varepsilon \in \mathbb{R}^>$ mit $K_\varepsilon^{d_{\nu_q}}(0) \subseteq U \subseteq K_1^{d_{\nu_q}}(0)$, was zu einem Widerspruch führt:

Zunächst gilt nämlich für die durch $p_U(x) := \inf\{ r \in \mathbb{R}^+ \mid x \in rU \}$ definierte Halbnorm $p_U : \ell^q \longrightarrow \mathbb{R}^+$ ⟦ vgl. A 1 ⟧ und die L^q-Norm $\| \ \|_q$ (vgl. 5.4)

$$\| \ \|_q \leq p_U \leq \varepsilon^{-1/q} \| \ \|_q :$$

Ist $r \in \mathbb{R}^>$, x ein Element in ℓ^q, so erhält man aus $p_U(x) < r$, d. h. $x \in rU$, sofort $\frac{1}{r}x \in U \subseteq K_1^{d_{\nu_q}}(0)$, also $\|\frac{1}{r}x\|_q = \nu_q(\frac{1}{r}x)^{1/q} < 1$, woraus $\|x\|_q < r$ und somit $\|x\|_q \leq p_U(x)$ folgt. Ebenso ergibt sich aus $\varepsilon^{-1/q}\|x\|_q < r$, d. h. $\|\frac{1}{r}x\|_q < \varepsilon^{1/q}$, die Ungleichung $\nu_q(\frac{1}{r}x) < \varepsilon$, also $\frac{1}{r}x \in K_\varepsilon^{d_{\nu_q}}(0) \subseteq U$ und $p_U(x) \leq r$. Es gilt daher auch $p_U(x) \leq \varepsilon^{-1/q}\|x\|_q$.

Sei nun $x \in \ell^1 \backslash \ell^q$, beispielsweise $x_j = (j+1)^{-1/q}$ für jedes $j \in \mathbb{N}$ ⟦ $0 < q < 1$ ⟧. Es ist $y^{(j)} := x_j(\delta_{j,i})_{i \in \mathbb{N}} \in \ell^q \cap \ell^1$ für jedes $j \in \mathbb{N}$, und man erhält für alle $m \in \mathbb{N}$

$$\begin{aligned}\Big(\sum_{j=0}^m |x_j|^q\Big)^{1/q} &= \Big\|\sum_{j=0}^m y^{(j)}\Big\|_q \leq p_U\Big(\sum_{j=0}^m y^{(j)}\Big) \leq \sum_{j=0}^m p_U\big(y^{(j)}\big) \\ &\leq \sum_{j=0}^m \varepsilon^{-1/q}\big\|y^{(j)}\big\|_q = \varepsilon^{-1/q}\sum_{j=0}^m (|x_j|^q)^{1/q} = \varepsilon^{-1/q}\sum_{j=0}^m |x_j| \\ &\leq \varepsilon^{-1/q}\|x\|_1,\end{aligned}$$

also $x \in \ell^q$. ↯

Ist $P \neq \emptyset$ eine Menge von Halbnormen auf dem K-Vektorraum V und τ_P die Initialtopologie auf V der Familie $((V, \tau_N), \mathrm{id}_V)_{N \in P}$, so erhält man den lokalkonvexen topologischen K-Vektorraum (V, τ_P). Man nennt einen topologischen K-Vektorraum (V, τ) *verallgemeinert halbnormierbar*, sofern $\tau = \tau_P$ für eine Menge $P \neq \emptyset$ von Halbnormen auf V gilt. Verallgemeinert halbnormierbare topologische K-Vektorräume sind somit lokalkonvex. Die Umkehrung ist ebenfalls richtig (s. [24, Theorem 2.3.1]). Für die schwache Topologie $\sigma(V, S)$ auf V, $\emptyset \neq S \subseteq V^{\mathrm{a}}$, ist beispielsweise $P := \{ |\varphi| \mid \varphi \in S \}$ eine Menge von Halbnormen auf V mit $\tau_P = \sigma(V, S)$ ⟦ A 3 ⟧.

Verallgemeinert halbnormierbare Vektorräume sind i. a. nicht halbnormierbar, wie das folgende Beispiel zeigt:

Beispiel (6.3,2)

Es sei

$$C^\infty_{\mathbb{R}}([0, 2\pi]) := \{ f : [0, 2\pi] \longrightarrow \mathbb{R} \mid \forall\, m \in \mathbb{N} \colon\ f \ m\text{-fach stetig differenzierbar} \}$$

und $N_k : C^\infty_{\mathbb{R}}([0, 2\pi]) \longrightarrow \mathbb{R}^+$ die durch

$$N_k(f) := \sum_{j=0}^k \big\|f^{(j)}\big\|_\infty$$

für jedes $k \in \mathbb{N}$ erklärte Norm N_k auf $C^\infty_\mathbb{R}([0,2\pi])$ (vgl. (1.1,4)). Die durch die Menge von Normen $P := \{ N_k \mid k \in \mathbb{N} \}$ gegebene Initialtopologie τ_P auf $C^\infty_\mathbb{R}([0,2\pi])$ der Familie $\big((C^\infty_\mathbb{R}([0,2\pi]), \tau_{N_k}), \mathrm{id}_{C^\infty_\mathbb{R}([0,2\pi])}\big)_{k\in\mathbb{N}}$ ist zwar gem. 2.5-16 (pseudo)metrisierbar $[\![\{ K^{d_{N_k}}_{1/(j+1)}(0) \mid k,j \in \mathbb{N} \}$ ist eine abzählbare Basis von $\mathcal{U}_{\tau_P}(0)$! $]\!]$, jedoch nicht halbnormierbar:

Sei N eine Halbnorm auf $C^\infty_\mathbb{R}([0,2\pi])$ mit $\tau_N = \tau_P$ und $U \in \mathcal{U}_{\tau_P}(0)$ beschränkt $[\![(6.1,1)]\!]$, d. h.

$$\forall\, \varepsilon > 0\ \forall\, k \in \mathbb{N}\ \exists\, \delta > 0\colon\ K^{d_{\|\,\|}}_\delta(0) U \subseteq K^{d_{N_k}}_\varepsilon(0).$$

Es folgt

$$\forall\, k \in \mathbb{N}\ \exists\, M_k > 0\ \forall\, f \in U\colon\ N_k(f) < M_k, \tag{$*$}$$

denn für $\varepsilon = 1$, $M_k := 2/\delta$ erhält man wegen $\delta/2 \in K^{d_{\|\,\|}}_\delta(0)$ und der vorangegangenen Inklusion $(\delta/2)f \in K^{d_{N_k}}_1(0)$, also $N_k(f) < 2/\delta = M_k$. Man wähle nun ein $\varepsilon > 0$, $m \in \mathbb{N}\backslash\{0\}$ mit $K^{d_{N_m}}_\varepsilon(0) \subseteq U$ und erkläre $h_b : [0,2\pi] \longrightarrow \mathbb{R}$ durch

$$h_b(t) := \frac{\varepsilon \sin bt}{2mb^m}$$

für jedes $b \in \mathbb{R}$, $b > 1$. Jede der Ableitungen $h_b^{(j)}$ ist dann eine der durch $\pm\frac{\varepsilon \sin bt}{2mb^{m-j}}$ bzw. $\pm\frac{\varepsilon \cos bt}{2mb^{m-j}}$ definierten Funktionen, woraus

$$N_m(h_b) = \sum_{j=0}^m \|h_b^{(j)}\|_\infty \le \frac{\varepsilon}{2m}\sum_{j=0}^m \frac{1}{b^{m-j}} < \frac{\varepsilon}{2m}(m+1) \le \varepsilon,$$

also $h_b \in K^{d_{N_m}}_\varepsilon(0) \subseteq U$ folgt. Gem. $(*)$ gibt es daher zu jedem $k \in \mathbb{N}$ eine Schranke M_k mit $\|h_b^{(k)}\|_\infty \le N_k(h_b) < M_k$ für jedes $b > 1$. Andererseits ist $\|h_b^{(k)}\|_\infty$ für $k > m$ und geeignetes $b > 1$ beliebig großer Werte fähig. ↯

Die Bedeutung lokalkonvexer topologischer K-Vektorräume liegt darin, daß es auf derartigen Räumen nichttriviale stetige K-lineare Funktionale gibt, der stetige Dualraum daher nicht nur aus dem Nullfunktional besteht (vgl. Frage (1), Seite 453):

Korollar 6.3-3.1

(V,τ) sei ein topologischer K-Vektorraum.

Äq *(i)* $V^{\mathrm{s}_\tau} \neq \{0\}$

(ii) $\exists\, O \in \tau\backslash\{\emptyset, V\}$: *$O$ konvex*

Beweis

(i) ⇒ (ii) Für jedes $\varphi \in V^{\mathrm{s}_\tau}\backslash\{0\}$ ist $\{ v \in V \mid |\varphi(v)| < 1 \} \in \tau\backslash\{\emptyset, V\}$ konvex.

(ii) ⇒ (i) Sei $v \in V\backslash O$, also $\{0\} \cap (-v + O) = \emptyset$. Gem. 6.3-3 existiert ein abgeschlossener K-Untervektorraum H von V mit $H \cap (-v+O) = \emptyset$ und Kodimension 1. Sei $\varphi \in V^{\mathrm{a}}\backslash\{0\}$ mit $\mathrm{Ker}\,\varphi = H$. Nach 6.1-3 ist φ stetig. □

An dieser Stelle sei angemerkt, daß (ℓ^q, τ_{ν_q}) für $q \in \,]0,1[$ nicht lokalkonvex ist $[\![\,(6.3,1)\,(c)\,]\!]$, nach 6.1, A 26 jedoch ebenfalls einen nichttrivialen stetigen Dualraum und somit echte offene konvexe Teilmengen besitzt.

Korollar 6.3-3.2 (1. Trennungssatz)

(V,τ) sei ein topologischer K-Vektorraum, O, $P \subseteq V$ konvex, $O \cap P = \emptyset$, $O \neq \emptyset$ und $P \neq \emptyset$.

(a) Ist $O \in \tau$, so existiert ein $\mathbb{R}$-lineares stetiges Funktional φ auf (V,τ) und ein $r \in \mathbb{R}$ mit

$$\forall\ (x,y) \in O \times P\colon\ \varphi(x) < r \leq \varphi(y),$$

d. h. O liegt echt links *und P* rechts *von der abgeschlossenen $\mathbb{R}$-Hyperebene $\{\, v \in V \mid \varphi(v) = r \,\}$.*

(b) Sind O, $P \in \tau$, so existiert ein $\mathbb{R}$-lineares stetiges Funktional φ auf V und ein $r \in \mathbb{R}$ mit

$$\forall\ (x,y) \in O \times P\colon\ \varphi(x) < r < \varphi(y),$$

d. h. O wird von P durch die abgeschlossene $\mathbb{R}$-Hyperebene $\{\, v \in V \mid \varphi(v) = r \,\}$ streng getrennt.

Beweis

Es ist $0 \notin O - P \in \tau\backslash\{\emptyset\}$ konvex, nach 6.3-3 existiert somit ein abgeschlossener $\mathbb{R}$-Untervektorraum H von (V,τ) mit $\operatorname{codim}_{\mathbb{R},V} H = 1$ und $H \cap (O - P) = \emptyset$. Sei $\varphi \in V^{\mathrm{a}}$ ein $\mathbb{R}$-lineares Funktional mit $\operatorname{Ker}\varphi = H$. Dann ist $\varphi \in V^{\mathrm{s}_\tau}$ $[\![\,6.1\text{-}3\,]\!]$, $\varphi[O] \cap \varphi[P] = \emptyset$, und $\varphi[O]$, $\varphi[P]$ sind konvexe $[\![\,(2.4,14)\,(f)\,]\!]$ Teilmengen von $\mathbb{R}$, also Intervalle. Es gibt daher ein $r \in \mathbb{R}$ mit $\varphi(x) \leq r \leq \varphi(y)$ für alle $x \in O$, $y \in P$ (o. B. d. A.). Nach (6.2,1) (a) ist mit O (und P) auch $\varphi[O]$ (und $\varphi[P]$) offen, und es gilt $\varphi(x) < r$ (und $r < \varphi(y)$ für alle $y \in P$) für alle $x \in O$. □

Korollar 6.3-3.3 (2. Trennungssatz)

(V,τ) sei ein lokalkonvexer topologischer K-Vektorraum, A, $C \subseteq V$ konvex, $A \in \alpha_\tau$, $A \cap C = \emptyset$, $A \neq \emptyset \neq C$ und C kompakt in (V,τ).

(a) Es existiert ein $\mathbb{R}$-lineares stetiges Funktional φ auf (V,τ) und ein $r \in \mathbb{R}$ mit

$$\forall\ (a,c) \in A \times C\colon\ \varphi(a) < r < \varphi(c),$$

d. h. A wird von C durch die abgeschlossene $\mathbb{R}$-Hyperebene $\{\, v \in V \mid \varphi(v) = r \,\}$ streng getrennt.

(b) Ist A kreisförmig, so existiert ein $\psi \in V^{\mathrm{s}_\tau}$ mit

$$\sup\{\, |\psi(a)| \mid a \in A \,\} < \inf\{\, |\psi(c)| \mid c \in C \,\}.$$

Beweis

Sei $U \in \mathcal{U}_\tau(0) \cap \tau$ kreisförmig und konvex, $(A+U) \cap (C+U) = \emptyset$ ⟦4.3, A 22; A 2 (a)⟧. Gem. 6.3-3.2 (b) existiert ein $\mathbb{R}$-lineares stetiges Funktional φ auf V und ein $r \in \mathbb{R}$ mit

$$\forall\,(x,y) \in (A+U) \times (C+U)\colon\ \varphi(x) < r < \varphi(y),$$

woraus insbesondere (a) folgt.

Ist darüber hinaus A kreisförmig und $K = \mathbb{R}$, so folgt $|\varphi(a)| < r$ für jedes $a \in A$ $[\![-\varphi(a) = \varphi(-a)$ und $-a \in A]\!]$, also $\sup\{\,|\varphi(a)| \mid a \in A\,\} \leq r$. Aus der Kompaktheit von $\varphi[C]$ ⟦4.1-6(a)⟧ und $r \geq 0$ ergibt sich noch $r < \inf\{\,|\varphi(c)| \mid c \in C\,\}$.

Für $K = \mathbb{C}$ setze man $\psi(v) := \varphi(v) - i\varphi(iv)$ für jedes $v \in V$. Gem. 6.1-11 gehört ψ zu V^{a} und ist stetig. Aus

$$\begin{aligned} |\psi(a)| &= \psi(a)e^{-i\arg\psi(a)} = \psi\big(e^{-i\arg\psi(a)}a\big) = \operatorname{Re}\psi\big(e^{-i\arg\psi(a)}a\big)\\ &= \varphi\big(e^{-i\arg\psi(a)}a\big) < r \end{aligned}$$

für jedes $a \in A$ $[\![$ s. o., $e^{-i\arg\psi(a)}a \in A]\!]$ folgt $r > 0$ und $\sup\{\,|\psi(a)| \mid a \in A\,\} \leq r$. Für alle $c \in C$ gilt dagegen

$$|\psi(c)| = \big((\operatorname{Re}\psi(c))^2 + (\operatorname{Im}\psi(c))^2\big)^{1/2} = \big(\varphi(c)^2 + (\operatorname{Im}\psi(c))^2\big)^{1/2} \geq \varphi(c) > r$$

⟦s. o.⟧ und wegen der Kompaktheit von C wiederum $\inf\{\,|\psi(c)| \mid c \in C\,\} > r$. □

Eine Erweiterung der Aussage in 6.1, A 15 (s. auch A 6 (a)), daß $V^{\mathrm{s}\tau_N}$ in (V,τ_N) Punkte von abgeschlossenen K-Untervektorräumen trennt, enthält das folgende

Korollar 6.3-3.4

(V,τ) sei ein lokalkonvexer topologischer K-Vektorraum, $A \in \alpha_\tau\backslash\{\emptyset\}$ kreisförmig und konvex, $v \in V\backslash A$. Es existieren φ, $\psi \in V^{\mathrm{s}\tau}$ mit $\varphi(v) = 1$, $|\psi(v)| > 1$ und $|\varphi(a)| < 1$, $|\psi(a)| < 1$ für jedes $a \in A$.

Beweis

$\{v\}$ ist konvex und kompakt in (V,τ), gem. 6.3-3.3 (b) gibt es daher ein $\chi \in V^{\mathrm{s}\tau}$ und ein $r \in \mathbb{R}$ mit

$$\sup\{\,|\chi(a)| \mid a \in A\,\} < r < |\chi(v)|.$$

Für $\varphi := \frac{1}{\chi(v)}\chi$, $\psi := \frac{1}{r}\chi$ erhält man $\varphi(v) = 1$ und $|\varphi(a)| = \frac{|\chi(a)|}{|\chi(v)|} < 1$, $\sup\{\,|\psi(a)| \mid a \in A\,\} < 1 < \psi(v)$ für jedes $a \in A$. □

Hiernach gibt es speziell für abgeschlossene K-Untervektorräume A von (V,τ) ein $\varphi \in V^{\mathrm{s}\tau}$ mit $\varphi(v) = 1$ und $|\varphi(a)| < 1$ für jedes $a \in A$, woraus $\varphi{\restriction}A = 0$ folgt $[\![\varphi(a) \neq 0 \Longrightarrow \varphi(\frac{1}{\varphi(a)}a) = 1]\!]$ (vgl. 6.1, A 15).

Wie zu Beginn des Abschnitts erwähnt wurde, ist der Banach-Hahn-Mazur-Satz 6.3-3 (mit Folgerungen) von grundlegender Bedeutung für die konvexe Optimierung. Diese Anwendung von 6.3-3 wird nun mit Hilfe der folgenden Begriffe näher beschrieben.

Definitionen

$C \subseteq V$ sei eine konvexe Teilmenge des $\mathbb{R}$-Vektorraums V, $x, y \in V$, $v \in C$ und $\emptyset \neq E \subseteq C$. Dann heißt

$[x, y] := \{ z \in V \mid \exists\, r \in [0,1]\colon\ z = (1-r)x + ry \}$ *abgeschlossene,*

$[x, y[:= \{ z \in V \mid \exists\, r \in [0,1[\colon\ z = (1-r)x + ry \}$ *bei y halboffene,*

$]x, y] := \{ z \in V \mid \exists\, r \in]0,1]\colon\ z = (1-r)x + ry \}$ *bei x halboffene* bzw.

$]x, y[:= \{ z \in V \mid \exists\, r \in]0,1[\colon\ z = (1-r)x + ry \}$ *offene Strecke* zwischen x, y

mit den *Endpunkten x, y* und dem *Mittelpunkt* $\frac{1}{2}(x+y)$.

v *Extrempunkt* von C :gdw $\forall\, x, y \in C\colon\ x \neq y \Rightarrow v \notin\,]x, y[$

(d. h. keine echte offene Strecke in C enthält v)

Es wird die Bezeichnung $\operatorname{ext} C := \{ v \in C \mid v$ Extrempunkt von $C \}$ verwendet.

E *Extremalmenge* in C :gdw $\forall\, x, y \in C\colon\ ]x, y[\cap E \neq \emptyset \Rightarrow x, y \in E$

(d. h. Endpunkte jeder offenen Strecke in C, die Punkte aus E enthält, liegen in E)

Beispiele (6.3,3)

V sei ein $\mathbb{R}$-Vektorraum, $\emptyset \neq C \subseteq V$ konvex, x, $y \in C$.

(a) a, b, $c \in \mathbb{R}^2$ seien drei nicht zueinander kollineare Punkte (s. Abb. 6.3-1), D die Menge aller Elemente der Dreicksmenge mit den Ecken a, b, c. Es ist $\operatorname{ext} D = \{a, b, c\}$.

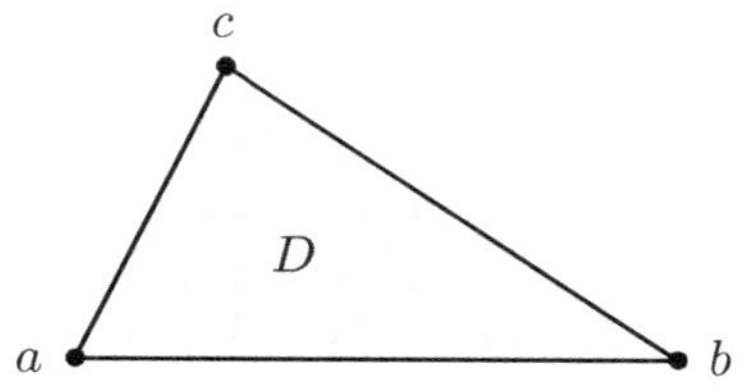

Abbildung 6.3-1

Die Seiten $[a, b]$, $[b, c]$, $[c, a]$, die Eckpunktmengen $\{a\}$, $\{b\}$, $\{c\}$ sowie Vereinigungen dieser Mengen sind die Extremalmengen in D und somit i. a. nicht konvex.

(b) $]x, x[\, = \,]x, x] = [x, x[\, = [x, x] = \{x\}$,

$x \neq y \implies\ ]x, y[\cap \{x, y\} = \emptyset$

(c) C ist Extremalmenge in C.

Der folgende Satz stellt alternative Charakterisierungen von Extrempunkten bzw. Extremalmengen zur Verfügung.

Satz 6.3-4

$C \subseteq V$ sei eine konvexe Teilmenge des $\mathbb{R}$-Vektorraums V, $v \in C$ und $\emptyset \neq E \subseteq C$.

(a) Äq *(i)* $v \in \operatorname{ext} C$

(ii) $\forall\, x, y \in C\colon\ v \in [x, y] \Rightarrow v \in \{x, y\}$

(iii) $\forall\, x, y \in C\colon\ v = \frac{1}{2}(x + y) \Rightarrow x = y$

(iv) $\forall\, x, y \in C\colon\ v \in \,]x, y[\, \Rightarrow x = y$

(v) $C\backslash\{v\}$ *konvex*

(b) Äq *(i)* E *Extremalmenge in* C

(ii) $\forall\, x, y \in C\colon\ ]x, y[\, \cap E \neq \emptyset \Rightarrow [x, y] \subseteq E$

Beweis

Zu (a) *(i) ⇒ (ii)* Es seien $x, y \in C$, $r \in [0, 1]$ und $v = rx + (1 - r)y$. Für $x = y$ ist $v = x$, und für $x \neq y$ folgt $v \notin \,]y, x[$ gem. (i), also $r \in \{0, 1\}$, und somit $v \in \{x, y\}$.

(ii) ⇒ (iii) Sind $x, y \in C$, $v = \frac{1}{2}(x + y)$, so ergibt (ii) $v \in \{x, y\}$, also $x = y$.

(iii) ⇒ (iv) Es seien $x, y \in C$, $r \in \,]0, 1[$ und $v = (1 - r)x + ry$. Für $r = 1/2$ erhält man nach (iii) $x = y$, und für $r < 1/2$, etwa $1 - r = (1/2) + s$ mit $s > 0$, ergibt sich

$$v = \tfrac{1}{2}x + sx + ry = \tfrac{1}{2}(2ry + 2sx) + \tfrac{1}{2}x,$$

wobei $2ry + 2sx$ wegen $2r + 2s = 1$ zu C gehört. Gem. (iii) folgt $x = 2ry + 2sx$, also $x = y$.

(iv) ⇒ (v) Für alle $x, y \in C\backslash\{v\}$, $r \in [0, 1]$ gilt zunächst

$$rx + (1 - r)y = \left\{\begin{matrix} y & \text{für } r = 0 \\ x & \text{für } r = 1 \end{matrix}\right\} \in C\backslash\{v\},$$

und für $0 < r < 1$ ist $rx + (1 - r)y \in C$ und $v \neq rx + (1 - r)y$ ⟦ Sonst $x = y = v$ gem. (iv) ⟧.

(v) ⇒ (i) Ist v kein Extrempunkt von C, so existieren definitionsgemäß voneinander verschiedene Elemente x, y in C derart, daß die offene Strecke $]x, y[$ zwischen x, y das Element v enthält, d. h. $v = rx + (1 - r)y$ für eine reelle Zahl $r \in \,]0, 1[$. Es folgt $v \notin \{x, y\}$, denn aus $x = v$ oder $y = v$ würde sich $(1 - r)x = (1 - r)y$ bzw. $rx = ry$, also $x = y$ ergeben (vgl. auch (6.3,3) (b)). Wegen $x, y \in C\backslash\{v\}$ und $v \notin C\backslash\{v\}$ ist die Menge $C\backslash\{v\}$ nicht konvex.

Zu (b) *(i) ⇒ (ii)* Es seien $x, y \in C$ und $v \in \,]x, y[\, \cap E$. Gem. (i) gehören x, y zu E, für $x = y$ ist daher $[x, y] = \{x\} \subseteq E$. Ist $x \neq y$, so wähle man ein $\xi \in \,]x, y[\backslash\{v\}$, also $v \in \,]x, \xi[$ oder $v \in \,]\xi, y[$. Wiederum mit (i) folgt dann $x, \xi \in E$ oder $\xi, y \in E$ und somit $\xi \in E$. Insgesamt ergibt sich $[x, y] \subseteq E$.

(ii) $\Rightarrow$ *(i)* ist klar. □

Korollar 6.3-4.1

C sei eine konvexe Teilmenge des $\mathbb{R}$*-Vektorraums* V, $v \in C$.

Äq *(i)* $v \in \operatorname{ext} C$

(ii) $\{v\}$ *Extremalmenge in* C

Beweis

(i) $\Rightarrow$ *(ii)* Für alle $x, y \in C$, $]x, y[\cap \{v\} \neq \emptyset$, gehört v zu $]x, y[$. Gem. 6.3-4 (a) folgt $x = y = v \in \{v\}$.

(ii) $\Rightarrow$ *(i)* Seien $x, y \in C$, $v \in \,]x, y[$. Nach 6.3-4 (b) ist $[x, y] \subseteq \{v\}$, also $x = y = v$ und $v \in \operatorname{ext} C$ gem. 6.3-4 (a). □

Die Existenz von Extrempunkten konvexer Mengen ist i. a. nicht gegeben:

Beispiele (6.3,4)

(a) $(V, \|\ \|)$ sei ein normierter $\mathbb{R}$-Vektorraum, $V \neq \{0\}$. Dann ist $\operatorname{ext} K_1^{d_{\|\ \|}}(0) = \emptyset$:

Sei $v \in K_1^{d_{\|\ \|}}(0)$. Wegen $0 = \frac{1}{2}y + \frac{1}{2}(-y)$ für alle $y \in K_1^{d_{\|\ \|}}(0) \setminus \{0\}$ gehört 0 nicht zu $\operatorname{ext} K_1^{d_{\|\ \|}}(0)$ $[\![\, y \neq -y$, 6.3-4 (a)$\,]\!]$. Für $v \neq 0$ gilt

$$v = \frac{1}{2}\Big(v - \frac{1 - \|v\|}{2\|v\|} v\Big) + \frac{1}{2}\Big(v + \frac{1 - \|v\|}{2\|v\|} v\Big),$$

wobei $v - \frac{1-\|v\|}{2\|v\|} v$, $v + \frac{1-\|v\|}{2\|v\|} v \in K_1^{d_{\|\ \|}}(0)$ voneinander verschieden sind. Es folgt $v \notin \operatorname{ext} K_1^{d_{\|\ \|}}(0)$ $[\![\, 6.3\text{-}4\ (a)\,]\!]$.

(b) Auch für abgeschlossene Kugeln $\widetilde{K}_1^{d_{\|\ \|}}(0)$ kann $\operatorname{ext} \widetilde{K}_1^{d_{\|\ \|}}(0) = \emptyset$ gelten:

$(X, \mathcal{A}, \mu)$ sei ein *atomloser Maßraum*, d. h. ein Maßraum mit $\mu \neq 0$, in dem

$$\begin{aligned} &\forall\, A \in \mathcal{A}\colon\ \mu(A) > 0 \\ &\qquad \Rightarrow \exists\, B, C \in \mathcal{A}\colon\ B \cap C = \emptyset,\ B \cup C = A,\ \mu(B) > 0,\ \mu(C) > 0 \end{aligned}$$

gilt, z. B. der Lebesguesche Maßraum $(\mathbb{R}, \Lambda, \lambda)$.

In $(L^1(X, \mathcal{A}, \mu), \|\ \|_1)$ ist $\operatorname{ext} \widetilde{K}_1^{d_{\|\ \|_1}}(\widetilde{0}) = \emptyset$ (s. auch A 14):

Gem. A 13 (a) liegt $\operatorname{ext} \widetilde{K}_1^{d_{\|\ \|_1}}(\widetilde{0})$ in $\{\, \widetilde{f} \in L^1(X, \mathcal{A}, \mu) \mid \|\widetilde{f}\|_1 = 1 \,\}$. Daher sei $\widetilde{f} \in L^1(X, \mathcal{A}, \mu)$ (o. B. d. A. $f : X \longrightarrow \mathbb{R}$ nach 5.4-2), $\|\widetilde{f}\|_1 = 1$ und N_f die Menge $\{\, x \in X \mid f(x) \neq 0 \,\}$, also $\mu(N_f) > 0$ $[\![\, 1 = \|\widetilde{f}\|_1 = \int |f| = \int_{N_f} |f|$ gem. 5.3-1 (b)$\,]\!]$. Man wähle $N, M \in \mathcal{A}$ mit $N \cup M = N_f$, $N \cap M = \emptyset$, $\mu(N) > 0$

und $\mu(M) > 0$ und setze $f_N := \|\widetilde{\chi_N f}\|_1^{-1} \chi_N f,\ \ f_M := \|\widetilde{\chi_M f}\|_1^{-1} \chi_M f$. Dann ist $\|\widetilde{f_N}\|_1 = \|\widetilde{f_M}\|_1 = 1,\ \widetilde{f_N} \neq \widetilde{f} \neq \widetilde{f_M},\ \|\widetilde{\chi_N f}\|_1 < 1,\ \widetilde{f} = \|\widetilde{\chi_N f}\|_1 \widetilde{f_N} + \|\widetilde{\chi_M f}\|_1 \widetilde{f_M}$ und $\|\widetilde{\chi_N f}\|_1 + \|\widetilde{\chi_M f}\|_1 = 1$. Gem. 6.3-4 (a) gehört $\widetilde{f}$ nicht zu $\operatorname{ext} \widetilde{K}_1^{d_{\|\,\|_1}}(\widetilde{0})$.

Die Bedeutung der Extrempunkte für die konvexe Optimierung resultiert aus

Satz 6.3-5

(V, τ) sei ein lokalkonvexer, T_2-topologischer $\mathbb{R}$-Vektorraum, $\emptyset \neq C \subseteq V$ konvex und kompakt in (V, τ) und $f : C \longrightarrow \mathbb{R}$ konvex und oberhalbstetig.

Dann existiert ein $v_0 \in \operatorname{ext} C$ mit $f(v_0) = \sup_C f$, d. h. das Supremum von f wird in einem Extrempunkt von C angenommen.

Beweis

Es sei
$$\mathcal{E} := \{\, E \subseteq C \mid E \in \alpha_\tau \backslash \{\emptyset\},\ E \text{ Extremalmenge in } C \,\}.$$
Gem. (6.3,3) (c) gehört C zu $\mathcal{E}$ und nach 6.3-4.1 ist ein Element v von C genau dann ein Extrempunkt von C, wenn $\{v\}$ in $\mathcal{E}$ liegt $[\![\, \tau$ ist hausdorffsch! $]\!]$. Weiterhin ist $\bigcap \mathcal{F} \in \mathcal{E}$ für jede Teilmenge $\mathcal{F} \subseteq \mathcal{E}$ mit $\bigcap \mathcal{F} \neq \emptyset$, denn $\bigcap \mathcal{F} \in \alpha_\tau$ und für alle $x, y \in C$ mit $]x, y[\cap \bigcap \mathcal{F} \neq \emptyset$ sind $x, y \in F$ für jedes $F \in \mathcal{F}$, $\bigcap \mathcal{F}$ ist also auch Extremalmenge in C. Darüber hinaus gilt
$$Y_{E,g} := \{\, v \in E \mid g(v) = \sup_E g \,\} \in \mathcal{E}$$
für alle $E \in \mathcal{E}$ und jede konvexe oberhalbstetige Funktion $g : C \longrightarrow \mathbb{R}$:

Nach 4.1, A 22 existiert ein $v \in E$ mit $g(v) = \sup_E g$, d. h. $v \in Y_{E,g}$ und somit $\emptyset \neq Y_{E,g} = g^{-1}[\{\sup_E g\}] \cap E = E \cap \{\, x \in V \mid g(x) \geq \sup_E g \,\} \in \alpha_\tau$. $Y_{E,g}$ ist auch eine Extremalmenge in C, denn für alle $x, y \in C$, $r \in\,]0, 1[$ mit $rx + (1-r)y \in\,]x, y[\cap Y_{E,g} \subseteq E$ sind $x, y \in E$ $[\![\, E$ Extremalmenge in $C \,]\!]$ und $\sup_E g = g(rx + (1-r)y) \leq rg(x) + (1-r)g(y) \leq \sup_E g$ $[\![\, g$ konvex, $x, y \in E \,]\!]$, woraus $g(x) = \sup_E g = g(y)$, d. h. $x, y \in Y_{E,g}$ folgt $[\![\, g(x) < g(y)$ (o. B. d. A.) $\Longrightarrow \sup_E g < rg(y) + (1-r)g(y) = g(y) \leq \sup_E g$ ↯ $]\!]$.

Man setze nun $\mathcal{E}_f := \{\, E \in \mathcal{E} \mid E \subseteq Y_{C,f} \,\}$. Es ist $\mathcal{E}_f \neq \emptyset$ $[\![\, Y_{C,f} \in \mathcal{E}_f \,]\!]$, und für jede Kette $\mathcal{K} \subseteq \mathcal{E}_f$ liefert $\bigcap \mathcal{K}$ eine untere Schranke von $\mathcal{K}$ in $\mathcal{E}_f$ $[\![\, \bigcap \mathcal{K} \neq \emptyset$, da C kompakt in (V, τ), also $\bigcap \mathcal{K} \in \mathcal{E}_f \,]\!]$. Dem Zornschen Lemma zufolge besitzt $(\mathcal{E}_f, \subseteq)$ ein minimales Element M. Für jedes $\mathbb{R}$-lineare stetige Funktional $\varphi \in V^{s_\tau}$ gilt daher $Y_{M,\varphi} = M$ $[\![\, Y_{M,\varphi} \in \mathcal{E},\ Y_{M,\varphi} \subseteq M,\ M$ minimal in $\mathcal{E}_f \,]\!]$, φ ist somit auf M konstant ($= \sup_M \varphi$). Da V^{s_τ} Punkte in V trennt* $[\![$ A 6 (b) $]\!]$, muß $M = \{v_0\}$ für ein $v_0 \in V$ sein. Gem. obiger Feststellung ist v_0 ein Extrempunkt von C, und es gilt $f(v_0) = \sup_C f$ definitionsgemäß. □

* Nur an dieser Stelle des Beweises wird die Voraussetzung der lokalen Konvexität von (V, τ) benötigt!

Korollar 6.3-5.1

(V,τ) sei ein lokalkonvexer, T_2-topologischer $\mathbb{R}$-Vektorraum, $C \subseteq V$, $C \neq \emptyset$ konvex und kompakt in (V,τ). Es gilt:

$$\operatorname{ext} C \neq \emptyset.$$

Beweis

Das Nullfunktional 0 auf C ist konvex und stetig. Nach 6.3-5 existiert daher ein Extrempunkt v_0 von C. □

Für viele Anwendungen genügt die folgende Spezialisierung von 6.3-5.1:
Ist (V,τ) ein topologischer Vektorraum über $\mathbb{R}$, so besitzt jede konvexe, schwach*-kompakte, nichtleere Teilmenge C von V^{s_τ} einen Extrempunkt, d. h. $\operatorname{ext} C \neq \emptyset$. ⟦ $(V^{s_\tau}, \sigma(V^{s_\tau}, V))$ ist lokalkonvexer T_2-topologischer $\mathbb{R}$-Vektorraum gem. (6.3,1) (b); 6.2, A 11. ⟧
Insbesondere läßt nach dem Satz von Banach-Alaoglu-Bourbaki 6.2-7 die abgeschlossene Kugel $\widetilde{K}_1^{d_{\|\ \|_{\mathrm{op}}}}(0)$ im stetigen Dualraum $V^{s_{\|\ \|}}$ eines normierten $\mathbb{R}$-Vektorraums $(V, \|\ \|)$ mindestens einen Extrempunkt zu. Nach (6.3,4) (b) kann daher $(L^1(X,\mathcal{A},\mu), \|\ \|_1)$ über einem atomlosen Maßraum $(X,\mathcal{A},\mu)$ nicht isometrisch-$\mathbb{R}$-linear-isomorph zum stetigen Dualraum $\big(V^{s_{\|\ \|}}, \|\ \|_{\mathrm{op}}\big)$ eines normierten $\mathbb{R}$-Vektorraums $(V, \|\ \|)$ sein, also auch *nicht* zu $\big(L^\infty(X,\mathcal{A},\mu)^{s_{\|\ \|_\infty}}, \|\ \|_{\mathrm{op}}\big)$ (s. auch (6.1,9)).
Erheblich tiefere Erkenntnisse als Korollar 6.3-5.1 liefert das

Korollar 6.3-5.2 (Krein, Milman, 1940)

(V,τ) sei ein lokalkonvexer, T_2-topologischer $\mathbb{R}$-Vektorraum und $\emptyset \neq C \subseteq V$ eine konvexe, kompakte Teilmenge. Es gilt:

$$C = \overline{\operatorname{ext} C^{\mathrm{konv}}}^{\tau}.$$

Beweis

„$\supseteq$“ gilt, weil C konvex und abgeschlossen in (V,τ) ist.

„$\subseteq$“ Es werde die Existenz eines Elements $v_0 \in C \backslash \overline{\operatorname{ext} C^{\mathrm{konv}}}^{\tau}$ angenommen. Man wähle ein $U \in \mathcal{U}_\tau(v_0) \cap \tau$, U konvex, $U \cap \overline{\operatorname{ext} C^{\mathrm{konv}}}^{\tau} = \emptyset$ ⟦ A 2 (a) ⟧ und gem. 6.3-3.2 (a) ⟦ 6.3-5.1, 2.4-18 (b) mit anschließender Bemerkung ⟧ ein $\varphi \in V^{s_\tau}$, $r \in \mathbb{R}$ mit $\varphi(x) \leq r < \varphi(y)$ für alle $x \in \overline{\operatorname{ext} C^{\mathrm{konv}}}^{\tau}$, $y \in U$. Dann ist

$$\sup\{\, \varphi(x) \mid x \in \overline{\operatorname{ext} C^{\mathrm{konv}}}^{\tau} \,\} \leq r < \varphi(v_0).$$

Sei $m_C := \sup_C \varphi$ und wie im Beweis zu 6.3-5

$$Y_{C,\varphi} := \{\, x \in C \mid \varphi(x) = m_C \,\}$$

(nichtleere, in (V, τ) *konvexe* abgeschlossene Extremalmenge in C). Nach 6.3-5.1 ist $\operatorname{ext} Y_{C,\varphi} \neq \emptyset$, darüber hinaus gilt $\operatorname{ext} Y_{C,\varphi} \subseteq \operatorname{ext} C$:
Sei $v \in \operatorname{ext} Y_{C,\varphi}$, also $\{v\}$ Extremalmenge in $Y_{C,\varphi}$ $[\![\, 6.3\text{-}4.1 \,]\!]$. Die Menge $\{v\}$ ist auch Extremalmenge in C, denn für alle $x, y \in C$ mit $\emptyset \neq \,]x, y[\, \cap \{v\} \subseteq \,]x, y[\, \cap Y_{C,\varphi}$ sind $x, y \in Y_{C,\varphi}$ $[\![\, Y_{C,\varphi}$ Extremalmenge in $C \,]\!]$, somit $x, y \in \{v\}$ $[\![\, \{v\}$ Extremalmenge in $Y_{C,\varphi} \,]\!]$. Wiederum nach 6.3-4.1 folgt $v \in \operatorname{ext} C$.

Schließlich erhält man hiermit für jedes $v \in \operatorname{ext} Y_{C,\varphi}$ den Widerspruch

$$\varphi(v) \leq \sup\{\, \varphi(x) \mid x \in \overline{\overline{\operatorname{ext} C}^{\text{konv}}}^{\tau} \,\} \leq r < \varphi(v_0) \leq m_C = \varphi(v).$$

□

Beispiele (6.3,5)

(a) Für die abgeschlossene Kugel $\widetilde{K}_1^{d_{\|\ \|_{\text{op}}}}(0)$ im stetigen Dualraum $(V^{s_{\|\ \|}}, \|\ \|_{\text{op}})$ eines normierten $\mathbb{R}$-Vektorraums $(V, \|\ \|)$ gilt nach 6.3-5.2

$$\widetilde{K}_1^{d_{\|\ \|_{\text{op}}}}(0) = \overline{\overline{\operatorname{ext} \widetilde{K}_1^{d_{\|\ \|_{\text{op}}}}(0)}^{\text{konv}}}^{\sigma(V^{s_{\|\ \|}}, V)}.$$

(b) Es seien $a, b \in \mathbb{R}$, $a < b$. Der normierte $\mathbb{R}$-Vektorraum $(C_{\mathbb{R}}([a, b]), \|\ \|_{\infty})$ ist *nicht* isometrisch-$\mathbb{R}$-linear-isomorph zum stetigen Dualraum $(V^{s_{\|\ \|}}, \|\ \|_{\text{op}})$ eines normierten $\mathbb{R}$-Vektorraums $(V, \|\ \|)$:

Gem. A 15 ist $\operatorname{ext} \widetilde{K}_1^{d_{\|\ \|_{\infty}}}(0) = \{1, -1\}$ in $(C_{\mathbb{R}}([a, b]), \|\ \|_{\infty})$, also $\overline{\operatorname{ext} \widetilde{K}_1^{d_{\|\ \|_{\infty}}}(0)}^{\text{konv}}$ kompakt in $\big(C_{\mathbb{R}}([a, b]), \tau_{\|\ \|_{\infty}}\big)$ $[\![\, 4.2\text{-}3.1 \,]\!]$. Sei $\alpha : C_{\mathbb{R}}([a, b]) \longrightarrow V^{s_{\|\ \|}}$ als $(\|\ \|_{\infty}, \|\ \|_{\text{op}})$-isometrischer $\mathbb{R}$-linearer Isomorphismus angenommen. Dann ist $\alpha\big[\overline{\operatorname{ext} \widetilde{K}_1^{d_{\|\ \|_{\infty}}}(0)}^{\text{konv}}\big]$ kompakt in $(V^{s_{\|\ \|}}, \tau_{\|\ \|_{\text{op}}})$ und wegen $\sigma(V^{s_{\|\ \|}}, V) \subseteq \tau_{\|\ \|_{\text{op}}}$ $[\![\, 6.2$, A 12 (a) $]\!]$ auch kompakt und damit abgeschlossen in $\big(V^{s_{\|\ \|}}, \sigma(V^{s_{\|\ \|}}, V)\big)$ $[\![\, 6.2$, A 11 $]\!]$. Gem. (a) erhält man aus

$$\begin{aligned}
\alpha\big[\widetilde{K}_1^{d_{\|\ \|_{\infty}}}(0)\big] = \widetilde{K}_1^{d_{\|\ \|_{\text{op}}}}(0) &= \overline{\overline{\operatorname{ext} \widetilde{K}_1^{d_{\|\ \|_{\text{op}}}}(0)}^{\text{konv}}}^{\sigma(V^{s_{\|\ \|}}, V)} \\
&= \overline{\overline{\operatorname{ext} \alpha\big[\widetilde{K}_1^{d_{\|\ \|_{\infty}}}(0)\big]}^{\text{konv}}}^{\sigma(V^{s_{\|\ \|}}, V)} \\
&= \overline{\overline{\alpha\big[\operatorname{ext} \widetilde{K}_1^{d_{\|\ \|_{\infty}}}(0)}^{\text{konv}}\big]}^{\sigma(V^{s_{\|\ \|}}, V)} \\
&= \alpha\big[\overline{\operatorname{ext} \widetilde{K}_1^{d_{\|\ \|_{\infty}}}(0)}^{\text{konv}}\big]
\end{aligned}$$

auch

$$\widetilde{K}_1^{d_{\|\ \|_{\infty}}}(0) = \overline{\operatorname{ext} \widetilde{K}_1^{d_{\|\ \|_{\infty}}}(0)}^{\text{konv}} = \{\, r - (1 - r) \mid r \in [0, 1] \,\} = \{\, 2r - 1 \mid r \in [0, 1] \,\},$$

die Menge der konstanten Funktionen zwischen -1 und 1. ↯

Aufgaben zu 6.3

1. (V, τ) sei ein topologischer $\mathbb{R}$-Vektorraum und $U \in \mathcal{U}_\tau(0)$ kreisförmig und konvex. Die durch $p_U(x) := \inf\{ r \in \mathbb{R}^+ \mid x \in rU \}$ definierte Funktion $p_U : V \longrightarrow \mathbb{R}^+$ ist eine Halbnorm auf V (das sog. *Minkowski-Funktional zu* U).

2. (V, τ) sei ein lokalkonvexer topologischer K-Vektorraum.

(a) Die Mengen

$$\{ U \in \mathcal{U}_\tau(0) \mid U \in \tau \text{ kreisförmig, konvex} \} \quad \text{und}$$

$$\{ U \in \mathcal{U}_\tau(0) \mid U \in \alpha_\tau \text{ kreisförmig, konvex} \}$$

sind Basen von $\mathcal{U}_\tau(0)$.

(b) Mit $S \subseteq V$ sind auch $\overline{S}^{\mathrm{konv}}$ und $\overline{\overline{S}^{\mathrm{konv}}}^{\tau}$ beschränkt in (V, τ).

3. V sei ein K-Vektorraum, $\emptyset \neq S \subseteq V^{\mathrm{a}}$ und $P := \{ |\varphi| \mid \varphi \in S \}$. Es gilt $\tau_P = \sigma(V, S)$.

4. (V, τ) sei ein lokalkonvexer topologischer K-Vektorraum, $M \in \alpha_\tau$ ein K-Untervektorraum von V. Es gilt:

$$M = \bigcap \{ H \in \alpha_\tau \mid M \subseteq H,\ H\ K\text{-Untervektorraum von } V,\ \operatorname{codim}_{K,V} H = 1 \}.$$

5. Für alle $q \in \,]0, 1[,\ a, b \in \mathbb{R},\ a < b$ ist $(L^q([a, b], \ldots), \tau_{d_q})$ nicht lokalkonvex.

6. (V, τ) sei ein lokalkonvexer topologischer K-Vektorraum, $S \subseteq V$ konvex und $v \in V \backslash \overline{S}^{\tau}$. Man zeige

(a) $\{ \varphi \in V^{\mathrm{s}_\tau} \mid \varphi(v) \notin \overline{\varphi[S]}^{\tau_{|\,|}} \} \neq \emptyset$. (Vgl. auch 6.1, A 15.)

(b) (V, τ) T_2-Raum $\Longrightarrow$ V^{s_τ} trennt Punkte in V.

7. (V, τ) sei ein lokalkonvexer topologischer K-Vektorraum, $A \in \alpha_\tau \backslash \{\emptyset\}$ konvex, $S \subseteq V$, $V_{\mathbb{R}}^{\mathrm{s}_\tau} := V^{\mathrm{s}_\tau} \cap \mathbb{R}^V$ die Menge der $\mathbb{R}$-linearen stetigen Funktionale auf V. Für jedes $\varphi \in V_{\mathbb{R}}^{\mathrm{s}_\tau}$ bezeichne

$(\operatorname{Ker} \varphi)_r^+ := \{ v \in V \mid \varphi(v) \geq r \}$ die *rechte*, bzw.

$(\operatorname{Ker} \varphi)_r^- := \{ v \in V \mid \varphi(v) \leq r \}$ die *linke abgeschlossene* $\mathbb{R}$*-Halbhyperebene zu* φ.

(a) Es ist

$$\begin{aligned} A &= \bigcap \{ (\operatorname{Ker} \varphi)_r^- \mid r \in \mathbb{R},\ \varphi \in V_{\mathbb{R}}^{\mathrm{s}_\tau},\ A \subseteq (\operatorname{Ker} \varphi)_r^- \} \\ &= \bigcap \{ (\operatorname{Ker} \varphi)_r^+ \mid r \in \mathbb{R},\ \varphi \in V_{\mathbb{R}}^{\mathrm{s}_\tau},\ A \subseteq (\operatorname{Ker} \varphi)_r^+ \}, \end{aligned}$$

d. h. jede nichtleere abgeschlossene konvexe Menge A ist Durchschnitt der sie enthaltenden abgeschlossenen $\mathbb{R}$-Halbhyperebenen.

(b) Äq (i) $S \subseteq A$

(ii) $\forall\, \varphi \in C(V, \mathbb{R})\colon\ \varphi$ affin, $\varphi \restriction A \geq 0 \Rightarrow \varphi \restriction S \geq 0$

8. (V, τ) sei ein lokalkonvexer topologischer K-Vektorraum und W ein K-Untervektorraum von V.

Äq (i) $\overline{W}^{\tau} = V$

(ii) $\forall\, \varphi \in V^{s_\tau}\colon\ \varphi{\restriction}W = 0 \Rightarrow \varphi = 0$

9. (V, N) sei ein halbnormierter K-Vektorraum und $\big(\widetilde{K}_1^{d_{\|\ \|_{\mathrm{op}}}}(0), \sigma(V^{s_N}, V)\big|\widetilde{K}_1^{d_{\|\ \|_{\mathrm{op}}}}(0)\big)$ metrisierbar. (V, τ_N) ist separabel. (Hinweis: Man verwende A 8.)

10. (V, τ) sei ein topologischer K-Vektorraum, C, $D \subseteq V$ konvex, $C^{\circ_\tau} \neq \emptyset \neq D$ und $C \cap D = \emptyset$. Es gibt ein $\mathbb{R}$-lineares stetiges Funktional φ auf (V, τ) und ein $r \in \mathbb{R}$ mit

$$\forall\, (c, d) \in C \times D\colon\ \varphi(c) \leq r \leq \varphi(d).$$

11. (V, τ) sei ein lokalkonvexer topologischer K-Vektorraum, $\emptyset \neq C \subseteq V$ konvex.

Es gilt $\overline{C}^{\tau} = \overline{C}^{\sigma(V, V^{s_\tau})}$.

12. $C \subseteq V$ sei eine konvexe Teilmenge des $\mathbb{R}$-Vektorraums V, $c \in C$, $v, w \in V$.

(a) $v \neq w \implies \forall\, x \in\,]v, w[\ \exists\, z \in\,]v, w[\colon\ x \in\,]v, z[$

(b) Äq (i) $c \in \operatorname{ext} C$

(ii) $\forall\, n \in \mathbb{N}\backslash\{0\}\ \forall\, (v_1, \ldots, v_n) \in C^n\colon$
$\big(\exists\, (r_1, \ldots, r_n) \in (\mathbb{R}^+)^n\colon\ \sum_{j=1}^{n} r_j = 1,\ c = \sum_{j=1}^{n} r_j v_j\big)$
$\Rightarrow \exists\, j \in \{1, \ldots, n\}\colon\ c = v_j$

(iii) $\forall\, S \subseteq C\colon\ c \in \overline{S}^{\mathrm{konv}} \Rightarrow c \in S$

13. $(V, \|\ \|)$ sei ein normierter $\mathbb{R}$-Vektorraum, $V \neq \{0\}$.

(a) $\operatorname{ext} \widetilde{K}_1^{d_{\|\ \|}}(0) \subseteq \{\, v \in V \mid \|v\| = 1 \,\}$

(b) $(V, \langle\ \rangle)$ Prähilbertraum $\implies \operatorname{ext} \widetilde{K}_1^{d_{\langle\ \rangle}}(0) = \{\, v \in V \mid \|v\|_{\langle\ \rangle} = 1 \,\}$

14. In $(L^1(\mathbb{N}, \mathcal{P}\mathbb{N}, \mu_Z), \|\ \|_1)$ ist

$$\operatorname{ext} \widetilde{K}_1^{d_{\|\ \|_1}}(0) = \{\, r(\delta_{ij})_j \mid i \in \mathbb{N},\ |r| = 1 \,\}.$$

15. Für die Kugel $\widetilde{K}_1^{d_{\|\ \|_\infty}}(0)$ im normierten $\mathbb{R}$-Vektorraum $(C_{\mathbb{R}}([a, b]), \|\ \|_\infty)$, $a, b \in \mathbb{R}$, $a < b$ ist $\operatorname{ext} \widetilde{K}_1^{d_{\|\ \|_\infty}}(0) = \{1, -1\}$ (s. auch A 16).

16. $(X, \mathcal{A}, \mu)$ sei ein Maßraum. In $(L^\infty(X, \mathcal{A}, \mu), \|\ \|_\infty)$ gilt

$$\operatorname{ext} \widetilde{K}_1^{d_{\|\ \|_\infty}}(\widetilde{0}) = \{\, \widetilde{f} \in L^\infty(X, \mathcal{A}, \mu) \mid |f| \underset{\mu}{=} 1 \,\}.$$

(Hinweis: $\forall\, a, b \in \mathbb{R}\colon\ |a + b| = |a| + |b| \Leftrightarrow ab = |a|\,|b|$)

17. $(X, \mathcal{A}, \mu)$ sei ein Maßraum, $\mu \neq 0$, $q \in\,]1, \infty[$. In $(L^q(X, \mathcal{A}, \mu), \|\ \|_q)$ gilt

$$\operatorname{ext} \widetilde{K}_1^{d_{\|\ \|_q}}(\widetilde{0}) = \{\, \widetilde{f} \in L^q(X, \mathcal{A}, \mu) \mid \|\widetilde{f}\|_q = 1 \,\}.$$

(Hinweis: 5.4, A 4)

18. Es sei $c_0 := \{ (x_j)_j \in \mathbb{R}^{\mathbb{N}} \mid (x_j)_j \to_{\tau_{|\,|}} 0 \}$. Der normierte $\mathbb{R}$-Vektorraum $(c_0, \|\ \|_\infty)$ ist *nicht* isometrisch-$\mathbb{R}$-linear-isomorph zum stetigen Dualraum $(V^{s_{\|\ \|}}, \|\ \|_{\mathrm{op}})$ eines normierten $\mathbb{R}$-Vektorraums. (Hinweis: 6.3-5.1)

19. V und W seien $\mathbb{R}$-Vektorräume, $\varphi : V \longrightarrow W$ $\mathbb{R}$-linear und $\emptyset \neq C \subseteq V$ konvex.

(a) φ injektiv $\implies$ $\operatorname{ext} \varphi[C] = \varphi[\operatorname{ext} C]$

(b) Sind (V, τ), (W, σ) T_2-topologische $\mathbb{R}$-Vektorräume, (V, τ) lokalkonvex, C kompakt in (V, τ) und $\varphi \in L(V, W)$, so ist $\operatorname{ext} \varphi[C] \subseteq \varphi[\operatorname{ext} C]$.

Gilt hier Gleichheit?

20. (V, τ) sei ein lokalkonvexer T_2-topologischer $\mathbb{R}$-Vektorraum und $A \in \alpha_\tau \backslash \{\emptyset\}$ mit $\overline{\overline{A}^{\mathrm{konv}}}^{\tau}$ kompakt in (V, τ). Es gilt

$$\operatorname{ext} \overline{\overline{A}^{\mathrm{konv}}}^{\tau} \subseteq A.$$

(Hinweis: A 12 (b); 4.3, A 23)

6.4 Dualität: Annullatoren, adjungierte Operatoren

Fragestellungen zur gegenseitigen Beeinflussung von topologischen Vektorräumen und ihren stetigen Dualräumen nennt man Dualitätsprobleme. Oftmals lassen sich Untersuchungen in einem der Räume dadurch erfolgreich durchführen, daß man sie in den jeweils anderen Raum geeignet übersetzt und dort behandelt. So ist beispielsweise ein halbnormierter K-Vektorraum (V, N) schon dann separabel, wenn dieses auf $(V^{s_N}, \|\ \|_{\mathrm{op}})$ zutrifft (s. 6.1-13). Die Optimierungsaufgabe der Bestimmung des Abstandes $\operatorname{dist}(x, C)$ eines Punktes x von einer konvexen abgeschlossenen Menge $C \neq \emptyset$ in einem geeigneten pseudometrisierten Vektorraum läßt sich in Hilbert-Räumen als Minimumproblem abhandeln (s. 3.6-1), in normierten Vektorräumen, ja sogar in Banach-Räumen ist dieses i. a. nicht möglich (s. (3.6,1)), nicht einmal für Untervektorräume C (s. (6.1,11)). Durch entsprechende Umformulierung erscheint diese Aufgabe jedoch im stetigen Dualraum als Maximumproblem (vgl. 6.4-2 (a)).

Gegenstand dieses Abschnitts 6.4 sind Ausweitungen und Vertiefungen der Erkenntnisse über Wechselwirkungen zwischen topologischen (vornehmlich normierbaren) Vektorräumen und ihrem stetigen Dualraum. Hierzu werden Annullatoren und adjungierte Operatoren, speziell Hilbert-Adjungierte definiert und behandelt. Zu den für zahlreiche Anwendungen wichtigen Ergebnissen gehören die Sätze vom abgeschlosssenen Bild 6.4-5, von Schauder 6.4-8 über kompakte lineare Operatoren und der Kern-Bild-Satz 6.4-9.1 für stetige lineare Operatoren zwischen Hilbert-Räumen. Die orthogonalen Projektionen eines Hilbert-Raums sind gerade die selbstadjungierten, idempotenten, stetigen linearen Operatoren (s. 6.4-13).

Definitionen

(V,τ) sei ein topologischer K-Vektorraum, $S \subseteq V$ und $\Phi \subseteq V^{s_\tau}$.

$$S^\perp := \{\varphi \in V^{s_\tau} \mid \forall\, s \in S\colon\ \varphi(s) = 0\} \qquad \text{heißt } \textit{Annullator von } S \text{ in } V^{s_\tau},$$

$$^\perp\Phi := \{v \in V \mid \forall\, \varphi \in \Phi\colon\ \varphi(v) = 0\} \qquad \textit{Annullator von } \Phi \text{ in } V.$$

Für halbnormierte K-Vektorräume (V,N), $\tau = \tau_N$, heißt

$$S_1^\perp := S^\perp \cap \widetilde{K}_1^{d_{\|\ \|_{\mathrm{op}}}}(0) \qquad \textit{Einsannullator von } S \text{ in } V^{s_\tau},$$

$$^\perp_1\Phi := {}^\perp\Phi \cap \widetilde{K}_1^{d_N}(0) \qquad \textit{Einsannullator von } \Phi \text{ in } V.$$

Die Annullatoren $S^\perp$ bzw. $^\perp\Phi$ sind K-Untervektorräume von V^{s_τ} bzw. V.

Zur Schreibweise vergleiche man die Bemerkung vor 6.4-9.1, Seite 531!

Satz 6.4-1

$(V,\|\ \|)$ sei ein normierter K-Vektorraum, $S \subseteq V$, $\Phi \subseteq V^{s_{\|\ \|}}$ und M ein K-Untervektorraum von V, Ψ K-Untervektorraum von $V^{s_{\|\ \|}}$.

(a) $S^\perp$, $S_1^\perp \in \alpha_{\sigma(V^{s_{\|\ \|}},V)}$ *und* $^\perp\Phi$, $^\perp_1\Phi \in \alpha_{\tau_{\|\ \|}}$.

(b) $({}^\perp\Psi)^\perp = \overline{\Psi}^{\sigma(V^{s_{\|\ \|}},V)}$ *und* $\overline{M}^{\tau_{\|\ \|}} = {}^\perp(M^\perp)$.

(Man beachte $\sigma(V^{s_{\|\ \|}},V) \subseteq \tau_{\|\ \|_{\mathrm{op}}}$; 6.2, A 12 (a).)

Beweis

Zu (a) Wegen $\Gamma_V(s) \in (V^{s_{\|\ \|}})^{s_{\sigma(V^{s_{\|\ \|}},V)}}$ ⟦Bemerkungen vor 6.2-6, Seite 493⟧ gilt

$$S^\perp = \{\varphi \in V^{s_{\|\ \|}} \mid \forall\, s \in S\colon\ \varphi(s) = 0\} = \bigcap\{\operatorname{Ker}\Gamma_V(s) \mid s \in S\} \in \alpha_{\sigma(V^{s_{\|\ \|}},V)}.$$

Nach 6.2-7 ist $\widetilde{K}_1^{d_{\|\ \|_{\mathrm{op}}}}(0)$ kompakt und somit abgeschlossen in $(V^{s_{\|\ \|}}, \sigma(V^{s_{\|\ \|}},V))$ ⟦6.2, A 11⟧, woraus $S_1^\perp \in \alpha_{\sigma(V^{s_{\|\ \|}},V)}$ folgt. Wegen

$$^\perp\Phi = \bigcap\{\operatorname{Ker}\varphi \mid \varphi \in \Phi\} \in \alpha_{\tau_{\|\ \|}}$$

ist auch $^\perp_1\Phi \in \alpha_{\tau_{\|\ \|}}$.

Zu (b) Ist M ein K-Untervektorraum von V, so ergibt sich $\overline{M}^{\tau_{\|\ \|}}$ als ⟦s. 6.3, A 4⟧

$$\bigcap\{H \in \alpha_{\tau_{\|\ \|}} \mid H\ K\text{-Untervektorr. von } V,\ \operatorname{codim}_{K,V} H = 1,\ \overline{M}^{\tau_{\|\ \|}} \subseteq H\}$$
$$= \bigcap\{H \in \alpha_{\tau_{\|\ \|}} \mid H\ K\text{-Untervektorraum von } V,\ \operatorname{codim}_{K,V} H = 1,\ M \subseteq H\}$$
$$= \bigcap\{\operatorname{Ker}\varphi \mid \varphi \in V^{s_{\|\ \|}},\ M \subseteq \operatorname{Ker}\varphi\} = \bigcap\{\operatorname{Ker}\varphi \mid \varphi \in M^\perp\} = {}^\perp(M^\perp).$$

Weiterhin ist zunächst $\varphi(v) = 0$ für jedes $\varphi \in \Psi$, $v \in {}^{\perp}\Psi$, also gehört φ zu $({}^{\perp}\Psi)^{\perp} \in \alpha_{\sigma(V^{s\| \|},V)}$ ⟦ gem. (a) ⟧, und es folgt $\overline{\Psi}^{\sigma(V^{s\| \|},V)} \subseteq ({}^{\perp}\Psi)^{\perp}$. Ist umgekehrt $\varphi \in V^{s\| \|} \backslash \overline{\Psi}^{\sigma(V^{s\| \|},V)}$, so ergibt die Anwendung von 6.3-3.4 auf den lokalkonvexen T_2-topologischen K-Vektorraum $(V^{s\| \|}, \sigma(V^{s\| \|}, V))$ mit $\Gamma_V[V] = (V^{s\| \|})^{s_{\sigma(V^{s\| \|},V)}}$ ⟦ vgl. Bemerkung vor 6.2-6, Seite 493 ⟧ die Existenz eines $v \in V$ mit $\Gamma_V(v)(\varphi) = 1$ und $\Gamma_V(v)\restriction\overline{\Psi}^{\sigma(V^{s\| \|},V)} = 0$. Somit ist $v \in {}^{\perp}\big(\overline{\Psi}^{\sigma(V^{s\| \|},V)}\big) = {}^{\perp}\Psi$ ⟦ A 1 ⟧ und $\varphi \notin ({}^{\perp}\Psi)^{\perp}$ wegen $\varphi(v) = \Gamma_V(v)(\varphi) = 1$. □

Die zuvor erwähnte Möglichkeit der Umformulierung des Abstandsproblems in eine Maximumbestimmung im stetigen Dualraum (vgl. 6.1-12.2 für den Abstand von Null) ergibt sich nebst einer dualen Aussage aus

Satz 6.4-2

$(V, \| \|)$ sei ein normierter $\mathbb{R}$-Vektorraum, $v \in V$, $M \subseteq V$ ein $\mathbb{R}$-Unterverktorraum von V, $\psi \in V^{s\| \|}$.

(a) $\operatorname{dist}(v, M) = \max\{\, \varphi(v) \mid \varphi \in M_1^{\perp} \,\}$

(b) $\operatorname{dist}(\psi, M^{\perp}) = \min\{\, \|\psi - \varphi\|_{\text{op}} \mid \varphi \in M^{\perp} \,\} = \sup\{\, \psi(v) \mid v \in {}_1^{\perp}(M^{\perp}) \,\}$

Beweis

Zu (a)

„$\geq$“ Sei $(m_j)_j \in M^{\mathbb{N}}$, $(\|v - m_j\|)_j \rightarrow_{\tau_{| |}} \operatorname{dist}(v, M)$ und $\varphi \in M_1^{\perp}$. Dann ist $\varphi(v) = \varphi(v - m_j) \leq \|\varphi\|_{\text{op}} \|v - m_j\| \leq \|v - m_j\|$ für jedes $j \in \mathbb{N}$, also $\varphi(v) \leq \operatorname{dist}(v, M)$.

„$\leq$“ Sei o. B. d. A. $v \notin M$. Das durch $\varphi(m + rv) := r \operatorname{dist}(v, M)$ definierte Funktional $\varphi : \overline{M \cup \{v\}}^{\text{lin}} \longrightarrow \mathbb{R}$ ist offensichtlich linear und wegen

$$|\varphi(m + rv)| = |r| \operatorname{dist}(v, M) \leq |r| \left\| \tfrac{1}{r} m + v \right\| = \|m + rv\|$$

für $r \in \mathbb{R}\backslash\{0\}$ auch stetig auf $\big(\overline{M \cup \{v\}}^{\text{lin}}, \| \| \restriction \overline{M \cup \{v\}}^{\text{lin}}\big)$ mit $\|\varphi\|_{\text{op}} \leq 1$. Nach 6.1-12.1 (a) existiert ein $F \in V^{s\| \|}$ mit $F \restriction \overline{M \cup \{v\}}^{\text{lin}} = \varphi$ und $\|F\|_{\text{op}} = \|\varphi\|_{\text{op}} \leq 1$. Insbesondere ist $F(v) = \varphi(v) = \operatorname{dist}(v, M)$ und $F(m) = \varphi(m) = 0$ für jedes $m \in M$, also $F \in M_1^{\perp}$ und ⟦ s. o. ⟧ $\operatorname{dist}(v, M) \geq \sup\{\, \psi(v) \mid \psi \in M_1^{\perp} \,\} \geq F(v) = \operatorname{dist}(v, M)$.

Zu (b) $\operatorname{dist}(\psi, M^{\perp}) \geq \sup\{\, \psi(v) \mid v \in {}_1^{\perp}(M^{\perp}) \,\}$ erhält man wie zu (a):
Sei $(\psi_j)_j \in (M^{\perp})^{\mathbb{N}}$, $(\|\psi - \psi_j\|_{\text{op}})_j \rightarrow_{\tau_{| |}} \operatorname{dist}(\psi, M^{\perp})$ und $w \in {}_1^{\perp}(M^{\perp})$. Dann ist $\psi(w) = (\psi - \psi_j)(w) \leq \|\psi - \psi_j\|_{\text{op}} \|w\| \leq \|\psi - \psi_j\|_{\text{op}}$ für jedes $j \in \mathbb{N}$, also $\psi(w) \leq \operatorname{dist}(\psi, M^{\perp})$.

„≤“ $\psi_0 := \psi\restriction\overline{M}^{\tau\|\,\|} = \psi\restriction{}^{\perp}(M^{\perp})$ ⟦6.4-1 (b)⟧ ist ein stetiges lineares Funktional auf $({}^{\perp}(M^{\perp}), \|\;\|\restriction{}^{\perp}(M^{\perp}))$, besitzt daher nach 6.1-12.1 (a) eine auf $(V, \|\;\|)$ stetige lineare Fortsetzung F_0 mit $\|F_0\|_{\mathrm{op}} = \|\psi_0\|_{\mathrm{op}}$. Das lineare Funktional $G := \psi - F_0$ ist stetig auf $(V, \|\;\|)$, $G \in M^{\perp}$ ⟦$m \in M \Longrightarrow G(m) = \psi(m) - F_0(m) = \psi_0(m) - \psi_0(m) = 0$⟧ und

$$\begin{aligned}\operatorname{dist}(\psi, M^{\perp}) &\le \|\psi - G\|_{\mathrm{op}} = \|F_0\|_{\mathrm{op}} = \|\psi_0\|_{\mathrm{op}} = \sup\{\, \psi_0(v) \mid v \in {}^{\perp}_{1}(M^{\perp})\,\} \\ &= \sup\{\, \psi(v) \mid v \in {}^{\perp}_{1}(M^{\perp})\,\} \le \operatorname{dist}(\psi, M^{\perp}) \qquad [\![\text{s. o.}]\!].\end{aligned}$$

Es folgt $\sup\{\, \psi(v) \mid v \in {}^{\perp}_{1}(M^{\perp})\,\} = \operatorname{dist}(\psi, M^{\perp}) = \|\psi - G\|_{\mathrm{op}} = \min\{\, \|\psi - \varphi\|_{\mathrm{op}} \mid \varphi \in M^{\perp}\,\}$. □

Als eine Anwendung von 6.4-2 (b) betrachte man über dem normierten $\mathbb{R}$-Vektorraum $(V, \|\;\|)$ das folgende *Optimierungsproblem*:

Es seien $v_1, \ldots, v_n \in V,\ r_1, \ldots, r_n \in \mathbb{R}$ und

$$J := \{\, \varphi \in V^{\mathrm{s}\|\,\|} \mid \forall\, j \in \{1, \ldots, n\}\colon\ \varphi(v_j) = r_j\,\}$$

die Menge der stetigen linearen *Interpolationsfunktionale*. Für $J \neq \emptyset$ ist

$$\inf\{\, \|\varphi\|_{\mathrm{op}} \mid \varphi \in J\,\}$$

zu berechnen (sog. *Normoptimierung*)!

Gem. 6.4-2 (b) kann dieses Problem mit $M := \overline{\{v_1, \ldots, v_n\}}^{\mathrm{lin}}$, $\varphi_0 \in J$, also $J = \{\, \varphi_0 - \varphi \mid \varphi \in M^{\perp}\,\}$, in eine Minimumberechnung wie folgt (äquivalent) umformuliert werden:

Man bestimme

$$\operatorname{dist}(\varphi_0, M^{\perp}) = \min\{\, \|\varphi_0 - \varphi\|_{\mathrm{op}} \mid \varphi \in M^{\perp}\,\}!$$

Wiederum nach 6.4-2 (b) kann folgendermaßen gerechnet werden:

$$\begin{aligned}\min\{\, &\|\varphi_0 - \varphi\|_{\mathrm{op}} \mid \varphi \in M^{\perp}\,\} \\ &= \sup\{\, \varphi_0(v) \mid v \in {}^{\perp}_{1}(M^{\perp})\,\} \\ &= \sup\{\, \varphi_0(v) \mid \|v\| \le 1,\ v \in \overline{M}^{\tau\|\,\|}\,\} \quad [\![6.4\text{-}1\ (\mathrm{b})]\!] \\ &= \sup\{\, \varphi_0(v) \mid v \in \widetilde{K}_1^{d_{\|\,\|}}(0) \cap M\,\} \quad [\![(3.1{,}2)\ (\mathrm{a}),\ 3.1\text{-}8\ (\mathrm{b})]\!] \\ &= \max\{\, \varphi_0(v) \mid v \in \widetilde{K}_1^{d_{\|\,\|}}(0) \cap M\,\} \quad [\![4.2\text{-}2.1;\ 4.1,\ \mathrm{A}\ 22]\!] \\ &= \max\Big\{ \sum_{j=1}^{n} a_j r_j \;\Big|\; (a_1, \ldots, a_n) \in \mathbb{R}^n,\ \Big\|\sum_{j=1}^{n} a_j v_j\Big\| \le 1 \Big\}.\end{aligned}$$

Eine konkrete Situation aus der Steuerungstheorie (vgl. [35]) mag die Nützlichkeit dieses dualen Vorgehens demonstrieren:

Beispiel (6.4,1)

Ein Wagen der Gesamtmasse m soll unter Einwirkung einer zeitabhängigen Kraft in der Zeit T von einem Ort ξ_0 zu einem anderen ξ_1 so bewegt werden, daß die („wesentlich“-)maximal wirkende Kraft zur Vermeidung von Unfällen, Energieverschwendung, Materialverschleiß o. ä. möglichst klein ist. Anfangs- und Endgeschwindigkeit sollen 0 sein.

Nach Einführung dimensionsloser, normierter Größen $m = 1,\ T = 1,\ t_0 = 0,\ t_1 = 1,\ \xi_0 = 0,\ \xi_1 = 1$ ergibt sich für die Position $x(t)$ des Wagens in Abhängigkeit von der Zeit $t \in [0,1]$ bei Vernachlässigung der Reibung und anderer Einflüsse nach dem Newtonschen Bewegungsgesetz die Randwertaufgabe

$$x''(t) \underset{\lambda}{=} K(t), \quad t \in [0,1]$$

$$x(0) = 0, \quad x(1) = 1$$

$$x'(0) = 0, \quad x'(1) = 0$$

für die Bahnkurve $x \in \{ f \in C^1_{\mathbb{R}}([0,1]) \mid f' \text{ absolut stetig} \}$.

Lösung der hierin enthaltenen Anfangswertaufgabe (bei $t = 0$) ist die durch

$$x(t) := \int_{[0,t]} (t-\sigma)K(\sigma)\,\mathrm{d}\lambda(\sigma)$$

definierte Funktion x, die zusätzlichen Bedingungen bei $t = 1$ ergeben wegen $x'(t) = \int_{[0,t]} K(\sigma)\,\mathrm{d}\lambda(\sigma)$ die Gleichungen $\int_{[0,1]}(1-\sigma)K(\sigma)\,\mathrm{d}\lambda(\sigma) = 1$ und $\int_{[0,1]} K(\sigma)\,\mathrm{d}\lambda(\sigma) = 0$ (Beim Abbremsen ist $K(\sigma)$ negativ!).

Das Steuerungsproblem besteht nun in der Berechnung von

$$\inf\Big\{ \|\widetilde{K}\|_\infty \;\Big|\; \widetilde{K} \in L^\infty([0,1],\ldots), \int_{[0,1]} K(\sigma)\,\mathrm{d}\lambda(\sigma) = 0, \int_{[0,1]} (1-\sigma)K(\sigma)\,\mathrm{d}\lambda(\sigma) = 1 \Big\}. \tag{1}$$

Mit der Identifizierung $\Phi : L^\infty([0,1],\ldots) \longrightarrow L^1([0,1],\ldots)^{\mathrm{s}\|\ \|_\infty}$, $\Phi(\widetilde{f})(\widetilde{g}) := \int_{[0,1]} fg$ (vgl. die Hinweise vor 6.1-6; 6.1, A 13*), den Funktionen $f_1, f_2 : [0,1] \longrightarrow \mathbb{R},\ f_1(\sigma) := 1,\ f_2(\sigma) := 1-\sigma$, also $\widetilde{f_1}, \widetilde{f_2} \in L^1([0,1],\ldots)$, den reellen Zahlen $r_1 := 0,\ r_2 := 1$ und

$$J := \{ \widetilde{K} \in L^\infty([0,1],\ldots) \mid \Phi(\widetilde{K})(\widetilde{f_1}) = r_1,\ \Phi(\widetilde{K})(\widetilde{f_2}) = 1 \}$$

bedeutet (1) die Berechnung von $\inf\{ \|\widetilde{K}\|_\infty \mid \widetilde{K} \in J \}$, in dualer Formulierung ⟦ s. o. ⟧ die von

$$\min\{ \|\widetilde{K_0} - \widetilde{K}\|_\infty \mid \widetilde{K} \in M^\perp \}, \tag{2}$$

wobei $\widetilde{K_0} \in J$ und $M = \overline{\{\widetilde{f_1}, \widetilde{f_2}\}}^{\mathrm{lin}}$ ist. Das Minimum (2) wiederum ist gerade

$$\max\{ a_1 r_1 + a_2 r_2 \mid (a_1,a_2) \in \mathbb{R}^2,\ \|a_1\widetilde{f_1} + a_2\widetilde{f_2}\|_1 \le 1 \}, \tag{3}$$

---

* Anstelle von $(L^\infty([0,1],\ldots), \|\ \|_\infty)$ kann hier nicht $(C_{\mathbb{R}}([0,1]), \|\ \|_\infty)$ verwendet werden, denn dieser Raum ist nicht isometrisch-isomorph zum stetigen Dualraum eines normierten Raumes ⟦ (6.3,5) (b) ⟧.

hier ist also $\mu := \max\{\, a_2 \mid (a_1, a_2) \in \mathbb{R}^2,\ \int_0^1 |a_1 + a_2(1-\sigma)|\,\mathrm{d}\sigma \le 1 \,\}$ zu berechnen:

Für $a_1 = -2,\ a_2 = 2$ ist $\int_0^1 |a_1 + a_2(1-\sigma)|\,\mathrm{d}\sigma = 1$ und somit $\mu \ge 2$. Sei also $\boxed{a_2 \ge 2}$. Für $a_1 \ge 0$ gilt „$\int_0^1 |a_1 + a_2(1-\sigma)|\,\mathrm{d}\sigma = a_1 + \frac{a_2}{2} \le 1 \iff a_2 \le 2 - 2a_1$“ (keine Vergößerung!). Sei also $\boxed{a_1 < 0}$. Wegen „$a_1 + a_2(1-\sigma) \ge 0 \iff \sigma \le \frac{a_1+a_2}{a_2}$“ werden zwei Fälle unterschieden:

(i) Für $\frac{a_1+a_2}{a_2} \le 0$ ($\iff a_2 \le -a_1$) ist $|a_1 + a_2(1-\sigma)| = -a_1 - a_2(1-\sigma)$, also „$\int_0^1 |a_1 + a_2(1-\sigma)|\,\mathrm{d}\sigma = -a_1 - \frac{a_2}{2} \le 1 \iff a_2 \ge -2 - 2a_1$“, maximaler Wert für a_2 somit 2 (s. Abb. 6.4-1, keine Vergrößerung!).

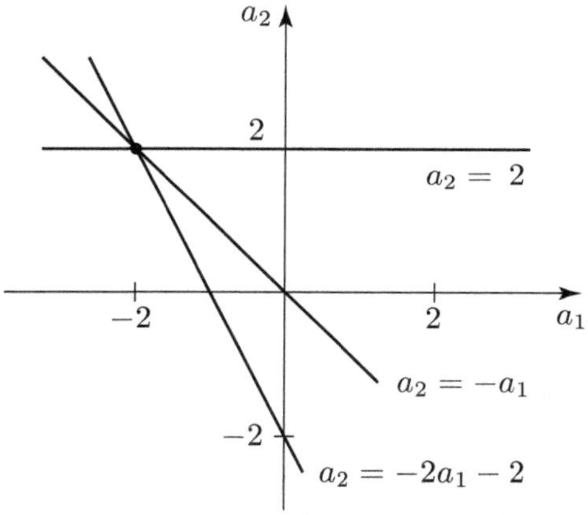

Abbildung 6.4-1

(ii) Für $0 < \frac{a_1+a_2}{a_2}$ (< 1) erhält man

$$
\begin{aligned}
&\int_0^1 |a_1 + a_2(1-\sigma)|\,\mathrm{d}\sigma \\
&= \int_0^{\frac{a_1+a_2}{a_2}} (a_1 + a_2(1-\sigma))\,\mathrm{d}\sigma + \int_{\frac{a_1+a_2}{a_2}}^1 (-a_1 - a_2(1-\sigma))\,\mathrm{d}\sigma = a_1 + \frac{a_2}{2} + \frac{a_1^2}{a_2}
\end{aligned}
$$

und somit „$\int_0^1 |a_1 + a_2(1-\sigma)|\,\mathrm{d}\sigma \le 1 \iff \left(a_1 + \frac{a_2}{2}\right)^2 \le a_2 - \frac{a_2^2}{4}$“. Es muß daher $a_2 - \frac{a_2^2}{4} \ge 0$, d. h. $a_2 \le 4$ gelten. Für $a_1 = -2,\ a_2 = 4$ ist tatsächlich $0 < \frac{a_1+a_2}{a_2} = \frac{1}{2} < 1$ und $\left(a_1 + \frac{a_2}{2}\right)^2 = 0 = a_2 - \frac{a_2^2}{4}$.

Die Lösung des Steuerungsproblems (1) ist $\mu = 4$. Für Kräfte K mit $\|\widetilde{K}\|_\infty < 4$ kann das Bewegungsproblem nicht gelöst werden, d. h. der Wagen erreicht sein Ziel in der vorgegebenen Zeit nicht! Die Bahnkurve x (s. Abb. 6.4-2) ergibt sich für

$$
K(t) := \begin{cases} 4 & \text{für } 0 \le t \le \frac{1}{2} \\ -4 & \text{für } \frac{1}{2} \le t \le 1 \end{cases}
$$

(sog. *Bang-Bang-Kraft*: Volle Kraft voraus, dann Vollbremsung!) zu

$$x(t) = \begin{cases} 2t^2 & \text{für } 0 \le t \le \frac{1}{2} \\ -2t^2 + 4t - 1 & \text{für } \frac{1}{2} \le t \le 1. \end{cases}$$

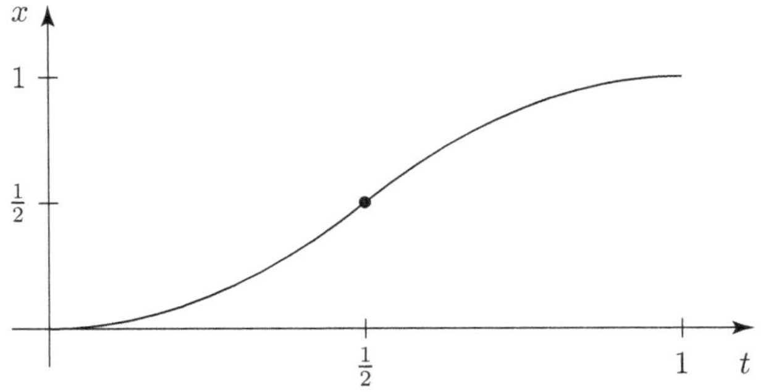

Abbildung 6.4-2

Die in der linearen Algebra betrachteten *algebraischen Adjungierten*

$$T^* : \begin{cases} W^{\mathrm{a}} \longrightarrow V^{\mathrm{a}} \\ w^* \longmapsto \big(v \mapsto w^*(T(v))\big) \end{cases}$$

zu K-linearen Opratoren $T : V \longrightarrow W$ zwischen den K-Vektorräumen V und W sind K-linear. Das stetige Analogon hierzu liefert die

Definition

(V, τ), (W, σ) seien topologische K-Vektorräume, $T \in L(V, W)$.

$$T' : \begin{cases} W^{\mathrm{s}_\sigma} \longrightarrow V^{\mathrm{s}_\tau} \\ w' \longmapsto \big(v \mapsto w'(T(v))\big) \end{cases}$$

heißt *(topologisch-)adjungiert* zu T.

Es gilt dann $T'(w') = w' \circ T$ für jedes $w' \in W^{\mathrm{s}_\sigma}$.

Wegen $T' = T^* \restriction W^{\mathrm{s}_\sigma}$ ist T' K-linear. Für normierte K-Vektorräume $(V, \|\ \|_V)$, $(W, \|\ \|_W)$ ist T' auch $\big(\tau_{\|\ \|_{\mathrm{op}}}, \tau_{\|\ \|_{\mathrm{op}}}\big)$-stetig mit $\|T'\|_{\mathrm{op}} \le \|T\|_{\mathrm{op}}$:

$$\begin{aligned} \|T'(w')\|_{\mathrm{op}} &= \sup\{\, |T'(w')(v)| \mid \|v\|_V \le 1 \,\} = \sup\{\, |w'(T(v))| \mid \|v\|_V \le 1 \,\} \\ &\le \sup\{\, \|w'\|_{\mathrm{op}} \, \|T(v)\|_W \mid \|v\|_V \le 1 \,\} \\ &\le \sup\{\, \|w'\|_{\mathrm{op}} \, \|T\|_{\mathrm{op}} \|v\|_V \mid \|v\|_V \le 1 \,\} \\ &\le \|T\|_{\mathrm{op}} \, \|w'\|_{\mathrm{op}}. \end{aligned}$$

Beispiel (6.4,2)

Es sei $q \in [1,\infty[$ und $L : \ell^q \longrightarrow \ell^q$ durch $L((x_j)_j) := (x_{j+1})_j$ erklärt *(Linksshift)*. Für $r \in]1,\infty]$, $(1/q)+(1/r)=1$ ist

$$\Phi : \begin{cases} \ell^r \longrightarrow (\ell^q)^{s\| \|_q} \\ (y_j)_j \longmapsto \big((x_j)_j \mapsto \sum_{j=0}^{\infty} x_j y_j\big) \end{cases}$$

gem. (6.1,7) (b), (c) ein $(\| \|_r, \| \|_{\text{op}})$-normerhaltender $\mathbb{C}$-linearer Isomorphismus.

Sei $\varphi \in (\ell^q)^{s\| \|_q}$, etwa $\varphi = \Phi((y_j)_j)$ mit $(y_j)_j \in \ell^r$. Für jedes $(x_j)_j \in \ell^q$ gilt dann

$$\begin{aligned} L'(\varphi)((x_j)_j) &= \varphi(L((x_j)_j)) = \varphi((x_{j+1})_j) = \sum_{j=0}^{\infty} y_j x_{j+1} = 0 \cdot x_0 + \sum_{j=1}^{\infty} y_{j-1} x_j \\ &= \Phi((\widetilde{y_j})_j)((x_j)_j), \end{aligned}$$

wobei

$$\widetilde{y_j} := \begin{cases} 0 & \text{für } j = 0 \\ y_{j-1} & \text{für } j \geq 1 \end{cases}$$

gesetzt wurde. Es folgt $L'(\varphi) = \Phi((\widetilde{y_j})_j)$.

Identifiziert man ℓ^r mit $(\ell^q)^{s\| \|_q}$ (über Φ), so hat L' die Wirkung des *Rechtsshifts* R, $R((y_j)_j) := (\widetilde{y_j})_j$, auf ℓ^r.

Satz 6.4-3

$(V, \| \|)$, $(W, \| \|_W)$ und $(Z, \| \|_Z)$ seien normierte K-Vektorräume.

(a) Die Funktion

$$\alpha : \begin{cases} L(V,W) \longrightarrow L\big(W^{s\| \|_W}, V^{s\| \|}\big) \\ T \longmapsto T' \end{cases}$$

ist ein $(\| \|_{\text{op}}, \| \|_{\text{op}})$-normerhaltender K-linearer Monomorphismus.

(b) Für alle $T \in L(V,W)$, $S \in L(W,Z)$ ist $(S \circ T)' = T' \circ S'$.

(c) Für alle $T \in L(V,W)$ gilt

(i) $\overline{T[V]}^{T\| \|_W} = {}^{\perp}(\operatorname{Ker} T')$ *und* $\overline{T'\big[W^{s\| \|_W}\big]}^{\sigma(V^{s\| \|},V)} = (\operatorname{Ker} T)^{\perp}$

(ii) $\operatorname{Ker} T' = T[V]^{\perp}$ *und* $\operatorname{Ker} T = {}^{\perp}\big(T'\big[W^{s\| \|_W}\big]\big)$

Beweis

Zu (a) Wegen

$$\begin{aligned} \big(\alpha(aT+bS)(\psi)\big)(v) &= \psi\big((aT+bS)(v)\big) = \psi(aT(v)+bS(v)) \\ &= a\psi(T(v)) + b\psi(S(v)) = aT'(\psi)(v) + bS'(\psi)(v) \\ &= \big(a\alpha(T)(\psi) + b\alpha(S)(\psi)\big)(v) = \big((a\alpha(T)+b\alpha(S))(\psi)\big)(v) \end{aligned}$$

für alle $v \in V$, $\psi \in W^{s\| \|_W}$ folgt $\alpha(aT + bS) = a\alpha(T) + b\alpha(S)$ für alle $a, b \in K$, $S, T \in L(V, W)$, α ist daher K-linear. Weiter gilt

$$\begin{aligned}
\|\alpha(T)\|_{\mathrm{op}} &= \|T'\|_{\mathrm{op}} = \sup\{\, \|T'(\psi)\|_{\mathrm{op}} \mid \|\psi\|_{\mathrm{op}} \le 1 \,\} \\
&= \sup\Big\{ \sup\{\, |T'(\psi)(v)| \mid \|v\| \le 1 \,\} \Bigm| \|\psi\|_{\mathrm{op}} \le 1 \Big\} \\
&= \sup\Big\{ \sup\{\, |\psi(T(v))| \mid \|v\| \le 1 \,\} \Bigm| \|\psi\|_{\mathrm{op}} \le 1 \Big\} \\
&= \sup\Big\{ \sup\{\, |\psi(T(v))| \mid \|\psi\|_{\mathrm{op}} \le 1 \,\} \Bigm| \|v\| \le 1 \Big\} \\
&= \sup\{\, \|T(v)\|_W \mid \|v\| \le 1 \,\} \qquad [\![\, 6.1\text{-}12.2 \text{ oder } 6.4\text{-}2\ (a) \,]\!] \\
&= \|T\|_{\mathrm{op}}.
\end{aligned}$$

Zu (b) Für alle $v \in V$, $\zeta \in Z^{s\| \|_Z}$ gilt

$$(S \circ T)'(\zeta)(v) = \zeta(S \circ T(v)) = S'(\zeta)(T(v)) = T'(S'(\zeta))(v),$$

also $(S \circ T)' = T' \circ S'$.

Zu (c)

(i) $T[V]$ bzw. $T'[W^{s\| \|_W}]$ ist ein K-Untervektorraum von W bzw. $V^{s\| \|}$, nach 6.4-1 (b) folgt daher $\overline{T[V]}^{\tau_{\| \|_W}} = {}^{\perp}(T[V]^{\perp})$ und $\overline{T'[W^{s\| \|_W}]}^{\sigma(V^{s\| \|}, V)} = ({}^{\perp}T'[W^{s\| \|_W}])^{\perp}$. Die Behauptungen ergeben sich somit aus (ii).

(ii) Für jedes $\psi \in W^{s\| \|_W}$ gilt:

$$\begin{aligned}
\psi \in \operatorname{Ker} T' &\iff T'(\psi) = 0 \\
&\iff \forall\, v \in V\colon\ \psi(T(v)) = T'(\psi)(v) = 0 \\
&\iff \psi[T[V]] = \{0\} \iff \psi \in T[V]^{\perp}.
\end{aligned}$$

Für jedes $v \in V$ gilt:

$$\begin{aligned}
v \in \operatorname{Ker} T &\iff T(v) = 0 \\
&\iff \forall\, \psi \in W^{s\| \|_W}:\ \psi(T(v)) = 0 \qquad [\![\, 6.1\text{-}12.1\ (d) \,]\!] \\
&\iff \forall\, \psi \in W^{s\| \|_W}:\ T'(\psi)(v) = 0 \\
&\iff v \in {}^{\perp}(T'[W^{s\| \|_W}]).
\end{aligned}$$

□

Die Zuordnung α der Adjungierten gem. 6.4-3 (a) ist i. a. nicht surjektiv:

Beispiel (6.4,3)

Sei $(c_0, \| \|_\infty)$ der Banach-Raum aller Nullfolgen in $(\mathbb{R}, \tau_{| |})$. Die Operatoren

$$\Phi : \begin{cases} \ell^1_{\mathbb{R}} \longrightarrow c_0^{s\| \|_\infty} \\ x \longmapsto (a \mapsto \sum_{j=0}^{\infty} x_j a_j) \end{cases} \qquad [\![\, 6.1,\ A\ 23 \,]\!],$$

$$\Psi : \begin{cases} \ell^\infty_{\mathbb{R}} \longrightarrow (\ell^1_{\mathbb{R}})^{s\| \ \|_1} \\ b \longmapsto \left(x \mapsto \sum_{j=0}^\infty b_j x_j\right) \end{cases}$$ ⟦(6.1,7) (c)⟧ und

$$\widetilde{\Phi} : \begin{cases} (\ell^1_{\mathbb{R}})^{s\| \ \|_1} \longrightarrow \left(c_0^{s\| \ \|_\infty}\right)^{s\| \ \|_{op}} \\ \varphi \longmapsto \left(\psi \mapsto \varphi(\Phi^{-1}(\psi))\right) \end{cases}$$ ⟦6.1, A 28⟧

sind normerhaltende $\mathbb{R}$-lineare Isomorphismen, es gilt $\widetilde{\Phi} \circ \Psi \restriction c_0 = \Gamma_{c_0}$ ⟦ $\big(\widetilde{\Phi} \circ \Psi(y)\big)(\Phi(x)) = \Psi(y)(x) = \sum_{j=0}^\infty x_j y_j = \Phi(x)(y) = \Gamma^{(y)}_{c_0}(\Phi(x))$ für alle $y \in c_0,\ x \in \ell^1_{\mathbb{R}}$ ⟧.

Sei

$$S : \begin{cases} c_0^{s\| \ \|_\infty} \longrightarrow c_0^{s\| \ \|_\infty} \\ \Phi(x) \longmapsto \Phi\big(\big(\sum_{j=0}^\infty x_j\big)(\delta_{0,j})_j\big). \end{cases}$$

S ist wohldefiniert ⟦ $\big(\sum_{j=0}^\infty x_j\big)(\delta_{0,j})_j \in \ell^1_{\mathbb{R}}$ für jedes $x \in \ell^1_{\mathbb{R}}$ ⟧, $\mathbb{R}$-linear ⟦ offensichtlich ⟧ und $(\| \ \|_{op}, \| \ \|_{op})$-beschränkt ⟦ $\|S(\Phi(x))\|_{op} = \sup\{\, |S(\Phi(x))(y)| \mid y \in c_0,\ \|y\|_\infty \le 1 \,\} = \sup\{\, \big|y_0 \sum_{j=0}^\infty x_j\big| \mid y_0 \in \mathbb{R},\ |y_0| \le 1 \,\} \le \|x\|_1 = \|\Phi(x)\|_{op}$ für jedes $x \in \ell^1_{\mathbb{R}}$ ⟧. Für den zu S adjungierten Operator $S' : \left(c_0^{s\| \ \|_\infty}\right)^{s\| \ \|_{op}} \longrightarrow \left(c_0^{s\| \ \|_\infty}\right)^{s\| \ \|_{op}}$ gilt $S'\big(\widetilde{\Phi} \circ \Psi(b)\big) = \widetilde{\Phi} \circ \Psi((b_0)_j)$ für jedes $b \in \ell^\infty_{\mathbb{R}}$:

$$\begin{aligned} \big(S'\big(\widetilde{\Phi} \circ \Psi(b)\big)\big)(\Phi(x)) &= \big(\widetilde{\Phi} \circ \Psi(b)\big)\big(S(\Phi(x))\big) = \widetilde{\Phi}(\Psi(b))\left(\Phi\left(\left(\sum_{j=0}^\infty x_j\right)(\delta_{0,j})_j\right)\right) \\ &= \Psi(b)\left(\left(\sum_{j=0}^\infty x_j\right)(\delta_{0,j})_j\right) = b_0 \sum_{j=0}^\infty x_j = \Psi((b_0)_j)(x) \\ &= \widetilde{\Phi}\big(\Psi((b_0)_j)\big)(\Phi(x)) \end{aligned}$$

für alle $x \in \ell^1_{\mathbb{R}}$.

Speziell für $b \in c_0$ mit $b_0 \neq 0$ ist $(b_0)_j \notin c_0$, also $S'\big(\Gamma_{c_0}(b)\big) = \widetilde{\Phi} \circ \Psi((b_0)_j) \notin \Gamma_{c_0}[c_0]$. Gem. A 4 (b) existiert kein Operator $T \in L(c_0, c_0)$, dessen Adjungierter T' mit S übereinstimmt.

Mit Hilfe von 6.4-3 (c) kann die Frage der Lösbarkeit linearer Operatorgleichungen dual formuliert werden:

Korollar 6.4-3.1

$(V, \| \ \|_V)$ und $(W, \| \ \|_W)$ seien normierte K-Vektorräume, $w \in W$ und $T \in L(V, W)$ mit $T[V] \in \alpha_{\mathcal{T}_{\| \ \|_W}}$ (d. h. T hat ein abgeschlossenes Bild*).*

Äq *(i)* $\exists\, v \in V\colon\ T(v) = w$

(ii) $\forall\, \psi \in \operatorname{Ker} T'\colon\ \psi(w) = 0$

Beweis

Elemente $w \in W$ gehören genau dann zu $T[V] = \overline{T[V]}^{\mathcal{T}_{\| \ \|_W}} = {}^{\perp}(\operatorname{Ker} T')$, wenn $\psi(w) = 0$ für jedes $\psi \in \operatorname{Ker} T'$ ist. □

Bei konkreten Anwendungen von 6.4-3.1 kann $\operatorname{Ker} T'$ oftmals leicht bestimmt werden. So ist beispielsweise $\operatorname{Ker} T' = \{0\}$ für injektive T' und damit T surjektiv, die Operatorgleichung $T(v) = w$ dann also für jedes $w \in W$ lösbar. Die Eindeutigkeit der Lösung charakterisiert A 5 (c). Mehr Schwierigkeiten bereitet i. a. die Verifikation der Voraussetzung „T hat ein abgeschlossenes Bild“. Diese Bedingung wird nun über 6.4-3 (c) (i) hinaus für Operatoren zwischen Banach-Räumen äquivalent beschrieben (s. 6.4-5), wobei die folgenden Aussagen Verwendung finden.

Satz 6.4-4

$(V, \|\ \|_V)$, $(W, \|\ \|_W)$ seien Banach-Räume über K und $T \in L(V, W)$.

(a) Ist $T[V] \in \alpha_{\tau_{\|\ \|_W}}$, so existiert ein $a \in \mathbb{R}^+$ mit

$$\forall\, w \in T[V]\ \exists\, v \in V\colon\ T(v) = w,\ \|v\|_V \leq a\|w\|_W.$$

(b) Wenn es ein $c > 0$ gibt, so daß $c\|\psi\|_{\mathrm{op}} \leq \|T'(\psi)\|_{\mathrm{op}}$ für jedes $\psi \in W^{s_{\|\ \|_W}}$ gilt, so ist T offen (also surjektiv).

Beweis

(a) folgt direkt aus 6.2, A 5 (a), da $(T[V], \|\ \|_W | T[V])$ ein Banach-Raum ist ⟦3.1-8 (a)⟧.

Zu (b) Gem. 6.2-1 (a) ist $\overline{T\big[K_1^{d_{\|\ \|_V}}(0)\big]}^{\tau_{\|\ \|_W}} \in \mathcal{U}_{\tau_{\|\ \|_W}}(0)$, d. h. die Fastoffenheit von T zu zeigen. Hierzu wird die Inklusion $K_c^{d_{\|\ \|_W}}(0) \subseteq \overline{T\big[K_1^{d_{\|\ \|_V}}(0)\big]}^{\tau_{\|\ \|_W}}$ verifiziert: Sei $w \in K_c^{d_{\|\ \|_W}}(0) \backslash \overline{T\big[K_1^{d_{\|\ \|_V}}(0)\big]}^{\tau_{\|\ \|_W}}$ und nach 6.3-3.4 $\psi \in W^{s_{\|\ \|_W}}$, $|\psi(w)| > 1$ und $|\psi(w')| < 1$ für jedes $w' \in \overline{T\big[K_1^{d_{\|\ \|_V}}(0)\big]}^{\tau_{\|\ \|_W}}$ ⟦$\in \alpha_{\tau_{\|\ \|_W}} \backslash \{\emptyset\}$ kreisförmig und konvex! ⟧. Es folgt $|T'(\psi)(v)| = |\psi(T(v))| < 1$ für jedes $v \in K_1^{d_{\|\ \|_V}}(0)$ und hiermit

$$\|T'(\psi)\|_{\mathrm{op}} \leq 1 < |\psi(w)| \leq \|\psi\|_{\mathrm{op}}\, \|w\|_W \leq c\|\psi\|_{\mathrm{op}} \leq \|T'(\psi)\|_{\mathrm{op}}.\ \lightning$$

Schließlich ist $T[V] \in \tau_{\|\ \|_W}$, also $T[V] \in \alpha_{\tau_{\|\ \|_W}}$, woraus sich mit 2.4, A 31 die Surjektivität von T ergibt. □

Satz 6.4-5 (Satz vom abgeschlossenen Bild, Banach, 1929)

$(V, \|\ \|)$ und $(W, \|\ \|_W)$ seien Banach-Räume über K, $T \in L(V, W)$.

Äq *(i)* $T[V] = {}^{\perp}(\operatorname{Ker} T')$

(ii) $T[V] \in \alpha_{\tau_{\|\ \|_W}}$

(iii) $T'\big[W^{s_{\|\ \|_W}}\big] = (\operatorname{Ker} T)^{\perp}$

(iv) $T'\big[W^{s_{\|\ \|_W}}\big] \in \alpha_{\tau_{\|\ \|_{\mathrm{op}}}}$

Beweis

(i) ⇔ (ii) gilt gem. 6.4-3 (c) (i).

(ii) ⇒ (iii) In (iii) gilt „$\subseteq$" auch ohne die Abgeschlossenheit von $T[V]$ $[\![T'(\psi)(v) = \psi(T(v)) = 0$ für alle $\psi \in W^{s\| \|_W}$, $v \in \operatorname{Ker} T]\!]$. Sei also $\varphi \in (\operatorname{Ker} T)^{\perp}$ und $\psi : T[V] \longrightarrow K$ definiert durch $\psi(T(v)) := \varphi(v)$ $[\![$wohldefiniert wegen $T(v) = T(v') \Longrightarrow v - v' \in \operatorname{Ker} T \Longrightarrow \varphi(v) = \varphi(v')]\!]$. ψ ist K-linear und auch stetig (auf $(T[V], \| \|_W \restriction T[V])$), denn nach 6.4-4 (a) existiert ein $a \in \mathbb{R}^+$ mit

$$\forall\, w \in T[V]\ \exists\, v \in V\colon\ T(v) = w,\ \|v\| \leq a\|w\|_W,$$

woraus $|\psi(w)| = |\psi(T(v))| = |\varphi(v)| \leq \|\varphi\|_{\text{op}}\, \|v\| \leq \|\varphi\|_{\text{op}} a \|w\|_W$ folgt. Sei $\Psi \in W^{s\| \|_W}$ eine Fortsetzung von ψ (mit $\|\psi\|_{\text{op}} = \|\Psi\|_{\text{op}}$) $[\![$6.1-12.1 (a)$]\!]$. Für jedes $v \in V$ ist dann $T'(\Psi)(v) = \Psi(T(v)) = \psi(T(v)) = \varphi(v)$, also $T'(\Psi) = \varphi$.

(iii) ⇒ (iv) Nach 6.4-1 (a) ist $(\operatorname{Ker} T)^{\perp} \in \alpha_{\sigma(V^{s\| \|}, V)} \subseteq \alpha_{\tau_{\| \|_{\text{op}}}}$.

(iv) ⇒ (ii) Man behandele T als Operator $\widetilde{T} : V \longrightarrow \overline{T[V]}^{\tau_{\| \|_W}}$, $\widetilde{T}(v) = T(v)$. Zu zeigen ist dann die Surjektivität von $\widetilde{T}$, was mit Hilfe von 6.4-4 (b) geschieht. $\widetilde{T}'$ ist gem. 6.4-3 (c) (i) injektiv, denn für alle $\psi \in \operatorname{Ker} \widetilde{T}'$ gilt $\psi\big[\overline{T[V]}^{\tau_{\| \|_W}}\big] = \psi\big[{}^{\perp}(\operatorname{Ker} \widetilde{T}')\big] = \{0\}$. Wegen $\widetilde{T}'\big[\big(\overline{T[V]}^{\tau_{\| \|_W}}\big)^{s\| \|_W \restriction \cdots}\big] = T'\big[W^{s\| \|_W}\big]$ $[\![$A 5$]\!]$ erweist sich der Operator $\widetilde{T}'$ als stetiger K-linearer Isomorphismus des Banach-Raums $\big(\big(\overline{T[V]}^{\tau_{\| \|_W}}\big)^{s\| \|_W \restriction \cdots}, \| \|_{\text{op}}\big)$ auf $\widetilde{T}'\big[\big(\overline{T[V]}^{\tau_{\| \|_W}}\big)^{s\| \|_W \restriction \cdots}\big]$ (Banach-Raum mit $\| \|_{\text{op}}$ nach (iv)) und ist gem. 6.2-1.1 (a) offen, d. h. $\big(\widetilde{T}'\big)^{-1}$ ist stetig. Es gibt daher ein $c > 0$ mit $c\|\psi\|_{\text{op}} \leq \big\|\widetilde{T}'(\psi)\big\|_{\text{op}}$ für jedes $\psi \in \big(\overline{T[V]}^{\tau_{\| \|_W}}\big)^{s\| \|_W \restriction \cdots}$. Nach 6.4-4 (b) ist $\widetilde{T}$ surjektiv, d. h. $T[V] = \widetilde{T}[V] = \overline{T[V]}^{\tau_{\| \|_W}}$. □

In 6.4-5 kann (iv) durch die scheinbar stärkere, in konkreten Anwendungssituationen oftmals leicht zu überprüfende Eigenschaft

$$T'\big[W^{s\| \|_W}\big] \in \alpha_{\sigma(V^{s\| \|}, V)}$$

ersetzt werden:

Korollar 6.4-5.1

$(V, \| \|)$ und $(W, \| \|_W)$ seien Banach-Räume über K, $T \in L(V, W)$.

Äq *(ii)* $T[V] \in \alpha_{\tau_{\| \|_W}}$

(v) $T'\big[W^{s\| \|_W}\big] \in \alpha_{\sigma(V^{s\| \|}, V)}$

Beweis

Wegen $\sigma\big(V^{s\| \|}, V\big) \subseteq \tau_{\| \|_{\text{op}}}$ folgt (ii) über (iv) in 6.4-5 aus (v).

(ii) ⇒ (v) Wegen

$$(\operatorname{Ker} T)^{\perp} = \overline{T'\left[W^{s\| \|_W}\right]}^{\sigma(V^{s\| \|_V}, V)} = T'\left[W^{s\| \|_W}\right]$$

⟦ 6.4-3 (c) (i) ⟧ gilt (ii) gem. 6.4-5. □

Eine wichtige Eigenschaft linearer Operatoren T zwischen Banach-Räumen, die dual untersucht werden kann, ist die Kompaktheit (Vollstetigkeit bei F. Riesz) ⟦ 6.4-8 ⟧. Kompakte Operatoren stellen eine direkte Verallgemeinerung der bereits gut erforschten Operatoren endlichen Ranges dar. Dabei heißt ein K-linearer Operator $T : V \longrightarrow W$ von *endlichem Rang*, sofern $\dim_K T[V] < \infty$ ist. Für topologische K-Vektorräume (V, τ), (W, σ) sei

$$\mathcal{E}(V, W) := \{\, T \in L(V, W) \mid T \text{ hat endlichen Rang} \,\}, \qquad \mathcal{E}(V) := \mathcal{E}(V, V).$$

Die Definition der Kompaktheit resultiert nun aus der Beobachtung, daß die Operatoren $T \in \mathcal{E}(V, W)$ jede in (V, τ) beschränkte Menge B in die im normierten K-Vektorraum $(W, \| \|_W)$ kompakte Menge $\overline{T[B]}^{\tau_{\| \|_W}}$ abbilden:

$T[B]$ ist gem. 6.1-2 (a) im endlichdimensionalen normierten Vektorraum $(T[V], \| \|)$, $\| \| := \| \|_W \restriction T[V]$, beschränkt, d. h. $kT[B] \subseteq \widetilde{K}_1^{d_{\| \|}}(0)$ für ein $k \in K \backslash \{0\}$, wobei $\widetilde{K}_1^{d_{\| \|}}(0)$ in $(T[V], \tau_{\| \|})$ kompakt ist ⟦ 4.2-2.1 ⟧.

Definition

(V, τ) und (W, σ) seien topologische K-Vektorräume, $T : V \longrightarrow W$ K-linear.

T *kompakter (vollstetiger) Operator* :gdw

$\forall\, B \subseteq V$: B beschränkt in $(V, \tau) \Rightarrow \overline{T[B]}^{\sigma}$ kompakt in (W, σ).

$$\mathcal{K}(V, W) := \{\, T : V \longrightarrow W \mid T \text{ kompakter Operator} \,\}, \qquad \mathcal{K}(V) := \mathcal{K}(V, V)$$

Da kompakte Mengen beschränkt sind ⟦ 6.1-1 (c) ⟧, ist jeder zwischen lokalbeschränkten topologischen K-Vektorräumen (V, τ), (W, σ) definierte kompakte Operator stetig ⟦ 6.1-2 (b) ⟧, eine analoge Situation wie bei den K-linearen Operatoren auf endlichdimensionalen normierten K-Vektorräumen.

Beispiel (6.4,4)

Es seien $\alpha, \beta, a, b \in \mathbb{R}$, $\alpha < \beta$, $a < b$ und $k \in C_{\mathbb{R}}([\alpha, \beta] \times [a, b])$. Der *Fredholmsche Integraloperator* $I_k : C_{\mathbb{R}}([a, b]) \longrightarrow C_{\mathbb{R}}([a, b])$,

$$I_k(f)(\xi) := \int_a^b k(\xi, x) f(x) \, \mathrm{d}x,$$

mit Kern k ist kompakt (s. auch (6.1,3) (c)):

Sei $B \subseteq C_{\mathbb{R}}([a,b])$ $\| \ \|_\infty$-beschränkt, etwa $\|f\|_\infty \leq S$ für jedes $f \in B$ und ein $S > 0$. Wegen

$$\begin{aligned}\|I_k(f)\|_\infty &= \sup_{\xi\in[\alpha,\beta]} \Big|\int_a^b k(\xi,x)f(x)\,\mathrm{d}x\Big| \leq \|f\|_\infty(b-a) \sup_{\xi\in[\alpha,\beta]}\sup_{x\in[a,b]} |k(\xi,x)| \\ &\leq S(b-a)\|k\|_\infty\end{aligned}$$

ist $I_k[B]$ beschränkt in $(C_{\mathbb{R}}([a,b]), \| \ \|_\infty)$. Nach 4.1-10.1 und 4.1, A 13 (a) folgt die Kompaktheit von $\overline{I_k[B]}^{\tau_{\| \ \|_\infty}}$ nun aus der gleichgradigen Stetigkeit von $I_k[B]$:

Da k auf $[\alpha,\beta] \times [a,b]$ gleichmäßig stetig ist ⟦ 4.1-2.1 ⟧, gibt es zu jedem $\varepsilon > 0$ ein $\delta > 0$ mit

$$\forall\, \xi, \xi' \in [\alpha,\beta]\ \forall\, x \in [a,b]:\ |\xi - \xi'| < \delta \Rightarrow |k(\xi,x) - k(\xi',x)| < \frac{\varepsilon}{S(b-a)},$$

und es folgt weiter für jedes $f \in B$, $|\xi - \xi'| < \delta$

$$|I_k(f)(\xi) - I_k(f)(\xi')| \leq \frac{\varepsilon}{S(b-a)} \int_a^b |f(x)|\,\mathrm{d}x \leq \varepsilon.$$

Für lokalbeschränkte topologische K-Vektorräume (V,τ), (W,σ) sind $\mathcal{E}(V,W)$ und $\mathcal{K}(V,W)$ K-Untervektorräume von $L(V,W)$ ⟦ A 8 (a) ⟧ und speziell für $(V,\tau) = (W,\sigma)$ *zweiseitige K-Algebra-Ideale* in der K-Algebra $L(V)$, d. h. es gilt zusätzlich

$$\forall\, S \in L(V)\ \forall\, T \in \mathcal{E}(V)\ \forall\, R \in \mathcal{K}(V): \\ S \circ T,\ T \circ S \in \mathcal{E}(V) \text{ und } S \circ R,\ R \circ S \in \mathcal{K}(V)$$

⟦ A 8 (b), (c) ⟧.

Satz 6.4-6

$(V, \| \ \|_V)$, $(W, \| \ \|_W)$ seien normierte K-Vektorräume, $(W, \| \ \|_W)$ ein Banach-Raum. $\mathcal{K}(V,W)$ ist abgeschlossen im Banach-Raum $(L(V,W), \| \ \|_{\mathrm{op}})$, und daher ist $(\mathcal{K}(V,W), \| \ \|_{\mathrm{op}} \restriction \mathcal{K}(V,W))$ ein Banach-Raum.

Beweis

Nach 6.1-5 ist $(L(V,W), \| \ \|_{\mathrm{op}})$ ein Banach-Raum, es ist somit nur $\overline{\mathcal{K}(V,W)}^{\tau_{\| \ \|_{\mathrm{op}}}} = \mathcal{K}(V,W)$ zu überprüfen.

Sei $T \in L(V,W)$, $(T_j)_j \in \mathcal{K}(V,W)^{\mathbb{N}}$, $(T_j)_j \to_{\tau_{\| \ \|_{\mathrm{op}}}} T$ und $B \subseteq V$ beschränkt in $(V, \| \ \|_V)$, etwa $c > 0$ mit $\|b\|_V \leq c$ für jedes $b \in B$. Nach 4.1-3.2 und (4.1,4) (c) ist $\overline{T[B]}^{\tau_{\| \ \|_W}}$ genau dann kompakt in $\big(W, \tau_{\| \ \|_W}\big)$, wenn $T[B]$ totalbeschränkt in $\big(W, d_{\| \ \|_W}\big)$ ist. Sei also $\varepsilon > 0$ vorgegeben und $j_\varepsilon \in \mathbb{N}$ so gewählt, daß $\|T - T_j\|_{\mathrm{op}} < \frac{\varepsilon}{4c}$ für jedes $j \geq j_\varepsilon$ gilt. Es ist dann $\|T(b) - T_j(b)\|_W \leq \|T - T_j\|_{\mathrm{op}}\, \|b\|_V < \varepsilon/4$ für alle $b \in B$, $j \geq j_\varepsilon$. Da $\overline{T_{j_\varepsilon}[B]}^{\tau_{\| \ \|_W}}$ kompakt in $\big(W, \tau_{\| \ \|_W}\big)$ ist, existiert eine $\frac{\varepsilon}{4}$-Kette $\{w_1, \ldots, w_m\}$ in $\overline{T_{j_\varepsilon}[B]}^{\tau_{\| \ \|_W}}$, also $T_{j_\varepsilon}[B] \subseteq \overline{T_{j_\varepsilon}[B]}^{\tau_{\| \ \|_W}} \subseteq \bigcup_{i=1}^m K_{\varepsilon/4}^{d_{\| \ \|_W}}(w_i)$.

Es folgt $T[B] \subseteq \bigcup_{i=1}^m K_{\varepsilon/2}^{d_{\| \ \|_W}}(w_i)$, wobei o. B. d. A. $T[B] \cap K_{\varepsilon/2}^{d_{\| \ \|_W}}(w_i) \neq \emptyset$ für

$i = 1, \ldots, m$ angenommen werden kann, etwa $T(b_i) \in K_{\varepsilon/2}^{d_{\| \|_W}}(w_i)$ mit $b_i \in B$. Die Menge $\{ T(b_i) \mid i = 1, \ldots, m \}$ ist dann eine ε-Kette in $T[B]$. □

Nach 6.4-6 ist insbesondere $\mathcal{K}(V)$ ein abgeschlossenes zweiseitiges K-Algebra-Ideal in $(L(V), \| \|_{\text{op}})$, sofern $(V, \| \|_V)$ ein Banach-Raum über K ist. Außerdem erweist sich gem. 6.4-6 jeder K-lineare Operator T, der $\| \|_{\text{op}}$-Limes einer Folge K-linearer Operatoren $T_j \in \mathcal{E}(V, W)$ ist, als kompakt. Dagegen ist die für numerische Zwecke bedeutende Frage nach der $\| \|_{\text{op}}$-Approximierbarkeit *aller* kompakten K-linearen Operatoren durch K-lineare Operatoren endlichen Ranges für Hilbert-Räume zwar positiv, für Banach-Räume i. a. jedoch negativ zu beantworten, wie Enflo 1973 durch ein Gegenbeispiel belegen konnte. Der folgende Satz gibt ein hinreichendes Kriterium für die Dichtigkeit von $\mathcal{E}(V, W)$ in $(\mathcal{K}(V, W), \| \|_{\text{op}})$:

Satz 6.4-7

$(V, \| \|_V)$, $(W, \| \|_W)$ *seien Banach-Räume über* K *und* $(S_j)_j \in \mathcal{E}(W)^{\mathbb{N}}$ *mit* $(S_j(w))_j \to_{\tau_{\| \|_W}} w$ *für jedes* $w \in W$ *(*$\tau_{\| \|_W}$*-punktweise Konvergenz von* $(S_j)_j$ *gegen* id_W*). Dann gilt*

$$\overline{\mathcal{E}(V, W)}^{\tau_{\| \|_{\text{op}}}} = \mathcal{K}(V, W).$$

Beweis

Es sei $T \in \mathcal{K}(V, W)$. Wegen $(S_j \circ T)_j \in \mathcal{E}(V, W)^{\mathbb{N}}$ ⟦ A 8 (b) ⟧ genügt als Begründung $(S_j \circ T)_j \to_{\tau_{\| \|_{\text{op}}}} T$.

Sei $\varepsilon > 0$, $w_1, \ldots, w_m \in W$ mit $\overline{T\big[\widetilde{K}_1^{d_{\| \|_V}}(0)\big]}^{\tau_{\| \|_W}} \subseteq \bigcup_{i=1}^m K_\varepsilon^{d_{\| \|_W}}(w_i)$ und $j_\varepsilon \in \mathbb{N}$ gewählt mit

$$\forall\, i \in \{1, \ldots, m\}\ \forall\, j \geq j_\varepsilon\colon\ \|S_j(w_i) - w_i\|_W < \varepsilon.$$

Für jedes $v \in \widetilde{K}_1^{d_{\| \|_V}}(0)$, etwa $T(v) \in K_\varepsilon^{d_{\| \|_W}}(w_i)$ für ein $i \in \{1, \ldots, m\}$, und jedes $j \geq j_\varepsilon$ erhält man

$$\begin{aligned}\|S_j \circ T(v) - T(v)\|_W &\leq \|S_j(T(v)) - S_j(w_i)\|_W + \|S_j(w_i) - w_i\|_W \\ &\quad + \|w_i - T(v)\|_W \\ &\leq \|S_j\|_{\text{op}}\, \|T(v) - w_i\|_W + 2\varepsilon \\ &\leq \|S_j\|_{\text{op}}\varepsilon + 2\varepsilon.\end{aligned}$$

Nach dem Prinzip von der gleichmäßigen Beschränktheit 6.2-5 existiert ein $c > 0$ mit $\sup\{ \|S_j\|_{\text{op}} \mid j \in \mathbb{N} \} < c$, also gilt $\|S_j \circ T - T\|_{\text{op}} \leq \varepsilon(c + 2)$ für alle $j \geq j_\varepsilon$. □

Zur Verifikation der Existenz einer gegen id_W $\tau_{\| \|_W}$-punktweise konvergenten Folge $(S_j)_j \in \mathcal{E}(W)^{\mathbb{N}}$ für spezielle Räume betrachte man die Lösungsvorschläge zu A 9 und A 10, Seite 707.

Satz 6.4-8 (Schauder, 1930)

$(V, \| \|_V)$, $(W, \| \|_W)$ seien Banach-Räume über K, $T \in L(V, W)$.

Äq (i) $T \in \mathcal{K}(V, W)$

(ii) $T' \in \mathcal{K}\big(W^{\mathrm{s}\| \|_W}, V^{\mathrm{s}\| \|_V}\big)$

Beweis

(i) ⇒ (ii) Sei $B' \subseteq W^{\mathrm{s}\| \|_W}$ beschränkt in $\big(W^{\mathrm{s}\| \|_W}, \| \|_{\mathrm{op}}\big)$, etwa $\|\psi\|_{\mathrm{op}} \leq a$ für jedes $\psi \in B'$. Die Menge $A := \overline{T\big[\widetilde{K}_1^{d_{\| \|_V}}(0)\big]}^{\tau_{\| \|_W}}$ ist gem. (i) kompakt, also beschränkt in $(W, \tau_{\| \|_W})$, etwa $\|w\|_W \leq b$ für alle $w \in A$. Wegen der Vollständigkeit von $\big(V^{\mathrm{s}\| \|_V}, \| \|_{\mathrm{op}}\big)$ [[6.1-5.1]] muß zum Nachweis der Kompaktheit von $\overline{T'[B']}^{\tau_{\| \|_{\mathrm{op}}}}$ gem. 4.1-3.3, (4.1,4) (c) und 4.1-3 gezeigt werden, daß jede Folge $(\psi_j)_j \in (B')^{\mathbb{N}}$ eine Teilfolge $\big(\psi_{j_k}\big)_k$ mit in $\big(V^{\mathrm{s}\| \|_V}, \tau_{\| \|_{\mathrm{op}}}\big)$ konvergenter Bildfolge $\big(T'\big(\psi_{j_k}\big)\big)_k$ zuläßt.

Sei also $(\psi_j)_j \in (B')^{\mathbb{N}}$. Wegen

$$\|\psi_j{\restriction}A\|_\infty = \sup_{w\in A}|\psi_j(w)| \leq \sup_{w\in A}\|\psi_j\|_{\mathrm{op}}\,\|w\|_W \leq ab \quad \text{und}$$
$$|\psi_j(w) - \psi_j(\widetilde{w})| \leq \|\psi_j\|_{\mathrm{op}}\,\|w - \widetilde{w}\|_W \leq a\|w - \widetilde{w}\|_W$$

ist $\{\, \psi_j{\restriction}A \mid j \in \mathbb{N}\,\} \subseteq C_{\mathbb{R}}(A)$ beschränkt in $(C_{\mathbb{R}}(A), \| \|_\infty)$ und gleichgradig stetig. Nach 4.1, A 13 (b) existiert ein $f \in C_{\mathbb{R}}(A)$ und eine Teilfolge $\big(\psi_{j_k}\big)_k$ von $(\psi_j)_j$ mit $\big(\psi_{j_k}{\restriction}A\big)_k \to_{\tau_{\| \|_\infty}} f$, $\big(\psi_{j_k}{\restriction}A\big)_k$ ist daher eine Cauchy-Folge in $\big(C_{\mathbb{R}}(A), d_{\| \|_\infty}\big)$. Aus der Abschätzung

$$\begin{aligned}\big\|T'(\psi_{j_k}) - T'(\psi_{j_i})\big\|_{\mathrm{op}} &= \sup\{\, |T'(\psi_{j_k})(v) - T'(\psi_{j_i})(v)| \mid v \in V,\ \|v\|_V \leq 1\,\}\\ &= \sup\{\, |\psi_{j_k}(T(v)) - \psi_{j_i}(T(v))| \mid v \in V,\ \|v\|_V \leq 1\,\}\\ &\leq \big\|\psi_{j_k}{\restriction}A - \psi_{j_i}{\restriction}A\big\|_\infty\end{aligned}$$

ergibt sich auch $\big(T'\big(\psi_{j_k}\big)\big)_k$ als Cauchy-Folge, die somit in $\big(V^{\mathrm{s}\| \|_V}, \tau_{\| \|_{\mathrm{cp}}}\big)$ konvergiert.

(ii) ⇒ (i) Mit T' ist auch $(T')'$ und gem. A 8 (c) $(T')' \circ \Gamma_V = \Gamma_W \circ T$ [[A 4 (a)]] ein kompakter K-linearer Operator, demgemäß $\overline{\Gamma_W \circ T\big[\widetilde{K}_1^{d_{\| \|_V}}(0)\big]}^{\tau_{\| \|'_{\mathrm{op}}}}$ kompakt in $\big(\big(W^{\mathrm{s}\| \|_W}\big)^{\mathrm{s}\| \|_{\mathrm{op}}}, \tau_{\| \|'_{\mathrm{op}}}\big)$. Die Teilmenge $\Gamma_W\Big[\overline{T\big[\widetilde{K}_1^{d_{\| \|_V}}(0)\big]}^{\tau_{\| \|_W}}\Big]$ ist abgeschlossen im Banach-Raum $(\Gamma_W[W], \| \|'_{\mathrm{op}}{\restriction}\Gamma_W[W])$ [[Γ_W ist $(\| \|_W, \| \|'_{\mathrm{op}})$-normerhaltender K-linearer Operator, vgl. Seite 493]], also auch in $\big(\big(W^{\mathrm{s}\| \|_W}\big)^{\mathrm{s}\| \|_{\mathrm{op}}}, \| \|'_{\mathrm{op}}\big)$ und damit kompakt. □

In der speziellen Situation stetiger K-linearer Operatoren $T : V \longrightarrow W$ zwischen Banach-Räumen $(V, \| \|_V)$, $(W, \| \|_W)$, die *selbstdual*, d. h. normerhaltend K-(konjugiert)linear isomorph zu ihrem stetigen Dualraum, etwa vermöge $R_V : V \longrightarrow V^{\mathrm{s}\| \|_V}$

bzw. $R_W : W \longrightarrow W^{s_{\| \|_W}}$, sind, kann der (topologisch-)adjungierte Operator T' mit Hilfe der Identifizierungen R_V, R_W als stetiger K-linearer Operator $T^\square : W \longrightarrow V$ interpretiert werden:

$$T^\square := R_V^{-1} \circ T' \circ R_W.$$

Für Hilbert-Räume $(V, \langle\ \rangle_V)$, $(W, \langle\ \rangle_W)$ liegt dieser Sachverhalt dem Rieszschen Darstellungssatz zufolge (s. 6.1-6.1) vor, $T^\square$ heißt dann *Hilbert-adjungierter* Operator zu T.

Dieser Abschnitt schließt mit einigen einfachen Untersuchungen über Hilbert-Adjungierte, insbesondere werden bisherige Ergebnisse über (topologisch-)Adjungierte an die speziellen Gegebenheiten angepaßt.

Im folgenden bezeichne $R_V : V \longrightarrow V^{s_{\langle\ \rangle}}$, $R_V(x)(y) := \langle y, x\rangle$, den Riesz-Operator (vgl. 6.1-6.1) auf dem Hilbert-Raum $(V, \langle\ \rangle)$.

Satz 6.4-9

$(V, \langle\ \rangle_V)$, $(W, \langle\ \rangle_W)$, $(Z, \langle\ \rangle_Z)$ seien Hilbert-Räume über K.

(a) Die Adjunktion

$$\eta : \begin{cases} L(V,W) \longrightarrow L(W,V) \\ T \longmapsto T^\square \end{cases}$$

ist ein $(\|\ \|_{\mathrm{op}}, \|\ \|_{\mathrm{op}})$-normerhaltender K-(konjugiert)linearer Isomorphismus und $(T^\square)^\square = T$ für jedes $T \in L(V,W)$.

(b) Für alle $T \in L(V,W)$, $S \in L(W,Z)$ ist $(S \circ T)^\square = T^\square \circ S^\square$.

Beweis

Zu (a) Für alle $a, b \in K$, $S, T \in L(V,W)$ gilt

$$\begin{aligned}(aT + bS)^\square &= R_V^{-1} \circ (aT + bS)' \circ R_W = R_V^{-1} \circ (aT' + bS') \circ R_W \qquad [\![\, 6.4\text{-}3\ (a)\,]\!] \\ &= (\overline{a} R_V^{-1} \circ T' + \overline{b} R_V^{-1} \circ S') \circ R_W = \overline{a} T^\square + \overline{b} S^\square,\end{aligned}$$

$$\begin{aligned}(T^\square)^\square &= R_W^{-1} \circ (T^\square)' \circ R_V = R_W^{-1} \circ (R_W \circ T) \qquad [\![\, \text{A 11 (b)}\,]\!] \\ &= T,\end{aligned}$$

speziell ist η surjektiv, und schließlich

$$\begin{aligned}\|T^\square\|_{\mathrm{op}} &= \|R_V^{-1} \circ T' \circ R_W\|_{\mathrm{op}} \\ &\leq \|T'\|_{\mathrm{op}} && [\![\, R_V, R_W \text{ sind normerhaltend! }]\!] \\ &= \|T\|_{\mathrm{op}} && [\![\, 6.4\text{-}3\ (a)\,]\!] \\ &= \left\|(T^\square)^\square\right\|_{\mathrm{op}} \leq \|T^\square\|_{\mathrm{op}} && [\![\, \text{gem. vorstehender Ungleichung}\,]\!].\end{aligned}$$

Zu (b)

$$(S \circ T)^\square = R_V^{-1} \circ (S \circ T)' \circ R_Z = R_V^{-1} \circ T' \circ S' \circ R_Z \qquad [\![6.4\text{-}3\ (b)]\!]$$
$$= R_V^{-1} \circ T' \circ R_W \circ R_W^{-1} \circ S' \circ R_Z = T^\square \circ S^\square .$$

□

In Prähilberträumen $(V, \langle\ \rangle)$ über K sei

$$S^{\perp_V} := \{ v \in V \mid \forall\, s \in S\colon\ \langle s, v\rangle = 0 \}$$

der Orthogonalraum zur Teilmenge $S \subseteq V$ (vgl. Abschnitt 3.6). Hierfür gilt

$$S^{\perp_V} = R_V^{-1}\big[\{ \varphi \in V^{s\langle\ \rangle} \mid \varphi{\restriction}S = 0 \}\big] = R_V^{-1}[S^\perp]$$

(Annullator von S in $V^{s\langle\ \rangle}$), was die verwendete Schreibweise $S^\perp$ für den Annullator von S begründet.

Korollar 6.4-9.1 (Kern-Bild-Satz)

$(V, \langle\ \rangle_V)$, $(W, \langle\ \rangle_W)$ seien Hilbert-Räume über K, $T \in L(V, W)$.

(a) $\operatorname{Ker} T^\square = (T[V])^{\perp_W}, \quad \operatorname{Ker} T = (T^\square[W])^{\perp_V}$

(b) $\overline{T[V]}^{\mathcal{T}\langle\ \rangle_W} = (\operatorname{Ker} T^\square)^{\perp_W}, \quad \overline{T^\square[W]}^{\mathcal{T}\langle\ \rangle_V} = (\operatorname{Ker} T)^{\perp_V}$

Beweis

Zu (a) Für jedes $w \in W$ gilt:

$$w \in \operatorname{Ker} T^\square \iff R_V^{-1} \circ T' \circ R_W(w) = 0 \iff T' \circ R_W(w) = 0$$
$$\iff R_W(w) \in \operatorname{Ker} T' = T[V]^\perp \qquad [\![6.4\text{-}3\ (c)\ (ii)]\!]$$
$$\iff w \in R_W^{-1}[T[V]^\perp] = T[V]^{\perp_W}.$$

Wegen $(T^\square)^\square = T$ [[6.4-9 (a)]] erhält man hiermit auch die zweite Gleichung $\operatorname{Ker} T = \operatorname{Ker}(T^\square)^\square = (T^\square[W])^{\perp_V}$.

Zu (b) Es ist $(\operatorname{Ker} T^\square)^{\perp_W} = (T[V]^{\perp_W})^{\perp_W} = \overline{T[V]}^{\mathcal{T}\langle\ \rangle_W}$ [[(a); 3.6, A 1 (d)]] und ebenso $(\operatorname{Ker} T)^{\perp_V} = (T^\square[W]^{\perp_V})^{\perp_V} = \overline{T^\square[W]}^{\mathcal{T}\langle\ \rangle_V}$. □

Beispiel (6.4,5) (Matrixdarstellung der Hilbert-Adjungierten)

$(V, \langle\ \rangle_V)$, $(W, \langle\ \rangle_W)$ seien Hilbert-Räume über K mit den Orthonormalbasen B_V bzw. B_W [[3.6-7 (b)]], $T \in L(V, W)$ und $v \in V$. Wegen $\langle T(b), e\rangle_W = \langle b, T^\square(e)\rangle_V$ [[A 11 (a)]] und $\sum_{b \in B_V} \langle v, b\rangle_V \overline{\langle T^\square(e), b\rangle_V} = \langle v, T^\square(e)\rangle_V$ [[3.6-7 (a)]] erhält man

$$\sum_{b \in B_V} \langle v, b\rangle_V \overline{\langle T^\square(e), b\rangle_V}\, e = \langle v, T^\square(e)\rangle_V\, e = \langle T(v), e\rangle_W\, e$$

⟦ Stetigkeit der Skalarmultiplikation in $(W, \langle\ \rangle_W)$, A 11 (a) ⟧, also

$$\sum_{e \in B_W} \sum_{b \in B_V} \langle v, b\rangle_V \langle T(b), e\rangle_W e = \sum_{e \in B_W} \langle T(v), e\rangle_W e = T(v).$$

Sei nun $M_T : B_V \times B_W \longrightarrow K,\ M_T((b,e)) := \langle T(b), e\rangle_W$ (*Matrixdarstellung von* T bzgl. (B_V, B_W); s. auch A 14). Aus $\langle T(v), e\rangle_W = \sum_{b \in B_V} \langle v, b\rangle_V \langle T(b), e\rangle_W$ ergibt sich mit der Fourier-Abbildung $f_{B_W} : W \longrightarrow L^2(B_W),\ f_{B_W}(w) := (\langle w, e\rangle_W)_{e \in B_W}$ (vgl. 3.6-5.1), die Darstellung von $f_{B_W}(T(v)) = (\langle T(v), e\rangle_W)_{e \in B_W}$ in der Form des (formalen) Matrixprodukts $(M_T(b,e))_{(b,e) \in B_V \times B_W} \cdot f_{B_V}(v)$. Die die Hilbert-Adjungierte $T^\square$ von T darstellende Matrix $M_{T^\square} : B_W \times B_V \longrightarrow K$ erhält man aus

$$\begin{aligned} M_{T^\square}(e,b) &= \langle T^\square(e), b\rangle_V = \langle e, T(b)\rangle_W \qquad [\![\text{A 11 (a)}]\!] \\ &= \overline{\langle T(b), e\rangle_W} = \overline{M_T(b,e)} \end{aligned}$$

als *konjugiert-transponierte Matrix* $\overline{M_T^{\mathrm{t}}}$ zu M_T, wobei durch $M_T^{\mathrm{t}}(e,b) := M_T(b,e)$ die zu M_T *transponierte Matrix* M_T^{t} erklärt ist.

Ein für die Theorie der Differential- und Integralgleichungen wichtiger K-Untervektorraum von $L(V,W)$ zwischen $\mathcal{E}(V,W)$ und $\mathcal{K}(V,W)$ wird durch die Hilbert-Schmidt-Operatoren gebildet, ihre Hilbert-Adjungierten sind ebenfalls vom Hilbert-Schmidt-Typ (vgl. 6.4-10).

Definition

$(V, \langle\ \rangle_V)$, $(W, \langle\ \rangle_W)$ seien Hilbert-Räume über K, $T \in L(V,W)$.

T Hilbert-Schmidt-Operator :gdw

$$\exists\ B_V \subseteq V\colon\ B_V \text{ Orthonormalbasis von } (V, \langle\ \rangle),\ \sum_{b \in B_V} \|T(b)\|^2_{\langle\ \rangle_W} < \infty.$$

$\|T\|_{HS} := \left(\sum_{b \in B_V} \|T(b)\|^2_{\langle\ \rangle_W}\right)^{1/2}$ heißt dann *Hilbert-Schmidt-Norm von* T.

$$HS(V,W) := \{\, T \in L(V,W) \mid T \text{ Hilbert-Schmidt-Operator} \,\},$$
$$HS(V) := HS(V,V).$$

Mit zusätzlichen Mitteln der Integrationstheorie (Satz von Fubini) und der Funktionalanalysis (nukleare Operatoren) kann gezeigt werden, daß die Hilbert-Schmidt-Operatoren von $L^2([a,b],\ldots)$ in sich gerade die *Fredholmschen Integraloperatoren* $I_k : L^2([a,b],\ldots) \longrightarrow L^2([a,b],\ldots)$,

$$I_k(\widetilde{f}) := \left(\xi \mapsto \widetilde{\int_{[a,b]} k(\xi,x) f(x)\,\mathrm{d}\lambda(x)}\right),$$

mit Kern $\widetilde{k} \in L^2([a,b]^2,\ldots)$ sind (vgl. [36, Satz VI.6.3]).

Satz 6.4-10

$(V, \langle\ \rangle_V)$, $(W, \langle\ \rangle_W)$ seien Hilbert-Räume über K, $B_V, C_V \subseteq V$ bzw. $B_W \subseteq W$ Orthonormalbasen in V bzw. W, $T \in L(V, W)$.

(a) $\sum_{b\in B_V} \|T(b)\|^2_{\langle\ \rangle_W} = \sum_{e\in B_W} \|T^\square(e)\|^2_{\langle\ \rangle_V}$
Speziell gilt

(i) $\sum_{b\in B_V} \|T(b)\|^2_{\langle\ \rangle_W} = \sum_{c\in C_V} \|T(c)\|^2_{\langle\ \rangle_W}$,

(ii) $\forall\, T \in L(V, W)\colon\ T \in HS(V, W) \Leftrightarrow T^\square \in HS(W, V)$,

(iii) $\forall\, T \in HS(V, W)\colon\ \|T\|_{HS} = \|T^\square\|_{HS}$.

(b) *$HS(V, W)$ ist ein K-Untervektorraum von $\mathcal{K}(V, W)$, $\|\ \|_{HS}$ eine Norm auf $HS(V, W)$, $\|T\|_{\text{op}} \leq \|T\|_{HS}$ für alle $T \in HS(V, W)$.*

Beweis

Zu (a) Es ist

$$\begin{aligned}
\sum_{b\in B_V} \|T(b)\|^2_{\langle\ \rangle_W} &= \sum_{b\in B_V} \Big(\sum_{e\in B_W} |\langle T(b), e\rangle_W|^2\Big) && [\![\,3.6\text{-}7\ (a)\,]\!]\\
&= \sum_{e\in B_W} \Big(\sum_{b\in B_V} |\langle T(b), e\rangle_W|^2\Big) && [\![\,3.5\text{-}5\ (b)\,]\!]\\
&= \sum_{e\in B_W} \Big(\sum_{b\in B_V} |\overline{\langle T^\square(e), b\rangle_V}|^2\Big) && [\![\,A\ 11\ (a)\,]\!]\\
&= \sum_{e\in B_W} \|T^\square(e)\|^2_{\langle\ \rangle_V} && [\![\,3.6\text{-}7\ (a)\,]\!].
\end{aligned}$$

Die Zusätze (i), (ii) [[mit 6.4-9 (a)]] und (iii) sind nun offensichtlich richtig.

Zu (b) Für alle T, $S \in HS(V, W)$ gilt:

$$\begin{aligned}
\sum_{b\in B_V} \|(T+S)(b)\|^2_{\langle\ \rangle_W} &\leq \sum_{b\in B_V} \big(\|T(b)\|_{\langle\ \rangle_W} + \|S(b)\|_{\langle\ \rangle_W}\big)^2\\
&\leq \Big(\big\|\big(\|T(b)\|_{\langle\ \rangle_W}\big)_{b\in B_V}\big\|_2 + \big\|\big(\|S(b)\|_{\langle\ \rangle_W}\big)_{b\in B_V}\big\|_2\Big)^2\\
&\quad [\![\,3.5\text{-}7\,]\!]\\
&= (\|T\|_{HS} + \|S\|_{HS})^2 < \infty,
\end{aligned}$$

also $T + S \in HS(V, W)$ mit $\|T + S\|_{HS} \leq \|T\|_{HS} + \|S\|_{HS}$. Wegen der Gleichung $\sum_{b\in B_V} \|(kT)(b)\|^2_W = |k|^2 \sum_{b\in B_V} \|T(b)\|^2_W$ ist $kT \in HS(V, W)$, $HS(V, W)$ somit ein K-Untervektorraum von $L(V, W)$ und $\|\ \|_{HS}$ eine Halbnorm auf $HS(V, W)$. Weiter ist $T(v) = T\big(\sum_{b\in B_V} \langle v, b\rangle_V b\big) = \sum_{b\in B_V} \langle v, b\rangle_V T(b)$ für jedes $v \in V$, also für jedes $E \in \mathcal{P}_e B_V$

$$\left\|T(v) - \sum_{b\in E}\langle v,b\rangle_V T(b)\right\|^2_{\langle\,\rangle_W} = \left\|\sum_{b\in B_V\setminus E}\langle v,b\rangle_V T(b)\right\|^2_{\langle\,\rangle_W} \quad [\![\, 3.5\text{-}1.1\,(b);\ 3.5\text{-}2\,]\!]$$

$$\leq \left(\sum_{b\in B_V\setminus E} |\langle v,b\rangle_V|\,\|T(b)\|_{\langle\,\rangle_W}\right)^2$$

$$\leq \left(\sum_{b\in B_V\setminus E} |\langle v,b\rangle_V|^2\right)\left(\sum_{b\in B_V\setminus E}\|T(b)\|^2_{\langle\,\rangle_W}\right)$$

$[\![\, 1.1\text{-}8$ in $(L^2(B_V\setminus E), \langle\,\rangle_2)$ gem. $3.5\text{-}7\,]\!]$

$$\leq \|v\|^2_{\langle\,\rangle_V}\left(\sum_{b\in B_V\setminus E}\|T(b)\|^2_{\langle\,\rangle_W}\right) \quad [\![\, 3.6\text{-}2\,(c)\,]\!].$$

Für $E = \emptyset$ erhält man $\|T(v)\|_{\langle\,\rangle_W} \leq \|T\|_{HS}\,\|v\|_{\langle\,\rangle_V}$, also $\|T\|_{\text{op}} \leq \|T\|_{HS}$. Die Hilbert-Schmidt-Norm ist daher eine Norm auf $HS(V,W)$ $[\![\, \|T\|_{HS} = 0 \Longrightarrow \|T\|_{\text{op}} = 0 \Longrightarrow T = 0\,]\!]$.
Schließlich gehört $T_E : V \longrightarrow W,\ T_E(v) := \sum_{b\in E}\langle v,b\rangle T(b)$, für jedes $E \in \mathcal{P}_e B_V$ zu $\mathcal{E}(V,W)$, und gem. obiger Abschätzung ist

$$\|T - T_E\|_{\text{op}} \leq \left(\sum_{b\in B_V\setminus E}\|T(b)\|^2_{\langle\,\rangle_W}\right)^{1/2},$$

woraus wegen $T \in HS(V,W)$ die Konvergenz des Netzes $(T_E)_{E\in\mathcal{P}_e B_V}$ gegen T in $(L(V,W), \|\ \|_{\text{op}})$ folgt. Nach 6.4-6 ergibt sich $T \in \mathcal{K}(V,W)$. □

$HS(V,W)$ ist i. a. ein *echter* K-Untervektorraum von $\mathcal{K}(V,W)$:

Beispiel (6.4,6)

Für jedes $j \in \mathbb{N}$ sei $k_j := (j+1)^{-1/2}$. Dann ist $(k_j)_{j\in\mathbb{N}}$ beschränkt in $(\mathbb{C}, |\ |)$ und $(\sup_{j\in\mathbb{N}\setminus E} k_j)_{E\in\mathcal{P}_e\mathbb{N}} \to_{\tau_{|\,|}} 0$.* Man definiere $T : \ell^2 \longrightarrow \ell^2$ durch

$$T(x) := \sum_{j\in\mathbb{N}}(j+1)^{-1/2}\langle x, (\delta_{i,j})_i\rangle_2(\delta_{i,j})_i.$$

Gem. A 13 ist $T \in \mathcal{K}(\ell^2)$. Wegen

$$\sum_{j\in\mathbb{N}}\|T((\delta_{i,j})_i)\|_2^2 = \sum_{j\in\mathbb{N}}\|(j+1)^{-1/2}(\delta_{i,j})_i\|_2^2 = \sum_{j\in\mathbb{N}}(j+1)^{-1} = \infty$$

gehört T nicht zu $HS(\ell^2)$.

* Definitionsbereich des Netzes ist hier die gerichtete Menge $(\mathcal{P}_e\mathbb{N}, \supseteq)$.

Für Hilbert-Räume $(V, \langle\ \rangle)$ über K ist gem. 6.4-9 (a) die Frage nach Fixpunkten von $\eta : L(V) \longrightarrow L(V),\ \ \eta(T) := T^{\square}$, sinnvoll. Sind B und C Orthonormalbasen von $(V, \langle\ \rangle)$, M_T bzw. $M_{T^{\square}}$ die Matrixdarstellungen von T bzgl. (B, C) bzw. von $T^{\square}$ bzgl. (C, B), so ist gem. (6.4,5) $T = T^{\square}$ genau dann richtig, wenn $M_T = M_{T^{\square}} = \overline{M_T^{\mathrm{t}}}$ gilt, d. h. M_T eine hermitesche (symmetrische für $K = \mathbb{R}$) Matrix ist.

Definition

$(V, \langle\ \rangle)$ sei ein Hilbert-Raum über $K,\ T \in L(V)$.

T selbstadjungiert :gdw $T = T^{\square}$

In diesem Fall heißt T auch *hermitesch* für $K = \mathbb{C}$ bzw. *symmetrisch* für $K = \mathbb{R}$.

Selbstadjungierte Operatoren T sind infolge des Kern-Bild-Satzes 6.4-9.1 (b) genau dann injektiv, wenn ihr Bild $T[V]$ in $(V, \tau_{\langle\ \rangle})$ dicht liegt:

$$\overline{T[V]}^{\tau_{\langle\ \rangle}} = (\operatorname{Ker} T^{\square})^{\perp_V} = (\operatorname{Ker} T)^{\perp_V}.$$

In Analogie zur Darstellbarkeit komplexer Zahlen z in der Form $z = a + ib$ mit „selbstkonjugierten" (d. h. reellen) Zahlen $a = \overline{a}$, $b = \overline{b}$, läßt sich jeder Operator T aus $L(V)$ auf $\mathbb{C}$-Hilbert-Räumen $(V, \langle\ \rangle)$ eindeutig als Linearkombination $T = T_1 + iT_2$ mit $T_1^{\square} = T_1, T_2^{\square} = T_2 \in L(V)$ schreiben, denn $T_1 := \frac{1}{2}(T + T^{\square})$, $T_2 := \frac{1}{2i}(T - T^{\square})$ sind selbstadjungiert ⟦ 6.4-9 (a) ⟧ mit $T = T_1 + iT_2$, und für selbstadjungierte $S_1, S_2 \in L(V)$, $T = S_1 + iS_2$ erhält man $T^{\square} = S_1^{\square} - iS_2^{\square} = S_1 - iS_2$, also $T + T^{\square} = 2S_1$ und $T - T^{\square} = 2iS_2$.

Satz 6.4-11

$(V, \langle\ \rangle)$ sei ein Hilbert-Raum über $K,\ T \in L(V)$.

(a) T selbstadjungiert $\implies \forall\, v \in V\colon\ \langle T(v), v\rangle \in \mathbb{R}$

(b) Für $K = \mathbb{C}$ gilt:

Äq (i) T selbstadjungiert

(ii) $\forall\, v \in V\colon\ \langle T(v), v\rangle \in \mathbb{R}$

Beweis

Zu (a) $\langle T(v), v\rangle = \langle v, T^{\square}(v)\rangle = \langle v, T(v)\rangle = \overline{\langle T(v), v\rangle}$ für jedes $v \in V$.

Zu (b) (ii) ⇒ (i) Wegen $\langle T^{\square}(v), v\rangle = \langle v, T(v)\rangle = \overline{\langle T(v), v\rangle} = \langle T(v), v\rangle$ ist $\langle (T^{\square} - T)(v), v\rangle = 0$ für jedes $v \in V$, also $T^{\square} - T = 0$ ⟦ 1.1, A 25 ⟧. □

In 6.4-11 (a) gilt die Umkehrung für $K = \mathbb{R}$ offensichtlich nicht, denn $\langle T(v), v\rangle \in \mathbb{R}$ ist für alle $T \in L(V)$, $v \in V$ richtig, wohingegen T genau für symmetrische $M_T = M_T^{\mathrm{t}}$ selbstadjungiert ist.

Für die Operatornorm von $T \in L(V)$ wurde in 6.1-7 (a)

$$\|T\|_{\text{op}} = \|B_T\|_{\text{op}} = \sup\{\, |B_T(v,w)| \mid v,w \in V,\ \|v\|_{\langle\,\rangle} = \|w\|_{\langle\,\rangle} = 1 \,\}$$

festgestellt, wobei $B_T : V \times V \longrightarrow K,\ B_T(v,w) := \langle v, T(w)\rangle$ die zu T gehörige beschränkte Bilinearform ist. Für selbstadjungierte Operatoren T ist eine einfachere Berechnung von $\|T\|_{\text{op}}$ durch die Bestimmung des Supremums von $|B_T|$ auf der Diagonale $\{\, (v,v) \in \Delta_V \mid \|v\|_{\langle\,\rangle} = 1 \,\}$ möglich:

Satz 6.4-12

$(V, \langle\,\rangle)$ sei ein Hilbert-Raum über K, $T \in L(V)$ selbstadjungiert. Es gilt:

$$\|T\|_{\text{op}} = \sup\{\, |\langle T(v), v\rangle| \mid v \in V,\ \|v\|_{\langle\,\rangle} = 1 \,\}.$$

Beweis

Zu zeigen ist wegen 6.1-7 (a) nur noch

$$m_T := \sup\{\, |\langle T(v), v\rangle| \mid v \in V,\ \|v\|_{\langle\,\rangle} = 1 \,\} \geq \|T\|_{\text{op}}.$$

Sei o. B. d. A. $T \neq 0$, etwa $x \in V,\ \|x\|_{\langle\,\rangle} \leq 1$ und $T(x) \neq 0$. Mit $r := \|T(x)\|_{\langle\,\rangle}^{1/2}$ definiere man $v := rx + r^{-1}T(x)$ und $w := rx - r^{-1}T(x)$. Es folgt

$$\begin{aligned} \|v\|^2_{\langle\,\rangle} + \|w\|^2_{\langle\,\rangle} &= \frac{1}{2}\|v+w\|^2_{\langle\,\rangle} + \frac{1}{2}\|v-w\|^2_{\langle\,\rangle} \qquad [\![\, 1.1\text{-}8.3 \,]\!] \\ &\leq 2r^2 + 2r^{-2}\|T(x)\|^2_{\langle\,\rangle} = 4\|T(x)\|_{\langle\,\rangle}. \end{aligned} \tag{$*$}$$

Wegen $|\langle T(y), y\rangle| = \|y\|^2_{\langle\,\rangle} |\langle T(\|y\|^{-1}_{\langle\,\rangle} y), \|y\|^{-1}_{\langle\,\rangle} y\rangle| \leq \|y\|^2_{\langle\,\rangle} m_T$ für jedes $y \in V\backslash\{0\}$ gilt nach $(*)$ auch

$$\begin{aligned} \langle T(v), v\rangle - \langle T(w), w\rangle &\leq |\langle T(v), v\rangle| + |\langle T(w), w\rangle| \\ &\leq (\|v\|^2_{\langle\,\rangle} + \|w\|^2_{\langle\,\rangle}) m_T \leq 4 m_T \|T(x)\|_{\langle\,\rangle} \end{aligned} \tag{$**$}$$

wobei

$$\begin{aligned} &\langle T(v), v\rangle - \langle T(w), w\rangle \\ &\quad = \langle rT(x) + r^{-1}T(T(x)), rx + r^{-1}T(x)\rangle \\ &\qquad - \langle rT(x) - r^{-1}T(T(x)), rx - r^{-1}T(x)\rangle \\ &\quad = \langle rT(x) + r^{-1}T(T(x)), rx\rangle + \langle rT(x) + r^{-1}T(T(x)), r^{-1}T(x)\rangle \\ &\qquad - \langle rT(x) - r^{-1}T(T(x)), rx\rangle + \langle rT(x) - r^{-1}T(T(x)), r^{-1}T(x)\rangle \\ &\quad = 2\langle r^{-1}T(T(x)), rx\rangle + 2\langle rT(x), r^{-1}T(x)\rangle \\ &\quad = 4\langle T(x), T(x)\rangle = 4\|T(x)\|^2_{\langle\,\rangle} \end{aligned}$$

ist. Es folgt $\|T(x)\|_{\langle\,\rangle} \leq m_T$ für jedes $x \in V,\ \|x\|_{\langle\,\rangle} \leq 1$, also $\|T\|_{\text{op}} \leq m_T$. □

Besonders einfache selbstadjungierte Operatoren auf V sind die orthogonalen Projektionen π_W (vgl. 3.6-4; 3.6-4.1) zu abgeschlossenen K-Untervektorräumen W von $(V, \tau_{\langle\,\rangle})$:

$\pi_W : W \oplus W^{\perp_V} \longrightarrow W,\ \ \pi_W(w+v) := w$, ist K-linear und surjektiv, stetig $[\![\, \|\pi_W(w+v)\|^2_{\langle\,\rangle} = \|w\|^2_{\langle\,\rangle} \leq \|w\|^2_{\langle\,\rangle} + \|v\|^2_{\langle\,\rangle} = \|w+v\|^2_{\langle\,\rangle}$ (gem. 3.6-2 (a))$\,]\!]$ mit $\|\pi_W\|_{\mathrm{op}} \leq 1$ und $\|\pi_W\|_{\mathrm{op}} = 1$ für $W \neq \{0\}$ $[\![\, w \in W\backslash\{0\} \Longrightarrow \|\pi_W(w)\|_{\langle\,\rangle} = \|w\|_{\langle\,\rangle} \neq 0 \,]\!]$, selbstadjungiert wegen

$$\langle \pi_W(w+v), w'+v'\rangle = \langle w, w'\rangle + \langle w, v'\rangle = \langle w+v, w'\rangle = \langle w+v, \pi_W(w'+v')\rangle,$$

idempotent, d. h. $\pi_W \circ \pi_W = \pi_W$, und es gilt $\pi_W + \pi_{W^{\perp_V}} = \mathrm{id}_V$ $[\![\, w+v = \pi_W(w+v) + \pi_{W^{\perp_V}}(w+v)$ für alle $w \in W,\ v \in W^{\perp_V} \,]\!]$.

Idempotenz und Selbstadjungiertheit charakterisieren die orthogonalen Projektionen in $L(V)$, weshalb man auch definiert:

$(V, \langle\,\rangle)$ sei ein Hilbert-Raum über $K,\ T \in L(V)$.

T orthogonale Projektion :gdw $T \circ T = T$ und $T^{\square} = T$

Satz 6.4-13

$(V, \langle\,\rangle)$ sei ein Hilbert-Raum über $K,\ T \in L(V)$.

Äq (i) T selbstadjungiert und idempotent

(ii) $T = \pi_{\mathrm{Fix}\,T}$

Beweis

(ii) ⇒ (i) $\mathrm{Fix}\,T = \{v \in V \mid T(v) = v\} = \mathrm{Ker}(T - \mathrm{id}_V)$ ist abgeschlossener K-Untervektorraum von $\big(V, \tau_{\langle\,\rangle}\big)$, $\pi_{\mathrm{Fix}\,T} \in L(V)$ selbstadjungiert und idempotent.

(i) ⇒ (ii) Zunächst ist wegen

$$\begin{aligned}(\mathrm{Fix}\,T)^{\perp_V} &= (\mathrm{Ker}(T - \mathrm{id}_V))^{\perp_V} = \overline{(T - \mathrm{id}_V)^{\square}[V]}^{\tau_{\langle\,\rangle}} && [\![\, 6.4\text{-}9.1\ (b) \,]\!] \\ &= \overline{(T - \mathrm{id}_V)[V]}^{\tau_{\langle\,\rangle}} && [\![\, T^{\square} = T,\ \mathrm{id}_V^{\square} = \mathrm{id}_V;\ 6.4\text{-}9\ (a) \,]\!]\end{aligned}$$

und $T{\restriction}(T - \mathrm{id}_V)[V] = 0$ $[\![\, T((T-\mathrm{id}_V)(v)) = T(T(v)-v) = T(v) - T(v) = 0 \,]\!]$ auch $T{\restriction}(\mathrm{Fix}\,T)^{\perp_V} = 0$ $[\![\,$2.5-9.1 (b)$\,]\!]$. Für alle $v \in \mathrm{Fix}\,T,\ w \in (\mathrm{Fix}\,T)^{\perp_V}$ gilt deshalb $T(v+w) = T(v) + T(w) = T(v) = v = \pi_{\mathrm{Fix}\,T}(v+w)$, also $T = \pi_{\mathrm{Fix}\,T}$. □

Korollar 6.4-13.1

$(V, \langle\,\rangle)$ sei ein Hilbert-Raum über $K,\ W \in \alpha_{\tau_{\langle\,\rangle}}$ ein K-Untervektorraum von V und $A \subseteq V$.

(a) Ist $T \in L(V)$ selbstadjungiert und idempotent mit $T[V] = W$, so ist T die orthogonale Projektion π_W zu W.

(b) Äq *(i)* $A \in \alpha_{\tau_{\langle\,\rangle}}$ *K-Untervektorraum von V*

(ii) Es gibt genau einen selbstadjungierten, idempotenten Operator T in $L(V)$ mit $T[V] = A$.

Beweis

Zu (a) Gem. 6.4-13 ist $T = \pi_{\mathrm{Fix}\,T}$, und es gilt $T[V] = \mathrm{Fix}\,T$ $[\![T(T(v)) = T(v)$ für alle $v \in V,\ w = T(w) \in T[V]$ für alle $w \in \mathrm{Fix}\,T]\!]$.

Zu (b) *(i) ⇒ (ii)* $T := \pi_A \in L(V)$ ist selbstadjungiert und idempotent, $\pi_A[V] = A$. Die Eindeutigkeit folgt mit (a).

(ii) ⇒ (i) $A = T[V]$ ist ein K-Untervektorraum von V, der wegen $A = \mathrm{Fix}\,T$ $[\![$ s. Beweis zu (a) $]\!]$ auch abgeschlossen in $(V, \tau_{\langle\,\rangle})$ sein muß. □

Die orthogonalen Projektionen werden in der Spektralanalyse stetiger K-linearer Operatoren T als einfache Bausteine für die Darstellung von T verwendet. So kann man beispielsweise kompakte selbstadjungierte Operatoren $T \in L(V)$ über Hilbert-Räumen in der Form

$$\forall\, v \in V\colon\ T(v) = \sum_{j=0}^{\infty} k_j P_j(v)$$

(Limes in $(V, \|\ \|_{\langle\,\rangle})$) darstellen, wobei $P_j \in L(V)$ für jedes $j \in \mathbb{N}$ eine orthogonale Projektion ist (Konsequenz aus dem sog. *Spektralsatz für kompakte selbstadjungierte Operatoren*; vgl. [24, Theorem 13.15.1]).

Aufgaben zu 6.4

1. (V, τ) sei ein topologischer K-Vektorraum, $S \subseteq V$ und $\Phi \subseteq V^{s_\tau}$. Es gilt $S^\perp = \left(\overline{S}^\tau\right)^\perp$ und ${}^\perp\Phi = {}^\perp\left(\overline{\Phi}^{\sigma(V^{s_\tau}, V)}\right)$.

2. $(X, \mathcal{A}, \mu)$ sei ein Maßraum, $\widetilde{h} \in L^\infty(X, \mathcal{A}, \mu)$ und $M_{\widetilde{h}} : L^2(X, \mathcal{A}, \mu) \longrightarrow L^2(X, \mathcal{A}, \mu)$ erklärt durch $M_{\widetilde{h}}(\widetilde{f}) := \widetilde{hf}$.
   (a) $M_{\widetilde{h}}$ ist ein $\left(\tau_{\|\ \|_2}, \tau_{\|\ \|_2}\right)$-stetiger $\mathbb{R}$-linearer Operator.
   (b) Man bestimme $M'_{\widetilde{h}}$!

3. Es sei $q \in [1, \infty[,\ y \in \ell^\infty$ und $M_y : \ell^q \longrightarrow \ell^q$ durch $M_y(x) := (x_j y_j)_j$ definiert.
   (a) M_y ist ein $\left(\tau_{\|\ \|_q}, \tau_{\|\ \|_q}\right)$-stetiger $\mathbb{C}$-linearer Operator.
   (b) Man bestimme M'_y!

4. $(V, \|\ \|_V)$, $(W, \|\ \|_W)$ seien normierte K-Vektorräume,

$$\Gamma_V : \begin{cases} V \longrightarrow \left(V^{s_{\|\ \|_V}}\right)^{s_{\|\ \|_{\mathrm{op}}}} \\ v \longmapsto (\varphi \mapsto \varphi(v)) \end{cases}$$

der Gelfand-Operator auf V (bzw. Γ_W der auf W).

(a) $\forall\, T \in L(V,W):\ (T')' \circ \Gamma_V = \Gamma_W \circ T$, d. h.

$$\begin{array}{ccc} V & \xrightarrow{\quad T \quad} & W \\ {\scriptstyle \Gamma_V}\big\downarrow & & \big\downarrow{\scriptstyle \Gamma_W} \\ (V^{s\|\ \|_V})^{s\|\ \|_{op}} & \xrightarrow[\quad (T')' \quad]{} & (W^{s\|\ \|_W})^{s\|\ \|_{op}} \end{array}$$

(Bei Identifikation von V mit $\Gamma_V[V]$ und W mit $\Gamma_W[W]$ ⟦vgl. Bemerkungen vor 6.2-6⟧ kann $(T')'$ als stetige K-lineare Fortsetzung von T auf $\left(V^{s\|\ \|_V}\right)^{s\|\ \|_{op}}$ angesehen werden!)

(b) Für jedes $S \in L\left(W^{s\|\ \|_W}, V^{s\|\ \|_V}\right)$ gilt:

Äq (i) $\exists\, T \in L(V,W):\ T' = S$
(ii) $S'\left[\Gamma_V[V]\right] \subseteq \Gamma_W[W]$

5. $(V, \|\ \|)$ und $(W, \|\ \|_W)$ seien normierte K-Vektorräume, $T \in L(V,W)$.

(a) $\operatorname{Ker} T' \in \alpha_{\sigma(W^{s\|\ \|_W}, W)}$

(b) Äq (i) $\overline{T[V]}^{\tau\|\ \|_W} = W$
(ii) T' injektiv

(c) Äq (i) $\overline{T'\left[W^{s\|\ \|_W}\right]}^{\sigma(V^{s\|\ \|}, V)} = V^{s\|\ \|}$
(ii) T injektiv

6. $(V, \|\ \|_V)$, $(W, \|\ \|_W)$ seien normierte K-Vektorräume und für jedes $T \in L(V,W)$ der Operator $\widetilde{T} : V \longrightarrow \overline{T[V]}^{\tau\|\ \|_W}$ definiert durch $\widetilde{T}(v) := T(v)$. Man zeige

$$T'\left[W^{s\|\ \|_W}\right] = \widetilde{T}'\left[\left(\overline{T[V]}^{\tau\|\ \|_W}\right)^{s\|\ \|_W \restriction \cdots}\right].$$

7. (V, N) und (W, M) seien halbnormierte K-Vektorräume, $T : V \longrightarrow W$ K-linear.

(a) Äq (i) $T \in \mathcal{K}(V,W)$
(ii) $\overline{T\left[\widetilde{K}_1^{d_N}(0)\right]}^{\tau_M}$ kompakt in (W, τ_M)

(b) Gilt eine der Gleichungen

$$\mathcal{E}(V,W) = \mathcal{K}(V,W), \quad \mathcal{K}(V,W) = L(V,W)?$$

(Hinweis: $T : \ell^2 \longrightarrow \ell^2$, $T(x) := \left(\frac{1}{j+1} x_j\right)_j$)

(c) Besitzt $T \in \mathcal{K}(V,W)$ ein abgeschlossenes Bild (d. h. $T[V] \in \alpha_{\tau_M}$) und sind (V,N), (W,M) Banach-Räume, so hat T endlichen Rang.

8. (V,τ), (W,σ), (Z,ϱ) seien topologische K-Vektorräume.

(a) Sind (V,τ) und (W,σ) lokalbeschränkt, so gilt: $\mathcal{E}(V,W)$ ist K-Untervektorraum von $L(V,W)$, $\mathcal{K}(V,W)$ ist K-Untervektorraum von $L(V,W)$.

(b) $\forall\, S \in L(V,W)\ \forall\, T \in L(W,Z)$:
$$S \in \mathcal{E}(V,W) \text{ oder } T \in \mathcal{E}(W,Z) \Rightarrow T \circ S \in \mathcal{E}(V,Z)$$

(c) $\forall\, S \in L(V,W)\ \forall\, T \in L(W,Z)$:
$$S \in \mathcal{K}(V,W) \text{ oder } T \in \mathcal{K}(W,Z) \Rightarrow T \circ S \in \mathcal{K}(V,Z)$$

9. $(V, \|\ \|_V)$ sei ein Banach-Raum über $\mathbb{R}$, $q \in [1,\infty[$ und $(W, \|\ \|_W)$ einer der normierten $\mathbb{R}$-Vektorräume $(c_0, \|\ \|_\infty)$, $(\ell^q_{\mathbb{R}}, \|\ \|_q)$. Man zeige:

$$\overline{\mathcal{E}(V,W)}^{\tau_{\|\ \|_{\mathrm{op}}}} = \mathcal{K}(V,W).$$

10. $(V, \|\ \|)$ sei ein Banach-Raum über $\mathbb{R}$, für jedes $f \in C_{\mathbb{R}}([0,1])$ und jedes $j \in \mathbb{N}\backslash\{0\}$ bezeichne

$$B_{j,f}(x) := \sum_{k=0}^{j} f\Big(\frac{k}{j}\Big)\binom{j}{k} x^k (1-x)^{j-k} \in \mathbb{R}[x]$$

das j-te *Bernstein-Polynom* zu f.

Es gilt dann $(B_{j,f}\restriction[0,1])_j \to_{\tau_{\|\ \|_\infty}} f$ (s. [1, Kap. V, § 6, Satz 23]).

Man zeige für $\big(C_{\mathbb{R}}([0,1]), \tau_{\|\ \|_\infty}\big)$:

$$\overline{\mathcal{E}(V, C_{\mathbb{R}}([0,1]))}^{\tau_{\|\ \|_{\mathrm{op}}}} = \mathcal{K}(V, C_{\mathbb{R}}([0,1])).$$

11. $(V, \langle\ \rangle_V)$, $(W, \langle\ \rangle_W)$ seien Hilbert-Räume über K, $x \in W$, $y \in V$, $T \in L(V,W)$.

(a) Äq (i) $T^{\square}(x) = y$

(ii) $\forall\, z \in V$: $\langle T(z), x\rangle_W = \langle z, y\rangle_V$

(also gilt $\langle T(z), x\rangle_W = \langle z, T^{\square}(x)\rangle_V$ für alle $x \in W$, $z \in V$)

(b) $(T^{\square})' \circ R_V = R_W \circ T$

12. Man bestimme den Hilbert-adjungierten Operator $\varrho^{\square}$ für den *Rechtsshift* $\varrho : \ell^2 \longrightarrow \ell^2$,

$$\varrho(x)(j) := \begin{cases} 0 & \text{für } j = 0 \\ x_{j-1} & \text{für } j \geq 1, \end{cases}$$

und die ϱ bzw. $\varrho^{\square}$ darstellenden Matrizen bzgl. der Orthonormalbasis $\{\, (\delta_{k,j})_j \mid k \in \mathbb{N}\,\}$!

13. $B \subseteq V$ sei eine Orthonormalbasis des Hilbert-Raums $(V, \langle\ \rangle)$ über K, $(k_b)_{b\in B} \in K^B$ beschränkt in $(K, |\ |)$ und $T : V \longrightarrow V$ definiert durch $T(v) := \sum_{b\in B} k_b \langle v, b\rangle b$.

(a) T ist wohldefiniert und K-linear.

(b) $\big(\sup_{b\in B\backslash E} |k_b|\big)_{E\in \mathcal{P}_e B} \to_{\tau_{|\ |}} 0 \quad \Longrightarrow \quad T \in \mathcal{K}(V)$

14. $(V, \langle\ \rangle_V)$, $(W, \langle\ \rangle_W)$ seien Hilbert-Räume über K mit den Orthonormalbasen B_V bzw. B_W, $M_T((b,e)) := \langle T(b), e\rangle_W$ für jedes $(b,e) \in B_V \times B_W$, $T \in L(V,W)$ und $M : L(V,W) \longrightarrow K^{B_V \times B_W}$, $M(T) := M_T$.

M ist injektiv.

Lösungsvorschläge

Lösungen zu 1.1

Lösung zu A 1

(a) (i) Sei $K \in \{\mathbb{Q}, \mathbb{R}, \mathbb{C}\}$, $x, y, z \in K$. Wegen

$$|x| = \begin{cases} x & \text{für } x > 0 \\ 0 & \text{für } x = 0 \\ -x & \text{für } x < 0 \end{cases}$$

gilt

$$d_{|\,|}(x,y) = |x-y| = 0 \iff x = y,$$

$$d_{|\,|}(x,y) = |x-y| = |y-x| = d_{|\,|}(y,x)$$

und

$$\begin{aligned} d_{|\,|}(x,z) &= |x-z| = |(x-y)+(y-z)| \le |x-y| + |y-z| \\ &= d_{|\,|}(x,y) + d_{|\,|}(y,z). \end{aligned}$$

(ii) Für alle $x, y \in X$ gilt gem. Definition

$$d_{\text{dis}}(x,y) = 0 \iff x = y, \qquad d_{\text{dis}}(x,y) = d_{\text{dis}}(y,x).$$

Schließlich erhält man für alle $z \in X$ auch

$$d_{\text{dis}}(x,z) \le \max\{d_{\text{dis}}(x,y), d_{\text{dis}}(y,z)\},$$

denn für $x \neq z$ ist $x \neq y$ oder $y \neq z$.

(iii) Ist $p \ge 2$ eine Primzahl und $d_{(p)}$ der p-adische Abstand auf $\mathbb{Q}$, so gilt gem. Definition

$$d_{(p)}(x,y) = 0 \iff x = y, \qquad d_{(p)}(x,y) = d_{(p)}(y,x).$$

für alle $x, y \in \mathbb{Q}$. Wegen $x - z = x - y + (y - z)$ erhält man $k_p(x,y) \ge \min\{k_p(x,y), k_p(y,z)\}$, d. h. $-k_p(x,z) \le \max\{-k_p(x,y), -k_p(y,z)\}$ und somit

$$\begin{aligned} d_{(p)}(x,z) = p^{-k_p(x,z)} &\le \max\{p^{-k_p(x,y)}, p^{-k_p(y,z)}\} \\ &= \max\{d_{(p)}(x,y), d_{(p)}(y,z)\} \end{aligned}$$

für alle $x, y, z \in \mathbb{Q}$, $x \neq z$, $x \neq y$, $y \neq z$. Hiermit folgt die Gültigkeit der Dreiecksungleichung (M-4)$'$.

(b) (i) d_∞ ist (wie angegeben) wohldefiniert:

Sei $x_0 \in X$. Für jedes $x \in X$ gilt dann (wegen (M-4) für d)

$$\begin{aligned} d(f(x), g(x)) &\leq d(f(x), f(x_0)) + d(f(x_0), g(x_0)) + d(g(x_0), g(x)) \\ &\leq \sup\{\, d(f(y), f(y')) \mid y, y' \in X \,\} + d(f(x_0), g(x_0)) \\ &\quad + \sup\{\, d(g(y), g(y')) \mid y, y' \in X \,\} \\ &< \infty, \end{aligned}$$

also $d_\infty(f, g) = \sup\{\, d(f(x), g(x)) \mid x \in X \,\} < \infty$.

Die Eigenschaften (M-2), (M-3), (M-4) gelten für d_∞, da sie für d erfüllt sind. Ist d sogar eine Metrik, so erhält man aus $d_\infty(f, g) = 0$, also $d(f(x), g(x)) = 0$ für jedes $x \in X$ auch $f = g$.

(ii) Mit $f, g \in B(X, Y),\ k \in K$ sind auch $f + g$, kf Elemente von $B(X, Y)$: Für alle x, $x' \in X$ gilt

$$\begin{aligned} d_{\| \|}\big((f+g)(x), (f+g)(x')\big) &= \|(f+g)(x) - (f+g)(x')\| \\ &= \|f(x) - f(x') + g(x) - g(x')\| \\ &\leq \|f(x) - f(x')\| + \|g(x) - g(x')\| \\ &= d_{\| \|}(f(x), f(x')) + d_{\| \|}(g(x), g(x')) \end{aligned}$$

und

$$\begin{aligned} d_{\| \|}\big((kf)(x), (kf)(x')\big) &= \|kf(x) - kf(x')\| = |k|\, \|f(x) - f(x')\| \\ &= |k| d_{\| \|}(f(x), f(x')). \end{aligned}$$

$B(X, Y)$ ist also ein K-Vektorraum. Weiter gilt

$$\begin{aligned} \|kf\|_\infty &= \sup\big\{\, d_{\| \|}\big((kf)(x), (kf)(x')\big) \bigm| x, x' \in X \,\big\} \\ &= |k| \sup\{\, d_{\| \|}(f(x), f(x')) \mid x, x' \in X \,\} \qquad [\![\text{s. o.}]\!] \\ &= |k|\, \|f\|_\infty \end{aligned}$$

und

$$\begin{aligned} \|f + g\|_\infty &= \sup\big\{\, d_{\| \|}\big((f+g)(x), (f+g)(x')\big) \bigm| x, x' \in X \,\big\} \\ &\leq \sup\{\, d_{\| \|}(f(x), f(x')) \mid x, x' \in X \,\} \\ &\quad + \sup\{\, d_{\| \|}(g(x), g(x')) \mid x, x' \in X \,\} \qquad [\![\text{s. o.}]\!] \\ &= \|f\|_\infty + \|g\|_\infty. \end{aligned}$$

$\| \|_\infty$ ist somit eine Halbnorm auf $B(X, Y)$, die offensichtlich d_∞ (für $d_{\| \|}$ auf Y) induziert. Mit $\| \|$ ist auch $\| \|_\infty$ eine Norm gem. (b) (i) und 1.1-1.

(c) d_ε ist wohldefiniert, und (M-1), (M-2), (M-3) sind offensichtlich richtig. Die Dreiecksungleichung (M-4) ergibt sich wie folgt: $d_\varepsilon(n, m) \leq d_\varepsilon(n, k) + d_\varepsilon(k, m)$ ist für $|\{k, m, n\}| < 3$ erfüllt. Sei also $|\{k, m, n\}| = 3$.

$$\begin{aligned} d_\varepsilon(n, m) &= \Big(1 + \frac{1}{n + m + 1}\Big)\varepsilon \leq 2\varepsilon \leq \Big(2 + \frac{1}{k + m + 1} + \frac{1}{k + n + 1}\Big)\varepsilon \\ &= \Big(1 + \frac{1}{k + m + 1}\Big)\varepsilon + \Big(1 + \frac{1}{k + n + 1}\Big)\varepsilon = d_\varepsilon(n, k) + d_\varepsilon(k, m). \end{aligned}$$

Lösung zu A 2

(a) Für $f = 0$ oder $g = 0$ ist die Ungleichung offensichtlich richtig, für $f \neq 0,\ g \neq 0$, $x \in [a, b]$ erhält man mit Hilfe von 1.1-2

$$\frac{|f(x)|}{\|f\|_q} \frac{|g(x)|}{\|g\|_{q'}} \leq \frac{1}{q} \frac{|f(x)|^q}{\|f\|_q^q} + \frac{1}{q'} \frac{|g(x)|^{q'}}{\|g\|_{q'}^{q'}},$$

also durch Integration

$$\frac{1}{\|f\|_q} \frac{1}{\|g\|_{q'}} \int_a^b |f|\,|g| \leq \frac{1}{q\|f\|_q^q} \int_a^b |f|^q + \frac{1}{q'\|g\|_{q'}^{q'}} \int_a^b |g|^{q'} = \frac{1}{q} + \frac{1}{q'} = 1.$$

(b) Für $q = 1$ ist die Ungleichung offensichtlich richtig, es werde also $q > 1$ vorausgesetzt. Man erhält für jedes $x \in [a, b]$ wegen

$$|f(x) + g(x)|^q \leq |f(x) + g(x)|^{q-1}|f(x)| + |f(x) + g(x)|^{q-1}|g(x)|$$

mit Hilfe der Hölder-Ungleichung (a) – angewendet auf jeden der beiden Summanden –

$$\|f + g\|_q^q \leq \left(\int_a^b (|f + g|^{q-1})^{q'}\right)^{1/q'} \left(\left(\int_a^b |f|^q\right)^{1/q} + \left(\int_a^b |g|^q\right)^{1/q}\right),$$

wobei $(1/q) + (1/q') = 1$ die Zahl q' festlegt. Unter Beachtung von $(q-1)q' = q$ ergibt für $f + g \neq 0$ (für $f + g = 0$ ist die Minkowski-Ungleichung richtig) die Division durch $\left(\|f + g\|_q^q\right)^{1/q'}$ sofort

$$\|f + g\|_q^{q-(q/q')} \leq \|f\|_q + \|g\|_q,$$

wobei $q - (q/q') = 1$ ist.

Lösung zu A 3

Für $r > q$ setze man $q' := r/q,\ q'' := r/(r-q)$. Dann ist $q' > 1$ und $(1/q') + (1/q'') = 1$. Die Hölder-Ungleichung (A 2 (a)) ergibt für $|f|^q$ und $g = 1$

$$\begin{aligned}\|f\|_q^q &= \int_a^b |f|^q |g| \leq \left(\int_a^b (|f|^q)^{q'}\right)^{1/q'} \left(\int_a^b 1\right)^{1/q''} = \left(\int_a^b |f|^r\right)^{q/r} (b-a)^{(r-q)/r} \\ &= \|f\|_r^q (b-a)^{(r-q)/r}\end{aligned}$$

und somit $\|f\|_q \leq \|f\|_r (b-a)^{(r-q)/(qr)}$. Wegen $|f|^q \leq \|f\|_\infty^q$ gilt $\|f\|_q \leq (b-a)^{1/q}\|f\|_\infty$.

Lösung zu A 4

$d : X \times X \longrightarrow \mathbb{R}^+$ erfüllt (M-1), (M-2) und (M-3) definitionsgemäß. Darüber hinaus gilt für alle $x, y, z \in X$ wegen

$$\begin{aligned}&\{\, j \in \mathbb{N} \mid 1 \leq j \leq n,\ x_j \neq z_j \,\} \\ &\qquad \subseteq \{\, j \in \mathbb{N} \mid 1 \leq j \leq n,\ x_j \neq y_j \,\} \cup \{\, j \in \mathbb{N} \mid 1 \leq j \leq n,\ y_j \neq z_j \,\}\end{aligned}$$

auch $d(x,z) \leq d(x,y) + d(y,z)$. d ist also eine Metrik auf X. Für $n = 1$ ist d sogar Ultrametrik, denn es gilt dann immer

$$d(x,z) = \begin{cases} 0 & \text{für } x = z \\ 1 & \text{für } x \neq z \end{cases} \leq \max\{d(x,y), d(y,z)\}.$$

Für $n > 1$ ist d keine Ultrametrik:

$$x := (\delta_{1,j})_{j=1,\dots,n}, \quad y := 0, \quad z := \sum_{i=2}^{n} (\delta_{i,j})_{j=1,\dots,n}$$

ergeben die Abstände $d(x,z) = n, \ d(x,y) = 1, \ d(y,z) = n - 1$.

Lösung zu A 5

d_R ist wohldefiniert, denn für $x' \in x/_R, \ y' \in y/_R$ gilt

$$d(x',y') \leq d(x',x) + d(x,y) + d(y,y') = d(x,y),$$

also aus Symmetriegründen $d(x',y') = d(x,y)$. Die Eigenschaften (M-1) bis (M-4) sind nun offensichtlich durch d_R erfüllt.

Lösung zu A 6

Gemäß Dreiecksungleichung gilt

$$d(x,y) \leq d(x,z) + d(z,t) + d(t,y) \quad \text{und auch} \quad d(z,t) \leq d(z,x) + d(x,y) + d(y,t),$$

woraus man mit Hilfe von (M-3)

$$d(x,y) - d(z,t) \leq d(x,z) + d(y,t) \quad \text{bzw. auch} \quad d(z,t) - d(x,y) \leq d(x,z) + d(y,t)$$

erhält.

Lösung zu A 7

(a) d ist wohldefiniert, denn die Reihe $\sum_{j=0}^{\infty} \frac{1}{2^j} \frac{d_j(x,y)}{1+d_j(x,y)}$ ist wegen $0 \leq \frac{d_j(x,y)}{1+d_j(x,y)} \leq 1$ konvergent. (M-2) und (M-3) gelten trivialerweise, (M-4) folgt mit Hilfe der angegebenen Eigenschaften der Funktion α:

Für alle $j \in \mathbb{N}, \ x, y, z \in X$ gilt $d_j(x,z) \leq d_j(x,y) + d_j(y,z)$, also auch

$$\frac{d_j(x,z)}{1+d_j(x,z)} \leq \frac{d_j(x,y) + d_j(y,z)}{1+d_j(x,y) + d_j(y,z)} \leq \frac{d_j(x,y)}{1+d_j(x,y)} + \frac{d_j(y,z)}{1+d_j(y,z)},$$

woraus unmittelbar

$$\begin{aligned} d(x,z) &= \sum_{j=0}^{\infty} \frac{1}{2^j} \frac{d_j(x,z)}{1+d_j(x,z)} \leq \sum_{j=0}^{\infty} \frac{1}{2^j} \frac{d_j(x,y)}{1+d_j(x,y)} + \sum_{j=0}^{\infty} \frac{1}{2^j} \frac{d_j(y,z)}{1+d_j(y,z)} \\ &= d(x,y) + d(y,z) \end{aligned}$$

folgt.

(b) Es seien $x, y \in X,\ x \neq y$ und $j \in \mathbb{N}$ mit $d_j(x,y) \neq 0$. Dann ist auch

$$0 \neq \frac{1}{2^j} \frac{d_j(x,y)}{1+d_j(x,y)} \leq \sum_{k=0}^{\infty} \frac{1}{2^k} \frac{d_k(x,y)}{1+d_k(x,y)} = d(x,y).$$

Lösung zu A 8

Es seien $x,\ y,\ z \in X$. Offensichtlich ist

$$d_{\min}(x,y) = \min\{1, d(x,y)\} = \min\{1, d(y,x)\} = d_{\min}(y,x),$$

und für $d(x,y)+d(y,z) \geq 1$ folgt $\min\{1,d(x,y)\}+\min\{1,d(y,z)\} \geq 1$, also $d_{\min}(x,z) \leq 1 \leq d_{\min}(x,y)+d_{\min}(y,z)$. Es sei daher $d(x,y)+d(y,z) < 1$, also $d(x,y) < 1,\ d(y,z) < 1$ und auch $d(x,z) \leq d(x,y)+d(y,z) < 1$; man erhält somit

$$d_{\min}(x,z) = d(x,z) \leq d(x,y)+d(y,z) = d_{\min}(x,y)+d_{\min}(y,z).$$

Ist d sogar eine Metrik, $x \neq y$, also $d(x,y) > 0$, so gilt $d_{\min}(x,y) = \min\{1, d(x,y)\} > 0$.

Lösung zu A 9

Es sei $d(x,y) < d(y,z)$, also

$$d(x,z) \leq \max\{d(x,y), d(y,z)\} = d(y,z) \leq \max\{d(x,y), d(x,z)\}.$$

Hieraus folgt $d(y,z) \leq d(x,z)$ und somit $d(x,z) = d(y,z) = \max\{d(x,y), d(y,z)\}$.

Lösung zu A 10

Für alle $r \in \mathbb{R},\ x, y \in \mathbb{C}^n$ gilt

$$\|rx\|_{\text{Re}} = \max_{1\leq j\leq n} |\text{Re}\, rx_j| = \max_{1\leq j\leq n} |r\,\text{Re}\, x_j| = |r| \max_{1\leq j\leq n} |\text{Re}\, x_j| = |r|\, \|x\|_{\text{Re}}$$

und

$$\begin{aligned}\|x+y\|_{\text{Re}} &= \max_{1\leq j\leq n} |\text{Re}(x_j+y_j)| = \max_{1\leq j\leq n} |\text{Re}\, x_j + \text{Re}\, y_j| \\ &\leq \max_{1\leq j\leq n} |\text{Re}\, x_j| + \max_{1\leq j\leq n} |\text{Re}\, y_j| = \|x\|_{\text{Re}} + \|y\|_{\text{Re}}.\end{aligned}$$

$\|\ \|_{\text{Re}}$ ist somit eine Halbnorm auf dem $\mathbb{R}$-Vektorraum $\mathbb{C}^n$. Für $x := i(\delta_{1,j})_{j=1,\ldots,n}$ gilt dagegen

$$\|x\|_{\text{Re}} = \max_{1\leq j\leq n} |\text{Re}\, x_j| = 0 \quad \text{und} \quad \|(\delta_{1,j})_{j=1,\ldots,n}\|_{\text{Re}} = 1,$$

woraus

$$\|i(\delta_{1,j})_{j=1,\ldots,n}\|_{\text{Re}} = \|x\|_{\text{Re}} = 0 \neq 1 = |i|\, \|(\delta_{1,j})_{j=1,\ldots,n}\|_{\text{Re}}$$

folgt.

Lösung zu A 11

Für alle $x, y \in V$ gilt $\|x\| = \|x-y+y\| \leq \|x-y\| + \|y\|$, also $\|x\| - \|y\| \leq \|x-y\|$.

Lösung zu A 12

$\| \ \|_{\mathbb{C}}$ ist wohldefiniert, denn für jedes $r \in \mathbb{R},\ x \in V$ gilt

$$\begin{aligned}\|e^{ir}x\| &= \|(\cos r + i\sin r)x\| = \|(\cos r)x + (\sin r)ix\| \\ &\le |\cos r|\,\|x\| + |\sin r|\,\|ix\| \le \|x\| + \|ix\| < \infty,\end{aligned}$$

also $\|x\|_{\mathbb{C}} \le \|x\| + \|ix\|$. Weiter gilt für alle $x, y \in V$

$$\begin{aligned}\|x+y\|_{\mathbb{C}} &= \sup_{r\in\mathbb{R}}\|e^{ir}(x+y)\| \le \sup_{r\in\mathbb{R}}(\|e^{ir}x\| + \|e^{ir}y\|) \\ &\le \sup_{r\in\mathbb{R}}\|e^{ir}x\| + \sup_{r\in\mathbb{R}}\|e^{ir}y\| = \|x\|_{\mathbb{C}} + \|y\|_{\mathbb{C}}\end{aligned}$$

und für alle $s \in \mathbb{R}$

$$\|sx\|_{\mathbb{C}} = \sup_{r\in\mathbb{R}}\|e^{ir}(sx)\| = |s|\sup_{r\in\mathbb{R}}\|e^{ir}x\| = |s|\,\|x\|_{\mathbb{C}},$$

woraus für alle $s, t \in \mathbb{R},\ s + it \ne 0$ folgt

$$\|(s+it)x\|_{\mathbb{C}} = \left\| |s+it| \frac{s+it}{|s+it|}x \right\|_{\mathbb{C}} = |s+it| \sup_{r\in\mathbb{R}}\left\| e^{ir}\frac{s+it}{|s+it|}x\right\|;$$

mit $e^{ir'} = \frac{s+it}{|s+it|},\ r' \in \mathbb{R}$ erhält man wegen $\mathbb{R} + \mathbb{R} = \mathbb{R}$ hieraus

$$\|(s+it)x\|_{\mathbb{C}} = |s+it|\sup_{r\in\mathbb{R}}\left\|e^{i(r+r')}x\right\| = |s+it|\,\|x\|_{\mathbb{C}}.$$

Schließlich folgt aus $0 = \|x\|_{\mathbb{C}} = \sup_{r\in\mathbb{R}}\|e^{ir}x\| \ge \|x\|$ auch $x = 0$, sofern $\| \ \|$ eine Norm ist.

Lösung zu A 13

(a) Es gilt

$$\begin{aligned}\prod_{j=1}^{n}|x_j|^{\lambda_j} &\le \prod_{j=1}^{n}\|x\|_q^{\lambda_j} \qquad [\![\, |x_j| \le \|x\|_q \text{ für } j = 1, \ldots, n \,]\!] \\ &= \|x\|_q^{\sum_{j=1}^{n}\lambda_j} = \|x\|_q^{\|\lambda\|_1} = \left(\|x\|_q^r\right)^{(1/r)\|\lambda\|_1} \le \begin{cases}(1+\|x\|_q)^{\|\lambda\|_1} \\ \left(1+\|x\|_q^r\right)^{(1/r)\|\lambda\|_1}\end{cases}.\end{aligned}$$

(b) Mit Hilfe des Polynomialsatzes

$$\left(\sum_{j=1}^{m} a_j\right)^k = \sum_{\substack{\nu\in\mathbb{N}^m \\ \|\nu\|_1 = k}} \frac{k!}{\prod_{j=1}^{m}\nu_j!}\prod_{j=1}^{m} a_j^{\nu_j}$$

für $a_1, \ldots, a_m \in \mathbb{R}$ erhält man für alle $x \in \mathbb{C}^n$

$$\left(1+\|x\|_q^q\right)^{\|\lambda\|_1} = \left(1 + \sum_{j=1}^{n}|x_j|^q\right)^{\|\lambda\|_1} = \sum_{\substack{\nu\in\mathbb{N}^{n+1} \\ \|\nu\|_1 = \|\lambda\|_1}} \frac{(\|\lambda\|_1)!}{\prod_{j=1}^{n+1}\nu_j!}\prod_{j=1}^{n}|x_j|^{q\nu_j}$$

und auch

$$\begin{aligned}(1+\|x\|_q)^{\|\lambda\|_1} &\le (1+\|x\|_1)^{\|\lambda\|_1} \qquad [\![\, 1.1\text{-}4\,(a)\,]\!]\\ &= \sum_{\substack{\nu\in\mathbb{N}^{n+1}\\ \|\nu\|_1=\|\lambda\|_1}} \frac{(\|\lambda\|_1)!}{\prod_{j=1}^{n+1}\nu_j!}\prod_{j=1}^{n}|x_j|^{\nu_j}.\end{aligned}$$

Als Konstanten (unabhängig von x) sind daher

$$C_\nu := \frac{(\|\lambda\|_1)!}{\prod_{j=1}^{n+1}\nu_j!} \quad \text{für } \nu\in\mathbb{N}^{n+1},\ \|\nu\|_1=\|\lambda\|_1$$

wählbar.

Lösung zu A 14

$N, M : V\times W \longrightarrow \mathbb{R}^+$ sind wohldefiniert, für alle $x\in V,\ y\in W,\ k\in K$ ist

$$\begin{aligned}N((x,y))=0 &\iff \|x\|_V+\|y\|_W=0 \iff \|x\|_V=0,\ \|y\|_W=0\\ &\iff (x,y)=(0,0),\\ M((x,y))=0 &\iff \|x\|_V^2+\|y\|_W^2=0 \iff \|x\|_V=0,\ \|y\|_W=0\\ &\iff (x,y)=(0,0),\\ N(k(x,y)) &= N((kx,ky)) = \|kx\|_V+\|ky\|_W = |k|\,\|x\|_V+|k|\,\|y\|_W\\ &= |k|N((x,y)),\\ M(k(x,y)) &= \sqrt{\|kx\|_V^2+\|ky\|_W^2} = \sqrt{|k|^2\|x\|_V^2+|k|^2\|y\|_W^2} = |k|M((x,y)),\end{aligned}$$

und schließlich gilt auch für alle $z\in V,\ t\in W$ noch

$$\begin{aligned}N((x,y)+(z,t)) &= N((x+z,y+t)) = \|x+z\|_V+\|y+t\|_W\\ &\le \|x\|_V+\|y\|_W+\|z\|_V+\|t\|_W = N((x,y))+N((z,t)),\\ M((x,y)+(z,t)) &= \sqrt{\|x+z\|_V^2+\|y+t\|_W^2}\\ &\le \sqrt{(\|x\|_V+\|z\|_V)^2+(\|y\|_W+\|t\|_W)^2}\\ &= \|(\|x\|_V+\|z\|_V, \|y\|_W+\|t\|_W)\|_2 \quad \text{in } \mathbb{R}^2\\ &\le \|(\|x\|_V,\|y\|_W)\|_2+\|(\|z\|_V,\|t\|_W)\|_2 \qquad [\![\,\text{gem. } 1.1\text{-}3\,]\!]\\ &= M((x,y))+M((z,t)).\end{aligned}$$

Darüber hinaus sind die Normen L, M, N im angegebenen Sinn vergleichbar:

$$\begin{aligned}L((x,y)) &= \max\{\|x\|_V,\|y\|_W\} \le \|(\|x\|_V,\|y\|_W)\|_2 \quad \text{in } \mathbb{R}^2 \qquad [\![\,\text{gem. } 1.1\text{-}4\,(a)\,]\!]\\ &= M((x,y)) \le \|(\|x\|_V,\|y\|_W)\|_1 \quad \text{in } \mathbb{R}^2 \qquad [\![\,\text{gem. } 1.1\text{-}4\,(a)\,]\!]\\ &= N((x,y))\end{aligned}$$

und [[gem. 1.1-4 (b)]]

$$N((x,y)) = \|(\|x\|_V,\|y\|_W)\|_1 \le 2^{1/2}\|(\|x\|_V,\|y\|_W)\|_2 = \sqrt{2}M((x,y)).$$

Lösung zu A 15

Für jedes $x \in \ell^q,\ q \geq 1$, ist die Reihe $\sum_{j=0}^{\infty} |x_j|^q$ konvergent, $\left(|x_j|^q\right)_{j\in\mathbb{N}}$ somit eine Nullfolge in $\mathbb{C}$, also auch x. Die im Hinweis angegebene Folge x ist eine Nullfolge:

$$x_j = \frac{1}{(j+2)^{\frac{1}{\sqrt{\ln(j+2)}}}} = e^{-\sqrt{\ln(j+2)}},$$

wobei $\ln(j+2) > 0$ für jedes $j \in \mathbb{N}$ ist und $(\sqrt{\ln(j+2)})_j$ gegen ∞ divergiert.

Für jedes $q \geq 1$ wähle man ein $j_q \in \mathbb{N},\ j_q \geq 1,\ \sqrt{\ln(j+2)} \geq q$ für jedes $j \geq j_q$. Man erhält dann für jedes $j \geq j_q$ wegen $q/\sqrt{\ln(j+2)} \leq 1$ offensichtlich

$$|x_j|^q = \frac{1}{(j+2)^{\frac{q}{\sqrt{\ln(j+2)}}}} \geq \frac{1}{j+2}$$

und somit

$$\sum_{j=0}^{\infty} |x_j|^q = \sum_{j=0}^{j_q-1} |x_j|^q + \sum_{j=j_q}^{\infty} |x_j|^q = \infty.$$

Lösung zu A 16

(N-1) und (N-2) sind trivialerweise erfüllt. (N-3) gilt nicht: Für

$$f(x) := x, \quad g(x) := \begin{cases} 2x & \text{für } 0 \leq x \leq \frac{1}{2} \\ 1 & \text{sonst} \end{cases}$$

rechnet man

$$N(f) = \frac{4}{9}, \quad N(g) = \frac{25}{36} \quad \text{und} \quad N(f+g) = \frac{38 - 16\sqrt{3}}{9}$$

und somit $N(f+g) - N(f) - N(g) > 0$ aus.

Lösung zu A 17

Der Name Fréchetmetrik (gem. A 7 (b)) ist hier zulässig, denn für $f, g \in C(\mathbb{R}),\ f \neq g$, gibt es ein $j \in \mathbb{N}$ mit $f{\restriction}[-(j+1), j+1] \neq g{\restriction}[-(j+1), j+1]$, also $d_j(f,g) \neq 0$. Wäre $\|\ \|$ eine die Fréchetmetrik d induzierende Norm, so müßte gem. 1.1-1.1 für alle $f, g \in C(\mathbb{R}),\ z \in \mathbb{C}$

$$d(zf, zg) = \|zf - zg\| = |z|\,\|f - g\| = |z| d(f,g)$$

gelten. Dagegen erhält man aber beispielsweise für $f = 1,\ g = 0$ und $z = 1/2$

$$d(f,g) = \sum_{j=0}^{\infty} \frac{1}{2^j} \frac{N_j(f-g)}{1 + N_j(f-g)} = \sum_{j=0}^{\infty} \frac{1}{2^j} \frac{1}{2} = 1$$

und

$$d(zf, zg) = \sum_{j=0}^{\infty} \frac{1}{2^j} \frac{N_j(zf - zg)}{1 + N_j(zf - zg)} = \sum_{j=0}^{\infty} \frac{1}{2^j} \frac{\frac{1}{2}}{1 + \frac{1}{2}} = \frac{2}{3}.$$

Lösung zu A 18

Zu (1.1,5) (b) Es seien $x, y, z \in \ell^2$, $k \in \mathbb{C}$. Man erhält:

$$x \neq 0 \implies \exists\, j \in \mathbb{N}\colon\ x_j \neq 0, \quad \text{also } 0 \neq x_j\overline{x_j} = |x_j|^2$$
$$\implies \langle x, x\rangle = \sum_{l=0}^{\infty} x_l\overline{x_l} = \sum_{l=0}^{\infty} |x_l|^2 \geq |x_j|^2 > 0,$$

$$\langle x, y\rangle = \sum_{j=0}^{\infty} x_j\overline{y_j} = \sum_{j=0}^{\infty} \overline{\overline{x_j}y_j} = \overline{\sum_{j=0}^{\infty} \overline{x_j}y_j} \qquad [\![\text{ Konjugation ist stetig in } \mathbb{C}\ ]\!]$$
$$= \overline{\langle y, x\rangle},$$

$$\langle x + y, z\rangle = \sum_{j=0}^{\infty}(x_j + y_j)\overline{z_j} = \sum_{j=0}^{\infty}(x_j\overline{z_j} + y_j\overline{z_j}) = \sum_{j=0}^{\infty} x_j\overline{z_j} + \sum_{j=0}^{\infty} y_j\overline{z_j}$$

[[$+$ ist stetig in $\mathbb{C}$, beide Reihen auf der rechten Seite sind gem. (1.1,5) (b) (absolut) konvergent]]

$$= \langle x, z\rangle + \langle y, z\rangle,$$

$$\langle kx, y\rangle = \sum_{j=0}^{\infty} kx_j\overline{y_j} = k\sum_{j=0}^{\infty} x_j\overline{y_j} \qquad [\![\text{ die Multiplikation in } \mathbb{C} \text{ mit } k \text{ ist stetig }]\!]$$
$$= k\langle x, y\rangle.$$

Zu (1.1,5) (c) Für auf $[a, b]$ stetige Funktionen f, g wird $\langle f, g\rangle$ durch Riemann-Integrale stetiger Funktionen berechnet, ist also wohldefiniert. Man erhält für alle $f, g, h \in C([a, b])$, $k \in \mathbb{C}$:

$$f \neq 0 \implies |f|^2 \neq 0 \text{ und stetig}$$
$$\implies \langle f, f\rangle = \int_a^b f\overline{f} = \int_a^b |f|^2 > 0 \qquad [\![\text{ vgl. (1.1,2) (c) }]\!],$$

$$\langle f, g\rangle = \int_a^b f\overline{g} = \int_a^b \overline{\overline{f}g} = \overline{\int_a^b \overline{f}g} \qquad [\![\text{ gem. Definition des Integrals }]\!]$$
$$= \overline{\langle g, f\rangle},$$

$$\langle f + g, h\rangle = \int_a^b (f + g)\overline{h} = \int_a^b (f\overline{h} + g\overline{h})$$
$$= \int_a^b f\overline{h} + \int_a^b g\overline{h} \qquad [\![\text{ Additivität des Integrals }]\!]$$
$$= \langle f, h\rangle + \langle g, h\rangle,$$

$$\langle kf, g\rangle = \int_a^b (kf)\overline{g} = k\int_a^b f\overline{g} \qquad [\![\text{ Homogenität des Integrals }]\!]$$
$$= k\langle f, g\rangle.$$

Lösung zu A 19

$\langle\ \rangle_m$ ist wohldefiniert, da $f^{(j)},\ g^{(j)} \in C_{\mathbb{R}}([a,b])$ für alle $j = 0, \dots, m$ gilt. Es seien $f,\ g,\ h \in C^m_{\mathbb{R}}([a,b]),\ r \in \mathbb{R}$. Man erhält:

$$f \neq 0 \quad \Longrightarrow \quad \langle f, f\rangle_m = \sum_{j=0}^{m} \int_a^b \left(f^{(j)}\right)^2 \geq \int_a^b f^2 > 0,$$

$$\langle f, g\rangle_m = \sum_{j=0}^{m} \int_a^b f^{(j)} g^{(j)} = \langle g, f\rangle_m,$$

$$\begin{aligned}\langle f+g, h\rangle_m &= \sum_{j=0}^{m} \int_a^b (f+g)^{(j)} h^{(j)} = \sum_{j=0}^{m} \left(\int_a^b f^{(j)} h^{(j)} + \int_a^b g^{(j)} h^{(j)} \right)\\ &= \sum_{j=0}^{m} \int_a^b f^{(j)} h^{(j)} + \sum_{j=0}^{m} \int_a^b g^{(j)} h^{(j)} = \langle f, h\rangle_m + \langle g, h\rangle_m,\end{aligned}$$

$$\begin{aligned}\langle rf, g\rangle_m &= \sum_{j=0}^{m} \int_a^b (rf)^{(j)} g^{(j)} = \sum_{j=0}^{m} \int_a^b r f^{(j)} g^{(j)} = r \sum_{j=0}^{m} \int_a^b f^{(j)} g^{(j)}\\ &= r\langle f, g\rangle_m.\end{aligned}$$

Lösung zu A 20

Nein, denn für $x = \left(\frac{1}{2}, 1, 0, \dots, 0\right),\ y = (1, 0, \dots, 0)$ erhält man

$$\|x\|_\infty = 1, \quad \|y\|_\infty = 1, \quad \|x+y\|_\infty = \frac{3}{2}, \quad \|x-y\|_\infty = 1,$$

die Parallelogrammgleichung 1.1-8.3 ist nicht erfüllt.

Lösung zu A 21

Für $a, b \in \mathbb{R},\ a < b$ sei

$$\langle\ \rangle_{(1)} : \begin{cases} C^1_{\mathbb{R}}([a,b]) \times C^1_{\mathbb{R}}([a,b]) \longrightarrow \mathbb{R} \\ (f,g) \longmapsto \int_a^b f'g'. \end{cases}$$

$\langle\ \rangle_{(1)}$ ist ein Halbskalarprodukt auf $C^1_{\mathbb{R}}([a,b])$ ⟦ vgl. A 19 ⟧, für $f = 1$ gilt jedoch $f \neq 0$ und $\langle f, f\rangle_{(1)} = \int_a^b (f')^2 = 0$.

Lösung zu A 22

$\|\ \|_{\max}$ ist wohldefiniert, und für alle $r \in \mathbb{R},\ p(x), q(x) \in \mathbb{R}[x]$, etwa $p(x) = \sum_{j=0}^{n_p} p_j x^j$, $q(x) = \sum_{j=0}^{n_q} q_j x^j,\ n_p \leq n_q$ (o. B. d. A.) gilt:

$$\|p\|_{\max} = 0 \quad \Longleftrightarrow \quad \forall\, j \in \{0, \dots, n_p\}\colon\ p_j = 0 \quad \Longleftrightarrow \quad p = 0,$$

$$\|rp\|_{\max} = \max_{0 \le j \le n_p} |rp_j| = |r| \max_{0 \le j \le n_p} |p_j| = |r| \, \|p\|_{\max} \quad \text{und}$$

$$\begin{aligned} \|p+q\|_{\max} &= \max\big(\{\, |p_j + q_j| \mid j \in \{0, \ldots, n_p\} \,\} \cup \{\, |q_j| \mid j \in \{n_p + 1, \ldots, n_q\} \,\}\big) \\ &\le \max_{0 \le j \le n_p} |p_j| + \max_{0 \le j \le n_q} |q_j| = \|p\|_{\max} + \|q\|_{\max}. \end{aligned}$$

Für $p(x) = 1 + x$, $q(x) = 1 + x^2$ ist wegen $\|p - q\|^2_{\max} = \|p\|^2_{\max} = \|q\|^2_{\max} = 1$ und $\|p + q\|^2_{\max} = 4$ die Parallelogrammgleichung 1.1-8.3 nicht erfüllt, $\| \ \|_{\max}$ kann daher nicht durch ein Skalarprodukt induziert werden.

Lösung zu A 23

Wegen $\delta(\emptyset) = -\infty$ seien $S_1, \ldots, S_n \in \mathcal{P}X \backslash \{\emptyset\}$ d-beschränkt, $n \ge 1$. Man wähle $s_i \in S_i$ für jedes $i \in \{1, \ldots, n\}$. Für alle $x, y \in \bigcup_{j=1}^{n} S_j$, o. B. d. A. $x \in S_1$, $y \in S_n$ gilt gem. (M-4)

$$d(x, y) \le d(x, s_1) + \sum_{i=1}^{n-1} d(s_i, s_{i+1}) + d(s_n, y) \le \delta(S_1) + \sum_{i=1}^{n-1} d(s_i, s_{i+1}) + \delta(S_n),$$

also auch

$$\delta\Big(\bigcup_{j=1}^{n} S_j\Big) \le \delta(S_1) + \sum_{i=1}^{n-1} d(s_i, s_{i-1}) + \delta(S_n) < \infty.$$

Lösung zu A 24

Die Apollonios-Gleichung erhält man aus der Parallelogrammgleichung 1.1-8.3 für das Parallelogramm mit den Seiten $z - \frac{1}{2}(x + y)$, $\frac{1}{2}(x - y)$:

$$\begin{aligned} &2\big\|z - \tfrac{1}{2}(x+y)\big\|^2_{\langle\,\rangle} + 2\big\|\tfrac{1}{2}(x-y)\big\|^2_{\langle\,\rangle} \\ &\qquad = \big\|z - \tfrac{1}{2}(x+y) - \tfrac{1}{2}(x-y)\big\|^2_{\langle\,\rangle} + \big\|z - \tfrac{1}{2}(x+y) + \tfrac{1}{2}(x-y)\big\|^2_{\langle\,\rangle} \end{aligned}$$

ergibt

$$2\big\|z - \tfrac{1}{2}(x+y)\big\|^2_{\langle\,\rangle} + \tfrac{1}{2}\|x - y\|^2_{\langle\,\rangle} = \|z - x\|^2_{\langle\,\rangle} + \|z - y\|^2_{\langle\,\rangle}.$$

Lösung zu A 25

Für alle $v, w \in V$ gilt

$$\begin{aligned} 4\langle T(v), w\rangle &= \langle T(v+w), v+w\rangle - \langle T(v-w), v-w\rangle \\ &\quad + i\langle T(v+iw), v+iw\rangle - i\langle T(v-iw), v-iw\rangle \\ &= 0 \end{aligned}$$

⟦ nach Voraussetzung ⟧, also $T(v) = 0$ ⟦ 1.1-7 (b) ⟧.

Lösungen zu 1.2

Lösung zu A 1

(a) In jedem metrischen Raum (X, d) ist jede schließlich konstante Folge $(x_j)_j \in X^{\mathbb{N}}$ gegen eben diese Konstante d-konvergent. Für d_{dis} gilt auch die Umkehrung:

Sei $(x_j)_j \in X^{\mathbb{N}},\ a \in X,\ (x_j)_j \to_{d_{\text{dis}}} a$ und $\varepsilon := 1/2$. Man wähle ein $j_\varepsilon \in \mathbb{N}$, so daß

$$\forall\, j \geq j_\varepsilon \colon\ d_{\text{dis}}(x_j, a) < \varepsilon, \quad \text{also} \quad \forall\, j \geq j_\varepsilon \colon\ x_j = a$$

gilt. Somit erhält man

$$\{\, (x_j)_j \in X^{\mathbb{N}} \mid (x_j)_j\ d_{\text{dis}}\text{-konvergent}\,\}$$
$$= \{\, (x_j)_j \in X^{\mathbb{N}} \mid \exists\, a \in X\ \exists\, j_0 \in \mathbb{N}\ \forall\, j \geq j_0 \colon\ x_j = a\,\}.$$

(b) Für jedes $\varepsilon > 0,\ n \in \mathbb{N}$ gilt

$$K_\varepsilon^{d_\varepsilon}(n) = \{n\},$$

denn für $m \in \mathbb{N}\backslash\{n\}$ ist $d_\varepsilon(n, m) = \left(1 + \frac{1}{n+m+1}\right)\varepsilon > \varepsilon$.

(c) Definitionsgemäß gilt $d_j(n, n) = 0$ und $d_j(n, m) = d_j(m, n)$ für alle $n,\ m \in \mathbb{N}$. Die Dreicksungleichung erhält man mit einer naheliegenden Fallunterscheidung:

Es seien $n,\ m,\ k \in \mathbb{N},\ n \neq m,\ n \in \mathbb{N}_j,\ m \in \mathbb{N}_j$ (In den anderen Fällen ist $d_j(n, m) = 0 \leq d_j(n, k) + d_j(k, m)$ offensichtlich erfüllt.). Dann ist $d_j(n, m) = 1$ und $k \neq n$ oder $k \neq m$, also $d_j(n, k) = 1$ oder $d_j(k, m) = 1$. Schließlich gilt $\{\, k \in \mathbb{N} \mid (i)_{i\in\mathbb{N}} \to_{d_j} k\,\} = \mathbb{N}\backslash\mathbb{N}_j$:

$$\begin{aligned} (i)_{i\in\mathbb{N}} \to_{d_j} k \quad &\Longleftrightarrow \quad \exists\, i_0 \in \mathbb{N}\backslash\mathbb{N}_j\ \forall\, i \geq i_0 \colon\ d_j(i, k) = 0 \quad [\![\, d_j[\mathbb{N} \times \mathbb{N}] = \{0, 1\}\,]\!] \\ &\Longleftrightarrow \quad k \in \mathbb{N}\backslash\mathbb{N}_j. \end{aligned}$$

Lösung zu A 2

$(f_j)_j$ ist punktweise $d_{|\,|}$-konvergent gegen 0 $[\![\, (x^j)_j$ ist für $x \in [0, 1[$ eine Nullfolge in $\mathbb{R}$, also auch $(f(x^j))_j\,]\!]$. Wäre $(f_j)_j$ d_∞-konvergent, so würde

$$(f_j)_j \to_{d_\infty} 0$$

nach (1.2,1) (c) (i) folgen, was aber wegen

$$d_\infty(f_j, 0) = \sup_{x\in[0,1]} |f_j(x)| = \sup_{x\in[0,1]} |f(x^j)| = \sup_{y\in[0,1]} |f(y)| > 0$$

nicht möglich ist.

Lösung zu A 3

(a) Die durch $y_{j,k} := b_k + \delta_{j,k}$ erklärte Folge $(y_j)_j \in (\ell^\infty)^{\mathbb{N}}$ ist koordinatenweise $d_{||}$-konvergent gegen b, wegen $d_\infty(y_j, b) = \sup_{k\in\mathbb{N}} |y_{j,k} - b_k| = 1$ jedoch nicht d_∞-konvergent gegen b.

(b) Für $q \in \mathbb{R}$, $q > p$, wähle man ein $r \in]1, q/p[$ und betrachte die durch

$$x_{j,k} := \begin{cases} (1/(j+1))^{r/q} & \text{für } 0 \le k \le j \\ 0 & \text{sonst} \end{cases}$$

erklärte Folge $(x_j)_j \in (\ell^p)^{\mathbb{N}}$. Wegen

$$d_q(x_j, 0) = (j+1)^{(1-r)/q}$$

ist $(x_j)_j$ d_q- (und gem. (1.2,1)(b)(ii) auch d_∞-) konvergent gegen 0. Da für jedes $j \in \mathbb{N}$

$$d_p(x_j, 0) = (j+1)^{1/p - r/q}$$

und $1/p - r/q > 0$ gilt, ist $(x_j)_j$ nicht d_p-konvergent gegen 0.

Lösung zu A 4

Man definiere für $j \in \mathbb{N},\ x \in [a,b]$ (Abb. L-3)

$$f_j(x) := \begin{cases} 0 & \text{für } a + \frac{b-a}{j+1} \le x \le b \\ -\frac{2(j+1)^{(q+1)/q}}{b-a} x + \frac{2(j+1)^{1/q}(ja+b)}{b-a} & \text{für } a + \frac{b-a}{2(j+1)} \le x \le a - \frac{b-a}{j+1} \\ \frac{2(j+1)^{(q+1)/q}}{b-a} x - \frac{2a(j+1)^{(q+1)/q}}{b-a} & \text{für } a \le x \le a + \frac{b-a}{2(j+1)}. \end{cases}$$

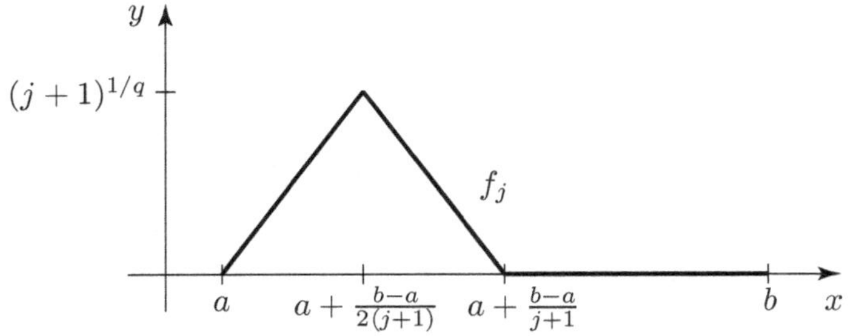

Abbildung L-3

Für alle $x \in [a,b]$ gilt $(f_j(x))_j \to_{d_{|\,|}} 0$ ⟦klar⟧. Wegen

$$\begin{aligned} d_q(f_j, 0)^q &= \int_a^b |f_j|^q = 2 \int_a^{a+\frac{b-a}{2(j+1)}} \left(\frac{2(j+1)^{(q+1)/q}}{b-a} x - \frac{2a(j+1)^{(q+1)/q}}{b-a} \right)^q \mathrm{d}x \\ &= \frac{(2(j+1))^{q+1}}{(b-a)^q} \int_a^{a+\frac{b-a}{2(j+1)}} (x-a)^q \,\mathrm{d}x = \frac{b-a}{q+1} > 0 \end{aligned}$$

ist $(f_j)_j$ nicht d_q-konvergent gegen 0.

Lösung zu A 5

Es seien $a = d\text{-}\lim_j x_{2j}$, $b = d\text{-}\lim_j x_{2j+1}$ und $c = d\text{-}\lim_j x_{3j}$. Zu $\varepsilon > 0$ wähle man demgemäß ein $j_\varepsilon \in \mathbb{N}$ mit der Eigenschaft

$$\forall\, j \geq j_\varepsilon:\ d(a, x_{2j}) < \varepsilon,\ d(b, x_{2j+1}) < \varepsilon,\ d(c, x_{3j}) < \varepsilon.$$

Für jedes $j \geq j_\varepsilon$ gilt dann insbesondere

$$\begin{aligned} d(a, x_{3j}) &< \varepsilon, && \text{falls } j \text{ gerade ist, und} \\ d(b, x_{3j}) &< \varepsilon && \text{für ungerades } j, \end{aligned}$$

woraus mit Hilfe von 1.2-1 (c) $a = c$ und $b = c$, also $a = b = c$ und $(x_j)_j \to_d a$ folgt $[\![\, \forall\, j \geq j_\varepsilon:\ d(a, x_{2j}) < \varepsilon$ und $d(a, x_{2j+1}) < \varepsilon \,]\!]$.

Die Zusatzfrage ist bereits in $(X, d) := (\mathbb{R}, d_{|\ |})$ zu verneinen: Man setze für jedes $j \in \mathbb{N}$

$$x_{2j} := 0 \text{ und } x_{2j+1} := 1 \quad \text{bzw.}$$

$$x_{2j} := 0 \text{ und } x_{2j+1} := \begin{cases} 0, & \text{falls } 2j+1 = 3k \text{ für ein } k \in \mathbb{N} \\ j & \text{sonst} \end{cases} \qquad \text{bzw.}$$

$$x_{2j+1} := 0 \text{ und } x_{2j} := \begin{cases} 0, & \text{falls } 2j = 3k \text{ für ein } k \in \mathbb{N} \\ j & \text{sonst.} \end{cases}$$

Lösung zu A 6

(a) Es gilt

$$\begin{aligned} d(x, y) &= \sum_{k=0}^{j} \frac{1}{2^k} \frac{d_k(x, y)}{1 + d_k(x, y)} + \sum_{k=j+1}^{\infty} \frac{1}{2^k} \frac{d_k(x, y)}{1 + d_k(x, y)} \\ &\leq \frac{d_j(x, y)}{1 + d_j(x, y)} \sum_{k=0}^{j} \frac{1}{2^k} + \sum_{k=j+1}^{\infty} \frac{1}{2^k} \\ &\quad [\![\, \tfrac{d_k(x,y)}{1+d_k(x,y)} \leq \tfrac{d_{k+1}(x,y)}{1+d_{k+1}(x,y)} < 1; \text{ vgl. 1.1, A 7} \,]\!] \\ &\leq 2 \frac{d_j(x, y)}{1 + d_j(x, y)} + \frac{1}{2^j} \end{aligned}$$

und ebenso

$$d(x, y) = \sum_{k=0}^{j-1} \frac{1}{2^k} \frac{d_k(x, y)}{1 + d_k(x, y)} + \sum_{k=j}^{\infty} \frac{1}{2^k} \frac{d_k(x, y)}{1 + d_k(x, y)} \geq \frac{1}{2^{j-1}} \frac{d_j(x, y)}{1 + d_j(x, y)}$$

$[\![$ der erste Summand ist nichtnegativ, $\frac{d_k(x,y)}{1+d_k(x,y)} \geq \frac{d_j(x,y)}{1+d_j(x,y)}$ für jedes $k \geq j \,]\!]$.

(b) „$\Rightarrow$“ Sei $k \in \mathbb{N}$ und $\varepsilon > 0$. Man wähle ein $j_\varepsilon \in \mathbb{N}$ mit

$$\forall\, j \geq j_\varepsilon:\ d(x_j, x) \leq \frac{1}{2^{k-1}} \frac{\varepsilon}{1 + \varepsilon}.$$

Mit (a) folgt hieraus

$$\frac{d_k(x_j, x)}{1 + d_k(x_j, x)} \leq \frac{\varepsilon}{1 + \varepsilon},$$

also $d_k(x_j, x) < \varepsilon$ für jedes $j \geq j_\varepsilon$ ⟦ strenge Monotonie der Funktion α aus 1.1, A 7 (a) ⟧.

„$\Leftarrow$" Sei $\varepsilon > 0$, $k \in \mathbb{N}$ mit $1/2^k \leq \varepsilon/2$ und gem. Voraussetzung $j_\varepsilon \in \mathbb{N}$ mit

$$\forall\, j \geq j_\varepsilon \colon\ d_k(x_j, x) \leq \frac{\varepsilon}{4}.$$

Es folgt für jedes $j \geq j_\varepsilon$

$$d(x_j, x) \leq 2\frac{d_k(x_j, x)}{1 + d_k(x_j, x)} + \frac{1}{2^k} \leq 2d_k(x_j, x) + \frac{\varepsilon}{2} \leq \frac{\varepsilon}{2} + \frac{\varepsilon}{2} = \varepsilon.$$

Lösung zu A 7

(N-1): $N(p(x)) = 0 \iff \sum_{i=0}^{n} |p(r_i)| = 0 \iff \forall\, i = 0, \ldots, n\colon\ p(r_i) = 0 \iff p(x) = 0$

⟦ Mit Ausnahme des Nullpolynoms hat jedes Polynom vom Grad $\leq n$ höchstens n Nullstellen. ⟧

(N-2): $N(kp(x)) = \sum_{i=0}^{n} |kp(r_i)| = |k| \sum_{i=0}^{n} |p(r_i)| = |k| N(p(x))$

(N-3):

$$\begin{aligned} N(p(x) + q(x)) &= \sum_{i=0}^{n} |(p(x) + q(x))(r_i)| \leq \sum_{i=0}^{n} |p(r_i)| + \sum_{i=0}^{n} |q(r_i)| \\ &= N(p(x)) + N(q(x)) \end{aligned}$$

Für jede Folge $(p_j(x))_j \in \mathbb{R}_n[x]^{\mathbb{N}}$ und jedes $p(x) \in \mathbb{R}_n[x]$ gilt:

$$\begin{aligned} (p_j(x))_j \to_{d_N} p(x) &\iff (d_N(p_j(x), p(x)))_j \to_{\tau_{|\,|}} 0 \qquad [\![\, 1.2\text{-}1\ (a)\,]\!] \\ &\iff (N(p_j(x) - p(x)))_j \to_{\tau_{|\,|}} 0 \\ &\iff \left(\sum_{i=0}^{n} |p_j(r_i) - p(r_i)|\right)_j \to_{\tau_{|\,|}} 0 \\ &\iff \forall\, i = 0, \ldots, n\colon\ (|p_j(r_i) - p(r_i)|)_j \to_{\tau_{|\,|}} 0 \\ &\iff \forall\, i = 0, \ldots, n\colon\ (p_j(r_i))_j \to_{\tau_{|\,|}} p(r_i). \end{aligned}$$

Also: $(p_j(x))_j$ ist genau dann d_N-konvergent gegen $p(x)$, wenn $(p_j(x))_j$ an jeder Stelle r_i, $i = 0, \ldots, n$, gegen $p(r_i)$ konvergiert.

Lösung zu A 8

(a) Sei $z \in K_\varepsilon^d(x)$ [bzw. $z \in \widetilde{K}_\varepsilon^d(x)$]. Dann folgt

$$d(z, y) \leq \max\{d(z, x), d(x, y)\} < \varepsilon \text{ [bzw. } \leq \varepsilon],$$

also $K^d_\varepsilon(x) \subseteq K^d_\varepsilon(y)$ [bzw. $\widetilde{K}^d_\varepsilon(x) \subseteq \widetilde{K}^d_\varepsilon(y)$]. Umgekehrt erhält man für $z \in K^d_\varepsilon(y)$ [bzw. $z \in \widetilde{K}^d_\varepsilon(y)$] ebenso

$$d(z,x) \leq \max\{d(z,y), d(y,x)\} < \varepsilon \text{ [bzw. } \leq \varepsilon],$$

also $K^d_\varepsilon(y) \subseteq K^d_\varepsilon(x)$ [bzw. $\widetilde{K}^d_\varepsilon(y) \subseteq \widetilde{K}^d_\varepsilon(x)$].

(b) Für $z \in K^d_\varepsilon(x) \cap K^d_\varepsilon(y)$ gilt gem. (a) $K^d_\varepsilon(x) = K^d_\varepsilon(z) = K^d_\varepsilon(y)$. Entsprechend für die abgeschlossenen ε-Kugeln.

(c) $K^d_\varepsilon(x) \in \tau_d$ und $\widetilde{K}^d_\varepsilon(x) \in \alpha_{\tau_d}$ gilt gem. (1.2,2) (a) (i). Für alle $z \in X \backslash K^d_\varepsilon(x)$ ist $K^d_\varepsilon(z) \cap K^d_\varepsilon(x) = \emptyset$ ⟦wegen (b)⟧ und somit $X \backslash K^d_\varepsilon(x) \in \tau_d$, d. h. $K^d_\varepsilon(x) \in \alpha_{\tau_d}$. Schließlich gilt für alle $z \in \widetilde{K}^d_\varepsilon(x)$ auch $K^d_\varepsilon(z) \subseteq \widetilde{K}^d_\varepsilon(z) = \widetilde{K}^d_\varepsilon(x)$, also $\widetilde{K}^d_\varepsilon(x) \in \tau_d$.

Lösung zu A 9

(a) „$\Rightarrow$“ gilt gem. Definition der Umgebung.

„$\Leftarrow$“ Sei $O \in \tau$. Für jedes $x \in O$ ist dann $O \in \mathcal{U}_\tau(x) \subseteq \mathcal{U}_\sigma(x)$, also existiert ein $P_x \in \sigma$ mit $x \in P_x \subseteq O$. Es folgt $O = \bigcup_{x \in O} P_x \in \sigma$.

(b) $\emptyset, X \in \tau \cap \sigma$, $\forall\, O, P \in \tau \cap \sigma$: $O \cap P \in \tau \cap \sigma$ und $\forall\, \mathcal{O} \subseteq \tau \cap \sigma$: $\bigcup \mathcal{O} \in \tau \cap \sigma$ sind direkt aus der Definition der Topologie ersichtlich.

$\tau \cup \sigma$ ist i. a. keine Topologie: Man betrachte auf $X = \{0,1,2\}$ die Topologien

$$\tau := \big\{\emptyset, X, \{0\}, \{1,2\}\big\} \quad \text{und} \quad \sigma := \big\{\emptyset, X, \{1\}, \{0,2\}\big\}.$$

Es ist $\{0\}, \{1\} \in \tau \cup \sigma$, jedoch $\{0\} \cup \{1\} = \{0,1\} \notin \tau \cup \sigma$.

Lösung zu A 10

(i) $\Rightarrow$ (ii) Ist X unendlich, so existiert eine unendliche Teilmenge $T \subseteq X$, für die auch $X \backslash T$ unendlich ist ⟦Sei $A \subseteq X$ abzählbar unendlich, etwa $a : \mathbb{N} \longrightarrow A$ eine Bijektion, $T := \{\, a_{2j} \mid j \in \mathbb{N}\,\}$⟧. Keine der Mengen T, $X \backslash T$ gehört zu τ_c.

(ii) $\Rightarrow$ (iii) Ist X endlich, so gilt natürlich $\tau_c = \mathcal{P}X = \tau_{\text{dis}}$, und τ_{dis} ist metrisierbar durch d_{dis} ⟦(1.2,2) (c)⟧.

(iii) $\Rightarrow$ (i) Sei τ_c pseudometrisierbar durch d, d. h. $\tau_d = \tau_c$. Besteht X nur aus einem einzigen Element, so gilt natürlich $\tau_c = \tau_{\text{dis}}$.

X habe also mindestens zwei Elemente. Dann gibt es auch $x, y \in X$ mit $0 < d(x,y)$ ⟦andernfalls wäre $K^d_\delta(z) = X$ für alle $z \in X$, $\delta > 0$, also $(\tau_c =)\ \tau_d = \tau_{\text{in}}$ ↯⟧. Mit $\varepsilon := d(x,y)$ erhält man:

$$K^d_{\varepsilon/2}(x), K^d_{\varepsilon/2}(y) \in \tau_d \backslash \{\emptyset\}\ (= \tau_c \backslash \{\emptyset\})$$

⟦(1.2,2) (a) (i)⟧ und $K^d_{\varepsilon/2}(x) \cap K^d_{\varepsilon/2}(y) = \emptyset$ ⟦$d(x,z) < \varepsilon/2,\ d(y,z) < \varepsilon/2 \Longrightarrow d(x,y) \leq d(x,z) + d(z,y) < \varepsilon$ ↯⟧. Somit sind $X \backslash K^d_{\varepsilon/2}(x)$, $X \backslash K^d_{\varepsilon/2}(y)$ endliche Mengen, also ist auch $X = X \backslash (K^d_{\varepsilon/2}(x) \cap K^d_{\varepsilon/2}(y)) = (X \backslash K^d_{\varepsilon/2}(x)) \cup (X \backslash K^d_{\varepsilon/2}(y))$ endlich. Es folgt $\tau_c = \tau_{\text{dis}}$.

Lösung zu A 11

(a) Natürlich gehören X und $\emptyset$ zur Menge $\tau_{\mathcal{V}}$ ⟦ Man kann keinen Punkt x in $\emptyset$ angeben (es gibt keinen!), für den kein $U \in \mathcal{V}(x)$ mit $U \subseteq \emptyset$ existiert! ⟧. Sind O, $P \in \tau_{\mathcal{V}}$ und $x \in O \cap P$, so gibt es nach Voraussetzung $V, W \in \mathcal{V}(x)$ mit $V \subseteq O$ und $W \subseteq P$, woraus $V \cap W \in \mathcal{V}(x)$ ⟦ (U-2) ⟧, $V \cap W \subseteq O \cap P$ folgt. Für $\mathcal{O} \subseteq \tau_{\mathcal{V}}$ und $x \in \bigcup \mathcal{O}$ existiert ein $O \in \mathcal{O}$ mit $x \in O$, also ein $V \in \mathcal{V}(x)$ mit $V \subseteq O \subseteq \bigcup \mathcal{O}$.

(b) $\mathcal{U}_{\tau_{\mathcal{V}}} \subseteq \mathcal{V}$: Sei $x \in X$, $U \in \mathcal{U}_{\tau_{\mathcal{V}}}(x)$. Nach Definition des Umgebungsfilters $\mathcal{U}_{\tau_{\mathcal{V}}}(x)$ existiert ein $O \in \tau_{\mathcal{V}}$ mit $x \in O \subseteq U$, und nach Definition der Topologie $\tau_{\mathcal{V}}$ gilt $V \subseteq O$ für ein $V \in \mathcal{V}(x)$. Gem. (U-3) erhält man daher $U \in \mathcal{V}(x)$.

$\mathcal{U}_{\tau_{\mathcal{V}}} \supseteq \mathcal{V}$: Sei $x \in X$, $U \in \mathcal{V}(x)$. Wegen (U-4) gibt es ein $V \in \mathcal{V}(x)$ mit

$$V \subseteq U \quad \text{und} \quad \forall\, y \in V: \; V \in \mathcal{V}(y).$$

Nach Definition der Topologie $\tau_{\mathcal{V}}$ gehört V zu $\tau_{\mathcal{V}}$, U also zu $\mathcal{U}_{\tau_{\mathcal{V}}}(x)$ ⟦ (U-3) ⟧.

(c) Für die Topologie σ ist $\mathcal{U}_\sigma$ eine Umgebungsfunktion auf X ⟦ 1.2-7 ⟧.

$\sigma \subseteq \tau_{\mathcal{U}_\sigma}$: Sei $O \in \sigma$, $x \in O$, also $O \in \mathcal{U}_\sigma(x)$. Gem. Definition der Topologie $\tau_{\mathcal{V}}$ ist $O \in \tau_{\mathcal{U}_\sigma}$.

$\sigma \supseteq \tau_{\mathcal{U}_\sigma}$: Sei $O \in \tau_{\mathcal{U}_\sigma}$, $x \in O$. Nach Definition von $\tau_{\mathcal{V}}$ existiert ein $V_x \in \mathcal{U}_\sigma(x)$ mit $V_x \subseteq O$. Hieraus folgt $O \in \sigma$:
Man wähle ein $P_x \in \sigma$ mit $x \in P_x \subseteq V_x$ ⟦ Umgebungsdefinition ⟧. Es gilt dann $O = \bigcup_{x \in O} P_x \in \sigma$ ⟦ (O-3) ⟧.

(d) Beide Funktionen sind gem. 1.2-7 bzw. (a) wohldefiniert.
Die Aufgabenteile (b), (c) ergeben die Bijektivität und die Tatsache, daß beide Abbildungen zueinander invers sind (s. auch Anhang 1-19).

Lösung zu A 12

Es sei $f \in C([a,b]) \setminus C([a,b];T)$, etwa $x \in T$ mit $f(x) \neq 0$. Mit $\varepsilon := |f(x)|$ ist dann $K_\varepsilon^{d_\infty}(f) \cap C([a,b];T) = \emptyset$:
Für alle $g \in C([a,b];T)$ erhält man nämlich wegen $g(x) = 0$

$$d_\infty(f,g) = \sup_{y \in [a,b]} |f(y) - g(y)| \geq |f(x) - g(x)| = |f(x)| = \varepsilon,$$

woraus $g \notin K_\varepsilon^{d_\infty}(f)$ folgt.
Somit gilt $C([a,b]) \setminus C([a,b];T) \in \tau_{d_\infty}$, also $C([a,b];T) \in \alpha_{\tau_{d_\infty}}$.
Die Zusatzfrage ist mit nein zu beantworten:
Man betrachte $T = \{a\}$ und für jedes $j \in \mathbb{N}$ die durch

$$f_j(x) := \begin{cases} \frac{j+1}{b-a} x - \frac{j+1}{b-a} a & \text{für } a \leq x \leq a + \frac{b-a}{j+1} \\ 1 & \text{sonst} \end{cases}$$

auf $[a,b]$ erklärte Funktion $f_j \in C([a,b];T)$. Die auf $[a,b]$ konstante Funktion 1 gehört nicht zu $C([a,b];T)$, und es gibt keine ε-Kugel um 1 (bzgl. d_1), die ganz im Komplement von $C([a,b];T)$ liegt:

Man wähle $j_0 \in \mathbb{N}$ mit $\frac{b-a}{2(j_0+1)} < \varepsilon$. Für jedes $j \geq j_0$ folgt dann

$$d_1(f_j, 1) = \frac{b-a}{2(j+1)} \leq \frac{b-a}{2(j_0+1)} < \varepsilon,$$

also $f_j \in K_\varepsilon^{d_1}(1)$.

Lösung zu A 13

(a) Sei $(x_j)_j \in \ell^\infty \backslash c_0$, etwa $\varepsilon > 0$ mit

$$\forall\, j \in \mathbb{N}\ \exists\, n_j \geq j\colon\ \left|x_{n_j}\right| \geq 2\varepsilon.$$

Dann gilt $K_\varepsilon^{d_\infty}((x_j)_j) \subseteq \ell^\infty \backslash c_0$ (c_0 ist also (d_∞-)abgeschlossen):

Für $(y_j)_j \in c_0$ gibt es ein $j_\varepsilon \in \mathbb{N}$ mit

$$\forall\, j \geq j_\varepsilon\colon\ |y_j| < \varepsilon,$$

und man erhält

$$\begin{aligned} d_\infty((x_j)_j, (y_j)_j) &= \sup_j |x_j - y_j| \geq \left|x_{n_{j_\varepsilon}} - y_{n_{j_\varepsilon}}\right| \geq \left|\left|x_{n_{j_\varepsilon}}\right| - \left|y_{n_{j_\varepsilon}}\right|\right| \\ &\geq 2\varepsilon - \varepsilon = \varepsilon, \end{aligned}$$

also $(y_j)_j \notin K_\varepsilon^{d_\infty}((x_j)_j)$. Sei nun $(x_j)_j \in \ell^\infty \backslash c$.

Annahme: $\forall\, \varepsilon > 0\colon\ K_\varepsilon^{d_\infty}((x_j)_j) \cap c \neq \emptyset$.

Für $\delta > 0$ wähle man dann gem. Annahme ein $(y_j)_j \in c$ mit

$$d_\infty((x_j)_j, (y_j)_j) = \sup_j |x_j - y_j| < \frac{\delta}{4}$$

und weiter ein $j_\delta \in \mathbb{N}$ mit

$$\forall\, j \geq j_\delta\colon\ \left|y_j - \lim_k y_k\right| < \frac{\delta}{4}.$$

Für alle $i, j \geq j_\delta$ folgt

$$|x_j - x_i| \leq |x_j - y_j| + \left|y_j - \lim_k y_k\right| + \left|\lim_k y_k - y_i\right| + |y_i - x_i| < \delta,$$

$(x_j)_j$ ist somit (gem. dem Cauchyschen Konvergenzkriterium in $\mathbb{C}$) konvergent in $(\mathbb{C}, d_{|\,|})$. ↯

c und c_0 sind nach 1.2-2 (b), (c) Untervektorräume von ℓ^∞ ⟦In $(\mathbb{C}, d_{|\,|})$ konvergente Folgen sind beschränkt.⟧.

(b) Gem. 1.1-5 existiert eine Folge $(x_j)_j \in \bigcap\{\ell^r \mid r \in \mathbb{R} \cup \{\infty\},\ r > p\} \backslash \ell^p$. Für jedes $\varepsilon > 0$ wähle man ein $j_q \in \mathbb{N}$ mit $\sum_{j=j_q}^\infty |x_j|^q < \varepsilon^q$ für $q \in \mathbb{R}$ bzw. $|x_j| < \varepsilon/2$ für alle $j \geq j_q$, falls $q = \infty$. ⟦Wegen $(x_j)_j \in \ell^{p+1}$ gibt es ein $j_q \in \mathbb{N}$ mit $\sum_{j=j_q}^\infty |x_j|^{p+1} < (\varepsilon/2)^{p+1}$, woraus $|x_j| < \varepsilon/2$ für jedes $j \geq j_q$ folgt.⟧ Die durch

$$y_j := \begin{cases} x_j & \text{für } j \in \{0, \ldots, j_q - 1\} \\ 0 & \text{für } j \geq j_q \end{cases}$$

definierte Folge $(y_j)_j$ gehört zu $\ell^p \cap K_\varepsilon^{d_q}((x_j)_j)$, denn

$$d_q((x_j)_j,(y_j)_j) = \begin{cases} \sup_j |x_j - y_j| = \sup_{j\geq j_q} |x_j| \leq \frac{\varepsilon}{2} < \varepsilon & \text{für } q = \infty \\ \left(\sum_{j=0}^\infty |x_j - y_j|^q\right)^{1/q} = \left(\sum_{j=j_q}^\infty |x_j|^q\right)^{1/q} < \varepsilon & \text{für } q < \infty. \end{cases}$$

Lösung zu A 14

(a) Für jede Topologie τ auf X gilt $\tau \subseteq \mathcal{P}X$, also $\tau \in \mathcal{P}\mathcal{P}X$. Die Potenzmenge der n-elementigen Menge X hat genau 2^n, $\mathcal{P}\mathcal{P}X$ somit genau $2^{(2^n)}$ Elemente. Es gibt daher höchstens $2^{(2^n)}$ Topologien auf X. Diese Schranke ist jedoch u. U. sehr grob, wie (b) zeigt.

(b) $n = 0$, also $X = \emptyset$. $\{\emptyset\}$ ist die einzige Topologie auf X.

$n = 1$, also $X = \{x\}$. $\{\emptyset, X\}$ ist die einzige Topologie auf X.

$n = 2$, etwa $X = \{x, y\}$, $x \neq y$. $\{\emptyset, X\}$, $\{\emptyset, \{x\}, X\}$, $\{\emptyset, \{y\}, X\}$, $\mathcal{P}X$ sind die Topologien auf X (Anzahl $4 < 2^{(2^2)}$).

$n = 3$, etwa $X = \{x, y, z\}$, $x \neq y \neq z$, $x \neq z$. $\mathcal{P}X$ besteht aus genau $2^3 = 8$ Elementen, zwei davon – nämlich $\emptyset$ und X – gehören zu jeder Topologie auf X, die somit durch Hinzufügen von genau j Elementen ($j \in \{0, \ldots, 6\}$) aus $\mathcal{P}X \setminus \{\emptyset, X\}$ zu $\{\emptyset, X\}$ entstehen. Man erhält für

$j = 0$ $\{\emptyset, X\}$

$j = 1$ $\{\emptyset, \{x\}, X\}$, $\{\emptyset, \{y\}, X\}$, $\{\emptyset, \{z\}, X\}$,
$\{\emptyset, \{x, y\}, X\}$, $\{\emptyset, \{x, z\}, X\}$, $\{\emptyset, \{y, z\}, X\}$

$j = 2$ $\{\emptyset, \{x\}, \{x, y\}, X\}$, $\{\emptyset, \{x\}, \{x, z\}, X\}$, $\{\emptyset, \{x\}, \{y, z\}, X\}$,
$\{\emptyset, \{y\}, \{x, y\}, X\}$, $\{\emptyset, \{y\}, \{x, z\}, X\}$, $\{\emptyset, \{y\}, \{y, z\}, X\}$,
$\{\emptyset, \{z\}, \{x, y\}, X\}$, $\{\emptyset, \{z\}, \{x, z\}, X\}$, $\{\emptyset, \{z\}, \{y, z\}, X\}$

$j = 3$ $\{\emptyset, \{x\}, \{x, y\}, \{x, z\}, X\}$, $\{\emptyset, \{x\}, \{y\}, \{x, y\}, X\}$,
$\{\emptyset, \{y\}, \{x, y\}, \{y, z\}, X\}$, $\{\emptyset, \{x\}, \{z\}, \{x, z\}, X\}$,
$\{\emptyset, \{z\}, \{x, z\}, \{y, z\}, X\}$, $\{\emptyset, \{y\}, \{z\}, \{y, z\}, X\}$

$j = 4$ $\{\emptyset, \{x\}, \{y\}, \{x, y\}, \{x, z\}, X\}$, $\{\emptyset, \{x\}, \{y\}, \{x, y\}, \{y, z\}, X\}$,
$\{\emptyset, \{x\}, \{z\}, \{x, y\}, \{x, z\}, X\}$, $\{\emptyset, \{x\}, \{z\}, \{x, z\}, \{y, z\}, X\}$,
$\{\emptyset, \{y\}, \{z\}, \{x, y\}, \{y, z\}, X\}$, $\{\emptyset, \{y\}, \{z\}, \{x, z\}, \{y, z\}, X\}$

$j = 5$ (Es müßten entweder drei einelementige oder drei zweielementige Mengen zu $\{\emptyset, X\}$ hinzugefügt werden, somit aber auch drei zweielementige bzw. drei einelementige. Für $j = 5$ kann keine Topologie existieren.)

$j = 6$ $\mathcal{P}X$

sämtliche Topologien auf X (insgesamt $29 < 2^{(2^3)}$).

Lösung zu A 15

(a) $\emptyset \in \tau$ $[\![(0,0) \notin \emptyset]\!]$ und $\mathbb{N} \times \mathbb{N} \in \tau$ $[\![$ $\mathbb{N} \times \mathbb{N}$ enthält aus allen Spalten alle Elemente. $]\!]$.

Sei $\mathcal{O} \subseteq \tau$ und $(0,0) \in \bigcup \mathcal{O}$ (Für $(0,0) \notin \bigcup \mathcal{O}$ gilt $\bigcup \mathcal{O} \in \tau$ gem. Definition.), etwa $T \in \mathcal{O}$ mit $(0,0) \in T$. Mit T enthält auch die Obermenge $\bigcup \mathcal{O}$ von T aus fast allen Spalten fast alle Elemente, $\bigcup \mathcal{O}$ gehört somit zu τ.

Schließlich seien $P,\ Q \in \tau$ mit $(0,0) \in P \cap Q$ ⟦andernfalls ist $P \cap Q \in \tau$ gem. Definition⟧, P und auch Q enthält also aus fast allen Spalten fast alle Elemente:

Sei

$$\{i_1, \ldots, i_{n_P}\} := \big\{\, i \in \mathbb{N} \;\big|\; \{\, j \in \mathbb{N} \mid (i,j) \notin P \,\} \text{ unendlich} \,\big\} \qquad \text{und}$$

$$\{k_1, \ldots, k_{m_Q}\} := \big\{\, i \in \mathbb{N} \;\big|\; \{\, j \in \mathbb{N} \mid (i,j) \notin Q \,\} \text{ unendlich} \,\big\}.$$

Für jedes $i \in \mathbb{N}\backslash(\{i_1, \ldots, n_P\} \cup \{k_1, \ldots, k_{m_Q}\})$ ist dann

$$\{\, j \in \mathbb{N} \mid (i,j) \notin P \cap Q \,\} = \{\, j \in \mathbb{N} \mid (i,j) \notin P \,\} \cup \{\, j \in \mathbb{N} \mid (i,j) \notin Q \,\}$$

eine endliche Menge. Somit ist $P \cap Q \in \tau$.

(b) Es sei $(x_j)_j \in \big(\mathbb{N} \times \mathbb{N}\backslash\{(0,0)\}\big)^{\mathbb{N}}$, etwa $x_j = (n_j, m_j)$ für $j \in \mathbb{N}$. Für alle $k \in \mathbb{N}$ setze man $I_k := \{\, j \in \mathbb{N} \mid n_j = k \,\}$.

1. Fall: $\exists\ k \in \mathbb{N}\colon\ I_k$ unendlich
Man setze $T := \mathbb{N} \times \mathbb{N}\backslash\{\, (n_j, m_j) \mid j \in I_k \,\}$. Dann ist $(0,0) \in T$ ⟦$(n_j, m_j) \neq (0,0)$ für jedes $j \in \mathbb{N}$⟧ und $T \in \tau$ ⟦$T \supseteq \mathbb{N} \times \mathbb{N}\backslash(\{k\} \times \mathbb{N})$⟧. Da I_k unendlich ist, gibt es zu jedem $\nu \in \mathbb{N}$ ein $j_\nu \in I_k$ mit $j_\nu \geq \nu$. Wegen $x_{j_\nu} = \big(n_{j_\nu}, m_{j_\nu}\big) \notin T$ konvergiert $(x_j)_j$ nicht gegen $(0,0)$ (in $(\mathbb{N} \times \mathbb{N}, \tau)$).

2. Fall: $\forall\ k \in \mathbb{N}\colon\ I_k$ endlich
Man setze $T := \mathbb{N} \times \mathbb{N}\backslash\{\, (n_j, m_j) \mid j \in \mathbb{N} \,\}$. Dann ist wieder $(0,0) \in T$ und $T \in \tau$ ⟦Jede Spalte $\{k\} \times \mathbb{N}$ enthält nach Voraussetzung nur endlich viele Folgenelemente.⟧. Wegen $\{\, x_j \mid j \in \mathbb{N} \,\} \cap T = \emptyset$ konvergiert $(x_j)_j$ nicht gegen $(0,0)$.

(c) *Annahme:* $(0,0)$ hat eine abzählbare Umgebungsbasis $\{\, U_j \mid j \in \mathbb{N} \,\}$.

Für jedes $j \in \mathbb{N}$ sei o. B. d. A. $U_{j+1} \subseteq U_j$ und $x_j \in U_j\backslash\{(0,0)\}$ gewählt ⟦Diese Wahl ist wegen $(0,0) \in U_j$ nach Definition der Topologie τ möglich!⟧. Die Folge $(x_j)_j \in \big(\mathbb{N} \times \mathbb{N}\backslash\{(0,0)\}\big)^{\mathbb{N}}$ konvergiert gegen $(0,0)$ (in $(\mathbb{N} \times \mathbb{N}, \tau)$) im Widerspruch zu (b):

Sei $V \in \mathcal{U}_\tau((0,0))$ und $j_V \in \mathbb{N}$ mit $U_{j_V} \subseteq V$. Für alle $j \in \mathbb{N}$ folgt dann

$$x_{j_V+j} \in U_{j_V+j} \subseteq U_{j_V} \subseteq V.$$

Lösung zu A 16

(a) $(\mathcal{F}, \subseteq)$ ist gerichtete Menge, denn $\mathcal{F} \neq \emptyset$, $\subseteq$ ist reflexiv und transitiv über $\mathcal{F}$ und auch eine Richtung auf $\mathcal{F}$ ⟦$F,\ F' \in \mathcal{F} \Longrightarrow F \cap F' \in \mathcal{F}$ und $F \cap F' \subseteq F,\ F \cap F' \subseteq F'$⟧. Somit ist $N_{\mathcal{F}}$ ein Netz in X.

(b) $\mathfrak{E}_M \neq \emptyset$ ⟦$A \neq \emptyset$⟧, $\emptyset \notin \mathfrak{E}_M$ ⟦für jedes $a \in A$ ist $a \in E_a$, also $E_a \neq \emptyset$⟧ und für alle $a, b \in A$ existiert ein $c \in A$ mit $c \geq a,\ c \geq b$. Es folgt $M_c \subseteq M_a \cap M_b$.

(c) (i) „$\Rightarrow$" Sei $\mathcal{F} \to_\tau x,\ U \in \mathcal{U}_\tau(x)$. Man wähle ein $F_U \in \mathcal{F}$ mit $F_U \subseteq U$. Für jede Filtermenge $F \in \mathcal{F},\ F \subseteq F_U$, gilt dann

$$N_F \in F \subseteq F_U \subseteq U.$$

Somit ist $N_{\mathcal{F}}$ konvergent gegen x.

„⇐“ Ist $\mathcal{F}$ nicht τ-konvergent gegen x, so existiert ein $U \in \mathcal{U}_\tau(x)$, so daß $F \not\subseteq U$ für jedes $F \in \mathcal{F}$ gilt, etwa $N_F \in F \backslash U$. Das Netz $N_\mathcal{F} := (N_F)_{F \in \mathcal{F}}$ ist nicht τ-konvergent gegen x.

(ii) „⇒“ Sei $M \rightarrow_\tau x,\ U \in \mathcal{U}_\tau(x)$. Es gibt dann ein $a \in A$, so daß $M_b \in U$ für alle $b \in A$ mit $b \geq a$ gilt. Hieraus folgt $\{ M_b \mid b \in E_a \} \subseteq U$; $\mathfrak{E}_M$ ist somit gegen x konvergent.

„⇐“ Sei $\mathfrak{E}_M \rightarrow_\tau x,\ U \in \mathcal{U}_\tau(x)$. Man wähle ein $a \in A$ mit $\{ M_b \mid b \in E_a \} \subseteq U$. Für jedes $b \in A,\ b \geq a$, gilt dann $M_b \in U$.

Lösung zu A 17

(a) Sei $y \in kA$, etwa $a \in A$ mit $y = ka$. Wähle ein $\varepsilon > 0$ mit $K_\varepsilon^{d_N}(a) \subseteq A$. Dann gilt $K_{|k|\varepsilon}^{d_N}(y) = kK_\varepsilon^{d_N}(a) \subseteq kA$, und wegen $A + B = \bigcup\{ A + \{b\} \mid b \in B \}$ muß nur noch $A + \{b\} \in \tau_N$ für jedes $b \in B$ gezeigt werden:

Sei $a \in A,\ \varepsilon > 0,\ K_\varepsilon^{d_N}(a) \subseteq A$. Es folgt $K_\varepsilon^{d_N}(a + b) = K_\varepsilon^{d_N}(a) + \{b\} \subseteq A + \{b\}$.

(b)

$$A \in \alpha_{\tau_N} \implies V \backslash A \in \tau_N \implies V \backslash kA = k(V \backslash A) \in \tau_N \qquad [\![\text{(a)}]\!]$$

und $A + B = \bigcup\{ A + \{b\} \mid b \in B \} \in \alpha_{\tau_N}$ $[\![V \backslash (A + \{b\}) = (V \backslash A) + \{b\}]\!]$.

Für abgeschlossene Mengen A, B ist i. a. $A + B$ nicht wieder abgeschlossen:

Man betrachte im $\mathbb{R}$-Vektorraum $(\mathbb{R}^2, \|\ \|_2)$ die abgeschlossenen Mengen (Abb. L-4)

$$A := \{ (x, 0) \mid x \in \mathbb{R} \} \quad \text{und} \quad B := \left\{ (x, y) \in \mathbb{R}^2 \;\middle|\; x \geq 0,\ 0 \leq y \leq 1 - \tfrac{1}{1+x} \right\}.$$

Es gilt dann

$$A + B = \{ (x, y) \in \mathbb{R}^2 \mid x \in \mathbb{R},\ 0 \leq y < 1 \} \notin \alpha_{\tau_{\|\ \|_2}}.$$

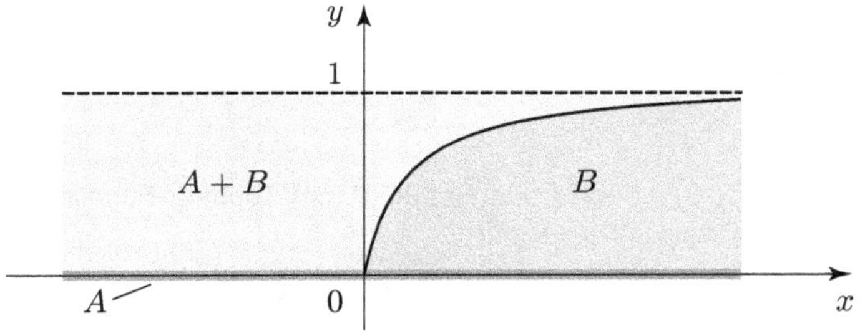

Abbildung L-4

(c) Für $W = V$ ist nichts zu beweisen. Sei also $x \in V \backslash W \in \tau_N$. Dann existiert ein $\varepsilon > 0$ mit $K_\varepsilon^{d_N}(x) \subseteq V \backslash W$, d. h. $W \subseteq V \backslash K_\varepsilon^{d_N}(x)$. Es folgt:

$$\forall\, w \in W\colon\ d_N(x, w) = N(x - w) \geq \varepsilon.$$

Wegen $N_W(x + W) = \inf\{ N(x + w) \mid w \in W \} \geq \varepsilon > 0$ folgt die Behauptung.

Lösung zu A 18

Zunächst gilt für alle $x, y \in \ell^\infty,\ k \in \mathbb{C}\backslash\{0\}$

$$\begin{aligned}\operatorname{dist}(kx, c_0) &= \inf\{\ \|kx - \nu\|_\infty \mid \nu \in c_0\ \} = \inf\{\ |k|\ \left\|x - \tfrac{1}{k}\nu\right\|_\infty \mid \nu \in c_0\ \}\\ &= |k| \inf\{\ \|x - \nu\|_\infty \mid \nu \in c_0\ \} \qquad [\![\, c_0 \text{ ist } \mathbb{C}\text{-Vektorraum! }]\!],\end{aligned}$$

$$\begin{aligned}\operatorname{dist}(x + y, c_0) &= \inf\{\ \|x + y - \nu\|_\infty \mid \nu \in c_0\ \} = \inf\{\ \|x + y - (\nu + \mu)\|_\infty \mid \nu, \mu \in c_0\ \}\\ &\le \inf\{\ \|x - \nu\|_\infty + \|y - \mu\|_\infty \mid \nu, \mu \in c_0\ \}\\ &\le \inf\{\ \|x - \nu\|_\infty \mid \nu \in c_0\ \} + \inf\{\ \|y - \mu\|_\infty \mid \mu \in c_0\ \}\\ &= \operatorname{dist}(x, c_0) + \operatorname{dist}(y, c_0),\end{aligned}$$

woraus $N(kx) = |k|N(x)$ $[\![$ Für $k = 0$ ist die Gleichung auch richtig. $]\!]$ und $N(x + y) \le N(x) + N(y)$ folgt.

Ist $N(x) = \max\{\|x\|_\infty, 2\operatorname{dist}(x, c_0)\} = 0$, so folgt $\|x\|_\infty = 0$, also $x = 0$. Daher ist N eine Norm auf ℓ^∞, und es gilt

$$\|x\|_\infty \le N(x) = \max\{\|x\|_\infty, 2\operatorname{dist}(x, c_0)\} \le 2\|x\|_\infty$$

wegen $\operatorname{dist}(x, c_0) = \inf\{\ \|x - \nu\|_\infty \mid \nu \in c_0\ \} \le \|x\|_\infty$. Gem. 1.2-6.1 sind $\|\ \|_\infty$, N topologisch äquivalent.

Lösung zu A 19

Für alle $s \in S$ gilt

$$\operatorname{dist}(x, S) - d(x, x') \le d(x, s) - d(x, x') \le d(s, x'),$$

also $\operatorname{dist}(x, S) - d(x, x') \le \inf_{s \in S} d(s, x') = \operatorname{dist}(x', S)$ und somit

$$\operatorname{dist}(x, S) - \operatorname{dist}(x', S) \le d(x, x').$$

Aus Symmetriegründen folgt die Behauptung.

Lösungen zu 2.1

Lösung zu A 1

Es sei o. B. d. A. $P \in \tau \cap \mathcal{U}_\tau((0,0))$. Nach Definition der Arens-Topologie enthält P aus fast allen Spalten fast alle Elemente, speziell gilt somit

$$(P\backslash\{(0,0)\}) \cap (\mathbb{N} \times \mathbb{N}\backslash\{(0,0)\}) \ne \emptyset,$$

$(0,0)$ ist also Häufungspunkt von $\mathbb{N} \times \mathbb{N}\backslash\{(0,0)\}$.

Lösung zu A 2

(a) $\quad x$ isolierter Punkt von S

$$\begin{aligned}&\iff x \in S,\ \exists\, U \in \mathcal{U}_\tau(x)\colon\ U\backslash\{x\} \subseteq X\backslash S\\ &\iff x \in S,\ \exists\, U \in \mathcal{U}_\tau(x)\colon\ (U\backslash\{x\}) \cap S = \emptyset\\ &\iff x \in S,\ x \text{ nicht Häufungspunkt von } S\end{aligned}$$

(b)
$$\begin{aligned} x \text{ äußerer Punkt von } S &\iff x \text{ innerer Punkt von } X\backslash S \\ &\iff \exists\, U \in \mathcal{U}_\tau(x):\ U \subseteq X\backslash S \\ &\iff \exists\, U \in \mathcal{U}_\tau(x):\ U \cap S = \emptyset \\ &\iff x \text{ nicht Berührpunkt von } S \\ &\iff x \notin S \text{ und } x \text{ nicht Häufungspunkt von } S \end{aligned}$$

(c) Sei $x \in X\backslash(S^{\circ\tau} \cup S^{\text{ä}\tau})$, also für alle $U \in \mathcal{U}_\tau(x)$
$$U \nsubseteq S \quad \text{und} \quad U \nsubseteq X\backslash S,$$
d. h. $U \cap (X\backslash S) \neq \emptyset$ und $U \cap S \neq \emptyset$. x ist dann Randpunkt von S.

Wegen $S^{\circ\tau} \subseteq S,\ S^{\text{ä}\tau} \subseteq X\backslash S$ ist $S^{\circ\tau} \cap S^{\text{ä}\tau} = \emptyset$. Für $x \in S^{\circ\tau}$ existiert ein $U \in \mathcal{U}_\tau(x)$ mit $U \subseteq S$, also $x \notin \partial_\tau S$ und somit $S^{\circ\tau} \cap \partial_\tau S = \emptyset$. Entsprechend gibt es für jedes $x \in S^{\text{ä}\tau}$ ein $U \in \mathcal{U}_\tau(x)$ mit $U \subseteq X\backslash S,\ x$ gehört also nicht zu $\partial_\tau S$.

(d)
$$\begin{aligned} \partial_\tau S^{\circ\tau} &= \overline{S^{\circ\tau}}^\tau \cap \overline{X\backslash S^{\circ\tau}}^\tau = \overline{S^{\circ\tau}}^\tau \cap \overline{\overline{X\backslash S}^\tau}^\tau && [\![\, 2.1\text{-}1\ (a)\,]\!] \\ &= \overline{S^{\circ\tau}}^\tau \cap \overline{X\backslash S}^\tau && [\![\, 2.1\text{-}1.1\ (c)\,]\!] \\ &\subseteq \overline{S}^\tau \cap \overline{X\backslash S}^\tau = \partial_\tau S \end{aligned}$$

„=“ gilt nicht: Für $S := \{1\}$ in $(\mathbb{R}, \tau_{|\,|})$ ist $\partial_{\tau_{|\,|}} S = \{1\},\ \partial_{\tau_{|\,|}} S^{\circ\tau_{|\,|}} = \partial_{\tau_{|\,|}} \emptyset = \emptyset$.

(e) Wegen $S, T \subseteq S \cup T$ folgt mit 2.1-1.1 (c)
$$S^{\circ\tau}, T^{\circ\tau} \subseteq (S \cup T)^{\circ\tau},$$
d. h. $S^{\circ\tau} \cup T^{\circ\tau} \subseteq (S \cup T)^{\circ\tau}$.

„=“ gilt nicht, denn für $S := \mathbb{Q} \cap\,]0,1[$ und $T := (\mathbb{R}\backslash\mathbb{Q}) \cap\,]0,1[$ in $(\mathbb{R}, \tau_{|\,|})$ erhält man $S^{\circ\tau_{|\,|}} = T^{\circ\tau_{|\,|}} = \emptyset$, es ist jedoch $(S \cup T)^{\circ\tau_{|\,|}} = \,]0,1[$.

(f) Natürlich ist $\overline{S}^\tau \supseteq S^{\circ\tau},\ \overline{S}^\tau \cap \overline{X\backslash S}^\tau = \partial_\tau S$. Umgekehrt sei $x \in \overline{S}^\tau \backslash S^{\circ\tau}$. Für jedes $U \in \mathcal{U}_\tau(x)$ ist dann $U \cap S \neq \emptyset$ und $U \nsubseteq S$, d. h. $U \cap (X\backslash S) \neq \emptyset$, also $x \in \partial_\tau S$.

(g) Nach Definition gilt
$$\partial_\tau \partial_\tau S = \overline{\partial_\tau S}^\tau \cap \overline{X\backslash \partial_\tau S}^\tau \subseteq \overline{\partial_\tau S}^\tau = \partial_\tau S.$$
„=“ gilt nicht: $\partial_{\tau_{|\,|}} \partial_{\tau_{|\,|}} \mathbb{Q} = \partial_{\tau_{|\,|}} \mathbb{R} = \emptyset$ und $\partial_{\tau_{|\,|}} \mathbb{Q} = \mathbb{R}$ in $(\mathbb{R}, \tau_{|\,|})$.

(h) Für $x \in \partial_\tau S = \overline{S}^\tau \cap \overline{X\backslash S}^\tau,\ U \in \mathcal{U}_\tau(x)$ gilt $x \in \overline{S}^\tau$ und $U \cap (X\backslash S) \neq \emptyset$, also $U \nsubseteq S$. Es folgt $x \in \overline{S}^\tau \backslash S^{\circ\tau}$. Umgekehrt sei $x \in \overline{S}^\tau \backslash S^{\circ\tau}$ und $U \in \mathcal{U}_\tau(x)$, also $U \cap S \neq \emptyset$ und $U \nsubseteq S$ (d. h. $U \cap (X\backslash S) \neq \emptyset$). Es folgt $x \in \partial_\tau S$.

(i)
$$\begin{aligned} S \in \alpha_\tau &\iff \overline{S}^\tau = S && [\![\, 2.1\text{-}1.1\ (b)\,]\!] \\ &\iff S = S^{\circ\tau} \cup \partial_\tau S && [\![\, (f)\,]\!] \\ &\iff \partial_\tau S \subseteq S && [\![\, (f)\,]\!], \\ S \in \tau &\iff X\backslash S \in \alpha_\tau \\ &\iff \partial_\tau(X\backslash S) \subseteq X\backslash S && [\![\, \text{s. o.}\,]\!] \\ &\iff \partial_\tau S \cap S = \emptyset && [\![\, \partial_\tau(X\backslash S) = \partial_\tau S\,]\!], \end{aligned}$$

$$\begin{aligned} S \in \tau \cap \alpha_\tau \quad &\iff \quad \partial_\tau S \subseteq S \cap (X \backslash S) && [\![\text{s. o.}]\!] \\ &\iff \quad \partial_\tau S = \emptyset. \end{aligned}$$

Lösung zu A 3

τ erfüllt offensichtlich (O-1) und (O-2). Sei $\mathcal{O} \subseteq \tau$. Für $\mathcal{O} = \emptyset$ oder $\mathcal{O} = \{\emptyset\}$ ist $\bigcup \mathcal{O} = \emptyset \in \tau$ und für $\mathbb{R} \in \mathcal{O}$ gilt $\bigcup \mathcal{O} = \mathbb{R} \in \tau$. Daher sei o. B. d. A. $\emptyset$, $\mathbb{R} \notin \mathcal{O}$, $\mathcal{O} \neq \emptyset$, etwa $\mathcal{O} = \{\,]-\infty, r[\mid r \in R\,\}$ für ein $\emptyset \neq R \subseteq \mathbb{R}$. Man erhält dann

$$\bigcup \mathcal{O} = \begin{cases} \mathbb{R} & \text{für } \sup R = \infty \\ ]-\infty, s[& \text{für } s := \sup R < \infty, \end{cases}$$

also $\bigcup \mathcal{O} \in \tau$. Es ist $\{0\}'^{\tau} =]0, \infty[$:

Sei $x \in \mathbb{R}$. Für $x > 0$ gilt $\big(]-\infty, x + r[\backslash \{x\}\big) \cap \{0\} = \{0\}$ für alle $r > 0$, also $x \in \{0\}'^{\tau}$. Für $x = 0$ ist natürlich $(U \backslash \{0\}) \cap \{0\} = \emptyset$ für alle $U \in \mathcal{U}_\tau(0)$, also $0 \notin \{0\}'^{\tau}$. Schließlich erhält man für $x < 0$ beispielsweise $]-\infty, x - \frac{x}{2}[\cap \{0\} = \emptyset$, also sogar $x \notin \overline{\{0\}}^{\tau}$.

$\{0\}'^{\tau}$ ist nicht abgeschlossen in $(\mathbb{R}, \tau)$, weil $\mathbb{R} \backslash \{0\}'^{\tau} =]-\infty, 0]$ [[s. o.]] nicht zu τ gehört.

Lösung zu A 4

Wegen $\partial_\tau S = \partial_\tau (X \backslash S)$ sei o. B. d. A. $S \in \tau$. Es folgt:

$$\begin{aligned} \partial_\tau \partial_\tau S &= \partial_\tau \big(\overline{S}^{\tau} \cap \overline{X \backslash S}^{\tau}\big) \\ &= \overline{\overline{S}^{\tau} \cap \overline{X \backslash S}^{\tau}}^{\tau} \cap \overline{X \backslash \big(\overline{S}^{\tau} \cap \overline{X \backslash S}^{\tau}\big)}^{\tau} \\ &= \overline{S}^{\tau} \cap \overline{X \backslash S}^{\tau} \cap \overline{\big((X \backslash \overline{S}^{\tau}) \cup S\big)}^{\tau} && [\![\,2.1\text{-}1.1 \text{ (b) mit } 1.2\text{-}4,\ X \backslash S \in \alpha_\tau\,]\!] \\ &= \partial_\tau S \cap \big(\overline{X \backslash \overline{S}^{\tau}}^{\tau} \cup \overline{S}^{\tau}\big) && [\![\,2.1\text{-}1.1 \text{ (c)}\,]\!] \\ &= \partial_\tau S && [\![\,\partial_\tau S \subseteq \overline{S}^{\tau}\,]\!]. \end{aligned}$$

Lösung zu A 5

Zu zeigen ist nur (ii) $\Rightarrow$ (i).

Sei $S \subseteq X$, $x \in \overline{S'^{\tau}}^{\tau}$ und $U \in \mathcal{U}_\tau(x) \cap \tau$. Wegen $(U \backslash \{x\}) \cap \{x\} = \emptyset$ ist $x \notin \{x\}'^{\tau}$, und nach Voraussetzung (ii) gilt $X \backslash \{x\}'^{\tau} \in \tau$, $V := U \backslash \{x\}'^{\tau} = U \cap (X \backslash \{x\}'^{\tau})$ ist somit eine offene Umgebung von x. Man wähle ein $v \in V \cap S'^{\tau}$. Für $v = x$ ist $x \in S'^{\tau}$. Sei also $v \neq x$. Da v nicht Häufungspunkt von $\{x\}$ ist, gibt es eine Umgebung W von v mit $(W \backslash \{v\}) \cap \{x\} = \emptyset$, d. h. $x \notin W$. Da v Häufungspunkt von S und $V \cap W \in \mathcal{U}_\tau(v)$ ist, existiert ein $z \in \big((V \cap W) \backslash \{v\}\big) \cap S$, insbesondere ist $z \in V \cap S$, $z \neq x$ [[$x \notin W$]], woraus sich $z \in (V \backslash \{x\}) \cap S \subseteq (U \backslash \{x\}) \cap S$, also ebenfalls $x \in S'^{\tau}$ ergibt. Insgesamt erhält man $\overline{S'^{\tau}}^{\tau} \subseteq S'^{\tau}$, d. h. $S'^{\tau} \in \alpha_\tau$ [[2.1-1.1 (b)]].

Lösung zu A 6

(i) $\Rightarrow$ (ii) gilt gem. Definition der Konvergenz.

(ii) ⇒ (i) Ist S nicht offen, so existiert ein $x \in S$ mit

$$\forall\, U \in \mathcal{U}_\tau(x)\colon\ U \not\subseteq S.$$

Für jedes $U \in \mathcal{U}_\tau(x)$ wähle man ein $M_U \in U \cap (X\backslash S)$. Die durch $M(U) := M_U$ definierte Funktion M ist ein Netz in $X\backslash S$ (mit der gerichteten Menge $(\mathcal{U}_\tau(x), \subseteq)$ als Definitionsbereich), das gegen x konvergiert ⟦Für alle $V, U \in \mathcal{U}_\tau(x)$ gilt: $V \subseteq U \Longrightarrow M(V) \in U$.⟧.

Lösung zu A 7

(a)
$$\begin{aligned} x \in \overline{S}^{\tau_d} &\iff \forall\, U \in \mathcal{U}_{\tau_d}(x)\colon\ U \cap S \neq \emptyset \\ &\iff \forall\, \varepsilon > 0\colon\ K_\varepsilon^d(x) \cap S \neq \emptyset \\ &\iff \forall\, \varepsilon > 0\ \exists\, s_\varepsilon \in S\colon\ d(x, s_\varepsilon) < \varepsilon \\ &\iff \inf\{\, d(x,s) \mid s \in S\,\} = 0. \end{aligned}$$

(b) Für jedes $j \in \mathbb{N}$ setze man

$$O_j := \Big\{\, x \in X \;\Big|\; \inf\{\, d(x,a) \mid a \in A\,\} < \frac{1}{j+1} \,\Big\}.$$

Es gilt $A \subseteq O_j$ für jedes $j \in \mathbb{N}$ ⟦$A = \emptyset \Longrightarrow O_j = \emptyset$⟧, $A = \bigcap_{j\in\mathbb{N}} O_j$ ⟦$x \in \bigcap_{j\in\mathbb{N}} O_j$, d. h. $\inf\{\, d(x,a) \mid a \in A\,\} < 1/(j+1)$ für alle $j \in \mathbb{N}$, ergibt $\inf\{\, d(x,a) \mid a \in A\,\} = 0$. Mit (a) folgt $x \in \overline{A}^{\tau_d} = A$⟧ und $O_j \in \tau_d$ für jedes $j \in \mathbb{N}$ ⟦$O_j = \emptyset \in \tau_d$, und für $x \in O_j$, $a \in A$ mit $d(x,a) < 1/(j+1)$ erhält man $K^d_{(1/(j+1))-d(x,a)}(x) \subseteq O_j$, also ist O_j offen⟧. Für $O \in \tau_d$ wähle man nun $(O_j)_j \in \tau_d^{\mathbb{N}}$ mit $X\backslash O = \bigcap_{j\in\mathbb{N}} O_j$. Es folgt $O = X\backslash \bigcap_{j\in\mathbb{N}} O_j = \bigcup_{j\in\mathbb{N}} (X\backslash O_j)$, wobei die $X\backslash O_j \in \alpha_{\tau_d}$ sind.

(c) Für $S = \emptyset$ ist $\overline{S}^{\tau_d} = \emptyset$ beschränkt. Sei also $S \neq \emptyset$, $x, x' \in \overline{S}^{\tau_d}$. Gem. (a) gibt es Elemente $s, s' \in S$ mit $d(x,s) < 1$ und $d(x', s') < 1$. Es folgt

$$d(x,x') \leq d(x,s) + d(s,s') + d(s',x') < 2 + \delta(S),$$

also $\delta\big(\overline{S}^{\tau_d}\big) \leq 2 + \delta(S) < \infty$.

Lösung zu A 8

(a) Es seien $x, y \in \overline{W}^{\tau_q}$ und $k \in K$. Man wähle Folgen $(x_j)_j, (y_j)_j \in W^{\mathbb{N}}$ mit $(x_j)_j \to_{\tau_q} x$ und $(y_j)_j \to_{\tau_q} y$. Gem. 2.1-2 folgt dann $(x_j + y_j)_j \to_{\tau_q} x + y$ und $(kx_j)_j \to_{\tau_q} kx$, also $x + y, kx \in \overline{W}^{\tau_q}$ ⟦Bemerkung im Anschluß an 2.1-3⟧.

(b) Sei $x \in W^{\circ\tau_q}$, etwa $K_\varepsilon^{d_q}(x) \subseteq W$ für ein $\varepsilon > 0$. Für jedes $y \in W$ gilt dann $K_\varepsilon^{d_q}(y) = y - x + K_\varepsilon^{d_q}(x) \subseteq W$, also ist $W \in \tau_q$. Darüber hinaus ist

$$W = V\backslash \bigcup \{\, z + W \mid z \in V,\ z \notin W\,\} \in \alpha_{\tau_q},$$

da mit W auch $z + W$ eine offene Menge ist ⟦1.2, A 17 (a)⟧.

(c) Mit W ist gem. (a) auch $\overline{W}^{\tau_q}$ ein K-Untervektorraum von V. Maximalität von W ergibt daher $W = \overline{W}^{\tau_q}$ oder $\overline{W}^{\tau_q} = V$, wobei wegen $W \subsetneqq V$ nicht beide Gleichungen gelten können.

Lösung zu A 9

(i) ⇒ (ii) Wegen $\tau \subseteq \sigma$ gilt gem. 2.1-1.1 (a)

$$S^{\circ\tau} = \bigcup\{\, O \in \tau \mid S \supseteq O \,\} \subseteq \bigcup\{\, O \in \sigma \mid S \subseteq O \,\} = S^{\circ\sigma}.$$

(ii) ⇒ (iii) Nach 2.1-1 (a) erhält man

$$\overline{S}^{\tau} = X\backslash(X\backslash S)^{\circ\tau} \supseteq X\backslash(X\backslash S)^{\circ\sigma} = \overline{S}^{\sigma}.$$

(iii) ⇒ (i) Für jedes $O \in \tau$ ist $X\backslash O \in \alpha_\tau$, also gem. (iii) und 2.1-1.1 (b)

$$\overline{X\backslash O}^{\sigma} \subseteq \overline{X\backslash O}^{\tau} = X\backslash O.$$

Es folgt $\overline{X\backslash O}^{\sigma} = X\backslash O$, d. h. $X\backslash O \in \alpha_\sigma$ ⟦ 2.1-1.1 (b) ⟧.

Lösung zu A 10

(i) ⇒ (ii) ist klar gem. Definition der Konvergenz.

(ii) ⇒ (i) Sei $S \notin \tau$, etwa $x \in S$ mit

$$\forall\, U \in \mathcal{U}_\tau(x)\colon\ U \nsubseteq S.$$

Ist $\{\, U_j \mid j \in \mathbb{N} \,\}$ eine abzählbare Umgebungsbasis von x, o. B. d. A. $U_{j+1} \subseteq U_j$ für alle $j \in \mathbb{N}$, so wähle man $x_j \in U_j\backslash S$ für jedes $j \in \mathbb{N}$. Die Folge $(x_j)_j \in (X\backslash S)^{\mathbb{N}}$ ist τ-konvergent gegen x.

Lösung zu A 11

(i) ⇒ (ii) ist klar gem. Definition der Konvergenz.

(ii) ⇒ (i) Sei $S \in \tau$, $x \in S$ und $(x_j)_j \in X^{\mathbb{N}}$ mit $(x_j)_j \to_\sigma x$. Nach Voraussetzung (ii) erhält man $(x_j)_j \to_\tau x$, also existiert ein $j_0 \in \mathbb{N}$ mit

$$\forall\, j \geq j_0\colon\ x_j \in S.$$

Es folgt $S \in \sigma$ ⟦ A 10 ⟧.

Lösung zu A 12

Der kürzeren (und übersichtlicheren) Schreibweise wegen werden die Bezeichnungen

$$S^- := \overline{S}^{\tau} \quad \text{und} \quad S^c := X\backslash S$$

verwendet.

(a) Es gilt $S^{cc} = S$, $S^{--} = S^-$ ⟦ 2.1-1.1 (c) ⟧ und $S^{-c} \subseteq S^{-c-}$, also auch

$$S^- = S^{-cc} \supseteq S^{-c-c},$$

woraus

$$S^{--} = S^- \supseteq S^{-c-c-}$$

folgt. Verwendet man die letzte Ungleichung für die Menge S^{-c} anstelle von S, so ergibt sich

$$S^{-c-} \supseteq S^{-c-c-c-},$$

andererseits ist nach derselben Ungleichung auch

$$S^{-c-} \subseteq S^{-c-c-c-}.$$

(b) Nach (a) sind die Folgen α_S, β_S periodisch mit der Periode 4:

$$\alpha_S(j+4) = \alpha_S(j) \quad \text{für alle } j \geq 3,$$
$$\beta_S(j+4) = \beta_S(j) \quad \text{für alle } j \geq 4$$

$[\![\, \beta_S(k+1) = \alpha_{X\setminus S}(k)$ für jedes $k \in \mathbb{N} \,]\!]$. Es folgt:

$$K_S = \{S\} \cup \{\, \alpha_S(j) \mid j = 1, \ldots, 6 \,\} \cup \{\, \beta_S(j) \mid j = 1, \ldots, 7 \,\}$$

hat höchstens 14 Elemente.

(c) Man betrachte beispielsweise die Menge

$$S := \{0\} \cup \,]1,2[\, \cup \,]2,3[\, \cup ([4,5] \cap \mathbb{Q}).$$

Lösung zu A 13

(a) Die Abbildungen sind wohldefiniert, denn für alle $S, T \subseteq X,\; k \in \mathfrak{K}_X,\; h \in \mathfrak{H}_X$ gilt:

$$
\begin{aligned}
C \circ k \circ C(S) &= X \setminus k(X \setminus S) \supseteq X \setminus (X \setminus S) = S \quad \text{und} \\
C \circ h \circ C(S) &= X \setminus h(X \setminus S) \subseteq X \setminus (X \setminus S) = S, \\
(C \circ k \circ C) \circ (C \circ k \circ C)(S) &= C \circ k \circ k \circ C(S) \subseteq C \circ k \circ C(S) \quad \text{und} \\
(C \circ h \circ C) \circ (C \circ h \circ C)(S) &= C \circ h \circ h \circ C(S) \supseteq C \circ h \circ C(S), \\
C \circ k \circ C(S \cup T) &= C \circ k(C(S) \cap C(T)) \\
&= C(k \circ C(S) \cap k \circ C(T)) \\
&= C \circ k \circ C(S) \cup C \circ k \circ C(T) \quad \text{und} \\
C \circ h \circ C(S \cap T) &= C \circ h(C(S) \cup C(T)) \\
&= C(h \circ C(S) \cup h \circ C(T)) \\
&= C \circ h \circ C(S) \cap C \circ h \circ C(T), \\
C \circ k \circ C(\emptyset) &= C \circ k(X) = C(X) = \emptyset \quad \text{und} \\
C \circ h \circ C(X) &= C \circ h(\emptyset) = C(\emptyset) = X.
\end{aligned}
$$

Die Abbildungen sind (zueinander inverse) Bijektionen wegen $C \circ C = \mathrm{id}_{\mathcal{P}X}$.

(b)

$$
\begin{aligned}
t(k) &= \{\, O \subseteq X \mid k(O) = O \,\} \\
&= \{\, O \subseteq X \mid C \circ C \circ k \circ C \circ C(O) = O \,\} \qquad [\![\, C \circ C = \mathrm{id}_{\mathcal{P}X} \,]\!] \\
&= \{\, O \subseteq X \mid C \circ k \circ C(C(O)) = C(O) \,\} \\
&= \mathfrak{t}(C \circ k \circ C)
\end{aligned}
$$

und

$$\begin{aligned} \mathfrak{t}(h) &= \{\, O \subseteq X \mid h(X\backslash O) = X\backslash O \,\} \\ &= \{\, O \subseteq X \mid h \circ C(O) = C(O) \,\} \\ &= \{\, O \subseteq X \mid C \circ h \circ C(O) = O \,\} && [\![\, C \circ C = \mathrm{id}_{\mathcal{P}X} \,]\!] \\ &= t(C \circ h \circ C) \end{aligned}$$

(c)

$$\begin{aligned} \mathfrak{k}(\tau)(S) = k_\tau(S) = S^{\circ\tau} &= X\backslash\overline{X\backslash S}^{\tau} && [\![\, 2.1\text{-}1\ (a) \,]\!] \\ &= C \circ h_\tau \circ C(S) \end{aligned}$$

und

$$\begin{aligned} \mathfrak{h}(\tau)(S) = \overline{S}^{\tau} &= X\backslash(X\backslash S)^{\circ\tau} && [\![\, 2.1\text{-}1\ (a) \,]\!] \\ &= C \circ k_\tau \circ C(S) \end{aligned}$$

für alle $\tau \in \mathfrak{T}_X,\ S \subseteq X$.

(d) Der Beweis kann (natürlich!) analog zu dem von 2.1-4 geführt werden. Alternative: Die Abbildungen $\mathfrak{k}$ [[gem. 2.1-1.1]] und t [[gem. (b), (a) und 2.1-4]] sind wohldefiniert, und es gilt für jedes $k \in \mathfrak{K}_X,\ \tau \in \mathfrak{T}_X$:

$$\begin{aligned} \mathfrak{k} \circ t(k) &= \mathfrak{k} \circ \mathfrak{t}(C \circ k \circ C) && [\![\, (b) \,]\!] \\ &= C \circ h_{\mathfrak{t}(C\circ k\circ C)} \circ C && [\![\, (c) \,]\!] \\ &= C \circ \big(\mathfrak{h} \circ \mathfrak{t}(C \circ k \circ C)\big) \circ C \\ &= C \circ (C \circ k \circ C) \circ C && [\![\, 2.1\text{-}4 \,]\!] \\ &= k \end{aligned}$$

und

$$\begin{aligned} t \circ \mathfrak{k}(\tau) &= t(C \circ h_\tau \circ C) && [\![\, (c) \,]\!] \\ &= \mathfrak{t}(h_\tau) && [\![\, (b) \,]\!] \\ &= \tau && [\![\, 2.1\text{-}4 \,]\!]. \end{aligned}$$

Lösungen zu 2.2

Lösung zu A 1

Wegen

$$\frac{1}{4} = \frac{2}{9}\sum_{j=0}^{\infty}\frac{1}{9^j} = \sum_{j=1}^{\infty} x_j 3^{-j} \quad \text{mit} \quad x_j := \begin{cases} 0 & \text{für } j \text{ ungerade} \\ 2 & \text{für } j \text{ gerade} \end{cases}$$

gehört $1/4$ wegen (2.2,2) (b) zu C.

Lösung zu A 2

(a) Wegen $\partial_\tau S \in \alpha_\tau$ ist gem. 2.2-1.1 zu zeigen:

$$\partial_\tau S \text{ nirgendsdicht in } (X, \tau).$$

Letzteres folgt für offene (bzw. abgeschlossene) Mengen S aus 2.2-2.

(b) Sei $x \in O$, also $O \in \mathcal{U}_\tau(x)$ und somit $U \cap O \in \mathcal{U}_\tau(x)$ für jede Umgebung U von x. Da D dicht in (X, τ) ist, folgt

$$\emptyset \neq (U \cap O) \cap D = U \cap (D \cap O)$$

für jedes $U \in \mathcal{U}_\tau(x)$, also $O \subseteq \overline{D \cap O}^\tau$.

Zusatzfrage: Gem. 2.1, A 2 (c) gilt $D^{\circ\tau} \cup D^{\ddot{a}\tau} = X \backslash \partial_\tau D$ für jedes $D \subseteq X$. In $(\mathbb{R}, \tau_{|\,|})$ erhält man für $D := \mathbb{Q}$ beispielsweise $\partial_\tau D = \mathbb{R}$, d. h. $\mathbb{R} \backslash \partial_\tau D = \emptyset$. $X \backslash \partial_\tau D$ ist daher nicht notwendig dicht in (X, τ).

Lösung zu A 3

Es sei $f \in C([a, b])$, $\varepsilon > 0$. Wegen $\operatorname{Im} f, \operatorname{Re} f \in C_\mathbb{R}([a, b])$ gibt es gem. 2.2-5 Polynome $p(x)$, $q(x) \in \mathbb{R}[x]$ mit $d_\infty(\operatorname{Re} f, p) < \varepsilon/2$ und $d_\infty(\operatorname{Im} f, q) < \varepsilon/2$, woraus $p(x) + iq(x) \in \mathbb{C}[x]$ und

$$\begin{aligned} d_\infty(p + iq, f) &= \|p + iq - \operatorname{Re} f - i \operatorname{Im} f\|_\infty \leq \|p - \operatorname{Re} f\|_\infty + \|q - \operatorname{Im} f\|_\infty \\ &= d_\infty(p, \operatorname{Re} f) + d_\infty(q, \operatorname{Im} f) < \varepsilon \end{aligned}$$

folgt.

Lösung zu A 4

(a) Mit Hilfe von (2.2,6) erhält man durch Approximation des Real- und Imaginärteils von $f \in C([a, b])$ wie in A 3, daß $(\mathbb{Q}[x] + i\mathbb{Q}[x]) \restriction [a, b]$ eine (abzählbare) in $\big(C([a, b]), \tau_{d_\infty}\big)$ dichte Teilmenge ist.

(b) Endliche Teilmengen des (unendlichen) metrischen Raums $(B_\mathbb{R}([a, b]), d_\infty)$ sind abgeschlossen (vgl. (2.1,3)) und daher nicht dicht in $\big(B_\mathbb{R}([a, b]), \tau_{d_\infty}\big)$. Sei $A \subseteq B_\mathbb{R}([a, b])$ abzählbar unendlich, $A = \{\, a_n \mid n \in \mathbb{N} \,\}$ eine Aufzählung von A und

$$\alpha_n := \begin{cases} 0 & \text{für } \left|a_n\big(a + \frac{b-a}{n+1}\big)\right| \geq 1 \\ 2 & \text{sonst} \end{cases}$$

für jedes $n \in \mathbb{N}$. Die durch

$$f(x) := \begin{cases} \alpha_n, & \text{falls } x = a + \frac{b-a}{n+1} \text{ für ein } n \in \mathbb{N} \\ 0 & \text{sonst} \end{cases}$$

definierte beschränkte Funktion f gehört wegen $A \cap K_1^{d_\infty}(f) = \emptyset$ nicht zu $\overline{A}^{\tau_{d_\infty}}$:

$$d_\infty(f, a_n) = \sup_{x \in [a,b]} |f(x) - a_n(x)| \geq \left| f\Big(a + \frac{b-a}{n+1}\Big) - a_n\Big(a + \frac{b-a}{n+1}\Big) \right|$$

$$= \Big|\alpha_n - a_n\Big(a + \frac{b-a}{n+1}\Big)\Big|$$

$$= \begin{Bmatrix} \big|a_n\big(a + \frac{b-a}{n+1}\big)\big| & \text{für } \big|a_n\big(a + \frac{b-a}{n+1}\big)\big| \geq 1 \\ \big|2 - a_n\big(a + \frac{b-a}{n+1}\big)\big| & \text{sonst} \end{Bmatrix} \geq 1$$

für jedes $n \in \mathbb{N}$.

Lösung zu A 5

Sei $f \in C_{\mathbb{R}}([a,b];\{a,b\})$, $\varepsilon > 0$ und gem. 2.2-5 ein $p(x) \in \mathbb{R}[x]$ mit $d_\infty(f,p) < \varepsilon/2$ gewählt. Für das Polynom

$$q(x) := \frac{p(b) - p(a)}{b-a}x + \frac{bp(a) - ap(b)}{b-a} \in \mathbb{R}[x]$$

(geradlinige Verbindung der Punkte $(a, p(a))$, $(b, p(b)))$ gilt für alle $t \in [a,b]$ wegen $f(a) = 0 = f(b)$

$$|q(t)| \leq \max\big\{|p(a)|, |p(b)|\big\} < \frac{\varepsilon}{2}.$$

Mit $r(x) := p(x) - q(x) \in \mathbb{R}[x]$ folgt $r(a) = 0 = r(b)$ und

$$\begin{aligned} d_\infty(r,f) &= d_\infty(p-q,f) \leq d_\infty(p-q,p) + d_\infty(p,f) \\ &= d_\infty(0,q) + d_\infty(p,f) \qquad [\![\, 1.1\text{-}1.1 \,]\!] \\ &< \frac{\varepsilon}{2} + \frac{\varepsilon}{2} = \varepsilon. \end{aligned}$$

Lösung zu A 6

(i) ⇒ (ii) ist klar.

(ii) ⇒ (i) Sei $f \in C_{\mathbb{R}}([a,b])$ mit $M := 1 + \max_{t\in[a,b]}|f(t)|$, $\varepsilon > 0$. Gem. 2.2-5 wähle man ein Polynom $p(x) \in \mathbb{R}[x]$ mit $d_\infty(p,f) < \frac{\varepsilon}{M(b-a)}$, also

$$\forall\, t \in [a,b]:\ p(t) - \frac{\varepsilon}{M(b-a)} < f(t) < p(t) + \frac{\varepsilon}{M(b-a)}.$$

Für $f(t) \geq 0$ folgt hieraus

$$f(t)^2 \leq p(t)f(t) + \frac{\varepsilon}{M(b-a)}f(t) \leq p(t)f(t) + \frac{\varepsilon}{b-a}$$

und für $f(t) < 0$ ebenfalls

$$f(t)^2 \leq p(t)f(t) - \frac{\varepsilon}{M(b-a)}f(t) \leq p(t)f(t) + \frac{\varepsilon}{b-a}.$$

Somit ergibt sich

$$\int_a^b f(t)^2\,\mathrm{d}t \leq \int_a^b p(t)f(t)\,\mathrm{d}t + \int_a^b \frac{\varepsilon}{b-a}\,\mathrm{d}t = \varepsilon,$$

da nach Voraussetzung (ii) $\int_a^b p(t)f(t)\,\mathrm{d}t = 0$ gilt. Es ist also $\int_a^b f(t)^2\,\mathrm{d}t = 0$, was wegen der Stetigkeit von $f^2 \geq 0$ nur $f = 0$ erfüllt.

Lösung zu A 7

Für endliche Mengen X ist nichts zu beweisen. Es sei daher X unendlich und $D \subseteq X$ eine abzählbar unendliche Teilmenge. Jedes $x \in X$ ist (sogar) Häufungspunkt von D.

Für jedes $U \in \mathcal{U}_{\tau_c}(x) \cap \tau_c$ (o. B. d. A.) ist $X \backslash U$ und damit auch $D \backslash U$ eine endliche Menge $[\![\, U \neq \emptyset \,]\!]$. U enthält also unendlich viele Elemente von D. Es folgt $(U \backslash \{x\}) \cap D \neq \emptyset$.

Lösung zu A 8

(a) Aus (1.2,1) (c) (ii) und 1.2-6 folgt $\tau_{d_q} \subseteq \tau_{d_\infty}$ und auch $\tau_{d_q} \neq \tau_{d_\infty}$.

(b) $(\mathbb{Q}[x] + i\mathbb{Q}[x]) \restriction [a, b]$ ist dicht in $\big(C([a, b]), \tau_{d_\infty}\big)$ $[\![$ A 4 (a) $]\!]$ und wegen $\tau_{d_q} \subseteq \tau_{d_\infty}$ auch in $\big(C([a, b]), \tau_{d_q}\big)$.

Lösung zu A 9

Für jedes $n \in \mathbb{N}$ sei

$$D_n := \big\{\, (x_j)_j \in (\mathbb{Q} + i\mathbb{Q})^{\mathbb{N}} \;\big|\; \forall\, j \geq n\colon\; x_j = 0 \,\big\}.$$

Die Menge $D := \bigcup_{n \in \mathbb{N}} D_n$ ist abzählbar und dicht in $(\mathbb{C}^{\mathbb{N}}, \tau_d)$:

Sei $(x_j)_j \in \mathbb{C}^{\mathbb{N}}$ und $\varepsilon > 0$. Man wähle ein $n \in \mathbb{N}$ mit $1/2^n < \varepsilon/2$ und dazu für jedes $j \in \{0, \dots, n\}$ rationale Zahlen r_j, s_j mit

$$|\operatorname{Re} x_j - r_j| < \frac{1}{2(n+1)} \frac{\varepsilon}{2}, \qquad |\operatorname{Im} x_j - s_j| < \frac{1}{2(n+1)} \frac{\varepsilon}{2}.$$

Setzt man

$$y_j := \begin{cases} r_j + i s_j & \text{für } j \in \{0, \dots, n\} \\ 0 & \text{für } j \geq n+1, \end{cases}$$

so gehört $(y_j)_j$ zu $D_{n+1} \subseteq D$, und es gilt

$$\begin{aligned} d((x_j)_j, (y_j)_j) &= \sum_{j=0}^{n} \frac{1}{2^j} \frac{|x_j - y_j|}{1 + |x_j - y_j|} + \sum_{j=n+1}^{\infty} \frac{1}{2^j} \frac{|x_j|}{1 + |x_j|} \\ &\leq \sum_{j=0}^{n} |\operatorname{Re} x_j - r_j + i(\operatorname{Im} x_j - s_j)| + \frac{1}{2^n} \\ &\quad [\![\, \tfrac{|x_j - y_j|}{1 + |x_j - y_j|} \leq |x_j - y_j| \text{ und } \tfrac{|x_j|}{1 + |x_j|} \leq 1 \,]\!] \\ &\leq \sum_{j=0}^{n} |\operatorname{Re} x_j - r_j| + \sum_{j=0}^{n} |\operatorname{Im} x_j - s_j| + \frac{1}{2^n} \\ &< \frac{\varepsilon}{4} + \frac{\varepsilon}{4} + \frac{\varepsilon}{2} = \varepsilon. \end{aligned}$$

Lösung zu A 10

Es sei $\{\, \alpha_n \mid n \in \mathbb{N} \,\}$ eine Aufzählung der abzählbar unendlichen Teilmenge A von $C_{\mathbb{R}}(\mathbb{R}) \cap B_{\mathbb{R}}(\mathbb{R})$ und

$$m_n := \max_{t \in [n, n+1]} |\alpha_n(t)|$$

für jedes $n \in \mathbb{N}$. Man definiere $f : \mathbb{R} \longrightarrow \mathbb{R}$ durch

$$f(t) := \begin{cases} 0 & \text{für } t < 0 \text{ oder } \exists\, n \in \mathbb{N}\colon\ t \in [n, n+1[,\ m_n > 1 \\ 4(t-n) & \text{für } \exists\, n \in \mathbb{N}\colon\ t \in \left[n, n+\frac{1}{2}\right[,\ m_n \leq 1 \\ 2 - 4\left(t - n - \frac{1}{2}\right) & \text{für } \exists\, n \in \mathbb{N}\colon\ t \in \left[n+\frac{1}{2}, n+1\right[,\ m_n \leq 1, \end{cases}$$

(beispielsweise wie in Abb. L-5).

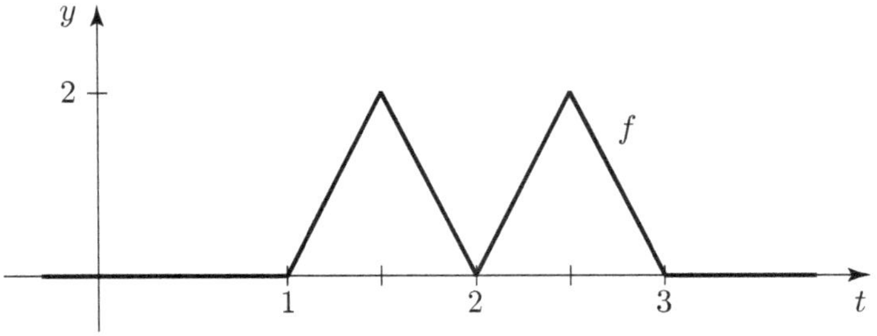

Abbildung L-5

f ist stetig und beschränkt auf $\mathbb{R}$ $[\![\, f[\mathbb{R}] \subseteq [0,2] \,]\!]$ und $f \notin \overline{A}^{\tau_{d_\infty}}$ wegen $K_1^{d_\infty}(f) \cap A = \emptyset$: Für alle $n \in \mathbb{N}$ gilt

$$\begin{aligned} d_\infty(f, \alpha_n) &= \sup_{t \in \mathbb{R}} |f(t) - \alpha_n(t)| \geq \sup_{t \in [n,n+1]} |f(t) - \alpha_n(t)| \\ &\geq \begin{cases} \left|f\left(n+\frac{1}{2}\right) - \alpha_n\left(n+\frac{1}{2}\right)\right| = \left|2 - \alpha_n\left(n+\frac{1}{2}\right)\right| \geq 2 - m_n & \text{für } m_n \leq 1 \\ \sup_{t \in [n,n+1]} |\alpha_n(t)| = m_n & \text{für } m_n > 1 \end{cases} \\ &\geq 1. \end{aligned}$$

Lösung zu A 11

Sei $A \subseteq X$ eine abzählbare in (X, τ_d) dichte Teilmenge und $\mathcal{O} \subseteq \tau_d$ mit $\bigcup \mathcal{O} = X$. Für jedes $O \in \mathcal{O}$ setze man

$$\beta_O := \left\{ K \subseteq X \;\middle|\; \exists\, a \in A\ \exists\, n \in \mathbb{N}\colon\ K = K^d_{1/(n+1)}(a) \subseteq O \right\}.$$

β_O ist abzählbar und $O = \bigcup \beta_O$ $[\![$ Sei $x \in O,\ n \in \mathbb{N}$ mit $K^d_{1/(n+1)}(x) \subseteq O$. Man wähle ein $a \in K^d_{1/(n+1)}(x) \cap A$ und erhält $x \in K^d_{\frac{1}{3(n+1)}}(a) \subseteq K^d_{1/(n+1)}(x) \subseteq O.$ $]\!]$.

$\beta := \bigcup\{ \beta_O \mid O \in \mathcal{O} \}$ ist als Teilmenge von $\left\{ K^d_{1/(n+1)}(a) \;\middle|\; a \in A,\ n \in \mathbb{N} \right\}$ abzählbar und $\bigcup \beta = \bigcup_{O \in \mathcal{O}} \bigcup \beta_O = \bigcup \mathcal{O} = X$. Schließlich wähle man für jedes $K \in \beta$ ein $O_K \in \mathcal{O}$ mit $K \subseteq O_K$. Dann ist $\{ O_K \mid K \in \beta \} \subseteq \mathcal{O}$ abzählbar und

$$\bigcup_{K \in \beta} O_K \supseteq \bigcup \beta = X.$$

Lösung zu A 12

„$\supseteq$“ Jeder Limes einer auf $[a,b]$ gleichmäßig konvergenten Folge stetiger Funktionen ist stetig ([32, Satz 7.12] oder auch 2.4-6).

„$\subseteq$“ Sei $f \in C_{\mathbb{R}}([a,b])$. Für jedes $n \in \mathbb{N}$ wähle man gem. 2.2-5 ein $p_n(x) \in \mathbb{R}[x]$ mit

$$d_\infty(f, p_n{\restriction}[a,b]) < \frac{1}{n+1}$$

und setze $q_0(x) := p_0(x)$, $q_{n+1}(x) := p_{n+1}(x) - p_n(x)$. Dann gehört $(q_n(x))_n$ zu $\mathbb{R}[x]^{\mathbb{N}}$, und es gilt

$$\left(\sum_{j=0}^{n} q_j{\restriction}[a,b]\right)_n \to_{d_\infty} f$$

$[\![$ Wegen $\sum_{j=0}^{n} q_j(x) = p_0(x) + \sum_{j=1}^{n}(p_j(x) - p_{j-1}(x)) = p_n(x)$ ist der Abstand $d_\infty\big(f, \sum_{j=0}^{n} q_j{\restriction}[a,b]\big) = d_\infty(f, p_n{\restriction}[a,b]) < 1/(n+1).\,]\!]$.

Lösung zu A 13

Gem. 2.2-5 wähle man für jedes $n \in \mathbb{N}$ ein $p_n(x) \in \mathbb{R}[x]$, das

$$d_\infty\big(f{\restriction}[-(n+1), n+1], p_n{\restriction}[-(n+1), n+1]\big) < \frac{1}{n+1}$$

erfüllt. Es folgt

$$\forall\, a \in \mathbb{R}^{>}\colon\ (p_n{\restriction}[-a,a])_n \to_{d_\infty} f{\restriction}[-a,a]\ :$$

Sei $\varepsilon > 0$, $n_\varepsilon \in \mathbb{N}$, so daß $n_\varepsilon \geq a$ und $1/(n_\varepsilon + 1) < \varepsilon$ gilt. Für alle $n \geq n_\varepsilon$ erhält man

$$\begin{aligned} d_\infty(f{\restriction}[-a,a], p_n{\restriction}[-a,a]) &= \sup_{t \in [-a,a]} |f(t) - p_n(t)| \leq \sup_{t \in [-n,n]} |f(t) - p_n(t)| \\ &< \frac{1}{n+1} \leq \frac{1}{n_\varepsilon + 1} < \varepsilon. \end{aligned}$$

Weiter ist $(p_n(t))_n \to_{d_{|\,|}} f(t)$ für jedes $t \in \mathbb{R}$: Sei $\varepsilon > 0$, $n_\varepsilon \in \mathbb{N}$, so daß $n_\varepsilon \geq |t|$ und $1/(n_\varepsilon + 1) < \varepsilon$ gilt. Für alle $n \geq n_\varepsilon$ folgt dann

$$|f(t) - p_n(t)| \leq d_\infty\big(f{\restriction}[-(n+1), n+1], p_n{\restriction}[-(n+1), n+1]\big) < \frac{1}{n+1} < \varepsilon.$$

Lösung zu A 14

Es ist $A \backslash A^{\circ\mathcal{T}} = A \cap (X \backslash A^{\circ\mathcal{T}}) \in \alpha_{\mathcal{T}}$ und

$$\begin{aligned} (A \backslash A^{\circ\mathcal{T}})^{\circ\mathcal{T}} &= A^{\circ\mathcal{T}} \cap (X \backslash A^{\circ\mathcal{T}})^{\circ\mathcal{T}} && [\![\, 2.1\text{-}1.1\ (c)\,]\!] \\ &= A^{\circ\mathcal{T}} \cap \big(X \backslash \overline{A^{\circ\mathcal{T}}}^{\mathcal{T}}\big) && [\![\, 2.1\text{-}1\ (a)\,]\!] \\ &\subseteq A^{\circ\mathcal{T}} \cap (X \backslash A^{\circ\mathcal{T}}) \\ &= \emptyset. \end{aligned}$$

Lösung zu A 15

Gem. 2.2-1 (b) gibt es zu jedem $O \in \tau\backslash\{\emptyset\}$ nach Voraussetzung ein $P \in \tau\backslash\{\emptyset\}$, $P \subseteq O$ mit $P \cap \overline{T}^{\tau} = \emptyset$. Wegen $S \subseteq T$ gilt auch $\overline{S}^{\tau} \subseteq \overline{T}^{\tau}$ und somit $P \cap \overline{S}^{\tau} = \emptyset$. Die Behauptung folgt nun mit 2.2-1 (b).

Lösungen zu 2.3

Lösung zu A 1

$\tau_c \subsetneqq \tau_{|\,|}$: Sei $O \in \tau_c\backslash\{\emptyset\}$, also $\mathbb{R}\backslash O$ eine endliche Menge. Wegen $(\mathbb{R}\backslash O)'^{\tau_{|\,|}} = \emptyset$ ist $\mathbb{R}\backslash O \in \alpha_{\tau_{|\,|}}$, also $O \in \tau_{|\,|}$.

Dagegen gilt z. B. $]0,1[\, \in \tau_{|\,|}\backslash\tau_c$, da $\mathbb{R}\backslash]0,1[$ unendlich und $]0,1[\, \neq \emptyset$ ist.

$\tau_{|\,|} \subsetneqq \tau_S$: Sei $O \in \tau_{|\,|}\backslash\{\emptyset\}$. Für jedes $x \in O$ wähle man ein $\varepsilon_x > 0$ mit $]x-\varepsilon_x, x+\varepsilon_x[\, \subsetneqq O$. Wegen $]x-\varepsilon_x, x+\frac{\varepsilon_x}{2}] \subseteq\,]x-\varepsilon_x, x+\varepsilon_x[$ folgt $O = \bigcup_{x\in O}]x-\varepsilon_x, x+\frac{\varepsilon_x}{2}] \in \tau_S$.

Dagegen gilt z. B. $]0,1] \in \tau_S\backslash\tau_{|\,|}$.

$\tau_c \subsetneqq \tau_S$ ist nun klar.

Lösung zu A 2

(a) Es gilt $\beta \neq \emptyset$, $\bigcup\beta = \mathbb{R}$ und auch

$$\forall\, P, Q \in \beta\ \forall\, x \in P \cap Q\ \exists\, R \in \beta\colon\ x \in R \subseteq P \cap Q :$$

Für $x \in \mathbb{Z}$ ist nämlich $\{x\} \in \beta$ und $x \in \{x\} \subseteq P \cap Q$, und für $x \in \mathbb{R}\backslash\mathbb{Z}$ gehören P, Q nicht zu $\{\,\{z\} \mid z \in \mathbb{Z}\,\}$, sind also Intervalle der Form $P = \,]a_P, b_P[$, $Q = \,]a_Q, b_Q[$, $a_P < b_P$, $a_Q < b_Q$, womit man

$$x \in \,]\max\{a_P, a_Q\}, \min\{b_P, b_Q\}[\, \subseteq P \cap Q$$

und wegen $\max\{a_P, a_Q\} < \min\{b_P, b_Q\}$ auch $]\max\{a_P, a_Q\}, \min\{b_P, b_Q\}[\, \in \beta$ erhält.

Gem. 2.3-2 ist β Basis für eine Topologie τ_β auf $\mathbb{R}$.

$$\beta^* := \{\,]r,s[\mid r, s \in \mathbb{Q},\ r < s\,\} \cup \{\,\{z\} \mid z \in \mathbb{Z}\,\}$$

ist eine abzählbare Basis von τ_β, $(\mathbb{R}, \tau_\beta)$ somit A_2-Raum.

(b) Für jedes $z \in \mathbb{Z}$ ist $]z, z+1[\, \in \tau_\beta$ gem. Definition von β, wegen

$$\mathbb{R}\backslash]z, z+1[\, = \mathbb{Z} \cup \bigcup\{\,]k, k+1[\mid k \in \mathbb{Z}\backslash\{z\}\,\} \in \tau_\beta$$

folgt auch $]z, z+1[\, \in \alpha_{\tau_\beta}$ und somit $]z, z+1['^{\tau_\beta} \subseteq\,]z, z+1[$. Schließlich sei $x \in\,]z, z+1[$, also $x \notin \mathbb{Z}$, und (o. B. d. A.) $x \in\,]a, b[\, \in \mathcal{U}_{\tau_\beta}(x)$ mit $z \leq a < b \leq z+1$. Dann gilt $(]a, b[\backslash\{x\}) \cap\,]z, z+1[\, \neq \emptyset$, x ist daher Häufungspunkt von $]z, z+1[$.

(c) $s \in\,]r, s['^{\tau_\beta}\backslash]r, s[$.

Lösung zu A 3

Es sei d eine Pseudometrik auf X, die τ induziert, $D \subseteq X$ abzählbare dichte Teilmenge in (X, τ). Mit $\{ K^d_{1/(n+1)}(\delta) \mid \delta \in D,\ n \in \mathbb{N} \}$ ist auch

$$\mathcal{D} := \{ K^d_{1/(n+1)}(\delta) \cap S \mid \delta \in D,\ n \in \mathbb{N} \} \setminus \{\emptyset\}$$

eine abzählbare Menge. Man wähle aus jeder der Mengen $K^d_{1/(n+1)}(\delta) \cap S \neq \emptyset$ genau ein Element $x_{n,\delta}$ aus. Dann ist

$$D_S := \{ x_{n,\delta} \mid n \in \mathbb{N},\ \delta \in D,\ K^d_{1/(n+1)}(\delta) \cap S \neq \emptyset \}$$

eine abzählbare in $(S, \tau|S)$ dichte Teilmenge:

Sei $s \in S,\ n \in \mathbb{N}$ und $\delta \in K^d_{\frac{1}{2(n+1)}}(s) \cap D$, also $s \in S \cap K^d_{\frac{1}{2(n+1)}}(\delta)$. Es folgt

$$d\big(x_{2(n+1),\delta}, s\big) \leq d\big(x_{2(n+1),\delta}, \delta\big) + d(\delta, s) < \frac{1}{2(n+1)} + \frac{1}{2(n+1)} = \frac{1}{n+1},$$

also $D_S \cap K^d_{1/(n+1)}(s) \neq \emptyset$. Somit ist $\overline{D_S}^{\tau|S} = S$.

Alternativ:

(X, τ) separabel und pseudometrisierbar	$\Longrightarrow$	(X, τ) A_2-Raum	⟦ 2.3-4 ⟧
	$\Longrightarrow$	$(S, \tau|S)$ A_2-Raum	⟦ 2.3-6 (d) ⟧
	$\Longrightarrow$	$(S, \tau|S)$ separabel	⟦ (2.3,3) (b) ⟧

Lösung zu A 4

(i) ⇒ (ii) Für $S \in \alpha_\tau \cap \tau$, $\emptyset \neq S \neq X$ ist $(S, X \setminus S)$ eine offene Zerlegung von (X, τ).

(ii) ⇒ (iii) Wenn es $x, y \in X$ gibt, für die $(S, \tau|S)$ unzusammenhängend für alle $S \subseteq X$, die x, y enthalten, ist, so ist speziell (X, τ) unzusammenhängend, besitzt somit eine offene Zerlegung (O, P). Es folgt $O \in \tau \cap \alpha_\tau$ und $\emptyset \neq O \neq X$.

(iii) ⇒ (i) Sei $x_0 \in X$ ⟦ Für $X = \emptyset$ ist nichts zu beweisen! ⟧ und wähle gem. (iii) für jedes $x \in X$ ein $S_x \subseteq X$ mit $x_0, x \in S_x$ und $(S_x, \tau|S_x)$ zusammenhängend. Wegen $X = \bigcup_{x \in X} S_x$, $x_0 \in \bigcap_{x \in X} S_x$ folgt (i) aus 2.3-9.

Lösung zu A 5

Man definiere $\mathcal{S} := \{ C \in \mathcal{Z}_P \mid C \cap O \neq \emptyset \}$.

Annahme: $\exists\, C \in \mathcal{S}\colon\ C \not\subseteq O$.

Dann gilt:

$$\emptyset \neq (P \setminus O) \cap C = (X \setminus O) \cap C \in \alpha_{\tau|C}, \qquad \emptyset \neq \overline{O}^\tau \cap C \in \alpha_{\tau|C},$$

$$((P \setminus O) \cap C) \cup (\overline{O}^\tau \cap C) \supseteq ((P \setminus O) \cap C) \cup (O \cap C) = ((P \setminus O) \cup O) \cap C = C \quad \text{und}$$

$$((P \setminus O) \cap C) \cap (\overline{O}^\tau \cap C) \subseteq ((X \setminus O) \cap C) \cap \overline{O}^\tau \subseteq \overline{X \setminus O}^\tau \cap C \cap \overline{O}^\tau \subseteq \partial_\tau O \cap P = \emptyset.$$

$\big((P \backslash O) \cap C, \overline{O}^{\tau} \cap C\big)$ ist somit eine offene Zerlegung von $(C, \tau|C)$. ↯

Wegen $P = \bigcup \mathcal{Z}_P$ erhält man

$$\begin{aligned} O = O \cap P = O \cap \bigcup \mathcal{Z}_P &= \bigcup \{\, O \cap C \mid C \in \mathcal{Z}_P \,\} \\ &= \bigcup \{\, O \cap C \mid C \in \mathcal{Z}_P,\ O \cap C \neq \emptyset \,\} = \bigcup \mathcal{S}. \end{aligned}$$

Lösung zu A 6

Sei $x \in \big(\overline{T}^{\tau}\big)^{\circ\tau}$, etwa $U \in \mathcal{U}_\tau(x) \cap \tau$ mit $U \subseteq \overline{T}^{\tau}$. Dann existiert ein $t \in T \cap U$. Wegen $T \cap U \subseteq S \cap U \subseteq S \cap \overline{T}^{\tau} = \overline{T}^{\tau|S}$ ⟦2.3-6 (c)⟧, $S \cap U \in \mathcal{U}_{\tau|S}(t)$ folgt $t \in \big(\overline{T}^{\tau|S}\big)^{\circ\tau|S}$.

Lösung zu A 7

Sei $\mathcal{O} \subseteq \tau_S$, $\bigcup \mathcal{O} = \mathbb{R}$, $I(O) := O^{\circ\tau_{|\,|}}$ für jedes $O \in \mathcal{O}$ und $\beta_{|\,|}$ eine abzählbare Basis von $\tau_{|\,|}$. Man setze

$$\beta^* := \{\, B \in \beta_{|\,|} \mid \exists\, O \in \mathcal{O}\colon\ B \subseteq I(O) \,\}$$

und wähle für jedes $B \in \beta^*$ ein $O_B \in \mathcal{O}$ mit $B \subseteq I(O_B)$. Dann ist $\{\, O_B \mid B \in \beta^* \,\} \subseteq \mathcal{O}$ abzählbar und $\bigcup_{B \in \beta^*} I(O_B) = \bigcup_{O \in \mathcal{O}} I(O)$ ⟦„$\subseteq$“ ist klar; „$\supseteq$“: Für jedes $O \in \mathcal{O}$, $x \in I(O)$ wähle man ein $B \in \beta_{|\,|}$ mit $x \in B \subseteq I(O)$, also $B \in \beta^*$. Es folgt $x \in B \subseteq I(O_B)$.⟧ Die Menge $\mathbb{R} \backslash \bigcup_{O \in \mathcal{O}} I(O)$ ist abzählbar:

Sei $\mathcal{J}$ die gem. 2.3-5 eindeutig bestimmte abzählbare Menge paarweise disjunkter, offener, nichtleerer Intervalle mit $\bigcup_{O \in \mathcal{O}} I(O) = \bigcup \mathcal{J}$, $x \in \mathbb{R} \backslash \bigcup_{O \in \mathcal{O}} I(O)$. Wegen $\bigcup \mathcal{O} = \mathbb{R}$ gibt es $J_1, J_2 \in \mathcal{J}$ mit $\sup J_1 \leq x \leq \inf J_2$. Falls $\sup J_1 < x < \inf J_2$, so existiert für $x \in O \in \mathcal{O}$ ein Intervall $]a, b]$, $a < b$, mit

$$x \in\,]a, b] \subseteq O \cap\,]\sup J_1, \inf J_2[,$$

also ist $\emptyset \neq\,]a, b[\, \subseteq I(O) \subseteq \bigcup \mathcal{J}$ und somit $x = b$. Man kann in diesem Fall J_1 so wählen, daß $\sup J_1 = x$ gilt. x ist daher Endpunkt eines der abzählbar vielen Intervalle aus $\mathcal{J}$.

Für jedes $x \in \mathbb{R} \backslash \bigcup_{O \in \mathcal{O}} I(O)$ wähle man ein $O_x \in \mathcal{O}$ mit $x \in O_x$ aus. Die Menge $\{\, O_x \mid x \in \mathbb{R} \backslash \bigcup_{O \in \mathcal{O}} I(O) \,\} \cup \{\, O_B \mid B \in \beta^* \,\} \subseteq \mathcal{O}$ ist dann eine abzählbare Überdeckung von $\mathbb{R}$.

Lösung zu A 8

Es sei $O \in \tau|\overline{T}^{\tau} \backslash \{\emptyset\}$. Dann ist $O \cap T \in \tau|T \backslash \{\emptyset\}$, also nach Voraussetzung $O \cap S \neq \emptyset$.

Lösungen zu 2.4

Lösung zu A 1

(a) (i) $\emptyset = f^{-1}[\emptyset]$, $X = f^{-1}[Y]$, also $\emptyset$, $X \in \tau_f$. Für alle O, $P \in \sigma$ gilt $f^{-1}[O] \cap f^{-1}[P] = f^{-1}[O \cap P] \in \tau_f$, und für jede Teilmenge $\mathcal{O} \subseteq \sigma$ erhält man $\bigcup \{\, f^{-1}[O] \mid O \in \mathcal{O} \,\} = f^{-1}\big[\bigcup \mathcal{O}\big] \in \tau_f$.

(ii) Gem. 2.4-1 gilt

$$f \text{ stetig (bzgl. } (\tau,\sigma)) \iff \forall\, O \in \sigma\colon\ f^{-1}[O] \in \tau \iff \tau_f \subseteq \tau.$$

(b) *(i) ⇒ (ii)* Für jedes $U \in \mathcal{U}_\sigma(f(x))$ gibt es per definitionem ein $V \in \mathcal{U}_\tau(x)$ mit $f[V] \subseteq U$, d. h. $V \subseteq f^{-1}[U]$. Es folgt $f^{-1}[U] \in \mathcal{U}_\tau(x)$.

(ii) ⇒ (iii) Sei $U \in \mathcal{U}_\sigma(f(x))$, also gem. (ii) $f^{-1}[U] \in \mathcal{U}_\tau(x)$. Wegen $\mathcal{F} \to_\tau x$ gibt es ein $F \in \mathcal{F}$ mit $F \subseteq f^{-1}[U]$, d. h. $f[F] \subseteq U$. Es folgt $f[[\mathcal{F}]] \to_\sigma f(x)$.

(iii) ⇒ (iv) Wörtlich wie im Beweis (ix) ⇒ (x) zu 2.4-1.

(iv) ⇒ (i) Wörtlich wie im Beweis (x) ⇒ (i) zu 2.4-1.

(c) Sei $W \in \mathcal{U}_\varrho(g \circ f(x))$. Da g stetig in $f(x)$ und f stetig in x ist, gilt gem. (b) $g^{-1}[W] \in \mathcal{U}_\sigma(f(x))$ und $(g \circ f)^{-1}[W] = f^{-1}[g^{-1}[W]] \in \mathcal{U}_\tau(x)$. Wiederum nach (b) folgt die Stetigkeit von $g \circ f$ in x.

Lösung zu A 2

$C(X)$ ist eine Teilmenge des $\mathbb{C}$-Vektorraums $\mathbb{C}^X$ (mit den punktweisen Operationen), zu zeigen ist daher nur

$$\forall\, z \in \mathbb{C}\backslash\{0\}\ \forall\, f \in C(X)\colon\ zf \in C(X)$$

⟦ für $z = 0$ ist $zf = 0$ konstant, also stetig ⟧ und

$$\forall\, f, g \in C(X)\colon\ f + g \in C(X):$$

Es sei $x \in X$ und $\varepsilon > 0$. Man wähle eine Umgebung $U \in \mathcal{U}_\tau(x)$ mit

$$f[U] \subseteq K^{d_{|\,|}}_{\varepsilon/|z|}(f(x)) \cap K^{d_{|\,|}}_{\varepsilon/2}(f(x)), \qquad g[U] \subseteq K^{d_{|\,|}}_{\varepsilon/2}(g(x))$$

und erhält $(zf)[U] \subseteq K^{d_{|\,|}}_\varepsilon((zf)(x))$ und

$$(f+g)[U] \subseteq f[U] + g[U] \subseteq K^{d_{|\,|}}_{\varepsilon/2}(f(x)) + K^{d_{|\,|}}_{\varepsilon/2}(g(x)) \subseteq K^{d_{|\,|}}_\varepsilon((f+g)(x)).$$

Lösung zu A 3

(a) Für $\chi_S \in C(X, \{0,1\})$ folgt $S = \chi_S^{-1}[\{1\}] \in \tau \cap \alpha_\tau$ gem. 2.4-1. Die Stetigkeit von χ_S für $S \in \tau \cap \alpha_\tau$ erhält man mit $\chi_S^{-1}[\{1\}] = S \in \tau$ und $\chi_S^{-1}[\{0\}] = X \backslash S \in \tau$.

(b) Da χ_S für jedes $S \in \mathcal{P}X\backslash\{\emptyset, X\}$ surjektiv ist, folgt für den zusammenhängenden Raum (X,τ) gem. 2.4-4, daß $\chi_S \notin C(X,\{0,1\})$ gilt. Ist umgekehrt (X,τ) unzusammenhängend, etwa (O,P) eine offene Zerlegung von (X,τ), so ist χ_O stetig gem. (a).

Lösung zu A 4

(a) Mit f und $\mathrm{id}_{[0,1]}$ ist auch $f - \mathrm{id}_{[0,1]}$ stetig ⟦ A 2 ⟧, die Mengen

$$P := \{\, x \in [0,1] \mid (f - \mathrm{id}_{[0,1]})(x) < 0 \,\}, \quad Q := \{\, x \in [0,1] \mid (f - \mathrm{id}_{[0,1]})(x) > 0 \,\}$$

sind somit offen in $([0,1], \tau_{|\,|}|[0,1])$.

Annahme: $\forall\, x \in [0,1]\colon\; f(x) \neq x$.
Hiermit erhält man $[0,1] = P \cup Q$ $[\![\forall\, x \in [0,1]\colon\; f(x) > x$ oder $f(x) < x\,]\!]$, $P \cap Q = \emptyset$ und $P \neq \emptyset \neq Q$ $[\![\,1 \in P,\;\; 0 \in Q\,]\!]$, (P,Q) ist daher eine offene Zerlegung von $[0,1]$. $\lightning$ $[\![$ 2.3-8 $]\!]$

(b) Es seien $x,\, x' \in \operatorname{Fix} f$, also $d(x,x') = d(f(x), f(x'))$. Für $x \neq x'$ würde $d(f(x), f(x')) < d(x,x')$ gelten. $\lightning$

Lösung zu A 5

Sei $\varepsilon > 0$.

$f \cdot g$: Sei

$$\delta := \frac{\min\{1,\varepsilon\}}{3\max\{|f(y)|, |g(y)|, 1\}}.$$

Man wähle ein $U \in \mathcal{U}_\tau(y)$ mit $f[U] \subseteq K_\delta^{d_{|\,|}}(f(y))$ und $g[U] \subseteq K_\delta^{d_{|\,|}}(g(y))$. Dann gilt für jedes $x \in U$:

$$\begin{aligned}
|(fg)(x) - (fg)(y)| &= |f(x)g(x) - f(y)g(x) + f(y)g(x) - f(y)g(y)| \\
&\leq |g(x)|\,|f(x) - f(y)| + |f(y)|\,|g(x) - g(y)| \\
&\leq |g(x) - g(y)|\,|f(x) - f(y)| + |f(x) - f(y)|\,|g(y)| \\
&\quad + |f(y)|\,|g(x) - g(y)| \\
&< \delta^2 + \delta|g(y)| + |f(y)|\delta \\
&< \frac{\varepsilon}{3} + \frac{\varepsilon}{3} + \frac{\varepsilon}{3} = \varepsilon.
\end{aligned}$$

Es folgt $(fg)[U] \subseteq K_\varepsilon^{d_{|\,|}}((fg)(y))$.

$f \vee g$: Sei

$$\delta := \begin{cases} \varepsilon & \text{für } f(y) = g(y) \\ \min\{\varepsilon, \frac{|f(y)-g(y)|}{2}\} & \text{für } f(y) \neq g(y). \end{cases}$$

Man wähle ein $U \in \mathcal{U}_\tau(y)$ mit $f[U] \subseteq K_\delta^{d_{|\,|}}(f(y))$ und $g[U] \subseteq K_\delta^{d_{|\,|}}(g(y))$. Dann kann $|(f \vee g)(x) - (f \vee g)(y)|$ für jedes $x \in U$ wie folgt abgeschätzt werden:
$f(y) = g(y)$:

$$\begin{aligned}
|(f \vee g)(x) - (f \vee g)(y)| &= |(f \vee g)(x) - f(y)| \\
&= \begin{cases} |f(x) - f(y)| & \text{für } f(x) \geq g(x) \\ |g(x) - g(y)| & \text{für } f(x) < g(x) \end{cases} \\
&< \delta = \varepsilon.
\end{aligned}$$

$f(y) > g(y)$: Wegen

$$\begin{aligned}
f(x) \geq f(y) - \delta \geq f(y) - \frac{|f(y) - g(y)|}{2} &= \frac{f(y) + g(y)}{2} \\
= g(y) + \frac{|f(y) - g(y)|}{2} &\geq g(y) + \delta > g(x)
\end{aligned}$$

folgt $|(f \vee g)(x) - (f \vee g)(y)| = |f(x) - f(y)| < \delta \leq \varepsilon$.
$f(y) < g(y)$: Wegen

$$\begin{aligned} g(x) \geq g(y) - \delta \geq g(y) - \frac{|f(y) - g(y)|}{2} &= \frac{f(y) + g(y)}{2} \\ = f(y) + \frac{|f(y) - g(y)|}{2} &\geq f(y) + \delta \geq f(x) \end{aligned}$$

folgt $|(f \vee g)(x) - (f \vee g)(y)| = |g(x) - g(y)| < \delta \leq \varepsilon$.
Insgesamt somit $(f \vee g)[U] \subseteq K_\varepsilon^{d_{|\,|}}((f \vee g)(y))$.

$f \wedge g$: Analog zu $f \vee g$ mit demselben δ und U.

$|f|$: Man wähle ein $U \in \mathcal{U}_\tau(y)$ mit $f[U] \subseteq K_\varepsilon^{d_{|\,|}}(f(y))$. Für alle $x \in U$ gilt dann $\big||f(x)| - |f(y)|\big| \leq |f(x) - f(y)| < \varepsilon$ ⟦ 1.1, A 11 ⟧, also $|f|[U] \subseteq K_\varepsilon^{d_{|\,|}}(|f|(y))$.

f/g: Es sei $y \in X$, $g(y) \neq 0$, o. B. d. A. $g(y) > 0$. Wegen der Stetigkeit von g in y gibt es ein $U \in \mathcal{U}_\tau(y)$, so daß $g(x) > 0$ für jedes $x \in U$ gilt. Man bestätigt durch Nachrechnen leicht die Gleichung

$$\frac{f(x)}{g(x)} - \frac{f(y)}{g(y)} = \frac{f(x) - f(y)}{(g(x) - g(y)) + g(y)} - \frac{f(y)}{g(y)} \frac{g(x) - g(y)}{(g(x) - g(y)) + g(y)}$$

für jedes $x \in U$. Es sei $(x_\alpha)_{\alpha \in A}$ ein Netz in X mit $(x_\alpha)_\alpha \to_\tau y$, o. B. d. A. $x_\alpha \in U$ für jedes $\alpha \in A$, $\varepsilon > 0$. Wegen der Stetigkeit von f, g in y gibt es ein $\alpha'_\varepsilon \in A$ mit

$$\forall\, \alpha \geq \alpha'_\varepsilon\colon\ |f(x_\alpha) - f(y)| < \frac{1}{4}|g(y)|\varepsilon \text{ und } |g(x_\alpha) - g(y)| \leq \frac{1}{2}|g(y)|.$$

Aus

$$|(g(x_\alpha) - g(y)) + g(y)| \geq |g(y)| - |g(x_\alpha) - g(y)| \geq \frac{1}{2}|g(y)|$$

für jedes $\alpha \geq \alpha'_\varepsilon$ folgt

$$\left|\frac{f(x_\alpha) - f(y)}{(g(x_\alpha) - g(y)) + g(y)}\right| < \frac{\varepsilon}{2}.$$

Ebenso folgert man mit der zusätzlichen Hilfe 2.4-14 die Existenz eines $\alpha''_\varepsilon \in A$ mit

$$\left|\frac{f(y)}{g(y)} \frac{g(x_\alpha) - g(y)}{(g(x_\alpha) - g(y)) + g(y)}\right| < \frac{\varepsilon}{2}$$

für jedes $\alpha \geq \alpha''_\varepsilon$. Sei $\alpha_\varepsilon \in A$, $\alpha_\varepsilon \geq \alpha'_\varepsilon, \alpha''_\varepsilon$ gewählt. Dann gilt für alle $\alpha \geq \alpha_\varepsilon$

$$\begin{aligned} \left|\frac{f(x_\alpha)}{g(x_\alpha)} - \frac{f(y)}{g(y)}\right| &\leq \left|\frac{f(x_\alpha) - f(y)}{(g(x_\alpha) - g(y)) + g(y)}\right| + \left|\frac{f(y)}{g(y)} \frac{g(x_\alpha) - g(y)}{(g(x_\alpha) - g(y)) + g(y)}\right| \\ &< \varepsilon. \end{aligned}$$

Gem. A 1 (b) folgt die Stetigkeit von f/g in y.

Für $f, g \in \mathbb{C}^X$ sind die obigen Rechnungen offensichtlich in den Fällen fg, $|f|$, f/g ebenfalls richtig.

Lösung zu A 6

Wenn (X, τ) nicht zusammenhängend ist, gibt es gem. 2.4-4 eine stetige surjektive Funktion $f : X \longrightarrow \{0, 1\}$. Es folgt:

$f \in C_{\mathbb{R}}(X)$ $[\![$ $\mathrm{id}_{\{0,1\}} : \{0, 1\} \longrightarrow \mathbb{R}$ ist stetig bzgl. $(\tau_{\mathrm{dis}}, \tau_{|\,|})$; 2.4-1.1 $]\!]$ und f hat nicht die Zwischenwerteigenschaft $[\![$ $a = 0,\ b = 1,\ c = 1/2 \Longrightarrow a, b \in f[X]$ und $1/2 \notin f[X]$ $]\!]$.

Lösung zu A 7

Es sei $x \in X$. Gem. (2.4,1) (d) ist die Abstandsfunktion $d_{\{x\}} : X \longrightarrow \mathbb{R}$, $d_{\{x\}}(y) := d(x, y)$, stetig bzgl. $(\tau_d, \tau_{|\,|})$, und aus 2.4-4.2 folgt, daß $(d_{\{x\}}[X], \tau_{|\,|}|d_{\{x\}}[X])$ zusammenhängend ist. Nach 2.3-8 ist $d_{\{x\}}[X]$ ein Intervall, das mindestens zwei Elemente hat $[\![$ Es gibt ein von x verschiedenes Element in X. $]\!]$ und daher überabzählbar ist. X kann also nicht abzählbar sein.

Lösung zu A 8

Es sei $N_f := \{ y \in X \mid f(y) = 0 \}$ die Nullstellenmenge von f. $N_f = f^{-1}[\{0\}]$ ist abgeschlossen $[\![$ 2.4-1 $]\!]$ und auch offen: Nach Voraussetzung gibt es zu jedem $x \in N_f$ ein $U_x \in \mathcal{U}_\tau(x)$ mit $f{\restriction}U_x = 0$, also $U_x \subseteq N_f$.

Somit erhält man $N_f, X \backslash N_f \in \tau \cap \alpha_\tau$ $[\![$ $N_f \cap (X \backslash N_f) = \emptyset$ und $X = N_f \cup (X \backslash N_f)$ $]\!]$, wegen des Zusammenhangs von (X, τ) also $N_f = \emptyset$ oder $X \backslash N_f = \emptyset$, woraus sofort $0 \notin N_f$ oder $f = 0$ folgt.

Lösung zu A 9

A$_1$: Sei $y \in Y$, etwa $x \in X$ mit $f(x) = y$, $\mathcal{B}_x \subseteq \mathcal{U}_\tau(x)$ eine abzählbare Basis von $\mathcal{U}_\tau(x)$. Dann ist $f[[\mathcal{B}_x]] \subseteq \mathcal{U}_\sigma(y)$ $[\![$ f ist offen $]\!]$ abzählbar. Für jedes $U \in \mathcal{U}_\sigma(y)$ ist $f^{-1}[U] \in \mathcal{U}_\tau(x)$ $[\![$ f ist stetig $]\!]$, also existiert ein $B \in \mathcal{B}_x$ mit $B \subseteq f^{-1}[U]$, d. h. $f[B] \subseteq U$.

A$_2$: Sei β eine Basis von τ, also $f[[\beta]] \subseteq \sigma$ $[\![$ f ist offen $]\!]$. Für jedes $P \in \sigma$ ist $f^{-1}[P] \in \tau$ $[\![$ f ist stetig $]\!]$, gem. 2.3-1 gibt es daher ein $\beta' \subseteq \beta$ mit $\bigcup \beta' = f^{-1}[P]$. Es folgt:

$$\bigcup f[[\beta']] = f[\bigcup \beta'] = f[f^{-1}[P]] = P$$

$[\![$ f ist surjektiv $]\!]$. Wiederum nach 2.3-1 ist $f[[\beta]]$ eine Basis von σ. Mit β ist auch $f[[\beta]]$ abzählbar.

Lösung zu A 10

(a) *(i) ⇒ (ii)* $O \in \tau \implies (f^{-1})^{-1}[O] = f[O] \in \sigma \implies f^{-1}$ stetig $[\![$ 2.4-1 $]\!]$

(ii) ⇒ (iii) $A \in \alpha_\tau \implies f[A] = (f^{-1})^{-1}[A] \in \alpha_\sigma$ $[\![$ 2.4-1 $]\!]$

(iii) ⇒ (i) $O \in \tau \implies f[O] = Y \backslash f[X \backslash O] \in \sigma$

(b) f Homöomorphismus $\iff f, f^{-1}$ stetig

$\iff f$ stetig und offen $[\![$ (a) $]\!]$

$\iff f$ stetig und abgeschlossen $[\![$ (a) $]\!]$

Lösung zu A 11

h ist wohldefiniert $\llbracket\, x_{n+1} < 1$ für jedes $(x_1, \ldots, x_{n+1}) \in S^n \backslash \{N\} \,\rrbracket$ und stetig $\llbracket$ (1.2,1) (a); Division in $\mathbb{R}$ ist stetig; 2.4-1.3; 2.4-1.1 $\rrbracket$.

h injektiv: Es seien $(x_1, \ldots, x_{n+1}), (y_1, \ldots, y_{n+1}) \in S^n \backslash \{N\}$ mit $h((x_1, \ldots, x_{n+1})) = h((y_1, \ldots, y_{n+1}))$, also

$$\forall\, j \in \{1, \ldots, n\}\colon\ \frac{1}{1 - x_{n+1}} x_j = \frac{1}{1 - y_{n+1}} y_j. \qquad (*)$$

Wegen

$$\begin{aligned} 1 = \sum_{j=1}^{n+1} x_j^2 &= \frac{(1 - x_{n+1})^2}{(1 - y_{n+1})^2} \sum_{j=1}^{n} y_j^2 + x_{n+1}^2 && \llbracket (*) \rrbracket \\ &= \frac{(1 - x_{n+1})^2 (1 + y_{n+1})}{1 - y_{n+1}} + x_{n+1}^2 && \llbracket \textstyle\sum_{j=1}^{n} y_j^2 = 1 - y_{n+1}^2 \rrbracket \end{aligned}$$

folgt

$$\begin{aligned} 1 - y_{n+1} &= (1 - x_{n+1})^2 (1 + y_{n+1}) + (1 - y_{n+1}) x_{n+1}^2 \\ &= (1 - 2x_{n+1}) y_{n+1} + 1 - 2x_{n+1} + 2x_{n+1}^2, \end{aligned}$$

also

$$0 = 2(1 - x_{n+1})(y_{n+1} - x_{n+1}).$$

Da $x_{n+1} \neq 1$ ist, erhält man $y_{n+1} = x_{n+1}$ und mit $(*)$ auch $y_j = x_j$ für jedes $j \in \{1, \ldots, n\}$.

h surjektiv: Für $(y_1, \ldots, y_n) \in \mathbb{R}^n$ setze man

$$x_j := \begin{cases} 2y_j \left(1 + \sum_{i=1}^{n} y_i^2\right)^{-1} & \text{für } j = 1, \ldots, n \\ -\left(1 - \sum_{i=1}^{n} y_i^2\right)\left(1 + \sum_{i=1}^{n} y_i^2\right)^{-1} & \text{für } j = n + 1. \end{cases}$$

Dann ist $x_{n+1} < 1$ und

$$\begin{aligned} \sum_{j=1}^{n+1} x_j^2 &= \left(1 + \sum_{i=1}^{n} y_i^2\right)^{-2} \left(4 \sum_{i=1}^{n} y_i^2 + \left(1 - \sum_{i=1}^{n} y_i^2\right)^2\right) \\ &= \left(1 + \sum_{i=1}^{n} y_i^2\right)^{-2} \left(4 \sum_{i=1}^{n} y_i^2 + 1 - 2 \sum_{i=1}^{n} y_i^2 + \left(\sum_{i=1}^{n} y_i^2\right)^2\right) = 1, \end{aligned}$$

also $(x_1, \ldots, x_{n+1}) \in S^n \backslash \{N\}$ und

$$\begin{aligned} h((x_1, \ldots, x_{n+1})) &= \frac{1}{1 + \left(1 - \sum_{i=1}^{n} y_i^2\right)\left(1 + \sum_{i=1}^{n} y_i^2\right)^{-1}} \frac{2}{\left(1 + \sum_{i=1}^{n} y_i^2\right)} (y_1, \ldots, y_n) \\ &= (y_1, \ldots, y_n). \end{aligned}$$

Die Funktion

$$h^{-1}\colon \begin{cases} \mathbb{R}^n \longrightarrow S^n \backslash \{N\} \\ (y_1, \ldots, y_n) \longmapsto \frac{1}{1 + \sum_{i=1}^{n} y_i^2} \left(2y_1, \ldots, 2y_n, -\left(1 - \sum_{i=1}^{n} y_i^2\right)\right) \end{cases}$$

ist auch stetig ⟦ Addition, Multiplikation, Division in $\mathbb{R}$ sind stetig; (1.2,1) (a); 2.4-1.3; 2.4-1.1 ⟧.

Lösung zu A 12

(a) Für jedes $x \in X,\ 0 < \varepsilon < 1$ gilt $K_\varepsilon^{d_{\min}}(x) = K_\varepsilon^d(x)$ und somit $\mathcal{U}_{\tau_{d_{\min}}}(x) = \mathcal{U}_{\tau_d}(x)$. Mit 1.2, A 9 (a) erhält man $\tau_{d_{\min}} = \tau_d$.

(b) Die Funktion a_P ist gem. 2.1, A 7 (a) wohldefiniert und nach A 5 und (2.4,1) (d) stetig. Weiter gilt $D_P \geq 0$ und für alle $x,\ y,\ z \in P$:

$$\begin{aligned} D_P(x,x) &= d(x,x) + |a_P(x) - a_P(y)| = 0, \\ D_P(x,y) &= D_P(y,x) \qquad \text{und} \\ D_P(x,z) &= d(x,z) + |a_P(x) - a_P(z)| \\ &\leq d(x,y) + d(y,z) + |a_P(x) - a_P(y)| + |a_P(y) - a_P(z)| \\ &= D_P(x,y) + D_P(y,z); \end{aligned}$$

ist d sogar eine Metrik, so erhält man aus $D_P(x,y) = 0$ auch $d(x,y) = 0$ (und $|a_P(x) - a_P(y)| = 0$), also $x = y$.

$\tau_{D_P} \supseteq \tau_d|P$: Für alle $x \in P,\ \varepsilon > 0$ gilt $K_\varepsilon^{D_P}(x) \subseteq K_\varepsilon^d(x)$.

$\tau_{D_P} \subseteq \tau_d|P$: Sei $x \in P,\ \varepsilon > 0$. Wegen der Stetigkeit von a_P gibt es ein $U \in \mathcal{U}_{\tau_d|P}(x)$ mit

$$\forall\, y \in U\colon\ |a_P(y) - a_P(x)| < \frac{\varepsilon}{2},$$

woraus $U \cap K_{\varepsilon/2}^d(x) \subseteq K_\varepsilon^{D_P}(x)$ folgt ⟦ Für jedes $y \in U,\ d(x,y) < \varepsilon/2$ ergibt sich $D_P(x,y) = d(x,y) + |a_P(x) - a_P(y)| < \varepsilon.$ ⟧. 1.2, A 9 (a) liefert die Behauptung.

Lösung zu A 13

(V, τ_N) ist ein A_1-Raum, gem. 2.4-1.3 ist daher $(N(x_j))_j \to_{\tau_{|\,|}} N(x)$ für jede Folge $(x_j)_j \in V^{\mathbb{N}}$, jedes $x \in V$ mit $(x_j)_j \to_{\tau_N} x$ zu zeigen. Wegen

$$(x_j)_j \to_{\tau_N} x \quad \Longleftrightarrow \quad (x_j)_j \to_{d_N} x$$

folgt die Behauptung aus 1.2-2 (a).

Die L-Stetigkeit (und damit erneut die Stetigkeit) folgt direkt aus

$$\forall\, x, y \in V\colon\ |N(x) - N(y)| \leq N(x - y) = d_N(x,y)$$

⟦ 1.1, A 11 ⟧.

Lösung zu A 14

(i) $\Rightarrow$ (ii) $\Rightarrow$ (iii) und (iv) $\Rightarrow$ (i) sind klar.

(iii) $\Rightarrow$ (iv) Ist f nicht L-stetig, so gibt es für jedes $n \in \mathbb{N}\backslash\{0\}$ Elemente $x_n,\ x_n' \in V$ mit

$$\begin{aligned} M(f(x_n - x_n')) = M(f(x_n) - f(x_n')) = d_M(f(x_n), f(x_n')) &> n d_N(x_n, x_n') \\ &= nN(x_n - x_n'), \end{aligned}$$

also folgt

$$\forall\, n \in \mathbb{N}\backslash\{0\}\colon\; M\Big(\frac{1}{nN(x_n - x_n')} f(x_n - x_n')\Big) > 1,$$

wobei $\big(\frac{1}{nN(x_n - x_n')}(x_n - x_n')\big)_n \to_{\tau_N} 0$ gilt. f ist daher nicht stetig in 0.

Lösung zu A 15

(i) ⇒ (ii) $\operatorname{Ker} f = f^{-1}[\{0\}] \in \alpha_{\tau_{\|\ \|}}$, da $\{0\} \in \alpha_{\tau_{|\ |}}$ und f stetig ist ⟦ 2.4-1 ⟧.

(ii) ⇒ (i) Für $f = 0$, d. h. $\operatorname{Ker} f = V$, ist f als konstante Funktion stetig. Sei $x \in V\backslash\{0\}$, $f(x) \neq 0$, $\varepsilon > 0$ und $y := \frac{\varepsilon}{f(x)}x$, also $f(y) = \varepsilon$. Dann ist $y \notin \operatorname{Ker} f$, d. h. $0 \notin y + \operatorname{Ker} f$. Da $y + \operatorname{Ker} f \in \alpha_{\tau_{\|\ \|}}$ ist ⟦ Die Funktion

$$\begin{cases} V \longrightarrow V \\ x \longmapsto x + y \end{cases}$$

ist für jedes $y \in V$ eine Isometrie ($\|x - z\| = \|x + y - (z + y)\|$) und daher ein Homöomorphismus. ⟧, gibt es ein $\delta > 0$ mit $K_\delta^{d_{\|\ \|}}(0) \cap (y + \operatorname{Ker} f) = \emptyset$. Es folgt:

$$\forall\, z \in K_\delta^{d_{\|\ \|}}(0)\colon\; |f(z)| < \varepsilon.$$

⟦ Aus $|f(z)| \geq \varepsilon$, $z \in K_\delta^{d_{\|\ \|}}(0)$ würde man für $t := \frac{\varepsilon}{f(z)}z \in K_\delta^{d_{\|\ \|}}(0)$ wegen $f(t - y) = f\big(\frac{\varepsilon}{f(z)}z\big) - f(y) = \varepsilon - \varepsilon = 0$ auch $t \in y + \operatorname{Ker} f$ erhalten. ↯ ⟧ f ist somit stetig in 0 und nach A 14 sogar stetig.

Lösung zu A 16

Gem. Abb. L-6 verschaffe man sich einen Homöomorphismus $h : K \times I \longrightarrow S$ durch

$$h((x, y, z)) := \big(z - \tfrac{1}{2}\big)(x, y).$$

h ist wohldefiniert und gem. 2.4-7 (c) stetig, da beide Koordinatenfunktionen von h stetig sind.

h injektiv: Aus $\big(z_1 - \frac{1}{2}\big)(x_1, y_1) = h((x_1, y_1, z_1)) = h((x_2, y_2, z_2)) = \big(z_2 - \frac{1}{2}\big)(x_2, y_2)$ folgt $\big(z_1 - \frac{1}{2}\big)x_1 = \big(z_2 - \frac{1}{2}\big)x_2$ und $\big(z_1 - \frac{1}{2}\big)y_1 = \big(z_2 - \frac{1}{2}\big)y_2$, und wegen $x_1^2 + y_1^2 = x_2^2 + y_2^2 = 4$ erhält man hieraus

$$4\big(z_1 - \tfrac{1}{2}\big)^2 = \big(z_1 - \tfrac{1}{2}\big)^2 x_1^2 + \big(z_1 - \tfrac{1}{2}\big)^2 y_1^2 = \big(z_2 - \tfrac{1}{2}\big)^2 x_2^2 + \big(z_2 - \tfrac{1}{2}\big)^2 y_2^2 = 4\big(z_2 - \tfrac{1}{2}\big)^2.$$

Da $z_1, z_2 \in [1, 2]$ sind, ist somit $z_1 = z_2$ und daher auch $x_1 = x_2$ und $y_1 = y_2$.

h surjektiv: Für $(\xi, \eta) \in S$ setze man

$$(x, y) := \frac{2}{(\xi^2 + \eta^2)^{1/2}}(\xi, \eta), \qquad z := \frac{(\xi^2 + \eta^2)^{1/2}}{2} + \frac{1}{2}.$$

Dann ist $x^2 + y^2 = 4$ und $z \in \big[\frac{1}{2} + \frac{1}{2}, \frac{3}{2} + \frac{1}{2}\big] = [1, 2]$ ⟦ da $1 \leq \xi^2 + \eta^2 \leq 9$ gilt ⟧, also $(x, y, z) \in K \times I$ und

$$h((x, y, z)) = \frac{(\xi^2 + \eta^2)^{1/2}}{2} \frac{2}{(\xi^2 + \eta^2)^{1/2}}(\xi, \eta) = (\xi, \eta).$$

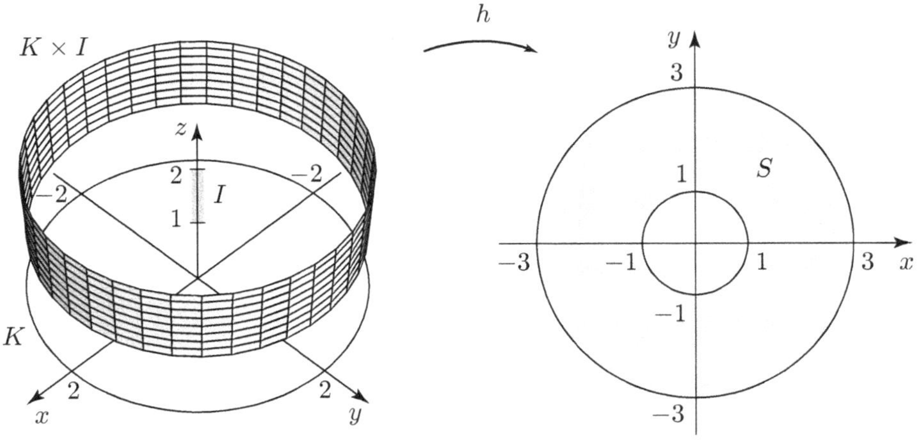

Abbildung L-6

h^{-1} stetig: Für alle $(\xi,\eta) \in S$ ist ⟦ s. o. ⟧

$$h^{-1}((\xi,\eta)) = \Big(\frac{2}{(\xi^2+\eta^2)^{1/2}}\xi, \frac{2}{(\xi^2+\eta^2)^{1/2}}\eta, \frac{(\xi^2+\eta^2)^{1/2}}{2} + \frac{1}{2}\Big),$$

h^{-1} hat also stetige Koordinatenfunktionen und ist gem. 2.4-7 (c) stetig.

Lösung zu A 17

(a) h ist stetig und $h(0) = f(0) = a,\ h(1) = g(1) = c.$

(b) Sei (X,τ) unzusammenhängend, (O,P) eine offene Zerlegung von (X,τ), $a \in O$, $b \in P$ und f ein Weg in X von a nach b. Dann ist $\big(f\,[[0,1]] \cap O, f\,[[0,1]] \cap P\big)$ eine offene Zerlegung von $\big(f\,[[0,1]], \tau|f\,[[0,1]]\big)$. ↯

$(X, \tau_{d_2}|X)$ ist zusammenhängend ⟦ sogar wegzusammenhängend! ⟧, gem. 2.4-4.1 also auch $(Y, \tau_{d_2}|Y)$ für $Y := \overline{X}^{\tau_{d_2}}$. $(Y, \tau_{d_2}|Y)$ ist jedoch nicht wegzusammenhängend (vgl. Abb. 2.1-1 zu (2.1,2) (a)):

Annahme: f ist ein Weg in Y von $\big(\frac{1}{\pi}, 0\big)$ nach $(0,0)$.

Dann gilt $X \subseteq f\,[[0,1]]$ ⟦ andernfalls ist $f\,[[0,1]]$ offen zerlegbar ⟧, es gibt somit ein $x_1 \in\ ]0,1]$, $y_1 \in \big]0,\frac{1}{\pi}\big]$ mit $f(x_1) = \big(y_1, \sin\frac{1}{y_1}\big) = (y_1, -1)$, ebenso existiert ein $x_2 \in\ ]x_1, 1] \cap \big]\frac{1}{2}, 1\big]$, $y_2 \in \big]0, \frac{1}{\pi}\big]$ mit $f(x_2) = \big(y_2, \sin\frac{1}{y_2}\big) = (y_2, +1)$ und (induktiv) für jedes $i \geq 2$ ein $x_i \in\ ]x_{i-1}, 1] \cap \big]1 - \frac{1}{2^{i-1}}, 1\big]$, $y_i \in \big]0, \frac{1}{\pi}\big]$ mit

$$f(x_i) = \big(y_i, \sin\tfrac{1}{y_i}\big) = \begin{cases} (y_i, +1) & \text{für } i \text{ gerade} \\ (y_i, -1) & \text{für } i \text{ ungerade.} \end{cases}$$

Die Folge $(x_i)_{i\geq 1}$ konvergiert in $([0,1],\tau_{|\,|}|[0,1])$ gegen 1 und somit ⟦ f ist stetig; 2.4-1.3 ⟧ gilt $(f(x_i))_{i\geq 1} \to_{\tau_{d_2}} f(1) = (0,0)$, woraus wegen der koordinatenweisen Konvergenz ⟦ 2.4-8 (b) ⟧ $\left((-1)^i\right)_{i\geq 1} \to_{\tau_{|\,|}} 0$ folgt. ↯

(c) Es seien $y_1, y_2 \in Y$, $y_1 \neq y_2$, etwa $x_1, x_2 \in X$ mit $f(x_1) = y_1$, $f(x_2) = y_2$. Wegen $x_1 \neq x_2$ gibt es einen Weg g in X von x_1 nach x_2, und $f \circ g$ ist dann ein Weg in Y von y_1 nach y_2.

(d) Man wähle $a, b \in \bigcup \mathcal{A}$, $a \neq b$, etwa $a \in A \in \mathcal{A}$ und $b \in B \in \mathcal{A}$, und $x \in A \cap B$. Für $x = a$ oder $x = b$ gehören a, b zu B bzw. zu A und können durch einen Weg in $\bigcup \mathcal{A}$ verbunden werden. Sei also $x \neq a$ und $x \neq b$. Nach Voraussetzung gibt es einen Weg f in A von a nach x und einen Weg g in B von x nach b. Aus (a) folgt die Existenz eines Weges in $A \cup B \subseteq \bigcup \mathcal{A}$ von a nach b.

(e) *(i) ⇒ (ii)* gem. (c), da die kanonischen Projektionen surjektiv und stetig sind.

(ii) ⇒ (i) Es seien $x, y \in \prod_{i\in I} X_i$, $x \neq y$, für jedes $j \in \{\, i \in I \mid x_i \neq y_i \,\}$ sei $f_j : [0,1] \longrightarrow X_j$ ein Weg in X_j von x_j nach y_j, für $j \in I \backslash \{\, i \in I \mid x_i \neq y_i \,\}$ sei

$$f_j : \begin{cases} [0,1] \longrightarrow X_j \\ r \longmapsto x_j \end{cases}$$

(konstant). Dann ist

$$\widetilde{f} : \begin{cases} [0,1]^I \longrightarrow \prod_{i\in I} X_i \\ r \longmapsto (i \mapsto f_i(r_i)) \end{cases}$$

gem. 2.4-7 (a), (c) stetig (bzgl. $(\times_{i\in I}(\tau_{|\,|}|[0,1]), \times_{i\in I} \tau_i)$) ⟦ $\pi_j \circ \widetilde{f}(r) = f_j(r_j) = f_j \circ p_j(r)$, wobei π_j bzw. p_j die kanonische j-te Projektion für $\prod_{i\in I} X_i$ bzw. $[0,1]^I$ bezeichnet ⟧. Da auch

$$\Delta : \begin{cases} [0,1] \longrightarrow [0,1]^I \\ r \longmapsto (i \mapsto r) \end{cases}$$

stetig (bzgl. $(\tau_{|\,|}|[0,1], \times_{i\in I}(\tau_{|\,|}|[0,1]))$) ist ⟦ 2.4-7 (c); $p_j \circ \Delta = \mathrm{id}_{[0,1]}$ ⟧, erhält man in $w := \widetilde{f} \circ \Delta$ einen Weg in $\prod_{i\in I} X_i$, wobei

$$w(0) = \widetilde{f}(\Delta(0)) = \widetilde{f}((0)_{i\in I}) = (f_i(0))_{i\in I} = (x_i)_{i\in I} = x$$

und analog $w(1) = y$ gilt.

(f) $(\mathbb{R}, \tau_{|\,|})$ und $([0,1], \tau_{|\,|}|[0,1])$ (wie alle Intervalle J in $\mathbb{R}$) sind wegzusammenhängend ⟦ Für $a, b \in J$, $a \neq b$ ist durch $f(x) := (b-a)x + a$ ein Weg in J von a nach b definiert. ⟧. Die Behauptung ergibt sich nun mit (e).

(g) Gem. 2.4-11 und (e) ist

$$\left(\prod_{i\in I} C^{\text{weg}}_{x_i}, \mathop{\times}_{i\in I} \tau_i \,\Big|\, \prod_{i\in I} C^{\text{weg}}_{x_i}\right) = \left(\prod_{i\in I} C^{\text{weg}}_{x_i}, \mathop{\times}_{i\in I} \tau_i | C^{\text{weg}}_{x_i}\right)$$

wegzusammenhängend, wegen $x \in \prod_{i\in I} C^{\text{weg}}_{x_i}$ gilt daher $C^{\text{weg}}_x \supseteq \prod_{i\in I} C^{\text{weg}}_{x_i}$. Umgekehrt folgt mit (c)

$$(\pi_i[C^{\text{weg}}_x], \tau_i | \pi_i[C^{\text{weg}}_x]) \text{ wegzusammenhängend,}$$

wegen $x_i = \pi_i(x) \in \pi_i[C_x^{\text{weg}}]$ also $\pi_i[C_x^{\text{weg}}] \subseteq C_{x_i}^{\text{weg}}$ für jedes $i \in I$. Man erhält

$$x \in C_x^{\text{weg}} \subseteq \prod_{i \in I} \pi_i[C_x^{\text{weg}}] \subseteq \prod_{i \in I} C_{x_i}^{\text{weg}}.$$

(h) Gem. (b) gilt $C_x^{\text{weg}} \subseteq C_x$ für jedes $x \in O$. Für jedes $y \in C_x \subseteq O$ gibt es ein $\varepsilon > 0$ mit $K_\varepsilon^{d_2}(y) \subseteq O$. Da $(K_\varepsilon^{d_2}(y), \tau_{d_2}|K_\varepsilon^{d_2}(y))$ zusammenhängend ist, folgt $K_\varepsilon^{d_2}(y) \subseteq C_x$, also $C_x \in \tau_{d_2}$. Nach 2.3-11.1 (angewendet auf die offene zusammenhängende Menge C_x) erhält man mit (a), daß $(C_x, \tau_{d_2}|C_x)$ wegzusammenhängend ist, also $C_x \subseteq C_x^{\text{weg}}$.

(i) Es sei

$$X := \{\, (x,y) \in \mathbb{R}^2 \mid 0 < x \le \tfrac{1}{\pi},\ y = \sin \tfrac{1}{x} \,\}$$

(vgl. (b)) und

$$Y := \overline{X}^{\tau_{d_2}} = X \cup \{\, (0,y) \mid -1 \le y \le 1 \,\}.$$

$C_{(\frac{1}{\pi},0)}^{\text{weg}} = X$ ist nicht abgeschlossen in $(Y, \tau_{d_2}|Y)$.

Lösung zu A 18

(a) Seien $x, y \in V$, $k \in K$ und $\varepsilon > 0$. Man wähle ein $\delta > 0$ mit $\delta < \varepsilon/2$ und $(\delta + |k|)\delta + \delta|x| < \varepsilon$. Dann gilt

$$K_\delta^{d_{|\,|}}(k) \times K_\delta^{d_N}(x) \in \mathcal{U}_{\tau_{|\,|} \times \tau_N}((k,x)), \qquad K_\delta^{d_N}(x) \times K_\delta^{d_N}(y) \in \mathcal{U}_{\tau_N \times \tau_N}((x,y)),$$

$$K_\delta^{d_{|\,|}}(k) K_\delta^{d_N}(x) \subseteq K_\varepsilon^{d_N}(kx), \qquad K_\delta^{d_N}(x) + K_\delta^{d_N}(y) \subseteq K_\varepsilon^{d_N}(x+y),$$

wie man durch Nachrechnen sofort bestätigt.

(b) Aus der Stetigkeit der Addition a und der Skalarmultiplikation s in V folgt mit 2.4-1, (2.4,8) (e)

$$a\big[\overline{M}^\tau \times \overline{M}^\tau\big] = a\big[\overline{M \times M}^{\tau \times \tau}\big] \subseteq \overline{a[M \times M]}^\tau \subseteq \overline{M}^\tau$$

und ebenso

$$s\big[K \times \overline{M}^\tau\big] = s\big[\overline{K \times M}^{\tau_{|\,|} \times \tau}\big] \subseteq \overline{s[K \times M]}^\tau \subseteq \overline{M}^\tau,$$

$\overline{M}^\tau$ ist daher K-Untervektorraum von V. Für maximale K-Untervektorräume M von V gilt wegen $M \subseteq \overline{M}^\tau$ also $\overline{M}^\tau = M$ oder $\overline{M}^\tau = V$.

Die Addition in $V/_M$ ist $(\tau/_{R_M} \times \tau/_{R_M}, \tau/_{R_M})$-stetig: Seien $v+M, w+M \in V/_M$, $\mathcal{O} \in \mathcal{U}_{\tau/_{R_M}}(v+w+M) \cap \tau/_{R_M}$. Wegen $v+w \in \bigcup \mathcal{O} = \pi_{R_M}^{-1}[\mathcal{O}] \in \tau$ existieren $P \in \mathcal{U}_\tau(v) \cap \tau$, $Q \in \mathcal{U}_\tau(w) \cap \tau$ mit $P+Q \subseteq \bigcup \mathcal{O}$. Es folgt $v+M \in P+\{M\} \in \tau/_{R_M}$, $w+M \in Q+\{M\} \in \tau/_{R_M}$ $[\![\pi_{R_M}^{-1}[P+\{M\}] = P+M = \bigcup\{\, P+m \mid m \in M \,\} \in \tau]\!]$ und $P+\{M\}+Q+\{M\} \subseteq \bigcup \mathcal{O} + \{M\} = \mathcal{O}$.

Die Skalarmultiplikation in $V/_M$ ist $(\tau_{|\,|} \times \tau/_{R_M}, \tau/_{R_M})$-stetig: Es sei $k \in K$, $v+M \in V/_M$ und $\mathcal{O} \in \mathcal{U}_{\tau/_{R_M}}(kv+M) \cap \tau/_{R_M}$. Wegen $kv \in \bigcup \mathcal{O} = \pi_{R_M}^{-1}[\mathcal{O}] \in \tau$ existieren $\varepsilon > 0$ und $P \in \mathcal{U}_\tau(v) \cap \tau$ mit $K_\varepsilon^{d_{|\,|}}(k)P \subseteq \bigcup \mathcal{O}$. Somit ist $v+M \in P+\{M\} \in \tau/_{R_M}$ und $K_\varepsilon^{d_{|\,|}}(k)(P+\{M\}) = K_\varepsilon^{d_{|\,|}}(k)P + \{M\} \subseteq \bigcup \mathcal{O} + \{M\} = \mathcal{O}$.

(c) Mit $(V, \tau_{\|\ \|_S})$ ist auch $(V \times V, \tau_{\|\ \|_S} \times \tau_{\|\ \|_S})$ ein A_1-Raum $[\![$ 2.4-12 $]\!]$. Gem. 2.4-1.3 seien daher $(x_i)_i, (y_i)_i \in V^{\mathbb{N}}$, $x, y \in V$ mit $((x_i, y_i))_i \to_{\tau_{\|\ \|_S} \times \tau_{\|\ \|_S}} (x, y)$. Nach 2.4-8 (b) folgt $(x_i)_i \to_{\tau_{\|\ \|_S}} x$ und $(y_i)_i \to_{\tau_{\|\ \|_S}} y$ und nach 1.2-2 (d) $(S(x_i, y_i))_i \to_{\tau_{|\ |}} S(x, y)$.

Lösung zu A 19

Gem. 1.1, A 14 sind L, M, N Normen auf $V \times W$ mit $L \leq M \leq N$ und $N \leq \sqrt{2}L$, nach 1.2-6 gilt daher

$$\tau_L = \tau_M = \tau_N.$$

Aus $K_\varepsilon^{d_L}((x, y)) = K_\varepsilon^{d_{\|\ \|_V}}(x) \times K_\varepsilon^{d_{\|\ \|_W}}(y)$ für alle $\varepsilon > 0$, $x \in V$, $y \in W$ folgt $\mathcal{U}_{\tau_L}((x, y)) = \mathcal{U}_{\tau_{\|\ \|_V} \times \tau_{\|\ \|_W}}((x, y))$, mit 1.2, A 9 (a) somit $\tau_L = \tau_{\|\ \|_V} \times \tau_{\|\ \|_W}$.

Lösung zu A 20

d ist wegen $0 \leq d_{i,\min} \leq 1$ wohldefiniert, erfüllt (M-2), (M-3) und auch (M-4) $[\![\, d(x, z) = \sum_{i=0}^\infty \frac{1}{2^i} d_{i,\min}(x_i, z_i) \leq \sum_{i=0}^\infty \frac{1}{2^i}\big(d_{i,\min}(x_i, y_i) + d_{i,\min}(y_i, z_i)\big) = \sum_{i=0}^\infty \frac{1}{2^i} d_{i,\min}(x_i, y_i) + \sum_{i=0}^\infty \frac{1}{2^i} d_{i,\min}(y_i, z_i) = d(x, y) + d(y, z)$ für alle x, y, $z \in \prod_{i\in\mathbb{N}} X_i \,]\!]$.

Wenn alle d_i sogar Metriken sind, so sind es auch alle $d_{i,\min}$ $[\![$ 1.1, A 8 $]\!]$, und man erhält für $x, y \in \prod_{i\in\mathbb{N}} X_i$, $x \neq y$, etwa $x_j \neq y_j$,

$$d(x, y) = \sum_{i=0}^\infty \frac{1}{2^i} d_{i,\min}(x_i, y_i) \geq \frac{1}{2^j} d_{j,\min}(x_j, y_j) > 0.$$

d ist somit eine (Pseudo-)Metrik auf $\prod_{i\in I} X_i$. Gem. A 12 (a) gilt $\tau_{d_i} = \tau_{d_{i,\min}}$ für jedes $i \in \mathbb{N}$, also auch $\bigtimes_{i\in\mathbb{N}} \tau_{d_i} = \bigtimes_{i\in\mathbb{N}} \tau_{d_{i,\min}}$. Es ist daher zu zeigen:

$$\tau_d = \bigtimes_{i\in\mathbb{N}} \tau_{d_{i,\min}}.$$

„$\supseteq$" Sei $O \in \bigtimes_{i\in\mathbb{N}} \tau_{d_{i,\min}}$ eine basisoffene Menge, etwa $O = \prod_{i\in\mathbb{N}} O_i$, wobei $O_i \in \tau_{d_{i,\min}}$ für alle $i \in \mathbb{N}$ und $O_i = X_i$ für alle $i \geq i_0$ ist. Für jedes $x \in O$, $i \in \{0, \ldots, i_0\}$ wähle man ein $\varepsilon_i > 0$ mit $K_{\varepsilon_i}^{d_{i,\min}}(x) \subseteq O_i$ und setze $\varepsilon := 2^{-i_0} \min\{\, \varepsilon_i \mid i \in \{0, \ldots, i_0\}\,\}$. Es folgt $K_\varepsilon^d(x) \subseteq O$ $[\![\, y \in K_\varepsilon^d(x) \Longrightarrow d(x, y) = \sum_{i=0}^\infty 2^{-i} d_{i,\min}(x_i, y_i) < \varepsilon \Longrightarrow \forall\, i \in \{0, \ldots, i_0\}\colon\ 2^{-i} d_{i,\min}(x_i, y_i) < \varepsilon$, also $d_{i,\min}(x_i, y_i) < 2^i \varepsilon \leq 2^{i_0} 2^{-i_0} \varepsilon_i \Longrightarrow \forall\, i \in \{0, \ldots, i_0\}\colon\ y_i \in K_{\varepsilon_i}^{d_{i,\min}}(x_i) \subseteq O_i \Longrightarrow y \in O \,]\!]$.

„$\subseteq$" Sei $x \in X$, $\varepsilon > 0$ und $i_0 \in \mathbb{N}$ mit $1/2^{i_0} < \varepsilon/2$. Für alle $i \in \{0, \ldots, i_0\}$ setze man $O_i := K_{\varepsilon/4}^{d_{i,\min}}(x_i)$ und für $i > i_0$ sei $O_i := X_i$. Dann ist $x \in \prod_{i\in\mathbb{N}} O_i \in \bigtimes_{i\in\mathbb{N}} \tau_{d_{i,\min}}$ und $\prod_{i\in\mathbb{N}} O_i \subseteq K_\varepsilon^d(x)$ $[\![\, y \in \prod_{i\in\mathbb{N}} O_i \Longrightarrow d(x, y) = \sum_{i=0}^\infty 2^{-i} d_{i,\min}(x_i, y_i) \leq \sum_{i=0}^{i_0} 2^{-i} d_{i,\min}(x_i, y_i) + \sum_{i=i_0+1}^\infty 2^{-i} < 2\frac{\varepsilon}{4} + 2^{-i_0} < \frac{\varepsilon}{2} + \frac{\varepsilon}{2} = \varepsilon \Longrightarrow y \in K_\varepsilon^d(x) \,]\!]$.

Lösung zu A 21

(a) *(ii) $\Rightarrow$ (i)* Da I endlich ist und alle τ_i diskret sind, gilt für jedes $x \in \prod_{i\in I} X_i$

$$\{x\} = \prod_{i\in I} \{x_i\} \in \bigtimes_{i\in I} \tau_i.$$

Somit ist $\bigtimes_{i\in I}\tau_i$ diskret.

(i) $\Rightarrow$ *(ii)* Für jedes $x\in\prod_{i\in I}X_i$ ist $\{x\}\in\bigtimes_{i\in I}\tau_i$. Da jedes X_i aus mindestens zwei Elementen besteht, muß I wegen $\{x\}=\prod_{i\in I}\{x_i\}$ endlich sein. Sei schließlich $j\in I$ und $x_j\in X_j$. Man wähle ein $y\in\prod_{i\in I}X_i$ mit $y_j=x_j$. Nach (i) ist $\{y\}\in\bigtimes_{i\in I}\tau_i$, und es folgt $\{x_j\}=\pi_j[\{y\}]\in\tau_j$ ⟦ 2.4-7 (b) ⟧.

(b) Die Funktion

$$a:\begin{cases}\prod_{j\in J}(\prod_{i\in I_j}X_i)\longrightarrow\prod_{i\in I}X_i\\ (j\mapsto(i\mapsto x_i))\longmapsto(i\mapsto x_i)\end{cases}$$

ist bijektiv. Die Stetigkeit von a, a^{-1} folgt wie in (2.4,8) (c) aus 2.4-7 (c) mit Hilfe der Stetigkeit der kanonischen Projektionen (für $k\in J,\ r\in I_k$)

$$p_{I_k}:\begin{cases}\prod_{j\in J}(\prod_{i\in I_j}X_i)\longrightarrow\prod_{i\in I_k}X_i\\ (j\mapsto(i\mapsto x_i))\longmapsto(i\mapsto x_i),\end{cases}\qquad \pi_r^{(I_k)}:\begin{cases}\prod_{i\in I_k}X_i\longrightarrow X_r\\ (i\mapsto x_i)\longmapsto x_r,\end{cases}$$

$$q_{I_k}:\begin{cases}\prod_{i\in I}X_i\longrightarrow\prod_{i\in I_k}X_i\\ (i\mapsto x_i)\longmapsto(i\mapsto x_i)\end{cases}$$

⟦ $\pi_r^{(I_k)}\circ q_{I_k}=\pi_r$ für alle $r\in I_k$ ⟧ wegen $\pi_r\circ a=\pi_r^{(I_k)}\circ p_{I_k}$ für $r\in I_k$, $p_{I_k}\circ a^{-1}=q_{I_k}$. Schließlich ist auch

$$b:\begin{cases}\prod_{i\in I}X_i\longrightarrow\prod_{i\in I}X_{\sigma(i)}\\ f\longmapsto f\circ\sigma\end{cases}$$

bijektiv und wegen $\pi_i\circ b^{-1}=\pi_{\sigma^{-1}(i)}$, $\pi_i\circ b=\pi_{\sigma(i)}$ ein Homöomorphismus.

Lösung zu A 22

$(\mathbb{R},\tau_{|\,|})$, $(\mathbb{R}^>,\tau_{|\,|}|\mathbb{R}^>)$ sind gem. 2.3-8 zusammenhängend. Nach 2.4-10 ist der topologische Raum $(\mathbb{R}\times\mathbb{R}^>,\tau_{|\,|}\times(\tau_{|\,|}|\mathbb{R}^>))=((\mathbb{R}\times\mathbb{R}^>),(\tau_{|\,|}\times\tau_{|\,|})|(\mathbb{R}\times\mathbb{R}^>))$ ⟦ 2.4-11 ⟧ zusammenhängend. Wegen $M=\overline{\mathbb{R}\times\mathbb{R}^>}^{\mu}$ und $(\tau_{|\,|}\times\tau_{|\,|})|(\mathbb{R}\times\mathbb{R}^>)=\mu|(\mathbb{R}\times\mathbb{R}^>)$ folgt der Zusammenhang von (M,μ) aus 2.4-4.1.

Lösung zu A 23

(a) Sei $x\in[0,1]$. Für $x=1$ gilt $f_j(x)=f(x^j)=f(1)=0$ für jedes $j\in\mathbb{N}$, also $(f_j(x))_j\to_{\tau_{|\,|}}0$, für $x<1$ ist

$$\lim_{j\to\infty}f_j(x)=\lim_{j\to\infty}f(x^j)=f\Big(\lim_{j\to\infty}x^j\Big)=f(0)=0$$

⟦ f ist stetig ⟧. Insgesamt folgt $(f_j)_j\xrightarrow[\tau_{|\,|}\text{-pktw.}]{}0$.

Sei schließlich $y\in\,]0,1[$, $f(y)\neq0$ und $\varepsilon:=|f(y)|$, $x_j:=y^{1/(j+1)}$, also $|f_{j+1}(x_j)|=|f(y)|=\varepsilon$ für jedes $j\in\mathbb{N}$. Wegen $\sup_{x\in[0,1]}|f_{j+1}(x)|\geq|f(y)|=\varepsilon$ für alle $j\in\mathbb{N}$ gilt $(f_j)_j\not\xrightarrow[d_{|\,|}\text{-glm.}]{}0$.

(b) Sei $0<r<1$ und $\varepsilon>0$. Da f stetig, $f(0)=0$ ist, gibt es ein $\delta>0$ mit

$$\forall\,x\in[0,1]:\ |x|<\delta\Rightarrow|f(x)|<\varepsilon.$$

Man wähle $j_\delta \in \mathbb{N}$ mit $r^{j_\delta} < \delta$. Für jedes $x \in [0,r]$, $j \geq j_\delta$ erhält man $|f_j(x)| = |f(x^j)| < \varepsilon$, also

$$\sup_{x \in [0,r]} |f_j(x)| \leq \varepsilon,$$

woraus $(f_j \upharpoonright [0,r])_j \xrightarrow[d_{|\ |}\text{-glm.}]{} 0$ folgt.

Lösung zu A 24

Die Funktion

$$g : \begin{cases} [0,1[\times [0,1[\longrightarrow \mathbb{R}^2/_R \\ (\xi,\eta) \longmapsto (\xi,\eta)/_R = (\xi + \mathbb{Z}) \times (\eta + \mathbb{Z}) \end{cases}$$

ist bijektiv $[\![\, \pi_R((x,y)) \cap ([0,1[\times [0,1[) = \{(x-[x], y-[y])\} \,]\!]$, die Quotiententopologie $\tau_{d_2}/_R$ werde mit Hilfe von g auf $[0,1[\times [0,1[$ übertragen (Abb. L-7):

$$O \in \sigma_g \quad :\text{gdw} \quad g[O] \in \tau_{d_2}/_R.$$

$(\mathbb{R}^2/_R, \tau_{d_2}/_R)$ ist somit (per definitionem) homöomorph zu $([0,1[\times [0,1[, \sigma_g)$.

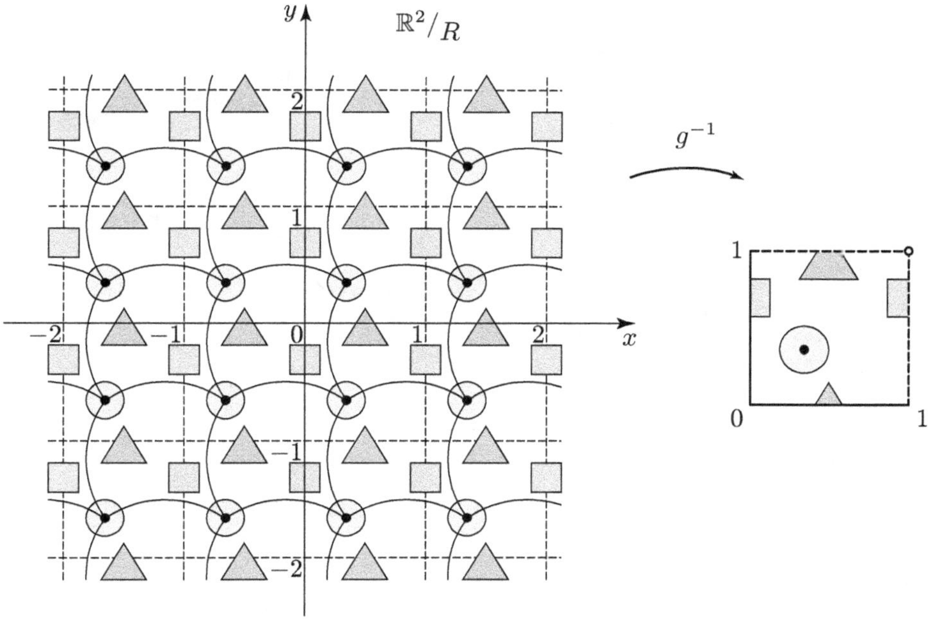

Abbildung L-7

Wegen $([0,1[, \sigma_f) \underset{\text{top. } h}{\cong} (S^1, \tau_{d_2}|S^1)$ mit h aus (2.4,11) (a) gilt auch

$$([0,1[\times [0,1[, \sigma_g) \underset{\text{top.}}{\cong} (S^1 \times S^1, \tau_{d_2}|S^1 \times \tau_{d_2}|S^1)$$

$[\![\, (\xi,\eta) \mapsto \big((\cos 2\pi\xi, \sin 2\pi\xi), (\cos 2\pi\eta, \sin 2\pi\eta)\big)$ ist ein Homöomorphismus. $]\!]$. Im $(\mathbb{R}^3, \tau_{d_2})$ kann $\big(\mathbb{R}^2/_R, \tau_{d_2}/_R\big)$ durch den Torus T^2 dargestellt werden (Abb. L-8: „Verheften" der gestrichelten mit der gegenüberliegenden durchgezogenen Kante in $[0,1[\, \times [0,1[$!).

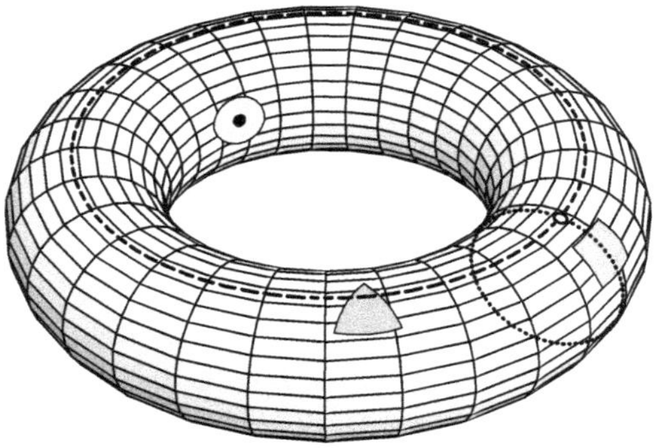

Abbildung L-8

Lösung zu A 25

Siehe Abb. L-9.

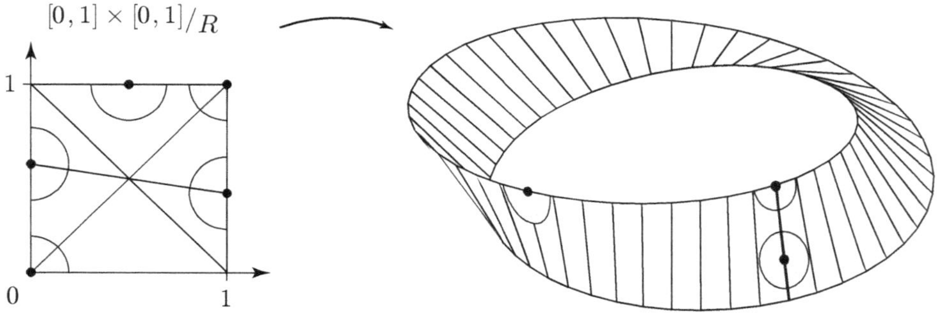

Abbildung L-9

Lösung zu A 26

Für alle $x \in X,\ \varepsilon > 0$ gilt

$$K_\varepsilon^d(x) = \pi_R^{-1}\big[K_\varepsilon^{d_R}\big(x/_R\big)\big] \quad \text{und} \quad \pi_R[K_\varepsilon^d(x)] = K_\varepsilon^{d_R}\big(x/_R\big),$$

denn:

$$\begin{aligned} \forall\, y \in X\colon\ \varepsilon > d(y,x) = d_R\big(y/_R, x/_R\big) \quad &\iff \quad y/_R \in K_\varepsilon^{d_R}\big(x/_R\big) \\ &\iff \quad y \in \pi_R^{-1}\big[K_\varepsilon^{d_R}\big(x/_R\big)\big]. \end{aligned}$$

Die kanonische Projektion π_R ist daher stetig (bzgl. τ_d, τ_{d_R}), also gilt $\tau_d/_R \supseteq \tau_{d_R}$. Umgekehrt sei $O \in \mathcal{U}_{\tau_d/_R}\big(x/_R\big) \cap \tau_d/_R$, also $x \in \pi_R^{-1}[O] \in \tau_d$. Dann gibt es ein $\varepsilon > 0$ mit

$K_\varepsilon^d(x) \subseteq \pi_R^{-1}[O]$, also gilt wegen $K_\varepsilon^{d_R}(x/_R) = \pi_R[K_\varepsilon^d(x)] \subseteq \pi_R[\pi_R^{-1}[O]] = O$ auch $\tau_{d_R} \supseteq \tau_d/_R$.

Lösung zu A 27

(a) $\tau_{N_W} \subseteq \tau_N/_{R_W}$: Die kanonische Projektion π_{R_W} ist stetig (bzgl. (τ_N, τ_{N_W})): Für jedes $x \in V,\ \varepsilon > 0$ ist

$$\begin{aligned} K_\varepsilon^{d_{N_W}}(x/_{R_W}) &= K_\varepsilon^{d_{N_W}}(x+W) \\ &= \{\, y+W \mid y \in V,\ N_W(y-x+W) < \varepsilon \,\} \\ &= \{\, y+W \mid y \in V,\ \exists\, w \in W:\ N(y-x+w) < \varepsilon \,\} \\ &= \{\, y+W \mid y \in \bigcup\{\, K_\varepsilon^{d_N}(x-w) \mid w \in W \,\}\,\}, \end{aligned}$$

also

$$\pi_{R_W}^{-1}[K_\varepsilon^{d_{N_W}}(x+W)] = W + \bigcup\{\, K_\varepsilon^{d_N}(x-w) \mid w \in W \,\} \in \tau_N$$

⟦ 1.2, A 17 (a) ⟧.

$\tau_{N_W} \supseteq \tau_N/_{R_W}$: Sei $O \in \tau_N/_{R_W}$, $x + W \in O$, also $x + W \subseteq \pi_{R_W}^{-1}[O] = \bigcup O$. Es folgt $x \in \bigcup O \in \tau_N$, etwa $K_\varepsilon^{d_N}(x) \subseteq \bigcup O$ für ein $\varepsilon > 0$. Hiermit erhält man $K_\varepsilon^{d_{N_W}}(x+W) \subseteq O$ (also $O \in \tau_{N_W}$):

Sei $z+W \in K_\varepsilon^{d_{N_W}}(x+W)$, d. h. $N_W(x-z+W) = \inf\{\, N(x-z+w) \mid w \in W \,\} < \varepsilon$. Es gibt somit ein $w \in W$ mit $N(x-z+w) < \varepsilon$, d. h. $z - w \in K_\varepsilon^{d_N}(x) \subseteq \bigcup O$, woraus $z + W \in O$ folgt.

(b) „$\Leftarrow$" S. 1.2, A 17 (c).

„$\Rightarrow$" N_W ist stetig (bzgl. $(\tau_{N_W}, \tau_{|\,|})$) ⟦ A 13 ⟧ und somit

$$\{W\} = \{\, x+W \mid x \in V,\ N_W(x+W) = 0 \,\} = N_W^{-1}[\{0\}] \in \alpha_{\tau_{N_W}}$$

⟦ N_W Norm ⟧. Es folgt $W = \pi_{R_W}^{-1}[\{W\}] \in \alpha_{\tau_N}$ ⟦ $\tau_{N_W} = \tau_N/_{R_W}$ gem. (a) ⟧.

Lösung zu A 28

(a) f unterhalbstetig in x $\iff$ $\forall\, \varepsilon > 0\ \exists\, U \in \mathcal{U}_\tau(x):\ f[U] \subseteq\ ]f(x)-\varepsilon, \infty[$
$\iff$ f stetig in x (bzgl. (τ, σ))

(b) Sei $\varepsilon > 0$. Für jedes $y \in U$ gilt $f(y) \geq f(x) > f(x) - \varepsilon$, also $f[U] \subseteq\ ]f(x)-\varepsilon, \infty[$.
In x unterhalbstetige Funktionen haben nicht notwendig in x ein relatives Minimum: $\mathrm{id}_{\mathbb{R}}$ ist stetig (bzgl. $(\tau_{|\,|}, \sigma)$), hat jedoch keine relative Minimumstelle.

(c) Sei $\varepsilon > 0,\ U, V \in \mathcal{U}_\tau(x)$ mit $f[U] \subseteq\ ]f(x)-\varepsilon, \infty[,\ g[V] \subseteq\ ]g(x)-\varepsilon, \infty[$. Dann ist $U \cap V \in \mathcal{U}_\tau(x)$ und $(f \wedge g)[U \cap V] \subseteq\ ](f \wedge g)(x) - \varepsilon, \infty[$.

(d) Sei $\varepsilon > 0$. Für $f(x) = 0$ oder $g(x) = 0$, also $fg(x) = 0$, gilt $fg[X] \subseteq\ ]-\varepsilon, \infty[\ =\ ]fg(x)-\varepsilon, \infty[$. Es sei daher $f(x) > 0,\ g(x) > 0$. Man wähle $0 < \delta < \min\{f(x), g(x)\}$ mit $\delta(f(x) + g(x) - \delta) < \varepsilon$ ⟦ Stetigkeit der Multiplikation und Subtraktion in $(\mathbb{R}, \tau_{|\,|})$! ⟧

und weiter $U, V \in \mathcal{U}_\tau(0)$ mit $f[U] \subseteq \,]f(x) - \delta, \infty[$, $g[V] \subseteq \,]g(x) - \delta, \infty[$. Hieraus folgt $U \cap V \in \mathcal{U}_\tau(x)$ und

$$\begin{aligned} fg[U \cap V] &\subseteq \,](f(x) - \delta)(g(x) - \delta), \infty[\,=\,]fg(x) - \delta(f(x) + g(x) - \delta), \infty[\\ &\subseteq \,]fg(x) - \varepsilon, \infty[. \end{aligned}$$

Lösung zu A 29

Für jedes $x \in J$ ist $f(x) = \sum_{j=0}^{\infty} f_j(x) = \sup\{ \sum_{j=0}^{n} f_j(x) \mid n \in \mathbb{N} \}$, gem. 2.4-14 folgt die Unterhalbstetigkeit von f. Die analoge Aussage für Oberhalbstetigkeit gilt *nicht*:

Sei $J := \mathbb{R}$ und für jedes $n \in \mathbb{N}$

$$a_n := \begin{cases} 0 & \text{für } n = 0 \\ \frac{1}{2^{n+2}} + \sum_{j=0}^{n-1} \frac{1}{2^{j+1}} & \text{für } n \geq 1, \end{cases} \qquad b_n := \sum_{j=0}^{n} \frac{1}{2^{j+1}}$$

und $A_n := [a_n, b_n]$. Nach (2.4,2) ist $\chi_{[a_n, b_n]}$ oberhalbstetig für jedes $n \in \mathbb{N}$. Die A_n sind paarweise disjunkt $[\![n < m \Longrightarrow b_n = \sum_{j=0}^{n} \frac{1}{2^{j+1}} < \frac{1}{2^{m+2}} + \sum_{j=0}^{m-1} \frac{1}{2^{j+1}} = a_m]\!]$, also gilt $\sum_{n=0}^{\infty} \chi_{A_n} = \chi_{\bigcup_{n \in \mathbb{N}} A_n}$. Wegen $\bigcup_{n \in \mathbb{N}} A_n \notin \alpha_{\tau_{|\,|}}$ $[\![1 \in \overline{\bigcup_{n \in \mathbb{N}} A_n}^{\tau_{|\,|}} \setminus \bigcup_{n \in \mathbb{N}} A_n]\!]$ ist $\chi_{\bigcup_{n \in \mathbb{N}} A_n}$ gem. (2.4,2) nicht oberhalbstetig.

Lösung zu A 30

(a) $\inf_X f \leq \inf_{y \in K_\varepsilon^d(x)} f(y) \leq f(x) \leq \sup_{y \in K_\varepsilon^d(x)} f(y) \leq \sup_X f$ für jedes $\varepsilon > 0$ ergibt

$$\inf_X f \leq \sup_{\varepsilon > 0} \inf_{y \in K_\varepsilon^d(x)} f(y) \leq f(x) \leq \inf_{\varepsilon > 0} \sup_{y \in K_\varepsilon^d(x)} f(y) \leq \sup_X f.$$

(b) Für alle $\varepsilon > 0$ ergeben

$$\sup_{y \in K_\varepsilon^d(x)} f(y) \leq \sup_{y \in K_\varepsilon^d(x)} g(y) \quad \text{und} \quad \inf_{y \in K_\varepsilon^d(x)} f(y) \leq \inf_{y \in K_\varepsilon^d(x)} g(y)$$

die beiden Ungleichungen.

(c)

$$\sup_{y \in K_\varepsilon^d(x)} (f(y) + g(y)) \leq \sup_{y \in K_\kappa^d(x)} f(y) + \sup_{y \in K_\lambda^d(x)} g(y)$$

und

$$\inf_{y \in K_\varepsilon^d(x)} (f(y) + g(y)) \geq \inf_{y \in K_\kappa^d(x)} f(y) + \inf_{y \in K_\lambda^d(x)} g(y)$$

gelten für alle $\kappa, \lambda \geq \varepsilon > 0$. Es folgt:

$$\inf_{\varepsilon > 0} \Big(\sup_{y \in K_\varepsilon^d(x)} (f(y) + g(y)) \Big) \leq \sup_{y \in K_\kappa^d(x)} f(y) + \sup_{y \in K_\lambda^d(x)} g(y)$$

für alle $\kappa, \lambda > 0$, also

$$\inf_{\varepsilon > 0} \Big(\sup_{y \in K_\varepsilon^d(x)} (f(y) + g(y)) \Big) \leq \inf_{\kappa > 0} \sup_{y \in K_\kappa^d(x)} f(y) + \inf_{\lambda > 0} \sup_{y \in K_\lambda^d(x)} g(y)$$

und analog

$$\sup_{\varepsilon>0}\Big(\inf_{y\in K^d_\varepsilon(x)}(f(y)+g(y))\Big) \geq \sup_{\kappa>0}\inf_{y\in K^d_\kappa(x)} f(y) + \sup_{\lambda>0}\inf_{y\in K^d_\lambda(x)} g(y).$$

(d) *(i) ⇒ (ii)* Sei $\varepsilon > 0$. Man wähle $\delta > 0$ mit $f[K^d_\delta(x)] \subseteq \,]f(x)-\varepsilon,\infty[$, also $f(x)-\varepsilon \leq \inf_{y\in K^d_\delta(x)} f(y) \leq \liminf_{y\to x} f(y)$ ⟦(a)⟧. Es folgt

$$f(x) \leq \liminf_{y\to x} f(y).$$

(ii) ⇒ (i) Sei $\varepsilon > 0$ und gem. (ii) $\delta > 0$ gewählt mit

$$f(x)-\varepsilon \leq \inf_{y\in K^d_\delta(x)} f(y),$$

also $f[K^d_\delta(x)] \subseteq \,]f(x)-\varepsilon,\infty[$.

Lösung zu A 31

Für $C=\emptyset$ ist nichts zu beweisen. Sei $c_0 \in C$ und für jedes $c \in C$

$$S_{c_0}(c) := \{\, rc_0 + (1-r)c \mid r \in [0,1]\,\}$$

die Strecke von c nach c_0. Da

$$\begin{cases} [0,1] \longrightarrow V \\ r \longmapsto rc_0 + (1-r)c \end{cases}$$

stetig (bzgl. $(\tau_{|\,|}|[0,1],\tau)$) ist ⟦A 18 (a) in Verbindung mit 2.4-1.2⟧, muß $\big(S_{c_0}(c),\tau|S_{c_0}(c)\big)$ zusammenhängend sein ⟦2.3-8, 2.4-4.2⟧. Wegen $c_0 \in \bigcap_{c\in C} S_{c_0}(c)$, $C = \bigcup_{c\in C} S_{c_0}(c)$ ⟦$S_{c_0}(c) \subseteq C$, da C konvex⟧ folgt aus 2.3-9 der Zusammenhang von $(C,\tau|C)$.

$(C,\tau|C)$ ist gem. obiger Konstruktion sogar wegzusammenhängend.

Lösung zu A 32

(ii) ⇒ (i) Es seien $x, y \in C$, $r \in [0,1]$. Gem. (ii) gilt $rx+(1-r)y \in (r+(1-r))C = C$, C ist somit konvex.

(i) ⇒ (ii) Es seien $r, s \in \mathbb{R}^+$. Wegen $(r+s)C \subseteq rC+sC$ ist nur $(r+s)C \supseteq rC+sC$ nachzuweisen:

Für $r=s=0$ ist die Ungleichung richtig, es darf somit $r \neq 0$ oder $s \neq 0$ angenommen werden. Hierfür erhält man mit $\varrho := r/(r+s) \in [0,1]$ nach Voraussetzung $\varrho C + (1-\varrho)C \subseteq C$, wegen $1-\varrho = s/(r+s)$ also $\frac{r}{r+s}C + \frac{s}{r+s}C \subseteq C$, d. h. $rC+sC \subseteq (r+s)C$.

Lösung zu A 33

Für jede Teilmenge C von V gilt natürlich $\overline{C^{\circ_{\tau_N}}}^{\tau_N} \subseteq \overline{C}^{\tau_N}$ und $\big(\overline{C}^{\tau_N}\big)^{\circ_{\tau_N}} \supseteq C^{\circ_{\tau_N}}$.

(a) Sei $c_0 \in C^{\circ_{\tau_N}}$ ⟦existiert nach Voraussetzung⟧ und $c \in \overline{C}^{\tau_N}$. Nach 2.4-18 (a) gilt $rc_0+(1-r)c \in C^{\circ_{\tau_N}}$ für jedes $r \in \,]0,1]$, speziell somit $\frac{1}{n+1}c_0 + \big(1-\frac{1}{n+1}\big)c \in C^{\circ_{\tau_N}}$ für alle $n \in \mathbb{N}$. Wegen $\big(\frac{1}{n+1}c_0 + \big(1-\frac{1}{n+1}\big)c\big)_n \to_{\tau_N} c$ ⟦1.2-2 (b), (c)⟧ gehört c zu $\overline{C^{\circ_{\tau_N}}}^{\tau_N}$

⟦ 2.1-3 (b) ⟧. In topologischen K-Vektorräumen gilt die Gleichung ebenfalls ⟦ Anmerkung an 2.4-18 ⟧.

(b) Sei $c_0 \in \left(\overline{C}^{\tau_N}\right)^{\circ\tau_N}$, etwa $\varepsilon > 0$ mit $K_\varepsilon^{d_N}(c_0) \subseteq \overline{C}^{\tau_N} = \overline{C^{\circ\tau_N}}^{\tau_N}$ ⟦ (a) ⟧. Man wähle ein $c_1 \in K_\varepsilon^{d_N}(c_0) \cap C^{\circ\tau_N}$ ⟦ c_0 Berührpunkt von $C^{\circ\tau_N}$! ⟧. Es ist $2c_0 - c_1 \in K_\varepsilon^{d_N}(c_0) \subseteq \overline{C}^{\tau_N}$ ⟦ $N(2c_0 - c_1 - c_0) = N(c_0 - c_1) < \varepsilon$ ⟧ und mit 2.4-18 (a) folgt

$$c_0 = \tfrac{1}{2}c_1 + \tfrac{1}{2}(2c_0 - c_1) \in C^{\circ\tau_N}.$$

Ohne die Voraussetzung „$C^{\circ\tau_N} \neq \emptyset$" ist die Gleichung in (a) i. a. nicht richtig: Man betrachte $(\mathbb{R}^2, \|\ \|_2)$, $a, b \in \mathbb{R}$, $a < b$, $C := [a,b] \times \{0\}$. C ist konvex, $C^{\circ\tau_{\|\ \|_2}} = \emptyset$, also gilt $\overline{C^{\circ\tau_{\|\ \|_2}}}^{\tau_{\|\ \|_2}} = \emptyset \subsetneqq C = \overline{C}^{\tau_{\|\ \|_2}}$.

Lösung zu A 34

(a) folgt mit (2.4,14) (d).

(b) $\overline{T}^{\text{konv}}$ ist konvex ⟦ (a) ⟧, also gilt wegen $\overline{T}^{\text{konv}} \supseteq T$ gem. 2.4-17

$$\overline{T}^{\text{konv}} \supseteq \left\{ \sum_{j=1}^m r_j x_j \;\middle|\; m \in \mathbb{N}\backslash\{0\},\ (r_1, \ldots, r_m) \in (\mathbb{R}^>)^m, \right.$$
$$\left. \sum_{j=1}^m r_j = 1,\ (x_1, \ldots, x_m) \in T^m \right\}.$$

Umgekehrt ist nur zu zeigen, daß die Menge

$$\left\{ \sum_{j=1}^m r_j x_j \;\middle|\; m \in \mathbb{N}\backslash\{0\},\ (r_1, \ldots, r_m) \in (\mathbb{R}^>)^m,\ \sum_{j=1}^m r_j = 1,\ (x_1, \ldots, x_m) \in T^m \right\}$$

T enthält ⟦ für $t \in T$ gilt $t = \frac{1}{2}t + \frac{1}{2}t$ ⟧ und konvex ist:

Für jedes $\varrho \in\,]0,1[$, $(x_1, \ldots, x_m) \in T^m$, $(y_1, \ldots, y_k) \in T^k$, $(r_1, \ldots, r_m) \in (\mathbb{R}^>)^m$, $(s_1, \ldots, s_k) \in (\mathbb{R}^>)^k$ mit $\sum_{j=1}^m r_j = 1 = \sum_{i=1}^k s_i$ erhält man

$$\varrho \sum_{j=1}^m r_j x_j + (1-\varrho) \sum_{i=1}^k s_i y_i = \sum_{j=1}^m \varrho r_j x_j + \sum_{i=1}^k (1-\varrho) s_i y_i,$$

wobei $\varrho r_j, (1-\varrho)s_i \in \mathbb{R}^>$ für alle $j \in \{1, \ldots, m\}$, $i \in \{1, \ldots, k\}$ gilt und

$$\sum_{j=1}^m \varrho r_j + \sum_{i=1}^k (1-\varrho) s_i = \varrho + (1-\varrho) = 1.$$

(c) Nach 2.4-17 ist

$$\overline{\bigcup_{j=1}^n C_j}^{\text{konv}} \supseteq$$
$$\left\{ \sum_{j=1}^n r_j x_j \;\middle|\; (r_1, \ldots, r_n) \in (\mathbb{R}^+)^n,\ \sum_{j=1}^n r_j = 1,\ (x_1, \ldots, x_n) \in \prod_{j=1}^n C_j \right\}.$$

Zum Beweis der Umkehrung muß wegen

$$\forall\, i \in \{1,\ldots,n\}:$$
$$C_i \subseteq \left\{ \sum_{j=1}^{n} r_j x_j \;\middle|\; (r_1,\ldots,r_n) \in (\mathbb{R}^+)^n,\ \sum_{j=1}^{n} r_j = 1,\ (x_1,\ldots,x_n) \in \prod_{j=1}^{n} C_j \right\}$$

nur die Konvexität dieser alle C_i umfassenden Menge gezeigt werden: Für alle $\varrho \in [0,1]$, $(x_1,\ldots,x_n),\ (y_1,\ldots,y_n) \in \prod_{j=1}^n C_j,\ (r_1,\ldots,r_n),\ (s_1,\ldots,s_n) \in (\mathbb{R}^+)^n$ mit $\sum_{j=1}^n r_j = \sum_{j=1}^n s_j = 1$ erhält man

$$\varrho \sum_{j=1}^{n} r_j x_j + (1-\varrho) \sum_{j=1}^{n} s_j y_j = \sum_{j=1}^{n} (\varrho r_j x_j + (1-\varrho) s_j y_j),$$

wobei für diejenigen $j \in \{1,\ldots,n\}$ mit $\varrho r_j + (1-\varrho)s_j \neq 0$ wegen der Konvexität von C_j die Konvexkombination $\left(\frac{\varrho r_j}{\varrho r_j+(1-\varrho)s_j} x_j + \frac{(1-\varrho)s_j}{\varrho r_j+(1-\varrho)s_j} y_j\right)$ zu C_j gehört. Die behauptete Konvexität folgt nun aus

$$\varrho r_j x_j + (1-\varrho) s_j y_j = (\varrho r_j + (1-\varrho)s_j)\left(\frac{\varrho r_j}{\varrho r_j + (1-\varrho)s_j} x_j + \frac{(1-\varrho)s_j}{\varrho r_j + (1-\varrho)s_j} y_j\right)$$

wegen $\sum_{j=1}^n (\varrho r_j + (1-\varrho)s_j) = \varrho + (1-\varrho) = 1$.

Lösung zu A 35

Nach A 34 (a) ist noch

$$\overline{T}^{\text{konv}} \subseteq \left\{ \sum_{j=1}^{n+1} r_j x_j \;\middle|\; (x_1,\ldots,x_{n+1}) \in T^{n+1},\ (r_1,\ldots,r_{n+1}) \in (\mathbb{R}^+)^{n+1},\ \sum_{j=1}^{n+1} r_j = 1 \right\}$$

zu beweisen:

Sei $x \in \overline{T}^{\text{konv}}$, o. B. d. A. gem. A 34 (b) $x = \sum_{j=1}^m r_j x_j$ mit $m > n+1$, $(x_1,\ldots,x_m) \in T^m$, $(r_1,\ldots,r_m) \in (\mathbb{R}^>)^m$, $\sum_{j=1}^m r_j = 1$. Da $x_1 - x_m, \ldots, x_{m-1} - x_m$ voneinander $\mathbb{R}$-linear abhängig sind, gibt es ein $(s_1,\ldots,s_{m-1}) \in \mathbb{R}^{m-1}\backslash\{0\}$ mit $\sum_{j=1}^{m-1} s_j(x_j - x_m) = 0$, wobei wenigstens ein $s_j > 0$ ist. Mit $s_m := -\sum_{j=1}^{m-1} s_j$ ist $\sum_{j=1}^m s_j = 0$ und $\sum_{j=1}^m s_j x_j = 0$. Man wähle $j_0 \in \{1,\ldots,m\}$, so daß

$$\frac{r_{j_0}}{s_{j_0}} = \min\left\{ \frac{r_j}{s_j} \;\middle|\; j \in \{1,\ldots,m\},\ s_j > 0 \right\}$$

gilt. Dann folgt

$$x = \sum_{j=1}^{m} r_j x_j = \sum_{j=1}^{m} r_j x_j - \frac{r_{j_0}}{s_{j_0}} \sum_{j=1}^{m} s_j x_j = \sum_{\substack{j=1\\ j\neq j_0}}^{m} \left(r_j - \frac{r_{j_0}}{s_{j_0}} s_j\right) x_j,$$

wobei $r_j - \frac{r_{j_0}}{s_{j_0}} s_j \in \mathbb{R}^+$ für jedes $j \in \{1,\ldots,m\}\backslash\{j_0\}$ und

$$\sum_{\substack{j=1\\ j\neq j_0}}^{m} \left(r_j - \frac{r_{j_0}}{s_{j_0}} s_j\right) = \sum_{j=1}^{m} \left(r_j - \frac{r_{j_0}}{s_{j_0}} s_j\right) = \sum_{j=1}^{m} r_j - \frac{r_{j_0}}{s_{j_0}} \sum_{j=1}^{m} s_j = 1$$

ist. x ist somit auch Konvexkombination aus $m-1$ Punkten. Durch Wiederholung obiger Konstruktion erhält man nach $m-(n+1)$ Schritten die Behauptung.

Lösung zu A 36

(a) Für alle $x, y \in V,\ r \in\ ]0,1[$ gilt:

$$\begin{aligned} &r\varphi^2(x) + (1-r)\varphi^2(y) - \varphi^2(rx + (1-r)y) \\ &\quad = r\varphi^2(x) + (1-r)\varphi^2(y) - (r\varphi(x) + (1-r)\varphi(y))^2 \qquad [\![\, \varphi\ \mathbb{R}\text{-linear} \,]\!] \\ &\quad = \varphi^2(x)(r - r^2) + \varphi^2(y)(1 - r - (1-r)^2) - 2r(1-r)\varphi(x)\varphi(y) \\ &\quad = r(1-r)(\varphi(x) - \varphi(y))^2 \geq 0. \end{aligned}$$

(b) Für alle $x, y \in C,\ r \in\ ]0,1[$ gilt:

$$\begin{aligned} (af + bg)(rx + (1-r)y) &= af(rx + (1-r)y) + bg(rx + (1-r)y) \\ &\leq arf(x) + a(1-r)f(y) + brg(x) + b(1-r)g(y) \\ &\quad [\![\, f, g \text{ konvex}, a, b \geq 0 \,]\!] \\ &= r(af + bg)(x) + (1-r)(af + bg)(y) \end{aligned}$$

und

$$\begin{aligned} f \vee g(rx + (1-r)y) &= f(rx + (1-r)y) && \text{(o. B. d. A.)} \\ &\leq rf(x) + (1-r)f(y) && [\![\, f \text{ konvex} \,]\!] \\ &\leq r(f \vee g)(x) + (1-r)(f \vee g)(y). \end{aligned}$$

Lösung zu A 37

Es seien $O, P \in (\tau \times \sigma)|((X \times Y)\backslash(S \times T)),\ O \cap P = \emptyset,\ O \neq \emptyset$ und

$$O \cup P = (X \times Y)\backslash(S \times T) = \bigcup_{x \in X\backslash S} (\{x\} \times Y) \cup \bigcup_{y \in Y\backslash T} (X \times \{y\}).$$

Da $(\{x\} \times Y, (\tau \times \sigma)|(\{x\} \times Y))$ und $(X \times \{y\}, (\tau \times \sigma)|(X \times \{y\}))$ zusammenhängend sind $[\![\, 2.4\text{-}10 \,]\!]$, muß für jedes $x \in X, y \in Y$

$$\begin{aligned} \{x\} \times Y \subseteq O \quad &\text{oder} \quad \{x\} \times Y \subseteq P, \\ X \times \{y\} \subseteq O \quad &\text{oder} \quad X \times \{y\} \subseteq P \end{aligned}$$

gelten. Da $O \neq \emptyset$ ist, existiert (o. B. d. A.) ein $x \in X\backslash S$ mit $\{x\} \times Y \subseteq O$. Für jedes $y \in Y\backslash T$ ist dann $X \times \{y\} \subseteq O$ $[\![$ Sonst wäre $O \cap P \neq \emptyset$! $]\!]$. Mit demselben Argument folgt hieraus $\{x\} \times Y \subseteq O$ für alle $x \in X\backslash S$, insgesamt also $(X \times Y)\backslash(S \times T) \subseteq O,\ P = \emptyset$.

Lösung zu A 38

Es seien $O, P \in \varrho,\ O \cap P = \emptyset,\ O \neq \emptyset$ und

$$O \cup P = Z = \bigcup_{x \in X} f_{x\cdot}[Y] = \bigcup_{y \in Y} f_{\cdot y}[X].$$

Da $(f_{x\cdot}[Y], \varrho|f_{x\cdot}[Y])$ und $(f_{\cdot y}[X], \varrho|f_{\cdot y}[X])$ zusammenhängend sind ⟦ 2.4-4.2 ⟧, muß für jedes $x \in X,\ y \in Y$

$$f_{x\cdot}[Y] \subseteq O \quad \text{oder} \quad f_{x\cdot}[Y] \subseteq P,$$
$$f_{\cdot y}[X] \subseteq O \quad \text{oder} \quad f_{\cdot y}[X] \subseteq P$$

gelten. Da $O \neq \emptyset$ ist, existiert (o. B. d. A.) ein $x \in X$ mit $f_{x\cdot}[Y] \subseteq O$. Für jedes $y \in Y$ ist dann $f_{\cdot y}[X] \subseteq O$ ⟦ Sonst wäre $O \cap P \neq \emptyset$! ⟧. Mit demselben Argument folgt hieraus $f_{x\cdot}[Y] \subseteq O$ für alle $x \in X$, insgesamt also $Z \subseteq O,\ P = \emptyset$.

Lösung zu A 39

Gem. 2.1-3.1 sei f ein Netz (Folge reicht auch!) in $C_{\mathrm{b}}(X,Y)$, $\varphi \in B(X,Y)$ mit $f \rightarrow_{\tau_{d_\infty}} \varphi$, d. h. $f \xrightarrow[d\text{-glm.}]{} \varphi$ nach (2.4,7) (a). Mit 2.4-6 erhält man $\varphi \in C(X,Y)$, also $\varphi \in C_{\mathrm{b}}(X,Y)$.

Daraus folgt $\overline{C_{\mathrm{b}}(X,Y)}^{\tau_{d_\infty}} = C_{\mathrm{b}}(X,Y)$ ⟦ 2.1-3.1 ⟧.

Lösung zu A 40

Für $S = \emptyset$ ist auch $\Delta_S = \emptyset$, und damit liegt die behauptete Homöomorphie vor.

Sei $S \neq \emptyset$. Die Funktion $\eta : S \longrightarrow \Delta_S$, definiert durch $\eta(s)(j) := s$ für jedes $s \in S$, $j \in \mathbb{N}$, ist ein Homöomorphismus: η ist bijektiv ⟦ $s \neq s' \Longrightarrow \eta(s)(j) = s \neq s' = \eta(s')(j)$ (sogar für jedes $j \in \mathbb{N}$), also $\eta(s) \neq \eta(s')$. Für $f \in \Delta_S$ gilt $\eta(f(0)) = f$. ⟧, $(\tau|S, (\bigtimes_{j\in\mathbb{N}} \tau|S_j)|\Delta_S)$-stetig ⟦ $\forall\ j \in \mathbb{N}$: $\pi_j \circ \eta = \mathrm{id}_S$ $(\tau|S, \tau|S_j)$-stetig, 2.4-7 (c) ⟧ und $(\tau|S, (\bigtimes_{j\in\mathbb{N}} \tau|S_j)|\Delta_S)$-offen ⟦ $\forall\ P \in \tau|S$: $\eta[P] = \pi_0^{-1}[P] \cap \Delta_S \in (\bigtimes_{j\in\mathbb{N}} \tau|S_j)|\Delta_S$, denn $\pi_0 \circ \eta(s) = s$ für jedes $s \in S$ ⟧.

Lösung zu A 41

Sei $f \not\geq g$, etwa $x \in X$ mit $f(x) < g(x)$, d. h. $(f-g)(x) < 0$. Wegen $f - g \in C_{\mathbb{R}}(X)$ ⟦ A 2 ⟧ gibt es eine Umgebung $U \in \mathcal{U}_\tau(x)$, für die $(f-g)[U] \subseteq\ ]-\infty, 0[$ gilt. Man wähle ein $y \in D \cap U$ und erhält $(f-g)(y) < 0$, d. h. $f(y) < g(y)$. Also gilt $f{\restriction}D \not\geq g{\restriction}D$.

Lösung zu A 42

Die Funktion Im ist $\mathbb{R}$-linear und $(\tau_{\|\ \|}, \tau_{\|\ \|})$-stetig, nach A 14 somit sogar L-stetig (bzgl. $(d_{\|\ \|}, d_{\|\ \|})$), d. h.

$$\exists\ L > 0\ \forall\ x \in V:\ \|\mathrm{Im}(x)\| \leq L\|x\|.$$

Es folgt

$$\begin{aligned} \|x\| \leq \|x\|_{\mathbb{C}} &\leq \|x\| + \|ix\| \qquad [\![\text{ vgl. 1.1, Lösung zu A 12 }]\!] \\ &\leq \|x\| + L\|x\| = (L+1)\|x\|. \end{aligned}$$

Nach 1.2-6.1 folgt die topologische Äquivalenz von $\|\ \|$, $\|\ \|_{\mathbb{C}}$.

Lösung zu A 43

Für jedes $f \in C_{\mathbb{R}}([0,1])$ ist $F(f) : [0,1] \longrightarrow \mathbb{R}$ stetig:

Für alle $x, x' \in [0,1]$, $|x - x'| < \varepsilon$ gilt

$$|F(f)(x) - F(f)(x')| = \left|\int_0^x f(t)\,\mathrm{d}t - \int_0^{x'} f(t)\,\mathrm{d}t\right| = \left|\int_x^{x'} f(t)\,\mathrm{d}t\right|$$
$$\leq \int_{\min\{x,x'\}}^{\max\{x,x'\}} |f(t)|\,\mathrm{d}t \leq \|f\|_\infty |x - x'| \leq \|f\|_\infty \varepsilon.$$

F ist somit wohldefiniert. Die gleichmäßige Stetigkeit von F folgt aus

$$\|F(f) - F(g)\|_\infty = \sup_{x\in[0,1]} |F(f)(x) - F(g)(x)| = \sup_{x\in[0,1]} \left|\int_0^x (f(t) - g(t))\,\mathrm{d}t\right|$$
$$\leq \sup_{x\in[0,1]} \int_0^x |(f-g)(t)|\,\mathrm{d}t \leq \int_0^1 |(f-g)(t)|\,\mathrm{d}t$$
$$\leq \|f - g\|_\infty$$

für alle $f, g \in C_{\mathbb{R}}([0,1])$. F ist keine Kontraktion, denn für $-g = f = 1/2$ gilt

$$\|F(f) - F(g)\|_\infty = \sup_{x\in[0,1]} \left|\int_0^x (f(t) - g(t))\,\mathrm{d}t\right| = \sup_{x\in[0,1]} \left|\int_0^x 2f(t)\,\mathrm{d}t\right|$$
$$= 1 = \|f - g\|_\infty.$$

Lösung zu A 44

Sei $f : [0,1] \longrightarrow [0,1]$ durch $f(t) := t - t^2$ definiert. f ist Kontraktion: Für alle $s, t \in [0,1]$ gilt

$$|f(s) - f(t)| = |s - s^2 - t + t^2| = |s + t - 1|\,|t - s|,$$

und für $s \neq t$ ist $|s + t - 1| < 1$.

f ist keine strenge Kontraktion: Für jedes $\lambda \in [0,1[$ erhält man für $s := (1-\lambda)/4$, $t := (1-\lambda)/2$ beispielsweise $s \neq t$ und $|s + t - 1| = (3/4)\lambda + (1/4) > \lambda$.

Lösung zu A 45

Es sei $f \in C_{\mathbb{R}}([0,1])$, $m \in \mathbb{N}\backslash\{0\}$, $f[[0,1]] \subseteq [-m, m]$ und $\varepsilon' > 0$. Man wähle $0 < \varepsilon < \varepsilon'/3$, so daß $\frac{\varepsilon^2}{m^2} < 1$ ist, und ändere f im Intervall $\left[1 - \frac{\varepsilon^2}{m^2}, 1\right]$ durch die die Punkte $\left(1 - \frac{\varepsilon^2}{m^2}, f\left(1 - \frac{\varepsilon^2}{m^2}\right)\right)$, $(1, f(0))$ verbindende Gerade ab:

$$f_m(x) :=$$
$$\begin{cases} \frac{m^2}{\varepsilon^2}\left(f(0) - f\left(1 - \frac{\varepsilon^2}{m^2}\right)\right)x + \left(1 - \frac{m^2}{\varepsilon^2}\right)f(0) + \frac{m^2}{\varepsilon^2} f\left(1 - \frac{\varepsilon^2}{m^2}\right) & \text{für } x \in \left[1 - \frac{\varepsilon^2}{m^2}, 1\right] \\ f(x) & \text{sonst.} \end{cases}$$

Dann ist $f_m \in C_{\mathbb{R}}([0,1])$, $f_m(0) = f_m(1)$, $f_m[[0,1]] \subseteq [-m, m]$, gem. (2.4,5) (e) existiert somit ein trigonometrisches Polynom $p \in TP_{\mathbb{R}}([0,1])$ mit $\|f_m - p\|_\infty < \varepsilon$. Es folgt

$$\begin{aligned}\|f-p\|_{\langle\,\rangle} &\le \|f-f_m\|_{\langle\,\rangle} + \|f_m - p\|_{\langle\,\rangle}\\ &= \left(\int_{1-\frac{\varepsilon^2}{m^2}}^1 |f(t)-f_m(t)|^2\,\mathrm{d}t\right)^{1/2} + \left(\int_0^1 |f_m(t)-p(t)|^2\,\mathrm{d}t\right)^{1/2}\\ &\le 2m\frac{\varepsilon}{m} + \varepsilon < \varepsilon'.\end{aligned}$$

Lösungen zu 2.5

Lösung zu A 1

$$d_B : \begin{cases} X \longrightarrow \mathbb{R}^+ \\ x \longmapsto \inf\{\, d(x,b) \mid b \in B \,\} \end{cases}$$

bezeichne für $B \neq \emptyset$ die Abstandsfunktion zu B (vgl. (2.4,1) (d)). Man wähle $g_{a,b} = a$ für $B = \emptyset$ und setze

$$g_{0,1} : \begin{cases} X \longrightarrow [0,1] \\ x \longmapsto \frac{d_B(x)}{d(x,y)+d_B(x)} \end{cases}$$

für $B \neq \emptyset$. Die Funktion $g_{0,1}$ ist wohldefiniert, da $d(x,y) + d_B(x) > 0$ für jedes $x \in X$ gilt ⟦ für $x \in X\backslash B$ ist $d_B(x) > 0$, und für $x \in B$ folgt $d(x,y) \ge d_B(y) > 0$ ⟧. Die Stetigkeit von $g_{0,1}$ erhält man mit 2.4, A 5.

$$g_{a,b} := (a-b)g_{0,1} + b \in C(X,[a,b])$$

erfüllt die Behauptung.

Lösung zu A 2

(M,μ) ist T_{3a}-Raum: Es sei $P \in M$ und V eine kanonische Basisumgebung (vgl. (2.3,5) (b)) von P mit dem Radius r (Abb. L-10).

Man definiere $f_V : M \longrightarrow \mathbb{R}^+$ durch $f_V(Q) := 1$ für $Q \in M\backslash V$ und $f_V(Q) := \frac{\overline{PQ}}{r}$ bzw. $f_V(Q) := \frac{\overline{PQ}}{\overline{PQ'}}$ für $Q \in V$, wobei $\overline{PQ}$ die Länge der Strecke zwischen P und Q bezeichnet. Es ist dann $f_V(P) = 0$, $f_V \in C(M,[0,1])$ ⟦ Die Stetigkeit kann mit Folgenkonvergenz gem. 2.4-1.3 leicht überprüft werden! ⟧, und für alle $A \in \alpha_\mu$, $A \subseteq M\backslash V$ gilt definitionsgemäß $f_V[A] \subseteq \{1\}$. (M,μ) ist nicht T_4-Raum: Die Begründung hierfür erfolgt mit 2.5-1:

Es ist $A := \mathbb{R} \times \{0\} \in \alpha_\mu$, $\mu|A = \tau_{\text{dis}}$, $D := \mathbb{Q} \times \mathbb{Q}^{>}$ abzählbar und $\overline{D}^\mu = M$. Sei $\alpha : \mathbb{N} \longrightarrow D$ bijektiv (eine Aufzählung von D) und

$$\varphi : \begin{cases} \mathcal{P}D \longrightarrow A \\ B \longmapsto \left(\sum_{j=0}^\infty \chi_B(\alpha(j))\frac{1}{3^j}, 0\right), \end{cases}$$

wobei $\chi_B : D \longrightarrow \{0,1\}$ die charakteristische Funktion zu B ist. φ ist injektiv:

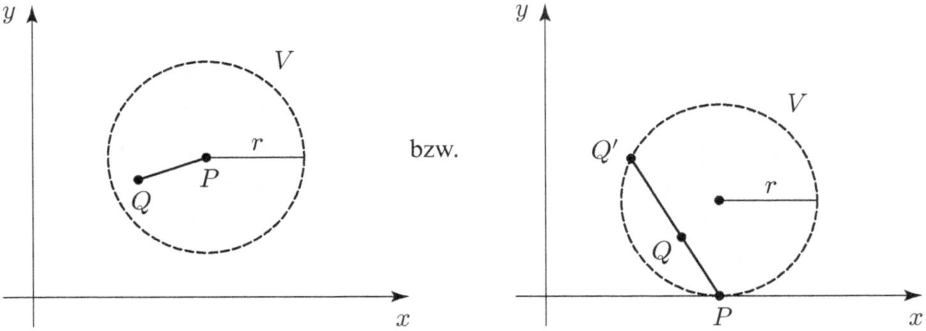

Abbildung L-10

Für alle $B,\ C \in \mathcal{P}D,\ \ B \neq C$, gilt $\chi_B \neq \chi_C$, es existiert somit ein $j_0 \in \mathbb{N}$ mit $\chi_B(\alpha(j_0)) \neq \chi_C(\alpha(j_0))$; j_0 sei minimal gewählt, d. h.

$$j_0 := \min\{\, j \in \mathbb{N} \mid \chi_B(\alpha(j)) \neq \chi_C(\alpha(j))\,\}.$$

Es folgt

$$\begin{aligned}
|\varphi(B) - \varphi(C)| &= \left|\sum_{j=j_0}^{\infty} \big(\chi_B(\alpha(j)) - \chi_C(\alpha(j))\big)\frac{1}{3^j}\right| \\
&= \left|\frac{1}{3^{j_0}}\big(\chi_B(\alpha(j_0)) - \chi_C(\alpha(j_0))\big) + \sum_{j=j_0+1}^{\infty} \big(\chi_B(\alpha(j)) - \chi_C(\alpha(j))\big)\frac{1}{3^j}\right| \\
&\geq \frac{1}{3^{j_0}} - \left|\sum_{j=j_0+1}^{\infty} \big(\chi_B(\alpha(j)) - \chi_C(\alpha(j))\big)\frac{1}{3^j}\right| \\
&\geq \frac{1}{3^{j_0}} - \sum_{j=j_0+1}^{\infty} \frac{1}{3^j} = \frac{1}{2 \cdot 3^{j_0}} > 0.
\end{aligned}$$

Lösung zu A 3

$(\mathbb{R}^2, \sigma)$ ist T_2-Raum $[\![\, \sigma \supseteq \tau_{d_2} \,]\!]$ und nicht T_3-Raum $[\![$ (2.5,3) (d) $]\!]$. Da $\{x\} \in \alpha_\sigma$ für jedes $x \in \mathbb{R}^2$ gilt, kann $(\mathbb{R}^2, \sigma)$ nicht T_4-Raum sein.

Lösung zu A 4

Es seien $A, B \in \tau_S \setminus \{\emptyset\},\ A \cap B = \emptyset$, also $A \subseteq \mathbb{R}\setminus B \in \tau_S$ (und $B \subseteq \mathbb{R}\setminus A \in \tau_S$). Man wähle zu jedem $a \in A,\ b \in B$ ein $x_a < a,\ y_b < b$ mit $]x_a, a] \subseteq \mathbb{R}\setminus B,\ ]y_b, b] \subseteq \mathbb{R}\setminus A$. Dann gilt:

$$\forall\, a \in A\ \forall\, b \in B\colon\ ]x_a, a] \cap\,]y_b, b] = \emptyset.$$

$[\![$ Für (o. B. d. A.) $a < b$, $]x_a, a] \cap]y_b, b] \neq \emptyset$ würde $a \in\,]y_b, b]$ folgen. $]\!]$ Mit $O := \bigcup_{a \in A}]x_a, a]$, $P := \bigcup_{b \in B}]y_b, b] \in \tau_S$ erhält man $A \subseteq O,\ B \subseteq P$ und $O \cap P = \emptyset$.

Lösung zu A 5

Die Sorgenfrey-Gerade $(\mathbb{R}, \tau_S)$ ist T$_4$-Raum ⟦ A 4 ⟧, $(\mathbb{R} \times \mathbb{R}, \tau_S \times \tau_S)$ ist kein T$_4$-Raum:

Sei $D := \mathbb{Q} \times \mathbb{Q}$ und $A := \{ (-r, r) \mid r \in \mathbb{R} \}$. Es gilt $\overline{D}^{\tau_S \times \tau_S} = \mathbb{R} \times \mathbb{R}$ ⟦ $(]a, a'] \times]b, b']) \cap (\mathbb{Q} \times \mathbb{Q}) \neq \emptyset$ für alle $a < a'$, $b < b'$; 2.2-1 (a)⟧, $A \in \alpha_{\tau_S \times \tau_S}$ ⟦ $(a, b) \notin A \Longrightarrow$ (o. B. d. A.) $-a < b \Longrightarrow (]a - \frac{a+b}{2}, a] \times]b - \frac{a+b}{2}, b]) \cap A = \emptyset$⟧ und $(\tau_S \times \tau_S)|A = \tau_{\text{dis}}$ ⟦ Für alle $r \in \mathbb{R}$: $\{(-r, r)\} = A \cap (]-r-1, -r] \times]r-1, r])$. ⟧. Nach 2.5-1 genügt die Angabe einer Injektion $\varphi : \mathcal{P}D \longrightarrow A$: Man definiere φ durch (vgl. A 2)

$$\varphi(B) := \left(\sum_{j=0}^{\infty} \chi_B(\alpha(j)) \frac{1}{3^j} \right) (-1, 1),$$

wobei $\alpha : \mathbb{N} \longrightarrow D$ bijektiv ist. φ ist injektiv, denn für $B \neq C$, d. h. $\chi_B \neq \chi_C$, folgt mit $j_0 := \min\{ j \in \mathbb{N} \mid \chi_B(\alpha(j)) \neq \chi_C(\alpha(j)) \}$ wie in A 2

$$\left| \sum_{j=0}^{\infty} \chi_B(\alpha(j)) \frac{1}{3^j} - \sum_{j=0}^{\infty} \chi_C(\alpha(j)) \frac{1}{3^j} \right| = \left| \sum_{j=j_0}^{\infty} \left(\chi_B(\alpha(j)) - \chi_C(\alpha(j)) \right) \frac{1}{3^j} \right| \geq \frac{1}{2 \cdot 3^{j_0}} > 0.$$

Lösung zu A 6

$(\mathbb{R}, \tau_S)$ ist Lindelöf-Raum ⟦ 2.3, A 7 ⟧ und T$_3$-Raum ⟦ $(\mathbb{R}, \tau_S)$ ist T$_4$-Raum gem. A 4, und für jedes $x \in \mathbb{R}$ ist $\{x\} \in \alpha_{\tau_S}$ (s. auch 2.3, A 1)⟧. Somit ist auch $(\mathbb{R} \times \mathbb{R}, \tau_S \times \tau_S)$ ein T$_3$-Raum ⟦ 2.5-5 ⟧, nach A 5 aber kein T$_4$-Raum. Mit dem Lemma von Tychonoff 2.5-3 folgt, daß $(\mathbb{R} \times \mathbb{R}, \tau_S \times \tau_S)$ kein Lindelöf-Raum ist.

Lösung zu A 7

(i) ⇒ (ii) Sei $\mathcal{F}$ ein Filter auf X, $x, y \in X$, $x \neq y$ und $\mathcal{F} \rightarrow_\tau x$, $\mathcal{F} \rightarrow_\tau y$. Gem. (i) wähle man $U \in \mathcal{U}_\tau(x)$, $V \in \mathcal{U}_\tau(y)$ mit $U \cap V = \emptyset$. Wegen der Konvergenz von $\mathcal{F}$ gegen x und y existiert ein $F \in \mathcal{F}$ mit $F \subseteq U \cap V$, also gilt $\emptyset \in \mathcal{F}$. ↯

(ii) ⇒ (i) Es seien $x, y \in X$, $x \neq y$, und für alle $O, P \in \tau$ mit $x \in O$, $y \in P$ gelte $O \cap P \neq \emptyset$. Dann ist $\mathcal{F} := \{ U \cap V \mid U \in \mathcal{U}_\tau(x),\ V \in \mathcal{U}_\tau(y) \}$ ein Filter auf X, der gegen x und y τ-konvergiert, nach (ii) gilt also $x = y$. ↯

Lösung zu A 8

(i) ⇒ (ii) Für alle $x, y \in X$, $x \neq y$ gilt mit (i) $x \in X \backslash \{y\} \in \tau$, $y \in X \backslash \{x\} \in \tau$ und $y \notin X \backslash \{y\}$, $x \notin X \backslash \{x\}$.

(ii) ⇒ (i) Es seien $x, y \in X$, $y \in X \backslash \{x\}$, also $x \neq y$. Nach (ii) wähle man ein $V \in \mathcal{U}_\tau(y)$ mit $x \notin V$. Dann ist $V \subseteq X \backslash \{x\}$ und somit $X \backslash \{x\} \in \tau$, d. h. $\{x\} \in \alpha_\tau$.

Lösung zu A 9

Es sei $x_0 \in X \backslash A$ und $r \in [0, 1]$. Da $\{x_0\}$ nach Voraussetzung abgeschlossen ist, gilt auch $A \cup \{x_0\} \in \alpha_\tau$, und $F_{x_0,r} : A \cup \{x_0\} \longrightarrow [0, 1]$, definiert durch

$$F_{x_0,r}(x) := \begin{cases} f(x) & \text{für } x \in A \\ r & \text{für } x = x_0, \end{cases}$$

ist stetig, denn die Urbilder abgeschlossener Mengen sind abgeschlossen. Nach dem Tietze-Urysohnschen Fortsetzungssatz 2.5-11 läßt sich $F_{x_0,r}$ durch ein $\Phi_{x_0,r} \in C(X, [0,1])$ auf X fortsetzen. Für alle $r,\, s \in [0,1],\ r \neq s$, gilt $\Phi_{x_0,r} \neq \Phi_{x_0,s}$.

Lösung zu A 10

Dieses folgt direkt aus der Definition des T_4-Raums: Für $B,\, C \in \alpha_{\tau|A} \subseteq \alpha_\tau$ $[\![A \in \alpha_\tau!]\!]$ existieren $O,\, P \in \tau$ mit $B \subseteq O,\ C \subseteq P$ und $O \cap P = \emptyset$. Man erhält daher $O \cap A$, $P \cap A \in \tau|A,\ B \subseteq O \cap A,\ C \subseteq P \cap A$ und $(O \cap A) \cap (P \cap A) = \emptyset$.

Lösung zu A 11

(a) $\eta_{a,j}$ ist bijektiv $[\![x,\, x' \in X_j,\ x \neq x' \Longrightarrow \eta_{a,j}(x)(j) = x \neq x' = \eta_{a,j}(x')(j);$ $\varphi \in X_{a,j} \Longrightarrow \eta_{a,j}(\varphi(j)) = \varphi]\!]$ und $\big(\tau_j, (\mathbb{X}_{i\in I}\tau_i)\big|X_{a,j}\big)$-stetig $[\![\pi_j \circ \eta_{a,j} = \mathrm{id}_{X_j}$, $\pi_i \circ \eta_{a,j} = a_i$ (konstant) für $i \neq j$ sind stetig; 2.4-7 (c) $]\!]$. Die Stetigkeit von $\eta_{a,j}^{-1}$ erhält man nach 2.4-1 so:
Sei $M : A \longrightarrow X_{a,j}$ ein Netz in $X_{a,j},\ \varphi \in X_{a,j}$ und $M \to_{(\mathbb{X}_{i\in I}\tau_i)|X_{a,j}} \varphi$. Dann gilt auch $M \to_{\mathbb{X}_{i\in I}\tau_i} \varphi$ und gem. 2.4-8 (b) speziell $\pi_j \circ M \to_{\tau_j} \pi_j(\varphi)$, woraus wegen $\pi_j(\varphi) = \varphi(j) = \eta_{a,j}^{-1}(\varphi)$ und $(\pi_j \circ M)(\alpha) = M(\alpha)(j) = \eta_{a,j}^{-1}(M(\alpha))$ für alle $\alpha \in A$ nach 2.4-1 die Stetigkeit von $\eta_{a,j}^{-1}$ folgt.

(b) Gem. 2.1-3.1 sei $M : A \longrightarrow X_{a,j}$ ein Netz in $X_{a,j},\ \varphi \in \prod_{i\in I} X_i$ und $M \to_{\mathbb{X}_{i\in I}\tau_i} \varphi$, also $\forall\, i \in I$: $\pi_i \circ M \to_{\tau_i} \pi_i(\varphi)$ $[\![$ 2.4-8 (b) $]\!]$. Wegen $(\pi_i \circ M)(\alpha) = M(\alpha)(i) = a_i$ für jedes $\alpha \in A,\ i \in I \backslash \{j\}$ gilt auch $\pi_i \circ M \to_{\tau_i} a_i$, also gem. 2.5-8 $\varphi(i) = \pi_i \circ \varphi = a_i$ für jedes $i \in I \backslash \{j\}$. Somit gehört φ zu $X_{a,j}$.

Lösung zu A 12

(a) $(f \cdot g)(x) \neq 0 \Longleftrightarrow f(x) \neq 0$ und $g(x) \neq 0$, also

$$\begin{aligned}\mathrm{Tr}(f\cdot g) &= \overline{\{\, x \in X \mid (f\cdot g)(x) \neq 0 \,\}}^{\tau} \\ &= \overline{\{\, x \in X \mid f(x) \neq 0 \,\} \cap \{\, x \in X \mid g(x) \neq 0 \,\}}^{\tau} \\ &\subseteq \overline{\{\, x \in X \mid f(x) \neq 0 \,\}}^{\tau} \cap \overline{\{\, x \in X \mid g(x) \neq 0 \,\}}^{\tau} = \mathrm{Tr}\, f \cap \mathrm{Tr}\, g.\end{aligned}$$

Gleichheit gilt für $f,\, g \in C(\mathbb{R})$ beispielsweise *nicht*:

$$f(x) := \begin{cases} x & \text{für } x \geq 0 \\ 0 & \text{sonst,} \end{cases} \qquad g(x) := \begin{cases} x & \text{für } x \leq 0 \\ 0 & \text{sonst.} \end{cases}$$

Wegen $f \cdot g = 0$ ist $\mathrm{Tr}(f \cdot g) = \emptyset \subsetneqq \{0\} = \mathrm{Tr}\, f \cap \mathrm{Tr}\, g$.
$(f + g)(x) \neq 0 \Longrightarrow f(x) \neq 0$ oder $g(x) \neq 0$, also

$$\begin{aligned}\mathrm{Tr}(f+g) &= \overline{\{\, x \in X \mid (f+g)(x) \neq 0 \,\}}^{\tau} \\ &\subseteq \overline{\{\, x \in X \mid f(x) \neq 0 \,\} \cup \{\, x \in X \mid g(x) \neq 0 \,\}}^{\tau} \\ &= \overline{\{\, x \in X \mid f(x) \neq 0 \,\}}^{\tau} \cup \overline{\{\, x \in X \mid g(x) \neq 0 \,\}}^{\tau} = \mathrm{Tr}\, f \cup \mathrm{Tr}\, g.\end{aligned}$$

Gleichheit gilt für $f, g \in C(\mathbb{R})$ beispielsweise *nicht*:

$$f \neq 0,\ g := -f \quad \Longrightarrow \quad \operatorname{Tr}(f+g) = \emptyset \subsetneqq \operatorname{Tr} f = \operatorname{Tr} f \cup \operatorname{Tr} g.$$

(b) $(zf)(x) \neq 0 \Longleftrightarrow f(x) \neq 0$, also

$$\operatorname{Tr}(zf) = \overline{\{\, x \in X \mid (zf)(x) \neq 0 \,\}}^{\tau} = \overline{\{\, x \in X \mid f(x) \neq 0 \,\}}^{\tau} = \operatorname{Tr} f.$$

Lösung zu A 13

Wegen

$$\begin{aligned} w \in \{\, v \in V \mid \varphi(v) \neq 0 \,\} \quad &\Longleftrightarrow \quad \varphi(w) \neq 0 \quad \Longleftrightarrow \quad f(w - v_0) \neq 0 \\ &\Longleftrightarrow \quad w - v_0 \in \{\, v \in V \mid f(v) \neq 0 \,\} \end{aligned}$$

erhält man

$$\{\, v \in V \mid \varphi(v) \neq 0 \,\} = v_0 + \{\, v \in V \mid f(v) \neq 0 \,\}$$

und somit gem. 1.2-2 (b) ($\begin{cases} V \longrightarrow V \\ v \longmapsto v_0 + v \end{cases}$ ist ein (τ_N, τ_N)-Homöomorphismus!)

$$\begin{aligned} \operatorname{Tr} \varphi &= \overline{\{\, v \in V \mid \varphi(v) \neq 0 \,\}}^{\tau_N} = \overline{v_0 + \{\, v \in V \mid f(v) \neq 0 \,\}}^{\tau_N} \\ &= v_0 + \overline{\{\, v \in V \mid f(v) \neq 0 \,\}}^{\tau_N} = v_0 + \operatorname{Tr} f. \end{aligned}$$

Ebenso folgt aus „$w \in \{\, v \in V \mid \psi(v) \neq 0 \,\} \Longleftrightarrow kw \in \{\, v \in V \mid f(v) \neq 0 \,\}$“

$$\{\, v \in V \mid \psi(v) \neq 0 \,\} = \frac{1}{k}\{\, v \in V \mid f(v) \neq 0 \,\}$$

und mit 1.2-2 (c) ($\begin{cases} V \longrightarrow V \\ v \longmapsto \frac{1}{k} v \end{cases}$ ist ein (τ_N, τ_N)-Homöomorphismus!)

$$\begin{aligned} \operatorname{Tr} \psi &= \overline{\{\, v \in V \mid \psi(v) \neq 0 \,\}}^{\tau_N} = \overline{\frac{1}{k}\{\, v \in V \mid f(v) \neq 0 \,\}}^{\tau_N} \\ &= \frac{1}{k}\overline{\{\, v \in V \mid f(v) \neq 0 \,\}}^{\tau_N} = \frac{1}{k} \operatorname{Tr} f. \end{aligned}$$

Lösung zu A 14

Sei $f \in \prod_{j \in \mathbb{N}} S_j \setminus \Delta_S$, etwa $f(i) \neq f(k)$ für gewisse $i, k \in \mathbb{N}$. Da (X, τ) hausdorffsch ist, gibt es disjunkte, offene Umgebungen $U \in \mathcal{U}_{\tau|S_i}(f(i)) \cap \tau|S_i$, $V \in \mathcal{U}_{\tau|S_k}(f(k)) \cap \tau|S_k$, $U \cap V = \emptyset$. Es folgt $f \in \pi_i^{-1}[U] \cap \pi_k^{-1}[V] \in \bigtimes_{j \in \mathbb{N}} \tau|S_j$ und $\Delta_S \cap (\pi_i^{-1}[U] \cap \pi_k^{-1}[V]) = \emptyset$.

Lösung zu A 15

Gem. 2.1-3.1 sei $M : A \longrightarrow \operatorname{Fix} f$ ein Netz und $x \in X$ mit $M \to_\tau x$. Mit 2.4-1 folgt dann $f \circ M \to_\sigma f(x)$, wegen $f \circ M = M$ also $M \to_\sigma f(x)$. Für $\tau \subseteq \sigma$ (bzw. $\tau \supseteq \sigma$) gilt somit auch $M \to_\tau f(x)$ (bzw. $M \to_\sigma x$). Nach 2.5-8 erhält man in beiden Fällen $f(x) = x$, d. h. $x \in \operatorname{Fix} f$. $\operatorname{Fix} f$ ist gem. 2.1-3.1 abgeschlossen in (X, τ).

Lösung zu A 16

(a) *(i) ⇒ (ii)* e ist gem. (i) insb. injektiv, also trennt $(f_i)_{i\in I}$ Punkte in X $[\![$ 2.5-14 (b) $]\!]$. $\bigtimes_{i\in I}\tau_i|e[X]$ ist die Initialtopologie von $((X_i,\tau_i),\pi_i{\restriction}e[X])_{i\in I}$ $[\![$ $\bigtimes_{i\in I}\tau_i|e[X]$ ist die Initialtopologie der einelementigen Familie $\big((\prod_{i\in I}X_i,\bigtimes_{i\in I}\tau_i),\mathrm{id}_{e[X]}\big)$ und $\bigtimes_{i\in I}\tau_i$ die der Familie $((X_i,\tau_i),\pi_i)_{i\in I}$. $]\!]$. Damit ist $\tau=e^{-1}\big[\big[\bigtimes_{i\in I}\tau_i|e[X]\big]\big]$ Initialtopologie von $((X_i,\tau_i),\pi_i\circ e)_{i\in I}$. Wegen $\pi_i\circ e=f_i$ ist (ii) bewiesen.

(ii) ⇒ (i) Jedes f_i ist gem. (ii) stetig, also auch e $[\![$ 2.5-14 (a) $]\!]$. Da $(f_i)_i$ Punkte in X trennt, folgt die Injektivität von e mit 2.5-14 (b).

Schließlich sei $i\in I,\ O_i\in\tau_i$, also $f_i^{-1}[O_i]\in\tau$ gem. (ii). Dann gilt

$$e\big[f_i^{-1}[O_i]\big]=\pi_i^{-1}[O_i]\cap e[X]\in\bigtimes_{i\in I}\tau_i|e[X]$$

$[\![$ $f_i^{-1}[O_i]=e^{-1}\big[\pi_i^{-1}[O_i]\big]=e^{-1}\big[\pi_i^{-1}[O_i]\cap e[X]\big]$ $]\!]$. Weil $\{\,f_i^{-1}[O_i]\mid i\in I,\ O_i\in\tau_i\,\}$ eine Subbasis von τ und $e:X\longrightarrow e[X]$ bijektiv ist, folgt die Offenheit von e.

(b) Nach 2.5-14.1 (a) ist τ die Initialtopologie von $((X_i,\tau_i),f_i)_{i\in I}$. Da (X,τ) ein T_1-Raum ist, also $\{x\}\in\alpha_\tau$ für jedes $x\in X$ gilt, trennt $(f_i)_{i\in I}$ Punkte in X, und gem. (a) ist $e:X\longrightarrow e[X]$ ein Homöomorphismus.

Lösung zu A 17

Es ist $\nu(0)=0$,

$$\nu(kf)=\sup\frac{|kf|}{1+|kf|}\le\sup\frac{|f|}{1+|f|}=\nu(f)$$

für alle $k\in\mathbb{R},\ |k|\le 1,\ f\in C(\mathbb{R},\mathbb{R})$ $[\![$ $x\mapsto\frac{x}{1+x}$ ist monoton wachsend! $]\!]$ und

$$\nu(f+g)=\sup\frac{|f+g|}{1+|f+g|}\le\sup\frac{|f|+|g|}{1+|f|+|g|}\le\sup\Big(\frac{|f|}{1+|f|}+\frac{|g|}{1+|g|}\Big)=\nu(f)+\nu(g)$$

für alle $f,g\in C_{\mathbb{R}}(\mathbb{R})$.

Die Skalarmultiplikation in $C_{\mathbb{R}}(\mathbb{R})$ ist nicht $(\tau_{|\,|}\times\tau_{d_\nu},\tau_{d_\nu})$-stetig, denn $\big(\frac{1}{j+1}\,\mathrm{id}_{\mathbb{R}}\big)_{j\in\mathbb{N}}$ konvergiert bzgl. d_ν nicht gegen 0:

$$\nu\big(\tfrac{1}{j+1}\,\mathrm{id}_{\mathbb{R}}\big)=\sup\frac{\frac{1}{j+1}|\mathrm{id}_{\mathbb{R}}|}{1+\frac{1}{j+1}|\mathrm{id}_{\mathbb{R}}|}\ge\frac{\frac{1}{j+1}|\mathrm{id}_{\mathbb{R}}(j+1)|}{1+\frac{1}{j+1}|\mathrm{id}_{\mathbb{R}}(j+1)|}=\frac{1}{2}.$$

Lösung zu A 18

(a) Für $k=|k|e^{i\arg k}$ (Polardarstellung) erhält man wegen $|e^{\pm i\arg k}|=1$, (PN-2) und (PN-3)

$$\nu(kv)=\nu(e^{i\arg k}|k|v)\le\nu(|k|v)=\nu(e^{-i\arg k}kv)\le\nu(kv),$$

also $\nu(kv)=\nu(|k|v)$, und

$$\begin{aligned}\nu(kv)&=\nu(|k|v)=\nu\big((|k|-[|k|])v+[|k|]v\big)\le\nu\big((|k|-[|k|])v\big)+\nu([|k|]v)\\&\le\nu(v)+[|k|]\nu(v)\qquad[\![\,0\le|k|-[|k|]<1\,]\!]\\&=([|k|]+1)\nu(v).\end{aligned}$$

(b) Für alle $v, w \in V,\ \varepsilon > 0$ gilt $K^{d_\nu}_{\varepsilon/2}(v) \pm K^{d_\nu}_{\varepsilon/2}(w) \subseteq K^{d_\nu}_{\varepsilon}(v \pm w)$:

Es seien $x \in K^{d_\nu}_{\varepsilon/2}(v),\ y \in K^{d_\nu}_{\varepsilon/2}(w)$, also $\nu(v-x) < \varepsilon/2,\ \nu(w-y) < \varepsilon/2$. Es folgt

$$d_\nu(x \pm y, v \pm w) = \nu(x - v \pm y \mp w) \leq \nu(x-v) + \nu(y-w) < \varepsilon,$$

also $x \pm y \in K^{d_\nu}_{\varepsilon}(v \pm w)$.

Weiterhin ist für $k \in K$

$$d_\nu(m_k(v), m_k(w)) = \nu(k(v-w)) \leq ([|k|]+1)\nu(v-w) = ([|k|]+1)d_\nu(v,w)$$

⟦(PN-3), (a)⟧.

(c) Für alle $v, w \in V$ gilt $|\nu(v) - \nu(w)| \leq \nu(v-w) = d_\nu(v,w)$ ⟦(PN-3)⟧.

Lösung zu A 19

(a) *(i) ⇒ (ii)* ist klar.

(ii) ⇒ (i) Es seien $(k_j)_j \in K^{\mathbb{N}},\ (v_j)_j \in V^{\mathbb{N}},\ k \in K,\ v \in V$ mit $(k_j)_j \to_{\tau_{|\,|}} k$ und $(v_j)_j \to_{\tau_{d_\nu}} v$. Wegen $k_j v_j - kv = k(v_j - v) + (k_j - k)v + (k_j - k)(v_j - v)$ erhält man nach (PN-3) und A 18 (a)

$$\nu(k_j v_j - kv) \leq ([|k|]+1)\nu(v_j - v) + \nu((k_j - k)v) + ([|k_j - k|]+1)\nu(v_j - v),$$

also $(\nu(k_j v_j - kv))_j \to_{\tau_{|\,|}} 0$ ⟦(ii), A 18 (c)⟧, d. h. $(k_j v_j)_j \to_{\tau_{d_\nu}} kv$.

(b) Nach (a) wegen $\nu_q(k_j x) = |k_j|^q \sum_{i=0}^{\infty} |x_i|^q$ für alle $x \in \ell^q,\ k_j \in \mathbb{C}$.

Lösung zu A 20

(a)

$$\begin{aligned}
\nu_W(W) &= \inf\{\, \nu(w) \mid w \in W \,\} = \nu(0) = 0 \qquad ⟦\text{(PN-1), (2.5,8) (a)}⟧,\\
\nu_W(k(v+W)) &= \inf\{\, \nu(kv+w) \mid w \in W \,\} = \inf\{\, \nu(k(v+w)) \mid w \in W \,\}\\
&\leq \inf\{\, \nu(v+w) \mid w \in W \,\}\\
&= \nu_W(v+W) \quad \text{für alle } v \in V,\ k \in \widetilde{K}^{d_{|\,|}}_1(0),\\
\nu_W(v+W+x+W) &= \nu_W(v+x+W) = \inf\{\, \nu(v+x+w) \mid w \in W \,\}\\
&\leq \inf\{\, \nu(v+\tfrac{1}{2}w) \mid w \in W \,\} + \inf\{\, \nu(x+\tfrac{1}{2}w) \mid w \in W \,\}\\
&= \nu_W(v+W) + \nu_W(x+W).
\end{aligned}$$

(b) $\tau_{d_{\nu_W}} \subseteq \tau_{d_\nu}/_{R_W}$: Die kanonische Projektion π_{R_W} ist stetig bzgl. $(\tau_{d_\nu}, \tau_{d_{\nu_W}})$:

Für jedes $v \in V,\ \varepsilon > 0$ ist

$$\begin{aligned}
K^{d_{\nu_W}}_{\varepsilon}(v/_{R_W}) &= K^{d_{\nu_W}}_{\varepsilon}(v+W) = \{\, x+W \mid x \in V,\ \nu_W(x-v+W) < \varepsilon \,\}\\
&= \{\, x+W \mid x \in V,\ \exists\, w \in W\colon\ \nu(x-v+w) < \varepsilon \,\}\\
&= \Big\{\, x+W \;\Big|\; x \in \bigcup\{\, K^{d_\nu}_{\varepsilon}(v-w) \mid w \in W \,\} \Big\},
\end{aligned}$$

also

$$\pi_{R_W}^{-1}\left[K_\varepsilon^{d_{\nu_W}}(v+W)\right] = W + \bigcup\{\, K_\varepsilon^{d_\nu}(v-w) \mid w \in W \,\} \in \tau_{d_\nu}.$$

$\tau_{d_{\nu_W}} \supseteq \tau_{d_\nu}/_{R_W}$: Sei $O \in \tau_{d_\nu}/_{R_W}$, $v + W \in O$, also $v + W \subseteq \pi_{R_W}^{-1}[O] = \bigcup O$. Es folgt $v \in \bigcup O \in \tau_{d_\nu}$, etwa $K_\varepsilon^{d_\nu}(v) \subseteq \bigcup O$ für ein $\varepsilon > 0$. Hiermit erhält man $K_\varepsilon^{d_{\nu_W}}(v+W) \subseteq O$ (also $O \in \tau_{d_{\nu_W}}$):

Sei $z + W \in K_\varepsilon^{d_{\nu_W}}(v+W)$, d. h. $\nu_W(v - z + W) = \inf\{\, \nu(v - z + w) \mid w \in W \,\} < \varepsilon$. Es gibt somit ein $w \in W$ mit $\nu(v - z + w) < \varepsilon$, d. h. $z - w \in K_\varepsilon^{d_\nu}(v) \subseteq \bigcup O$, woraus $z + W \in O$ folgt.

(c) Für $W = V$ ist nichts zu beweisen. Sei also $v \in V \backslash W \in \tau_{d_\nu}$, $\varepsilon > 0$ mit $K_\varepsilon^{d_\nu}(v) \subseteq V\backslash W$, d. h. $W \subseteq V \backslash K_\varepsilon^{d_\nu}(v)$. Es folgt $d_\nu(v,w) = \nu(v-w) \geq \varepsilon$ für alle $w \in W$ und somit

$$\nu_W(v+W) = \inf\{\, \nu(v+w) \mid w \in W \,\} \geq \varepsilon > 0.$$

Umgekehrt sei ν_W eine Pseudonorm auf $V/_W$. Aus der Stetigkeit von ν_W bzgl. $(\tau_{d_{\nu_W}}, \tau_{|\,|})$ ⟦A 18 (c)⟧ folgt

$$\{W\} = \{\, v + W \mid v \in V,\ \nu_W(v+W) = 0 \,\} = \nu_W^{-1}[\{0\}] \in \alpha_{\tau_{d_{\nu_W}}}$$

und somit $W = \pi_{R_W}^{-1}[\{W\}] \in \alpha_{\tau_{d_\nu}}$ ⟦$\tau_{d_\nu}/_{R_W} = \tau_{d_{\nu_W}}$ gem. (b)⟧.

(d) Für alle $a, b \in A$, $k \in K$ gilt $\nu(ka) \leq ([|k|]+1)\nu(a) = 0$ ⟦A 18 (a)⟧ und $\nu(a+b) \leq \nu(a) + \nu(b) = 0$ ⟦(PN-3)⟧, also gem. (2.5,8) (a) ka, $a + b \in A$. Da ν stetig bzgl. $(\tau_{d_\nu}, \tau_{|\,|})$ ist, folgt $A \in \alpha_{\tau_{d_\nu}}$, also ist ν_A eine Pseudonorm ⟦(c)⟧. Schließlich ist auch $\nu(v-a) \geq \nu(v) - \nu(a) = \nu(v)$ für alle $v \in V$, $a \in A$, also

$$\nu(v) \leq \inf\{\, \nu(v+a) \mid a \in A \,\} \leq \nu(v)$$

und somit $\nu_A(v+A) = \nu(v)$.

Lösung zu A 21

(a) Sei $x \in \overline{S}^\tau$ und $U \in \mathcal{U}_\tau(0)$, also $x - U \in \mathcal{U}_\tau(x)$. Dann ist $(x-U) \cap S \neq \emptyset$, also $x \in U + S$. Gehört umgekehrt x zu $\bigcap\{\, S + U \mid U \in \mathcal{U}_\tau(0) \,\}$ und ist $W \in \mathcal{U}_\tau(x)$, also $x - W \in \mathcal{U}_\tau(0)$ und somit $x \in S + x - W$, etwa $x = s + x - w$ mit $s \in S$, $w \in W$, so folgt $s = w$, und es ist $S \cap W \neq \emptyset$.

(b) „$\Rightarrow$“ Für T_2-Räume (V,τ) gilt nach (a) $\{0\} = \bigcap \mathcal{U}_\tau(0) = \overline{\{0\}}^\tau$.

„$\Leftarrow$“ Gem. (a) ist $\overline{\{0\}}^\tau = \bigcap \mathcal{U}_\tau(0)$, also $\{0\} = \bigcap \mathcal{U}_\tau(0)$. Für alle $x, y \in V$, $x \neq y$, existiert daher ein $U \in \mathcal{U}_\tau(0)$ mit $x - y \notin U$. Man wähle ein $W \in \mathcal{U}_\tau(0)$ mit $W - W \subseteq U$ und erhält $(x+W) \cap (y+W) = \emptyset$.

(c) Es seien $U, W \in \mathcal{U}_\tau(0)$, $W + W \subseteq U$. Gem. (a) folgt

$$\overline{W}^\tau = \bigcap\{\, W + T \mid T \in \mathcal{U}_\tau(0) \,\} \subseteq W + W \subseteq U,$$

also $\overline{v + W}^\tau = v + \overline{W}^\tau \subseteq v + U$ für alle $v \in V$, und nach 2.5-2 die (T-3)-Eigenschaft.

(d)
$$\begin{aligned}(V/_M, \tau/_{R_M}) \text{ T}_2\text{-Raum} &\iff \{M\} \in \alpha_{\tau/_{R_M}} \quad [\![\text{(b)}]\!]\\ &\iff M = \pi_M^{-1}[\{M\}] \in \alpha_\tau.\end{aligned}$$

Lösungen zu 3.1

Lösung zu A 1

(a) Man wähle zu $\varepsilon = 1$ ein $n_\varepsilon \in \mathbb{N}$ mit $d(x_n, x_m) < 1$ für alle n, $m \geq n_\varepsilon$ und zu n_ε ein $r \in \mathbb{R}$ mit $r > \max(\{1\} \cup \{\, d(x_j, x_{n_\varepsilon}) \mid 0 \leq j \leq n_\varepsilon - 1\,\})$. Für jedes $j \in \mathbb{N}$ ist dann $x_j \in K_r^d(x_{n_\varepsilon})$ und somit

$$\begin{aligned}\delta(\{\, x_j \mid j \in \mathbb{N}\,\}) &= \sup\{\, d(x_n, x_m) \mid n, m \in \mathbb{N}\,\} \qquad \text{(vgl. 2.4, A 12)}\\ &\leq 2r.\end{aligned}$$

(b) Sei $\varepsilon > 0$. Da f gleichmäßig stetig ist, gibt es ein $\delta > 0$ mit

$$\forall\, x, x' \in X\colon\ d(x, x') < \delta \Rightarrow e(f(x), f(x')) < \varepsilon.$$

Zu $\delta > 0$ wähle man ein $j_\varepsilon \in \mathbb{N}$, so daß $d(x_j, x_k) < \delta$ für alle j, $k \geq j_\varepsilon$ gilt. Es folgt dann $e(f(x_j), f(x_k)) < \varepsilon$ für alle j, $k \geq j_\varepsilon$.

Für stetige Funktionen f ist $(f(x_j))_j$ i. a. keine Cauchy-Folge in (Y, e):

$(X, d) := (\mathbb{R}^>, d_{|\,|} \restriction \mathbb{R}^> \times \mathbb{R}^>)$, $(Y, e) := (\mathbb{R}, d_{|\,|})$,

$$f : \begin{cases} X \longrightarrow Y \\ x \longmapsto \frac{1}{x}\end{cases}$$

und $(x_j)_j = \left(\frac{1}{j+1}\right)_j$.

Lösung zu A 2

$\mathbb{N}'^\tau = \mathbb{N}\backslash\{0\}$: Für jedes $j \geq 1$, $U \in \mathcal{U}_\tau(j)$ gilt $N_{j+1} \subseteq U$, also $0 \in U\backslash\{j\}$. Umgekehrt ist 0 wegen $\{0\} = N_1 \in \mathcal{U}_\tau(0)$ nicht Häufungspunkt der Menge $\mathbb{N}$.
$(j)_{j\in\mathbb{N}}$ hat keinen Häufungspunkt in $(\mathbb{N}, \tau)$: Für jedes $k \in \mathbb{N}$ ist $N_{k+1} \in \mathcal{U}_\tau(k)$ und $N_{k+1} \cap \{\, j \in \mathbb{N} \mid j \geq k+1\,\} = \emptyset$.

Lösung zu A 3

Es sei $\{\, V_j \mid j \in \mathbb{N}\,\}$ eine Umgebungsbasis von ξ in (X, τ) (vgl. 1.2) mit $V_{j+1} \subseteq V_j$ für jedes $j \in \mathbb{N}$. Da ξ Häufungspunkt von $(x_j)_j$ in (X, τ) ist, gibt es zu jedem $j \in \mathbb{N}$ ein $\nu_j \in \mathbb{N}$, $\nu_j \geq j, \nu_{j-1}$ und $x_{\nu_j} \in V_j$ $(\nu_{-1} := 0)$.

$(x_{\nu_j})_{j\in\mathbb{N}}$ ist eine in (X, τ) gegen ξ konvergente Teilfolge von $(x_j)_j$.

Lösung zu A 4

Sei $y \in X\backslash\bigcup_{j\in\mathbb{N}} A_j$. Da y nicht Häufungspunkt von $(x_j)_j$ ist, existiert ein $\varepsilon > 0$ und ein $j_0 \in \mathbb{N}$ mit $d(y, x_j) \geq \varepsilon$, $\varepsilon \geq 2\varepsilon_{j_0}$ für jedes $j > j_0$. Sei

$$\delta := \min(\{\, \operatorname{dist}(y, A_j) \mid 0 \leq j \leq j_0\,\} \cup \{\tfrac{\varepsilon}{2} - \varepsilon_{j_0}\}).$$

Dann ist $\delta > 0$ ⟦ $y \notin A_j$ für alle $j \in \mathbb{N}$ ⟧ und $K_\delta^d(y) \subseteq X \setminus \bigcup_{j\in\mathbb{N}} A_j$:

Gäbe es ein $j \in \mathbb{N},\ a \in K_\delta^d(y) \cap A_j$, so wäre

$$\varepsilon \leq d(y, x_j) \leq d(y,a) + d(a, x_j) \leq \delta + \varepsilon_j \leq \frac{\varepsilon}{2} - \varepsilon_0 + \varepsilon_0 = \frac{\varepsilon}{2} \ \lightning$$

für $j > j_0$ und auch

$$\delta \leq \operatorname{dist}(y, A_j) \leq d(y,a) < \delta \ \lightning$$

für $j \leq j_0$.

Lösung zu A 5

Wegen der Monotonie des Hüllenoperators ⟦ 2.1-1.1 (c) ⟧ gilt

$$\bigcap \{ \overline{F}^\tau \mid F \in \mathfrak{E}_M \} = \bigcap_{b\in A} \overline{\{ M(a) \mid a \geq b \}}^\tau .$$

(i) ⇒ (ii) Für jedes $b \in A,\ U \in \mathcal{U}_\tau(\xi)$ gibt es ein $a \in A$ mit $a \geq b$ und $M(a) \in U$; daher gilt $\xi \in \overline{\{ M(a) \mid a \geq b \}}^\tau$.

(ii) ⇒ (i) Sei $U \in \mathcal{U}_\tau(\xi)$ und $b \in A$. Wegen $\xi \in \overline{\{ M(a) \mid a \geq b \}}^\tau$ ist der Durchschnitt $U \cap \{ M(a) \mid a \geq b \} \neq \emptyset$, also existiert ein $a \geq b$ mit $M(a) \in U$.

Lösung zu A 6

Es ist $D \geq 0$, für alle $x, y, z \in \mathbb{R}$ gilt $D(x,y) = D(y,x)$,

$$\begin{aligned} D(x,z) &= \left| \frac{x}{1+|x|} - \frac{y}{1+|y|} + \frac{y}{1+|y|} - \frac{z}{1+|z|} \right| \\ &\leq \left| \frac{x}{1+|x|} - \frac{y}{1+|y|} \right| + \left| \frac{y}{1+|y|} - \frac{z}{1+|z|} \right| = D(x,y) + D(y,z), \end{aligned}$$

und aus $D(x,y) = \left| \frac{x}{1+|x|} - \frac{y}{1+|y|} \right| = 0$ folgt $\frac{x}{1+|x|} = \frac{y}{1+|y|}$, also auch $x = y$ ⟦ Vgl. Hinweis zu A 7 (a) in Abschnitt 1.1! ⟧. D ist somit eine Metrik auf $\mathbb{R}$. Die Folge $(j)_j \in \mathbb{R}^\mathbb{N}$ ist eine Cauchy-Folge in $(\mathbb{R}, D)$:

Zu jedem $\varepsilon > 0$ wähle man $j_\varepsilon \in \mathbb{N}$, so daß $(j_\varepsilon + 1)\varepsilon > 1$ gilt. Für alle $n \geq m \geq j_\varepsilon$ erhält man

$$D(n,m) = \left| \frac{n}{1+n} - \frac{m}{1+m} \right| = \frac{n}{1+n} - \frac{m}{1+m} \leq 1 - \frac{m}{1+m} = \frac{1}{1+m} \leq \frac{1}{1+j_\varepsilon} < \varepsilon .$$

Die Behauptung folgt daher mit $\tau_D = \tau_{|\,|}$:

Gemäß 2.1, A 11 ist für alle $(x_j)_j \in \mathbb{R}^\mathbb{N},\ x \in \mathbb{R}$ zu zeigen:

$$(x_j)_j \to_D x \quad \Longleftrightarrow \quad (x_j)_j \to_{d_{|\,|}} x .$$

„⇐" Aus $(x_j)_j \to_{d_{|\,|}} x$ folgt wegen der Stetigkeit der Betragsfunktion, der Addition und der Division in $(\mathbb{R}, \tau_{|\,|})$ sofort

$$\left(\frac{x_j}{1+|x_j|} \right)_j \to_{d_{|\,|}} \frac{x}{1+|x|},$$

also $(x_j)_j \to_D x$.

„⇒“ Es gelte $(x_j)_j \to_D x$, also $\left(\frac{x_j}{1+|x_j|}\right)_j \to_{d_{|\,|}} \frac{x}{1+|x|}$. Weil die Funktion $\eta : \mathbb{R} \longrightarrow]-1,1[$, $\eta(x) := \frac{x}{1+|x|}$, ein Homöomorphismus ist ⟦ s. u. ⟧, folgt die $d_{|\,|}$-Konvergenz von $(x_j)_j = \left(\eta^{-1}\left(\frac{x_j}{1+|x_j|}\right)\right)_j$ gegen $x = \eta^{-1}\left(\frac{x}{1+|x|}\right)$.

η ist ein Homöomorphismus: Aus $\frac{x}{1+|x|} = \frac{y}{1+|y|}$ folgt $\operatorname{sgn} x = \operatorname{sgn} y$, also $\frac{|x|}{1+|x|} = \frac{x \operatorname{sgn} x}{1+|x|} = \frac{y \operatorname{sgn} y}{1+|y|} = \frac{|y|}{1+|y|}$ und somit $|x| = |y|$, woraus sich $x = y$ ergibt. η ist daher injektiv. Die Surjektivität erhält man aus $\eta^{-1}(y) = \frac{y}{1-y}$ für $y \in [0,1[$ ⟦ $\eta\left(\frac{y}{1-y}\right) = \frac{y}{1-y}\left(1 + \left|\frac{y}{1-y}\right|\right)^{-1} = \frac{y}{1-y}\left(1 + \frac{y}{1-y}\right)^{-1} = y$ ⟧ und $\eta^{-1}(y) = \frac{y}{1+y}$ für $y \in]-1,0]$ ⟦ $\eta\left(\frac{y}{1+y}\right) = \frac{y}{1+y}\left(1 + \left|\frac{y}{1+y}\right|\right)^{-1} = \frac{y}{1+y}\left(1 - \frac{y}{1+y}\right)^{-1} = y$ ⟧. Die Stetigkeit von η^{-1} ist nun wegen $\eta^{-1}(y) = \frac{y}{1-|y|}$ wie die von η zu begründen.

Lösung zu A 7

$\mathcal{F}_B := \{F \cap B \mid F \in \mathcal{B}\}$ ist eine Cauchy-Filterbasis auf $(B, d\restriction B \times B)$, also gilt $\mathcal{F}_B \to_{d\restriction B\times B} b$ für ein $b \in B$. Es folgt $\mathcal{F}_B \to_d b$ und wegen $\overline{\mathcal{F}_B} = \overline{\mathcal{B}}$ auch $\mathcal{B} \to_d b$.

Lösung zu A 8

Sei $(S_j)_j \in (\mathcal{P}S)^{\mathbb{N}}$, $\bigcup_{j\in\mathbb{N}} S_j = S$ und $\left(\overline{S_j}^{\tau|S}\right)^{\circ_{\tau|S}} = \emptyset$ für alle $j \in \mathbb{N}$. Gem. 2.3, A 6 gilt dann auch $\left(\overline{S_j}^{\tau}\right)^{\circ_\tau} = \emptyset$ für jedes $j \in \mathbb{N}$, also ist S Menge 1. Kategorie in (X, τ).

Die Umkehrung ist nicht richtig: $\mathbb{N} = \bigcup_{j\in\mathbb{N}}\{j\}$ ist eine Menge 1. Kategorie in $(\mathbb{R}, \tau_{|\,|})$, wegen $\tau_{|\,|}|\mathbb{N} = \tau_{\text{dis}}$ jedoch Menge 2. Kategorie in $(\mathbb{N}, \tau_{|\,|}|\mathbb{N})$.

Lösung zu A 9

Jede Teilmenge S von $\mathbb{Q}$ ist Menge 1. Kategorie in $(\mathbb{Q}, \tau_{|\,|}|\mathbb{Q})$:

$S = \bigcup_{s\in S}\{s\}$ ist abzählbar, und $\overline{\{s\}}^{\tau_{|\,|}|\mathbb{Q}} = \{s\}$ hat keinen inneren Punkt ⟦ $\{s\} \notin \tau_{|\,|}|\mathbb{Q}$ ⟧.

Lösung zu A 10

Es sei $S \subseteq V$ mit $\overline{S^{\text{lin}}}^{\tau_N} \neq V$. Dann gilt $\left(\overline{S^{\text{lin}}}^{\tau_N}\right)^{\circ_{\tau_N}} = \emptyset$ ⟦ Andernfalls wäre $\overline{S^{\text{lin}}}^{\tau_N}$ in $\tau_N \cap \alpha_{\tau_N}$ gem. 2.1, A 8 und daher (V, τ_N) nicht zusammenhängend (vgl. 2.4, A 31) ⟧, $\overline{S}^{\text{lin}}$ und somit auch S also Menge 1. Kategorie in (V, τ_N). Wäre $(\overline{S}^{\text{lin}}, \tau_N|\overline{S}^{\text{lin}})$ kein Baire-Raum, so gäbe es eine Menge $O \in \tau_N|\overline{S}^{\text{lin}} \setminus \{\emptyset\}$ 1. Kategorie in $(\overline{S}^{\text{lin}}, \tau_N|\overline{S}^{\text{lin}})$. Für jedes $x \in O$, $n \in \mathbb{N}$ wäre auch $(n+1)(O-x)$ und daher $\overline{S}^{\text{lin}} = \bigcup_{n\in\mathbb{N}}(n+1)(O-x)$ Menge 1. Kategorie in $(\overline{S}^{\text{lin}}, \tau_N|\overline{S}^{\text{lin}})$ ⟦ Sei $s \in \overline{S}^{\text{lin}}$, $\varepsilon > 0$ mit $K_\varepsilon^{d_N}(0) \subseteq O - x$. Es gilt $\frac{1}{n+1}s \in K_\varepsilon^{d_N}(0)$ für jedes $n \in \mathbb{N}$ mit $\frac{1}{n+1}N(s) < \varepsilon$. ⟧. Nach A 8 ist $\overline{S}^{\text{lin}}$, also S Menge 1. Kategorie in (V, τ_N).

Lösung zu A 11

$(A, d\restriction A \times A)$ ist ein vollständiger pseudometrischer Raum ⟦ 3.1-8 (a) ⟧, $(A, \tau_{d\restriction A\times A}) = (A, \tau_d|A)$ ⟦ 2.3-6 (e) ⟧ also ein Baire-Raum ⟦ 3.1-5 ⟧. Da $O \cap A \in \tau_d|A$ ist, folgt die Behauptung mit A 8.

Lösung zu A 12

(i) ⇒ (ii) ist klar.

(ii) ⇒ (i) Sei $(y_j)_j \in X^{\mathbb{N}}$ eine Cauchy-Folge in (X, d). Da D in (X, τ_d) dicht ist, gibt es zu jedem $j \in \mathbb{N}$ ein $x_j \in D$ mit $d(y_j, x_j) < 1/(j+1)$. $(x_j)_j$ ist eine Cauchy-Folge in (X, d) ⟦ Zu jedem $\varepsilon > 0$ wähle man ein $n_\varepsilon \in \mathbb{N}$ mit $1/(n_\varepsilon + 1) < \varepsilon/3$ und $d(y_n, y_m) < \varepsilon/3$, also $d(x_n, x_m) \leq d(x_n, y_n) + d(y_n, y_m) + d(y_m, x_m) < \varepsilon$ für alle $n, m \geq n_\varepsilon$. ⟧. Gem. (ii) sei $\xi \in X$ d-Limes der Folge $(x_j)_j$. Dann gilt auch $(y_j)_j \to_d \xi$ ⟦ Zu jedem $\varepsilon > 0$ wähle man ein $n_\varepsilon \in \mathbb{N}$ mit $1/(n_\varepsilon + 1) < \varepsilon/2$ und $d(x_n, \xi) < \varepsilon/2$, also $d(y_n, \xi) \leq d(y_n, x_n) + d(x_n, \xi) < \varepsilon$ für jedes $n \geq n_\varepsilon$. ⟧.

Lösung zu A 13

(a) Es ist $\tau_{d_\varepsilon} = \tau_{\text{dis}}$ ⟦ 1.2, A 1 (b) ⟧ und somit $\mathbb{N}_j \in \alpha_{\tau_{d_\varepsilon}}$ für jedes $j \in \mathbb{N}$. Wegen $d_\varepsilon(n, m) = \left(1 + \frac{1}{n+m+1}\right)\varepsilon > \varepsilon$ für alle $n \neq m$ ist jede Cauchy-Folge in $(\mathbb{N}, d_\varepsilon)$ schließlich (d. h. für alle n ab einem geeignet zu wählenden n_0) konstant, also auch konvergent in $(\mathbb{N}, \tau_{\text{dis}})$.

(b)
$$\begin{aligned} d_\varepsilon(j, j+1) &\leq \delta(\mathbb{N}_j) = \sup\{\, d_\varepsilon(n, m) \mid n, m \in \mathbb{N}_j \,\} \\ &= \sup\Big\{ \Big(1 + \frac{1}{n+m+1}\Big)\varepsilon \;\Big|\; n, m \in \mathbb{N}_j,\ n \neq m \Big\} \\ &\leq \Big(1 + \frac{1}{j+j+1+1}\Big)\varepsilon = d_\varepsilon(j, j+1), \end{aligned}$$

also $\delta(\mathbb{N}_j) = \left(1 + \frac{1}{2(j+1)}\right)\varepsilon$ für jedes $j \in \mathbb{N}$.

Lösung zu A 14

Es sei $T = \bigcup_{j \in \mathbb{N}} T_j$, $\left(\overline{T_j}^{\tau}\right)^{\circ\tau} = \emptyset$ für jedes $j \in \mathbb{N}$. Wäre $X \backslash T$ Menge 1. Kategorie in (X, τ), etwa $X \backslash T = \bigcup_{j \in \mathbb{N}} K_j$, $\left(\overline{K_j}^{\tau}\right)^{\circ\tau} = \emptyset$ für jedes $j \in \mathbb{N}$, so würde man $X = T \cup (X \backslash T) = \bigcup_{j \in \mathbb{N}} A_j$ erhalten, wobei A eine Aufzählung von $\{\, T_j \mid j \in \mathbb{N} \,\} \cup \{\, K_j \mid j \in \mathbb{N} \,\}$ ist. X wäre daher Menge 1. Kategorie in (X, τ) im Widerspruch zur Voraussetzung.

Die Umkehrung ist nicht richtig:

$(\mathbb{N}, d_{|\,|} \restriction \mathbb{N} \times \mathbb{N})$ ist vollständiger metrischer Raum ⟦ $\mathbb{N}$ ist abgeschlossen im vollständigen metrischen Raum $(\mathbb{R}, d_{|\,|})$; 3.1-8 (a) ⟧, und für jedes $T \in \mathcal{P}\mathbb{N} \backslash \{\emptyset\}$ gilt: T Menge 2. Kategorie in $(\mathbb{N}, \tau_{\text{dis}})$ ⟦ $T = \bigcup_{j \in \mathbb{N}} T_j$, $T \neq \emptyset \Longrightarrow \exists\, j \in \mathbb{N}\colon\ T_j \neq \emptyset$. Wegen $\emptyset \neq T_j = \left(\overline{T_j}^{\tau_{\text{dis}}}\right)^{\circ\tau_{\text{dis}}}$ ist T_j nicht nirgendsdicht in $(\mathbb{N}, \tau_{\text{dis}})$. ⟧.

Lösung zu A 15

(a) Mit den im Hinweis verwendeten Bezeichnungen ist $O(x) \geq f(x)$, $U(x) \leq f(x)$ für jedes $x \in X$, $P_j \in \tau_d$: Für $x \in P_j$, $c_x := \frac{1}{2}\left(\frac{1}{j+1} - (O(x) - U(x))\right) > 0$ gibt es ein $\varepsilon > 0$, so daß

$$\sup\{\, f(y) \mid y \in K^d_\varepsilon(x) \,\} - O(x) < c_x \quad \text{und} \quad U(x) - \inf\{\, f(y) \mid y \in K^d_\varepsilon(x) \,\} < c_x,$$

denn $O(x), U(x) \in \mathbb{R}$. Für jedes $y \in K^d_{\varepsilon/2}(x)$ erhält man $K^d_{\varepsilon/2}(y) \subseteq K^d_\varepsilon(x)$ und

$$O(y) - U(y) \leq \sup\{\, f(z) \mid z \in K^d_{\varepsilon/2}(y) \,\} - \inf\{\, f(z) \mid z \in K^d_{\varepsilon/2}(y) \,\}$$

$$\leq \sup\{\, f(z) \mid z \in K^d_\varepsilon(x) \,\} - \inf\{\, f(z) \mid z \in K^d_\varepsilon(x) \,\}$$
$$< 2c_x + O(x) - U(x) = \frac{1}{j+1},$$

also $K^d_{\varepsilon/2}(x) \subseteq P_j$.

Weiter gilt $S_f \subseteq P_j$: Für jedes $x \in S_f$ gibt es ein $\varepsilon > 0$ mit

$$\forall\, y \in K^d_\varepsilon(x)\colon\ |f(y) - f(x)| < \frac{1}{4(j+1)},$$

woraus

$$O(x) - U(x) \leq \sup\{\, f(z) \mid z \in K^d_\varepsilon(x) \,\} - \inf\{\, f(t) \mid t \in K^d_\varepsilon(x) \,\} \leq \frac{1}{2(j+1)},$$

also $x \in P_j$ folgt.

Schließlich ist noch $S_f = \bigcap_{j\in\mathbb{N}} P_j$ eine Menge 2. Kategorie in (X, τ_d), denn die Mengen $X\backslash P_j$ sind nirgendsdicht in (X, τ_d) $[\![\, \big(\overline{X\backslash P_j}^{\tau_d}\big)^{\circ\tau_d} = (X\backslash P_j)^{\circ\tau_d} = X\backslash \overline{P_j}^{\tau_d} = \emptyset \,]\!]$, und $\bigcap_{j\in\mathbb{N}} P_j = X\backslash \bigcup_{j\in\mathbb{N}}(X\backslash P_j)$ ist gem. A 14 Menge 2. Kategorie in (X, τ_d); für jedes $x \in \bigcap_{j\in\mathbb{N}} P_j$, $\varepsilon > 0$ wähle man $k \in \mathbb{N}$, $\delta > 0$ mit $1/(k+1) < \varepsilon$ und $\sup\{\, f(y) \mid y \in K^d_\delta(x) \,\} - O(x) < \frac{1}{2(k+1)}$, $U(x) - \inf\{\, f(y) \mid y \in K^d_\delta(x) \,\} < \frac{1}{2(k+1)}$ $[\![\, O(x), U(x) \in \mathbb{R} \,]\!]$, es gilt dann für jedes $z \in K^d_\delta(x)$

$$|f(z) - f(x)| \leq \sup\{\, f(y) \mid y \in K^d_\delta(x) \,\} - \inf\{\, f(y) \mid y \in K^d_\delta(x) \,\}$$
$$< O(x) - U(x) + \frac{1}{k+1} = \frac{1}{k+1} < \varepsilon \qquad [\![\, O(x) - U(x) = 0 \,]\!],$$

also gehört x zu S_f.

(b) Gem. (a) ist S_g Menge 2. Kategorie in $(\mathbb{R}, \tau_{|\,|})$, also $S_g \neq \mathbb{Q}$ $[\![\, \mathbb{Q} = \bigcup_{q\in\mathbb{Q}}\{q\}$, $\big(\overline{\{q\}}^{\tau_{|\,|}}\big)^{\circ\tau_{|\,|}} = \{q\}^{\circ\tau_{|\,|}} = \emptyset$ für jedes $q \in \mathbb{Q} \,]\!]$.

Lösung zu A 16

Mit den im Hinweis angegebenen Mengen erhält man $\bigcup_{k\in\mathbb{N}} S_{j,k} = X$ für jedes $j \in \mathbb{N}$ $[\![\, (f_i)_{i\in\mathbb{N}} \xrightarrow[\tau_e\text{-pktw.}]{} f \,]\!]$ und

$$U_f = \big\{\, x \in X \mid \exists\, j \in \mathbb{N}\ \forall\, \varepsilon > 0\colon\ f\big[K^d_\varepsilon(x)\big] \nsubseteq K^e_{1/(j+1)}(f(x)) \,\big\} = \bigcup_{j\in\mathbb{N}} N_j.$$

Die Behauptung ist daher bewiesen, wenn gezeigt werden kann:

$$\forall\, j \in \mathbb{N}\colon\ N_j \text{ Menge 1. Kategorie in } (X, \tau_d).$$

Wegen $N_j = X \cap N_j = \bigcup_{k\in\mathbb{N}}(S_{6(j+1),k} \cap N_j)$ genügt hierzu

$$\forall\, k \in \mathbb{N}\colon\ S_{6(j+1),k} \cap N_j \text{ nirgendsdicht in } (X, \tau_d).$$

Es werde angenommen, daß für ein $k \in \mathbb{N}$ ein $x \in \big(\overline{N_j \cap S_{6(j+1),k}}^{\tau_d}\big)^{\circ\tau_d}$ existiert. Man wähle dann wegen der Stetigkeit von f_k ein $\varepsilon > 0$ mit $f_k[K^d_\varepsilon(x)] \subseteq K^e_{\frac{1}{6(j+1)}}(f_k(x))$ und

$K_\varepsilon^d(x) \subseteq \overline{N_j \cap S_{6(j+1),k}}^{\tau_d}$ (o. B. d. A. sei $x \in N_j \cap S_{6(j+1),k}$). Für jedes $y \in K_\varepsilon^d(x)$ gibt es ein $n \geq k$ mit

$$e(f_n(y), f(y)) < \frac{1}{6(j+1)}$$

$[\![\, (f_i)_i \xrightarrow[\tau_e\text{-pktw.}]{} f \,]\!]$ und hierzu ein $\delta \in \,]0, \varepsilon[$ mit $K_\delta^d(y) \subseteq K_\varepsilon^d(x)$ und

$$f_n[K_\delta^d(y)] \subseteq K^e_{\frac{1}{6(j+1)}}(f_n(y))$$

$[\![\, f_n$ stetig $]\!]$. Da y Berührpunkt von $N_j \cap S_{6(j+1),k}$ ist, kann man ein

$$y' \in K_\delta^d(y) \cap N_j \cap S_{6(j+1),k}$$

auswählen und erhält

$$\begin{aligned} e(f(y), f(z)) &\leq e(f(y), f_n(y)) + e(f_n(y), f_n(y')) + e(f_n(y'), f(y')) \\ &\quad + e(f(y'), f_k(y')) + e(f_k(y'), f_k(x)) + e(f_k(x), f(x)) \\ &< 6\,\frac{1}{6(j+1)} = \frac{1}{j+1}. \end{aligned}$$

Es folgt $f[K_\varepsilon^d(x)] \subseteq K^e_{1/(j+1)}(f(x))$, also $y \notin N_j$. ↯

Lösung zu A 17

(a) $(\ell^q, \|\;\|_q)$, $q \in \mathbb{R}$, $q \geq 1$ ist ein Banach-Raum:

Sei $(x_j)_j \in (\ell^q)^{\mathbb{N}}$ eine Cauchy-Folge in $(\ell^q, d_{\|\;\|_q})$. Zu jedem $\varepsilon > 0$ wähle man ein $j_\varepsilon \in \mathbb{N}$ mit

$$\forall\, j, k \geq j_\varepsilon\colon\; \|x_j - x_k\|_q^q < \varepsilon^q.$$

Für alle $i \in \mathbb{N}$, $j, k \geq j_\varepsilon$ ist dann speziell $|x_j(i) - x_k(i)|^q < \varepsilon^q$, $(x_j(i))_{j\in\mathbb{N}}$ also Cauchy-Folge in $(\mathbb{C}, d_{|\;|})$, etwa $(x_j(i))_j \to_{d_{|\;|}} \xi_i$. Mit $a_k(i) := |x_k(i) - x_{j_\varepsilon}(i)|^q$, $a(i) := |\xi_i - x_{j_\varepsilon}(i)|^q$ erhält man $(a_k(i))_k \to_{d_{|\;|}} a(i)$ und $\sum_{i=0}^\infty a_k(i) < \varepsilon^q$, woraus $\sum_{i=0}^\infty a(i) \leq \varepsilon^q$ folgt $[\![\, \left(\sum_{i=0}^n a_k(i)\right)_k \to_{d_{|\;|}} \sum_{i=0}^n a(i)$, also gilt $\sum_{i=0}^n a(i) \leq \varepsilon^q$ für jedes $n \in \mathbb{N} \,]\!]$. Schließlich gehört mit x_{j_ε} und $(\xi_i)_i - x_{j_\varepsilon}$ auch $(\xi_i)_i$ zu ℓ^q, und die Abschätzung $\sum_{i=0}^\infty a(i) \leq \varepsilon^q$ liefert

$$(x_j)_j \to_{d_q} (\xi_i)_i.$$

(b) c, c_0 sind gem. 1.2, A 13 (a) abgeschlossen im Banach-Raum $(\ell^\infty, \|\;\|_\infty)$ $[\![\,(3.1,2)\text{ (b)}\,]\!]$, nach 3.1-8 (a) also vollständige Unterräume.

(c) $(\mathbb{C}^{(\mathbb{N})}, \|\;\|_\infty)$ ist kein Banach-Raum: Für jedes $j \in \mathbb{N}$ sei $x_j \in \mathbb{C}^{(\mathbb{N})}$ definiert durch

$$x_j(i) := \begin{cases} \frac{1}{i+1} & \text{für } 0 \leq i \leq j \\ 0 & \text{für } i > j. \end{cases}$$

$(x_j)_j$ ist eine Cauchy-Folge in $(\mathbb{C}^{(\mathbb{N})}, d_{\|\;\|_\infty})$, die *nicht* konvergent ist:
Zu $\varepsilon > 0$ wähle man $j_\varepsilon \in \mathbb{N}$ mit $1/(j_\varepsilon + 1) < \varepsilon$. Für alle $j \geq k \geq j_\varepsilon$ gilt dann

$$\|x_j - x_k\|_\infty = \sup(\{\, \tfrac{1}{\nu+1} \mid k+1 \leq \nu \leq j \,\} \cup \{0\}) \leq \frac{1}{k+2} < \varepsilon.$$

Für $a \in \mathbb{C}^{(\mathbb{N})}$ mit $(x_j)_j \to_{\| \|_\infty} a$, etwa $a(i) = 0$ für jedes $i \geq i_a$, würde $\|x_j - a\|_\infty \geq 1/(i_a + 1)$ für alle $j \geq i_a$ gelten.

$(\mathbb{R}[x] \upharpoonright [a, b], \| \|_\infty)$ ist kein Banach-Raum: Der lineare Spline f, definiert durch

$$f(x) := \begin{cases} x - a & \text{für } a \leq x \leq \frac{a+b}{2} \\ -x + b & \text{für } \frac{a+b}{2} \leq x \leq b, \end{cases}$$

gehört nicht zu $\mathbb{R}[x] \upharpoonright [a, b]$ $[\![f$ ist nicht differenzierbar bei $\frac{a+b}{2}$.$]\!]$ und ist gem. 2.2-5 Berührpunkt von $\mathbb{R}[x] \upharpoonright [a, b]$ in $(C_\mathbb{R}([a, b]), \tau_{d_\infty})$. Nach 3.1-8 (b) ist $(\mathbb{R}[x] \upharpoonright [a, b], d_{\| \|_\infty})$ nicht vollständig.

$\forall\, S \subseteq [a, b]$: $(C([a, b]; S), \| \|_\infty)$ ist Banach-Raum (s. auch (3.1,2) (c)):
Da $C([a, b]; S) \subseteq B([a, b])$ und $(B([a, b]), \| \|_\infty)$ ein Banach-Raum ist $[\![$(3.1,2) (b)$]\!]$, muß gem. 3.1-8 $B([a, b]) \backslash C([a, b]; S) \in \tau_{\| \|_\infty}$ nachgewiesen werden. Sei also f in $B([a, b]) \backslash C([a, b]; S)$. Ist $f(s) \neq 0$ für ein $s \in S$, so gilt $g \notin C([a, b]; S)$ für jedes $g \in K^{d_\infty}_{|f(s)|/2}(f)$ $[\![|g(s)| = |f(s) - (f(s) - g(s))| \geq |f(s)| - |f(s) - g(s)| \geq |f(s)| - d_\infty(f, g) > \frac{|f(s)|}{2} > 0]\!]$. Für $f \in B([a, b]) \backslash C([a, b]) \subseteq B([a, b]) \backslash C([a, b]; S)$ folgt die Behauptung gem. (3.1,2) (c) und 3.1-8 (b).

Alternative: Verwendung von 1.2, A 12 und (3.1,2) (c).

(d) Wie zu (a) mit ν_q anstelle von $\| \|_q^q$.

Lösung zu A 18

Es sei $(x_j/_R)_j \in (X/_R)^\mathbb{N}$ eine Cauchy-Folge in $(X/_R, d_R)$. Dann ist $(x_j)_j \in X^\mathbb{N}$ eine Cauchy-Folge in (X, d) $[\![$Zu jedem $\varepsilon > 0$ gibt es ein $j_\varepsilon \in \mathbb{N}$ mit $d(x_j, x_k) = d_R(x_j/_R, x_k/_R) < \varepsilon$ für alle $j,\ k \geq j_\varepsilon$.$]\!]$, also $(x_j)_j \to_d \xi$ für ein $\xi \in X$. Da die kanonische Projektion π_R $(\tau_d, \tau_d/_R)$-stetig ist und gem. 2.4, A 26 $\tau_d/_R = \tau_{d_R}$ gilt, folgt $(x_j/_R)_j \to_{\tau_{d_R}} \xi/_R$.

Lösung zu A 19

(a) Es sei $(v_j + W)_j \in (V/_W)^\mathbb{N}$ eine Cauchy-Folge in $(V/_W, d_{N_W})$. Aufgrund der Cauchy-Eigenschaft kann man eine Teilfolge $(v_{k_j} + W)_j$ von $(v_j + W)_j$ finden, für die

$$\forall\, j \in \mathbb{N}\colon\ N_W(v_{k_{j+1}} - v_{k_j} + W) = d_{N_W}(v_{k_{j+1}} + W, v_{k_j} + W) < \frac{1}{2^j}$$

gilt. Man setze nun $y_0 := v_{k_0}$ und wähle $y_j \in v_{k_j} + W$ induktiv mit $N(y_{j+1} - y_j) < 1/2^j$ $[\![$Sind $y_j \in v_{k_j} + W$ für alle $j \leq n$ so gewählt, daß $N(y_{j+1} - y_j) < 1/2^j$ für $j = 0, \ldots, n-1$ gilt, so existiert wegen $1/2^j > N_W(v_{k_{j+1}} - v_{k_j} + W) = N_W(v_{k_{j+1}} + W - (v_{k_j} + W)) = N_W(v_{k_{j+1}} + W - (y_j + W)) = N_W(v_{k_{j+1}} - y_j + W)$ ein $w \in W$ mit $1/2^j > N(v_{k_{j+1}} - y_j + w)$. Man setze $y_{j+1} := y_j - w$.$]\!]$. $(y_j)_j \in V^\mathbb{N}$ ist eine Cauchy-Folge in (V, d_N) $[\![d_N(y_j, y_{j+k}) = N(y_{j+k} - y_j) \leq \sum_{i=j}^{j+k-1} N(y_{i+1} - y_i) < \sum_{i=j}^{j+k-1} \frac{1}{2^i} < \frac{1}{2^{j-1}}$ für alle $k \in \mathbb{N}]\!]$, etwa $(y_j)_j \to_N \eta$ für ein $\eta \in V$. Da die kanonische Projektion π_W $(\tau_N, \tau_N/_{R_W})$-stetig ist und gem. 2.4, A 27 (a) $\tau_N/_{R_W} = \tau_{N_W}$ gilt, folgt $(y_j + W)_j \to_{N_W} \eta + W$, was wegen $(y_j + W)_j = \left(v_{k_j} + W\right)_j$ nach 3.1-1 die Konvergenz von $(v_j + W)_j$ in $\left(V/_W, d_{N_W}\right)$ ergibt.

Der gleiche Beweis ist für Pseudohalbnormen N mit Quotientenpseudohalbnorm N_W richtig!

(b) Nach 2.4, A 27 (b) ist N_W eine Norm auf $V/_W$, und die Behauptung folgt aus (a).

(c) Es sei $(v_j)_j \in V^{\mathbb{N}}$ eine Cauchy-Folge in (V, d_N), also $(\pi_W(v_j))_j$ Cauchy-Folge in $\left(V/_W, d_{N_W}\right)$ $[\![N_W(\pi_W(v_j) - \pi_W(v_k)) \leq N(v_j - v_k)$ für alle $j, k \in \mathbb{N}]\!]$ und damit konvergent in $\left(V/_W, \tau_{N_W}\right)$, etwa $(\pi_W(v_j))_j \to_{N_W} \pi_W(\xi)$ für ein $\xi \in V$. Für jedes $j \in \mathbb{N}$ wähle man ein $w_j \in W$ $[\![$ Quotientenhalbnorm! $]\!]$ mit

$$N(v_j - \xi - w_j) < \frac{1}{j+1} + N_W(v_j - \xi + W).$$

Dann gilt für alle $j, k \in \mathbb{N}$

$$\begin{aligned} N(w_j - w_k) &= N(w_j + \xi - v_j - (w_k + \xi - v_k) + v_j - v_k) \\ &\leq \frac{1}{j+1} + N_W(v_j - \xi + W) + \frac{1}{k+1} N_W(v_k - \xi + W) + N(v_j - v_k), \end{aligned}$$

$(w_j)_j \in W^{\mathbb{N}}$ ist daher eine Cauchy-Folge in $(W, d_{N\restriction W})$, etwa $(w_j)_j \to_{N\restriction W} \omega$ für ein $\omega \in W$. Da für jedes $j \in \mathbb{N}$

$$N(v_j - (\xi + \omega)) \leq N(v_j - \xi - w_j) + N(w_j - \omega)$$

gilt, erhält man $(v_j)_j \to_N \xi + \omega$.

Der gleiche Beweis ist für Pseudohalbnormen N mit Quotientenpseudohalbnorm N_W richtig!

(d) Die Behauptung folgt aus (c), weil N eine Norm auf V ist $[\![$ 1.1-6 (d) (i) $]\!]$.

Lösung zu A 20

Jede Cauchy-Folge $(x_j)_{j\in\mathbb{N}}$ in $(X, d_{\min})$ ist offensichtlich auch Cauchy-Folge in (X, d) (und umgekehrt), und gem. 2.4, A 12 (a) gilt für jedes $\xi \in X$

$$(x_j)_j \to_d \xi \iff (x_j)_j \to_{d_{\min}} \xi.$$

Lösung zu A 21

Sei $(x^{(j)})_j \in \prod_{j\in\mathbb{N}} X_j$ eine Cauchy-Folge in $\left(\prod_{j\in\mathbb{N}} X_j, d\right)$ und $\varepsilon > 0$. Man wähle ein $j_\varepsilon \in \mathbb{N}$, so daß

$$\forall\, j, k \geq j_\varepsilon \colon \sum_{i=0}^{\infty} \frac{1}{2^i} d_{i,\min}(x_i^{(j)}, x_i^{(k)}) < \varepsilon$$

gilt. Es folgt

$$\forall\, i \in \mathbb{N}\, \forall\, j, k \geq j_\varepsilon \colon\ d_{i,\min}(x_i^{(j)}, x_i^{(k)}) < \varepsilon 2^i.$$

$(x_i^{(j)})_j$ ist somit eine Cauchy-Folge in $(X_i, d_{i,\min})$ für jedes $i \in \mathbb{N}$, etwa ⟦ s. A 20 ⟧

$$(x_i^{(j)})_j \to_{d_{i,\min}} \xi_i$$

für ein $\xi_i \in X_i$. Hiermit erhält man $(x^{(j)})_j \to_d \xi$:

Man wähle ein $i_0 \in \mathbb{N}$ mit $\sum_{i=i_0+1}^{\infty} \frac{1}{2^i} < \frac{\varepsilon}{2}$, ein $j_0 \in \mathbb{N}$ mit

$$\forall\, i \in \{0, \dots, i_0\}\ \forall\, j \geq j_0\colon\ d_{i,\min}(x_i^{(j)}, \xi_i) < \frac{2^{i-1}}{i_0+1}\varepsilon.$$

Für jedes $j \geq j_0$ ist dann

$$d(x^{(j)}, \xi) = \sum_{i=0}^{i_0} \frac{1}{2^i} d_{i,\min}(x_i^{(j)}, \xi_i) + \sum_{i=i_0+1}^{\infty} \frac{1}{2^i} d_{i,\min}(x_i^{(j)}, \xi_i) < \sum_{i=0}^{i_0} \frac{1}{2(i_0+1)}\varepsilon + \frac{\varepsilon}{2} = \varepsilon.$$

Lösung zu A 22

$(x_j)_j \in X^{\mathbb{N}}$ sei eine Cauchy-Folge in (X, d), $\varepsilon > 0$, $j_\varepsilon \in \mathbb{N}$ mit

$$\forall\, j, k \geq j_\varepsilon\colon\ d(x_j, x_k) < \varepsilon.$$

Für jedes $i \in \mathbb{N}$ ist $(x_j)_j$ eine Cauchy-Folge in (X, d_i):

Sei $\delta > 0$. Man wähle $\varepsilon > 0$ mit $2^{i-1}\varepsilon < \delta/(1+\delta)$. Gem. 1.2, A 6 (a) erhält man für alle $j, k \geq j_\varepsilon$

$$\frac{d_i(x_j, x_k)}{1 + d_i(x_j, x_k)} \leq 2^{i-1} d(x_j, x_k) < 2^{i-1}\varepsilon < \frac{\delta}{1+\delta},$$

also $d_i(x_j, x_k) < \delta$. Sei $\xi_i \in X$, $(x_j)_j \to_{d_i} \xi_i$ für jedes $i \in \mathbb{N}$. Da jeder Raum (X, τ_{d_i}) hausdorffsch ist und $d_i \leq d_{i+1}$, also $\tau_{d_i} \subseteq \tau_{d_{i+1}}$ gilt, muß $\xi_i = \xi_0$ für jedes $i \in \mathbb{N}$ sein. Gem. 1.2, A 6 (b) folgt $(x_j)_j \to_d \xi_0$.

Sind alle d_j nur Pseudometriken, so ist der metrische Raum (X, d) i. a. nicht vollständig: Für jedes $j \in \mathbb{N}$ sei $(\mathbb{N}, d_j)$ der pseudometrische Raum aus 1.2, A 1 (c). Wegen $\mathbb{N}_j \subseteq \mathbb{N}_{j+1}$ gilt $d_j \leq d_{j+1}$:

$$\begin{aligned} d_j(n,m) = 1 \quad &\Longleftrightarrow \quad n \neq m \text{ und } (n \in \mathbb{N}_j \text{ oder } m \in \mathbb{N}_j) \\ &\Longrightarrow \quad n \neq m \text{ und } (n \in \mathbb{N}_{j+1} \text{ oder } m \in \mathbb{N}_{j+1}) \\ &\Longleftrightarrow \quad d_{j+1}(n,m) = 1. \end{aligned}$$

d ist gem. 1.1, A 7 (b) eine Metrik auf $\mathbb{N}$ ⟦ $j \neq k$, etwa $j < k$, ergibt $d_k(j,k) = 1$ ⟧. Die Folge $(j)_{j\in\mathbb{N}}$ ist eine Cauchy-Folge in $(\mathbb{N}, d)$: Sei $\varepsilon > 0$, $j_\varepsilon \in \mathbb{N}$, $\sum_{j=j_\varepsilon+1}^{\infty} \frac{1}{2^j} < \varepsilon$. Für alle $j, k > j_\varepsilon$, $i \in \{0, \dots, j_\varepsilon\}$ ist dann $j, k \in \mathbb{N}\backslash\mathbb{N}_i$, also $d_i(j,k) = 0$, woraus

$$d(j,k) = \sum_{i=j_\varepsilon+1}^{\infty} \frac{1}{2^i} \frac{d_i(j,k)}{1 + d_i(j,k)} < \sum_{i=j_\varepsilon+1}^{\infty} \frac{1}{2^i} < \varepsilon$$

folgt.

Würde $(j)_{j\in\mathbb{N}} \to_d l$ für ein $l \in \mathbb{N}$ gelten, so erhielte man gem. 1.2, A 6 (b)

$$\forall\, k \in \mathbb{N}\colon\ (j)_{j\in\mathbb{N}} \to_{d_k} l,$$

also $l \in \bigcap_{k\in\mathbb{N}}(\mathbb{N}\backslash\mathbb{N}_k) = \emptyset$ ⟦ 1.2, A 1 (c) ⟧. ↯

Lösung zu A 23

(a) $(C_{\mathrm{b}}(X), \|\ \|_\infty)$ ist (mit punktweiser Addition, Skalarmultiplikation) ein $\mathbb{C}$-Vektorraum ⟦ (3.1,2) (c) ⟧, und für alle $f,\, g \in C_{\mathrm{bb}}(X),\ z \in \mathbb{C}$ sind gem. 2.5, A 12 und 1.1, A 23

$$\operatorname{Tr}(f+g) \subseteq \operatorname{Tr} f \cup \operatorname{Tr} g, \qquad \operatorname{Tr}(zf) \subseteq \operatorname{Tr} f$$

beschränkt. $(C_{\mathrm{bb}}(\mathbb{R}), \|\ \|_\infty)$ ist daher ein normierter $\mathbb{C}$-Vektorraum.

(b) $\big(C_{\mathrm{bb}}(\mathbb{R}), d_{\|\ \|_\infty}\big)$ ist nicht vollständig:

Für jedes $j \in \mathbb{N}$ wähle man gem. 2.5-10 (Urysohnsches Lemma) ein $f_j \in C(\mathbb{R}, [0,1])$ mit

$$f_j\big[[-(j+1), j+1]\big] = \{1\}, \qquad f_j\Big[\mathbb{R}\backslash\big]-(j+\tfrac{3}{2}), j+\tfrac{3}{2}\big[\Big] = \{0\},$$

also $[-(j+1), j+1] \subseteq \operatorname{Tr} f_j \subseteq [-(j+2), j+2]$. Man setze

$$g_k := \sum_{j=0}^{k} \frac{1}{(j+1)^2} f_j$$

für jedes $k \in \mathbb{N}$. Offensichtlich ist $\operatorname{Tr} g_k = \operatorname{Tr} f_k$ und $(g_k)_k$ Cauchy-Folge in $(C_{\mathrm{bb}}(\mathbb{R}), \|\ \|_\infty)$ ⟦ $0 \leq f_j \leq 1,\ \sum_{j=0}^{\infty} \frac{1}{(j+1)^2} < \infty$ ⟧. Sei $h \in C_{\mathrm{b}}(\mathbb{R})$ der Limes von $(g_k)_k$ in $(C_{\mathrm{b}}(\mathbb{R}), \|\ \|_\infty)$. Wegen $h \notin C_{\mathrm{bb}}(\mathbb{R})$ ⟦ $\operatorname{Tr} h \supseteq \operatorname{Tr} g_k = \operatorname{Tr} f_k \supseteq [-(k+1), k+1]$ für jedes $k \in \mathbb{N}$, also $\operatorname{Tr} h \supseteq \bigcup_{k\in\mathbb{N}}[-(k+1), k+1] = \mathbb{R}$ nicht beschränkt ⟧ ist $C_{\mathrm{bb}}(\mathbb{R})$ in $\big(C_{\mathrm{b}}(\mathbb{R}), \tau_{\|\ \|_\infty}\big)$ nicht abgeschlossen ⟦ 2.1-3.1 ⟧ und daher $\big(C_{\mathrm{bb}}(\mathbb{R}), d_{\|\ \|_\infty}\big)$ gem. 3.1-8 (b) nicht vollständig.

Lösung zu A 24

Gem. 1.2-6.1 gibt es $C,\, D \in \mathbb{R}^{>}$, so daß

$$CM(x) \leq N(x) \leq DM(x)$$

für alle $x \in V$ gilt. Sei $(x_j)_j \in V^{\mathbb{N}}$ eine Cauchy-Folge in (V, d_M), also auch Cauchy-Folge in (V, d_N) ⟦ Zu jedem $\varepsilon > 0$ existiert ein $j_\varepsilon \in \mathbb{N}$ mit $d_M(x_j, x_k) = M(x_j - x_k) < \varepsilon/D$, also $d_N(x_j, x_k) = N(x_j - x_k) \leq DM(x_j - x_k) < \varepsilon$ für alle $j,\, k \geq j_\varepsilon$. ⟧. Da (V, d_N) vollständig ist, konvergiert die Folge $(x_j)_j$ gegen ein $\xi \in V$ in $(V, \tau_N) = (V, \tau_M)$, (V, d_M) ist daher auch vollständig.

Lösung zu A 25

Nach 2.4, A 42 sind die Normen $\|\ \|$, $\|\ \|_{\mathbb{C}}$ auf dem $\mathbb{R}$-Vektorraum V topologisch äquivalent, und nach A 24 gilt

$$(V, d_{\|\ \|}) \text{ vollständig} \iff \big(V, d_{\|\ \|_{\mathbb{C}}}\big) \text{ vollständig.}$$

Lösung zu A 26

Für jedes $j \in \mathbb{N}$ ist $(C(\mathbb{R}), d_j)$ vollständig:

Sei $(f_k)_k$ eine Cauchy-Folge in $(C(\mathbb{R}), d_j)$, also $(f_k \restriction [-(j+1), j+1])_k$ eine Cauchy-Folge in $(C([-(j+1), j+1]), d_\infty)$. Gem. (3.1,2) (c) existiert ein $\varphi \in C([-(j+1), j+1])$ mit

$$(f_k \restriction [-(j+1), j+1])_k \to_{d_\infty} \varphi.$$

Sei $\Phi \in C(\mathbb{R})$, $\Phi \restriction [-(j+1), j+1] = \varphi$. Die Existenz einer derartigen Funktion Φ folgt aus dem Tietze-Urysohnschen Fortsetzungssatz 2.5-11. Φ kann hier jedoch auch direkt angegeben werden durch

$$\Phi(x) := \begin{cases} \varphi(x) & \text{für } x \in [-(j+1), j+1] \\ \varphi(-(j+1)) & \text{für } x < -(j+1) \\ \varphi(j+1) & \text{für } x > j+1. \end{cases}$$

Es folgt $(f_k)_k \to_{d_j} \Phi$.

Wegen $N_j \leq N_{j+1}$ gilt auch $d_j \leq d_{j+1}$ für alle $j \in \mathbb{N}$. Sei $(f_k)_k$ eine Cauchy-Folge in $(C(\mathbb{R}), d)$. Wie in der Begründung zu A 22 erhält man, daß $(f_k)_k$ für jedes $i \in \mathbb{N}$ eine Cauchy-Folge in $(C(\mathbb{R}), d_i)$ und damit konvergent ist, etwa $(f_k)_k \to_{d_i} \varphi_i$. Weil d_∞ eine Metrik auf $C([-(i+1), i+1])$ ist und auch $(f_k \restriction [-(i+1), i+1])_k \to_{d_\infty} \varphi_{i+1} \restriction [-(i+1), i+1]$ gilt, erhält man

$$\varphi_{i+1} \restriction [-(i+1), i+1] = \varphi_i$$

für jedes $i \in \mathbb{N}$, $\varphi := \bigcup_{i \in \mathbb{N}} \varphi_i$ ist also eine (wohldefinierte) Funktion. $\varphi \in C(\mathbb{R})$ gilt wegen $\mathbb{R} = \bigcup_{j \in \mathbb{N}}]-(j+1), j+1[$. Darüber hinaus konvergiert $(f_k)_k$ für jedes $i \in \mathbb{N}$ in $(C(\mathbb{R}), d_i)$ gegen φ, woraus $(f_k)_k \to_d \varphi$ folgt ⟦ 1.2, A 6 (b) ⟧.

Lösung zu A 27

Wegen $pf \in C_b(X, \mathbb{C})$ für jedes $f \in C_b(X, \mathbb{C})$ ist N_p wohldefiniert. Weiter gilt für alle f, $g \in C_b(X, \mathbb{C})$, $z \in \mathbb{C}$:

$$N_p(f) = 0 \iff \|pf\|_\infty = 0 \iff pf = 0 \iff f = 0,$$

$$N_p(zf) = \|p(zf)\|_\infty = |z|\,\|pf\|_\infty = |z| N_p(f),$$

$$\begin{aligned} N_p(f+g) &= \|p(f+g)\|_\infty = \|pf + pg\|_\infty \leq \|pf\|_\infty + \|pg\|_\infty \\ &= N_p(f) + N_p(g), \end{aligned}$$

$$\begin{aligned} N_p(f) &= \sup_{x \in X} |(pf)(x)| = \sup_{x \in X} p(x)|f(x)| \leq \Big(\sup_{x \in X} p(x)\Big)\Big(\sup_{x \in X} |f(x)|\Big) \\ &= \|p\|_\infty \|f\|_\infty \quad \text{und} \end{aligned}$$

$$\begin{aligned} N_p(f) &= \sup\{\, p(x)|f(x)| \mid x \in X \,\} \geq \sup\{\, (\inf\{\, p(x) \mid x \in X \,\})|f(y)| \mid y \in Y \,\} \\ &= (\inf\{\, p(x) \mid x \in X \,\})\|f\|_\infty. \end{aligned}$$

Gem. 1.2-6.1 ist die Norm N_p topologisch äquivalent zu $\| \;\|_\infty$. Nach A 24 ist $(C_b(X, \mathbb{C}), N_p)$ ein Banach-Raum ⟦ (3.1,2) (c) ⟧.

Lösung zu A 28

$C_{\mathrm{b}}(X,Y)$ ist abgeschlossen in $\big(B(X,Y),\tau_{d_\infty}\big)$ $[\![$ 2.4, A 39 $]\!]$ und $(B(X,Y),d_\infty)$ ist vollständig $[\![$ (3.1,1) (b) $]\!]$. Nach 3.1-8 (a) folgt die Vollständigkeit von $(C_{\mathrm{b}}(X,Y),d_\infty)$.

Lösung zu A 29

Es sei $\varepsilon>0$. Da $(f_j)_j$ eine Cauchy-Folge ist, gibt es ein $j_\varepsilon\in\mathbb{N}$ mit

$$\forall\, j,k\ge j_\varepsilon:\ d_\infty(f_j,f_k)<\frac{\varepsilon}{2}.$$

Für jedes $x\in X$ wähle man ein $j_x\ge j_\varepsilon$ mit $e\big(f_{j_x}(x),f(x)\big)<\varepsilon/2$ $[\![$ punktweise Konvergenz $]\!]$. Dann folgt für jedes $j\ge j_\varepsilon$

$$e(f(x),f_j(x))\le e\big(f(x),f_{j_x}(x)\big)+e\big(f_{j_x}(x),f_j(x)\big)<\varepsilon,$$

also $d_\infty(f,f_j)\le\varepsilon$. Die Stetigkeit von f erhält man gem. 2.4-6.

Lösung zu A 30

(a) Nach (1.1,4) ist $(C^m_{\mathbb{R}}([a,b]),N_{m,\max})$ ein normierter $\mathbb{R}$-Vektorraum. Die Vollständigkeit von $\big(C^m_{\mathbb{R}}([a,b]),d_{N_{m,\max}}\big)$ folgt mit der von $\big(C_{\mathbb{R}}([a,b]),d_{\|\ \|_\infty}\big)$ $[\![$ (3.1,2) (c) $]\!]$, denn für jede Cauchy-Folge $(f_j)_j\in C^m_{\mathbb{R}}([a,b])^{\mathbb{N}}$ ist auch $\big(f_j^{(k)}\big)_j$ für jedes $k\in\{0,\dots,m\}$ eine Cauchy-Folge in $\big(C_{\mathbb{R}}([a,b]),d_{\|\ \|_\infty}\big)$, also konvergent, etwa gegen g_k, wobei $g_k=g_{k-1}^{(1)}$ für $k=1,\dots,m$ gilt $[\![$ [32, Satz 7.17] $]\!]$. Man erhält daher $(f_j)_j\to_{\tau_{N_{m,\max}}} g_0$.

(b) Man definiere $\varphi_m: C^m_{\mathbb{R}}([a,b])\longrightarrow\mathbb{R}\times C^{m-1}_{\mathbb{R}}([a,b])$ für $m\ge 1$ durch $\varphi_m(f):=\big(f(a),f^{(1)}\big)$ und versehe $\mathbb{R}\times C^{m-1}_{\mathbb{R}}([a,b])$ mit der durch $\|(r,g)\|_{m-1}:=|r|+N_{m-1}(g)$ erklärten Norm. φ_m ist ein $\mathbb{R}$-linearer Isomorphismus $[\![$ $\varphi_m^{-1}((r,g))(x)=r+\int_a^x g(t)\,dt$ für alle $(r,g)\in\mathbb{R}\times C^{m-1}_{\mathbb{R}}([a,b]),\ x\in[a,b]$ $]\!]$,

$$\|\varphi_m(f)\|_{m-1}=\big\|\big(f(a),f^{(1)}\big)\big\|_{m-1}=|f(a)|+N_{m-1}\big(f^{(1)}\big)\le N_m(f)$$

und

$$\begin{aligned}N_m\big(\varphi_m^{-1}((r,g))\big)&=\sum_{j=0}^{m}\big\|\varphi_m^{-1}((r,g))^{(j)}\big\|_\infty\le|r|+(b-a)\|g\|_\infty+N_{m-1}(g)\\&\le|r|+(b-a)(|r|+N_{m-1}(g))+N_{m-1}(g)\\&=(1+b-a)(|r|+N_{m-1}(g))=(1+b-a)\|(r,g)\|_{m-1}.\end{aligned}$$

φ_j ist daher für jedes $j\in\{1,\dots,m\}$ ein topologischer und $\mathbb{R}$-linearer Isomorphismus und somit auch

$$\begin{cases}C^m_{\mathbb{R}}([a,b])\longrightarrow\mathbb{R}^m\times C_{\mathbb{R}}([a,b])\\ f\longmapsto\big(\big(f(a),\dots,f^{(m-1)}(a)\big),f^{(m)}\big).\end{cases}$$

Lösung zu A 31

Es sei $\{\,b_j\mid j\in\mathbb{N}\,\}$ eine K-Basis von V, $b_j\ne b_k$ für alle $j\ne k$, und für jedes $i\in\mathbb{N}$ $V_i:=\overline{\{\,b_j\mid 0\le j\le i\,\}}^{\mathrm{lin}}$. Nach (3.1,2) (a) ist $(V_i,\|\ \|\restriction V_i)$ ein Banach-Raum, also $V_i\in\alpha_{\tau_{\|\ \|}}$

⟦3.1-8 (b)⟧ für jedes $i \in \mathbb{N}$. Wegen $V_i \subsetneqq V$ gilt $V_i \notin \tau_{\|\ \|}$ ⟦2.4, A 31⟧, d. h. $V_i^{\circ\tau_{\|\ \|}} = \emptyset$ für alle $i \in \mathbb{N}$, und $V = \bigcup_{i \in \mathbb{N}} V_i$ ist eine Menge 1. Kategorie in $(V, \tau_{\|\ \|})$. $\lightning$ ⟦3.1-5.1⟧

Lösungen zu 3.2

Lösung zu A 1

Für $x, x' \in X,\ x \neq x',\ j \in \mathbb{N}$ sei

$$x_j := \begin{cases} x' & \text{für } j = 0 \\ x & \text{sonst.} \end{cases}$$

$(x)_{j \in \mathbb{N}}$ und $(x_j)_j$ sind voneinander verschiedene Cauchy-Folgen in (X, d), und es gilt $\hat{d}((x)_j, (x_j)_j) = \lim_j d(x, x_j) = 0$.

Lösung zu A 2

Gem. 3.1, A 18 ist $(\hat{X}/_R, \hat{d}_R)$ vollständig. Weiter gilt

$$\hat{X}/_R = \pi_R[\hat{X}] = \pi_R\big[\overline{\hat{\imath}[X]}^{\tau_{\hat{d}}}\big] \subseteq \overline{\pi_R[\hat{\imath}[X]]}^{\tau_{\hat{d}_R}}$$

⟦ π_R ist $(\tau_{\hat{d}}, \tau_{\hat{d}}/R)$-stetig, $\tau_{\hat{d}}/R = \tau_{\hat{d}_R}$ gem. 2.4, A 26 und 2.4-1⟧, $\pi_R \circ \hat{\imath}[X]$ ist also dicht in $(\hat{X}/_R, \tau_{\hat{d}_R})$.

$\pi_R \circ \hat{\imath}$ ist injektiv ⟦ $\pi_R \circ \hat{\imath}(x) = \pi_R \circ \hat{\imath}(x') \Longrightarrow (\hat{\imath}(x), \hat{\imath}(x')) \in R$, also $0 = \hat{d}(\hat{\imath}(x), \hat{\imath}(x')) = d(x, x')$ und $x = x'$, weil d Metrik ist⟧, und für alle $x, x' \in X$ gilt

$$\begin{aligned} \hat{d}_R(\pi_R \circ \hat{\imath}(x), \pi_R \circ \hat{\imath}(x')) &= \hat{d}(\hat{\imath}(x), \hat{\imath}(x')) \qquad \text{⟦nach Definition von } \hat{d}_R \text{ in 1.1, A 5⟧} \\ &= d(x, y). \end{aligned}$$

Lösung zu A 3

f ist $(d_N{\restriction}D \times D, d_M)$-gleichmäßig stetig (s. auch 2.4, A 14): Zu jedem $\varepsilon > 0$ wähle man ein $\delta > 0$ mit $f\big[K_\delta^{d_N}(0) \cap D\big] \subseteq K_\varepsilon^{d_M}(0)$. Für alle $x, y \in D$ mit $N(x - y) < \delta$ folgt dann $M(f(x) - f(y)) = M(f(x - y)) < \varepsilon$.

Die (d_N, d_M)-gleichmäßig stetige Fortsetzung $F : V \longrightarrow W$ von f auf V gem. 3.2-1 ist K-linear:

Für alle $k, k' \in K$ sind die Funktionen

$$L_1 : \begin{cases} V \times V \longrightarrow W \\ (x, x') \longmapsto F(kx + k'x') \end{cases} \quad \text{und} \quad L_2 : \begin{cases} V \times V \longrightarrow W \\ (x, x') \longmapsto kF(x) + k'F(x') \end{cases}$$

$(\tau_N \times \tau_N, \tau_M)$-stetig, und weil f K-linear ist, gilt $L_1{\restriction}D \times D = L_2{\restriction}D \times D$. Wegen $\overline{D \times D}^{\tau_N \times \tau_N} = V \times V$ folgt $L_1 = L_2$ gem. 2.5-9.1 (b), also die K-Linearität von F.

Lösung zu A 4

(ii) ⇒ (i) ist klar, weil $\hat{\imath}$ $(d,\hat{d})$-Isometrie von X auf $\hat{X}$ ist.

(i) ⇒ (ii) $((X,d),\mathrm{id}_X)$ ist Vervollständigung von (X,d) (s. (3.2,1) (a)). Gem. 3.2-2 gibt es genau eine $(d,\hat{d})$-Isometrie $I: X \longrightarrow \hat{X},\ I\circ\mathrm{id}_X = \hat{\imath}$. Mit I und id_X ist auch $I\circ\mathrm{id}_X = \hat{\imath}$ surjektiv.

Lösungen zu 3.3

Lösung zu A 1

(i) ⇒ (ii) ist klar.

(ii) ⇒ (i) Sei $h: X \longrightarrow Y$ ein (τ,τ_d)-Homöomorphismus und setze

$$e: \begin{cases} X\times X \longrightarrow \mathbb{R}^+ \\ (x,x') \longmapsto d(h(x),h(x')). \end{cases}$$

e ist offensichtlich eine Pseudometrik auf X, und für jedes $x\in X,\ \varepsilon>0$ gilt

$$h^{-1}\big[K^d_\varepsilon(h(x))\big] = K^e_\varepsilon(x)$$

$[\![\, x' \in h^{-1}\big[K^d_\varepsilon(h(x))\big] \iff h(x') \in K^d_\varepsilon(h(x)) \iff d(h(x),h(x')) < \varepsilon \iff e(x,x') < \varepsilon \iff x' \in K^e_\varepsilon(x) \,]\!]$. Da $\{\, K^e_\varepsilon(x) \mid \varepsilon > 0 \,\}$ eine Basis von $\mathcal{U}_{\tau_e}(x)$ und $\{\, h^{-1}\big[K^d_\varepsilon(h(x))\big] \mid \varepsilon > 0 \,\}$ eine Basis von $\mathcal{U}_\tau(x)$ $[\![\, h$ Homöomorphismus $]\!]$ ist, folgt gem. 1.2, A 9 (a) $\tau = \tau_e$. Schließlich ist (X,e) auch vollständig, weil h $[\![$ nach Definition von $e\,]\!]$ eine (e,d)-Isometrie ist.

Lösung zu A 2

Für $P = X$ ist nichts zu beweisen. Sei $P\in\tau_d\backslash\{\emptyset,X\}$ und D_P die Pseudometrik aus 2.4, A 12 (b). Für jede Cauchy-Folge $(x_j)_j \in P^{\mathbb{N}}$ in (P,D_P), jedes $\varepsilon>0$ gibt es ein $j_\varepsilon\in\mathbb{N}$ mit

$$\forall\, j,k \ge j_\varepsilon\colon\ D_P(x_j,x_k) < \varepsilon,$$

es gilt daher auch

$$\forall\, j,k \ge j_\varepsilon\colon\ d(x_j,x_k) < \varepsilon,\ |a_P(x_j) - a_P(x_k)| < \varepsilon$$

($a_P(x) = 1/d_{X\backslash P}(x)$ für jedes $x\in P$).

Sei $\xi\in X,\ (x_j)_j \to_d \xi$. Wegen

$$\varepsilon > \big|a_P(x_k) - a_P(x_{j_\varepsilon})\big| = \left|\frac{1}{d_{X\backslash P}(x_k)} - \frac{1}{d_{X\backslash P}(x_{j_\varepsilon})}\right| \ge \frac{1}{d_{X\backslash P}(x_k)} - \frac{1}{d_{X\backslash P}(x_{j_\varepsilon})}$$

folgt $d_{X\backslash P}(x_k) \ge 1/\big(\varepsilon + d_{X\backslash P}(x_{j_\varepsilon})\big) > 0$ für alle $k \ge j_\varepsilon$, es gibt somit ein $C>0$ mit $d_{X\backslash P}(x_j) \ge C$ für jedes $j\in\mathbb{N}$ $[\![\,\forall\, x\in P\colon\ d_{X\backslash P}(x) > 0\,]\!]$. Damit gehört ξ zu $\{\, x\in X \mid d_{X\backslash P}(x) \ge C \,\} \in \alpha_{\tau_d}$ $[\![\, d_{X\backslash P}$ ist gem. (2.4,1) (d) $(\tau_d,\tau_{|\,|})$-stetig. $]\!]$, also $d_{X\backslash P}(\xi) > 0$, d. h. $\xi\in P$ $[\![\,$2.1, A 7 (a)$\,]\!]$.

Lösung zu A 3

Es sei $(O_j)_j \in \tau_d^{\mathbb{N}}$, $M = \bigcap_{j\in\mathbb{N}} O_j \notin \alpha_{\tau_d}$, also $\overline{M}^{\tau_d} \setminus M = \bigcup_{j\in\mathbb{N}} (\overline{M}^{\tau_d} \setminus P_j)$, wobei $P_j := O_j \cap \overline{M}^{\tau_d}$ und $(\overline{M}^{\tau_d} \setminus P_j)^{\circ_{\tau_d|\overline{M}^{\tau_d}}} = \emptyset$ für jedes $j \in \mathbb{N}$ ist ⟦ Für $(\overline{M}^{\tau_d} \setminus P_j)^{\circ_{\tau_d|\overline{M}^{\tau_d}}} \neq \emptyset$ müßte wegen der Dichtigkeit von M in $(\overline{M}^{\tau_d}, \tau_d|\overline{M}^{\tau_d})$ insbesondere $(\overline{M}^{\tau_d} \setminus P_j) \cap M \neq \emptyset$ sein. ↯ ⟧. $\overline{M}^{\tau_d} \setminus M$ ist daher Menge 1. Kategorie in $(\overline{M}^{\tau_d}, \tau_d|\overline{M}^{\tau_d})$. Sei $x \in \overline{M}^{\tau_d} \setminus M$. Dann ist $x + M \subseteq \overline{M}^{\tau_d} \setminus M$, also auch $x + M$ und damit M ⟦ Translationen $a_x : V \longrightarrow V$, $a_x(x') := x' + x$, sind (τ_d, τ_d)-Homöomorphismen! ⟧ Menge 1. Kategorie in $(\overline{M}^{\tau_d}, \tau_d|\overline{M}^{\tau_d})$. Da nun $\overline{M}^{\tau_d} = M \cup (\overline{M}^{\tau_d} \setminus M)$ Menge 1. Kategorie in $(\overline{M}^{\tau_d}, \tau_d|\overline{M}^{\tau_d})$ ist, kann gem. 3.1-5.1 $(\overline{M}^{\tau_d}, d{\restriction}\overline{M}^{\tau_d} \times \overline{M}^{\tau_d})$ nicht vollständig sein. Nach 3.1-8 (a) ist (V, d) nicht vollständig.

Lösung zu A 4

Für jedes $j \in \mathbb{N}$ gilt

$$U_j \in \tau_d \quad \text{und} \quad D \subseteq U_j :$$

Sei $x \in U_j$, etwa $V_{x,j} \in \mathcal{U}_{\tau_d}(x) \cap \tau_d$ mit $\delta_d(V_{x,j}) < 1/(j+1)$, $\delta_e(V_{x,j} \cap D) < 1/(j+1)$. Dann ist $V_{x,j} \subseteq U_j$, denn für jedes $x' \in V_{x,j}$ ist $V_{x,j} \in \mathcal{U}_{\tau_d}(x') \cap \tau_d$ mit $\delta_d(V_{x,j}) < 1/(j+1)$, $\delta_e(V_{x,j} \cap D) < 1/(j+1)$. U_j ist daher eine offene Menge.

Für jedes $x \in D$ wähle man $P_{x,j} \in \tau_d$ mit $P_{x,j} \cap D = K^e_{\frac{1}{2(j+1)}}(x)$ und weiter ein $k \in \mathbb{N}$, $k > j$ mit $V_{x,j} := K^d_{\frac{1}{2(k+1)}}(x) \subseteq P_{x,j}$. Hierfür gilt dann $\delta_d(V_{x,j}) \leq 1/(k+1) < 1/(j+1)$ und $\delta_e(V_{x,j} \cap D) < 1/(j+1)$; x gehört also zu U_j.

Es folgt $D \subseteq \bigcap_{j\in\mathbb{N}} U_j$, und die Behauptung ergibt sich aus $\bigcap_{j\in\mathbb{N}} U_j \subseteq D$:

Sei $x \in \bigcap_{j\in\mathbb{N}} U_j$ und $V_{x,j}$ für jedes $j \in \mathbb{N}$ gem. Definition von U_j gewählt. Da (X, τ_d) ein T_3-Raum ist ⟦ (2.5,1) ⟧, gibt es $A_{x,j} \in \mathcal{U}_{\tau_d}(x) \cap \alpha_{\tau_d}$ mit $A_{x,j} \subseteq V_{x,j}$ ⟦ 2.5-2 ⟧, und man erhält $\emptyset \neq A_{x,j} \cap D \in \alpha_{\tau_d|D} = \alpha_{\tau_e}$, $\delta_e(A_{x,j} \cap D) < 1/(j+1)$ für jedes $j \in \mathbb{N}$.

Nach 3.1-3.1 existiert genau ein Element y_x in $\bigcap_{j\in\mathbb{N}}(A_{x,j} \cap D)$, nämlich $y_x = x$ ⟦ Für alle $j \in \mathbb{N}$ ist $d(y_x, x) < 1/(j+1)$! ⟧. $D = \bigcap_{j\in\mathbb{N}} U_j$ ist somit G_δ-Menge in (X, τ_d).

Lösungen zu 3.4

Lösung zu A 1

$(\mathbb{R}^+, d_{|\,|}{\restriction}\mathbb{R}^+ \times \mathbb{R}^+)$ ist ein vollständiger metrischer Raum ⟦ 3.1-8 (a) ⟧ und

$$f : \begin{cases} \mathbb{R}^+ \longrightarrow \mathbb{R}^+ \\ x \longmapsto x + \frac{1}{x+1} \end{cases}$$

eine Kontraktion ⟦ (2.4,6) (c) ⟧, wobei $f(x) = x + \frac{1}{x+1} \neq x$ für jedes $x \in \mathbb{R}^+$ gilt. 3.4-1 ist daher für Kontraktionen nicht richtig!

Lösung zu A 2

Es sei $A :=]0,1] \subseteq \mathbb{R}$ und $f : A \longrightarrow A$, $f(a) := \frac{1}{2}a$. Wegen $|f(a) - f(a')| = \frac{1}{2}|a - a'|$ ist

f eine strenge Kontraktion. In $\mathbb{R}$ gilt jedoch

$$a = \tfrac{1}{2}a \quad \Longleftrightarrow \quad a = 0.$$

3.4-1.2 ist daher ohne die Voraussetzung $A \in \alpha_{\tau_d}$ nicht richtig!

Lösung zu A 3

Wegen $|f(0) - f(-1)| = 2 > 1 = |0 - (-1)|$ ist f keine Kontraktion. Dagegen gilt für $j = 1$

$$f^{(j)}(x) = \tfrac{2}{3}x$$

für jedes $x \in \mathbb{R}$, $f^{(1)}$ ist daher eine strenge Kontraktion mit Kontraktionszahl $\lambda = \frac{2}{3}$.

Lösung zu A 4

$F^{(1)}$ ist eine strenge Kontraktion:

Für alle $f, g \in C_{\mathbb{R}}([0,1])$, $x \in [0,1]$ gilt

$$|F(f)(x) - F(g)(x)| = \left|\int_0^x (f(t) - g(t))\,\mathrm{d}t\right| \leq \int_0^x |f(t) - g(t)|\,\mathrm{d}t \leq \|f - g\|_\infty x$$

und daher

$$\begin{aligned}|F^{(1)}(f)(x) - F^{(1)}(g)(x)| = |F(F(f))(x) - F(F(g))(x)| &= \left|\int_0^x (F(f)(t) - F(g)(t))\,\mathrm{d}t\right| \\ &\leq \int_0^x |F(f)(t) - F(g)(t)|\,\mathrm{d}t \leq \int_0^x t\|f - g\|_\infty\,\mathrm{d}t \\ &= \frac{x^2}{2}\|f - g\|_\infty,\end{aligned}$$

woraus $\left\|F^{(1)}(f) - F^{(1)}(g)\right\|_\infty \leq \frac{1}{2}\|f - g\|_\infty$ folgt.

Lösung zu A 5

(a) Sei $\varepsilon > 0$ und $x_k \in K^d_\varepsilon(\xi)$. Für alle $j \in \mathbb{N}\backslash\{0\}$ gilt $d(\xi, x_{k+j}) = d(f(\xi), f(x_{k+j-1})) < d(\xi, x_{k+j-1})$, also (vollständige Induktion) $d(\xi, x_{k+j}) < d(\xi, x_k) < \varepsilon$.

(b) $(x_j)_j$ ist eine Cauchy-Folge in (X, d) ⟦ Beweis zu 3.4-1 ⟧, also gilt $(x_j)_j \to_d \xi$ ⟦ Beweis zu 3.1-1 ⟧, und somit ist $(x_{j+1})_j = (f(x_j))_j$ gegen $f(\xi)$ und ξ d-konvergent. Es folgt $f(\xi) = \xi$ ⟦ 1.2-1 (c) ⟧.

Lösung zu A 6

Wegen $\sum_{j=0}^\infty \lambda_j < \infty$ ist $(\lambda_j)_j$ eine Nullfolge in $(\mathbb{R}, d_{|\,|})$, es gibt daher ein $j_0 \in \mathbb{N}$ mit $\lambda_{j_0} < 1$. Gem. 3.4-3 hat f genau einen Fixpunkt $x^* = \lim_k f^{(j_0+k)}(x_0)$. Wegen

$$\begin{aligned}d\big(f^{(j+k+1)}(x_0), f^{(j)}(x_0)\big) &\leq \sum_{\nu=j}^{j+k} d\big(f^{(\nu)}(x_0), f^{(\nu+1)}(x_0)\big) \\ &= \sum_{\nu=j}^{j+k} d\big(f^{(\nu)}(x_0), f^{(\nu)}(f(x_0))\big) < \sum_{\nu=j}^{j+k} \lambda_\nu d(x_0, f(x_0))\end{aligned}$$

für alle $j,\, k \in \mathbb{N}$, folgt mit der Stetigkeit von d

$$d(x^*, f^{(j)}(x_0)) = d\Big(\lim_k f^{(j+j_0+k+1)}(x_0), f^{(j)}(x_0)\Big) = \lim_k d\big(f^{(j+j_0+k+1)}(x_0), f^{(j)}(x_0)\big)$$
$$\leq \lim_k \sum_{\nu=j}^{j+j_0+k} \lambda_\nu d(x_0, f(x_0)) = d(x_0, f(x_0)) \sum_{\nu \geq j} \lambda_\nu .$$

Lösung zu A 7

Picard-Iteration $x_{j+1} = f(x_j)$ ergibt $x_1 \in K_\varepsilon^d(x_0)$ $[\![d(x_1, x_0) = d(f(x_0), x_0) < \varepsilon(1-\lambda)]\!]$ und

$$d(x_{j+1}, x_j) = d(f(x_j), f(x_{j-1})) \leq \lambda d(x_j, x_{j-1}) \leq \lambda^j d(x_1, x_0)$$

für alle $j \geq 1$, also

$$d(x_{j+1}, x_0) \leq \sum_{\nu=0}^{j} d(x_{\nu+1}, x_\nu) \leq \sum_{\nu=0}^{j} \lambda^\nu d(f(x_0), x_0) < \Big(\sum_{\nu=0}^{j} \lambda^\nu\Big)\varepsilon(1-\lambda) < \varepsilon.$$

$(x_j)_j \in K_\varepsilon^d(x_0)^{\mathbb{N}}$ ist eine Cauchy-Folge in (X, d), etwa $(x_j)_j \to_d x^*$ für ein $x^* \in X$. Es folgt $(f(x_j))_{j \in \mathbb{N}} = (x_j)_{j \geq 1} \to_d x^*$, und wegen der Stetigkeit von f $[\![f$ ist Kontraktion$]\!]$ und $x^* \in K_\varepsilon^d(x_0)$ $[\![d(x^*, x_0) = d\big(\lim_j x_j, x_0\big) = \lim_j d(x_j, x_0) = \lim_j d(x_{j+1}, x_0) \leq \frac{1}{1-\lambda} d(f(x_0), x_0) < \varepsilon$ (s. o.)$]\!]$ erhält man $f(x^*) = \lim_j f(x_j) = x^*$.

Lösung zu A 8

Mit

$$F_x : \begin{cases} C_\mathbb{R}([0,1]) \longrightarrow C_\mathbb{R}([0,1]) \\ f \longmapsto \big(t \mapsto x \int_0^1 K(\tau, t) f(\tau)\, \mathrm{d}\tau + g(t)\big) \end{cases}$$

gilt für alle $f, \varphi \in C_\mathbb{R}([0,1]),\ t \in [0,1]$

$$|F_x(f)(t) - F_x(\varphi)(t)| = |x| \left| \int_0^1 K(\tau, t)(f(\tau) - \varphi(\tau))\, \mathrm{d}\tau \right|$$
$$\leq |x| \int_0^1 |K(\tau, t)|\, |f(\tau) - \varphi(\tau)|\, \mathrm{d}\tau \leq |x|\, \|K\|_\infty \|f - \varphi\|_\infty,$$

also $\|F_x(f) - F_x(\varphi)\|_\infty \leq |x|\, \|K\|_\infty \|f - \varphi\|_\infty$. Wählt man daher $a > 0$ so, daß $a\|K\|_\infty < 1$ ist, so ergibt sich nach 3.4-1 das gewünschte Resultat.

Lösung zu A 9

$F : C_\mathrm{b}(X, \mathbb{R}) \longrightarrow C_\mathrm{b}(X, \mathbb{R}),\ F(u)(x) := f(x, u(x))$, ist eine strenge Kontraktion:

F ist wohldefiniert, da $\big(x \mapsto f(x, u(x))\big)$ beschränkte stetige Funktion für jedes $u \in C_\mathrm{b}(X, \mathbb{R})$ ist. Weiter gilt wegen

$$|F(u)(x) - F(v)(x)| = |f(x, u(x)) - f(x, v(x))| \leq \lambda |u(x) - v(x)| \leq \lambda \|u - v\|_\infty$$

für alle $x \in X,\ u, v \in C_\mathrm{b}(X, \mathbb{R})$ auch $\|F(u) - F(v)\|_\infty \leq \lambda \|u - v\|_\infty$. Die Behauptung folgt nun aus 3.4-1.

Lösungen zu 3.5

Lösung zu A 1

Gem. 2.4, A 18 (a) sind die Addition und Skalarmultiplikation in $(V, \tau_{\| \|})$ stetige Funktionen, wegen der Voraussetzungen $\left(\sum_{i\in E} x_i\right)_{E\in\mathcal{P}_e I} \to_{\tau_{\| \|}} a$, $\left(\sum_{i\in E} y_i\right)_{E\in\mathcal{P}_e I} \to_{\tau_{\| \|}} b$ folgt nach 2.4-1, 2.4-8 (b) daher

$$\left(\sum_{i\in E}(x_i+y_i)\right)_{E\in\mathcal{P}_e I} = \left(\sum_{i\in E} x_i + \sum_{i\in E} y_i\right)_{E\in\mathcal{P}_e I} \to_{\tau_{\| \|}} a+b \qquad \text{und}$$

$$\left(\sum_{i\in E}(kx_i)\right)_{E\in\mathcal{P}_e I} = \left(k\sum_{i\in E} x_i\right)_{E\in\mathcal{P}_e I} \to_{\tau_{\| \|}} ka.$$

Lösung zu A 2

Für jedes $k \in \mathbb{N}$ sei $x_k = \left(\frac{1}{k+1}\delta_{i,k}\right)_{i\in\mathbb{N}}$. Wegen

$$\|x_k\|_2 = \left(\sum_{i=0}^{\infty}\left|\frac{1}{k+1}\delta_{i,k}\right|^2\right)^{1/2} = \frac{1}{k+1}$$

ist $(x_k)_k \in (\ell^2_{\mathbb{R}})^{\mathbb{N}}$.

$(x_k)_k$ ist nicht absolut summierbar in $(\ell^2_{\mathbb{R}}, \| \|_2)$, denn sonst müßte gemäß 3.5-1 ein $E_1 \in \mathcal{P}_e\mathbb{N}$ mit

$$\forall\, E \in \mathcal{P}_e\mathbb{N}\colon\ E\cap E_1 = \emptyset \Rightarrow \sum_{k\in E}\|x_k\|_2 < 1$$

existieren. Mit $n_1 := \max E_1$ müßte insbesondere

$$\sum_{k=n_1+1}^{n_1+1+n}\|x_k\|_2 = \sum_{k=n_1+1}^{n_1+1+n}\frac{1}{k+1} < 1$$

für jedes $n \in \mathbb{N}$ gelten. ↯

Dagegen ist $(x_k)_k$ summierbar mit $\sum_{k\in\mathbb{N}} x_k =_{\tau_{\| \|_2}} \left(\frac{1}{i+1}\right)_{i\in\mathbb{N}}$:

Zu jedem $\varepsilon > 0$ gibt es ein $n_\varepsilon \in \mathbb{N}$ mit $\sum_{i=n_\varepsilon+1}^{\infty}\frac{1}{(i+1)^2} < \varepsilon^2$. Für alle $E \in \mathcal{P}_e\mathbb{N},\ E \supseteq \mathbb{N}_{n_\varepsilon}$ gilt dann

$$\left\|\left(\sum_{k\in E} x_k\right) - \left(\frac{1}{i+1}\right)_{i\in\mathbb{N}}\right\|_2^2 = \sum_{i=0}^{\infty}\left|\left(\sum_{k\in E} x_k\right)(i) - \frac{1}{i+1}\right|^2 = \sum_{i=0}^{\infty}\left|\sum_{k\in E} x_k(i) - \frac{1}{i+1}\right|^2$$
$$\leq \sum_{i=n_\varepsilon+1}^{\infty}\frac{1}{(i+1)^2} < \varepsilon^2.$$

Lösung zu A 3

Man wende 3.5-2 mit den Partitionen $\{\,\{i\}\times\mathbb{N} \mid i\in\mathbb{N}\,\}$ bzw. $\{\,\mathbb{N}\times\{j\} \mid j\in\mathbb{N}\,\}$ an!

Lösung zu A 4

(a) $(v_i)_i$ absolut summierbar in (V, N) $\iff$ $(N(v_i))_i$ summierbar in $(\mathbb{R}, \tau_{|\,|})$

$\iff$ $\big(M(\varphi(v_i))\big)_i$ summierbar in $(\mathbb{R}, \tau_{|\,|})$

$\iff$ $(\varphi(v_i))_i$ absolut summierbar in (W, M)

(b) Gem. 1.2-6.1 seien $C, D \in \mathbb{R}^>$ mit

$$\forall\, x \in V\colon\; CM(x) \le N(x) \le DM(x)$$

gewählt. Es gilt dann:

$(v_i)_i$ absolut summierbar in (V, N)

$\implies$ $(N(v_i))_i$ summierbar in $(\mathbb{R}, \tau_{|\,|})$

$\implies$ $\Big(\dfrac{1}{C}N(v_i)\Big)_i$ summierbar in $(\mathbb{R}, \tau_{|\,|})$ [[A 1]]

$\implies$ $\big(M(v_i)\big)_i$ summierbar in $(\mathbb{R}, \tau_{|\,|})$ [[3.5-5 (a)]]

$\implies$ $(v_i)_i$ absolut summierbar in (V, M).

Aus Symmetriegründen folgt die Behauptung.

Lösung zu A 5

Die Reihe $\sum_{k=0}^{\infty} x_k$ mit $x_k := \big(\frac{1}{k+1}\delta_{i,k+1}\big)_{i\in\mathbb{N}}$ ist nicht absolut konvergent in $(\ell^2, \|\;\|_2)$ [[$\|x_k\|_2 = \frac{1}{k+1}$, $\sum_{k=0}^{\infty}\|x_k\|_2 = \infty$]], jedoch unbedingt konvergent:

Sei $c \in \ell^2$ definiert durch $c_0 := 0$, $c_{i+1} := \frac{1}{i+1}$ für jedes $i \in \mathbb{N}$, $\sigma : \mathbb{N} \longrightarrow \mathbb{N}$ eine Bijektion, $\varepsilon > 0$, $n_\varepsilon \in \mathbb{N}$ mit $\sum_{i=n_\varepsilon+1}^{\infty} \frac{1}{i^2} < \varepsilon$ und $m_\varepsilon := \max\{\,\sigma^{-1}(i) \mid i \in \mathbb{N}_{n_\varepsilon}\,\}$. Dann ist $\mathbb{N}_{n_\varepsilon} \subseteq \sigma[\mathbb{N}_{m_\varepsilon}]$, also

$$\forall\, i \in \mathbb{N}_{n_\varepsilon}\colon\; \sum_{k=0}^{m_\varepsilon} x_{\sigma(k)}(i) - c_i = 0,$$

und für jedes $m \ge m_\varepsilon$ gilt

$$\Big\|\sum_{k=0}^{m} x_{\sigma(k)} - c\Big\|_2^2 = \sum_{i=0}^{\infty}\Big|\sum_{k=0}^{m} x_{\sigma(k)}(i) - c_i\Big|^2 \le \sum_{i=n_\varepsilon+1}^{\infty} \frac{1}{i^2} < \varepsilon.$$

Man erhält daher $\sum_{k=0}^{\infty} x_{\sigma(k)} = c$.

Alternative mit A 2: $(x_k)_{k\in\mathbb{N}} \in (\ell^2_{\mathbb{R}})^{\mathbb{N}}$ sei summierbar, jedoch nicht absolut summierbar in $(\ell^2_{\mathbb{R}}, \|\;\|_2)$. Gem. (3.5,4) (a) ist $\sum_{k=0}^{\infty} x_k$ nicht absolut konvergent. Nach 3.5-4 ist $(x_{\sigma(i)})_{i\in\mathbb{N}}$ für jede Permutation σ von $\mathbb{N}$ summierbar mit Summe $\sum_{i\in\mathbb{N}} x_{\sigma(i)} = \sum_{k\in\mathbb{N}} x_k = \sum_{k=0}^{\infty} x_k$, also $\sum_{i=0}^{\infty} x_{\sigma(i)} = \sum_{k=0}^{\infty} x_k$ [[vgl. die Ausführungen im Anschluß an 3.5-4, Seite 233]].

Lösung zu A 6

(a) Gem. 3.5-5 (c) gilt (evtl. uneigentlich) $\sum_{(n,m)\in\mathbb{N}\times\mathbb{N}} x^n y^m = \big(\sum_{n\in\mathbb{N}} x^n\big)\big(\sum_{m\in\mathbb{N}} y^m\big)$, und mit (3.5,4) (a) folgt

$$\sum_{n\in\mathbb{N}} x^n = \sum_{n=0}^{\infty} x^n = \frac{1}{1-x}, \qquad \sum_{m\in\mathbb{N}} y^m = \sum_{m=0}^{\infty} y^m = \frac{1}{1-y}.$$

Daher ist $(x^n y^m)_{(n,m)\in\mathbb{N}\times\mathbb{N}}$ summierbar (mit Summe $\frac{1}{(1-x)(1-y)}$).

(b) Die Menge $X_1 := \{\, j \in I \mid x_j \geq 1 \,\}$ ist endlich, denn nach 3.5-1 gibt es ein $E_1 \in \mathcal{P}_{\mathrm{e}}I$ mit

$$\forall\, E \in \mathcal{P}_{\mathrm{e}}I\colon\; E \cap E_1 = \emptyset \Rightarrow \sum_{j\in E} x_j < 1.$$

Gem. 3.5-5 (b) gilt

$$\sum_{j\in I} x_j^p = \sum_{j\in X_1} x_j^p + \sum_{j\in I\setminus X_1} x_j^p,$$

wobei $(x_j^p)_{j\in I\setminus X_1}$ wegen $x_j^p \leq x_j$ $(j \in I\setminus X_1)$ nach 3.5-1.1 (b), 3.5-5 (a) summierbar ist.

Lösung zu A 7

Da das Skalarprodukt $\langle\,\rangle$ stetig auf $(V \times V, \tau_{\langle\,\rangle} \times \tau_{\langle\,\rangle})$ ist ⟦2.4, A 18 (c)⟧, erhält man mit 2.4-1

$$\Big\langle \sum_{i\in I} x_i, \sum_{j\in J} y_j \Big\rangle = \Big\langle \lim_{E\in\mathcal{P}_{\mathrm{e}}I} \sum_{i\in E} x_i, \sum_{j\in J} y_j \Big\rangle = \lim_{E\in\mathcal{P}_{\mathrm{e}}I} \Big\langle \sum_{i\in E} x_i, \sum_{j\in J} y_j \Big\rangle$$
$$= \lim_{E\in\mathcal{P}_{\mathrm{e}}I} \sum_{i\in E} \Big\langle x_i, \sum_{j\in J} y_j \Big\rangle = \sum_{i\in I} \Big\langle x_i, \sum_{j\in J} y_j \Big\rangle = \ldots = \sum_{i\in I} \Big(\sum_{j\in J} \langle x_i, y_j \rangle \Big)$$

⟦ebenso für die zweite Variable in $\langle\,\rangle$⟧. Wenn man zuerst die zweite Variable in $\langle\,\rangle$ analog behandelt, folgt die andere Gleichung (Alternativ: Stetigkeit der Konjugation in K).

Lösung zu A 8

Zu bestätigen ist nur noch, daß $\langle\,\rangle_2$ ein Skalarprodukt auf $L^2(I)$ ist (vgl. Seite 15).

Seien $(x_j)_j, (y_j)_j, (z_j)_j \in L^2(I),\; k \in K$. Für $(z_j)_j \neq 0$, etwa $i \in I$ mit $z_i \neq 0$, erhält man

$$\langle (z_j)_j, (z_j)_j \rangle_2 = \sum_{j\in I} z_j \overline{z_j} \geq |z_i|^2 > 0 \qquad [\![\,3.5\text{-}5\ (a)\,]\!].$$

Weiterhin gilt:

$$\langle (x_j)_j, (y_j)_j \rangle_2 = \sum_{j\in I} x_j \overline{y_j} = \overline{\sum_{j\in I} \overline{x_j} y_j} \qquad [\![\,\text{Konjugation ist stetig in } (K, \tau_{|\,|}).\,]\!]$$
$$= \overline{\langle (y_j)_j, (x_j)_j \rangle_2},$$

$$\langle (x_j)_j + (y_j)_j, (z_j)_j \rangle_2 = \sum_{j\in I} (x_j + y_j)\overline{z_j} = \sum_{j\in I} (x_j \overline{z_j} + y_j \overline{z_j})$$
$$= \sum_{j\in I} x_j \overline{z_j} + \sum_{j\in I} y_j \overline{z_j} \qquad [\![\,\text{A } 1\,]\!]$$
$$= \langle (x_j)_j, (z_j)_j \rangle_2 + \langle (y_j)_j, (z_j)_j \rangle_2$$

und

$$\begin{aligned}\langle k(x_j)_j, (y_j)_j\rangle_2 &= \sum_{j\in I}(kx_j)\overline{y_j} = k\sum_{j\in I} x_j\overline{y_j} \qquad [\![\text{A } 1]\!]\\ &= k\langle (x_j)_j, (y_j)_j\rangle_2.\end{aligned}$$

Lösung zu A 9

(i) $\Rightarrow$ (ii) Gem. 3.3-6 ist (V, d_ν) vollständig, und wegen $\nu\big(\sum_{j=k}^{k+m} v_j\big) \le \sum_{j=k}^{k+m} \nu(v_j)$ ist $\sum_{j=0}^{\infty} v_j$ eine Cauchy-Folge in (V, d_ν), also konvergent in $\big(V, \tau_{d_\nu}\big) = (V, \tau)$.

(ii) $\Rightarrow$ (i) Sei $(v_j)_j \in V^{\mathbb{N}}$ eine Cauchy-Folge in (V, d_ν) und $j_k \in \mathbb{N}$ für jedes $k \in \mathbb{N}$ so gewählt, daß

$$\forall\, n, m \ge j_k\colon\ d_\nu(v_n, v_m) = \nu(v_n - v_m) < 2^{-k}$$

und (o. B. d. A.) $j_{k+1} > j_k$ für jedes $k \in \mathbb{N}$ gilt. Dann ist $\sum_{k=0}^{\infty} \nu\big(v_{j_{k+1}} - v_{j_k}\big) \le \sum_{k=0}^{\infty} 2^{-k}$ konvergent und somit gem. (ii) $\sum_{k=0}^{\infty}\big(v_{j_{k+1}} - v_{j_k}\big) = \big(v_{j_k} - v_{j_0}\big)_{k\in\mathbb{N}\setminus\{0\}}$ konvergent in (V, τ). Da die Addition in (V, τ) stetig ist, folgt die Konvergenz der Teilfolge $\big(v_{j_k}\big)_{k\in\mathbb{N}\setminus\{0\}}$ von $(v_j)_{j\in\mathbb{N}}$. Nach 3.1-1 ist auch $(v_j)_j$ konvergent in (V, τ).

Lösung zu A 10

(a) Für alle $f, g \in BV([a, b])$ läßt sich $V(f + g)$ abschätzen durch

$$\begin{aligned}&\sup\Big\{\sum_{j=0}^{n}|(f+g)(x_{j+1}) - (f+g)(x_j)|\ \Big|\ n \in \mathbb{N}\setminus\{0\},\ (x_0,\dots,x_{n+1}) \in \mathcal{Z}_{a,b}\Big\}\\ &\le \sup\Big\{\sum_{j=0}^{n}|f(x_{j+1}) - f(x_j)| + \sum_{j=0}^{n}|g(x_{j+1}) - g(x_j)|\ \Big|\ n \in \mathbb{N}\setminus\{0\},\\ &\qquad\qquad (x_0,\dots,x_{n+1}) \in \mathcal{Z}_{a,b}\Big\}\\ &\le V(f) + V(g) < \infty,\end{aligned}$$

also ist $f + g \in BV([a, b])$, und weiter für alle $r \in \mathbb{R}$

$$\begin{aligned}V(rf) &= \sup\Big\{\sum_{j=0}^{n}|(rf)(x_{j+1}) - (rf)(x_j)|\ \Big|\ n \in \mathbb{N}\setminus\{0\},\ (x_0,\dots,x_{n+1}) \in \mathcal{Z}_{a,b}\Big\}\\ &= |r|V(f) < \infty,\end{aligned}$$

also $rf \in BV([a, b])$,

$$\|f+g\|_V = |(f+g)(a)| + V(f+g) \le |f(a)| + |g(a)| + V(f) + V(g) = \|f\|_V + \|g\|_V,$$

$$\|rf\|_V = |(rf)(a)| + V(rf) = |r|\,|f(a)| + |r|V(f) = |r|\,\|f\|_V \qquad \text{und}$$

$$\|f\|_V = 0 \quad\Longrightarrow\quad f = 0 \qquad [\![0 = \|f\|_V = |f(a)| + V(f) \Longrightarrow f = 0]\!].$$

$(BV([a,b]), \| \ \|_V)$ ist somit ein normierter $\mathbb{R}$-Vektorraum und V eine Halbnorm auf $BV([a,b])$, die keine Norm ist (Jede konstante Funktion hat die Variation Null!). Zum Nachweis der Vollständigkeit sei gem. 3.5-6 $(f_j)_j \in BV([a,b])^{\mathbb{N}}$ mit $\sum_{j=0}^{\infty}\|f_j\|_V < \infty$. Für jedes $x \in [a,b],\ j \in \mathbb{N}$ gilt

$$|f_j(x)| \le |f_j(a)| + |f_j(x) - f_j(a)| \le |f_j(a)| + V(f_j) = \|f_j\|_V,$$

die Reihe $\sum_{j=0}^{\infty} f_j(x)$ ist daher absolut konvergent und somit konvergent ⟦3.5-6⟧ in $(\mathbb{R}, \tau_{|\ |})$, etwa $f(x) := \sum_{j=0}^{\infty} f_j(x)$. Ist $(x_0, \ldots, x_{n+1}) \in \mathcal{Z}_{a,b}$, so ergibt sich

$$\begin{aligned}\sum_{k=0}^{n}|f(x_{k+1}) - f(x_k)| &= \sum_{k=0}^{n}\left|\sum_{j=0}^{\infty} f_j(x_{k+1}) - \sum_{j=0}^{\infty} f_j(x_k)\right| \\ &\le \sum_{k=0}^{n}\sum_{j=0}^{\infty}|f_j(x_{k+1}) - f_j(x_k)| \\ &= \sum_{j=0}^{\infty}\sum_{k=0}^{n}|f_j(x_{k+1}) - f_j(x_k)| \le \sum_{j=0}^{\infty} V(f_j),\end{aligned}$$

also

$$V(f) \le \sum_{j=0}^{\infty} V(f_j) \le \sum_{j=0}^{\infty}\|f_j\|_V < \infty.$$

f ist von beschränkter Variation auf $[a,b]$ und $f = \sum_{j=0}^{\infty} f_j$ in $(BV([a,b]), \| \ \|_V)$ ⟦ $\left\|f - \sum_{j=0}^{m} f_j\right\|_V = \left\|\sum_{j=m+1}^{\infty} f_j\right\|_V = \left|\sum_{j=m+1}^{\infty} f_j(a)\right| + V\left(\sum_{j=m+1}^{\infty} f_j\right) \le \sum_{j=m+1}^{\infty}\|f_j\|_V + \sum_{j=m+1}^{\infty}\|f_j\|_V$ gem. obiger Abschätzungen⟧.

(b) $(BV_0([a,b]), V)$ ist ein normierter $\mathbb{R}$-Vektorraum (vgl. die Ausführungen zu (a)), $\| \ \|_V \upharpoonright BV_0([a,b]) = V$ und $BV_0([a,b])$ abgeschlossen in $(BV([a,b]), \tau_{\| \ \|_V})$:
Sei $f \in BV([a,b]) \backslash BV_0([a,b])$ und $g \in K_{|f(a)|/2}^{d_{\| \ \|_V}}(f)$. Es folgt

$$\begin{aligned}|g(a)| &= |f(a) - (f(a) - g(a))| \ge |f(a)| - |f(a) - g(a)| \\ &\ge |f(a)| - \|f - g\|_V \ge \frac{|f(a)|}{2} > 0,\end{aligned}$$

also $g \in BV([a,b]) \backslash BV_0([a,b])$. Die Vollständigkeit ergibt sich nun aus 3.1-8 (a).

Lösungen zu 3.6

Lösung zu A 1

(a) Für alle $x \in S,\ z \in S^{\perp}$ gilt $\langle x, z\rangle = 0$, also $x \in S^{\perp\perp}$.

(b) Für alle $x, y \in S^{\perp},\ k, l \in K,\ z \in S$ ist

$$\langle kx + ly, z\rangle = k\langle x, z\rangle + l\langle y, z\rangle = 0,$$

also $kx + ly \in S^{\perp}$. Sei $(x_j)_j \in (S^{\perp})^{\mathbb{N}},\ v \in V$ mit $(x_j)_j \to_{\| \ \|_{\langle\,\rangle}} v$. Für jedes $z \in S$ erhält man mit 1.2-2 (d) $(\langle x_j, z\rangle)_j \to_{\tau_{|\ |}} \langle v, z\rangle$ und wegen $\langle x_j, z\rangle = 0$ für alle $j \in \mathbb{N}$ auch $(\langle x_j, z\rangle)_j \to_{\tau_{|\ |}} 0$, woraus $\langle v, z\rangle = 0$, d. h. $v \in S^{\perp}$ folgt.

(c) Zunächst gilt $S^\perp = (\overline{S}^{\mathrm{lin}})^\perp$ offensichtlich. Wegen $S \subseteq \overline{S}^{\mathcal{T}\langle\,\rangle} \subseteq \overline{\overline{S}^{\mathcal{T}\langle\,\rangle}}^{\mathrm{lin}} \subseteq \overline{\overline{S}^{\mathrm{lin}}}^{\mathcal{T}\langle\,\rangle}$ ⟦ 2.4, A 18 (b) ⟧ erhält man daher

$$S^\perp = (\overline{S}^{\mathrm{lin}})^\perp \supseteq (\overline{S}^{\mathcal{T}\langle\,\rangle})^\perp \supseteq \left(\overline{\overline{S}^{\mathcal{T}\langle\,\rangle}}^{\mathrm{lin}}\right)^\perp \supseteq \left(\overline{\overline{S}^{\mathrm{lin}}}^{\mathcal{T}\langle\,\rangle}\right)^\perp,$$

und es bleibt $S^\perp \subseteq \left(\overline{\overline{S}^{\mathrm{lin}}}^{\mathcal{T}\langle\,\rangle}\right)^\perp$ zu zeigen:

Sei $z \in S^\perp = (\overline{S}^{\mathrm{lin}})^\perp$, $t \in \overline{\overline{S}^{\mathrm{lin}}}^{\mathcal{T}\langle\,\rangle}$, etwa $(t_j)_j \in (\overline{S}^{\mathrm{lin}})^{\mathbb{N}}$ mit $(t_j)_j \to_{\|\;\|_{\langle\,\rangle}} t$. Nach 1.2-2 (d) folgt $(\langle z, t_j\rangle)_j \to_{\|\;\|_{\langle\,\rangle}} \langle z, t\rangle$, also $\langle z, t\rangle = 0$.

(d) $S^{\perp\perp} = \left(\overline{\overline{S}^{\mathrm{lin}}}^{\mathcal{T}\langle\,\rangle}\right)^{\perp\perp}$ gem. (c) und $\left(\overline{\overline{S}^{\mathrm{lin}}}^{\mathcal{T}\langle\,\rangle}\right)^{\perp\perp} = \overline{\overline{S}^{\mathrm{lin}}}^{\mathcal{T}\langle\,\rangle}$ nach 3.6-4.1 (b).

Lösung zu A 2

(a) Für alle $x, y \in V$, $k, l \in K$ gilt wegen $x - \pi_W(x), y - \pi_W(y) \in W^\perp$ ⟦ 3.6-4 ⟧ und A 1 (b)

$$kx + ly - k\pi_W(x) - l\pi_W(y) = k(x - \pi_W(x)) + l(y - \pi_W(y)) \in W^\perp,$$

wiederum nach 3.6-4 also $\pi_W(kx + ly) = k\pi_W(x) + l\pi_W(y)$. Für jedes $w \in W$ ist $\pi_W(w) = w$, π_W daher surjektiv. Die Stetigkeit von π_W folgt aus

$$\begin{aligned}\|\pi_W(x)\|^2_{\langle\,\rangle} &\le \|x - \pi_W(x)\|^2_{\langle\,\rangle} + \|\pi_W(x)\|^2_{\langle\,\rangle} \\ &= \|x - \pi_W(x) + \pi_W(x)\|^2_{\langle\,\rangle} \qquad [\![\, 3.6\text{-}2\ (a) \,]\!] \\ &= \|x\|^2_{\langle\,\rangle}.\end{aligned}$$

(b) Wegen $\pi_W(x) \in W$ gilt $\pi_W(\pi_W(x)) = \pi_W(x)$ für jedes $x \in V$.

(c) $\langle x, \pi_W(y)\rangle = \langle x - \pi_W(x) + \pi_W(x), \pi_W(y)\rangle = \langle \pi_W(x), \pi_W(y)\rangle$ ⟦ $x - \pi_W(x) \in W^\perp$, $\pi_W(y) \in W$ ⟧ und ebenso $\langle \pi_W(x), y\rangle = \langle \pi_W(x), \pi_W(y)\rangle$.

Lösung zu A 3

Es sei

$$V := \{\, x \in \ell^2 \mid \exists\, j \in \mathbb{N}\ \forall\, k \ge j\colon\ x_k = 0 \,\} \quad \text{und}$$
$$W := \left\{\, x \in V \;\middle|\; x \perp \left(\tfrac{1}{j+1}\right)_j \text{ in } (\ell^2, \langle\,\rangle_2) \,\right\}.$$

$(V, \langle\,\rangle_2 \restriction V \times V)$ ist ein Prähilbertraum über K, $W \in \alpha_{\mathcal{T}\langle\,\rangle_2 | V}$ ⟦ A 1 (b) ⟧ und $W^\perp = \{0\}$: Für jedes $k \in \mathbb{N}$ sei $y^{(k)} \in V$ definiert durch

$$y^{(k)}(j) := \begin{cases} k+1 & \text{für } j = k \\ -k-2 & \text{für } j = k+1 \\ 0 & \text{sonst.} \end{cases}$$

Dann ist $\{\, y^{(k)} \mid k \in \mathbb{N} \,\} \subseteq W$ ⟦ $\langle y^{(k)}, (\frac{1}{j+1})_j\rangle_2 = (k+1)\frac{1}{k+1} - (k+2)\frac{1}{k+2} = 0$ ⟧, für jedes $x \in W^\perp$ gilt daher $0 = \langle x, y^{(k)}\rangle_2 = (k+1)x_k - (k+2)x_{k+1}$, wegen $x \in V$ also $x = 0$. Es folgt $V \ne W + W^\perp = W$ ⟦ $(\delta_{0,j})_j \in V \backslash W$ wegen $\langle (\delta_{0,j})_j, (\frac{1}{j+1})_j\rangle_2 = 1$ ⟧.

Lösung zu A 4

$\{ (\delta_{i,j})_{i\in I} \mid j \in I \}$ ist eine Orthonormalbasis in $(L^2(I), \langle\ \rangle_2)$:

$$\langle(\delta_{i,j})_{i\in I}, (\delta_{i,k})_{i\in I}\rangle_2 = \sum_{i\in I} \delta_{i,j}\delta_{i,k} = \begin{cases} 1 & \text{für } j = k \\ 0 & \text{für } j \neq k \end{cases}$$

für alle $j, k \in I$. Sei $x \in L^2(I)$, $x \perp (\delta_{i,j})_{i\in I}$. Dann ist $x_j = \sum_{i\in I} x_i\delta_{i,j} = 0$ für jedes $j \in I$. Nach 3.6-6 (a), 3.6-7 (b) folgt die Behauptung.

Lösung zu A 5

(i) ⇒ (ii) Für jedes $\varepsilon \in \,]0,1]$, $c \in C$ ist

$$\begin{aligned} \|x - \pi_C(x)\|^2_{\langle\ \rangle} &\leq \|x - (1-\varepsilon)\pi_C(x) - \varepsilon c\|^2_{\langle\ \rangle} \qquad [\![\, C \text{ ist konvex.}]\!] \\ &= \|x - \pi_C(x) + \varepsilon(\pi_C(x) - c)\|^2_{\langle\ \rangle} \\ &= \|x - \pi_C(x)\|^2_{\langle\ \rangle} + \varepsilon^2\|\pi_C(x) - c\|^2_{\langle\ \rangle} + 2\varepsilon\,\mathrm{Re}\langle x - \pi_C(x), \pi_C(x) - c\rangle, \end{aligned}$$

also

$$0 \leq \varepsilon\|\pi_C(x) - c\|^2_{\langle\ \rangle} + 2\,\mathrm{Re}\langle x - \pi_C(x), \pi_C(x) - c\rangle,$$

woraus $\mathrm{Re}\langle x - \pi_C(x), \pi_C(x) - c\rangle \geq 0$ folgt.

(ii) ⇒ (i) Für alle $c \in C$ gilt

$$\begin{aligned} \|x - c\|^2_{\langle\ \rangle} &= \|(x-y) + (y-c)\|^2_{\langle\ \rangle} = \|x - y\|^2_{\langle\ \rangle} + \|y - c\|^2_{\langle\ \rangle} + 2\,\mathrm{Re}\langle x - y, y - c\rangle \\ &\geq \|x - y\|^2_{\langle\ \rangle}. \end{aligned}$$

Lösung zu A 6

Im Hilbert-Raum $(\mathbb{C}, \langle\ \rangle_2)$ gilt für alle $a \in \mathbb{R}\backslash\{0\}$, $x = a + ia$, $y = -a + ia$:

$$\langle x, y\rangle_2 = (a + ia)(-a - ia) = -2ia^2 \neq 0,$$

$$\|x + y\|^2_{\langle\ \rangle_2} = \|2ia\|^2_{\langle\ \rangle_2} = 4a^2 = \|x\|^2_{\langle\ \rangle_2} + \|y\|^2_{\langle\ \rangle_2}.$$

Lösung zu A 7

(i) ⇒ (ii) Für alle $x \in W^\perp$, $w \in W$ gilt gem. 3.6-2 (a)

$$\|x + (-w)\|^2_{\langle\ \rangle} = \|x\|^2_{\langle\ \rangle} + \|w\|^2_{\langle\ \rangle} \geq \|x\|^2_{\langle\ \rangle}.$$

(ii) ⇒ (i) Sei $w \in W$, etwa $\langle x, w\rangle = |\langle x, w\rangle| e^{i\alpha}$ mit $\alpha \in \mathbb{R}$ (Polardarstellung), $\varepsilon > 0$. Da W K-Untervektorraum von V ist, folgt $\varepsilon e^{i\alpha} w \in W$ und nach (ii)

$$\begin{aligned} \|x\|^2_{\langle\ \rangle} \leq \|x - \varepsilon e^{i\alpha} w\|^2_{\langle\ \rangle} &= \|x\|^2_{\langle\ \rangle} + \varepsilon^2\|w\|^2_{\langle\ \rangle} + 2\,\mathrm{Re}\langle x, -\varepsilon e^{i\alpha} w\rangle \\ &= \|x\|^2_{\langle\ \rangle} + \varepsilon^2\|w\|^2_{\langle\ \rangle} - 2\varepsilon\,\mathrm{Re}(e^{-i\alpha}\langle x, w\rangle) \\ &= \|x\|^2_{\langle\ \rangle} + \varepsilon^2\|w\|^2_{\langle\ \rangle} - 2\varepsilon|\langle x, w\rangle|. \end{aligned}$$

Somit gilt $|\langle x, w\rangle| \leq \frac{\varepsilon}{2}\|w\|^2_{\langle\ \rangle}$ für jedes $\varepsilon > 0$, also $x \perp w$.

Lösung zu A 8

P_1 ist ein zweidimensionaler $\mathbb{R}$-Untervektorraum von $C_{\mathbb{R}}([0,1])$ ⟦ $\mathrm{id}_{[0,1]}$ und die konstante Funktion 1 sind $\mathbb{R}$-linear unabhängig. ⟧ und daher $(P_1, d_{\langle\,\rangle} \restriction P_1 \times P_1)$ vollständig ⟦ (3.1,2) (a) ⟧. Gem. 3.6-1 gibt es genau ein $f \in P_1$ mit $\|g - f\|_{\langle\,\rangle} = \mathrm{dist}(g, P_1)$, die Berechnung von $\mathrm{dist}(g, P_1)$ (und damit die von f) erfolgt nach 3.6-3 mit einer Orthonormalbasis von P_1, die aus $\{1, \mathrm{id}_{[0,1]}\}$ gem. dem Orthonormalisierungsverfahren 3.6-8 errechnet wird:

$$x_0 = 1, \quad y_0 := 1, \quad \|y_0\|_{\langle\,\rangle} = \left(\int_0^1 1\,\mathrm{d}t\right)^{1/2} = 1, \quad \text{also}$$

$$b_0 = 1, \quad \langle \mathrm{id}_{[0,1]}, b_0\rangle = \int_0^1 t\,\mathrm{d}t = \frac{1}{2}.$$

$$y_1 = \mathrm{id}_{[0,1]} - \langle \mathrm{id}_{[0,1]}, b_0\rangle b_0 = \mathrm{id}_{[0,1]} - \frac{1}{2}, \quad \|y_1\|_{\langle\,\rangle} = \left(\int_0^1 \left(t - \tfrac{1}{2}\right)^2 \mathrm{d}t\right)^{1/2} = \frac{1}{2\sqrt{3}}, \quad \text{also}$$

$$b_1 = 2\sqrt{3}\left(\mathrm{id}_{[0,1]} - \tfrac{1}{2}\right).$$

Gem. 3.6-8 ist $\{1, \sqrt{3}(2\,\mathrm{id}_{[0,1]} - 1)\}$ eine Orthonormalbasis von P_1. Die Fourier-Koeffizienten von g sind

$$\langle g, b_0\rangle = \int_0^1 t^3\,\mathrm{d}t = \frac{1}{4} \quad \text{und} \quad \langle g, b_1\rangle = \int_0^1 t^3(2t-1)\sqrt{3}\,\mathrm{d}t = \frac{3\sqrt{3}}{20}.$$

Der Abstand $\mathrm{dist}(g, P_1)$ ist gem. 3.6-3 der von g zu

$$f := \frac{1}{4}b_0 + \frac{3\sqrt{3}}{20}b_1 = \frac{1}{10}(9\,\mathrm{id}_{[0,1]} - 2),$$

wegen ⟦ s. 3.6-3 ⟧

$$\|g - f\|^2_{\langle\,\rangle} = \|g\|^2_{\langle\,\rangle} - \left(\left(\frac{1}{4}\right)^2 + \left(\frac{3\sqrt{3}}{20}\right)^2\right) = \frac{9}{700}$$

also $\mathrm{dist}(g, P_1) = \frac{3\sqrt{7}}{70}$.

Lösung zu A 9

$(W, \langle\,\rangle \restriction W \times W)$ ist ein Hilbert-Raum (über K), besitzt daher eine Orthonormalbasis B ⟦ 3.6-7 (b) ⟧. Die Menge

$$\mathcal{O} := \{\, C \subseteq V \mid C \supseteq B,\ C \text{ Orthonormalmenge in } (V, \langle\,\rangle) \,\}$$

ist nichtleer, und jede $\subseteq$-Kette $\mathcal{K} \subseteq \mathcal{O}$ hat eine obere Schranke $\bigcup \mathcal{K}$ in $\mathcal{O}$. Nach dem Zornschen Lemma hat $\mathcal{O}$ ein $\subseteq$-maximales Element $C_{\max}$. Gem. 3.6-7 (b) ist $C_{\max}$ eine Orthonormalbasis von $(V, \langle\,\rangle)$, also abzählbar nach 3.6-7.3. Damit ist auch B abzählbar und $(W, \tau_{\langle\,\rangle}|W)$ separabel ⟦ 3.6-7.3 ⟧. Alternativ: 2.3, A 3.

Lösung zu A 10

Nach A 1 (c) gilt $\{v\}^\perp = \big(\overline{\{v\}}^{\text{lin}}\big)^\perp$, und gem. 3.6-4.1 (a) ist $V = \overline{\{v\}}^{\text{lin}} \oplus \{v\}^\perp$. Sei $x = x_v + x_{v'} \in V$, wobei $x_v \in \overline{\{v\}}^{\text{lin}}$ und $x_{v'} \in \{v\}^\perp$ sind. Für alle $w \in \{v\}^\perp$ ist

$$\|x - w\|^2_{\langle\,\rangle} = \|x_v + (x_{v'} - w)\|^2_{\langle\,\rangle} = \|x_v\|^2_{\langle\,\rangle} + \|x_{v'} - w\|^2_{\langle\,\rangle} \geq \|x_v\|^2_{\langle\,\rangle}$$

⟦ 3.6-2 (a) ⟧, also $\operatorname{dist}(x, \{v\}^\perp) \geq \|x_v\|_{\langle\,\rangle}$. Umgekehrt erhält man auch

$$\operatorname{dist}(x, \{v\}^\perp) = \inf\{\, \|x - w\|_{\langle\,\rangle} \mid w \in \{v\}^\perp \,\} \leq \|x - x_{v'}\|_{\langle\,\rangle} = \|x_v\|_{\langle\,\rangle}.$$

Wegen

$$x_v = \pi_{\overline{\{v\}}^{\text{lin}}}(x) = \Big\langle x, \frac{1}{\|v\|_{\langle\,\rangle}} v \Big\rangle \Big(\frac{1}{\|v\|_{\langle\,\rangle}} v \Big)$$

⟦ $\{\frac{1}{\|v\|_{\langle\,\rangle}} v\}$ ist Orthonormalbasis von $\overline{\{v\}}^{\text{lin}}$; 3.6-3 ⟧ folgt

$$\operatorname{dist}(x, \{v\}^\perp) = \|x_v\|_{\langle\,\rangle} = \frac{1}{\|v\|_2} |\langle x, v\rangle|.$$

Lösung zu A 11

Aus Symmetriegründen genügt der Nachweis von (i) $\Rightarrow$ (ii):

Für $n = 0$ ist $w_0 \in \overline{\{v_0\}}^{\text{lin}}$ gem. (i), also $w_0 = k_0 v_0$ für ein $k_0 \in K \backslash \{0\}$. Es folgt $v_0 = \frac{1}{k_0} w_0 \in \overline{\{w_0\}}^{\text{lin}}$. Für den Induktionsschritt nehme man für alle $i \leq n$

$$v_i \in \overline{\{\, w_j \mid 0 \leq j \leq i \,\}}^{\text{lin}}$$

an, etwa $v_i = \sum_{j=0}^{i} k_{i,j} w_j$. Nach Voraussetzung (i) ist $w_{n+1} \in \overline{\{\, v_j \mid 0 \leq j \leq n+1 \,\}}^{\text{lin}}$, etwa $w_{n+1} = \sum_{i=0}^{n+1} l_{n+1,i} v_i$. Durch Einsetzen erhält man

$$\begin{aligned} l_{n+1,n+1} v_{n+1} &= w_{n+1} - \sum_{i=0}^{n} l_{n+1,i} v_i = w_{n+1} - \sum_{i=0}^{n} l_{n+1,i} \sum_{j=0}^{i} k_{i,j} w_j \\ &\in \overline{\{\, w_j \mid 0 \leq j \leq n+1 \,\}}^{\text{lin}}, \end{aligned}$$

und wegen der K-linearen Unabhängigkeit von $\{\, w_j \mid 0 \leq j \leq n+1 \,\}$ ist $l_{n+1,n+1} \neq 0$.

Lösung zu A 12

Für alle $b, b' \in B$ gilt

$$\|b - b'\|_{\langle\,\rangle} = \begin{cases} 0 & \text{für } b = b' \\ \big(\|b\|^2_{\langle\,\rangle} + \|b'\|^2_{\langle\,\rangle}\big)^{1/2} = \sqrt{2} & \text{für } b \neq b'. \end{cases}$$

Man wähle für jedes $b \in B$ ein $d_b \in K^{d_{\langle\,\rangle}}_{\sqrt{2}/2}(b) \cap D$. Die Funktion $d : B \longrightarrow D,\ d(b) := d_b$, ist injektiv wegen $K^{d_{\langle\,\rangle}}_{\sqrt{2}/2}(b) \cap K^{d_{\langle\,\rangle}}_{\sqrt{2}/2}(b') = \emptyset$ für alle $b, b' \in B,\ b \neq b'$.

Lösung zu A 13

$B := \bigcup_{i\in I} B_i$ ist eine Orthonormalmenge in $(V, \langle\ \rangle)$, und für jedes $j \in I$ gilt nach Voraussetzung

$$U_j = \overline{B_j^{\text{lin}}}^{\tau_{\langle\ \rangle}|U_j} = \overline{B_j^{\text{lin}}}^{\tau_{\langle\ \rangle}} \subseteq \overline{\left(\bigcup_{i\in I} B_i\right)^{\text{lin}}}^{\tau_{\langle\ \rangle}}$$

$[\![U_j \in \alpha_{\tau_{\langle\ \rangle}}$ gem. 3.1-8 (b) $]\!]$. Es folgt

$$\sum\nolimits_{i\in I}^{\perp} U_i \supseteq \overline{\left(\bigcup_{i\in I} B_i\right)^{\text{lin}}}^{\tau_{\langle\ \rangle}} \supseteq \bigcup_{j\in I} U_j,$$

also auch

$$\sum\nolimits_{i\in I}^{\perp} U_i \supseteq \overline{\left(\bigcup_{i\in I} B_i\right)^{\text{lin}}}^{\tau_{\langle\ \rangle}} \supseteq \overline{\left(\bigcup_{j\in I} U_j\right)^{\text{lin}}}^{\tau_{\langle\ \rangle}} = \sum\nolimits_{i\in I}^{\perp} U_i.$$

$\bigcup_{i\in I} B_i$ ist daher $[\![$ 3.6-7 (a) $]\!]$ eine Orthonormalbasis der orthogonalen Summe $\sum_{i\in I}^{\perp} U_i$.

Lösungen zu 4.1

Lösung zu A 1

$\tau := \{\emptyset, \mathbb{N}\} \cup \{\, \mathbb{N}_k \mid k \in \mathbb{N}\,\}$ ist eine Topologie auf $\mathbb{N}$.

$(\mathbb{N}, \tau)$ genügt dem 1. Abzählbarkeitsaxiom $[\![$ τ ist sogar abzählbar! $]\!]$ und hat die B-W-E $[\![$ Sei $s \in S \subseteq \mathbb{N}$, $k \geq 1$, $U \in \mathcal{U}_\tau(s+k)$, also $\mathbb{N}_{s+k} \subseteq U$ und somit $s \in U$. Wegen $s \neq s+k$ ist $s+k$ Häufungspunkt von S. $]\!]$.

Sei $(j_k)_{k\in\mathbb{N}}$ eine Teilfolge von $(j)_{j\in\mathbb{N}}$ und $n \in \mathbb{N}$. Aus $(j_k)_k \to_\tau n$ würde folgen:

$$\exists\, k_0 \in \mathbb{N}\ \forall\, k \geq k_0\colon\ j_k \in \mathbb{N}_n,$$

$\{\, j_k \mid k \in \mathbb{N}\,\}$ wäre also endlich. ↯

Lösung zu A 2

Es sei $\varepsilon > 0$ und $E \in \mathcal{P}_e X$ eine $\frac{\varepsilon}{2}$-Kette in (X, d), $E_S := \{\, e \in E \mid K^d_{\varepsilon/2}(e) \cap S \neq \emptyset\,\}$ und $y_e \in K^d_{\varepsilon/2}(e) \cap S$ für jedes $e \in E_S$. Die Menge $\{\, y_e \mid e \in E_S\,\}$ ist eine ε-Kette in $(S, d{\restriction}S \times S)$:

Sei $s \in S$, etwa $e \in E$ mit $s \in K^d_{\varepsilon/2}(e)$. Es folgt $d(s, y_e) \leq d(s,e) + d(e, y_e) < \varepsilon$.

Lösung zu A 3

(a) „$\Leftarrow$“ folgt mit (4.1,4) (a).

„$\Rightarrow$“ Sei S beschränkt in $(\mathbb{C}^n, d_q)$. Dann ist gem. 2.1, A 7 (c) auch $\overline{S}^{\tau_{d_q}}$ beschränkt (und abgeschlossen) in $(\mathbb{C}^n, d_q)$, also $\overline{S}^{\tau_{d_q}}$ kompakt. $(\overline{S}^{\tau_{d_q}}, d_q{\restriction}\overline{S}^{\tau_{d_q}} \times \overline{S}^{\tau_{d_q}})$ ist nach 4.1-3.2 totalbeschränkt $[\![$ $\tau_{d_q{\restriction}\overline{S}^{\tau_{d_q}} \times \overline{S}^{\tau_{d_q}}} = \tau_{d_q}|\overline{S}^{\tau_{d_q}}$ $]\!]$. Mit A 2 folgt die Totalbeschränktheit von $(S, d_q{\restriction}S \times S)$.

(b) Für jedes $i \in \mathbb{N}$ sei $a_i \in A$ mit $a_i > \sup A - \frac{1}{i+1}$ gewählt. $(a_j)_{j\in\mathbb{N}}$ ist eine Cauchy-Folge in $(A, d_{|\,|}\restriction A \times A)$, also konvergent in $(A, \tau_{|\,|}|A)$ gegen $\sup A$. Analog für $\inf A$.

Lösung zu A 4

In (ℓ^q, d_q), $1 \leq q \leq \infty$, ist $\widetilde{K}_1^{d_q}(0)$ beschränkt, jedoch nicht totalbeschränkt $[\![$ Sonst wäre $\widetilde{K}_1^{d_q}(0)$ gem. 4.1-3.2 kompakt. Die unendliche Menge $\{\, (\delta_{j,i})_{i\in\mathbb{N}} \mid j \in \mathbb{N} \,\} \subseteq \widetilde{K}_1^{d_q}(0)$ hat jedoch keinen Häufungspunkt (s. (4.1,6)). $]\!]$.

Lösung zu A 5

Nach (4.1,4) (b) ist (X, τ_d) separabel und gem. 2.3-4 ein A_2-Raum.

Lösung zu A 6

Sei $\varepsilon > 0$. Nach Voraussetzung gibt es zu jedem $x \in X$ ein $\delta_x > 0$ mit

$$\forall\, f \in F\; \forall\, x' \in X\colon\; d(x, x') < \delta_x \Rightarrow e(f(x), f(x')) < \frac{\varepsilon}{2}.$$

$\{\, K^d_{\delta_x}(x) \mid x \in X \,\}$ ist eine offene Überdeckung von X, hat also eine Lebesgue-Zahl δ. Für alle x, $x' \in X$ mit $d(x, x') < \delta$ existiert daher ein $x'' \in X$ mit $\{x, x'\} \subseteq K^d_{\delta_{x''}}(x'')$, und es folgt für jedes $f \in F$

$$e(f(x), f(x')) \leq e(f(x), f(x'')) + e(f(x'), f(x'')) < \varepsilon.$$

Lösung zu A 7

Sei $\varepsilon > 0$. Wegen der gleichmäßigen Stetigkeit von f gibt es ein $\delta > 0$ mit

$$\forall\, x, x' \in X\colon\; d(x, x') < \delta \Rightarrow e(f(x), f(x')) < \varepsilon.$$

Sei $\{x_1, \ldots, x_n\}$ eine δ-Kette in (X, d). Dann ist $\{f(x_1), \ldots, f(x_n)\}$ eine ε-Kette in $(f[X], e\restriction f[X] \times f[X])$ $[\![\, f[X] = f\big[\bigcup_{i=1}^n K^d_\delta(x_i)\big] = \bigcup_{i=1}^n f[K^d_\delta(x_i)] \subseteq \bigcup_{i=1}^n K^e_\varepsilon(f(x_i)) \,]\!]$.

Lösung zu A 8

(i) $\Rightarrow$ (ii) Ist (X, τ_d) nicht kompakt, so existiert nach 4.1-3.4 eine unendliche Menge $S \subseteq X$ mit $S'^{\tau_d} = \emptyset$. Sei $A = \{\, a_j \mid j \in \mathbb{N} \,\} \subseteq S$, $a_j \neq a_k$ für alle $j \neq k$, also auch $A'^{\tau_d} = \emptyset$. Dann ist $A \in \alpha_{\tau_d}$ und $\tau_d|A$ diskret $[\![$ Für $\{a_{j_0}\} \notin \tau_d|A$, $j_0 \in \mathbb{N}$, gilt $a_{j_0} \in A'^{\tau_d}$. $]\!]$. Die Funktion

$$f : \begin{cases} A \longrightarrow \mathbb{R} \\ a_j \longmapsto j \end{cases}$$

ist stetig und besitzt gem. 2.5-11 eine stetige Fortsetzung $F : X \longrightarrow \mathbb{R}$. F ist nicht beschränkt.

(ii) $\Rightarrow$ (iii) Für jedes $f \in C(X, \mathbb{R})$ ist $(f[X], \tau_{|\,|}|f[X])$ kompakt $[\![$ 4.1-6 (a) $]\!]$, also $\inf f[X]$, $\sup f[X] \in f[X]$ $[\![$ A 3 (b) $]\!]$.

(iii) $\Rightarrow$ (i) Sei $C(X, \mathbb{R}) \neq C_b(X, \mathbb{R})$, etwa f ein Element aus $C(X, \mathbb{R}) \setminus C_b(X, \mathbb{R})$. Dann ist $\inf f[X] = -\infty$ oder $\sup f[X] = \infty$ $[\![\, X \neq \emptyset \,]\!]$, also $\inf f[X] \notin f[X]$ oder $\sup f[X] \notin f[X]$.

Lösung zu A 9

(a) Die Distanzfunktion

$$d_T : \begin{cases} S \longrightarrow \mathbb{R} \\ s \longmapsto \operatorname{dist}(s, T) \end{cases}$$

ist stetig ⟦ (2.4,1) (d) ⟧, also $(d_T[S], \tau_{|\,|} | d_T[S])$ kompakt ⟦ 4.1-6 (a) ⟧. Gem. A 3 (b) folgt $\inf d_T[S] \in d_T[S]$, d. h. es gibt ein $s \in S$ mit $d_T(s) = \inf d_T[S] = \operatorname{dist}(S, T)$.

(b) *(i)* ⇒ *(ii)* Aus $\operatorname{dist}(S, T) = 0$, etwa $\operatorname{dist}(s, T) = 0$ für ein $s \in S$ gem. (a), folgt $s \in \overline{T}^{\tau_d} = T$ ⟦ 2.1, A 7 (a) ⟧.

(ii) ⇒ *(i)* Für $x \in S \cap T$ gilt $0 = d(x, x) \geq \operatorname{dist}(S, T) \geq 0$.

Lösung zu A 10

(X, d) kompakt: Auf $(X, d) := (\mathbb{R}, d_{|\,|})$ sei $f_0 := 0$ und für jedes $j \in \mathbb{N}\backslash\{0\}$ $f_j : \mathbb{R} \longrightarrow \mathbb{R}$ definiert durch

$$f_j(x) := \begin{cases} x + j & \text{für } x \in \left]-j, -(j-1)\right[\\ -x + j & \text{für } x \in \left]j-1, j\right[\\ 1 & \text{für } x \in [-(j-1), j-1] \\ 0 & \text{sonst.} \end{cases}$$

$(f_j)_j \in C_{\mathbb{R}}(\mathbb{R})^{\mathbb{N}}$ ist punktweise monoton wachsend und $(f_j)_j \xrightarrow[\tau_{|\,|}\text{-pktw.}]{} 1$. Dagegen konvergiert $(f_j)_j$ nicht $d_{|\,|}$-gleichmäßig gegen 1.

f stetig: Auf $(X, d) := ([0, 1], d_{|\,|} \restriction [0, 1] \times [0, 1])$ sei $f_j : [0, 1] \longrightarrow \mathbb{R}$ für jedes $j \in \mathbb{N}$ definiert durch

$$f_j(x) := \begin{cases} (j+1)x & \text{für } x \in \left[0, \frac{1}{j+1}\right[\\ 1 & \text{für } x \in \left[\frac{1}{j+1}, 1\right]. \end{cases}$$

$(f_j)_j \in C_{\mathbb{R}}([0, 1])^{\mathbb{N}}$ ist punktweise monoton wachsend und $(f_j)_j \xrightarrow[\tau_{|\,|}\text{-pktw.}]{} \chi_{]0,1]}$. Dagegen konvergiert $(f_j)_j$ nicht $d_{|\,|}$-gleichmäßig gegen $\chi_{]0,1]}$ ⟦ 2.4-6 ⟧.

$(f_j)_j$ punktweise monoton wachsend (oder fallend): Auf $(X, d) := ([0, 1], d_{|\,|} \restriction [0, 1] \times [0, 1])$ sei $f_j : [0, 1] \longrightarrow \mathbb{R}$ für jedes $j \in \mathbb{N}$ definiert durch (vgl. (1.2,1)(c))

$$f_j(x) := \begin{cases} (j+2)x & \text{für } x \in \left[0, \frac{1}{j+2}\right[\\ -(j+2)x + 2 & \text{für } x \in \left[\frac{1}{j+2}, \frac{2}{j+2}\right[\\ 0 & \text{sonst.} \end{cases}$$

$(f_j)_j \in C_{\mathbb{R}}([0, 1])^{\mathbb{N}}$ konvergiert $\tau_{|\,|}$-punktweise, jedoch nicht $d_{|\,|}$-gleichmäßig gegen 0.

Lösung zu A 11

Es sei $x_0 \in X$ und $x_{j+1} = f(x_j)$ für jedes $j \in \mathbb{N}$. Da $(f[X], \tau_d | f[X])$ kompakt, d. h. folgenkompakt ist, hat $(f(x_j))_j$ eine konvergente Teilfolge, etwa $\left(f\left(x_{j_k}\right)\right)_k \rightarrow_{\tau_d} x$ für ein $x \in f[X]$. x ist dann Häufungspunkt der Folge $(f(x_j))_j = (x_{j+1})_j$, und gem. 3.4, A 5 (b) gilt $x \in \operatorname{Fix} f$.

Lösung zu A 12

(a) $\widetilde{K}_1^{d_\infty}(0)$ ist zwar beschränkt und abgeschlossen in $(C_\mathbb{R}([a,b]), d_\infty)$, jedoch *nicht* gleichgradig stetig (nach 4.1-10.1 somit nicht kompakt):

Für jedes $j \in \mathbb{N}$ sei

$$f_j : \begin{cases} [a,b] \longrightarrow \mathbb{R} \\ x \longmapsto \left(\frac{x-a}{b-a}\right)^j. \end{cases}$$

$\{ f_j \mid j \in \mathbb{N} \} \subseteq \widetilde{K}_1^{d_\infty}(0)$ ist nicht gleichgradig stetig, denn zu jedem $0 < \varepsilon < 1$, $0 < \delta < b-a$, $x \in \,]b-\delta, b[$ gibt es ein $j \in \mathbb{N}$ mit $\left(\frac{x-a}{b-a}\right)^j \leq 1-\varepsilon$, also $|f_j(x) - f_j(b)| = 1 - f_j(x) \geq \varepsilon$.

(b) S_L ist beschränkt $[\![\, \delta(S_L) \leq 2 \,]\!]$, gleichgradig stetig $[\![$ Für $\delta := \varepsilon/L$, $f \in S_L$ und $x, x' \in [a,b]$, $|x - x'| < \delta$ gilt $|f(x) - f(x')| \leq L|x - x'| < \varepsilon.$ $]\!]$ und abgeschlossen:

Sei $f \in \overline{S_L}^{\tau_{d_\infty}}$, etwa $(f_j)_j \in S_L^\mathbb{N}$ mit $(f_j)_j \to_{d_\infty} f$, $\varepsilon > 0$. Man wähle ein $j_\varepsilon \in \mathbb{N}$ mit $d_\infty(f_j, f) < \varepsilon/2$. Für alle $x, x' \in [a,b]$ gilt dann

$$|f(x) - f(x')| \leq \left|f(x) - f_{j_\varepsilon}(x)\right| + \left|f_{j_\varepsilon}(x) - f_{j_\varepsilon}(x')\right| + \left|f_{j_\varepsilon}(x') - f(x')\right| < \varepsilon + L|x - x'|.$$

Es folgt $|f(x) - f(x')| \leq L|x - x'|$, d. h. $f \in S_L$.

Nach 4.1-10.1 erhält man die Kompaktheit von $\left(S_L, \tau_{d_\infty}|S_L\right)$.

(c) Es sei $C > 0$, $G(x) \subseteq [-C, C]$. G ist gleichgradig gleichmäßig stetig $[\![$ A 6 $]\!]$, also gibt es zu $\varepsilon = 1$ ein $n \in \mathbb{N}\backslash\{0\}$ mit

$$\forall\, g \in G\ \forall\, x', x'' \in [a,b]\colon\ |x' - x''| \leq \frac{b-a}{n} \Rightarrow |g(x') - g(x'')| < 1.$$

Für jedes $x' \in [a,b]$ sei $(z_0, \ldots, z_m) \in [a,b]^m$, $m \leq n$, so gewählt, daß $z_0 = x'$, $z_m = x$ und $|z_j - z_{j+1}| \leq (b-a)/n$ für jedes $j \in \{0, \ldots, m-1\}$ erfüllt ist. Dann folgt für jedes $g \in G$

$$|g(x')| \leq \sum_{j=0}^{m-1} |g(z_j) - g(z_{j+1})| + |g(z_m)| < m + |g(x)| \leq n + C,$$

also ist $G \subseteq \widetilde{K}_{n+C}^{d_\infty}(0)$ beschränkt.

I. a. sind gleichgradig stetige Mengen $G \subseteq C_\mathbb{R}([a,b])$ *nicht* d_∞-beschränkt:

Für jedes $j \in \mathbb{N}$ sei

$$g_j : \begin{cases} [a,b] \longrightarrow \mathbb{R} \\ x \longmapsto j. \end{cases}$$

$G := \{ g_j \mid j \in \mathbb{N} \}$ ist nicht d_∞-beschränkt, jedoch gleichgradig stetig.

Lösung zu A 13

(a) *(i) $\Rightarrow$ (ii)* Sei $x \in X$ und $\varepsilon > 0$. Man wähle gem. (i) ein $\delta > 0$ mit

$$\forall\, x' \in X\ \forall\, g \in G\colon\ d(x, x') < \delta \Rightarrow e(g(x), g(x')) < \frac{\varepsilon}{3}.$$

Für jedes $h \in \overline{G}^{\tau_{d_\infty}}$ gibt es ein $g \in G$ mit $d_\infty(g,h) < \varepsilon/3$. Man erhält somit für alle $x' \in X,\ d(x,x') < \delta$, auch

$$e(h(x),h(x')) \le e(h(x),g(x)) + e(g(x),g(x')) + e(g(x'),h(x')) < \varepsilon.$$

(ii) $\Rightarrow$ *(i)* ist wegen $G \subseteq \overline{G}^{\tau_{d_\infty}}$ klar.

(b) Nach (a) ist $\overline{G}^{\tau_{d_\infty}}$ gleichgradig stetig und gem. 2.1, A 7 (c) auch beschränkt in $(C(X,\mathbb{R}^n),d_\infty)$. Aus 4.1-10.1 folgt die Kompaktheit von $\left(\overline{G}^{\tau_{d_\infty}}, \tau_{d_\infty}|\overline{G}^{\tau_{d_\infty}}\right)$, jede Folge in G hat daher eine in $\overline{G}^{\tau_{d_\infty}}$ d_∞-konvergente, also $d_{\|\ \|}$-gleichmäßig konvergente Teilfolge ⟦ (2.4,7) (a) ⟧.

Lösung zu A 14

Wegen

$$\begin{aligned}|f_j(x)| &\le |f_j(x) - f_j(x_0)| + |f_j(x_0)| \le C|x - x_0| + \sup_{i\in\mathbb{N}}|f_i(x_0)| \\ &\le C(b-a) + \sup_{i\in\mathbb{N}}|f_i(x_0)|\end{aligned}$$

für alle $x \in [a,b],\ j \in \mathbb{N}$, ist $\{\, f_j \mid j \in \mathbb{N}\}$ beschränkt in $(C_{\mathbb{R}}([a,b]),d_\infty)$, etwa $D := \delta(\{\, f_j \mid j \in \mathbb{N}\})$. Für $D = 0$ ist $(f_j)_j$ konstante Folge und somit $d_{|\ |}$-gleichmäßig konvergent. Für $D > 0$ erhält man

$$\{\, \tfrac{1}{D}f_j \mid j \in \mathbb{N}\} \subseteq \{\, f \in \widetilde{K}_1^{d_\infty}(0) \mid \forall\, x,x' \in [a,b]:\ |f(x) - f(x')| \le C|x - x'|\,\} =: S_C,$$

wobei $(S_C, \tau_{d_\infty}|S_C)$ gem. A 12 (b) kompakt ist. $\left(\frac{1}{D}f_j\right)_j$ hat somit eine d_∞-konvergente Teilfolge $\left(\frac{1}{D}f_{j_k}\right)_k$, und $\left(f_{j_k}\right)_k = D\left(\frac{1}{D}f_{j_k}\right)_k$ ist daher $d_{|\ |}$-gleichmäßig konvergent.

Lösung zu A 15

(i) $\Rightarrow$ *(ii)* Nach 4.1-10 ist $\overline{F}^{\tau_{d_\infty}}$ gleichgradig stetig, also auch F, und für jedes $x \in X$ ist $\left(\overline{\overline{F}^{\tau_{d_\infty}}(x)}^{\tau_e}, \tau_e|\overline{\overline{F}^{\tau_{d_\infty}}(x)}^{\tau_e}\right)$ kompakt. Wegen $\overline{F(x)}^{\tau_e} \subseteq \overline{\overline{F}^{\tau_{d_\infty}}(x)}^{\tau_e}$ ist gem. 4.1-5 (a) $\left(\overline{F(x)}^{\tau_e}, \tau_e|\overline{F(x)}^{\tau_e}\right)$ ebenfalls kompakt.

(ii) $\Rightarrow$ *(i)* Gem. A 13 (a) ist $\overline{F}^{\tau_{d_\infty}}$ gleichgradig stetig. Für jedes $x \in X$ ist die kanonische Projektion

$$\pi_x : \begin{cases} C(X,Y) \longrightarrow Y \\ f \longmapsto f(x)\end{cases}$$

$(\tau_{d_\infty}, \tau_e)$-stetig ⟦ Sei $(f_j)_j \in C(X,Y)^{\mathbb{N}},\ f \in C(X,Y),\ (f_j)_j \to_{d_\infty} f$. Nach (2.4,7) (a), (b) folgt $(f_j)_j \xrightarrow[\tau_e\text{-pktw.}]{} f$, d. h. $\forall\, x \in X:\ (f_j(x))_j \to_{\tau_e} f(x)$, also $(\pi_x(f_j))_j \to_{\tau_e} \pi_x(f)$. Gem. 2.4-1.3 ist π_x stetig. ⟧. Mit 2.4-1 erhält man für jedes $x \in X$

$$\overline{F}^{\tau_{d_\infty}}(x) = \pi_x\left[\overline{F}^{\tau_{d_\infty}}\right] \subseteq \overline{\pi_x[F]}^{\tau_e} = \overline{F(x)}^{\tau_e}$$

und somit $\overline{\overline{F}^{\tau_{d_\infty}}(x)}^{\tau_e} = \overline{F(x)}^{\tau_e}$ ⟦ s. (i) $\Rightarrow$ (ii) ⟧. Nach 4.1-10 ist $\left(\overline{F}^{\tau_{d_\infty}}, \tau_{d_\infty}|\overline{F}^{\tau_{d_\infty}}\right)$ kompakt.

Lösung zu A 16

(a) Sei $\varepsilon > 0$. Da $\{f\} \cup \{ f_j \mid j \in \mathbb{N} \}$ gleichgradig gleichmäßig stetig ist ⟦ A 6 ⟧, gibt es ein $\delta > 0$ mit

$$\forall\, x, x' \in X\colon\ d(x,x') < \delta \Rightarrow \forall\, j \in \mathbb{N}\colon\ e(f_j(x), f_j(x')) < \frac{\varepsilon}{3},\ e(f(x), f(x')) < \frac{\varepsilon}{3}.$$

Seien $x_1, \ldots, x_n \in X$ so gewählt, daß $X = \bigcup_{j=1}^n K_\delta^d(x_j)$ gilt ⟦ (X, τ_d) kompakt ⟧ und weiter $j_\varepsilon \in \mathbb{N}$ mit

$$\forall\, i \in \{1, \ldots, n\}\ \forall\, j \geq j_\varepsilon\colon\ e(f_j(x_i), f(x_i)) < \frac{\varepsilon}{3}.$$

Für alle $j \geq j_\varepsilon,\ x \in X$, etwa $x \in K_\delta^d(x_i)$, erhält man dann

$$e(f(x), f_j(x)) \leq e(f(x), f(x_i)) + e(f(x_i), f_j(x_i)) + e(f_j(x_i), f_j(x)) < \varepsilon,$$

also $d_\infty(f_j, f) \leq \varepsilon$.

(b) Für jedes $x \in X$ ist $(f_j(x))_j$ eine Cauchy-Folge in (Y, e):

Sei $\varepsilon > 0$. Wähle $\delta > 0$ mit

$$\forall\, j \in \mathbb{N}\ \forall\, x' \in X\colon\ d(x,x') < \delta \Rightarrow e(f_j(x), f_j(x')) < \frac{\varepsilon}{3},$$

$y \in D \cap K_\delta^d(x)$ und $j_\varepsilon \in \mathbb{N}$ mit

$$\forall\, j, k \geq j_\varepsilon\colon\ e(f_j(y), f_k(y)) < \frac{\varepsilon}{3}.$$

Dann folgt

$$\begin{aligned}\forall\, j, k \geq j_\varepsilon\colon\ & e(f_j(x), f_k(x)) \\ & \leq e(f_j(x), f_j(y)) + e(f_j(y), f_k(y)) + e(f_k(y), f_k(x)) < \varepsilon.\end{aligned}$$

Es sei φ_x ein Limes von $(f_j(x))_j$ in (Y, τ_e) ⟦ (Y, e) vollständig ⟧. $\varphi : X \longrightarrow Y$, definiert durch $\varphi(x) := \varphi_x$, ist stetig ⟦ Für jedes $x \in X$ sei $\delta > 0$ zu $\varepsilon > 0$ wie oben gewählt. Wegen $(f_j(x))_j \to_{\tau_e} \varphi_x$ und $(f_j(x'))_j \to_{\tau_e} \varphi_{x'}$ ergibt sich die Konvergenz $\big(e(f_j(x), f_j(x'))\big)_j \to_{\tau_{|\,|}} e(\varphi_x, \varphi_{x'})$, also $e(\varphi_x, \varphi_{x'}) \leq \varepsilon/3$ für alle $x' \in K_\delta^d(x)$. ⟧.

Die Behauptung folgt nun aus (a).

Lösung zu A 17

Wegen der Stetigkeit von $\pi_i \circ f$ ⟦ 2.4-7 (c) ⟧ ist $\int_a^b f(s)\,\mathrm{d}s$ wohldefiniert.

(a)

$$\begin{aligned}\Big\| \int_a^b f(s)\,\mathrm{d}s \Big\|_2 &= \Big(\sum_{i=1}^n \Big| \int_a^b \pi_i \circ f(s)\,\mathrm{d}s \Big|^2 \Big)^{1/2} \leq \Big(\sum_{i=1}^n \Big(\int_a^b |\pi_i \circ f(s)|\,\mathrm{d}s \Big)^2 \Big)^{1/2} \\ &\leq \Big(\sum_{i=1}^n \Big(\int_a^b |\pi_i \circ f(s)|^2\,\mathrm{d}s \Big) \Big(\int_a^b 1^2\,\mathrm{d}s \Big) \Big)^{1/2}\end{aligned}$$

$$[\![\left(\int_a^b |\pi_i \circ f(s)|\,\mathrm{d}s\right)^2 \leq \left(\int_a^b |\pi_i \circ f(s)|^2\,\mathrm{d}s\right)\left(\int_a^b 1^2\,\mathrm{d}s\right)$$

gem. 1.1, A 2 (a)]\!]

$$= \left((b-a)\sum_{i=1}^{n}\left(\int_a^b |\pi_i \circ f(s)|^2\,\mathrm{d}s\right)\right)^{1/2}$$

$$= \left((b-a)\int_a^b \sum_{i=1}^{n}|\pi_i \circ f(s)|^2\,\mathrm{d}s\right)^{1/2}$$

$$= \left((b-a)\int_a^b \|f(s)\|_2^2\,\mathrm{d}s\right)^{1/2} \leq \left((b-a)\int_a^b \|f\|_\infty^2\,\mathrm{d}s\right)^{1/2}$$

$$= ((b-a)^2\|f\|_\infty^2)^{1/2} = (b-a)\|f\|_\infty.$$

(b) Für alle $t, t' \in [a,b],\ t' < t$ gilt

$$\|I(t) - I(t')\|_2 = \left\|\int_{t'}^{t} f(s)\,\mathrm{d}s\right\|_2 \leq (t-t')\|f\|_\infty \qquad [\![\text{(a)}]\!].$$

Lösung zu A 18

(a) Für den Beweis kann o. B. d. A. $n = 1$ angenommen werden. Es seien $x, y \in \mathcal{L},\ x \neq y$, etwa $x(t_1) < y(t_1)$ für ein $t_1 \in [t_0 - \varepsilon, t_0 + \varepsilon],\ t_1 < t_0$ (o. B. d. A.). Nach dem Beweis des globalen Existenzsatzes von Peano (4.1,9) gibt es zu jedem $c \in\ ]x(t_1), y(t_1)[$ eine Lösung x_c der Anfangswertaufgabe

$$x'(t) = f(t, x(t)), \quad t \in I$$
$$x(t_1) = c.$$

[\![Für $t_1 \in\ ]t_0 - \varepsilon, t_0 + \varepsilon[$ setze man x_c aus Lösungen η, ζ dieser Anfangswertaufgabe über den Teilintervallen $[t_1, t_0 + \varepsilon]$ bzw. $[t_0 - \varepsilon, t_1]$ zusammen!]\!]. Die Menge

$$A := \{\, t \in [t_1, t_0] \mid y(t) = x_c(t) \text{ oder } x(t) = x_c(t) \,\}$$

enthält wenigstens ein Element t^* [\![Wegen der Stetigkeit der Funktionen $x_c - x$, $y - x_c$, $(x_c - x)(t_1) > 0$, $(y - x_c)(t_1) > 0$ würde aus $(y - x_c)(t) \neq 0$, $(x_c - x)(t) \neq 0$ für alle $t \in [t_1, t_0]$ natürlich $(y - x_c)\restriction[t_1, t_0] > 0$ und $(x_c - x)\restriction[t_1, t_0] > 0$ folgen im Widerspruch zu $y(t_0) = \vec{x_0} = x(t_0)$.]\!] Sei o. B. d. A. $y(t^*) = x_c(t^*)$ und

$$\widetilde{y}(t) := \begin{cases} x_c(t) & \text{für } t \leq t^* \\ y(t) & \text{für } t^* \leq t. \end{cases}$$

Dann ist $\widetilde{y}(t_0) = y(t_0) = \vec{x_0}$, $\widetilde{y}$ differenzierbar, denn

$$\lim_{\substack{t \to t^* \\ t < t^*}} \widetilde{y}'(t) = \lim_{\substack{t \to t^* \\ t < t^*}} x_c'(t) = \lim_{\substack{t \to t^* \\ t < t^*}} f(t, x_c(t)) = f(t^*, x_c(t^*))$$

$$= f(t^*, y(t^*)) = \lim_{\substack{t \to t^* \\ t > t^*}} f(t, y(t)) = \lim_{\substack{t \to t^* \\ t > t^*}} y'(t) = \lim_{\substack{t \to t^* \\ t > t^*}} \widetilde{y}'(t),$$

und für alle $t \in [t_0 - \varepsilon, t_0 + \varepsilon] \backslash \{t^*\}$ ist $\widetilde{y}$ ebenfalls differenzierbar in t. Für die Ableitung von $\widetilde{y}$ gilt

$$\widetilde{y}'(t) = \left\{\begin{matrix} x_c'(t) & \text{für } t \le t^* \\ y'(t) & \text{für } t^* \le t \end{matrix}\right\} = \left\{\begin{matrix} f(t, x_c(t)) & \text{für } t \le t^* \\ f(t, y(t)) & \text{für } t^* \le t \end{matrix}\right\} = f(t, \widetilde{y}(t)).$$

(b) Die Kompaktheit von $\mathcal{L}$ wird mit 4.1-10.1 nachgewiesen.

$\mathcal{L}$ beschränkt in $(C(I, \mathbb{R}^n), d_\infty)$: Für jedes $x \in \mathcal{L}$ gilt mit der konstanten Funktion $c_{\vec{x_0}} : I \longrightarrow \mathbb{R}^n,\ c_{\vec{x_0}}(t) := \vec{x_0}$,

$$\begin{aligned} d_\infty(x, c_{\vec{x_0}}) &= \sup_{t \in I} \|x(t) - \vec{x_0}\|_2 = \sup_{t \in I} \left\| \int_{t_0}^t f(s, x(s))\, \mathrm{d}s \right\|_2 \\ &\qquad [\![\, x(t) = \vec{x_0} + \textstyle\int_{t_0}^t f(s, x(s))\, \mathrm{d}s \text{ für jedes } t \in I \,]\!] \\ &\le \sup_{t \in I} \big(|t - t_0|\, \|f\|_\infty\big) \qquad [\![\, \text{A 17 (a)} \,]\!] \\ &= \varepsilon \|f\|_\infty. \end{aligned}$$

Daher ist $\delta(\mathcal{L}) \le 2\varepsilon \|f\|_\infty$.

$\mathcal{L}$ ist gleichgradig stetig: Für alle $x \in \mathcal{L},\ t, t' \in I$ gilt

$$\begin{aligned} \|x(t) - x(t')\|_2 &= \left(\sum_{i=1}^n |\pi_i \circ x(t) - \pi_i \circ x(t')|^2 \right)^{1/2} \\ &= \left(\sum_{i=1}^n |\pi_i \circ f(\xi_i, x(\xi_i))|^2 |t - t'|^2 \right)^{1/2} \\ &\qquad \text{für ein } \xi_i \text{ aus dem von } t, t' \text{ begrenzten Intervall} \\ &\qquad [\![\, |\pi_i \circ x(t) - \pi_i \circ x(t')| = |\pi_i \circ x'(\xi_i)|\, |t - t'| \text{ für ein } \xi_i \\ &\qquad \text{zwischen } t, t' \text{ nach dem Mittelwertsatz der Differentialrechnung} \,]\!] \\ &\le |t - t'| \sqrt{n} \|f\|_\infty \qquad [\![\, \text{1.1-4 (c)} \,]\!] \end{aligned}$$

$\mathcal{L}$ ist abgeschlossen in $\big(C(I, \mathbb{R}^n), \tau_{d_\infty}\big)$: Es sei $(x_j)_j \in \mathcal{L}^{\mathbb{N}},\ x \in C(I, \mathbb{R}^n),\ (x_j)_j \to_{d_\infty} x$. Wie in (4.1,9) erhält man für jedes $t \in I$

$$\left(\int_{t_0}^t f(s, x_j(s))\, \mathrm{d}s \right)_j \to_{d_{\|\ \|_2}} \int_{t_0}^t f(s, x(s))\, \mathrm{d}s$$

und mit $x_j(t) - \vec{x_0} = \int_{t_0}^t f(s, x_j(s))\, \mathrm{d}s$ $[\![\, x_j \in \mathcal{L} \,]\!]$ nach (2.4,7) (a), (b) auch

$$x(t) - \vec{x_0} = \int_{t_0}^t f(s, x(s))\, \mathrm{d}s,$$

d. h. $x \in \mathcal{L}$.

Lösung zu A 19

(i) $\Rightarrow$ *(ii)* gem. 4.1-6 (a) $[\![\, \forall\, j \in \mathbb{N}:\ \pi_j$ ist surjektiv und stetig $]\!]$.

(ii) ⇒ (i) Gem. 2.4, A 20 gibt es eine Pseudometrik d auf $\prod_{j\in\mathbb{N}} X_j$ mit $\tau_d = \bigtimes_{j\in\mathbb{N}} \tau_{d_j}$. Nach 4.1-3.2 ist die Folgenkompaktheit von $\left(\prod_{j\in\mathbb{N}} X_j, \bigtimes_{j\in\mathbb{N}} \tau_{d_j}\right)$ nachzuweisen. Sei also $\left(x^{(k)}\right)_k \in \left(\prod_{j\in\mathbb{N}} X_j\right)^{\mathbb{N}}$, $x_j^{(k)} = \pi_j\left(x^{(k)}\right)$ die j-te Koordinate von $x^{(k)}$ für jedes $j \in \mathbb{N}$. Da $\left(X_0, \tau_{d_0}\right)$ kompakt ist, hat $\left(x_0^{(k)}\right)_k$ eine konvergente Teilfolge $\left(x_0^{\mu_0(k)}\right)_k$, wobei $\mu_0 : \mathbb{N} \longrightarrow \mathbb{N}$ streng monoton wachsend ist. Hat man die konvergente (Teil-)Folge $\left(x_n^{\mu_n\circ\ldots\circ\mu_0(k)}\right)_k$, $\mu_n : \mathbb{N} \longrightarrow \mathbb{N}$ streng monoton wachsend gewählt, so besitzt $\left(x_{n+1}^{\mu_n\circ\ldots\circ\mu_0(k)}\right)_k$ ebenfalls eine konvergente Teilfolge $\left(x_{n+1}^{\mu_{n+1}\circ\mu_n\circ\ldots\circ\mu_0(k)}\right)_k$ wegen der Kompaktheit von $\left(X_{n+1}, \tau_{d_{n+1}}\right)$, wobei $\mu_{n+1} : \mathbb{N} \longrightarrow \mathbb{N}$ streng monoton wachsend ist. Für jedes $n \in \mathbb{N}$ sei $\xi_n \in X_n$ mit

$$\left(x_n^{\mu_n\circ\ldots\circ\mu_0(k)}\right)_k \rightarrow_{\tau_{d_n}} \xi_n .$$

Dann ist $\left(x^{\mu_k\circ\ldots\circ\mu_0(k)}\right)_{k\in\mathbb{N}}$ eine Teilfolge von $\left(x^{(k)}\right)_k$, die gegen $(\xi_k)_{k\in\mathbb{N}}$ konvergiert ⟦2.4-8 (b)⟧.

Lösung zu A 20

Gem. 3.1-9 ist

$$I_{x_0} : \begin{cases} X \longrightarrow \mathcal{A}_d \\ x \longmapsto \{x\} \end{cases}$$

eine Isometrie bzgl. $\left(d, D_{x_0} \restriction I_{x_0}[X] \times I_{x_0}[X]\right)$ und $D_{x_0}(\{x\},\{x'\}) = D_{x_0}^+(\{x\},\{x'\}) = D_{x_0}^-(\{x\},\{x'\})$. Wegen $A = I_{x_0} \circ a$ gilt deshalb (i) ⇒ (ii), (i) ⇒ (iii) und (i) ⇒ (iv), aus der Ober- (bzw. Unter-)halbstetigkeit von A in y folgt auch die Stetigkeit von A in y, also die von a in y.

Lösung zu A 21

Für jedes $s \in S$ gibt es ein $\delta_s > 0$ mit $K_{\delta_s}^d(s) \subseteq U$ ⟦$U \in \mathcal{U}_{\tau_d}(s)$⟧. Da S kompakt ist, existieren $s_1, \ldots, s_n \in S$ mit $\bigcup_{i=1}^n K_{\delta_{s_i}/2}^d(s_i) \supseteq S$ ⟦$\{ K_{\delta_s/2}^d(s) \cap S \mid s \in S \}$ ist eine offene Überdeckung von S.⟧. Sei $\delta := \frac{1}{2}\min\{ \delta_{s_i} \mid 1 \le i \le n \}$. Für jedes $x \in K_\delta^d(S)$ gilt dann $\operatorname{dist}(x,S) < \delta$, etwa $s \in S$ mit $d(x,s) < \delta$, $s \in K_{\delta_{s_i}/2}^d(s_i)$ für ein $i \in \{1,\ldots,n\}$, also

$$d(x,s_i) \le d(x,s) + d(s,s_i) < \delta + \frac{\delta_{s_i}}{2} \le \delta_{s_i},$$

woraus $x \in K_{\delta_{s_i}}^d(s_i) \subseteq U$ folgt.

Lösung zu A 22

$\{ f^{-1}[\,]r,\infty[\,] \mid r \in \mathbb{R} \}$ ist eine offene Überdeckung von (X,τ) ⟦2.4-2⟧, besitzt somit eine endliche Teilüberdeckung:

$$X = \bigcup_{i=1}^n f^{-1}[\,]r_i,\infty[\,].$$

Für $r := \min\{ r_i \mid 1 \le i \le n \}$ gilt dann

$$X = f^{-1}[\,]r,\infty[\,];$$

f ist nach unten beschränkt.

Sei $s := \sup\{ r \in \mathbb{R} \mid f[X] \subseteq]r,\infty[\} = \inf f[X]$ und $(r_i)_i \in \mathbb{R}^{\mathbb{N}}$, $r_i > r_{i+1}$ für alle $i \in \mathbb{N}$, $(r_i)_i \to_{\tau_{|\,|}} s$. Für $s \notin f[X]$ hat die offene Überdeckung $\{ f^{-1}[\,]r_i,\infty[\,] \mid i \in \mathbb{N} \}$ von (X,τ) eine endliche Teilüberdeckung. Es gibt daher (wieder) ein $r \in \mathbb{R}$, $r > s$, mit $f[X] \subseteq]r,\infty[$. ↯
Somit gilt $\inf f[X] = s \in f[X]$.

Lösung zu A 23

Die Funktion $\widetilde{f} : X \longrightarrow \mathbb{R}$, $\widetilde{f}(x) := \sup_{y\in Y} f(x,y)$, ist unterhalbstetig:

$$\begin{aligned}\widetilde{f}^{-1}[\,]a,\infty[\,] &= \{ x \in X \mid \widetilde{f}(x) > a \} \\ &= \bigcup_{y\in Y} \{ x \in X \mid f(x,y) > a \} = \bigcup_{y\in Y} f_{\cdot y}^{-1}[\,]a,\infty[\,] \in \tau\end{aligned}$$

für alle $a \in \mathbb{R}$ gem. 2.4-2. Nach A 22 existiert ein $x_{\min} \in X$ mit

$$\widetilde{f}(x_{\min}) = \inf \widetilde{f}[X],$$

d. h. $\sup_{y\in Y} f(x_{\min},y) = \inf_{x\in X} \sup_{y\in Y} f(x,y)$, wie behauptet.

Lösungen zu 4.2

Lösung zu A 1

(a) Sei $r > 0$, $S \subseteq K_r^{d_{\|\,\|}}(0)$. $K_r^{d_{\|\,\|}}(0)$ ist konvex ⟦(2.4,14) (a)⟧, also $\overline{S}^{\text{konv}} \subseteq K_r^{d_{\|\,\|}}(0)$ nach Definition der konvexen Hülle ⟦2.4, A 34⟧.

(b) Sei $\varepsilon > 0$ und $\{s_1,\dots,s_n\} \subseteq S$ eine $\frac{\varepsilon}{2}$-Kette in $(S, d_{\|\,\|}{\restriction}S \times S)$. Gem. 4.2-3.1 ist $\overline{\{s_1,\dots,s_n\}}^{\text{konv}}$ kompakt. Es gilt

$$\overline{S}^{\text{konv}} \subseteq \overline{\{s_1,\dots,s_n\}}^{\text{konv}} + K_{\varepsilon/2}^{d_{\|\,\|}}(0) \qquad [\![(2.4,14)\text{ (a), (c)}]\!],$$

es gibt $y_1,\dots,y_m \in \overline{\{s_1,\dots,s_n\}}^{\text{konv}} \subseteq \overline{S}^{\text{konv}}$ mit

$$\overline{\{s_1,\dots,s_n\}}^{\text{konv}} \subseteq \bigcup_{j=1}^{m} \big(y_j + K_{\varepsilon/2}^{d_{\|\,\|}}(0)\big)$$

⟦ $\{ y + K_{\varepsilon/2}^{d_{\|\,\|}}(0) \mid y \in \overline{\{s_1,\dots,s_n\}}^{\text{konv}} \}$ ist offene Überdeckung von $\overline{\{s_1,\dots,s_n\}}^{\text{konv}}$; 4.2-3.1. ⟧. $\{y_1,\dots,y_m\}$ ist dann eine ε-Kette in $(\overline{S}^{\text{konv}}, d_{\|\,\|}{\restriction}\overline{S}^{\text{konv}} \times \overline{S}^{\text{konv}})$ ⟦ $\overline{S}^{\text{konv}} \subseteq \bigcup_{j=1}^{m}\big(y_j + K_{\varepsilon/2}^{d_{\|\,\|}}(0)\big) + K_{\varepsilon/2}^{d_{\|\,\|}}(0) \subseteq \bigcup_{j=1}^{m}\big(y_j + K_{\varepsilon}^{d_{\|\,\|}}(0)\big) = \bigcup_{j=1}^{m} K_{\varepsilon}^{d_{\|\,\|}}(y_j)$ ⟧.

Lösung zu A 2

Nach 2.4, A 35 gilt

$$\overline{S}^{\text{konv}} = \left\{ \sum_{j=1}^{n+1} r_j s_j \;\middle|\; (s_1,\dots,s_{n+1}) \in S^{n+1}, (r_1,\dots,r_{n+1}) \in (\mathbb{R}^+)^{n+1}, \sum_{j=1}^{n+1} r_j = 1 \right\},$$

und der Beweis kann analog zu dem von 4.2-3 durchgeführt werden:

Sei $(x^{(k)})_{k\in\mathbb{N}} \in (\overline{S}^{\text{konv}})^{\mathbb{N}}$, etwa $x^{(k)} = \sum_{j=1}^{n+1} r_j^{(k)} s_j^{(k)}$, und $(r_1,\ldots,r_{n+1}) \in (\mathbb{R}^+)^{n+1}$, $\left((r_j^{(k_\nu)})_{j=1,\ldots,n+1}\right)_{\nu\in\mathbb{N}}$ eine Teilfolge von $\left((r_j^{(k)})_{j=1,\ldots,n+1}\right)_k$ mit

$$\left((r_j^{(k_\nu)})_{j=1,\ldots,n+1}\right)_{\nu\in\mathbb{N}} \to_{\mathcal{T}_{\|\ \|_2}} (r_1,\ldots,r_{n+1}).$$

Wegen der Kompaktheit von S existiert (o. B. d. A.) für jedes $j \in \{1,\ldots,n+1\}$ eine Teilfolge $(s_j^{(k_{\nu_l})})_{l\in\mathbb{N}}$ von $(s_j^{(k_\nu)})_{\nu\in\mathbb{N}}$ und ein $s_j \in S$ mit

$$\left(s_j^{(k_{\nu_l})}\right)_{l\in\mathbb{N}} \to_{\mathcal{T}_{|\ |}} s_j.$$

Es folgt

$$\left(x^{(k_{\nu_l})}\right)_{l\in\mathbb{N}} = \left(\sum_{j=1}^{n+1} r_j^{(k_{\nu_l})} s_j^{(k_{\nu_l})}\right)_{l\in\mathbb{N}} \to_{\mathcal{T}_{\|\ \|}} \sum_{j=1}^{n+1} r_j s_j.$$

Lösung zu A 3

Für jedes $r \in \mathbb{R}$ ist

$$\exp_r : \begin{cases} \mathbb{R} \longrightarrow \mathbb{C} \\ x \longmapsto e^{irx} \end{cases}$$

periodisch (mit Periode $\frac{2\pi}{r}$), also $\exp_r \in FP(\mathbb{R})$ ⟦(4.2,3) (a)⟧. Nach 4.2-7 gilt $TP(\mathbb{R}) \subseteq FP(\mathbb{R}) = \overline{FP(\mathbb{R})}^{\mathcal{T}_{d_\infty}}$. Es folgt $f \in FP(\mathbb{R})$.

Lösung zu A 4

(a) Sei $U \in \mathcal{U}_\mathcal{T}(0)$, $c \in C$. Wegen der Stetigkeit der Skalarmultiplikation bei $(0,c)$ gibt es Umgebungen $K_{\varepsilon_c}^{d_{|\ |}}(0)$, $U_c \in \mathcal{U}_\mathcal{T}(c) \cap \mathcal{T}$ mit $K_{\varepsilon_c}^{d_{|\ |}}(0)U_c \subseteq U$ ⟦2.4-1⟧. Die Menge $\{U_c \mid c \in C\}$ ist eine offene Überdeckung von C, besitzt also eine endliche Teilüberdeckung $\{U_{c_1},\ldots,U_{c_m}\}$. Für $\varepsilon := \min\{\varepsilon_{c_j} \mid 1 \le j \le m\}$ gilt dann

$$K_\varepsilon^{d_{|\ |}}(0)C \subseteq K_\varepsilon^{d_{|\ |}}(0)\bigcup_{j=1}^{m} U_{c_j} \subseteq U.$$

(b) Sei $U \in \mathcal{U}_\mathcal{T}(0)$. Man wähle $\varepsilon > 0$ mit

$$K_\varepsilon^{d_{|\ |}}(0)\{v_k \mid k \in \mathbb{N}\} \subseteq U$$

und weiter ein $j_\varepsilon \in \mathbb{N}$ mit

$$\forall\, j \ge j_\varepsilon:\ r_j \in K_\varepsilon^{d_{|\ |}}(0).$$

Es folgt

$$\forall\, j \ge j_\varepsilon:\ r_j v_j \in K_\varepsilon^{d_{|\ |}}(0)\{v_k \mid k \in \mathbb{N}\} \subseteq U,$$

also $(r_j v_j)_j \to_\mathcal{T} 0$.

Lösung zu A 5

Wie im Beweis zu 4.2-8 sei $t \in T$ und $t_n := \frac{1}{n+1} \sum_{j=0}^{n} \alpha^j(t)$ für jedes $n \in \mathbb{N}$. Wegen der Konvexität von T ist $\{ t_n \mid n \in \mathbb{N} \} \subseteq T$, die Folge $(t_n)_n$ besitzt daher einen Häufungspunkt s in T ⟦ Wenn $\{ t_n \mid n \in \mathbb{N} \}$ endlich ist, so kommt ein t_n unendlich oft in der Folge vor, ist also Häufungspunkt. Unendliche $\{ t_n \mid n \in \mathbb{N} \}$ haben gem. (4.1,2) (a) einen Häufungspunkt in T, dieser ist auch Häufungspunkt der Folge $(t_n)_n$: Für jedes $U \in \mathcal{U}_{\tau|T}(s)$, $n \in \mathbb{N}$ wähle man $W \in \mathcal{U}_{\tau|T}(s)$ mit $\{t_0, \ldots, t_n\} \cap W = \emptyset$ ((T-2)!), $W \subseteq U$. Ist $t_k \in W \backslash \{s\}$, so folgt $k \geq n$. ⟧

Wegen $\alpha - \mathrm{id}_T \in C(T, V)$ ist $(\alpha - \mathrm{id}_T)(s)$ Häufungspunkt von $((\alpha - \mathrm{id}_T)(t_n))_n$, wobei $(\alpha - \mathrm{id}_T)(t_n) = \frac{1}{n+1}(\alpha^{n+1} - \mathrm{id}_T)(t)$ gilt. Die Folge $((\alpha^{n+1} - \mathrm{id}_T)(t))_n \in (T - T)^{\mathbb{N}}$ ist beschränkt ⟦ $T-T$ ist kompakt, also beschränkt in (V, τ) gem. A 4 (a) ⟧; daher gilt gem. A 4 (b) $\left(\frac{1}{n+1}(\alpha^{n+1} - \mathrm{id}_T)(t)\right)_n \to_\tau 0$, woraus $(\alpha - \mathrm{id}_T)(s) = 0$, d. h. $s \in \mathrm{Fix}\, \alpha$ folgt.

Lösung zu A 6

(a) U ist als Kern der stetigen $\mathbb{R}$-linearen Funktion $I : W \longrightarrow \mathbb{R}$, $I(f) := \int_0^1 f(t)\,\mathrm{d}t$ ⟦ $|I(f) - I(g)| \leq \|f - g\|_\infty$ für alle $f, g \in W$ ⟧ abgeschlossen in $\left(W, \tau_{\|\ \|_\infty}\right)$, und wegen $I \neq 0$ ⟦ $I(1) = 1$ ⟧ gilt $U \neq W$.

(b) Sei $f \in W$, $\|f\|_\infty = 1$ und $\inf\{ \|f - u\|_\infty \mid u \in U \} = 1$ (Das Infimum ist nicht größer als 1!), $g \in W \backslash U$, also $\int_0^1 g(t)\,\mathrm{d}t \neq 0$, $r_g := \left(\int_0^1 f(t)\,\mathrm{d}t\right)\left(\int_0^1 g(t)\,\mathrm{d}t\right)^{-1}$. Dann ist $f - r_g g \in U$ und somit $1 \leq \|f - (f - r_g g)\|_\infty = \|r_g g\|_\infty$ gem. obiger Vereinbarung. Es folgt

$$\left|\int_0^1 g(t)\,\mathrm{d}t\right| \leq \left|\int_0^1 g(t)\,\mathrm{d}t\right| \|r_g g\|_\infty = \left|\int_0^1 f(t)\,\mathrm{d}t\right| \|g\|_\infty$$

und hieraus speziell für jedes $n \in \mathbb{N}$,

$$g_n : \begin{cases} [0,1] \longrightarrow \mathbb{R} \\ t \longmapsto t^{1/(n+1)} \end{cases} \in W \backslash U,$$

$\frac{n+1}{n+2} = \left|\int_0^1 g_n(t)\,\mathrm{d}t\right| \leq \left|\int_0^1 f(t)\,\mathrm{d}t\right|$, also $\left|\int_0^1 f(t)\,\mathrm{d}t\right| \geq 1$. Da jedoch f stetig mit $f(0) = 0$ und $\|f\|_\infty = 1$ ist, muß $\left|\int_0^1 f(t)\,\mathrm{d}t\right| < 1$ sein. $\lightning$ ⟦ Man verwende 4.1-6 (a) und (2.4,3) (a)! ⟧

Lösungen zu 4.3

Lösung zu A 1

Die Behauptung folgt aus 4.3-1 mit der für alle $x \in X$ gültigen Äquivalenz

$$x \in \mathrm{Adh}\,\mathcal{F} \iff \exists\, \mathcal{F}' \subseteq \mathcal{P}X:\ \mathcal{F}' \text{ Filter auf } X,\ \mathcal{F}' \supseteq \mathcal{F},\ \mathcal{F}' \to_\tau x.$$

„$\Rightarrow$" Für jedes $x \in \mathrm{Adh}\,\mathcal{F}$ ist $\mathcal{F}' := \{ U \cap F \mid U \in \mathcal{U}_\tau(x),\ F \in \mathcal{F} \}$ ein gegen x konvergenter Filter auf X, $\mathcal{F}' \supseteq \mathcal{F}$.

„$\Leftarrow$" s. Beweis zu 4.3-1, (iii) $\Rightarrow$ (iv).

Lösung zu A 2

(a) $\{\,]i-1,i]\} \cup \{\,]x_{j+1},x_j] \mid j \in \mathbb{N}\,\} \subseteq \tau_S$ ist eine Überdeckung von $\{\,x_j \mid j \in \mathbb{N}\,\} \cup \{i\}$ ohne endliche Teilüberdeckung. Analog für $\{\,x_j \mid j \in \mathbb{N}\,\}$.

(b) Für jedes $x \in K$ gibt es ein $q_x \in \mathbb{Q}$ mit $x < q_x$ und $]x, q_x] \cap K = \emptyset$ $[\![$ Andernfalls gäbe es eine streng monoton fallende Folge $(k_j)_j \in (K \cap\,]x, \infty[)^{\mathbb{N}}$, und mit $i := \inf_{j\in\mathbb{N}} k_j \geq x$ würde $\{i\} \cup \{\,k_j \mid j \in \mathbb{N}\,\} \in \alpha_{\tau_{|\,|}} \subseteq \alpha_{\tau_S}$ (s. 2.3, A 1) gelten. $\{i\} \cup \{\,k_j \mid j \in \mathbb{N}\,\}$ wäre demnach als abgeschlossene Teilmenge des kompakten Raums $(K \cup \{i\}, \tau_S|(K \cup \{i\}))$ gem. 4.1-5 (a) kompakt im Widerspruch zu (a). $]\!]$.

Die Funktion

$$\begin{cases} K \longrightarrow \mathbb{Q} \\ x \longmapsto q_x \end{cases}$$

ist streng monoton fallend, also injektiv $[\![$ Für alle $x, z \in K,\; x < z$ gilt $x < q_x < z < q_z$ wegen $]x, q_x] \cap K = \emptyset.$ $]\!]$.

Lösung zu A 3

Sei $(f_j)_j$ monoton wachsend (o. B. d. A.). Dann ist $(f - f_j)_j$ monoton fallend, und es gilt $(f - f_j)_j \xrightarrow[\tau_{|\,|}\text{-pktw.}]{} 0$. Für jedes $j \in \mathbb{N}$ ist $\mathrm{Tr}(f - f_j) \subseteq \mathrm{Tr}(f - f_0)$. Sei $\varepsilon > 0$. Man wähle für jedes $x \in \mathrm{Tr}(f - f_0)$ ein $m_x \in \mathbb{N}$ mit $\big(f - f_{m_x}\big)(x) < \varepsilon$ und dazu ein $U_x \in \mathcal{U}_\tau(x) \cap \tau$ mit $\big(f - f_{m_x}\big)[U_x] \subseteq [0, \varepsilon[$ $[\![\, f - f_{m_x} \in C(X, \mathbb{R})\,]\!]$. Die offene Überdeckung $\{\,U_x \mid x \in \mathrm{Tr}(f - f_0)\,\}$ besitzt eine endliche Teilüberdeckung $\big\{U_{x_1}, \ldots, U_{x_k}\big\}$. Weiter sei $\mu := \max\big\{\, m_{x_j} \;\big|\; 1 \leq j \leq k\,\big\}$. Dann gilt für jedes $x \in X$, etwa $x \in U_{x_j}$, und jedes $m \geq \mu$

$$(f - f_m)(x) \leq (f - f_\mu)(x) < \varepsilon$$

$[\![$ Für $x \in X \setminus \mathrm{Tr}(f - f_\mu)$ ist $(f - f_\mu)(x) = 0.$ $]\!]$.

Lösung zu A 4

(X, τ) ist ein Lindelöf-Raum:

Sei $\mathcal{O} \subseteq \tau,\; \bigcup \mathcal{O} = X$. Für jedes $j \in \mathbb{N}$ gibt es $O^{(j)}_{k_1}, \ldots, O^{(j)}_{k_j} \in \mathcal{O}$ mit $K_j \subseteq \bigcup_{r=1}^{k_j} O^{(j)}_{k_r}$. $\big\{\, O^{(j)}_{k_r} \;\big|\; j \in \mathbb{N},\; r \in \{1, \ldots, k_j\}\,\big\}$ ist eine abzählbare Teilüberdeckung von X.

Nach dem Lemma von Tychonoff 2.5-3 ist (X, τ) ein T_4-Raum.

Lösung zu A 5

Teilmengen $\emptyset \neq P \subseteq \mathbb{N} \times \mathbb{N}$ gehören genau dann zu τ, wenn sie aus allen Zeilen $\mathbb{N} \times \{n\}$ alle Elemente – mit Ausnahme höchstens endlich vieler – enthalten. Mit dieser Beschreibung ist leicht einzusehen, daß τ eine Topologie auf $\mathbb{N} \times \mathbb{N}$ ist, die auch die Trennungseigenschaft (T-1) besitzt $[\![\, (m,n) \neq (m',n') \Longrightarrow (m',n') \notin \mathbb{N} \times \mathbb{N} \setminus \{(m',n')\} \in \mathcal{U}_\tau((m,n))\,]\!]$.

$(\mathbb{N} \times \{0\}, \tau|\mathbb{N} \times \{0\})$ ist kompakt: Sei $\mathcal{O} \subseteq \tau,\; \mathbb{N} \times \{0\} \subseteq \bigcup \mathcal{O}$ und $P \in \mathcal{O} \setminus \{\emptyset\}$. Dann ist $(\mathbb{N} \times \{0\}) \setminus P =: \{(n_1, 0), \ldots, (n_k, 0)\}$ eine endliche Menge. Man wähle $P_1, \ldots, P_k \in \mathcal{O}$ mit

$(n_j, 0) \in P_j$ für $j = 1, \ldots, k$. Es folgt

$$\mathbb{N} \times \{0\} \subseteq P \cup \bigcup_{j=1}^{k} P_j.$$

$\overline{\mathbb{N} \times \{0\}}^{\tau} = \mathbb{N} \times \mathbb{N}$: Es sei $(m, n) \in \mathbb{N} \times \mathbb{N}$ und $P \in \mathcal{U}_\tau((m, n)) \cap \tau$. Da die Menge $\{\, k \in \mathbb{N} \mid (k, 0) \notin P \,\}$ endlich ist, gibt es ein $k \in \mathbb{N}$ mit $(k, 0) \in P \cap (\mathbb{N} \times \{0\})$, (m, n) ist also Berührpunkt von $\mathbb{N} \times \{0\}$.
$(\mathbb{N} \times \mathbb{N}, \tau)$ ist nicht kompakt: Für jedes $n \in \mathbb{N}$ sei $A_n := \{\, (0, k) \in \mathbb{N} \times \mathbb{N} \mid k \geq n \,\}$. Dann ist $A_n \in \alpha_\tau$ für jedes $n \in \mathbb{N}$, $\{\, A_m \mid m \in \mathbb{N} \,\}$ hat die endliche Durchschnittseigenschaft und $\bigcap_{m \in \mathbb{N}} A_m = \emptyset$. Nach 4.3-1 ist $(\mathbb{N} \times \mathbb{N}, \tau)$ nicht kompakt.

Lösung zu A 6

$f\big[\overline{S}^{\tau}\big]$ ist kompakt [[4.1-6 (a)]], also auch $\overline{f\big[\overline{S}^{\tau}\big]}^{\sigma}$ gem. (4.1,2) (c). Da $\overline{f[S]}^{\sigma}$ abgeschlossene Teilmenge von $\overline{f\big[\overline{S}^{\tau}\big]}^{\sigma}$ ist, folgt die Behauptung nach 4.1-5 (a).

Lösung zu A 7

(a) $\mathbb{G}_{\mathcal{F}} := \{\, \mathcal{G} \subseteq \mathcal{P}X \mid \mathcal{G}$ Filter auf X, $\mathcal{G} \supseteq \mathcal{F} \,\}$ ist eine nichtleere Menge [[$\mathcal{F} \in \mathbb{G}_{\mathcal{F}}$]], $\subseteq$ eine Ordnung auf $\mathbb{G}_{\mathcal{F}}$ und jede $\subseteq$-Kette $\mathbb{K}$ in $\mathbb{G}_{\mathcal{F}}$ hat die obere Schranke $\bigcup \mathbb{K} \in \mathbb{G}_{\mathcal{F}}$ [[$\emptyset \neq \bigcup \mathbb{K}$ ist ein Filter auf X, denn $\emptyset \notin \bigcup \mathbb{K}$, $X \in \bigcup \mathbb{K}$ und für alle $S, T \in \bigcup \mathbb{K}$, etwa $S \in \mathcal{G} \in \mathbb{K}$, $T \in \mathcal{H} \in \mathbb{K}$, $\mathcal{G} \subseteq \mathcal{H}$, gilt $S \cap T \in \mathcal{H} \subseteq \bigcup \mathbb{K}$. Natürlich ist auch $\mathcal{F} \subseteq \bigcup \mathbb{K}$.]]. Sei $\mathcal{F}_{\max}$ ein maximales Element in $(\mathbb{G}_{\mathcal{F}}, \subseteq)$.

$\mathcal{F}_{\max}$ ist definitionsgemäß ein Ultrafilter auf X und enthält $\mathcal{F}$.

(b) *(i) ⇒ (ii)* Sei $\mathcal{F}$ ein Ultrafilter auf X und $T \subseteq X$. Wenn ein $F \in \mathcal{F}$ mit $T \cap F = \emptyset$, d. h. $F \subseteq X \backslash T$, existiert, so gehört $X \backslash T$ zu $\mathcal{F}$. Andernfalls folgt aus $T \cap F \neq \emptyset$ (für jedes $F \in \mathcal{F}$) sofort, daß $\mathcal{F}_T := \{\, F \cap T \mid F \in \mathcal{F} \,\}$ eine Filterbasis auf X und somit $\overline{\mathcal{F}_T} = \mathcal{F}$, also $T \in \mathcal{F}$ ist.

(ii) ⇒ (i) Ist $\mathcal{G}$ ein Filter auf X, $\mathcal{F} \subsetneqq \mathcal{G}$, etwa $G \in \mathcal{G} \backslash \mathcal{F}$, so folgt gem. (ii) $X \backslash G \in \mathcal{F} \subseteq \mathcal{G}$, also $\emptyset = G \cap (X \backslash G) \in \mathcal{G}$. ↯

(c) $f[[\mathcal{F}]]$ ist ein Filter auf Y:

$f[[\mathcal{F}]] \neq \emptyset$ [[$\mathcal{F} \neq \emptyset$]], $\emptyset \notin f[[\mathcal{F}]]$ [[$\emptyset \notin \mathcal{F}$]],

$$\forall\, F \in \mathcal{F}\ \forall\, S \subseteq Y\colon\ f[F] \subseteq S \Rightarrow S \in f[[\mathcal{F}]]$$

[[Wegen der Inklusionen $f^{-1}[S] \supseteq f^{-1}\big[f[F]\big] \supseteq F \in \mathcal{F}$ gehört $f^{-1}[S]$ zu $\mathcal{F}$, also $S = f\big[f^{-1}[S]\big] \in f[[\mathcal{F}]]$]] und

$$\forall\, F, F' \in \mathcal{F}\colon\ f[F] \cap f[F'] \in f[[\mathcal{F}]]$$

[[$f[F] \cap f[F'] \supseteq f[F \cap F'] \in f[[\mathcal{F}]]$]].

$f[[\mathcal{F}]]$ ist Ultrafilter:

Sei $T \subseteq Y$, $T \notin f[[\mathcal{F}]]$, also $f^{-1}[T] \notin \mathcal{F}$ [[$f\big[f^{-1}[T]\big] = T$, da f surjektiv]]. Gem. (b) folgt $X \backslash f^{-1}[T] \in \mathcal{F}$ und somit $Y \backslash T = f\big[f^{-1}[Y \backslash T]\big] = f\big[X \backslash f^{-1}[T]\big] \in f[[\mathcal{F}]]$. Wiederum nach (b) erweist sich $f[[\mathcal{F}]]$ als Ultrafilter.

Lösung zu A 8

Sei $\mathcal{B} \subseteq \tau$ eine abzählbare Basis von τ, o. B. d. A. $\mathcal{B}$ stabil gegen Vereinigungen endlich vieler Elemente (d. h. $\forall\, \mathcal{B}^* \in \mathcal{P}_e\mathcal{B}\colon\ \bigcup \mathcal{B}^* \in \mathcal{B}$).

$$\widetilde{\mathcal{B}} := \left\{\, \pi_R[B]^{\circ\tau/R} \;\middle|\; B \in \mathcal{B} \,\right\} \subseteq \tau/_R$$

ist eine (abzählbare) Basis von $\tau/_R$:

Sei $x \in X,\ O_R \in \tau/_R,\ \pi_R(x) \in O_R$, also $\pi_R(x) \subseteq \pi_R^{-1}[O_R]$. Da $\mathcal{B}$ eine Basis von τ ist, gibt es zu jedem $y \in \pi_R(x)$ ein $B_y \in \mathcal{B}$ mit $y \in B_y \subseteq \pi_R^{-1}[O_R]$. Die offene Überdeckung $\{\, B_y \mid y \in \pi_R(x) \,\}$ von $\pi_R(x)$ besitzt eine endliche Teilüberdeckung $\{B_{y_1}, \ldots, B_{y_m}\}$. Für $B := \bigcup_{j=1}^m B_{y_j} \in \mathcal{B}$ ⟦s. o.⟧ gilt dann $\pi_R(x) \in \pi_R[B]^{\circ\tau/R} \subseteq O_R$ ⟦Sei $Q \in \tau$ R-saturiert, $\pi_R(x) \subseteq Q \subseteq B$. Es folgt $\pi_R(x) \in \pi_R[Q] \subseteq \pi_R[B]$, wobei $\pi_R[Q] \in \tau/_R$ wegen $\pi_R^{-1}\left[\pi_R[Q]\right] = Q \in \tau$ ist.⟧.

Lösung zu A 9

Es sei $S \in \sigma$, also $X\backslash S \in \alpha_\sigma$. Gem. 4.1-5 (a) ist $(X\backslash S, \sigma|X\backslash S)$ kompakt, und wegen $\tau \subseteq \sigma$ folgt die Kompaktheit von $(X\backslash S, \tau|X\backslash S)$. Da (X,τ) T_2-Raum ist, erhält man mit 4.1-5 (b) $X\backslash S \in \alpha_\tau$, d. h. $S \in \tau$.

Lösung zu A 10

(a) $C_0(X,K)$ ist eine K-Unteralgebra von $C_b(X,K)$, denn für alle $f,\, g \in C_0(X,K)$, $k \in K,\ \varepsilon > 0,\ C_f, C_g \subseteq X$ mit $(C_f, \tau|C_f)$, $(C_g, \tau|C_g)$ kompakt, $|f(x)| < \varepsilon$ für jedes $x \in X\backslash C_f$, $|g(x)| < \varepsilon$ für jedes $x \in X\backslash C_g$ gilt

$$|kf(x)| = |k|\,|f(x)| < |k|\varepsilon,$$
$$|(f+g)(x)| \le |f(x)| + |g(x)| < 2\varepsilon \quad\text{und}\quad |(fg)(x)| = |f(x)|\,|g(x)| < \varepsilon^2$$

für alle $x \in X\backslash(C_f \cup C_g)$, und $C_f \cup C_g$ ist kompakt.

Sei $(f_j)_j \in C_0(X,K)^{\mathbb{N}}$ eine Cauchy-Folge (bzgl. $d_{\|\ \|_\infty}$). Gem. (3.1,2) (c) gibt es ein $\varphi \in C_b(X,K)$ mit $(f_j)_j \to_{\|\ \|_\infty} \varphi$. Für $\varepsilon > 0$ sei $j_\varepsilon \in \mathbb{N}$ so gewählt, daß $\|f_j - \varphi\|_\infty < \varepsilon/2$ für jedes $j \ge j_\varepsilon$ gilt, und weiter $C \subseteq X$ kompakt mit

$$\forall\, x \in X\backslash C\colon\ \left|f_{j_\varepsilon}(x)\right| < \frac{\varepsilon}{2}.$$

Dann folgt $|\varphi(x)| \le |(\varphi - f_{j_\varepsilon})(x)| + |f_{j_\varepsilon}(x)| < \varepsilon$ für jedes $x \in X\backslash C$, φ gehört somit zu $C_0(X,K)$.

(b) Für jedes $k \in \mathbb{N}$ sei $f_k : \mathbb{R} \longrightarrow \mathbb{R}$ definiert durch

$$f_k(x) := \begin{cases} 0 & \text{für } x \in \mathbb{R}\backslash[k, k+1] \\ \frac{1}{k+1} & \text{für } x \in \left[k+\frac14, k+\frac34\right] \\ \frac{4}{k+1}x - \frac{4k}{k+1} & \text{für } x \in \left[k, k+\frac14\right] \\ -\frac{4}{k+1}x + 4 & \text{für } x \in \left[k+\frac34, k+1\right]. \end{cases}$$

Dann ist $f_k \in C_c(\mathbb{R},\mathbb{R})$ ⟦ $\operatorname{Tr} f_k = [k, k+1]$ ⟧ und somit auch $g_j := \bigvee_{k=0}^j f_k \in C_c(\mathbb{R},\mathbb{R})$ ⟦ $\operatorname{Tr} g_j = [0, j+1]$ ⟧. Die Folge $(g_j)_j$ ist eine Cauchy-Folge in $(C_c(\mathbb{R},\mathbb{R}), d_\infty)$, also auch in $C_\mathrm{b}(\mathbb{R},\mathbb{R})$. Sei $\varphi \in C_\mathrm{b}(\mathbb{R},\mathbb{R})$, $(g_j)_j \to_{d_\infty} \varphi$. Wegen $\mathrm{Tr}\,\varphi = \mathbb{R}^+$ ⟦ $(g_j)_j \xrightarrow[\tau_{|\,|}\text{-pktw.}]{} \varphi$ gem. (2.4,7) (a), (b) ⟧ gehört φ nicht zu $C_\mathrm{c}(\mathbb{R},\mathbb{R})$.

Lösung zu A 11

Es ist $\|x_0 y - x_0' y'\| \leq \|x\|\,\|y - y'\| + \|x - x'\|\,\|y'\|$.

Lösung zu A 12

Wegen $\mathrm{Re}\, f = \frac{1}{2}(f + \overline{f})$, $\mathrm{Im}\, f = \frac{1}{2i}(f - \overline{f}) \in A$ für jedes $f \in A$ gilt $A_\mathbb{R} + iA_\mathbb{R} = A$. Es folgt für alle $r \in \mathbb{R}$, $\varphi, \psi \in A_\mathbb{R} \subseteq A$: $r\varphi = \mathrm{Re}\, r\varphi \in A_\mathbb{R}$, $\varphi + \psi = \mathrm{Re}(\varphi + \psi) \in A_\mathbb{R}$ und $\varphi\psi = \mathrm{Re}\,\varphi\psi \in A_\mathbb{R}$.

Lösung zu A 13

„$\subseteq$" ist wegen der gleichmäßigen Approximierbarkeit der Elemente von $\overline{\mathcal{F}}^{\tau_{d_\infty}}$ durch die von $\mathcal{F}$ klar.

„$\supseteq$" Sei $f \in C(X,\mathbb{R})$, $\varepsilon > 0$. Für alle x, $y \in X$ wähle man ein $g_{x,y} \in \mathcal{F}$ mit $|g_{x,y}(x) - f(x)| < \varepsilon$, $|g_{x,y}(y) - f(y)| < \varepsilon$ und setze

$$L_{x,y} := \{\, z \in X \mid g_{x,y}(z) < f(z) + \varepsilon \,\}, \qquad R_{x,y} := \{\, z \in X \mid g_{x,y}(z) > f(z) - \varepsilon \,\}.$$

Für jedes $y \in X$ ist $\{\, L_{x,y} \mid x \in X \,\}$ eine offene Überdeckung von (X,τ), besitzt also eine endliche Teilüberdeckung $\{L_{x_1,y}, \ldots, L_{x_m,y}\}$. Man definiere $g_y := \bigwedge_{j=1}^m g_{x_j,y}$ und $R_y := \bigcap_{j=1}^m R_{x_j,y}$. Dann gilt $g_y \in \mathcal{F}$, $g_y < f + \varepsilon$ und $g_y \restriction R_y > (f - \varepsilon) \restriction R_y$. $\{\, R_y \mid y \in X \,\}$ ist eine offene Überdeckung von (X,τ), besitzt somit eine endliche Teilüberdeckung $\{R_{y_1}, \ldots, R_{y_k}\}$. Für $g := \bigvee_{j=1}^k g_{y_j} \in \mathcal{F}$ erhält man $f - \varepsilon < g < f + \varepsilon$, also $\|f - g\|_\infty \leq \varepsilon$.

Lösung zu A 14

Es ist $(\tau|S)|C = \tau|C$.

Lösung zu A 15

Sei o. B. d. A. $\overline{G}^\tau = X$ ⟦ $(\overline{G}^\tau, \tau|\overline{G}^\tau)$ ist kompakter T_3-Raum gem. 4.1-5 (a), 2.5-4. ⟧, $(O_j)_j$ eine Folge in τ mit $G = \bigcap_{j\in\mathbb{N}} O_j$ und $(P_j)_j \in (\tau|G)^\mathbb{N}$ mit $\overline{P_j}^{\tau|G} = G$ für jedes $j \in \mathbb{N}$, etwa $P_j = Q_j \cap G$, $Q_j \in \tau$. Es gilt $\overline{O_j}^\tau = X$ und nach 2.3-6 (c)

$$\overline{Q_j}^\tau \supseteq \overline{P_j}^\tau \supseteq \overline{P_j}^\tau \cap G = \overline{P_j}^{\tau|G} = G,$$

also $\overline{Q_j}^\tau \supseteq \overline{G}^\tau = X$ für jedes $j \in \mathbb{N}$. Nach 4.3-1.3 ist (X,τ) ein Baire-Raum, also ⟦ 3.1-4 ⟧

$$X = \overline{\bigcap_{j\in\mathbb{N}} Q_j \cap \bigcap_{i\in\mathbb{N}} O_i}^\tau = \overline{\bigcap_{j\in\mathbb{N}} Q_j \cap G}^\tau = \overline{\bigcap_{j\in\mathbb{N}} P_j}^\tau$$

und somit $G = G \cap \overline{\bigcap_{j\in\mathbb{N}} P_j}^\tau = \overline{\bigcap_{j\in\mathbb{N}} P_j}^{\tau|G}$ ⟦ 2.3-6 (c) ⟧. $(G,\tau|G)$ ist daher ein Baire-Raum ⟦ 3.1-4 ⟧.

Lösung zu A 16

(a) η_{x^*} ist eine Topologie auf X ⟦s. auch (2.3,4) (a)⟧: $\emptyset \in \mathcal{P}(X\backslash\{x^*\})$, $X\backslash X = \emptyset$ endlich, also $\emptyset$, $X \in \eta_{x^*}$. Sind $T \in \mathcal{P}(X\backslash\{x^*\})$ und $S \subseteq X$, $X\backslash S$ endlich, so ist $S \cap T \in \mathcal{P}(X\backslash\{x^*\}) \subseteq \eta_{x^*}$ und $X\backslash(S \cup T) \subseteq X\backslash S$ endlich, also $S \cup T \in \eta_{x^*}$. $\mathcal{P}(X\backslash\{x^*\})$ und auch $\{\, S \subseteq X \mid X\backslash S \text{ endlich}\,\}$ sind stabil gegen Vereinigungen und Durchschnittsbildung endlich vieler Mengen.

Für alle $x,\ y \in X\backslash\{x^*\}$, $x \neq y$ gehören $\{x\}$, $\{y\}$, $X\backslash\{x\}$ zu η_{x^*}, und es gilt $\{x\} \cap \{y\} = \emptyset = \{x\} \cap X\backslash\{x\}$. (X, η_{x^*}) ist daher T_2-Raum, $\{x\} \in \eta_{x^*} \cap \alpha_{\eta_{x^*}}$ für jedes $x \in X\backslash\{x^*\}$ und $\{x^*\} \in \alpha_{\eta_{x^*}}$ ⟦$X\backslash\{x^*\} \in \mathcal{P}(X\backslash\{x^*\}) \subseteq \eta_{x^*}$⟧, $\{x^*\} \notin \eta_{x^*}$ ⟦X ist unendlich⟧.

(b) Sei $S \subseteq X$. Ist S (bzw. $X\backslash S$) endlich, so folgt $S \in \alpha_{\eta_{x^*}}$ gem. (a) (bzw. $S \in \eta_{x^*}$ gem. Definition von η_{x^*}).

Sei S (bzw. $X\backslash S$) unendlich. Für jedes $U \in \mathcal{U}_{\eta_{x^*}}(x^*)$ ist $X\backslash U$ endlich, U enthält daher ein Element von S. Es folgt $S \cup \{x^*\} \subseteq \overline{S}^{\eta_{x^*}}$. Für alle $y \in X\backslash(S \cup \{x^*\})$ gilt $\{y\} \cap (\{x^*\} \cup S) = \emptyset$, $\{y\} \in \eta_{x^*}$ und somit $S \cup \{x^*\} = \overline{S}^{\eta_{x^*}}$. (Für jedes $U \in \mathcal{U}_{\eta_{x^*}}(x^*)$ ist $X\backslash U$ endlich, also $U \nsubseteq S$ für unendliche $X\backslash S$ und somit $S^{\circ\eta_{x^*}} \subseteq S\backslash\{x^*\}$. Umgekehrt gilt $S\backslash\{x^*\} \subseteq S^{\circ\eta_{x^*}}$ gem. (a).)

(c) Sei $\mathcal{O} \subseteq \eta_{x^*}$, $\bigcup \mathcal{O} = X$. Es existiert ein $O \in \mathcal{O}$ mit $x^* \in O$. Die Menge $X\backslash O$ ist endlich und daher in der Vereinigung endlich vieler Elemente $O_1, \ldots, O_m \in \mathcal{O}$ enthalten. Somit gilt $X = O \cup \bigcup_{j=1}^{m} O_j$.

Die Normalität von (X, η_{x^*}) folgt nach 4.3-3.1.

Lösung zu A 17

(a) Für Funktionen $\varphi : M \longrightarrow \mathbb{C}$ bezeichne $N_\varphi := \{\, x \in M \mid \varphi(x) \neq 0\,\}$ ihre Nichtnullstellenmenge in der Menge M. Es gilt dann für alle $x \in X$, $y \in Y$

$$\begin{aligned}(x,y) \in N_f \times N_g \quad &\Longleftrightarrow \quad f(x) \neq 0 \text{ und } g(y) \neq 0 \quad \Longleftrightarrow \quad f(x)g(y) \neq 0\\ &\Longleftrightarrow \quad (x,y) \in N_{f\otimes g},\end{aligned}$$

woraus

$$\operatorname{Tr} f \times \operatorname{Tr} g = \overline{N_f}^{\tau} \times \overline{N_g}^{\sigma} = \overline{N_f \times N_g}^{\tau\times\sigma} = \overline{N_{f\otimes g}}^{\tau\times\sigma} = \operatorname{Tr} f \otimes g$$

folgt.

(b) $C_c(X,\mathbb{C}) \otimes C_c(Y,\mathbb{C}) \subseteq C(X \times Y, \mathbb{C})$ gilt gem. 2.4-8 (b), 2.4-1 und 2.4, A 5. Darüber hinaus folgt für alle $\sum_{j=1}^{m} a_j \otimes b_j$, $a_j \in C_c(X,\mathbb{C})$, $b_j \in C_c(Y,\mathbb{C})$ für $j = 1, \ldots, m$ auch

$$\begin{aligned}\operatorname{Tr}\Bigl(\sum_{j=1}^{m} a_j \otimes b_j\Bigr) &\subseteq \bigcup_{j=1}^{m} \operatorname{Tr} a_j \otimes b_j && [\![\,2.5,\ \text{A } 12\ (\text{a})\,]\!]\\ &= \bigcup_{j=1}^{m} (\operatorname{Tr} a_j \times \operatorname{Tr} b_j) && [\![\,(\text{a})\,]\!],\end{aligned}$$

also $\operatorname{Tr}\bigl(\sum_{j=1}^{m} a_j \otimes b_j\bigr)$ kompakt ⟦4.3-7, (4.1,2) (d), 4.1-5 (a)⟧.

(c) $C_c(X,\mathbb{C}) \otimes C_c(Y,\mathbb{C})$ ist definitionsgemäß ein $\mathbb{C}$-Untervektorraum (von $C_c(X \times Y,\mathbb{C})$ nach (b)), und für alle $\sum_{j=1}^m a_j \otimes b_j$, $\sum_{k=1}^n \widetilde{a_k} \otimes \widetilde{b_k}$, $(x,y) \in X \times Y$ gilt

$$\begin{aligned}\Big(\Big(\sum_{j=1}^m a_j \otimes b_j\Big)\Big(\sum_{k=1}^n \widetilde{a_k} \otimes \widetilde{b_k}\Big)\Big)(x,y) &= \Big(\sum_{j=1}^m a_j(x)b_j(y)\Big)\Big(\sum_{k=1}^n \widetilde{a_k}(x)\widetilde{b_k}(y)\Big)\\ &= \sum_{j=1}^m\sum_{k=1}^n a_j(x)\widetilde{a_k}(x)b_j(y)\widetilde{b_k}(y)\\ &= \Big(\sum_{j=1}^m\sum_{k=1}^n a_j\widetilde{a_k} \otimes b_j\widetilde{b_k}\Big)(x,y),\end{aligned}$$

wobei $a_j\widetilde{a_k} \in C_c(X,\mathbb{C})$, $b_j\widetilde{b_k} \in C_c(Y,\mathbb{C})$ gem. (4.3,3) (b) sind.

Lösung zu A 18

Gäbe es ein $x \in K^{\circ \times_{i\in I}\tau_i}$, so existierte eine in K gelegene basisoffene Umgebung von x, etwa $E \in \mathcal{P}_e I$, $U_i \in \mathcal{U}_{\tau_i}(x_i) \cap \tau_i$ für jedes $i \in E$, $\bigcap_{i\in E} \pi_i^{-1}[U_i] \subseteq K$. Für alle $j \in I\backslash E$ würde $X_j = \pi_j\big[\bigcap_{i\in E}\pi_i^{-1}[U_i]\big] \subseteq \pi_j[K]$, also (X_j,τ_j) kompakt sein ⟦ 4.1-6 (a) ⟧. ↯

Lösung zu A 19

Sei $\varepsilon > 0$. Für jedes $x \in \operatorname{Tr} f$ gibt es aufgrund der Stetigkeit von f ein $\delta_x > 0$, so daß die Abschätzung $|f(y) - f(x)| < \varepsilon/2$ für jedes $y \in K^d_{\delta_x}(x)$ gilt. $\{\, K^d_{\delta_x/2}(x) \mid x \in \operatorname{Tr} f \,\}$ ist eine offene Überdeckung von $\operatorname{Tr} f$ und besitzt damit eine endliche Teilüberdeckung $\{\, K^d_{\delta_{x_j}/2}(x_j) \mid j \in \{1,\dots,m\} \,\}$. Sei $\delta := \min\{\, \frac{\delta_{x_j}}{2} \mid j \in \{1,\dots,m\} \,\}$. Dann ergibt sich für alle $x \in \operatorname{Tr} f$, etwa $x \in K^d_{\delta_{x_j}/2}(x_j)$, und alle $z \in X$ mit $d(x,z) < \delta < \delta_{x_j}/2$ auch $d(z,x_j) \le d(z,x) + d(x,x_j) < \delta_{x_j}$, also $|f(z) - f(x_j)| < \varepsilon/2$ und $|f(x) - f(x_j)| < \varepsilon/2$, woraus $|f(x) - f(z)| < \varepsilon$ folgt. Für alle $x, y \in X\backslash \operatorname{Tr} f$ gilt schließlich $|f(x) - f(y)| = 0$.

Lösung zu A 20

Sei $F = \{\, f_j \mid j \in \mathbb{N} \,\}$ und o. B. d. A. $|f_j| \le 1$ für jedes $j \in \mathbb{N}$. Durch

$$d(x,y) := \sum_{j=0}^\infty \frac{|f_j(x) - f_j(y)|}{2^j}$$

ist eine $(\tau \times \tau, \tau_{|\,|})$-stetige Metrik auf $X \times X$ definiert ⟦ Die Reihe ist auf $X \times X$ gleichmäßig konvergent, d also stetig gem. 2.4-6. ⟧, es gilt $\tau_d \subseteq \tau$ ⟦ $K^d_\varepsilon(x) = \{\, y \in X \mid d(x,y) < \varepsilon \,\} \in \tau$ für alle $x \in X$, $\varepsilon > 0$, 2.4-7 (b) ⟧ und nach 4.3, A 9 $\tau_d = \tau$.

Lösung zu A 21

Mit $H := \{\, (r_1,\dots,r_n) \in (\mathbb{R}^+)^n \mid \sum_{j=1}^n r_j = 1 \,\}$ und $\varphi : H \times \prod_{j=1}^n C_j \longrightarrow V$,

$$\varphi\big((r_1,\dots,r_n),(v_1,\dots,v_n)\big) := \sum_{j=1}^n r_j v_j$$

für alle $(r_1, \dots, r_n) \in H$, $(v_1, \dots, v_n) \in C$, gilt gem. 2.4, A 34 (c)

$$\varphi\Big[H \times \prod_{j=1}^{n} C_j\Big] = \overline{\bigcup_{j=1}^{n} C_j}^{\,\mathrm{konv}} .$$

H ist beschränkt und abgeschlossen in $(\mathbb{R}^n, \tau_{\|\ \|})$, denn

$$H = (\mathbb{R}^+)^n \cap \{ (r_1, \dots, r_n) \in \mathbb{R}^n \mid \sum_{j=1}^{n} r_j = 1 \} \in \alpha_{\tau_{\|\ \|}},$$

also ist H kompakt. Nach 4.3-7 ist der Produktraum $H \times \prod_{j=1}^{n} C_j$ kompakt, und wegen der Stetigkeit von φ folgt die Behauptung nach 4.1-6 (a).

Lösung zu A 22

Es sei o. B. d. A. $C \neq \emptyset$ ⟦ Sonst $(A + V) \cap (C + V) = \emptyset$ wegen $C + V = \emptyset$! ⟧ und für jedes $c \in C$ eine kreisförmige Umgebung $U_c \in \mathcal{U}_\tau(0)$ mit $c + U_c + U_c + U_c \subseteq V \backslash A$ gewählt. Dann ist $(c + U_c + U_c) \cap (A + U_c) = \emptyset$ für jedes $c \in C$, und wegen der Kompaktheit von C existieren $c_1, \dots, c_n \in C$ mit $C \subseteq \bigcup_{k=1}^{n} (c_k + U_{c_k})$. Die Menge $U := \bigcap_{k=1}^{n} U_{c_k} \in \mathcal{U}_\tau(0)$ ist kreisförmig, und mit

$$C + U \subseteq \left(\bigcup_{k=1}^{n} (c_k + U_{c_k}) \right) + U \subseteq \bigcup_{k=1}^{n} (c_k + U_{c_k} + U_{c_k})$$

folgt

$$(C + U) \cap (A + U) \subseteq \bigcup_{k=1}^{n} \big((c_k + U_{c_k} + U_{c_k}) \cap (U_{c_k} + A) \big) = \emptyset.$$

Lösung zu A 23

„$\subseteq$“

$$\bigcup_{j=1}^{n} S_j \subseteq \bigcup_{j=1}^{n} \overline{\overline{S_j}^{\,\mathrm{konv}}}^{\,\tau} \implies \overline{\bigcup_{j=1}^{n} S_j}^{\,\mathrm{konv}} \subseteq \overline{\bigcup_{j=1}^{n} \overline{\overline{S_j}^{\,\mathrm{konv}}}^{\,\tau}}^{\,\mathrm{konv}}$$

(kompakt, also abgeschlossen in (V, τ), A 21)

$$\implies \overline{\overline{\bigcup_{j=1}^{n} S_j}^{\,\mathrm{konv}}}^{\,\tau} \subseteq \overline{\bigcup_{j=1}^{n} \overline{\overline{S_j}^{\,\mathrm{konv}}}^{\,\tau}}^{\,\mathrm{konv}} .$$

„$\supseteq$“ $\overline{S_k}^{\,\mathrm{konv}} \subseteq \overline{\bigcup_{j=1}^{n} S_j}^{\,\mathrm{konv}}$, also $\overline{\overline{S_k}^{\,\mathrm{konv}}}^{\,\tau} \subseteq \overline{\overline{\bigcup_{j=1}^{n} S_j}^{\,\mathrm{konv}}}^{\,\tau}$ für jedes $k \in \{1, \dots, n\}$, ergibt

$$\overline{\bigcup_{k=1}^{n} \overline{\overline{S_k}^{\,\mathrm{konv}}}^{\,\tau}}^{\,\mathrm{konv}} \subseteq \overline{\overline{\bigcup_{j=1}^{n} S_j}^{\,\mathrm{konv}}}^{\,\tau}$$

⟦ $\overline{\overline{\bigcup_{j=1}^{n} S_j}^{\,\mathrm{konv}}}^{\,\tau}$ ist konvex gem. Anmerkung an 2.4-18, Seite 135 ⟧.

Lösungen zu 4.4

Lösung zu A 1

Gäbe es eine kompakte Umgebung $U \in \mathcal{U}_{\tau_{|\,|}|\mathbb{Q}}(0)$, so auch ein $r \in \mathbb{R}^{>}$ mit $[-r, r] \cap \mathbb{Q} \subseteq U$ und $[-r, r] \cap \mathbb{Q}$ kompakt, also müßte die Menge $[-r, r] \cap \mathbb{Q}$ kompakt in $(\mathbb{R}, \tau_{|\,|})$ sein ⟦4.3, A 14⟧. Es ist jedoch $[-r, r] \cap \mathbb{Q} \notin \alpha_{\tau_{|\,|}}$ ⟦4.1-5 (b)⟧.

Lösung zu A 2

(a) τ^* ist eine Topologie auf X^*: Zunächst gilt $\emptyset \in \tau \subseteq \tau^*$ und $X^* \backslash X^* = \emptyset$, also $X^* \in \tau^*$. Es seien $O, P \in \tau^*$. Für $O, P \in \tau$ ist auch $O \cap P \in \tau \subseteq \tau^*$, für $O \in \tau$, $P \notin \tau$ erhält man $O \cap P = O \cap (X \cap P) = O \cap (X \backslash (X^* \backslash P)) \in \tau$, und für $O, P \notin \tau$ ist $X^* \backslash (O \cap P) = (X^* \backslash O) \cup (X^* \backslash P) \in \alpha_\tau$ kompakt ⟦(4.1,2) (d)⟧, also $O \cap P \in \tau^*$. Darüber hinaus folgt für $O \in \tau$, $P \notin \tau$ auch noch $X \backslash (O \cup P) = (X \backslash O) \cap (X \backslash P) \in \alpha_\tau$ kompakt ⟦4.1-5 (a)⟧, also $O \cup P \in \tau^*$. Da τ und $\{ O \subseteq X^* \mid X^* \backslash O \in \alpha_\tau \text{ kompakt} \}$ stabil gegen die Bildung von Vereinigungen sind, gilt $\bigcup \mathcal{O} \in \tau^*$ für jedes $\mathcal{O} \subseteq \tau^*$.

$\tau^* | X = \tau$: Ist $O \subseteq X^*$, $X^* \backslash O \in \alpha_\tau$, so folgt $O \cap X = X \backslash (X^* \backslash O) \in \tau$.

(X^*, τ^*) ist kompakt: Sei $\mathcal{O} \subseteq \tau^*$ eine Überdeckung von X^*, etwa $x^* \in P \in \mathcal{O}$. Dann ist $X^* \backslash P$ kompakt und $\{ O \cap X \mid O \in \mathcal{O} \} \subseteq \tau$ eine Überdeckung von $X^* \backslash P$, es gibt daher $O_1, \ldots, O_m \in \mathcal{O}$ mit $X^* \backslash P \subseteq \bigcup_{j=1}^m (O_j \cap X)$. Damit gilt $X^* = P \cup (X^* \backslash P) = P \cup \bigcup_{j=1}^m O_j$.

(b) *(i) ⇒ (ii)* Ist (X, τ) kompakt, so gehört die einelementige Menge $\{x^*\}$ wegen der Kompaktheit von $X^* \backslash \{x^*\} = X \in \alpha_\tau$ zu τ^*, also ist x^* isolierter Punkt.

(ii) ⇒ (i) Für $\{x^*\} \in \tau^*$ muß definitionsgemäß $(X, \tau) = (X^* \backslash \{x^*\}, \tau | (X^* \backslash \{x^*\}))$ kompakt sein.

Lösung zu A 3

$(i[\mathbb{N}] \cup \{0\}, \tau_{|\,|} | i[\mathbb{N}] \cup \{0\})$ ist kompakter T_2-Raum, da $i[\mathbb{N}] \cup \{0\}$ beschränkt und abgeschlossen in $(\mathbb{R}, |\ |)$ ist. Die stetige Injektion i ist auch offen bzgl. $(\tau_{\text{dis}}, \tau_{|\,|} | i[\mathbb{N}])$, denn es gilt $\tau_{|\,|} | i[\mathbb{N}] = \mathcal{P}\{ \frac{1}{k+1} \mid k \in \mathbb{N} \} = \tau_{\text{dis}}$ (auf $i[\mathbb{N}]$). Schließlich liegt $i[\mathbb{N}]$ auch dicht in $(i[\mathbb{N}] \cup \{0\}, \tau_{|\,|} | i[\mathbb{N}] \cup \{0\})$, weil jede Umgebung von 0 ein (sogar unendlich viele!) $\frac{1}{k+1}$ enthält. $\eta : \mathbb{N}^* \longrightarrow i[\mathbb{N}] \cup \{0\}$, $\eta(n) := 1/(n+1)$, $\eta(n^*) := 0$, ist ein Homöomorphismus.

Lösung zu A 4

Es sei N der Nordpol von S^2 und $h : S^2 \backslash \{N\} \longrightarrow \mathbb{C}$ die stereographische Projektion (mit Zentrum in N) (vgl. (2.4,4) (b)). $(S^2, \tau_{\|\,\|} | S^2)$ ist kompakter T_2-Raum, da S^2 abgeschlossen und beschränkt in $(\mathbb{R}^3, \|\ \|)$ ist, h ein $(\tau_{\|\,\|} | S^2 \backslash \{N\}, \tau_{|\,|})$-Homöomorphismus. Man definiere

$$\varphi : \begin{cases} S^2 \longrightarrow \mathbb{C}^* \\ x \longmapsto \begin{cases} h(x) & \text{für } x \neq N, \\ c^* & \text{für } x = N, \end{cases} \end{cases}$$

wobei $c^* \notin \mathbb{C}$, $\mathbb{C}^* = \mathbb{C} \cup \{c^*\}$ ist. φ ist gem. A 5 ein Homöomorphismus.

Lösung zu A 5

φ ist bijektiv und stetig:

Sei $O \in \tau^*$. Für $O \in \tau$ ist $\varphi^{-1}[O] = h^{-1}[O] \in \sigma|(Y\backslash\{y_0\}) \subseteq \sigma$ ⟦(T-2)⟧. Gehört O nicht zu τ, so ist $(X^*\backslash O, \tau|X^*\backslash O)$ kompakt, und es folgt

$$Y\backslash\varphi^{-1}[O] = \varphi^{-1}[X^*\backslash O] = h^{-1}[X^*\backslash O] \in \alpha_\sigma,$$

denn $(h^{-1}[X^*\backslash O], \sigma|h^{-1}[X^*\backslash O])$ ist kompakt ⟦4.1-5 (b)⟧.

Gem. 4.1-6 (b) ist φ ein Homöomorphismus.

Lösung zu A 6

(i) ⇒ (ii) Gem. 4.3-8.1 sei (Z, ϱ) ein kompakter T_2-Raum, $S \subseteq Z$ und $h : X \longrightarrow S$ ein $(\tau, \varrho|S)$-Homöomorphismus. Für die Menge $Y := \overline{S}^\varrho$ ist $((Y, \varrho|Y), h)$ eine T_2-Kompaktifizierung von (X, τ).

(ii) ⇒ (i) (Y, σ) ist als kompakter T_2-Raum normal ⟦4.3-3.1⟧, also vollständig regulär. Somit ist $(h[X], \sigma|h[X])$ ⟦2.5-4⟧ und damit auch (X, τ) vollständig regulär.

Lösung zu A 7

Sei (X, τ) ein lokalkompakter T_2-Raum, wegen 4.3-3.1 o. B. d. A. (X, τ) nicht kompakt. Nach 4.4-7 ist $((X^*, \tau^*), \mathrm{id}_X)$ eine T_2-Kompaktifizierung von (X, τ). (X^*, τ^*) ist ein Baire-Raum ⟦4.3-3.1⟧ und $X \in \tau^*$ ⟦$\{x^*\} \in \alpha_{\tau^*}$⟧, also G_δ-Menge in (X^*, τ^*). Nach 4.3, A 15 ist (X, τ) ein Baire-Raum.

Lösung zu A 8

Wegen $\overline{X}^{\tau^*} = X^*$ existiert höchstens eine stetige Fortsetzung ⟦2.5-9.1 (b)⟧. Man setze $f^* : X^* \longrightarrow \mathbb{C}$,

$$f^*(x) := \begin{cases} 0 & \text{für } x = x^* \\ f(x) & \text{sonst.} \end{cases}$$

Für jedes $x \in X$ ist f^* stetig in x ⟦Für jedes $\varepsilon > 0$ gilt $(f^*)^{-1}\big[K_\varepsilon^{d_{|\,|}}(f^*(x))\big] \supseteq f^{-1}\big[K_\varepsilon^{d_{|\,|}}(f(x))\big] \in \mathcal{U}_\tau(x)$, $\mathcal{U}_\tau(x) \subseteq \mathcal{U}_{\tau^*}(x)$.⟧. Darüber hinaus ist

$$x^* \in O := (X\backslash \operatorname{Tr} f) \cup \{x^*\} \in \tau^*,$$

denn $X^*\backslash O = \operatorname{Tr} f \in \alpha_\tau$ ist kompakt, also $f^*[O] = f^*[X\backslash \operatorname{Tr} f] \cup \{f^*(x^*)\} = \{0\}$.

Lösung zu A 9

Nach 4.4-8 kann man $m = 2$ annehmen. Hätte $(\mathbb{R}^n, \tau_{\|\,\|})$ eine T_2-2-Punktkompaktifizierung, so gäbe es gem. 4.4-9 paarweise disjunkte $O_1, O_2 \in \tau_{\|\,\|}\backslash\{\emptyset\}$, für die mit $C := \mathbb{R}^n\backslash(O_1 \cup O_2)$ der Raum C kompakt, $C \cup O_1$ und $C \cup O_2$ jedoch nicht kompakt wären. Man erhielte damit $\mathbb{R}^n = C \cup O_1 \cup O_2$, wobei O_1, O_2 in $(\mathbb{R}^n, d_{\|\,\|})$ unbeschränkt sind ⟦wie in (4.4,6)⟧. Man wähle ein $r > 0$ mit $C \subseteq K_r^{d_{\|\,\|}}(0)$, $x_1 \in O_1\backslash K_r^{d_{\|\,\|}}(0)$, $x_2 \in O_2\backslash K_r^{d_{\|\,\|}}(0)$ und eine stetige injektive Funktion $f : [0,1] \longrightarrow \mathbb{R}^n\backslash K_r^{d_{\|\,\|}}(0)$ mit $f(0) = x_1$, $f(1) = x_2$ ⟦f ist z. B. als Polygonzug wählbar, da $n > 1$!⟧. Sei $s := \sup\{\, x \in [0,1] \mid f[[0,x]] \subseteq O_1 \,\}$. Dann gilt $s < 1$, $f(s) \notin C$ $[\![f(s) \in \mathbb{R}^n \backslash K_r^{d_{\| \, \|}}(0),\ C \subseteq K_r^{d_{\| \, \|}}(0)]\!]$ und $f(s) \notin O_1 \cup O_2$ $[\![$ Sonst wäre $f[I] \subseteq O_1$ bzw. $f[I] \subseteq O_2$, wobei $I = [0,1] \cap]s - \varepsilon, s + \varepsilon[$ für ein $\varepsilon > 0$ ist, was in beiden Fällen der Definition von s widerspricht. $]\!]$. Man würde somit schließlich $f(s) \notin C \cup O_1 \cup O_2 = \mathbb{R}^n$ erhalten. ↯

Lösung zu A 10

Für $m = 1$ ist nichts zu zeigen, und es reicht, einen Beweis für $m = 2$ zu führen.

Sei $H_i := K \backslash O_i$ für $i = 1, 2$. Es ist $H_1 \cap H_2 = \emptyset$, H_1, H_2 sind kompakt, nach 4.4-2.2 gibt es ein $W_1 \in \mathcal{U}_\tau(H_1) \cap \tau$ mit $\overline{W_1}^\tau$ kompakt und $\overline{W_1}^\tau \subseteq X \backslash H_2$. Die Menge $W_2 := X \backslash \overline{W_1}^\tau$ ist dann eine zu W_1 disjunkte offene Umgebung von H_2, und mit $K_i := K \backslash W_i \subseteq O_i$ ist K_i kompakt für $i \in \{1, 2\}$, $K_1 \cup K_2 = K \backslash (W_1 \cap W_2) = K$.

Lösung zu A 11

Ist (X, τ) kompakt, so gilt $C_c(X, \mathbb{C}) = C_0(X, \mathbb{C}) = C_b(X, \mathbb{C})$, und die konstante Funktion 1 ist das Einselement. Es gilt daher (ii) $\Rightarrow$ (iii) und (ii) $\Rightarrow$ (i) $[\![$ (3.1,2) (c) $]\!]$.

(iii) $\Rightarrow$ (ii) Sei $e \in C_0(X, \mathbb{C})$ Einselement und $x \in X$. Gem. 4.4-2.2 gibt es eine kompakte Umgebung $W \in \alpha_\tau \cap \mathcal{U}_\tau(x)$ und ein $g \in C(X, [0,1])$ mit $g(x) = 1$ und $g[X \backslash W] \subseteq \{0\}$, also $\operatorname{Tr} g \subseteq \overline{W}^\tau = W$. Es ist daher $g \in C_c(X, \mathbb{C}) \subseteq C_0(X, \mathbb{C})$ und somit $eg = g$, speziell $e(x)g(x) = g(x)$, woraus $e(x) = 1$ folgt. (X, τ) muß also kompakt sein.

(i) $\Rightarrow$ (ii) (X, τ) sei nicht kompakt, $x_0 \in X$, $U_0 \in \mathcal{U}_\tau(x_0) \cap \alpha_\tau$ kompakt $[\![$ 4.4-2.2 $]\!]$. Sind $x_k \in X$, $U_k \in \mathcal{U}_\tau(x_k) \cap \alpha_\tau$ kompakt gewählt, so existiert ein $x_{k+1} \in X \backslash \bigcup_{j=0}^k U_j$ $[\![\bigcup_{j=0}^k U_j$ ist kompakt! $]\!]$ und gem. 4.4-2.2 ein kompaktes $U_{k+1} \in \mathcal{U}_\tau(x_{k+1}) \cap \alpha_\tau$ mit $U_{k+1} \subseteq X \backslash \bigcup_{j=0}^k U_j$ $[\![\bigcup_{j=0}^k U_j \in \alpha_\tau]\!]$. Für jedes $k \in \mathbb{N}$ wähle man nun (wiederum nach 4.4-2.2) kompakte W_k, $V_k \in \mathcal{U}_\tau(x_k) \cap \alpha_\tau$ mit $W_k \subseteq V_k^{\circ\tau} \subseteq V_k \subseteq U_k^{\circ\tau}$. Da (X, τ) ein T_{3a}-Raum ist $[\![$ 4.4-2.1 $]\!]$, gibt es gemäß der Anmerkung an 4.3-5 (Seite 320) zu jedem $k \in \mathbb{N}$ ein $f_k \in C\big(X, [0, \frac{1}{k+1}]\big)$ mit $f_k[W_k] = \{\frac{1}{k+1}\}$ und $f_k[X \backslash V_k^{\circ\tau}] \subseteq \{0\}$, also $\operatorname{Tr} f_k \subseteq \overline{V_k^{\circ\tau}}^\tau \subseteq V_k$ und somit $f_k \in C_c(X, \mathbb{C})$. Mit $g_j := \bigvee_{k=0}^j f_k$ erhält man die Cauchy-Folge $(g_j)_j$ in $\big(C_c(X, \mathbb{C}), d_{\| \, \|_\infty}\big)$, die gem. (i) in $\big(C_c(X, \mathbb{C}), \tau_{\| \, \|_\infty}\big)$ konvergent sein muß. Nach (2.4,7) (b) folgt $\tau_{\| \, \|_\infty}\text{-}\lim_j g_j = \bigvee_{j \in \mathbb{N}} g_j$, wobei $\operatorname{Tr}\big(\bigvee_{j \in \mathbb{N}} g_j\big) = \bigcup_{j \in \mathbb{N}} \operatorname{Tr} f_j \subseteq \bigcup_{j \in \mathbb{N}} V_j$ ist. $\operatorname{Tr}\big(\bigvee_{j \in \mathbb{N}} g_j\big)$ ist nicht kompakt, weil die offene Überdeckung $\{ U_j^{\circ\tau} \mid j \in \mathbb{N} \}$ keine endliche Teilüberdeckung besitzt.

Lösung zu A 12

Nach A 10 wähle man für jedes $j \in \{1, \ldots, m\}$ ein kompaktes $K_j \subseteq O_j$ mit $\bigcup_{j=1}^m K_j = \operatorname{Tr} f$ und weiter gem. 4.4-2.2 $P_j \in \tau$ mit $K_j \subseteq P_j \subseteq \overline{P_j}^\tau \subseteq O_j$, $\overline{P_j}^\tau$ kompakt. Aus 4.4-14 folgt die Existenz eines $(g_1, \ldots, g_m) \in C(X, [0,1])^m$, das $\sum_{j=1}^m g_j \leq 1$, $\big(\sum_{j=1}^m g_j\big) \restriction \operatorname{Tr} f = 1$ und $\operatorname{Tr} g_j \subseteq P_j$ für jedes $j \in \{1, \ldots, m\}$ erfüllt. Man erhält $\operatorname{Tr} f g_j \subseteq \operatorname{Tr} g_j \subseteq P_j \subseteq \overline{P_j}^\tau \subseteq O_j$, $\operatorname{Tr} f g_j$ kompakt, also $f g_j \in C_c(X, \mathbb{C})$ für jedes $j \in \{1, \ldots, m\}$ und schließlich auch $\sum_{j=1}^m f g_j = f \sum_{j=1}^m g_j = f$.

Lösung zu A 13

Es sei β eine abzählbare Basis von τ und für jedes $O \in \tau$

$$\beta_O := \{ B \in \beta \mid \overline{B}^\tau \subseteq O,\ \overline{B}^\tau \text{ kompakt} \}.$$

Nach 4.4-2.2 gilt $O = \bigcup \beta_O$, denn zu jedem $x \in O$ gibt es ein kompaktes $U \in \mathcal{U}_\tau(x) \cap \alpha_\tau$, $U \subseteq O$, und zu U eine Basismenge $B \in \beta$ mit $x \in B \subseteq U$. Wegen

$$O = \bigcup \beta_O = \bigcup \{ \overline{B}^\tau \mid B \in \beta_O \}$$

ist $(O, \tau|O)$ σ-kompakt und O eine F_σ-Menge in (X, τ).

Lösung zu A 14

Es seien $\alpha : \mathbb{N} \longrightarrow \mathbb{Q}$ bijektiv, $e_\mathbb{N} : \mathbb{N} \longrightarrow \beta\mathbb{N}$, $e_\mathbb{Q} : \mathbb{Q} \longrightarrow \beta\mathbb{Q}$ und $e_\mathbb{R} : \mathbb{R} \longrightarrow \beta\mathbb{R}$ die jeweiligen Auswertungen. Wegen $e_\mathbb{Q} \circ \alpha \in C(\mathbb{N}, \beta\mathbb{Q})$, $e_\mathbb{R} \circ \mathrm{id}_\mathbb{Q} \in C(\mathbb{Q}, \beta\mathbb{R})$ gibt es nach 4.4-10 ein $\varphi \in C(\beta\mathbb{N}, \beta\mathbb{Q})$, $\psi \in C(\beta\mathbb{Q}, \beta\mathbb{R})$ mit $\varphi \circ e_\mathbb{N} = e_\mathbb{Q} \circ \alpha$ bzw. $\psi \circ e_\mathbb{Q} = e_\mathbb{R} \circ \mathrm{id}_\mathbb{Q}$. Aus

$$\varphi[\beta\mathbb{N}] = \varphi\big[\overline{e_\mathbb{N}[\mathbb{N}]}^{\beta\tau_{\mathrm{dis}}}\big] \supseteq \varphi\big[e_\mathbb{N}[\mathbb{N}]\big] = e_\mathbb{Q}\big[\alpha[\mathbb{N}]\big] = e_\mathbb{Q}[\mathbb{Q}]$$

bzw. analog $\psi[\beta\mathbb{Q}] \supseteq e_\mathbb{R}[\mathbb{R}]$ und der Kompaktheit von $\varphi[\beta\mathbb{N}]$ bzw. $\psi[\beta\mathbb{Q}]$ folgt

$$\varphi[\beta\mathbb{N}] \supseteq \overline{e_\mathbb{Q}[\mathbb{Q}]}^{\beta(\tau_{|\,|}|\mathbb{Q})} = \beta\mathbb{Q} \quad \text{und} \quad \psi[\beta\mathbb{Q}] \supseteq \beta\mathbb{R}.$$

Lösung zu A 15

(a) Es gilt

$$\operatorname{Tr} f \supseteq \{ x \in X \mid f(x) \geq r \} = \bigcap_{j=0}^{\infty} \{ x \in X \mid f(x) > r - \tfrac{1}{j+1} \}.$$

Die Behauptung folgt nach 2.4-1, 4.1-5 (a).

(b) Gem. 4.4-2.2 wähle man ein $W \in \tau \cap \mathcal{U}_\tau(K)$, $g \in C(X, [0,1])$ mit $\overline{W}^\tau \subseteq O$, $\overline{W}^\tau$ kompakt, $g[K] \subseteq \{1\}$ und $g[X \backslash W] \subseteq \{0\}$. $G := \{ x \in X \mid g(x) \geq \frac{1}{2} \}$ ist nach (a) eine kompakte G_δ-Menge in (X, τ), und es gilt $K \subseteq \{ x \in X \mid g(x) > \frac{1}{2} \} \subseteq G \subseteq O$.

(c) Sei $(O_j)_j \in \tau^\mathbb{N}$ und $K = \bigcap_{j \in \mathbb{N}} O_j$. Für jedes $j \in \mathbb{N}$ existiert gem. 4.4-2 ein $g_j \in C\big(X, [0, \frac{1}{2^{j+1}}]\big)$ mit $g_j[K] \subseteq \{0\}$ und $g_j[X \backslash O_j] \subseteq \{\frac{1}{2^{j+1}}\}$. Die unendliche Reihe $\sum_{j=0}^\infty g_j$ ist auf X gleichmäßig konvergent ⟦Majorante $\sum_{j=0}^\infty \frac{1}{2^{j+1}}$⟧, ihr Limes g somit stetig ⟦2.4-6⟧. Weiter gilt $g[K] \subseteq \{0\}$, und für $x \in X \backslash K$, etwa $x \notin O_j$, ist $g_j(x) = \frac{1}{2^{j+1}}$, also $g(x) \geq \frac{1}{2^{j+1}} > 0$.

(d) Man wähle ein $O \in \tau \cap \mathcal{U}_\tau(K)$, $h \in C_\mathrm{c}(X, [0,1])$ mit $\overline{O}^\tau$ kompakt, $h[K] \subseteq \{1\}$ und $h[X \backslash O] \subseteq \{0\}$ ⟦4.4-2.2⟧. Nach (c) existiert eine Funktion φ in $C(X, [0,1])$ mit $K = \{ x \in X \mid \varphi(x) = 0 \}$. Mit $g := (1 - \varphi)h$ folgt die Behauptung.

Lösung zu A 16

(a) Es seien $(x, y), (x', y') \in X \times Y$, $(x, y) \neq (x', y')$, etwa $x \neq x'$. Nach 4.4-2.2 existiert ein $a \in C_\mathrm{c}(X, [0,1])$ mit $1 = a(x) \neq a(x') = 0$ und ebenso ein $b \in C_\mathrm{c}(Y, [0,1])$ mit

$1 = b(y)$ (und $b(y') = 0$, sofern $y' \neq y$ ist). Es folgt

$$a \otimes b((x, y)) = a(x)b(y) = 1, \qquad a \otimes b((x', y')) = a(x')b(y') = 0.$$

(b) $\overline{\sum_{j=1}^{m} a_j \otimes b_j} = \sum_{j=1}^{m} \overline{a_j} \otimes \overline{b_j}$ und mit a ist auch $\overline{a}$ in $C_c(X, \mathbb{C})$ $[\![$ Tr $\overline{a}$ = Tr a $]\!]$.

(c) Nach 4.4-2.2 existieren $a \in C_c(X, [0,1])$, $b \in C_c(Y, [0,1])$ mit $a(x) = 1$, $b(y) = 1$, woraus $a \otimes b((x, y)) = 1 \neq 0$ folgt.

Lösung zu A 17

(i) ⇒ (ii) Es sei $\prod_{i \in I} X_i = \bigcup_{n \in \mathbb{N}} K_n$, wobei K_n für jedes $n \in \mathbb{N}$ kompakt ist. Wegen $X_i = \pi_i\big[\bigcup_{n \in \mathbb{N}} K_n\big] = \bigcup_{n \in \mathbb{N}} \pi_i[K_n]$ ist (X_i, τ_i) für jedes $i \in I$ σ-kompakt.

Wäre $J := \{\, i \in I \mid (X_i, \tau_i)$ nicht kompakt $\}$ unendlich, etwa $j : \mathbb{N} \longrightarrow J$ injektiv, so gäbe es wegen $\pi_{j(n)}[K_n] \neq X_{j(n)}$ für jedes $n \in \mathbb{N}$ ein $x_{j(n)} \in X_{j(n)} \backslash \pi_{j(n)}[K_n]$. Jedes Element $(y_i)_i \in \prod_{i \in I} X_i$ mit $y_{j(n)} = x_{j(n)}$ für alle $n \in \mathbb{N}$ gehört nicht zu $\bigcup_{n \in \mathbb{N}} K_n$. ↯

(ii) ⇒ (i) Es sei $\{i_1, \ldots, i_n\} = \{\, i \in I \mid (X_i, \tau_i)$ nicht kompakt $\}$ und $X_{i_k} = \bigcup_{m \in \mathbb{N}} K_m^{(i_k)}$, $\big(K_m^{(i_k)}, \tau_{i_k}\big|K_m^{(i_k)}\big)$ kompakt für jedes $k \in \{1, \ldots, n\}$. Für alle $(m_1, \ldots, m_n) \in \mathbb{N}^n$, $i \in I$ sei

$$Y_i^{(m_1,\ldots,m_n)} := \begin{cases} X_i & \text{für } i \notin \{i_1, \ldots, i_n\} \\ K_{m_k}^{(i_k)} & \text{für } i = i_k,\ k \in \{1, \ldots, n\}. \end{cases}$$

Dann ist

$$\prod_{i \in I} X_i = \bigcup_{(m_1,\ldots,m_n) \in \mathbb{N}^n} \Big(\prod_{i \in I} Y_i^{(m_1,\ldots,m_n)} \Big)$$

und $\prod_{i \in I} Y_i^{(m_1,\ldots,m_n)}$ kompakt für jedes $(m_1, \ldots, m_n) \in \mathbb{N}^n$.

Lösung zu A 18

(i) ⇒ (ii) Ist (X, τ) nicht zusammenhängend, so gibt es gem. 2.4-4 eine surjektive Funktion $f \in C(X, \{0,1\})$, wobei $\{0,1\}$ mit der diskreten Topologie τ_{dis} versehen ist. Gem. 4.4-10 sei $F \in C(\beta X, \{0,1\})$, $F \circ e = f$. Die Funktion F ist surjektiv, $(\beta X, \beta\tau)$ daher nicht zusammenhängend $[\![$ 2.4-4 $]\!]$.

(ii) ⇒ (i) Ist $(\beta X, \beta\tau)$ nicht zusammenhängend, $F \in C(\beta X, \{0,1\})$ surjektiv $[\![$ 2.4-4 $]\!]$, so ist auch $F \circ e \in C(X, \{0,1\})$ surjektiv, denn aus $F \circ e[X] \subseteq \{0\}$ (beispielsweise) würde

$$\{0,1\} = F[\beta X] = F\big[\overline{e[X]}^{\beta\tau}\big] \subseteq \overline{F[e[X]]}^{\tau_{\text{dis}}} \subseteq \{0\}$$

folgen. Nach 2.4-4 ist (X, τ) nicht zusammenhängend.

Lösung zu A 19

(i) ⇒ (ii) Da F stetig in x^* ist, existiert ein $U \in \mathcal{U}_{\tau^*}(x^*) \cap \tau^*$ mit $|F(x) - F(x^*)| < \varepsilon/2$ für jedes $x \in U$. $K := X^* \backslash U$ ist kompakt in (X, τ) und

$$|f(x) - f(y)| = |F(x) - F(y)| \leq |F(x) - F(x^*)| + |F(x^*) - F(y)| < \varepsilon$$

für alle $x, y \in X \backslash K = U \backslash \{x^*\}$.

(ii) ⇒ (i) Für jedes kompakte $K \subseteq X$ wähle man ein $x_K \in X \backslash K$. Es ist $(x_K)_K$ ein Netz in X, denn $(\{ K \subseteq X \mid K \text{ kompakt} \}, \supseteq)$ ist eine gerichtete Menge ⟦(4.1,2) (d)⟧, und $(f(x_K))_K$ ein Cauchy-Netz in $(\mathbb{C}, d_{|\,|})$ ⟦Zu jedem $\varepsilon > 0$ wähle man eine kompakte Menge K_ε gem. (ii). Für alle Kompakta $K, L \supseteq K_\varepsilon$ gilt dann $|f(x_L) - f(x_M)| < \varepsilon$.⟧. Sei $(f(x_K))_K \to_{\tau_{|\,|}} z$, $z \in \mathbb{C}$, und

$$F(x) := \begin{cases} f(x) & \text{für } x \in X \\ z & \text{für } x = x^*. \end{cases}$$

F ist eine Fortsetzung von f und auch stetig:

Für $x \in X$ existiert ein kompaktes $U \in \mathcal{U}_\tau(x)$, also gilt $x^* \notin U$. Wegen $F{\restriction}U = f{\restriction}U$ ist F stetig in x. Sei $(y_\alpha)_\alpha$ ein Netz in X (o. B. d. A.) mit $(y_\alpha)_\alpha \to_{\tau^*} x^*$, $\varepsilon > 0$. Gem. (ii) wähle man zu $\varepsilon/2$ ein kompaktes $K \subseteq X$ mit $|f(x_K) - z| < \varepsilon/2$ und α_0 mit $y_\alpha \in X^* \backslash K$ für alle $\alpha \geq \alpha_0$. Dann gilt

$$|F(y_\alpha) - F(x^*)| \leq |f(y_\alpha) - f(x_K)| + |f(x_K) - z| < \varepsilon$$

für alle $\alpha \geq \alpha_0$, also $(F(y_\alpha))_\alpha \to_{\tau_{|\,|}} F(x^*)$. Nach 2.4-1 ist F stetig.

Lösungen zu 5.1

Lösung zu A 1

Es sei $\mathcal{J}$ die Menge aller offenen Intervalle. Wegen $\mathcal{J} \subseteq \tau_{|\,|}$ gilt $\mathcal{A}_\sigma(\mathcal{J}) \subseteq \mathcal{A}_\sigma(\tau_{|\,|})$. Umgekehrt folgt mit 2.3-5 $\tau_{|\,|} \subseteq \mathcal{A}_\sigma(\mathcal{J})$, also $\mathcal{A}_\sigma(\tau_{|\,|}) \subseteq \mathcal{A}_\sigma(\mathcal{J})$.

Lösung zu A 2

(i) ⇒ (ii) $\bigcap_{j \in \mathbb{N}} S_j = X \backslash \bigcup_{j \in \mathbb{N}} (X \backslash S_j) \in \mathcal{S}$

(ii) ⇒ (iii) Für monoton wachsende Folgen $(S_j)_j$ ist $(X \backslash S_j)_j$ monoton fallend, also gem. (ii) $\bigcup_{j \in \mathbb{N}} S_j = X \backslash \bigcap_{j \in \mathbb{N}} (X \backslash S_j) \in \mathcal{S}$.

(iii) ⇒ (iv) Sei $(T_j)_j \in \mathcal{S}^{\mathbb{N}}$ und $S_j := \bigcup_{k=0}^{j} T_k \in \mathcal{S}$ für jedes $j \in \mathbb{N}$. $(S_j)_j$ ist monoton wachsend, also gilt $\bigcup_{j \in \mathbb{N}} T_j = \bigcup_{j \in \mathbb{N}} S_j \in \mathcal{S}$.

(iv) ⇒ (i) ist klar.

Lösung zu A 3

Für jedes $A \in \mathcal{A}$ gilt $\mu_{ä}(A) = \mu(A)$, speziell $\mu_{ä}(\emptyset) = 0$. $\mu_{ä}$ ist auch monoton, denn für alle $S, T \subseteq X$, $S \subseteq T$ ist

$$\mu_{ä}(S) = \inf\{ \mu(A) \mid S \subseteq A,\ A \in \mathcal{A} \} \leq \inf\{ \mu(A) \mid T \subseteq A,\ A \in \mathcal{A} \} = \mu_{ä}(T).$$

Schließlich sei $(A_j)_j \in \mathcal{P}X^{\mathbb{N}}$, o. B. d. A. $\sum_{j=0}^{\infty} \mu_{ä}(A_j) < \infty$, $\varepsilon > 0$. Für jedes $j \in \mathbb{N}$ wähle man ein $B_j \in \mathcal{A}$ mit $A_j \subseteq B_j$, $\mu(B_j) < \mu_{ä}(A_j) + \frac{\varepsilon}{2^{j+1}}$. Dann ist $B := \bigcup_{j \in \mathbb{N}} B_j \in \mathcal{A}$, $\bigcup_{j \in \mathbb{N}} A_j \subseteq B$ und $\mu(B) \leq \sum_{j=0}^{\infty} \mu(B_j) \leq \varepsilon + \sum_{j=0}^{\infty} \mu_{ä}(A_j)$, also $\mu_{ä}(\bigcup_{j \in \mathbb{N}} A_j) \leq \sum_{j=0}^{\infty} \mu_{ä}(A_j)$.

Lösung zu A 4

(a) $\lambda_{n,\text{ä}}(\emptyset) \leq v(\emptyset) = 0$, also $\lambda_{n,\text{ä}}(\emptyset) = 0$. Für alle $S, T \subseteq \mathbb{R}^n$, $S \subseteq T$, jede Folge $(Q_j)_j \in \tau_{\|\ \|}{}^{\mathbb{N}}$ beschränkter n-Quader mit $\bigcup_{j\in\mathbb{N}} Q_j \supseteq T$ ist $\bigcup_{j\in\mathbb{N}} Q_j \supseteq S$, also $\lambda_{n,\text{ä}}(T) \geq \lambda_{n,\text{ä}}(S)$. Sei $(S_j)_j \in (\mathcal{P}\mathbb{R})^{\mathbb{N}}$, o. B. d. A. $\sum_{j=0}^{\infty} \lambda_{n,\text{ä}}(S_j) < \infty$ und $\varepsilon > 0$. Für jedes $j \in \mathbb{N}$ wähle man eine Folge $(Q_{(j,k)})_{k\in\mathbb{N}} \in \tau_{\|\ \|}{}^{\mathbb{N}}$ beschränkter n-Quader mit $S_j \subseteq \bigcup_{k\in\mathbb{N}} Q_{(j,k)}$ und $V\big((Q_{(j,k)})_k\big) < \lambda_{n,\text{ä}}(S_j) + \frac{\varepsilon}{2^{j+1}}$. Sei $\beta : \mathbb{N} \longrightarrow \mathbb{N} \times \mathbb{N}$ bijektiv. $(Q_{\beta(i)})_{i\in\mathbb{N}} \in \tau_{\|\ \|}{}^{\mathbb{N}}$ ist eine Folge beschränkter n-Quader, die $\bigcup_{j\in\mathbb{N}} S_j \subseteq \bigcup_{i\in\mathbb{N}} Q_{\beta(i)}$ und

$$V\big((Q_{\beta(i)})_{i\in\mathbb{N}}\big) = \sum_{j=0}^{\infty}\sum_{k=0}^{\infty} v(Q_{(j,k)}) \leq \sum_{j=0}^{\infty}\Big(\lambda_{n,\text{ä}}(S_j) + \frac{\varepsilon}{2^{j+1}}\Big) = \varepsilon + \sum_{j=0}^{\infty} \lambda_{n,\text{ä}}(S_j)$$

erfüllt. Es folgt $\lambda_{n,\text{ä}}\big(\bigcup_{j\in\mathbb{N}} S_j\big) \leq \sum_{j=0}^{\infty} \lambda_{n,\text{ä}}(S_j)$.

(b) Da $(Q, \tau_{\|\ \|}|Q)$ kompakt ist, seien o. B. d. A. beschränkte n-Quader $Q_0, \ldots, Q_k \in \tau_{\|\ \|}$ mit $\bigcup_{m=0}^{k} Q_m \supseteq Q$ vorgegeben. Man zerteile nun Q in endlich viele abgeschlossene n-Quader $P_0, \ldots, P_r$, so daß deren Inneres $P_i^{\circ\tau_{\|\ \|}}$ in einem Q_{m_i}, $m_i \in \{1, \ldots, k\}$ liegt und je zwei von ihnen höchstens Randpunkte gemeinsam haben (Abb. L-11 für $n = 2$).

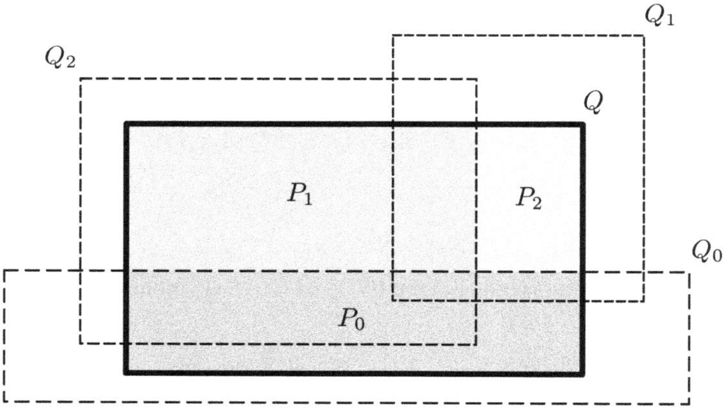

Abbildung L-11

Es gilt dann

$$v(Q) = \sum_{j=0}^{r} v(P_j) \leq \sum_{m=0}^{k} v(Q_m),$$

also $v(Q) \leq \lambda_{n,\text{ä}}(Q)$.

Zum Nachweis der Gleichheit sei $\varepsilon > 0$ vorgegeben und dazu $\delta > 0$ so gewählt ⟦ Stetigkeit der Multiplikation ⟧, daß

$$\prod_{j=1}^{n}((b_j - a_j) + \delta) < \varepsilon + \prod_{j=1}^{n}(b_j - a_j)$$

erfüllt ist. Wegen $Q \subseteq \prod_{j=1}^{n}]a_j - \frac{\delta}{2}, b_j + \frac{\delta}{2}[$ gilt

$$\lambda_{n,\ddot{a}}(Q) \leq v\Big(\prod_{j=1}^{n}]a_j - \tfrac{\delta}{2}, b_j + \tfrac{\delta}{2}[\Big) = \prod_{j=1}^{n}(b_j - a_j + \delta) < \varepsilon + \prod_{j=1}^{n}(b_j - a_j) = \varepsilon + v(Q),$$

also $\lambda_{n,\ddot{a}}(Q) \leq v(Q)$.

(c) Wegen

$$\begin{aligned}\lambda_{n,\ddot{a}}\big(Q^{\circ\tau_{\|\ \|}}\big) \leq \lambda_{n,\ddot{a}}(Q) \leq \lambda_{n,\ddot{a}}\big(\overline{Q}^{\tau_{\|\ \|}}\big) &= \lambda_{n,\ddot{a}}\big(Q^{\circ\tau_{\|\ \|}} \cup \partial_{\tau_{\|\ \|}} Q\big)\\ &\leq \lambda_{n,\ddot{a}}\big(Q^{\circ\tau_{\|\ \|}}\big) + \lambda_{n,\ddot{a}}\big(\partial_{\tau_{\|\ \|}} Q\big)\end{aligned}$$

und

$$\partial_{\tau_{\|\ \|}} Q = \bigcup\Big\{\prod_{j=1}^{n} J_j \;\Big|\; \forall\, j \in \{1,\ldots,n\}\colon\; J_j \in \big\{[a_j,b_j], \{a_j\}, \{b_j\}\big\},\\ \exists\, j_0 \in \{1,\ldots,n\}\colon\; J_{j_0} \in \big\{\{a_{j_0}\}, \{b_{j_0}\}\big\}\Big\},$$

also $\lambda_{n,\ddot{a}}\big(\partial_{\tau_{\|\ \|}} Q\big) = 0$ $[\![$ gem. (b) und der Subadditivität von $\lambda_{n,\ddot{a}}$ $]\!]$, folgt $\lambda_{n,\ddot{a}}(Q) = \lambda_{n,\ddot{a}}\big(\overline{Q}^{\tau_{\|\ \|}}\big) = v\big(\overline{Q}^{\tau_{\|\ \|}}\big) = v(Q)$ $[\![$ (b) $]\!]$.

(d) Sei $U := \big\{ j \in \{1,\ldots,n\} \;\big|\; I_j \text{ unbeschränkt} \big\}$. Für jedes $j \in U$ existiert ein $x \in I_j$ o. B. d. A. so, daß $I_{j,m} := [x+1, x+m+1] \subseteq I_j$ für jedes $m \in \mathbb{N}$ gilt. Man setze $I_{j,m} := I_j$ für jedes $m \in \mathbb{N}$ und $j \in \{1,\ldots,n\} \setminus U$. Dann folgt für jedes $m \in \mathbb{N}$:

$$\begin{aligned}\lambda_{n,\ddot{a}}(Q) &\geq \lambda_{n,\ddot{a}}\Big(\prod_{j=1}^{n} I_{j,m}\Big) && [\![\text{ Monotonie von } \lambda_{n,\ddot{a}}]\!]\\ &= v\Big(\prod_{j=1}^{n} I_{j,m}\Big) && [\![\text{ (c) }]\!]\\ &= \prod_{j=1}^{n} \ell(I_{j,m}) = m^{|U|} \prod_{\substack{j=1\\ j\notin U}}^{n} (b_j - a_j),\end{aligned}$$

also $\lambda_{n,\ddot{a}}(Q) = \infty$ $[\![\, |U| \geq 1 \,]\!]$.

Lösung zu A 5

Wegen $\mathcal{C}^n_- \subseteq \alpha_{\tau_{\|\ \|}}$ gilt $\mathcal{A}_\sigma(\mathcal{C}^n_-) \subseteq \mathcal{A}_\sigma\big(\alpha_{\tau_{\|\ \|}}\big) = \mathcal{A}_\sigma(\tau_{\|\ \|})$.

$$\mathcal{J}^n := \Big\{ \prod_{j=1}^{n}]a_j, b_j[\;\Big|\; (a_j)_j, (b_j)_j \in \mathbb{Q}^n \Big\}$$

ist gem. 1.2-5, (2.4,8) (a) eine abzählbare Basis der Topologie $\tau_{\|\ \|}$, also $\mathcal{A}_\sigma(\tau_{\|\ \|}) = \mathcal{A}_\sigma(\mathcal{J}^n)$. Zur Bestätigung der Inklusion $\mathcal{A}_\sigma(\tau_{\|\ \|}) \subseteq \mathcal{A}_\sigma(\mathcal{C}^n_-)$ genügt daher $\mathcal{J}^n \subseteq \mathcal{A}_\sigma(\mathcal{C}^n_-)$:

Sei $(a_j)_j,\ (b_j)_j \in \mathbb{Q}^n$. Dann ist

$$\prod_{j=1}^{n}]-\infty, b_j[\; = \bigcup_{k=0}^{\infty} \Big(\prod_{j=1}^{n}]-\infty, b_j - \tfrac{1}{k+1}] \Big) \in \mathcal{A}_\sigma(\mathcal{C}_-^n)$$

und auch (ausrechnen!)

$$\prod_{j=1}^{n}]a_j, \infty[\; = \mathbb{R}^n \setminus \bigcup_{k=1}^{n} \bigcup_{l\in\mathbb{N}} \Big(\prod_{j=1}^{n}]-\infty, a_j + (1-\delta_{k,j})l] \Big) \in \mathcal{A}_\sigma(\mathcal{C}_-^n),$$

woraus

$$\prod_{j=1}^{n}]a_j, b_j[\; = \Big(\prod_{j=1}^{n}]-\infty, b_j[\Big) \cap \Big(\prod_{j=1}^{n}]a_j, \infty[\Big) \in \mathcal{A}_\sigma(\mathcal{C}_-^n)$$

folgt.

Lösung zu A 6

Gem. A 5 ist $\mathcal{C}_-^n \subseteq \Lambda_n$ zu zeigen.

Sei $(a_1, \ldots, a_n) \in \mathbb{R}^n$, $T \subseteq \mathbb{R}^n$, $\lambda_{n,\ddot{a}}(T) < \infty$, $\varepsilon > 0$ und $(Q_m)_m \in \tau_{\|\;\|}{}^{\mathbb{N}}$ eine Folge beschränkter n-Quader mit $T \subseteq \bigcup_{m\in\mathbb{N}} Q_m$, $V((Q_m)_m) < \lambda_{n,\ddot{a}}(T) + \varepsilon$. Für jedes $m \in \mathbb{N}$ ist $Q_m \cap \prod_{j=1}^{n}]-\infty, a_j]$ ein beschränkter n-Quader und

$$Q_m \cap \Big(\mathbb{R}^n \setminus \prod_{j=1}^{n}]-\infty, a_j] \Big) = Q_m \cap \bigcup_{j=1}^{n} \Big(\prod_{i=1}^{n} R_{j,i} \Big) = \bigcup_{j=1}^{n} \Big(Q_m \cap \prod_{i=1}^{n} R_{j,i} \Big),$$

wobei

$$R_{j,i} := \begin{cases} \mathbb{R} & \text{für } i \neq j \\ ]a_j, \infty[& \text{für } i = j \end{cases}$$

definiert wird und $Q_m \cap \prod_{i=1}^{n} R_{j,i}$ für jedes $j \in \{1, \ldots, n\}$ ein offener beschränkter n-Quader ist. Somit kann $Q_m \cap \big(\mathbb{R}^n \setminus \prod_{j=1}^{n}]-\infty, a_j]\big)$ als Vereinigung endlich (etwa k_m-)vieler paarweise disjunkter beschränkter n-Quader dargestellt werden. Man wähle hierzu offene beschränkte n-Quader L_m und $M_{m,\nu}$ für $\nu = 1, \ldots, k_m$, so daß

$$Q_m \cap \prod_{j=1}^{n}]-\infty, a_j] \subseteq L_m, \qquad Q_m \cap \Big(\mathbb{R}^n \setminus \prod_{j=1}^{n}]-\infty, a_j] \Big) \subseteq \bigcup_{\nu=1}^{k_m} M_{m,\nu} \qquad \text{und}$$

$$v(L_m) + \sum_{\nu=1}^{k_m} v(M_{m,\nu}) \leq v(Q_m) + \frac{\varepsilon}{2^{m+1}}$$

erfüllt ist. Es folgt dann

$$T \cap \prod_{j=1}^{n}]-\infty, a_j] \subseteq \bigcup_{m\in\mathbb{N}} \Big(Q_m \cap \prod_{j=1}^{n}]-\infty, a_j] \Big) \subseteq \bigcup_{m\in\mathbb{N}} L_m \qquad \text{und}$$

$$T \cap \Big(\mathbb{R}^n \setminus \prod_{j=1}^{n}]-\infty, a_j]\Big) \subseteq \bigcup_{m\in\mathbb{N}} \Big(Q_m \cap \Big(\mathbb{R}^n \setminus \prod_{j=1}^{n}]-\infty, a_j]\Big)\Big) \subseteq \bigcup_{m\in\mathbb{N}} \bigcup_{\nu=1}^{k_m} M_{m,\nu},$$

also

$$\lambda_{n,\ddot{a}}\Big(T \cap \prod_{j=1}^{n}]-\infty, a_j]\Big) \le \sum_{m=0}^{\infty} \lambda_{n,\ddot{a}}(L_m) = \sum_{m=0}^{\infty} v(L_m) \qquad \text{und}$$

$$\lambda_{n,\ddot{a}}\Big(T \cap \Big(\mathbb{R}^n \setminus \prod_{j=1}^{n}]-\infty, a_j]\Big)\Big) \le \sum_{m=0}^{\infty} \sum_{\nu=1}^{k_m} v(M_{m,\nu}),$$

woraus sich

$$\lambda_{n,\ddot{a}}\Big(T \cap \prod_{j=1}^{n}]-\infty, a_j]\Big) + \lambda_{n,\ddot{a}}\Big(T \cap \Big(\mathbb{R}^n \setminus \prod_{j=1}^{n}]-\infty, a_j]\Big)\Big)$$
$$\le \sum_{m=0}^{\infty} \Big(v(L_m) + \sum_{\nu=1}^{k_m} v(M_{m,\nu})\Big) \le \sum_{m=0}^{\infty} \Big(v(Q_m) + \frac{\varepsilon}{2^{m+1}}\Big) \le \lambda_{n,\ddot{a}}(T) + 2\varepsilon$$

ergibt. $\prod_{j=1}^{n}]-\infty, a_j]$ ist daher $[\![\, \varepsilon > 0$ ist beliebig vorgegeben! $]\!]$ meßbar (bzgl. $\lambda_{n,\ddot{a}}$).

Lösung zu A 7

Das Cantorsche Diskontinuum C in $[0,1]$ ist nicht abzählbar $[\![\,(2.2,2)\ (\text{b})\,]\!]$ und hat nach 5.1-1 (a), (5.1,4) (a) (ii) das Lebesgue-Maß Null.

Lösung zu A 8

Es sei $\mu : \mathcal{A}_\sigma(\tau_{\text{dis}}) \longrightarrow \mathbb{R}^+ \cup \{\infty\}$,

$$\mu(S) := \begin{cases} 0 & \text{für abzählbares } S \\ \infty & \text{sonst.} \end{cases}$$

μ ist ein Borel-Maß auf (X, τ_{dis}), und μ ist genau für abzählbare X innenregulär:

„$\Rightarrow$“ Gem. (R-3) gilt $\mu(X) = \sup\{\, \mu(C) \mid C \in \mathcal{K}_{\tau_{\text{dis}}} = \mathcal{P}_{\text{e}}X \,\} = 0$, also ist X abzählbar.

„$\Leftarrow$“ Ist X abzählbar, so ist $\mu = 0$ und (R-3) natürlich erfüllt.

Lösung zu A 9

(i) $\Rightarrow$ (ii) Für $\tau \ne \tau_{\text{dis}}$ existiert ein $x \in X$, so daß jede offene Umgebung von x unendlich ist $[\![\,(\text{T-2})\,]\!]$, und es folgt $\mu_Z(\{x\}) = 1 < \infty = \inf\{\, O \in \tau \mid x \in O \,\}$.

(ii) $\Rightarrow$ (i) Für $\tau = \tau_{\text{dis}}$ gilt $\mathcal{K}_\tau = \mathcal{P}_{\text{e}}X$ und somit (R-2). Ist $O \in \tau \cap \mathcal{P}_{\text{e}}X$, so folgt $\mu_Z(O) = \sup\{\, \mu_Z(C) \mid C \subseteq O \,\}$, und für unendliche Mengen $O \in \tau$ natürlich auch

$$\mu_Z(O) = \infty = \sup\{\, \mu_Z(C) \mid C \subseteq O,\ C \in \mathcal{P}_{\text{e}}X \,\}.$$

Wegen $\mathcal{A} \supseteq \mathcal{A}_\sigma(\tau_{\text{dis}}) = \mathcal{P}X$ ist $\mu_Z(A) = \inf\{\, \mu_Z(O) \mid O \in \tau_{\text{dis}},\ O \supseteq A \,\}$ für alle $A \in \mathcal{A}$.

Lösung zu A 10

(R-1) $[\![$ nach Voraussetzung $]\!]$ und (R-2) $[\![\, \mu_{(x_0)} : \mathcal{A} \longrightarrow \mathbb{R}^+ \,]\!]$ sind offensichtlich erfüllt. Sei $O \in \tau$ (bzw. $A \in \mathcal{A}$). Für $x_0 \in O$ (bzw. $x_0 \in A$) gilt $\{x_0\} \in \mathcal{K}_\tau$, $\{x_0\} \subseteq O$ (bzw. $x_0 \in P$ für jedes $P \in \tau$, $P \supseteq A$), also $\mu_{(x_0)}(O) = 1 = \sup\{\, \mu_{(x_0)}(C) \mid C \in \mathcal{K}_\tau,\ C \subseteq O \,\}$ (bzw. $\mu_{(x_0)}(A) = 1 = \inf\{\, \mu_{(x_0)}(P) \mid P \in \tau,\ P \supseteq A \,\}$). Ist $x_0 \notin O$, so auch $x_0 \notin C$ für jede Menge $C \in \mathcal{K}_\tau$, $C \subseteq O$, also $\mu_{(x_0)}(O) = 0 = \sup\{\, \mu_{(x_0)}(C) \mid C \in \mathcal{K}_\tau,\ C \subseteq O \,\}$. Für $x_0 \notin A$ wähle man zu jedem $a \in A$ ein $P_a \in \mathcal{U}_\tau(a) \cap \tau$, so daß $x_0 \notin P_a$ $[\![$ (T-2) $]\!]$. Dann ist $P := \bigcup_{a \in A} P_a \in \tau$, $P \supseteq A$ und $x_0 \notin P$, also

$$\mu_{(x_0)}(A) = 0 = \inf\{\, \mu_{(x_0)}(Q) \mid Q \in \tau,\ Q \supseteq A \,\}.$$

Lösung zu A 11

(a) Sei $r \in \mathbb{R}$, $r < \mu\big(\bigcup \mathcal{O}\big)$. Gem. (R-3) gibt es ein $K \in \mathcal{K}_\tau$ mit $K \subseteq \bigcup \mathcal{O}$ und $\mu(K) > r$. Da $(K, \tau|K)$ kompakt und $\mathcal{O}$ aufwärts gerichtet ist, gilt $K \subseteq P$ für ein $P \in \mathcal{O}$, also $r < \mu(K) \leq \mu(P)$ und damit $[\![\, r < \mu\big(\bigcup \mathcal{O}\big)$ ist beliebig vorgegeben! $]\!]$ $\mu\big(\bigcup \mathcal{O}\big) \leq \sup\{\, \mu(O) \mid O \in \mathcal{O} \,\}$.

(b) Gem. (R-4) wähle man eine offene Menge O (in τ) mit $C_0 \subseteq O$, $\mu(O) < \infty$ und setze $\mathcal{O} := \{\, O \backslash C \mid C \in \mathcal{C},\ C \subseteq C_0 \,\}$. Die Menge $\mathcal{O} \subseteq \tau$ ist aufwärts gerichtet mit $\bigcup \mathcal{O} = O \backslash \bigcap \{\, C \in \mathcal{C} \mid C \subseteq C_0 \,\} = O \backslash \bigcap \mathcal{C}$, und es folgt

$$\begin{aligned}
\mu(O) - \mu\Big(\bigcap \mathcal{C}\Big) &= \mu\Big(O \backslash \bigcap \mathcal{C}\Big) && [\![\, 5.1\text{-}1\ (a) \,]\!] \\
&= \sup\{\, \mu(P) \mid P \in \mathcal{O} \,\} && [\![\, (a) \,]\!] \\
&= \sup\{\, \mu(O \backslash C) \mid C \in \mathcal{C},\ C \subseteq C_0 \,\} \\
&= \sup\{\, \mu(O) - \mu(C) \mid C \in \mathcal{C},\ C \subseteq C_0 \,\} && [\![\, 5.1\text{-}1\ (a) \,]\!] \\
&= \mu(O) - \inf\{\, \mu(C) \mid C \in \mathcal{C},\ C \subseteq C_0 \,\},
\end{aligned}$$

also $[\![\, \mu(O) < \infty! \,]\!]$

$$\mu\Big(\bigcap \mathcal{C}\Big) = \inf\{\, \mu(C) \mid C \in \mathcal{C},\ C \subseteq C_0 \,\} = \inf\{\, \mu(C) \mid C \in \mathcal{C} \,\}.$$

Auf die Voraussetzung „$\exists\, C_0 \in \mathcal{C}:\ \mu(C_0) < \infty$“ kann i. a. *nicht* verzichtet werden:

Für unendliche Mengen X betrachte man (X, τ_{dis}), $(X, \mathcal{P}X, \mu_Z)$ und definiere noch $\mathcal{C} := \{\, C \subseteq X \mid X \backslash C$ endlich $\}$. Die Menge $\mathcal{C}$ ist abwärts gerichtet, $\mu_Z(C) = \infty$ für jedes $C \in \mathcal{C}$, also

$$\inf\{\, \mu_Z(C) \mid C \in \mathcal{C} \,\} = \infty > 0 = \mu_Z(\emptyset) = \mu_Z\Big(\bigcap \mathcal{C}\Big).$$

Lösung zu A 12

Für jeden n-Quader $Q \subseteq \mathbb{R}^n$ gilt $v(x + Q) = v(Q)$ für alle $x \in \mathbb{R}^n$, also zunächst $\lambda_{n,\text{ä}}(x + T) = \lambda_{n,\text{ä}}(T)$ für jedes $T \subseteq \mathbb{R}^n$ und weiter auch

$$\forall\, M \subseteq \mathbb{R}^n:\ x + M \in \Lambda_n \Leftrightarrow M \in \Lambda_n\ :$$

Nach Definition der Meßbarkeit ist

$$\begin{aligned}
&x + M \in \Lambda_n \\
&\iff \forall\, T \subseteq \mathbb{R}^n\colon\ \lambda_{n,\ddot{a}}(T) = \lambda_{n,\ddot{a}}(T \cap (x+M)) + \lambda_{n,\ddot{a}}\big(T \cap (\mathbb{R}^n \backslash (x+M))\big) \\
&\iff \forall\, T \subseteq \mathbb{R}^n\colon\ \lambda_{n,\ddot{a}}(T) = \lambda_{n,\ddot{a}}((-x+T) \cap M) + \lambda_{n,\ddot{a}}((-x+T) \cap (\mathbb{R}^n \backslash M)) \\
&\qquad [\![T \cap (x+M) = x + ((-x+T) \cap M), \\
&\qquad\ T \cap (\mathbb{R}^n \backslash (x+M)) = x + ((-x+T) \cap (\mathbb{R}^n \backslash M))]\!] \\
&\iff M \in \Lambda_n
\end{aligned}$$

[[Mit T durchläuft auch $-x+T$ alle Teilmengen von $\mathbb{R}^n$.]].

Lösung zu A 13

Sei $K \in \mathcal{K}_\tau$. Gem. 4.4, A 15 (b) existiert zu jedem $O \in \mathcal{U}_\tau(K) \cap \tau$ ein $G \in \mathcal{U}_\tau(K) \cap \mathcal{K}_\tau$, G G_δ-Menge mit $G \subseteq O$. Es folgt

$$\begin{aligned}
\mu(K) &= \inf\{\, \mu(O) \mid O \in \tau,\ K \subseteq O \,\} = \inf\{\, \mu(G) \mid G \in \mathcal{K}_\tau\ G_\delta\text{-Menge},\ K \subseteq G \,\} \\
&= \inf\{\, \nu(G) \mid G \in \mathcal{K}_\tau\ G_\delta\text{-Menge},\ K \subseteq G \,\} = \inf\{\, \nu(O) \mid O \in \tau,\ K \subseteq O \,\} \\
&= \nu(K).
\end{aligned}$$

Nach 5.1-6.1 ergibt sich $(X, \mathcal{A}, \mu) = (X, \mathcal{B}, \nu)$.

Lösung zu A 14

Es ist $S = X \cap S \in \mathcal{A}|S$, $S \backslash (A \cap S) = (X \backslash A) \cap S \in \mathcal{A}|S$ für jedes $A \in \mathcal{A}$ und $\bigcup_{j \in \mathbb{N}} (A_j \cap S) = \big(\bigcup_{j \in \mathbb{N}} A_j\big) \cap S \in \mathcal{A}|S$ für alle $(A_j)_j \in \mathcal{A}^{\mathbb{N}}$.

Lösung zu A 15

Wegen $\tau|S \subseteq \mathcal{A}_\sigma(\tau)|S$ ist $\mathcal{A}_\sigma(\tau|S) \subseteq \mathcal{A}_\sigma(\tau)|S$. Für den Beweis der anderen Inklusion verifiziere man, daß

$$\mathcal{B} := \{\, A \in \mathcal{A}_\sigma(\tau) \mid A \cap S \in \mathcal{A}_\sigma(\tau|S) \,\}$$

eine σ-Algebra über X ist, die τ enthält (Es folgt dann nämlich $\mathcal{A}_\sigma(\tau)|S \subseteq \mathcal{A}_\sigma(\tau|S)$!):

$\tau \subseteq \mathcal{B}$ wegen $\tau|S \subseteq \mathcal{A}_\sigma(\tau|S)$, speziell ist daher $X \in \mathcal{B}$. Für jedes $A \in \mathcal{B}$ folgt $X \backslash A \in \mathcal{B}$ aus $(X \backslash A) \cap S = S \backslash (A \cap S) \in \mathcal{A}_\sigma(\tau|S)$. Ist schließlich $(A_j)_j \in \mathcal{B}^{\mathbb{N}}$, so gilt $\big(\bigcup_{j \in \mathbb{N}} A_j\big) \cap S = \bigcup_{j \in \mathbb{N}} (A_j \cap S) \in \mathcal{A}_\sigma(\tau|S)$, also $\bigcup_{j \in \mathbb{N}} A_j \in \mathcal{B}$.

Lösung zu A 16

Für jedes $m \in \mathbb{N}$ sei $B_m := \bigcup_{j \geq m} A_j$. Die Folge $(B_m)_{m \in \mathbb{N}}$ ist monoton fallend, wegen der σ-Subadditivität ist $\mu(B_m) \leq \sum_{j=m}^{\infty} \mu(A_j)$ für jedes $m \in \mathbb{N}$, also $(\mu(B_m))_m \rightarrow_{\tau_{|\,|}} 0$. Nach 5.1-1 (d) folgt $\mu\big(\bigcap_{m \in \mathbb{N}} B_m\big) = 0$ und wegen

$$\bigcap_{m \in \mathbb{N}} B_m = \{\, x \in X \mid \{\, j \in \mathbb{N} \mid x \in A_j \,\} \text{ unendlich} \,\}$$

die Behauptung.

Lösung zu A 17

Zunächst sei festgestellt, daß $\mathcal{A}_\sigma(\mathcal{H}_{\mathrm{Re}} \cup \mathcal{H}_{\mathrm{Im}}) \subseteq \mathcal{A}_\sigma(\tau_{|\ |_{\mathbb{C}}})$ wegen $\mathcal{H}_{\mathrm{Re}} \cup \mathcal{H}_{\mathrm{Im}} \subseteq \tau_{|\ |_{\mathbb{C}}}$ gilt. Weiterhin sind für jedes $a \in \mathbb{R}$ auch

$$\{ z \in \mathbb{C} \mid \operatorname{Re} z \geq a \} = \bigcap_{j \in \mathbb{N}} \{ z \in \mathbb{C} \mid \operatorname{Re} z > a - \tfrac{1}{j+1} \} \in \mathcal{A}_\sigma(\mathcal{H}_{\mathrm{Re}} \cup \mathcal{H}_{\mathrm{Im}})$$

und ebenso $\{ z \in \mathbb{C} \mid \operatorname{Im} z \geq a \} \in \mathcal{A}_\sigma(\mathcal{H}_{\mathrm{Re}} \cup \mathcal{H}_{\mathrm{Im}})$. Da für alle $a, b, c, d \in \mathbb{Q},\ a < b,\ c < d$ die in $(\mathbb{C}, \tau_{|\ |_{\mathbb{C}}})$ offenen Rechtecke

$$\begin{aligned}\{ z \in \mathbb{C} \mid a < \operatorname{Re} z < b,\ c < \operatorname{Im} z < d \} \\ &= \{ z \in \mathbb{C} \mid \operatorname{Re} z > a \} \cap (\mathbb{C} \backslash \{ z \in \mathbb{C} \mid \operatorname{Re} z \geq b \}) \\ &\quad \cap \{ z \in \mathbb{C} \mid \operatorname{Im} z > c \} \cap (\mathbb{C} \backslash \{ z \in \mathbb{C} \mid \operatorname{Im} z \geq d \}) \\ &\in \mathcal{A}_\sigma(\mathcal{H}_{\mathrm{Re}} \cup \mathcal{H}_{\mathrm{Im}})\end{aligned}$$

eine abzählbare Basis für die Topologie $\tau_{|\ |_{\mathbb{C}}}$ bilden, folgt auch $\mathcal{A}_\sigma(\mathcal{H}_{\mathrm{Re}} \cup \mathcal{H}_{\mathrm{Im}}) \supseteq \mathcal{A}_\sigma(\tau_{|\ |_{\mathbb{C}}})$.

Lösungen zu 5.2

Lösung zu A 1

(a) Es ist $f^{-1}[Y] = X \in \mathcal{A}$, $f^{-1}[Y \backslash T] = X \backslash f^{-1}[T] \in \mathcal{A}$, falls $f^{-1}[T] \in \mathcal{A}$ und $f^{-1}\big[\bigcup_{j \in \mathbb{N}} T_j\big] = \bigcup_{j \in \mathbb{N}} f^{-1}[T_j] \in \mathcal{A}$, sofern $f^{-1}[T_j] \in \mathcal{A}$ für jedes $j \in \mathbb{N}$.

(b) $X = f^{-1}[Y] \in f^{-1}[[\mathcal{B}]]$, $X \backslash f^{-1}[B] = f^{-1}[Y \backslash B] \in f^{-1}[[\mathcal{B}]]$, falls $B \in \mathcal{B}$ und $\bigcup_{j \in \mathbb{N}} f^{-1}[B_j] = f^{-1}\big[\bigcup_{j \in \mathbb{N}} B_j\big] \in f^{-1}[[\mathcal{B}]]$, sofern $(B_j)_j \in \mathcal{B}^{\mathbb{N}}$.

(c) id_S ist $(\mathcal{A}|S, \mathcal{A})$-meßbar $[\![\, \mathrm{id}_S^{-1}[A] = A \cap S \in \mathcal{A}|S$ für jedes $A \in \mathcal{A} \,]\!]$. Sei $\mathcal{S}$ σ-Algebra über S mit $\mathrm{id}_S \in \mathcal{M}((S, \mathcal{S}), (X, \mathcal{A}))$. Für jedes $A \in \mathcal{A}$ gilt dann $A \cap S = \mathrm{id}_S^{-1}[A] \in \mathcal{S}$, also $\mathcal{S} \supseteq \mathcal{A}|S$.

(d) Für alle $C \in \mathcal{C}$ gilt $(g \circ f)^{-1}[C] = f^{-1}\big[g^{-1}[C]\big] \in \mathcal{A}$.

(e) $f \upharpoonright S = f \circ \mathrm{id}_S \in \mathcal{M}((S, \mathcal{A}|S), (Y, \mathcal{B}))$ $[\![\,$(c), (d)$\,]\!]$.

Lösung zu A 2

(i) ⇒ (ii) $\chi_A \upharpoonright A = c_1 \upharpoonright A$, $c_1 \in \mathcal{L}^0_{\mathbb{R}}(X, \mathcal{A})$ $[\![\,$(5.2,1) (c) (i)$\,]\!]$ und $\chi_A \upharpoonright X \backslash A = 0$, also $\chi_A \in \mathcal{L}^0_{\mathbb{R}}(X, \mathcal{A})$ $[\![\,$(5.2,1) (c) (ii)$\,]\!]$.

(ii) ⇒ (i) $A = \{ x \in X \mid \chi_A(x) \geq 1 \} \in \mathcal{A}$.

Lösung zu A 3

Für jedes $n \in \mathbb{N}$ sei $X_n := \{ x \in X \mid f(x) > n \}$ und

$$X_{n,k} := \left\{ x \in X \;\middle|\; \frac{k-1}{2^n} < f(x) \leq \frac{k}{2^n} \right\} \quad \text{für } k = 1, 2, \ldots, n2^n.$$

$\varphi_n := \sum_{k=1}^{n2^n} \frac{k-1}{2^n} \chi_{X_{n,k}} + n\chi_{X_n}$ ist $\mathcal{A}$-einfach, $\varphi_{n+1} \geq \varphi_n$ für jedes $n \in \mathbb{N}$ und $(\varphi_n(x))_n \to_{\tau^{**}_{|\ |}} f(x)$ für alle $x \in X$ $[\![\,$Ist $f(x) = \infty$, so liegt x in $\bigcap_{n \in \mathbb{N}} X_n$, also ist

$\varphi_n(x) = n$ für jedes $n \in \mathbb{N}$. Für $f(x) < \infty$ gibt es ein $n_x \in \mathbb{N}$, so daß $x \in \bigcap_{r \geq n_x}(X\backslash X_n)$, also $|\varphi_n(x) - f(x)| \leq 1/2^n$ für jedes $n \geq n_x$ gilt.]].

Lösung zu A 4

Für jedes $B \in \mathcal{B}$ liegt die symmetrische Differenz $f^{-1}[B] \triangle g^{-1}[B]$ in U. Nach 5.1-3 gilt daher

$$f^{-1}[B] \in \mathcal{A} \quad \Longleftrightarrow \quad g^{-1}[B] \in \mathcal{A}.$$

Lösung zu A 5

Sei $B \in \mathcal{B}$. Für $y \in B$ ist $F^{-1}[B] = N \cup f^{-1}[B] \in \mathcal{A}$ $[\![f^{-1}[B] \in \mathcal{A}|X\backslash N]\!]$, und für $y \in X\backslash B$ gilt $F^{-1}[B] = f^{-1}[B] \in \mathcal{A}|X\backslash N \subseteq \mathcal{A}$.

Lösung zu A 6

(a) Es ist $\{ x \in X \mid f(x) \neq f(x) \} = \emptyset \in \mathcal{A}_0$, also $f =_\mu f$, $\{ x \in X \mid f(x) \neq g(x) \} = \{ x \in X \mid g(x) \neq f(x) \}$, also $f =_\mu g \Longrightarrow g =_\mu f$,

$$\{ x \in X \mid f(x) \neq g(x) \} \cup \{ x \in X \mid g(x) \neq h(x) \} \supseteq \{ x \in X \mid f(x) \neq h(x) \},$$

also $f =_\mu g,\ g =_\mu h \Longrightarrow f =_\mu h$.

(b) Es seien $f, f', g, g' \in \mathcal{L}^0_{\mathbb{R}}(X, \mathcal{A}),\ f =_\mu g$ und $f' =_\mu g',\ r \in \mathbb{R}$. Dann ist

$$\{ x \in X \mid rf(x) \neq rg(x) \} = \begin{cases} \emptyset & \text{für } r = 0 \\ \{ x \in X \mid f(x) \neq g(x) \} & \text{für } r \neq 0, \end{cases}$$

also $rf =_\mu rg$,

$$\begin{aligned} &\{ x \in X \mid (f + f')(x) \neq (g + g')(x) \} \\ &\qquad \subseteq \{ x \in X \mid f(x) \neq g(x) \} \cup \{ x \in X \mid f'(x) \neq g'(x) \}, \end{aligned}$$

also $f + f' =_\mu g + g'$ und ebenso $ff' =_\mu gg'$.

Lösung zu A 7

(a) Für jedes $x \in X\backslash N_{f,g},\ a \in \mathbb{R}$ gilt (vgl. (5.2,1) (c) (iii))

$$f(x) > a - g(x) \quad \Longleftrightarrow \quad \exists\, q \in \mathbb{Q}\colon\ f(x) > q > a - g(x).$$

Es folgt

$$\begin{aligned} &\{ x \in X \mid (f + g)(x) > a \} \\ &\quad = \{ x \in N_{f,g} \mid (f + g)(x) > a \} \cup \{ x \in X\backslash N_{f,g} \mid (f + g)(x) > a \} \\ &\quad = \begin{Bmatrix} \emptyset & \text{für } a > 0 \\ N_{f,g} & \text{für } a < 0 \end{Bmatrix} \cup \bigcup_{q \in \mathbb{Q}} \{ x \in X\backslash N_{f,g} \mid f(x) > q,\ g(x) > a - q \} \in \mathcal{A}. \end{aligned}$$

(b) Sei

$$\{ x \in X \mid f(x) \neq f'(x) \text{ oder } g(x) \neq g'(x) \} \subseteq A \in \mathcal{A}_0.$$

Wegen $N_{f',g'} \subseteq ((X \backslash A) \cap N_{f,g}) \cup A \in \mathcal{A}_0$ sind f', g' μ-addierbar, und es folgt

$$\{ x \in X \mid (f+g)(x) \neq (f'+g')(x) \} \subseteq N_{f,g} \cup A \in \mathcal{A}_0,$$

also $f + g =_\mu f' + g'$.

Lösung zu A 8

(a) Es seien A, $A_j \in \mathcal{A}_0$ mit $g_j \restriction X \backslash A_j = f_j$ für jedes $j \in \mathbb{N}$ und die Folge $(f_j \restriction X \backslash A)_j$ sei ϱ-punktweise konvergent gegen $f \restriction X \backslash A$. Dann gehört $B := A \cup \bigcup_{j \in \mathbb{N}} A_j$ zu $\mathcal{A}_0$, $(f_j \restriction X \backslash B)_j \xrightarrow[\varrho\text{-pktw.}]{} f \restriction X \backslash B$ und $(g_j \restriction X \backslash B)_j = (f_j \restriction X \backslash B)_j$.

(b) Es seien A, $B \in \mathcal{A}_0$ mit $(f_j \restriction X \backslash A)_j \xrightarrow[\varrho\text{-pktw.}]{} f \restriction X \backslash A$ und $(f_j \restriction X \backslash B)_j \xrightarrow[\varrho\text{-pktw.}]{} g \restriction X \backslash A$. Dann ist $C := A \cup B \in \mathcal{A}_0$, und aus

$$(f_j \restriction X \backslash C)_j \xrightarrow[\varrho\text{-pktw.}]{} f \restriction X \backslash C, \qquad (f_j \restriction X \backslash C)_j \xrightarrow[\varrho\text{-pktw.}]{} g \restriction X \backslash C$$

folgt $f \restriction X \backslash C = g \restriction X \backslash C$ $[\![$(T-2)$]\!]$, also $\widetilde{f} = \widetilde{g}$.

Lösung zu A 9

Für jedes $j \in \mathbb{N}$, $O \in \tau_d$ setze man

$$O_j := \left\{ x \in O \;\middle|\; \operatorname{dist}(x, Y \backslash O) > \tfrac{1}{j+1} \right\}.$$

Dann ist $O = \bigcup_{j \in \mathbb{N}} O_j$ und $\overline{O_j}^{\tau_d} \subseteq O_{j+1}$ für jedes $j \in \mathbb{N}$. Die Meßbarkeit von g folgt nun gem. 5.2-1.1 aus

$$g^{-1}[O] = \bigcup_{j,m \in \mathbb{N}} \Big(\bigcap_{k \geq m} f_k^{-1}[O_j] \Big) \in \mathcal{A}:$$

„$\supseteq$" Für j, $m \in \mathbb{N}$, $x \in \bigcap_{k \geq m} f_k^{-1}[O_j]$, also $f_k(x) \in O_j$ für alle $k \geq m$, gilt $g(x) = \lim_k f_k(x) \in \overline{O_j}^{\tau_d} \subseteq O_{j+1} \subseteq O$, also $x \in g^{-1}[O]$.

„$\subseteq$" Sei $x \in g^{-1}[O]$, etwa $g(x) \in O_j$ für ein $j \in \mathbb{N}$. Wegen der punktweisen Konvergenz von $(f_j)_j$ gegen g gibt es ein $m \in \mathbb{N}$, so daß $f_k(x) \in O_j$ für jedes $k \geq m$ gilt, woraus $x \in \bigcup_{j,m \in \mathbb{N}} \big(\bigcap_{k \geq m} f_k^{-1}[O_j] \big)$ folgt.

Lösung zu A 10

Für jedes $k \in \mathbb{N}$ sei $S_k := \left\{ x \in X \;\middle|\; \omega(f, x) < \frac{1}{k+1} \right\}$. Nach 2.4-1.4 ist $S_f = \bigcap_{k \in \mathbb{N}} S_k$, zum Beweis von $S_f \in \mathcal{A}_\sigma(\tau)$ genügt daher $S_k \in \tau$:

Sei $x \in S_k$, etwa $U \in \mathcal{U}_\tau(x) \cap \tau$ mit $d(f(y), f(z)) < 1/(k+1)$ für alle y, $z \in U$. Dann gilt wegen $U \in \mathcal{U}_\tau(u)$ für jedes $u \in U$ auch $U \subseteq S_k$.

Lösung zu A 11

Definitionsgemäß ist $\mathcal{L}^0_{\mathbb{R}}(X, \mathcal{A}) = \mathcal{L}^0(X, \mathcal{A}) \cap \mathbb{R}^X$, und für jedes $f : X \longrightarrow \mathbb{R}$ gilt:

$$f \in \mathcal{L}^0(X, \mathcal{A}) \quad \Longleftrightarrow \quad \forall\, a \in \mathbb{R}\colon\ \{ x \in X \mid f(x) > a \} \in \mathcal{A}$$

⟦ (5.2,1) (b) ⟧, wegen $\mathcal{A}_\sigma(\tau_{|\,|}) = \mathcal{A}_\sigma(\mathcal{H}_+)$ ⟦ (5.1,1) (c) ⟧ also

$$f \in \mathcal{L}^0(X, \mathcal{A}) \iff f \in \mathcal{M}\big((X, \mathcal{A}), (\mathbb{R}, \mathcal{A}_\sigma(\tau_{|\,|}))\big).$$

Lösung zu A 12

(a) Für jedes $f \in \mathcal{L}^0_\mathbb{R}(X, \mathcal{A})$, $P \in \mathcal{A}_\sigma(\tau_{|\,|_\mathbb{C}})$ gilt $f^{-1}[P] = f^{-1}[P \cap \mathbb{R}] \in \mathcal{A}$ wegen $P \cap \mathbb{R} \in \mathcal{A}_\sigma(\tau_{|\,|_\mathbb{C}})|\mathbb{R} = \mathcal{A}_\sigma(\tau_{|\,|})$ ⟦ 5.1, A 15 ⟧, also $f \in \mathcal{L}^0_\mathbb{C}(X, \mathcal{A})$.

Umgekehrt ist für $f \in \mathcal{L}^0_\mathbb{C}(X, \mathcal{A}) \cap \mathbb{R}^X$ und $P \in \mathcal{A}_\sigma(\tau_{|\,|})$, etwa $P = P_\mathbb{C} \cap \mathbb{R}$ für ein $P_\mathbb{C} \in \mathcal{A}_\sigma(\tau_{|\,|_\mathbb{C}})$, auch $f^{-1}[P] = f^{-1}[P_\mathbb{C}] \in \mathcal{A}$, also $f \in \mathcal{L}^0_\mathbb{R}(X, \mathcal{A})$.

(b) Da die Funktionen

$$\begin{cases} \mathbb{C} \longrightarrow \mathbb{C} \\ z \longmapsto \overline{z} \end{cases} \quad \text{und} \quad \begin{cases} \mathbb{C} \longrightarrow \mathbb{C} \\ t \longmapsto zt \end{cases}$$

stetig, also $\big(\mathcal{A}_\sigma(\tau_{|\,|_\mathbb{C}}), \mathcal{A}_\sigma(\tau_{|\,|_\mathbb{C}})\big)$-meßbar ⟦ (5.2,1) (a) ⟧ sind, gilt für alle $f \in \mathcal{L}^0_\mathbb{C}(X, \mathcal{A})$ auch $\overline{f}, zf \in \mathcal{L}^0_\mathbb{C}(X, \mathcal{A})$ ⟦ A 1 (d) ⟧.

(c) Für jede Funktion $f : X \longrightarrow \mathbb{C}$ und jedes $a \in \mathbb{R}$ gilt:

$$f^{-1}[\{ z \in \mathbb{C} \mid \operatorname{Re} z > a \}] = (\operatorname{Re} f)^{-1}\big[\,]a, \infty[\,\big],$$

$$f^{-1}[\{ z \in \mathbb{C} \mid \operatorname{Im} z > a \}] = (\operatorname{Im} f)^{-1}\big[\,]a, \infty[\,\big].$$

Die behauptete Äquivalenz folgt nun mit 5.1, A 17 nach 5.2-1.1.

(d) Für alle $f, g \in \mathcal{L}^0_\mathbb{C}(X, \mathcal{A})$ gilt:

$$f + g = (\operatorname{Re} f + \operatorname{Re} g) + i(\operatorname{Im} f + \operatorname{Im} g) \in \mathcal{L}^0_\mathbb{C}(X, \mathcal{A}) \qquad \text{und}$$

$$f \cdot g = (\operatorname{Re} f)(\operatorname{Re} g) - (\operatorname{Im} f)(\operatorname{Im} g) + i((\operatorname{Re} f)(\operatorname{Im} g) + (\operatorname{Im} f)(\operatorname{Re} g)) \in \mathcal{L}^0_\mathbb{C}(X, \mathcal{A})$$

⟦ (c), 5.2-2.2 ⟧. Ist f invertierbar in $\mathbb{C}^X$, so folgt mit derselben Begründung und nach (b)

$$\frac{1}{f} = \frac{1}{(\operatorname{Re} f)^2 + (\operatorname{Im} f)^2}(\operatorname{Re} f - i \operatorname{Im} f) \in \mathcal{L}^0_\mathbb{C}(X, \mathcal{A}).$$

Schließlich erhält man für jede Folge $(f_j)_j \in \mathcal{L}^0_\mathbb{C}(X, \mathcal{A})^\mathbb{N}$ und jedes $f \in \mathbb{C}^X$ aus

$$(f_j)_j \xrightarrow[\tau_{|\,|_\mathbb{C}}\text{-pktw.}]{} f \iff (\operatorname{Re} f_j)_j \xrightarrow[\tau_{|\,|}\text{-pktw.}]{} \operatorname{Re} f,\ (\operatorname{Im} f_j)_j \xrightarrow[\tau_{|\,|}\text{-pktw.}]{} \operatorname{Im} f$$

wiederum nach (c) und 5.2-2.2 $f \in \mathcal{L}^0_\mathbb{C}(X, \mathcal{A})$.

(e)

$$\begin{aligned} f \in \mathcal{L}^0_\mathbb{C}(X, \mathcal{A}) &\implies \operatorname{Re} f, \operatorname{Im} f \in \mathcal{L}^0_\mathbb{R}(X, \mathcal{A}) && [\![(c)]\!] \\ &\implies (\operatorname{Re} f)^2, (\operatorname{Im} f)^2 \in \mathcal{L}^0_\mathbb{R}(X, \mathcal{A}) && [\![5.2\text{-}2.1 (b)]\!] \\ &\implies (\operatorname{Re} f)^2 + (\operatorname{Im} f)^2 \in \mathcal{L}^0_\mathbb{R}(X, \mathcal{A}) && [\![5.2\text{-}2 (a)]\!] \\ &\implies |f| = \big((\operatorname{Re} f)^2 + (\operatorname{Im} f)^2\big)^{1/2} \in \mathcal{L}^0_\mathbb{R}(X, \mathcal{A}) && [\![5.2\text{-}2 (c)]\!] \end{aligned}$$

Lösung zu A 13

Es ist

$$(\operatorname{sgn} f)(x) = \begin{cases} 1 & \text{für } f(x) > 0 \\ 0 & \text{für } f(x) = 0 \\ -1 & \text{für } f(x) < 0 \end{cases}$$

definitionsgemäß, also $\operatorname{sgn} f = \chi_{\{x\in X \mid f(x)>0\}} - \chi_{\{x\in X \mid f(x)<0\}} \in \mathcal{E}^0_{\mathbb{R}}(X, \mathcal{A})$, da die Mengen $\{x \in X \mid f(x) > 0\}$, $\{x \in X \mid f(x) < 0\}$ aus $\mathcal{A}$ sind ⟦(5.2,1) (b), A 2⟧.

Lösung zu A 14

Gem. (5.2,1) (b) sei $a \in \mathbb{R}$. Wegen $\{x \in A \mid f(x) > a\} \in \mathcal{A}|A \subseteq \mathcal{A}$ gilt

$$\{x \in X \mid f^*(x) > a\} = \left\{ \begin{matrix} \{x \in A \mid f(x) > a\} & \text{für } a \geq r \\ \{x \in A \mid f(x) > a\} \cup (X \backslash A) & \text{für } a < r \end{matrix} \right\} \in \mathcal{A}.$$

Lösungen zu 5.3

Lösung zu A 1

Nach (5.2,1) (a) gilt $C(X, \mathbb{R}) \subseteq \mathcal{L}^0_{\mathbb{R}}(X, \mathcal{A})$ ⟦5.2, A 11⟧, also $C_c(X, \mathbb{R}) \subseteq \mathcal{L}^0_{\mathbb{R}}(X, \mathcal{A}) \subseteq \mathcal{L}^0(X, \mathcal{A})$. Sei $f \in C_c(X, \mathbb{R})$ und $m := \max_X |f|$ ⟦4.1-6 (a)⟧. Da $f^+, f^- \in \mathcal{L}^0(X, \mathcal{A})$ ⟦5.2-2.1 (b)⟧, $f^+, f^- \leq |f| \leq m\chi_{\operatorname{Tr} f}$, $m\chi_{\operatorname{Tr} f} \in \mathcal{E}^0_{\mathbb{R}}(X, \mathcal{A}) \subseteq \mathcal{L}^0(X, \mathcal{A})$ gilt, folgt nach 5.3-1 (b) (iii)

$$\int f^-, \int f^+ \leq \int m\chi_{\operatorname{Tr} f} = m \int \chi_{\operatorname{Tr} f} = m\mu(\operatorname{Tr} f) < \infty$$

⟦5.3-1 (a) (iii), $\chi_{\operatorname{Tr} f} \in \mathcal{E}^0_{\mathbb{R}}(X, \mathcal{A})$⟧. Somit ist f definitionsgemäß μ-summierbar.

Lösung zu A 2

(a) Gem. 5.2, A 2 ist $\chi_{A_j} \in \mathcal{L}^0_{\mathbb{R}}(X, \mathcal{A})$ für jedes $j = 1, \ldots, m$, nach 5.2-2.2 folgt $\varphi \in \mathcal{L}^0_{\mathbb{R}}(X, \mathcal{A})$. Darüber hinaus ist $\varphi[X] \subseteq \{\sum_{j\in E} r_j \mid E \subseteq \{1, \ldots, m\}\} \subseteq \mathcal{P}_e\mathbb{R}$, also $\varphi \in \mathcal{E}^0_{\mathbb{R}}(X, \mathcal{A})$.

(b) Sei $\varphi[X] = \{w_1, \ldots, w_k\}$. Ist $(A_1, \ldots, A_m)$ paarweise disjunkt mit $\bigcup_{j=1}^m A_j = X$, so setze man $E_i := \{j \in \{1, \ldots, m\} \mid r_j = w_i\}$ für jedes $i \in \{1, \ldots, k\}$. Dann ist $\sum_{i=1}^k w_i \chi_{\bigcup_{j\in E_i} A_j}$ kanonische Darstellung von φ und

$$\{j \in \{1, \ldots, m\} \mid A_j = \emptyset\} \cup \bigcup_{i=1}^k E_i = \{1, \ldots, m\}.$$

Es folgt:

$$\int \varphi = \sum_{i=1}^k w_i \mu\Big(\bigcup_{j\in E_i} A_j\Big) = \sum_{i=1}^k \sum_{j\in E_i} w_i \mu(A_j) = \sum_{i=1}^k \sum_{j\in E_i} r_j \mu(A_j) = \sum_{j=1}^m r_j \mu(A_j).$$

Ist $(A_1, \ldots, A_m)$ paarweise disjunkt, so füge man $A_{m+1} := X \setminus \bigcup_{j=1}^m A_j$ und $r_{m+1} := 0$ hinzu. Die Behauptung folgt dann wie vorher.

Für beliebige $(A_1, \ldots, A_m) \in \mathcal{A}^m$ führt nun vollständige Induktion über m zum Ziel ($m = 1$ s. o.):

Sei $\varphi = \sum_{j=1}^{m+1} r_j \chi_{A_j}$ und $\sum_{i=1}^k w_i \chi_{B_i}$ kanonische Darstellung von $\sum_{j=1}^m r_j \chi_{A_j}$, also

$$\varphi = \sum_{i=1}^k w_i \chi_{B_i} + r_{m+1}\chi_{A_{m+1}} = \sum_{i=1}^k w_i \chi_{B_i \setminus A_{m+1}} + \sum_{i=1}^k (w_i + r_{m+1})\chi_{B_i \cap A_{m+1}}$$

$[\![\bigcup_{i=1}^k B_i = X]\!]$. Es folgt $[\![$ s. o. $]\!]$

$$\begin{aligned}
\int \varphi &= \sum_{i=1}^k w_i \mu(B_i \setminus A_{m+1}) + \sum_{i=1}^k (w_i + r_{m+1})\mu(B_i \cap A_{m+1}) \\
&= \sum_{i=1}^k w_i \mu(B_i) + r_{m+1} \sum_{i=1}^k \mu(B_i \cap A_{m+1}) \\
&= \int \Big(\sum_{i=1}^k w_i \chi_{B_i} \Big) + r_{m+1}\mu(A_{m+1}) \\
&= \int \Big(\sum_{j=1}^m r_j \chi_{A_j} \Big) + \int \Big(r_{m+1}\chi_{A_{m+1}} \Big) \qquad [\![\text{Induktionsvoraussetzung}]\!] \\
&= \int \sum_{j=1}^{m+1} r_j \chi_{A_j} \qquad [\![\text{5.3-1 (a) (iii)}]\!].
\end{aligned}$$

Lösung zu A 3

$\varphi \in \mathcal{E}^0_{\mathbb{R}}([0,1], \Lambda|[0,1])$ hat die kanonische Darstellung $\chi_{[0,1]\setminus\mathbb{Q}}$, also $\varphi \in \mathcal{L}^0([0,1], \Lambda|[0,1])$ und $\int \varphi = \lambda([0,1]\setminus\mathbb{Q}) = 1$ $[\![\lambda(\mathbb{Q}) = \sum_{q\in\mathbb{Q}} \lambda(\{q\}) = 0]\!]$.

Andererseits gehört φ nicht zu $R([a,b])$, da die Darbouxschen Untersummen $R_U(f) = 0$ und die Obersummen $R_O(f) = 1$ sind.

Lösung zu A 4

(a) Es ist

$$0 \le \int f^+ \, \mathrm{d}\mu_{(x_0)} = \sup\Big\{ \int \varphi \, \mathrm{d}\mu_{(x_0)} \;\Big|\; \varphi \in \mathcal{E}^0_{\mathbb{R}}(X, \mathcal{A}),\ 0 \le \varphi \le f^+ \Big\} \le f^+(x_0),$$

denn für jedes $\varphi \in \mathcal{E}^0_{\mathbb{R}}(X, \mathcal{A})$, $\varphi = \sum_{j=1}^m r_j \chi_{A_j}$ (kanonische Form), $0 \le \varphi \le f^+$, gilt $\int \varphi \, \mathrm{d}\mu_{(x_0)} = \sum_{j=1}^m r_j \mu_{(x_0)}(A_j) = r_{j_0}$ für $x_0 \in A_{j_0}$, also

$$\int \varphi \, \mathrm{d}\mu_{(x_0)} = \varphi(x_0) \le f^+(x_0).$$

Für $f^+(x_0) < \infty$ erhält man darüber hinaus auch $\psi := f^+(x_0)\chi_{\{x_0\}} \in \mathcal{E}^0_{\mathbb{R}}(X, \mathcal{A})$ und $0 \le \psi \le f^+$, $\int \psi \, \mathrm{d}\mu_{(x_0)} = f^+(x_0)$: Für $f^+(x_0) = \infty$ ist $\psi_n := n\chi_{\{x_0\}} \in \mathcal{E}^0_{\mathbb{R}}(X, \mathcal{A})$,

$0 \leq \psi_n \leq f^+$ und $\int \psi_n \, d\mu_{(x_0)} = n$ für jedes $n \in \mathbb{N}$. Insgesamt folgt $\int f^+ \, d\mu_{(x_0)} = f^+(x_0)$. Ebenso erhält man $\int f^- \, d\mu_{(x_0)} = f^-(x_0)$.

Daher ist f $\mu_{(x_0)}$-integrierbar mit $\int f \, d\mu_{(x_0)} = f(x_0)$.

(b) folgt direkt aus (a).

Lösung zu A 5

$U_\infty := \{ x \in X \mid f(x) = \infty \} = f^{-1}[\{\infty\}] \in \mathcal{A}$, denn f ist $(\mathcal{A}, \mathcal{A}_\sigma(\tau^{**}_{|\,|}))$-meßbar. Für alle $n \in \mathbb{N}$ ist $n\chi_{U_\infty} \in \mathcal{E}^0_{\mathbb{R}}(X, \mathcal{A})$, $0 \leq n\chi_{U_\infty} \leq f^+$, also

$$\infty > \int f^+ = \sup\left\{ \int \varphi \;\middle|\; \varphi \in \mathcal{E}^0_{\mathbb{R}}(X, \mathcal{A}),\ 0 \leq \varphi \leq f^+ \right\} \geq \int n\chi_{U_\infty} = n\mu(U_\infty).$$

Es folgt $\mu(U_\infty) = 0$. Analog erhält man $\mu(U_{-\infty}) = 0$ für $U_{-\infty} := f^{-1}[\{-\infty\}]$.

Lösung zu A 6

Es ist $f \vee g = \frac{1}{2}(f + g + |f - g|) \in \mathcal{L}^1(X, \mathcal{A}, \mu)$ gem. 5.3-4 (b), 5.3-3 und ebenso $f \wedge g = \frac{1}{2}(f + g - |f - g|) \in \mathcal{L}^1(X, \mathcal{A}, \mu)$.

Lösung zu A 7

(a) Es ist $\operatorname{Re}(h\chi_A) = (\operatorname{Re} h)\chi_A$, $\operatorname{Im}(h\chi_A) = (\operatorname{Im} h)\chi_A$, $\operatorname{Re} h, \operatorname{Im} h \in \mathcal{L}^0_{\mathbb{R}}(X, \mathcal{A})$ ⟦5.2, A 12 (c)⟧ und gem. 5.3-4 (a) $\int_A \operatorname{Re} h = \int_A \operatorname{Im} h = 0$, also $(\operatorname{Re} h)\chi_A, (\operatorname{Im} h)\chi_A \in \mathcal{L}^1_{\mathbb{R}}(X, \mathcal{A}, \mu)$, d. h. $h\chi_A \in \mathcal{L}^1_{\mathbb{C}}(X, \mathcal{A}, \mu)$. Hiermit folgt

$$\int_A h = \int h\chi_A = \int (\operatorname{Re} h)\chi_A + i \int (\operatorname{Im} h)\chi_A = 0.$$

(b) Wegen $\operatorname{Re}(f + g) = \operatorname{Re} f + \operatorname{Re} g$, $\operatorname{Im}(f + g) = \operatorname{Im} f + \operatorname{Im} g$,

$$\operatorname{Re}(zf) = (\operatorname{Re} z)(\operatorname{Re} f) - (\operatorname{Im} z)(\operatorname{Im} f),$$
$$\operatorname{Im}(zf) = (\operatorname{Re} z)(\operatorname{Im} f) + (\operatorname{Im} z)(\operatorname{Re} f)$$

sind $f + g, zf \in \mathcal{L}^1_{\mathbb{C}}(X, \mathcal{A}, \mu)$ ⟦5.3-4 (b)⟧, und es gilt nach 5.3-4 (b)

$$\begin{aligned} \int (f + g) &= \int (\operatorname{Re} f + \operatorname{Re} g) + i \int (\operatorname{Im} f + \operatorname{Im} g) \\ &= \int \operatorname{Re} f + i \int \operatorname{Im} f + \int \operatorname{Re} g + i \int \operatorname{Im} g = \int f + \int g, \end{aligned}$$

$$\begin{aligned} \int (zf) &= \int \big((\operatorname{Re} z)(\operatorname{Re} f) - (\operatorname{Im} z)(\operatorname{Im} f)\big) + i \int \big((\operatorname{Re} z)(\operatorname{Im} f) + (\operatorname{Im} z)(\operatorname{Re} f)\big) \\ &= (\operatorname{Re} z) \int f + i(\operatorname{Im} z) \int f = z \int f. \end{aligned}$$

(c) Nach 5.3-4 (c) gilt:

$$f \underset{\mu}{=} 0 \Longrightarrow \operatorname{Re} f \underset{\mu}{=} 0,\ \operatorname{Im} f \underset{\mu}{=} 0 \Longrightarrow \int \operatorname{Re} f = 0,\ \int \operatorname{Im} f = 0 \Longrightarrow \int f = 0.$$

$$f \underset{\mu}{=} g \implies f - g \underset{\mu}{=} 0 \implies \int f - \int g = \int (f-g) = 0 \qquad [\![\text{(b)}]\!].$$

(d) $f\chi_{A\cup B} = f\chi_A + f\chi_B$, also mit (b)

$$\int_{A\cup B} f = \int f\chi_{A\cup B} = \int f\chi_A + \int f\chi_B = \int_A f + \int_B f.$$

Lösung zu A 8

(a) $f =_\mu h \implies \operatorname{Re} f =_\mu \operatorname{Re} h,\ \operatorname{Im} f =_\mu \operatorname{Im} h \implies \operatorname{Re} h,\ \operatorname{Im} h \in \mathcal{L}^1_{\mathbb{R}}(X, \mathcal{A}, \mu)$,

$$\int \operatorname{Re} h = \int \operatorname{Re} f,\ \int \operatorname{Im} h = \int \operatorname{Im} f$$

$$\implies h \in \mathcal{L}^1_{\mathbb{C}}(X, \mathcal{A}, \mu),\ \int h = \int \operatorname{Re} h + i\int \operatorname{Im} h = \int f.$$

(b) Aus den Voraussetzungen erhält man $(\operatorname{Re} f_j)_j, (\operatorname{Im} f_j)_j \in \mathcal{L}^0_{\mathbb{R}}(X, \mathcal{A})^{\mathbb{N}}$ [[5.2, A 12 (c)]], $|\operatorname{Re} f_j|, |\operatorname{Im} f_j| \le |f_j| \le g$ für jedes $j \in \mathbb{N}$, $\lim_j \operatorname{Re} f_j =_\mu \operatorname{Re} k$, $\lim_j \operatorname{Im} f_j =_\mu \operatorname{Im} k$. Nach dem Lebesgueschen Konvergenzsatz 5.3-6 folgt $\operatorname{Re} k, \operatorname{Im} k \in \mathcal{L}^1_{\mathbb{R}}(X, \mathcal{A}, \mu)$, $\lim_j \int \operatorname{Re} f_j = \int \operatorname{Re} k$, $\lim_j \int \operatorname{Im} f_j = \int \operatorname{Im} k$, $\lim_j \int |\operatorname{Re} f_j - \operatorname{Re} k| = 0$ und $\lim_j \int |\operatorname{Im} f_j - \operatorname{Im} k| = 0$. Man erhält deshalb $k \in \mathcal{L}^1_{\mathbb{C}}(X, \mathcal{A}, \mu)$ [[$k \in \mathcal{L}^0_{\mathbb{C}}(X, \mathcal{A}, \mu)$ gem. 5.2, A 12 (c)]],

$$\lim_j \int f_j = \lim_j \int \operatorname{Re} f_j + i \lim_j \int \operatorname{Im} f_j = \int \operatorname{Re} k + i \int \operatorname{Im} k = \int k$$

und

$$\lim_j \int |f_j - k| \le \lim_j \Big(\int |\operatorname{Re} f_j - \operatorname{Re} k| + \int |\operatorname{Im} f_j - \operatorname{Im} k| \Big) = 0 \qquad [\![\text{5.3-1 (b)}]\!].$$

Lösung zu A 9

Wegen „f summierbar $\Longleftrightarrow$ $|f|$ summierbar“ [[3.5-5.1]] und

$$f \in \mathcal{L}^1_{\mathbb{C}}(X, \mathcal{P}X, \mu_Z) \iff |f| \in \mathcal{L}^1_{\mathbb{R}}(X, \mathcal{P}X, \mu_Z) \qquad [\![\text{(5.3,3) (a)}]\!]$$

folgt die Äquivalenz von (i) und (ii) nach 5.3-5. Darüber hinaus gilt für jedes Element $f \in \mathcal{L}^1_{\mathbb{C}}(X, \mathcal{P}X, \mu_Z)$ auch [[5.3-5; 3.5, A 1]]

$$\int f\, d\mu_Z = \int \operatorname{Re} f\, d\mu_Z + i \int \operatorname{Im} f\, d\mu_Z = \sum_{x\in X} (\operatorname{Re} f)(x) + i \sum_{x \in X} (\operatorname{Im} f)(x)$$
$$= \sum_{x\in X} \big(\operatorname{Re} f(x) + i \operatorname{Im} f(x)\big) = \sum_{x\in X} f(x).$$

Lösung zu A 10

Nach 5.3-3, 5.3-5 bzw. (3.5,4) (a) gilt:

$$f \in \mathcal{L}^1_{\mathbb{R}}(\mathbb{N}, \mathcal{P}\mathbb{N}, \mu_Z) \iff |f| \in \mathcal{L}^1_{\mathbb{R}}(\mathbb{N}, \mathcal{P}\mathbb{N}, \mu_Z) \iff |f| \text{ summierbar}$$
$$\iff \sum_{j=0}^{\infty} |f(j)| < \infty \iff f \in \ell^1_{\mathbb{R}}$$

und nach (5.3,3) (a) somit auch

$$f \in \mathcal{L}^1_{\mathbb{C}}(\mathbb{N}, \mathcal{P}\mathbb{N}, \mu_Z) \iff |f| \in \mathcal{L}^1_{\mathbb{R}}(\mathbb{N}, \mathcal{P}\mathbb{N}, \mu_Z) \iff |f| \in \ell^1_{\mathbb{R}} \iff f \in \ell^1.$$

Lösung zu A 11

Über $(\mathbb{R}, \Lambda, \lambda)$ betrachte man die durch

$$f(x) := \begin{cases} \frac{1}{\sqrt{x}} & \text{für } x \in \left]0, 1\right] \\ 0 & \text{sonst} \end{cases}$$

definierte Funktion f und setze $g := f$. Gem. 5.2, A 5 und (5.2,1) (a) ist $f \in \mathcal{L}^0(\mathbb{R}, \Lambda)$, denn die Wurzelfunktion ist stetig, also meßbar über $\left]0, 1\right]$. Für jedes $j \in \mathbb{N}$ gilt

$$\int f\chi_{[\frac{1}{j+1},1]} = \int_{\frac{1}{j+1}}^{1} f(x)\,\mathrm{d}x = 2\Big(1 - \frac{1}{(j+1)^{1/2}}\Big)$$

⟦(5.3,2) (b)⟧, also $\lim_j \int f\chi_{[\frac{1}{j+1},1]} = 2$. Wegen $\big(f\chi_{[\frac{1}{j+1},1]}\big)_j \xrightarrow[d_{|\ |}\text{-pktw.}]{} f$ folgt nach 5.3-2.1 $\int f = 2$ ⟦ $\big(f\chi_{[\frac{1}{j+1},1]}\big)_j$ ist monoton wachsend⟧.

Dagegen ist fg *nicht* λ-summierbar, denn sonst würde nach 5.3-1 (b) (v) und (5.3,2) (b)

$$\int fg \geq \int_{[\frac{1}{j+1},1]} fg = \int_{\frac{1}{j+1}}^{1} \frac{1}{x}\,\mathrm{d}x = -\ln\Big(\frac{1}{j+1}\Big)$$

für jedes $j \in \mathbb{N}$, also $\int fg = \infty$ gelten. ↯

Lösung zu A 12

Sei $\varepsilon > 0$ und $A_j \in \mathcal{A}$ mit $\mu(A_j) < 1/2^j$ und $\int_{A_j} |f| \geq \varepsilon$, $f_j := f\chi_{X \setminus \bigcup_{k \geq j} A_k} \in \mathcal{L}^0(X, \mathcal{A})$ für jedes $j \in \mathbb{N}$. Dann ist $|f_j| \leq |f| \in \mathcal{L}^1(X, \mathcal{A}, \mu)$ ⟦5.3-3⟧ für alle $j \in \mathbb{N}$ und $(f_j)_j \xrightarrow[\mu\text{-f.ü.}]{} f$:

Sei $x \in X$. Ist $x \notin \bigcup_{k \geq j} A_k$ für ein $j \in \mathbb{N}$, so gilt $f_k(x) = f(x)$ für alle $k \geq j$, also $(f_k(x))_k \to f(x)$. Es genügt daher, $\mu\big(\bigcap_{j \in \mathbb{N}} \bigcup_{k \geq j} A_k\big) = 0$ zu zeigen. Wegen $\mu\big(\bigcup_{k \in \mathbb{N}} A_k\big) \leq \sum_{k=0}^{\infty} \mu(A_k) \leq \sum_{k=0}^{\infty} \frac{1}{2^k} = 2$ ist gem. 5.1-1 (d)

$$\mu\Big(\bigcap_{j \in \mathbb{N}} \bigcup_{k \geq j} A_k\Big) = \lim_j \mu\Big(\bigcup_{k \geq j} A_k\Big) \leq \lim_j \sum_{k=j}^{\infty} \mu(A_k) \leq \lim_j \sum_{k=j}^{\infty} \frac{1}{2^k} = \lim_j \frac{1}{2^{j-1}} = 0.$$

Nach dem Lebesgueschen Konvergenzsatz 5.3-6 folgt

$$\begin{aligned} 0 &= \lim_j \int |f_j - f| = \lim_j \int \left|f\chi_{X\setminus\bigcup_{k\geq j}A_k} - f\right| = \lim_j \int \left|f\chi_{\bigcup_{k\geq j}A_k}\right| \\ &\geq \lim_j \int |f\chi_{A_j}| \geq \varepsilon. \ ↯ \end{aligned}$$

Lösungen zu 5.4

Lösung zu A 1

(a) $g =_\mu f \Longrightarrow |g|^q =_\mu |f|^q \Longrightarrow \int |g|^q = \int |f|^q < \infty$ ⟦ 5.3-2.2 (c) ⟧ für alle $q \in \mathbb{R},\ q > 0$. Für alle $r \in \mathbb{R}^{**}$ gilt

$$|g| \underset{\mu}{\leq} r \quad \Longleftrightarrow \quad |f| \underset{\mu}{\leq} r,$$

woraus $\operatorname{wes\,sup}|g| = \operatorname{wes\,sup}|f| < \infty$ folgt.

(b) Gem. 5.2, A 4 ist mit f auch g in $\mathcal{L}^0(X, \mathcal{A})$, und die Behauptung folgt aus (a).

Lösung zu A 2

Für $r = \infty$ ist die konstante Funktion $c_1 = 1$ in $\mathcal{L}^\infty(\mathbb{R}, \Lambda, \lambda)$, jedoch nicht in $\mathcal{L}^q(\mathbb{R}, \Lambda, \lambda)$ für $0 < q < \infty$ ⟦ $\int c_1 = 1\lambda(\mathbb{R}) = \infty$ ⟧. Sei also $r < \infty$ und $f : \mathbb{R} \longrightarrow \mathbb{R}$ definiert durch

$$f(x) := \begin{cases} x^{-1/q} & \text{für } x \geq 1 \\ 0 & \text{sonst.} \end{cases}$$

Nach 5.2, A 5 und (5.2,1) (a) ist $f \in \mathcal{L}^0_{\mathbb{R}}(\mathbb{R}, \Lambda)$. Für jedes $w > 0$ ist die Folge $\left(|f|^w \chi_{[1,j]}\right)_j$ in $\mathcal{L}^0_{\mathbb{R}}(\mathbb{R}, \Lambda)$ monoton wachsend mit $\lim_j |f|^w \chi_{[1,j]} = |f|^w$. Gem. Lebesgues Satz von der monotonen Konvergenz 5.3-2.1 erhält man mit (5.3,2) (b)

$$\int |f|^w = \lim_j \int |f|^w \chi_{[1,j]} = \lim_j \int_1^j \frac{1}{x^{w/q}}\,\mathrm{d}x = \int_1^\infty \frac{1}{x^{w/q}}\,\mathrm{d}x$$

(uneigentliches Riemann-Integral), also ist $\int |f|^w < \infty$ genau dann, wenn $w/q > 1$ gilt. Es folgt daher $f \in \mathcal{L}^r(\mathbb{R}, \Lambda, \lambda) \setminus \mathcal{L}^q(\mathbb{R}, \Lambda, \lambda)$.

Lösung zu A 3

(i) ⇒ (ii) Sei $\int |fg| = \|\widetilde{f}\|_q \|\widetilde{g}\|_r$. Für $\|\widetilde{f}\|_q \|\widetilde{g}\|_r = 0$ ist (ii) mit $a = 0$ erfüllt ⟦ 5.3-1 (b) (i) ⟧. Sei also $\|\widetilde{f}\|_q \neq 0 \neq \|\widetilde{g}\|_r$. Nach 1.1-2 ist

$$\frac{|f|\,|g|}{\|\widetilde{f}\|_q \|\widetilde{g}\|_r} \leq \frac{1}{q}\frac{|f|^q}{\|\widetilde{f}\|_q^q} + \frac{1}{r}\frac{|g|^r}{\|\widetilde{g}\|_r^r},$$

also folgt mit (i)

$$1 = \frac{1}{\|\widetilde{f}\|_q \|\widetilde{g}\|_r} \int |fg| \le \frac{1}{q\|\widetilde{f}\|_q^q} \int |f|^q + \frac{1}{r\|\widetilde{g}\|_r^r} \int |g|^r = \frac{1}{q} + \frac{1}{r} = 1.$$

Hieraus ergibt sich nach 5.3-1 (b) (i) mit 5.3-3 und 5.3-2.2 (c)

$$\frac{1}{q\|\widetilde{f}\|_q^q}|f|^q + \frac{1}{r\|\widetilde{g}\|_r^r}|g|^r - \frac{1}{\|\widetilde{f}\|_q \|\widetilde{g}\|_r}|fg| \underset{\mu}{=} 0$$

und wiederum nach 1.1-2

$$\frac{|f|^q}{\|\widetilde{f}\|_q^q} \underset{\mu}{=} \frac{|g|^r}{\|\widetilde{g}\|_r^r}, \quad \text{also} \quad |f|^q \underset{\mu}{=} \frac{\|\widetilde{f}\|_q^q}{\|\widetilde{g}\|_r^r}|g|^r.$$

(ii) ⇒ (i) Sei $|f|^q =_\mu a|g|^r$ (o. B. d. A.), $a \in \mathbb{R}^+$. Dann folgt

$$\begin{aligned}
\int |fg| &= a^{1/q} \int |g|^{1+(r/q)} && [\![\, 5.3\text{-}2.2\ (c)\,]\!]\\
&= a^{1/q} \int |g|^r && [\![\, 1 + (r/q) = r\,]\!]\\
&= a^{1/q}\|\widetilde{g}\|_r^{r/q}\|\widetilde{g}\|_r = a^{1/q}\|\widetilde{g}\|_r\Big(\Big(\Big(\int |g|^r\Big)^{1/r}\Big)^{r/q}\Big)\\
&= \|\widetilde{g}\|_r\Big(\int a|g|^r\Big)^{1/q} = \|\widetilde{g}\|_r \|\widetilde{f}\|_q.
\end{aligned}$$

Lösung zu A 4

(i) ⇒ (ii) Sei $\|\widetilde{f} + \widetilde{g}\|_q = \|\widetilde{f}\|_q + \|\widetilde{g}\|_q$.

$q = 1$: Es ist $\int(|f| + |g| - |f+g|) = 0$, also $|f| + |g| =_\mu |f+g|$ [[5.3-1 (b) (i)]] und somit

$$|f|^2 + 2|f|\,|g| + |g|^2 \underset{\mu}{=} |f+g|^2 \underset{\mu}{=} f^2 + 2fg + g^2,$$

woraus $|f|\,|g| =_\mu fg$ folgt. Wegen $\operatorname{sgn}|f|\,|g| =_\mu \operatorname{sgn} fg =_\mu (\operatorname{sgn} f)(\operatorname{sgn} g)$ ist die Menge $\{\, x \in X \mid (\operatorname{sgn} f(x))(\operatorname{sgn} g(x)) = -1 \,\} \in \mathcal{A}_0$.

$q > 1$: Für $\|\widetilde{f}\|_q = 0$ oder $\|\widetilde{g}\|_q = 0$ ist (ii) mit $a = 0$ erfüllt. Sei $\|\widetilde{f}\|_q \ne 0 \ne \|\widetilde{g}\|_q$. Es gilt [[Beweis zu 5.4-7]]

$$\begin{aligned}
\|\widetilde{f} + \widetilde{g}\|_q^q &\le \int |f|\,|f+g|^{q-1} + \int |g|\,|f+g|^{q-1}\\
&\le \|\widetilde{f}\|_q \,\|\widetilde{|f+g|^{q-1}}\|_r + \|\widetilde{g}\|_q \,\|\widetilde{|f+g|^{q-1}}\|_r \quad \text{mit } (1/q) + (1/r) = 1\\
&= (\|\widetilde{f}\|_q + \|\widetilde{g}\|_q)\|\widetilde{f+g}\|_q^{q-1} \qquad [\![\, q/r = q-1 \,]\!]\\
&= \|\widetilde{f} + \widetilde{g}\|_q^q \qquad [\![\, \text{nach (i)} \,]\!],
\end{aligned}$$

also $\int(|f|+|g|)|f+g|^{q-1} = \int|f+g|^q$, woraus nach 5.3-1 (b) (i)

$$(|f|+|g|)|f+g|^{q-1} \underset{\mu}{=} |f+g|^q$$

und wegen $\widetilde{f+g} \neq \widetilde{0}$ auch $|f|+|g| =_\mu |f+g|$ folgt. Es ist daher

$$\{\, x \in X \mid f(x)g(x) \neq 0 \text{ und } \operatorname{sgn} f(x) \neq \operatorname{sgn} g(x)\,\} \in \mathcal{A}_0.$$

Außerdem erhält man aus obiger (Un-)Gleichungskette

$$\int |f|\,|f+g|^{q-1} = \|\widetilde{f}\|_q\, \|\widetilde{|f+g|^{q-1}}\|_r, \qquad \int |g|\,|f+g|^{q-1} = \|\widetilde{g}\|_q\, \|\widetilde{|f+g|^{q-1}}\|_r$$

⟦ wegen 5.4-5 ⟧, und nach A 3 existieren $c, d \in \mathbb{R}^+$ mit

$$|f|^q \underset{\mu}{=} c\big(|f+g|^{q-1}\big)^r \text{ oder } \big(|f+g|^{q-1}\big)^r \underset{\mu}{=} c|f|^q,$$

$$|g|^q \underset{\mu}{=} d\big(|f+g|^{q-1}\big)^r \text{ oder } \big(|f+g|^{q-1}\big)^r \underset{\mu}{=} d|g|^q,$$

also

$$|f| \underset{\mu}{=} c^{1/q}|f+g| \text{ oder } |f+g| \underset{\mu}{=} c^{1/q}|f|, \qquad |g| \underset{\mu}{=} d^{1/q}|f+g| \text{ oder } |f+g| \underset{\mu}{=} d^{1/q}|g|.$$

Voraussetzungsgemäß sind $c \neq 0 \neq d$, und es ergibt sich

$$|f| \underset{\mu}{=} \Big(\frac{c}{d}\Big)^{1/q}|g| \text{ oder } |f| \underset{\mu}{=} (cd)^{1/q}|g| \text{ oder } |g| \underset{\mu}{=} (cd)^{1/q}|f| \text{ oder } |g| \underset{\mu}{=} \Big(\frac{c}{d}\Big)^{1/q}|f|,$$

also $|f| =_\mu a|g|$ und somit $f =_\mu ag$ für ein $a > 0$.

(ii) ⇒ (i) Für $q = 1$ folgt $|f|+|g| =_\mu |f+g|$ aus (ii), also $\|\widetilde{f}\|_1 + \|\widetilde{g}\|_1 = \|\widetilde{f+g}\|_1$. Für $q > 1$ sei o. B. d. A. $f =_\mu ag,\ a \in \mathbb{R}^+$. Es folgt

$$\|\widetilde{f}+\widetilde{g}\|_q = \Big(\int |f+g|^q\Big)^{1/q} = (a+1)\Big(\int |g|^q\Big)^{1/q} = a\Big(\int |g|^q\Big)^{1/q} + \|\widetilde{g}\|_q$$
$$= \Big(\int |ag|^q\Big)^{1/q} + \|\widetilde{g}\|_q = \|\widetilde{f}\|_q + \|\widetilde{g}\|_q.$$

Lösung zu A 5

Für $g := \chi_{\mathbb{Q}}$ ist wegen $\lambda(\mathbb{Q}) = 0$ die Frage zu bejahen:

$$\operatorname{wes\,sup} g = 0 \lneqq 1 = \sup g.$$

Lösung zu A 6

Wegen $\int g^r = \int |g|^r < \infty$ ist $\{\, x \in X \mid g(x) = 0\,\} \in \mathcal{A}_0$ ⟦ 5.3, A 5 ⟧. Sei o. B. d. A. $\int fg < \infty$. Es ist $f^q =_\mu (fg)^q g^{-q}$, $(fg)^q \in \mathcal{L}^{1/q}(X,\mathcal{A},\mu)$ ⟦ $(fg)^q \in \mathcal{L}^0(X,\mathcal{A})$

gem. 5.2-2.1 (b), 5.2-2 (c); $\int\big((fg)^q\big)^{1/q} = \int fg < \infty$ ⟧ und $g^{-q} \in \mathcal{L}^{(1-q)^{-1}}(X,\mathcal{A},\mu)$ ⟦ $g^{-q} \in \mathcal{L}^0(X,\mathcal{A})$ gem. 5.2-2 (b), (c); $\int (g^{-q})^{(1-q)^{-1}} = \int g^r < \infty$ wegen $-q/(1-q) = r$ ⟧. Mit $q' := q^{-1}$, $r' := (1-q)^{-1}$ ist $(1/q') + (1/r') = 1$, $q', r' > 1$, und nach 5.4-5 folgt

$$\int f^q = \int (fg)^q g^{-q} \le \|\widetilde{(fg)^q}\|_{q'}\,\|\widetilde{g^{-q}}\|_{r'} = \Big(\int (fg)^{qq'}\Big)^{1/q'}\Big(\int g^{-qr'}\Big)^{1/r'}$$

$$= \Big(\int fg\Big)^q\Big(\int g^r\Big)^{1-q},$$

also $\big(\int f^q\big)\big(\int g^r\big)^{q-1} \le \big(\int fg\big)^q$ ⟦ $\int g^r > 0$ ⟧. Man erhält $\|\widetilde{f}\|_q\big(\int g^r\big)^{(q-1)/q} \le \int fg$, also $\|\widetilde{f}\|_q\,\|g\|_r \le \int fg$ ⟦ $(q-1)/q = 1/r$ ⟧.

Lösung zu A 7

(a) $A_\varepsilon := \{\, x \in X \mid g(x) > \varepsilon \,\} \subseteq A_+$ ist in $\mathcal{A}$ ⟦ (5.2,1) (b) ⟧, nach 5.3-1 (b) gilt also

$$\varepsilon\mu(A_\varepsilon) = \varepsilon\int \chi_{A_\varepsilon} = \int \varepsilon\chi_{A_\varepsilon} \le \int g\chi_{A_\varepsilon} \le \int g\chi_{A_+} = \int_{A_+} g.$$

(b) Es sei $A_\varepsilon := \{\, x \in X \mid |f(x)| > \varepsilon \,\}$. Dann ist $A_\varepsilon \in \mathcal{A}$ ⟦ 5.2-2.1 (b), (5.2,1) (b) ⟧ und

$$\varepsilon^q\mu(A_\varepsilon) = \varepsilon^q\int \chi_{A_\varepsilon} = \int \varepsilon^q\chi_{A_\varepsilon} \le \int |f|^q\chi_{A_\varepsilon} \le \int |f|^q = \|\widetilde{f}\|_q^q.$$

Lösung zu A 8

Sei $t \in\,]0,1[$ so gewählt, daß $s = tq + (1-t)r$ gilt. Für alle $f \in \mathcal{L}^q(X,\mathcal{A},\mu)\cap\mathcal{L}^r(X,\mathcal{A},\mu)$ ist dann $|f|^{tq} \in \mathcal{L}^{1/t}(X,\mathcal{A},\mu)$ und $|f|^{(1-t)r} \in \mathcal{L}^{1/(1-t)}(X,\mathcal{A},\mu)$. Mit der Hölder-Ungleichung 5.4-5 folgt $|f|^s = |f|^{tq}|f|^{(1-t)r} \in \mathcal{L}^1(X,\mathcal{A},\mu)$, also $f \in \mathcal{L}^s(X,\mathcal{A},\mu)$.

Lösung zu A 9

Zunächst ist gem. 5.4-3 $L^\infty(X,\mathcal{A},\mu) \subseteq L^q(X,\mathcal{A},\mu)$, $\|\widetilde{f}\|_q$ also wohldefiniert für jedes $q > 0$. Nach 5.4-8 (b) gilt $\|\widetilde{f}\|_q \le \mu(X)^{1/q}\|\widetilde{f}\|_\infty$ für alle $q \ge 1$, $q \in \mathbb{R}^+$, und es folgt

$$\limsup_q \|\widetilde{f}\|_q \le \|\widetilde{f}\|_\infty \limsup_q \mu(X)^{1/q} = \|\widetilde{f}\|_\infty$$

(gerichtete Menge $(\{\, q \in \mathbb{R} \mid q \ge 1 \,\}, \ge)$; Anhang 1-31). Andererseits erhält man wegen

$$\|\widetilde{f}\|_\infty = \inf\{\, r \in \mathbb{R}^{**} \mid |f| \underset{\mu}{\le} r \,\} \le \sup\{\, r \in \mathbb{R}^{**} \mid \mu(\{\, x \in X \mid |f(x)| > r \,\}) > 0 \,\}$$

⟦ Für jedes $\varepsilon > 0$ existiert ein $r \in\,]\|\widetilde{f}\|_\infty - \varepsilon, \|\widetilde{f}\|_\infty[$ mit $\{\, x \in X \mid |f(x)| > r \,\} \notin \mathcal{A}_0$. ⟧ auch $\|\widetilde{f}\|_\infty \le \liminf_q \|\widetilde{f}\|_q$, weil für jedes $A \in \mathcal{A}$, $\mu(A) > 0$, und jedes $r \in \mathbb{R}^+$, $|f{\restriction}A| \ge r$

$$r\mu(A)^{1/q} \le \Big(\int_A r^q\Big)^{1/q} \le \Big(\int_A |f|^q\Big)^{1/q} \le \Big(\int |f|^q\Big)^{1/q} = \|\widetilde{f}\|_q,$$

also $r \le \liminf_q \|\widetilde{f}\|_q$ gilt.

Lösung zu A 10

Nach 1.1-8.3 müßte andernfalls $\| \ \|_q$ der Parallelogrammgleichung genügen. Mit $f := \chi_{[-1,0[}$ und $g := \chi_{[0,1[}$, also $f + g = \chi_{[-1,1[} = |f + g|$ und $|f - g| = \chi_{[-1,1[}$ erhält man jedoch für $q = \infty$: $\|\widetilde{f}\|_\infty = \operatorname{wes\,sup}|f| = 1 = \operatorname{wes\,sup}|g| = \|\widetilde{g}\|_\infty$, $\|\widetilde{f} + \widetilde{g}\|_\infty = 1 = \|\widetilde{f} - \widetilde{g}\|_\infty$ und somit

$$2\|\widetilde{f}\|_\infty^2 + 2\|\widetilde{g}\|_\infty^2 = 4 \neq 2 = \|\widetilde{f} + \widetilde{g}\|_\infty^2 + \|\widetilde{f} - \widetilde{g}\|_\infty^2,$$

und für
$q < \infty$: $\|\widetilde{f}\|_q = \left(\int |f|^q\right)^{1/q} = 1 = \left(\int |g|^q\right)^{1/q} = \|\widetilde{g}\|_q$, $\|\widetilde{f}+\widetilde{g}\|_q = \left(\int \chi^q_{[-1,1[}\right)^{1/q} = 2^{1/q} = \|\widetilde{f} - \widetilde{g}\|_q$ und somit $[\![\, q \neq 2 \,]\!]$

$$2\|\widetilde{f}\|_q^2 + 2\|\widetilde{g}\|_q^2 = 4 \neq 2 \cdot 2^{2/q} = \|\widetilde{f} + \widetilde{g}\|_q^2 + \|\widetilde{f} - \widetilde{g}\|_q^2.$$

Lösung zu A 11

Für $f \in \mathcal{L}^q_{\mathbb{C}}(X, \mathcal{A}, \mu)$ sind $\operatorname{Re} f$, $\operatorname{Im} f \in \mathcal{L}^q_{\mathbb{R}}(X, \mathcal{A}, \mu)$, also sind auch $|\operatorname{Re} f|$, $|\operatorname{Im} f|$ und $|\operatorname{Re} f| + |\operatorname{Im} f|$ in $\mathcal{L}^q_{\mathbb{R}}(X, \mathcal{A}, \mu)$. Es folgt

$$\int |f|^q \leq \int (|\operatorname{Re} f| + |\operatorname{Im} f|)^q < \infty,$$

$|f|^q$ ist somit μ-summierbar.

Ist umgekehrt $f \in \mathcal{L}^0_{\mathbb{C}}(X, \mathcal{A})$, $|f|^q$ μ-summierbar, so erhält man wegen $|\operatorname{Re} f|$, $|\operatorname{Im} f| \leq |f|$, also $|\operatorname{Re} f|^q$, $|\operatorname{Im} f|^q \leq |f|^q$, auch $\int |\operatorname{Re} f|^q$, $\int |\operatorname{Im} f|^q \leq \int |f|^q$, und daher sind $\operatorname{Re} f$, $\operatorname{Im} f$ in $\mathcal{L}^q_{\mathbb{R}}(X, \mathcal{A}, \mu)$ $[\![\,$5.2, A 12 (c)$\,]\!]$.

Wegen $|f| \leq |\operatorname{Re} f| + |\operatorname{Im} f|$ und $|\operatorname{Re} f| \leq |f|$, $|\operatorname{Im} f| \leq |f|$ gilt

$$\operatorname{wes\,sup}|f| \leq \operatorname{wes\,sup}|\operatorname{Re} f| + \operatorname{wes\,sup}|\operatorname{Im} f| \quad \text{und}$$

$$\operatorname{wes\,sup}|\operatorname{Re} f| \leq \operatorname{wes\,sup}|f|, \qquad \operatorname{wes\,sup}|\operatorname{Im} f| \leq \operatorname{wes\,sup}|f|$$

und daher die zweite Gleichung wie behauptet.

Lösung zu A 12

Die Funktion $\varphi : \mathcal{L}^q_{\mathbb{R}}(X, \mathcal{A}, \mu)/_A \longrightarrow L^q(X, \mathcal{A}, \mu)$, $\varphi(f + A) := \widetilde{f}$, ist ein isometrischer $\mathbb{R}$-linearer Isomorphismus:

Wegen $a \in A \iff \|a\|_q = 0 \iff a =_\mu 0$ für jedes $a \in \mathcal{L}^q_{\mathbb{R}}(X, \mathcal{A}, \mu)$ ist $f + a =_\mu f$, also $\widetilde{f + a} = \widetilde{f}$ für alle $f \in \mathcal{L}^q_{\mathbb{R}}(X, \mathcal{A}, \mu)$, $a \in A$, φ daher wohldefiniert. Aus $\varphi(f + A + g + A) = \varphi(f + g + A) = \widetilde{f + g} = \widetilde{f} + \widetilde{g}$ und $\varphi(r(f + A)) = \varphi(rf + A) = \widetilde{rf} = r\widetilde{f}$ folgt die $\mathbb{R}$-Linearität von φ. Die Funktion φ ist auch bijektiv, denn aus $\widetilde{0} = \varphi(f + A) = \widetilde{f}$, also $f =_\mu 0$, erhält man $f \in A$, also $f + A = A$, und für $\widetilde{f} \in L^q(X, \mathcal{A}, \mu)$, o. B. d. A. $f : X \longrightarrow \mathbb{R}$ gem. 5.4-2, ist $f + A$ das Urbild von f bzgl. φ. Schließlich gilt auch

$$\begin{aligned}
\left(\|f + A\|_q\right)_A &= \inf\{\, \|f + a\|_q \mid a \in A \,\} && [\![\,\text{definitionsgemäß}\,]\!] \\
&= \inf\{\, \|f\|_q \mid a \in A \,\} && [\![\, f + a =_\mu f \Longrightarrow \|f + a\|_q = \|f\|_q \,]\!] \\
&= \|f\|_q = \|\widetilde{f}\|_q = \|\varphi(f + A)\|_q.
\end{aligned}$$

Lösung zu A 13

Es ist $\{\, x \in A \mid g(x) > r \,\} \subseteq \{\, x \in X \mid g(x) > r \,\}$ für jedes $r \in \mathbb{R}^{**}$, also

$$\big\{\, r \in \mathbb{R}^{**} \;\big|\; \{\, x \in A \mid g(x) > r \,\} \in \mathcal{A}_0 \,\big\} \supseteq \big\{\, r \in \mathbb{R}^{**} \;\big|\; \{\, x \in X \mid g(x) > r \,\} \in \mathcal{A}_0 \,\big\},$$

woraus

$$\begin{aligned} \operatorname{wes\,sup} g{\restriction}A &= \inf\big\{\, r \in \mathbb{R}^{**} \;\big|\; \{\, x \in A \mid g(x) > r \,\} \in \mathcal{A}_0 \,\big\} \\ &\leq \inf\big\{\, r \in \mathbb{R}^{**} \;\big|\; \{\, x \in X \mid g(x) > r \,\} \in \mathcal{A}_0 \,\big\} = \operatorname{wes\,sup} g \end{aligned}$$

folgt.

Lösung zu A 14

(a) T_a ist stetig, also Borel-meßbar ⟦(5.2,1) (a)⟧. Nach 5.2, A 1 (d) ist auch $g \circ T_a$ Borel-meßbar. Es folgt

$$\begin{aligned} \{\, x \in \mathbb{R}^n \mid g \circ T_a(x) \neq f \circ T_a(x) \,\} &= \{\, x \in \mathbb{R}^n \mid g(x+a) \neq f(x+a) \,\} \\ &= -a + \{\, y \in \mathbb{R}^n \mid g(y) \neq f(y) \,\} \end{aligned}$$

und für $\{\, y \in \mathbb{R}^n \mid g(y) \neq f(y) \,\} = N \in (\Lambda_n)_0$ somit

$$\{\, x \in \mathbb{R}^n \mid g \circ T_a(x) \neq f \circ T_a(x) \,\} = -a + N,$$

wobei $-a + N \in (\Lambda_n)_0$ wegen der Translationsinvarianz von λ_n ist ⟦5.1, A 12⟧.

(b) Weil $|f \circ T_a|^q = |f|^q \circ T_a$ ist, wird $|f|^q \circ T_a \in \mathcal{L}^1(\mathbb{R}^n, \Lambda_n, \lambda_n)$ und $\int |f|^q \circ T_a = \int |f|^q$ gezeigt. Definitionsgemäß werden die Integrale wie folgt berechnet ⟦5.3-1 (a)⟧:

$$\begin{aligned} \int |f|^q \circ T_a &= \sup\Big\{ \int \psi \;\Big|\; 0 \leq \psi \leq |f|^q \circ T_a,\ \psi \in \mathcal{E}^0_{\mathbb{R}}(\mathbb{R}^n, \Lambda_n) \Big\} \\ &= \sup\Big\{ \int \psi \;\Big|\; 0 \leq \psi \circ T_{-a} \leq |f|^q,\ \psi \in \mathcal{E}^0_{\mathbb{R}}(\mathbb{R}^n, \Lambda_n) \Big\}, \end{aligned}$$

$$\int |f|^q = \sup\Big\{ \int \psi \;\Big|\; 0 \leq \psi \leq |f|^q,\ \psi \in \mathcal{E}^0_{\mathbb{R}}(\mathbb{R}^n, \Lambda_n) \Big\}.$$

Da mit ψ auch durch $\psi \circ T_a$ alle nichtnegativen Funktionen aus $\mathcal{E}^0_{\mathbb{R}}(\mathbb{R}^n, \Lambda_n)$ erreicht werden, ist (b) bewiesen, wenn

$$\int \psi = \int \psi \circ T_{-a} \quad \text{für alle } \psi \in \mathcal{E}^0_{\mathbb{R}}(\mathbb{R}^n, \Lambda_n) \cap (\mathbb{R}^+)^{\mathbb{R}^n}$$

bestätigt werden kann.

Sei also $\psi = \sum_{j=0}^m r_j \chi_{A_j} \in \mathcal{E}^0_{\mathbb{R}}(\mathbb{R}^n, \Lambda_n) \cap (\mathbb{R}^+)^{\mathbb{R}^n}$ in kanonischer Form dargestellt. Dann ist

$$\psi \circ T_{-a} = \sum_{j=0}^m r_j \chi_{A_j} \circ T_{-a} = \sum_{j=0}^m r_j \chi_{a + A_j} \geq 0$$

und nach 5.1, A 12

$$\int \psi \circ T_{-a} = \sum_{j=0}^m r_j \lambda_n(a + A_j) = \sum_{j=0}^m r_j \lambda_n(A_j) = \int \psi.$$

Lösung zu A 15

Sei $D \subseteq L^q(X, \mathcal{A}, \mu)$ abzählbar und in $(L^q(X, \mathcal{A}, \mu), d_q)$ dicht. $D_A := \{ \widetilde{f \upharpoonright A} \mid \widetilde{f} \in D \}$ ist abzählbare Teilmenge von $L^q(A, \ldots)$, denn $f \upharpoonright A \in \mathcal{L}^0(A, \mathcal{A}|A)$ für jedes $\widetilde{f} \in L^q(X, \mathcal{A}, \mu)$, $\int |f \upharpoonright A|^q = \int_A |f|^q \leq \int |f|^q < \infty$ für $q < \infty$ und $\operatorname{wes\,sup}|f \upharpoonright A| \leq \operatorname{wes\,sup}|f| < \infty$ gem. A 13. Die Dichtigkeit $\overline{D_A}^{\tau_{d_q}} = L^q(A, \ldots)$ folgt so:

Sei $\widetilde{f} \in L^q(A, \ldots)$, $f^* : X \longrightarrow \mathbb{R}^{**}$ mit

$$f^*(x) := \begin{cases} f(x) & \text{für } x \in A \\ 0 & \text{sonst.} \end{cases}$$

Dann ist $f^* \in \mathcal{L}^0(X, \mathcal{A})$ 〚5.2, A 14〛 und $\int_X |f^*|^q = \int_A |f^*|^q = \int_A |f|^q < \infty$ für $q < \infty$ und $\operatorname{wes\,sup}|f^*| = \operatorname{wes\,sup}|f| < \infty$, also $\widetilde{f^*} \in L^q(X, \mathcal{A}, \mu)$. Nach Voraussetzung gibt es zu jedem $\varepsilon > 0$ ein $\widetilde{g} \in D$ mit $d_q(\widetilde{f^*}, \widetilde{g}) < \varepsilon$. Wegen $\int |f^* - g|^q \geq \int_A |f^* - g|^q = \int_A |f - g \upharpoonright A|^q$ bzw. $\operatorname{wes\,sup}|f^* - g| \geq \operatorname{wes\,sup}|f - g \upharpoonright A|$ ist auch $d_q(\widetilde{f}, \widetilde{g \upharpoonright A}) < \varepsilon$, D_A also dicht in $(L^q(A, \ldots), \tau_{d_q})$.

Lösung zu A 16

(a) Es sei $D \subseteq L^\infty(I, \ldots)$, $\overline{D}^{\tau_{\| \|_\infty}} = L^\infty(I, \ldots)$, $r \in I^{\circ_{\tau_{| |}}}$ und $f_r := \chi_{\{ x \in I | x < r \}}$. Dann ist $\widetilde{f_r} \in L^\infty(I, \ldots)$, und es existiert ein $\widetilde{\varphi_r} \in D$ mit $\|\widetilde{\varphi_r} - \widetilde{f_r}\|_\infty < 1/2$. Für alle $r, s \in I^{\circ_{\tau_{| |}}}$ gilt dann $\widetilde{\varphi_r} \neq \widetilde{\varphi_s}$, D ist also überabzählbar:

Sei o. B. d. A. $r < s$ und somit $f_s - f_r = \chi_{[r,s[}$. Wegen

$$\begin{aligned} 1 = \|\chi_{[r,s[}\|_\infty &= \|\widetilde{f_s} - \widetilde{f_r}\|_\infty \leq \|\widetilde{f_s} - \widetilde{\varphi_s}\|_\infty + \|\widetilde{\varphi_s} - \widetilde{\varphi_r}\|_\infty + \|\widetilde{\varphi_r} - \widetilde{f_r}\|_\infty \\ &< 1 + \|\widetilde{\varphi_r} - \widetilde{\varphi_s}\|_\infty \end{aligned}$$

ist $\|\widetilde{\varphi_r} - \widetilde{\varphi_s}\|_\infty \neq 0$, also $\widetilde{\varphi_r} \neq \widetilde{\varphi_s}$.

(b) Nach A 15 ist die Separabilität von $(L^q(\mathbb{R}, \Lambda, \lambda), \tau_{\| \|_q})$ nachzuweisen.

Für jedes Polynom $p(x) \in \mathbb{Q}[x]$, $m \in \mathbb{N}\backslash\{0\}$ definiere man $p_m : \mathbb{R} \longrightarrow \mathbb{R}$ durch

$$p_m(t) := \begin{cases} p(t) & \text{für } t \in [-m, m] \\ 0 & \text{sonst.} \end{cases}$$

Gem. 5.2, A 14 ist $p_m \in \mathcal{L}^0(\mathbb{R}, \Lambda)$ und wegen $\int |p_m|^q = \int_{[-m,m]} |p_m|^q < \infty$ auch $\widetilde{p_m} \in L^q(\mathbb{R}, \Lambda, \lambda)$. Die Menge $D := \{ \widetilde{p_m} \mid m \in \mathbb{N}\backslash\{0\},\ p(x) \in \mathbb{Q}[x] \}$ ist abzählbar und dicht in $L^q(\mathbb{R}, \Lambda, \lambda)$:

Sei $\varepsilon > 0$, $\widetilde{f} \in L^q(\mathbb{R}, \Lambda, \lambda)$, $\varphi \in C_c(\mathbb{R}, \mathbb{R})$, $m \in \mathbb{N}\backslash\{0\}$, $\operatorname{Tr}\varphi \subseteq [-m, m]$ mit $\|\widetilde{f} - \widetilde{\varphi}\|_q < \varepsilon/2$ 〚5.4-12〛. Nach (2.2,6) gibt es ein Polynom $p(x)$ in $\mathbb{Q}[x]$ mit $\sup_{t \in [-m,m]} |\varphi(t) - p(t)| < \frac{\varepsilon}{2(2m)^{1/q}}$. Es folgt

$$\int |\varphi - p_m|^q = \int_{[-m,m]} |\varphi - p_m|^q \leq 2m \frac{\varepsilon^q}{2^q(2m)} = \left(\frac{\varepsilon}{2}\right)^q$$

und somit

$$\|\widetilde{f} - \widetilde{p_m}\|_q \leq \|\widetilde{f} - \widetilde{\varphi}\|_q + \|\widetilde{\varphi} - \widetilde{p_m}\|_q < \frac{\varepsilon}{2} + \frac{\varepsilon}{2} = \varepsilon.$$

(c) Sei $D \subseteq L^q(A,\ldots)$ eine abzählbare dichte Teilmenge und $\widetilde{f} \in L^q_{\mathbb{C}}(A,\ldots)$, d. h. $\widetilde{\operatorname{Re} f}$, $\widetilde{\operatorname{Im} f} \in L^q(A,\ldots)$. Zu $\varepsilon > 0$ wähle man $\widetilde{\varphi}$, $\widetilde{\psi} \in D$ mit $\|\widetilde{\operatorname{Re} f} - \widetilde{\varphi}\|_q < \varepsilon/2$, $\|\widetilde{\operatorname{Im} f} - \widetilde{\psi}\|_q < \varepsilon/2$. Dann ist

$$\|\widetilde{f} - (\widetilde{\varphi + i\psi})\|_q \leq \|\widetilde{\operatorname{Re} f} - \widetilde{\varphi}\|_q + \|\widetilde{\operatorname{Im} f} - \widetilde{\psi}\|_q < \varepsilon.$$

Lösung zu A 17

Sei $r \in [1, \infty[$, $(1/r) + (1/q) = 1$. Nach der Hölder-Ungleichung 5.4-5 ist $\widetilde{fg} \in L^1(A,\ldots)$ und $\left|\int fg\right| \leq \int |fg| \leq \|\widetilde{f}\|_q \|\widetilde{g}\|_r$ für jedes $\widetilde{g} \in L^r(A,\ldots)$, die Funktion

$$\Phi_{\widetilde{f}} : \begin{cases} L^r(A,\ldots) \longrightarrow \mathbb{R} \\ \widetilde{g} \longmapsto \int fg \end{cases}$$

also stetig (bei Null) ⟦ $\Phi_{\widetilde{f}}$ ist $\mathbb{R}$-linear, 2.4, A 14 ⟧. Wegen $\Phi_{\widetilde{f}} \restriction \{\, \widetilde{\varphi \restriction A} \mid \varphi \in C_c(\mathbb{R}^n, \mathbb{R}) \,\} = 0$ (nach Voraussetzung) folgt aus 5.4-12.1 und 2.5-9.1 (b) $\Phi_{\widetilde{f}} = 0$, d. h. $\int fg = 0$ für alle $\widetilde{g} \in L^r(A,\ldots)$. Gem. 5.4-6 erhält man $\|\widetilde{f}\|_q = 0$ ⟦ $(A,\ldots)$ ist σ-endlich ⟧, also $\widetilde{f} = \widetilde{0}$.

Lösung zu A 18

Sei $\widetilde{f} \neq \widetilde{0}$, etwa $A \in \mathcal{A}$, $\mu(A) > 0$, $f(x) \neq 0$ für alle $x \in A$. Für

$$A_+ := \{\, x \in A \mid f^+(x) \neq 0 \,\}, \qquad A_- := \{\, x \in A \mid f^-(x) \neq 0 \,\}$$

ist dann $\mu(A_+) > 0$ oder $\mu(A_-) > 0$ ⟦ $A = A_+ \cup A_-$ ⟧. Sei o. B. d. A. $\mu(A_+) > 0$ und $\mu(A_+) < \infty$ ⟦ $(X, \mathcal{A}, \mu)$ σ-endlich, 5.1-1 (c) ⟧, also nach Voraussetzung $0 = \int_{A_+} f = \int_{A_+} f^+$. Nach 5.3-1 (b) (i) ist dann $f^+ \restriction A_+ =_\mu 0$. ↯

Lösung zu A 19

$\langle\ \rangle_{(m)}$ ist offensichtlich wohldefiniert (s. 5.4-5) und ein Skalarprodukt auf $W^{m,2}([a,b])$ ⟦ entsprechende Eigenschaften des Lebesgue-Integrals und der Summation ⟧. Für die durch $\langle\ \rangle_{(m)}$ induzierte Norm $\|\ \|_{(m)}$ gilt

$$\begin{aligned}
\|f\|_{(m)} = \langle f, f\rangle_{(m)}^{1/2} &= \left(\sum_{j=0}^{m} \int_{[a,b]} |f^{(j)}|^2\right)^{1/2} = \left(\sum_{j=0}^{m} \|\widetilde{f^{(j)}}\|_2^2\right)^{1/2} \\
&\leq \sum_{j=0}^{m} \|\widetilde{f^{(j)}}\|_2 && [\![\, 1.1\text{-}4\ (a) \,]\!] \\
&= N_{m,2}(f) \\
&\leq (m+1)^{1/2} \left(\sum_{j=0}^{m} \|\widetilde{f^{(j)}}\|_2^2\right)^{1/2} && [\![\, \text{Cauchy-Schwarz-Ungleichung } 1.1\text{-}2.1 \,]\!] \\
&= (m+1)^2 \left(\sum_{j=0}^{m} \int_{[a,b]} |f^{(j)}|^2\right)^{1/2} = (m+1)^{1/2} \|f\|_{(m)}.
\end{aligned}$$

Nach 1.2-6.1 sind $\| \|_{(m)}$ und $N_{m,2}$ topologisch äquivalent und gem. 3.1, A 24; 5.4-13 ergibt sich die Vollständigkeit von $\big(W^{m,2}([a,b]), d_{\| \|_{(m)}}\big)$.

Lösung zu A20

Für $q = \infty$ wegen wessup $|f| = \sup |f|$ und für $q \in \mathbb{R}$ gem. (3.5, 4)(a) richtig.

Lösungen zu 6.1

Lösung zu A 1

Sei $W \in \mathcal{U}_\tau(0)$. Man wähle $\varepsilon > 0$, $U \in \mathcal{U}_\tau(0) \cap \tau$ mit $K_\varepsilon^{d_{| |}}(0)U \subseteq W$. Dann ist $K_\varepsilon^{d_{| |}}(0)U = \bigcup\{\, kU \mid k \in K_\varepsilon^{d_{| |}}(0)\backslash\{0\}\,\} \in \tau$ und kreisförmig ⟦ s. auch 6.1-1 (c), Beweis ⟧. Gem. 2.5-2; 2.5, A 21 (c) sei $A \in \mathcal{U}_\tau(0) \cap \alpha_\tau$, $A \subseteq W$. Dann existiert eine kreisförmige Umgebung $U \in \mathcal{U}_\tau(0)$ mit $U \subseteq A$ ⟦ s. o. ⟧. Mit U ist auch $\overline{U}^\tau$ kreisförmig ⟦ $\widetilde{K}_1^{d_{| |}}(0)\overline{U}^\tau \subseteq \overline{\widetilde{K}_1^{d_{| |}}(0)U}^\tau \subseteq \overline{U}^\tau$ ⟧, und es gilt $\overline{U}^\tau \subseteq \overline{A}^\tau = A \subseteq W$.

Lösung zu A 2

(a) *(i) ⇒ (ii)* Sei $x \in V\backslash\{0\}$ und nach Voraussetzung $I_0 \in \mathcal{P}_e I$, $U_i \in \mathcal{U}_{\tau_i}(0)$ für jedes $i \in I_0$ mit $x \notin \bigcap_{i \in I_0} \varphi_i^{-1}[U_i]$. Dann existiert ein $i \in I_0$ mit $x \notin \varphi_i^{-1}[U_i]$, d. h. $\varphi_i(x) \notin U_i$.

(ii) ⇒ (i) Sind $x, y \in V$, $x \neq y$, d. h. $x - y \neq 0$, so gibt es gem. (ii) ein $i \in I$, $U_i \in \mathcal{U}_{\tau_i}(0)$ mit $\varphi_i(x) - \varphi_i(y) = \varphi_i(x - y) \notin U_i$. Man wähle ein $W_i \in \mathcal{U}_{\tau_i}(0)$, $W_i - W_i \subseteq U_i$. Dann ist $(x + \varphi_i^{-1}[W_i]) \cap (y + \varphi_i^{-1}[W_i]) = \emptyset$, $x + \varphi_i^{-1}[W_i] \in \mathcal{U}_\tau(x)$ und $y + \varphi_i^{-1}[W_i] \in \mathcal{U}_\tau(y)$.

(b) *(i) ⇒ (ii)* ist klar gem. (a).

(ii) ⇒ (iii) Für alle $x, y \in V$, $x \neq y$, ist $x - y \neq 0$, also existiert gem. (ii) ein $i \in I$ mit $\varphi_i(x) - \varphi_i(y) = \varphi_i(x - y) \neq 0$.

(iii) ⇒ (i) folgt mit (a): Sei $x \in V\backslash\{0\}$. Gem. (iii) gibt es ein $i \in I$ mit $\varphi_i(x) \neq \varphi_i(0) = 0$ und, weil (X_i, τ_i) T_2-Raum ist, ein $U_i \in \mathcal{U}_{\tau_i}(0)$ mit $\varphi_i(x) \notin U_i$.

Lösung zu A 3

(a) Offensichtlich erhält man wegen $S \subseteq \overline{S}^{\text{lin}}$ auch $\sigma(V, S) \subseteq \sigma\big(V, \overline{S}^{\text{lin}}\big)$. Umgekehrt sei $\varphi := \sum_{j=1}^m k_j \varphi_j \in \overline{S}^{\text{lin}}$ mit $\varphi_j \in S$, $k_j \in K\backslash\{0\}$ (o. B. d. A.) für jedes $j \in \{1, \ldots, m\}$ ⟦ Für $\varphi = 0$ ist $\varphi^{-1}[U] = V \in \mathcal{U}_{\sigma(V,S)}(0)$ für alle $U \in \mathcal{U}_{\tau_{| |}}(0)$! ⟧, $U \in \mathcal{U}_{\tau_{| |}}(0) \cap \tau_{| |}$. Man wähle ein $W \in \mathcal{U}_{\tau_{| |}}(0) \cap \tau_{| |}$ mit $\sum_{j=1}^m W \subseteq U$ und setze $P := \bigcap_{j=1}^m k_j^{-1} \varphi_j^{-1}[W]$. Dann ist $P \in \sigma(V, S) \cap \mathcal{U}_{\sigma(V,S)}(0)$ ⟦ klar ⟧ und $P \subseteq \varphi^{-1}[U]$:

Für jedes $x \in P$, $j \in \{1, \ldots, m\}$ ist $x \in k_j^{-1} \varphi_j^{-1}[W]$, d. h. $\varphi_j(k_j x) \in W$, und es folgt

$$\varphi(x) = \sum_{j=1}^m k_j \varphi_j(x) = \sum_{j=1}^m \varphi_j(k_j x) \in \sum_{j=1}^m W \subseteq U.$$

Da Vektorraumtopologien τ eindeutig durch den zugehörigen Umgebungsfilter der Null bestimmt sind ⟦ Stetigkeit von Addition und Skalarmultiplikation, 1.2, A 9 (a) ⟧, folgt $\sigma\big(V, \overline{S}^{\text{lin}}\big) \subseteq \sigma(V, S)$.

(b) Angenommen, es gibt eine Norm $\| \ \|$ auf V mit $\sigma(V,S) \supseteq \tau_{\| \ \|}$. Sei $U \in \mathcal{U}_{\sigma(V,S)}(0)$ mit $U \subseteq K_1^{d_{\| \ \|}}(0)$, etwa $\bigcap_{j=1}^m \varphi_j^{-1}[K_\varepsilon^{d_{| \ |}}(0)] \subseteq U$ mit $\varepsilon > 0$, $\varphi_1, \ldots, \varphi_m \in S$. Dann ist $\{0\} \neq \bigcap_{j=1}^m \operatorname{Ker}\varphi_j \subseteq U$, denn sonst wäre die K-lineare Abbildung $\Phi_m : V \longrightarrow K^m$, $\Phi_m(x) := (\varphi_1(x), \ldots, \varphi_m(x))$, injektiv, also $\dim_K V \leq m$. Es folgt $kx \in U$ für alle $k \in K$, $x \in \left(\bigcap_{j=1}^m \operatorname{Ker}\varphi_j\right)\setminus\{0\}$, also $\|kx\| < 1$ und speziell $1 = \left\|\frac{1}{\|x\|}x\right\| < 1$. ↯

Lösung zu A 4

(i) ⇒ (ii) Nach 6.1-2 (b), (6.1,1) ist φ stetig, zu jedem $\gamma > 0$ existiert somit ein $\delta > 0$ mit $\varphi[K_\delta^{d_N}(0)] \subseteq K_\gamma^{d_M}(0)$. Sei $x \in V$. Für $N(x) = 0$ ist $x \in \bigcap_{\delta>0} K_\delta^{d_N}(0)$, also $\varphi(x) \in \bigcap_{\gamma>0} K_\gamma^{d_M}(0)$, und es folgt $M(\varphi(x)) = 0 \leq \frac{c}{\varepsilon}N(x)$. Ist $N(x) \neq 0$, so liegt $\frac{\varepsilon}{N(x)}x$ in $\widetilde{K}_\varepsilon^{d_N}(0)$, und nach (i) gilt $M\left(\varphi\left(\frac{\varepsilon}{N(x)}x\right)\right) \leq c$, d. h. $M(\varphi(x)) \leq \frac{c}{\varepsilon}N(x)$.

(ii) ⇒ (i) Für $x \in \widetilde{K}_\varepsilon^{d_N}(0)$ gilt gem. (ii) $M(\varphi(x)) \leq \frac{c}{\varepsilon}N(x) \leq c$.

Lösung zu A 5

Es ist

$$
\begin{aligned}
&\sup\{\,\|\varphi(x)\|_W \mid x \in V,\ \|x\|_V < 1\,\}\\
&\quad\leq \sup\{\,\|\varphi(x)\|_W \mid x \in V,\ \|x\|_V \leq 1\,\} = \|\varphi\|_{\mathrm{op}}\\
&\quad\leq \sup\{\,\|x\|_V^{-1}\|\varphi(x)\|_W \mid x \in V\setminus\{0\}\,\}\\
&\quad\quad [\![\, x \in V\setminus\{0\},\ \|x\|_V \leq 1 \Longrightarrow \|x\|_V^{-1} \geq 1 \Longrightarrow \|\varphi(x)\|_W \leq \|x\|_V^{-1}\|\varphi(x)\|_W \,]\!]\\
&\quad\leq \sup\{\,\|\varphi(x)\|_W \mid x \in V,\ \|x\|_V = 1\,\}\\
&\quad\quad [\![\, \big\|\|x\|_V^{-1}x\big\|_V = 1,\ \|x\|_V^{-1}\|\varphi(x)\|_W = \|\varphi(\|x\|_V^{-1}x)\|_W \,]\!]\\
&\quad\leq \sup\{\,\|\varphi(x)\|_W \mid x \in V,\ \|x\|_V \leq 1\,\}\\
&\quad\leq \sup\{\,\|\varphi(x)\|_W \mid x \in V,\ \|x\|_V < 1\,\},
\end{aligned}
$$

denn für jedes Element $x \in V$, $\|x\|_V \leq 1$, erhält man mit $x_j := \frac{j}{j+1}x$, $j \in \mathbb{N}$, daß $\|x_j\|_V = \frac{j}{j+1}\|x\|_V < 1$ und $(x_j)_j \to_{\tau_{\| \ \|_V}} x$ gilt $[\![\, x - x_j = \frac{1}{j+1}x \,]\!]$, woraus $\|\varphi(x)\|_W = \lim_j \|\varphi(x_j)\|_W \leq \sup\{\,\|\varphi(y)\|_W \mid y \in V,\ \|y\|_V < 1\,\}$ folgt $[\![\, \varphi$ und $\| \ \|_W$ sind stetig! $]\!]$.

Lösung zu A 6

C_k ist offensichtlich für jedes $k \in \mathbb{N}$ linear. C_0 ist stetig, denn für $p(x) = \sum_{j=0}^\infty p_j x^j \in \mathbb{R}[x]$, $\|p(x){\restriction}[0,1]\|_\infty \leq 1$ gilt $|C_0(p(x){\restriction}[0,1])| = |p_0| \leq \|p(x){\restriction}[0,1]\|_\infty$, also $\|C_0\|_{\mathrm{op}} \leq 1$. Für $p(x) = 1$ ist $\|p(x){\restriction}[0,1]\|_\infty = 1 = |p_0| = |C_0(p(x){\restriction}[0,1])|$ und somit $\|C_0\|_{\mathrm{op}} = 1$.

Für $k \geq 1$, $m \in \mathbb{N}$, $p^{(m)}(x) = (1-x)^m = \sum_{j=0}^m \binom{m}{j}(-1)^j x^j$ ist $\|p^{(m)}(x){\restriction}[0,1]\|_\infty = \sup\{\,|1-t|^m \mid t \in [0,1]\,\} = 1$ und

$$
|C_k(p^{(m)}(x){\restriction}[0,1])| = \begin{cases} \left|\binom{m}{k}(-1)^k\right| = \binom{m}{k} & \text{für } m \geq k\\ 0 & \text{sonst.}\end{cases}
$$

Es folgt daher

$$\begin{aligned}\sup\{\, |C_k(p(x)\restriction[0,1])| \mid p(x) \in \mathbb{R}[x],\ \|p(x)\restriction[0,1]\|_\infty \le 1 \,\} \\ \ge \sup\{\, |C_k(p^{(m)}(x)\restriction[0,1])| \mid m \ge k \,\} \\ = \sup\{\, \tbinom{m}{k} \mid m \ge k \,\} = \infty,\end{aligned}$$

C_k ist also kein beschränkter linearer Operator.

Lösung zu A 7

Das Auswertungsfunktional A_c ist offensichtlich linear und wegen $|A_c(f)| = |f(c)| \le \|f\|_\infty$ auch $(\tau_{\|\ \|_\infty}, \tau_{|\ |})$-stetig mit $\|A_c\|_{\mathrm{op}} = 1$ $[\![\, f = 1 \Longrightarrow |A_c(f)| = \|f\|_\infty \,]\!]$.

A_c ist nicht $(\tau_{\|\ \|_2}, \tau_{|\ |})$-stetig: Es sei $j_0 \in \mathbb{N}$, $j_0 > \frac{1}{b-c} + \frac{1}{c-a}$ und für jedes $j \in \mathbb{N}$, $j \ge j_0$, $f_j : [a,b] \longrightarrow \mathbb{R}$ definiert durch (s. Abb. L-12)

$$f_j(t) := \begin{cases} 0 & \text{für } a \le t < c - \frac{1}{j},\ c + \frac{1}{j} \le t \le b \\ \left(j^2 t - j^2\left(c - \frac{1}{j}\right)\right)^{1/2} & \text{für } c - \frac{1}{j} \le t < c \\ \left(-j^2 t + j^2\left(c + \frac{1}{j}\right)\right)^{1/2} & \text{für } c \le t < c + \frac{1}{j}. \end{cases}$$

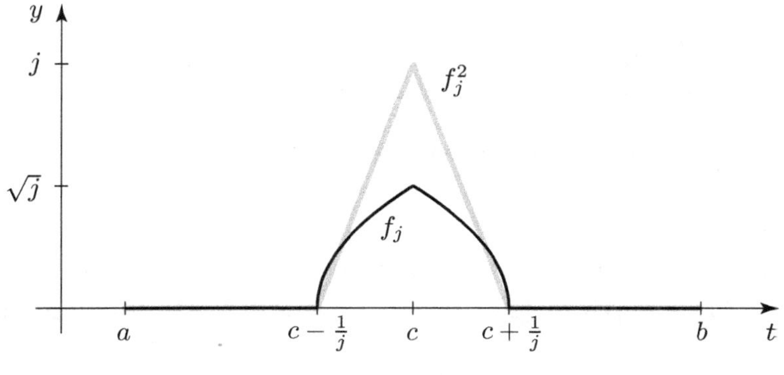

Abbildung L-12

f_j ist stetig, $\|f_j\|_2^2 = \int_a^b f_j^2(t)\,\mathrm{d}t = 1$ und $A_c(f_j) = f_j(c) = \sqrt{j}$ für jedes $j \ge j_0$. Es folgt $|A_c(f_j)| = \sqrt{j}\|f_j\|_2$, also

$$\begin{aligned}\sup\{\, |A_c(f)| \mid f \in C_{\mathbb{R}}([a,b]),\ \|f\|_2 \le 1 \,\} &\ge \sup\{\, |A_c(f_j)| \mid j \in \mathbb{N},\ j \ge j_0 \,\} \\ &= \sup\{\, \sqrt{j} \mid j \in \mathbb{N},\ j \ge j_0 \,\} = \infty,\end{aligned}$$

A_c ist kein bzgl. $(\|\ \|_2, |\ |)$ beschränktes lineares Funktional.

Lösung zu A 8

T_Δ ist wohldefiniert, d. h. $T_\Delta(f) \in B(\mathbb{R},\mathbb{R})$ für jedes $f \in B(\mathbb{R},\mathbb{R})$: Wegen $|T_\Delta(f)(x)| = |f(x-\Delta)| \le \|f\|_\infty$ für alle $x \in \mathbb{R}$ ist $T_\Delta(f)$ beschränkt.

T_Δ ist $\mathbb{R}$-linear:

$$\begin{aligned} T_\Delta(rf+sg)(x) &= (rf+sg)(x-\Delta) = rf(x-\Delta)+sg(x-\Delta) \\ &= rT_\Delta(f)(x)+sT_\Delta(g)(x) = (rT_\Delta(f)+sT_\Delta(g))(x). \end{aligned}$$

T_Δ ist stetig:

$$\|T_\Delta(f)\|_\infty = \sup\{\,|T_\Delta(f)(x)| \mid x \in \mathbb{R}\,\} = \sup\{\,|f(x-\Delta)| \mid x \in \mathbb{R}\,\} = \|f\|_\infty,$$

also ist 1 eine Schranke für T_Δ.

Lösung zu A 9

Wegen

$$\begin{aligned} \|\varphi(x)\|_1 &= \left\|\sum_{k=1}^{n}\left(x_k\sum_{i=1}^{n}a_{ik}(\delta_{i,j})_j\right)\right\|_1 \le \sum_{k=1}^{n}\left(|x_k|\left\|\sum_{i=1}^{n}a_{ik}(\delta_{i,j})_j\right\|_1\right) \\ &= \sum_{k=1}^{n}\left(|x_k|\sum_{i=1}^{n}|a_{ik}|\right) \le \max\left\{\sum_{i=1}^{n}|a_{ik}| \;\middle|\; 1\le k\le n\right\}\|x\|_1 \end{aligned}$$

für alle $x \in \mathbb{R}^n$ gilt $\|\varphi\|_{\mathrm{op}} \le \max\{\,\sum_{i=1}^{n}|a_{ik}| \mid 1\le k\le n\,\}$. Sei $k_0 \in \{1,\dots,n\}$ die Nummer einer Spalte der Matrix $(a_{ik})_{i,k}$ mit $\sum_{i=1}^{n}|a_{ik_0}| = \max\{\,\sum_{i=1}^{n}|a_{ik}| \mid 1\le k\le n\,\}$. Dann gilt

$$\left\|\varphi\big((\delta_{k_0,j})_j\big)\right\|_1 = \left\|\sum_{i=1}^{n}a_{ik_0}(\delta_{i,j})_j\right\|_1 = \sum_{i=1}^{n}|a_{ik_0}| = \max\left\{\sum_{i=1}^{n}|a_{ik}| \;\middle|\; 1\le k\le n\right\},$$

$\left\|(\delta_{k_0,j})_j\right\|_1 = 1$, also folgt die Behauptung.

Lösung zu A 10

φ ist injektiv, denn aus $\varphi(x)=0$ folgt $0 = \|\varphi(x)\|_W \ge c\|x\|_V$, also $x=0$. φ^{-1} ist stetig: Für $\varphi(x)=y$ gilt $\|\varphi^{-1}(y)\|_V = \|x\|_V \le \frac{1}{c}\|\varphi(x)\|_W = \frac{1}{c}\|y\|_W$, $\frac{1}{c}$ ist daher eine Schranke für φ^{-1}.

Lösung zu A 11

Nach der Hölder-Ungleichung 5.4-5 ist $\widetilde{fg} \in L^1(X,\mathcal{A},\mu)$ und

$$\left|\int fg\right| \le \int |fg| \le \|\widetilde{g}\|_q\,\|\widetilde{f}\|_r \qquad [\![\,5.3\text{-}4\ (\mathrm{f})\,]\!].$$

$\varphi_{\widetilde{g}}$ ist somit wohldefiniert und $\mathbb{R}$-linear ⟦ 5.3-4 (b), 5.3-4.1 (a) ⟧, $\|\widetilde{g}\|_q$ eine Schranke für $\varphi_{\widetilde{g}}$.

(a) Nach 5.4-6 erhält man für $q \in \mathbb{R}$, $q \ge 1$, mit 6.1-4 (a)

$$\begin{aligned} \|\varphi_{\widetilde{g}}\|_{\mathrm{op}} \le \|\widetilde{g}\|_q &= \max\left\{\int fg \;\middle|\; f \in \mathcal{L}^r(X,\mathcal{A},\mu),\ \|\widetilde{f}\|_r \le 1\right\} \\ &= \max\left\{\left|\int fg\right| \;\middle|\; f \in \mathcal{L}^r(X,\mathcal{A},\mu),\ \|\widetilde{f}\|_r \le 1\right\} = \|\varphi_{\widetilde{g}}\|_{\mathrm{op}}. \end{aligned}$$

(b) Wiederum nach 5.4-6 folgt mit 6.1-4 (a)

$$\begin{aligned}\left\|\varphi_{\widetilde{g}}\right\|_{\mathrm{op}} \leq \|\widetilde{g}\|_\infty &= \sup\left\{ \int fg \;\middle|\; f \in \mathcal{L}^1(X,\mathcal{A},\mu),\ \left\|\widetilde{f}\right\|_1 \leq 1 \right\} \\ &= \sup\left\{ \left|\int fg\right| \;\middle|\; f \in \mathcal{L}^1(X,\mathcal{A},\mu),\ \left\|\widetilde{f}\right\|_1 \leq 1 \right\} = \left\|\varphi_{\widetilde{g}}\right\|_{\mathrm{op}}.\end{aligned}$$

Lösung zu A 12

T_v ist linear ⟦nach Definition⟧ und stetig ⟦1.2-2 (d)⟧. Für jedes $x \in V$ gilt $|T_v(x)| = |\langle x, v\rangle| \leq \|x\|_{\langle\,\rangle}\,\|v\|_{\langle\,\rangle}$ ⟦1.1-8⟧, also ist $\|T_v\|_{\mathrm{op}} \leq \|v\|_{\langle\,\rangle}$. Wegen $T_v(v) = \langle v, v\rangle = \|v\|^2_{\langle\,\rangle}$ folgt auch $\|T_v\|_{\mathrm{op}} \geq \|v\|_{\langle\,\rangle}$.

Lösung zu A 13

Φ ist nach der Hölder-Ungleichung 5.4-5 wohldefiniert ⟦$|\Phi(\widetilde{f})(\widetilde{g})| = |\int fg| \leq \|\widetilde{f}\|_q\,\|\widetilde{g}\|_r$, also $\|\Phi(\widetilde{f})\|_{\mathrm{op}} \leq \|\widetilde{f}\|_q$⟧ (und linear).
Gem. 5.4-6 gilt für $1 \leq q < \infty$ auch

$$\left\|\widetilde{f}\right\|_q = \max\left\{ \int fg \;\middle|\; g \in \mathcal{L}^r(X,\mathcal{A},\mu),\ \|\widetilde{g}\|_r \leq 1 \right\} \leq \left\|\Phi(\widetilde{f})\right\|_{\mathrm{op}}$$

und für $q = \infty$ ($(X, \mathcal{A}, \mu)$ ist σ-endlich vorausgesetzt!)

$$\left\|\widetilde{f}\right\|_\infty = \sup\left\{ \int fg \;\middle|\; g \in \mathcal{L}^1(X,\mathcal{A},\mu),\ \|\widetilde{g}\|_1 \leq 1 \right\} \leq \left\|\Phi(\widetilde{f})\right\|_{\mathrm{op}}.$$

Lösung zu A 14

Aus $(\mathrm{Re}\,F)(iv) + i(\mathrm{Im}\,F)(iv) = -(\mathrm{Im}\,F)(v) + i(\mathrm{Re}\,F)(v)$ für jedes $v \in V$ ⟦vgl. Beweis zu 6.1-11 (a)⟧ folgt durch Vergleich der Real- und Imaginärteile $(\mathrm{Im}\,F)(iv) = (\mathrm{Re}\,F)(v)$, also $F(v) = (\mathrm{Im}\,F)(iv) + i(\mathrm{Im}\,F)(v)$.

Lösung zu A 15

Es sei N_W die Quotientenhalbnorm auf $V/_W$ zu N bzgl. W ⟦1.1-6 (d)⟧. Nach 2.4, A 27 (b) ist N_W eine Norm auf $V/_W$. Wegen $\pi_W(v) \neq W$ (das Nullelement in $V/_W$!) existiert gemäß 6.1-12.1 (d) ein $F \in (V/_W)^{\mathrm{s}N_W}$ mit $F(\pi_W(v)) \neq 0$. Das K-lineare Funktional $\varphi := F \circ \pi_W$ ist stetig ⟦π_W und F sind stetig; 2.4, A 27 (a)⟧ und erfüllt $\varphi(v) \neq 0$, $\varphi(w) = F(\pi_W(w)) = F(W) = 0$.

Lösung zu A 16

(i) ⇒ (ii) gem. 2.5-9.1 (b).

(ii) ⇒ (i) $\overline{W}^{\tau_N}$ ist ein abgeschlossener K-Untervektorraum von (V, τ_N) ⟦2.4, A 18 (b)⟧. Für jedes $v \in V\backslash\overline{W}^{\tau_N}$ existiert nach A 15 ein $\varphi \in V^{\mathrm{s}_N}$ mit $\varphi(v) \neq 0$ und $\varphi{\restriction}\overline{W}^{\tau_N} = 0$, also $\varphi{\restriction}W = 0$.

Lösung zu A 17

(a) M_S K-linear:

$$\begin{aligned} M_S(kR + k'R')(v) &= (kR + k'R') \circ S(v) = kR(S(v)) + k'R'(S(v)) \\ &= k(R \circ S)(v) + k'(R' \circ S)(v) = (kM_S(R) + k'M_S(R'))(v). \end{aligned}$$

M_S beschränkt:

$$\begin{aligned} \|M_S(R)\|_{\mathrm{op}} = \|R \circ S\|_{\mathrm{op}} &= \sup\{\, \|R \circ S(v)\| \mid v \in V,\ \|v\| \le 1\,\} \\ &\le \sup\{\, \|R\|_{\mathrm{op}} \|S(v)\| \mid v \in V,\ \|v\| \le 1\,\} \\ &\le \sup\{\, \|R\|_{\mathrm{op}} \|S\|_{\mathrm{op}} \|v\| \mid v \in V,\ \|v\| \le 1\,\} \\ &\le \|S\|_{\mathrm{op}} \|R\|_{\mathrm{op}}, \end{aligned}$$

also $\|M_S\|_{\mathrm{op}} \le \|S\|_{\mathrm{op}}$; analog für ${}_SM$.

(b) Für jedes $j \in \mathbb{N}$ ist $S^j \in L(V)$ mit $\|S^j\|_{\mathrm{op}} \le \|S\|_{\mathrm{op}}^j$ ⟦ $\|S^{j+1}(v)\| = \|S \circ S^j(v)\| \le \|S\|_{\mathrm{op}} \|S^j(v)\| \le \|S\|_{\mathrm{op}}^{j+1} \|v\|$ für jedes $j \in \mathbb{N}$, $v \in V$ (vollständige Induktion über j), $\|S^0\|_{\mathrm{op}} = \|\mathrm{id}_V\|_{\mathrm{op}} = 1 = \|S\|_{\mathrm{op}}^0$ ⟧. Die unendliche Reihe $\frac{1}{k} \sum_{j=0}^{\infty} \frac{(-1)^j}{k^j} S^j$ ist somit absolut konvergent ⟦ $\left\| \frac{(-1)^j}{k^j} S^j \right\|_{\mathrm{op}} \le \left(\frac{1}{|k|} \|S\|_{\mathrm{op}} \right)^j$, $\frac{1}{|k|} \|S\|_{\mathrm{op}} < 1$ ⟧. Da $(L(V), \|\ \|_{\mathrm{op}})$ ein Banach-Raum über K ist ⟦ 6.1-5 ⟧, existiert ein $R \in L(V)$ mit $R = \frac{1}{k} \sum_{j=0}^{\infty} \frac{(-1)^j}{k^j} S^j$ ⟦ 3.5-6 ⟧. Schließlich gilt

$$R \circ (S + k\,\mathrm{id}_V) = \mathrm{id}_V = (S + k\,\mathrm{id}_V) \circ R,$$

also $R = (S + k\,\mathrm{id}_V)^{-1} \in L(V)$, denn

$$\begin{aligned} R \circ (S + k\,\mathrm{id}_V) = R \circ S + kR &= \Big(\frac{1}{k} \sum_{j=0}^{\infty} \frac{(-1)^j}{k^j} S^j \Big) \circ S + \sum_{j=0}^{\infty} \frac{(-1)^j}{k^j} S^j \\ &= \sum_{j=0}^{\infty} \frac{(-1)^j}{k^{j+1}} S^{j+1} + \sum_{j=0}^{\infty} \frac{(-1)^j}{k^j} S^j \end{aligned}$$

⟦ Verkettung mit S ist K-linear und $(\tau_{\|\ \|_{\mathrm{op}}}, \tau_{\|\ \|_{\mathrm{op}}})$-stetig gem. (a). ⟧

$$= \mathrm{id}_V$$

und ebenso $(S + k\,\mathrm{id}_V) \circ R = \mathrm{id}_V$.

Lösung zu A 18

$\{\, b_j \mid j \in \mathbb{N}\,\}$ sei eine K-linear unabhängige Teilmenge von V, $b_j \ne b_k$ für alle $j \ne k$. Man wähle zu jedem $j \in \mathbb{N}$ ein $r_j \in \mathbb{R}$, $r_j > 0$, $\nu(r_j b_j) < 1/(j+1)$. Dann ist $\{\, r_j b_j \mid j \in \mathbb{N}\,\}$ K-linear unabhängig, kann also zu einer K-Basis B von V ergänzt werden. Man definiere $\varphi(b) := 1$ für jedes $b \in B$ und $\varphi\big(\sum_{j=1}^{m} k_j x_j\big) := \sum_{j=1}^{m} k_j$ für alle $m \in \mathbb{N}$, $(k_1, \ldots, k_m) \in K^m$, $(x_1, \ldots, x_m) \in B^m$ (K-lineare Fortsetzung). Es ist φ definitionsgemäß ein K-lineares Funktional auf V, jedoch nicht stetig, denn $(r_j b_j)_j \to_{\tau_{d_\nu}} 0$ und $(\varphi(r_j b_j))_j = (1)_j$ konvergiert nicht gegen 0 (in $(K, \tau_{|\ |})$).

Lösung zu A 19

A_c ist ein $\mathbb{R}$-lineares Funktonal, und für jedes $f \in BV([a,b])$ gilt

$$|A_c(f)| = |f(c)| \leq |f(a)| + |f(c) - f(a)| \leq |f(a)| + V(f) = \|f\|_V,$$

also $\|A_c\|_{\text{op}} \leq 1$. Darüber hinaus folgt wegen

$$V(\chi_{[c,b]}) = \begin{cases} 1 & \text{für } a < c \\ 0 & \text{für } a = c \end{cases}$$

auch $|A_c(\chi_{[c,b]})| = 1 = \|\chi_{[c,b]}\|_V$, also $\|A_c\|_{\text{op}} \geq 1$.

Lösung zu A 20

(a) *(i) ⇒ (ii)* Jedes $\varphi \in V^{s_\tau}$ ist nach Definition der Initialtopologie $\sigma(V, V^{s_\tau})$ auch $(\sigma(V, V^{s_\tau}), \tau_{|\,|})$-stetig, gem. 2.4-1 gilt daher $(\varphi(v_i))_i \to_{\tau_{|\,|}} \varphi(v)$.

(ii) ⇒ (i) Nach 6.1-2.1 ist $(V, \sigma(V, V^{s_\tau}))$ ein topologischer K-Vektorraum, zu zeigen ist daher $(v_i - v)_i \to_{\sigma(V,V^{s_\tau})} 0$. Sei also o. B. d. A. $\bigcap_{j=1}^{m} \varphi_j^{-1}[U_j] \in \mathcal{U}_{\sigma(V,V^{s_\tau})}(0)$ mit $U_j \in \mathcal{U}_{\tau_{|\,|}}(0)$, $\varphi_j \in V^{s_\tau}$ für $j = 1, \ldots, m$. Nach Voraussetzung (ii) existiert zu jedem $j \in \{1, \ldots, m\}$ ein $i_j \in I$ mit $\varphi_j(v_i - v) \in U_j$ für alle $i \geq i_j$. Man wähle $i_0 \in I$, $i_0 \geq i_j$ für jedes $j \in \{1, \ldots, m\}$. Dann ist $\varphi_j(v_i - v) \in U_j$ für alle $i \geq i_0$, $j \in \{1, \ldots, m\}$, also $v_i - v \in \bigcap_{j=1}^{m} \varphi_j^{-1}[U_j]$ für alle $i \geq i_0$.

(b) Ist σ eine Topologie auf V mit $V^{s_\sigma} = V^{s_\tau}$, also insbesondere jedes $\varphi \in V^{s_\tau}$ auch $(\sigma, \tau_{|\,|})$-stetig, so folgt nach Definition der Initialtopologie $\sigma(V, V^{s_\tau}) \subseteq \sigma$. Es ist somit nur noch $V^{s_{\sigma(V,V^{s_\tau})}} = V^{s_\tau}$ zu zeigen, wobei $V^{s_\tau} \subseteq V^{s_{\sigma(V,V^{s_\tau})}}$ wiederum nach Definition der Initialtopologie $\sigma(V, V^{s_\tau})$ gilt. Wegen $\sigma(V, V^{s_\tau}) \subseteq \tau$ gilt auch die Umkehrung $V^{s_{\sigma(V,V^{s_\tau})}} \subseteq V^{s_\tau}$.

(c) $\sigma(V, V^{s_{\|\,\|}})$ ist gem. A 2 (b) hausdorffsch, weil $V^{s_{\|\,\|}}$ nach 6.1-12.1 (c) Punkte in V trennt.

Lösung zu A 21

Da φ K-linear ist, muß nur die Stetigkeit bei 0 überprüft werden. Für jedes $j \in \{1, \ldots, n\}$ sei $e_j := (\delta_{i,j})_{i=1,\ldots,n} \in K^n$, $\{e_1, \ldots, e_n\}$ also eine K-Vektorraumbasis von K^n. Sei $U \in \mathcal{U}_\tau(0)$. Man wähle ein $\varepsilon > 0$ mit $\sum_{j=1}^{n} K_\varepsilon^{d_{|\,|}}(0)\varphi(e_j) \subseteq U$ ⟦ Stetigkeit der Addition und Skalarmultiplikation in (V, τ) ⟧. Es folgt

$$\varphi\left[\prod_{j=1}^{n} K_\varepsilon^{d_{|\,|}}(0)\right] = \varphi\left[\sum_{j=1}^{n} K_\varepsilon^{d_{|\,|}}(0)e_j\right] = \sum_{j=1}^{n} K_\varepsilon^{d_{|\,|}}(0)\varphi(e_j) \subseteq U.$$

Lösung zu A 22

Sei $\{v\}$ eine K-Basis von V, d. h. $v \in V\backslash\{0\}$.

(a) Jedes $\varphi \in V^{\text{a}}\backslash\{0\}$ ist wegen

$$0 = \varphi(kv) = k\varphi(v) \quad\Longrightarrow\quad k = 0 \quad\Longrightarrow\quad kv = 0$$

und $k = \varphi(k\varphi(v)^{-1}v)$ bijektiv, also $\operatorname{Ker}\varphi = \{0\} \in \alpha_\tau$ [[2.5, A 21 (b)]], und somit stetig [[6.1-3]].

(b) $\beta : K \longrightarrow V,\ \beta(k) := kv$, ist ein K-linearer Isomorphismus, also stetig gem. A 21 und $\beta^{-1} \in V^{\mathrm{a}} = V^{\mathrm{s}_\tau}$ [[(a)]].

Lösung zu A 23

Man definiere $\Phi : \ell^1_{\mathbb{R}} \longrightarrow c_0^{\mathrm{s}_{\|\ \|_\infty}}$ durch

$$\Phi((x_j)_j)((a_j)_j) := \sum_{j=0}^{\infty} x_j a_j.$$

Dann ist Φ wohldefiniert, denn für jedes $(x_j)_j \in \ell^1_{\mathbb{R}}$ ist $\Phi((x_j)_j)$ wohldefiniert, $\mathbb{R}$-linear und stetig mit $\|\Phi((x_j)_j)\|_{\mathrm{op}} \leq \|(x_j)_j\|_1$ auf c_0 wegen

$$|\Phi((x_j)_j)((a_j)_j)| = \left|\sum_{j=0}^{\infty} x_j a_j\right| \leq \sup\{\, |a_j| \mid j \in \mathbb{N} \,\} \sum_{j=0}^{\infty} |x_j| = \|(a_j)_j\|_\infty \, \|(x_j)_j\|_1.$$

Der Operator Φ ist offensichtlich $\mathbb{R}$-linear und darüber hinaus injektiv [[$\Phi((x_j)_j) = 0 \Longrightarrow \forall\ k \in \mathbb{N}\colon\ 0 = \Phi((x_j)_j)((\delta_{k,j})_j) = x_k \Longrightarrow (x_j)_j = 0$]]. Bleibt die Surjektivität von Φ und $\|\Phi((x_j)_j)\|_{\mathrm{op}} \geq \|(x_j)_j\|_1$ für alle $(x_j)_j \in \ell^1_{\mathbb{R}}$ zu zeigen:

Sei $T \in c_0^{\mathrm{s}_{\|\ \|_\infty}}$ und $(a_j)_j \in c_0$, also

$$\begin{aligned} T((a_j)_j) &= T\Bigl(\sum_{j=0}^{\infty} a_j (\delta_{k,j})_k\Bigr) && \text{(Limes der Reihe in } (c_0, \|\ \|_\infty)) \\ &= \sum_{j=0}^{\infty} a_j T((\delta_{k,j})_k) && [\![T \in c_0^{\mathrm{s}_{\|\ \|_\infty}}]\!]. \end{aligned}$$

Für jedes $n \in \mathbb{N}$ setze man nun

$$x_n := \sum_{j=0}^{n} \bigl(\operatorname{sgn} T((\delta_{k,j})_k)\bigr)(\delta_{k,j})_k \in c_0.$$

Wegen $\sum_{j=0}^{n} |T((\delta_{k,j})_k)| = T(x_n) \leq \|T\|_{\mathrm{op}} \|x_n\|_\infty \leq \|T\|_{\mathrm{op}}$ gehört $\bigl(T((\delta_{k,j})_k)\bigr)_j$ zu $\ell^1_{\mathbb{R}}$ mit $\bigl\|\bigl(T((\delta_{k,j})_k)\bigr)_j\bigr\|_1 \leq \|T\|_{\mathrm{op}}$, und es gilt $\Phi\bigl(\bigl(T((\delta_{k,j})_k)\bigr)_j\bigr) = T$. Schließlich folgt aus

$$|T((a_j)_j)| = \left|\sum_{j=0}^{\infty} a_j T((\delta_{k,j})_k)\right| \leq \sum_{j=0}^{\infty} |a_j| |T((\delta_{k,j})_k)| \leq \|(a_j)_j\|_\infty \, \bigl\|\bigl(T((\delta_{k,j})_k)\bigr)_j\bigr\|_1$$

auch $\|T\|_{\mathrm{op}} \leq \bigl\|\bigl(T((\delta_{k,j})_k)\bigr)_j\bigr\|_1$ und somit $\|\Phi(x)\|_{\mathrm{op}} = \bigl\|\bigl(\Phi(x)((\delta_{k,j})_k)\bigr)_j\bigr\|_1 = \|x\|_1$ für jedes $x \in \ell^1_{\mathbb{R}}$.

Lösung zu A 24

Das $\mathbb{R}$-lineare Auswertungsfunktional (vgl. A 7)

$$\varphi : \begin{cases} C_{\mathbb{R}}([0,1]) \longrightarrow \mathbb{R} \\ f \longmapsto f\bigl(\frac{1}{2}\bigr) \end{cases}$$

ist $\left(\tau_{\|\ \|_\infty}, \tau_{|\ |}\right)$-stetig, gem. 6.1-12.1 (a) existiert daher ein $\Phi \in L^\infty([0,1],\ldots)^{s_{\|\ \|_\infty}}$ mit $\Phi(\widetilde{f}) = \varphi(f)$ für jedes $f \in C_{\mathbb{R}}([0,1])$. Es werde $I(\widetilde{g}) = \Phi$ für ein $\widetilde{g} \in L^1([0,1],\ldots)$ angenommen, also $\Phi(\widetilde{f}) = \int_{[0,1]} fg$ für jedes $\widetilde{f} \in L^\infty([0,1],\ldots)$. Speziell für $f \in C_{\mathbb{R}}([0,1])$ würde dann $f\left(\frac{1}{2}\right) = \int_0^1 f(x)g(x)\,\mathrm{d}x$ folgen. Definiert man nun beispielsweise für jedes $j \in \mathbb{N}$ die Funktionen $f_j : [0,1] \longrightarrow [0,1]$ durch

$$f_j(x) := \begin{cases} 0 & \text{für } x \notin \left[\frac{1}{2} - \frac{1}{j+3}, \frac{1}{2} + \frac{1}{j+3}\right] \\ (j+3)x + \left(1 - \frac{j+3}{2}\right) & \text{für } x \in \left[\frac{1}{2} - \frac{1}{j+3}, \frac{1}{2}\right] \\ -(j+3)x + \left(1 + \frac{j+3}{2}\right) & \text{für } x \in \left[\frac{1}{2}, \frac{1}{2} + \frac{1}{j+3}\right], \end{cases}$$

so erhält man wegen $\lim_j f_j g =_\lambda 0$ und $|f_j g| \le |g|$ für jedes $j \in \mathbb{N}$ nach dem Lebesgueschen Konvergenzsatz 5.3-6

$$0 = \lim_j \int_{[0,1]} f_j g = \lim_j f_j\left(\tfrac{1}{2}\right) = 1. \ \lightning$$

Lösung zu A 25

Wegen $\varphi \in V^{\mathrm{a}} \backslash V^{s_\tau}$ ist $\varphi \neq 0$, etwa $\varphi(v) > 0$ (o. B. d. A.), also $v \in P_\varphi$, $-v \in N_\varphi$. Die Konvexität von N_φ, P_φ folgt nach (2.4,14) (f). Weiter ist $\varphi(v) \geq 0$ oder $\varphi(v) < 0$, d. h. $v \in P_\varphi$ oder $-v \in P_\varphi$ für jedes $v \in V$, also $V = \overline{P_\varphi}^{\mathrm{lin}}$. Für $\varphi(v) \geq 0$ und $w \in N_\varphi$ 〚s. o.〛 ist $\varphi(v) - (\varphi(v)+1)\varphi(w)^{-1}\varphi(w) = -1 < 0$, d. h. $v - (\varphi(v)+1)\varphi(w)^{-1}w \in N_\varphi$, woraus

$$v = (\varphi(v)+1)\varphi(w)^{-1}w + (v - (\varphi(v)+1)\varphi(w)^{-1}w) \in \overline{N_\varphi}^{\mathrm{lin}}$$

und somit $V = \overline{N_\varphi}^{\mathrm{lin}}$ folgt 〚$\varphi(v) < 0 \Longrightarrow v \in N_\varphi$〛.

Schließlich ist $\operatorname{Ker}\varphi \notin \alpha_\tau$ 〚6.1-3, Anhang 2-10〛 ein maximaler $\mathbb{R}$-Untervektorraum von V, also $\overline{\operatorname{Ker}\varphi}^\tau = V$ 〚2.4, A 18 (b)〛, und für jedes $v \in P_\varphi$ gilt $v + \operatorname{Ker}\varphi \subseteq P_\varphi$. Es folgt $\overline{P_\varphi}^\tau \supseteq \overline{v + \operatorname{Ker}\varphi}^\tau = v + \overline{\operatorname{Ker}\varphi}^\tau = V$ (und ebenso $\overline{N_\varphi}^\tau = V$).

Lösung zu A 26

(a) Nach 2.5, A 19 (b) ist $\left(\ell^q, \tau_{\nu_q}\right)$ ein topologischer $\mathbb{C}$-Vektorraum, wobei ν_q die Pseudonorm aus (2.5,8) (c) bezeichnet.

(i) ⇒ (ii) Für jedes $\varphi \in (\ell^q)^{s_{\nu_q}}$ existiert gem. 6.1-2 (b) ein $\varepsilon > 0$ und $S' > 0$ mit

$$\forall\, x \in \widetilde{K}_\varepsilon^{d_{\nu_q}}(0)\colon\ |\varphi(x)| \leq S',$$

also

$$\forall\, x \in \ell^q\colon\ |\varphi(x)| \leq \varepsilon^{-1/q} S' \nu_q(x)^{1/q}$$

〚$x \in \ell^q \backslash \{0\} \Longrightarrow \varepsilon^{1/q}\nu_q(x)^{-1/q}x \in \widetilde{K}_\varepsilon^{d_{\nu_q}}(0) \Longrightarrow \varepsilon^{1/q}\nu_q(x)^{-1/2}|\varphi(x)| \leq S'$〛

(ii) ⇒ (i) Nach (ii) erhält man $|\varphi(x)| \leq S\nu_q(x)^{1/q} \leq S$ für jedes $x \in \widetilde{K}_1^{d_{\nu_q}}(0)$, also ist φ stetig 〚6.1-2 (b)〛.

(b) Es ist $\|0\|_{(q)} = 0$, und umgekehrt folgt aus $\|\varphi\|_{(q)} = 0$ auch $|\varphi(x)| \leq 0$ für jedes $x \in \ell^q$, also $\varphi = 0$. Ist $k \in \mathbb{C}\backslash\{0\}$ und $\varphi \in (\ell^q)^{s_{\nu_q}}$, so gilt

$$\begin{aligned}\|k\varphi\|_{(q)} &= \inf\{\, S > 0 \mid \forall\, x \in \ell^q\colon\ |k\varphi(x)| \leq S\nu_q(x)^{1/q}\,\}\\ &= \inf\{\, S > 0 \mid \forall\, x \in \ell^q\colon\ |\varphi(x)| \leq S|k|^{-1}\nu_q(x)^{1/q}\,\}\\ &= |k| \inf\{\, S > 0 \mid \forall\, x \in \ell^q\colon\ |\varphi(x)| \leq S\nu_q(x)^{1/q}\,\}\\ &= |k|\ \|\varphi\|_{(q)}.\end{aligned}$$

Ist schließlich auch $\psi \in (\ell^q)^{s_{\nu_q}}$, so erhält man

$$\begin{aligned}\|\varphi + \psi\|_{(q)} &= \inf\{\, S > 0 \mid \forall\, x \in \ell^q\colon\ |\varphi(x) + \psi(x)| \leq S\nu_q(x)^{1/q}\,\}\\ &\leq \inf\{\, S > 0 \mid \forall\, x \in \ell^q\colon\ |\varphi(x)| \leq S\nu_q(x)^{1/q}\,\}\\ &\quad + \inf\{\, S > 0 \mid \forall\, x \in \ell^q\colon\ |\psi(x)| \leq S\nu_q(x)^{1/q}\,\}\\ &= \|\varphi\|_{(q)} + \|\psi\|_{(q)}.\end{aligned}$$

(c) Zunächst sei $S > 0$, $|\varphi(x)| \leq S\nu_q(x)^{1/q}$ für alle $x \in \ell^q$ ⟦ (a) ⟧, also $|\varphi(x)| \leq S$ für jedes $x \in \widetilde{K}_1^{d_{\nu_q}}(0)$. Dann ist

$$\begin{aligned}\sup\{\, |\varphi(x)| \mid x \in \widetilde{K}_1^{d_{\nu_q}}(0)\,\} &\leq \inf\{\, S > 0 \mid \forall\, x \in \ell^q\colon\ |\varphi(x)| \leq S\nu_q(x)^{1/q}\,\}\\ &= \|\varphi\|_{(q)}.\end{aligned}$$

Umgekehrt gilt für alle $\varepsilon > 0$, $x \in \ell^q$

$$|\varphi(x)| = (\nu_q(x) + \varepsilon)^{1/q} |\varphi((\nu_q(x) + \varepsilon)^{-1/q} x)|,$$

wobei $\nu_q\big((\nu_q(x) + \varepsilon)^{-1/q} x\big) = (\nu_q(x) + \varepsilon)^{-1}\nu_q(x) < 1$ ist, also

$$|\varphi(x)| \leq (\nu_q(x) + \varepsilon)^{1/q} \sup\{\, |\varphi(y)| \mid y \in \ell^q,\ \nu_q(y) \leq 1\,\}.$$

Hieraus folgt $|\varphi(x)| \leq \nu_q(x)^{1/q} \sup\{\, |\varphi(y)| \mid y \in \ell^q,\ \nu_q(y) \leq 1\,\}$ und daher definitionsgemäß $\|\varphi\|_{(q)} \leq \sup\{\, |\varphi(y)| \mid y \in \ell^q,\ \nu_q(y) \leq 1\,\}$.

(d) Φ ist wohldefiniert, denn wegen $(a + b)^q \leq a^q + b^q$ für alle $a, b \in \mathbb{R}^+$ ⟦ s. (5.4,2) (b) ⟧ gilt auch $\big(\sum_{j=0}^{\infty}|x_j|\big)^q \leq \sum_{j=0}^{\infty}|x_j|^q < \infty$ für jedes $x \in \ell^q$, also $\sum_{j=0}^{\infty}|x_j| \leq \nu_q(x)^{1/q}$, woraus

$$\sum_{j=0}^{\infty}|b_j x_j| \leq \|b\|_\infty \sum_{j=0}^{\infty}|x_j| \leq \|b\|_\infty \nu_q(x)^{1/q}$$

für jedes $x \in \ell^q$, $b \in \ell^\infty$ folgt; $\Phi(b)$ ist daher ($\mathbb{C}$-linear und) stetig mit $\|\Phi(b)\|_{(q)} \leq \|b\|_\infty$ ⟦ (a) ⟧. Φ ist eine surjektive Isometrie:

Sei $\varphi \in (\ell^q)^{s_{\nu_q}}$ und $\varrho_i := \varphi\big((\delta_{i,j})_{j\in\mathbb{N}}\big)$ für jedes $i \in \mathbb{N}$. Es ist $(\varrho_i)_i \in \ell^\infty$ ⟦ weil $\nu_q((\delta_{i,j})_j) = 1$ ist, folgt $|\varrho_i| = |\varphi((\delta_{i,j})_j)| \leq \|\varphi\|_{(q)}$ ⟧, und wegen

$$\begin{aligned}\Phi((\varrho_i)_i)(x) &= \sum_{i=0}^{\infty} \varrho_i x_i = \sum_{i=0}^{\infty} \varphi((\delta_{i,j})_j) x_i = \sum_{i=0}^{\infty} \varphi(x_i(\delta_{i,j})_j) = \varphi\Big(\sum_{i=0}^{\infty} x_i(\delta_{i,j})_j\Big)\\ &= \varphi(x)\end{aligned}$$

für alle $x \in \ell^q$ gilt $\Phi((\varrho_i)_i) = \varphi$. Schließlich ist

$$\|\Phi((\varrho_i)_i)\|_{(q)} = \|\varphi\|_{(q)} \geq \sup\{\, |\varrho_i| \mid i \in \mathbb{N}\,\} = \|(\varrho_i)_i\|_\infty \geq \|\Phi((\varrho_i)_i)\|_{(q)}$$

⟦ s. o. ⟧, und die Injektivität von Φ folgt aus $\Phi(b)((\delta_{i,j})_j) = b_i$, denn für $b \neq b'$, etwa $b_i \neq b'_i$, ist hiernach

$$\Phi(b)((\delta_{i,j})_j) = b_i \neq b'_i = \Phi(b')((\delta_{i,j})_j).$$

Lösung zu A 27

$M \subseteq V^{\mathrm{s}_{\sigma(V,M)}}$ gilt nach Definition der schwachen Topologie. Sei also $\varphi \in V^{\mathrm{s}_{\sigma(V,M)}}$. Wegen der $(\sigma(V,M), \tau_{|\,|})$-Stetigkeit von φ gibt es $\varphi_1, \ldots, \varphi_n \in M$ und ein $\varepsilon > 0$ mit

$$\varphi\Bigl[\bigcap_{j=1}^{n} \varphi_j^{-1}\bigl[\widetilde{K}_\varepsilon^{d_{|\,|}}(0)\bigr]\Bigr] \subseteq \widetilde{K}_1^{d_{|\,|}}(0).$$

Sei $v \in V$. Für $\varphi_1(v) = \cdots = \varphi_n(v) = 0$ ist $v \in \bigcap_{j=1}^{n} \varphi_j^{-1}\bigl[\widetilde{K}_\delta^{d_{|\,|}}(0)\bigr]$ für jedes $\delta > 0$, also $\varphi(v) \in \widetilde{K}_\varrho^{d_{|\,|}}(0)$ für jedes $\varrho > 0$ und somit $\varphi(v) = 0$. Ist $\varphi_j(v) \neq 0$ für ein $j \in \{1, \ldots, n\}$, so erhält man mit $s_v := \sup\{\, |\varphi_j(v)| \mid 1 \leq j \leq n\,\}$ zunächst $\frac{\varepsilon}{s_v} v \in \bigcap_{j=1}^{n} \varphi_j^{-1}\bigl[\widetilde{K}_\varepsilon^{d_{|\,|}}(0)\bigr]$ und dann $|\varphi(v)| \leq \frac{s_v}{\varepsilon} = \frac{1}{\varepsilon}\sup\{\, |\varphi_j(v)| \mid 1 \leq j \leq n\,\}$ ⟦ s. o. ⟧. Anhang 2-11 zufolge existieren $r_1, \ldots, r_n \in K$ mit $\varphi = \sum_{j=1}^{n} r_j \varphi_j \in M$.

Lösung zu A 28

$\widetilde{\Phi}$ ist wohldefiniert, denn $\widetilde{\Phi}(\varphi)$ ist offensichtlich K-linear und wegen

$$\bigl|\widetilde{\Phi}(\varphi)(w)\bigr| = |\varphi(\Phi^{-1}(w))| \leq \|\varphi\|_{\mathrm{op}}\|\Phi^{-1}(w)\|_V \leq \|\varphi\|_{\mathrm{op}}\|\Phi^{-1}\|_{\mathrm{op}}\|w\|_W$$

für alle $w \in W$ auch stetig für jedes $\varphi \in V^{\mathrm{s}_{\|\,\|_V}}$. Weiter ist $\widetilde{\Phi}$ K-linear ⟦ $\widetilde{\Phi}(a\varphi + b\psi)(w) = (a\varphi + b\psi)(\Phi^{-1}(w)) = a\varphi(\Phi^{-1}(w)) + b\psi(\Phi^{-1}(w)) = \bigl(a\widetilde{\Phi}(\varphi) + b\widetilde{\Phi}(\psi)\bigr)(w)$ ⟧, normerhaltend ⟦ $\bigl\|\widetilde{\Phi}(\varphi)\bigr\|_{\mathrm{op}} = \sup\{\, |\widetilde{\Phi}(\varphi)(w)| \mid \|w\|_W \leq 1\,\} = \sup\{\, |\varphi(\Phi^{-1}(w))| \mid \|w\|_W \leq 1\,\} = \sup\{\, |\varphi(v)| \mid \|v\|_V \leq 1\,\} = \|\varphi\|_{\mathrm{op}}$ wegen $\Phi\bigl[\widetilde{K}_1^{d_{\|\,\|_V}}(0)\bigr] = \widetilde{K}_1^{d_{\|\,\|_W}}(0)$ ⟧ und surjektiv ⟦ $\psi \in W^{\mathrm{s}_{\|\,\|_W}} \Longrightarrow \psi \circ \Phi \in V^{\mathrm{s}_{\|\,\|_V}}$ und $\widetilde{\Phi}(\psi \circ \Phi)(w) = \psi \circ \Phi(\Phi^{-1}(w)) = \psi(w)$ für jedes $w \in W$ ⟧.

Lösung zu A 29

Für jedes $\widetilde{f} \in L^2([0,1], \ldots)$ gilt nach 5.3-4 (e)

$$|G(\widetilde{f}, \widetilde{f})| = G(\widetilde{f}, \widetilde{f}) = \int_{[0,1]} f^2 g \geq m\|\widetilde{f}\|_2^2.$$

Lösung zu A 30

Gem. 6.1-4 (a) erhält man $M(f_j(v) - f(v)) = M((f_j - f)(v)) \leq \|f_j - f\|_{\mathrm{op}} N(v)$ für alle $v \in V,\ j \in \mathbb{N}$, woraus $(f_j(v))_j \to_M f(v)$ folgt.

Lösungen zu 6.2

Lösung zu A 1

Gem. (6.2,1) (c) ist φ fastoffen, nach 6.2-1 (a) also offen. Speziell ist $\varphi[V] \in \omega$ und, weil $\varphi[V]$ ein K-Untervektorraum von W ist, auch $\varphi[V] = W \setminus \bigcup\{\, w + \varphi[V] \mid w \notin \varphi[V]\,\} \in \alpha_\omega$. Da (W, ω) zusammenhängend ist ⟦ 2.4, A 31 ⟧, folgt $\varphi[V] = W$.

Lösung zu A 2

Nach 6.1-2.1 ist (V, τ) ein topologischer K-Vektorraum, $\{\, \varphi^{-1}[O] \mid O \in \omega \,\}$ eine Basis von τ. Wegen der Surjektivität von φ folgt $\varphi\big[\varphi^{-1}[O]\big] = O$ für jedes $O \in \omega$, also

$$\varphi\Big[\bigcup\{\, \varphi^{-1}[O] \mid O \in \mathcal{O}\,\}\Big] = \bigcup\{\, \varphi[\varphi^{-1}[O]] \mid O \in \mathcal{O}\,\} = \bigcup \mathcal{O} \in \omega$$

für alle $\mathcal{O} \subseteq \omega$.

Lösung zu A 3

(a) N ist eine Norm auf M, denn für alle $v, w \in M,\ k \in K$ gilt:

$$N(v) = 0 \iff \|v\|_V + \|\varphi(v)\|_W = 0 \iff \|v\|_V = 0 \iff v = 0,$$
$$N(kv) = \|kv\|_V + \|\varphi(kv)\|_W = |k|(\|v\|_V + \|\varphi(v)\|_W) = |k| N(v),$$
$$N(v + w) \le N(v) + N(w),$$

da $\|\ \|_V$ und $\|\ \|_W \circ \varphi$ subadditiv sind.

(M, N) ist vollständig: Sei $(v_j)_j \in M^{\mathbb{N}}$ eine Cauchy-Folge in (M, N), also $(v_j)_j$ Cauchy-Folge in $(M, \|\ \|_V {\restriction} M)$ und $(\varphi(v_j))_j$ Cauchy-Folge in $(W, \|\ \|_W)$, etwa $v \in V$, $w \in W$ mit $(v_j)_j \to_{\|\ \|_V} v$, $(\varphi(v_j))_j \to_{\|\ \|_W} w$. Da φ ein abgeschlossener Operator ist, folgt $\varphi(v) = w$, also $(v_j)_j \to_N v$.

φ $(\tau_N, \tau_{\|\ \|_W})$-stetig: Für alle $v \in M$ gilt $\|\varphi(v)\|_W \le \|\varphi(v)\|_W + \|v\|_V = N(v)$, also ist φ stetig mit $\|\varphi\|_{\text{op}} \le 1$.

(b) Nach 6.2-1.3 (b) ist φ offen bzgl. $(\tau_N, \tau_{\|\ \|_W})$ ⟦ (M, N) ist gem. (a) ein Banach-Raum! ⟧ und wegen $\tau_N \supseteq \tau_{\|\ \|_V}|M$ erst recht offen bzgl. $(\tau_{\|\ \|_V}|M, \tau_{\|\ \|_W})$.

(c) folgt direkt aus (b).

(d) Sei $v \in V$, $(v_j)_j \in M^{\mathbb{N}}$ mit $(v_j)_j \to_{\|\ \|_V} v$. Dann ist $(\varphi(v_j))_j$ eine Cauchy-Folge in $(W, d_{\|\ \|_W})$ ⟦ 3.1, A 1 (b) ⟧, also konvergent, etwa $(\varphi(v_j))_j \to_{\|\ \|_W} w$, $w \in W$. Es folgt $\big((v_j, \varphi(v_j))\big)_j \to_{\tau_{\|\ \|_V} \times \tau_{\|\ \|_W}} (v, w)$, und somit ist $(v, w) \in \varphi$, d. h. $v \in M$ und $\varphi(v) = w$.

Lösung zu A 4

(a) *(i) ⇒ (ii)* Sei $v \in \overline{B}^{\tau}$, $(b_i)_i \in B^I$ ein Netz in B, $(b_i)_i \to_\tau v$. Dann ist $((b_i, 0))_i \in \pi_A^I$ und $((b_i, 0))_i \to_{\tau \times \tau|A} (v, 0)$. Da π_A gem. (i) ein abgeschlossener Operator ist, folgt $(v, 0) \in \pi_A$, d. h. $\pi_A(v) = 0$, und somit $v \in \operatorname{Ker} \pi_A = B$.

(ii) ⇒ (i) Sei $(v, w) \in \overline{\pi_A}^{\tau \times \tau|A}$ und $((a_i + b_i, a_i))_i \in \pi_A^I$ ein Netz in π_A, so daß

$((a_i + b_i, a_i))_i \to_{\tau \times \tau|A} (v, w)$. Dann gilt $(a_i + b_i)_i \to_\tau v$ und $(a_i)_i \to_{\tau|A} w$ und daher $(b_i)_i \to_\tau v - w$. Nach (ii) gehört $v - w$ zu B, also $(v, w) = (w + (v - w), w) \in \pi_A$.

(b) Mit (V, τ) ist auch $(A, \tau|A)$ vollständig metrisierbar ⟦ 3.1-8 (a) ⟧. Da $\pi_A \in \alpha_{\tau \times \tau|A}$ gem. (a), erhält man nach 6.2-1.3 (b), daß π_A stetig und offen ist.

Lösung zu A 5

(a) Nach 6.2-1.3 (b), 2.5-9 ist φ offen, also $\varphi\big[K_1^{d_{\| \|_V}}(0)\big] \in \tau_{\| \|_W}$. Es gibt daher ein $\delta > 0$ mit $\delta \widetilde{K}_1^{d_{\| \|_W}}(0) \subseteq \varphi\big[K_1^{d_{\| \|_V}}(0)\big]$ und somit zu jedem $w \in W\backslash\{0\}$ ein $v^* \in K_1^{d_{\| \|_V}}(0)$ mit $\frac{\delta}{\|w\|_W} w = \varphi(v^*)$. Für $v := \frac{\|w\|_W}{\delta} v^*$ ist dann $\varphi(v) = w$ und $\|v\|_V = \frac{\|w\|_W}{\delta} \|v^*\|_V \leq \frac{1}{\delta}\|w\|_W$. Für $w = 0$ wähle man $v = 0$.

(b) Nach dem Homomorphiesatz für K-lineare Epimorphismen ist $\widetilde{\varphi} : V/_{\operatorname{Ker}\varphi} \longrightarrow W$, $\widetilde{\varphi}(v + \operatorname{Ker}\varphi) := \varphi(v)$, ein K-linearer Isomorphismus (vgl. Anhang 2-8).

Da $\big(V/_{\operatorname{Ker}\varphi}, \| \|_{\operatorname{Ker}\varphi}\big)$ ein Banach-Raum ⟦ 3.1, A 19 (b) ⟧ und $\widetilde{\varphi}$ $\big(\tau_{\| \|_V}/_{\operatorname{Ker}\varphi}, \tau_{\| \|_W}\big)$-stetig ist ⟦ $\widetilde{\varphi} \circ \pi_{\operatorname{Ker}\varphi} = \varphi$ $\big(\tau_{\| \|_V}, \tau_{\| \|_W}\big)$-stetig ⟧, ergibt sich nach 6.2-1.3 (b) die Offenheit von $\widetilde{\varphi}$.

(i) ⇒ (ii) Aus $\varphi[A] \in \alpha_{\tau_{\| \|_W}}$ folgt $A + \operatorname{Ker}\varphi = \varphi^{-1}\big[\varphi[A]\big] \in \alpha_{\tau_{\| \|_V}}$.

(ii) ⇒ (i) Wegen $\varphi[A] = \widetilde{\varphi} \circ \pi_{\operatorname{Ker}\varphi}[A]$ muß nur noch $\pi_{\operatorname{Ker}\varphi}[A] \in \alpha_{\tau_{\| \|_V}/_{\operatorname{Ker}\varphi}}$ gezeigt werden. Sei also $(a_j)_j \in A^{\mathbb{N}}$, $v \in V$ mit $(\pi_{\operatorname{Ker}\varphi}(a_j))_j \to_{\tau_{\| \|_V}/_{\operatorname{Ker}\varphi}} v + \operatorname{Ker}\varphi$, d. h. $\big(\|a_j - v + \operatorname{Ker}\varphi\|_{\operatorname{Ker}\varphi}\big)_j \to_{\tau_{| |}} 0$ ⟦ 2.4, A 27 (a) ⟧, wobei definitionsgemäß $\|a_j - v + \operatorname{Ker}\varphi\|_{\operatorname{Ker}\varphi} = \inf\{\, \|a_j - v + v^*\|_V \mid v^* \in \operatorname{Ker}\varphi\}$ ist. Man wähle $(v_j^*)_j \in (\operatorname{Ker}\varphi)^{\mathbb{N}}$ mit $(a_j - v + v_j^*)_j \to_{\tau_{\| \|_V}} 0$, d. h. $(a_j + v_j^*)_j \to_{\tau_{\| \|_V}} v$. Wegen $(a_j + v_j^*)_j \in (A + \operatorname{Ker}\varphi)^{\mathbb{N}}$ und $A + \operatorname{Ker}\varphi \in \alpha_{\tau_{\| \|_V}}$ erhält man $v \in A + \operatorname{Ker}\varphi$, also $v + \operatorname{Ker}\varphi \in \pi_{\operatorname{Ker}\varphi}[A]$.

Lösung zu A 6

(a) W ist ein $\mathbb{R}$-Untervektorraum von $\ell^2_{\mathbb{R}}$ und φ $\mathbb{R}$-linear und surjektiv. Wegen

$$\|\varphi((x_j)_j)\|_2 = \big\|(x_j)_j \chi_{\{\,2k | k \in \mathbb{N}\}}\big\|_2 = \Big(\sum_{j=0}^{\infty} |x_{2j}|^2\Big)^{1/2} \leq \|(x_j)_j\|_2$$

ist φ stetig (mit $\|\varphi\|_{\mathrm{op}} \leq 1$).

(b) Mit Hilfe von (1.2,1) (b) erhält man die Abgeschlossenheit von W in $\big(\ell^2_{\mathbb{R}}, \tau_{\| \|_2}\big)$, $(W, \| \|_2 \restriction W)$ ist daher ein Banach-Raum. Gem. A 5 (b) ist $A + \operatorname{Ker}\varphi \notin \alpha_{\tau_{\| \|_2}}$ zu zeigen:

Sei $x := (x_j)_j$,

$$x_j := \begin{cases} \sin \frac{1}{i+1} & \text{für } j = 2i \\ 0 & \text{sonst} \end{cases}$$

für alle $j \in \mathbb{N}$. Wegen $\sum_{j=0}^{\infty} \big|\sin \frac{1}{j+1}\big|^2 \leq \sum_{j=0}^{\infty} \big(\frac{1}{j+1}\big)^2 < \infty$ gehört x zu $\ell^2_{\mathbb{R}}$, und aus

$\operatorname{Ker}\varphi = \{ (y_j)_j \in \ell^2_{\mathbb{R}} \mid \forall\, j \in \mathbb{N}\colon\ y_{2j} = 0 \}$ und

$$x = \| \ \|_2\text{-}\lim_m \left(\left(\sum_{j=0}^m (\cos \tfrac{1}{j+1}) \chi_{\{2j+1\}} + (\sin \tfrac{1}{j+1}) \chi_{\{2j\}} \right) - \sum_{j=0}^m (\cos \tfrac{1}{j+1}) \chi_{\{2j+1\}} \right)$$

folgt $x \in \overline{A + \operatorname{Ker}\varphi}^{\tau_{\| \ \|_2}}$ $[\![\sum_{j=0}^m (\cos \frac{1}{j+1}) \chi_{\{2j+1\}} + (\sin \frac{1}{j+1}) \chi_{\{2j\}} \in U \subseteq A$, $\sum_{j=0}^m (\cos \frac{1}{j+1}) \chi_{\{2j+1\}} \in \operatorname{Ker}\varphi]\!]$. Wäre $x \in A + \operatorname{Ker}\varphi$, etwa $x = a + k$, $a \in A$, $k \in \operatorname{Ker}\varphi$, also $k_{2j} = 0$ für alle $j \in \mathbb{N}$, so gäbe es eine Folge $(a_n)_n \in U^{\mathbb{N}}$ mit $(a_n)_n \to_{\tau_{\| \ \|_2}} a$, etwa $a_n = \sum_{j=0}^{m_n} C_{n,j} \big((\cos \frac{1}{j+1}) \chi_{\{2j+1\}} + (\sin \frac{1}{j+1}) \chi_{\{2j\}} \big)$, $C_{n,j} \in \mathbb{R}$ für alle $n \in \mathbb{N}$, $j \in \{0, \dots, m_n\}$. Insbesondere müßte $(C_{n,j})_n \to_{\tau_{| \ |}} 1$, also auch $\big(C_{n,j} \cos \frac{1}{j+1}\big)_n \to_{\tau_{| \ |}} \cos \frac{1}{j+1}$ und damit $k_{2j+1} = -\cos \frac{1}{j+1}$ für jedes $j \in \mathbb{N}$ gelten. Wegen $k \in \ell^2_{\mathbb{R}}$ wäre dann $\sum_{j=0}^\infty \left|\cos \frac{1}{j+1}\right|^2 < \infty$. ↯

Lösung zu A 7

Sei $U \in \mathcal{U}_\sigma(0)$, $R \in \mathcal{U}_\tau(0)$ mit $\bigcup\{ f[R] \mid f \in F \} \subseteq U$. Man wähle ein $\varepsilon > 0$ mit $K_\varepsilon^{d_{| \ |}}(0) B \subseteq R$. Dann gilt

$$\begin{aligned} K_\varepsilon^{d_{| \ |}}(0) \bigcup\{ f[B] \mid f \in F \} &= \bigcup\Big\{ r \bigcup\{ f[B] \mid f \in F \} \ \Big|\ r \in K_\varepsilon^{d_{| \ |}}(0) \Big\} \\ &= \bigcup\Big\{ \bigcup\{ f[rB] \mid f \in F \} \ \Big|\ r \in K_\varepsilon^{d_{| \ |}}(0) \Big\} \\ &\subseteq \bigcup\{ f[R] \mid f \in F \} \subseteq U. \end{aligned}$$

Lösung zu A 8

Q ist offensichtlich $\mathbb{R}$-linear und wegen

$$|Q(f)| = \left| \sum_{j=0}^N A_j f(x_j) \right| \leq \left(\sum_{j=0}^N |A_j| \right) \sup\{ |f(x_j)| \mid 0 \leq j \leq N \} \leq \left(\sum_{j=0}^N |A_j| \right) \|f\|_\infty$$

auch stetig mit $\|Q\|_{\mathrm{op}} \leq \sum_{j=0}^N |A_j|$.

Sei $A_i \neq 0$ für ein $i \in \{0, \dots, N\}$ und $f : [a, b] \longrightarrow \mathbb{R}$ der durch

$$f(x) := \begin{cases} \operatorname{sgn} A_0 & \text{für } x = a = x_0 \\ \operatorname{sgn} A_j + \frac{x - x_j}{x_{j+1} - x_j} (\operatorname{sgn} A_{j+1} - \operatorname{sgn} A_j) & \text{für } x \in \,]x_j, x_{j+1}],\ j \in \{0, \dots, N-1\} \end{cases}$$

definierte Polygonzug. Es ist $\|f\|_\infty = 1$ und

$$Q(f) = \sum_{j=0}^N A_j f(x_j) = \sum_{j=0}^N A_j \operatorname{sgn} A_j = \left(\sum_{j=0}^N |A_j| \right) \|f\|_\infty,$$

also $\|Q\|_{\mathrm{op}} = \sum_{j=0}^N |A_j|$.

Lösung zu A 9

Zunächst gilt $(Q_m(p\restriction[a,b]))_m \to_{\tau_{|\,|}} \int_a^b p(t)\,\mathrm{d}t$ für jedes $p(x) \in \mathbb{R}[x]$:
Sei $n \in \mathbb{N}$, $p(x) \in \mathbb{R}[x]_n$ und $m_0 \in \mathbb{N}$ mit $\mu_m \geq n$ für jedes $m \geq m_0$. Wegen $Q_m(p\restriction[a,b]) = \int_a^b p(t)\,\mathrm{d}t$ für jedes $m \geq m_0$ $[\![$ Exaktheit von Q_m $]\!]$ folgt $(Q_m(p\restriction[a,b]))_m \to_{\tau_{|\,|}} \int_a^b p(t)\,\mathrm{d}t$. Weiter erhält man speziell für $p(x) := (b-a)^{-1}$

$$1 = \int_a^b p(t)\,\mathrm{d}t = \lim_m Q_m(p\restriction[a,b]) = \lim_m \sum_{j=0}^{N_m} A_j^{(m)}(b-a)^{-1},$$

also $b - a = \lim_m \sum_{j=0}^{N_m} A_j^{(m)}$. Daher ist $\sum_{j=0}^{N_m} |A_j^{(m)}| = \sum_{j=0}^{N_m} A_j^{(m)} \leq b - a$ für jedes $m \in \mathbb{N}$, und die Behauptung ergibt sich aus (6.2,8) (b).

Lösung zu A 10

(a) Für jedes $\varepsilon > 0$ und alle $j, k \in \mathbb{N}$ gilt definitionsgemäß:

$$N(v_j - v_k) < \varepsilon \quad \Longleftrightarrow \quad v_j - v_k \in K_\varepsilon^{d_N}(0).$$

(b) *(i) ⇒ (ii)* Sei $(v_j)_j$ eine Cauchy-Folge in (V, τ_N). Nach (a) existiert gem. (i) ein $v \in V$ mit $(v_j)_j \to_{\tau_N} v$.

(ii) ⇒ (i) ergibt sich analog.

(c) Sei $U \in \mathcal{U}_\varrho(0)$. Da φ stetig ist, gibt es ein $R \in \mathcal{U}_\sigma(0)$ mit $\varphi[R] \subseteq U$. Sei $j_R \in \mathbb{N}$ so gewählt, daß $w_j - w_k \in R$ für alle $j, k \geq j_R$ gilt. Dann ist auch $\varphi(w_j) - \varphi(w_k) = \varphi(w_j - w_k) \in \varphi[R] \subseteq U$ für alle $j, k \geq j_R$.

Lösung zu A 11

Da $(K, \tau_{|\,|})$ hausdorffsch ist, muß gem. 6.1, A 2 (b) nur

$$\forall\, \varphi \in V^{s_\tau} \backslash \{0\}\ \exists\, v \in V\colon\ \Gamma_V(v)(\varphi) \neq 0$$

gezeigt werden, was jedoch wegen $\Gamma_V(v)(\varphi) = \varphi(v)$ offensichtlich richtig ist.

Lösung zu A 12

(a) Sei $\varepsilon > 0$ und $v \in V$, also $a_v^{-1}[K_\varepsilon^{d_{|\,|}}(0)] \in \mathcal{U}_{\sigma(V^{s_{\|\,\|}}, V)}(0)$ eine Subbasisumgebung. Für $v = 0$ ist $a_v = 0$, also $V \subseteq a_v^{-1}[K_\varepsilon^{d_{|\,|}}(0)]$, und für $v \neq 0$ gilt $K_{\varepsilon/\|v\|}^{d_{\|\,\|_{\mathrm{op}}}}(0) \subseteq a_v^{-1}[K_\varepsilon^{d_{|\,|}}(0)]$ wegen $|a_v(\varphi)| = |\varphi(v)| \leq \|\varphi\|_{\mathrm{op}}\|v\| < \varepsilon$ für jedes $\varphi \in K_{\varepsilon/\|v\|}^{d_{\|\,\|_{\mathrm{op}}}}(0)$. Aus $\mathcal{U}_{\sigma(V^{s_{\|\,\|}}, V)}(0) \subseteq \mathcal{U}_{\tau_{\|\,\|_{\mathrm{op}}}}(0)$ folgt $\sigma(V^{s_{\|\,\|}}, V) \subseteq \tau_{\|\,\|_{\mathrm{op}}}$ $[\![$ 1.2, A 9 (a) $]\!]$.

(b) $\|\Gamma_V(v)\|'_{\mathrm{op}} \leq \|v\|$ gilt gem. Beweis zu (a) und 6.1-4 (a). Umgekehrt wähle man zu $v \neq 0$ nach 6.1-12.1 (c) ein $\varphi \in V^{s_{\|\,\|}}$ mit $\|\varphi\|_{\mathrm{op}} = 1$ und $\varphi(v) = \|v\|$. Man erhält $|\Gamma_V(v)(\varphi)| = |\varphi(v)| = \|v\| = \|v\|\,\|\varphi\|_{\mathrm{op}}$, also $\|\Gamma_V(v)\|'_{\mathrm{op}} = \|v\|$.

Lösung zu A 13

Sei $\{ v_j \mid j \in \mathbb{N} \}$ dicht in (V, τ). Für jedes $j \in \mathbb{N}$ ist

$$\Gamma_V(v_j) : \begin{cases} V^{s_\tau} \longrightarrow K \\ \varphi \longmapsto \varphi(v_j) \end{cases}$$

definitionsgemäß $(\sigma(V^{s_\tau}, V), \tau_{|\,|})$-stetig, und $\{ \Gamma_V(v_j) \mid j \in \mathbb{N} \}$ trennt Punkte in V^{s_τ}:

Seien $\varphi, \psi \in V^{s_\tau}$ mit $\Gamma_V(v_j)(\varphi) = \Gamma_V(v_j)(\psi)$, d. h. $\varphi(v_j) = \psi(v_j)$ für jedes $j \in \mathbb{N}$. Nach 2.5-9.1 (b) folgt $\varphi = \psi$.

Mit 4.3, A 20 erhält man die Metrisierbarkeit.

Lösung zu A 14

Nach 3.1, A 31 ist $\dim_K V$ überabzählbar und gem. 6.1-12.1 (d) trennt $V^{s_{\|\,\|}}$ Punkte in V. Die Behauptung folgt daher aus 6.2-8.

Lösung zu A 15

Es seien $b, b_1, \ldots, b_m \in E$, $k_1, \ldots, k_m \in K$ mit $\Gamma_V(b) = \sum_{i=1}^m k_i \Gamma_V(b_i)$. Für jedes $\varphi \in V^{s_\tau}$ gilt dann

$$\varphi(b) = \Gamma_V(b)(\varphi) = \sum_{i=1}^m k_i \Gamma_V(b_i)(\varphi) = \sum_{i=1}^m k_i \varphi(b_i) = \varphi\Big(\sum_{i=1}^m k_i b_i\Big),$$

also gilt $b = \sum_{i=1}^m k_i b_i$, da V^{s_τ} Punkte in V trennt.

Lösungen zu 6.3

Lösung zu A 1

Für jedes $x \in V$ existiert ein $\varepsilon > 0$ mit $K_\varepsilon^{d_{|\,|}}(0)x \subseteq U$, also ist $x \in \varepsilon^{-1}U$ und somit $p_U(x) \geq 0$. Offensichtlich ist $p_U(0) = 0$, und für $k \in \mathbb{R}\backslash\{0\}$, $r \in \mathbb{R}^+$ gilt

$$kx \in rU \quad \Longleftrightarrow \quad x \in \frac{r}{|k|}U \qquad [\![\, U \text{ kreisförmig} \,]\!],$$

woraus

$$\begin{aligned} p_U(kx) &= \inf\{ r \in \mathbb{R}^+ \mid kx \in rU \} = \inf\{ r \in \mathbb{R}^+ \mid x \in \tfrac{r}{|k|}U \} \\ &= |k| \inf\{ r \in \mathbb{R}^+ \mid x \in rU \} = |k| p_U(x) \end{aligned}$$

folgt. Sind $x \in rU$, $y \in sU$, $r, s \in \mathbb{R}^+$, so ergibt sich mit $t := r + s$ für $t = 0$ auch $r = s = 0$, $x = y = 0$, also $p_U(x + y) = 0 = p_U(x) + p_U(y)$. Für $t > 0$ ist $\frac{1}{t}x \in \frac{r}{t}U \subseteq U$, $\frac{1}{t}y \in \frac{s}{t}U \subseteq U$ $[\![\, U$ kreisförmig $]\!]$, etwa $v, u \in U$ mit $\frac{1}{t}x = \frac{r}{t}u$, $\frac{1}{t}y = \frac{s}{t}v$. Wegen $\frac{r}{t} + \frac{s}{t} = 1$ erhält man $x + y \in tU$ aus der Konvexität von U, also $p_U(x + y) \leq t = r + s$ und damit $p_U(x + y) \leq p_U(x) + p_U(y)$.

Lösung zu A 2

(a) Sei $U \in \mathcal{U}_\tau(0)$ konvex. Nach der Anmerkung an 2.4-18 (Seite 135) ist $U^{\circ\tau}$ konvex. Sei $W \in \mathcal{U}_\tau(0)$ kreisförmig, $W \subseteq U^{\circ\tau}$, also $\overline{W}^{\text{konv}} \subseteq U^{\circ\tau}$. Dann ist $(\overline{W}^{\text{konv}})^{\circ\tau} \in \mathcal{U}_\tau(0) \cap \tau$ konvex und kreisförmig, denn aus

$$\widetilde{K}_1^{d_{|\,|}}(0)\big(\overline{W}^{\text{konv}}\big)^{\circ\tau} = \big(\widetilde{K}_1^{d_{|\,|}}(0)\backslash\{0\}\big)\big(\overline{W}^{\text{konv}}\big)^{\circ\tau} \in \tau \qquad \text{und}$$
$$\widetilde{K}_1^{d_{|\,|}}(0)\big(\overline{W}^{\text{konv}}\big)^{\circ\tau} \subseteq \widetilde{K}_1^{d_{|\,|}}(0)\overline{W}^{\text{konv}} \subseteq \overline{W}^{\text{konv}}$$

⟦2.4, A 34 (b)⟧ folgt $\widetilde{K}_1^{d_{|\,|}}(0)\big(\overline{W}^{\text{konv}}\big)^{\circ\tau} \subseteq \big(\overline{W}^{\text{konv}}\big)^{\circ\tau}$.

Sei zusätzlich $U \in \alpha_\tau$ ⟦2.5, A 21 (c); Anmerkung an 2.4-18⟧. Dann erhält man $\overline{\overline{W}^{\text{konv}}}^{\tau} \subseteq \overline{U}^{\tau} = U$, und $\overline{\overline{W}^{\text{konv}}}^{\tau} \in \alpha_\tau$ ist konvex und kreisförmig ⟦ $\widetilde{K}_1^{d_{|\,|}}(0)\overline{\overline{W}^{\text{konv}}}^{\tau} \subseteq \overline{\widetilde{K}_1^{d_{|\,|}}(0)\overline{W}^{\text{konv}}}^{\tau} \subseteq \overline{\overline{W}^{\text{konv}}}^{\tau}$, da $\overline{W}^{\text{konv}}$ kreisförmig ist (vgl. 2.4, A 34 (b)) ⟧.

(b) Sei $U \in \mathcal{U}_\tau(0)$ konvex, $\varepsilon > 0$ mit $\widetilde{K}_\varepsilon^{d_{|\,|}}(0)S \subseteq U$. Nach 2.4, A 34 (b) folgt

$$\begin{aligned}\widetilde{K}_\varepsilon^{d_{|\,|}}(0)\overline{S}^{\text{konv}} &= \Big\{ \sum_{j=1}^m z r_j s_j \;\Big|\; m \in \mathbb{N}\backslash\{0\},\ z \in \widetilde{K}_\varepsilon^{d_{|\,|}}(0),\ (r_1,\dots,r_m) \in (\mathbb{R}^>)^m, \\ &\qquad \sum_{j=1}^m r_j = 1,\ (s_1,\dots,s_m) \in S^m \Big\} \\ &\subseteq \Big\{ \sum_{j=1}^m r_j u_j \;\Big|\; m \in \mathbb{N}\backslash\{0\},\ (r_1,\dots,r_m) \in (\mathbb{R}^>)^m, \\ &\qquad \sum_{j=1}^m r_j = 1,\ (u_1,\dots,u_m) \in U^m \Big\} \\ &= \overline{U}^{\text{konv}} = U,\end{aligned}$$

$\overline{S}^{\text{konv}}$ ist daher beschränkt. Nach 6.1-1 (b) erhält man auch die Beschränktheit von $\overline{\overline{S}^{\text{konv}}}^{\tau}$.

Lösung zu A 3

Für jedes $\varphi \in V^{\text{a}}$ ist offensichtlich $|\varphi|$ eine Halbnorm auf V.

Weiter gilt für jedes $\varepsilon > 0,\ \varphi \in S$

$$\varphi^{-1}[K_\varepsilon^{d_{|\,|}}(0)] = \{\, v \in V \mid \varphi(v) \in K_\varepsilon^{d_{|\,|}}(0) \,\} = \{\, v \in V \mid |\varphi(v)| < \varepsilon \,\} = K_\varepsilon^{d_{|\varphi|}}(0).$$

Lösung zu A 4

Sei $v \in V\backslash M \in \tau,\ U \in \mathcal{U}_\tau(0) \cap \tau$ konvex mit $v + U \subseteq V\backslash M$. Nach 6.3-3 existiert ein abgeschlossener K-Untervektorraum H von V der Kodimension 1, der $H \cap (v + U) = \emptyset$ und $M \subseteq H$ erfüllt, insbesondere gehört v nicht zu H.

Die umgekehrte Inklusion ist natürlich auch richtig.

Lösung zu A 5

Nach (6.1,6) (b) und 6.3-3.1 ist $L^q([a,b],\ldots)$ die einzige nichtleere konvexe offene Teilmenge. Gem. A 2 ist $\big(L^q([a,b],\ldots),\tau_{d_q}\big)$ nicht lokalkonvex.

Lösung zu A 6

(a) Für $S=\emptyset$ ist nichts zu beweisen. Sei $S\neq\emptyset$ und $U\in\mathcal{U}_\tau(x)\cap\tau$ konvex mit $v+U\subseteq V\backslash\overline{S}^{\tau}$. Weil $0\notin(v+U)-S\in\tau$ konvex ist, gibt es nach 6.3-3 einen abgeschlossenen K-Untervektorraum H von V der Kodimension 1 mit $H\cap((v+U)-S)=\emptyset$. Sei $\varphi\in V^{s_\tau}$ mit $\operatorname{Ker}\varphi=H$. Dann gilt $\varphi[v+U]\cap\varphi[S]=\emptyset$ und somit $\varphi(v)\notin\overline{\varphi[S]}^{\tau_{|\,|}}$, weil $\varphi(v)\in\varphi[v+U]\in\tau_{|\,|}$ ⟦(6.2,1) (a)⟧ ist.

(b) Für alle $v,w\in V,\ v\neq w$, gilt $v\notin\{w\}=\overline{\{w\}}^{\tau}$, nach (a) existiert daher ein $\varphi\in V^{s_\tau}$ mit $\varphi(v)\notin\overline{\varphi[\{w\}]}^{\tau_{|\,|}}=\{\varphi(w)\}$.

Lösung zu A 7

(a) „$\subseteq$" gilt offensichtlich. Sei also $v\in V\backslash A$. Gem. 6.3-3.3 (a) existiert ein $\mathbb{R}$-lineares stetiges Funktional φ auf V und ein $r\in\mathbb{R}$ mit $\varphi(a)<r<\varphi(v)$ für jedes $a\in A$. Es gilt somit $v\notin\{\,w\in V\mid\varphi(w)\leq r\,\}=(\operatorname{Ker}\varphi)_r^-$ und $A\subseteq(\operatorname{Ker}\varphi)_r^-$.

(b) Aus (i) folgt natürlich (ii).

(ii) ⇒ (i) Sei $v\in S\backslash A$ und gem. 6.3-3.3 (a) φ ein $\mathbb{R}$-lineares stetiges Funktional, $r\in\mathbb{R}$ mit $\varphi(a)<r<\varphi(v)$ für jedes $a\in A$. Das Funktional $-\varphi+r$ ist stetig und auch affin, denn

$$\begin{aligned}(-\varphi+r)(av+(1-a)w)&=-a\varphi(v)-(1-a)\varphi(w)+r\\&=a(-\varphi+r)(v)+(1-a)(-\varphi+r)(w)\end{aligned}$$

für alle $a\in\,]0,1[,\ v,w\in V$. Darüber hinaus gilt $(-\varphi+r)(v)<0$ und $(-\varphi+r)(a)=-\varphi(a)+r>0$ für jedes $a\in A$.

Lösung zu A 8

(i) ⇒ (ii) gilt wegen 2.5-9.1 (b).

(ii) ⇒ (i) Der topologische Quotientenvektorraum $\big(V/_{\overline{W}^\tau},\tau/R_{\overline{W}^\tau}\big)$ (s. 2.4, A 18 (b)) ist lokalkonvex, denn $\{\,U+\{\overline{W}^\tau\}\mid U\in\mathcal{U}_\tau(0)\cap\tau\text{ konvex}\,\}$ ist eine Basis von $\mathcal{U}_{\tau/R_{\overline{W}^\tau}}(\overline{W}^\tau)$ aus konvexen Mengen ⟦$U+\{\overline{W}^\tau\}=\pi_{R_{\overline{W}^\tau}}[U]$ ist konvex gem. (2.4,14) (f).⟧. Für jedes $v\in V\backslash\overline{W}^\tau$ existiert gem. 6.3-3.4 ein K-lineares stetiges Funktional Φ auf $\big(V/_{\overline{W}^\tau},\tau/R_{\overline{W}^\tau}\big)$ mit $\Phi(v+\overline{W}^\tau)=1$ und $\Phi(\overline{W}^\tau)=0$ ⟦$\{\overline{W}^\tau\}\in\alpha_{\tau/R_{\overline{W}^\tau}}$ nach 2.5, A 21 (d)⟧. Die Funktion $\varphi:=\Phi\circ\pi_{R_{\overline{W}^\tau}}$ ist ein K-lineares stetiges Funktional auf (V,τ) mit $\varphi(v)=1$ und $\varphi{\restriction}\overline{W}^\tau=0$.

Lösung zu A 9

Wegen der Metrisierbarkeit der abgeschlossenen 1-Kugel um 0 in $(V^{s_N},\|\ \|_{\mathrm{op}})$ gibt es eine Folge $(U_n)_n$ basisoffener Nullumgebungen $U_n\in\sigma(V^{s_N},V)$ mit

$$\bigcap\{\,U_n\cap\widetilde{K}_1^{d_{\|\ \|_{\mathrm{op}}}}(0)\mid n\in\mathbb{N}\,\}=\{0\}.$$

Für jedes $n \in \mathbb{N}$ sei $U_n = \bigcap_{j=1}^{m_n} a_{b_j^{(n)}}^{-1}\left[K_{\varepsilon_n}^{d_{|\,|}}(0)\right]$, wobei $\varepsilon_n > 0$, $b_j^{(n)} \in V$ für alle $j \in \{1,\dots,m_n\}$ sind und $a_v : V^{s_N} \longrightarrow K$, $a_v(\varphi) := \varphi(v)$, die Auswertung bei $v \in V$ bezeichnet (vgl. 6.2, Seite 493). Der von der Menge

$$B := \left\{\, b_j^{(n)} \;\middle|\; n \in \mathbb{N},\ j \in \{1,\dots,m_n\} \,\right\}$$

über $\mathbb{Q} + i\mathbb{Q}$ (bzw. für $K = \mathbb{R}$ über $\mathbb{Q}$) erzeugte Vektorraum W_B ist abzählbar, und es gilt $\overline{W_B}^{\tau_N} = \overline{\overline{B}^{\mathrm{lin}}}^{\tau_N}$. Gem. A 8 sei $\varphi \in V^{s_N}$, $\varphi{\restriction}\overline{B}^{\mathrm{lin}} = 0$. Dann ist $\varphi = 0$, denn für $\varphi \neq 0$ erhält man den Widerspruch $\frac{1}{\|\varphi\|_{\mathrm{op}}}\varphi \in \widetilde{K}_1^{d_{\|\ \|_{\mathrm{op}}}}(0) \cap \bigcap_{n\in\mathbb{N}} U_n = \{0\}$. Also gilt $\overline{W_B}^{\tau_N} = \overline{\overline{B}^{\mathrm{lin}}}^{\tau_N} = V$ 〚A 8〛.

Lösung zu A 10

Nach der Anmerkung an 2.4-18 (Seite 135) ist C°_τ} konvex. Wegen $C^{\circ_\tau} \cap D = \emptyset$ existiert nach 6.3-3.2 (a) ein $\mathbb{R}$-lineares stetiges Funktional φ auf (V,τ) und ein $r \in \mathbb{R}$ mit

$$\forall\ (c,d) \in C^{\circ_\tau} \times D\colon\ \varphi(c) < r \leq \varphi(d),$$

d. h. $\varphi[D] \subseteq [r,\infty[$ und $\varphi[C^{\circ_\tau}] \subseteq\,]-\infty, r[$. Es folgt

$$\begin{aligned}\varphi[C] \subseteq \varphi\left[\overline{C}^{\tau}\right] &= \varphi\left[\overline{C^{\circ_\tau}}^{\tau}\right] \qquad [\![\,2.4,\ \text{A 33 (a) Anmerkung}\,]\!]\\ &\subseteq \overline{\varphi[C^{\circ_\tau}]}^{\tau_{|\,|}} \subseteq\,]-\infty, r].\end{aligned}$$

Lösung zu A 11

$\overline{C}^{\tau} \subseteq \overline{C}^{\sigma(V,V^{s_\tau})}$ gilt wegen $\tau \supseteq \sigma(V,V^{s_\tau})$. Zum Beweis der Gleichung sei $v \in V\backslash\overline{C}^{\tau}$ gewählt. Nach der Anmerkung an 2.4-18 (Seite 135) ist $\overline{C}^{\tau}$ konvex, es gibt daher nach 6.3-3.3 (a) ein $\mathbb{R}$-lineares stetiges Funktional φ auf (V,τ) und ein $r \in \mathbb{R}$ mit $\varphi(v) < r < \varphi(c)$ für jedes $c \in \overline{C}^{\tau}$ 〚$\{v\}$ ist kompakt in (V,τ)!〛. Für jedes Netz $(c_\alpha)_{\alpha\in A} \in C^A$ konvergiert daher $(\varphi(c_\alpha))_\alpha$ nicht gegen $\varphi(v)$, das Netz $(c_\alpha)_{\alpha\in A}$ somit bzgl. $\sigma(V,V^{s_\tau})$ nicht gegen v 〚6.1, A 20 (a)〛 im Fall $K = \mathbb{R}$. Für $K = \mathbb{C}$ ist durch $\psi(v) := \varphi(v) - i\varphi(iv)$ ein $\mathbb{C}$-lineares stetiges Funktional auf (V,τ) definiert 〚6.1-11 (b)〛, und $(\psi(c_\alpha))_{\alpha\in A}$ konvergiert nicht gegen $\psi(v)$, also $(c_\alpha)_{\alpha\in A}$ bzgl. $\sigma(V,V^{s_\tau})$ nicht gegen v wiederum nach 6.1, A 20 (a). Insgesamt erhält man $v \notin \overline{C}^{\sigma(V,V^{s_\tau})}$. ↯

Lösung zu A 12

(a) Sei $x = sv + (1-s)w$ mit $s \in\,]0,1[$, $r \in\,]0,s[$ und $z := rv + (1-r)w$. Dann ist $x - z = (s-r)v - \frac{s-r}{1-s}(x - sv)$, also $x = \frac{1-s}{1-r}z + \frac{s-r}{1-r}v$ mit $\frac{1-s}{1-r} \in\,]0,1[$ und $\frac{1-s}{1-r} + \frac{s-r}{1-r} = 1$, woraus $x \in\,]v,z[$ folgt.

(b) *(i) ⇒ (ii)* Für $n = 1$ ist nichts zu beweisen, und für $n = 2$ ergibt sich die Behauptung aus 6.3-4 (a). Vollständige Induktion über $n \geq 2$ beweist dann (ii):

Sei $c = \sum_{j=1}^{n} r_j v_j + r_{n+1}v_{n+1}$, $(v_1,\dots,v_{n+1}) \in C^{n+1}$, $(r_1,\dots,r_{n+1}) \in (\mathbb{R}^+)^{n+1}$,

$\sum_{j=1}^{n+1} r_j = 1$, o. B. d. A. $r_j \neq 0$ für alle $j \in \{1, \dots, n+1\}$. Es folgt

$$c = \Big(\sum_{j=1}^{n} r_j\Big) \sum_{i=1}^{n} \Big(\sum_{j=1}^{n} r_j\Big)^{-1} r_i v_i + r_{n+1} v_{n+1},$$

wobei $\sum_{i=1}^{n} \big(\sum_{j=1}^{n} r_j\big)^{-1} r_i v_i \in C$ ist. Nach Induktionsannahme erhält man zunächst $c \in \big\{v_{n+1}, \sum_{i=1}^{n} \big(\sum_{j=1}^{n} r_j\big)^{-1} r_i v_i\big\}$ und dann $c \in \{v_1, \dots, v_{n+1}\}$.

(ii) ⇒ (iii) Sei $c \in \overline{S}^{\text{konv}}$, etwa $c = \sum_{j=1}^{n} r_j v_j$, wobei $n \in \mathbb{N}\backslash\{0\}$, $(v_1, \dots, v_n) \in S^n$, $(r_1, \dots, r_n) \in (\mathbb{R}^+)^n$ mit $\sum_{j=1}^{n} r_j = 1$ ist ⟦ 2.4, A 34 (b) ⟧. Nach (ii) existiert ein $j \in \{1, \dots, n\}$, $c = v_j \in S$.

(iii) ⇒ (i) Seien $x, y \in C$, $c \in [x, y]$, etwa $c = rx + (1-r)y$, $r \in [0,1]$. Dann ist $c \in \overline{\{x, y\}}^{\text{konv}}$, nach (iii) somit $c \in \{x, y\}$. Aus 6.3-4 (a) folgt (i).

Lösung zu A 13

(a) Sei $v \in K_1^{d_{\| \ \|}}(0)$. Für $v = 0$, $w \in \widetilde{K}_1^{d_{\| \ \|}}(0)\backslash\{0\}$ ist $v = 0 = \frac{1}{2}w + \frac{1}{2}(-w)$, also $v \notin \operatorname{ext} \widetilde{K}_1^{d_{\| \ \|}}(0)$ ⟦ 6.3-4 (a) ⟧. Für $v \neq 0$ ist v nicht in $\operatorname{ext} \widetilde{K}_1^{d_{\| \ \|}}(0)$, weil $v = (1 - \|v\|) \cdot 0 + \|v\| \big(\frac{1}{\|v\|} v\big)$.

(b) Es seien $v, y, z \in \widetilde{K}_1^{d_{\| \ \|_{\langle\ \rangle}}}(0)$, $r \in \,]0,1[$ mit $\|v\|_{\langle\ \rangle} = 1$ und $v = ry + (1-r)z$. Dann gilt

$$\begin{aligned} r^2 + (1-r)^2 + 2r(1-r) = (r + (1-r))^2 = 1 = \|v\|^2_{\langle\ \rangle} &= \|ry + (1-r)z\|^2_{\langle\ \rangle} \\ &= r^2\langle y, y\rangle + 2r(1-r)\langle y, z\rangle + (1-r)^2\langle z, z\rangle, \end{aligned}$$

also

$$r^2(1 - \langle y, y\rangle) + (1-r)^2(1 - \langle z, z\rangle) + 2r(1-r)(1 - \langle y, z\rangle) = 0.$$

Wegen $1 - \langle y, y\rangle, 1 - \langle z, z\rangle, 1 - \langle y, z\rangle \in \mathbb{R}^+$ und $0 < r < 1$ folgt $\langle y, y\rangle = \langle z, z\rangle = \langle y, z\rangle = 1$ und hiermit $\langle y - z, y - z\rangle = \langle y, y\rangle - 2\langle y, z\rangle + \langle z, z\rangle = 0$, d. h. $y = z$. Nach 6.3-4 (a) ist $v \in \operatorname{ext} \widetilde{K}_1^{d_{\| \ \|}}(0)$.

Lösung zu A 14

„$\supseteq$" Es seien $x, y \in \widetilde{K}_1^{d_{\| \ \|_1}}(0)$ und $(\delta_{i,j})_j \in \,]x, y[$, etwa $(\delta_{i,j})_j = sx + (1-s)y$ mit $s \in \,]0,1[$. Dann gilt

$$1 = \delta_{i,i} = sx_i + (1-s)y_i \leq s|x_i| + (1-s)|y_i| \leq 1$$

⟦ $|x_i|, |y_i| \leq 1$ ⟧, also $sx_i + (1-s)y_i = s|x_i| + (1-s)|y_i| = 1$, woraus $|x_i| = |y_i| = 1$ und weiter $x_i = y_i = 1$ folgt. Wegen $\|x\|_1, \|y\|_1 \leq 1$ erhält man noch $x_j = y_j = 0$ für jedes $j \in \mathbb{N}\backslash\{i\}$. Insgesamt ergibt sich $x = y = (\delta_{i,j})_j$, also $(\delta_{i,j})_j \in \operatorname{ext} \widetilde{K}_1^{d_{\| \ \|_1}}(0)$. Entsprechend begründet man $-(\delta_{i,j})_j \in \operatorname{ext} \widetilde{K}_1^{d_{\| \ \|_1}}(0)$.

„$\subseteq$" Es werde die Existenz eines $x \in \operatorname{ext} \widetilde{K}_1^{d_{\| \ \|_1}}(0)\backslash\{\, r(\delta_{i,j})_j \mid i \in \mathbb{N},\ |r| = 1\}$ angenommen. Gem. A 13 (a) ist $\|x\|_1 = 1$, also hat $N_x := \{j \in \mathbb{N} \mid x_j \neq 0\}$

mindestens zwei Elemente. Es gibt daher $N, M \subseteq \mathbb{N}$ mit $\mathbb{N} = N \cup M,\ N \cap M = \emptyset$, $N \cap N_x \neq \emptyset \neq M \cap N_x$. Man definiere

$$x_N := \|\chi_N x\|_1^{-1} \chi_N x, \qquad x_M := \|\chi_M x\|_1^{-1} \chi_M x$$

und erhält $\|x_N\|_1 = 1 = \|x_M\|_1$, $x_N \neq x \neq x_M$ und $x = \|\chi_N x\|_1 x_N + \|\chi_M x\|_1 x_M$, wobei $\|\chi_M x\|_1 < 1$ und

$$\|\chi_N x\|_1 + \|\chi_M x\|_1 = \sum_{j \in N} |x_j| + \sum_{j \in M} |x_j| = \sum_{j=0}^{\infty} |x_j| = 1$$

ist ⟦ (3.5,4) (a), 3.5-3 ⟧. Nach 6.3-4 gehört x nicht zu ext $\widetilde{K}_1^{d\|\ \|_1}(0)$. ↯

Lösung zu A 15

„⊇“ Es seien $f, g \in \widetilde{K}_1^{d\|\ \|_\infty}(0)$ und $1 = \frac{1}{2}(f + g)$. Dann ist $1 = f = g$, denn andernfalls gäbe es ein $t \in [a, b]$ mit (o. B. d. A.) $0 < f(t) < 1$, also $1 = \frac{1}{2}(f(t) + g(t)) < 1$. ↯

Nach 6.3-4 (a) ist 1 ein Extrempunkt von $\widetilde{K}_1^{d\|\ \|_\infty}(0)$. Entsprechendes gilt für -1.

„⊆“ Sei $f \in \text{ext}\, \widetilde{K}_1^{d\|\ \|_\infty}(0) \backslash \{1, -1\}$, etwa $x, y \in [a, b]$ mit $f(x) \neq 1$ und $f(y) \neq -1$. Für $t_0 := x = y$ ist $-1 < f(t_0) < 1$ und für (o. B. d. A.) $x < y$ existiert nach 2.4-4.2 ein $t_0 \in [x, y]$ mit $f(t_0) = \frac{1}{2}(f(x) + f(y)) \in\ ]-1, 1[$. Zu $\varepsilon := 1 - |f(t_0)|$ wähle man aufgrund der Stetigkeit von f ein $\delta > 0$ mit

$$\forall\, x \in [a, b]\colon\ |x - t_0| < \delta \Rightarrow |f(x) - f(t_0)| < \frac{\varepsilon}{2}$$

und definiere die Funktion $h : [a, b] \longrightarrow \mathbb{R}$ durch

$$h(x) := \begin{cases} \frac{\varepsilon}{2\delta} x + \frac{\varepsilon}{2} - \frac{\varepsilon}{2\delta} t_0 & \text{für } x \in [t_0 - \delta, t_0] \cap [a, b] \\ -\frac{\varepsilon}{2\delta} x + \frac{\varepsilon}{2} + \frac{\varepsilon}{2\delta} t_0 & \text{für } x \in\ ]t_0, t_0 + \delta[\ \cap [a, b] \\ 0 & \text{sonst.} \end{cases}$$

Mit $\alpha := f - h,\ \beta := f + h$ erhält man $\alpha, \beta \in C_{\mathbb{R}}([a, b]),\ \alpha \neq \beta,\ f = \frac{1}{2}(\alpha + \beta)$ und auch $\|\alpha\|_\infty, \|\beta\|_\infty \leq 1$ (Nach 6.3-4 (a) folgt dann $f \notin \text{ext}\, \widetilde{K}_1^{d\|\ \|_\infty}(0)$. ↯):

Für $x \in [a, b] \backslash [t_0 - \delta, t_0 + \delta]$ ist $\alpha(x) = f(x) - h(x) = f(x) = f(x) + h(x) = \beta(x)$, also $|\alpha(x)| = |\beta(x)| = |f(x)| \leq 1$, und für $x \in [a, b] \cap [t_0 - \delta, t_0 + \delta]$ gilt

$$|\alpha(x)| \leq |f(x)| + |h(x)| \leq |f(t_0)| + \frac{\varepsilon}{2} + \frac{\varepsilon}{2} = 1$$

und ebenso $|\beta(x)| \leq 1$.

Lösung zu A 16

Für $\mu(X) = 0$ ist die Gleichung offensichtlich richtig, daher sei $\mu(X) \neq 0$.

„⊆“ Sei $\widetilde{f} \in \text{ext}\, \widetilde{K}_1^{d\|\ \|_\infty}(0)$. Nach A 13 (a) ist $\|\widetilde{f}\|_\infty = 1$, also $|f| \leq_\mu 1$ ⟦ 5.4-1 (a) ⟧. Gäbe es ein $A \in \mathcal{A},\ \mu(A) > 0$ mit $|f{\restriction}A| < 1$, etwa o. B. d. A. $0 \leq f(t) < 1$ für jedes

$t \in A$, so wären durch

$$f_1(t) := \begin{cases} f(t) & \text{für } t \notin A \\ f(t) + \frac{1-f(t)}{2} & \text{für } t \in A \end{cases} \quad \text{und} \quad f_2(t) := \begin{cases} f(t) & \text{für } t \notin A \\ f(t) - \frac{1-f(t)}{2} & \text{für } t \in A \end{cases}$$

meßbare Funktionen f_1, f_2 mit den Eigenschaften $\|\widetilde{f_1}\|_\infty, \|\widetilde{f_2}\|_\infty \leq 1$, $\widetilde{f_1} \neq \widetilde{f} \neq \widetilde{f_2}$ und $\widetilde{f} = \frac{1}{2}(\widetilde{f_1}+\widetilde{f_2})$ erklärt. Nach 6.3-4 (a) wäre $\widetilde{f}$ nicht Extrempunkt von $\widetilde{K}_1^{d_{\| \|_\infty}}(\widetilde{0})$. ↯

„$\supseteq$" Es sei $\widetilde{f} \in L^\infty(X, \mathcal{A}, \mu)$, $|f| =_\mu 1$, $\widetilde{f_1}, \widetilde{f_2} \in \widetilde{K}_1^{d_{\| \|_\infty}}(\widetilde{0})$, $r \in \mathbb{R}$, $0 < r < 1$ mit $\widetilde{f} = r\widetilde{f_1} + (1-r)\widetilde{f_2}$ und o. B. d. A. f, f_1, $f_2 \in \mathbb{R}^X$. Dann ist $\|\widetilde{f_1}\|_\infty = \|\widetilde{f_2}\|_\infty = \|\widetilde{f}\|_\infty = 1$ $[\![1 = \|\widetilde{f}\|_\infty \leq r\|\widetilde{f_1}\|_\infty + (1-r)\|\widetilde{f_2}\|_\infty \leq 1]\!]$, und auch $1 = |f(x)| \leq r|f_1(x)| + (1-r)|f_2(x)| \leq 1$, also $|f_1(x)| = |f_2(x)| = |f(x)| = 1$ und

$$|rf_1(x) + (1-r)f_2(x)| = r|f_1(x)| + (1-r)|f_2(x)|$$

für jedes $x \in X \setminus N$ für eine μ-Nullmenge $N \in \mathcal{A}_0$ $[\![$ 5.4-1 (a) $]\!]$. Es folgt

$$(f_1(x) - f_2(x))^2 = (f_1(x))^2 + (f_2(x))^2 - 2|f_1(x)|\,|f_2(x)| = 0$$

für alle $x \in X \setminus N$ $[\![rf_1(x)(1-r)f_2(x) = r|f_1(x)|(1-r)|f_2(x)|$ gem. Hinweis $]\!]$ und somit $\widetilde{f_1} = \widetilde{f_2} = \widetilde{f}$. Nach 6.3-4 (a) ist $\widetilde{f}$ ein Extrempunkt von $\widetilde{K}_1^{d_{\| \|_\infty}}(\widetilde{0})$.

Zum Hinweis:

$$\begin{aligned} |a+b| = |a| + |b| \quad &\iff \quad |a+b|^2 = (|a| + |b|)^2 \\ &\iff \quad a^2 + b^2 + 2ab = a^2 + b^2 + 2|a|\,|b| \\ &\iff \quad ab = |a|\,|b| \end{aligned}$$

(s. auch 5.4, A 4).

Lösung zu A 17

„$\subseteq$" gilt gem. A 13 (a).

„$\supseteq$" Sei $\widetilde{f} \in L^q(X, \mathcal{A}, \mu)$, $\|\widetilde{f}\|_q = 1$, $\widetilde{g_1}, \widetilde{g_2} \in \widetilde{K}_1^{d_{\| \|_q}}(\widetilde{0})$, $r \in]0,1[$. Für die Konvexkombination $\widetilde{f} = r\widetilde{g_1} + (1-r)\widetilde{g_2}$ gilt

$$1 = \|\widetilde{f}\|_q = \|r\widetilde{g_1} + (1-r)\widetilde{g_2}\|_q \leq r\|\widetilde{g_1}\|_q + (1-r)\|\widetilde{g_2}\|_q \leq 1,$$

also $\|\widetilde{g_1}\|_q = \|\widetilde{g_2}\|_q = 1$ und $\|r\widetilde{g_1} + (1-r)\widetilde{g_2}\|_q = \|r\widetilde{g_1}\|_q + \|(1-r)\widetilde{g_2}\|_q$. Gem. 5.4, A 4 existiert ein $t \in \mathbb{R}^+$ mit $t(rg_1) =_\mu (1-r)g_2$ oder $rg_1 =_\mu t(1-r)g_2$, also $sr\widetilde{g_1} = (1-r)\widetilde{g_2}$ für ein $s > 0$ $[\![\widetilde{g_1} \neq \widetilde{0} \neq \widetilde{g_2},\ 0 < r < 1]\!]$. Aus $sr\|\widetilde{g_1}\|_q = (1-r)\|\widetilde{g_2}\|_q$ folgt $s = \frac{1-r}{r}$ und weiter $\widetilde{g_1} = \frac{1-r}{sr}\widetilde{g_2} = \widetilde{g_2}$. 6.3-4 (a) ergibt $\widetilde{f} \in \operatorname{ext} \widetilde{K}_1^{d_{\| \|_q}}(\widetilde{0})$.

Lösung zu A 18

Nach den Anmerkungen im Anschluß an 6.3-5.1 (Seite 510) genügt $\operatorname{ext} \widetilde{K}_1^{d_{\| \|_\infty}}(0) = \emptyset$ in $(c_0, \| \|_\infty)$ zum Beweis:

Sei $(x_j)_j \in \widetilde{K}_1^{d_{\|\ \|_\infty}}(0)$, also $-1 \leq x_j \leq 1$ für jedes $j \in \mathbb{N}$, und $(x_j)_j \to_{\tau_{|\,|}} 0$. Man wähle ein $j_0 \in \mathbb{N}$ mit $-1 < x_{j_0} < 1$ und definiere $(y_j)_j$, $(z_j)_j \in c_0$ durch $y_j := z_j := x_j$ für alle $j \neq j_0$ und

$$y_{j_0} := \begin{cases} x_{j_0} + \frac{1}{2}(1 - x_{j_0}) & \text{für } x_{j_0} \geq 0 \\ x_{j_0} + \frac{1}{2}(1 + x_{j_0}) & \text{für } x_{j_0} < 0, \end{cases} \qquad z_{j_0} := \begin{cases} x_{j_0} - \frac{1}{2}(1 - x_{j_0}) & \text{für } x_{j_0} \geq 0 \\ x_{j_0} - \frac{1}{2}(1 + x_{j_0}) & \text{für } x_{j_0} < 0. \end{cases}$$

Dann ist $(y_j)_j \neq (x_j)_j \neq (z_j)_j$, $(x_j)_j = \frac{1}{2}(y_j)_j + \frac{1}{2}(z_j)_j$ und $\|(y_j)_j\|_\infty \leq 1$, $\|(z_j)_j\|_\infty \leq 1$. Es folgt $(x_j)_j \notin \operatorname{ext} \widetilde{K}_1^{d_{\|\ \|_\infty}}(0)$ ⟦ 6.3-4 (a) ⟧.

Lösung zu A 19

(a) Da φ injektiv ist, gilt $\varphi[C\backslash\{v\}] = \varphi[C]\backslash\{\varphi(v)\}$ für jedes $v \in V$. Mit 6.3-4 (a) folgt daher für alle $v \in C$:

$$\begin{aligned} \varphi(v) \in \operatorname{ext}\varphi[C] &\iff \varphi[C]\backslash\{\varphi(v)\} = \varphi[C\backslash\{v\}] \text{ konvex} \\ &\iff C\backslash\{v\} \text{ konvex } [\![(2.4,14)\ (f)]\!] \\ &\iff v \in \operatorname{ext} C \\ &\iff \varphi(v) \in \varphi[\operatorname{ext} C]. \end{aligned}$$

(b) Sei $w \in \operatorname{ext}\varphi[C]$, etwa $v \in C$ mit $\varphi(v) = w$. Die Menge $C_{\varphi,w} := \{\, x \in C \mid \varphi(x) = w \,\}$ ist dann nichtleer, konvex ⟦ (2.4,14) (f) ⟧ und kompakt in (V, τ) ⟦ $C_{\varphi,w} \in \alpha_{\tau|C}$, C kompakt ⟧. Nach 6.3-5.1 existiert ein $x_0 \in \operatorname{ext} C_{\varphi,w}$, und gem. 6.3-4 (a) gilt

$$\forall\, x, x' \in C_{\varphi,w}\colon\ x_0 = \frac{1}{2}(x + x') \Rightarrow x = x' = x_0. \qquad (*)$$

Es folgt $x_0 \in \operatorname{ext} C$, denn für alle y, $y' \in C$ mit $x_0 = \frac{1}{2}(y + y')$ ist $w = \varphi(x_0) = \frac{1}{2}(\varphi(y) + \varphi(y'))$, also $\varphi(y) = \varphi(y') = w$ ⟦ $w \in \operatorname{ext}\varphi[C]$ ⟧, d. h. y, $y' \in C_{\varphi,w}$, und $y = y' = x_0$ nach $(*)$. Man erhält somit $w = \varphi(x_0) \in \varphi[\operatorname{ext} C]$.

$\operatorname{ext}\varphi[C] \supseteq \varphi[\operatorname{ext} C]$ gilt i. a. *nicht*, wie das Beispiel der durch die Punkte $(-1,0)$, $(1,0)$, $(0,1)$ in $(\mathbb{R}^2, \tau_{\|\ \|_2})$ bestimmten abgeschlossenen Dreiecksmenge C unter der kanonischen Projektion

$$\varphi : \begin{cases} \mathbb{R}^2 \longrightarrow \mathbb{R} \\ (x,y) \longmapsto x \end{cases}$$

zeigt ⟦ $\varphi((0,1)) \notin \operatorname{ext}\varphi[C]$ ⟧.

Lösung zu A 20

$\overline{A^{\text{konv}}}^{\tau}$ ist konvex ⟦ Anmerkung an 2.4-18, Seite 135 ⟧ (und kompakt). Sei $v \in \operatorname{ext}\overline{A^{\text{konv}}}^{\tau}$. Gezeigt wird $v \in \overline{A}^{\tau}$ $(= A)$:

Da $A \subseteq \overline{A^{\text{konv}}}^{\tau}$ abgeschlossen, also kompakt in (V, τ) ist, gibt es zu jeder kreisförmigen, konvexen, abgeschlossenen Umgebung $U \in \mathcal{U}_\tau(0)$ Elemente $a_1, \dots, a_n \in A$ mit

$$A \subseteq \bigcup\{\, a_j + U \mid 1 \leq j \leq n \,\}, \qquad U_j := A \cap (a_j + U) \quad \text{für } j = 1, \dots, n,$$

also $A = \bigcup\{U_j \mid 1 \leq j \leq n\}$. Für die kompakten konvexen Mengen $W_j := \overline{\overline{U_j}^{\text{konv}}}^{\mathcal{T}}$ erhält man

$$\overline{\bigcup_{j=1}^{n} W_j}^{\text{konv}} = \overline{\bigcup_{j=1}^{n} \overline{\overline{U_j}^{\text{konv}}}^{\mathcal{T}}}^{\text{konv}} = \overline{\overline{\bigcup_{j=1}^{n} U_j}^{\text{konv}}}^{\mathcal{T}} \quad [\![4.3, \text{A } 23]\!]$$
$$= \overline{\overline{A}^{\text{konv}}}^{\mathcal{T}}.$$

Nach 2.4, A 34 (c) existieren $r_1, \ldots, r_n \in \mathbb{R}^+$, $w_j \in W_j$ für $j \in \{1, \ldots, n\}$ mit $\sum_{j=1}^{n} r_j = 1$ und $v = \sum_{j=1}^{n} r_j w_j$. Da v Extrempunkt von $\overline{\overline{A}^{\text{konv}}}^{\mathcal{T}}$, $W_j \subseteq \overline{\overline{A}^{\text{konv}}}^{\mathcal{T}}$ für jedes $j \in \{1, \ldots, n\}$ ist, muß gemäß A 12 (b) $v = w_{j_0}$, also $v \in \overline{\overline{A \cap (a_{j_0} + U)}^{\text{konv}}}^{\mathcal{T}} \subseteq a_{j_0} + U$ [[konvex und abgeschlossen!]] für ein $j_0 \in \{1, \ldots, n\}$ gelten. Es folgt $a_{j_0} \in v - U = v + U$, also $(v + U) \cap A \neq \emptyset$.

Lösungen zu 6.4

Lösung zu A 1

Offensichtlich gilt $(\overline{S}^{\mathcal{T}})^{\perp} \subseteq S^{\perp}$ und $^{\perp}(\overline{\Phi}^{\sigma(V^{s_{\mathcal{T}}}, V)}) \subseteq {}^{\perp}\Phi$. Umgekehrt sei $v \in \overline{S}^{\mathcal{T}}$, $\varphi \in S^{\perp}$, $\psi \in \overline{\Phi}^{\sigma(V^{s_{\mathcal{T}}}, V)}$ und $w \in {}^{\perp}\Phi$. Man wähle Netze $(v_i)_i \in S^I$, $(\psi_j)_j \in \Phi^J$ mit $(v_i)_i \to_{\mathcal{T}} v$ und $(\psi_j)_j \to_{\sigma(V^{s_{\mathcal{T}}}, V)} \psi$. Da $\varphi(v_i) = 0$, $\psi_j(w) = 0$ für jedes $i \in I$, $j \in J$ ist, folgt $\varphi(v) = 0$ [[φ stetig]], also $\varphi \in (\overline{S}^{\mathcal{T}})^{\perp}$, und $\psi(w) = 0$ [[punktweise Konvergenz]], also $w \in {}^{\perp}(\overline{\Phi}^{\sigma(V^{s_{\mathcal{T}}}, V)})$.

Lösung zu A 2

(a) $M_{\widetilde{h}}$ ist wohldefiniert, denn $hf \in \mathcal{L}^0(X, \mathcal{A}, \mu)$ [[5.2-2.1 (b)]] und

$$\int |hf|^2 = \int |h|^2 |f|^2 \leq \|\widetilde{h}\|_{\infty}^2 \int |f|^2 = \|\widetilde{h}\|_{\infty}^2 \|\widetilde{f}\|_2^2 < \infty.$$

$M_{\widetilde{h}}$ ist offensichtlich $\mathbb{R}$-linear und wegen $\|M_{\widetilde{h}}(\widetilde{f})\|_2^2 = \int |h|^2 |f|^2 \leq \|\widetilde{h}\|_{\infty}^2 \|\widetilde{f}\|_2^2$ auch stetig mit $\|M_{\widetilde{h}}\|_{\text{op}} \leq \|\widetilde{h}\|_{\infty}$.

(b) Nach 6.1-6.1 ist $\Phi : L^2(X, \mathcal{A}, \mu) \longrightarrow L^2(X, \mathcal{A}, \mu)^{s_{\|\ \|_2}}$, $\Phi(\widetilde{f})(\widetilde{g}) := \int fg$, ein normerhaltender $\mathbb{R}$-linearer Isomorphismus bzgl. $(\|\ \|_2, \|\ \|_{\text{op}})$. Sei $\varphi \in L^2(X, \mathcal{A}, \mu)^{s_{\|\ \|_2}}$, etwa $\varphi = \Phi(\widetilde{g})$ mit $\widetilde{g} \in L^2(X, \mathcal{A}, \mu)$. Für jedes $\widetilde{f} \in L^2(X, \mathcal{A}, \mu)$ gilt dann

$$M'_{\widetilde{h}}(\varphi)(\widetilde{f}) = \varphi(M_{\widetilde{h}}(\widetilde{f})) = \Phi(\widetilde{g})(M_{\widetilde{h}}(\widetilde{f})) = \int fhg = \Phi(\widetilde{hg})(\widetilde{f}) = \Phi(M_{\widetilde{h}}(\widetilde{g}))(\widetilde{f}),$$

also ist $M'_{\widetilde{h}}(\Phi(\widetilde{g})) = \Phi(M_{\widetilde{h}}(\widetilde{g}))$ für jedes $\widetilde{g} \in L^2(X, \mathcal{A}, \mu)$, d. h. $M'_{\widetilde{h}} \circ \Phi = \Phi \circ M_{\widetilde{h}}$.

Identifiziert man $L^2(X, \mathcal{A}, \mu)$ mit $L^2(X, \mathcal{A}, \mu)^{s_{\|\ \|_2}}$ (über Φ), so hat $M'_{\widetilde{h}}$ dieselbe Wirkung wie $M_{\widetilde{h}}$.

Lösung zu A 3

(a) M_y ist wohldefiniert, denn $\|M_y(x)\|_q^q = \sum_{j=0}^{\infty}|x_j y_j|^q \leq \|y\|_\infty^q \|x\|_q^q < \infty$. M_y ist offensichtlich $\mathbb{C}$-linear und stetig mit $\|M_y\|_{\mathrm{op}} \leq \|y\|_\infty$.

(b) Für $r \in]1,\infty]$, $(1/q) + (1/r) = 1$ ist

$$\Phi : \begin{cases} \ell^r \longrightarrow (\ell^q)^{\mathrm{s}\|\ \|_q} \\ (z_j)_j \longmapsto \left((x_j)_j \mapsto \sum_{j=0}^{\infty} x_j z_j\right) \end{cases}$$

gem. (6.1,7) (b), (c) ein $(\|\ \|_r, \|\ \|_{\mathrm{op}})$-normerhaltender $\mathbb{C}$-linearer Isomorphismus.

Sei $\varphi \in (\ell^q)^{\mathrm{s}\|\ \|_q}$, etwa $\Phi((z_j)_j) = \varphi$ mit $(z_j)_j \in \ell^r$. Für jedes $(x_j)_j \in \ell^q$ gilt dann

$$\begin{aligned} M_y'(\varphi)((x_j)_j) &= \varphi\big(M_y((x_j)_j)\big) = \Phi((z_j)_j)((x_j y_j)_j) = \sum_{j=0}^{\infty} x_j y_j z_j \\ &= \Phi((y_j z_j)_j)((x_j)_j) = \Phi\big(M_y((z_j)_j)\big)((x_j)_j), \end{aligned}$$

also ist $M_y'\big(\Phi((z_j)_j)\big) = \Phi\big(M_y((z_j)_j)\big)$ für jedes $(z_j)_j \in \ell^r$, d. h. $M_y' \circ \Phi = \Phi \circ M_y$. Identifiziert man ℓ^r mit $(\ell^q)^{\mathrm{s}\|\ \|_q}$ (über Φ), so wirkt M_y' wie M_y.

Lösung zu A 4

(a) Für jedes $v \in V$, $\psi \in W^{\mathrm{s}\|\ \|_W}$ gilt:

$$\big((T')' \circ \Gamma_V(v)\big)(\psi) = \Gamma_V(v)(T'(\psi)) = T'(\psi)(v) = \psi(T(v)) = \Gamma_W(T(v))(\psi),$$

also $(T')' \circ \Gamma_V = \Gamma_W \circ T$.

(b) *(i) $\Rightarrow$ (ii)* Aus $S = T'$ folgt $S' = (T')'$ und

$$S'\big[\Gamma_V[V]\big] = (T')'\big[\Gamma_V[V]\big] = \Gamma_W \circ T[V] \subseteq \Gamma_W[W] \qquad [\![(a)]\!].$$

(ii) $\Rightarrow$ (i) Es ist $S' \in L\big((V^{\mathrm{s}\|\ \|_V})^{\mathrm{s}\|\ \|_{\mathrm{op}}}, (W^{\mathrm{s}\|\ \|_W})^{\mathrm{s}\|\ \|_{\mathrm{op}}}\big)$, also der lineare Operator $T := \Gamma_W^{-1} \circ S' \circ \Gamma_V \in L(V,W)$ $[\![$ wohldefiniert gem. (ii) $]\!]$. Für alle $v \in V$, $\psi \in W^{\mathrm{s}\|\ \|_W}$ erhält man $T' = S$ aus

$$\begin{aligned} T'(\psi)(v) &= \psi(T(v)) = \psi(\Gamma_W^{-1} \circ S' \circ \Gamma_V(v)) = \Gamma_W(\Gamma_W^{-1} \circ S' \circ \Gamma_V(v))(\psi) \\ &= (S' \circ \Gamma_V(v))(\psi) = \Gamma_V(v)(S(\psi)) = S(\psi)(v), \end{aligned}$$

Lösung zu A 5

(a) $\operatorname{Ker} T' = T[V]^\perp \in \alpha_{\sigma(W^{\mathrm{s}\|\ \|_W}, W)}$ gem. 6.4-3 (c) (ii), 6.4-1 (a).

(b) *(i) $\Rightarrow$ (ii)* $W = \overline{T[V]}^{\mathcal{T}\|\ \|_W} = {}^\perp(\operatorname{Ker} T')$ $[\![$ 6.4-3 (c) (i) $]\!]$ ergibt $\operatorname{Ker} T' = \{0\}$, weil $\Gamma_W[W]$ Punkte in $W^{\mathrm{s}\|\ \|_W}$ trennt.

(ii) $\Rightarrow$ (i) $\overline{T[V]}^{\mathcal{T}\|\ \|_W} = {}^\perp(\operatorname{Ker} T') = {}^\perp\{0\} = W$.

(c) Es gilt

$$\begin{aligned} T \text{ injektiv} &\iff \{0\} = \operatorname{Ker} T \iff (\operatorname{Ker} T)^\perp = V^{\mathrm{s}\|\ \|_V} && [\![6.1\text{-}12.1 \text{ (d)}]\!] \\ &\iff \overline{T'\big[W^{\mathrm{s}\|\ \|_W}\big]}^{\sigma(V^{\mathrm{s}\|\ \|_V}, V)} = V^{\mathrm{s}\|\ \|_V} && [\![6.4\text{-}3 \text{ (c) (i)}]\!]. \end{aligned}$$

Lösung zu A 6

Zunächst gilt $T'(\psi) = \widetilde{T}'\big(\psi\restriction\overline{T[V]}^{\tau_{\|\ \|_W}}\big)$ für jedes $\psi \in W^{s_{\|\ \|_W}}$ wegen

$$T'(\psi)(v) = \psi(T(v)) = \big(\psi\restriction\overline{T[V]}^{\tau_{\|\ \|_W}}\big)\big(\widetilde{T}(v)\big) = \widetilde{T}'\big(\psi\restriction\overline{T[V]}^{\tau_{\|\ \|_W}}\big)(v)$$

für alle $v \in V$. Hiermit folgt direkt „$\subseteq$". Umgekehrt sei $\psi \in \big(\overline{T[V]}^{\tau_{\|\ \|_W}}\big)^{s_{\|\ \|_W\restriction\cdots}}$ und gem. 6.1-12.1 (a) $\Psi \in W^{s_{\|\ \|_W}}$ eine Fortsetzung von ψ. Man erhält ⟦ s. o. ⟧

$$\widetilde{T}'(\psi) = \widetilde{T}'\big(\Psi\restriction\overline{T[V]}^{\tau_{\|\ \|_W}}\big) = T'(\Psi) \in T'\big[W^{s_{\|\ \|_W}}\big].$$

Lösung zu A 7

(a) *(i)* $\Rightarrow$ *(ii)* ist klar.

(ii) $\Rightarrow$ *(i)* Sei $B \subseteq V$ beschränkt in (V, N), etwa $B \subseteq \widetilde{K}_\varepsilon^{d_N}(0)$ für ein $\varepsilon > 0$, also $\frac{1}{\varepsilon}B \subseteq \widetilde{K}_1^{d_N}(0)$. Es folgt: $\overline{T[B]}^{\tau_M} \subseteq \varepsilon\overline{T\big[\widetilde{K}_1^{d_N}(0)\big]}^{\tau_M}$ ist kompakt in (W, τ_M).

(b) Keine der Gleichungen ist richtig:

Für $\dim_K V \notin \mathbb{N}$ ist $\mathrm{id}_V \in L(V)$, jedoch $\overline{\mathrm{id}_V\big[\widetilde{K}_1^{d_N}(0)\big]}^{\tau_N} = \widetilde{K}_1^{d_N}(0)$ nicht kompakt in (V, N), also $\mathcal{K}(V) \subsetneqq L(V)$. Der $\mathbb{C}$-lineare Operator

$$T : \begin{cases} \ell^2 \longrightarrow \ell^2 \\ (x_j)_j \longmapsto \big(\frac{1}{j+1}x_j\big)_j \end{cases}$$

ist stetig ⟦ $\|T((x_j)_j)\|_2 = \big(\sum_{j=0}^\infty \frac{1}{(j+1)^2}|x_j|^2\big)^{1/2} \leq \|(x_j)_j\|_2$ ⟧ und injektiv wegen

$$\big(\tfrac{1}{j+1}x_j\big)_j = \big(\tfrac{1}{j+1}y_j\big)_j \quad\Longrightarrow\quad (x_j)_j = (y_j)_j,$$

also $T \notin \mathcal{E}(\ell^2)$. Dagegen ist T kompakt, denn

$$T\big[\widetilde{K}_1^{d_{\|\ \|_2}}(0)\big] \subseteq \big\{\,(x_j)_j \in \ell^2 \,\big|\, \forall\, j \in \mathbb{N}\colon\ |x_j| \leq \tfrac{1}{j+1}\,\big\},$$

und diese Obermenge ist beschränkt ⟦ $\|(x_j)_j\|_2 \leq \big(\sum_{j=0}^\infty \frac{1}{(j+1)^2}\big)^{1/2}$ ⟧ und abgeschlossen in $\big(\ell^2, \tau_{\|\ \|_2}\big)$ ⟦ (1.2,1) (b) ⟧ und erfüllt die Forderung

$$\forall\, \varepsilon > 0\ \exists\, j_0 \in \mathbb{N}\ \forall\,(x_j)_j\colon\ \sum_{j=j_0}^\infty |x_j|^2 = \sum_{j=j_0}^\infty \frac{1}{(j+1)^2} < \varepsilon.$$

Nach 4.1-8 ist $\big\{\,(x_j)_j \in \ell^2 \,\big|\, \forall\, j \in \mathbb{N}\colon\ |x_j| \leq \frac{1}{j+1}\,\big\}$ und damit auch $\overline{T\big[\widetilde{K}_1^{d_{\|\ \|_2}}(0)\big]}^{\tau_{\|\ \|_2}}$ kompakt in $\big(\ell^2, \tau_{\|\ \|_2}\big)$.

(c) $(T[V], M\restriction T[V])$ ist ein Banach-Raum, $T : V \longrightarrow T[V]$ daher ein offener Operator ⟦ 6.2-1 (b) ⟧ und $(T[V], M\restriction T[V])$ lokalkompakt ⟦ $\overline{T[K_\varepsilon^{d_N}(0)]}^{\tau_M} \subseteq K_1^{d_M}(0) \cap T[V]$ für ein $\varepsilon > 0$ ⟧. Nach 4.2-2.1 folgt $\dim_K T[V] < \infty$.

Lösung zu A 8

(a) $\mathcal{K}(V,W) \subseteq L(V,W)$ folgt mit 6.1-2 (b) aus der Lokalbeschränktheit von (V,τ) und (W,σ). Es seien $a, b \in K$, $S, T \in \mathcal{E}(V,W)$, $P, R \in \mathcal{K}(V,W)$ und $B \subseteq V$ beschränkt in (V,τ). Dann gilt:

$$\dim_K(aS + bT)[V] \leq \dim_K S[V] + \dim_K T[V] < \infty,$$

$(aP + bR)[B] \subseteq a\overline{P[B]}^{\sigma} + b\overline{R[B]}^{\sigma}$ kompakt, $\overline{(aP+bR)[B]}^{\sigma} \subseteq \overline{a\overline{P[B]}^{\sigma} + b\overline{R[B]}^{\sigma}}^{\sigma}$ also kompakt in (W,σ) ⟦(4.1,2) (c); 2.5, A 21 (c)⟧.

(b) Es sei $S \in L(V,W)$, $T \in L(W,Z)$, also $T \circ S \in L(V,Z)$. Für $T \in \mathcal{E}(W,Z)$ ist $\dim_K(T \circ S)[V] \leq \dim_K T[W] < \infty$, und für $S \in \mathcal{E}(V,W)$, etwa $S[V] = \overline{\{S(v_1), \ldots, S(v_m)\}}^{\text{lin}}$, ist auch $T \circ S[V] \subseteq \overline{\{T \circ S(v_1), \ldots, T \circ S(v_m)\}}^{\text{lin}}$ endlichdimensional.

(c) Sei $B \subseteq V$ beschränkt in (V,τ). Für $S \in \mathcal{K}(V,W)$ ist $\overline{S[B]}^{\sigma}$ kompakt in (W,σ), also $T\big[\overline{S[B]}^{\sigma}\big]$ kompakt in (Z,ϱ). Es folgt: $\overline{T \circ S[B]}^{\varrho} \subseteq \overline{T\big[\overline{S[B]}^{\sigma}\big]}^{\varrho}$ kompakt in (Z,ϱ) ⟦(4.1,2) (c); 2.5, A 21 (c)⟧. Für $T \in \mathcal{K}(W,Z)$ ist $\overline{T\big[S[B]\big]}^{\varrho}$ kompakt in (Z,ϱ), denn $S[B]$ ist beschränkt in (W,σ).

Lösung zu A 9

Für jedes $j \in \mathbb{N}$ ist der $\mathbb{R}$-lineare Operator $S_j : W \longrightarrow W$,

$$S_j((x_k)_k) := \sum_{k=0}^{j} x_k(\delta_{k,i})_i,$$

stetig ⟦$\|S_j((x_k)_k)\|_W \leq \|(x_k)_k\|_W$⟧ und von endlichem Rang ⟦$\dim_{\mathbb{R}} S_j[W] \leq j+1$⟧. Wegen $(S_j((x_k)_k))_j \to_{\tau_{\|\ \|_W}} (x_k)_k$ für jedes $(x_k)_k \in W$ folgt die Behauptung gem. 6.4-7.

Lösung zu A 10

Für jedes $j \in \mathbb{N}\backslash\{0\}$ sei $S_j : C_{\mathbb{R}}([0,1]) \longrightarrow C_{\mathbb{R}}([0,1])$ definiert durch $S_j(f) := B_{j,f}{\restriction}[0,1]$. S_j ist $\mathbb{R}$-linear, stetig wegen

$$|S_j(f)(t)| = |B_{j,f}(t)| \leq \sum_{k=0}^{j} \Big|f\Big(\frac{k}{j}\Big)\Big| \binom{j}{k} \leq (j+1)\|f\|_\infty \max\Big\{ \binom{j}{k} \;\Big|\; 0 \leq k \leq j \Big\}$$

und somit von endlichem Rang ⟦$S_j[C_{\mathbb{R}}([0,1])] \subseteq \{\, p{\restriction}[0,1] \mid p(x) \in \mathbb{R}[x],\ \operatorname{grad} p(x) \leq j \,\}$⟧ für jedes $j \in \mathbb{N}\backslash\{0\}$. Mit der Konvergenz $(S_j(f))_{j\geq 1} = (B_{j,f}{\restriction}[0,1])_{j\geq 1} \to_{\tau_{\|\ \|_\infty}} f$ folgt die Dichtigkeit nach 6.4-7.

Lösung zu A 11

(a)
$$\begin{aligned} T^{\square}(x) = y \quad &\iff \quad R_V^{-1} \circ T' \circ R_W(x) = y \quad \iff \quad T' \circ R_W(x) = R_V(y) \\ &\iff \quad \forall\, z \in V\colon\ (T' \circ R_W(x))(z) = (R_V(y))(z) \\ &\iff \quad \forall\, z \in V\colon\ R_W(x)(T(z)) = \langle z, y\rangle_V \\ &\iff \quad \forall\, z \in V\colon\ \langle T(z), x\rangle_W = \langle z, y\rangle_V. \end{aligned}$$

(b) Für alle $x \in W,\ y \in V$ gilt:

$$\begin{aligned}\big((T^\square)' \circ R_V(y)\big)(x) &= R_V(y)(T^\square(x)) = R_V(y)(R_V^{-1} \circ T' \circ R_W(x))\\ &= R_V(y)(R_V^{-1}(R_W(x) \circ T))\\ &\quad [\![\, T' \circ R_W(x) = T'(R_W(x)) = R_W(x) \circ T \,]\!]\\ &= \langle R_V^{-1}(R_W(x) \circ T), y\rangle_V = \overline{\langle y, R_V^{-1}(R_W(x) \circ T)\rangle_V}\\ &= \overline{R_V\big(R_V^{-1}(R_W(x) \circ T)\big)(y)} = \overline{R_W(x) \circ T(y)}\\ &= \overline{\langle T(y), x\rangle_W} = \langle x, T(y)\rangle_W = R_W(T(y))(x).\end{aligned}$$

Es folgt $(T^\square)' \circ R_V(y) = R_W(T(y))$, also $(T^\square)' \circ R_V = R_W \circ T$.

Lösung zu A 12

Für alle $a, b \in \ell^2$ gilt gem. A 11 (a):

$$\langle a, \varrho^\square(b)\rangle_2 = \langle \varrho(a), b\rangle_2 = \sum_{j=1}^{\infty} a_{j-1}\overline{b_j} = \sum_{j=0}^{\infty} a_j \overline{b_{j+1}} = \langle a, \widetilde{b}\rangle_2,$$

wobei $\widetilde{b_j} := b_{j+1}$ für jedes $j \in \mathbb{N}$ gesetzt wurde. Es folgt $\varrho^\square(b) = \widetilde{b} = \lambda(b)$ für jedes $b \in \ell^2$ und somit $\varrho^\square = \lambda$ (Linksshift). Die ϱ darstellende Matrix M_ϱ errechnet sich aus

$$M_\varrho\big((\delta_{k,j})_j, (\delta_{l,j})_j\big) = \langle \varrho((\delta_{k,j})_j), (\delta_{l,j})_j\rangle_2 = \delta_{k+1,l}$$

für alle $k, l \in \mathbb{N}$ zu $M_\varrho = (\delta_{k+1,l})_{k,l\in\mathbb{N}}$, also ist $M_{\varrho^\square} = (\delta_{l+1,k})_{k,l}$ [[(6.4,5)]].

Lösung zu A 13

(a) Die Summierbarkeit von $(k_b\langle v, b\rangle b)_{b\in B}$ folgt mit $(k_b\langle v, b\rangle)_{b\in B} \in L^2(B)$ [[3.6-2.1 (a)]] aus 3.6-5, T ist also wohldefiniert. Die K-Linearität von T ergibt sich gem.

$$\begin{aligned}T(\alpha v + \beta w) &= \sum_{b\in B} k_b\langle \alpha v + \beta w, b\rangle b = \sum_{b\in B}(\alpha k_b\langle v, b\rangle b + \beta k_b\langle w, b\rangle b)\\ &= \alpha \sum_{b\in B} k_b\langle v, b\rangle b + \beta \sum_{b\in B} k_b\langle w, b\rangle b\\ &= \alpha T(v) + \beta T(w)\end{aligned}$$

für alle $\alpha, \beta \in K,\ v, w \in V$.

(b) Für jedes $E \in \mathcal{P}_e B$ sei $T_E : V \longrightarrow V$ definiert durch

$$T_E(v) := \sum_{b\in E} k_b\langle v, b\rangle b.$$

Dann ist $T_E \in \mathcal{E}(V)$, und für jedes $v \in V$ gilt

$$\|(T - T_E)(v)\|^2_{\langle\,\rangle} = \Big\| \sum_{b\in B_V\setminus E} k_b\langle v, b\rangle b \Big\|^2_{\langle\,\rangle} \qquad [\![\, 3.5\text{-}2 \,]\!]$$

$$= \sum_{b \in B_V \setminus E} |k_b|^2 |\langle v, b \rangle|^2 \qquad [\![\, 3.6\text{-}2\,(a) \,]\!]$$

$$\leq \Big(\sup_{b \in B_V \setminus E} |k_b|^2 \Big) \sum_{b \in B_V \setminus E} |\langle v, b \rangle|^2 \qquad [\![\, 3.5\text{-}5\,(a) \,]\!]$$

$$\leq \Big(\sup_{b \in B_V \setminus E} |k_b|^2 \Big) \|v\|^2_{\langle\,\rangle} \qquad [\![\, 3.6\text{-}2.1\,(a) \,]\!],$$

also $T - T_E \in L(V)$ mit $\|T - T_E\|_{\text{op}} \leq \sup_{b \in B_V \setminus E} |k_b|$. Es folgt (nach Voraussetzung) $(T_E)_{E \in \mathcal{P}_e B} \to_{\tau_{\|\ \|_{\text{op}}}} T$, und nach 6.4-6 gehört T zu $\mathcal{K}(V)$.

Lösung zu A 14

Für alle $T,\ S \in L(V, W)$, $T \neq S$, existiert ein $b \in B_V$ mit $T(b) \neq S(b)$ $[\![$ sonst wäre $T(x) = \sum_{b \in B_V} \langle x, b \rangle_V T(b) = \sum_{b \in B_V} \langle x, b \rangle_V S(b) = S(x)$ für jedes $x \in V$ $]\!]$ und nach 1.1-7 (b) ein $e \in B_W$ mit $\langle T(b), e \rangle_W \neq \langle S(b), e \rangle_W$. Es gilt daher $M_T((b, e)) \neq M_S((b, e))$.

Anhang

1 Einige Bezeichnungen und Rechenregeln der Naiven Mengenlehre

1-1 Zahlbereiche
$\mathbb{N}$ sei die Menge der natürlichen Zahlen (einschließlich 0), $\mathbb{Z}$, $\mathbb{Q}$, $\mathbb{R}$, $\mathbb{C}$ die der ganzen, rationalen, reellen bzw. komplexen Zahlen, $(\mathbb{N},+)$, $(\mathbb{N},\cdot)$ sind Halbgruppen mit neutralem Element 0 bzw. 1, $(\mathbb{Z},+)$ ist eine Gruppe, $(\mathbb{Q},+,\cdot)$, $(\mathbb{R},+,\cdot)$ und $(\mathbb{C},+,\cdot)$ sind Körper.

Mengen

1-2 A, B seien Mengen.

$A \subseteq B$ (bzw. $B \supseteq A$) :gdw $\forall\, a \in A\colon\ a \in B$ *(Teilmenge)*
(sonst $A \not\subseteq B$ bzw. $B \not\supseteq A$)

$A = B$:gdw $A \subseteq B$ und $B \subseteq A$
(sonst $A \neq B$)

$A \subsetneqq B$ (bzw. $B \supsetneqq A$) :gdw $A \subseteq B$ und $A \neq B$ *(echte Teilmenge)*

Schreibweisen für Mengen: $\{\, x \in A \mid E(x) \,\}$ ist die Menge aller $x \in A$ mit der Eigenschaft E, $\{\, x \mid E(x) \,\}$ die Menge aller x mit der Eigenschaft E, speziell:

$$\{a\} := \{\, x \mid x = a \,\}$$ *(Singleton),*

$$\{a, b\} := \{\, x \mid x = a \text{ oder } x = b \,\}$$ *(ungeordnetes Paar),*

$$\{a_1, \ldots, a_n\} := \{\, x \mid x = a_1 \text{ oder } \ldots \text{ oder } x = a_n \,\}$$ *(ungeordnetes n-Tupel),*

$$\emptyset := \{\, x \mid 1 \neq 1 \,\}$$ *(leere Menge),*

$$\mathcal{P}A := \{\, B \mid B \subseteq A \,\}$$ *(Potenzmenge von A)*

Mengenoperationen

1-3 $\mathcal{A}$ sei eine Menge, deren Elemente Mengen sind.

$$\bigcap \mathcal{A} := \{\, x \mid \forall\, A \in \mathcal{A}\colon\ x \in A \,\}$$ *Durchschnitt* für $\mathcal{A} \neq \emptyset$,

$$\bigcap \mathcal{A} := X \qquad \text{für } \emptyset = \mathcal{A} \subseteq \mathcal{P}X,$$

$$\bigcup \mathcal{A} := \{\, x \mid \exists\, A \in \mathcal{A}\colon\ x \in A \,\} \qquad \textit{Vereinigung} \text{ von } \mathcal{A}$$

Speziell für $\mathcal{A} = \{A, B\}$:

$$A \cap B := \bigcap \mathcal{A}, \qquad A \cup B := \bigcup \mathcal{A},$$

für $\mathcal{A} = \{A_1, \ldots, A_n\}$:

$$\bigcap_{j=1}^{n} A_j := \bigcap \mathcal{A}, \qquad \bigcup_{j=1}^{n} A_j := \bigcup \mathcal{A}.$$

$$A \backslash B := \{\, x \in A \mid x \notin B \,\} \qquad \textit{Differenzmenge (Komplement)} \text{ von } B \text{ zu } A,$$

$$A \mathbin{\triangle} B := (A \backslash B) \cup (B \backslash A) \qquad \textit{symmetrische Differenz} \text{ von } A \text{ und } B$$

A *disjunkt* zu B :gdw $A \cap B = \emptyset$

$\mathcal{A}$ *paarweise disjunkt* :gdw $\forall\, A, B \in \mathcal{A}\colon\ A \neq B \Rightarrow A \cap B = \emptyset$

$\mathcal{A} \subseteq \mathcal{P}A$ *Überdeckung* von A :gdw $A = \bigcup \mathcal{A}$

$\emptyset \neq \mathcal{A} \subseteq \mathcal{P}A$ *Partition* von A :gdw $\emptyset \notin \mathcal{A}$, $\mathcal{A}$ paarweise disjunkt und $A = \bigcup \mathcal{A}$

1-4 Es gilt:

$$A \cup B = B \cup A \qquad \textit{(Kommutativität)}$$

$$(A \cup B) \cup C = A \cup (B \cup C) \qquad \textit{(Assoziativität)}$$

$$A \cap (B \cup C) = (A \cap B) \cup (A \cap C) \qquad \textit{(Distributivität)}$$

$$A \backslash (B \cup C) = (A \backslash B) \cap (A \backslash C) \qquad \textit{(de Morgansche Regel)}$$

Entsprechende Aussagen gelten bei Vertauschung von $\cap$ mit $\cup$. □

Relationen

1-5 $(a, b) := \{\{a\}, \{a, b\}\}$ *geordnetes Paar*

1-6 $(a, b) = (c, d) \iff a = c,\ b = d$ □

1-7 Für Mengen A, B, R bezeichnet $A \times B := \{\, (a, b) \mid a \in A, b \in B \,\}$ das *direkte Produkt von A mit B*,

R *Relation* von A nach B :gdw $R \subseteq A \times B$

Schreibweise hierfür:

$$xRy \quad :\text{gdw} \quad (x, y) \in R$$

$$R[A] := \{\, y \in B \mid \exists\, x \in A\colon\ xRy \,\}$$ *Bild von A bzgl. R,*

$$\mathrm{Vb}(R) := \{\, x \mid \exists\, y\colon\ xRy \,\}$$ *Definitionsbereich (Vorbereich) von R,*

$$\mathrm{Nb}(R) := \{\, y \mid \exists\, x\colon\ xRy \,\}$$ *Bildbereich (Nachbereich) von R,*

$$R[[\mathcal{A}]] := \{\, R[B] \mid B \in \mathcal{A} \,\}$$ für $\mathcal{A} \subseteq \mathcal{P}A$

$$\Delta_A := \{\, (a,a) \mid a \in A \,\}$$ *Diagonale in A*

Relationenoperationen

1-8 R, S seien Relationen, A eine Menge.

$$R \circ S := \{\, (x,z) \mid \exists\, y\colon\ (x,y) \in S \text{ und } (y,z) \in R \,\}$$ *Verkettung von R mit S,*

$$R^{-1} := \{\, (y,x) \mid (x,y) \in R \,\}$$ *Inverse zu R,*

$$R{\restriction}A := R \cap (A \times \mathrm{Nb}(R))$$ *Einschränkung von R auf A*

1-9 Für Relationen R, S, T und Mengen A, B gilt:

$$\mathrm{Vb}(S \circ R) \subseteq \mathrm{Vb}(R), \qquad \mathrm{Nb}(S \circ R) \subseteq \mathrm{Nb}(S),$$

$$(T \circ S) \circ R = T \circ (S \circ R), \qquad S \circ R[A] = S\big[R[A]\big],$$

$$(R^{-1})^{-1} = R, \qquad (S \circ R)^{-1} = R^{-1} \circ S^{-1},$$

$$R[A \cup B] = R[A] \cup R[B], \qquad R[A \cap B] \subseteq R[A] \cap R[B] \quad \text{und}$$

$$R \circ \Delta_{\mathrm{Vb}(R) \cup \mathrm{Nb}(R)} = R = \Delta_{\mathrm{Vb}(R) \cup \mathrm{Nb}(R)} \circ R.$$

□

Äquivalenzrelationen

1-10 Spezielle Relationen $R \subseteq A \times A$:

R reflexiv über A :gdw $\Delta_A \subseteq R$

R total über A :gdw $\forall\, x,y \in A\colon\ (x,y) \in R$ oder $(y,x) \in R$

R symmetrisch :gdw $\forall\, x,y\colon\ (x,y) \in R \Rightarrow (y,x) \in R$ (gdw$R^{-1} \subseteq R$)

R antisymmetrisch :gdw $\forall\, x,y\colon\ (x,y) \in R$ und $(y,x) \in R \Rightarrow x = y$

R transitiv :gdw $\forall\, x,y,z\colon\ (x,y) \in R$ und $(y,z) \in R \Rightarrow (x,z) \in R$

R Äquivalenzrelation auf A :gdw R reflexiv über A, symmetrisch und transitiv

1-11

(a) R sei Äquivalenzrelation auf A, $x_R := \{y \in A \mid (x,y) \in R\} = R[\{x\}]$ für jedes $x \in A$.

$A/_R := \{x_R \mid x \in A\}$ ist eine Partition von A.

(b) $\mathcal{P}$ sei eine Partition von A.

$R_{\mathcal{P}} := \{(x,y) \in A \times A \mid \exists\, P \in \mathcal{P}\colon\ x \in P$ und $y \in P\}$ ist eine Äquivalenzrelation auf A.

(c) S sei eine Äquivalenzrelation auf A, $\mathcal{P}$ eine Partition von A.

$R_{A/_S} = S$ und $A/_{R_{\mathcal{P}}} = \mathcal{P}$. □

Ordnungsrelationen

1-12 Transitive Relationen nennt man auch *Halbordnung*. Sei $A \neq \emptyset$.

R *Ordnung* in A :gdw R reflexiv über A, R transitiv und antisymmetrisch

R *lineare (totale) Ordnung* in A :gdw R Ordnung in A und R total über A

R *Richtung* in A :gdw R reflexiv über A, R transitiv und
$\forall\, x,y \in A\ \exists\, z \in A\colon\ (z,x) \in R$ und $(z,y) \in R$

(A,R) heißt dann *halbgeordnete*, *geordnete*, *linear geordnete* bzw. *gerichtete Menge*, linear geordnete Mengen nennt man auch *Ketten*.

1-13 (A,R) sei eine halbgeordnete Menge, $x \in A$ und $B \subseteq A$.

x *obere Schranke von* B :gdw $\forall\, y \in B\colon\ y = x$ oder $(y,x) \in R$

x *untere Schranke von* B :gdw $\forall\, y \in B\colon\ y = x$ oder $(x,y) \in R$

x *Supremum von* B :gdw x obere Schranke von B und
$\forall\, y \in A\colon\ y$ obere Schranke von $B \Rightarrow y = x$ oder $(x,y) \in R$

x *Infimum von* B :gdw x untere Schranke von B und
$\forall\, y \in A\colon\ y$ untere Schranke von $B \Rightarrow y = x$ oder $(y,x) \in R$

Schreibweisen: $\sup B$ bzw. $\inf B$.

1-14 (A,R) sei eine geordnete Menge.
Jede Teilmenge B von A besitzt höchstens ein Supremum (bzw. Infimum) in A. □

1-15 In halbgeordneten Mengen (A,R) schreibt man für alle $x, y \in A$

$x \leq y$ (bzw. $y \geq x$) :gdw $(x,y) \in R$,

$x < y$ (bzw. $y > x$) :gdw $x \neq y$, $(x,y) \in R$.

x *maximales Element* von $(A, \leq)$:gdw $\forall\, y \in A\colon\; x \leq y \Rightarrow x = y$

x *minimales Element* von $(A, \leq)$:gdw $\forall\, y \in A\colon\; y \leq x \Rightarrow x = y$

x *größtes Element* von $(A, \leq)$:gdw $\forall\, y \in A\colon\; y \leq x$

x *kleinstes Element* von $(A, \leq)$:gdw $\forall\, y \in A\colon\; x \leq y$

1-16 Zornsches Lemma
(A, R) sei eine geordnete Menge, $A \neq \emptyset$. Besitzt jede nichtleere Teilmenge B von A, für die $(B, R{\restriction}B)$ eine Kette ist, eine obere Schranke (in A), so hat (A, R) ein maximales Element. □

1-17 Intervalle

$I \subseteq A$ *Intervall* in $(A, \leq)$:gdw $\forall\, a, b \in I\; \forall\, x \in A\colon\; a \leq x,\; x \leq b \Rightarrow x \in I$

Für alle a, $b \in A$ erhält man in

$]a, b[\; := \{\, x \in A \mid a < x,\; x < b \,\}$ das *offene*,

$]a, b] := \{\, x \in A \mid a < x,\; x \leq b \,\}$ bzw.

$[a, b[\; := \{\, x \in A \mid a \leq x,\; x < b \,\}$ *halboffene* bzw.

$[a, b] := \{\, x \in A \mid a \leq x,\; x \leq b \,\}$ *abgeschlossene Intervall*

mit den *Endpunkten* a, b.

Die gewöhnliche lineare Ordnung $\leq$ auf $\mathbb{R}$ wird kanonisch auf $\mathbb{R}^{**} := \mathbb{R} \cup \{-\infty, \infty\}$ erweitert durch die Festsetzung

$$-\infty < r \quad \text{und} \quad r < \infty \quad \text{für jedes } r \in \mathbb{R}.$$

$\mathbb{R}^+ := [0, \infty[$ und $\mathbb{R}^> :=]0, \infty[$ in $(\mathbb{R}, \leq)$, $\mathbb{Q}^> := \mathbb{Q} \cap \mathbb{R}^>$.

Funktionen

1-18

$f \subseteq A \times B$ *Funktion* :gdw $\forall\, x \in A\; \forall\, y, z \in B\colon\; (x, y), (x, z) \in f \Rightarrow y = z$

Schreibweisen (für $\mathrm{Vb}(f) = A$):

$$f : A \longrightarrow B \quad \text{bzw.} \quad f : \begin{cases} A \longrightarrow B \\ x \longmapsto f(x). \end{cases}$$

Für jedes $x \in A$ ist dabei $f(x)$ dasjenige Element aus B mit der Eigenschaft $(x, f(x)) \in f$. Die Funktion $f : A \longrightarrow B$ heißt *konstant* auf A, sofern $f[A] = \{b\}$ für ein $b \in B$ ist; Schreibweise: $f = c_b$ oder auch $f = b$.

Für jede Teilmenge B von A, jede Funktion $f : B \longrightarrow A$ heißt

$$\mathrm{Fix}\, f := \{\, b \in B \mid f(b) = b \,\}$$

Fixpunktmenge von f.

$\chi_B : A \longrightarrow \{0,1\}$,

$$\chi_B(x) := \begin{cases} 1 & \text{für } x \in B \\ 0 & \text{für } x \in A \backslash B, \end{cases}$$

ist die *charakteristische Funktion* (auf A) zu B.

$\delta : A \times A \longrightarrow \{0,1\}$,

$$\delta((x,y)) := \begin{cases} 1 & \text{für } x = y \\ 0 & \text{für } x \neq y, \end{cases}$$

ist die *Kronecker-Funktion* auf A ($\delta = \chi_{\Delta_A}$), man schreibt $\delta_{x,y} := \delta((x,y))$.

Für jede Äquivalenzrelation R auf A ist

$$\pi_R : \begin{cases} A \longrightarrow A/_R \\ x \longmapsto x_R \end{cases}$$

die *kanonische Projektion* zu R.

Für Mengen A, B sei $B^A := \{\, f \mid f : A \longrightarrow B \,\}$, $B^n := B^{\{1,\dots,n\}}$ für jedes $n \in \mathbb{N}\backslash\{0\}$. Die Funktion $f \in B^A$ heißt

surjektiv	:gdw	$\mathrm{Nb}(f) = B$
injektiv	:gdw	$\forall\, x, y \in A\colon\ f(x) = f(y) \Rightarrow x = y$
bijektiv	:gdw	f injektiv und surjektiv

1-19 A, B, C seien Mengen, $f : A \longrightarrow B$, $g : B \longrightarrow C$. Es gilt

(a) $g \circ f$ surjektiv $\Longrightarrow$ g surjektiv

(b) $g \circ f$ injektiv $\Longrightarrow$ f injektiv □

Für $B \subseteq A$ ist die *Identität* $\mathrm{id}_B := \Delta_B$ *auf* B injektiv.

1-20 Sind A, B, C Mengen, $B \subseteq A$, $f \in C^B$, $g \in C^A$, so heißt

g *Fortsetzung* von f auf A, f *Einschränkung* von g auf B :gdw $f \subseteq g$

Schreibweisen: $g{\restriction}B = f$,

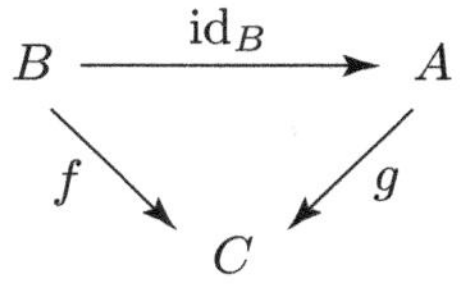

1-21 $\mathcal{K}$ sei eine Menge von Mengen, $(\mathcal{K}, \subseteq)$ eine Kette, M eine Menge, $f_A : A \longrightarrow M$ für jedes $A \in \mathcal{K}$, für alle A, $B \in \mathcal{K}$ mit $B \subseteq A$ gelte $f_A{\restriction}B = f_B$ (d. h. $(\{\, f_A \mid A \in \mathcal{K}\,\}, \subseteq)$ ist eine Kette). Dann ist $\bigcup\{\, f_A \mid A \in \mathcal{K}\,\} : \bigcup\mathcal{K} \longrightarrow M$. □

1-22 Mengenfamilien
Für Mengen A, B nennt man $f \in B^A$ auch *Familie von Elementen aus B mit der Indexmenge A* und schreibt $f = (f_a)_{a\in A}$ oder $f = (\, f_a \mid a \in A\,)$. Ist $B \subseteq \mathcal{P}M$ für eine Menge M, so heißt f auch *Mengenfamilie* oder (durch A) *indiziertes Mengensystem*.

Funktionen f mit $\mathrm{Vb}(f) = \mathbb{N}$ heißen *Folgen* (in $\mathrm{Nb}(f)$).

1-23 Für Mengenfamilien $(f_a)_{a\in A}$ schreibt man

$$\bigcup_{a\in A} f_a := \bigcup\{\, f(a) \mid a \in A\,\} = \bigcup \mathrm{Nb}(f)$$

und für $A \neq \emptyset$ auch

$$\bigcap_{a\in A} f_a := \bigcap\{\, f(a) \mid a \in A\,\} = \bigcap \mathrm{Nb}(f).$$

(Für $A = \emptyset$ setzt man gewöhnlich $\bigcap_{a\in\emptyset} f_a := \bigcup B$, wenn $f \in B^A$ ist und keine Verwechslungsmöglichkeit besteht!)

1-24 Assoziativität
$(i_j)_{j\in J}$ sei eine Mengenfamilie, $K := \bigcup_{j\in J} i_j$, $(f_k)_{k\in K}$ eine Mengenfamilie. Es gilt

$$\bigcup_{k\in K} f_k = \bigcup_{j\in J}\bigcup_{k\in i_j} f_k \quad \text{und} \quad \bigcap_{k\in K} f_k = \bigcap_{j\in J}\bigcap_{k\in i_j} f_k,$$

falls $K \neq \emptyset$ und $i_j \neq \emptyset$ für jedes $j \in J$ ist. □

1-25 de Morgansche Regeln
A, B, M seien Mengen, $A \neq \emptyset$, $B \subseteq \mathcal{P}M$ und $f : A \longrightarrow B$.

$$X \setminus \bigcup_{a\in A} f_a = \bigcap_{a\in A} (X\setminus f_a) \quad \text{und} \quad X \setminus \bigcap_{a\in A} f_a = \bigcup_{a\in A} (X\setminus f_a).$$

□

1-26 A, B, I, J seien Mengen, $I \neq \emptyset$, $J \neq \emptyset$, $f : A \longrightarrow B$, $X : I \longrightarrow \mathcal{P}A$, $Y : J \longrightarrow \mathcal{P}B$, $A' \subseteq A$ und $B' \subseteq B$.

(a) $f\big[\bigcup_{i\in I} X_i\big] = \bigcup_{i\in I} f[X_i]$ und $f\big[\bigcap_{i\in I} X_i\big] \subseteq \bigcap_{i\in I} f[X_i]$

(b) $f^{-1}\big[\bigcup_{i\in I} X_i\big] = \bigcup_{i\in I} f^{-1}[X_i]$ und $f^{-1}\big[\bigcap_{i\in I} X_i\big] = \bigcap_{i\in I} f^{-1}[X_i]$

(c) $f[A\setminus A'] \subseteq f[A]\setminus f[A']$ für injektives f,
$B\setminus f[A'] \subseteq f[A\setminus A']$ für surjektives f,
$f^{-1}[B\setminus B'] = A\setminus f^{-1}[B']$ □

1-27 Ordnung von Funktionen
A sei eine Menge, $(B, \leq)$ und $(C, \preceq)$ halbgeordnete Mengen, $f, g : A \longrightarrow B$, $h : B \longrightarrow C$.

$$f \leq g \quad \text{:gdw} \quad \forall\, x \in A\colon\ f(x) \leq g(x)$$

$$f < g \quad \text{:gdw} \quad \forall\, x \in A\colon\ f(x) < g(x)$$

$$f \lneqq g \quad \text{:gdw} \quad f \leq g \text{ und } f \neq g$$

Achtung: Durch „$f \sqsubseteq g$:gdw $f \leq g$" ist eine Halbordnung auf B^A erklärt, für die

$$f \sqsubset g \quad \Longleftrightarrow \quad f \lneqq g$$

gilt (vgl. 1-15).

h monoton (monoton wachsend) :gdw $\forall\, x, y \in B\colon\ x \leq y \Rightarrow h(x) \preceq h(y)$

h antiton (monoton fallend) :gdw $\forall\, x, y \in B\colon\ x \leq y \Rightarrow h(y) \preceq h(x)$

h streng monoton (streng monoton wachsend) :gdw

$$\forall\, x, y \in B\colon\ x < y \Rightarrow h(x) \prec h(y)$$

h streng antiton (streng monoton fallend) :gdw

$$\forall\, x, y \in B\colon\ x < y \Rightarrow h(y) \prec h(x)$$

1-28 Teilfolgen

f, g seien Folgen, $(\mathbb{N}, \leq)$ die gewöhnlich linear geordnete Menge der natürlichen Zahlen.

g Teilfolge von f :gdw $\exists\, \mu : \mathbb{N} \longrightarrow \mathbb{N}\colon$ μ streng monoton wachsend und $g = f \circ \mu$

1-29 Netze

$(I, \geq)$ sei eine gerichtete Menge, f eine Funktion mit $\mathrm{Vb}(f) = I$. $(f, (I, \geq))$ heißt *Netz (Moore-Smith-Folge)* in $\mathrm{Nb}(f)$; als Schreibweise verwendet man f bzw. $(f_i)_{i \in I}$, sofern keine Mißverständnisse zu befürchten sind. Da $(\mathbb{N}, \geq)$ gerichtete Menge ist, sind Folgen Netze.

1-30 Teilnetze

$(f, (I, \geq))$, $(g, (J, \succeq))$ seien Netze.

g Teilnetz von f :gdw $\exists\, \mu : J \longrightarrow I\colon\ g = f \circ \mu$ und

$$\forall\, i \in I\ \exists\, j \in J\ \forall\, j' \in J\colon\ j \preceq j' \Rightarrow i \leq \mu(j')$$

Teilfolgen von Folgen sind auch Teilnetze.

1-31 Limes superior, Limes inferior

$(I, \geq)$ sei eine gerichtete, $(A, \leq)$ eine halbgeordnete Menge, $f : I \longrightarrow A$ ein Netz und $x \in A$.

x Limes superior von f :gdw

$$\forall\, i \in I\ \exists\, x_i \in A\colon\ x_i = \sup\{\, f(j) \mid j \in I,\ j \geq i \,\} \quad \text{und} \quad x = \inf\{\, x_i \mid i \in I \,\}$$

x Limes inferior von f :gdw

$$\forall\, i \in I\ \exists\, x_i \in A\colon\ x_i = \inf\{\, f(j) \mid j \in I,\ j \geq i \,\} \quad \text{und} \quad x = \sup\{\, x_i \mid i \in I \,\}$$

Schreibweisen: $\limsup_j f(j)$ bzw. $\liminf_j f(j)$.

1-32 Direkte Produkte
$(f_a)_{a\in A}$ sei eine Mengenfamilie.

$$\prod_{a\in A} f_a := \left\{ \varphi \;\middle|\; \varphi : A \longrightarrow \bigcup_{a\in A} f_a,\ \forall\, a \in A\colon\ \varphi(a) \in f_a \right\}$$

heißt *direktes Produkt* von $(f_a)_{a\in A}$, $\varphi : A \longrightarrow \bigcup_{a\in A} f_a$ mit $\varphi(a) \in f_a$ für jedes $a \in A$ eine *Auswahlfunktion* von $(f_a)_{a\in A}$.

$\pi_a : \prod_{a\in A} f_a \longrightarrow f_a$, $\pi_a(\varphi) := \varphi(a)$ heißt a*-te Projektion* für $a \in A$.

1-33 Auswahlaxiom
A sei eine nichtleere Menge, $(f_a)_{a\in A}$ eine Mengenfamilie, $f_a \neq \emptyset$ für jedes $a \in A$. Dann gilt

$$\prod_{a\in A} f_a \neq \emptyset.$$

(Die a-ten Projektionen sind dann surjektiv.)

1-34 Gleichmächtigkeit
A sei eine Menge, $\mathbb{N}_n := \{\, j \in \mathbb{N} \mid 0 \leq j \leq n \,\}$ für jedes $n \in \mathbb{N}$.

A *endlich* :gdw $A = \emptyset$ oder $\exists\, n \in \mathbb{N}\ \exists\, f\colon\ f : \mathbb{N}_n \longrightarrow A,\ f$ bijektiv

$|\emptyset| := 0$ bzw. $|A| := n + 1$ ist dann die *Anzahl der Elemente* in A

A *unendlich* :gdw A nicht endlich

A *abzählbar* :gdw A endlich oder $\exists\, f\colon\ f : \mathbb{N} \longrightarrow A,\ f$ bijektiv

(f heißt dann *Aufzählung von* A.)

A *überabzählbar* :gdw A nicht abzählbar

$\mathcal{P}_e A := \{\, B \mid B \subseteq A,\ B$ endlich $\}$
X, Y seien Mengen.

X *gleichmächtig zu* Y :gdw $\exists\, f : X \longrightarrow Y\colon\ f$ bijektiv

Jedes Intervall in $(\mathbb{R}, \leq)$, das wenigstens zwei Elemente enthält, ist gleichmächtig zu $\mathcal{P}\mathbb{N}$.

1-35 $\mathcal{M}$ sei eine Menge nichtleerer Mengen, $A \subseteq \bigcup \mathcal{M}$.

A *Auswahlmenge* von $\mathcal{M}$:gdw $\forall\, M \in \mathcal{M}\colon\ |A \cap M| = 1$

1-36 (G. Cantor)
I sei eine abzählbare Menge, $(f_i)_{i\in I}$ eine Mengenfamilie, f_i abzählbar für jedes $i \in I$.

(a) $\bigcup_{i\in I} f_i$ ist abzählbar.

(b) $\{0, 1\}^I$ ist überabzählbar, falls I unendlich ist. □

1-37 Rechenregeln in $\mathbb{R}^{**} = \mathbb{R} \cup \{-\infty, \infty\}$
Sei $r \in \mathbb{R}$, $s \in \mathbb{R} \cup \{-\infty, \infty\}$.

$$r + \infty := \infty + r := \infty, \qquad r + (-\infty) := (-\infty) + r := -\infty,$$
$$\infty + \infty := \infty, \qquad -\infty + (-\infty) := -\infty,$$
$$\infty - (-\infty) := \infty, \qquad -\infty - \infty := -\infty,$$
$$0 \cdot \infty := \infty \cdot 0 := 0, \qquad 0 \cdot (-\infty) := (-\infty) \cdot 0 := 0,$$
$$s \cdot \infty := \infty \cdot s := \begin{cases} \infty & \text{für } s > 0 \\ -\infty & \text{für } s < 0, \end{cases},$$
$$\frac{1}{-\infty} := \frac{1}{\infty} := 0, \qquad \frac{1}{0} = \infty, \qquad \infty^r := \infty \quad \text{für } r > 0.$$

1-38 Signum
$\operatorname{sgn} : \mathbb{R} \cup \{-\infty, \infty\} \longrightarrow \{-1, 0, 1\}$,

$$\operatorname{sgn}(s) := \begin{cases} 1 & \text{für } s > 0 \\ 0 & \text{für } s = 0 \\ -1 & \text{für } s < 0, \end{cases}$$

heißt *Signumfunktion*.

2 Einige Bezeichnungen und Rechenregeln für Vektorräume, lineare Funktionale

Vektorräume

2-1 Morphismen
K sei ein (kommutativer) Körper, V und W K-Vektorräume, $f : V \longrightarrow W$ K-linear, $S \subseteq V$.

f *Monomorphismus* :gdw f injektiv

f *Epimorphismus* :gdw f surjektiv

f *Isomorphismus* :gdw f bijektiv

2-2 Lineare Hülle

$$\overline{S}^{\text{lin}} := \bigcap \{\, Z \mid Z \ K\text{-Untervektorraum von } V,\ S \subseteq Z \,\}$$

heißt K-*lineare Hülle* von S in V.

2-3 Sind W, Z K-Untervektorräume von V, so heißt $W + Z := \{ w + z \mid w \in W,\ z \in Z \}$ *Summe* und $W \oplus Z := W + Z$ für $W \cap Z = \{0\}$ *direkte Summe* von W mit Z. Für $W = \{w\}$ schreibt man $w + Z$ anstelle von $\{w\} + Z$.

2-4 Für jede Familie $(V_i)_{i \in I}$, $I \neq \emptyset$, von K-Vektorräumen ist $\prod_{i \in I} V_i$ mit den koordinatenweisen algebraischen Operationen ($(k \cdot v)(i) := kv(i)$, $(v + w)(i) := v(i) + w(i)$ für alle $k \in K$, $v, w \in \prod_{i \in I} V_i$) ein K-Vektorraum, das *direkte Produkt* der Familie $(V_i)_{i \in I}$. Speziell ist K^I (mit den punktweisen algebraischen Operationen) ein K-Vektorraum.

2-5 W, Z seien K-Untervektorräume von V, $W \cap Z = \{0\}$.

$$f : \begin{cases} W \times Z \longrightarrow W \oplus Z \\ (w, z) \longmapsto w + z \end{cases}$$

ist ein K-linearer Isomorphismus. □

2-6 Kongruenzrelationen
R sei eine Äquivalenzrelation auf V.

R *Kongruenzrelation* :gdw $\forall\, x, x', y, y' \in V\ \forall\, k \in K$:

$$(x, x'), (y, y') \in R \Rightarrow (kx, kx') \in R,\ (x + y, x' + y') \in R$$

Ist V sogar eine K-Algebra mit der Multiplikation $\circ$, so fordert man zusätzlich

$$\forall\, x, x', y, y' \colon\ (x, x'), (y, y') \in R \Rightarrow (x \circ y, x' \circ y') \in R.$$

2-7 Quotientenvektorraum
W sei ein K-Untervektorraum von V, $R_W \subseteq V \times V$ definiert durch

$$(v, v') \in R_W \quad \text{:gdw} \quad v - v' \in W.$$

(a) R_W ist eine Kongruenzrelation auf V, $R_W[\{v\}] = v + W$ für jedes $v \in V$, insbesondere $R_W[\{0\}] = W$.

(b) S sei eine Kongruenzrelation auf V.
$S[\{0\}]$ ist ein K-Untervektorraum von V, $R_{S[\{0\}]} = S$.

(c) $V/_W := V/_{R_W} = \{ v + W \mid v \in V \}$ ist mit den durch $k(v + W) := kv + W$ und $(v + W) + (v' + W) := v + v' + W$ definierten algebraischen Operationen ein K-Vektorraum, der sog. *K-Quotientenvektorraum* von V nach W, die kanonische Projektion $\pi_W : V \longrightarrow V/_W$, $\pi_W(v) := v + W$ ist K-linearer Epimorphismus. □

2-8 Homomorphiesatz (für K-Vektorräume)
V, W seien K-Vektorräume, $f : V \longrightarrow W$ K-linearer Epimorphismus mit dem *Kern* $\operatorname{Ker} f := f^{-1}[\{0\}]$.

$$F : \begin{cases} V/_{\operatorname{Ker} f} \longrightarrow W \\ v + \operatorname{Ker} f \longmapsto f(v) \end{cases}$$

ist ein K-linearer Isomorphismus. □

Lineare Funktionale, Kerne, Hyperebenen

2-9 Jede K-lineare Funktion $\varphi : V \longrightarrow K$ heißt *K-lineares Funktional* auf V,

$$V^{\mathrm{a}} := \{ \varphi \mid \varphi \text{ } K\text{-lineares Funktional auf } V \}$$

ist der *algebraische Dualraum* zu V, V^{a} ist ein K-Untervektorraum von K^V.

2-10 V sei ein K-Vektorraum, $\mathcal{U}_V := \{ W \mid W \text{ } K\text{-Untervektorraum von } V \}$ und $W \in \mathcal{U}_V$.

Äq (i) W ist maximales Element in $(\mathcal{U}_V, \subseteq)$

(ii) $\exists\, \varphi \in V^{\mathrm{a}}\backslash\{0\}\colon\ W = \operatorname{Ker}\varphi$

Beweis

(i) ⇒ (ii) Sei $v \in V\backslash W$, also $\overline{W \cup \{v\}}^{\mathrm{lin}} = W \oplus \overline{\{v\}}^{\mathrm{lin}} = V$, $\varphi : V \longrightarrow K$ definiert durch $\varphi(w + kv) := k$ für alle $w \in W$, $k \in K$. Dann ist $\varphi \in V^{\mathrm{a}}\backslash\{0\}$ mit $\operatorname{Ker}\varphi = W$.

(ii) ⇒ (i) Wegen $\varphi \neq 0$ existiert ein $v_0 \in V\backslash \operatorname{Ker}\varphi$. Für jedes $v \in V$ ist dann $v - \frac{\varphi(v)}{\varphi(v_0)} v_0$ ein Element von $\operatorname{Ker}\varphi$, also $V = \operatorname{Ker}\varphi \oplus \overline{\{v_0\}}^{\mathrm{lin}}$. Es ist daher $W = \operatorname{Ker}\varphi$ ein maximales Element in $(\mathcal{U}_V, \subseteq)$. □

Die maximalen Elemente in $(\mathcal{U}_V, \subseteq)$ sind gerade die K-Untervektorräume W von V mit der *Kodimension* $\operatorname{codim}_{K,V} W = 1$, d. h. für jedes $v_0 \in V\backslash W$ gilt

$$V = W \oplus \overline{\{v_0\}}^{\mathrm{lin}},$$

was wiederum äquivalent zu $\dim_K V/_W = 1$ ist. Die Kongruenzklassen $v + W$, $v \in V$, heißen dann *K-Hyperebenen* in V.

2-11 V sei ein K-Vektorraum, $n \in \mathbb{N}\backslash\{0\}$, $\varphi, \varphi_j \in V^{\mathrm{a}}$ für jedes $j \in \{1, \ldots, n\}$ und $D := \bigcap_{j=1}^{n} \operatorname{Ker}\varphi_j$.

Äq (i) $\exists\, (k_1, \ldots, k_n) \in K^n\colon\ \varphi = \sum_{j=1}^{n} k_j \varphi_j$

(ii) $\exists\, S \in \mathbb{R}\colon\ S > 0,\ \forall\, v \in V\colon\ |\varphi(v)| \leq S \sup_{1\leq j\leq n} |\varphi_j(v)|$

(iii) $D \subseteq \operatorname{Ker}\varphi$

Beweis

(i) ⇒ (ii) $|\varphi(v)| = \left|\sum_{j=1}^{n} k_j \varphi_j(v)\right| \leq \sum_{j=1}^{n} |k_j|\, |\varphi_j(v)| \leq \left(\sum_{j=1}^{n} |k_j|\right) \sup_{1\leq j\leq n} |\varphi_j(v)|$.

(ii) ⇒ (iii) ist klar.

(iii) ⇒ (i) (Vollständige Induktion über n)
Es seien o. B. d. A. $\varphi, \varphi_1, \ldots, \varphi_n \in V^{\mathrm{a}}\backslash\{0\}$.

$n = 1$: Für $\operatorname{Ker}\varphi_1 \subsetneqq \operatorname{Ker}\varphi$, etwa $v \in \operatorname{Ker}\varphi\backslash \operatorname{Ker}\varphi_1$, ist $V = \operatorname{Ker}\varphi_1 \oplus \overline{\{v\}}^{\mathrm{lin}} \subseteq \operatorname{Ker}\varphi$, also $\varphi = 0$. ↯
Somit gilt $\operatorname{Ker}\varphi_1 = \operatorname{Ker}\varphi$, und für $v \in V\backslash \operatorname{Ker}\varphi$ erhält man $\varphi = \frac{\varphi(v)}{\varphi_1(v)} \varphi_1$:

Sei $w \in \operatorname{Ker}\varphi \oplus \overline{\{v\}}^{\text{lin}}$, etwa $w = \nu + kv$ mit $\nu \in \operatorname{Ker}\varphi,\ k \in K$. Dann ist $\varphi(w) = k\varphi(v)$, $\varphi_1(w) = k\varphi_1(v)$, also $\varphi(w) = \frac{\varphi(v)}{\varphi_1(v)}\varphi_1(w)$.

$n \to n+1$: Wenn es ein $j_0 \in \{1, \ldots, n+1\}$ gibt mit

$$\bigcap_{\substack{j=1\\ j\neq j_0}}^{n+1} \operatorname{Ker}\varphi_j \subseteq \operatorname{Ker}\varphi, \quad \text{so erhält man} \quad \varphi = \sum_{\substack{j=1\\ j\neq j_0}}^{n+1} k_j\varphi_j$$

nach Induktionsvoraussetzung und für $k_{j_0} := 0$ somit $\varphi = \sum_{j=1}^{n+1} k_j\varphi_j$.

Sei also $\bigcap_{\substack{j=1\\ j\neq i}}^{n+1} \operatorname{Ker}\varphi_j \nsubseteq \operatorname{Ker}\varphi$ für jedes $i \in \{1, \ldots, n+1\}$. Dann ist $\bigcap_{\substack{j=1\\ j\neq i}}^{n+1} \operatorname{Ker}\varphi_j \nsubseteq \operatorname{Ker}\varphi_i$ für jedes $i \in \{1, \ldots, n+1\}$ gem. (iii), etwa

$$v_i \in \left(\bigcap_{\substack{j=1\\ j\neq i}}^{n+1} \operatorname{Ker}\varphi_j\right) \setminus \operatorname{Ker}\varphi_i,$$

o. B. d. A. $\varphi_j(v_i) = \delta_{i,j}$ für alle $j \in \{1, \ldots, n+1\}$. Es folgt

$$\varphi_i\left(v - \sum_{j=1}^{n+1} \varphi_j(v)v_j\right) = \varphi_i(v) - \sum_{j=1}^{n+1} \varphi_j(v)\varphi_i(v_j) = 0$$

für alle $v \in V,\ i \in \{1, \ldots, n+1\}$ und somit gem. (iii) $\varphi\big(v - \sum_{j=1}^{n+1} \varphi_j(v)v_j\big) = 0$, d. h. $\varphi = \sum_{j=1}^{n+1} \varphi(v_j)\varphi_j$. □

Polynome

2-12 $K[x]$ bezeichne die *K-Algebra aller Polynome $p(x)$ in x über dem Körper K*. Für $p(x) \in K[x],\ p(x) = \sum_{j=0}^{m} p_j x^j$ mit $p_0, \ldots, p_m \in K,\ p_m \neq 0$, heißt m *Grad von $p(x)$* über K. Schreibweise: $n_p := \operatorname{grad} p(x) := m$.

Jedes Polynom $p(x) = \sum_{j=0}^{n_p} p_j x^j \in K[x]$ induziert eine Funktion $p : K^I \longrightarrow K^I$ durch $p(f)(i) := \sum_{j=0}^{n_p} p_j f(i)^j$ und ebenso $p : K \longrightarrow K,\ p(k) := \sum_{j=0}^{n_p} p_j k^j$ (Substitution).

2-13 Für die Nullstellenmenge $p^{-1}[\{0\}]$ des Polynoms $p(x) \in K[x]\setminus\{0\}$ gilt

$$|p^{-1}[\{0\}]| \leq \operatorname{grad} p(x).$$

□

Literaturverzeichnis

Auswahl von Lehrbüchern vornehmlich über Reelle Analysis, Allgemeine Topologie, Maß- und Integrationstheorie bzw. Funktionalanalysis

[1] P. S. Alexandroff. *Einführung in die Mengenlehre und die Theorie der reellen Funktionen.* VEB Deutscher Verlag der Wissenschaften, Berlin, 1964.

[2] J.-P. Aubin. *Applied Abstract Analysis.* Wiley & Sons, New York – London – Sydney – Toronto, 1977.

[3] J.-P. Aubin und H. Frankowska. *Set-Valued Analysis.* Birkhäuser, Boston – Basel – Berlin, 1990.

[4] St. Banach. *Théorie des opérations linéaires (Warschau 1932).* Chelsea, New York, 1955.

[5] C. Blatter. *Analysis I, II, III.* Springer, Berlin – Heidelberg – New York, 1974.

[6] N. Bourbaki. *General Topology Part 1, Part 2.* Addison-Wesley, Reading, Massachusetts – Palo Alto – London – Don Mills, Ontario, 1966.

[7] N. Bourbaki. *Topological Vector Spaces.* Springer, Berlin – Heidelberg – New York, 1987.

[8] D. S. Bridges. *Foundations of Real and Abstract Analysis.* Springer, Berlin – Heidelberg – New York, 1998.

[9] S. B. Chae. *Lebesgue Integration.* Marcel Dekker, New York – Basel, 1980.

[10] D. L. Cohn. *Measure Theory.* Birkhäuser, Boston – Basel – Berlin, 1997.

[11] J. Dieudonné. *Grundzüge der modernen Analysis, Bd. 1, 2.* Vieweg + Sohn, Braunschweig, 1975.

[12] J. Dixmier. *General Topology.* Springer, Berlin – Heidelberg – New York, 1984.

[13] R. Engelking. *General Topology.* Heldermann, Berlin, 1989.

[14] C. W. Groetsch. *Elements of Applicable Functional Analysis.* Marcel Dekker, New York – Basel, 1980.

[15] F. Hausdorff. *Grundzüge der Mengenlehre (Berlin 1914).* Chelsea, New York, 1965.

[16] H. Heuser. *Funktionalanalysis.* B. G. Teubner, Stuttgart, 1975.

[17] E. Hewitt und K. Stromberg. *Real and Abstract Analysis.* Springer, Berlin – Heidelberg – New York, 1969.

[18] F. Hirzebruch und W. Scharlau. *Einführung in die Funktionalanalysis.* Bibliographisches Institut, Mannheim – Wien – Zürich, 1971.

[19] J. Jost. *Postmodern Analysis.* Springer, Berlin – Heidelberg – New York, 1998.

[20] Y. Katznelson. *An Introduction to Harmonic Analysis.* Dover Publications, New York, 1976.

[21] J. L. Kelley. *General Topology.* van Nostrand, Princeton N. J. – Toronto – London, 1967.

[22] W. Köhnen. *Metrische Räume.* Academia Verlag Richarz, Sankt Augustin, 1988.

[23] E. Kreyszig. *Introductory Functional Analysis with Applications.* Robert E. Krieger, Malabar, Florida, 1989.

[24] R. Larsen. *Functional Analysis.* Marcel Dekker, New York, 1973.

[25] J. Lindenstrauss und L. Tzafriri. *Classical Banach Spaces.* Lecture Notes in Mathematics Vol. 338, Ergebnisse der Mathematik und ihrer Grenzgebiete Vol. 92. Springer, Berlin – Heidelberg – New York, 1977.

[26] L. Narici und E. Beckenstein. *Topological Vector Spaces.* Marcel Dekker, New York – Basel, 1985.

[27] I. P. Natanson. *Theorie der Funktionen einer reellen Veränderlichen.* Akademie-Verlag, Berlin, 1961.

[28] M. J. Panik. *Fundamentals of Convex Analysis.* Kluwer Academic Publishers, Dordrecht – Boston – London, 1993.

[29] G. K. Pedersen. *Analysis Now.* Springer, Berlin – Heidelberg – New York, 1989.

[30] C. G. C. Pitts. *Introduction to Metric Spaces.* Oliver Et Boyd, Edinburgh, 1972.

[31] W. H. Ruckle. *Modern Analysis.* PWS-KENT Publishing Company, Boston, 1991.

[32] W. Rudin. *Analysis.* R. Oldenbourg Verlag, München – Wien, 1998.

[33] W. Rudin. *Functional Analysis.* McGraw-Hill, New York – London – Tokyo, 1991.

[34] G. F. Simmons. *Introduction to Topology and Modern Analysis.* McGraw-Hill Book Company, Tokyo, 1963.

[35] A. Strauss. *An Introduction to Optimal Control Theory.* Lecture Notes in

Operations Research and Mathematical Economics Vol. 3. Springer, Berlin – Heidelberg – New York, 1968.

[36] D. Werner. *Funktionalanalysis.* Springer, Berlin – Heidelberg – New York, 1997.

[37] R. L. Wheeden und A. Zygmund. *Measure and Integral.* Marcel Dekker, New York – Basel, 1977.

[38] A. Wilansky. *Modern Methods in Topological Vector Spaces.* McGraw-Hill International Book Company, New York, 1978.

[39] A. Wilansky. *Topology for Analysis.* Xerox College Publishing, Lexington, Massachusetts – Toronto, 1970.

[40] S. Willard. *General Topology.* Addison-Wesley, Reading, Massachusetts, 1970.

[41] N. Young. *An introduction to Hilbert space.* Cambridge University Press, Cambridge, 1997.

Auswahl von Zeitschriftenartikeln zu Ergebnissen, die nur zitiert wurden bzw. in den Lehrbüchern zur Topologie noch nicht unbedingt zu finden sind

[42] J. W. Alexander. Ordered sets, complexes and the problem of compactifications. *Proc. Nat. Acad. Sci. USA*, 25:296–298, 1939.

[43] W. W. Comfort. A short proof of Marczewski's separability theorem. *Amer. Math. Monthly*, 76:1041–1042, 1969.

[44] P. Enflo. A counterexample to the approximation property in Banach spaces. *Acta Math.*, 130:309–317, 1973.

[45] I. Gelfand. Abstrakte Funktionen und lineare Operatoren. *Mat. Sb.*, 4(46):235–286, 1938.

[46] H. Herrlich. Wann sind alle stetigen Abbildungen in Y konstant? *Math. Zeitschr.*, 90:152–154, 1965.

[47] E. Hewitt. On two problems of Urysohn. *Ann. Math*, 47:503–509, 1946.

[48] E. Hewitt. Certain generalisations of the Weierstraß approximation theorem. *Duke Math. J.*, 14:419–427, 1947.

[49] M. Lavrentieff. Contribution à la théorie des ensembles homéomorphes. *Fund. Math.*, 6:149–160, 1924.

[50] P. Lax und A. N. Milgram. Parabolic equations, contribution to the theory of partial differential equations. *Ann. Math. Studies*, 33:167–190, 1954.

[51] J. Lindenstrauss und L. Tzafriri. On the complemented subspace problem. *Israel J. Math.*, 9:263–269, 1971.

[52] K. D. Magill jr. N-point compactifications. *Amer. Math. Monthly*, 72:1075–1081, 1965.

[53] E. Marczewski. Separabilité et Multiplication Cartésienne des Espaces Topologiques. *Fund. Math.*, 34:127–143, 1947.

[54] E. H. Moore und H. L. Smith. A general theory of limits. *Amer. J. Math.*, 44:102–121, 1922.

[55] F. Murray. On the complementary manifolds and projections in spaces L^p and ℓ^p. *Trans. Amer. Math. Soc.*, 41:138–152, 1937.

[56] A. Mysior. A regular space which is not completely regular. *Proc. Amer. Math. Soc.*, 81:852–853, 1981.

[57] J. Novák. Regulární prostor, na němž je každá spojitá funkce konstantní. *Časopis Pěst. Mat. Fys.*, 73:58–68, 1948.

[58] J. Peetre. Une caractérisation abstraite des opérateurs differentiels. *Math. Scand.*, 7:211–218, 1959.

[59] J. Peetre. Rectification à l'article « Une caractérisation abstraite des opérateurs differentiels ». *Math. Scand.*, 8:116–120, 1960.

[60] G. Polya. Über die Konvergenz von Quadraturverfahren. *Math. Z.*, 37:264–286, 1933.

[61] A. Sard. Integral representation of remainders. *Duke Math. J.*, 15:333–345, 1948.

Stichwortverzeichnis

Symbolverzeichnis

www.ingramcontent.com/pod-product-compliance
Lightning Source LLC
Chambersburg PA
CBHW081208220326
41598CB00037B/6713
9783486705300